L. W. KANTOROWITSCH/G. P. AKILOW

FUNKTIONALANALYSIS IN NORMIERTEN RÄUMEN

MATHEMATISCHE LEHRBÜCHER UND MONOGRAPHIEN

HERAUSGEGEBEN VON DER
AKADEMIE DER WISSENSCHAFTEN DER DDR
ZENTRALINSTITUT FÜR MATHEMATIK UND MECHANIK

II. ABTEILUNG
MATHEMATISCHE MONOGRAPHIEN

BAND XVII

FUNKTIONALANALYSIS IN NORMIERTEN RÄUMEN

VON

L. W. KANTOROWITSCH · G. P. AKILOW

AKADEMIE-VERLAG · BERLIN
1978

L. W. KANTOROWITSCH G. P. AKILOW

FUNKTIONALANALYSIS IN NORMIERTEN RÄUMEN

In deutscher Sprache herausgegeben von

Prof. Dr. rer. nat. habil. P. HEINZ MÜLLER
Technische Universität Dresden

2., berichtigte Auflage

Mit 7 Abbildungen

AKADEMIE-VERLAG · BERLIN
1978

Л. В. Канторович и Г. П. Акилов
Функциональный анализ в нормированных пространствах

Erschienen im Staatsverlag für phys.-math. Literatur (Fismatgis), Moskau

Deutsche Übersetzung:
Dr. Heinz Langer, Dresden (Kap. I—XII, XIV—XVIII)
Dr. Rolf Kühne, Dresden (Kap. XIII)

Erschienen im Akademie-Verlag, 108 Berlin, Leipziger Straße 3—4

Lizenznummer: 202 · 100/430/78
Gesamtherstellung: VEB Druckerei „Thomas Müntzer“, 582 Bad Langensalza
Bestellnummer: 760 118 8 (5484) · LSV 1035
Printed in GDR
EVP 66,— M

Dem Andenken unseres teuren Lehrers

Grigorij Michailowitsch Fichtenholz

gewidmet

VORWORT ZUR DEUTSCHEN AUSGABE

Während Vorlesungen über Funktionalanalysis inzwischen zu einem festen Bestandteil der Mathematikausbildung an deutschen Universitäten geworden sind, besteht an deutschsprachiger Literatur über diesen Gegenstand noch immer ernster Mangel. Wohl stehen in den beiden Übersetzungen LJUSTERNIK/SOBOLEW, Elemente der Funktionalanalysis, Berlin 1955, und RIESZ/SZ.-NAGY, Vorlesungen über Funktionalanalysis, Berlin 1956, bereits hervorragende Monographien zur Verfügung. Aber gewisse heutzutage ganz aktuelle Fragenkomplexe der Funktionalanalysis werden von diesen Büchern gar nicht oder nur zu knapp berührt. Während das erstgenannte in der Stoffauswahl ohnedies verhältnismäßig bescheiden ist, konzentriert sich das zweite vor allem auf eine moderne Integrationstheorie sowie auf ein intensives Studium linearer Operatoren und der Spektraltheorie.

Das vorliegende Werk will einen möglichst breiten Überblick über das Gebiet der Funktionalanalysis bringen und dabei ganz besonders die Beziehungen zu den Anwendungen aufzeigen; es besteht aus zwei Teilen.

Im ersten wird die Theorie der linearen Operatoren und Funktionale in linearen normierten Räumen behandelt. Zum Teil gehen die Betrachtungen nicht so tief wie in dem oben genannten Buch von RIESZ/SZ.-NAGY, demgegenüber aber ist der Rahmen wesentlich weiter gespannt; aus einer Anzahl einzelner Spezialitäten sei hier besonders auf ein Kapitel über die analytische Darstellung gewisser Klassen linearer Operatoren, die in der Theorie der partiellen Differentialgleichungen von Bedeutung sind, und im Zusammenhang damit auf die SOBOLEWschen Einbettungssätze, aufmerksam gemacht. Obwohl alle Überlegungen auf den Fall normierter Räume eingestellt sind, versucht ein ausführliches Kapitel das Verständnis für die allgemeinere Situation topologischer linearer (im besonderen lokalkonvexer) Räume und für den fundamentalen Begriff der Dualität zu wecken.

Der zweite Teil befaßt sich mit der Theorie und den wichtigsten Methoden zur Behandlung von Funktionalgleichungen.

Großer Wert ist auf die für praktische Belange so überaus wichtigen Näherungsverfahren gelegt. Bei den linearen Gleichungen wird im wesentlichen ein Vorgehen von KANTOROWITSCH zugrunde gelegt; auch wird hier die Methode des steilsten Anstieges herangezogen. Für die Behandlung nichtlinearer Funktionalgleichungen folgen Existenzaussagen aus den Fixpunktsätzen (BANACH, BROUWER, SCHAUDER), und zur praktischen Auswertung dient das NEWTON-Verfahren.

Die mathematischen Überlegungen sind in solcher Ausführlichkeit niedergeschrieben, daß der gebotene Stoff von Mathematikstudenten mittlerer Semester relativ bequem auch durch Selbststudium erarbeitet werden kann. Die Originalausgabe wurde an verschiedenen Stellen verändert und ergänzt, um eine ausgeglichene Darstellung zu erreichen, wie sie dem Niveau der Studierenden unserer Bildungsstätten angepaßt ist.

Ausführliche Literaturverzeichnisse verweisen auf Hilfsliteratur und geben Anschluß an Originalarbeiten oder weiterführende Veröffentlichungen. Da seit Erscheinen der sowjetischen Ausgabe 1959 vor allem hinsichtlich des letztgenannten Schrifttums große Fortschritte erfolgt sind, wurden diese Angaben in der deutschen Ausgabe erweitert. Hinsichtlich der praktischen Behandlung von Funktionalgleichungen sind hierbei im besonderen Ergebnisse der Collatzschen Schule zitiert worden.

Bei der Bearbeitung des Buches konnten verschiedene Ungenauigkeiten richtiggestellt werden. Hierbei sind auch dem Übersetzer der Originalausgabe, Herrn Dr. H. Langer, der, über seine eigentliche Aufgabe hinausgehend, an der vorliegenden Gestaltung wesentlichen Anteil hat, wertvolle Hinweise zu verdanken. In besonderem Maße möchte ich auch Frl. Inge Wenzel, Sachbearbeiterin am Institut für Reine Mathematik der Technischen Universität Dresden, für ihre vielseitige Mitarbeit an der Fertigstellung dieser deutschen Ausgabe danken. — Kritische Bemerkungen aus dem Leserkreis werden gern entgegengenommen.

Der Herausgeber hofft, daß dieses Buch als gern benutztes Hilfsmittel in Lehre und Forschung dienlich sein möge.

Dresden, im Juli 1964 P. H. Müller

VORWORT

Die Funktionalanalysis ist eine in verhältnismäßig neuerer Zeit entstandene Disziplin. Als selbständiger Zweig der mathematischen Analysis bildete sie sich erst in den letzten zwanzig bis dreißig Jahren heraus; trotzdem nimmt sie heute bereits einen der zentralen Plätze in der Mathematik ein.

An der Funktionalanalysis zeigt sich sehr deutlich der grundlegende Umschwung, der sich gegenwärtig in der Mathematik vollzieht. Er ist in seiner Tragweite wohl nur mit den bedeutsamen Entwicklungen im 17. Jahrhundert vergleichbar, als der Begriff der Veränderlichen in der Mathematik eingeführt wurde und zur Entwicklung der Differential- und Integralrechnung führte.

Dieser Umschwung zeigt sich in erster Linie durch einen andersartigen Zugang bei der Untersuchung verschiedener Probleme der mathematischen Analysis: An Stelle einzelner Funktionen und der sie verbindenden Beziehungen und Gleichungen betrachtet man Gesamtheiten dieser Objekte, untersucht allgemeiner Funktionsfelder (Funktionalräume) und deren Abbildungen (Funktionaloperatoren). So werden ein Differentialoperator oder eine Integralabbildung nicht in Anwendung auf eine einzelne Funktion, sondern auf eine ganze Funktionenklasse betrachtet; untersucht werden etwa das Ergebnis der Abbildung dieser Funktionenklasse, die Stetigkeit der Operation in diesem oder jenem Sinne u. a.

Eine wichtige Besonderheit der Funktionalanalysis ist ihre abstrakte Betrachtungsweise, die es gestattet, Probleme zu vereinheitlichen und Fragestellungen, die auf den ersten Blick voneinander verschieden erscheinen, gleichzeitig zu behandeln. Z. B. erhält man durch das Studium der Funktionalgleichung $F(x) = y$, wobei x und y Objekte eines nun der speziellen Problemstellung mehr oder weniger angepaßten Bereiches sein sollen, Aussagen über die Lösungen von Differentialgleichungen, Integralgleichungen, Randwertaufgaben, von unendlichen Systemen algebraischer Gleichungen oder Momentenproblemen. Obwohl mitunter formal sogar schwer zu bemerken, ist der Übergang von einzelnen Funktionen zu Funktionenfeldern ebenso prinzipiell wichtig wie seinerzeit der Übergang von algebraischen Gleichungen und Beziehungen zu veränderlichen Größen und funktionaler Abhängigkeit.

Diese neue Betrachtungsweise entstand nicht aus bloßem Streben nach Verallgemeinerung; die Notwendigkeit des Übergangs auf eine neue Abstraktionsstufe wurde vielmehr durch die im Entwicklungsprozeß der Analysis natürlicherweise entstehenden neuen Aufgaben hervorgerufen. Beispiele dafür sind Fragen nach der Vollständigkeit eines Funktionensystems, der Lösbarkeit von Randwertaufgaben innerhalb einer bestimmten Funktionenklasse, die gleichzeitige Betrachtung einer ganzen Klasse von Aufgaben, die bei der Untersuchung der Abhängigkeit der Lösung einer Randwertaufgabe von der rechten Seite der Gleichung oder von der Randbedingung eine Rolle spielte. Gerade für die Behandlung solcher Aufgaben erwiesen sich die Methoden der Funktionalanalysis als besonders fruchtbringend. Dabei ist bemerkenswert, daß die allgemeinere Betrachtungsweise gestattet, in vielen Fällen nicht nur allgemeinere, sondern sogar gleichzeitig konkretere und tiefere Gesetzmäßigkeiten und Zusammenhänge festzustellen, da hierdurch die bedeutungslosen Details jeder einzelnen speziellen Aufgabe entfallen und nicht mehr das Wesen der Sache verhüllen. Oft wird dabei auch die innere Verwandtschaft von Problemen klar, die sich nach Form und Herkunft stark voneinander unterscheiden können.

Die Entstehung der Funktionalanalysis wurde durch Untersuchungen auf einigen Gebieten der klassischen Analysis, insbesondere der Variationsrechnung, der Integralgleichungen, der Theorie der Orthogonalfunktionen, der TSCHEBYSCHEFFschen Approximationstheorie und der Momentenprobleme vorbereitet, die in natürlicher Weise die Anwendung einer neuen Methode erforderten. Einzelne Fragestellungen und Begriffe der Funktionalanalysis entstammen bereits diesen ursprünglich klassischen Disziplinen; so traten z. B. Funktionale schon in der Variationsrechnung auf. Andererseits wurde durch die Entwicklung der mengentheoretisch begründeten Disziplinen — Theorie der reellen Funktionen, Topologie, abstrakte Algebra — der Apparat für systematische Untersuchungen in abstrakter Form vorbereitet. Besondere Bedeutung für die Funktionalanalysis hatte dabei die Entwicklung der Theorie abstrakter Räume.

Als wesentlichen Anfangspunkt einer selbständigen Existenz der Funktionalanalysis kann man den systematischen Aufbau der Theorie der Operatoren in unendlichdimensionalen unitären Räumen (D. HILBERT u. a.) und die Entwicklung der allgemeinen Theorie linearer normierter Räume (1918—1923) in den Arbeiten des ungarischen Mathematikers F. RIESZ und vor allem des polnischen Mathematikers ST. BANACH ansehen.

Das Interesse an der Funktionalanalysis wuchs noch mehr, als sich herausstellte, daß ihr Apparat (und zwar hier die Theorie der Operatoren im HILBERT-Raum) in der Quantenmechanik eine bedeutsame Anwendung findet. In den letzten zwanzig Jahren wurden besonders durch die Arbeiten sowjetischer Mathematiker neue Richtungen in der Funktionalanalysis geschaffen; ihre Methoden und Ergebnisse finden äußerst wichtige Anwendungen in der theoretischen und mathematischen Physik, der angewandten Analysis und überhaupt auf verschiedenen Gebieten der Mathematik.

Die Funktionalanalysis hat sich bis heute noch nicht vollständig zu einer einheitlichen Disziplin herauskristallisiert; sie ist eher vergleichbar einer Schar von Richtungen, die mehr durch Gemeinsamkeiten der Methode als des Inhalts vereinigt werden. Ihre Hauptrichtungen sind:

1. Theorie des HILBERT-Raumes und Spektraltheorie linearer Operatoren in ihm.
2. Theorie des BANACH-Raumes und die hierzu gehörende Spektraltheorie linearer Operatoren.
3. Theorie normierter Ringe und Darstellungstheorie, die sich an die Ergebnisse über topologische Gruppen anschließt.
4. Theorie der halbgeordneten Räume.
5. Theorie der linearen topologischen Räume, die im Zusammenhang mit den verallgemeinerten Funktionen besondere Bedeutung erlangten.

Das vorliegende Buch kann begreiflicherweise nicht auf alle Entwicklungsrichtungen und Anwendungsgebiete der Funktionalanalysis eingehen. Es enthält in erster Linie die wichtigsten Ergebnisse der Theorie normierter Räume sowie der Operatoren und Funktionalgleichungen in diesen. Außer linearen Operatoren und Gleichungen nehmen auch die nichtlinearen Probleme einen bedeutenden Platz ein. Die allgemeine Theorie wird an konkreten Funktionalräumen und Operatoren illustriert. Insbesondere werden die von S. L. SOBOLEW eingeführten Räume differenzierbarer Funktionen mehrerer Veränderlicher ausführlich betrachtet und diese Fragen mit dem allgemeinen Studium der Integraloperatoren in Zusammenhang gebracht.

Der HILBERT-Raum und die zugehörende Theorie linearer Operatoren werden nur als Sonderfall aus der Theorie BANACHscher Räume dargestellt. Deshalb fanden nur einige Fragen aus diesem Gedankenkreis im vorliegenden Buch Aufnahme (z. B. die Spektraldarstellung beschränkter Operatoren). Tieferliegende Aussagen und weitere Anwendungen findet der Leser in zahlreichen Büchern, die sich speziell mit der Theorie linearer Operatoren im HILBERT-Raum befassen.

Von den anderen oben aufgezählten Richtungen werden hier nur die Grundlagen der Theorie linearer topologischer Räume behandelt (Kapitel XI). Für gewisse Begriffe der Funktionalanalysis in normierten Räumen (wie z. B. die Reflexivität) ergibt sich erst vom allgemeineren Standpunkt der Theorie linearer topologischer Räume eine wirklich befriedigende Einsicht, obwohl eine Darstellung allein für den normierten Raum prinzipiell möglich ist. Für den Zweig der Funktionalanalysis, der sich mit den wichtigen Anwendungen der verallgemeinerten Funktionen oder der Approximationstheorie befaßt, sei auf bekannte Spezialliteratur verwiesen.

Aus den Anwendungen der Funktionalanalysis wird der Aufstellung und der Untersuchung von Näherungsverfahren größte Aufmerksamkeit gewidmet (Kapitel XIV). Der Leser findet hier auch Anwendungen auf gewisse Fragen der Approximationstheorie, auf Differential- und Integralgleichungen der mathematischen Physik u. ä. Dabei beschränken wir uns in der Regel auf einfachste Fragestellungen in der Hoffnung, daß diese bereits hinreichend deutlich die Grundprinzipien der Anwendung der Funktionalanalysis illustrieren. Der an einem bestimmten Anwendungsgebiet interessierte Leser möge sich anhand spezieller Originalliteratur weiter orientieren.

Zeitschriftenartikel und Monographien zu den im Buch berührten Problemen sind am Ende des Buches zusammengestellt. Außerdem finden sich auch im Text einzelne Literaturhinweise.

Die Abschnitte im Kleindruck behandeln speziellere Fragen der Theorie und ihrer Anwendungen; sie können bei der ersten Lektüre überschlagen werden.

Grundlage für das Buch bildeten Vorlesungen, die an der Leningrader Universität für Studenten der Spezialrichtungen Analysis und numerische Mathematik gehalten wurden. Wir setzen voraus, daß der Leser mit den Elementen der Theorie der Funktionen einer reellen Veränderlichen etwa im Umfang einer Kursvorlesung, wie sie an Universitäten gehalten wird, vertraut ist.

Das Buch enthält achtzehn Kapitel, die weiter in Paragraphen aufgeteilt sind. Jeder Paragraph besteht aus einzelnen Abschnitten. Ein Abschnitt wird durch zwei Zahlen gekennzeichnet: die erste Zahl gibt die Nummer des Paragraphen an, in dem sich der gegebene Abschnitt befindet, die zweite numeriert die Abschnitte innerhalb eines Paragraphen. Bei Hinweisen wird außer den Indizes des Abschnittes auch die Nummer des Kapitels angegeben, in dem sich dieser Abschnitt befindet. So bedeutet z. B. XI.4.2 einen Hinweis auf den zweiten Abschnitt des vierten Paragraphen im elften Kapitel. Bei Hinweisen innerhalb eines Paragraphen wird die Nummer des Kapitels weggelassen. Sätze sind in jedem Paragraphen durchgehend numeriert. Um das Auffinden benötigter Sätze zu erleichtern, werden neben der Nummer des Satzes in Klammern die Nummer des Paragraphen und des Kapitels angegeben. Zum Beispiel ist Satz 1 (3.XIV) der erste Satz des dritten Paragraphen aus Kapitel XIV. Bei Hinweisen innerhalb eines Paragraphen werden die Nummer des Kapitels und des Paragraphen weggelassen.

Für die umfangreiche Arbeit bei der Druckvorbereitung des Manuskriptes danken die Autoren dem Redakteur des Buches B. M. Makarow aufrichtig. Sie sind ebenfalls M. K. Gawurin, I. K. Dangowet, W. P. Iljin, B. A. Samokisch, W. N. Sudakow, L. W. Florinskaja und W. P. Chawin zu Dank verpflichtet, die beim Lesen der Korrekturen behilflich waren.

INHALTSVERZEICHNIS

Teil I. Lineare Abbildungen und Funktionale

TEIL I

LINEARE ABBILDUNGEN UND FUNKTIONALE

KAPITEL I

METRISCHE RÄUME

Metrische Räume und die mit ihnen zusammenhängenden Begriffe, von denen dieses Kapitel handelt, wurden von FRÉCHET in [90a][1]) eingeführt. Weitere Literaturhinweise werden auch unmittelbar im Text gegeben.

§ 1. Grundbegriffe

1.1. Bei der Untersuchung der Menge der reellen Zahlen oder, was als dasselbe angesehen werden kann, der Menge der Punkte auf der Zahlengeraden spielt der Begriff des „Abstandes“ $\varrho(x, y) = |x - y|$ zweier Punkte x, y eine große Rolle. Insbesondere werden zur Formulierung des in der Analysis grundlegenden Begriffes der Konvergenz und auch anderer mit ihm zusammenhängender Begriffe genau genommen nur der Abstand und seine Eigenschaften verwendet. Der konkrete Charakter der reellen Zahlen tritt bei Betrachtung der Zahlengeraden nur in der Definition des Abstandes und der Folgerung seiner einfachsten Eigenschaften hervor. Sobald das geschehen ist, kann man alle übrigen Aussagen erhalten, ohne irgendwelche Überlegungen zu benutzen, die sich auf die spezielle Natur der reellen Zahlen beziehen. Deshalb läßt sich die Formulierung dieser Begriffe fast unverändert auf den Fall der Ebene oder des dreidimensionalen Raumes übertragen, wenn man nur die Größe $|x - y|$ durch den Abstand zwischen Punkten in der Ebene bzw. im Raume ersetzt.

Infolgedessen erweist es sich als zweckmäßig, Mengen beliebiger Natur zu untersuchen, in denen auf irgendeine Weise ein „Abstand“ zwischen zwei Elementen definiert ist, der die wichtigsten Eigenschaften des Abstandes bezüglich der Menge der reellen Zahlen hat.

So kommen wir zu der grundlegenden Definition: Eine Menge X von Elementen beliebiger Natur heißt ein *metrischer Raum*, wenn jedem Elementepaar $x, y \in X$ eine reelle Zahl $\varrho(x, y)$, der *Abstand* zwischen den Elementen x und y, zugeordnet ist, die den folgenden Bedingungen genügt:

1. $\varrho(x, y) \geqq 0$; $\varrho(x, x) = 0$, und falls $\varrho(x, y) = 0$ gilt, so ist $x = y$;
2. $\varrho(x, y) = \varrho(y, x)$;
3. $\varrho(x, y) \leqq \varrho(x, z) + \varrho(z, y)$ (Dreiecksungleichung).

Diese Bedingungen nennt man die *Axiome des metrischen Raumes.*

---

[1]) Zahlen in eckigen Klammern bedeuten die laufende Nummer im Literaturverzeichnis am Ende des Buches auf den Seiten 605–615.

Die Elemente der Menge X heißen auch *Punkte* des gegebenen metrischen Raumes.

Macht man eine Menge X durch Einführung eines Abstandes zu einem metrischen Raum, so sagt man, in der Menge X wird eine *Metrik* eingeführt oder die Menge X wird *metrisiert*.

Einfache Beispiele metrischer Räume sind die Gerade, die Ebene, der n-dimensionale euklidische Raum $\mathbf{R}^n$, eine Strecke, ein Flächenstück, wenn man den Abstand zweier Punkte z. B. längs des kürzesten Weges auf der Fläche (der geodätischen Linie) mißt.

1.2. Das Vorhandensein eines Abstandes gestattet es, in einem metrischen Raum in natürlicher Weise Grenzwerte, Konvergenz- und andere damit zusammenhängende Begriffe einzuführen.

Eine Folge $\{x_n\}$ von Punkten eines metrischen Raumes X *konvergiert* (gegen den Punkt x_0 desselben Raumes), falls $\varrho(x_n, x_0) \to 0$ gilt. In diesem Fall schreibt man auch $x_n \to x_0$ oder $\lim\limits_{n\to\infty} x_n = x_0$.

Wir vermerken zwei einfache, aber wichtige Aussagen:

a) $\varrho(x, y)$ ist eine stetige Funktion seiner Argumente, d. h., aus $x_n \to x_0$ und $y_n \to y_0$ folgt $\varrho(x_n, y_n) \to \varrho(x_0, y_0)$;

b) eine konvergente Folge kann nur einen Grenzwert haben, d. h., aus $x_n \to x_0$ und $x_n \to x_0'$ folgt $x_0 = x_0'$.

Beweis. a) Aus der Dreiecksungleichung erhalten wir leicht die Beziehung

$$\varrho(x', y') - \varrho(x, y) \leqq \varrho(y, y') + \varrho(x, x') .$$

Vertauschen wir x, y mit x', y', so kommen wir zur Ungleichung

$$\varrho(x, y) - \varrho(x', y') \leqq \varrho(y, y') + \varrho(x, x') .$$

Daraus folgt insgesamt

$$|\varrho(x', y') - \varrho(x, y)| \leqq \varrho(x, x') + \varrho(y, y') . \tag{1}$$

Unter Benutzung dieser Ungleichung können wir

$$|\varrho(x_n, y_n) - \varrho(x_0, y_0)| \leqq \varrho(x_n, x_0) + \varrho(y_n, y_0) \to 0$$

schreiben.

b) Aus a) erhalten wir

$$0 = \varrho(x_n, x_n) \to \varrho(x_0, x_0') .$$

Folglich ist $\varrho(x_0, x_0') = 0$ und demnach nach dem ersten Axiom $x_0 = x_0'$.

Alle oben angeführten Beispiele metrischer Räume waren dem gewöhnlichen euklidischen Raum eng verwandt, und die Entfernung wurde in ihnen geometrisch bestimmt. Eine sehr große Rolle spielen jedoch metrische Räume, deren Elemente ganz anderer Natur sind. Wir betrachten anschließend einige für das Weitere wichtige Beispiele solcher metrischen Räume und erläutern, welche Bedeutung die eingeführten Begriffe in diesen haben.

1.3. Der **Raum C**, dessen Elemente (Punkte) beliebige auf einem Intervall $[a, b]$ stetige Funktionen sind. Der Abstand zwischen den Punkten x und y wird folgendermaßen definiert:

$$\varrho(x, y) = \max_{a \leq t \leq b} |x(t) - y(t)| .$$

(Die Nachprüfung der Bedingungen 1—3 bereitet keine Schwierigkeit, deshalb lassen wir sie weg.)

Der auf diese Weise definierte Abstand ist der maximale Abstand zwischen den beiden zum selben Argument t gehörenden Kurvenpunkten (s. Abb. 1).

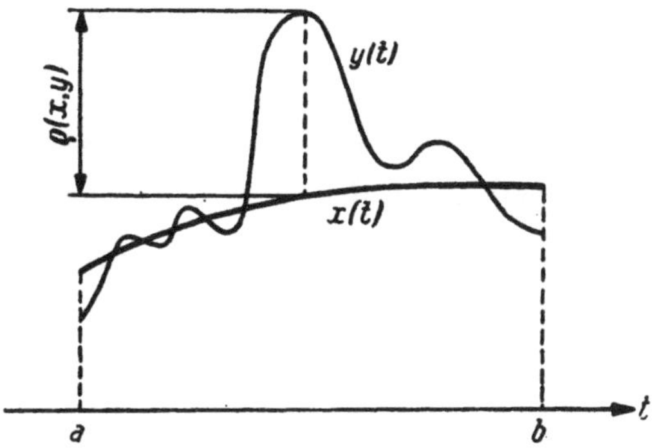

Abb. 1

Die Konvergenz einer Folge $\{x_n\}$ von Punkten des Raumes C gegen einen Punkt x_0 bedeutet die gleichmäßige Konvergenz der Funktionenfolge $x_n(t)$ gegen die Funktion $x_0(t)$. Denn wählen wir zu einem beliebigen $\varepsilon > 0$ ein N_ε so, daß $\varrho(x_n, x_0) < \varepsilon$ für $n \geqq N_\varepsilon$ gilt, dann bedeutet das für dieselben n

$$\max_{a \leq t \leq b} |x_n(t) - x_0(t)| < \varepsilon ,$$

so daß für alle $t \in [a, b]$ die Ungleichung

$$|x_n(t) - x_0(t)| < \varepsilon \qquad (n \geqq N_\varepsilon)$$

besteht, woraus die zu beweisende gleichmäßige Konvergenz folgt.

Offensichtlich gilt auch das Umgekehrte: Aus der gleichmäßigen Konvergenz einer auf dem Intervall $[a, b]$ definierten Folge stetiger Funktionen gegen eine stetige Funktion folgt die Konvergenz der entsprechenden Elemente im Raum C.

Bemerkung. Als Definitionsgebiet der Funktionen, die den Raum C bilden, kann man an Stelle eines Intervalls $[a, b]$ irgendeine abgeschlossene beschränkte Menge T in einem beliebigen euklidischen Raum nehmen. In diesem Fall benutzen wir die Bezeichnung C_T. Alles oben über den Raum C Gesagte läßt sich ohne weiteres auf den Raum C_T übertragen.

Wir weisen noch auf den Raum $C^{(n)}$ hin, dessen Elemente auf einem Intervall $[a, b]$ definierte Funktionen sind, die in diesem Intervall stetige Ableitungen bis einschließlich der n-ten Ordnung haben. Den Abstand zwischen $x, y \in C^{(n)}$ kann man so definieren:

$$\varrho(x, y) = \sum_{k=0}^{n} \max_{a \leq t \leq b} |x^{(k)}(t) - y^{(k)}(t)| \left(x^{(0)}(t) = x(t), y^{(0)}(t) = y(t)\right) .$$

Die Konvergenz im Raum $C^{(n)}$ bedeutet die gleichmäßige Konvergenz sowohl der Funktionenfolge selbst als auch der Folge ihrer k-ten Ableitungen $(k = 1, 2, \ldots, n)$.

Man kann entsprechend auch den Raum $C_T^{(n)}$ derjenigen Funktionen betrachten, die zusammen mit allen ihren partiellen Ableitungen bis zur n-ten Ordnung in einem (abgeschlossenen und beschränkten) Gebiet T eines mehrdimensionalen Raumes stetig sind.

1.4. Der **Raum S**, der aus allen auf $[a, b]$ endlichen meßbaren Funktionen besteht (Funktionen, die sich nur auf einer Menge vom Maße Null unterscheiden, gelten als ein und dasselbe Element des Raumes).[1])

In S wird durch die Formel

$$\varrho(x, y) = \int_a^b \frac{|x(t) - y(t)|}{1 + |x(t) - y(t)|}\, dt$$

eine Metrik eingeführt. (Das Integral ist sinnvoll, weil unter dem Integralzeichen eine meßbare und beschränkte Funktion steht.)

Wir zeigen, daß die Axiome des metrischen Raumes erfüllt sind.

1. Da der Integrand nicht negativ ist, gilt $\varrho(x, y) \geqq 0$. $\varrho(x, x) = 0$ ist klar. Es sei $\varrho(x, y) = 0$. Dann gilt fast überall $\frac{|x(t) - y(t)|}{1 + |x(t) - y(t)|} = 0$, was nur dann möglich ist, wenn fast überall die Gleichheit $x(t) = y(t)$ besteht.

Das Erfülltsein der Bedingung 2 ist offensichtlich.

3. Die Funktion $\varphi(\lambda) = \frac{\lambda}{1 + \lambda}$ wächst für $\lambda \geqq 0$. Deshalb gilt die Ungleichung

$$\frac{|\alpha + \beta|}{1 + |\alpha + \beta|} \leqq \frac{|\alpha| + |\beta|}{1 + |\alpha| + |\beta|} = \frac{|\alpha|}{1 + |\alpha| + |\beta|} + \frac{|\beta|}{1 + |\alpha| + |\beta|} \leqq \frac{|\alpha|}{1 + |\alpha|} + \frac{|\beta|}{1 + |\beta|} \qquad (2)$$

und folglich für $x, y, z \in S$

$$\frac{|x(t) - y(t)|}{1 + |x(t) - y(t)|} \leqq \frac{|x(t) - z(t)|}{1 + |x(t) - z(t)|} + \frac{|y(t) - z(t)|}{1 + |y(t) - z(t)|} \qquad (a \leqq t \leqq b).$$

Durch Integration dieser Gleichung erhält man

$$\varrho(x, y) \leqq \varrho(x, z) + \varrho(y, z).$$

Wir bemerken, daß die Begriffe der Nachbarschaft in den Räumen S und C wesentlich verschieden sind. Wie man sich an Hand von Abbildung 1 überlegt, können zwei Funktionen als Elemente von S nahe beieinander liegen, während ihr Abstand im Raume C noch relativ groß ist.

Die Konvergenz in S ist die Maßkonvergenz.

---

[1]) Genauer gesagt, betrachtet man Funktionen, die auf $[a, b]$ fast überall definiert und fast überall endlich sind. Dabei hält man zwei Funktionen, deren Werte auf einer Menge vom Maße $b - a$ übereinstimmen, für ein und dasselbe Element des Raumes S. Streng genommen sind also die Elemente des Raumes S keine individuellen meßbaren Funktionen, sondern Klassen untereinander äquivalenter meßbarer Funktionen.

Denn bezeichnen wir mit $e_n(\sigma)$ die Menge derjenigen Punkte des Intervalls $[a, b]$, in denen $|x_n(t) - x_0(t)| \geqq \sigma$ ausfällt, und beachten wir, daß $\varphi(\lambda) = \frac{\lambda}{1+\lambda}$ für $\lambda \geqq 0$ eine wachsende Funktion ist, dann folgt

$$\varrho(x_n, x_0) = \int_a^b \frac{|x_n(t) - x_0(t)|}{1+|x_n(t) - x_0(t)|}\,dt \geqq \int_{e_n(\sigma)} \frac{|x_n(t) - x_0(t)|}{1+|x_n(t) - x_0(t)|}\,dt \geqq \frac{\sigma}{1+\sigma} \operatorname{mes} e_n(\sigma)^{1)}\,,$$

so daß mit $\varrho(x_n, x_0) \to 0$ auch $\operatorname{mes} e_n(\sigma) \to 0$ gilt. Das bedeutet aber, daß die Funktionenfolge $x_n(t)$ dem Maße nach gegen die Funktion $x_0(t)$ konvergiert.

Gilt umgekehrt $x_n(t) \to x_0(t)$ (dem Maße nach), so hat man offensichtlich

$$\frac{|x_n(t) - x_0(t)|}{1 + |x_n(t) - x_0(t)|} \to 0 \quad \text{(dem Maße nach).}$$

Führen wir jetzt in dem Ausdruck

$$\varrho(x_n, x_0) = \int_a^b \frac{|x_n(t) - x_0(t)|}{1 + |x_n(t) - x_0(t)|}\,dt$$

den Grenzübergang unter dem Integralzeichen durch, was erlaubt ist, da die Integranden alle gleichmäßig beschränkt sind (durch die Zahl Eins)[2]), so erhalten wir

$$\lim_{n\to\infty} \varrho(x_n, x_0) = 0\,.$$

An Stelle des Intervalls $[a, b]$ kann man eine beliebige meßbare Menge T von endlichem Maße betrachten.

1.5. Ähnliche Eigenschaften wie der Raum **S** hat der **Raum s** aller Zahlenfolgen. Sind $x = (\xi_1, \xi_2, \ldots, \xi_k, \ldots)$ und $y = (\eta_1, \eta_2, \ldots, \eta_k, \ldots)$ zwei Elemente dieses Raumes, dann definiert man einen Abstand zwischen ihnen durch die Formel

$$\varrho(x, y) = \sum_{k=1}^{\infty} \frac{1}{2^k} \frac{|\xi_k - \eta_k|}{1 + |\xi_k - \eta_k|}\,.$$

Da das k-te Glied der Reihe auf der rechten Seite $\frac{1}{2^k}$ nicht übertrifft, ist die Reihe konvergent.

Das Nachprüfen der Bedingungen 1—3 bildet hier keine Schwierigkeit [beim Nachweis der Bedingung 3 benötigt man die Ungleichung (2)].

Wenn eine Folge $\{x_n\}$ $\big(x_n = (\xi_1^{(n)}, \xi_2^{(n)}, \ldots, \xi_k^{(n)}, \ldots),\ n = 1, 2, \ldots\big)$ gegen ein Element $x_0 = (\xi_1^{(0)}, \xi_2^{(0)}, \ldots, \xi_k^{(0)}, \ldots)$ konvergiert, so bedeutet das

$$\lim_{n\to\infty} \xi_k^{(n)} = \xi^{(0)} \qquad (k = 1, 2, \ldots)\,, \tag{3}$$

---

[1]) Für eine (LEBESGUE-) meßbare Menge E versteht man unter mes E das zugehörige Maß.

[2]) I. P. NATANSON, Theorie der Funktionen einer reellen Veränderlichen, 2. Aufl., Akademie-Verlag, Berlin 1961, S. 126. Siehe das Verzeichnis „Grundlegende Literatur über Funktionalanalysis und wichtigste Hilfsliteratur“ am Ende des Buches auf den Seiten 605—615. Im folgenden geben wir bei Hinweisen auf dieses Verzeichnis nur den Namen des Autors an.

d. h., die Konvergenz einer Folge von Punkten in $\mathfrak{s}$ ist die koordinatenweise Konvergenz: die Konvergenz jeder Koordinate des Punktes x_n gegen die entsprechende Koordinate des Grenzwertes x_0.

Aus der Ungleichung

$$\frac{1}{2^k} \frac{|\xi_k^{(n)} - \xi_k^{(0)}|}{1 + |\xi_k^{(n)} - \xi_k^{(0)}|} \leq \varrho(x_n, x_0) \quad (k = 1, 2, \ldots) \tag{4}$$

folgt nämlich für $x_n \to x_0$ auch $\xi_k^{(n)} \to \xi_k^{(0)}$ $(k = 1, 2, \ldots)$.

Ist umgekehrt die Bedingung (3) erfüllt, so können wir wegen der gleichmäßigen Konvergenz der Reihe

$$\sum_{k=1}^{\infty} \frac{1}{2^k} \frac{|\xi_k^{(n)} - \xi_k^{(0)}|}{1 + |\xi_k^{(n)} - \xi_k^{(0)}|} = \varrho(x_n, x_0)$$

bezüglich n $\left(\sum\limits_{k=1}^{\infty} \frac{1}{2^k}\right.$ ist eine Majorante$\Big)$ einen gliedweisen Grenzübergang durchführen, und da jedes Glied der Reihe gegen Null strebt, folgt $\varrho(x_n, x_0) \to 0$.

Der Raum $\mathfrak{s}$ ist ebenso wie der Raum $\mathfrak{S}$ beschränkt in dem Sinne, daß die Abstände zwischen zwei beliebigen Punkten dieser Räume beschränkt sind.

1.6. Wir geben die Definitionen einiger Begriffe an, die sich auf einen metrischen Raum beziehen. Diese sind dem Leser für den Fall des euklidischen Raumes wohlbekannt, weswegen wir auf ausführliche Erläuterungen verzichten können.

a) *Offene Kugel* in einem metrischen Raum $\mathbf{X}$ heißt die Menge $K_\varepsilon(x_0)$ der Punkte $x \in \mathbf{X}$, die der Bedingung

$$\varrho(x, x_0) < \varepsilon \tag{5}$$

genügen. Den Punkt x_0 nennt man *Mittelpunkt* der Kugel, die Zahl $\varepsilon > 0$ ihren *Radius*. Wird in (5) das Gleichheitszeichen zugelassen, so spricht man von einer *abgeschlossenen Kugel* $\overline{K}_\varepsilon(x_0)$.[1])

b) Als *Kugelumgebung* eines Punktes $x_0 \in \mathbf{X}$ bezeichnet man eine beliebige offene Kugel mit dem Mittelpunkt x_0. *Umgebung* eines Punktes x_0 heißt eine beliebige Menge, die eine Kugelumgebung des Punktes x_0 enthält.

c) Eine Menge $G \subset \mathbf{X}$ nennen wir offen, wenn jeder ihrer Punkte ein *innerer Punkt* ist, d. h. zusammen mit einer gewissen Umgebung in G enthalten ist, oder mit anderen Worten, wenn zu jedem Punkt $x_0 \in G$ ein $\varepsilon > 0$ existiert, so daß $K_\varepsilon(x_0) \subset G$ gilt.

d) Der Punkt $x_0 \in \mathbf{X}$ heißt *Häufungspunkt* einer Menge $E \subset \mathbf{X}$, falls eine Folge $\{x_n\}$ $(x_n \in E,\ x_n \neq x_0;\ n = 1, 2, \ldots)$ existiert, die gegen x_0 konvergiert.

e) Die Menge $\overline{E}$, die aus der Menge E durch Hinzufügung aller ihrer Häufungspunkte entsteht, nennt man die *Abschließung* der Menge E.

f) Eine Menge $F \subset \mathbf{X}$ heißt *abgeschlossen*, wenn $\overline{F} = F$ ist, d. h., wenn jeder Häufungspunkt der Menge F zu F gehört.

---

[1]) Wir werden manchmal nur das Wort „Kugel" verwenden, wenn aus dem Beitext klar hervorgeht, ob es sich um eine offene oder abgeschlossene Kugel handelt.

Genau wie für den euklidischen Raum beweist man nunmehr die folgenden Aussagen:

a) Ein Punkt x_0 gehört genau dann zur Abschließung $\overline{E}$ einer Menge E (bzw. ist genau dann Häufungspunkt von E), wenn in jeder Umgebung des Punktes x_0 wenigstens ein Punkt (bzw. von x_0 verschiedene Punkte) der Menge E enthalten sind;

b) die Abschließung $\overline{E}$ einer Menge E ist die kleinste abgeschlossene Menge, die E enthält, d. h., für eine abgeschlossene Menge F mit $F \supset E$ gilt $F \supset \overline{E}$;

c) das Komplement einer abgeschlossenen Menge ist offen, und umgekehrt ist das Komplement einer offenen Menge abgeschlossen;

d) die Vereinigung einer endlichen Anzahl und der Durchschnitt einer beliebigen Menge abgeschlossener Mengen ist eine abgeschlossene Menge;

e) der Durchschnitt einer endlichen Anzahl und die Vereinigung einer beliebigen Menge offener Mengen ist eine offene Menge.

Offensichtlich ist der ganze Raum X sowohl offen als auch abgeschlossen. Es ist naheliegend und vor allem zweckmäßig, die leere Menge $\emptyset$ ebenfalls als gleichzeitig offen und abgeschlossen aufzufassen (vgl. c).

Weiter unten benötigen wir den Begriff des Abstandes eines Punktes $x_0 \in \mathrm{X}$ von einer Menge $E \subset \mathrm{X}$. Wie im euklidischen Raum verstehen wir darunter die Größe

$$\varrho(x_0, E) = \inf_{x \in E} \varrho(x_0, x) .$$

Man sieht leicht, daß $\varrho(x_0, E) = 0$ gleichbedeutend ist mit $x_0 \in \overline{E}$.

1.7. X_0 sei eine Menge im metrischen Raum X. Da für jedes Elementepaar der Menge X ein Abstand definiert ist, so ist dieser dadurch auch in X_0 definiert. Die Axiome 1—3 des metrischen Raumes sind dabei selbstverständlich erfüllt, so daß X_0 in natürlicher Weise zu einem metrischen Raum wird. Man sagt, daß die Metrik in X_0 von der Metrik des Raumes X *induziert* wird oder daß *der Raum* X_0 *im Raum* X *enthalten ist*. Wenn X_0 außerdem eine abgeschlossene Menge ist, so heißt X_0 ein *Teilraum* des metrischen Raumes X.

Wir nehmen jetzt an, daß zwischen den Elementen zweier metrischer Räume X und Y eine solche eineindeutige Beziehung hergestellt werden kann, daß der Abstand zwischen entsprechenden Elementepaaren der Räume X und Y gleich ist. Solche Räume heißen *isometrisch*. Es ist klar, daß alle metrischen Beziehungen, die in einem der isometrischen Räume gelten, dann auch in dem anderen richtig sind. Deshalb ist der Unterschied zwischen solchen Räumen nur ein Unterschied der konkreten Natur der Elemente und berührt nicht die wesentlichen mit dem Abstand zusammenhängenden Eigenschaften des Raumes. Dieser Umstand berechtigt zur Identifizierung isometrischer Räume.

§ 2. Vollständigkeit und Separabilität

Aus den Axiomen eines metrischen Raumes folgen für den Abstand und den Grenzwert noch weitere Eigenschaften, die uns im Fall der reellen Zahlen wohlbekannt sind. Z. B. gilt mit $x_n^{(k)} \to x_n$, $x_n \to x_0$ auch $x_n^{(k_n)} \to x_0$.[1]) Andererseits gibt es wichtige Aussagen über Grenzwerte, die für die reellen Zahlen gelten, sich aber nicht aus den Axiomen des metrischen Raumes ableiten lassen und in manchen metrischen Räumen sogar falsch sind. Deshalb ist es natürlich, aus der Gesamtheit aller metrischen Räume einige Klassen auszusondern, deren Metrik diesen oder jenen zusätzlichen Forderungen genügt, die andere wesentliche Eigenschaften des Abstandes und der Konvergenz im Raum der reellen Zahlen verallgemeinern.

2.1. Eine derartige und dabei außerordentlich wichtige Eigenschaft ist die *Vollständigkeit*. Für die reellen Zahlen läßt sich das Vollständigkeitsprinzip in verschiedenen äquivalenten Formen aussprechen (Dedekindsches Prinzip, Existenz eines Supremums und Infimums bei einer beschränkten Menge), jedoch nur in einer Form — und zwar beim Cauchyschen Konvergenzkriterium — werden für die Formulierung keine anderen als metrische Begriffe benutzt. Das Erfülltsein eines verallgemeinerten Cauchy-Kriteriums verwenden wir deshalb zur Definition der Vollständigkeit eines beliebigen metrischen Raumes. Wir definieren nämlich:

Eine Folge $\{x_n\}$ von Punkten eines metrischen Raumes $\mathbf{X}$ heißt *in sich konvergent*, wenn $\varrho(x_n, x_m) \to 0$ $(m, n \to \infty)$ gilt, d. h. wenn $\varrho(x_m, x_n) < \varepsilon$ aus $m, n \geqq N_\varepsilon$ folgt.

Ein metrischer Raum heißt *vollständig*, wenn jede in sich konvergente Folge konvergiert, d. h., wenn ein Punkt $x_0 \in \mathbf{X}$ mit $x_n \to x_0$ existiert.

Wie man leicht sieht, ist in einem beliebigen metrischen Raum jede konvergente Folge auch in sich konvergent. In einem vollständigen metrischen Raum gilt das Cauchysche Konvergenzkriterium: *Eine Folge $\{x_n\}$ konvergiert genau dann, wenn sie in sich konvergent ist.*

Beim Übergang vom Raum $\mathbf{X}$ zu einem Teilraum $\mathbf{X}_0$ bleibt die Vollständigkeit erhalten.

Ist nämlich $\{x_n\}$ eine in sich konvergente Folge von Punkten aus $\mathbf{X}_0$, so existiert wegen der Vollständigkeit des Raumes $\mathbf{X}$ ein Element $x_0 = \lim x_n \in \mathbf{X}$. Aus der Abgeschlossenheit der Menge $\mathbf{X}_0$ folgt aber $x_0 \in \mathbf{X}_0$, d. h., die Folge $\{x_n\}$ konvergiert in $\mathbf{X}_0$.

Man sieht unmittelbar, daß die letzte Behauptung nicht richtig bleibt, falls die Menge $\mathbf{X}_0$ nicht abgeschlossen ist, d. h., wenn man unter $\mathbf{X}_0$ einen beliebigen im Raum $\mathbf{X}$ enthaltenen metrischen Raum versteht. Dazu ist es z. B. hinreichend, für $\mathbf{X}$ den Raum aller reellen Zahlen und für $\mathbf{X}_0$ den in ihm enthaltenen Raum der rationalen Zahlen zu nehmen.

Dieser Umstand war übrigens der Grund dafür, bei der Definition des Teilraumes (I.1.7) die Abgeschlossenheit zu fordern.

---

[1]) (k_n) bedeutet eine Teilfolge der natürlichen Zahlen.

2.2. Alle in § 1 eingeführten konkreten metrischen Räume (s. I.1.3—I.1.5) sind vollständig. Wir werden das im folgenden beweisen.

1. Der Raum C. $\{x_n\}$ sei eine in sich konvergente Folge von Elementen aus C. Ist $\varepsilon > 0$, so gilt für hinreichend große m und n $(m, n \geqq N_\varepsilon)$

$$\varrho(x_m, x_n) = \max_{a \leqq t \leqq b} |x_m(t) - x_n(t)| < \varepsilon .$$

Für beliebiges $t \in [a, b]$ wird deshalb

$$|x_n(t) - x_m(t)| < \varepsilon . \tag{1}$$

Halten wir $t \in [a, b]$ fest, so ist die Zahlenfolge $\{x_n(t)\}$ in sich konvergent, folglich existiert $\lim_{n\to\infty} x_n(t)$. Die durch diese Grenzwerte definierte Funktion sei mit $x_0(t)$ bezeichnet. Es bleibt also noch zu zeigen, daß x_0 zum Raum C gehört und die Konvergenz von x_n gegen x_0 im Sinne der Metrik dieses Raumes erfolgt. Lassen wir in der Ungleichung (1) $m \to \infty$ gehen, so erhalten wir

$$|x_0(t) - x_n(t)| \leqq \varepsilon . \tag{2}$$

Daraus ergibt sich aber, daß die Funktionenfolge $\{x_n(t)\}$ gleichmäßig gegen die Funktion $x_0(t)$ konvergiert, was zunächst die Stetigkeit der Funktion $x_0(t)$ und schließlich die Konvergenz der Folge $\{x_n\}$ gegen x_0 im Raum C nach sich zieht.

Der Beweis der Vollständigkeit des Raumes C_T unterscheidet sich nicht von dem eben behandelten Fall.

Analog zeigt man auch die Vollständigkeit des Raumes $C^{(n)}$.

2. Der Raum S. $\{x_n\}$ sei eine in sich konvergente Folge von Elementen des Raumes S.

n_k werde so gewählt, daß $\varrho(x_n, x_{n_k}) < \frac{1}{2^k}$ für $n \geqq n_k$ gilt. Wir können dabei $n_1 < n_2 < \cdots < n_k < \cdots$ annehmen, und es folgt $n_k \to \infty$. Die Reihe

$$\sum_{k=1}^{\infty} \varrho(x_{n_{k+1}}, x_{n_k}) = \sum_{k=1}^{\infty} \int_a^b \frac{|x_{n_{k+1}}(t) - x_{n_k}(t)|}{1 + |x_{n_{k+1}}(t) - x_{n_k}(t)|}\, dt$$

ist offensichtlich konvergent. Wenn aber eine Reihe von Integralen über positive Funktionen konvergiert, so konvergiert die Reihe der Funktionen selbst fast überall.[1]) Also ist die Reihe

$$\sum_{k=1}^{\infty} \frac{|x_{n_{k+1}}(t) - x_{n_k}(t)|}{1 + |x_{n_{k+1}}(t) - x_{n_k}(t)|} = \sum_{k=1}^{\infty} \alpha_k(t)$$

fast überall konvergent. Konvergiert diese Reihe an der Stelle t, so gilt für hinreichend großes k $|x_{n_{k+1}}(t) - x_{n_k}(t)| \leqq 1$. Für diese k ist also die Ungleichung $|x_{n_{k+1}}(t) - x_{n_k}(t)| \leqq 2\,\alpha_k(t)$ richtig. Deshalb konvergiert auch die Reihe

$$x_{n_1}(t) + \sum_{k=1}^{\infty} \left(x_{n_{k+1}}(t) - x_{n_k}(t)\right)$$

---

[1]) Natanson [30b], S. 142.

fast überall. Wir bezeichnen ihre Summe mit $x_0(t)$. Diese Funktion ist meßbar. Weil wegen der Konvergenz der Reihe fast überall $x_{n_k}(t) \to x_0(t)$ gilt, so liegt erst recht Maßkonvergenz, d. h. Konvergenz im Raum **S** vor. Es gilt also $\varrho(x_{n_k}, x_0) \to 0$.

Damit ist zunächst die Konvergenz einer Teilfolge bewiesen. Weil aber $k \to \infty$ auch $n_k \to \infty$ nach sich zieht, folgt aus der Ungleichung $\varrho(x_k, x_0) \leqq \varrho(x_k, x_{n_k}) + \varrho(x_{n_k}, x_0)$ sogar $\varrho(x_k, x_0) \to 0$, d. h. $x_k \to x_0$ (in **S**).[1])

Diesen Beweis überträgt man ohne irgendwelche Änderungen auf den Raum $\mathbf{S}_T$ der auf einer beliebigen meßbaren Menge T endlichen Maßes definierten meßbaren Funktionen.

3. Die Vollständigkeit des Raumes **s** läßt sich ganz einfach zeigen. Ist $\{x_n\}$ eine in sich konvergente Folge, $x_n = (\xi_1^{(n)}, \xi_2^{(n)}, \ldots, \xi_k^{(n)}, \ldots)$, so überzeugt man sich leicht mit Hilfe einer Ungleichung der Form (4) § 1, daß auch jede der Zahlenfolgen $\xi_k^{(1)}, \xi_k^{(2)}, \ldots, \xi_k^{(n)}, \ldots$ in sich konvergiert. Deshalb existieren die Grenzwerte $\xi_k^{(0)} = \lim\limits_{n\to\infty} \xi_k^{(n)}$ $(k = 1, 2, \ldots)$. Mit $x_0 = (\xi_1^{(0)}, \xi_2^{(0)}, \ldots, \xi_k^{(0)}, \ldots)$ folgt aber $x_n \to x_0$, denn die Konvergenz in **s** ist die koordinatenweise Konvergenz.

2.3. In Verallgemeinerung dazu, wie z. B. die Menge der rationalen Zahlen innerhalb des vollständigen metrischen Raumes aller reellen Zahlen gelegen ist, kann jeder metrische Raum in einen vollständigen metrischen Raum eingebettet werden.

Der kleinste vollständige metrische Raum, der einen gegebenen Raum **X** enthält, heißt die *Vervollständigung* des Raumes **X**. (Das Wort „kleinste" ist dabei dahingehend zu verstehen, daß die Vervollständigung eine Teilmenge jedes anderen vollständigen Raumes ist, der ebenfalls **X** enthält. Zueinander isometrische Räume werden dabei gemäß I.1.7 identifiziert.)

Satz 1 (2.I). *Zu jedem metrischen Raum gibt es eine Vervollständigung.*

Beweis.[2]) **X** sei ein beliebiger metrischer Raum. Zwei in sich konvergente Folgen $\{x_n\}$ und $\{x_n'\}$ nennen wir äquivalent, falls $\varrho(x_n, x_n') \to 0$ gilt. Wenn eine von zwei äquivalenten Folgen konvergiert, so konvergiert auch die andere gegen denselben Punkt: Aus $x_n \to x$ folgt nämlich

$$\varrho(x_n', x) \leqq \varrho(x_n, x_n') + \varrho(x_n, x) \to 0$$

und deshalb $x_n' \to x$.

Wir zerlegen die Menge aller in sich konvergenten Folgen in Klassen, wobei genau alle untereinander äquivalenten Folgen zu ein und derselben Klasse gehören sollen. Mit Ξ bezeichnen wir die Menge aller dieser Klassen. Offensichtlich sind zwei Folgen, die einer dritten äquivalent sind, auch untereinander äquivalent; deshalb kann ein und dieselbe Folge nicht zwei verschiedenen Klassen angehören.

---

[1]) Die Vollständigkeit des Raumes **S** bezüglich der Maßkonvergenz wurde von F. Riesz bewiesen. Siehe Natanson [30b], S. 112.

[2]) Siehe Hausdorff [16]. Der Beweis folgt im wesentlichen der Cantor-Merayschen Einführung der reellen Zahlen.

ξ und η seien irgend zwei Klassen aus Ξ. Wir wählen in der Klasse ξ eine beliebige Folge $\{x_n\}$ und in der Klasse η eine Folge $\{y_n\}$. Mit Hilfe der Ungleichung (1), § 1 erhalten wir

$$|\varrho(x_m, y_m) - \varrho(x_n, y_n)| \leqq \varrho(x_m, x_n) + \varrho(y_m, y_n) .$$

Weil aber die Folgen $\{x_n\}$ und $\{y_n\}$ in sich konvergent sind, so strebt die rechte Seite nach Null, und demnach konvergiert die Zahlenfolge $\{\varrho(x_n, y_n)\}$. Wir setzen

$$\varrho(\xi, \eta) = \lim_{n\to\infty} \varrho(x_n, y_n).$$ [1]

$\varrho(\xi, \eta)$ wird durch die Klassen ξ und η eindeutig bestimmt. Ist nämlich die Folge $\{x'_n\}$ äquivalent der Folge $\{x_n\}$ und $\{y'_n\}$ äquivalent zu $\{y_n\}$, so erhalten wir aus der Ungleichung

$$|\varrho(x'_n, y'_n) - \varrho(x_n, y_n)| \leqq \varrho(x_n, x'_n) + \varrho(y_n, y'_n)$$

durch Grenzübergang

$$\lim_{n\to\infty} \varrho(x_n, y_n) = \lim_{n\to\infty} \varrho(x'_n, y'_n) .$$

Wir zeigen jetzt, daß $\varrho(\xi, \eta)$ den Axiomen 1—3 des metrischen Raumes genügt.

Um die Bedingung 1 nachzuprüfen, brauchen wir nur zu zeigen, daß aus $\varrho(\xi, \eta) = 0$ stets $\xi = \eta$ folgt. Behalten wir die obigen Bezeichnungen bei, so folgt

$$\lim_{n\to\infty} \varrho(x_n, y_n) = 0 ,$$

d. h., die Folgen $\{x_n\}$ und $\{y_n\}$ sind äquivalent, also fallen die Klassen ξ und η zusammen.

Die Bedingung 2 ist offensichtlich erfüllt.

Bedingung 3 ergibt sich aus der Ungleichung

$$\varrho(x_n, y_n) \leqq \varrho(x_n, z_n) + \varrho(y_n, z_n)$$

durch Grenzübergang. Hierbei sind $\{x_n\}$, $\{y_n\}$ bzw. $\{z_n\}$ Folgen, die den Klassen ξ, η bzw. ζ angehören.

Die Menge Ξ der Klassen äquivalenter Folgen bildet somit einen metrischen Raum.

Wir zeigen, daß der Ausgangsraum X als Teilmenge von Ξ betrachtet werden kann.

Für beliebiges $x \in$ X bezeichnen wir mit $\xi_x \in \Xi$ diejenige Klasse, welche die Folge $(x, x, \ldots, x, \ldots)$ enthält, mit anderen Worten die Klasse der gegen x konvergierenden Folgen. Offensichtlich ist die Beziehung $\xi_x = \xi_y$ gleichwertig mit $x = y$. Weiterhin gilt $\varrho(\xi_x, \xi_y) = \varrho(x, y)$, wovon man sich einfach überzeugt, indem man die Folgen $(x, x, \ldots, x, \ldots)$ und $(y, y, \ldots, y, \ldots)$ als Repräsentanten der Klassen ξ_x und ξ_y wählt.

Nach dem Gesagten ist klar, daß durch Identifizierung des Elementes $x \in$ X mit der Klasse $\xi_x \in \Xi$ der Raum X isometrisch in den metrischen Raum Ξ eingebettet wird.

---

[1]) Der Einfachheit halber bezeichnen wir die Metriken in X und Ξ mit demselben Symbol $\varrho(.,.)$.

Wir können somit für das Folgende den Ausgangsraum **X** als Teilmenge des Raumes Ξ betrachten und für die Elemente ξ_x in Vereinfachung die alte Bezeichnung x verwenden. Ist die Folge $\{x_n\}$ ein Repräsentant der Klasse ξ, dann gilt $\xi_{x_n} = x_n \to \xi$ (in Ξ). Aus $\varrho(x_n, x_m) < \varepsilon$ für $n, m \geqq N_\varepsilon$ folgt nämlich

$$\varrho(x_n, \xi) = \lim_{m\to\infty} \varrho(x_n, x_m) \leqq \varepsilon \quad \text{für} \quad n \geqq N_\varepsilon, \quad \text{d. h.} \quad x_n \to \xi \quad (\text{in } \Xi) .$$

Demnach kann man zu einem beliebigen $\xi \in \Xi$ ein solches $x \in \mathbf{X}$ finden, daß die Beziehung $\varrho(x, \xi) < \varepsilon$ erfüllt ist (für x braucht man, wie soeben gezeigt wurde, nur ein x_n mit $n \geqq N_\varepsilon$ zu nehmen).

Nunmehr beweisen wir die Vollständigkeit des Raumes Ξ. $\xi^{(1)}, \xi^{(2)}, \ldots, \xi^{(n)}, \ldots$ sei eine in sich konvergente Folge von Klassen und $\{\varepsilon_n\}$ eine Nullfolge ($\varepsilon_n > 0$). Nach dem eben Gesagten gibt es zu jedem n ein $x^{(n)} \in \mathbf{X}$, so daß $\varrho(x^{(n)}, \xi^{(n)}) < \varepsilon_n$ gilt. Nun sieht man aus der Ungleichung $\varrho(x^{(n)}, x^{(m)}) \leqq \varrho(x^{(n)}, \xi^{(n)}) + \varrho(\xi^{(n)}, \xi^{(m)}) + \varrho(\xi^{(m)}, x^{(m)}) < \varepsilon_n + \varepsilon_m + \varrho(\xi^{(n)}, \xi^{(m)})$, daß die Folge $\{x^{(n)}\}$ in sich konvergiert. Sie bestimmt deshalb eine Klasse ξ mit der Eigenschaft $\varrho(x^{(n)}, \xi) \to 0$. Aus

$$\varrho(\xi^{(n)}, \xi) \leqq \varrho(\xi^{(n)}, x^{(n)}) + \varrho(x^{(n)}, \xi) < \varepsilon_n + \varrho(x^{(n)}, \xi)$$

folgt aber $\xi^{(n)} \to \xi$ in Ξ, womit die Vollständigkeit des Raumes Ξ gezeigt ist.

H sei ein anderer vollständiger Raum, der **X** enthält. Identifizieren wir dann diejenigen Elemente des Raumes H, die Grenzwerte in sich konvergenter Folgen von Punkten aus **X** sind, mit den Klassen äquivalenter Folgen, so erhalten wir wegen der Vollständigkeit von H die Beziehung $\Xi \subset H$.

Damit ist schließlich die Vervollständigung des Raumes **X** in dem oben definierten Sinne erreicht.

2.4. Eine andere wichtige Eigenschaft der Menge der reellen Zahlen ist das Vorhandensein einer abzählbaren Teilmenge, z. B. der Menge der rationalen Zahlen, die „dicht" in ihr liegt und ein abzählbares Skelett darstellt, das (durch Vervollständigung) den ganzen Raum bestimmt. In Verallgemeinerung dessen definieren wir:

Eine Menge D eines metrischen Raumes **X** heißt *dicht in der Menge* $\mathbf{X}_0 \subset \mathbf{X}$, wenn zu jedem $x \in \mathbf{X}_0$ und jedem $\varepsilon > 0$ ein z in D existiert, so daß $\varrho(x, z) < \varepsilon$ gilt.

Ist die Menge D_0 dicht in D und die Menge D ihrerseits dicht in $\mathbf{X}_0$, dann ist auch D_0 dicht in $\mathbf{X}_0$.

D sei dicht in $\mathbf{X}_0 \subset \mathbf{X}$ und $x \in \mathbf{X}_0$. Wir wählen eine Nullfolge $\{\varepsilon_k\}$ ($\varepsilon_k > 0$). Zu jedem $k = 1, 2, \ldots$ gibt es in D einen Punkt z_k mit $\varrho(x, z_k) < \varepsilon_k$. Folglich gilt $z_k \to x$. *Man kann also zu einem beliebigen Element $x \in \mathbf{X}_0$ eine Folge aus der Menge D auswählen, die gegen x konvergiert, d. h., jedes Element $x \in \mathbf{X}_0$ ist darstellbar in der Form*

$$x = \lim_{n\to\infty} z_n \qquad (z_n \in D) .$$

Besitzt die Menge D umgekehrt diese Eigenschaft, so ist sie offensichtlich dicht in $\mathbf{X}_0$. Hieraus folgt, daß D dann und nur dann dicht ist in $\mathbf{X}_0$, wenn die Abschließung $\overline{D}$ von D die Menge $\mathbf{X}_0$ enthält: $\overline{D} \supset \mathbf{X}_0$. Im Spezialfall $\mathbf{X}_0 = \mathbf{X}$ folgt hieraus $\overline{D} = \mathbf{X}$; die Menge D liegt also dicht im Raume $\mathbf{X}$, wenn ihre Abschließung gleich dem ganzen Raum ist.

Unschwer sieht man, daß jeder Raum $\mathbf{X}$ in seiner Vervollständigung dicht liegt. Ist nämlich $x_1, x_2, \ldots, x_n, \ldots$ eine Folge, die zur Klasse $\xi \in \Xi$ gehört, dann ergibt sich aus dem Beweis von Satz 1 die Beziehung $\lim\limits_{n\to\infty} x_n = \xi$, woraus unsere Behauptung folgt.

Ein metrischer Raum $\mathbf{X}$ heißt *separabel*, wenn in ihm eine abzählbare dichte Teilmenge existiert.

Ist ein metrischer Raum $\mathbf{X}_0$ *in einem separablen metrischen Raum* $\mathbf{X}$ *enthalten, dann ist auch* $\mathbf{X}_0$ *separabel.*

Es sei nämlich $\mathbf{X}_0$ eine Teilmenge des Raumes $\mathbf{X}$ und $D = \{x_k\}$ eine abzählbare, in $\mathbf{X}$ dichte Menge. Wir wählen eine Nullfolge $\{\varepsilon_n\}$ $(\varepsilon_n > 0)$. Zu jedem $k = 1, 2, \ldots$ finden wir in $\mathbf{X}_0$ ein Element z_{kn}, so daß

$$\varrho(x_k, z_{kn}) < \varrho(x_k, \mathbf{X}_0) + \varepsilon_n$$

gilt.

Sind $x \in \mathbf{X}_0$ und $\varepsilon > 0$ beliebig gegeben, dann existiert wegen der Separabilität von $\mathbf{X}$ ein Element $x_k \in D$ mit $\varrho(x, x_k) < \varepsilon$. Für alle n mit $\varepsilon_n < \varepsilon$ erhalten wir damit

$$\begin{aligned}\varrho(x, z_{kn}) &\leqq \varrho(x, x_k) + \varrho(x_k, z_{kn}) < \varepsilon + \varrho(x_k, \mathbf{X}_0) + \varepsilon_n\\ &\leqq \varepsilon + \varrho(x_k, x) + \varepsilon_n < 3\,\varepsilon,\end{aligned}$$

woraus folgt, daß die Menge $D_0 = \{z_{kn}\}$ in $\mathbf{X}_0$ dicht liegt.

2.5. *Die Räume* $\mathbf{R}^n$, $\mathbf{C}$, $\mathbf{C}^{(n)}$, $\mathbf{S}$ *und* $\mathbf{s}$ *sind separabel.*

Für den Raum $\mathbf{R}^n$ ist die Behauptung klar: Als abzählbare dichte Menge kann man z. B. die Menge aller Punkte mit rationalen Koordinaten nehmen.

Im Raum $\mathbf{C}$ ist die (abzählbare) Menge aller algebraischen Polynome mit rationalen Koeffizienten dicht.

Nach dem bekannten Weierstrassschen Satz läßt sich nämlich jede (auf einer abgeschlossenen und beschränkten Menge definierte) stetige Funktion durch Polynome beliebig genau gleichmäßig (d. h. bezüglich des Abstandes im Raum $\mathbf{C}$) approximieren. Es ist weiterhin möglich, durch eine beliebig kleine Änderung eines Polynoms seine Koeffizienten rational zu machen. Deshalb gibt es zu jeder stetigen Funktion $x(t)$ ein Polynom mit rationalen Koeffizienten, das bezüglich der Metrik von $\mathbf{C}$ beliebig nahe bei $x(t)$ liegt.

Eine im Raum $\mathbf{C}$ abzählbare dichte Menge ist auch die Gesamtheit aller stückweise linearen Funktionen, deren Graphen (Kurvenbilder) Polygonzüge mit den Ecken in rationalen Punkten sind.

Den Beweis der Separabilität des Raumes $\mathbf{C}^{(n)}$ überlassen wir dem Leser.

Die oben angegebenen Mengen sind auch dicht im Raum $\mathbf{S}$. Für die Menge der Polynome beweist man das mit Hilfe eines Satzes von Fréchet, wonach jede meßbare, fast überall endliche Funktion Grenzwert einer maßkonvergenten Folge von Polynomen ist.

Eine abzählbare dichte Menge im Raum $\mathbf{s}$ ist z. B. die Menge $\mathbf{r}_0$ aller Folgen von rationalen Zahlen mit nur endlich vielen von Null verschiedenen Gliedern. Ersetzt man nämlich in der Folge $(\xi_1, \xi_2, \ldots, \xi_{n-1}, \xi_n, \ldots)$, die das Element x aus $\mathbf{s}$ darstellen möge, alle Glieder mit einem Index größer als n durch Null, dann ergibt sich die Folge $(\xi_1, \xi_2, \ldots, \xi_{n-1}, \xi_n, 0, 0, \ldots) = [x]_n$, die als Element des Raumes $\mathbf{s}$ von x weniger als $\frac{1}{2^k}$ entfernt ist.

Da nun die Konvergenz in $\mathbf{s}$ die koordinatenweise Konvergenz ist, so kann man offensichtlich die eben erhaltene Folge beliebig genau durch eine Folge mit rationalen Koordinaten annähern, also durch ein Element aus $\mathbf{r}_0$.

2.6. Nicht jeder metrische Raum ist separabel. Um ein Beispiel eines nicht separablen Raumes zu konstruieren, nehmen wir die Menge $\mathbf{M}_T$ aller auf einer beliebigen unendlichen Menge T definierten reellen beschränkten Funktionen. Setzen wir für $x, y \in \mathbf{M}_T$

$$\varrho(x, y) = \sup_{t \in T} |x(t) - y(t)| ,$$

so wird $\mathbf{M}_T$ zu einem vollständigen metrischen Raum. Konvergenz einer Folge in $\mathbf{M}_T$ bedeutet die gleichmäßige Konvergenz der entsprechenden Funktionenfolge. Davon überzeugt man sich ebenso wie im Raum $\mathbf{C}$. Wir zeigen, daß der Raum $\mathbf{M}_T$ nicht separabel ist.

Dazu betrachten wir die Menge $M_0 \subset \mathbf{M}_T$ aller charakteristischen Funktionen, d. h. derjenigen Funktionen, die nur die zwei Werte Null und Eins annehmen. Diese Menge ist nicht abzählbar.[1]) D sei eine in $\mathbf{M}_T$ dichte Menge. Jedem $x \in M_0$ ordnen wir ein $z \in D$ mit

$$\varrho(x, z) < \frac{1}{2}$$

zu. Dabei entsprechen verschiedenen Elementen x und x' aus M_0 auch verschiedene Elemente z und z' aus D, denn aus

$$\varrho(x, z) < \frac{1}{2} \quad \text{und} \quad \varrho(x', z) < \frac{1}{2}$$

folgte

$$\varrho(x, x') \leqq \varrho(x, z) + \varrho(x', z) < 1 .$$

Es ist aber wegen $x \neq x'$ stets $\varrho(x, x') = 1$.

Somit besteht eine eineindeutige Zuordnung zwischen der nicht abzählbaren Menge M_0 und einem Teil von D. D ist also nicht abzählbar.

§ 3. Kompaktheit

3.1. Eine beschränkte Menge im Raum der reellen Zahlen hat bekanntlich die sehr wichtige Eigenschaft, daß man aus jeder Folge von Punkten dieser Menge eine konvergente Teilfolge auswählen kann. Diese Aussage ist für beschränkte (d. h. in einer Kugel enthaltene) Mengen in beliebigen metrischen Räumen nicht mehr richtig; das zeigt z. B. der Raum $\mathbf{S}$, der, wie wir wissen, eine im Sinne seiner Metrik beschränkte Menge ist.

---

[1]) Natanson [30b], S. 22.

Damit wird die Wichtigkeit der folgenden Definition verständlich: Eine Menge E eines metrischen Raumes X heißt *kompakt im Raum* X, wenn man aus einer beliebigen Folge $\{x_n\}$ von Punkten der Menge E eine im Raum X konvergente Teilfolge $\{x_{n_k}\}$ auswählen kann.

Der Raum X heißt *kompakt*, wenn er in sich selbst kompakt ist.

Eine Menge ist demnach kompakt, wenn für sie der Satz von Bolzano-Weierstrass gilt. Insbesondere sind die beschränkten Mengen im euklidischen Raum kompakt, während der ganze euklidische Raum offensichtlich nicht kompakt ist.

Die Eigenschaft der Kompaktheit einer Menge hängt nicht davon ab, in welchem vollständigen Oberraum man diese Menge betrachtet. Das soll heißen, gilt für eine Menge E die Beziehung $E \subset X_0 \subset X$, wobei X_0 ein (vollständiger) Teilraum des Raumes X ist, dann ist E gleichzeitig in X_0 und in X kompakt oder nicht.

Jede Teilmenge eines kompakten Raumes X ist kompakt in X. Folglich ist ein Teilraum eines kompakten Raumes selbst ein kompakter Raum.

Die Forderung der Kompaktheit eines Raumes erweist sich als eine sehr starke Forderung und sondert eine verhältnismäßig enge Klasse von Räumen aus. Diese ist insbesondere kleiner als die beiden oben definierten Klassen der vollständigen und der separablen Räume. Es gilt nämlich der

Satz 1 (3.I). *Ein kompakter Raum ist vollständig.*

Beweis. $\{x_n\}$ sei eine in sich konvergente Folge des kompakten Raumes X. Nach Voraussetzung kann man aus $\{x_n\}$ eine Teilfolge $\{x_{n_k}\}$ auswählen, die gegen einen Punkt $x_0 \in X$ konvergiert: $x_{n_k} \to x_0$. Für beliebiges k gilt nun

$$\varrho(x_k, x_0) \leqq \varrho(x_k, x_{n_k}) + \varrho(x_{n_k}, x_0) .$$

Die beiden Summanden auf der rechten Seite dieser Ungleichung streben nach Null (und zwar der erste wegen der Konvergenz der Folge $\{x_n\}$ in sich). Wir erhalten also $\varrho(x_k, x_0) \to 0$, d.h., x_0 ist der Grenzwert der Folge $\{x_k\}$, womit die Vollständigkeit des Raumes X bewiesen ist.

3.2. Die oben gegebene Definition ist selbst kein brauchbares Kriterium für die Kompaktheit einer Menge. Um ein günstiges Kompaktheitskriterium formulieren zu können, benötigen wir die folgende auf Hausdorff zurückgehende Definition[1]):

Es sei ε eine beliebige positive Zahl und M eine Teilmenge des metrischen Raumes X. Die Menge M heißt ein *ε-Netz für die Menge $E \subset$ X*, wenn zu jedem $x \in E$ ein Punkt $z \in M$ existiert, so daß $\varrho(x, z) < \varepsilon$ gilt.

Satz 2 (3.I) (Hausdorff). *Für die Kompaktheit einer Menge E des metrischen Raumes* X *ist es notwendig, daß zu jedem $\varepsilon > 0$ ein endliches ε-Netz für E existiert. Ist der Raum* X *vollständig, so ist diese Bedingung auch hinreichend.*

Beweis. Notwendig. Zu einem gewissen $\varepsilon > 0$ existiere kein endliches ε-Netz für E. Wir nehmen einen beliebigen Punkt $x_1 \in E$. Die aus dem Element x_1 bestehende Menge bildet kein ε-Netz für E; deshalb gibt es ein $x_2 \in E$ derart, daß $\varrho(x_2, x_1) \geqq \varepsilon$ gilt. Die Menge $\{x_1, x_2\}$ ist auch kein ε-Netz für E, folglich gibt es

[1]) Siehe Hausdorff [16]. Dort wurde auch Satz 2 bewiesen.

ein $x_3 \in E$ mit $\varrho(x_i, x_3) \geqq \varepsilon$ $(i = 1, 2)$. Setzen wir dieses Verfahren fort, so erhalten wir eine Folge $\{x_n\}$ von Punkten aus E mit der Eigenschaft $\varrho(x_m, x_n) \geqq \varepsilon$ für $m \neq n$, $m, n = 1, 2, \ldots$.[1]) Offensichtlich kann man aus dieser Folge keine konvergente Teilfolge auswählen. Die Menge E ist also nicht kompakt.

Hinreichend. X sei ein vollständiger metrischer Raum und zu jedem $\varepsilon > 0$ existiere in X ein endliches ε-Netz für E. Wir nehmen eine beliebige Folge $\{x_n\}$ von Elementen aus E und zeigen, daß man aus ihr eine konvergente Teilfolge auswählen kann. Dazu geben wir uns eine Nullfolge $\{\varepsilon_n\}$ mit $\varepsilon_n > 0$ vor und betrachten das nach Voraussetzung existierende (endliche) ε_1-Netz. Konstruieren wir um jeden Punkt dieses ε_1-Netzes eine Kugel mit dem Radius ε_1, so gehört jedes Element der Menge E mindestens einer dieser Kugeln an. Da es nur endlich viele Kugeln gibt, sind in einer von ihnen sicher unendlich viele Elemente der Folge $\{x_n\}$ enthalten. Diese Kugel sei $K_{\varepsilon_1}(z_1)$.

Wir nehmen weiter ein ε_2-Netz für E und betrachten die Kugeln um die Punkte dieses ε_2-Netzes mit dem Radius ε_2. Wie vorher liegen in einer dieser Kugeln unendlich viele Elemente der Folge $\{x_n\}$, die außerdem in $K_{\varepsilon_1}(z_1)$ enthalten sind. Das sei die Kugel $K_{\varepsilon_2}(z_2)$. Setzen wir dieses Verfahren fort, so erhalten wir eine Folge von Kugeln $K_{\varepsilon_1}(z_1), K_{\varepsilon_2}(z_2), \ldots, K_{\varepsilon_n}(z_n), \ldots$ mit der Eigenschaft, daß im Durchschnitt einer beliebigen endlichen Anzahl von ihnen unendlich viele Punkte der Folge $\{x_n\}$ liegen. Deshalb können wir eine Teilfolge $\{x_{n_k}\}$ auswählen mit

$$x_{n_1} \in K_{\varepsilon_1}(z_1)\,, \quad x_{n_2} \in K_{\varepsilon_2}(z_2) \cap K_{\varepsilon_1}(z_1) \quad (n_2 > n_1)$$

und allgemein

$$x_{n_k} \in \bigcap_{i=1}^{k} K_{\varepsilon_i}(z_i) \quad (n_k > n_{k-1} > \cdots > n_1)\,.$$

Da die beiden Elemente x_{n_k} und x_{n_l} für $k \leqq l$ zur selben Kugel $K_{\varepsilon_k}(z_k)$ gehören, gilt

$$\varrho(x_{n_k}, x_{n_l}) \leqq \varrho(x_{n_k}, z_k) + \varrho(x_{n_l}, z_k) < 2\,\varepsilon_k\,.$$

Das bedeutet aber die Konvergenz der Folge $\{x_{n_k}\}$ in sich. Wegen der Vollständigkeit des Raumes X besitzt sie einen Grenzwert $x_0 \in$ X. Damit ist die Kompaktheit von E bewiesen.

Bemerkung. Für die Kompaktheit einer Menge in einem vollständigen metrischen Raum X ist schon hinreichend, daß es zu jedem $\varepsilon > 0$ ein kompaktes ε-Netz gibt.

Denn zu einem kompakten ε-Netz existiert ein endliches ε-Netz, das offensichtlich ein $(2\,\varepsilon)$-Netz für die Ausgangsmenge ist. Daraus folgt deren Kompaktheit.

Folgerung. *Ein kompakter Raum ist separabel.*

Für $k = 1, 2, \ldots$ sei $\varepsilon_k > 0$, $\varepsilon_k \to 0$ und M_k ein endliches ε_k-Netz. Dann ist die Menge $M = \bigcup_{k=1}^{\infty} M_k$ offensichtlich abzählbar und im gegebenen Raum dicht.

[1]) Der kritische Leser bemerkt hier die Benutzung des Auswahlaxioms.

Im Zusammenhang mit diesen Überlegungen wollen wir uns den Unterschied zwischen kompakten und separablen Räumen klarmachen. In einem separablen Raum gibt es eine abzählbare Mange, mit deren Elementen sich jeder Punkt des Raumes beliebig genau annähern läßt. Im Fall eines kompakten Raumes besteht diese Möglichkeit wie wir gesehen haben mit Hilfe der abzählbaren Menge M, der Vereinigung der ε_k-Netze, ebenfalls. Darüber hinaus können wir hier jedoch mit Hilfe eines endlichen ε_k-Netzes gleichzeitig jedes Element des Raumes approximieren, was in einem separablen Raum i. a. nicht möglich ist.

Ein kompakter Raum läßt sich also dadurch charakterisieren, daß er beliebig genau „gleichmäßig" durch ein endliches Skelett approximiert werden kann.

Wie beweisen jetzt das folgende Kompaktheitskriterium für Mengen im Raum $\mathfrak{s}$:

Eine Menge $E \subset \mathfrak{s}$ ist genau dann kompakt in $\mathfrak{s}$, wenn die Zahlenmenge der k-ten Koordinaten der Punkte von E für jedes $k = 1, 2, \ldots$ beschränkt ist, d. h., wenn

$$|\xi_k| \leqq l_k \quad \text{für alle} \quad x = (\xi_1, \xi_2, \ldots, \xi_k, \ldots) \in E$$

gilt. Mit anderen Worten, die Menge E muß in einem Parallelepiped des Raumes $\mathfrak{s}$ liegen.

Die Notwendigkeit dieser Bedingung ist leicht zu sehen, denn nehmen wir eine Folge von Elementen, bei denen z. B. die erste Koordinate unbeschränkt wächst, dann kann man daraus keine (koordinatenweise) konvergente Teilfolge auswählen.

Um zu sehen, daß die Bedingung auch hinreichend ist, konstruieren wir ein ε-Netz für E. Wir wählen k so groß, daß $\frac{1}{2^k} < \varepsilon$ gilt und betrachten die Menge H aller Punkte z der Form $z = (\xi_1, \xi_2, \ldots, \xi_k, 0, \ldots)$, wobei $x = (\xi_1, \xi_2, \ldots, \xi_k, \xi_{k+1}, \ldots) \in E$ ist. Die Menge H ist kompakt, denn man kann sie als beschränkte Menge in einem k-dimensionalen Raum auffassen. Gleichzeitig ist H wegen

$$\varrho(x, [x]_k) = \sum_{n=k+1}^{\infty} \frac{1}{2^n} \frac{|\xi_n|}{1 + |\xi_n|} \leqq \sum_{n=k+1}^{\infty} \frac{1}{2^n} = \frac{1}{2^k} < \varepsilon$$

ein ε-Netz für E. Hierbei bezeichnet $[x]_k$ wieder die Folge $(\xi_1, \xi_2, \ldots, \xi_k, 0, \ldots)$.

Zu jedem $\varepsilon > 0$ gibt es also ein kompaktes ε-Netz für die Menge E. Das ist aber nach der obigen Bemerkung hinreichend für die Kompaktheit von E.

B e m e r k u n g. Wegen der Kompaktheit eines Parallelepipeds im Raum $\mathfrak{s}$ kann man aus der Menge aller Folgen, deren Koordinaten sämtlich durch ein und dieselbe Zahl beschränkt sind, stets eine koordinatenweise konvergente Folge von Elementen auswählen, d. h., es gibt Elemente

$$\begin{aligned} x_1 &= (\xi_1^{(1)}, \xi_2^{(1)}, \ldots, \xi_k^{(1)}, \ldots), \\ x_2 &= (\xi_1^{(2)}, \xi_2^{(2)}, \ldots, \xi_k^{(2)}, \ldots), \\ &\ldots\ldots\ldots\ldots\ldots\ldots \\ x_n &= (\xi_1^{(n)}, \xi_2^{(n)}, \ldots, \xi_k^{(n)}, \ldots), \end{aligned}$$

so daß die Grenzwerte

$$\lim_{n\to\infty} \xi_k^{(n)} = \xi_k^{(0)} \quad \text{für} \quad k = 1, 2, \ldots$$

gleichzeitig existieren.

Diese Tatsache werden wir im folgenden mehrmals benutzen.

Ein Kompaktheitskriterium für Mengen im Raum C liefert der

Satz 3 (3.I) (Arzelà-Ascoli).[1] *Eine Menge E stetiger Funktionen ist genau dann kompakt in C, wenn sie die folgenden Bedingungen erfüllt:*

1. Die Funktionen der Menge E sind gleichmäßig beschränkt, d. h., es existiert eine Konstante K, so daß

$$|x(t)| \leqq X \quad \textit{für alle} \quad x \in E,\ t \in [a, b]$$

gilt.

2. Die Funktionen der Menge E sind gleichgradig stetig, d. h., zu jedem $\varepsilon > 0$ gibt es ein $\delta > 0$, so daß aus $|t - t'| < \delta$ stets $|x(t) - x(t')| < \varepsilon$ für alle $x \in E$ und $t, t' \in [a, b]$ folgt.

Beweis. Notwendig. E sei eine kompakte Menge im Raum C. Nach Satz 2 existiert zu einem beliebig vorgegebenen $\varepsilon > 0$ für E ein endliches ε-Netz, das von den stetigen Funktionen $x_1, x_2, \ldots, x_n$ gebildet werde. Da jede der Funktionen x_k beschränkt ist und es zu einem beliebigen Element $x \in E$ ein x_k mit $\varrho(x, x_k) < \varepsilon$ gibt, folgt

$$|x(t)| \leqq |x_k(t)| + |x(t) - x_k(t)| \leqq \max_{a\leqq t\leqq b} |x_k(t)| + \varrho(x, x_k) < \max_{a\leqq t\leqq b} |x_k(t)| + \varepsilon .$$

Mit $K = \max\limits_{a\leqq t\leqq b} |x_k(t)| + \varepsilon$ ist also die Bedingung 1 erfüllt.

Weiterhin existiert zu jeder Funktion x_k ein δ_k derart, daß

$$|x_k(t') - x_k(t)| < \varepsilon \quad \text{für} \quad |t - t'| < \delta_k$$

gilt. Wir setzen $\delta = \min(\delta_1, \ldots, \delta_n)$ und nehmen eine beliebige Funktion $x \in E$. x_k sei wiederum ein Element des ε-Netzes mit $\varrho(x, x_k) < \varepsilon$. Dann gilt

$$|x(t') - x(t)| \leqq |x(t') - x_k(t')| + |x_k(t') - x_k(t)| + |x_k(t) - x(t)|$$
$$\leqq \varrho(x, x_k) + |x_k(t') - x_k(t)| + \varrho(x, x_k) < 2\varepsilon + |x_k(t') - x_k(t)| .$$

Für $|t - t'| < \delta$ wird der Summand $|x_k(t') - x_k(t)|$ kleiner als ε, d. h., für diese Werte t und t' erhalten wir

$$|x(t') - x(t)| < 3\varepsilon .$$

Da $x \in E$ beliebig gewählt war, sind also die Funktionen der Menge E gleichgradig stetig.

Hinreichend. Wir wählen ein $\varepsilon > 0$ und zu diesem entsprechend der Bedingung 2 der gleichgradigen Stetigkeit ein zugehöriges $\delta > 0$. Das Intervall $[a, b]$ werde nunmehr durch Punkte $a = t_0 < t_1 < \cdots < t_n = b$ mit $t_{k+1} - t_k < \delta$ $(k = 0, 1, \ldots, n - 1)$ zerlegt.

---

[1]) Siehe [54], [55].

Es bezeichne H die Gesamtheit der stetigen Streckenzüge $\bar{x}(t)$ (das sind stückweise lineare Funktionen), deren Ecken in den Punkten (t_k, η_k) $(|\eta_k| \leqq K)$ liegen. Die Menge H ist kompakt, da jedes ihrer Elemente, d. h. jede Funktion $\bar{x}(t)$, durch Angabe der Zahlen $\eta_0, \eta_1, \ldots, \eta_n$ bestimmt wird und die Konvergenz einer Folge solcher Funktionen mit der Konvergenz der entsprechenden Zahlenfolgen $\{\eta_i\}$ $(i = 1, 2, \ldots, n)$ gleichbedeutend ist.

Die Menge H bildet ein ε-Netz für E.

Um das zu sehen, betrachten wir diejenige einem $x \in E$ zugeordnete stückweise lineare Funktion $\bar{x} \in H$, deren Graph durch die Punkte $(t_k, x(t_k))$ $(k = 0, 1, \ldots, n)$ geht, und zeigen, daß $\varrho(x, \bar{x}) < \varepsilon$, d. h. $|x(t) - \bar{x}(t)| < \varepsilon$ für alle $t \in [a, b]$ gilt. Es sei $t \in [a, b]$. Dann liegt t in einem der Intervalle $[t_k, t_{k+1}]$. Bezeichnen wir mit m_k bzw. M_k das Minimum bzw. Maximum der Funktion x im Intervall $[t_k, t_{k+1}]$, dann wird $M_k - m_k < \varepsilon$ (wegen $t_{k+1} - t_k < \delta$). Offensichtlich gelten die Ungleichungen

$$m_k \leqq x(t) \leqq M_k\,,$$
$$m_k \leqq \bar{x}(t) \leqq M_k\,,$$

woraus

$$|x(t) - \bar{x}(t)| \leqq M_k - m_k < \varepsilon$$

folgt.

Das Vorhandensein eines kompakten ε-Netzes (zu jedem $\varepsilon > 0$) ist aber hinreichend für die Kompaktheit der Menge E (siehe die Bemerkung zum Satz von Hausdorff).

Einige Beispiele mögen den bewiesenen Satz illustrieren.

Wir betrachten auf dem Intervall $[0, \pi]$ die Funktionenmenge $E = \{\sin n\, t\}$ $(n = 1, 2, \ldots)$. E ist beschränkt. Wegen $\sin n \frac{\pi}{2\,n} = 1$ ist jedoch die zweite Bedingung — die der gleichmäßigen Stetigkeit — nicht erfüllt. Die Menge E ist folglich nicht kompakt in $\mathbf{C}$.

E sei jetzt eine Menge von Funktionen, die der Hölder-*Bedingung*

$$|x(t') - x(t)| \leqq M|t' - t|^\alpha \quad (t', t \in [a, b];\ 0 < \alpha \leqq 1)^{1)}$$

genügen. Sind die Funktionen von E gleichmäßig beschränkt, dann ist E kompakt. Wählt man nämlich die Größe δ in der Bedingung 2 des Satzes von Arzelà-Ascoli gleich $\left(\frac{\varepsilon}{M}\right)^{1/\alpha}$, so erkennt man die gleichmäßige Stetigkeit der Funktionen aus E.

Ist allgemeiner E eine beschränkte Menge stetiger Funktionen und existiert eine Funktion $\omega(\delta)$ mit $\omega(\delta) \to 0$ für $\delta \to 0$, so daß der *Stetigkeitsmodul* $\omega(x; \delta)$ [2]) jeder

---

[1]) Für $\alpha = 1$ erhalten wir die Lipschitz-Bedingung

$$|x(t') - x(t)| \leqq M\, |t' - t|\,.$$

Genügt eine Funktion einer Hölder-Bedingung, so sagt man oft, sie genüge einer Lipschitz-Bedingung mit den Exponenten α. Die Klasse dieser Funktionen bezeichnet man mit Lip α.

[2]) Als Stetigkeitsmodul einer Funktion $x \in \mathbf{C}$ bezeichnet man die Größe

$$\omega(x; \delta) = \max_{\substack{a \leqq t, t' \leqq b \\ |t - t'| \leqq \delta}} |x(t') - x(t)| \qquad (0 < \delta \leqq b - a)\,.$$

Funktion $x \in E$ der Ungleichung $\omega(x; \delta) \leqq \omega(\delta)$ genügt, dann ist E kompakt im Raum $\mathbf{C}$.

Wir bemerken schließlich noch, daß der Satz von ARZELÀ-ASCOLI auch für den Raum $\mathbf{C}_T$ gilt.

Die Formulierung eines Kompaktheitskriteriums für Mengen im Raum $\mathbf{C}^{(n)}$ überlassen wir dem Leser.

§ 4. Mengen erster und zweiter Kategorie [1])

4.1. Oben führten wir dichte Mengen ein. In gewissem Sinne entgegengesetzt dazu ist der Begriff der nirgendsdichten Menge.

Eine Menge E eines metrischen Raumes $\mathbf{X}$ heißt *nirgendsdicht in* $\mathbf{X}$, wenn sie in keiner Kugel dicht ist, d. h., wenn es zu jeder Kugel $K_\varepsilon(x)$ eine Kugel $K_{\varepsilon_1}(x_1) \subset K_\varepsilon(x)$ gibt, die keine Punkte von E enthält.

Eine Menge E heißt *Menge von erster Kategorie in* $\mathbf{X}$, wenn sie als Vereinigung abzählbar vieler nirgendsdichter Mengen dargestellt werden kann.

Eine Menge $E \subset \mathbf{X}$, die nicht von erster Kategorie ist, heißt *Menge zweiter Kategorie* (in $\mathbf{X}$).

Die Vereinigung abzählbar vieler Mengen erster Kategorie bildet offensichtlich eine Menge erster Kategorie.

Weiterhin ist jede Teilmenge einer Menge erster Kategorie wieder von erster Kategorie und jede Obermenge einer Menge zweiter Kategorie wieder von zweiter Kategorie.

Als Beispiel einer im zweidimensionalen euklidischen Raum (also der Ebene) nirgendsdichten Menge kann eine beliebige Punktmenge auf einer Geraden dienen. Die Menge aller Punkte der Ebene mit rationalen Koordinaten ist als Vereinigung abzählbar vieler „einpunktiger“ Mengen von erster Kategorie. Trotzdem liegt sie dicht im Raum $\mathbf{R}^2$.

4.2. Die Frage nach der Existenz von Mengen zweiter Kategorie beantwortet der folgende

Satz 1 (4.I). *Ein vollständiger metrischer Raum* $\mathbf{X}$ *ist eine Menge von zweiter Kategorie (in sich).*

Beweis. Wir nehmen das Gegenteil an, d. h., $\mathbf{X}$ sei von erster Kategorie, also in der Form $\mathbf{X} = \bigcup_{k=1}^{\infty} E_k$ mit nirgendsdichten Mengen E_k darstellbar.

Da E_1 nirgendsdicht ist, gibt es eine Kugel $K_{\varepsilon_1}(x_1)$, die keine Punkte von E_1 enthält.

Da E_2 nirgendsdicht ist, gibt es in der Kugel $K_{\frac{\varepsilon_1}{2}}(x_1)$ eine Kugel $K_{\varepsilon_2}(x_2)$, die keine Punkte von E_2 enthält. Dabei gilt $\varepsilon_2 \leqq \frac{\varepsilon_1}{2}$.

---

[1]) Mengen erster und zweiter Kategorie wurden von BAIRE [57] eingeführt.

Durch Fortsetzung dieses Verfahrens erhalten wir eine Folge von Kugeln $\{K_{\varepsilon_n}(x_n)\}$ mit den Eigenschaften

$$K_{\varepsilon_n}(x_n) \subset K_{\frac{\varepsilon_{n-1}}{2}}(x_{n-1}), \quad K_{\varepsilon_n}(x_n) \cap E_n = \emptyset, \quad \varepsilon_n \leqq \frac{\varepsilon_{n-1}}{2} \quad (n = 1, 2, \ldots).$$

Da eine Kugel $K_{\frac{\varepsilon_n}{2}}(x_n)$ alle folgenden Kugeln enthält, gilt

$$\varrho(x_{n+p}, x_n) < \frac{\varepsilon_n}{2} \qquad (p = 1, 2, \ldots). \tag{1}$$

Offensichtlich strebt $\varepsilon_n \to 0$ für $n \to \infty$. Die Folge $\{x_n\}$ konvergiert also in sich, und wegen der Vollständigkeit des Raumes $\mathbf{X}$ existiert ein Element $x \in \mathbf{X}$ mit $\lim\limits_{n\to\infty} x_n = x$.

Führt man in der Ungleichung (1) den Grenzübergang $p \to \infty$ durch, so folgt

$$\varrho(x, x_n) \leqq \frac{\varepsilon_n}{2} < \varepsilon_n .$$

Es gilt also $x \in K_{\varepsilon_n}(x_n)$ und deshalb $x \notin E_n$ für beliebiges $n = 1, 2, \ldots$. Andererseits ist aber $x \in \mathbf{X} = \bigcup\limits_{k=1}^{\infty} E_k$, d. h., x muß mindestens einer der Mengen E_n angehören, was zu einem Widerspruch führt.

Bemerkung. Durch unwesentliche Änderung des Beweises erhält man auch die stärkere Aussage, daß in einem vollständigen Raum jede nichtleere offene Menge von zweiter Kategorie ist.

Folgerung. *In einem vollständigen Raum ist das Komplement einer Menge von erster Kategorie stets von zweiter Kategorie.*

Eine solche Komplementärmenge heißt *Residualmenge*. Es gilt: Der Durchschnitt abzählbar vieler Residualmengen ist eine Residualmenge. Sind nämlich A_k $(k = 1, 2, \ldots)$ Residualmengen, dann gestatten sie die Darstellung $A_k = \mathbf{X} \setminus E_k$ mit Mengen E_k von erster Kategorie. Aus der Beziehung $\bigcap\limits_{k=1}^{\infty} A_k = \mathbf{X} \setminus \bigcup\limits_{k=1}^{\infty} E_k$ folgt die Behauptung, denn $\bigcup\limits_{k=1}^{\infty} E_k$ ist von erster Kategorie (s. 4.1).

In einem vollständigen metrischen Raum ist eine offene und dichte Menge stets Residualmenge, da ihr Komplement nirgendsdicht ist.

Der Leser möge als Übung beweisen, daß diejenige Menge reeller Zahlen, in deren k-adischer Entwicklung irgendeine Ziffer von einer gewissen Stelle an nicht mehr auftritt, eine Menge erster Kategorie im Raum der reellen Zahl ist. Daraus folgt, daß Zahlen existieren, in deren k-adischer Entwicklung (für alle k) alle wesentlichen Ziffern unendlich oft erscheinen (die Menge dieser Zahlen ist eine Residualmenge).

Als weitere Übung beweise man, daß die Menge $\mathbf{L}$ aller summierbaren Funktionen von erster Kategorie im Raum $\mathbf{S}$ ist.

§ 5. Topologische Räume

Bei vielen Untersuchungen in metrischen Räumen spielen die durch die Metrik gegebenen quantitativen Beziehungen keine große Rolle. Wesentlicher ist vielmehr der Begriff der Nachbarschaft von Punkten, der u. a. schon bei den Definitionen der Konvergenz, der Umgebung, der offenen und abgeschlossenen Menge auftrat. Es ist deshalb sinnvoll, Räume zu betrachten, in denen eine Nachbarschaft von Punkten nicht mit Hilfe einer Metrik, sondern auf eine allgemeinere andere Art gegeben ist. Ein auf den ersten Blick sehr natürliches Vorgehen besteht darin, zu jedem Punkt des Raumes unmittelbar seine Umgebungen, d. h., die Gesamtheit der diesem Punkt nahegelegenen Punkte anzugeben. Jedoch aus Gründen, die zwar nicht prinzipieller Natur sind, ist es günstiger, einen anderen Zugang zu wählen: Man kennzeichnet zunächst alle offenen Mengen des Raumes und definiert anschließend die einem Punkt zugeordneten Umgebungen.

5.1. Eine Menge $\mathbf{X}$ heißt ein *topologischer Raum*, wenn in ihr ein System $\mathfrak{G}$ von Teilmengen ausgezeichnet ist, das den folgenden drei Forderungen genügt (Axiome des topologischen Raumes):

1. Die leere Menge $\emptyset$ und die ganze Menge $\mathbf{X}$ gehören zu $\mathfrak{G}$.
2. Aus $G_\xi \in \mathfrak{G}$ $(\xi \in \Xi)$ folgt $\bigcup\limits_{\xi \in \Xi} G_\xi \in \mathfrak{G}$.
3. Aus $G_1, G_2 \in \mathfrak{G}$ folgt $G_1 \cap G_2 \in \mathfrak{G}$.

Die Elemente des Systems $\mathfrak{G}$ heißen die *offenen* Mengen des topologischen Raumes $\mathbf{X}$.

Macht man eine Menge $\mathbf{X}$ zu einem topologischen Raum, so sagt man auch, in $\mathbf{X}$ wird eine *Topologie eingeführt* oder $\mathbf{X}$ wird *topologisiert*.[1])

Zwei topologische Räume $\mathbf{X}_1$ und $\mathbf{X}_2$ heißen *homöomorph*, wenn zwischen ihren Elementen eine eineindeutige Beziehung besteht mit der Eigenschaft, daß die offenen Mengen einander eineindeutig entsprechen. Vom Standpunkt der Theorie der topologischen Räume können demnach homöomorphe Räume offensichtlich identifiziert werden.

Da das System der offenen Mengen eines metrischen Raumes den Axiomen des topologischen Raumes genügt, kann man einen metrischen Raum auch als topologischen Raum auffassen. Wir werden aber sehen, daß sich andererseits nicht in jedem topologischen Raum die Topologie mit Hilfe einer Metrik einführen läßt. Ist das möglich, so heißt der topologische Raum *metrisierbar*.

Verschiedene metrische Räume können als topologische Räume zusammenfallen. Zum Beispiel kann man im zweidimensionalen euklidischen Raum die Topologie durch ganz verschiedene Metriken erklären.

In ein und derselben Menge $\mathbf{X}$ seien zwei i. a. verschiedene Topologien eingeführt, die $\mathbf{X}$ zu zwei topologischen Räumen $\mathbf{X}_1$ und $\mathbf{X}_2$ machen (die beiden Räume $\mathbf{X}_1$ und $\mathbf{X}_2$ enthalten also dieselben Elemente). $\mathfrak{G}_1$ bzw. $\mathfrak{G}_2$ sei das System der offenen Mengen des Raumes $\mathbf{X}_1$ bzw. $\mathbf{X}_2$. Man nennt die Topologie von $\mathbf{X}_1$ *stärker* als die Topologie von $\mathbf{X}_2$ (oder die Topologie von $\mathbf{X}_2$ *schwächer* als die Topologie von $\mathbf{X}_1$), wenn $\mathfrak{G}_1 \supset \mathfrak{G}_2$ gilt. Für diesen Sachverhalt schreibt man auch $\tau(\mathbf{X}_1) \geqq \tau(\mathbf{X}_2)$ (oder $\tau(\mathbf{X}_2) \leqq \tau(\mathbf{X}_1)$).

Es sei wieder $\mathbf{X}$ ein topologischer Raum, $\mathfrak{G}$ das zugehörige System offener Mengen und $\mathbf{X}_0$ eine beliebige Teilmenge von $\mathbf{X}$. Das System $\mathfrak{G}_0$ aller Mengen der Form $G \cap \mathbf{X}_0$ $(G \in \mathfrak{G})$ genügt den Axiomen des topologischen Raumes (bezüglich der Menge $\mathbf{X}_0$). Die auf diese Weise durch das Mengensystem $\mathfrak{G}_0$ in $\mathbf{X}_0$ eingeführte Topologie nennt man die durch die Topologie von $\mathbf{X}$ in $\mathbf{X}_0$ induzierte Topologie.

---

[1]) Wie die metrischen Räume wurden auch topologische Räume zuerst von FRÉCHET in [90a] betrachtet.

5.2. Eine Menge F in einem topologischen Raum $\mathbf{X}$ heißt *abgeschlossen*, wenn ihr Komplement $G = \mathbf{X} \setminus F$ offen ist. Das System $\mathfrak{F}$ aller abgeschlossenen Mengen des Raumes $\mathbf{X}$ hat die folgenden Eigenschaften:

1. $\emptyset, \mathbf{X} \in \mathfrak{F}$.

2. Aus $F_\xi \in \mathfrak{F}$ $(\xi \in \Xi)$ folgt $\bigcap_{\xi \in \Xi} F_\xi \in \mathfrak{F}$.

3. Aus $F_1, F_2 \in \mathfrak{F}$ folgt $F_1 \cup F_2 \in \mathfrak{F}$.

Das System $\mathfrak{F}$ bestimmt das System $\mathfrak{G}$ der offenen Mengen eindeutig. Deshalb kann man die Topologie in $\mathbf{X}$ auch in der Weise einführen, daß man zuerst ein System $\mathfrak{F}$ vorgibt, das den zuletzt angegebenen drei Bedingungen genügt. Die Mengen von $\mathfrak{F}$ nennt man abgeschlossen. Die offenen Mengen werden anschließend als Komplemente der abgeschlossenen Mengen definiert. Die Formulierung der oben eingeführten Begriffe für den Fall, daß die Topologie durch ein System abgeschlossener Mengen gegeben ist, überlassen wir dem Leser.

Wird in eine abgeschlossene Teilmenge $\mathbf{X}_0$ des topologischen Raumes $\mathbf{X}$ die von $\mathbf{X}$ in $\mathbf{X}_0$ induzierte Topologie eingeführt, dann nennen wir $\mathbf{X}_0$ einen *Teilraum* von $\mathbf{X}$. Das System $\mathfrak{F}_0$ der abgeschlossenen Mengen des Teilraumes $\mathbf{X}_0$ besteht aus denjenigen abgeschlossenen Mengen von $\mathbf{X}$, die ganz in $\mathbf{X}_0$ enthalten sind.

5.3. $\mathbf{X}$ sei ein topologischer Raum. Ein Punkt $x \in \mathbf{X}$ heißt *innerer Punkt* der Menge $E \subset \mathbf{X}$, wenn eine offene Menge $G \subset E$ existiert, so daß $x \in G$ gilt. *Umgebung* des Punktes $x \in \mathbf{X}$ nennt man jede Menge $V \subset \mathbf{X}$, für die der Punkt x innerer Punkt ist. Ein System $\mathfrak{V}_x$ von Umgebungen des Punktes x heißt *fundamental* oder *Basis* für die Umgebungen des Punktes x, wenn es zu jeder Umgebung V von x eine Umgebung $V_x \in \mathfrak{V}_x$ gibt, die ganz in V enthalten ist. Die Gesamtheit der Basen $\mathfrak{V}_x$, $x \in \mathbf{X}$, heißt *Basis* des Raumes. Diese hat folgende Eigenschaften:

1. Aus $V \in \mathfrak{V}_x$ folgt $x \in V$.

2. Zu je zwei Mengen $V_1, V_2 \in \mathfrak{V}_x$ gibt es ein $V \in \mathfrak{V}_x$ derart, daß $V \subset V_1 \cap V_2$ gilt.

3. Zu jeder Menge $V_x \in \mathfrak{V}_x$ gibt es ein $V'_x \in \mathfrak{V}_x$ mit $V'_x \subset V_x$ derart, daß zu jedem Element $y \in V'_x$ ein $V_y \in \mathfrak{V}_y$ existiert, für das $V_y \subset V_x$ gilt.

Wir machen uns die letzte Eigenschaft noch klar. Da V_x Umgebung des Punktes x ist, gibt es eine offene Menge $G \subset V_x$, die den Punkt x enthält. G ist eine Umgebung des Punktes x. Deshalb existiert eine Menge $V'_x \in \mathfrak{V}_x$ derart, daß $V'_x \subset G$, also erst recht $V'_x \subset V_x$ gilt. Ist y ein Element der Menge V'_x, dann gehört y auch zur offenen Menge G. Diese ist also Umgebung des Punktes y, weshalb sich ein $V_y \in \mathfrak{V}'_y$ mit $V_y \subset G$ finden läßt. Für die Menge V_y gilt also erst recht $V_y \subset V_x$.

Der Leser weist leicht nach, daß die Gesamtheit der Kugelumgebungen $K_{\frac{1}{n}}(x)$ $(n = 1, 2, \ldots,$ $x \in \mathbf{X})$ eine Basis für den metrischen Raum $\mathbf{X}$ bildet.

Die Eigenschaften 1—3 charakterisieren die Basis eines Raumes. Es gilt nämlich der folgende

Satz 1 (5.I). *Jedem Punkt x einer Menge $\mathbf{X}$ sei ein (nicht leeres) System $\mathfrak{V}_x$ von Teilmengen der Menge $\mathbf{X}$ zugeordnet, das die Bedingungen 1—3 erfüllt. Eine Menge $G \subset \mathbf{X}$ heiße offen, wenn zu jedem $x \in G$ eine Menge $V \subset G$ existiert mit $V \in \mathfrak{V}_x$. Dann genügt das System der so definierten offenen Mengen den Axiomen des topologischen Raumes. In diesem Raum ist jedes System $\mathfrak{V}_x$ eine Basis für die Umgebungen des Punktes x.*

Beweis. Daß für die im Satz definierten offenen Mengen die Axiome des topologischen Raumes erfüllt sind, folgt leicht aus den Bedingungen 1 und 2. Wir beweisen nur, daß für jedes $x \in \mathbf{X}$ das System $\mathfrak{V}_x$ ein fundamentales Umgebungssystem des Punktes x bildet. Es sei $V \in \mathfrak{V}'_x$ und G die Menge aller Punkte $y \in V$, zu denen ein $V_y \in \mathfrak{V}_y$ mit der Eigenschaft

$V_y \subset V$ existiert. Wir zeigen, daß die Menge G offen ist. Zu jedem Punkt $z \in G$ gibt es eine Menge $V_z \in \mathfrak{V}_z$ mit $V_z \subset V$. Nach Bedingung 3 kann man ein $V'_z \in \mathfrak{V}_z$ finden, so daß $V'_z \subset V_z$ gilt und zu jedem $y \in V'_z$ ein $V_y \in \mathfrak{V}_y$ mit $V_y \subset V_z$ existiert. Daraus folgt aber $y \in G$ und $V'_z \subset G$, d. h., die Menge G ist offen und V ist eine Umgebung des Punktes x. Es bleibt noch zu zeigen, daß $\mathfrak{V}_x$ sogar fundamentales Umgebungssystem ist. U sei irgendeine Umgebung des Punktes x. Dann gibt es eine offene Menge $G \subset U$, die x enthält. Folglich existiert ein $V_x \in \mathfrak{V}_x$ mit der Eigenschaft $V_x \subset G$, also gilt erst recht $V_x \subset U$.

Der eben bewiesene Satz gestattet es, eine Menge dadurch zu topologisieren, daß man zu jedem Punkt ein fundamentales Umgebungssystem angibt. Dieses Vorgehen erweist sich in der Regel als sehr günstig, da man als Umgebungen oft Mengen verhältnismäßig einfacher Struktur finden kann.

Wir charakterisieren jetzt die in einem topologischen Raum eingeführten Grundbegriffe durch seine Basis

In einer Menge $\mathbf{X}$ seinen zwei Basen[1]) $\{\mathfrak{V}_x\}$ $(x \in \mathbf{X})$ und $\{\mathfrak{U}_x\}$ $(x \in \mathbf{X})$ gegeben. Nach Satz 1 bestimmt jede von ihnen eine Topologie in $\mathbf{X}$. Den durch die erste Basis erzeugten topologischen Raum bezeichnen wir mit $\mathbf{X}_1$, den durch die zweite Basis erzeugten mit $\mathbf{X}_2$.

Die Topologie von $\mathbf{X}_1$ ist genau dann schwächer als die Topologie von $\mathbf{X}_2$, wenn es zu jedem $x \in \mathbf{X}$ und $V \in \mathfrak{V}_x$ eine Umgebung $U \in \mathfrak{U}_x$ gibt, die in V enthalten ist.

Den einfachen Beweis dieser Tatsache überlassen wir dem Leser.

Aus diesem Sachverhalt folgt, daß zwei Basen $\{\mathfrak{V}_x\}$ und $\{\mathfrak{U}_x\}$ genau dann dieselbe Topologie erzeugen, wenn es für jedes Element $x \in \mathbf{X}$ und zu jedem $U \in \mathfrak{U}_x$ ein $V \in \mathfrak{V}_x$ mit $V \subset U$ und zu dem $V \in \mathfrak{V}_x$ ein $U \in \mathfrak{U}_x$ mit $U \subset V$ gibt. In diesem Fall nennen wir die beiden Basen *äquivalent*.

Die nunmehr naheliegende Formulierung der Bedingungen für die Homöomorphie zweier topologischer Räume mit Hilfe von Umgebungen überlassen wir dem Leser.

Ist $\mathbf{X}_0$ eine Teilmenge des topologischen Raumes $\mathbf{X}$ mit der Basis $\{\mathfrak{V}_x\}$ $(x \in \mathbf{X})$, dann wird die induzierte Topologie in $\mathbf{X}_0$ von der Basis $\{\mathfrak{V}_x^{(0)}\}$ $(x \in \mathbf{X}_0)$ erzeugt, wobei $\mathfrak{V}_x^{(0)}$ aus allen Mengen der Form $V \cap \mathbf{X}_0$ $(V \in \mathfrak{V}_x)$ besteht. Auch hier überlassen wir den Beweis dafür, daß die Gesamtheit $\{\mathfrak{V}_x^{(0)}\}$ den Bedingungen von Satz 1 genügt und die durch diese Basis in $\mathbf{X}_0$ erzeugte Topologie mit der induzierten Topologie zusammenfällt, dem Leser.

5.4. Bevor wir die Bedingungen für die Abgeschlossenheit einer Menge mit Hilfe von Umgebungen formulieren, führen wir noch einen wichtigen Begriff ein. Der Punkt x des topologischen Raumes $\mathbf{X}$ heißt *Berührpunkt der Menge* $E \subset \mathbf{X}$, wenn für jede Umgebung V des Punktes x der Durchschnitt $V \cap E$ nicht leer ist. Besteht dieser Durchschnitt darüber hinaus nicht nur aus dem einen Punkt x, dann heißt x *Häufungspunkt der Menge* E.

Bei der Definition des Berührpunktes (bzw. des Häufungspunktes) braucht man nicht notwendig alle Umgebungen des Punktes x, sondern nur die eines gewissen Fundamentalsystems in Betracht zu ziehen.

Die Menge aller Berührpunkte einer Menge E heißt die *Abschließung* der Menge E und wird mit $\overline{E}$ bezeichnet. Ohne Schwierigkeiten lassen sich die folgenden Eigenschaften der Abschließung beweisen:

1. $\overline{\emptyset} = \emptyset$.
2. $E \subset \overline{E}$.
3. Aus $E_1 \subset E_2$ folgt $\overline{E}_1 \subset \overline{E}_2$.
4. $\overline{E_1 \cup E_2} = \overline{E}_1 \cup \overline{E}_2$.
5. $\overline{\overline{E}} = \overline{E}$.

Davon beweisen wir nur die beiden letzten, weniger offensichtlichen Eigenschaften. Es sei $E = E_1 \cup E_2$. Aus $E_i \subset E$ folgt $\overline{E}_i \subset \overline{E}$ $(i = 1, 2)$ und daraus $\overline{E}_1 \cup \overline{E}_2 \subset \overline{E}$. Um-

[1]) Unter einer Basis in einer Menge $\mathbf{X}$ verstehen wir im folgenden eine Gesamtheit von Mengensystemen, die den Bedingungen 1—3 genügt.

gekehrt finden wir zu einem Punkt $x \in \overline{E}$ mit $x \notin \overline{E_1}$ eine Umgebung V_0 von x, für die $V_0 \cap E_1 = \emptyset$ gilt. V sei eine beliebige Umgebung des Punktes x. Wir können annehmen, daß $V \subset V_0$ gilt (anderenfalls betrachten wir den Durchschnitt $V \cap V_0$). Wegen $V \cap E_1 = \emptyset$ folgt aus $V \cap E \neq \emptyset$ die Beziehung $V \cap E_2 \neq \emptyset$, d. h. $x \in \overline{E_2} \subset \overline{E_1} \cap \overline{E_2}$.

Zum Beweis der letzten Eigenschaft brauchen wir wegen 2. nur $\overline{\overline{E}} \subset \overline{E}$ zu zeigen. Es sei $x \in \overline{\overline{E}}$ und V eine beliebige Umgebung des Punktes x. Wir können annehmen, daß die Menge V offen, also Umgebung von jedem ihrer Punkte ist. Der Durchschnitt $V \cap \overline{E}$ ist sicher nicht leer; das Element y gehöre diesem Durchschnitt an. Da $y \in \overline{E}$ gilt und V als offene Menge eine Umgebung des Punktes y ist, folgt $V \cap E \neq \emptyset$, d. h. $x \in \overline{E}$.

Eine Menge $F \subset \mathbf{X}$ ist genau dann abgeschlossen, wenn $\overline{F} = F$ gilt. Aus $x \notin \overline{F} = F$ folgt nämlich die Existenz einer Umgebung V des Punktes x, die F nicht schneidet. D. h., die Menge $G = \mathbf{X} \setminus F$ ist offen und F folglich abgeschlossen. Diese Überlegungen lassen sich umkehren, woraus die Behauptung folgt.

Wir weisen noch auf die leicht einzusehende Tatsache hin, daß man die Abschließung einer Menge E erhält, wenn man zu E alle seine Häufungspunkte hinzufügt. Eine Menge ist also genau dann abgeschlossen, wenn sie alle ihre Häufungspunkte enthält.

5.5. Es seien jetzt zwei topologische Räume $\mathbf{X}$ und $\mathbf{Y}$ gegeben. Jedem Element $x \in \mathbf{X}$ sei ein Element $y = f(x) \in Y$ zugeordnet. f nennt man eine *Abbildung* des Raumes $\mathbf{X}$ in den Raum $\mathbf{Y}$. Das Element $y = f(x)$ heißt das *Bild* des Elementes x, das Element $x \in \mathbf{X}$ heißt das *Urbild* des Elementes $y = f(x) \in \mathbf{Y}$. Ist die Menge aller Bilder der ganze Raum $\mathbf{Y}$, dann sagt man, f bildet $\mathbf{X}$ auf $\mathbf{Y}$ ab.

Die Gesamtheit $B \subset \mathbf{Y}$ aller Bilder von Elementen einer Menge $A \subset \mathbf{X}$ heißt das *Bild* der Menge A und wird mit $B = f(A)$ bezeichnet. Die Menge A aller Urbilder der Elemente einer Menge $B \subset \mathbf{Y}$ heißt das *volle Urbild* der Menge B und wird mit $A = \overset{-1}{f}(B)$ bezeichnet ($f(\mathbf{X})$ braucht dabei nicht mit $\mathbf{Y}$ zusammenzufallen!).

In der Menge $\mathbf{X}$ definieren wir jetzt eine neue Topologie, indem wir als offene Mengen die vollen Urbilder $\overset{-1}{f}(U)$ aller in $\mathbf{Y}$ offenen Mengen U nehmen. Wir zeigen, daß das System $\mathfrak{G}_f$ der auf diese Art definierten offenen Mengen in $\mathbf{X}$ den Axiomen des topologischen Raumes genügt. Es ist $\emptyset = \overset{-1}{f}(\emptyset)$ und $\mathbf{X} = \overset{-1}{f}(\mathbf{Y})$, also gilt $\emptyset, \mathbf{X} \in \mathfrak{G}_f$. Weiter folgt aus $G_\xi \in \mathfrak{G}_f$ $(\xi \in \Xi)$, d. h. $G_\xi = \overset{-1}{f}(U_\xi)$, wobei die Mengen U_ξ $(\xi \in \Xi)$ in $\mathbf{Y}$ offen sind, die Beziehung $G = \bigcup_{\xi \in \Xi} G_\xi = \bigcup_{\xi \in \Xi} \overset{-1}{f}(U_\xi) = \overset{-1}{f}\left(\bigcup_{\xi \in \Xi} G_\xi\right) \in \mathfrak{G}_f$. Analog weist man das Erfülltsein des dritten Axioms nach.

Den auf diese Art konstruierten topologischen Raum bezeichnen wir mit $\mathbf{X}_f$. Ist die Topologie des Raumes $\mathbf{X}_f$ schwächer als die Topologie des Raumes $\mathbf{X}$, dann heißt die Abbildung f *stetig*. Aus dieser Definition folgt als notwendige und hinreichende Bedingung für die Stetigkeit einer Abbildung f unmittelbar, daß das volle Urbild jeder in $\mathbf{Y}$ offenen Menge U auch in $\mathbf{X}$ offen ist.

Wegen der Gültigkeit der Beziehung

$$\mathbf{X} \setminus \overset{-1}{f}(B) = \overset{-1}{f}(\mathbf{Y} \setminus B) \quad (B \subset \mathbf{Y})$$

ist für die Stetigkeit der Abbildung f auch notwendig und hinreichend, daß das volle Urbild jeder abgeschlossenen Menge abgeschlossen ist.

Bildet das System $\mathfrak{U}_y$ eine Basis von Umgebungen des Punktes $y \in \mathbf{Y}$, dann ist das System $\mathfrak{V}_x$ $(f(x) = y)$, das aus allen Mengen der Form $\overset{-1}{f}(U)$ $(U \in \mathfrak{U}_y)$ besteht, ein fundamentales Umgebungssystem des Punktes x im Raum $\mathbf{X}_f$. Deshalb kann man unter Benutzung des Umgebungsbegriffes das folgende Stetigkeitskriterium für die Abbildung f formulieren:

Die Abbildung f ist genau dann stetig, wenn zu jedem $x \in \mathbf{X}$ und $U \in \mathfrak{U}_{f(x)}$ eine Umgebung V des Punktes x im Raum $\mathbf{X}$ existiert, so daß $V \subset \overset{-1}{f}(U)$ (oder $f(V) \subset U$) gilt.[1])

Ist f eine eineindeutige Abbildung von $\mathbf{X}$ auf $\mathbf{Y}$, dann existiert auch die reziproke Abbildung $\overset{-1}{f}$, die dem Element $y \in \mathbf{Y}$ das Element $x = \overset{-1}{f}(y)$ zuordnet, falls $f(x) = y$ gilt. Das Element x wird durch das Element y eindeutig bestimmt. Sind die Abbildungen f und $\overset{-1}{f}$ beide stetig, dann sind die Räume $\mathbf{X}$ und $\mathbf{Y}$ (wie man sich leicht überlegt) homöomorph. Offensichtlich existiert auch umgekehrt zu zwei homöomorphen Räumen $\mathbf{X}$ und $\mathbf{Y}$ eine Abbildung f des Raumes $\mathbf{X}$ auf den Raum $\mathbf{Y}$, die eineindeutig und in beiden Richtungen stetig ist (d. h., die Abbildungen f und $\overset{-1}{f}$ sind stetig). In diesem Fall heißt f ein *Homöomorphismus* von $\mathbf{X}$ auf $\mathbf{Y}$. Oft muß man Abbildungen f betrachten, die einem Paar von Elementen $x', x'' \in \mathbf{X}$ ein Element $y = f(x', x'') \in \mathbf{Y}$ zuordnen. Um in natürlicher Weise einen Zusammenhang zwischen diesen und den oben eingeführten Abbildungen herzustellen, brauchen wir den Begriff des direkten Produktes topologischer Räume.

$\mathbf{X}'$ und $\mathbf{X}''$ seien zwei topologische Räume. Wir bilden die Menge $\mathbf{X}$ aller Paare (x', x'') mit $x' \in \mathbf{X}'$ und $x'' \in \mathbf{X}''$. In $\mathbf{X}$ führen wir eine Topologie ein, indem wir als Umgebung eines Punktes $(x_0', x_0'') \in \mathbf{X}$ jede Menge V nehmen, die aus den Paaren (x', x'') mit $x' \in V'$ und $x'' \in V''$ besteht, wenn V' bzw. V'' eine Umgebung des Punktes x_0' bzw. x_0'' im Raum $\mathbf{X}'$ bzw. $\mathbf{X}''$ ist. Der auf diese Weise konstruierte topologische Raum heißt das *direkte Produkt* (oder einfach das Produkt) der Räume $\mathbf{X}'$ und $\mathbf{X}''$ und wird mit $\mathbf{X} = \mathbf{X}' \times \mathbf{X}''$ bezeichnet.

Ist f eine Abbildung der oben beschriebenen Art, dann kann man sie als gewöhnliche Abbildung des Raumes $\mathbf{X}^2 = \mathbf{X} \times \mathbf{X}$ in $\mathbf{Y}$ ansehen. Wir bezeichnen diese neue Abbildung mit $\tilde{f}$ und nennen f stetig, wenn die Abbildung $\tilde{f}$ stetig ist. Diese Stetigkeitsdefinition ist äquivalent zur folgenden: Zu irgend zwei Punkten $x', x'' \in \mathbf{X}$ und einer Umgebung U des Punktes $y = f(x', x'')$ gibt es eine Umgebung V' des Punktes x' und eine Umgebung V'' des Punktes x'' derart, daß $f(V', V'') \subset U$ gilt.

5.6. Topologische Räume, die nur den oben genannten drei Axiomen aus 5.1 genügen, können einmal eine sehr komplizierte Struktur haben; andererseits kann aber auch ihr topologischer Aufbau derart einfach sein, daß sie sich mit den Hilfsmitteln der Topologie nicht weiter untersuchen lassen. Das ist z. B. dann der Fall, wenn nur die leere Menge und der ganze Raum offen sind.

Aus diesen Gründen führt man noch zusätzliche Axiome ein, von denen die sog. *Trennbarkeitsaxiome* besondere Bedeutung haben.

Erstes Trennbarkeitsaxiom. Zu irgend zwei verschiedenen Punkten x_1, x_2 des topologischen Raumes $\mathbf{X}$ gibt es eine Umgebung V_1 des Punktes x_1, die den Punkt x_2 nicht enthält.[2])

Ein topologischer Raum, in dem das erste Trennbarkeitsaxiom erfüllt ist, heißt *separiert* oder ein *T_1-Raum.*

In einem separierten Raum ist jede einpunktige Menge abgeschlossen. Sind umgekehrt in einem topologischen Raum $\mathbf{X}$ alle einpunktigen Mengen abgeschlossen, so ist der Raum $\mathbf{X}$ separiert. Diese Aussagen kann der Leser unschwer beweisen.

Zweites Trennbarkeitsaxiom. Zu irgend zwei verschiedenen Punkten x_1 und x_2 des topologischen Raumes $\mathbf{X}$ gibt es eine Umgebung V_1 des Punktes x_1 und eine Umgebung V_2 des Punktes x_2, deren Durchschnitt leer ist.

---

[1]) Bei Bestehen dieser Bedingung im Punkte $x \in \mathbf{X}$ heißt f in diesem Punkte x stetig.

[2]) Dabei kann man unmittelbar erreichen, daß V_1 zu einem vorgegebenen Fundamentalsystem von Umgebungen des Punktes x_1 gehört. Eine entsprechende Bemerkung gilt auch bezüglich der folgenden Trennbarkeitsaxiome.

Räume, in denen das zweite Trennbarkeitsaxiom erfüllt ist, heißen HAUSDORFF- oder T_2-Räume. Die Bedeutung dieses zweiten Trennbarkeitsaxioms wird uns später klar werden.

Drittes Trennbarkeitsaxiom. Zu jedem Punkt x des topologischen Raumes $\mathbf{X}$ und jeder abgeschlossenen Menge $F \subset \mathbf{X}$, die den Punkt x nicht enthält, gibt es eine Umgebung V des Punktes x und eine offene Menge $G \supset F$ derart, daß $V \cap G = \emptyset$ gilt.

Räume, in denen dieses Axiom erfüllt ist, heißen T_3-*Räume*. Genügt ein T_3-Raum dem ersten Trennbarkeitsaxiom (und folglich auch dem zweiten), so nennt man ihn *regulär*.

T_3-Räume lassen sich dadurch charakterisieren, daß für jeden Punkt des Raumes ein fundamentales Umgebungssystem existiert, das aus abgeschlossenen Mengen besteht. Sind nämlich die Mengen des Systems $\mathfrak{B}_x$ die Abschließungen der Umgebungen des Punktes x, dann ist $\mathfrak{B}_x$ ein fundamentales Umgebungssystem von x. Um das zu sehen, nehmen wir eine beliebige Umgebung V des Punktes x. Wir können annehmen, daß V eine offene Menge ist. Die Menge $F = \mathbf{X} \setminus V$ ist folglich abgeschlossen und enthält den Punkt x nicht. Es gibt also eine Umgebung V' des Punktes x und eine offene Menge $G \supset F$ derart, daß $V' \cap G = \emptyset$ gilt. Diese Beziehung kann man auch in der Form $V' \subset \mathbf{X} \setminus G$ schreiben. Da $\mathbf{X} \setminus G$ abgeschlossen ist, folgt $\overline{V'} \subset \mathbf{X} \setminus G \subset \mathbf{X} \setminus F = V$.

Besitzt umgekehrt jeder Punkt des topologischen Raumes $\mathbf{X}$ ein fundamentales Umgebungssystem $\mathfrak{B}_x$, das aus abgeschlossenen Mengen besteht, dann ist $\mathbf{X}$ ein T_3-Raum. Es sei nämlich $F \subset \mathbf{X}$ eine abgeschlossene Menge und $x \notin F$. Dann ist die Menge $G = \mathbf{X} \setminus F$ offen, enthält den Punkt x und ist folglich Umgebung dieses Punktes. Deshalb existiert in $\mathbf{X}$ eine abgeschlossene Menge $V \subset G$, die zu $\mathfrak{B}_x$ gehört. Für die offene Menge $\mathbf{X} \setminus V$ gilt dann $\mathbf{X} \setminus V \supset \mathbf{X} \setminus G = F$. Die Beziehung $V \cap (\mathbf{X} \setminus V) = \emptyset$ ist offensichtlich.

5.7. Ähnlich wie im metrischen Raum kann man auch in einem topologischen Raum die Konvergenz einer Folge definieren: Die Folge $\{x_n\}$ von Elementen des topologischen Raumes $\mathbf{X}$ *konvergiert* gegen das Element x, wenn zu jeder Umgebung V des Punktes x eine natürliche Zahl n_0 existiert, so daß $x_n \in V$ für $n > n_0$ gilt. Hierfür schreibt man wieder $x_n \to x_0$ oder $\lim\limits_{n\to\infty} x_n = x_0$. In einem beliebigen topologischen Raum hat die Konvergenz jedoch keine so weitreichende Bedeutung wie in metrischen Räumen. Das liegt hauptsächlich daran, daß man im Unterschied zum Fall des metrischen Raumes in einem topologischen Raum die Abschließung einer Menge i. a. nicht erhält, wenn man zu der gegebenen Menge alle Grenzwerte konvergenter Folgen von Elementen der Menge hinzunimmt. Darüber hinaus ist eine Menge, die alle Grenzwerte konvergenter Folgen ihrer Elemente enthält, i. a. nicht abgeschlossen.

Dieser Sachverhalt macht es notwendig, einen allgemeineren Begriff als den der Folgenkonvergenz einzuführen, was nunmehr weiter ausgeführt werden soll.

Eine Menge A heißt *teilweise geordnet*, wenn in der Menge der Paare (α', α'') $(\alpha', \alpha'' \in A)$ eine Teilmenge $\mathfrak{A}$ ausgezeichnet ist, die folgende Eigenschaften besitzt:

1. Es gilt $(\alpha, \alpha) \in \mathfrak{A}$ für beliebiges $\alpha \in A$ und aus $(\alpha', \alpha'') \in \mathfrak{A}$, $(\alpha'', \alpha') \in \mathfrak{A}$ folgt $\alpha' = \alpha''$.
2. Aus $(\alpha', \alpha'') \in \mathfrak{A}$ und $(\alpha'', \alpha''') \in \mathfrak{A}$ folgt $(\alpha', \alpha''') \in \mathfrak{A}$.

Gilt $(\alpha', \alpha'') \in \mathfrak{A}$, so sagen wir, α' ist ein *Vorgänger* von α'' (oder α'' ist ein *Nachfolger* von α') und schreiben dafür $\alpha' \precsim \alpha''$ (oder $\alpha'' \succsim \alpha'$).

Eine *geordnete* Menge A (bisweilen auch als „vollständig geordnet" bezeichnet) ist dadurch charakterisiert, daß außer den Eigenschaften 1 und 2 noch gilt: Für irgend zwei Elemente α', α'' aus A gehört mindestens eines der Paare (α', α''), (α'', α') zu $\mathfrak{A}$.

Eine teilweise geordnete Menge heißt *gerichtet*, wenn sie folgende Bedingung erfüllt:

3. Für je zwei Elemente $\alpha', \alpha'' \in A$ gibt es ein $\alpha \in A$ derart, daß $\alpha \succsim \alpha'$ und $\alpha \succsim \alpha''$ gilt.

Eine Menge $A_0 \subset A$ heißt *konfinal* in A, wenn zu jedem $\alpha \in A$ ein $\alpha_0 \in A_0$ mit $\alpha_0 \succsim \alpha$ existiert. Offensichtlich ist eine Menge A_0, die in der gerichteten Menge A konfinal ist, ebenfalls gerichtet bezüglich der in ihr von A induzierten teilweisen Ordnung.

Ist A eine gerichtete Menge und jedem $\alpha \in A$ ein Element x_α einer weiteren Menge $\mathbf{X}$ zugeordnet, so spricht man von einer *verallgemeinerten Folge* $\{x_\alpha\}$ $(\alpha \in A)$. Eine verallgemeinerte Folge in $\mathbf{X}$ ist also eine auf einer gerichteten Menge A definierte Funktion mit Werten in $\mathbf{X}$.

Eine verallgemeinerte Folge $\{x_\alpha\}$ $(\alpha \in A)$ von Elementen des topologischen Raumes $\mathbf{X}$ heißt *konvergent* gegen $x \in \mathbf{X}$, wenn es zu jeder Umgebung V des Punktes x ein $\alpha_0 \in A$ gibt mit der Eigenschaft, daß aus $\alpha \succ \alpha_0$ stets $x_\alpha \in V$ folgt. Hierfür schreiben wir $x_\alpha \underset{A}{\to} x$ oder auch $\lim\limits_{\alpha \in A} x_\alpha = x$. Der Punkt x heißt *Grenzwert* der verallgemeinerten Folge $\{x_\alpha\}$.

Wir führen jetzt einige Eigenschaften konvergenter verallgemeinerter Folgen an.

1. Ist A_0 konfinal in A, dann folgt aus $x_\alpha \underset{A}{\to} x$ auch $x_\alpha \underset{A_0}{\to} x$. Der einfache Beweis kann dem Leser überlassen werden.

2. Ein Element x gehört genau dann zur Abschließung $\overline{E}$ einer Menge $E \subset \mathbf{X}$, wenn es eine verallgemeinerte Folge $\{x_\alpha\}$ $(\alpha \in A)$ von Elementen aus E gibt, die gegen x konvergiert.

Existiert nämlich eine verallgemeinerte Folge mit dieser Eigenschaft, dann ist für jede Umgebung V des Punktes x der Durchschnitt $V \cap E$ nicht leer, da er Elemente der verallgemeinerten Folge enthält.

Wir setzen jetzt umgekehrt $x \in \overline{E}$ voraus. A sei ein fundamentales Umgebungssystem des Punktes x. In der Menge A erklären wir eine teilweise Ordnung durch die Festsetzung, daß $\alpha' \prec \alpha''$ gleichbedeutend mit $\alpha' \supset \alpha''$ $(\alpha', \alpha'' \in A)$ sein soll. Dann ist die Menge A bezüglich dieser teilweisen Ordnung sogar gerichtet. Aus der Voraussetzung $x \in \overline{E}$ folgt weiter für jedes $\alpha \in A$ die Beziehung $\alpha \cap E \neq \emptyset$. Es sei $x_\alpha \in \alpha \cap E$.[1]) Die so konstruierte verallgemeinerte Folge $\{x_\alpha\}$ hat die verlangten Eigenschaften.

Aus dem eben Bewiesenen erhält man leicht:

3. Eine Menge $F \subset \mathbf{X}$ ist genau dann abgeschlossen, wenn für jede verallgemeinerte Folge $\{x_\alpha\}$ $(\alpha \in A)$ mit den Eigenschaften $x_\alpha \underset{A}{\to} x$ und $x_\alpha \in F$ $(\alpha \in A)$ auch $x \in F$ gilt.

4. Besitzt im Raum $\mathbf{X}$ jeder Punkt ein abzählbares fundamentales Umgebungssystem, dann kann man in den Eigenschaften 2 und 3 die verallgemeinerten Folgen durch gewöhnliche Folgen ersetzen.

Ist nämlich $\mathfrak{V}_x = \{V_n\}$ $(n = 1, 2, \ldots)$ eine Basis von Umgebungen des Punktes x, dann bezeichnen wir mit V'_n die Mengen

$$V'_n = V_1 \cap V_2 \cap \ldots \cap V_n \qquad (n = 1, 2, \ldots).$$

Offensichtlich bilden die Umgebungen $V'_1, V'_2, \ldots$ wieder ein fundamentales Umgebungssystem des Punktes x, wobei nunmehr $V'_n \supset V'_{n+1}$ gilt; die Folge der Umgebungen $V'_1, V'_2, \ldots$ ist also jetzt vollständig geordnet. Durch sinngemäße Wiederholung der Überlegungen im Beweis der Eigenschaft 2 erhalten wir eine gewöhnliche Folge $\{x_n\}$ $(x_n \in E)$, die gegen x konvergiert.

5. Genau dann hat jede konvergente verallgemeinerte Folge nur einen Grenzwert, wenn der Raum $\mathbf{X}$ ein HAUSDORFF-Raum ist.

Die Eindeutigkeit des Grenzwertes in einem HAUSDORFF-Raum $\mathbf{X}$ folgt unmittelbar aus der Definition des Grenzwertes.

Wir beweisen die Umkehrung. Der Raum $\mathbf{X}$ sei kein HAUSDORFF-Raum. Dann gibt es zwei verschiedene Punkte $x, y \in \mathbf{X}$ mit der Eigenschaft, daß für beliebige Umgebungen U bzw. V des Punktes x bzw. y der Durchschnitt $U \cap V$ nicht leer ist. Mit A bezeichnen wir die Gesamtheit der Paare (U, V), gebildet aus einer Umgebung U des Punktes x und einer Umgebung V des Punktes y. Sind $\alpha' = (U', V')$ und $\alpha'' = (U'', V'')$ zwei Elemente aus A, so setzen wir $\alpha' \prec \alpha''$, wenn $U' \supset U''$ und $V' \supset V''$ gleichzeitig gelten. Es sei

---

[1]) Hierbei wird wiederum vom Auswahlaxiom Gebrauch gemacht. Das geschieht auch bei mehreren Überlegungen im folgenden, ohne daß wir jedesmal darauf hinweisen wollen.

$\alpha = (U, V) \in A$. Wegen $U \cap V \neq \emptyset$ gibt es ein Element $x_\alpha \in U \cap V$. Dann gilt $x_\alpha \underset{A}{\to} x$ und $x_\alpha \underset{A}{\to} y$. Wir zeigen z. B. die Richtigkeit der ersten Beziehung. Zu jeder Umgebung U_0 des Punktes x existiert ein Element $x_{\alpha_0} \in U_0$. Wir können $\alpha_0 = (U_0, V_0)$ annehmen, wobei V_0 eine Umgebung des Punktes y ist. Aus $\alpha = (U, V) \succ \alpha_0$ folgt $U \subset U_0$, also auch $x_\alpha \in U \subset U_0$. Das bedeutet aber $x_\alpha \underset{A}{\to} x$.

Eine Bedingung für die Stetigkeit der Abbildung f des topologischen Raumes $\mathbf{X}$ in den topologischen Raum $\mathbf{Y}$ kann mit Hilfe des (verallgemeinerten) Konvergenzbegriffes folgendermaßen formuliert werden:

6. Die Abbildung f ist genau dann stetig, wenn für jedes $x \in \mathbf{X}$ und für jede verallgemeinerte Folge $\{x_\alpha\}$ $(\alpha \in A)$ mit $x_\alpha \underset{A}{\to} x$ auch $f(x_\alpha) \underset{A}{\to} f(x)$ gilt.

Es sei $\Phi \subset \mathbf{Y}$ eine abgeschlossene Menge und F deren Urbild: $F = \overset{-1}{f}(\Phi)$. Wir betrachten eine verallgemeinerte Folge $\{x_\alpha\}$ $(\alpha \in A)$ von Elementen aus F, die gegen $x \in \mathbf{X}$ konvergiert. Gilt nun $f(x_\alpha) \to f(x)$, so folgt wegen $f(x_\alpha) \in \Phi$ $(\alpha \in A)$ und der Abgeschlossenheit von Φ auch $f(x) \in \Phi$, d. h. $x \in F$. Die Menge F ist demnach abgeschlossen und die Abbildung f stetig.

Wir setzen jetzt voraus, daß f eine stetige Abbildung, x ein beliebiges Element von $\mathbf{X}$ und $\{x_\alpha\}$ $(\alpha \in A)$ eine gegen x konvergente verallgemeinerte Folge ist. U sei eine beliebige Umgebung des Punktes $y = f(x)$. Dann gibt es eine Umgebung V des Punktes x derart, daß $f(V) \subset U$ gilt, und ein $\alpha_0 \in A$, so daß aus $\alpha \succ \alpha_0$ stets $x_\alpha \in V$ folgt. Für dieselben α ist dann auch $f(x_\alpha) \in U$, d. h., es gilt $f(x_\alpha) \underset{A}{\to} f(x)$.[1])

Die unter 3. genannte Eigenschaft der verallgemeinerten Konvergenz gestattet es, eine Menge zu topologisieren, wenn in ihr (a priori) ein Konvergenzbegriff gegeben ist. Es sei z. B. in der Menge $\mathbf{X}$ eine Konvergenz definiert, d. h. eine gewisse Klasse verallgemeinerter Folgen ausgezeichnet, die konvergent heißen mögen, und jeder solchen Folge sei ein Grenzwert (wir setzen der Einfacheit halber voraus, daß dieser eindeutig bestimmt ist) zugeordnet. Außerdem nehmen wir an, daß diese Konvergenz die Eigenschaft 1 besitzt. Eine Menge $F \subset \mathbf{X}$ nennen wir jetzt abgeschlossen, wenn sie den Grenzwert jeder konvergenten verallgemeinerten Folge ihrer Elemente enthält. Man bestätigt leicht, daß das System der so definierten abgeschlossenen Mengen den Bedingungen 1—3 aus 5.2 genügt. Die Menge $\mathbf{X}$ wird dadurch also zu einem topologischen Raum. In diesem kann man nun die in einem allgemeinen topologischen Raum übliche Konvergenz einführen, so wie wir es ursprünglich getan haben. Jedoch wollen wir hier aber nicht auf die Beziehungen zwischen der a-priori-Konvergenz und der von ihr erzeugten topologischen Konvergenz eingehen.

Im Zusammenhang mit dem Begriff der teilweise geordneten Menge formulieren wir noch eine Behauptung, die dem Prinzip der transfiniten Induktion äquivalent, aber für die Anwendungen bequemer ist. Eine teilweise geordnete Menge A nennen wir *extremal*, wenn jeder geordnete Teil A_0 nach oben (bzw. nach unten) beschränkt ist, d. h., wenn es ein Element $\alpha_0 \in A$ gibt, so daß $\alpha \prec \alpha_0$ (bzw. $\alpha \succ \alpha_0$) für alle $\alpha \in A_0$ gilt.

ZORNsches Lemma. *Ist eine teilweise geordnete Menge A extremal, dann existiert in ihr mindestens ein maximales (bzw. minimales) Element, d. h. ein Element, das keinen Nachfolger (bzw. keinen Vorgänger) in der Menge A hat.*

5.8. Wir beschäftigen uns schließlich noch mit dem Kompaktheitsbegriff in topologischen Räumen. Wie in Abschnitt 5.7 erläutert wurde, sind die gewöhnlichen konvergenten Folgen kein geeignetes Hilfsmittel für die Untersuchung topologischer Räume. Deshalb ist es nicht zu erwarten, daß sich die in § 3 für den Fall eines metrischen Raumes gegebene Kompaktheitsdefinition auch im allgemeinen Fall als zweckmäßig erweist. Obwohl es naheliegt, für die Kompaktheitsdefinition einfach den Begriff der verallgemeinerten Folge heranzuziehen, zeigt sich bei genauerer Betrachtung, daß ein solches Vorgehen übermäßig

---

[1]) Ist die Bedingung für einen Punkt x erfüllt, dann folgt aus dem Beweis, daß die Abbildung f in diesem Punkt stetig ist.

kompliziert ist. Man verwendet deshalb die folgende auf den ersten Blick von der in Abschnitt I.3.1 gegebenen wohl völlig verschieden erscheinende Definition: Ein topologischer Raum $\mathbf{X}$ heißt *kompakt* (oder *bikompakt*), wenn in jedem System $\{G_\xi\}$ $(\xi \in \Xi)$ offener Mengen, das eine *Überdeckung* des Raumes $\mathbf{X}$ bildet, d. h. die Eigenschaft

$$\bigcup_{\xi \in \Xi} G_\xi = \mathbf{X}$$

hat, endlich viele Mengen $G_{\xi_1}, G_{\xi_2}, \ldots, G_{\xi_n}$ existieren, die ebenfalls den Raum $\mathbf{X}$ überdecken.

Wir nennen ein System $\{A_\xi\}$ $(\xi \in \Xi)$ beliebiger Mengen *zentriert*, wenn der Durchschnitt von je endlich vielen Mengen dieses Systems nicht leer ist.

Für ein Mengensystem $\{G_\xi\}$ $(\xi \in \Xi)$ und die zugehörigen Komplemente F_ξ der Mengen G_ξ $(\xi \in \Xi)$ sind die Beziehungen

$$\bigcup G_\xi = \mathbf{X} \quad \text{und} \quad \bigcap F_\xi = \emptyset$$

bekanntlich gleichwertig. Daraus folgert man unschwer, daß der Raum $\mathbf{X}$ genau dann kompakt ist, wenn jedes zentrierte System abgeschlossener Mengen dieses Raumes einen nicht leeren Durchschnitt hat.

Den Zusammenhang zwischen den Kompaktheitsdefinitionen des Abschnitts I.3.1 und dieses Abschnitts stellt der folgende Satz her.

Satz 2 (5.I). *Für einen metrischen Raum sind die beiden Kompaktheitsdefinitionen äquivalent.*

Beweis. Wir setzen zuerst voraus, daß der Raum $\mathbf{X}$ kompakt ist im Sinne der in diesem Abschnitt gegebenen Definition, mit anderen Worten, daß er bikompakt ist. Angenommen, es gäbe eine Folge $\{x_n\}$ von Elementen des Raumes $\mathbf{X}$, die keine konvergente Teilfolge enthält. Dann ist die Menge F_1 aller Elemente dieser Folge offensichtlich abgeschlossen. Ebenso sind die Mengen

$$F_n = \{x_n, x_{n+1}, \ldots\} \qquad (n = 1, 2, \ldots)$$

abgeschlossen. Das System $\{F_n\}$ ist außerdem zentriert und der Durchschnitt aller Mengen F_n ist leer. Der Raum $\mathbf{X}$ kann folglich nicht bikompakt sein.

$\mathbf{X}$ sei jetzt ein metrischer separabler Raum. Wir nehmen ein System $\{G_\xi\}$ $(\xi \in \Xi)$ offener Mengen, das den Raum $\mathbf{X}$ überdeckt, und zeigen, daß man aus diesem System $\{G_\xi\}$ eine abzählbare Überdeckung des Raumes $\mathbf{X}$ auswählen kann. Nach Voraussetzung gibt es in $\mathbf{X}$ eine abzählbare dichte Menge D. Wir betrachten alle Kugeln mit rationalem Radius und den Punkten aus D als Mittelpunkten. Die Menge dieser Kugeln ist abzählbar, wir können sie folglich numerieren: $S_1, S_2, \ldots, S_n, \ldots$ Zu jedem $x \in \mathbf{X}$ existieren ein Index $\xi \in \Xi$ und eine Kugel $S_{n(x,\xi)}$, so daß

$$x \in S_{n(x,\xi)} \subset G_\xi \tag{1}$$

gilt. Wenn x den ganzen Raum $\mathbf{X}$ durchläuft, dann durchlaufen die Indizes $n(x, \xi)$ eine gewisse Teilfolge $n_1, n_2, \ldots, n_k, \ldots$ Die Kugeln $S_{n_1}, S_{n_2}, \ldots, S_{n_k}, \ldots$ überdecken aber den Raum $\mathbf{X}$. Für jedes $k = 1, 2, \ldots$ wählen wir ein $\xi_k \in \Xi$ derart, daß $n(x_k, \xi_k) = n_k$ für ein gewisses $x_k \in \mathbf{X}$ gilt. Aus (1) folgt dann

$$\bigcup_{k=1}^{\infty} G_{\xi_k} \supset \bigcup_{k=1}^{\infty} S_{n(x_k, \xi_k)} = \bigcup_{k=1}^{\infty} S_{n_k} = \mathbf{X}.$$

$\mathbf{X}$ sei jetzt ein im Sinne der Definition von § 3 kompakter Raum. Wir betrachten wieder eine Überdeckung $\{G_\xi\}$ des Raumes $\mathbf{X}$ durch offene Mengen G_ξ. Wegen der Separabilität von $\mathbf{X}$ (s. Folgerung zu Satz 2 (3.I)) können wir nach dem eben Bewiesenen voraussetzen, daß die Überdeckung $\{G_\xi\}$ abzählbar ist, d. h., daß ξ die Menge der natürlichen Zahlen durchläuft. Wir nehmen nun an, alle Mengen der Form

$$F_n = \mathbf{X} \setminus \bigcup_{\xi=1}^{n} G_\xi$$

seien nicht leer. Aus jeder Menge F_n wählen wir einen Punkt x_n aus. Die Folge $\{x_n\}$ enthält nach Voraussetzung eine konvergente Teilfolge $\{x_{n_k}\}$, es gelte etwa $x_{n_k} \to x$. Für $n_k \geqq n$ gehört aber x_{n_k} zur Menge F_n. Da F_n abgeschlossen ist, gilt auch $x \in F_n$ $(n = 1, 2, \ldots)$ und somit

$$x \in \bigcap_{n=1}^{\infty} F_n = \mathbf{X} \setminus \bigcup_{\xi=1}^{\infty} G_\xi .$$

Das ist aber wegen der Beziehung $\bigcup_{\xi=1}^{\infty} G_\xi = \mathbf{X}$ nicht möglich.

Für eine natürliche Zahl n gilt also $\mathbf{X} = \bigcup_{\xi=1}^{n} G_\xi$, d. h., der Raum $\mathbf{X}$ ist kompakt im Sinne der Definition dieses Abschnittes.

5.9. Eine Menge E des topologischen Raumes $\mathbf{X}$ heißt *kompakt in sich*, wenn sie bezüglich der durch die Topologie von $\mathbf{X}$ in ihr induzierten Topologie ein kompakter topologischer Raum ist. Da die offenen Mengen in E die Gestalt $G \cap E$ haben, wobei G eine offene Menge in $\mathbf{X}$ ist, kann man unabhängig vom Vorhergehenden die Kompaktheit in sich auch folgendermaßen definieren: Zu jedem System $\{G_\xi\}$ in $\mathbf{X}$ offener Mengen, das E überdeckt, d. h. der Beziehung $\bigcup G_\xi \supset E$ genügt, existieren endlich viele Mengen $G_{\xi_1}, G_{\xi_2}, \ldots, G_{\xi_n}$, die E ebenfalls überdecken.

Satz 3 (5.I). *In einem* HAUSDORFF-*Raum* $\mathbf{X}$ *ist jede in sich kompakte Menge abgeschlossen.*

Beweis. Wir nehmen an, die Menge E habe einen Berührpunkt $x_0 \notin E$. Zu jedem Punkt $x \in E$ finden wir dann eine offene Umgebung V_x des Punktes x und eine offene Umgebung $V_{x_0}^{(x)}$ des Punktes x_0, die sich nicht schneiden. Offensichtlich überdeckt das System $\{V_x\}$ $(x \in E)$ die Menge E. Folglich existieren endlich viele Punkte $x_1, x_2, \ldots, x_n \in E$ derart, daß

$$G = \bigcup_{k=1}^{n} V_{x_k} \supset E$$

gilt. Der Durchschnitt

$$V_0 = \bigcap_{k=1}^{n} V_{x_0}^{(x_k)}$$

ist wieder eine Umgebung des Punktes x_0, wobei $V_0 \cap E \subset V_0 \cap G = \emptyset$ gilt. Der Punkt x_0 kann folglich nicht Berührpunkt der Menge E sein, was unserer Annahme widerspricht.

Bemerkung. Ist $\mathbf{X}$ ein kompakter Raum und E eine abgeschlossene Menge in $\mathbf{X}$, dann ist E kompakt in sich.

Abgeschlossene Mengen in E sind nämlich auch in $\mathbf{X}$ abgeschlossen. Deshalb hat ein zentriertes System $\{F_\xi\}$ $(\xi \in \Xi)$ abgeschlossener Mengen in E einen nicht leeren Durchschnitt, der zu E gehört.

Eine Menge E des topologischen Raumes $\mathbf{X}$ nennen wir *kompakt*, wenn ihre Abschließung in sich kompakt ist. (Für diese Eigenschaft ist auch die Bezeichnung *relativ kompakt* gebräuchlich.)[1]) Aus der Bemerkung im Anschluß an Satz 3 folgt, daß in einem kompakten Raum jede Menge kompakt ist.

5.10. Es sei $\mathbf{X}$ ein kompakter Raum und f eine stetige Abbildung des Raumes $\mathbf{X}$ in den topologischen Raum $\mathbf{Y}$. Dann gilt der

Satz 4 (5.I). *Das Bild* $f(\mathbf{X})$ *ist im Raum* $\mathbf{Y}$ *kompakt in sich.*

---

[1]) Der Leser überzeuge sich davon, daß dieser Kompaktheitsbegriff für den Fall des metrischen Raumes mit dem in Abschnitt I.3.1 eingeführten Kompaktheitsbegriff zusammenfällt.

Beweis. $\{G_\xi\}$ $(\xi \in \Xi)$ sei ein System offener Mengen, das $f(\mathbf{X})$ überdeckt. Die Mengen $G'_\xi = \overset{-1}{f}(G_\xi)$ $(\xi \in \Xi)$ sind dann wegen der Stetigkeit der Abbildung f ebenfalls offen und es gilt $\bigcup\limits_{\xi \in \Xi} G'_\xi = \mathbf{X}$. Folglich gibt es endlich viele Mengen $G'_{\xi_1}, G'_{\xi_2}, \ldots, G'_{\xi_n}$, die $\mathbf{X}$ überdecken: $\mathbf{X} = \bigcup\limits_{k=1}^{n} G'_{\xi_k}$. Hieraus folgt $\bigcup\limits_{k=1}^{n} G_{\xi_k} \supset f(\mathbf{X})$. Damit ist der Satz bewiesen.

Folgerung 1. *Ist E eine in sich kompakte Menge des topologischen Raumes* $\mathbf{X}$, *dann ist deren Bild $f(E)$ in sich kompakt im Raum* $\mathbf{Y}$.

Unter Benutzung von Satz 3 erhalten wir hieraus:

Folgerung 2. *Ist* $\mathbf{Y}$ *ein* HAUSDORFF-*Raum, dann ist das Bild $f(E)$ einer in sich kompakten Menge $E \subset \mathbf{X}$ abgeschlossen.*

Folgerung 3. *Ist der Raum* $\mathbf{X}$ *kompakt,* $\mathbf{Y}$ *ein* HAUSDORFF-*Raum und f eine eineindeutige, stetige Abbildung von* $\mathbf{X}$ *auf* $\mathbf{Y}$, *dann ist auch die reziproke Abbildung $\overset{-1}{f}$ stetig.*

Jede abgeschlossene Menge $F \subset \mathbf{X}$ ist nämlich kompakt in sich. Ihr Urbild bezüglich der Abbildung $\overset{-1}{f}$, die Menge $f(F)$, ist abgeschlossen auf Grund von Folgerung 2. Aus der Abgeschlossenheit des Urbildes jeder abgeschlossenen Menge folgt die Stetigkeit der Abbildung $\overset{-1}{f}$.

Bemerkung. Unter den Voraussetzungen von Folgerung 3 sind die Räume $\mathbf{X}$ und $\mathbf{Y}$ homöomorph.

5.11. Bei den folgenden Untersuchungen kompakter Räume und in sich kompakter Mengen verwenden wir den Begriff des Filters (s. BOURBAKI [6a]).

Ein System $\mathfrak{F}$ von Teilmengen einer Menge $\mathbf{X}$ heißt ein *Filter* in $\mathbf{X}$, wenn es die folgenden Eigenschaften besitzt:

1. Aus $F_1 \supset F_2$ und $F_2 \in \mathfrak{F}$ folgt $F_1 \in \mathfrak{F}$.
2. Aus $F_1, F_2 \in \mathfrak{F}$ folgt $F_1 \cap F_2 \in \mathfrak{F}$.
3. $\emptyset \notin F$.

Zum Beispiel bildet die Gesamtheit aller Mengen, die eine gegebene Menge oder insbesondere einen Punkt enthalten, einen Filter. Ein anderes wichtiges Beispiel für einen Filter ist die Gesamtheit $\mathfrak{V}_x$ aller Umgebungen eines Punktes x des topologischen Raumes $\mathbf{X}$.

Gilt für zwei Filter $\mathfrak{F}_1$ und $\mathfrak{F}_2$ die Beziehung $\mathfrak{F}_1 \supset \mathfrak{F}_2$, dann heißt der Filter $\mathfrak{F}_1$ *feiner* als der Filter $\mathfrak{F}_2$ und der Filter $\mathfrak{F}_2$ *gröber* als der Filter $\mathfrak{F}_1$.

Es sei ein Filter $\mathfrak{F}$ gegeben. Ein System $\mathfrak{F}^0$ nicht leerer Mengen heißt *Basis des Filters* $\mathfrak{F}$, falls zu jedem $F \in \mathfrak{F}$ ein $F_0 \in \mathfrak{F}^0$ derart existiert, daß $F_0 \subset F$ gilt. Zum Beispiel bildet jedes fundamentale Umgebungssystem des Punktes x eine Basis des Filters $\mathfrak{V}_x$. Offensichtlich genügt eine Basis $\mathfrak{F}^0$ des Filters $\mathfrak{F}$ den Bedingungen:

1. Zu irgend zwei Mengen $F_1, F_2 \in \mathfrak{F}^0$ existiert eine Menge $F_3 \in \mathfrak{F}^0$, so daß $F_3 \subset F_1 \cap F_2$ gilt.
2. $\emptyset \notin \mathfrak{F}^0$.

Erfüllt umgekehrt ein Mengensystem $\mathfrak{F}^0$ diese zwei Forderungen, dann gibt es einen und nur einen Filter $\mathfrak{F}$ mit dem System $\mathfrak{F}^0$ als Basis. Der Filter $\mathfrak{F}$ besteht aus allen den Mengen, die irgendeine Menge aus $\mathfrak{F}^0$ enthalten. Deshalb kann man auch von einer Filterbasis sprechen, ohne daß der Filter selbst von vornherein gegeben ist. Man versteht darunter eben jedes System $\mathfrak{F}^0$, das den angegebenen zwei Bedingungen genügt.

Ein Filter $\mathfrak{U}$ heißt *Ultrafilter*, wenn kein Filter existiert, der eigentlich feiner ist als $\mathfrak{U}$, d. h., es gibt keinen Filter, der eine echte Obermenge zu $\mathfrak{U}$ ist. Die Gesamtheit aller Mengen, die einen gegebenen Punkt enthalten, liefert ein Beispiel für einen Ultrafilter.

Lemma. *Jeder Filter ist in einem Ultrafilter enthalten.*

Beweis. Wir betrachten die Gesamtheit Φ aller Filter, die feiner sind als der gegebene Filter $\mathfrak{F}$. Bezüglich der natürlichen Ordnung durch Inklusion ist Φ eine teilweise geordnete Menge, die der Voraussetzung des ZORNschen Lemmas genügt. Durch Anwendung dieses Lemmas folgt die Behauptung.

$\mathbf{X}$ sei jetzt ein topologischer Raum. Wir sagen, ein Filter $\mathfrak{F}$ *konvergiert* gegen einen Punkt $x \in \mathbf{X}$, wenn $\mathfrak{B}_x \subset \mathfrak{F}$ gilt, und schreiben für diesen Sachverhalt $\mathfrak{F} \to x$.

Satz 5 (5.I). *Für die Kompaktheit des Raumes* $\mathbf{X}$ *ist notwendig und hinreichend, daß jeder Ultrafilter in* $\mathbf{X}$ *konvergiert.*

Beweis. Notwendig. $\mathbf{X}$ sei ein kompakter Raum und $\mathfrak{U}$ ein Ultrafilter. Mit $\mathfrak{F}_0$ bezeichnen wir das System der Abschließungen aller Mengen aus $\mathfrak{U}$. Da $\mathfrak{F}_0$ offensichtlich zentriert ist, gilt $\bigcap_{F \in \mathfrak{F}^0} F \neq \varnothing$. Der Punkt x gehöre zu diesem Durchschnitt. Für jede Umgebung V_x des Punktes x und jede Menge $U \in \mathfrak{U}$ ist dann der Durchschnitt $V_x \cap U$ nicht leer. Diese Durchschnitte bilden folglich eine Filterbasis. Den zugehörigen Filter bezeichnen wir mit $\mathfrak{U}_0$. Für $\mathfrak{U}_0$ gelten die Beziehungen $\mathfrak{U}_0 \supset \mathfrak{B}_x$ und $\mathfrak{U}_0 \supset \mathfrak{U}$. Da $\mathfrak{U}$ ein Ultrafilter ist, folgt aus der zweiten Beziehung $\mathfrak{U}_0 = \mathfrak{U}$, und damit lautet die erste Beziehung $\mathfrak{U} \supset \mathfrak{B}_x$, d. h. $\mathfrak{U} \to x$.

Hinreichend. Es genügt zu zeigen, daß jedes zentrierte System $\mathfrak{F}^0$ abgeschlossener Mengen einen nicht leeren Durchschnitt hat. Wir setzen voraus, daß das System $\mathfrak{F}^0$ alle endlichen Durchschnitte seiner Mengen enthält, da wir anderenfalls diese zum System hinzufügen könnten, ohne den Durchschnitt aller Mengen des Systems zu ändern. Das System $\mathfrak{F}^0$ ist dann die Basis eines Filters $\mathfrak{F}$. Aus dem vorhergehenden Lemma folgt die Existenz eines Ultrafilters $\mathfrak{U}$ mit $\mathfrak{U} \supset \mathfrak{F}$. Nach Voraussetzung ist $\mathfrak{U}$ konvergent, es gelte z. B. $\mathfrak{U} \to x$. Wir betrachten eine beliebige Menge $F \in \mathfrak{F}^0$ und eine beliebige Umgebung V_x des Punktes x. Aus $\mathfrak{U} \supset \mathfrak{F} \supset \mathfrak{F}^0$ folgt $F \in \mathfrak{U}$ und aus $\mathfrak{U} \supset \mathfrak{B}_x$ ebenso $V_x \in \mathfrak{U}$. Deshalb gehört auch der Durchschnitt $V_x \cap F$ zu $\mathfrak{U}$, ist also nicht leer. Wegen der Abgeschlossenheit von F folgt hieraus leicht $x \in F$. Da F eine beliebige Menge aus $\mathfrak{F}^0$ war, erhalten wir schließlich $x \in \bigcap_{F \in \mathfrak{F}^0} F \neq \varnothing$, womit der Satz bewiesen ist.

Der Filterbegriff hängt eng mit dem Begriff der verallgemeinerten Folge zusammen. Es sei nämlich ein Filter $\mathfrak{F}$ oder eine Filterbasis $\mathfrak{F}^0$ gegeben. Aus jeder Menge $F \in \mathfrak{F}^0$ wählen wir einen beliebigen Punkt x_F aus. Unter der Festsetzung, daß $F_1 \succ F_2$ genau dann gelten soll, wenn $F_1 \subset F_2$ ist, wird $\mathfrak{F}^0$ zu einem gerichteten System, und wir können die verallgemeinerte Folge $\{x_F\}$ $(F \in \mathfrak{F}^0)$ betrachten. Jede solche verallgemeinerte Folge heißt von der Filterbasis $\mathfrak{F}^0$ *erzeugt*. Konvergiert der Filter $\mathfrak{F}$ mit der Basis $\mathfrak{F}^0$ gegen den Punkt x, dann konvergiert auch jede von der Basis $\mathfrak{F}^0$ erzeugte verallgemeinerte Folge gegen x. Ist nämlich V_x eine beliebige Umgebung des Punktes x, so gilt nach Definition der Filterkonvergenz $V_x \in \mathfrak{F}$, deshalb existiert eine Menge $F_0 \in \mathfrak{F}^0$ mit $F_0 \subset V_x$. Aus $F \succ F_0$ $(F \in \mathfrak{F}^0)$ folgt aber $x_F \in F \subset F_0 \subset V_x$, d. h. $x_F \to x$.

Wir betrachten jetzt eine verallgemeinerte Folge $\{x_\alpha\}$ $(\alpha \in A)$. Das aus allen Mengen $F_\alpha = \{x_{\alpha'}\}$ $(\alpha' \succ \alpha)$ bestehende System $\mathfrak{F}^0$ bildet eine Filterbasis. Der zugehörige Filter $\mathfrak{F}$ heißt von der verallgemeinerten Folge *erzeugt* oder einfach der Filter der gegebenen verallgemeinerten Folge. Es ist leicht zu sehen, daß die Konvergenz $x_\alpha \to x$ die Konvergenz $\mathfrak{F} \to x$ nach sich zieht.

Geht man von einem Filter $\mathfrak{F}$ oder seiner Basis $\mathfrak{F}^0$ zu irgendeiner von ihm erzeugten verallgemeinerten Folge und von dieser wieder zu dem von ihr erzeugten Filter über, dann erhält man einen Filter $\mathfrak{F}'$, der feiner ist als der Ausgangsfilter $\mathfrak{F}$. Es gelte nämlich $F_0 \in \mathfrak{F}^0$. Für $F \succ F_0$ folgt $x_F \in F \subset F_0$, so daß die Menge $F'_{F_0} = \{x_F\}$ $(F \succ F_0)$ in der Menge F_0 enthalten ist. Deshalb gilt $\mathfrak{F}^0 \subset \mathfrak{F}'$ und auch $\mathfrak{F} \subset \mathfrak{F}'$.

Ist der Filter $\mathfrak{F}$ sogar ein Ultrafilter, dann folgt aus der letzten Beziehung $\mathfrak{F} = \mathfrak{F}'$.

5.12. Schließlich beweisen wir noch einen Satz über die Kompaktheit des Produktes kompakter Räume.

Satz 6 (5.I). *Sind* $\mathbf{X}_1$ *und* $\mathbf{X}_2$ *kompakte Räume, dann ist auch der Raum* $\mathbf{X} = \mathbf{X}_1 \times \mathbf{X}_2$ *kompakt.*

Beweis. Für jeden Punkt $x = (x_1, x_2) \in \mathbf{X}$ setzen wir $\varphi_1(x) = x_1$ und $\varphi_2(x) = x_2$. $\mathfrak{U}$ sei ein Ultrafilter im Raum $\mathbf{X}$. Mit $\mathfrak{U}_i$ bezeichnen wir die Menge

$$\varphi_i(\mathfrak{U}) = \{\varphi_i(F)\} \quad (F \in \mathfrak{U}), \quad i = 1, 2 .$$

Wir zeigen, daß $\mathfrak{U}_1$ ein Filter in $\mathbf{X}_1$ ist. Gilt $F_1 \in \mathfrak{U}_1$, dann existiert definitionsgemäß eine Menge $F \in \mathfrak{U}$ mit $F_1 = \varphi_1(F)$. Aus $F \subset \overset{-1}{\varphi_1}(F_1)$ folgt aber $\overset{-1}{\varphi_1}(F_1) \in \mathfrak{U}$. Hieraus läßt sich leicht ableiten, daß $\mathfrak{U}_1$ den Bedingungen eines Filters genügt. $\mathfrak{U}_1$ ist sogar ein Ultrafilter. Anderenfalls gäbe es einen feineren Filter $\widetilde{\mathfrak{U}}_1$. Es sei $\widetilde{F}_1 \in \widetilde{\mathfrak{U}}_1 \setminus \mathfrak{U}_1$. Nach Definition des Filters $\mathfrak{U}_1$ gilt $\widetilde{F} = \overset{-1}{\varphi_1}(\widetilde{F}_1) \notin \mathfrak{U}$. Deshalb bilden die Durchschnitte $\widetilde{F} \cap F$ $(F \in \mathfrak{U})$ die Basis eines Filters, der eigentlich feiner ist als $\mathfrak{U}$. Das ist aber nicht möglich.

Die Filter $\mathfrak{U}_1$ und (analog) $\mathfrak{U}_2$ sind also Ultrafilter. Nach Satz 5 konvergiert der Filter $\mathfrak{U}_1$ gegen einen Punkt $x_1 \in \mathbf{X}_1$ und der Filter $\mathfrak{U}_2$ gegen einen Punkt $x_2 \in \mathbf{X}_2$. V_x sei eine beliebige Umgebung des Punktes $x = (x_1, x_2) \in \mathbf{X}$. Wir können annehmen, daß $V_x = \overset{-1}{\varphi_1}(V_{x_1}) \cap \overset{-1}{\varphi_2}(V_{x_2})$ gilt, wobei V_{x_1} eine Umgebung des Punktes x_1 (im Raum $\mathbf{X}_1$) und V_{x_2} eine Umgebung des Punktes x_2 (im Raum $\mathbf{X}_2$) bezeichnen. Aus $\mathfrak{U}_1 \to x_1$ bzw. $\mathfrak{U}_2 \to x_2$ folgt $V_{x_1} \in \mathfrak{U}_1$ bzw. $V_{x_2} \in \mathfrak{U}_2$ und daraus wie oben $\overset{-1}{\varphi_1}(V_{x_1}), \overset{-1}{\varphi_2}(V_{x_2}) \in \mathfrak{U}$, also auch $V_x = \overset{-1}{\varphi_1}(V_{x_1}) \cap \overset{-1}{\varphi_2}(V_{x_2}) \in \mathfrak{U}$. Da V_x beliebig war, konvergiert also der Filter $\mathfrak{U}$ gegen den Punkt x. Durch Anwendung von Satz 5 folgt hieraus die Kompaktheit des Raumes $\mathbf{X}$.

Bemerkung 1. Die für den Fall kompakter Räume bewiesenen Sätze 5 und 6 bleiben auch bei der Betrachtung von in sich kompakten Mengen in topologischen Räumen gültig.

Bemerkung 2. Die Überlegungen im Beweis des letzten Satzes treffen unmittelbar für den Fall von endlich vielen Faktorräumen zu: Sind also $\mathbf{X}_1, \ldots, \mathbf{X}_n$ kompakte Räume, dann ist auch der Produktraum $\mathbf{X} = \mathbf{X}_1 \times \cdots \times \mathbf{X}_n$ kompakt.

KAPITEL II

NORMIERTE RÄUME [1])

§ 1. Lineare Mengen

1.1. Indem wir bei der Betrachtung der Menge der reellen Zahlen unsere Aufmerksamkeit auf den in ihr definierten Begriff des Abstandes konzentrierten und von anderen speziellen Eigenschaften abstrahierten, kamen wir zum Begriff des metrischen Raumes. Wir bezeichneten damit eine abstrakte Menge, in der ein Abstand zwischen je zwei Elementen definiert ist, der denselben Bedingungen wie der Abstand zwischen den Punkten der Zahlengeraden genügt.

Konzentrieren wir unsere Aufmerksamkeit in ähnlicher Weise auf die algebraischen Operationen in der Menge der reellen Zahlen und heben gewisse Operationen und ihre Eigenschaften hervor, dann kommen wir zum Begriff der linearen Menge. Wir bezeichnen damit eine abstrakte Menge, für deren Elemente eine Addition und eine Multiplikation mit reellen Zahlen definiert sind. Diese Operationen sollen dabei den üblichen, in der folgenden Definition aufgeführten Gesetzen genügen.

Eine Menge $\mathbf{X}$ heißt eine (reelle) *lineare Menge*, wenn für je zwei ihrer Elemente x, y deren Summe $x + y$ und für ein beliebiges Element x und jede reelle Zahl λ das Produkt λx definiert sind, die beide wieder zur Menge $\mathbf{X}$ gehören sollen, wobei diese Operationen den folgenden Bedingungen (Axiomen) genügen:

1. $(x + y) + z = x + (y + z)$ (Assoziativität der Addition);

2. $x + y = y + x$ (Kommutativität der Addition);

3. in $\mathbf{X}$ gibt es ein Element $\mathbf{0}$ mit der Eigenschaft, daß für jedes $x \in \mathbf{X}$ die Beziehung $0 \cdot x = \mathbf{0}$ gilt,

4. $(\lambda + \mu) x = \lambda x + \mu x$ (Distributivität);
5. $\lambda (x + y) = \lambda x + \lambda y$ (Distributivität);

6. $(\lambda \mu) x = \lambda (\mu x)$ (Assoziativität der Multiplikation);

7. $1 \cdot x = x$.

Eine Menge $\mathbf{X}$ heißt *linearisiert*, wenn in ihr eine Addition und eine Multiplikation mit reellen Zahlen erklärt sind und $\mathbf{X}$ bezüglich dieser Operationen eine lineare Menge bildet.

---

[1]) Die Grundbegriffe dieses Kapitels (§ 1—2) wurden von St. Banach eingeführt; s. auch die Monographie Banach [4a].

Man sieht leicht, daß alle oben als metrische Räume eingeführten Mengen $\mathbf{C}$, $\mathbf{C}^{(n)}$, $\mathbf{S}$, $\mathbf{s}$, $\mathbf{M}_T$ auch lineare Mengen sind, wenn man unter der Summe zweier Elemente dieser Mengen diejenige Funktion[1]) versteht, die gleich der Summe der entsprechenden Funktionen ist, und analog das Produkt eines Elementes mit einer reellen Zahl definiert. Die Rolle des Nullelementes spielt dabei stets diejenige Funktion, die identisch gleich Null ist.

Ein anderes Beispiel einer linearen Menge ist die Menge L_n aller n-dimensionalen Vektoren, wenn man sie auf natürliche Weise linearisiert. Diese Menge wird in der linearen Algebra ausführlich untersucht.

1.2. Wir beweisen jetzt einige sehr einfache Folgerungen aus den Axiomen 1—7. (x, y, z sind hier Elemente ein und derselben linearen Menge $\mathbf{X}$, und α, λ, μ sind reelle Zahlen.)

a) $x + \mathbf{0} = x$.

Aus den Axiomen 3, 4 und 7 folgt nämlich $x + \mathbf{0} = 1 \cdot x + 0 \cdot x = (1 + 0)\, x = 1 \cdot x = x$.

b) Jedem Element x entspricht ein eindeutig bestimmtes Element x' mit der Eigenschaft, daß $x + x' = \mathbf{0}$ gilt, und zwar ist $x' = (-1) \cdot x$. Das Element x' wird gewöhnlich mit $-x$ bezeichnet und heißt das zu x inverse Element.

Wie schon angegeben wurde, setzen wir $x' = (-1) \cdot x$. Dann folgt wieder aus den Axiomen 3, 4 und 7: $x + x' = 1 \cdot x + (-1) \cdot x = \big(1 + (-1)\big)\, x = 0 \cdot x = \mathbf{0}$. Gibt es noch ein Element $\bar{x}$, für das auch $x + \bar{x} = \mathbf{0}$ gilt, dann erhalten wir wegen der Assoziativität und Kommutativität der Addition unter Benutzung von a)

$$x' = x' + \mathbf{0} = x' + (x + \bar{x}) = (x' + x) + \bar{x} = (x + x') + x \\ = \mathbf{0} + \bar{x} = \bar{x} + \mathbf{0} = \bar{x}\,.$$

B e m e r k u n g. Eine lineare Menge $\mathbf{X}$ bildet also eine abelsche Gruppe bezüglich der Addition. Da in der Menge $\mathbf{X}$ noch eine zweite Operation erklärt ist, sagt man, eine lineare Menge sei eine Gruppe, auf der ein Operator der Multiplikation mit einer reellen Zahl definiert ist.

c) $-(\alpha x) = (-\alpha) \cdot x = \alpha \cdot (-x)$.

Denn aus 6 und 7 folgt

$$-(\alpha x) = (-1)(\alpha x) = (-\alpha) \cdot x = \alpha\,\big((-1) \cdot x\big) = \alpha \cdot (-x)\,.$$

d) Zu je zwei Elementen x und y existiert ein eindeutig bestimmtes Element z derart, daß $z + y = x$ gilt; z heißt die Differenz der Elemente x und y und wird mit $z = x - y$ bezeichnet.

Für $z = x + (-y)$ finden wir nämlich mit Hilfe des oben Bewiesenen

$$z + y = \big(x + (-y)\big) + y = x + \big(y + (-y)\big) = x + \mathbf{0} = x\,.$$

---

[1]) Den Raum $\mathbf{s}$ kann man als die Gesamtheit aller auf der Menge N der natürlichen Zahlen definierten reellen Funktionen ansehen.

Genügt auch ein Element $\bar{z}$ der angegebenen Bedingung, dann folgt

$$\bar{z} = \bar{z} + \mathbf{0} = \bar{z} + \big(y + (-y)\big) = (\bar{z} + y) + (-y) = x + (-y) = z\,.$$

e) Die Beziehungen $x = y$ und $x - y = \mathbf{0}$ sind äquivalent. Mit $x = y$ gilt nämlich auch

$$x - y = x + (-y) = y + (-y) = \mathbf{0}\,.$$

Ist umgekehrt $x - y = \mathbf{0}$, dann folgt $y = y + (x - y) = [y + (-y)] + x = x + \mathbf{0} = x$.

f) $\lambda\,(x - y) = \lambda\,x - \lambda\,y$; $(\lambda - \mu)\,x = \lambda\,x - \mu\,x$.

Denn wegen der Distributivität 4 bzw. 5 erhalten wir mit Hilfe von b) und c): $\lambda\,(x - y) = \lambda\,[x + (-y)] = \lambda\,x + \lambda\,(-y) = \lambda\,x + (-\lambda\,y) = \lambda\,x - \lambda\,y$ und $(\lambda - \mu)\,x = \lambda\,x + (-\mu)\,x = \lambda\,x + (-\mu\,x) = \lambda\,x - \mu\,x$.

g) $\lambda\,\mathbf{0} = \mathbf{0}$.

Es gilt nämlich nach 3: $\lambda\,\mathbf{0} = \lambda(0 \cdot x) = (\lambda \cdot 0)\,x = 0 \cdot x = \mathbf{0}$.

h) Aus $\lambda\,x = \mathbf{0}$ und $\lambda \neq 0$ folgt $x = \mathbf{0}$.

Denn unter den genannten Voraussetzungen gilt

$$x = 1 \cdot x = \left(\frac{1}{\lambda} \cdot \lambda\right) x = \frac{1}{\lambda}\,(\lambda\,x) = \frac{1}{\lambda}\,\mathbf{0} = \mathbf{0}.$$

i) Aus $\lambda\,x = \lambda\,y$ und $\lambda \neq 0$ folgt $x = y$.

Diese Aussage ist eine einfache Folgerung der Punkte e) und h).

j) Aus $\lambda\,x = \mathbf{0}$ und $x \neq \mathbf{0}$ folgt $\lambda = 0$.

Nach Punkt h) wäre nämlich mit $\lambda \neq 0$ notwendig $x = \mathbf{0}$.

k) Aus $\lambda\,x = \mu\,x$ und $x \neq \mathbf{0}$ folgt (offensichtlich) $\lambda = \mu$.

Schließlich bemerken wir noch, daß man wegen der Assoziativität der Addition an Stelle der Summen $(x + y) + z$ oder $x + (y + z)$ unter Weglassung der Klammern auch $x + y + z$ schreiben kann. Dasselbe gilt für mehr als zwei Summanden.

1.3. Gehen wir bei der Definition der linearen Menge von den komplexen Zahlen aus, dann kommen wir in natürlicher Weise zum Begriff der *komplexen linearen Menge*. So heißt eine Menge, für deren Elemente eine Addition und eine Multiplikation mit komplexen Zahlen definiert sind, wobei wieder wie im reellen Fall die Axiome 1—7 erfüllt sein sollen.

Alle obigen Folgerungen aus den Axiomen 1—7 sind auch im komplexen Fall richtig, da zu ihrer Herleitung nur solche Eigenschaften der reellen Zahlen verwendet wurden, die auch für die komplexen Zahlen gelten. Z. B. tritt der Ordnungsbegriff nirgends auf. Es ist deshalb bis auf wenige Ausnahmen nicht nötig, komplexe lineare Mengen gesondert zu betrachten.

1.4. Ähnlich wie im Fall isometrischer Räume werden wir die linearen Mengen $\mathbf{X}$ und $\mathbf{Y}$ nicht als verschieden ansehen, wenn zwischen ihren Elementen ein *linearer Isomorphismus* erklärt werden kann. Das ist eine eineindeutige Zuordnung $x \leftrightarrow y$ mit der Eigenschaft, daß aus $x_1 \leftrightarrow y_1$ und $x_2 \leftrightarrow y_2$ stets $\lambda x_1 + \mu x_2 \leftrightarrow \lambda y_1 + \mu y_2$ folgt.

Von diesem Standpunkt aus hat man die reellen Zahlen und die Punkte der Zahlengeraden als ein und dieselbe lineare Menge anzusehen, was bekanntlich in der Analysis auch üblich ist.

1.5. Eine Teilmenge $\mathbf{X}_0$ der (reellen) linearen Menge $\mathbf{X}$ habe die Eigenschaft, daß mit $x, y \in \mathbf{X}_0$ auch jede Linearkombination $\lambda x + \mu y$ zu $\mathbf{X}_0$ gehört. In $\mathbf{X}_0$ sind dann eine Addition und eine Multiplikation mit reellen Zahlen definiert. Beide Operationen liefern als Ergebnis wieder ein Element aus $\mathbf{X}_0$, und man überzeugt sich leicht, daß sie den Axiomen 1—7 der linearen Menge genügen. Axiom 3 folgt z. B. aus der Beziehung $\mathbf{0} = 0 \cdot x + 0 \cdot y$. Also wird $\mathbf{X}_0$ auf natürliche Weise wieder zu einer linearen Menge.

Wie man sich leicht überlegt, ist der Durchschnitt einer beliebigen Anzahl linearer Mengen in $\mathbf{X}$ ebenfalls eine lineare Menge. Deshalb existiert zu jeder Teilmenge A der linearen Menge $\mathbf{X}$ eine kleinste lineare Menge $\mathscr{L}(A)$, die A enthält. Sie ist der Durchschnitt aller A enthaltenden linearen Mengen und heißt die *lineare Hülle der Menge A.*

Die Menge $\mathscr{L}(A)$ fällt mit der Menge $\tilde{L}$ aller Elemente x der Form $x = \lambda_1 x_1 + \lambda_2 x_2 + \cdots + \lambda_n x_n$ zusammen, wobei $x_1, x_2, \ldots, x_n$ beliebige Elemente aus A und $\lambda_1, \lambda_2, \ldots, \lambda_n$ beliebige reelle Zahlen sind.

Denn $\tilde{L}$ ist offensichtlich eine lineare Menge und enthält A. Andererseits muß jede A enthaltende lineare Menge auch alle Linearkombinationen von Elementen aus A und somit $\tilde{L}$ enthalten. Deshalb gilt $\tilde{L} = \mathscr{L}(A)$.

Die Elemente $x_1, x_2, \ldots, x_n$ heißen *linear unabhängig*, wenn die Beziehung $\sum_{k=1}^{n} \lambda_k x_k = \mathbf{0}$ nur für $\lambda_1 = \lambda_2 = \cdots = \lambda_n = 0$ richtig ist. Im entgegengesetzten Fall heißen die Elemente $x_1, x_2, \ldots, x_n$ *linear abhängig*. So sind z. B. die Elemente x und $-x$ linear abhängig, denn es gilt $1 \cdot x + 1 \cdot (-x) = \mathbf{0}$. Ist eines der Elemente $x_1, x_2, \ldots, x_n$ das Nullelement, dann sind diese Elemente linear abhängig.

Ein unendliches System von Elementen heißt *linear unabhängig*, wenn je endlich viele verschiedene Elemente des Systems linear unabhängig sind.

Bilden die Elemente $\{x_\xi\}$ ein linear unabhängiges System, dann folgt aus der Gleichung

$$\sum_{k=1}^{n} \lambda_k x_{\xi_k} = \sum_{k=1}^{n} \mu_k x_{\xi_k}$$

immer

$$\lambda_k = \mu_k \qquad (k = 1, 2, \ldots, n).$$

Zum Beispiel ist im Raum $\mathbf{C}$ das System $\{x_n\}$ $\left(x_n(t) = t^n\right)$ linear unabhängig.

Ein linear unabhängiges System $\{x_\xi\}$ heißt *algebraische Basis* der linearen Menge $\mathbf{X}$, wenn die Beziehung $\mathscr{L}(\{x_\xi\}) = \mathbf{X}$ gilt. Jedes Element aus $\mathbf{X}$ kann demnach als Linearkombination von Elementen der algebraischen Basis dargestellt werden. Aus dem oben Gesagten folgt, daß diese Darstellung eindeutig ist.

Unter den linearen Mengen haben diejenigen mit einer endlichen algebraischen Basis die einfachste Struktur. Solche Mengen heißen *endlichdimensional*, die Anzahl der Basiselemente heißt die *Dimension* der gegebenen linearen Menge. Man zeigt leicht, daß die Dimension einer linearen Menge nicht von der Wahl der algebraischen Basis abhängt.

Es sei jetzt $\mathbf{X}$ eine endlichdimensionale lineare Menge der Dimension n. Dann läßt sich jedes Element $x \in \mathbf{X}$ eindeutig in der Form $x = \lambda_1 x_1 + \cdots + \lambda_n x_n$ darstellen, wenn $x_1, \ldots, x_n$ eine algebraische Basis ist. Indem wir dem Element x den Vektor $\bar{x} \in L_n$ mit den Komponenten $(\lambda_1, \lambda_2, \ldots, \lambda_n)$ zuordnen, entsteht eine eineindeutige Beziehung zwischen $\mathbf{X}$ und L_n, die sogar ein linearer Isomorphismus ist, denn aus $x \leftrightarrow \bar{x}$ und $y \leftrightarrow \bar{y}$ folgt auch $\lambda x + \mu y \leftrightarrow \lambda \bar{x} + \mu \bar{y}$. Nach einer obigen Bemerkung (1.4) sind wir also berechtigt, die Räume $\mathbf{X}$ und L_n zu identifizieren, d. h. $\mathbf{X}$ als eine Menge von Vektoren anzusehen.

Deshalb nennt man (auch nicht endlichdimensionale) lineare Mengen manchmal *Vektorräume* und ihre Elemente *Vektoren*.

1.6. Eine Teilmenge der linearen Menge $\mathbf{X}$ heißt *konvex*, wenn sie mit zwei Elementen x und y auch jede Linearkombination $\lambda x + \mu y$ enthält, deren Koeffizienten λ und μ reelle nichtnegative Zahlen sind, die der Bedingung $\lambda + \mu = 1$ genügen. Man überlegt sich leicht: Sind $x_1, x_2, \ldots, x_n$ Elemente einer konvexen Menge, dann gehört auch das Element

$$x = \lambda_1 x_1 + \lambda_2 x_2 + \cdots + \lambda_n x_n \qquad \left(\sum_{k=1}^{n} \lambda_k = 1; \quad \lambda_k \geqq 0\right) \tag{1}$$

zu dieser Menge.

Unter der *konvexen Hülle* $\mathscr{C}(E)$ einer beliebigen Teilmenge E von $\mathbf{X}$ versteht man die kleinste konvexe Menge, die E enthält. Ähnlich wie im Fall der linearen Hülle kann man beweisen, daß $\mathscr{C}(E)$ aus allen Elementen $x \in \mathbf{X}$ besteht, die sich in der Form (1) mit $x_1, x_2, \ldots, x_n \in E$ darstellen lassen.

Die ersten Untersuchungen über konvexe Mengen gehen auf Mazur [147] zurück.

1.7. Wir führen schließlich noch einige Bezeichnungen ein, die im folgenden benutzt werden.

Sind E_1 und E_2 zwei Teilmengen der linearen Menge $\mathbf{X}$, dann bezeichnet man die Gesamtheit aller Elemente $x \in \mathbf{X}$, die sich in der Form $x = x_1 + x_2$ mit $x_1 \in E_1$ und $x_2 \in E_2$ darstellen lassen, mit $E_1 + E_2$ und nennt sie die (algebraische) *Summe* der gegebenen Mengen. Besteht insbesondere E_1 nur aus dem einzigen Element x_0, dann schreiben wir an Stelle von $E_1 + E_2$ einfach $x_0 + E_2$. Betrachtet man das Element x_0 als Vektor, dann entsteht die Menge $x_0 + E_2$ durch Verschiebung der Menge E_2 um den Vektor x_0.

Ist λ eine Zahl und E eine Teilmenge von $\mathbf{X}$, dann verstehen wir analog unter λE die Menge aller Elemente der Form λx für $x \in E$. Die Menge λE kann man als Ergebnis einer auf E angewandten Ähnlichkeitstransformation (Homothetie) mit dem Zentrum im Nullpunkt und dem Ähnlichkeitskoeffizienten λ deuten. Ist $\lambda = -1$, dann schreibt man für $(-1)\,E$ kürzer $-E$.

Ähnliche Vereinfachungen werden auch in anderen Fällen benutzt. Zum Beispiel schreibt man für $E_1 + (-E_2)$ stets $E_1 - E_2$ usw.

Als Beispiel für die Formulierung einfacher Beziehungen mit Hilfe der eingeführten Bezeichnungen führen wir nur an, daß für eine konvexe Menge E und zwei beliebige reelle nichtnegative Zahlen α, β mit $\alpha + \beta = 1$ stets $\alpha E + \beta E = E$ gilt. Interessanterweise gilt demgegenüber für eine beliebige Menge E nur die Inklusion $E \subset \alpha E + \beta E$ $(\alpha + \beta = 1)$.

§ 2. Wichtige Definitionen und einfachste Eigenschaften normierter Räume

2.1. Wie wir am Beispiel der früher betrachteten konkreten metrischen Räume sahen, ist ein metrischer Raum oft gleichzeitig eine lineare Menge. Deshalb erweist sich das Studium derjenigen linearen Mengen als zweckmäßig, in denen außer der linearen Struktur eine Metrik definiert ist. Wenn jedoch die lineare Struktur und die Metrik nicht miteinander in Beziehung stehen, kann man keine inhaltsreiche Theorie aufbauen, deren Aussagen algebraische[1]) und metrische Begriffe vereinigen. Aus diesem Grunde werden der Metrik in einem linearen Raum oft zusätzlich Beschränkungen auferlegt, ja gewöhnlich führt man die Metrik sogar in der Weise ein, daß man nicht unmittelbar den Abstand zwischen allen Punktepaaren des Raumes angibt, sondern schon bei ihrer Definition das Vorhandensein algebraischer Operationen benutzt.

Die wichtigsten Räume dieser Art sind die sog. normierten Räume. Alle weiteren Darlegungen unseres Buches werden sich mit wenigen Ausnahmen auf solche Räume beziehen.

Eine lineare (Vektor-) Menge $\mathbf{X}$ heißt ein *normierter Raum*, wenn jedem Element $x \in \mathbf{X}$ eine reelle Zahl $\|x\| \geqq 0$, die *Norm* des Elementes x[2]) (oder die „Länge" des Vektors x) zugeordnet ist, die folgende Bedingungen erfüllt:

1. $\|x\| = 0$ ist äquivalent mit $x = \mathbf{0}$.
2. $\|\lambda x\| = |\lambda| \cdot \|x\|$, λ beliebig reell (Homogenität der Norm).
3. $\|x + y\| \leqq \|x\| + \|y\|$ (Dreiecksungleichung).

Setzen wir für $x, y \in \mathbf{X}$

$$\varrho(x, y) = \|x - y\| = \|y - x\|\,, \tag{1}$$

dann wird $\mathbf{X}$ zu einem metrischen Raum. Denn $\varrho(x, y) = 0$ bedeutet $\|x - y\| = 0$, was nach Bedingung 1 äquivalent ist mit $x - y = \mathbf{0}$ und diese Beziehung ist

---

[1]) Das sind solche Begriffe, die sich auf die lineare Struktur beziehen.

[2]) Werden gleichzeitig mehrere normierte Räume betrachtet, so gibt man den Raum als Index an, z. B. $\|x\|_{\mathbf{X}}$, um die Norm in dem einen Raum von der Norm in einem anderen zu unterscheiden.

wiederum äquivalent mit $x = y$ (s. II.1.2,e). Die **Symmetrie** des Abstandes folgt unmittelbar aus seiner Definition (1) und die **Dreiecksungleichung** des Abstandes aus der Dreiecksungleichung für die Norm:

$$\begin{aligned}\varrho(x, y) &= \|x - y\| = \|(x - z) + (z - y)\| \\ &\leqq \|x - z\| + \|z - y\| = \varrho(x, z) + \varrho(z, y)\,.\end{aligned}$$

Die auf diese Weise in der linearen Menge $\mathbf{X}$ definierte Metrik hat außer den genannten allgemeinen Eigenschaften zusätzlich noch die beiden folgenden:

1. *Transitivität:*

$$\varrho(x + z, y + z) = \varrho(x, y) \qquad (x, y, z \in \mathbf{X})$$

(der Abstand ist gegenüber Verschiebung invariant);

2. *Homogenität:*

$$\varrho(\lambda x, \lambda y) = \lambda\, \varrho(x, y) \qquad (\lambda \geqq 0;\ x, y \in \mathbf{X})\,.$$

Ist ein metrischer Raum $\mathbf{X}$ gleichzeitig eine lineare Menge und genügt die Metrik umgekehrt diesen beiden Bedingungen, dann kann man $\mathbf{X}$ als normierten Raum ansehen. Dazu braucht man nur

$$\|x\| = \varrho(x, \mathbf{O}) \tag{2}$$

zu setzen.

Die oben eingeführten metrischen Räume $\mathbf{R}^n$, $\mathbf{C}$, $\mathbf{C}^{(n)}$ und $\mathbf{M}_T$, die wir bereits als lineare Mengen erkannt hatten, sind normiert. Nach Formel (2) muß man die Norm im Raum $\mathbf{R}^n$ durch die Gleichung

$$\|x\| = \sqrt{|\xi_1|^2 + |\xi_2|^2 + \cdots + |\xi_n|^2} \qquad (x = (\xi_1, \xi_2, \ldots, \xi_n))\,,$$

im Raum $\mathbf{C}$ durch

$$\|x\| = \max_{a \leqq t \leqq b} |x(t)|$$

und analog im Raum $\mathbf{M}_T$ durch

$$\|x\| = \sup_{t \in T} |x(t)|$$

definieren.

Die metrischen Räume $\mathbf{S}$ und $\mathbf{s}$ sind zwar lineare Mengen, aber keine normierten Räume, denn der Ausdruck $\varrho(x, \mathbf{O})$ ist in ihnen nicht homogen und kann deshalb keine Norm sein.

2.2. In normierten Räumen gelten alle Aussagen, die wir für metrische Räume und für lineare Mengen bewiesen haben. Wegen der Wichtigkeit der normierten Räume wiederholen wir einige Tatsachen und formulieren sie mit Hilfe der Norm.

a) Es gilt die Ungleichung

$$\big|\, \|x\| - \|y\| \,\big| \leqq \|x - y\|\,. \tag{3}$$

Denn aus der Dreiecksungleichung folgt $\|x\| \leqq \|x - y\| + \|y\|$ und hieraus $\|x\| - \|y\| \leqq \|x - y\|$. Vertauschen wir x und y, dann erhalten wir $\|y\| - \|x\| \leqq$ $\leqq \|x - y\|$, zusammen mit der ersten Ungleichung also $\big|\, \|x\| - \|y\| \,\big| \leqq \|x - y\|$.

Die Ungleichung (3) folgt bei Beachtung der Gleichungen (1) und (2) auch aus der Ungleichung (1) des Abschnitts I.1.2.

b) $x_n \to x_0$ ist wegen der Beziehung (1) gleichbedeutend mit $||x_n - x_0|| \to 0$.

c) $||x||$ ist eine stetige Funktion von x, d. h., aus $x_n \to x_0$ folgt $||x_n|| \to ||x_0||$.

Mit Hilfe der Ungleichung (3) erhalten wir nämlich

$$\big|\, ||x_n|| - ||x_0|| \,\big| \leqq ||x_n - x_0|| \to 0\,.$$

d) Eine konvergente Folge $\{x_n\}$ ist beschränkt, d. h., es gibt eine Zahl K, so daß $||x_n|| \leqq K$ $(n = 1, 2, \ldots)$ gilt.

Die Richtigkeit dieser Aussage folgt unmittelbar aus c).

e) Die Operationen $x + y$ und λx sind stetig, d. h., aus $x_n \to x_0$, $y_n \to y_0$ und $\lambda_n \to \lambda_0$ folgt $x_n + y_n \to x_0 + y_0$ und $\lambda_n x_n \to \lambda_0 x_0$.

Es gilt nämlich

$$||(x_n + y_n) - (x_0 + y_0)|| \leqq ||x_n - x_0|| + ||y_n - y_0|| \to 0$$

und

$$\begin{aligned} ||\lambda_n x_n - \lambda_0 x_0|| = ||(\lambda_n x_n - \lambda_n x_0) + (\lambda_n x_0 - \lambda_0 x_0)|| &\leqq |\lambda_n|\, ||x_n - x_0|| \\ &+ |\lambda_n - \lambda_0|\, ||x_0|| \to 0\,. \end{aligned}$$

2.3. In normierten Räumen hat der Begriff der linearen Menge einen Sinn. Wir weisen in diesem Zusammenhang auf folgende Tatsache hin: Die Abschließung einer linearen Menge ist wieder eine lineare Menge. Das ergibt sich unmittelbar aus 2.2,e). Bildet man also zu einer gegebenen Menge $E \subset \mathbf{X}$ die lineare Hülle $\mathscr{L}(E)$ und anschließend deren Abschließung $\overline{\mathscr{L}(E)}$, dann ist das die kleinste abgeschlossene lineare Menge, die E enthält, denn jede abgeschlossene lineare Menge, die E enthält, muß auch $\mathscr{L}(E)$ und damit $\overline{\mathscr{L}(E)}$ enthalten. Die Menge $\overline{\mathscr{L}(E)}$ heißt die *lineare Abschließung* von E.

Aus der Struktur der linearen Hülle $\mathscr{L}(E)$ der Menge E (s. II.1.5) folgt, daß $\overline{\mathscr{L}(E)}$ aus allen Elementen $x \in \mathbf{X}$ besteht, die sich in der Form

$$x = \lim_{n\to\infty} \sum_{k=1}^{n} \lambda_k^{(n)} x_k^{(n)} \qquad (x_k^{(n)} \in E; \quad k = 1, 2, \ldots, n; \quad n = 1, 2, \ldots)$$

darstellen lassen.

Das System der Elemente $\{x_\alpha\}$ heißt *vollständig* im Raum $\mathbf{X}$, wenn $\overline{\mathscr{L}(\{x_\alpha\})} = \mathbf{X}$ gilt, d. h., wenn die Menge aller Linearkombinationen der Elemente x_α in $\mathbf{X}$ dicht ist.

In normierten Räumen kann man auch konvexe Mengen betrachten; z. B. ist die Kugel $K_r(x_0)$ (bzw. ihre Abschließung), das ist die Menge der Elemente $x \in \mathbf{X}$ mit

$$||x - x_0|| < r \quad (\text{bzw. } ||x - x_0|| \leqq r)\,,$$

konvex.

Aus $x, y \in K_r(x_0)$, $\lambda, \mu \geqq 0$, $\lambda + \mu = 1$ folgt nämlich
$\|(\lambda x + \mu y) - x_0\| = \|\lambda (x - x_0) + \mu (y - x_0)\| \leqq \lambda \|x - x_0\| + \mu \|y - x_0\| < r$,
d. h., es gehört auch $\lambda x + \mu y$ zu $K_r(x_0)$.

Ähnlich wie die lineare Abschließung läßt sich auch die *konvexe Abschließung* einer Menge E definieren als Abschließung $\overline{\mathscr{C}(E)}$ der konvexen Hülle von E. $\overline{\mathscr{C}(E)}$ ist wieder die kleinste abgeschlossene konvexe Menge, die E enthält.

2.4. Eine besonders wichtige Rolle unter den normierten Räumen spielen die vollständigen Räume, die man auch *Räume vom Typ B* oder *B-Räume* nennt (nach dem polnischen Mathematiker St. Banach).

Da die Konvergenz einer Folge $\{x_n\}$ von Elementen des normierten Raumes $\mathbf{X}$ in sich mit der Beziehung $\|x_m - x_n\| \xrightarrow[m,n\to\infty]{} 0$ gleichbedeutend ist, läßt sich die Vollständigkeit eines normierten Raumes $\mathbf{X}$ so definieren: Aus $\|x_m - x_n\| \to 0$ folgt die Existenz eines Elementes $x_0 \in \mathbf{X}$ mit der Eigenschaft, daß $x_n \to x_0$ gilt.

Die (vollständigen) Räume $\mathbf{R}^n$, $\mathbf{C}$, $\mathbf{C}^{(n)}$ und $\mathbf{M}_T$ sind Beispiele für B-Räume.

Ist ein gegebener normierter Raum $\mathbf{X}$ nicht vollständig, dann kann man ihn in einen vollständigen metrischen Raum $\mathbf{X}$ einbetten (Satz 1(2.I)). Die in $\mathbf{X}$ definierten algebraischen Operationen und die Norm lassen sich dabei eindeutig so auf den Raum $\tilde{\mathbf{X}}$ erweitern, daß $\tilde{\mathbf{X}}$ ein B-Raum wird.

Um das zu beweisen, benutzen wir die in I.2.4 vermerkte Tatsache, daß der Raum $\mathbf{X}$ in seiner Vervollständigung $\tilde{\mathbf{X}}$ dicht liegt.

Es seien x und y zwei Elemente aus $\tilde{\mathbf{X}}$. Dann existieren Folgen $\{x_n\}$ bzw. $\{y_n\}$ von Elementen aus $\mathbf{X}$, die gegen x bzw. y konvergieren. Da die Addition in $\mathbf{X}$ schon definiert ist, kann man die Summen $z_n = x_n + y_n$ $(n = 1, 2, \ldots)$ bilden. Die Folge $\{z_n\}$ ist wegen der Beziehung

$$\|z_n - z_m\| \leqq \|x_n - x_m\| + \|y_n - y_m\| \xrightarrow[m,n\to\infty]{} 0$$

im Raum $\mathbf{X}$ und deshalb auch im Raum $\tilde{\mathbf{X}}$ in sich konvergent. Es gibt also ein Element $z \in \tilde{\mathbf{X}}$ mit $z = \lim\limits_{n\to\infty} z_n$. Wir definierten in $\tilde{\mathbf{X}}$ die Summe der Elemente x und y durch die Gleichung $x + y = z$. Das Element z hängt nicht von der Wahl der Folgen $\{x_n\}$ und $\{y_n\}$ ab, denn aus

$$x_n' \to x, \qquad y_n' \to y \qquad (x_n', y_n' \in \mathbf{X};\quad n = 1, 2, \ldots)$$

und $z_n' = x_n' + y_n'$ folgt wegen

$$\|z_n' - z_n\| \leqq \|x_n' - x_n\| + \|y_n' - y_n\| \xrightarrow[n\to\infty]{} 0$$

die Beziehung $\lim\limits_{n\to\infty} z_n' = \lim\limits_{n\to\infty} z_n$.

Für Elemente des Raumes $\mathbf{X}$ stimmt die neue Summendefinition mit der ursprünglichen überein. Für $x, y \in \mathbf{X}$ kann man nämlich $x_n = x$ und $y_n = y$ $(n = 1, 2, \ldots)$ setzen, so daß wieder $z = \lim\limits_{n\to\infty}(x_n + y_n) = x + y$ gilt, wobei das Pluszeichen die ursprüngliche Bedeutung hat.

Analog definiert man in $\tilde{\mathbf{X}}$ das Produkt eines Elementes mit einer Zahl.

Setzen wir gemäß Formel (2) für $x \in \tilde{\mathbf{X}}$

$$\|x\| = \zeta(x, 0) = \lim_{n\to\infty} \zeta(x_n, 0) = \lim_{n\to\infty} \|x_n\| \qquad (x_n \to x;\quad x_n \in \mathbf{X};\quad n = 1, 2, \ldots),$$

dann sehen wir, daß $\tilde{\mathbf{X}}$ den Axiomen des normierten Raumes genügt. Aus der letzten Gleichung folgt auch die Eindeutigkeit der Normdefinition.

Von der Gültigkeit der Axiome 1—7 für die Elemente von $\tilde{\mathbf{X}}$ überzeugt man sich auf Grund der Stetigkeit der Addition zweier Elemente und der Multiplikation eines Elementes mit einer Zahl. Die zugehörigen Überlegungen möge der Leser selbständig durchführen.

Wenn wir in Zukunft von der Vervollständigung eines normierten Raumes sprechen, nehmen wir stets an, daß sie in der angegebenen Weise linearisiert und normiert ist.

2.5. In einem normierten Raum kann man unendliche Reihen

$$\sum_{k=1}^{\infty} x_k = x_1 + x_2 + \cdots + x_n + \cdots \tag{4}$$

betrachten.

Die Reihe (4) heißt *konvergent*, wenn die Folge $\{s_n\}$ ihrer Partialsummen $s_n = x_1 + x_2 + \cdots + x_n$ konvergiert. Der Grenzwert $s = \lim\limits_{n\to\infty} s_n$ heißt die *Summe* der Reihe.

Im B-Raum folgt aus der „absoluten" Konvergenz einer Reihe ihre gewöhnliche Konvergenz, d. h., wenn die Zahlenreihe

$$\sum_{k=1}^{\infty} \|x_k\| = \|x_1\| + \|x_2\| + \cdots + \|x_n\| + \cdots \tag{5}$$

konvergiert, dann konvergiert auch die Reihe (4). Außerdem gilt die Abschätzung

$$\left\| \sum_{k=1}^{\infty} x_k \right\| \leqq \sum_{k=1}^{\infty} \|x_k\| .$$

Für $m > n$ erhält man nämlich

$$s_m - s_n = x_{n+1} + x_{n+2} + \cdots + x_m$$

und deshalb

$$\|s_m - s_n\| \leqq \|x_{n+1}\| + \|x_{n+2}\| + \cdots + \|x_m\| .$$

Da die Reihe (5) nach Voraussetzung konvergiert, wird die rechte Seite dieser Ungleichung bei hinreichend großem n beliebig klein, d. h., die Folge $\{s_n\}$ konvergiert in sich. Wegen der Vollständigkeit des Raumes ist sie also konvergent. Führen wir in der Ungleichung

$$\|s_n\| = \left\| \sum_{k=1}^{n} x_k \right\| \leqq \sum_{k=1}^{n} \|x_k\|$$

den Grenzübergang $n \to \infty$ durch und beachten die Stetigkeit der Norm, dann erhalten wir die gewünschte Abschätzung.

2.6. Ein normierter Raum ist gleichzeitig ein metrischer Raum und eine lineare Menge. Deshalb verwendet man das Wort „Teilraum“ im vorliegenden Fall zweckmäßigerweise nur für eine Menge, die sowohl Teilraum des metrischen Raumes als auch lineare Menge ist. Wir nennen also *Teilraum* eines normierten Raumes $\mathbf{X}$ jede abgeschlossene lineare Menge, die in $\mathbf{X}$ enthalten ist.

Aus der Bemerkung in Abschnitt I.2.1 folgt, daß ein Teilraum eines B-Raumes wieder ein B-Raum ist.

2.7. Sind zwei normierte Räume als metrische Räume isometrisch und als lineare Mengen isomorph, dann nennt man sie linear isometrisch. Genauer gesagt heißen die Räume $\mathbf{X}$ und $\mathbf{Y}$ *linear isometrisch*, wenn zwischen ihren Elementen eine eineindeutige Zuordnung $x \leftrightarrow y$ besteht mit der Eigenschaft, daß aus $x \leftrightarrow y$ stets $\|x\| = \|y\|$ und $\lambda x \leftrightarrow \lambda y$ und aus $x_1 \leftrightarrow y_1$, $x_2 \leftrightarrow y_2$ stets $x_1 + x_2 \leftrightarrow y_1 + y_2$ folgt.

Wir werden in Zukunft linear isometrische Räume nicht voneinander unterscheiden. (Vgl. I.1.7 und II.1.4.)

Um zu beweisen, daß ein Raum $\mathbf{X}$ mit einem Raum $\mathbf{Y}$ linear isometrisch ist, ist es hinreichend zu zeigen, daß es eine Zuordnung $x \to y$ ($x \in \mathbf{X}$, $y \in \mathbf{Y}$) gibt mit den folgenden Eigenschaften:

1. Jedes $y \in \mathbf{Y}$ ist mindestens einem $x \in \mathbf{X}$ zugeordnet.
2. Aus $x' \to y'$, $x'' \to y''$ folgt $\lambda x' + \mu x'' \to \lambda y' + \mu x''$.
3. Aus $x \to y$ folgt $\|x\| = \|y\|$.

Unter diesen Bedingungen ist die Zuordnung nämlich sogar eineindeutig denn $x' \to y$, $x'' \to y$ zieht wegen der zweiten Bedingung $x' - x'' \to y - y = \mathbf{0}$ nach sich und daraus folgt wegen der dritten Bedingung $\|x' - x''\| = \|\mathbf{0}\| = 0$, d. h. $x' = x''$.

Der Leser überzeuge sich davon, daß es hinreichend ist, die Bedingung 2 im Fall reeller Räume $\mathbf{X}$ und $\mathbf{Y}$ nur für $\lambda = -\mu = 1$ und im Fall komplexer Räume $\mathbf{X}$ und $\mathbf{Y}$ noch zusätzlich für $\lambda = i$, $\mu = 0$ nachzuweisen.

2.8. Wir untersuchen jetzt die endlichdimensionalen normierten Räume genauer. Es wurde schon erwähnt (II.1.5), daß eine ν-dimensionale lineare Menge der Menge der Vektoren des ν-dimensionalen euklidischen Raumes isomorph ist. Deshalb können wir annehmen, daß die Elemente des betrachteten Raumes $\mathbf{X}$ ν-gliedrige Zahlenkomplexe sind. Wir setzen

$$e_k = (0, \ldots, 1, \ldots, 0) \qquad \text{(die Eins an der } k\text{-ten Stelle)}.$$

Dann läßt sich das Element $x = (\xi_1, \xi_2, \ldots, \xi_\nu)$ in der Form

$$x = \sum_{k=1}^{\nu} \xi_k e_k$$

darstellen. Folglich gilt die Abschätzung

$$\|x\| \leqq \sum_{k=1}^{\nu} |\xi_k| \cdot \|e_k\| = \sum_{k=1}^{\nu} a_k |\xi_k|,$$

wobei die Konstanten $a_k = \|e_k\|$ nicht von x abhängen.

Ist eine Folge $\{x_n\}$ $\left(x_n = (\xi_1^{(n)}, \xi_2^{(n)}, \ldots, \xi_\nu^{(n)})\right)$ mit der Eigenschaft

$$\xi_k^{(n)} \xrightarrow[n\to\infty]{} \xi_k^{(0)} \qquad (k = 1, 2, \ldots, \nu) \tag{6}$$

gegeben, dann konvergiert sie gegen das Element $x_0 = (\xi_1^{(0)}, \xi_2^{(0)}, \ldots, \xi_\nu^{(0)})$, denn es gilt

$$\|x_n - x_0\| \leqq \sum_{k=1}^{\nu} a_k |\xi_k^{(n)} - \xi_k^{(0)}| \to 0 \,.$$

Auch die umgekehrte Aussage ist richtig. Wir beweisen nämlich den

Satz 1(2.II). *Die Gültigkeit der Beziehung* (6) *ist notwendig und hinreichend für die Konvergenz der Folge* $\{x_n\}$ *gegen das Element* x_0.[1])

Beweis. Daß die Beziehung (6) für die Konvergenz der Folge $\{x_n\}$ gegen x_0 hinreichend ist, wurde bereits gezeigt. Wir beweisen ihre Notwendigkeit.

Lemma. *Ist die Folge* $\{x_n\}$ *beschränkt, dann ist auch jede der Folgen* $\{\xi_k^{(n)}\}$ $(k = 1, 2, \ldots, \nu)$ *beschränkt.*

Beweis. Wir führen die Bezeichnungen

$$\sigma_n = \sum_{k=1}^{\nu} |\xi_k^{(n)}| \qquad (n = 1, 2, \ldots)$$

ein und zeigen, daß die Folge $\{\sigma_n\}$ beschränkt ist. Anderenfalls enthielte sie eine Teilfolge, deren Elemente nach Unendlich streben. Ohne die Allgemeinheit einzuschränken, werden wir $\sigma_n \to \infty$ voraussetzen. Es sei

$$y_n = \frac{x_n}{\sigma_n}\,; \quad y_n = (\eta_1^{(n)}, \eta_2^{(n)}, \ldots, \eta_\nu^{(n)})$$

$$\left(\eta_k^{(n)} = \frac{\xi_k^{(n)}}{\sigma_n}\,; \quad k = 1, 2, \ldots, \nu; \quad n = 1, 2, \ldots\right).$$

Offensichtlich ist jede Folge $\{\eta_k^{(n)}\}$ $(k = 1, 2, \ldots, \nu)$ beschränkt $(|\eta_k^{(n)}| \leqq 1)$, so daß wir (evtl. nach Übergang zu einer Teilfolge) annehmen können, daß die Grenzwerte

$$\lim_{n\to\infty} \eta_k^{(n)} = \eta_k \qquad (k = 1, 2, \ldots, \nu)$$

existieren. Wie oben bewiesen wurde, folgt hieraus $y_n \to y$ mit $y = (\eta_1, \eta_2, \ldots, \eta_\nu)$. Andererseits gilt aber

$$\|y_n\| = \frac{\|x_n\|}{\sigma_n} \to 0\,,$$

d. h. $y_n \to \mathbf{0}$ und $y = \mathbf{0}$. Es muß also $\eta_1 = \eta_2 = \cdots = \eta_\nu = 0$ sein. Das widerspricht aber der Beziehung

$$\sum_{k=1}^{\nu} |\eta_k^{(n)}| = 1 \qquad (n = 1, 2, \ldots)\,.$$

Damit ist das Lemma bewiesen.

---

[1]) Dieser Satz wurde im wesentlichen von F. Riesz in der Monographie Riesz [38b] bewiesen.

Wir können jetzt den Beweis des Satzes zu Ende führen. Es genügt offensichtlich, den Fall $x_0 = 0$, d. h. $x_n \to 0$ zu betrachten. Die Folge $\left\{\frac{x_n}{||x_n||}\right\}$ ist beschränkt, nach dem Lemma müssen deshalb auch die Folgen $\left\{\frac{\xi_k^{(n)}}{||x_n||}\right\}$ $(k = 1, 2, \ldots, \nu)$ beschränkt sein. Das ist aber nur möglich, wenn $\xi_k^{(n)} \underset{n\to\infty}{\longrightarrow} 0$ $(k = 1, 2, \ldots, \nu)$ gilt.

Folgerung 1. *Eine Teilmenge E des endlichdimensionalen normierten Raumes $\mathbf{X}$ ist genau dann kompakt, wenn sie beschränkt ist.*

Es sei nämlich $\{x_n\}$ irgendeine Folge der beschränkten Teilmenge E, $x_n = (\xi_1^{(n)}, \xi_2^{(n)}, \ldots, \xi_\nu^{(n)})$ $(n = 1, 2, \ldots)$. Aus dem Lemma folgt, daß für jedes $j = 1, 2, \ldots, \nu$ die Zahlenfolge $\{\xi_j^{(n)}\}$ beschränkt ist. Nach dem bekannten Satz von Bolzano-Weierstrass existiert deshalb eine Folge natürlicher Zahlen $n_1 < n_2 < > \cdots < n_k < \cdots$, so daß

$$\xi_j^{(n_k)} \underset{k\to\infty}{\longrightarrow} \xi_j^{(0)} \qquad (j = 1, 2, \ldots, \nu)$$

gilt. Nach Satz 1 erhalten wir hieraus $x_{n_k} \to x_0 = (\xi_1^{(0)}, \xi_2^{(0)}, \ldots, \xi_\nu^{(0)})$. Die umgekehrte Aussage möge sich der Leser selbst beweisen.

Folgerung 2. *Jeder endlichdimensionale normierte Raum $\mathbf{X}$ ist vollständig.*

Eine in sich konvergente Folge $\{x_n\}$ ist nämlich beschränkt, enthält also nach der vorhergehenden Folgerung eine Teilfolge $\{x_{n_k}\}$, die gegen ein Element $x_0 \in \mathbf{X}$ konvergiert. Man sieht leicht, daß dann auch die Folge $\{x_n\}$ gegen x_0 konvergiert.

Folgerung 3. *In einem normierten Raum $\mathbf{X}$ ist jede endlichdimensionale lineare Menge $\mathbf{X}_0$ abgeschlossen.*

Folgerung 4. *Ist $\mathbf{X}$ ein normierter Raum und $\mathbf{X}_0$ eine endlichdimensionale lineare Menge in $\mathbf{X}$, dann gibt es zu jedem Element $x \in \mathbf{X}$ ein Element $x_0 \in \mathbf{X}_0$, dessen Abstand von x gleich dem Abstand des Elementes x von der Menge $\mathbf{X}_0$ ist, d. h. für das $||x - x_0|| = \varrho(x, \mathbf{X}_0)$ gilt. (x_0 ist also das eindeutig bestimmte zu x nächstgeleg. e Element von $\mathbf{X}_0$.)*

Zu jedem $n = 1, 2, \ldots$ findet man nämlich in $\mathbf{X}_0$ ein Element x_n derart, daß $||x - x_n|| < \varrho(x, \mathbf{X}_0) + \frac{1}{n}$ gilt. Die Folge $\{x_n\}$ ist aber wegen

$$||x_n|| \leqq ||x|| + ||x - x_n|| < ||x|| + \varrho(x, \mathbf{X}_0) + 1 \qquad (n = 1, 2, \ldots)$$

beschränkt, nach Folgerung 1 kann man also aus ihr eine konvergente Teilfolge $\{x_{n_k}\}$ auswählen: $x_{n_k} \to x_0$. Dann gilt $||x - x_0|| \leqq \varrho(x, \mathbf{X}_0)$. Da x_0 zu $\mathbf{X}_0$ gehört, ist auch die umgekehrte Ungleichung richtig.

Als Anwendung betrachten wir den Raum $\mathbf{C}$ und seinen endlichdimensionalen Teilraum $\mathbf{H}^\nu$ aller algebraischen Polynome, deren Grad nicht größer als ν ist. Nach Folgerung 4 gibt es zu jeder Funktion x ein Polynom x_0 aus $\mathbf{H}^\nu$ derart, daß

$$\max_{a \leq t \leq b} |x(t) - x_0(t)| = ||x - x_0|| = \varrho(x, \mathbf{H}^\nu)$$

gilt, d. h., es gibt ein Polynom, das die Funktion x im Vergleich mit allen übrigen Polynomen vom Grade kleiner oder gleich ν bestmöglich approximiert.

2.9. Wir zeigen schließlich noch, daß die Aussage der Folgerung 1 zu Satz 1 dahingehend umgekehrt werden kann, daß nur in einem endlichdimensionalen Raum jede beschränkte Teilmenge kompakt ist.[1])

Als Vorbereitung dazu beweisen wir zunächst ein wichtiges Lemma.

Lemma. *Es sei* $\mathbf{X}$ *ein normierter Raum und* $\mathbf{X}_0$ *ein echter Teilraum von* $\mathbf{X}$. *Dann gibt es zu jedem* $\varepsilon > 0$ *ein normiertes Element* x_0[2])*, das die Ungleichung*

$$\varrho(x_0, \mathbf{X}_0) > 1 - \varepsilon$$

erfüllt.

Beweis. Da $\mathbf{X}_0$ eine abgeschlossene Menge ist und nicht mit $\mathbf{X}$ zusammenfällt, existiert ein Element $\bar{x} \in \mathbf{X}$ mit $\varrho(\bar{x}, \mathbf{X}_0) = d > 0$. Weiterhin gibt es in $\mathbf{X}_0$ ein Element x', für das

$$\|\bar{x} - x'\| < \frac{d}{1 - \varepsilon}$$

gilt. Wir setzen

$$x_0 = \frac{\bar{x} - x'}{\|\bar{x} - x'\|} = \alpha\,(\bar{x} - x') \qquad \left(\alpha = \frac{1}{\|\bar{x} - x'\|} > \frac{1 - \varepsilon}{d}\right).$$

Dann ist $\|x_0\| = 1$ und für jedes $x \in \mathbf{X}_0$ folgt

$$\|x_0 - x\| = \|\alpha\,\bar{x} - \alpha\,x' - x\| = \alpha\left\|\bar{x} - \left(x' + \frac{x}{\alpha}\right)\right\| \geqq \alpha\,d > \frac{1 - \varepsilon}{d}\,d = 1 - \varepsilon\,.$$

Bemerkung. Ein normiertes Element x_0 mit der Eigenschaft $\varrho(x_0, \mathbf{X}_0) = 1$ ist im üblichen Sinne ein Lot auf $\mathbf{X}_0$ (im euklidischen Raum steht ein Vektor x_0, der dieser Bedingung genügt, tatsächlich senkrecht auf $\mathbf{X}_0$). Deshalb nennen wir das eben bewiesene Lemma auch Lemma von der Fast-Senkrechten.

Satz 2 (2.II). *Für die Kompaktheit jeder beschränkten Menge im normierten Raum* $\mathbf{X}$ *ist notwendig und hinreichend, daß* $\mathbf{X}$ *endlichdimensional ist.*

Daß die Bedingung hinreichend ist, wurde schon bewiesen (Folgerung 1 aus Satz 1). Wir zeigen ihre Notwendigkeit.

Angenommen, der Raum $\mathbf{X}$ sei unendlichdimensional. Wir betrachten ein beliebiges normiertes Element x_1 und bezeichnen mit $\mathbf{X}_1$ die lineare Hülle $\mathscr{L}(\{x_1\})$ dieses Elementes, das ist die Gesamtheit aller Elemente der Form $\lambda\,x_1$. Dann gilt sicher $\mathbf{X}_1 \neq \mathbf{X}$, und nach dem vorhergehenden Lemma existiert ein normiertes Element $x_2 \in \mathbf{X}$ derart, daß $\varrho(x_2, \mathbf{X}_1) > 1/2$ ausfällt. Die lineare Hülle der Elemente x_1 und x_2 werde mit $\mathbf{X}_2$ bezeichnet. Durch Fortsetzung dieses Verfahrens erhalten wir eine Folge von Elementen $\{x_n\}$ und von Teilräumen $\mathbf{X}_1 \subset \mathbf{X}_2 \subset \cdots \subset \mathbf{X}_n \subset \cdots$ mit den Eigenschaften

$$\|x_n\| = 1\,;\ \mathbf{X}_n = \mathscr{L}(\{x_1, x_2, \ldots, x_n\})\,;\ \varrho(x_{n+1}, \mathbf{X}_n) > \frac{1}{2} \qquad (n = 1, 2, \ldots)\,. \tag{7}$$

---

[1]) Diese Tatsache stammt ebenfalls von F. Riesz [38b].

[2]) Das ist ein Element mit der Norm 1.

Da die Folge $\{x_n\}$ beschränkt ist, könnte man aus ihr im Falle der Kompaktheit eine konvergente Teilfolge auswählen. Das widerspricht aber der aus (7) folgenden Beziehung

$$\|x_n - x_m\| > \frac{1}{2} \qquad (n > m;\; m, n = 1, 2, \ldots).$$

Damit ist Satz 2 bewiesen.

§ 3. Ungleichungen

In diesem Paragraphen werden einige Ungleichungen hergeleitet, die wir bei der Betrachtung konkreter B-Räume (§ 4 und 5) benötigen. Literaturhinweise hierzu findet man bei Hardy, Littlewood, Pólya.

3.1. Wir beweisen zunächst ein Lemma.

Lemma. *Es seien p und q reelle positive Zahlen, die der Bedingung*

$$\frac{1}{p} + \frac{1}{q} = 1 \tag{1}$$

genügen. Dann gilt für beliebige Zahlen a und b die Ungleichung

$$|a\,b| \leqq \frac{|a|^p}{p} + \frac{|b|^q}{q}. \tag{2}$$

Beweis. Die Zahlen a und b können als positiv angenommen werden. Wir führen zur Abkürzung $\alpha = p - 1$ und $\beta = q - 1$ ein und setzen voraus, daß $a^\alpha \leqq b$ gilt (anderenfalls brauchten wir nur a mit b und α mit β zu vertauschen, denn $a^\alpha > b$ ist wegen $\alpha\beta = 1$ äquivalent mit $a > b^{1/\alpha} = b^\beta$). Aus den Gleichungen

$$\int_0^a u^\alpha\, du = \frac{a^{\alpha+1}}{\alpha+1} = \frac{a^p}{p}, \qquad \int_0^b v^{1/\alpha}\, dv = \int_0^b v^\beta\, dv = \frac{b^{\beta+1}}{\beta+1} = \frac{b^q}{q}$$

folgt, daß $\frac{a^p}{p}$ gleich dem Inhalt des krummlinigen Dreiecks OaA (Abb. 2) und $\frac{b^q}{q}$ gleich dem Inhalt des krummlinigen Dreiecks ObB ist. Die Summe $\frac{a^p}{p} + \frac{b^q}{q}$ dieser Flächeninhalte ist aber nicht kleiner als der Inhalt des Rechtecks $OaCb$, d. h. nicht kleiner als $a \cdot b$.

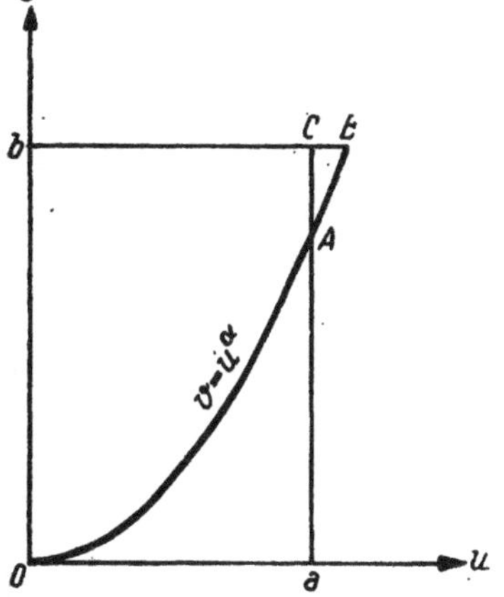

Abb. 2

3.2. Die Hölderscche Ungleichung. $\xi_1, \xi_2, \ldots, \xi_n$ und $\eta_1, \eta_2, \ldots, \eta_n$ seien $2n$ beliebige Zahlen, p und q sollen wieder der Bedingung (1) genügen und positiv sein. Dann gilt die Höldersche Ungleichung

$$\sum_{k=1}^{n} |\xi_k\,\eta_k| \leqq \left\{\sum_{k=1}^{n} |\xi_k|^p\right\}^{1/p} \left\{\sum_{k=1}^{n} |\eta_k|^q\right\}^{1/q}$$

Beweis. Wir führen zur Abkürzung $A^p = \sum_{k=1}^{n} |\xi_k|^p$ und $B^q = \sum_{k=1}^{n} |\eta_k|^q$ ein und vereinbaren, daß A und B beide positiv sind. Mit $\xi'_k = \frac{\xi_k}{A}$, $\eta'_k = \frac{\eta_k}{B}$ folgt aus der Ungleichung (2)

$$|\xi'_k \eta'_k| \leqq \frac{|\xi'_k|^p}{p} + \frac{|\eta'_k|^q}{q}$$

und daraus durch Summation

$$\sum_{k=1}^{n} |\xi'_k \eta'_k| \leqq \frac{\sum_{k=1}^{n} |\xi'_k|^p}{p} + \frac{\sum_{k=1}^{n} |\eta'_k|^q}{q} = \frac{1}{p} + \frac{1}{q} = 1,$$

d. h.

$$\sum_{k=1}^{n} |\xi_k \eta_k| \leqq A \cdot B,$$

was zu zeigen war.

Bemerkung. Die HÖLDERsche Ungleichung ist auch noch für abzählbar viele Summanden richtig, d. h., es gilt

$$\sum_{k=1}^{\infty} |\xi_k \eta_k| \leqq \left[\sum_{k=1}^{\infty} |\xi_k|^p\right]^{1/p} \left[\sum_{k=1}^{\infty} |\eta_k|^q\right]^{1/q}, \tag{3}$$

wobei die Konvergenz der Reihen auf der rechten Seite die Konvergenz der links stehenden Reihe nach sich zieht.

Denn für die Partialsummen der in (3) auftretenden Reihen wurde die Ungleichung schon bewiesen. Durch Grenzübergang folgt daraus sofort die Beziehung (3).

3.3. Die HÖLDERsche Ungleichung für Integrale. Es seien $x(t)$ und $y(t)$ auf einer Menge T definierte meßbare Funktionen. Dann gilt die Ungleichung

$$\int_T |x(t)\, y(t)|\, dt \leqq \left[\int_T |x(t)^p|\, dt\right]^{1/p} \left[\int_T |y(t)|^q\, dt\right]^{1/q},$$

wobei p, q positive Zahlen mit $\frac{1}{p} + \frac{1}{q} = 1$ sind.

Beweis. (Vgl. den Beweis der HÖLDERschen Ungleichung für Summen.) Wir können annehmen, daß

$$0 < A^p = \int_T |x(t)|^p\, dt < \infty \quad \text{und} \quad 0 < B^q = \int_T |y(t)|^q\, dt < \infty$$

gilt, denn ist eines der beiden Integrale gleich Null oder Unendlich, dann wird die zu beweisende Ungleichung trivial.

Es sei $\bar{x}(t) = \frac{x(t)}{A}$ und $\bar{y}(t) = \frac{y(t)}{B}$. Für jedes $t \in T$ erhalten wir aus (2) die Ungleichung

$$|\bar{x}(t)\, \bar{y}(t)| \leqq \frac{|\bar{x}(t)|^p}{p} + \frac{|\bar{y}(t)|^q}{q}$$

und hieraus durch Integration

$$\int_T |\bar{x}(t)\,\bar{y}(t)|\,dt \leqq \frac{1}{p}\int_T |\bar{x}(t)|^p\,dt + \frac{1}{q}\int_T |\bar{y}(t)|^q\,dt = \frac{1}{p} + \frac{1}{q} = 1\,,$$

d. h.

$$\int_T |x(t)\,y(t)|\,dt \leqq A\,B\,,$$

was zu beweisen war.

Wie bei der Hölderschen Ungleichung für Summen zieht die Endlichkeit der Integrale auf der rechten Seite der Ungleichung auch die Endlichkeit des Integrals auf der linken Seite nach sich.

Bemerkung. Ist $p = 2$ (also auch $q = 2$), dann gehen die Hölderschen Ungleichungen in die bekannten Schwarzschen Ungleichungen[1]) für Summen und Integrale über:

$$\sum_{k=1}^{\infty} |\xi_k\,\eta_k| \leqq \left[\sum_{k=1}^{\infty} |\xi_k|^2\right]^{1/2} \left[\sum_{k=1}^{\infty} |\eta_k|\right]^{1/2},$$

$$\int_T |x(t)\,y(t)|\,dt \leqq \left[\int_T |x(t)|^2\,dt\right]^{1/2} \left[\int_T |y(t)|^2\,dt\right]^{1/2}.$$

3.4. Die verallgemeinerte Höldersche Ungleichung. Genügen die positiven Zahlen p, q, r der Beziehung

$$\frac{1}{p} + \frac{1}{q} + \frac{1}{r} = 1\,,$$

dann gilt für beliebige auf einer Menge T definierte meßbare Funktionen $x(t)$, $y(t)$ und $z(t)$ die Ungleichung

$$\int_T |x(t)\,y(t)\,z(t)|\,dt \leqq \left[\int_T |x(t)|^p\,dt\right]^{1/p} \left[\int_T |y(t)|^q\,dt\right]^{1/q} \left[\int_T |z(t)|^r\,dt\right]^{1/r}.$$

Beweis. Wir definieren eine Zahl p' durch die Gleichung $\frac{1}{p'} = \frac{1}{q} + \frac{1}{r}$. Wegen $\frac{1}{p} + \frac{1}{p'} = 1$ folgt dann aus der Hölderschen Ungleichung

$$\int_T |x(t)\,y(t)\,z(t)|\,dt \leqq \left[\int_T |x(t)|^p\,dt\right]^{1/p} \left[\int_T |y(t)\,z(t)|^{p'}\right]^{1/p'}. \tag{4}$$

Auf das zweite Integral der rechten Seite wenden wir noch einmal die Höldersche Ungleichung mit den Exponenten $\frac{q}{p'}$ und $\frac{r}{p'}$ an $\left(\frac{p'}{q} + \frac{p'}{r} = 1\right)$ und erhalten

$$\int_T |y(t)\,z(t)|^{p'}\,dt \leqq \left\{\int_T |y(t)|^{p'\cdot\frac{q}{p'}}\,dt\right\}^{\frac{p'}{q}} \left\{\int_T |z(t)|^{p'\cdot\frac{r}{p'}}\,dt\right\}^{\frac{p'}{r}}$$

Durch Einsetzen dieses Ausdrucks in (4) folgt die zu beweisende Ungleichung.

Bemerkung. Eine entsprechende verallgemeinerte Höldersche Ungleichung gilt natürlich auch für Summen.

---

[1]) Die Originalausgabe verwendet hierfür die Bezeichnung Cauchy-Bunjakowskische Ungleichung. In der deutschsprachigen Literatur ist jedoch fast durchweg die oben benutzte Bezeichnung üblich.

Es bleibe dem Leser überlassen, ähnlich der zuletzt bewiesenen eine Ungleichung abzuleiten, auf deren linker Seite unter dem Integral das Produkt von n Funktionen steht.

3.5. Die Minkowskische Ungleichung. Es seien $\{\xi_n\}$ und $\{\eta_n\}$ zwei Zahlenfolgen. Dann gilt die Ungleichung

$$\left[\sum_{k=1}^{\infty}|\xi_k+\eta_k|^p\right]^{1/p} \leqq \left[\sum_{k=1}^{\infty}|\xi_k|^p\right]^{1/p} + \left[\sum_{k=1}^{\infty}|\eta_k|^p\right]^{1/p} \qquad (p \geqq 1).$$

Beweis. Der Beweis dieser Ungleichung interessiert nur für den Fall, daß $p > 1$ ist und alle ξ_k und η_k nichtnegativ sind. Außerdem nehmen wir an, daß die auftretenden Summen nur endlich viele Summanden haben (der Übergang zu unendlichen Reihen kann anschließend leicht durch Grenzübergang erfolgen). Unter diesen Voraussetzungen gilt

$$\sum_{k=1}^{n}[\xi_k+\eta_k]^p = \sum_{k=1}^{n}\xi_k\,[\xi_k+\eta_k]^{p-1} + \sum_{k=1}^{n}\eta_k\,[\xi_k+\eta_k]^{p-1}.$$

Wenden wir auf jede Summe der rechten Seite die Höldersche Ungleichung an, dann erhalten wir $\left(\frac{1}{p}+\frac{1}{q}=1\right)$:

$$\sum_{k=1}^{n}[\xi_k+\eta_k]^p \leqq \left[\sum_{k=1}^{n}\xi_k^p\right]^{1/p}\left[\sum_{k=1}^{n}(\xi_k+\eta_k)^{q(p-1)}\right]^{1/q}$$
$$+\left[\sum_{k=1}^{n}\eta_k^p\right]^{1/p}\left[\sum_{k=1}^{n}(\xi_k+\eta_k)^{q(p-1)}\right]^{1/q}.$$

Aus $\frac{1}{p}+\frac{1}{q}=1$ folgt aber $q(p-1)=p$. Durch Multiplikation beider Seiten der letzten Ungleichung mit $\left[\sum_{k=1}^{n}(\xi_k+\eta_k)^p\right]^{-1/q}$ entsteht deshalb die Beziehung

$$\left[\sum_{k=1}^{n}(\xi_k+\eta_k)^p\right]^{1-\frac{1}{q}} \leqq \left[\sum_{k=1}^{n}\xi_k^p\right]^{\frac{1}{p}} + \left[\sum_{k=1}^{n}\eta_k^p\right]^{\frac{1}{p}}.$$

Wegen $1-\frac{1}{q}=\frac{1}{p}$ haben wir damit die gewünschte Ungleichung erhalten.

3.6. Die Minkowskische Ungleichung für Integrale. Die Funktionen $x(t)$ und $y(t)$ seien beide auf der Menge T definiert und meßbar. Dann gilt die Ungleichung

$$\left[\int_T|x(t)+y(t)|^p\,dt\right]^{1/p} \leqq \left[\int_T|x(t)|^p\right]^{1/p} + \left[\int_T|y(t)|^p\,dt\right]^{1/p} \qquad (p \geqq 1).$$

Beweis. Sind die Funktionen $x(t)$ und $y(t)$ beschränkt, dann verläuft der Beweis analog zu dem der entsprechenden Ungleichung für Summen im vorangehenden Abschnitt 3.5. Wir betrachten daher den Fall nicht notwendig beschränkter Funktionen $x(t)$, $y(t)$ und nehmen beide Funktionen außerdem als nichtnegativ an, wovon der allgemeine Sachverhalt eine einfache Folgerung ist. Wir definieren zwei Folgen $\{x_n(t)\}$ und $\{y_n(t)\}$ „abgeschnittener" Funktionen, indem wir für $n = 1, 2, \ldots$

$$x_n(t) = \begin{cases} x(t) & \text{für } x(t) \leqq n, \\ n & \text{für } x(t) > n, \end{cases} \qquad y_n(t) = \begin{cases} y(t) & \text{für } y(t) \leqq n, \\ n & \text{für } y(t) > n \end{cases}$$

setzen.

Die Funktionen $x_n(t)$ und $y_n(t)$ sind für festes n meßbar und beschränkt, deshalb gilt nach der obigen Begründung

$$\left[\int_T |x_n(t) + y_n(t)|^p \, dt\right]^{1/p} \leqq \left[\int_T |x_n(t)|^p \, dt\right]^{1/p} + \left[\int_T |y_n(t)|^p \, dt\right]^{1/p}.$$

Die Folgen $\{|x_n(t)|^p\}$, $\{|y_n(t)|^p\}$ und $\{|x_n(t) + y_n(t)|^p\}$ sind monoton wachsend und konvergent gegen $|x(t)|^p$, $|y(t)|^p$ bzw. $|x(t) + y(t)|^p$. Durch Anwendung eines Satzes von B. Levi (Natanson [30b], S. 141) folgt, daß in der letzten Ungleichung der Grenzübergang $n \to \infty$ durchgeführt werden kann, der als Ergebnis die gewünschte Ungleichung liefert.

§ 4. Normierte Folgenräume

4.1. In diesem Paragraphen werden einige Beispiele normierter Räume betrachtet, deren Elemente Zahlenfolgen sind. Alle diese Räume seien in natürlicher Weise linearisiert, d. h. so, wie wir es z. B. vom Raum $\mathbf{s}$ kennen.

Als ersten nennen wir den Raum $\mathbf{m}$ aller beschränkten Zahlenfolgen. Die Linearität von $\mathbf{m}$ ist offensichtlich und mit der Festsetzung

$$||x|| = \sup_k |\xi_k| \qquad \big(x = (\xi_1, \xi_2, \ldots, \xi_k, \ldots)\big) \tag{1}$$

wird $\mathbf{m}$ zu einem B-Raum. Man überzeugt sich sehr leicht davon, daß $\mathbf{m}$ mit dem Raum aller beschränkten, auf der Menge N der natürlichen Zahlen definierten Funktionen übereinstimmt, d. h., es gilt $\mathbf{m} = \mathbf{M}_N$. Deshalb konvergieren für $n \to \infty$ mit $x_n \to x_0$ $\big(x_n = (\xi_1^{(n)}, \xi_2^{(n)}, \ldots, \xi_k^{(n)}, \ldots); n = 0, 1, \ldots\big)$ auch alle Komponentenfolgen $\{\xi_k^{(n)}\}$ gegen $\xi_k^{(0)}$, wobei die Konvergenz $\xi_k^{(n)} \underset{n\to\infty}{\rightrightarrows} \xi_k^{(0)}$ bezüglich k gleichmäßig ist.

Der Raum $\mathbf{m}$ enthält den Raum $\mathbf{c}$ aller konvergenten Zahlenfolgen. Die Norm in $\mathbf{c}$ wird ebenso wie die Norm in $\mathbf{m}$ durch die Gleichung (1) definiert.

Man sieht leicht, daß $\mathbf{c}$ eine lineare Teilmenge des Raumes $\mathbf{m}$ ist. Wie zeigen jetzt die Abgeschlossenheit von $\mathbf{c}$ in $\mathbf{m}$.

Ist $\{x_n\}$ eine Folge von Elementen aus $\mathbf{c}$, die gegen $x_0 \in \mathbf{m}$ konvergiert, so gilt $||x_n - x_0|| \to 0$. Setzen wir $x_n = (\xi_1^{(n)}, \xi_2^{(n)}, \ldots, \xi_k^{(n)}, \ldots)$ $(n = 0, 1, 2, \ldots)$, dann folgt für $n \geqq N_\varepsilon$

$$||x_n - x_0|| = \sup_k |\xi_k^{(n)} - \xi_k^{(0)}| < \frac{\varepsilon}{3}, \tag{2}$$

d. h. also

$$|\xi_k^{(n)} - \xi_k^{(0)}| < \frac{\varepsilon}{3} \qquad (k = 1, 2, \ldots; \; n \geqq N_\varepsilon).$$

Wir wählen ein festes $n \geqq N_\varepsilon$. Da x_n zu $\mathfrak{c}$ gehört, konvergiert die Folge $\xi_1^{(n)}$, $\xi_2^{(n)}, \ldots, \xi_k^{(n)}, \ldots$. Für hinreichend große k und k' gilt deshalb $|\xi_k^{(n)} - \xi_{k'}^{(n)}| < \frac{\varepsilon}{3}$, so daß wir für dieselben k und k'

$$|\xi_k^{(0)} - \xi_{k'}^{(0)}| \leqq |\xi_k^{(0)} - \xi_k^{(n)}| + |\xi_k^{(n)} - \xi_{k'}^{(n)}| + |\xi_{k'}^{(n)} - \xi_{k'}^{(0)}| < \frac{\varepsilon}{3} + \frac{\varepsilon}{3} + \frac{\varepsilon}{3} = \varepsilon$$

erhalten.

Die Folge $\xi_1^{(0)}, \xi_2^{(0)}, \ldots, \xi_k^{(0)}, \ldots$ ist also konvergent, d. h. $x_0 = (\xi_1^{(0)}, \xi_2^{(0)}, \ldots, \xi_k^{(0)}, \ldots)$ gehört zu $\mathfrak{c}$.

Aus dem Bewiesenen folgt, daß $\mathfrak{c}$ Teilraum des B-Raumes $\mathfrak{m}$ und deshalb selbst wieder ein B-Raum ist.

Der Raum $\mathfrak{c}_0$ aller Nullfolgen ist — wie man sich leicht überzeugen kann — ebenfalls ein B-Raum.

4.2. Für die folgenden Beispiele von B-Räumen benötigen wir die Ungleichungen aus § 3.

Der Raum $\mathfrak{l}^p$ ($p \geqq 1$, $\mathfrak{l}^1 = \mathfrak{l}$) besteht aus allen Zahlenfolgen $(\xi_1, \xi_2, \ldots, \xi_k, \ldots)$, für die $\sum_{k=1}^{\infty} |\xi_k|^p$ konvergiert.

Sind $x = \{\xi_k\}$ und $y = \{\eta_k\}$ zwei Elemente des Raumes $\mathfrak{l}^p$, dann folgt aus der Minkowskischen Ungleichung

$$\left[\sum_{k=1}^{\infty} |\xi_k + \eta_k|^p\right]^{1/p} \leqq \left\{\sum_{k=1}^{\infty} |\xi_k|^p\right\}^{1/p} + \left\{\sum_{k=1}^{\infty} |\eta_k|^p\right\}^{1/p} < \infty ,$$

daß auch $x + y$ zu $\mathfrak{l}^p$ gehört. Da weiterhin mit x auch λx zu $\mathfrak{l}^p$ gehört, ist $\mathfrak{l}^p$ eine lineare Menge. Durch die Festsetzung

$$||x|| = \left[\sum_{k=1}^{\infty} |\xi_k|^p\right]^{1/p} \qquad (x = (\xi_1, \xi_2, \ldots, \xi_k, \ldots))$$

wird $\mathfrak{l}^p$ zu einem normierten Raum (die Dreiecksungleichung in $\mathfrak{l}^p$ ist nichts anderes als die Minkowskische Ungleichung).

Wir beweisen jetzt, daß $\mathfrak{l}^p$ sogar ein vollständiger Raum ist. Zu diesem Zweck sei $\{x_n\}$ eine in sich konvergente Folge von Elementen aus $\mathfrak{l}^p$, $x_n = (\xi_1^{(n)}, \xi_2^{(n)}, \ldots, \xi_k^{(n)}, \ldots)$. Wegen der Beziehung

$$|\xi_j^{(m)} - \xi_j^{(n)}| \leqq \left[\sum_{k=1}^{\infty} |\xi_k^{(m)} - \xi_k^{(n)}|^p\right]^{1/p} = ||x_m - x_n|| \qquad (j = 1, 2, \ldots)$$

konvergiert jede der Folgen $\xi_j^{(1)}, \xi_j^{(2)}, \ldots, \xi_j^{(n)}, \ldots$. Wir setzen $\xi_j^{(0)} = \lim_{n\to\infty} \xi_j^{(n)}$ ($j = 1, 2, \ldots$) und zeigen, daß die Folge $x_0 = (\xi_1^{(0)}, \xi_2^{(0)}, \ldots, \xi_k^{(0)}, \ldots)$ zu $\mathfrak{l}^p$ gehört und $x_n \to x_0$ gilt.

Zu einem beliebigen $\varepsilon > 0$ gibt es eine Zahl N_ε, so daß $m, n \geqq N_\varepsilon$ stets

$$||x_m - x_n|| = \left[\sum_{k=1}^{\infty} |\xi_k^{(m)} - \xi_k^{(n)}|^p\right]^{1/p} < \varepsilon ,$$

also erst recht

$$\left[\sum_{k=1}^{r} |\xi_k^{(m)} - \xi_k^{(n)}|^p\right]^{1/p} < \varepsilon \qquad (r = 1, 2, \ldots)$$

nach sich zieht. Durch den Grenzübergang $m \to \infty$ erhalten wir hieraus

$$\left[\sum_{k=1}^{r} |\xi_k^{(0)} - \xi_k^{(n)}|^p\right]^{1/p} \leqq \varepsilon \qquad (n \geqq N_\varepsilon; \quad r = 1, 2, \ldots).$$

Da diese Ungleichung für jedes r richtig ist, gilt auch

$$\left[\sum_{k=1}^{\infty} |\xi_k^{(0)} - \xi_k^{(n)}|^p\right]^{1/p} \leqq \varepsilon \qquad (n \geqq N_\varepsilon), \tag{3}$$

d. h., die Elemente $x_0 - x_n$ mit $n \geqq N_\varepsilon$ gehören zu $\mathbf{l}^p$. Wegen $x_n \in \mathbf{l}^p$ folgt hieraus $x_0 = (x_0 - x_n) + x_n \in \mathbf{l}^p$ und aus (3) schließlich

$$||x_0 - x_n|| \leqq \varepsilon \qquad (n \geqq N_\varepsilon),$$

d. h., es gilt $x_n \to x_0$.

Der Raum $\mathbf{l}^p$ ist *separabel*, da die abzählbare Menge aller Folgen, deren Koordinaten rational und von einem gewissen Index an gleich Null sind, dicht in $\mathbf{l}^p$ liegt. Auch die Räume $\mathbf{c}$ und $\mathbf{c}_0$ sind separabel. Der Leser möge beweisen, daß hingegen der Raum $\mathbf{m}$ nicht separabel ist.

4.3. Wir erwähnen noch die mit den eben eingeführten Folgenräumen $\mathbf{m}$ und $\mathbf{l}^p$ in engem Zusammenhang stehenden endlichdimensionalen Räume $\mathbf{m}_\nu$ und $\mathbf{l}^p_\nu$ (der Dimension ν). Da zwei endlichdimensionale Räume gleicher Dimension algebraisch isomorph sind, können Unterschiede zwischen diesen Räumen nur in der Normdefinition bestehen. Im Raum $\mathbf{m}_\nu$ wird die Norm nämlich durch die Gleichung

$$||x|| = \max_{k=1,2,\ldots,\nu} |\xi_k| \qquad (x = (\xi_1, \xi_2, \ldots, \xi_k))$$

und im Raum $\mathbf{l}^p_\nu$ durch

$$||x|| = \left[\sum_{k=1}^{\nu} |\xi_k|^p\right]^{1/p} \qquad (x = (\xi_1, \xi_2, \ldots, \xi_\nu))$$

erklärt. (Für $p = 2$ erhält man den Raum $\mathbf{R}^\nu$: $\mathbf{R}^\nu = \mathbf{l}^2_\nu$).

Aus Satz 1 (2.II) folgt, daß ungeachtet des Unterschieds der Normen in diesen Räumen die Konvergenz einer Elementfolge mit der koordinatenweisen Konvergenz gleichbedeutend ist. (Man erhält dieses Ergebnis auch unmittelbar aus der Ungleichung $|\xi_k| \leqq ||x||$, die in jedem der betrachteten endlichdimensionalen Räume gilt.)

Der Raum $\mathbf{m}_\nu$ kann auch als Teilraum des Raumes $\mathbf{m}$ angesehen werden. Man braucht nur die Elemente $(\xi_1, \xi_2, \ldots, \xi_\nu) \in \mathbf{m}_\nu$ und $(\xi_1, \xi_2, \ldots, \xi_\nu, 0, 0, \ldots) \in \mathbf{m}$ zu identifizieren. Eine entsprechende Beziehung besteht ebenfalls zwischen den Räumen $\mathbf{l}^p_\nu$ und $\mathbf{l}^p$.

Die Räume l^p wurden von F. RIESZ eingeführt (s. RIESZ [38a]), der Raum l^2 stellt das historisch erste und grundlegende Modell solcher Räume dar und geht auf D. HILBERT (s. HILBERT) zurück.

§ 5. Normierte Räume meßbarer Funktionen

5.1. Wir betrachten in diesem Paragraphen Räume meßbarer Funktionen, d. h. gewisser Teilmengen (aber i. a. keine Teilräume) des Raumes S. Wie im Raum S sind dabei äquivalente Funktionen zu identifizieren. Die algebraischen Operationen werden wieder in natürlicher Weise definiert; die Rolle des Nullelementes übernimmt die Klasse derjenigen Funktionen, die der identisch verschwindenden Funktion äquivalent sind.

Das Analogon des Raumes l^p unter den Funktionalräumen ist der Raum L^p ($p \geqq 1$; $L^1 = L$) aller Funktionen, deren p-te Potenz im Intervall $[0, 1]$ summierbar ist[1]), d. h. derjenigen meßbaren Funktionen $x(t)$, für die

$$\int_0^1 |x(t)|^p \, dt < +\infty$$

gilt.

Aus der MINKOWSKIschen Ungleichung für Integrale folgt, daß der Raum L^p durch die Festsetzung

$$\|x\| = \left[\int_0^1 |x(t)|^p \, dt\right]^{1/p}$$

ein normierter Raum wird.

Die zu einem Raum L^r gehörenden Funktionen sind auch Elemente jedes Raumes L^s mit $s < r$. Es gilt nämlich die Ungleichung

$$\|x\|_{L^s} \leqq \|x\|_{L^r}. \tag{1}$$

Dies folgt unmittelbar aus der HÖLDERschen Ungleichung für Integrale; denn setzen wir darin $p = \frac{r}{s}$, $q = \frac{r}{r-s}$ $\left(p, q > 0; \frac{1}{p} + \frac{1}{q} = 1\right)$, so erhalten wir

$$\|x\|_{L^s} = \left\{\int_0^1 |x(t)|^s \, dt\right\}^{\frac{1}{s}} \leqq \left\{\int_0^1 |x(t)|^{ps} \, dt\right\}^{\frac{1}{ps}} \cdot \left\{\int_0^1 1^q \, dt\right\}^{\frac{1}{qs}} = \|x\|_{L^r}.$$

Die angegebene Beziehung besteht auch zwischen den Räumen L^s_T und L^r_T, wenn T eine beliebige Menge endlichen Maßes ist. In der Ungleichung (1) erscheint dabei der Faktor $(\text{mes } T)^{\frac{r-s}{rs}}$ (Wir vermerken noch, daß für die Räume l^p die umgekehrte Inklusion und entsprechend die umgekehrte Ungleichung für die Normen gilt.)

---

[1]) An Stelle des Intervalls $[0, 1]$ kann ein beliebiges Intervall $[a, b]$ oder eine meßbare (evtl. mehrdimensionale) Menge treten, deren Maß auch unendlich sein kann. Dabei entstehen keine prinzipiell neuen Gesichtspunkte, weshalb wir uns auf die Betrachtung des Spezialfalles beschränken. Sind die in Frage kommenden Funktionen — die Elemente des Raumes — auf einer Menge T definiert, so benutzen wir die Bezeichnung L^p_T oder $L^p(T)$.

5.2. Die Konvergenz in $\mathbf{L}^p$ ist die Konvergenz im Mittel mit dem Exponenten p, denn $x_n \to x_0$ bedeutet

$$\int_0^1 |x_n(t) - x_0(t)|^p \, dt \to 0 .$$

Der Raum $\mathbf{L}^p$ ist vollständig. Eine in sich konvergente Folge $\{x_n\}$ von Elementen aus $\mathbf{L}^p$ konvergiert nämlich auch im Raum $\mathbf{S}$ in sich, denn unter Benutzung von (1) erhalten wir

$$\varrho(x_m, x_n) = \int_0^1 \frac{|x_m(t) - x_n(t)|}{1 + |x_m(t) - x_n(t)|} \, dt \leqq \int_0^1 |x_m(t) - x_n(t)| \, dt$$
$$= \|x_m - x_n\|_{\mathbf{L}} \leqq \|x_m - x_n\|_{\mathbf{L}^p} .$$

Da der Raum $\mathbf{S}$ vollständig ist, existiert eine meßbare Funktion $x_0(t)$, gegen welche die Folge $\{x_n\}$ (im Raum $\mathbf{S}$) konvergiert. D. h., $\{x_n(t)\}$ konvergiert dem Maße nach gegen $x_0(t)$ (s. I.1.4). Wenden wir auf die Folge $\{|x_m(t) - x_n(t)|^p\}$ den Satz von Fatou (Natanson [30b], S. 140) an, dann ergibt sich die Ungleichung

$$\int_0^1 |x_0(t) - x_n(t)|^p \, dt \leqq \sup_{m \geqq n} \int_0^1 |x_m(t) - x_n(t)|^p \, dt .$$

Sind m und n hinreichend groß, so gilt $\|x_m - x_n\| < \varepsilon$ und deshalb auch

$$\sup_{m \geqq n} \int_0^1 |x_m(t) - x_n(t)|^p \, dt \leqq \varepsilon^p .$$

Zusammen mit der obigen Ungleichung folgt also

$$\int_0^1 |x_0(t) - x_n(t)|^p \, dt \leqq \varepsilon^p , \tag{2}$$

d. h., die Funktion $x_0(t) - x_n(t)$ gehört zu $\mathbf{L}^p$. Damit ist auch $x_0(t) = [x_0(t) - x_n(t)] + x_n(t)$ ein Element von $\mathbf{L}^p$. Aus der Ungleichung (2) erhalten wir schließlich

$$\|x_0 - x_n\| \leqq \varepsilon ,$$

d. h., es gilt $x_n \to x_0$ in $\mathbf{L}^p$.

Ist die Menge T, auf der die Funktionen definiert sind, von unendlichem Maß, dann bleibt der eben geführte Beweis nicht gültig. Wir beschränken uns der Einfachheit halber auf den Fall $T = (-\infty, +\infty)$. $\{x_n\}$ sei eine in sich konvergente Folge von Elementen des Raumes $\mathbf{L}^p(-\infty, +\infty)$. Betrachten wir die Funktionen $x_n(t)$ auf einem endlichen Intervall $[a, b]$, so folgt aus der offensichtlich gültigen Ungleichung

$$\|x\|_{\mathbf{L}^p(a,b)} \leqq \|x\|_{\mathbf{L}^p(-\infty,+\infty)}, \tag{3}$$

daß die Folge $\{x_n\}$ auch im Raum $\mathbf{L}^p(a, b)$ in sich konvergiert. Nach dem oben Bewiesenen existiert deshalb ein Element $x_0 \in \mathbf{L}^p(a, b)$, gegen das die Folge $\{x_n\}$ (in $\mathbf{L}^p(a, b)$) konvergiert. Weil man für $[a, b]$ ein beliebiges endliches Intervall nehmen kann und der Grenzwert eindeutig ist, wird die Funktion $x_0(t)$ dadurch auf dem ganzen Intervall $(-\infty, +\infty)$ definiert.

Wir wählen weiter m und n so groß ($m, n \geqq N_\varepsilon$), daß $\|x_m - x_n\|_{\mathbf{L}^p(-\infty, +\infty)} < \varepsilon$ gilt; dann ergibt sich aus der Ungleichung (3)

$$\|x_m - x_n\|_{\mathbf{L}^p(a, b)} < \varepsilon \qquad (m, n \geqq N_\varepsilon).$$

Für $m \to \infty$ folgt

$$\|x_0 - x_n\|_{\mathbf{L}^p(a, b)} \leqq \varepsilon \qquad (n \geqq N_\varepsilon),$$

d. h.

$$\left\{\int_a^b |x_0(t) - x_n(t)|^p\, dt\right\}^{1/p} \leqq \varepsilon \qquad (n \geqq N_\varepsilon).$$

Für $a \to -\infty$ und $b \to \infty$ entsteht daraus die Ungleichung

$$\left\{\int_{-\infty}^{+\infty} |x_0(t) - x_n(t)|^p\, dt\right\}^{1/p} \leqq \varepsilon \qquad (n \geqq N_\varepsilon),$$

d. h., $x_0 - x_n$ und deshalb auch x_0 gehören zu $\mathbf{L}^p(-\infty, +\infty)$. Außerdem gilt für $n \geqq N_\varepsilon$

$$\|x_0 - x_n\|_{\mathbf{L}^p(-\infty, +\infty)} \leqq \varepsilon,$$

womit die Konvergenz der Folge $\{x_n\}$ gegen x_0 in $\mathbf{L}^p(-\infty, +\infty)$ bewiesen ist.

5.3. Der Raum $\mathbf{L}^p$ ist separabel. Abzählbare dichte Mengen sind z. B. die Menge der Polynome mit rationalen Koeffizienten oder die Menge derjenigen Treppenfunktionen, die auf Intervallen mit rationalen Endpunkten rationale Werte annehmen. Um das zu beweisen, führen wir zunächst die „abgeschnittene" Funktion

$$x_n(t) = \begin{cases} n, & x(t) > n, \\ x(t), & -n \leqq x(t) \leqq n, \\ -n, & x(t) < -n \end{cases}$$

ein. Dann gilt die Beziehung

$$\int_0^1 |x(t) - x_n(t)|^p\, dt \xrightarrow[n\to\infty]{} 0,$$

denn die Funktionenfolge im Integranden strebt gegen Null und der Grenzübergang unter dem Integralzeichen ist nach dem bekannten Satz von Lebesgue erlaubt, weil die meßbaren Integranden sämtlich durch die Funktion $|x(t)|^p$ majorisiert werden.

Wir wählen n jetzt so groß, daß $\|x - x_n\| < \varepsilon$ ausfällt. Weiterhin gibt es nach einem Satz von Lusin (Natanson [30b], S. 106) eine stetige Funktion $y(t)$, die außerhalb einer Menge e vom Maße $\operatorname{mes}(e) < \frac{\varepsilon^p}{(2n)^p}$ mit der meßbaren Funktion $x_n(t)$ zusammenfällt und die ebenfalls n nicht übertrifft. Dann gilt

$$\|x_n - y\| = \left\{\int_e |x_n(t) - y(t)|^p\, dt\right\}^{1/p} \leqq \left\{\int_e (2n)^p\, dt\right\}^{1/p} = 2n\,[\operatorname{mes}(e)]^{1/p} < \varepsilon.$$

Schließlich finden wir ein Polynom $P(t)$ mit rationalen Koeffizienten derart, daß $|y(t) - P(t)| < \varepsilon$ ausfällt; daraus folgt $\|y - P\| < \varepsilon$. Die Zusammenfassung der drei Ungleichungen für die Funktionen x, x_n, y, P liefert schließlich $\|x - P\| < 3\varepsilon$.

Auch der Raum $\mathbf{L}^p$ $(-\infty, +\infty)$ ist separabel. Eine abzählbare dichte Menge in ihm ist z. B. die Gesamtheit der auf Intervallen mit rationalen Endpunkten definierten Treppenfunktionen, die nur rationale Werte annehmen und auf höchstens endlich vielen beschränkten Intervallen von Null verschieden sind.

5.4. Ein weiteres Beispiel für einen B-Raum meßbarer Funktionen bildet die Menge $\widetilde{\mathbf{M}}$ aller meßbaren und fast überall beschränkten Funktionen, wenn man die Norm durch die Gleichung

$$\|x\| = \operatorname*{vrai\,max}_{t \in [0,1]} |x(t)|$$ [1]

definiert.

Der Beweis dafür, daß $\widetilde{\mathbf{M}}$ ein normierter Raum ist, bereitet keine Schwierigkeit und kann dem Leser überlassen werden.

Die Konvergenz in $\widetilde{\mathbf{M}}$ ist die gleichmäßige Konvergenz fast überall. Davon ausgehend, läßt sich leicht die Vollständigkeit des Raumes $\widetilde{\mathbf{M}}$ zeigen.

Manchmal bezeichnet man den Raum $\widetilde{\mathbf{M}}$ auch mit $\mathbf{L}^\infty$. Dadurch wird hervorgehoben, daß $\widetilde{\mathbf{M}}$ aus denjenigen Funktionen besteht, für die jede Potenz summierbar ist und daß $\|x\|_{\widetilde{M}} = \lim\limits_{p\to\infty} \|x\|_{L^p}$ gilt. (Hardy, Littlewood, Pólya [15], S. 143).

In naheliegender Verallgemeinerung kann auch der Raum $\widetilde{\mathbf{M}}_T$ der auf einer beliebigen meßbaren Menge T definierten meßbaren und fast überall beschränkten Funktionen betrachtet werden.

Die Räume $\mathbf{L}^p$ $(p > 1)$ wurden in [171a, b] eingeführt, der Raum $\mathbf{L}$ in [18b].

Eine umfassendere Klasse zu den Räumen $\mathbf{L}^p$ bilden die sogenannten Orlicz-Räume $\mathbf{L}^\Phi$ [161a]. Elemente des Raumes $\mathbf{L}^\Phi$ sind alle auf dem Intervall [0, 1] (oder allgemeiner auf einer Menge T) definierten meßbaren Funktionen, für die

$$\int_0^1 \Phi(|x(t)|)\,dt < \infty$$

gilt, wobei Φ eine auf $[0, \infty]$ definierte monoton wachsende stetige Funktion ist, die den Bedingungen $\Phi(0) = 0$ und $\lim\limits_{u\to\infty} \frac{\Phi(u)}{u} = \infty$ genügt.

Orlicz-Räume wurden in der Monographie von Zygmund und in den Arbeiten [142] und [204a] betrachtet. Wesentlich weiterentwickelt wurde die Theorie der Orlicz-Räume in [132].

§ 6. Andere normierte Funktionenräume

6.1. In diesem Paragraphen untersuchen wir Räume von Funktionen beschränkter Variation (S. Banach [4a]).

Es sei $x(t)$ eine auf dem Intervall $[a, b]$ definierte endliche Funktion. Wir betrachten eine beliebige Zerlegung τ des Intervalls $[a, b]$ $(a = t_0 < t_1 < \cdots < t_n = b)$ und bilden den Ausdruck

$$v_\tau = \sum_{k=1}^{n} |x(t_k) - x(t_{k-1})| . \tag{1}$$

[1]) vrai max $\varphi(t)$ (das wesentliche Maximum der Funktion $\varphi(t)$) ist das Infimum der Zahlen A, für welche die Menge aller Werte t mit $\varphi(t) > A$ das Maß Null hat.

Ist die Gesamtheit der allen möglichen Unterteilungen τ des Intervalls $[a, b]$ entsprechenden Summen v_τ beschränkt, dann heißt $x(t)$ eine *Funktion von beschränkter Variation*[1]) im Intervall $[a, b]$ und die Größe

$$\overset{b}{\underset{a}{\mathrm{V}}}(x) = \sup_\tau v_\tau$$

die *Totalvariation* der Funktion $x(t)$.

Die Menge **V** aller Funktionen beschränkter Variation ist eine lineare Menge. Jede Funktion beschränkter Variation im Intervall $[a, b]$ kann nämlich als Differenz zweier nicht fallender Funktionen dargestellt werden (Fichtenholz, [10] Bd. III, S. 101):

$$x(t) = x_1(t) - x_2(t) \qquad (t \in [a, b]) .$$

Man sieht leicht, daß auch umgekehrt jede als Differenz zweier nicht fallender Funktionen darstellbare Funktion von beschränkter Variation ist. Daraus folgt unmittelbar die Linearität der Menge **V**.

Setzen wir für $x \in \mathbf{V}$

$$\|x\| = |x(a)| + \overset{b}{\underset{a}{\mathrm{V}}}(x) ,$$

so wird **V** ein normierter Raum.

Die ersten beiden Axiome des normierten Raumes sind offensichtlich erfüllt; wir brauchen daher nur die Gültigkeit der Dreiecksungleichung nachzuweisen. Es sei zu diesem Zweck $x, y \in \mathbf{V}$ und $z = x + y$.

Dann gilt für eine beliebige Unterteilung des Intervalls $[a, b]$ $(a = t_0 < t_1 < \cdots < t_n = b)$

$$|z(a)| = |x(a) + y(a)| \leqq |x(a)| + |y(a)|$$

und

$$|z(t_k) - z(t_{k-1})| \leqq |x(t_k) - x(t_{k-1})| + |y(t_k) - y(t_{k-1})| \qquad (k = 1, 2, \ldots, n) .$$

Aus diesen Ungleichungen erhält man durch Addition

$$|z(a)| + \sum_{k=1}^{n} |z(t_k) - z(t_{k-1})| \leqq |x(a)| + \sum_{k=1}^{n} |x(t_k) - x(t_{k-1})| + |y(a)| + \sum_{k=1}^{n} |y(t_k) - y(t_{k-1})| \leqq \|x\| + \|y\| ,$$

woraus die gewünschte Ungleichung folgt.

6.2. Wir zeigen jetzt, daß **V** ein **vollständiger Raum** ist.

Es sei $\{x_n\}$ eine in sich konvergente Folge von Elementen aus **V**. Wegen der Beziehung

$$|x_m(t) - x_n(t)| \leqq |[x_m(t) - x_n(t)] - [x_m(a) - x_n(a)]| + |x_m(a) - x_n(a)|$$
$$\leqq |x_m(a) - x_n(a)| + \overset{b}{\underset{a}{\mathrm{V}}}(x_m - x_n) = \|x_m - x_n\|$$

---

[1]) Dafür findet man auch die wohl zutreffendere Benennung Funktion endlicher Totalvariation (oder Schwankung).

konvergiert die Zahlenfolge $\{x_n(t)\}$ für beliebiges $t \in [a, b]$. Wir setzen $x_0(t) = \lim\limits_{n\to\infty} x_n(t)$. N_ε werde so groß gewählt, daß für $m, n > N_\varepsilon$ stets

$$\|x_m - x_n\| < \varepsilon$$

ausfällt. Dann gilt erst recht für jede Zerlegung $a = t_0 < t_1 < \cdots < t_r = b$

$$|x_m(a) - x_n(a)| + \sum_{k=1}^{r} |[x_m(t_k) - x_n(t_k)] - [x_m(t_{k-1}) - x_n(t_{k-1})]| < \varepsilon .$$

Führen wir jetzt für eine feste Zerlegung den Grenzübergang $m \to \infty$ durch, dann ergibt sich

$$|x_0(a) - x_n(a)| + \sum_{k=1}^{r} |[x_0(t_k) - x_n(t_k)] - [x_0(t_{k-1}) - x_n(t_{k-1})]| \leqq \varepsilon .$$

Da diese Abschätzung für jede Zerlegung richtig ist, gilt auch

$$|x_0(a) - x_n(a)| + \bigvee_a^b (x_0 - x_n) \leqq \varepsilon \qquad (n \geqq N_\varepsilon) .$$

Hieraus folgt aber nach einer im vorangehenden mehrfach angewendeten Schlußweise $x_0 \in \mathbf{V}$ und

$$\|x_0 - x_n\| \leqq \varepsilon \qquad (n > N_\varepsilon) ,$$

d. h. $x_n \to x_0$.

6.3. Wir führen jetzt einen neuen wichtigen Begriff ein. Die auf dem Intervall $[a, b]$ gegebene Funktion $x(t)$ heißt *absolutstetig*, wenn zu jedem $\varepsilon > 0$ ein $\delta > 0$ existiert mit der Eigenschaft, daß für jedes endliche System paarweiser disjunkter Intervalle $(\alpha_k, \beta_k) \subset [a, b]$ $(k = 1, 2, \ldots, n)$ die Summe der absoluten Beträge des Zuwachses der Funktion $x(t)$ auf diesen Intervallen kleiner als ε ausfällt, wenn nur die Summe der Intervallängen kleiner als δ bleibt, d. h., daß

$$\sum_{k=1}^{n} (\beta_k - \alpha_k) < \delta \quad \text{stets} \quad \sum_{k=1}^{n} |x(\beta_k) - x(\alpha_k)| < \varepsilon$$

nach sich zieht.

Bemerkung 1. Eine absolutstetige Funktion ist offensichtlich stetig.

Bemerkung 2. Eine absolutstetige Funktion ist von beschränkter Variation.

Es sei $x(t)$ absolutstetig. Haben nun ε und δ dieselbe Bedeutung wie in der Definition der absoluten Stetigkeit, dann gibt es nach Voraussetzung ein δ, das der Größe $\varepsilon = 1$ entspricht. Wir wählen jetzt eine beliebige Zerlegung des Intervalls $[a, b]$ $(a = t_0 < t_1 < \cdots < t_n = b)$, von der wir voraussetzen können, daß $t_k - t_{k-1} < \frac{\delta}{2}$ gilt, und fassen benachbarte Teilintervalle in der Weise zu Gruppen zusammen, daß die Summe der Intervallängen jeder Gruppe kleiner als δ, aber größer als $\frac{\delta}{2}$ wird. Die Anzahl K aller dieser Gruppen kann $\frac{2(b-a)}{\delta}$ nicht übersteigen. Andererseits gilt aber

$$\sum_{k=1}^{n} |x(t_k) - x(t_{k-1})| \leqq K \leqq \frac{2(b-a)}{\delta},$$

wobei diese Abschätzung offensichtlich nicht von der gewählten Einteilung abhängt. Daraus folgt, daß die Funktion $x(t)$ von beschränkter Variation ist.

Genügt eine Funktion x einer LIPSCHITZ-Bedingung, dann ist sie absolutstetig. Denn aus der nach Voraussetzung für beliebige t' und t'' geltenden Beziehung

$$|x(t') - x(t'')| \leqq K\,|t' - t''|$$

folgt

$$\sum_{k=1}^{n} |x(\beta_k) - x(\alpha_k)| \leqq K \sum_{k=1}^{n} (\beta_k - \alpha_k)\,.$$

Die Summe auf der linken Seite dieser Ungleichung wird also beliebig klein, wenn man nur die rechts stehende Summe hinreichend klein macht.

Die Menge **A** aller absolutstetigen Funktionen ist eine lineare Teilmenge des Raumes **V**. Wir zeigen, daß **A** sogar abgeschlossen ist in **V**.

Es sei $x_0 \in \mathbf{V}$ ein Häufungspunkt der Menge **A**. Zu jedem $\varepsilon > 0$ gibt es ein $x \in \mathbf{A}$, so daß $||x - x_0|| < \frac{\varepsilon}{2}$ gilt. Da die Funktion $x(t)$ absolutstetig ist, finden wir ein $\delta > 0$, das nach der Definition der absoluten Stetigkeit der Zahl $\frac{\varepsilon}{2}$ entspricht. Weiterhin seien (α_k, β_k) $(k = 1, 2, \ldots, n)$ beliebige paarweise disjunkte Intervalle mit der Eigenschaft, daß $\sum_{k=1}^{n} (\beta_k - \alpha_k) < \delta$ ausfällt. Dann erhalten wir

$$\sum_{k=1}^{n} |x_0(\beta_k) - x_0(\alpha_k)| \leqq \sum_{k=1}^{n} |x(\beta_k) - x(\alpha_k)| + \sum_{k=1}^{n} |[x(\beta_k) - x_0(\beta_k)] - [x(\alpha_k) - x_0(\alpha_k)]|$$

$$< \frac{\varepsilon}{2} + \overset{q}{\underset{a}{\mathrm{V}}}(x - x_0) \leqq \frac{\varepsilon}{2} + ||x - x_0|| < \varepsilon\,,$$

d. h., x_0 gehört zur Menge **A**.

Ebenso kann man beweisen, daß auch die Menge $\widetilde{\mathbf{A}}$ derjenigen absolutstetigen Funktionen, die im Punkte $t = a$ verschwinden, in **V** abgeschlossen ist.

Sowohl **A** als auch $\widetilde{\mathbf{A}}$ sind also B-Räume.

6.4. Die Klasse der absolutstetigen Funktionen hängt eng mit der Klasse der summierbaren Funktionen zusammen. Aus der Theorie der Funktionen einer reellen Veränderlichen ist nämlich bekannt, daß sich jede absolutstetige Funktion $x(t)$ — definiert auf dem Intervall $[a, b]$ — als unbestimmtes Integral, d. h. in der Form

$$x(t) = x(a) + \int_a^t \varphi(s)\, ds \tag{2}$$

darstellen läßt, wobei φ eine auf dem Intervall $[a, b]$ summierbare Funktion ist. φ nennen wir die *verallgemeinerte Ableitung* der Funktion x. Dabei gilt noch die Gleichung

$$\overset{b}{\underset{a}{\mathrm{V}}}(x) = \int_a^b |\varphi(t)|\, dt\,.\text{[1]} \tag{3}$$

Umgekehrt ist das unbestimmte Integral einer jeden summierbaren Funktion auch absolutstetig. Hieraus folgt, daß die Räume **L** und **A** linear isometrisch sind. Man braucht nur der Funktion $x \in \mathbf{A}$ ihre verallgemeinerte Ableitung und umgekehrt jeder summierbaren Funktion das zugehörige unbestimmte Integral zuzuordnen. Dann ist diese Zuordnung offenbar ein linearer Isomorphismus, und die Normen einander entsprechender Elemente stimmen wegen (2) überein.

---

[1]) NATANSON [30b], S. 257 und 261. Dort wird auch bewiesen, daß jede absolutstetige Funktion fast überall eine Ableitung besitzt, die mit ihrer verallgemeinerten Ableitung übereinstimmt.

Die Darstellung (2) werden wir später für einige Klassen absolutstetiger Funktionen mit den Hilfsmitteln der Funktionalanalysis erhalten.

6.5. Oft werden auch Funktionalräume betrachtet, deren Elemente keine zahlenwertigen Funktionen, sondern Vektorfunktionen sind. Für eine solche Vektorfunktion x ist also $x(t)$ ein ν-dimensionaler Vektor. Bezeichnen wir seine Komponenten mit $x_1(t), x_2(t), \ldots, x_\nu(t)$, dann beträgt die Länge $|x(t)|$ dieses Vektors

$$|x(t)| = \sqrt{\sum_{k=1}^{\nu} |x_k(t)|^2}\,. \tag{4}$$

Man kann sich leicht überlegen, daß z. B. die Gesamtheit der stetigen Vektorfunktionen (ein und derselben Dimension) einen B-Raum bildet, wenn man die Norm ähnlich wie im Raum **C** definiert, und zwar dadurch, daß man den absoluten Betrag $|x(t)|$ der zahlenwertigen Funktion x durch die Länge $|x(t)|$ des Vektors $x(t)$ ersetzt, d. h. indem man

$$\|x\| = \max_{0 \leq t \leq 1} |x(t)|$$

setzt.

Analog kann man auch im Fall der anderen betrachteten Funktionalräume vorgehen.

§ 7. Der HILBERT-Raum

7.1. Der euklidische Raum $\mathbf{R}^\nu$ ist unter allen endlichdimensionalen Räumen dadurch ausgezeichnet, daß in ihm ein Skalarprodukt definiert ist, welches in einfachem Zusammenhang mit der Norm steht: Das Quadrat der Norm eines Elementes ist gleich dem Skalarprodukt des Elementes mit sich selbst.

Deshalb erscheint es zweckmäßig, Räume zu betrachten, in denen ein „Skalarprodukt" gegeben ist, von dem sich die Norm in der eben angegebenen Weise ableiten läßt.

Eine komplexe lineare Menge **H** heißt ein *Raum mit Skalarprodukt*, wenn jedem Elementepaar $x, y \in \mathbf{H}$ eine komplexe Zahl (x, y), das Skalarprodukt der Elemente x und y, zugeordnet ist und diese Zuordnung den folgenden Bedingungen (Axiomen) genügt:

1. $(y, x) = \overline{(x, y)}$;

2. $(\lambda x_1 + \mu x_2, y) = \lambda(x_1, y) + \mu(x_2, y)$;

3. $(x, x) \geqq 0$; $(x, x) = 0$ ist gleichbedeutend mit $x = 0$.[1]

[1] Seltener wird einem Raum mit Skalarprodukt eine reelle lineare Menge zugrunde gelegt. In diesem Fall setzt man voraus, daß das Skalarprodukt eine reelle Zahl ist. Die Bedingung 1 erhält dann die Form $(y, x) = (x, y)$.

Wenn wir in Zukunft von einem Raum mit Skalarprodukt sprechen, so verstehen wir darunter stets einen komplexen Raum, falls nicht das Gegenteil ausdrücklich gesagt wird.

Aus der Definition des Raumes mit Skalarprodukt folgt:

a) $(x, \lambda y_1 + \mu y_2) = \bar{\lambda}(x, y_1) + \bar{\mu}(x, y_2)$.
(Axiome 1 und 2.)

b) $(x, 0) = (0, y) = 0$.

Denn es gilt $(x, 0 \cdot y) = 0 \cdot (x, y) = 0$.

c) $|(x, y)|^2 \leqq (x, x)\,(y, y)$ (SCHWARZsche Ungleichung.)[1])

Zum Beweis dieser Ungleichung betrachten wir den Ausdruck

$$(x + \lambda y\,,\; x + \lambda y) = (x, x) + \bar{\lambda}(x, y) + \lambda(y, x) + |\lambda|^2(y, y)\,.$$

Nach Axiom 3 ist dieser Ausdruck für beliebige Zahlen λ nichtnegativ. Wir setzen $(y, y) > 0$ voraus (anderenfalls ist $y = 0$ und die zu beweisende Ungleichung wird trivial) und wählen speziell $\lambda = -\frac{(x, y)}{(y, y)}$. Dann folgt

$$(x, x) - \frac{|(x, y)|^2}{(y, y)} - \frac{|(x, y)|^2}{(y, y)} + \frac{|(x, y)|^2}{(y, y)} \geqq 0\,,$$

d. h.

$$(x, x)\,(y, y) - |(x, y)|^2 \geqq 0\,,$$

was zu zeigen war.

Setzen wir in einem Raum $\mathbf{H}$ mit Skalarprodukt

$$\|x\| = \sqrt{(x, x)} \qquad (x \in \mathbf{H})\,, \tag{1}$$

dann wird $\mathbf{H}$ zu einem normierten Raum. Um das zu sehen, brauchen wir nur die Dreiecksungleichung nachzuweisen, denn das Erfülltsein der übrigen Axiome des normierten Raumes ist klar. Für zwei Elemente $x, y \in \mathbf{H}$ folgt aber mit Benutzung der SCHWARZschen Ungleichung

$$\begin{aligned}\|x + y\|^2 &= (x + y,\; x + y) = |(x, x) + (x, y) + (y, x) + (y, y)| \\ &\leqq \|x\|^2 + 2\,\|x\| \cdot \|y\| + \|y\|^2 = [\|x\| + \|y\|]^2\,.\end{aligned}$$

Ein normierter Raum $\mathbf{H}$ heißt *unitär*, wenn man in ihm ein Skalarprodukt einführen kann, das mit der Norm durch die Beziehung (1) zusammenhängt.

Da ein unitärer Raum stets auch ein normierter Raum ist, so hat er alle Eigenschaften eines solchen. Insbesondere gelten die in Abschnitt II.2.2 bewiesenen elementaren Aussagen. Wir vermerken dazu noch einige einfache Aussagen, die sich speziell auf Räume mit Skalarprodukt beziehen.

d) Die Stetigkeit des Skalarproduktes. Aus $x_n \to x$ und $y_n \to y$ folgt $(x_n, y_n) \to (x, y)$.

Denn mit Hilfe der SCHWARZschen Ungleichung erhalten wir

$$\begin{aligned}|(x, y) - (x_n, y_n)| &\leqq |(x, y - y_n)| + |(x - x_n, y_n)| \\ &\leqq \|x\|\,\|y - y_n\| + \|x - x_n\|\,\|y_n\|\,.\end{aligned}$$

[1]) Siehe Fußnote [1]) auf Seite 53.

Da die konvergente Folge $\{y_n\}$ beschränkt ist, strebt die rechte Seite dieser Ungleichung für $n \to \infty$ nach Null, woraus die Behauptung folgt.

e) Für zwei beliebige Elemente $x, y \in \mathbf{H}$ gilt die Gleichung

$$\|x + y\|^2 + \|x - y\|^2 = 2\,[\|x\|^2 + \|y\|^2]\,.^{1)} \tag{2}$$

Auf Grund der Definition der Norm erhalten wir nämlich

$$\begin{aligned}\|x + y\|^2 + \|x - y\|^2 &= (x + y,\, x + y) + (x - y,\, x - y)\\ &= (x,x) + (x,y) + (y,x) + (y,y) + (x,x) - (x,y) - (y,x) + (y,y)\\ &= 2\,[\|x\|^2 + \|y\|^2]\,.\end{aligned}$$

Die Vervollständigung $\overline{\mathbf{H}}$ eines unitären Raumes $\mathbf{H}$ ist ein normierter Raum (II.2.4). Wir zeigen, daß das Skalarprodukt in $\mathbf{H}$ auf den Raum $\overline{\mathbf{H}}$ derart erweitert werden kann, daß $\overline{\mathbf{H}}$ sogar ein unitärer Raum wird.

f) Die Vervollständigung $\overline{\mathbf{H}}$ eines unitären Raumes $\mathbf{H}$ ist wieder ein unitärer Raum.

Es seien $\xi, \eta \in \overline{\mathbf{H}}$. Dann gibt es Folgen $\{x_n\}$, $\{y_n\} \subset \mathbf{H}$ mit der Eigenschaft, daß $x_n \to \xi$ und $y_n \to \eta$ gilt. Durch fast wörtliche Wiederholung der Überlegungen beim Beweis des Punktes d) folgt, daß der Grenzwert $\lim\limits_{n\to\infty} (x_n, y_n)$ existiert und nicht von der Wahl der Folgen $\{\xi_n\}$, $\{\eta_n\}$, sondern nur von den Elementen ξ und η abhängt. Da für $\xi, \eta \in \mathbf{H}$ wegen Punkt d) bereits $\lim\limits_{n\to\infty} (x_n, y_n) = (\xi, \eta)$ gilt, setzen wir naheliegenderweise für beliebige $\xi, \eta \in \overline{\mathbf{H}}$

$$(\xi, \eta) = \lim_{n\to\infty} (x_n, y_n)\,.$$

Man zeigt leicht, daß mit dieser Definition $\overline{\mathbf{H}}$ zu einem Raum mit Skalarprodukt wird. Unter Berücksichtigung des in Abschnitt II.2.4 bewiesenen Zusammenhangs zwischen der Norm in $\overline{\mathbf{H}}$ und der Norm in $\mathbf{H}$ erhalten wir schließlich

$$\|\xi\| = \lim_{n\to\infty} \|x_n\| = \lim_{n\to\infty} \sqrt{(x_n, x_n)} = \sqrt{(\xi, \xi)}$$

$$(\xi \in \overline{\mathbf{H}}, \quad x_n \to \xi, \quad x_n \in \mathbf{H}, \quad n = 1, 2, \ldots)\,,$$

d. h., $\overline{\mathbf{H}}$ ist wieder ein unitärer Raum.

Wir vermerken noch die offensichtliche Aussage:

g). Ein Teilraum (und auch eine lineare Teilmenge) eines unitären Raumes ist ebenfalls ein unitärer Raum.

7.2. Besondere Bedeutung haben die vollständigen unitären Räume, die nach dem deutschen Mathematiker D. HILBERT auch HILBERT-Räume heißen.[2])

---

[1]) Diese Beziehung ist die Verallgemeinerung der elementar-geometrischen Aussage, daß die Summe der Quadrate der Diagonalen eines Parallelogramms mit der Summe der Quadrate der Seiten übereinstimmt.

Gilt in einem normierten Raum $\mathbf{X}$ für beliebige Elemente $x, y \in \mathbf{X}$ die Beziehung (2), dann ist $\mathbf{X}$ ein unitärer Raum, d. h., in $\mathbf{X}$ kann man ein Skalarprodukt einführen, das mit der Norm gemäß Beziehung (1) zusammenhängt. Siehe [112].

[2]) Manchmal wird dabei noch verlangt, daß der Raum unendlichdimensional ist. Der abstrakte HILBERT-Raum wurde von J. v. NEUMANN in [155] eingeführt.

Der HILBERT-Raum erscheint als unmittelbare Verallgemeinerung des euklidischen Raumes. Seine Geometrie steht zu diesem in engerer Beziehung als die eines beliebigen B-Raumes. Viele Eigenschaften des euklidischen Raumes, die B-Räume allgemeiner Art nicht haben, bleiben für den HILBERT-Raum erhalten (z. B. Beziehung (2)). Deshalb ließ sich die Funktionalanalysis auf der Grundlage des HILBERT-Raumes wesentlich weiter und vollständiger entwickeln als im Fall allgemeiner normierter Räume, so daß die Theorie des HILBERT-Raumes zu einem großen selbständigen Zweig der Funktionalanalysis mit eigenen Resultaten und Methoden wurde, deren Darstellung im Rahmen der allgemeinen Funktionalanalysis, die der hauptsächliche Inhalt dieses Buches ist, zu weit führen würde.

Der HILBERT-Raum dient uns deshalb in der Regel nur zur Illustration von Tatsachen der allgemeinen Theorie.

7.3. Ein konkretes Beispiel eines HILBERT-Raumes ist der (komplexe) Raum $\mathbf{l}^2$. Das Skalarprodukt wird hier durch die Gleichung

$$(x, y) = \sum_{k=1}^{\infty} \xi_k \bar{\eta}_k \qquad \big(x = \xi_1, \xi_2, \ldots, \xi_k, \ldots), \quad y = (\eta_1, \eta_2, \ldots, \eta_k, \ldots)\big)$$

definiert.

Die durch das Skalarprodukt gemäß Gleichung (1) gegebene Norm

$$\|x\| = \left[\sum_{k=1}^{\infty} |\xi_k|^2\right]^{1/2}$$

stimmt mit der in Abschnitt II.4.2 eingeführten Norm überein, weshalb wir für den betrachteten Raum die Bezeichnung $\mathbf{l}^2$ beibehalten. Die Vollständigkeit des Raumes $\mathbf{l}^2$ wurde bereits bewiesen.

Es sei jetzt $\varphi(t)$ eine auf dem Intervall $[a, b]$ definierte, summierbare und fast überall positive Funktion (deren Werte auch unendlich sein können). Wir bezeichnen mit $\mathbf{L}^2_\varphi(a, b)$ die Gesamtheit der auf dem Intervall $[a, b]$ meßbaren Funktionen $x(t)$, für die

$$\int_a^b \varphi(t) |x(t)|^2 \, dt < \infty$$

gilt.

$\mathbf{L}^2_\varphi(a, b)$ wird durch die Festsetzung

$$(x, y) = \int_a^b \varphi(t) \, [x(t) \, \overline{y(t)}] \, dt \text{ [1]}$$

ein HILBERT-Raum.

---

[1]) Die Endlichkeit des Skalarproduktes (x, y) folgt aus der SCHWARZschen Ungleichung:

$$|(x, y)| \leqq \int_a^b \varphi(t) \, |x(t) \, \overline{y(t)}| \, dt = \int_a^b \sqrt{\varphi(t)} \, |x(t)| \cdot \sqrt{\varphi(t)} \, |y(t)| \, dt$$

$$\leqq \left[\int_a^b \varphi(t) \, |x(t)|^2 \, dt\right]^{1/2} \left[\int_a^b \varphi(t) \, |y(t)|^2 \, dt\right]^{1/2} < \infty .$$

Die Norm in $\mathbf{L}^2_\varphi(a, b)$ ist dann durch die Gleichung

$$\|x\| = \left[\int_a^b \varphi(t)\, |x(t)|^2\, dt\right]^{1/2}$$

definiert.

Die Vollständigkeit dieses Raumes beweist man ebenso wie für den Raum $\mathbf{L}^p$ (s. II.5.2). Wir bemerken noch, daß für $\varphi(t) \equiv 1$ der Raum $\mathbf{L}^2_\varphi(a, b)$ in den oben betrachteten B-Raum $\mathbf{L}^2(a, b)$ übergeht.

Die Räume $\mathbf{l}^2$ und $\mathbf{L}^2_\varphi(a, b)$ sind separabel. Für den Raum $\mathbf{l}^2$ wurde dies früher (II.4.2) bewiesen, für $\mathbf{L}^2_\varphi(a, b)$ erfolgt der Beweis wie für $\mathbf{L}^p$ (s. II.5.3).

Ein Beispiel eines nicht separablen HILBERT-Raumes ist die Gesamtheit $\mathbf{H}_c$ derjenigen Funktionen, die auf der ganzen Zahlengeraden definiert sind, nur für abzählbar viele t-Werte von Null verschieden sind und für die

$$\sum_t |x(t)|^2 < \infty \text{ [1]}$$

gilt. Das Skalarprodukt in $\mathbf{H}_c$ definieren wir durch die Formel

$$(x, y) = \sum_t x(t)\, \overline{y(t)}\,.$$

Den Beweis der Vollständigkeit dieses Raumes, der sich auf die Vollständigkeit des Raumes $\mathbf{l}^2$ stützt, überlassen wir dem Leser.

Ist das Element $x_\tau \in \mathbf{H}_c$ durch

$$x_\tau(t) = \begin{cases} 1 & \text{für} \quad t = \tau \\ 0 & \text{für} \quad t \neq \tau \end{cases},$$

gegeben, dann sieht man leicht, daß für $\tau \neq \tau'$ stets $\|x_\tau - x_{\tau'}\| = \sqrt{2}$ gilt. Der Raum $\mathbf{H}_c$ ist folglich nicht separabel.

7.4. Bei Untersuchungen in HILBERT-Räumen spielt der Begriff der Orthogonalität zweier Elemente eine sehr große Rolle.

Die Elemente x und y des HILBERT-Raumes $\mathbf{H}$ heißen *orthogonal*, wenn $(x, y) = 0$ gilt. Wir schreiben dafür auch $x \perp y$.

Ist ein festes Element $x \in \mathbf{H}$ orthogonal zu jedem Element einer Menge $E \subset \mathbf{H}$, so sagt man, x sei *orthogonal* zu E und schreibt dafür $x \perp E$.

Sind schließlich die Elemente zweier Mengen E_1 und E_2 paarweise orthogonal, so heißen die Mengen *orthogonal* ($E_1 \perp E_2$).

Wir führen zunächst einige einfache Folgerungen dieser Definitionen an.

a) Aus $x \perp y_1$ und $x \perp y_2$ folgt $x \perp \lambda y_1 + \mu y_2$.

b) Aus $x \perp y_n$ $(n = 1, 2, \ldots)$ und $y_n \to y$ folgt $x \perp y$.

Denn wegen der Stetigkeit des Skalarproduktes (s. d) 7.1) zieht $(x, y_n) = 0$ und $y_n \to y$ auch $(x, y) = 0$ nach sich.

c) Aus $x \perp E$ folgt $x \perp \overline{\mathscr{L}(E)}$.

---

[1]) Da die Funktion $x(t)$ nur für abzählbar viele t-Werte nicht verschwindet, ist die auf der linken Seite der Ungleichung stehende Summe eine gewöhnliche unendliche Reihe.

Zum Beweis dieser Aussage benutze man die Aussagen von a) und b).

d) Gilt $x \perp E$ und ist die Menge E in $\mathbf{H}$ **vollständig**, d. h. ist $\overline{\mathscr{L}(E)} = \mathbf{H}$, dann muß $x = \mathbf{0}$ sein.

Aus den Voraussetzungen folgt nämlich $x \perp \mathbf{H}$, x ist also insbesondere zu sich selbst orthogonal, d. h., es gilt $(x, x) = 0$ und deshalb auch $x = \mathbf{0}$.

e) Die Gesamtheit aller Elemente, die zu einer gegebenen Menge E orthogonal sind, bildet einen Teilraum des Raumes $\mathbf{H}$, ist also eine lineare abgeschlossene Menge. Dieser Teilraum heißt das *orthogonale Komplement* der Menge E.

Grundlegend für die Theorie des HILBERT-Raumes ist der

Satz 1 (7.II). *$\mathbf{H}_1$ sei ein Teilraum des* HILBERT-*Raumes $\mathbf{H}$ und $\mathbf{H}_2$ sein orthogonales Komplement. Dann läßt sich jedes Element $x \in \mathbf{H}$ eindeutig in der Form*

$$x = x' + x'' \qquad (x' \in \mathbf{H}_1,\ x'' \in \mathbf{H}_2) \tag{3}$$

darstellen. Dabei ist der Abstand der Elemente x' und x gleich dem Abstand des Elementes x von $\mathbf{H}_1$, d. h., es gilt

$$\|x - x'\| = \varrho(x, \mathbf{H}_1)\,.^{1)} \tag{4}$$

Beweis. Wir bezeichnen mit d den Abstand des Elementes x vom Teilraum $\mathbf{H}_1$,

$$d = \varrho(x, \mathbf{H}_1)\,.$$

Dann gibt es zu jedem $n = 1, 2, \ldots$ ein Element $x_n \in \mathbf{H}_1$ derart, daß

$$\|x - x_n\|^2 < d^2 + \frac{1}{n^2} \qquad (n = 1, 2, \ldots) \tag{5}$$

gilt. Aus Gleichung (2) folgt

$$\|x_n - x_m\|^2 + \|(x - x_n) + (x - x_m)\|^2 = 2\,[\|x - x_n\|^2 + \|x - x_m\|^2]\,. \tag{6}$$

Wegen $\frac{x_n + x_m}{2} \in \mathbf{H}_1$ gilt weiterhin

$$\|(x - x_n) + (x - x_m)\|^2 = 4\left\|x - \frac{x_n + x_m}{2}\right\|^2 \geqq 4\,d^2\,.$$

Aus den Beziehungen (5) und (6) und der letzten Abschätzung erhalten wir

$$\|x_n - x_m\|^2 \leqq 2\left[d^2 + \frac{1}{n^2} + d^2 + \frac{1}{m^2}\right] - 4\,d^2 = \frac{2}{n^2} + \frac{2}{m^2}.$$

Die Folge $\{x_n\}$ ist also in sich konvergent. Wegen der Vollständigkeit des Raumes $\mathbf{H}$ existiert deshalb der Grenzwert $x' = \lim x_n$. Da der Teilraum $\mathbf{H}_1$ abgeschlossen ist, folgt $x' \in \mathbf{H}_1$. Führen wir in der Beziehung (5) den Grenzübergang $n \to \infty$ durch, so finden wir $\|x - x'\| \leqq d$. Da andererseits x' zu $\mathbf{H}_1$ gehört, muß auch $\|x - x'\| \geqq d$ gelten, womit die Gleichung

$$\|x - x'\| = d \tag{7}$$

bewiesen ist.

---

1) In der vorliegenden Form wurde dieser Satz von F. RELLICH [170] bewiesen.

Wir zeigen jetzt, daß das Element $x'' = x - x'$ orthogonal zu $\mathbf{H}_1$ ist und deshalb zum Raum $\mathbf{H}_2$ gehört. Es sei $y \in \mathbf{H}_1$, $y \neq 0$. Für beliebiges λ gilt dann $x' + \lambda y \in \mathbf{H}_1$, woraus

$$\|x'' - \lambda y\|^2 = \|x - (x' + \lambda y)\|^2 \geqq d^2$$

folgt. Diese Beziehung können wir aber unter Benutzung von (7) in der Form

$$-\bar{\lambda}(x'', y) - \lambda(y, x'') + |\lambda|^2 (y, y) \geqq 0$$

schreiben. Für $\lambda = \frac{(x'', y)}{(y, y)}$ erhalten wir hieraus

$$-\frac{|(x'', y)|^2}{(y, y)} - \frac{|(x'', x)|^2}{(y, y)} + \frac{|(x'', y)|^2}{(y, y)} \geqq 0\,,$$

d. h.

$$|(x'', y)|^2 \leqq 0\,.$$

Es gilt also $(x'', y) = 0$, d. h. $x'' \perp y$.

Damit haben wir bewiesen, daß sich x in der Form (3) darstellen läßt und die Beziehung (4) erfüllt ist.

Um schließlich noch die Eindeutigkeit der Darstellung (3) zu zeigen, nehmen wir an, es gelte gleichzeitig mit (3)

$$x = x_1' + x_1'' \qquad (x_1' \in \mathbf{H}_1\,, \quad x_1'' \in \mathbf{H}_2)\,.$$

Daraus folgt

$$x' - x_1' = x_1'' - x''\,.$$

Das auf der linken Seite dieser Gleichung stehende Element gehört zu $\mathbf{H}_1$, das Element der rechten Seite zu $\mathbf{H}_2$. Es gilt also $x' - x_1' \perp x_1'' - x''$, so daß wir $x' - x_1' = x_1'' - x'' = 0$ erhalten.

Damit ist der Satz vollständig bewiesen.

Die durch das Element x eindeutig bestimmten Elemente x' und x'' heißen die *Projektionen* des Elementes x auf die Teilräume $\mathbf{H}_1$ bzw. $\mathbf{H}_2$.

Folgerung. *Notwendig und hinreichend für die Vollständigkeit* (s. II.2.3) *eines Systems* $\{x_\alpha\}$ $(\alpha \in A,\ x_\alpha \in \mathbf{H})$ *im Raum* $\mathbf{H}$ *ist, daß kein von Null verschiedenes Element existiert, das zu jedem Element des Systems orthogonal ist.*

Die Notwendigkeit dieser Bedingung folgt unmittelbar aus der Behauptung d) 7.4. Um zu zeigen, daß sie auch hinreichend ist, sei $\{x_\alpha\}$ ein nicht vollständiges System. Dann ist der Teilraum $\mathbf{H}_1 = \overline{\mathscr{L}(\{x_\alpha\})}$ verschieden vom Raum $\mathbf{H}$. Wir nehmen ein Element $x \in \mathbf{H} \setminus \mathbf{H}_1$ und stellen es als Summe seiner Projektionen dar: $x = x' + x''$ $(x' \in \mathbf{H}_1, x'' \perp \mathbf{H}_1)$. Für das Element x'' gilt $x'' \neq 0$ und $x'' \perp x_\alpha$ $(\alpha \in A)$, was der Voraussetzung widerspricht.

7.5. Das System $\{x_\alpha\}$ $(\alpha \in A)$ von Elementen des Hilbert-Raumes $\mathbf{H}$ heißt *orthogonal*, wenn je zwei verschiedene Elemente des Systems orthogonal sind. Ist außerdem die Norm jedes Elementes x_α gleich Eins, dann heißt das System *orthonormal*.

Zum Beispiel bilden die trigonometrischen Funktionen 1, $\cos\frac{2\pi(t-a)}{b-a}$, $\sin\frac{2\pi(t-a)}{b-a}$, $\ldots$, $\cos\frac{2\pi n(t-a)}{b-a}$, $\sin\frac{2\pi n(t-a)}{b-a}$, $\ldots$ ein wichtiges Beispiel eines orthogonalen

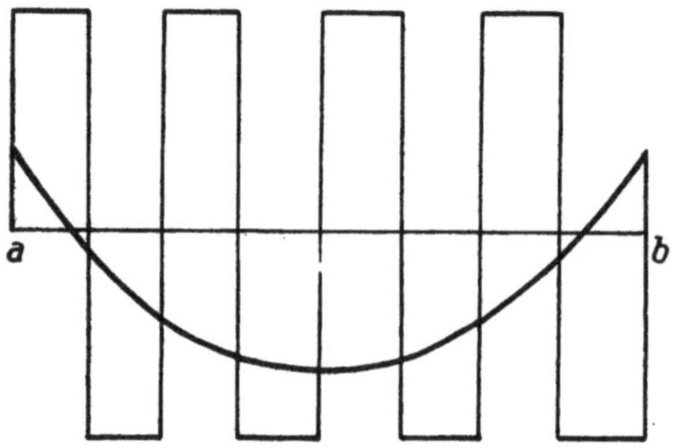

Abb. 3

Systems im Raum $L^2(a, b)$. Dieses System ist **vollständig**, da seine lineare Hülle — die Menge aller trigonometrischen Polynome — in $L^2(a, b)$ dicht liegt. Um das zu erkennen, bemerken wir zunächst, daß die Menge aller auf $[a, b]$ definierten beschränkten (meßbaren) Funktionen dicht ist im Raum $L^2(a, b)$. Mit Hilfe des Satzes von LUSIN[1]) erhalten wir daraus weiter, daß in dieser Menge die stetigen periodischen Funktionen (das sind diejenigen stetigen Funktionen, die an den Endpunkten des Intervalls $[a, b]$ gleiche Werte annehmen) dicht liegen. Aus einem Satz von WEIERSTRASS[2]) folgt schließlich, daß die Menge der trigonometrischen Polynome in der Menge der stetigen Funktionen dicht liegt.

Ein anderes Beispiel für ein orthogonales System in $L^2(a, b)$ ist das System der sogenannten RADEMACHERschen Funktionen

$$x_n(t) = (-1)^k$$

$$\left(\frac{k}{2^n}(b-a) < t - a < \frac{k+1}{2^n}(b-a); \quad k = 0, 1, \ldots, 2^n - 1; \quad n = 0, 1, \ldots\right).$$

Dieses System ist nicht vollständig, da die Funktion $x(t) = (t-a)\,(t-b) + \frac{(b-a)^2}{6}$ zu allen Funktionen des Systems orthogonal ist (Abb. 3). (Die Funktionen $x_n(t) \cdot x(t) = \varphi_n(t)$ sind für alle n bezüglich $t = \frac{a+b}{2}$ ungerade: $\varphi_n\left(\frac{a+b}{2} + t\right) = -\varphi_n\left(\frac{a+b}{2} - t\right)$).

Im Raum l^2 bilden die Elemente $x_n = (0, 0, \ldots, 0, 1, 0, \ldots)$ $(n = 1, 2, \ldots)$ ein vollständiges orthogonales System.

Ein orthogonales System in H_c ist die Gesamtheit $\{x_\tau\}$ $(\tau \in (-\infty, +\infty))$, wenn man die Funktionen x_τ wie in Abschnitt 7.3 definiert.

Enthält ein orthogonales System nicht das Nullelement, dann ist das System linear unabhängig. Denn aus

$$\sum_{k=1}^{n} \lambda_k x_{\alpha_k} = 0$$

erhalten wir durch skalare Multiplikation beider Seiten mit x_{α_j} die Gleichung $\lambda_j \|x_{\alpha_j}\|^2 = 0$, d. h. $\lambda_j = 0$.

Von einem orthogonalen System, zu dem das Nullelement nicht gehört, kann man unschwer zu einem orthonormalen System übergehen, indem man jedes Element durch seine Norm teilt. Schwieriger ist der Übergang von einem beliebigen Elementensystem zu einem orthonormalen System. Wir beschränken unsere Betrachtungen hier auf den Fall eines abzählbaren Systems und beweisen dafür den folgenden Satz (s. [176] und [96]).

---

[1]) NATANSON [30 b], S. 106.

[2]) FICHTENHOLZ [10], Bd. III.

Satz 2 (7.II) (über die Orthogonalisierung). *Ist* $\{y_n\}$ *ein linear unabhängiges System von Elementen des* HILBERT-*Raumes* $\mathbf{H}$, *dann gibt es ein orthonormales System* $\{x_n\}$, *so daß*

$$x_n = \sum_{k=1}^{n} \lambda_k^{(n)} y_k \qquad (\lambda_n^{(n)} \neq 0; \quad n = 1, 2, \ldots) \tag{8}$$

gilt.

Wir geben für diesen Satz zwei Beweise an.

Erster Beweis (mittels Induktion). Wir setzen

$$x_1 = \lambda_1^{(1)} y_1 \qquad \left(\lambda_1^{(1)} = \frac{1}{\|y_1\|}\right)$$

und nehmen an, daß schon paarweise orthogonale und normierte Elemente $x_1, x_2, \ldots, x_{n-1}$ konstruiert sind, die mit $y_1, y_2, \ldots, y_{n-1}$ gemäß Beziehung (8) zusammenhängen. $\mathbf{H}_n'$ bezeichne die lineare Hülle der Elemente $y_1, y_2, \ldots, y_{n-1}$ und $\mathbf{H}_n''$ das orthogonale Komplement von $\mathbf{H}_n'$. Da y_n nicht zu $\mathbf{H}_n'$ gehört, ist in der Zerlegung

$$y_n = y_n' + y_n'' \qquad (y_n' \in \mathbf{H}_n', \quad y_n'' \in \mathbf{H}_n'')$$

die Projektion $y_n'' \neq 0$. Für

$$x_n = \lambda_n^{(n)} y_n'' \qquad \left(\lambda_n^{(n)} = \frac{1}{\|y_n''\|}\right)$$

gilt $\|x_n\| = 1$ und wegen $x_n \perp \mathbf{H}_n'$, $x_k \in \mathbf{H}_n'$ $(k < n)$ auch $x_n \perp x_k$ $(k < n)$.

Das Element x_n läßt sich also in der Form

$$x_n = \lambda_n^{(n)} y_n'' = \lambda_n^{(n)} y_n - \lambda_n^{(n)} y_n'$$

darstellen. Da y_n' zu $\mathbf{H}_n'$ gehört, gilt

$$y_n' = \sum_{k=1}^{n-1} \alpha_k^{(n)} y_k .$$

Aus diesen beiden Beziehungen erhalten wir schließlich mit $\lambda_k^{(n)} = -\alpha_k^{(n)} \lambda_n^{(n)}$ $(k < n)$

$$x_n = \sum_{k=1}^{n} \lambda_k^{(n)} y_k .$$

Damit ist der erste Beweis das Satzes beendet.

Bemerkung 1. Da $\lambda_n^{(n)}$ verschieden von Null ist, lassen sich auch umgekehrt die Elemente y_n als Linearkombinationen der Elemente x_n darstellen:

$$y_n = \sum_{k=1}^{n} \mu_k^{(n)} x_k \qquad \left(\mu_n^{(n)} = \frac{1}{\lambda_n^{(n)}}; \quad n = 1, 2, \ldots\right). \tag{9}$$

Bemerkung 2. Die Elemente x_n in (8) sind durch die Elemente y_n nicht eindeutig bestimmt. Verlangen wir jedoch zusätzlich, daß $\lambda_n^{(n)} > 0$ $(n = 1, 2, \ldots)$ gilt, dann wird das System $\{x_n\}$ eindeutig.

Zum Beweis dieser Bemerkung nehmen wir an, es gäbe zwei Systeme $\{x_n\}$ und $\{\bar{x}_n\}$, die den gestellten Forderungen genügen. Unter Benutzung der Gleichungen (8) und (9) sowie der entsprechenden Beziehungen für das System $\{\bar{x}_n\}$ können wir die Elemente des Systems $\{\bar{x}_n\}$ durch die Elemente x_n ausdrücken, d. h. in der Form

$$\bar{x}_n = \sum_{k=1}^{n} \beta_k^{(n)} x_k \tag{10}$$

darstellen. Man sieht ohne Schwierigkeit, daß dabei der Koeffizient $\beta_n^{(n)}$ positiv ist (er ist nämlich gleich dem Produkt $\bar{\lambda}_n^{(n)} \mu_n^{(n)}$, wenn $\bar{\lambda}_n^{(n)}$ den $\lambda_n^{(n)}$ entsprechenden Koeffizienten der Formel (8) für das System $\{\bar{x}_n\}$ bezeichnet). Daraus folgt aber $\bar{x}_1 = x_1$. Sind die Beziehungen $\bar{x}_1 = x_1$, $\bar{x}_2 = x_2, \ldots, \bar{x}_{n-1} = x_{n-1}$ schon bewiesen, dann erhalten wir durch skalare Multiplikation beider Seiten der Gleichung (10) mit x_j für $j < n$ stets $0 = \beta_j^{(n)}$, d. h. $\bar{x}_n = \beta_n^{(n)} x_n$. Wegen $\|\bar{x}_n\| = \|x_n\| = 1$ muß also $\beta_n^{(n)} = 1$ und damit $\bar{x}_n = x_n$ gelten.

Zweiter Beweis. Wir betrachten die Determinanten

$$\Delta_n = \begin{vmatrix} (y_1, y_1) & (y_1, y_2) & \ldots & (y_1, y_n) \\ (y_2, y_1) & (y_2, y_2) & \ldots & (y_2, y_n) \\ \vdots & \vdots & & \vdots \\ (y_n, y_1) & (y_n, y_2) & \ldots & (y_n, y_n) \end{vmatrix}, \qquad \Delta_0 = 1$$

und

$$x_n' = \begin{vmatrix} (y_1, y_1) & (y_1, y_2) & \ldots & (y_1, y_{n-1}) & y_1 \\ (y_2, y_1) & (y_2, y_2) & \ldots & (y_2, y_{n-1}) & y_2 \\ \vdots & \vdots & & \vdots & \vdots \\ (y_n, y_1) & (y_n, y_2) & \ldots & (y_n, y_{n-1}) & y_n \end{vmatrix}.$$

Δ_n heißt die GRAM*sche Determinante* zum System $y_1, \ldots, y_n$. Die Determinante x_n' denken wir uns nach den Elementen der letzten Spalte entwickelt.

Man sieht dann leicht, daß die Beziehungen

$$(x_n', y_n) = \Delta_n \tag{11}$$

und

$$(x_n', y_k) = 0 \qquad (k = 1, 2, \ldots, n-1) \tag{12}$$

gelten. Schreibt man nämlich z. B. die linke Seite der Gleichung (12) als Determinante, so stimmen darin die k-te und die n-te Spalte überein.

Durch (skalare) Multiplikation der Determinante von x_n' mit x_n' erhalten wir bei Beachtung der Beziehungen (11) und (12) eine Determinante, in deren n-ter Spalte alle Elemente außer dem letzten gleich Null sind, und dieses hat den Wert Δ_n. Indem wir diese Determinante nach den Elementen der letzten Spalte entwickeln, finden wir die Beziehung

$$(x_n', x_n') = \Delta_n \Delta_{n-1} \qquad (n = 1, 2, \ldots).$$

Da x_n' verschieden vom Nullelement ist (anderenfalls wären die Elemente $y_1, y_2, \ldots, y_n$ linear abhängig), gilt $\Delta_n \neq 0$ $(n = 1, 2, \ldots)$.

Schließlich lassen sich auf die gleiche Weise die Elemente x_k' für $k < n$ linear durch $y_1, y_2, \ldots, y_k$ ausdrücken, sind also wegen (12) orthogonal zu x_n'.

Die Elemente

$$x_n = \frac{x_n'}{\|x_n'\|} = \frac{x_n'}{\sqrt{\Delta_n \Delta_{n-1}}} \qquad (n = 1, 2, \ldots) \tag{13}$$

bilden folglich ein orthonormales System.

7.6. Wir benutzen die erhaltenen Resultate, um Polynome zu konstruieren, die bezüglich einer gegebenen Gewichtsfunktion orthogonal sind.

Ausgehend von der Folge $\{y_n\}$ mit

$$y_n(t) = t^n \qquad (n = 0, 1, \ldots) \tag{14}$$

im Raum $\mathbf{L}^2_\varphi(a, b)$ erhalten wir durch Orthogonalisierung ein System $\{x_n\}$, für das die Beziehungen

$$x_n(t) = \sum_{k=0}^{n} \lambda_k^{(n)} t^k \qquad (\lambda_n^{(n)} \neq 0,\ n = 0, 1, \ldots)$$

und

$$(x_m, x_n) = \int_a^b \varphi(t)\, x_m(t)\, \overline{x_n(t)}\, dt = \begin{cases} 0, & m \neq n, \\ 1, & m = n \end{cases}$$

gelten.

Die Polynome $x_n(t)$ heißen *orthogonal bezüglich der Gewichtsfunktion* $\varphi(t)$. Sie spielen in der konstruktiven Funktionentheorie[1]) eine große Rolle. Da das System (14) vollständig ist, gilt dasselbe für das System der orthogonalen Polynome.

Einen expliziten Ausdruck für die orthogonalen Polynome erhält man aus der Beziehung (13). Im vorliegenden Fall ergibt sich

$$\Delta_n = \begin{vmatrix} c_{00} & c_{01} & \cdots & c_{0n} \\ c_{10} & c_{11} & \cdots & c_{1n} \\ \cdot & \cdot & \cdots & \cdot \\ \cdot & \cdot & \cdots & \cdot \\ c_{n0} & c_{n1} & \cdots & c_{nn} \end{vmatrix}, \qquad c_{jk} = \int_a^b \varphi(t)\, t^{j+k}\, dt \qquad (j, k = 0, 1, \ldots, n),$$

und damit

$$x_n(t) = \frac{x_n'(t)}{\sqrt{\Delta_n \Delta_{n-1}}} = \frac{\begin{vmatrix} c_{00} & c_{01} & \cdots & c_{0\,n-1} & 1 \\ c_{10} & c_{11} & \cdots & c_{1\,n-1} & t \\ \cdot & \cdot & \cdots & \cdot & \cdot \\ \cdot & \cdot & \cdots & \cdot & \cdot \\ c_{n0} & c_{n1} & \cdots & c_{n\,n-1} & t^n \end{vmatrix}}{\sqrt{\Delta_n \Delta_{n-1}}} \qquad (n = 0, 1, \ldots).$$

Aus diesen Formeln folgt u. a., daß die Polynome x_n reelle Koeffizienten haben.

Ist speziell $\varphi(t) \equiv 1$), $a = -1$, $b = 1$, so heißen die Funktionen des orthonormalen Systems LEGENDREsche *Polynome* und werden mit $P_n(t)$ bezeichnet. Man kann beweisen, daß

$$P_n(t) = \sqrt{\frac{2n+1}{2}}\, \frac{1}{(2n)!!}\, \frac{d^n}{dt^n} [(t^2 - 1)^n] \qquad (n = 0, 1, \ldots) \tag{15}$$

gilt.

---

1) Im Deutschen ist hierfür die Bezeichnung „Approximationstheorie“ üblich.

Für $\varphi(t) = (1-t)^\alpha (1+t)^\beta$, $a = -1$, $b = 1$ erhalten wir die JACOBIschen *Polynome*

$$J_n^{(\alpha,\beta)}(t) = k_n (1-t)^{-\alpha} (1+t)^{-\beta} \frac{d^n}{dt^n} [(1-t)^{\alpha+n} (1+t)^{\beta+n}] \tag{16}$$

mit

$$k_n = (-1)^n \sqrt{2^{-(\alpha+\beta+2n+1)} \frac{\Gamma(\alpha+\beta+n+1)}{\Gamma(\alpha+n+1)\,\Gamma(\beta+n+1)} \cdot \frac{\alpha+\beta+2n+1}{n!}}$$

und daraus speziell für $\alpha = \beta = -1/2$ die TSCHEBYSCHEFF*schen Polynome*. Letztere spielen bei verschiedenen Untersuchungen in der Approximationstheorie eine Rolle.

Für $\varphi(t) = e^{-t}$, $a = 0$, $b = \infty$ entstehen die LAGUERRE*schen Polynome*

$$L_n(t) = \frac{(-1)^n}{n!} e^t \frac{d^n}{dt^n} (e^{-t} t^n) . \tag{17}$$

Setzen wir schließlich $\varphi(t) = e^{-t^2}$, $a = -\infty$, $b = \infty$, so erhalten wir die HERMITE*schen Polynome*

$$H_n(t) = \frac{(-1)^n}{\sqrt{2^n n! \sqrt{\pi}}} e^{t^2} \frac{d^n}{dt^n} [e^{-t^2}] .^{1)} \tag{18}$$

7.7. Im folgenden untersuchen wir hauptsächlich separable HILBERT-Räume. Die bis jetzt betrachteten orthogonalen Systeme in konkreten separablen Räumen waren alle abzählbar. Das war kein Zufall; es gilt nämlich der

Satz 3 (7.II). *Ein orthonormales System* $\{x_\alpha\}$ $(\alpha \in A)$ *in einem separablen* HILBERT-*Raum* **H** *ist höchstens abzählbar.*

Beweis. D sei eine in **H** dichte abzählbare Menge. Zu jedem Element x_α gibt es ein $y_\alpha \in D$, so daß

$$\|x_\alpha - y_\alpha\| < \frac{1}{2}$$

gilt. Dabei entsprechen verschiedenen Elementen x_α und $x_{\alpha'}$ verschiedene Elemente y_α und $y_{\alpha'}$, denn wegen

$$\|x_\alpha - x_{\alpha'}\| = (x_\alpha - x_{\alpha'}, x_\alpha - x_{\alpha'}) = (x_\alpha, x_\alpha) + (x_{\alpha'}, x_{\alpha'}) = 2$$

folgt die Ungleichung

$$\begin{aligned} \|y_\alpha - y_{\alpha'}\| &= \|(x_\alpha - x_{\alpha'}) + (x_{\alpha'} - y_{\alpha'}) + (y_\alpha - x_\alpha)\| \\ &\geqq \|x_\alpha - x_{\alpha'}\| - [\|x_{\alpha'} - y_{\alpha'}\| + \|y_\alpha - x_\alpha\|] > \sqrt{2} - 1 > 0 . \end{aligned}$$

Die Menge x_α ist also einem Teil der abzählbaren Menge D äquivalent und deshalb höchstens abzählbar.

Eine Ergänzung zu dem eben bewiesenen Satz bildet der

Satz 4 (7.II). *Ist der separable* HILBERT-*Raum* **H** *unendlichdimensional, dann existiert in ihm ein vollständiges abzählbares Orthonormalsystem.*

---

[1]) Eine ausführliche Darstellung der Theorie der orthogonalen Polynome und insbesondere den Beweis der Formeln (15)—(18) findet der Leser in dem Buch NATANSON [30a].

Beweis. Ausgehend von einer in $\mathbf{H}$ abzählbaren dichten Menge $D = \{z_n\}$ konstruieren wir ein linear unabhängiges System $\{y_k\}$, das in $\mathbf{H}$ vollständig ist. Es gelte $z_1 \neq \mathbf{0}$. Dann setzen wir $y_1 = z_1$. Als y_2 nehmen wir dasjenige Element z_{n_2}, das unter allen von y_1 linear unabhängigen Elementen den kleinsten Index $n_2 \geqq 2$ hat: $y_2 = z_{n_2}$. Das durch Fortsetzung dieses Verfahrens entstehende System $\{y_k\}$ ist vollständig, denn ein beliebiges Element $z_n \in D$ läßt sich offensichtlich als Linearkombination der Elemente y_j $z_{n_j}(n_j \leqq n)$ schreiben, so daß $D \subset \mathscr{L}(\{y_k\})$ und deshalb $\overline{\mathscr{L}(\{y_k\})} = \mathbf{H}$ gilt.

Durch Orthogonalisierung des Systems $\{y_k\}$ erhalten wir schließlich ein abzählbares vollständiges Orthonormalsystem.

7.8. In einem HILBERT-Raum $\mathbf{H}$ sei ein Orthonormalsystem $\{x_k\}$ gegeben. Weiterhin sei $x \in \mathbf{H}$. Die Zahlen

$$a_k = (x, x_k) \qquad (k = 1, 2, \ldots)$$

heißen die FOURIER-*Koeffizienten* des Elementes x bezüglich des gegebenen Orthonormalsystems, und die Reihe

$$\sum_{k=1}^{\infty} a_k x_k$$

heißt die FOURIER-*Reihe* des Elementes x.

Wir bilden jetzt den aus allen Linearkombinationen der ersten n Elemente des gegebenen Orthonormalsystems bestehenden Teilraum $\mathbf{H}_n = \mathscr{L}(\{x_1, x_2, \ldots, x_n\})$. Dann gilt der

Satz 5(7.II). *Die Partialsumme* $s_n = \sum_{k=1}^{n} a_k x_k$ *der* FOURIER-*Reihe des Elementes* x *ist die Projektion des Elementes* x *auf den Teilraum* $\mathbf{H}_n$.

Beweis. Wegen

$$x = s_n + (x - s_n)$$

und $s_n \in \mathbf{H}_n$ brauchen wir nur zu zeigen, daß $x - s_n$ zu $\mathbf{H}_n$ orthogonal ist. Es ist nun aber leicht zu sehen, daß die Beziehung $x - s_n \perp x_k$ $(k = 1, 2, \ldots, n)$ gilt. Nach Punkt c) von Abschnitt 7.4 folgt daraus $x - s_n \perp \mathbf{H}_n$. Damit ist Satz 5 bewiesen.

Die Anwendung von Satz 1 liefert die

Folgerung 1. *Für jedes Element* $z = \sum_{k=1}^{n} \alpha_k x_k \in \mathbf{H}_n$ *gilt*

$$\|x - s_n\| = \varrho(x, \mathbf{H}_n) \leqq \|x - z\| .$$

Weiterhin erhalten wir aus den Beziehungen

$$\|x\|^2 = \|s_n\|^2 + \|x - s_n\|^2 \geqq \|s_n\|^2 \tag{19}$$

und

$$\|s_n\|^2 = \sum_{k=1}^{n} |a_k|^2 \tag{20}$$

die

Folgerung 2. *Es gilt die* (Besselsche) *Ungleichung*

$$\sum_{k=1}^{n} |a_k|^2 \leqq ||x||^2 .$$

Durch Grenzübergang $n \to \infty$ folgt hieraus

$$\sum_{k=1}^{\infty} |a_k|^2 \leqq ||x||^2 . \tag{21}$$

Steht für ein gewisses $x \in \mathbf{H}$ in der Beziehung (21) das Gleichheitszeichen, dann sagt man, für x sei die *Abgeschlossenheitsrelation* erfüllt.

Satz 6 (7.II). *Die zu einem beliebigen Element* $x \in \mathbf{H}$ *gehörige* Fourier-*Reihe konvergiert. Die Summe dieser* Fourier-*Reihe ist die Projektion des Elementes x auf den Teilraum* $\mathbf{H}_0 = \overline{\mathscr{L}(\{x_k\})}$. *Sie stimmt genau dann mit dem gegebenen Element x überein, wenn für x die Abgeschlossenheitsrelation erfüllt ist.*

Beweis. Aus der Ungleichung (21) folgt die Konvergenz der Reihe $\sum_{k=1}^{\infty} |a_k|^2$. Bezeichnen wir wie oben die Partialsumme der Fourier-Reihe mit s_n, dann gilt

$$||s_{n+p} - s_n|| = \sum_{k=n+1}^{n+p} |a_k|^2 \xrightarrow[n\to\infty]{} 0 ,$$

d. h., die Fourier-Reihe konvergiert ebenfalls.

Es sei $s = \sum_{k=1}^{\infty} a_k x_k$. Wegen $s \in \mathbf{H}_0$ und

$$x = s + (x - s)$$

brauchen wir wie beim Beweis von Satz 5 nur $x - s \perp \mathbf{H}_0$ zu zeigen. Das folgt aber wieder durch Anwendung von Punkt c) aus Abschnitt 7.4.

Schreibt man schließlich die Beziehung (19) unter Verwendung der Gleichung (20) in der Form

$$||x - s_n||^2 = ||x||^2 - \sum_{k=1}^{n} |a_k|^2 ,$$

so folgt daraus die Richtigkeit des zweiten Teiles des Satzes.

Ist das System $\{x_k\}$ vollständig, dann gilt $\mathbf{H}_0 = \mathbf{H}$, und die Projektion eines beliebigen Elementes $x \in \mathbf{H}$ auf $\mathbf{H}_0$ stimmt mit dem Element x selbst überein. Damit erhalten wir die

Folgerung 1. *Ist das System $\{x_k\}$ vollständig, dann konvergiert die* Fourier-*Reihe eines beliebigen Elementes $x \in \mathbf{H}$ gegen x.*

Ein Orthonormalsystem heißt *abgeschlossen*, wenn für jedes $x \in \mathbf{H}$ die Abgeschlossenheitsrelation erfüllt ist.

Folgerung 2. *Ein Orthonormalsystem ist genau dann abgeschlossen, wenn es vollständig ist.*

Denn nach Satz 6 gilt die Abgeschlossenheitsrelation für ein Element x genau dann, wenn es zu $\mathbf{H}_0$ gehört. Deshalb ist die Abgeschlossenheit eines Orthonormalsystems mit der Beziehung $\mathbf{H}_0 = \mathbf{H}$, d. h. mit der Vollständigkeit des gegebenen Systems äquivalent.

Bemerkung. Ist die Abgeschlossenheitsrelation für die Elemente einer in $\mathbf{H}$ vollständigen Menge E erfüllt, dann ist das gegebene Orthonormalsystem schon abgeschlossen.

Denn aus $\mathbf{H}_0 \supset E$ folgt $\mathbf{H}_0 = \overline{\mathscr{L}(E)} = \mathbf{H}$.

Satz 7 (7.II) (RIESZ-FISCHER). *Konvergiert für eine Zahlenfolge $\{c_k\}$ die Reihe $\sum_{k=1}^{\infty} |c_k|^2$, dann gibt es ein eindeutig bestimmtes Element $x \in \mathbf{H}$, dessen FOURIER-Koeffizienten a_k mit den gegebenen Zahlen c_k übereinstimmen: $a_k = c_k$ $(k = 1, 2, \ldots)$. Für x ist dabei die Abgeschlossenheitsrelation erfüllt.*

Beweis. Wie im Beweis des vorhergehenden Satzes kann man sich davon überzeugen, daß die Reihe $\sum_{k=1}^{\infty} c_k x_k$ konvergiert. Ihre Summe werde mit x bezeichnet. Dann gilt

$$a_n = (x, x_n) = \lim_{m\to\infty} \left(\sum_{k=1}^{m} c_k x_k, x_n\right) = c_n \qquad (n = 1, 2, \ldots),$$

denn für $m \geqq n$ wird $\left(\sum_{k=1}^{m} c_k x_k, x_n\right) = c_n$. Daß für das Element x die Abgeschlossenheitsrelation erfüllt ist, folgt aus dem vorhergehenden Satz.

Auch die Eindeutigkeit von x folgt aus Satz 6, denn ein Element, für das die Abgeschlossenheitsrelation erfüllt ist, muß gleich der Summe seiner FOURIER-Reihe sein.

Die Abgeschlossenheitsrelation läßt sich formal in folgender Weise verallgemeinern.

Genügen zwei Elemente $x, y \in \mathbf{H}$ der Abgeschlossenheitsrelation und sind $\{a_k\}$ bzw. $\{b_k\}$ die FOURIER-Koeffizienten dieser Elemente, dann gilt

$$(x, y) = \sum_{k=1}^{\infty} a_k \bar{b}_k. \tag{22}$$

Aus Satz 6 folgt nämlich

$$x = \sum_{k=1}^{\infty} a_k x_k, \qquad y = \sum_{k=1}^{\infty} b_k x_k$$

und hieraus

$$(x, y) = \lim_{n\to\infty} \left(\sum_{k=1}^{n} a_k x_k, \sum_{k=1}^{n} b_k x_k\right) = \lim_{n\to\infty} \sum_{k=1}^{n} a_k \bar{b}_k = \sum_{k=1}^{\infty} a_k \bar{b}_k.$$

Ist das betrachtete Orthonormalsystem vollständig, dann gilt die verallgemeinerte Abgeschlossenheitsrelation für beliebige Elemente $x, y \in \mathbf{H}$.

In einem separablen unendlichdimensionalen HILBERT-Raum $\mathbf{H}$ sei jetzt ein nicht vollständiges Orthonormalsystem $\{x_k\}$ $(k = 1, 2, \ldots)$ gegeben. Der Teilraum $\mathbf{H}_0$ fällt also nicht mit dem ganzen Raum $\mathbf{H}$ zusammen. Mit $\widetilde{\mathbf{H}}$ bezeichnen wir das Orthogonalkomplement von $\mathbf{H}_0$. $\widetilde{\mathbf{H}}$ ist ein separabler HILBERT-Raum, deshalb existiert in ihm ein höchstens abzählbares vollständiges Orthonormalsystem $\{x_k\}$ $(k = 0, -1, -2, \ldots)$. Die Vereinigung $\{x_k\}$ $(k = \ldots, -1, 0, 1, \ldots)$ dieser beiden Systeme ist im Ausgangsraum $\mathbf{H}$ vollständig. Denn jedes Element $y \in \mathbf{H}$ das zu allen x_k $(k = \ldots, -1, 0, 1, \ldots)$ orthogonal ist, muß auch zum Teilraum $\mathbf{H}_0$ orthogonal sein, d. h., es muß $y \in \widetilde{\mathbf{H}}$ gelten. Da aber das System $\{x_k\}$ $(k = 0, -1, \ldots)$ in $\widetilde{\mathbf{H}}$ vollständig ist, folgt $y = \mathbf{0}$.

Wir führen noch zwei Tatsachen aus der Theorie der Funktionen einer reellen Veränderlichen an, deren Beweis sich unmittelbar aus den obigen allgemeinen Resultaten ergibt.

Da im Raum $\mathbf{L}^2(a, b)$ die trigonometrischen Funktionen ein vollständiges System bilden, läßt sich wegen Folgerung 1 aus Satz 6 jede quadratisch summierbare Funktion in eine (trigonometrische) FOURIER-Reihe entwickeln, die im Mittel (mit dem Exponenten 2) konvergiert.

Aus dem Satz von RIESZ-FISCHER und der Ungleichung (21) (im Verein mit der darauffolgenden Bemerkung) ergibt sich, daß eine meßbare Funktion genau dann zum Raum $\mathbf{L}^2$ gehört, wenn die Reihe der Quadrate ihrer FOURIER-Koeffizienten absolut konvergiert.

Der Beweis ähnlicher Aussagen für andere Funktionenklassen bereitet demgegenüber große Schwierigkeiten.

7.9. Schließlich zeigen wir noch, daß irgend zwei separable unendlichdimensionale HILBERT-Räume isometrisch (s. II.2.7) sind, genauer gesagt, daß zwischen ihren Elementen eine eineindeutige Zuordnung hergestellt werden kann, bei der die linearen Operationen und das Skalarprodukt (also erst recht die Norm) erhalten bleiben. $\mathbf{H}$ und $\mathbf{H}'$ seien zwei Räume der angegebenen Form. Nach Satz 4 existieren abzählbare vollständige Orthonormalsysteme $\{x_k\}$ und $\{x_k'\}$ in $\mathbf{H}$ bzw. $\mathbf{H}'$. Ist $x \in \mathbf{H}$ und $\{a_k\}$ die Folge seiner FOURIER-Koeffizienten, dann gilt wegen Folgerung 1 aus Satz 6

$$x = \sum_{k=1}^{\infty} a_k x_k$$

und gemäß Beziehung (21) $\sum_{k=1}^{\infty} |a_k|^2 < \infty$. Wenden wir (im Raum $\mathbf{H}'$) auf die Folge $\{a_k\}$ den Satz von RIESZ-FISCHER an, so finden wir ein Element $x' \in \mathbf{H}'$, das die gleichen FOURIER-Koeffizienten wie x hat, nämlich

$$x' = \sum_{k=1}^{\infty} a_k x_k' .$$

Das Element x' ordnen wir nun dem gegebenen Ausgangselement x zu. Diese Zuordnung genügt allen Bedingungen aus Abschnitt II.2.7 (an die Stelle der Normgleichheit muß hier die Gleichheit der Skalarprodukte entsprechender Elemente treten). Den Beweis für die Erhaltung der algebraischen Operationen unterlassen wir seiner Einfachheit halber. Wir zeigen nur, daß für $x, y \in \mathbf{H}$ und die entsprechenden Elemente $x', y' \in \mathbf{H}'$ stets die Gleichheit $(x, y) = (x', y')$ besteht. Da beide Systeme $\{x_k\}$ und $\{x_k'\}$ vollständig sind, gilt für die Elemente

x, y und ebenso für x', y' die verallgemeinerte Abgeschlossenheitsrelation (22), d. h.

$$(x, y) = \sum_{k=1}^{\infty} a_k \bar{b}_k \quad \text{und} \quad (x', y') = \sum_{k=1}^{\infty} a_k \bar{b}_k ,$$

wobei $\{a_k\}$ wieder die Folge der FOURIER-Koeffizienten von x (und x') und $\{b_k\}$ die von y (und y') bezeichnet.

Insbesondere ist jeder separable unendlichdimensionale HILBERT-Raum **H** zum Raum $\mathbf{l}^2$ linear isometrisch (im oben angegebenen Sinne). Das wurde zuerst in [155] bewiesen.

Wir geben ohne Beweis noch ein entsprechendes Ergebnis für beliebige HILBERT-Räume an. Man kann zeigen, daß die Mächtigkeit eines vollständigen Orthogonalsystems eine Invariante des Raumes ist (man nennt sie die Dimension des Raumes) und daß Räume gleicher Mächtigkeit linear isometrisch sind. Einen Beweis dafür findet man z. B. bei PLESSNER.

KAPITEL III

LINEARE OPERATOREN UND FUNKTIONALE

§ 1. Grundlegende Definitionen

1.1. **X** und **Y** seien (metrische oder normierte) Räume und Ω eine Teilmenge von **X**.

Ist jedem $x \in \Omega$ ein Element $y = U(x) \in \mathbf{Y}$ zugeordnet, so sagt man, auf Ω sei ein *Operator* (oder eine *Abbildung*, bisweilen auch *Transformation* genannt) U definiert, der Ω in **Y** abbildet, oder kürzer, U sei ein Operator (eine Abbildung) von Ω in **Y**. Die Menge Ω heißt *Definitionsbereich* des Operators U und wird mit Ω_U bezeichnet. Die Menge Δ_U aller Elemente der Form $y = U(x)$ heißt der Wertebereich des Operators U.[1]) Ist $\Omega_U = \mathbf{X}$ und $\Delta_U \subset \mathbf{X}$, d. h., bildet der Operator U den Raum **X** in sich ab, dann heißt U ein Operator in **X**.

Ein Operator f, dessen Wertebereich eine Teilmenge der komplexen Zahlen ist, heißt ein *Funktional* auf $\Omega = \Omega_f$.

Ist U ein Operator von $\Omega \subset \mathbf{X}$ in **Y**, dann bezeichnen wir mit $U(E)$ $(E \subset \Omega)$ die Menge derjenigen Elemente $y \in \mathbf{Y}$, die sich in der Form $y = U(x)$ mit $x \in E$ darstellen lassen. Die Menge $U(E)$ heißt das *Bild* der Menge E.

Durch die folgenden Definitionen werden einige besonders wichtige Klassen von Operatoren gekennzeichnet.

a) **X** und **Y** seien metrische Räume und U sei ein Operator von $\Omega \subset \mathbf{X}$ in **Y**. U heißt im Punkte $x_0 \in \Omega$ *stetig*, wenn aus $x_n \to x_0$ $(x_n \in \Omega)$ stets $U(x_n) \to U(x_0)$ folgt. Ist U in jedem Punkt einer Menge $E \subset \Omega$ stetig, so sagt man einfach, U sei *auf E stetig*.

b) **X** und **Y** seien normierte Räume und Ω eine lineare Teilmenge von **X**. Ein Operator U von Ω in **Y** heißt *homogen*, wenn für jede Zahl λ

$$U(\lambda x) = \lambda U(x) \qquad (x \in \Omega)$$

gilt; U heißt *additiv*, wenn für je zwei Elemente $x_1, x_2 \in \Omega$

$$U(x_1 + x_2) = U(x_1) + U(x_2)$$

gilt.

c) Ein auf einer linearen Menge Ω_U definierter additiver und stetiger Operator heißt *linear*.

---

[1]) Oft schreibt man für $U(x)$ kürzer Ux.

Wir beweisen einige Folgerungen aus diesen Definitionen. Ω bezeichne dabei stets eine lineare Menge.

a) Ist U ein additiver Operator von $\Omega \subset \mathbf{X}$ in $\mathbf{Y}$, so gilt

$$U(0) = 0\,, \quad U(-x) = -U(x)\,.$$

Die erste Gleichung folgt aus der Beziehung

$$U(0) = U(0 + 0) = U(0) + U(0)\,,$$

die zweite aus

$$0 = U(0) = U\big(x + (-x)\big) = U(x) + U(-x)\,.$$

b) Sind $\mathbf{X}$ und $\mathbf{Y}$ normierte Räume und ist U ein additiver und in einem Punkte $x_0 \in \Omega$ stetiger Operator von $\Omega \subset \mathbf{X}$ in $\mathbf{Y}$, dann ist U sogar auf Ω, d. h. in jedem Punkt der Menge Ω stetig.

Es gelte $x_n \to x$ ($x, x_n \in \Omega$). Aus

$$x_n = [x_0 + (x_n - x)] + (x - x_0)$$

und

$$x_0 + (x_n - x) \to x_0$$

folgt nämlich

$$U(x_n) = U\big(x_0 + (x_n - x)\big) + U(x - x_0) \to U(x_0) + U_0\,(x - x_0) = U(x)\,.$$

c) Sind $\mathbf{X}$ und $\mathbf{Y}$ reelle Räume, dann ist ein linearer Operator U homogen.

Es sei $x \in \Omega_U$. Aus der Additivität des Operators U folgt $U(2\,x) = 2\,U(x)$ und allgemeiner $U(p\,x) = p\,U(x)$ für jede positive ganze Zahl p. Ist p eine negative ganze Zahl, so erhält man daraus nach Punkt a)

$$U(p\,x) = -p\,U(-x) = (-p)\big(-U(x)\big) = p\,U(x)\,.$$

Für eine ganze Zahl $q \neq 0$ gilt deshalb auch

$$U(x) = U\left(q \cdot \frac{1}{q}\,x\right) = q\,U\left(\frac{1}{q}\,x\right), \quad U\left(\frac{1}{q}\,x\right) = \frac{1}{q}\,U(x)\,.$$

Damit ist die Beziehung

$$U\left(\frac{p}{q}\,x\right) = p\,U\left(\frac{1}{q}\,x\right) = \frac{p}{q}\,U(x)$$

für zwei ganze Zahlen p, q ($q \neq 0$) bewiesen, d. h., man kann einen rationalen Faktor von x vor den Operator U ziehen.

Zu einer beliebigen reellen Zahl λ wählen wir jetzt eine Folge rationaler Zahlen $\{r_n\}$ mit $r_n \to \lambda$ und finden unter Benutzung der Stetigkeit des Operators U

$$U(\lambda\,x) = \lim_{n\to\infty} U(r_n\,x) = \lim_{n\to\infty} r_n\,U(x) = \lambda\,U(x)\,.$$

Bemerkung. Sind $\mathbf{X}$ und $\mathbf{Y}$ komplexe Räume, dann folgt allein aus der Additivität und Stetigkeit eines Operators nicht mehr seine Homogenität, sondern man muß zusätzlich noch fordern, daß für die imaginäre Einheit i

$$U(i\,x) = i\,U(x)$$

gilt.

Wenn wir in Zukunft von additiven Operatoren in komplexen Räumen sprechen, setzen wir deshalb stets voraus, daß diese zusätzliche Bedingung erfüllt ist.

1.2. Wir beweisen jetzt ein weiteres Kriterium für die Linearität eines additiven Operators.

Ein Operator U, der eine Menge Ω des normierten Raumes $\mathbf{X}$ in den normierten Raum $\mathbf{Y}$ abbildet, heißt *beschränkt*, falls eine Konstante C existiert, so daß für alle $x \in \Omega$

$$\|U(x)\| \leqq C\|x\| \tag{1}$$

gilt.

Satz 1 (1.III). *Für die Linearität (d. h. die Stetigkeit) eines additiven Operators U ist notwendig und hinreichend, daß er beschränkt ist.*

Beweis. Notwendig. U sei ein linearer Operator. Wir zeigen zunächst, daß

$$C_0 = \sup_{\substack{\|x\|=1 \\ x\in\Omega}} \|U(x)\| < \infty$$

gilt.

Wäre $C_0 = \infty$, dann gäbe es eine Folge $\{x_n\}$ $(x_n \in \Omega,\ \|x_n\| = 1)$ mit $\lambda_n = \|U(x_n)\| \to \infty$. Für die Folge $\{x_n'\}$ $(x_n' = x_n/\lambda_n)$ würde dann $x_n' \to \mathbf{0}$, wegen der Stetigkeit von U also auch $U(x_n') \to \mathbf{0}$ gelten. Das widerspricht aber der aus der Definition von x_n' folgenden Beziehung $\|U(x_n')\| = 1$.

Es sei jetzt $x \neq \mathbf{0}$ ein beliebiges Element aus Ω. Setzen wir $x' = \frac{x}{\|x\|}$, dann gilt $\|x'\| = 1$ und $x' \in \Omega$. Daraus folgt $\|U(x')\| \leqq C_0$ und wegen der Homogenität des Operators U (Behauptung c), 1.1) $U(x') = \frac{1}{\|x\|}\, U(x)$, also

$$\|U(x)\| \leqq C_0\|x\|,$$

so daß die Beziehung (1) für $C = C_0$ erfüllt ist.

Hinreichend. Aus der Bedingung (1) ersieht man unmittelbar die Stetigkeit des Operators U im Punkt $\mathbf{0}$. Nach Eigenschaft b) (1.1) ist U also in jedem Punkt der Menge Ω stetig.

Damit ist der Satz bewiesen.

Wir zeigen jetzt, daß C_0 die kleinste der Ungleichung (1) genügende Konstante ist. Für einen Punkt $x \in \Omega$ mit $\|x\| = 1$ geht nämlich die Beziehung (1) über in $\|U(x)\| \leqq C$, folglich gilt $C_0 \leqq C$. Andererseits genügt aber C_0 der Ungleichung (1).

Bemerkung. Auch die Gültigkeit von

$$C_0 = \sup_{\|x\| \leqq 1} \|U(x)\| \qquad (x \in \Omega)$$

läßt sich unschwer einsehen. Einerseits gilt nämlich $C_0 \leqq \sup\limits_{\|x\| \leqq 1} \|U(x)\|$, andererseits ist aber auch für jedes $x \in \Omega$ mit $\|x\| \leqq 1$ und $x \neq \mathbf{0}$

$$\|U(x)\| = \|x\| \cdot \left\|U\left(\frac{x}{\|x\|}\right)\right\| \leqq C_0 .$$

Aus beiden Ungleichungen folgt die Behauptung.

Die durch den Operator U definierte Zahl C_0 heißt die *Norm* des linearen Operators U und wird mit $||U||$ bezeichnet.[1])

Nach dem oben Gesagten gilt

$$||U|| = C_0 = \sup_{||x||=1} ||U(x)|| = \sup_{||x|| \leqq 1} ||U(x)|| \qquad (x \in \Omega) .$$

Setzen wir in der Beziehung (1) $C = C_0 = ||U||$, dann erhalten wir die Ungleichung

$$||U(x)|| \leqq ||U|| \, ||x|| .$$

Gilt eine Ungleichung der Form (1) mit einer Konstanten C, dann ist $||U|| \leqq C$.

Die Zahl $||U||$ hat schließlich noch eine einfache geometrische Bedeutung: Sie ist die obere Grenze aller Dehnungskoeffizienten der Vektoren bei der durch U vermittelten Abbildung.

§ 2. Einige Funktionale und Operatoren in speziellen Räumen

2.1. Wir betrachten Funktionale der Form

$$f(x) = \sum_{k=1}^{n} c_k \, x(t_k) \qquad (x \in \mathbf{C}) \tag{1}$$

im Raum $\mathbf{C}$ der stetigen Funktionen, wobei $t_1, t_2, \ldots, t_n$ ein System von Punkten aus dem Intervall $[a, b]$ mit $t_1 < t_2 < \cdots < t_n$ ist und die c_k $(k = 1, \ldots, n)$ reelle Zahlen bedeuten. Spezielle Funktionale dieser Art sind z. B. der Wert der Funktion x in einem festen Punkt, endliche Differenzen der Funktion, RIEMANNsche Summen oder sogenannte gewogene Summen bezüglich des Systems der Knotenpunkte $t_1, \ldots, t_n$.

Wir zeigen, daß das durch Gleichung (1) definierte Funktional f linear ist und

$$||f|| = \sum_{k=1}^{n} |c_k| \tag{2}$$

gilt.

Die Additivität von f sieht man leicht:

$$f(x_1 + x_2) = \sum_{k=1}^{n} c_k \, [x_1(t_k) + x_2(t_k)] = \sum_{k=1}^{n} c_k \, x_1(t_k) + \sum_{k=1}^{n} c_k \, x_2(t_k) = f(x_1) + f(x_2) .$$

Da außerdem die Ungleichung

$$|f(x)| = |\sum_{k=1}^{n} c_k \, x(t_k)| \leqq \max_{a \leqq t \leqq b} |x(t_k)| \sum_{k=1}^{n} |c_k| = \sum_{k=1}^{n} |c_k| \, ||x||$$

besteht, folgt die Linearität von f und

$$||f|| \leqq \sum_{k=1}^{n} |c_k| .$$

[1]) Die Norm eines Operators im HILBERT-Raum wurde erstmalig von D. HILBERT [18] definiert die allgemeine Definition findet man bei BANACH [60a].

Wir betrachten jetzt im Intervall $[a, b]$ diejenige stückweise lineare stetige Funktion $\bar{x}$, die in den Punkten $t_1, t_2, \ldots, t_n$ die Werte

$$\bar{x}(t_k) = \operatorname{sgn} c_k \text{ [1]} \qquad (k = 1, 2, \ldots, n)$$

annimmt, in den Intervallen $[t_k, t_{k+1}]$ $(k = 1, 2, \ldots, n-1)$ linear und in den Intervallen $[a, t_1]$ und $[t_n, b]$ konstant ist.

Offensichtlich gilt $|\bar{x}(t)| \leqq 1$, d. h. $\|\bar{x}\| \leqq 1$. Weiter erhalten wir

$$\|f\| = \sup_{\|x\| \leqq 1} |f(x)| \geqq f(\bar{x}) = \sum_{k=1}^{n} c_k \bar{x}(t_k) = \sum_{k=1}^{n} c_k \cdot \operatorname{sgn} c_k = \sum_{k=1}^{n} |c_k|,$$

woraus mit der oben bewiesenen Ungleichung $\|f\| \leqq \sum_{k=1}^{n} |c_k|$ die Gleichung (2) folgt.

2.2. Wir betrachten jetzt das durch die Gleichung

$$f(x) = \int_a^b \varphi(t)\, x(t)\, dt \tag{3}$$

definierte Funktional im Raum **C**, wobei φ eine gegebene summierbare Funktion ist.

Beispiele für Funktionale dieser Art sind das Integral der Funktion x über dem ganzen Intervall $[a, b]$ oder über einem Teilintervall, die Momente der Funktion x, ihre FOURIER-Koeffizienten u. ä.

Wir zeigen, daß das Funktional (3) linear ist und

$$\|f\| = \int_a^b |\varphi(t)|\, dt \tag{4}$$

gilt.

Man sieht leicht, daß das Funktional f für alle $x \in \mathbf{C}$ (und sogar für alle $x \in \mathbf{M}$) definiert und additiv ist. Aus der Ungleichung

$$|f(x)| \leqq \int_a^b |\varphi(t)\, x(t)|\, dt \leqq \max_{a \leqq t \leqq b} |x(t)| \int_a^b |\varphi(t)|\, dt = \|x\| \cdot \int_a^b |\varphi(t)|\, dt$$

folgen seine Linearität und eine Abschätzung für die Norm:

$$\|f\| \leqq \int_a^b |\varphi(t)|\, dt\,.$$

Um die umgekehrte Ungleichung zu beweisen, betrachten wir zunächst den Fall, daß die Funktion φ stetig ist. Zu einem vorgegebenen $\varepsilon > 0$ wählen wir auf Grund der gleichmäßigen Stetigkeit Punkte $t_1, t_2, \ldots, t_{n-1}$ mit $a = t_0 < t_1 < \cdots < t_n = b$ derart, daß der Betrag der Differenz $|\varphi(t) - \varphi(t')|$ für je zwei Punkte

---

[1]) sgn c — das „Vorzeichen" der Zahl c — ist definiert durch

$$\operatorname{sgn} c = \frac{c}{|c|} \qquad (c \neq 0), \ \operatorname{sgn} 0 = 0\,.$$

Falls c reell ist, gilt also $\operatorname{sgn} c = 1$ für $c > 0$ und $\operatorname{sgn} c = -1$ für $c < 0$.

t, t' irgendeines Teilintervalles $[t_k, t_{k+1}]$ kleiner als ε ausfällt. Wir zerlegen die Menge dieser Teilintervalle in zwei Gruppen. Zur ersten Gruppe sollen dabei alle Intervalle $\Delta'_1, \Delta'_2, \ldots, \Delta'_r$ mit der Eigenschaft gehören, daß das Vorzeichen der Werte der Funktion φ in einem solchen Teilintervall konstant ist (das Vorzeichen kann sich dabei jedoch von Intervall zu Intervall ändern). Die übrigen Intervalle $\Delta''_1, \Delta''_2, \ldots, \Delta''_s$ bilden die zweite Gruppe. In jedem Intervall Δ''_k $(k = 1, 2, \ldots, s)$ ändert die Funktion φ ihr Vorzeichen, hat also dort mindestens eine Nullstelle. Infolge der oben festgelegten Wahl der Teilpunkte gilt

$$|\varphi(t) - 0| = |\varphi(t)| < \varepsilon \qquad (t \in \Delta''_k,\ k = 1, 2, \ldots, s)\,.$$

Wir definieren jetzt eine Funktion $\bar{x} \in \mathbf{C}$, indem wir für die Intervalle der ersten Gruppe

$$\bar{x}(t) = \operatorname{sgn} \varphi(t) \qquad (t \in \Delta'_k,\ k = 1, 2, \ldots, r)$$

setzen, und verlangen, daß $\bar{x}$ auf den Intervallen der zweiten Gruppe linear sein soll. Ist dabei a (oder b) Endpunkt eines Intervalls der zweiten Gruppe, so werde $\bar{x}(a) = 0$ $\big($bzw. $\bar{x}(b) = 0\big)$ gesetzt.

Wir schätzen die Größe

$$f(\bar{x}) = \int_a^b \varphi(t)\, \bar{x}(t)\, dt$$

nach unten ab. Da $|\bar{x}(t)| \leqq 1$ $(a \leqq t \leqq b)$ gilt, erhalten wir

$$\int_a^b \varphi(t)\, \bar{x}(t)\, dt = \sum_{j=1}^{r} \int_{\Delta'_j} \varphi(t)\, \bar{x}(t)\, dt + \sum_{k=1}^{s} \int_{\Delta''_k} \varphi(t)\, \bar{x}(t)\, dt$$

$$\geqq \sum_{j=1}^{r} \int_{\Delta'_j} |\varphi(t)|\, dt - \sum_{k=1}^{s} \int_{\Delta''_k} |\varphi(t)|\, dt$$

$$= \int_a^b |\varphi(t)|\, dt - 2 \sum_{k=1}^{s} \int_{\Delta''_k} |\varphi(t)|\, dt > \int_a^b |\varphi(t)|\, dt - 2\,\varepsilon\,(b - a)\,,$$

womit wegen $\|\bar{x}\| < 1$ die Beziehung

$$\|f\| \geqq f(\bar{x}) > \int_a^b |\varphi(t)|\, dt - 2\,\varepsilon\,(b - a)$$

bewiesen ist. Lassen wir darin $\varepsilon \to 0$ streben, so folgt die gewünschte Ungleichung. Es sei jetzt φ eine beliebige summierbare Funktion. Da die Menge aller stetigen Funktionen im Raum $\mathbf{L}$ dicht liegt, gibt es eine stetige Funktion $\tilde{\varphi}$ derart, daß

$$\|\varphi - \tilde{\varphi}\|_{\mathbf{L}} = \int_a^b |\varphi(t) - \tilde{\varphi}(t)|\, dt > \varepsilon$$

gilt. Zur Funktion $\tilde{\varphi}$ konstruieren wir die oben beschriebene Funktion $\bar{x} \in \mathbf{C}$ mit $\|\bar{x}\| \leqq 1$, für die

$$\int_a^b \tilde{\varphi}(t)\, \bar{x}(t)\, dt \geqq \int_a^b |\tilde{\varphi}(t)|\, dt - 2\,\varepsilon\,(b - a) = \|\tilde{\varphi}\|_{\mathbf{L}} - 2\,\varepsilon\,(b - a)$$

ausfällt. Nun gilt aber

$$\|\tilde{\varphi}\|_{\mathbf{L}} \geqq \|\varphi\|_{\mathbf{L}} - \|\varphi - \tilde{\varphi}\|_{\mathbf{L}} > \|\varphi\|_{\mathbf{L}} - \varepsilon .$$

Damit erhalten wir

$$f(\bar{x}) = \int_a^b \varphi(t)\, \bar{x}(t)\, dt = \int_a^b \tilde{\varphi}(t)\, \bar{x}(t)\, dt + \int_a^b [\varphi(t) - \tilde{\varphi}(t)]\, \bar{x}(t)\, dt$$

$$> \|\varphi\|_{\mathbf{L}} - \varepsilon - 2\,\varepsilon\,(b-a) - \int_a^b |\varphi(t) - \tilde{\varphi}(t)|\, dt > \|\varphi\|_{\mathbf{L}} - 2\,\varepsilon\,(b-a+1)\,.$$

Wie oben folgt hieraus

$$\|f\| \geqq f(\bar{x}) > \|\varphi\|_{\mathbf{L}} - 2\,\varepsilon\,(b-a+1)$$

und für $\varepsilon \to 0$ schließlich

$$\|f\| \geqq \|\varphi\|_{\mathbf{L}},$$

was zu zeigen war.

2.3. Funktionale der Form (3) kann man auch im Raum $\mathbf{L}^p$ $(p > 1)$ betrachten. Wir zeigen, daß

$$f(x) = \int_a^b \varphi(t)\, x(t)\, dt \tag{5}$$

mit $\varphi \in \mathbf{L}^q \left(\frac{1}{p} + \frac{1}{q} = 1\right)$ ein lineares Funktional im Raum $\mathbf{L}^q$ ist, wobei die Beziehung

$$\|f\| = \|\varphi\|_{\mathbf{L}^q} = \left[\int_a^b |\varphi(t)|^q dt\right]^{1/q} \tag{6}$$

gilt. Aus der Hölderschen Ungleichung für Integrale (s. II.3.3) folgt zunächst, daß das Integral in Gleichung (5) für alle $x \in \mathbf{L}^p$ definiert ist und

$$|f(x)| = \left|\int_a^b \varphi(t)\, x(t)\, dt\right| \leqq \left[\int_a^b |\varphi(t)|^p\, dt\right]^{1/q} \left[\int_a^b |x(t)|^p\, dt\right]^{1/p} = \|\varphi\|_{\mathbf{L}^q} \cdot \|x\|,$$

also

$$\|f\| \leqq \|\varphi\|_{\mathbf{L}^q} \tag{7}$$

gilt.

Um die zu (7) entgegengesetzte Ungleichung zu beweisen, betrachten wir die Funktion

$$\bar{x}(t) = |\varphi(t)|^{q-1} \operatorname{sgn} \varphi(t) \qquad (a \leqq t \leqq b)\,.$$

Wegen

$$|\bar{x}(t)|^p = |\varphi(t)|^{p(q-1)} = |\varphi(t)|^q$$

gehört $x(t)$ zu $\mathbf{L}^p$, und es gilt

$$\|\bar{x}\| = \left[\int_a^b |\bar{x}(t)|^p\, dt\right]^{1/p} = \left[\int_a^b |\varphi(t)|^q\, dt\right]^{\frac{1}{q} \cdot \frac{q}{p}} = [\|\varphi\|_{\mathbf{L}^q}]^{q/p},$$

woraus die Beziehung

$$\|f\| \geqq f\left(\frac{\bar{x}}{\|\bar{x}\|}\right) = \frac{1}{\|\bar{x}\|} \int_a^b \varphi(t)\,\bar{x}(t)\,dt = \frac{1}{\|\bar{x}\|} \int_a^b |\varphi(t)|^q\,dt$$

$$= [\|\varphi\|_{L^q}]^{q(1-1/p)} = \|\varphi\|_{L^q}$$

folgt. Zusammen mit (7) erhalten wir daraus die gewünschte Gleichung.

Auch für $p = 1$ bleibt das eben bewiesene Ergebnis richtig, wenn man $L^\infty = \tilde{M}$ (vgl. II.5.4) setzt. Es gilt also

$$\|f\| = \|\varphi\|_{L^\infty} = \operatorname*{vrai\,max}_{a \leqq t \leqq b} |\varphi(t)| = Q\,.$$

Die Ungleichung $\|f\| \leqq Q$ ist wieder leicht einzusehen. Um die entgegengesetzte Ungleichung zu beweisen, wählen wir ein $\varepsilon > 0$ und bezeichnen mit e die Menge

$$e = \{t \in [a, b]; |\varphi(t)| > Q - \varepsilon\}\,.$$

Dann ist sicher $\operatorname{mes} e > 0$. Wir definieren eine Funktion $\bar{x}$ durch die Gleichung

$$\bar{x}(t) = \begin{cases} \operatorname{sgn} \varphi(t)\,, & t \in e\,, \\ 0\,, & t \notin e\,. \end{cases}$$

Für $\bar{x}$ gilt $\bar{x} \in L$ und $\|\bar{x}\| = \int_a^b |\bar{x}(t)|\,dt = \operatorname{mes} e$. Wir erhalten somit

$$\|f\| \geqq f\left(\frac{\bar{x}}{\|\bar{x}\|}\right) = \frac{1}{\operatorname{mes} e} \int_a^b \varphi(t)\,\bar{x}(t)\,dt = \frac{1}{\operatorname{mes} e} \int_e |\varphi(t)|\,dt$$

$$\geqq \frac{1}{\operatorname{mes} e} [Q - \varepsilon] \operatorname{mes} e = Q - \varepsilon\,.$$

Da ε beliebig gewählt war, folgt $\|f\| \geqq Q$, zusammen mit der Ungleichung $\|f\| \leqq Q$ also $\|f\| = Q$.

Bemerkung 1. Die oben durchgeführten Überlegungen bleiben auch für den Raum L^p_T ($\operatorname{mes} T < \infty$, $p \geqq 1$) gültig.[1])

Bemerkung 2. Für einen komplexen Raum L^p schreibt man das Funktional (5) zweckmäßiger in der Form

$$f(x) = \int_a^b \overline{\varphi(t)}\, x(t)\,dt\,.$$

Die Formel (6) bleibt offensichtlich auch in diesem Fall gültig (vgl. V.1.2).

---

[1]) Später zeigen wir, daß sich jedes Funktional im Raum L^p ($p \geqq 1$) in der Form (5) darstellen läßt. Siehe Kap. VI, § 2.

2.4. $K(s, t)$ sei eine stetige Funktion. Wir betrachten den durch die Gleichung

$$y(s) = \int_a^b K(s, t)\, x(t)\, dt \tag{8}$$

gegebenen Integraloperator $y = U(x)$ und zeigen, daß er eine lineare Abbildung des Raumes **C** in sich vermittelt, für die

$$\|U\| = \max_{a \leq s \leq b} \int_a^b |K(s, t)|\, dt = M \tag{9}$$

gilt. Beispiele für Operatoren der Form (8) sind die Integrale von Dirichlet und Fejér.

Die Additivität des Operators (8) ist offensichtlich. Aus der Abschätzung

$$\|U(x)\| = \max_{a \leq s \leq b} \left|\int_a^b K(s, t)\, x(t)\, dt\right| \leq \|x\| \cdot \max_{a \leq s \leq b} \int_a^b |K(s, t)|\, dt = M\|x\|$$

folgen seine Linearität und die Beziehung $\|U\| \leq M$. Es bleibt also nur noch die Ungleichung $M \leq \|U\|$ zu beweisen. Da das Integral

$$\int_a^b |K(s, t)|\, dt$$

eine stetige Funktion von s ist, gibt es ein $s_0 \in [a, b]$ mit

$$M = \max_{a \leq s \leq b} \int_a^b |K(s, t)|\, dt = \int_a^b |K(s_0, t)|\, dt$$

Wir betrachten das von der Funktion $\varphi(t) = K(s_0, t)$ im Raum **C** erzeugte Funktional der Form (3), d. h. das Funktional

$$f(x) = \int_a^b K(s_0, t)\, x(t)\, dt \qquad (x \in \mathbf{C}) .$$

Nach den Überlegungen in Abschnitt 2.2 existiert zu jedem $\varepsilon > 0$ ein Element $\bar{x} \in \mathbf{C}$ mit $\|\bar{x}\| \leq 1$, für das

$$f(\bar{x}) \geq \|f\| - \varepsilon = \int_a^b |K(s_0, t)|\, dt - \varepsilon = M - \varepsilon$$

gilt. Setzen wir $\bar{y} = U(\bar{x})$, so erhalten wir

$$\|U\| \geq \|U(\bar{x})\| = \|\bar{y}\| \geq \bar{y}(s_0) = \int_a^b K(s_0, t)\, \bar{x}(t)\, dt = f(\bar{x}) \geq M - \varepsilon ,$$

womit die Beziehung (9) bewiesen ist.

2.5. Der Integraloperator (8) vermittelt auch eine lineare Abbildung U des Raumes **L** in sich. In diesem Fall gilt ([118])

$$\|U\| = \max_{a \leq t \leq b} \int_a^b |K(s, t)|\, ds = M'. \tag{10}$$

Die Additivität von U ist wieder offensichtlich. Unter Benutzung des Satzes von Fubini (Natanson [30b] S. 347) über die Vertauschbarkeit der Integrationen erhalten wir die Ungleichung

$$\|U(x)\| = \int_a^b \left| \int_a^b K(s,t)\, x(t)\, dt \right| ds \leqq \int_a^b \left[\int_a^b |K(s,t)|\, ds \right] |x(t)|\, dt \leqq M' \cdot \|x\| ,$$

d. h., es gilt

$$\|U\| \leqq M'.$$

Wie oben gibt es wieder ein $t_0 \in [a, b]$, für das die Gleichung

$$M' = \max_{a \leqq t \leqq b} \int_a^b |K(s,t)|\, ds = \int_a^b |K(s,t_0)|\, ds$$

erfüllt ist. Weiterhin existiert zu einem beliebigen $\varepsilon > 0$ wegen der gleichmäßigen Stetigkeit der Funktion $K(s, t)$ ein $\delta > 0$, so daß $|s' - s| < \delta$ und $|t' - t| < \delta$ stets

$$|K(s', t') - K(s, t)| < \varepsilon$$

nach sich zieht. Um den Punkt t_0 wählen wir ein Intervall $d = [t_1, t_2]$ $(a \leqq t_1 \leqq \leqq t_0 \leqq t_2 \leqq b)$, dessen Länge kleiner als δ ist $(t_2 - t_1 < \delta)$, und setzen

$$\bar{x}(t) = \begin{cases} \dfrac{1}{t_2 - t_1}, & t \in \delta \\ 0, & t \notin \delta \end{cases} \qquad (\|\bar{x}\| = 1) .$$

Mit $\bar{y} = U(\bar{x})$ finden wir dann

$$\|U\| \geqq \|U(\bar{x})\| = \|\bar{y}\| = \int_a^b |\bar{y}(s)|\, ds = \int_a^b \left| \int_a^b K(s,t)\, \bar{x}(t)\, dt \right| ds$$

$$= \frac{1}{t_2 - t_1} \int_a^b \left| \int_{t_1}^{t_2} K(s,t)\, dt \right| ds \geqq \frac{1}{t_2 - t_1} \int_a^b \left| \int_{t_1}^{t_2} K(s,t_0)\, dt \right| ds$$

$$- \frac{1}{t_2 - t_1} \int_a^b \left[\int_{t_1}^{t_2} |K(s,t) - K(s,t_0)|\, dt \right] ds > M' - \varepsilon\,(b - a) ,$$

woraus zusammen mit der oben bewiesenen Ungleichung die Beziehung (10) folgt.

Der Leser kann sich ohne Schwierigkeit davon überzeugen, daß der Operator (8) auch eine Abbildung des Raumes **L** in **C** vermittelt. In diesem Fall gilt

$$\|U\| = \max_{\substack{a \leqq s \leqq b \\ a \leqq t \leqq b}} |K(s,t)| .$$

2.6. Wir betrachten jetzt den Integraloperator (8) als Abbildung des Raumes $\mathbf{L}^2$ in $\mathbf{L}^2$. Dabei können wir die Voraussetzungen über den Kern $K(s, t)$ dieses Operators abschwächen: An Stelle seiner Stetigkeit fordern wir nur, daß die Beziehung

$$\int_a^b \int_a^b |K(s,t)|^2\, ds\, dt = N^2 < \infty \tag{11}$$

gilt. Ferner soll der durch den Kern $K(s, t)$ vermittelte Integraloperator U nicht der Nulloperator sein. Dann wird durch Gleichung (8) ein linearer Operator U von $\mathbf{L}^2$ in $\mathbf{L}^2$ definiert, für den

$$\|U\| \leqq N \tag{12}$$

gilt.

Die Linearität des Operators U und die Abschätzung (12) für seine Norm ergeben sich als Folgerung der SCHWARZschen Ungleichung:

$$\|U(x)\|^2 = \int_a^b \left| \int_a^b K(s, t)\, x(t)\, dt \right|^2 ds \leqq \int_a^b \left[\int_a^b |K(s, t)|^2\, dt \cdot \int_a^b |x(t)|^2 dt \right] ds = N^2\, \|x\|^2 .$$

Wir zeigen, daß für einen symmetrischen Kern $\bigl(K(s, t) = K(t, s)\bigr)$ genauer die Gleichung

$$\|U\| = \frac{1}{|\lambda_1|} \tag{13}$$

erfüllt ist, wenn λ_1 die betragsmäßig kleinste charakteristische Zahl des Kernes $K(s, t)$ bezeichnet.

Für die Norm eines Integraloperators U mit nichtsymmetrischem Kern gilt hingegen

$$\|U\| = \frac{1}{\sqrt{\Lambda_1}}, \tag{14}$$

wenn Λ_1 die kleinste charakteristische Zahl des Kernes

$$K^*(s, t) = \int_a^b K(\tau, s)\, K(\tau, t)\, d\tau$$

bezeichnet.

Zum Beweis der Gleichungen (13) und (14) benötigen wir einige Tatsachen aus der Theorie der Integralgleichungen.[1]) Bekanntlich besitzt eine Integralgleichung mit symmetrischem Kern, sofern (8) nicht gleich der Nullabbildung ist, ein orthonormiertes System von Eigenfunktionen: $\omega_1(t), \omega_2(t), \ldots$. Wir nehmen an, daß das aufgeführte System ein „volles System" ist, d. h., jede Eigenfunktion des Kernes läßt sich als endliche Linearkombination von Funktionen dieses Systems darstellen. $\lambda_1, \lambda_2, \ldots$ seien die zugehörigen charakteristischen Werte, d. h., es gilt

$$\omega_k(s) = \lambda_k \int_a^b K(s, t)\, \omega_k(t)\, dt \qquad (k = 1, 2, \ldots) .$$

Nach dem Satz von HILBERT-SCHMIDT[2]) läßt sich jede Funktion aus dem Wertebereich (man sagt dafür auch „quellenmäßig darstellbare Funktion") des Integraloperators in eine Reihe nach den Eigenfunktionen entwickeln:

$$y(s) = \sum_k \frac{h_k}{\lambda_k}\, \omega_k(s) \qquad \left(h_k = \int_a^b x(t)\, \omega_k(t)\, dt;\ k = 1, 2, \ldots \right),$$

---

[1]) Siehe z. B. PETROWSKI [34].

[2]) Ebenda.

die im Mittel (in L^2) konvergiert. Daraus folgt (vgl. Satz 6 (7.II))

$$||y||^2 = \int_a^b |y(s)|^2\, ds = \sum_k \frac{h_k^2}{\lambda_k^2} \leqq \frac{1}{\lambda_1^2} \sum_k h_k^2 \leqq \frac{1}{\lambda_1^2} ||x||^2,$$

d. h., es gilt $||U|| \leqq \frac{1}{|\lambda_1|}$. Für $\bar{x} = \omega_1$ erhalten wir aber $\bar{y} = U(\bar{x}) = \frac{1}{|\lambda_1|}\,\bar{x}$ und somit auch

$$||U|| \geqq ||U(\bar{x})|| = \frac{1}{|\lambda_1|}\, ||\bar{x}|| = \frac{1}{|\lambda_1|}.$$

Damit ist die Beziehung (13) bewiesen.

Wir gehen jetzt zu einem beliebigen Kern über. Unter Benutzung des Satzes von Fubini folgt

$$||y||^2 = \int_a^b |y(s)|^2\, ds = \int_a^b \left[\int_a^b K(s, t)\, x(t)\, dt \int_a^b K(s, \tau)\, x(\tau)\, d\tau\right] ds$$

$$= \int_a^b x(\tau)\, d\tau \int_a^b \left[\int_a^b K(s, t)\, K(s, \tau)\, ds\right] x(t)\, dt = \int_a^b \int_a^b K^*(t, \tau)\, x(t)\, x(\tau)\, dt\, d\tau .$$

Man rechnet unschwer nach, daß $K^*(t, \tau)$ ein symmetrischer positiv (semi-) definiter Kern ist, für den (8) nicht der Nulloperator ist. Bezeichnen Λ_k und $\Omega_k(t)$ $(k = 1, 2, \ldots)$ seine (notwendig positiven) charakteristischen Zahlen und Eigenfunktionen, dann finden wir wieder unter Benutzung des Satzes von Hilbert-Schmidt

$$||y||^2 = \int_a^b x(\tau)\, d\tau \int_a^b K^*(t, \tau)\, x(t)\, dt = \int_a^b x(\tau)\, d\tau \sum_k \frac{H_k}{\Lambda_k}\, \Omega_k(\tau) = \sum_k \frac{H_k^2}{\Lambda_k} \leqq \frac{1}{\Lambda_1} ||x||^2$$

$$\left(H_k = \int_a^b x(t)\, \Omega_k(t)\, dt, \quad k = 1, 2, \ldots\right),$$

d. h. $||U|| \leqq \frac{1}{\sqrt{\Lambda_1}}$. Setzen wir entsprechend wie im vorhergehenden Fall $\bar{x} = \Omega_1$, so folgt, daß in der letzten Ungleichung das Gleichheitszeichen stehen muß. Damit ist auch die Beziehung (14) bewiesen.

2.7. Durch analoge Betrachtungen kann man die Norm des Operators U auch dann bestimmen, wenn in (8) ein integralfreies Glied auftritt. Es sei

$$y = U(x), \; y(s) = x(s) - \lambda \int_a^b K(s, t)\, x(t)\, dt . \tag{15}$$

Wir beschränken uns auf den Fall eines symmetrischen Kernes. Zu dem System von Eigenfunktionen des Kernes $K(s, t)$ fügen wir Funktionen $\omega_0, \omega_{-1}, \omega_{-2}, \ldots$ derart hinzu, daß das Gesamtsystem $\ldots, \omega_{-1}, \omega_0, \omega_1, \omega_2, \ldots$ ein vollständiges Orthonormalsystem wird. Die Funktion x habe nun bezüglich des erweiterten Systems die

FOURIER-Koeffizienten $\ldots, h_{-1}, h_0, h_1, h_2, \ldots$. Die FOURIER-Koeffizienten der Funktion y sind dann

$$\eta_k = \int_a^b y(s)\,\omega_k(s)\,ds$$

$$= \int_a^b \left[x(s) - \lambda \int_a^b K(s,t)\,x(t)\,dt\right]\omega_k(s)\,ds = h_k\left(1 - \frac{\lambda}{\lambda_k}\right) \qquad (k = 1, 2, \ldots),$$

$$\eta_k = h_k \qquad (k = 0, -1, -2, \ldots).$$

In beiden Fällen kann man also formal die erste der beiden Gleichungen benutzen, wenn man $\lambda_k = \infty$ setzt für $k = 0, -1, -2, \ldots$. Daraus folgt

$$\|y\|^2 = \sum_{k=-\infty}^{+\infty} |\eta_k|^2 = \sum_{k=-\infty}^{+\infty} |h_k|^2 \left|1 - \frac{\lambda}{\lambda_k}\right|^2 \leqq L^2 \sum |h_k|^2 = L^2 \|x\|^2$$

mit

$$L = \sup_k \left|1 - \frac{\lambda}{\lambda_k}\right|.$$

Durch ähnliche Überlegungen wie oben (vgl. 2.6) erhält man

$$\|U\| = L\,.$$

2.8. Wir betrachten jetzt Operatoren in endlichdimensionalen Räumen, und zwar seien X und Y zwei endlichdimensionale B-Räume der Dimension μ bzw. ν und U ein linearer Operator von X in Y. Mit e_k $(k = 1, 2, \ldots, \mu)$ bezeichnen wir das Element des Raumes X, dessen k-te Koordinate gleich Eins und dessen übrige Koordinaten gleich Null sind; analog seien die Elemente $g_k \in$ Y $(k = 1, 2, \ldots, \nu)$ definiert. Für $x = (\xi_1, \xi_2, \ldots, \xi_\mu) \in$ X und $y = (\eta_1, \eta_2, \ldots, \eta_\nu) \in$ Y gilt dann

$$x = \sum_{k=1}^{\mu} \xi_k e_k, \quad y = \sum_{k=1}^{\nu} \eta_k g_k\,.$$

Ist speziell $y = U(x)$, dann folgt

$$y = \sum_{k=1}^{\mu} \xi_k\, U(e_k)\,.$$

Bezeichnen wir die Koordinaten des Elementes $U(e_k)$ $(k = 1, 2, \ldots, \mu)$ mit $a_{1k}, a_{2k}, \ldots, a_{\nu k}$, so erhalten wir

$$y = \sum_{j=1}^{\nu} \eta_j g_j = \sum_{k=1}^{\mu} \xi_k \sum_{j=1}^{\nu} a_{jk}\, g_j = \sum_{j=1}^{\nu} \left(\sum_{k=1}^{\mu} a_{jk}\xi_k\right) g_j\,,$$

wegen der linearen Unabhängigkeit der Elemente $g_1, g_2, \ldots, g_\nu$ also

$$\eta_j = \sum_{k=1}^{\mu} a_{jk}\,\xi_k \qquad (j = 1, 2, \ldots, \nu)\,,$$

d. h., die Koordinaten des Elementes $y = U(x)$ gehen aus den Koordinaten des Elementes x durch Transformation mittels der Matrix

$$A = \begin{pmatrix} a_{11} & a_{12} \dots a_{1\mu} \\ a_{21} & a_{22} \dots a_{2\mu} \\ \dots & \dots \\ \dots & \dots \\ a_{\nu 1} & a_{\nu 2} \dots a_{\nu\mu} \end{pmatrix}$$

hervor.

Umgekehrt bestimmt auch jede Matrix dieser Form einen linearen Operator U von **X** in **Y**. Den einfachen Beweis dieser Tatsache überlassen wir dem Leser. Die Norm des Operators U hängt dabei von der Metrik der Räume **X** und **Y** ab.

a) Betrachten wir U als Operator von $\mathbf{m}_\mu$ in $\mathbf{m}_\nu$ (siehe II.4.3), dann wird

$$\|y\| = \|U(x)\| = \max_j |\eta_j| \leqq \max_j \sum_{k=1}^{\mu} |a_{jk}|\, |\xi_k| \leqq \|x\| \max_j \sum_{k=1}^{\mu} |a_{jk}|\,,$$

d. h.

$$\|U\| \leqq \max_j \sum_{k=1}^{\mu} |a_{jk}| = L\,.$$

Es sei jetzt j_0 derjenige Index, für den

$$\sum_{k=1}^{\mu} |a_{j_0 k}| = L$$

gilt. Wir setzen $\bar{x} = (\bar{\xi}_1, \bar{\xi}_2, \dots, \bar{\xi}_\mu)$ mit

$$\bar{\xi}_k = \operatorname{sgn} a_{j_0 k} \qquad (k = 1, 2, \dots, \mu)\,.$$

Dann erhalten wir unter Beachtung von $\|\bar{x}\| = 1$

$$\|U\| \geqq \|U(\bar{x})\| = \max_j \left| \sum_{k=1}^{\mu} a_{jk}\bar{\xi}_k \right| \geqq \sum_{k=1}^{\mu} a_{j_0 k}\, \bar{\xi}_k = \sum_{k=1}^{\mu} |a_{j_0 k}| = L\,,$$

womit die Beziehung

$$\|U\| = L = \max_j \sum_{k=1}^{\mu} |a_{jk}|$$

bewiesen ist.

b) Betrachten wir U als Operator von $\mathbf{l}_\mu$ in $\mathbf{l}_\nu$ (siehe II.2.8), dann gilt

$$\|U\| = \max_k \sum_{j=1}^{\nu} |a_{jk}| = L'. \tag{16}$$

Die Ungleichung $\|U\| \leqq L'$ ist wieder leicht zu sehen. Weiterhin gibt es einen Index k_0, für den

$$\sum_{j=1}^{\nu} |a_{jk_0}| = L'$$

gilt. Für den Vektor $\bar{x} = (0, 0, \ldots, 0, 1, 0, \ldots, 0)$ (die Eins steht an der k_0-ten Stelle) erhalten wir aber

$$||U|| \geqq ||U(\bar{x})|| = \sum_{j=1}^{\nu} \left| \sum_{k=1}^{\mu} a_{jk} \overline{\xi_k} \right| = \sum_{j=1}^{\nu} |a_{jk_0}| = L',$$

woraus $||U|| = L'$ folgt.

c) Fassen wir denselben Operator U als Abbildung des euklidischen Raumes $\mathbf{X} = \mathbf{R}^{\mu}$ in den euklidischen Raum $\mathbf{Y} = \mathbf{R}^{\nu}$ auf, dann gilt in dem Fall, daß $\mu = \nu$ und die Matrix A symmetrisch ist,

$$||U|| = |\lambda_1|.$$

Dabei bezeichnet λ_1 den betragsmäßig größten Eigenwert der Matrix A.

Für den Fall einer beliebigen Matrix A kann man nur die Beziehung

$$||U|| = \sqrt{\Lambda_1}$$

beweisen, wenn Λ_1 den größten Eigenwert der Matrix A^*A bezeichnet (A^* ist dabei die zur Matrix A hermitesch-adjungierte Matrix).[1])

Wir betrachten zunächst den ersten Fall. Die symmetrische Matrix A hat ν reelle Eigenwerte $\lambda_1, \lambda_2, \ldots, \lambda_\nu$ und zugehörige linear unabhängige Eigenvektoren $x_1, x_2, \ldots, x_\nu$, die wir als normiert und paarweise orthogonal annehmen können. Aus $x = c_1 x_1 + c_2 x_2 + \cdots + c_\nu x_\nu$ folgt dann

$$y = U(x) = U(c_1 x_1 + c_2 x_2 + \cdots + c_\nu x_\nu) = c_1 \lambda_1 x_1 + c_2 \lambda_2 x_2 + \cdots + c_\nu \lambda_\nu x_\nu,$$

$$||y||^2 = |c_1 \lambda_1|^2 + |c_2 \lambda_2|^2 + \cdots + |c_\nu \lambda_\nu|^2 \leqq \lambda_1^2 (|c_1|^2 + |c_2|^2 + \cdots + |c_\nu|^2) = \lambda_1^2 ||x||^2,$$

und für $x = x_1$ steht in dieser Beziehung das Gleichheitszeichen.

Bemerkung. Die Norm von U läßt sich (im Falle einer symmetrischen Matrix A) auch folgendermaßen charakterisieren:

$$||U|| = \sup_{||x||=1} |(A\,x, x)| = \sup_{||x||=1} \left| \sum_{j=1}^{\nu} \left(\sum_{k=1}^{\nu} a_{jk} \xi_k \right) \bar{\xi}_j \right|.$$

Denn es gilt

$$|(Ax, x)| \leqq ||Ax||\;||x|| = ||U(x)||\,||x|| \leqq ||U|| = |\lambda_1| \qquad (||x|| = 1)$$

und für $x = x_1$ steht darin wieder das Gleichheitszeichen. Damit ist aber die Beziehung $\sup\limits_{||x||=1} |(A\,x, x)| = ||U||$ bewiesen.

---

[1]) Die Elemente a_{jk}^* der Matrix A^* hängen also mit den Elementen der Matrix A durch die Gleichung $a_{jk}^* = \overline{a_{kj}}$ $(j = 1, 2, \ldots, \mu;\; k = 1, 2, \ldots, \nu)$ zusammen. Für eine reelle Matrix gilt insbesondere $a_{jk}^* = a_{kj}$.

A sei jetzt eine beliebige Matrix. Dann gilt

$$\|U\|^2 = \sup_{\|x\|=1} \|U(x)\|^2 = \sup_{\|x\|=1} (Ax, Ax)$$

$$= \sup_{\|x\|=1} \sum_{j=1}^{\nu} \left(\sum_{k=1}^{\mu} a_{jk} \xi_k \; \sum_{s=1}^{\mu} \overline{a}_{js} \overline{\xi}_s \right)$$

$$= \sup_{\|x\|=1} \sum_{s=1}^{\mu} \left[\sum_{k=1}^{\mu} \left(\sum_{j=1}^{\nu} a_{jk} a^*_{sj} \right) \xi_k \right] \overline{\xi}_s = \sup_{\|x\|=1} (A^* A\, x, x) = \Lambda_1 ,$$

wobei infolge der letzten Bemerkung Λ_1 den größten Eigenwert der Matrix A^*A bezeichnet.

Für $\nu = 1$ wird die Matrix A einzeilig und der zugehörige Operator U geht in ein Funktional über. Wir können also sagen, daß jedes lineare Funktional f im μ-dimensionalen Raum $\mathbf{X}$ durch ein System $(\varphi_1, \varphi_2, \ldots, \varphi_\mu)$ von μ Zahlen bestimmt wird:

$$f(x) = \sum_{k=1}^{\mu} \varphi_k \xi_k \qquad (x = (\xi_1, \xi_2, \ldots, \xi_\mu) \in \mathbf{X}) . \tag{17}$$

(Zur Vereinfachung haben wir $a_{1k} = \varphi_k$ $(k = 1, \ldots, \mu)$ gesetzt.) Umgekehrt bestimmt auch jedes Zahlensystem $(\varphi_1, \varphi_2, \ldots, \varphi_\mu)$ gemäß Formel (17) ein lineares Funktional in $\mathbf{X}$, so daß man das Funktional f mit dem zugehörigen Zahlensystem identifizieren und

$$f = (\varphi_1, \varphi_2, \ldots, \varphi_\mu) \tag{18}$$

schreiben kann.

Für die Norm des Funktionals (18) gelten in den einzelnen Räumen folgende Beziehungen:

$$\mathbf{X} = \mathbf{m}_\mu : \|f\| = \sum_{k=1}^{\mu} |\varphi_k| , \tag{19}$$

$$\mathbf{X} = \mathbf{l}_\mu : \|f\| = \max_k |\varphi_k| , \tag{20}$$

$$\mathbf{X} = \mathbf{R}^\mu : \|f\| = \sqrt{\sum_{k=1}^{\mu} |\varphi_k|^2} . \tag{21}$$

Bemerkung. Ist $\mathbf{X}$ ein komplexer Raum, so schreibt man Formel (17) zweckmäßigerweise in der Form

$$f(x) = \sum_{k=1}^{\mu} \overline{\varphi}_k \xi_k$$

und identifiziert das Funktional f wie eben mit dem System $(\varphi_1, \varphi_2, \ldots, \varphi_\mu)$. (Vgl. Bemerkung 2 in 2.3.)

§ 3. Lineare Funktionale und Operatoren im Hilbert-Raum

3.1. Lineare Operatoren in einem separablen Hilbert-Raum lassen sich wie die Operatoren im endlichdimensionalen Raum (siehe III.2.8) durch Matrizen darstellen.

Es sei U ein linearer Operator in einem (unendlichdimensionalen) separablen Hilbert-Raum $\mathbf{H}$. Wir wählen ein vollständiges Orthonormalsystem $x_1, x_2, \ldots, x_n, \ldots$ Dann läßt sich jedes Element $x \in \mathbf{H}$ in der Form

$$x = \sum_{k=1}^{\infty} c_k x_k$$

darstellen, wobei $c_k = (x, x_k)$ die Fourier-Koeffizienten des Elementes x sind. Wegen der Stetigkeit des Operators U gilt

$$y = Ux = \sum_{k=1}^{\infty} c_k Ux_k .$$

Vergleichen wir die Fourier-Koeffizienten der linken und der rechten Seite dieser Gleichung, dann ergibt sich

$$d_j = \sum_{k=1}^{\infty} a_{jk} c_k , \tag{1}$$

wobei wir mit d_j die Fourier-Koeffizienten des Elementes y und mit a_{jk} die Fourier-Koeffizienten des Elementes Ux_k bezeichnet haben.

Die Folge der Fourier-Koeffizienten des Elementes $y = Ux$ erhält man also aus der Folge der Fourier-Koeffizienten des Elementes x durch Transformation mittels der Matrix

$$\mathrm{A} = \begin{pmatrix} a_{11} & a_{12} & \ldots & a_{1k} & \ldots \\ a_{21} & a_{22} & \ldots & a_{2k} & \ldots \\ \ldots & \ldots & \ldots & \ldots & \ldots \\ \ldots & \ldots & \ldots & \ldots & \ldots \\ a_{j1} & a_{j2} & \ldots & a_{jk} & \ldots \\ \ldots & \ldots & \ldots & \ldots & \ldots \end{pmatrix} \tag{2}$$

Damit ist gezeigt, daß der Operator U wie im endlichdimensionalen Fall eine Matrixdarstellung gestattet.

Im Unterschied zum endlichdimensionalen Fall definiert jedoch nicht jede Matrix der Form (2) einen linearen Operator. Eine notwendige und hinreichende Bedingung dafür ist die Existenz einer Konstanten C mit der Eigenschaft, daß für alle $m, n = 1, 2, \ldots$ und beliebige $c_1, c_2, \ldots, c_m$ die Ungleichung

$$\sum_{j=1}^{n} \left| \sum_{k=1}^{m} a_{jk} c_k \right|^2 \leqq C^2 \sum_{j=1}^{m} |c_k|^2 \tag{3}$$

gilt.

Die Notwendigkeit dieser Bedingung ist leicht zu sehen. Wählen wir nämlich für x ein Element, dessen FOURIER-Koeffizienten vom $(m+1)$-ten an gleich Null sind, dann erhalten wir

$$\sum_{j=1}^{n}\left|\sum_{k=1}^{m} a_{jk}c_k\right|^2 \leqq \sum_{j=1}^{\infty}\left|\sum_{k=1}^{m} a_{jk}c_k\right|^2$$
$$= \|y\|^2 = \|Ux\|^2 \leqq \|U\|^2\,\|x\|^2 = \|U\|^2 \sum_{k=1}^{m} |c_k|^2 ,$$

die Ungleichung (3) ist also für $C = \|U\|$ erfüllt.

Lassen wir umgekehrt in der Ungleichung (3) erst m und anschließend n gegen Unendlich gehen, dann folgt

$$\|y\|^2 = \sum_{j=1}^{\infty}\left|\sum_{k=1}^{\infty} a_{jk}c_k\right|^2 \leqq C^2 \sum_{k=1}^{\infty}|c_k|^2 = C^2\,\|x\|^2 .$$

Das Kriterium (3) für die Beschränktheit des Operators U läßt sich i. a. schwer nachprüfen. Deshalb geben wir noch eine einfache hinreichende Bedingung an, die allerdings die Klasse der Operatoren stark einschränkt. Gilt

$$D^2 = \sum_{j=1}^{\infty}\sum_{k=1}^{\infty}|a_{jk}|^2 < \infty ,$$

dann definiert die Matrix (2) gemäß Formel (1) einen linearen Operator in $\mathbf{H}$.

Aus der Abschätzung

$$\|y\|^2 = \sum_{j=1}^{\infty}\left|\sum_{k=1}^{\infty} a_{jk}c_k\right|^2 \leqq \sum_{j=1}^{\infty}\sum_{k=1}^{\infty}|a_{jk}|^2\cdot\sum_{k=1}^{\infty}|c_k|^2 = \sum_{j=1}^{\infty}\sum_{k=1}^{\infty}|a_{jk}|^2\,\|x\|^2$$

folgen nämlich die Beschränktheit des Operators U und die Ungleichung $\|U\| \leqq D$.

Wir weisen noch darauf hin, daß die Matrixdarstellung des Operators U von der Wahl des Orthonormalsystems $x_1, x_2, \ldots, x_n, \ldots$ abhängt. Mit einer Änderung desselben ändert sich auch die Matrix (2), die den gegebenen Operator U darstellt. Die Behandlung der Frage, unter welchen Bedingungen zwei Matrizen der Form (2) ein und denselben Operator bestimmen, bereitet große Schwierigkeiten. Wir werden deshalb nicht näher darauf eingehen, sondern verweisen den Leser auf die Spezialliteratur.[1])

3.2. Wir bestimmen jetzt die allgemeine Form eines linearen Funktionals im HILBERT-Raum.

Zu diesem Zweck betrachten wir im Raum $\mathbf{H}$ das Skalarprodukt (x, y) für ein festes $y \in \mathbf{H}$. Dann wird durch die Gleichung

$$f(x) = (x, y) \tag{4}$$

ein lineares Funktional f definiert. Die Additivität und die Homogenität folgen unmittelbar aus Axiom 2 eines Raumes mit Skalarprodukt. Die Beschränktheit von f ist eine einfache Folgerung der SCHWARZschen Ungleichung:

$$|f(x)| = |(x, y)| \leqq \|x\|\,\|y\| ,$$

d. h., es gilt $\|f\| \leqq \|y\|$. (5)

---

[1]) Siehe z. B. ACHIESER-GLASMANN [2].

Wir zeigen jetzt, daß man mit den Funktionalen der Form (4) alle linearen Funktionale in $\mathbf{H}$ erhält und in Beziehung (5) sogar das Gleichheitszeichen steht.

Satz 1 (3.III). *Zu jedem linearen Funktional f im* HILBERT-*Raum $\mathbf{H}$ gibt es ein durch das Funktional f eindeutig bestimmtes Element $y \in \mathbf{H}$, so daß für jedes $x \in \mathbf{H}$ die Darstellung* (4) *besteht. Darüber hinaus gilt*

$$\|f\| = \|y\| . \tag{6}$$

Beweis. Wir zeigen zunächst die Existenz eines Elementes y, das der Beziehung (4) genügt. $\mathbf{H}_0$ bezeichne die Menge aller Elemente $x \in \mathbf{H}$ mit $f(x) = 0$. Wegen der Linearität des Funktionals f ist $\mathbf{H}_0$ ein Teilraum von $\mathbf{H}$. Gilt $\mathbf{H}_0 = \mathbf{H}$, dann erfüllt $y = \mathbf{0}$ die Beziehung (4).

Es sei jetzt $\mathbf{H}_0 \neq \mathbf{H}$ und $y_0 \notin \mathbf{H}_0$. Dann läßt sich y_0 in der Form

$$y_0 = y' + y'' \qquad (y' \in \mathbf{H}_0,\ y'' \perp \mathbf{H}_0)$$

darstellen (Satz 1 (7.II)). Dabei ist offensichtlich $y'' \neq \mathbf{0}$ und $f(y'') \neq 0$. Deshalb kann $f(y'') = 1$ vorausgesetzt werden. Wir nehmen ein beliebiges Element $x \in \mathbf{H}$ und setzen zur Abkürzung $\alpha = f(x)$. Das Element $x' = x - \alpha y''$ gehört dann zu $\mathbf{H}_0$, denn es gilt

$$f(x') = f(x) - \alpha f(y'') = \alpha - \alpha = 0 .$$

Daraus folgt

$$(x, y'') = (x' + \alpha y'', y'') = \alpha (y'', y'') ,$$

d. h.

$$f(x) = \alpha = \left(x, \frac{y''}{(y'', y'')}\right).$$

Also genügt das Element $y = \dfrac{y''}{(y'', y'')}$ der Beziehung (4).

Die Eindeutigkeit von y ist leicht zu sehen. Gilt nämlich für alle $x \in \mathbf{H}$

$$(x, y) = (x, y_1) ,$$

so folgt $(x, y - y_1) = 0$ und deshalb $y - y_1 \perp \mathbf{H}$, was nur für $y = y_1$ möglich ist.

Weiterhin folgt

$$\|f\| \geqq f\left(\frac{y}{\|y\|}\right) = \frac{(y, y)}{\|y\|} = \|y\| ,$$

woraus sich zusammen mit (5) die Gleichung (6) ergibt.[1])

Damit ist der Satz vollständig bewiesen.

Speziell im Raum $\mathbf{L}^2$ hat also ein lineares Funktional die Form

$$f(x) = (x, y) = \int_a^b x(t)\, \overline{y(t)}\, dt \qquad (x, y \in \mathbf{L}^2) .$$

Für den Raum $\mathbf{l}^2$ ergibt sich

$$f(x) = (x, y) = \sum_{k=1}^{\infty} \xi_k \overline{\eta_k} \quad \left((x = (\xi_1, \xi_2, \ldots),\ y = (\eta_1, \eta_2, \ldots) \in l^2\right) .$$

---

[1]) Wenn $y = \mathbf{0}$ ist, folgt Gleichung (6) unmittelbar aus (4).

Die allgemeine Form eines linearen Funktionals im Raum $\mathbf{L}^2$ wurde zuerst von FRÉCHET [90 b], für den abstrakten HILBERT-Raum im separablen Fall von J. v. NEUMANN [155] und im allgemeinen Fall von F. RELLICH [170] bewiesen.

3.3. Es sei U ein linearer (beschränkter) Operator im HILBERT-Raum $\mathbf{H}$. Wir betrachten das Funktional

$$f(x) = (U\,x, y)$$

für ein festes Element $y \in \mathbf{H}$. Offensichtlich ist f additiv. Wegen der Ungleichung

$$|f(x)| = |(U\,x, y)| \leqq \|U\,x\|\,\|y\| \leqq \|U\|\,\|x\|\,\|y\|$$

ist das Funktional f auch beschränkt mit folgender Abschätzung für die Norm:

$$\|f\| \leqq \|U\|\,\|y\|\,. \tag{7}$$

Nach Satz 1 gibt es deshalb ein Element $y^* \in \mathbf{H}$ mit der Eigenschaft, daß die Beziehung

$$f(x) = (x, y^*) \qquad (x \in \mathbf{H})\,,$$

d. h. also

$$(U\,x, y) = (x, y^*) \qquad (x \in \mathbf{H}) \tag{8}$$

gilt. Das Element y^* ist durch das Funktional f und damit durch das Element y eindeutig bestimmt. Ordnen wir dem Element y das Element y^* zu, so wird dadurch ein Operator in $\mathbf{H}$ definiert. Dieser Operator wird mit U^* bezeichnet und heißt der *zu U adjungierte Operator*. Ersetzen wir in der Formel (8) y^* durch $U^*\,y$, so erhalten wir als Definitionsgleichung des adjungierten Operators

$$(U\,x, y) = (x, U^*\,y) \qquad (x, y \in \mathbf{H})\,.$$

Der Operator U^* ist additiv, denn aus den für alle $x \in \mathbf{H}$ geltenden Beziehungen

$$(U\,x, y_1) = (x, U^*\,y_1)\,,$$

$$(U\,x, y_2) = (x, U^*\,y_2)$$

folgt

$$(U\,x, y_1 + y_2) = (x, U^*\,y_1 + U^*\,y_2)$$

und damit

$$U^*\,(y_1 + y_2) = U^*\,y_1 + U^*\,y_2\,.$$

Analog erhalten wir

$$(U\,x, i\,y) = -\,i\,(U\,x, y) = -\,i(x, U^*\,y) = (x, i\,U^*\,y) \qquad (x, y \in \mathbf{H})$$

und daraus

$$U^*(i\,y) = i\,U^*\,y\,.$$

Wegen $\|f\| = \|y^*\|$ läßt sich die Ungleichung (7) in der Form

$$\|y^*\| = \|U^*\,y\| \leqq \|U\|\,\|y\|$$

schreiben, womit die Beschränktheit des Operators U^* und die Beziehung $\|U^*\| \leqq \|U\|$ bewiesen sind.

Man sieht weiterhin leicht, daß der Operator $U^{**} = (U^*)^*$ mit U zusammenfällt. Für alle $x, y \in \mathbf{H}$ gelten nämlich die Gleichungen

$$(U^* x, y) = (x, U^{**} y)$$

und

$$(U^* x, y) = (x, U y) .$$

Daraus folgt $(x, U^{**} y) = (x, U y)$, also $U^{**} y = U y$ für jedes $y \in \mathbf{H}$.

Aus $U^{**} = U$ läßt sich aber leicht die Gleichheit der Normen von U und U^{**} ableiten. Unter Benutzung der oben bereits bewiesenen Ungleichung $\|U^*\| \leqq \|U\|$ erhalten wir nämlich $\|U\| = \|U^{**}\| \leqq \|U^*\|$, woraus schließlich $\|U\| = \|U^*\|$ folgt.

Ist der lineare Operator U mit seinem adjungierten identisch, dann heißt er *selbstadjungiert*. Ein selbstadjungierter Operator wird also durch die Gleichung

$$(U x, y) = (x, U y) \qquad (x, y \in \mathbf{H})$$

charakterisiert. Selbstadjungierte Operatoren spielen in der Theorie der Operatoren im HILBERT-Raum eine große Rolle. Hierbei ist auch der Fall unbeschränkter Operatoren interessant.

Später (siehe Kapitel IX) verallgemeinern wir den Begriff des adjungierten Operators für lineare Operatoren in beliebigen B-Räumen. Dabei wird der adjungierte Operator jedoch i. a. in einem anderen Raum als der Ausgangsoperator definiert sein. In diesem Falle ist dann also die Verallgemeinerung des Begriffes „selbstadjungierter Operator" nicht möglich.

Es sei jetzt $\mathbf{H} = \mathbf{L}^2$ und U der bereits in Abschnitt III.2.6 eingeführte Integraloperator, d. h. $y = Ux$ bedeutet

$$y(s) = \int_a^b K(s, t)\, x(t)\, dt \qquad \left(\int_a^b \int_a^b |K(s, t)|^2\, ds\, dt < \infty\right). \tag{9}$$

Man sieht leicht, daß auch der adjungierte Operator U^* ein Integraloperator ist, und zwar erhält man für $y^* = U^* y$ die Darstellung

$$y^*(s) = \int_a^b K^*(s, t)\, y(t)\, dt \qquad \left(K^*(s, t) = \overline{K(t, s)}\right). \tag{10}$$

Denn für beliebige Funktionen $x \in \mathbf{L}^2$ muß

$$(U x, y) = (x, y^*) ,$$

d. h.

$$\int_a^b \left[\int_a^b K(s, t)\, x(t)\, dt\right] \overline{y(s)}\, ds = \int_a^b x(t)\, \overline{y^*(t)}\, dt$$

gelten. Daraus folgt nach dem Satz von FUBINI für jedes $x \in \mathbf{L}^2$

$$\int_a^b x(t) \overline{\left[y^*(t) - \int_a^b \overline{K(s, t)}\, y(s)\, ds\right]} dt = 0 ,$$

woraus wir

$$y^*(t) = \int_a^b \overline{K(s, t)}\, y(s)\, ds$$

erhalten, was mit der Beziehung (10) übereinstimmt.

Der Operator (9) ist demnach selbstadjungiert, wenn der Kern $K(s, t)$ hermitesche Symmetrie besitzt, d. h. wenn

$$K(t, s) = \overline{K(s, t)}$$

gilt.

Der Operator U sei jetzt durch eine Matrix der Form (2) definiert. Bezeichnen wir die Fourier-Koeffizienten des Elementes y mit $d_1, d_2, \ldots$, dann folgt

$$(U x, y) = \sum_{j=1}^{\infty} \left(\sum_{k=1}^{\infty} a_{jk} c_k \right) \bar{d}_j = \sum_{k=1}^{\infty} c_k \sum_{j=1}^{\infty} a_{jk} \bar{d}_j = (x, y^*),$$

wobei y^* das Element mit den Fourier-Koeffizienten

$$d_j^* = \sum_{k=1}^{\infty} a_{jk}^* d_k \qquad (j = 1, 2, \ldots; \; a_{jk}^* = \bar{a}_{kj})$$

ist. Da definitionsgemäß $y^* = U^* y$ gilt, besagt die letzte Beziehung, daß der Operator U^* durch die zur Matrix (2) hermitesch-adjungierte Matrix

$$A^* = \begin{pmatrix} a_{11}^* & a_{12}^* & \ldots & a_{1k}^* & \ldots \\ a_{21}^* & a_{22}^* & \ldots & a_{2k}^* & \ldots \\ \ldots & \ldots & \ldots & \ldots & \ldots \\ \ldots & \ldots & \ldots & \ldots & \ldots \\ a_{j1}^* & a_{j2}^* & \ldots & a_{jk}^* & \ldots \\ \ldots & \ldots & \ldots & \ldots & \ldots \end{pmatrix}$$

bestimmt wird. Die Beziehung $U = U^*$ ist insbesondere gleichwertig mit $a_{jk} = \bar{a}_{kj}$ $(j, k = 1, 2, \ldots)$.

3.4. Eine wichtige Klasse von Operatoren im Hilbert-Raum bilden die sog. Projektionsoperatoren.

$\mathbf{H}_0$ sei ein Teilraum des Hilbert-Raumes $\mathbf{H}$. Nach Satz 1 (7.II) kann man jedem $x \in \mathbf{H}$ eindeutig seine Projektion auf den Teilraum $\mathbf{H}_0$ zuordnen. Dadurch wird in $\mathbf{H}$ ein Operator $P = P_{\mathbf{H}_0}$ definiert, den man *Projektionsoperator*, *orthogonale Projektion* oder kurz auch *Projektion* (auf den Teilraum $\mathbf{H}_0$) nennt.

Wir führen einige einfache Eigenschaften von Projektionen an.

a) Für jedes $x \in \mathbf{H}$ sind die Elemente $P x$ und $x - P x$ orthogonal.

b) Die Beziehung $x \in \mathbf{H}_0$ ist gleichwertig mit $P x = x$.

c) Die Beziehung $x \perp \mathbf{H}_0$ ist gleichwertig mit $P x = 0$.

Weiterhin folgt aus $\|x\|^2 = \|P x\|^2 + \|x - P x\|^2$ die Ungleichung $\|P x\| \leqq \|x\|$, d. h., es gilt also $\|P\| \leqq 1$. Besteht $\mathbf{H}_0$ nicht nur aus dem Nullelement, dann erhalten wir für ein Element $\bar{x} \in \mathbf{H}_0$ mit $\|\bar{x}\| = 1$

$$\|P\| \geqq \|P \bar{x}\| = \|\bar{x}\| = 1 .$$

Damit ist die Beziehung

d) $\|P\| = 1$ für $P \neq 0$

bewiesen.

Die Klasse der Projektionen läßt sich folgendermaßen charakterisieren.

Satz 2 (3.III). *Die beiden folgenden Bedingungen 1 und 2 sind zusammen notwendig und hinreichend dafür, daß ein linearer Operator P in $\mathbf{H}$ eine Projektion ist:*

1. *P ist ein selbstadjungierter Operator;*
2. *für jedes $x \in \mathbf{H}$ besteht die Gleichung $P(Px) = Px$.*

Beweis. Notwendig. P sei die Projektion auf den Teilraum $\mathbf{H}_0$. Wir nehmen zwei beliebige Elemente $x, y \in \mathbf{H}$ und stellen sie in der Form

$$x = x' + x'' \qquad (x' = Px \in \mathbf{H}_0,\ x'' \perp \mathbf{H}_0),$$
$$y = y' + y'' \qquad (y' = Py \in \mathbf{H}_0,\ y'' \perp \mathbf{H}_0)$$

dar. Dann gilt

$$(Px, y) = (x', y' + y'') = (x', y') = (x' + x'', y') = (x, Py),$$

woraus die Selbstadjungiertheit des Operators P folgt.

Mit Hilfe von b) erhalten wir weiter

$$P(Px) = Px' = x' = Px.$$

Damit ist auch die Notwendigkeit der zweiten Bedingung bewiesen.

Hinreichend. P sei ein linearer Operator, der den Bedingungen 1 und 2 des Satzes genügt. Mit $\mathbf{H}_0$ bezeichnen wir die Menge derjenigen $x \in \mathbf{H}$, für die $Px = x$ gilt. Wie man leicht sieht, ist $\mathbf{H}_0$ ein Teilraum von $\mathbf{H}$. Wir zeigen, daß P die Projektion auf $\mathbf{H}_0$ ist. Zu diesem Zweck nehmen wir ein beliebiges $x \in \mathbf{H}_0$, stellen es in der Form $x = Px + (x - Px)$ dar und zeigen, daß Px zu $\mathbf{H}_0$ gehört und $x - Px$ zu $\mathbf{H}_0$ orthogonal ist.

Das erste ist wegen $P(Px) = Px$ offensichtlich. Für ein $u \in \mathbf{H}_0$ gilt aber $Pu = u$ und deshalb

$$(x - Px, u) = (x, u) - (Px, u) = (x, u) - (x, Pu) = 0,$$

d. h. $x - Px \perp \mathbf{H}_0$. Damit ist der Beweis des Satzes beendet.

Eine günstige Matrixdarstellung der Projektion P auf den Teilraum $\mathbf{H}_0$ erhält man, wenn man das Orthonormalsystem $x_1, x_2, \ldots$ derart wählt, daß für jedes $k = 1, 2, \ldots$ entweder $x_k \in \mathbf{H}_0$ oder $x_k \perp \mathbf{H}_0$ gilt.[1]) Dann folgt

$$a_{jk} = (Px_k, x_j) = \begin{cases} 0, & j \neq k, \\ 0, & j = k,\ x_k \perp \mathbf{H}_0, \\ 1, & j = k,\ x_k \in \mathbf{H}_0. \end{cases}$$

In der zur Projektion P gehörigen Matrix (2) sind also alle außerhalb der Hauptdiagonale stehenden Elemente gleich Null. Die Elemente der Hauptdiagonale sind entweder gleich Null oder gleich Eins.

Weitere Sätze über Projektionen werden wir in Kapitel V beweisen.

Adjungierte Operatoren und Projektionen wurden für den Fall des separablen Hilbert-Raumes von J. v. Neumann in [155] und für den allgemeinen Fall von F. Rellich in [170] eingeführt.

[1]) Das läßt sich dadurch erreichen, daß man in $\mathbf{H}_0$ und im Orthogonalkomplement von $\mathbf{H}_0$ je ein vollständiges Orthonormalsystem wählt und anschließend diese Systeme zu einem einzigen vereinigt (vgl. II.7.8).

KAPITEL IV

ERWEITERUNG LINEARER OPERATOREN UND FUNKTIONALE

§ 1. Erweiterung linearer Operatoren

1.1. Bei der Untersuchung von Operatoren entsteht oft die Frage, ob man den Definitionsbereich eines gegebenen Operators derart erweitern kann, daß der neue Operator mit dem größeren Definitionsbereich gewisse Eigenschaften hat, z. B., daß er stetig, additiv, linear usw. ist. Da wir bis jetzt in erster Linie lineare Operatoren betrachteten, ist der letzte Fall für uns der interessanteste.

Wir führen zunächst eine neue Bezeichnung ein. U_0 und U seien zwei Operatoren, welche die Teilmengen Ω_0 bzw. Ω des Raumes $\mathbf{X}$ in den Raum $\mathbf{Y}$ abbilden. Ist $\Omega_0 \subset \Omega$ und gilt für $x \in \Omega_0$ stets $U(x) = U_0(x)$, dann heißt U eine *Erweiterung* (oder *Fortsetzung*) des Operators U_0. Man schreibt dafür $U_0 \subset U$.

Satz 1 (1.IV).[1] *Es seien $\mathbf{X}$ und $\mathbf{Y}$ zwei normierte Räume und U_0 ein Operator von $\Omega \subset \mathbf{X}$ in $\mathbf{Y}$. Dafür, daß U_0 eine auf der Menge $\mathscr{L}(\Omega)$ definierte lineare Erweiterung U besitzt, ist notwendig und hinreichend die Existenz einer Konstanten C, so daß für beliebige Elemente $x_1, x_2, \ldots, x_n$ aus Ω und beliebige Zahlen $\lambda_1, \lambda_2, \ldots, \lambda_n$ stets*

$$\left\| \sum_{k=1}^{n} \lambda_k U_0(x_k) \right\| \leqq C \left\| \sum_{k=1}^{n} \lambda_k x_k \right\| \tag{1}$$

gilt.

Beweis. Notwendig. Gibt es eine Erweiterung U des Operators U_0 mit den angegebenen Eigenschaften, dann folgt für das Element $x = \sum_{k=1}^{n} \lambda_k x_k \in \mathscr{L}(\Omega)$ (siehe II.1.5)

$$U(x) = \sum_{k=1}^{n} \lambda_k U(x_k) = \sum_{k=1}^{n} \lambda_k U_0(x_k) \,.$$

Hieraus erhalten wir wegen der Linearität des Operators U die Ungleichung

$$\left\| \sum_{k=1}^{n} \lambda_k U_0(x_k) \right\| = \|U(x)\| \leqq \|U\| \cdot \|x\| = \|U\| \cdot \left\| \sum_{k=1}^{n} \lambda_k x_k \right\|,$$

d. h., die Beziehung (1) ist für $C = \|U\|$ erfüllt.

Hinreichend. Aus (1) folgt unmittelbar, daß $\sum_{k=1}^{n} \alpha_k x_k = 0$ stets $\sum_{k=1}^{n} \alpha_k U_0(x_k) = 0$ nach sich zieht.

---

[1]) Siehe [171 b] und [106].

Es sei x ein beliebiges Element aus $\mathscr{L}(\Omega)$. Nach II.1.5 gilt für x die Darstellung

$$x = \sum_{k=1}^{n} \lambda_k x_k \qquad (x_k \in \Omega;\ k = 1, 2, \ldots, n)\,. \tag{2}$$

Wir setzen

$$U(x) = \sum_{k=1}^{n} \lambda_k U_0(x_k) \tag{3}$$

und zeigen, daß $U(x)$ ungeachtet der verschiedenen Darstellungsmöglichkeiten (2) des Elementes x eindeutig bestimmt wird. Aus

$$x = \sum_{k=1}^{n} \lambda_k x_k = \sum_{k=1}^{n} \lambda_k' x_k\,^{1)}$$

folgt nämlich $\sum_{k=1}^{n} (\lambda_k - \lambda_k') x_k = 0$, nach der obigen Bemerkung also auch $\sum_{k=1}^{n} (\lambda_k - \lambda_k') U_0(x_k) = 0$ und damit

$$\sum_{k=1}^{n} \lambda_k U_0(x_k) = \sum_{k=1}^{n} \lambda_k' U_0(x_k)\,.$$

Die Additivität des Operators U ergibt sich ohne Schwierigkeit. Denn für $x = \sum_{k=1}^{n} \lambda_k x_k$ und $y = \sum_{k=1}^{n} \mu_k x_k$ gilt $x + y = \sum_{k=1}^{n} (\lambda_k + \mu_k) x_k$ und

$$U(x + y) = \sum_{k=1}^{n} (\lambda_k + \mu_k) U_0(x_k) = \sum_{k=1}^{n} \lambda_k U_0(x_k) + \sum_{k=1}^{n} \mu_k U_0(x_k) = U(x) + U(y)\,.$$

Aus (1) erhält man

$$\|U(x)\| \leqq C\|x\| \qquad (x \in \mathscr{L}(\Omega))\,,$$

d. h., der Operator U ist auch beschränkt. Offensichtlich ist U eine Erweiterung von U_0.

Damit ist der Satz vollständig bewiesen.

1.2. Der folgende Satz sichert die Fortsetzbarkeit eines linearen Operators U von einer gegebenen Menge auf deren Abschließung.

Satz 2 (1.IV) (über die Erweiterung eines linearen Operators durch Stetigkeit). *Sind* $\mathbf{X}$ *und* $\mathbf{Y}$ *zwei normierte Räume und ist* $\mathbf{Y}$ *vollständig, dann besitzt jeder lineare Operator* U_0 *von* $\Omega \subset \mathbf{X}$ *in* $\mathbf{Y}$ *eine eindeutig bestimmte, auf der Abschließung* $\overline{\Omega}$ *der Menge* Ω *definierte lineare Erweiterung* U. *Dabei gilt* $\|U\| = \|U_0\|$.

Beweis. Es sei $x \in \overline{\Omega}$. Dann gibt es eine Folge $\{x_n\}$ von Elementen aus Ω, die gegen x konvergiert. Wir betrachten die Folge $\{U_0(x_n)\}$ im Raum $\mathbf{Y}$. Diese Folge ist in sich konvergent, denn es gilt $\|U_0(x_n) - U_0(x_m)\| \leqq \|U_0\|\,\|x_n - x_m\|$.

---

1) Die Elemente x_k sollen in beiden Summen übereinstimmen, denn in jeder Summe kann man Summanden mit zunächst nicht auftretendem x_k mit dem Koeffizient Null hinzufügen.

Wegen der Vollständigkeit des Raumes $\mathbf{Y}$ existiert der Grenzwert $\lim_{n\to\infty} U_0(x_n)$. Dieser Grenzwert hängt nicht von der Wahl der Folge $\{x_n\}$ ab, denn für $x_n' \in \Omega$ mit $x_n' \to x$ erhalten wir

$$||U_0(x_n') - U_0(x_n)|| \leqq ||U_0|| \, ||x_n' - x_n|| \to 0 \, ,$$

d. h., es gilt $\lim_{n\to\infty} U_0(x_n') = \lim_{n\to\infty} U_0(x_n)$.

Wir setzen jetzt

$$U(x) = \lim_{n\to\infty} U_0(x_n) \, .$$

Die Additivität des Operators U ist offensichtlich, und der Grenzübergang $n \to \infty$ in der Ungleichung $||U_0(x_n)|| \leqq ||U_0|| \, ||x_n||$ ergibt $||U(x)|| \leqq ||U_0|| \, ||x||$. Der Operator U ist also wieder beschränkt, und seine Norm genügt der Ungleichung $||U|| \leqq ||U_0||$. Da andererseits auch

$$||U|| = \sup_{\substack{||x|| \leqq 1 \\ x \in \bar{\Omega}}} ||U(x)|| \geqq \sup_{\substack{||x|| = 1 \\ x \in \Omega}} ||U_0(x)|| = ||U_0||$$

gilt, folgt $||U|| = ||U_0||$.

Ist schließlich $V \supset U_0$ ein linearer Operator von $\bar{\Omega}$ in $\mathbf{Y}$, dann erhalten wir aus der Beziehung $U_0(x_n) = V(x_n)$ $(x_n \in \Omega; \; x_n \to x)$ wegen der Linearität des Operators V durch Grenzübergang die Gleichung $U(x) = V(x)$, d. h., die Operatoren U und V sind identisch.

Damit ist der Satz bewiesen.

Der im Beweis des Satzes konstruierte Operator U heißt die *Abschließung* des Operators U_0.

Folgerung. *Ist U ein linearer Operator, der den normierten Raum $\mathbf{X}$ in den B-Raum $\mathbf{Y}$ und dabei eine in $\mathbf{X}$ dichte Menge in das Nullelement von $\mathbf{Y}$ abbildet, dann gilt $U(x) = 0$ für alle $x \in \mathbf{X}$.*

1.3. Ist ein linearer Operator U_0 auf einer im normierten Raum $\mathbf{X}$ dichten Menge Ω definiert, dann kann man ihn nach Satz 2 unter Erhaltung der Linearität (und sogar der Norm) auf den ganzen Raum $\mathbf{X}$ erweitern. Lassen wir jedoch die Voraussetzung der Dichtheit des Definitionsbereiches Ω in $\mathbf{X}$ fallen, dann ist eine solche Erweiterung nur noch unter speziellen Voraussetzungen über den Bildraum $\mathbf{Y}$ möglich.

Um die folgenden Aussagen bequem formulieren zu können, führen wir zwei Bezeichnungen ein: Ein Mengensystem $\mathbf{A} = \{A\}$ heißt *verkettet*, wenn je zwei Mengen dieses Systems einen nicht leeren Durchschnitt haben.

Wir sagen, ein normierter Raum $\mathbf{Y}$ ist ein *Raum vom Typ* $\mathfrak{M}$, wenn jede verkettete Familie abgeschlossener Kugeln in $\mathbf{Y}$ einen nicht leeren Durchschnitt hat.

Ein sehr einfaches Beispiel für einen Raum vom Typ $\mathfrak{M}$ bildet die (reelle) Zahlengerade. Die abgeschlossenen Kugeln sind in diesem Raum die abgeschlossenen Intervalle. Wir betrachten deshalb eine verkettete Menge $\{[a_\xi, b_\xi]\}$ $(\xi \in \Xi)$ abgeschlossener Intervalle und zeigen, daß diese Menge einen nicht leeren Durch-

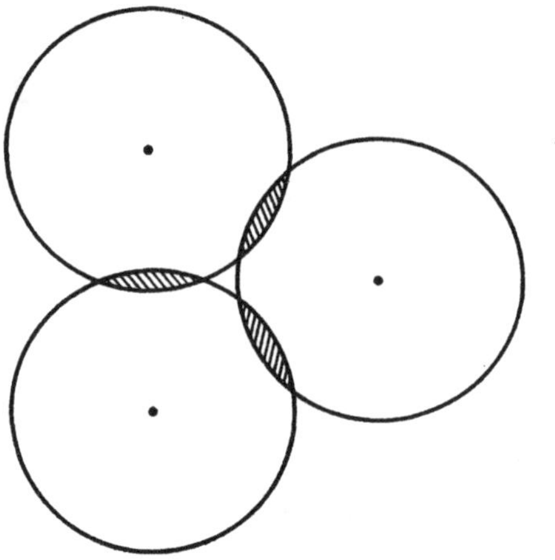

Abb. 4

schnitt hat. Dazu nehmen wir ein (festes) $\xi_0 \in \Xi$. Die Intervalle $[a_\xi, b_\xi]$ und $[a_{\xi_0}, b_{\xi_0}]$ enthalten dann für jedes $\xi \in \Xi$ gemeinsame Punkte, deshalb gilt

$$a_{\xi_0} \leqq b_\xi \quad (\xi \in \Xi),$$

also auch

$$a_{\xi_0} \leqq \inf_{\xi \in \Xi} b_\xi .$$

Da ξ_0 beliebig aus Ξ gewählt war, folgt aus der letzten Ungleichung

$$\bar{a} = \sup_{\xi \in \Xi} a_\xi \leqq \inf_{\xi \in \Xi} b_\xi = \bar{b} .$$

Deshalb gehören die Punkte des Intervalls $[\bar{a}, \bar{b}]$ zu jedem Intervall $[a_\xi, b_\xi]$ $(\xi \in \Xi)$, d. h., die Zahlengerade ist ein Raum vom Typ $\mathfrak{M}$.

Durch analoge Überlegungen möge der Leser beweisen, daß auch die reellen Räume $\mathbf{M}_T$ und $\tilde{\mathbf{M}}_T$ Räume vom Typ $\mathfrak{M}$ sind.

Demgegenüber ist die komplexe Ebene, als (komplexer) normierter Raum betrachtet, kein Raum von Typ $\mathfrak{M}$. Davon überzeugt man sich leicht mit Hilfe von Abb. 4.

Die Klasse der Räume vom Typ $\mathfrak{M}$ ist verhältnismäßig klein. Außer den Räumen $\mathbf{M}_T$ und $\tilde{\mathbf{M}}_T$ gehört nämlich keiner der oben betrachteten konkreten normierten Räume zu dieser Klasse.[1]) Davon möge sich der Leser selbst überzeugen.

Wir zeigen jetzt, daß jeder Raum $\mathbf{Y}$ vom Typ $\mathfrak{M}$ vollständig ist.

Es sei $\{y_n\}$ eine in sich konvergente Folge von Elementen des Raumes $\mathbf{Y}$ und

$$r_n = \sup_{m \geqq n} \|y_m - y_n\| .$$

Wir betrachten die Familie der abgeschlossenen Kugeln $\{\bar{K}_{r_n}(y_n)\}$ $(n = 1, 2, \ldots)$. Diese Familie ist verkettet, denn für $m > n$ gilt

$$\|y_m - y_n\| \leqq r_n$$

und deshalb $y_m \in \bar{K}_{r_n}(y_n) \cap \bar{K}_{r_m}(y_m)$. Da $\mathbf{Y}$ nach Voraussetzung ein Raum vom Typ $\mathfrak{M}$ ist, gibt es ein Element $y \in \mathbf{Y}$, das zu jeder der Kugeln $\bar{K}_{r_n}(y_n)$ gehört, d. h., y genügt der Beziehung

$$\|y - y_n\| \leqq r_n \qquad (n = 1, 2, \ldots) .$$

Da r_n für $n \to \infty$ gegen Null strebt, folgt $y_n \to y$, womit die Vollständigkeit des Raumes $\mathbf{Y}$ bewiesen ist.

---

1) Auch die Zahlengerade ist ein Raum der Form $\mathbf{M}_T$. Die Menge T besteht in diesem Fall nur aus einem Element.

Die folgenden grundlegenden Sätze 3 und 4 wurden von L. NACHBIN in der Arbeit [152] bewiesen, wo die Räume vom Typ $\mathfrak{M}$ auch vom Standpunkt der Theorie der halbgeordneten Räume charakterisiert werden. Daran anschließende vertiefte Untersuchungen erfolgten von J. KELLEY [122]. Weitere Aussagen über die Erweiterung linearer Operatoren findet man in [1a, b], [115a] und in der Monographie KANTOROWITSCH, WULICH, PINSKER.

Satz 3 (1.IV). *Es sei* $\mathbf{X}$ *ein normierter Raum,* $\mathbf{X}_0$ *eine in* $\mathbf{X}$ *enthaltene lineare Menge und* U_0 *ein linearer Operator, der* $\mathbf{X}_0$ *in einen Raum* $\mathbf{Y}$ *vom Typ* $\mathfrak{M}$ *abbildet. Dann existiert eine Erweiterung* U *des Operators* U_0*, die* $\mathbf{X}$ *in* $\mathbf{Y}$ *abbildet und für die* $||U|| = ||U_0||$ *gilt.*[1])

Beweis. $\mathbf{X}_0$ sei eine lineare Teilmenge des Raumes $\mathbf{X}$. Die aus allen Elementen der Form

$$x' = \lambda x_1 + x \qquad (x \in \mathbf{X}_0) \tag{4}$$

mit einem gegebenen Element $x_1 \in \mathbf{X}$ bestehende Menge $\mathbf{X}_1$ nennen wir eine *Elementarerweiterung* der linearen Menge $\mathbf{X}_0$.

Wir zeigen zunächst, daß sich unter den Voraussetzungen des Satzes jeder lineare Operator U_0, der $\mathbf{X}_0 \subset \mathbf{X}$ in $\mathbf{Y}$ abbildet, auf eine beliebige Elementarerweiterung $\mathbf{X}_1$ der Menge $\mathbf{X}_0$ derart fortsetzen läßt, daß für die auf $\mathbf{X}_1$ definierte Erweiterung U_1 von U_0 die Gleichung $||U_0|| = ||U_1||$ gilt.[2])

Falls ein solcher Operator U_1 existiert, ist er offensichtlich durch die Angabe des Elementes $y_0 = U_1(x_1)$ vollkommen bestimmt. Da die Norm des erweiterten Operators mit der Norm des ursprünglichen Operators übereinstimmen soll, gilt für dieses Element die Beziehung

$$||y_0 - U_0(x)|| = ||U_1(x_1) - U_1(x)|| \leqq ||U_1|| \, ||x_1 - x|| = ||U_0|| \, ||x_1 - x|| \,.$$

Eine notwendige Bedingung für die Existenz eines Operators U_1 mit den angegebenen Eigenschaften ist also, daß alle abgeschlossenen Kugeln $K^{(x)} = \overline{K}_r(y)$ mit dem Mittelpunkt $y = U_0(x)$ und dem Radius $r = r_x = ||U_0|| \, ||x_1 - x||$ einen gemeinsamen Punkt, nämlich y_0, enthalten.

Wir zeigen, daß diese Bedingung auch hinreichend ist. Dazu bezeichnen wir mit $\mathfrak{K}$ die Gesamtheit aller Kugeln der betrachteten Form und setzen zunächst voraus, daß es einen Punkt y_0 gibt, der allen Kugeln der Familie $\mathfrak{K}$ angehört. Wir setzen

$$U_1(x_1) = y_0 \,.$$

Für $x' \in \mathbf{X}_1$ erhalten wir dann nach (4)

$$U_1(x') = \lambda \, U_1(x_1) + U_1(x) = \lambda \, y_0 + U_0(x) \,.$$

---

1) Wegen Satz 2 und der Vollständigkeit des Raumes $\mathbf{Y}$ können wir annehmen, daß $\mathbf{X}_0$ sogar eine abgeschlossene Menge, also ein Teilraum von $\mathbf{X}$ ist.

2) Wir betrachten hier stets eigentliche Erweiterungen, d. h., es soll $x_1 \notin \mathbf{X}_0$ gelten. Man sieht leicht, daß in diesem Fall die Darstellung (4) eindeutig ist.

Hieraus folgen wegen der Eindeutigkeit der Darstellung (4) Additivität und Homogenität des Operators U_1. Da weiterhin für $\lambda \neq 0$

$$\|U_1(x')\| = |\lambda| \left\|y_0 + U_0\left(\frac{x}{\lambda}\right)\right\| \leqq r_{-\frac{x}{\lambda}} \cdot |\lambda| = |\lambda| \, \|U_0\| \left\|x_1 + \frac{x}{\lambda}\right\| = \|U_0\| \, \|x'\|$$

gilt, ist U_1 ein linearer Operator mit $\|U_1\| \leqq \|U_0\|$. Die Ungleichung $\|U_0\| \leqq \|U_1\|$ ist aber offensichtlich, womit die Gleichung $\|U_0\| = \|U_1\|$ bewiesen ist.

Es bleibt noch zu zeigen, daß die Kugeln $K^{(x)}$ der Familie $\mathfrak{K}$ einen nicht leeren Durchschnitt haben. Das folgt aber aus den Voraussetzungen des Satzes, wenn wir nur zeigen, daß $\mathfrak{K}$ eine verkettete Familie ist.

Zu diesem Zweck nehmen wir zwei beliebige Kugeln $K^{(x_1')}$ und $K^{(x_2')}$ aus $\mathfrak{K}$. Dann gilt

$$\begin{aligned} r_1 + r_2 = r_{x_1'} + r_{x_2'} = \|U_0\| \, [\|x_1 - x_1'\| + \|x_1 - x_2'\|] \geqq \|U_0\| \, \|(x_1 - x_1') \\ - (x_1 - x_2')\| \geqq \|U_0(x_1' - x_2')\| = \|y_1' - y_2'\| , \end{aligned}$$

d. h., die Summe der Radien dieser Kugeln ist nicht kleiner als der Abstand ihrer Mittelpunkte, ihr Durchschnitt kann also nicht leer sein.[1]) Da die beiden Kugeln beliebig aus $\mathfrak{K}$ gewählt waren, bedeutet dies, daß die Familie $\mathfrak{K}$ verkettet ist.

Der Operator U läßt sich also auf jede Elementarerweiterung in der angegebenen Weise fortsetzen.

Die weiteren Überlegungen führen wir zunächst für den Fall durch, daß der Raum $\mathbf{X}$ separabel ist. D sei eine abzählbare, in $\mathbf{X}$ dichte Menge. Wir numerieren diejenigen Elemente aus D, die nicht zu $\mathbf{X}_0$ gehören,

$$x_1, x_2, \ldots \text{ [2])} \tag{5}$$

und bilden mit Hilfe des Elementes x_1 die Elementarerweiterung $\mathbf{X}_1$ der linearen Menge $\mathbf{X}_0$.

Dann gibt es nach obiger Konstruktion einen auf $\mathbf{X}_1$ definierten Operator U_1, für den

$$U_1 \supset U_0 \quad \text{und} \quad \|U_1\| = \|U_0\|$$

gilt.

Wir nehmen jetzt an, daß wir schon lineare Mengen $\mathbf{X}_0 \subset \mathbf{X}_1 \subset \ldots \subset \mathbf{X}_n$ und lineare Operatoren $U_0 \subset U_1 \subset \ldots \subset U_n$ (U_k ist ein Operator von $\mathbf{X}_k$ in $\mathbf{Y}$) gebildet haben, so daß $\mathbf{X}_k$ eine Elementarerweiterung von $\mathbf{X}_{k-1}$ ist ($k = 1, 2, \ldots, n$) und

$$\|U_n\| = \|U_{n-1}\| = \cdots = \|U_0\|$$

gilt. Dann sind zwei Fälle möglich:

1. $\mathbf{X}_n = \mathbf{X}$, d. h., der Operator U_n hat die gewünschten Eigenschaften, und der Beweis des Satzes ist beendet.

---

[1]) Sind $\overline{K}_{r_1}(y_1)$ und $\overline{K}_{r_2}(y_2)$ zwei abgeschlossene Kugeln des Raumes $\mathbf{Y}$ und gilt $r_1 + r_2 \geqq \|y_1 - y_2\|$, dann gehört z. B. das Element $\frac{r_2}{r_1 + r_2} y_1 + \frac{r_1}{r_1 + r_2} y_2$ zu $\overline{K}_{r_1}(y_1) \cap \overline{K}_{r_2}(y_2)$.

[2]) Es wird dabei vorausgesetzt, daß solche Elemente x_i wirklich existieren, anderenfalls brauchte man nur Satz 2 anzuwenden.

2. $\mathbf{X}_n \neq \mathbf{X}$. Dann gibt es unter den Elementen in (5) solche, die nicht zu $\mathbf{X}_n$ gehören. Das erste Element dieser Art sei x_{k_n}. Wir bilden die von x_{k_n} erzeugte Elementarerweiterung $\mathbf{X}_{n+1}$ von $\mathbf{X}_n$ und erweitern den Operator U_n auf $\mathbf{X}_{n+1}$ durch Konstruktion eines linearen Operators U_{n+1}, der X_{n+1} in $\mathbf{Y}$ abbildet und die gleiche Norm wie der Operator U_n hat.

Auf diese Weise kommen wir entweder nach endlich vielen Schritten zu der gesuchten Erweiterung, oder wir erhalten eine Folge linearer Mengen $\mathbf{X}_0 \subset \mathbf{X}_1 \subset \ldots \subset \mathbf{X}_n \subset \ldots$ und linearer Operatoren $U_0 \subset U_1 \subset \ldots \subset U_n \subset \ldots$, so daß U_n die Menge $\mathbf{X}_n$ in $\mathbf{Y}$ abbildet und

$$\|U_0\| = \|U_1\| = \cdots = \|U_n\| = \ldots$$

gilt. Dabei gehört jedes Element der Menge D und auch jedes Element ihrer linearen Hülle $\mathscr{L}(D)$ zu einer Menge $\mathbf{X}_n$.

Es sei $x \in \mathscr{L}(D)$. Nach der letzten Bemerkung gibt es einen Index n, so daß $x \in \mathbf{X}_n$ gilt. Wir setzen

$$U^{(0)}(x) = U_n(x) \,. \tag{6}$$

Diese Definition des Elementes $U^{(0)}(x)$ hängt von der Wahl der natürlichen Zahl n in (6) nicht ab, denn aus $x \in \mathbf{X}_m$ und $x \in \mathbf{X}_n$ folgt z. B. für $m < n$ auch $U_m \subset U_n$ und deshalb

$$U_m(x) = U_n(x) \,.$$

Der durch Gleichung (6) definierte Operator $U^{(0)}$ ist additiv. Denn mit x', $x'' \in \mathscr{L}(D)$, $x' \in \mathbf{X}_m$ und $x'' \in \mathbf{X}_n$ erhalten wir für $m \leqq n$ z. B. $x' + x'' \in \mathbf{X}_n$ und deshalb $U^{(0)}(x' + x'') = U_n(x' + x'') = U_n(x') + U_n(x'') = U^{(0)}(x') + U^{(0)}(x'')$.

Weiterhin gilt

$$\|U^{(0)}(x)\| = \|U_n(x)\| \leqq \|U_n\| \, \|x\| = \|U_0\| \, \|x\| \,.$$

$U^{(0)}$ ist also ein linearer Operator mit $\|U^{(0)}\| \leqq \|U_0\|$. Außerdem ist $U^{(0)}$ offensichtlich eine Erweiterung des Operators U_0, woraus unter Beachtung der letzten Ungleichung sogar $\|U^{(0)}\| = \|U_0\|$ folgt.

Erweitern wir den Operator $U^{(0)}$ gemäß Satz 2, dann entsteht die gewünschte Erweiterung U. Der Definitionsbereich Ω_U des Operators U ist dann nämlich gleich der Abschließung $\overline{\mathscr{L}(D)}$ der Menge $\mathscr{L}(D)$. Da D in $\mathbf{X}$ dicht liegt, gilt also $\Omega_U = \mathbf{X}$. Außerdem genügt U den Beziehungen $U \supset U^{(0)} \supset U_0$ und $\|U\| = \|U^{(0)}\| = \|U_0\|$.

Damit ist Satz 3 bewiesen, falls der Raum $\mathbf{X}$ separabel ist.

Zum Beweis des Satzes im allgemeinen Fall benutzen wir das Zornsche Lemma (I.5.7). Mit A werde die Gesamtheit aller linearen Operatoren bezeichnet, die Erweiterungen des Operators U_0 sind und deren Norm mit der von U_0 übereinstimmt. In der Menge A führen wir eine teilweise Ordnung ein: Für V', $V'' \in A$ sei $V' \prec V''$ gleichbedeutend mit $V' \subset V''$. Man bestätigt leicht, daß die so definierte Relation den Axiomen der teilweisen Ordnung genügt. Wir zeigen, daß sogar die Voraussetzungen des Zornschen Lemmas erfüllt sind. A_0 sei eine vollständig geordnete Teilmenge von A. Wir setzen

$$\tilde{\mathbf{X}} = \bigcup_{V \in A_0} \Omega_V \,.$$

$\tilde{\mathbf{X}}$ ist eine lineare Menge. Sind nämlich zwei Mengen Ω_V und $\Omega_{V'}$ in dieser Vereinigung enthalten, dann ist eine dieser beiden Mengen ein Teil der anderen. Es sei x ein beliebiges Element aus $\tilde{\mathbf{X}}$. Dann gibt es ein $V' \in A_0$ derart, daß $x \in \Omega_{V'}$ gilt. Wir definieren durch die Gleichung

$$\tilde{V}(x) = V'(x)$$

einen Operator $\tilde{V}$. Diese Definition hängt nicht von der Wahl des Operators V' ab, denn aus $x \in \Omega_{V'}$ folgt $V'(x) = V''(x)$, da für V' und V'' entweder $V' \prec V''$ oder $V'' \prec V'$ gilt. Man kann auch leicht zeigen, daß V ein linearer Operator mit $\|\tilde{V}\| = \|U_0\|$ ist. Offensichtlich ist $\tilde{V}$ eine Erweiterung jedes Operators $V \in A_0$ und damit auch Erweiterung des Operators U_0. Es gilt also $\tilde{V} \in A$ und $V \prec \tilde{V}$ $(V \in A_0)$. Durch Anwendung des Zornschen Lemmas auf die Menge A folgt die Existenz eines maximalen Elementes U von A. Der Operator U ist aber die gesuchte Erweiterung, denn wäre $\Omega_U \neq \mathbf{X}$, dann gäbe es eine (echte) Elementarerweiterung der Menge Ω_U, und nach der obigen Konstruktion könnten wir den Operator U unter Erhaltung seiner Norm auf diese größere Menge fortsetzen. Bezeichnen wir diese Fortsetzung mit U_1, dann würde $U_1 \in A$ und $U \prec U_1$ gelten. Das widerspricht aber wegen $U \neq U_1$ der Maximalität von U.

Damit ist der Satz vollständig bewiesen.

1.4. Die in Satz 3 für die Fortsetzbarkeit eines linearen Operators formulierte Bedingung ist auch notwendig. Es gilt nämlich der

Satz 4 (1.IV). *Hat ein reeller Raum* $\mathbf{Y}$ *die Eigenschaft, daß sich jeder auf einem Teilraum* $\mathbf{X}_0$ *eines beliebigen reellen normierten Raumes* $\mathbf{X}$ *definierte Operator* U_0, *der* $\mathbf{X}_0 \subset \mathbf{X}$ *in* $\mathbf{Y}$ *abbildet, zu einem auf ganz* $\mathbf{X}$ *definierten linearen Operator* U *erweitern läßt, so daß die Normen von* U_0 *und* U *übereinstimmen, dann ist* $\mathbf{Y}$ *ein Raum vom Typ* $\mathfrak{M}$.

Beweis. Wir nehmen an, $\mathbf{Y}$ sei kein Raum vom Typ $\mathfrak{M}$. Dann gibt es eine verkettete Familie $\mathfrak{K}_0$ abgeschlossener Kugeln, deren Durchschnitt leer ist. Es sei y' der Mittelpunkt einer Kugel aus der Familie $\mathfrak{K}_0$ und r' ihr Radius. Zu einem beliebigen Punkt $y \in \mathbf{Y}$ konstruieren wir dann die Kugel $\overline{K}_{r_y}(y)$ mit

$$r_y = r' + \|y - y'\|\,.$$

Offensichtlich gilt $\overline{K}_{r_y}(y) \supset \overline{K}_{r'}(y')$. Wenn wir also zur Familie $\mathfrak{K}_0$ alle Kugeln $\overline{K}_{r_y}(y)$ $(y \in \mathbf{Y})$ hinzufügen, erhalten wir wieder eine verkettete Familie $\mathfrak{K}$. Auch der Durchschnitt aller zur Familie $\mathfrak{K}$ gehörenden Kugeln ist leer.

Wir betrachten jetzt von neuem ein beliebiges Element $y \in \mathbf{Y}$ und wählen aus $\mathfrak{K}$ alle Kugeln mit dem Mittelpunkt y aus. Die Radien dieser Kugeln bilden eine Zahlenmenge $\{r_y^{(\xi)}\}$ $(\xi \in \Xi_y)$. Wir setzen

$$r_0(y) = \inf_{\xi \in \Xi} r_y^{(\xi)}\,. \tag{7}$$

Da sich je zwei Kugeln der Familie $\mathfrak{K}$ schneiden, kann der Abstand zwischen ihren Mittelpunkten nicht größer sein als die Summe ihrer Radien, d. h., es gilt

$$r_{y_1}^{(\xi_1)} + r_{y_2}^{(\xi_2)} \geqq \|y_1 - y_2\| \quad (y_1, y_2 \in \mathbf{Y};\ \xi_1 \in \Xi_{y_1},\ \xi_2 \in \Xi_{y_2})\,.$$

Durch Bildung des Infimums auf der linken Seite dieser Ungleichung erhalten wir

$$r_0(y_1) + r_0(y_2) \geqq \|y_1 - y_2\| \quad (y_1, y_2 \in \mathbf{Y})\,. \tag{8}$$

Das Funktional r_0 hat noch die Eigenschaft, daß für irgendein Element $y_0 \in \mathbf{Y}$ die Ungleichung

$$\|y - y_0\| \leqq r_0(y) \tag{9}$$

nicht für alle $y \in \mathbf{Y}$ gelten kann.

Anderenfalls gehörte nämlich der Punkt y_0 zu allen Kugeln der Familie $\mathfrak{K}$, was nicht sein kann, da deren Durchschnitt leer ist.

$\mathfrak{R}$ bezeichne die Gesamtheit aller auf $\mathbf{Y}$ erklärten Funktionale r, die den folgenden Bedingungen genügen:

$$r(y) \leqq r_0(y) \qquad \text{für alle} \qquad y \in \mathbf{Y}$$

und

$$r(y_1) + r(y_2) \geqq \|y_1 - y_2\| \qquad (y_1, y_2 \in \mathbf{Y}) . \tag{10}$$

Die Menge $\mathfrak{R}$ wird durch die Festsetzung, daß $r_1 \prec r_2$ gleichbedeutend mit $r_1(y) \leqq r_2(y)$ für alle $y \in \mathbf{Y}$ sein soll, teilweise geordnet. Wir zeigen, daß $\mathfrak{R}$ den Voraussetzungen des Zornschen Lemmas (I.5.7) genügt. Zu diesem Zweck betrachten wir eine vollständig geordnete Teilmenge $\mathfrak{R}_0 \subset \mathfrak{R}$ und bilden

$$r'(y) = \inf_{r \in \mathfrak{R}_0} r(y) .$$

Zu einem beliebigen $\varepsilon > 0$ und irgend zwei festen Elementen $y_1, y_2 \in \mathbf{Y}$ gibt es also Elemente $r_1, r_2 \in \mathfrak{R}_0$ mit $r'(y_i) \geqq r_i(y_i) - \varepsilon$ $(i = 1, 2)$. Wir können voraussetzen, daß $r_1 \prec r_2$ gilt, und erhalten

$$r'(y_1) + r'(y_2) \geqq r_1(y_1) + r_2(y_2) - 2\varepsilon \geqq r_1(y_1) + r_1(y_2) - 2\varepsilon \geqq \|y_1 - y_2\| - 2\varepsilon .$$

Für $\varepsilon \to 0$ folgt hieraus, daß auch das Funktional r' der Bedingung (10) genügt. Da offensichtlich auch die Relation $r' \prec r_0$ erfüllt ist, gilt $r' \in \mathfrak{R}$. Nach dem Zornschen Lemma gibt es also in der Menge $\mathfrak{R}$ minimale Elemente. ϱ sei ein solches minimales Element. Wir zeigen, daß das Funktional ϱ die folgenden Eigenschaften hat:

$$\varrho(y_1) + \varrho(y_2) \geqq \|y_1 - y_2\| \qquad (y_1, y_2 \in \mathbf{Y}) , \tag{11}$$

$$\varrho(y) > 0 \qquad (y \in \mathbf{Y}) , \tag{12}$$

$$|\varrho(y_1) - \varrho(y_2)| \leqq \|y_1 - y_2\| \qquad (y_1, y_2 \in \mathbf{Y}) , \tag{13}$$

$$\varrho(\lambda y_1 + \mu y_2) \leqq \lambda \varrho(y_1) + \mu \varrho(y_2) \qquad (\lambda + \mu = 1 , \ \lambda \geqq 0 , \ \mu \geqq 0; \ y_1, y_2 \in \mathbf{Y}) . \tag{14}$$

Da ϱ zu $\mathfrak{R}$ gehört, gilt für ϱ die Beziehung (10), die mit (11) übereinstimmt. Zum Beweis von (12) nehmen wir an, es gäbe ein $y_0 \in \mathbf{Y}$ mit $\varrho(y_0) \leqq 0$. Dann folgt aus (11) $\|y - y_0\| \leqq \leqq \varrho(y) + \varrho(y_0) \leqq \varrho(y)$ $(y \in \mathbf{Y})$, wegen $\varrho(y) \leqq r_0(y)$ also erst recht $\|y - y_0\| \leqq r_0(y)$ für jedes $y \in \mathbf{Y}$. Oben sahen wir aber (vgl. (9)), daß das nicht möglich ist. Damit ist die Beziehung (12) bewiesen.

Um (13) und (14) zu beweisen, setzen wir für irgendein $y_0 \in \mathbf{Y}$

$$h(y_0) = \max\,[0; \ \sup_{y' \in \mathbf{Y}} (\|y_0 - y'\| - \varrho(y'))] . \tag{15}$$

Aus (11) folgt $\varrho(y_0) \geqq \|y_0 - y'\| - \varrho(y')$, so daß stets $h(y_0) \leqq \max\,[0; \varrho(y_0)] = \varrho(y_0)$ gilt. Definieren wir andererseits auf $\mathbf{Y}$ ein Funktional φ durch die Gleichungen

$$\varphi(y_0) = h(y_0), \ \varphi(z) = \varrho(z) \qquad (z \neq y_0, \ z \in \mathbf{Y}) ,$$

so erhalten wir für $z \neq y_0$

$$\varphi(y_0) + \varphi(z) = h(y_0) + \varrho(z) \geqq \|y_0 - z\| - \varrho(z) + \varrho(z) = \|y_0 - z\| .$$

Außerdem gilt für irgend zwei von y_0 verschiedene Elemente aus $\mathbf{Y}$ wegen (11) die Ungleichung

$$\varphi(z_1) + \varphi(z_2) = \varrho(z_1) + \varrho(z_2) \geqq \|z_1 - z_2\| .$$

Also genügt das Funktional φ der Bedingung (10). Da außerdem $\varphi(z) \leqq \varrho(z) \leqq r_0(z)$ für alle $z \in \mathbf{Y}$ gilt, muß φ zu $\mathfrak{R}$ gehören und deshalb wegen der Minimalität des Funktionals ϱ der Zusammenhang $\varphi = \varrho$, also insbesondere $h(y_0) = \varphi(y_0) = \varrho(y_0)$, bestehen. Da y_0 willkürlich aus $\mathbf{Y}$ gewählt war, gilt also für alle $y \in \mathbf{Y}$ die erhaltene Beziehung $h(y) = \varphi(y) = \varrho(y)$. Aus (12) folgt somit $h(y) > 0$ und daraus wegen (15)

$$\varrho(y) = \sup_{y' \in \mathbf{Y}} (\|y - y'\| - \varrho(y')) . \tag{16}$$

Sind y_1 und y_2 beliebige Elemente aus $\mathbf{Y}$, so erhalten wir

$$\varrho(y_1) + \varrho(y') \geqq \|y_1 - y'\| \geqq \|y_2 - y'\| - \|y_1 - y_2\|$$

und deshalb

$$\varrho(y_1) + \|y_1 - y_2\| \geqq \|y_2 - y'\| - \varrho(y')$$

für beliebiges $y' \in \mathbf{Y}$. Daraus folgt aber

$$\varrho(y_1) + \|y_1 - y_2\| \geqq \sup_{y' \in \mathbf{Y}} (\|y_2 - y'\| - \varrho(y')) = \varrho(y_2) ,$$

also

$$\varrho(y_2) - \varrho(y_1) \leqq \|y_1 - y_2\| .$$

Durch Vertauschung von y_1 und y_2 finden wir auch die Ungleichung

$$\varrho(y_1) - \varrho(y_2) \leqq \|y_1 - y_2\| ,$$

die zusammen mit der vorhergehenden die Beziehung (13) ergibt.

Für $z = \lambda\, y_1 + \mu\, y_2$ $(\lambda + \mu = 1,\ \lambda \geqq 0,\ \mu \geqq 0)$ folgt unter Benutzung von (11)

$$\|y' - z\| = \|\lambda\,(y' - y_1) + \mu\,(y' - y_2)\| \leqq \lambda\,\|y' - y_1\| + \mu\,\|y' - y_2\|$$
$$\leqq \varrho(y') + \lambda\,\varrho(y_1) + \mu\,\varrho(y_2),$$

d. h.

$$\|z - y'\| - \varrho(y') \leqq \lambda\,\varrho(y_1) + \mu\,\varrho(y_2) .$$

Bilden wir in dieser Ungleichung das Supremum bezüglich aller $y' \in \mathbf{Y}$, so erhalten wir wegen (16)

$$\varrho(z) \leqq \lambda\,\varrho(y_1) + \mu\,\varrho(y_2) .$$

Damit ist auch die Beziehung (14) bewiesen.

Es sei jetzt $\mathbf{X}$ die Menge aller Paare (α, y), wobei α eine reelle Zahl und y ein Element aus $\mathbf{Y}$ bezeichnet. Wir linearisieren die Menge $\mathbf{X}$, indem wir

$$(\alpha_1, y_1) + (\alpha_2, y_2) = (\alpha_1 + \alpha_2,\ y_1 + y_2)$$

und

$$\lambda(\alpha, y) = (\lambda\,\alpha,\ \lambda\,y)$$

setzen. Man sieht unschwer, daß $\mathbf{X}$ bezüglich dieser algebraischen Operationen eine lineare Menge bildet. Die Rolle des Nullelementes spielt dabei das Paar $(0, \mathbf{O})$.

$\mathbf{X}_0$ sei die Menge aller Paare $(0, y)$ $(y \in \mathbf{Y})$. Da

$$\lambda_1(0, y_1) + \lambda_2(0, y_2) = (0,\ \lambda_1\,y_1 + \lambda_2\,y_2)$$

gilt, können wir das Element $(0, y) \in \mathbf{X}_0$ mit dem Element $y \in \mathbf{Y}$ identifizieren, d. h., wir können annehmen, daß $\mathbf{Y}$ eine Teilmenge von $\mathbf{X}$ ist. Mit $x_0 = (1, \mathbf{O})$ läßt sich ein beliebiges Element $x = (\alpha, y) \in \mathbf{X}$ in der Form

$$x = \alpha\,x_0 + y \tag{17}$$

darstellen.

Wir zeigen, daß $\mathbf{X}$ ein normierter Raum wird, wenn wir für $x = (\alpha, y)$ die Norm durch die Gleichung

$$\|x\| = \begin{cases} \|y\| & \text{für } \alpha = 0 , \\ |\alpha|\,\varrho\left(-\dfrac{y}{\alpha}\right) & \text{für } \alpha \neq 0 \end{cases} \tag{18}$$

definieren. Axiom 1 des normierten Raumes ist eine Folgerung von (12). Auch die Homogenität der Norm (Axiom 2) folgt leicht aus der Definition (18), so daß wir nur noch die Dreiecksungleichung zu beweisen haben.

Es sei $x_1 = (\alpha_1, y_1)$, $x_2 = (\alpha_2, y_2)$. Wir unterscheiden verschiedene Fälle.

I. $\alpha_1 = \alpha_2 = 0$. Dann gilt die Dreiecksungleichung für x_1 und x_2, da sie für die entsprechenden Elemente y_1 und y_2 in Y gilt.

II. $\alpha_1 = 0$, $\alpha_2 \neq 0$. Aus (13) folgt

$$\varrho\left(-\frac{y_1+y_2}{\alpha_2}\right) - \varrho\left(-\frac{y_2}{\alpha_2}\right) \leqq \left\| -\frac{y_1+y_2}{\alpha_2} + \frac{y_2}{\alpha_2} \right\| = \frac{1}{|\alpha_2|} \|y_1\|$$

und hieraus

$$|\alpha_2|\, \varrho\left(-\frac{y_1+y_2}{\alpha_2}\right) \leqq \|y_1\| + |\alpha_2|\, \varrho\left(-\frac{y_2}{\alpha_2}\right).$$

Wegen (18) ist diese Beziehung gleichbedeutend mit $\|x_1 + x_2\| \leqq \|x_1\| + \|x_2\|$.

III. $\alpha_1 \alpha_2 > 0$. Es sei z. B. $\alpha_1, \alpha_2 > 0$. Dann gilt wegen (14)

$$\varrho\left(\frac{\alpha_1}{\alpha_1+\alpha_2}\left(-\frac{y_1}{\alpha_1}\right) + \frac{\alpha_2}{\alpha_1+\alpha_2}\left(-\frac{y_2}{\alpha_2}\right)\right) \leqq \frac{\alpha_1}{\alpha_1+\alpha_2}\, \varrho\left(-\frac{y_1}{\alpha_1}\right) + \frac{\alpha_2}{\alpha_1+\alpha_2}\, \varrho\left(-\frac{y_2}{\alpha_2}\right)$$

Hieraus folgt

$$(\alpha_1+\alpha_2)\, \varrho\left(-\frac{y_1+y_2}{\alpha_1+\alpha_2}\right) \leqq \alpha_1\, \varrho\left(-\frac{y_1}{\alpha_1}\right) + \alpha_2\, \varrho\left(-\frac{y_2}{\alpha_2}\right)$$

und damit schließlich $\|x_1 + x_2\| \leqq \|x_1\| + \|x_2\|$.

IV. $\alpha_1 \alpha_2 < 0$, $\alpha_1 + \alpha_2 \neq 0$. Wir nehmen an, daß $|\alpha_1| > |\alpha_2| > 0$ gilt. Dann erhalten wir mit Hilfe von (13)

$$|\alpha_1+\alpha_2| \left[\varrho\left(-\frac{y_1+y_2}{\alpha_1+\alpha_2}\right) - \varrho\left(-\frac{y_1}{\alpha_1}\right)\right] \leqq |\alpha_1+\alpha_2| \left\| \frac{\alpha_1 y_2 - \alpha_2 y_1}{\alpha_1(\alpha_1+\alpha_2)} \right\| = \left\| \frac{\alpha_1 y_2 - \alpha_2 y_1}{\alpha_1} \right\|. \quad (19)$$

Andererseits folgt aus (11)

$$|\alpha_2| \left[\varrho\left(-\frac{y_1}{\alpha_1}\right) + \varrho\left(-\frac{y_2}{\alpha_2}\right)\right] \geqq \left\| \frac{\alpha_1 y_2 - \alpha_2 y_1}{\alpha_1} \right\|.$$

Indem wir damit die rechte Seite von (19) weiter nach oben abschätzen, ergibt sich

$$|\alpha_1+\alpha_2| \left[\varrho\left(-\frac{y_1+y_2}{\alpha_1+\alpha_2}\right) - \varrho\left(-\frac{y_1}{\alpha_1}\right)\right] \leqq |\alpha_2| \left[\varrho\left(-\frac{y_1}{\alpha_1}\right) + \varrho\left(-\frac{y_2}{\alpha_2}\right)\right]$$

und hieraus

$$|\alpha_1+\alpha_2|\, \varrho\left(-\frac{y_1+y_2}{\alpha_1+\alpha_2}\right) \leqq |\alpha_1|\, \varrho\left(-\frac{y_1}{\alpha_1}\right) + |\alpha_2|\, \varrho\left(-\frac{y_2}{\alpha_2}\right),$$

was wieder die Gültigkeit der Dreiecksungleichung $\|x_1 + x_2\| \leqq \|x_1\| + \|x_2\|$ bedeutet.

V. $\alpha_1 = -\alpha_2 \neq 0$. Es sei $\alpha_1 = \alpha > 0$. Dann folgt aus (11)

$$\alpha \left[\varrho\left(-\frac{y_1}{\alpha}\right) + \varrho\left(+\frac{y_2}{\alpha}\right)\right] \geqq \alpha \left\| \frac{y_1+y_2}{\alpha} \right\| = \|y_1 + y_2\|,$$

womit wegen

$$\|x_1 + x_2\| = \|y_1 + y_2\|, \quad \|x_1\| = \alpha\, \varrho\left(-\frac{y_1}{\alpha}\right), \quad \|x_2\| = -\alpha\, \varrho\left(\frac{y_2}{\alpha}\right)$$

die Dreiecksungleichung auch in diesem Falle bewiesen ist.

Wir betrachten jetzt die durch die Gleichung

$$U_0(x) = y \qquad (x = (0, y))$$

definierte Abbildung U_0 von $\mathbf{X}_0 = \mathbf{Y} \subset \mathbf{X}$ in den Raum $\mathbf{Y}$. Offensichtlich gilt $\|U_0\| = 1$.

Angenommen, es gäbe eine auf ganz $\mathbf{X}$ definierte Erweiterung $U \supset U_0$ mit $\|U\| = \|U_0\| = 1$. Wir setzen $y_0 = U(x_0)$. Für jedes $x \in \mathbf{X}$ gehört das Element $U(x)$ zu $\mathbf{Y}$. Deshalb gilt $U(U(x)) = U(x)$ und folglich

$$\|U(x) - y_0\| = \|U(U(x) - x_0)\| \leqq \|U(x) - x_0\| . \tag{20}$$

Durchläuft x den Raum $\mathbf{X}$, dann durchläuft $U(x)$ den ganzen Raum $\mathbf{Y}$. Die Beziehung (20) kann also in der Form

$$\|y - y_0\| \leqq \|y - x_0\| \qquad (y \in \mathbf{Y})$$

geschrieben werden. Aus (17) und (18) folgt

$$\|y - x_0\| = \|x_0 - y\| = \|(1, -y)\| = 1 \cdot \varrho\left(-\frac{-y}{1}\right) = \varrho(y) ,$$

d. h., es gilt

$$\|y - y_0\| \leqq \varrho(y) .$$

Diese Ungleichung muß für jedes $y \in \mathbf{Y}$ erfüllt sein, also muß wegen $\varrho(y) \leqq r_0(y)$ erst recht für jedes $y \in \mathbf{Y}$ die Ungleichung (9) gelten. Wir hatten aber oben gesehen, daß das nicht möglich ist.

Die Annahme, daß der Operator U_0 unter Erhaltung seiner Norm fortsetzbar sei, führte also zu einem Widerspruch.

Damit ist der Satz vollständig bewiesen.

An das Problem der Fortsetzbarkeit eines linearen Operators kann man auch in etwas anderer Weise herangehen und dadurch folgendes Resultat erhalten: Es sei $\mathbf{X}$ ein gegebener normierter Raum, $\mathbf{X}_0$ ein beliebiger Teilraum von $\mathbf{X}$ und $\mathbf{Y}$ ein beliebiger B-Raum. Weiterhin sei U_0 ein linearer Operator, der $\mathbf{X}_0$ in $\mathbf{Y}$ abbildet. Für die Existenz einer auf ganz $\mathbf{X}$ definierten linearen Fortsetzung $U \supset U_0$ mit Werten in $\mathbf{Y}$ und $\|U\| = \|U_0\|$ ist notwendig und hinreichend, daß $\mathbf{X}$ ein unitärer Raum ist (siehe II.7.1). Dieses Ergebnis wurde in [115a] bewiesen.

§ 2. Sätze über die Erweiterung von Funktionalen und ihre Anwendung

2.1. Da ein Funktional ein spezieller Operator ist, lassen sich die Sätze des vorhergehenden Paragraphen unmittelbar auch auf Funktionale anwenden. Hierbei ist die Voraussetzung der Vollständigkeit des Raumes $\mathbf{Y}$ in Satz 2 (1.IV) erfüllt, denn die Rolle des Bildraumes $\mathbf{Y}$ übernimmt im Falle eines (reellen bzw. komplexen) Funktionals der Raum der (reellen bzw. komplexen) Zahlen. In Abschnitt IV.1.3 wurde weiter bewiesen, daß die Zahlengerade ein Raum vom Typ $\mathfrak{M}$ ist. Deshalb läßt sich auf reelle Funktionale auch der Satz 3 (1.IV) anwenden, d. h., es gilt der folgende wichtige Satz über die Fortsetzbarkeit eines linearen Funktionals.

Satz 1 (2.IV) (Hahn-Banach). *$\mathbf{X}$ sei ein reeller normierter Raum und f_0 ein auf einem Teilraum $\mathbf{X}_0 \subset \mathbf{X}$ gegebenes lineares reelles Funktional. Dann existiert ein auf ganz $\mathbf{X}$ definiertes lineares reelles Funktional f mit der Eigenschaft, daß $f(x) = f_0(x)$ $(x \in \mathbf{X}_0)$ und $\|f\| = \|f_0\|$ gilt.*

2.2. Der Satz 1 läßt einige wichtige Folgerungen zu. Bevor wir jedoch die entsprechenden Resultate formulieren, vereinbaren wir, falls nicht ausdrücklich etwas anderes gesagt ist, im folgenden unter $\mathbf{X}$ immer einen normierten Raum und unter einem Funktional (oder allgemeiner unter einem Operator) immer ein auf ganz $\mathbf{X}$ definiertes lineares Funktional (bzw. einen auf ganz $\mathbf{X}$ definierten linearen Operator) zu verstehen. Außerdem soll $\mathbf{X}$ bis einschließlich Satz 5 (2.IV) und Bemerkung einen reellen Raum bezeichnen.

Eine sehr wichtige Folgerung des Satzes über die Fortsetzbarkeit eines linearen Funktionals ist der *Satz über die ausreichende Anzahl von Funktionalen*, der nämlich besagt, daß es zu jedem vom Nullelement verschiedenen Element des Raumes ein Funktional gibt, dessen Wert auf diesem Element von Null verschieden ist.

Satz 2 (2.IV). *Zu jedem Element $x_0 \in \mathbf{X}$ mit $x_0 \neq 0$ existiert ein Funktional f mit der Eigenschaft, daß*

$$\|f\| = 1 \qquad und \qquad f(x_0) = \|x_0\|$$

gilt, d. h. also, für das Element x_0 steht in der Ungleichung $|f(x)| \leqq \|f\| \, \|x\|$ das Gleichheitszeichen.

Beweis. Mit $\mathbf{X}_0$ bezeichnen wir die Menge aller Elemente der Form λx_0 (λ beliebig reell). Dann ist $\mathbf{X}_0$ ein Teilraum von $\mathbf{X}$, wir definieren auf $\mathbf{X}_0$ ein Funktional f_0 durch die Gleichung

$$f_0(x) = \lambda \|x_0\| \qquad (x = \lambda x_0 \in \mathbf{X}_0) .$$

Offensichtlich ist f_0 ein lineares Funktional. Außerdem gilt

$$|f_0(x)| = |\lambda| \, \|x_0\| = \|\lambda x_0\| = \|x\| , \quad \text{d. h.} \quad \|f_0\| = 1 .$$

Durch Erweiterung von f_0 auf ganz $\mathbf{X}$ gemäß Satz 1 erhalten wir das gesuchte Funktional.

Bemerkung. Manchmal ist es günstiger, den vorangehenden Satz folgendermaßen zu formulieren: Unter den Voraussetzungen von Satz 2 gibt es ein Funktional $\bar{f}$ mit

$$\|\bar{f}\| = \frac{1}{\|x_0\|} , \qquad \bar{f}(x_0) = 1 .$$

Um dies zu sehen, brauchen wir nur

$$\bar{f}(x) = \frac{1}{\|x_0\|} f(x)$$

zu setzen, wobei f das in Satz 2 konstruierte Funktional bedeutet.

Der Satz über die ausreichende Anzahl von Funktionalen läßt sich auch geometrisch interpretieren.

Unter einer *Ebene* (oder *Hyperebene*) im Raum $\mathbf{X}$ verstehen wir die Menge L derjenigen Punkte x, die für ein Funktional f und eine reelle Konstante c der Gleichung $f(x) = c$ genügen. Gilt für alle Punkte einer Menge E die Beziehung $f(x) \leqq c$ (oder $f(x) \geqq c$), so sagen wir, E liegt auf einer Seite der Ebene L. Die

Ebene L heißt *Stützebene* der Menge E im Punkt $x_0 \in E$, falls E auf einer Seite von L liegt und $x_0 \in L$ gilt.

Aus dem Satz über die ausreichende Anzahl von Funktionalen folgt, daß es zu einer beliebigen abgeschlossenen Kugel $K(\|x\| \leqq r)$ und einem beliebigen Punkt x_0 auf deren Oberfläche ($\|x_0\| = r$) eine Stützebene an K im Punkte x_0 gibt. Diese ist durch die Gleichung $f(x) = r$ definiert, falls f wieder das in Satz 2 konstruierte Funktional bezeichnet. Aus $x \in K$ folgt nämlich $f(x) \leqq \|f\| \|x\| \leqq r$ und $f(x_0) = \|x_0\| = r$.

Es sei ohne Beweis vermerkt, daß sich auch umgekehrt aus diesem geometrischen Sachverhalt der Satz über die ausreichende Anzahl von Funktionalen herleiten läßt.

Wir führen noch einige Folgerungen des Satzes 2 an.

Folgerung 1. *Gilt $f(x) = 0$ für jedes Funktional f, dann ist $x = \mathbf{0}$.*

Folgerung 2. *Gilt die Gleichung*

$$f(x_1) = f(x_2)$$

für jedes Funktional f, dann ist $x_1 = x_2$.

Folgerung 3. *Gilt für jedes Funktional f mit $\|f\| = 1$ die Ungleichung*

$$|f(x_0)| \leqq C$$

mit einer von f unabhängigen Konstanten C, dann ist $\|x_0\| \leqq C$.

Aus $\|x_0\| > C$ folgte nämlich die Existenz eines Funktionals f mit $\|f\| = 1$ und $f(x_0) = \|x_0\| > C$.

2.3. Eine Verallgemeinerung von Satz 2 bildet der

Satz 3 (2.IV). *Ist Ω eine in $\mathbf{X}$ enthaltene lineare Menge und $x_0 \in \mathbf{X}$ ein Element mit dem Abstand $d > 0$ von Ω $(\varrho(x_0, \Omega) = d)$, dann gibt es ein Funktional f mit*

$$f(x) = 0 \quad (x \in \Omega), \quad \|f\| = 1, \quad f(x_0) = d .$$

Beweis. Mit $\mathbf{X}_0$ bezeichnen wir diejenige Elementarerweiterung der Menge Ω, die aus ihr durch Hinzufügung des Elementes x_0 entsteht. Dann ist wegen $x_0 \notin \Omega$ die Darstellung eines Elementes $x \in \mathbf{X}_0$ in der Form

$$x = \lambda x_0 + x' \qquad (x' \in \Omega)$$

eindeutig. Wir setzen für $x \in \mathbf{X}_0$

$$f_0(x) = \lambda d .$$

Das Funktional f_0 ist additiv. Weiterhin gilt $f_0(x_0) = d$, $f_0(x) = 0$ für $x \in \Omega$ und

$$\|x\| = \|\lambda x_0 + x'\| = |\lambda| \left\| x_0 + \frac{x'}{\lambda} \right\| \geqq |\lambda| \varrho(x_0, \Omega) = |\lambda| d = |f_0(x)| ,$$

d. h., das Funktional f_0 ist auch beschränkt: $\|f_0\| \leqq 1$. Wählen wir $x' \in \Omega$ derart, daß $\|x_0 - x'\| < d + \varepsilon$ ausfällt, dann folgt

$$d = f_0(x_0) = f_0(x_0 - x') \leqq \|f_0\| \|x_0 - x'\| < \|f_0\| (d + \varepsilon) ,$$

also

$$\|f_0\| \geqq \frac{d}{d+\varepsilon}.$$

Da ε beliebig gewählt war, erhalten wir hieraus zusammen mit der obigen Ungleichung $\|f_0\| = 1$.

Durch Anwendung des Satzes von HAHN-BANACH auf das Funktional f_0 folgt die Existenz eines Funktionals f mit den gewünschten Eigenschaften.

Bemerkung 1. Wie schon bei Satz 2 ist es manchmal günstig, auch den letzten Satz etwas anders zu formulieren, indem man an Stelle von f das Funktional $\tilde{f}$:

$$\tilde{f}(x) = \frac{1}{d} f(x) \qquad (x \in \mathbf{X})$$

betrachtet. $\tilde{f}$ hat dann die Eigenschaften

$$\tilde{f}(x) = 0 \quad (x \in \Omega), \quad \|\tilde{f}\| = \frac{1}{d}, \quad \tilde{f}(x_0) = 1 .$$

Bemerkung 2. Wir wiesen schon darauf hin, daß der Satz über die ausreichende Anzahl von Funktionalen ein Spezialfall von Satz 3 ist. Man braucht darin nur $\Omega = \{0\}$ zu setzen. Dann gilt $\varrho(x_0, \Omega) = \|x_0\|$.

2.4. Aus dem letzten Satz folgt noch der

Satz 4 (2.IV). *E sei eine beliebige Teilmenge von $\mathbf{X}$. Dafür, daß ein Element $x_0 \in \mathbf{X}$ zur linearen Abschließung der Menge E gehört, ist notwendig und hinreichend, daß die Gleichung*

$$f(x_0) = 0 \tag{1}$$

für jedes auf der Menge E verschwindende Funktional f erfüllt ist.

Beweis. Notwendig. Es sei $x_0 \in \overline{\mathscr{L}(E)}$, d. h., x_0 ist als Grenzwert einer Folge von Linearkombinationen von Elementen aus E darstellbar:

$$x_0 = \lim_{n\to\infty} \sum_{k=1}^{n} \lambda_k^{(n)} x_k^{(n)} \qquad (x_k^{(n)} \in E) .$$

Verschwindet das Funktional f auf der Menge E, dann folgt aus seiner Additivität und Homogenität $f\left(\sum_{k=1}^{n} \lambda_k^{(n)} x_k^{(n)}\right) = \sum_{k=1}^{n} \lambda_k^{(n)} f(x_k^{(n)}) = 0$ und daraus $f(x_0) = 0$ wegen der Stetigkeit des Funktionals f.

Hinreichend. Gehört x_0 nicht zu $\overline{\mathscr{L}(E)}$, dann gibt es nach Satz 3 ein Funktional f, das auf $\overline{\mathscr{L}(E)}$ verschwindet und für das gleichzeitig

$$f(x_0) = d = \varrho\left(x_0, \overline{\mathscr{L}(E)}\right) > 0$$

gilt. Das widerspricht aber der Voraussetzung des Satzes.

Aus Satz 4 folgt, daß eine Menge E genau dann total in $\mathbf{X}$ ist (d. h., es gilt $\overline{\mathscr{L}(E)} = \mathbf{X}$), wenn jedes auf E verschwindende Funktional identisch gleich Null ist.

Eine Menge mit der letzteren Eigenschaft heißt *fundamental*. Wir können die vorangehende Aussage also auch so formulieren: Eine Menge E ist genau dann total, wenn sie fundamental ist.

2.5. Auch der folgende Satz ist eine Anwendung von Satz 3. Wir sagen, ein System von Elementen $\{x_\alpha\}$ $(\alpha \in A)$ läßt sich *biorthogonalisieren*, falls ein System von Funktionalen $\{f_\alpha\}$ $(\alpha \in A)$ existiert, so daß

$$f_{\alpha'}(x_\alpha) = \begin{cases} 0 & \alpha' \neq \alpha\,, \\ 1 & \alpha' = \alpha \end{cases}$$

gilt. Das System $\{f_\alpha\}$ heißt dann *biorthogonal* zum System $\{x_\alpha\}$.

Satz 5 (2.IV). *Für die Biorthogonalisierbarkeit eines Systems $\{x_\alpha\}$ $(\alpha \in A)$ ist notwendig und hinreichend, daß es minimal ist, d. h., daß keines der Elemente x_α zur linearen Abschließung der Menge der übrigen Elemente gehört.*

Beweis. Notwendig. Das System $\{x_\alpha\}$ lasse sich biorthogonalisieren. Gäbe es einen Index α_0 mit

$$x_{\alpha_0} = \lim_{n\to\infty} \sum_{k=1}^{n} \lambda_k^{(n)} x_{\alpha_k} \qquad (\alpha_k \neq \alpha_0)\,,$$

dann würde

$$f_{\alpha_0}(x_{\alpha_0}) = \lim_{n\to\infty} \sum_{k=1}^{n} \lambda_k^{(n)} f_{\alpha_0}(x_{\alpha_k}) = 0$$

folgen. Das widerspricht aber der Beziehung $f_{\alpha_0}(x_{\alpha_0}) = 1$.

Hinreichend. $\{x_\alpha\}$ sei jetzt ein minimales System. Mit $\mathbf{X}_{\alpha'}$ bezeichnen wir die lineare Abschließung der Menge $\{x_\alpha\}$ $(\alpha \neq \alpha')$. Da $x_{\alpha'}$ nicht zu $\mathbf{X}_{\alpha'}$ gehört und $\mathbf{X}_{\alpha'}$ eine abgeschlossene lineare Menge ist, gibt es nach Bemerkung 1 zu Satz 3 ein Funktional $f_{\alpha'}$, das auf $\mathbf{X}_{\alpha'}$ verschwindet (d. h., es ist $f_{\alpha'}(x_\alpha) = 0$ für $\alpha \neq \alpha'$) und für das $f_{\alpha'}(x_{\alpha'}) = 1$ gilt. Die Menge der Funktionale $\{f_{\alpha'}\}$ ist also biorthogonal zum System $\{x_\alpha\}$.

Bemerkung. Jedes endliche System $x_1, x_2, \ldots, x_n$ linear unabhängiger Elemente ist minimal. Wegen der linearen Unabhängigkeit gilt nämlich $x_j \notin \mathscr{L}(\{x_k\})$ $(k \neq j)$, und da eine endlichdimensionale lineare Menge abgeschlossen ist, gehört x_j auch nicht zu $\mathscr{L}(\{x_k\})$ $(k \neq j)$.

Zu jedem endlichen System linear unabhängiger Elemente existiert also ein dazu biorthogonales System von Funktionalen.

Der Satz über die Fortsetzbarkeit eines linearen Funktionals wurde von Hahn [102] bewiesen. Im wesentlichen ist er aber schon in einer Arbeit von Banach [60b] enthalten. Folgerungen aus dem Satz über die Fortsetzbarkeit eines linearen Funktionals findet man in der Monographie Banach [4a], den Satz über Biorthogonalisierung im Raum $\mathbf{L}^2$ in [141].

2.6. Der Satz 1 (über die Fortsetzbarkeit eines Funktionals) läßt sich nicht unmittelbar auf den Fall eines komplexen Raumes übertragen. Denn wie in Abschnitt IV.1.3 gezeigt wurde, genügt der Raum der komplexen Zahlen nicht der Voraussetzung von Satz 3 (1.IV) (d. h., er ist kein Raum vom Typ $\mathfrak{M}$). Infolgedessen gilt für komplexwertige Funktionale auf einem reellen Raum kein dem Satz von HAHN-BANACH entsprechender Satz. Legt man aber bei der Betrachtung komplexwertiger Funktionale auch einen komplexen Raum zugrunde, dann ist die vollständige Übertragung dieses Satzes möglich.

Satz 6 (2.IV).[1]) *Es sei* $\mathbf{Z}$ *ein komplexer normierter Raum und* f_0 *ein auf* $\mathbf{Z}_0 \subset \mathbf{Z}$ *definiertes komplexwertiges lineares Funktional. Dann gibt es ein lineares Funktional* $f \supset f_0$, *das auf ganz* $\mathbf{Z}$ *definiert ist und die Eigenschaft* $||f|| = ||f_0||$ *besitzt.*

Beweis. Jede komplexe lineare Menge kann man auch als reelle lineare Menge betrachten, da für ihre Elemente die Multiplikation mit komplexen Zahlen, also erst recht auch die mit reellen Zahlen definiert ist. Die Axiome der linearen Menge sind dabei selbstverständlich erfüllt. Ebenso kann man einen komplexen normierten Raum auch als reellen normierten Raum ansehen.

Wir betrachten das auf der Menge $\mathbf{Z}_0$ durch die Gleichung

$$\varphi_0(z) = \operatorname{Re} f_0(z) \quad (z \in \mathbf{Z}_0)$$

definierte Funktional.

φ_0 ist ein lineares (reelles) Funktional. Für $z_1, z_2, z \in \mathbf{Z}_0$ gilt nämlich

$$\begin{aligned}\varphi_0(z_1 + z_2) &= \operatorname{Re} f_0(z_1 + z_2) = \operatorname{Re} [f_0(z_1) + f_0(z_2)] \\ &= \operatorname{Re} f_0(z_1) + \operatorname{Re} f_0(z_2) = \varphi_0(z_1) + \varphi_0(z_2)\end{aligned}$$

und

$$|\varphi_0(z)| = |\operatorname{Re} f_0(z)| \leqq |f_0(z)| \leqq ||f_0||\, ||z|| .$$

Hieraus folgt

$$||\varphi_0|| \leqq ||f_0|| . \tag{2}$$

Betrachten wir $\mathbf{Z}_0$ als reelle lineare Teilmenge des reellen normierten Raumes $\mathbf{Z}$, dann läßt sich nach dem Satz von HAHN-BANACH das Funktional φ_0 unter Erhaltung seiner Norm auf den ganzen Raum $\mathbf{Z}$ fortsetzen. Wir bezeichnen eine solche Fortsetzung mit φ und setzen für $z \in \mathbf{Z}$

$$f(z) = \varphi(z) - i\, \varphi(i\, z) . \tag{3}$$

Das Funktional f erweist sich als das gesuchte Funktional.

Zunächst ist nämlich — wie leicht zu überprüfen — f additiv im Sinne der Bemerkung von III.1.1. Da weiter

$$|f(z)| \leqq |\varphi(z)| + |\varphi(i\, z)| \leqq ||\varphi||\, [||z|| + ||i\, z||] = 2\, ||f_0||\, ||z||$$

gilt, ist f ein lineares Funktional.

Wir berechnen die Norm von f. Zu diesem Zweck habe für beliebig gewähltes $\varepsilon > 0$ das Element $z_0 \in \mathbf{Z}$ die Eigenschaften $||z_0|| = 1$ und

$$||f|| < |f(z_0)| + \varepsilon . \tag{4}$$

[1]) Siehe [187] und [68].

Unter der Voraussetzung $\|f\| \neq 0$ können wir annehmen, daß $f(z_0) \neq 0$ gilt. Wir setzen $\Theta = \operatorname{sgn} f(z_0)$[1] und $z_1 = \bar{\Theta} z_0$. Dann gilt $\|z_1\| = 1$, und

$$f(z_1) = f(\bar{\Theta} z_0) = \bar{\Theta} f(z_0) = \frac{\overline{f(z_0)}}{|f(z_0)|} \cdot f(z_0) = |f(z_0)| \tag{5}$$

ist reell.

Wegen

$$\varphi(z) = \operatorname{Re} f(z)$$

erhalten wir also $\varphi(z_1) = f(z_1)$. Es gilt aber auch $\varphi(z_1) \leqq \|\varphi\| \, \|z_1\| = \|\varphi\|$. Zusammen mit (4) und (5) folgt hieraus $\|f\| \leqq \|\varphi\| + \varepsilon$. Da ε beliebig ist, gilt wegen (2) schließlich

$$\|f\| = \|f_0\| ,$$

wenn wir noch zeigen, daß f eine Erweiterung von f_0 darstellt. Dazu genügt es offenbar zu zeigen, daß zwischen f_0 und φ_0 dieselbe Beziehung wie zwischen f und φ besteht.

Mit $f_0(z) = \sigma + i\tau$ folgt $f_0(iz) = i f_0(z) = -\tau + \sigma i$, d. h., es gilt $-\tau = \operatorname{Re} f_0(iz) = \varphi_0(iz)$, wegen $\sigma = \operatorname{Re} f_0(z) = \varphi_0(z)$ erhalten wir also

$$f_0(z) = \varphi_0(z) - i\,\varphi_0(iz) .$$

Bemerkung. Unter Benutzung dieses Satzes lassen sich alle obigen Aussagen für reelle Räume auch auf den komplexen Fall übertragen.

Insbesondere folgt durch Anwendung von Satz 5 (über die Biorthogonalisierung) unter Berücksichtigung der allgemeinen Form eines linearen Funktionals im Hilbert-Raum (siehe III.3.2):

Zu einer Folge $\{x_n\}$ von Elementen eines Hilbert-Raumes **H** existiert genau dann eine (dazu biorthogonale) Folge $\{y_n\}$ mit

$$(x_m, y_n) = \begin{cases} 0, & m \neq n, \\ 1, & m = n, \end{cases}$$

wenn die Folge $\{x_n\}$ minimal ist.

2.7. Wir beweisen noch ein Analogon des Satzes von Hahn-Banach für beliebige lineare Mengen (siehe Banach [4a]).

Ein auf einer linearen Menge **X** definiertes reelles (i. a. nicht additives) Funktional p heißt *halbadditiv*, wenn für jedes Paar von Elementen $x_1, x_2 \in \mathbf{X}$

$$p(x_1 + x_2) \leqq p(x_1) + p(x_2)$$

gilt. Das Funktional p heißt *positiv-homogen*, wenn für $\lambda \geqq 0$ und alle $x \in \mathbf{X}$ die Gleichung

$$p(\lambda x) = \lambda\, p(x)$$

besteht.

---

[1]) Über die Definition von sgn $f(z_0)$ s. III.2.1.

Satz 7 (2.IV). *Es sei p ein auf einer reellen linearen Menge $\mathbf{X}$ erklärtes halbadditives positiv-homogenes Funktional und f_0 ein auf einer linearen Teilmenge $\mathbf{X}_0$ von $\mathbf{X}$ definiertes additives und homogenes reelles Funktional, das dort der Beziehung*

$$f_0(x) \leqq p(x) \tag{6}$$

genügt.

Dann gibt es ein additives und homogenes reelles Funktional f, das auf ganz $\mathbf{X}$ definiert ist, auf $\mathbf{X}_0$ mit f_0 zusammenfällt und im ganzen Raum $\mathbf{X}$ die Ungleichung

$$f(x) \leqq p(x) \tag{7}$$

erfüllt.

Beweis. Die Aussage des Satzes folgt durch Anwendung des Zornschen Lemmas, wenn wir nur gezeigt haben, daß sich ein auf einer linearen Menge $\tilde{\mathbf{X}} \subset \mathbf{X}$ definiertes lineares Funktional auf jede Elementarerweiterung $\mathbf{X}'$ von $\tilde{\mathbf{X}}$ fortsetzen läßt. Wir setzen deshalb voraus, daß $\mathbf{X}$ eine Elementarerweiterung von $\mathbf{X}_0$ ist, d. h., wir nehmen an, daß sich jedes Element $x \in \mathbf{X}$ in der Form

$$x = \lambda x_0 + x' \qquad (x' \in \mathbf{X}_0) \tag{8}$$

darstellen läßt.

Für $x', x'' \in \mathbf{X}_0$ folgt aus (6)

$$f_0(x') + f_0(x'') = f_0(x' + x'') \leqq p\big((x_0 + x') + (-x_0 + x'')\big) \leqq p(x_0 + x') + p(-x_0 + x'')$$

und hieraus

$$f_0(x'') - p(-x_0 + x'') \leqq -f_0(x') + p(x_0 + x').$$

Da x' und x'' beliebig waren, erhalten wir

$$A = \sup_{x'' \in \mathbf{X}_0} [f_0(x'') - p(-x_0 + x'')] \leqq \inf_{x' \in \mathbf{X}_0} [-f_0(x') + p(x_0 + x')] = B.$$

t_0 genüge der Beziehung $A \leqq t_0 \leqq B$. Wir definieren auf $\mathbf{X}$ ein Funktional f durch die Formel

$$f(x) = \lambda t_0 + f_0(x') \qquad (x = \lambda x_0 + x',\ x' \in \mathbf{X}_0).$$

Man bestätigt leicht, daß f ein additives und homogenes Funktional mit $f \supset f_0$ ist. Wir zeigen, daß f außerdem die Beziehung (7) erfüllt. Zu diesem Zweck genügt es anzunehmen, daß in der Darstellung (8) $\lambda \neq 0$ ist, und zwar sei zunächst $\lambda > 0$. Dann folgt

$$f(x) = \lambda t_0 + f_0(x') \leqq \lambda B + f_0(x') \leqq \lambda \left[- f_0\left(\frac{x'}{\lambda}\right) + p\left(x_0 + \frac{x'}{\lambda}\right)\right] + f_0(x')$$

$$= - f_0(x') + p(\lambda x_0 + x') + f_0(x') = p(x).$$

Unter Benutzung der Ungleichung $t_0 \geqq A$ erhält man eine entsprechende Abschätzung im Fall $\lambda < 0$.

Damit ist der Satz bewiesen.

Folgerung. *Genügt das Funktional p den Voraussetzungen des vorangehenden Satzes, dann gibt es ein auf ganz $\mathbf{X}$ definiertes additives und homogenes reelles Funktional f mit der Eigenschaft*

$$f(x) \leqq p(x). \tag{9}$$

Um das zu sehen, brauchen wir nur auf der Menge $\mathbf{X}_0 = \{0\}$ das Funktional f_0 mit $f_0(0) = 0$ zu betrachten und darauf den vorangehenden Satz anzuwenden.

Wir bemerken noch, daß f der Beziehung

$$-p(-x) \leqq f(x) \leqq p(x) \tag{10}$$

genügt.

Aus (9) erhält man nämlich

$$f(x) = -f(-x) \geqq -p(-x).$$

Bemerkung. Auch der Satz von HAHN-BANACH läßt sich mit Hilfe von Satz 7 leicht beweisen. Ist nämlich **X** ein normierter Raum und f_0 ein lineares Funktional, dann setzen wir $p(x) = \|f_0\| \, \|x\|$. p genügt dann offensichtlich den Voraussetzungen von Satz 7, woraus die Existenz eines additiven und homogenen Funktionals f auf **X** folgt, das auf $\mathbf{X}_0$ mit f_0 zusammenfällt. Die Ungleichung (10) nimmt in diesem Fall die Form

$$- \|f_0\| \, \|-x\| \leqq f(x) \leqq \|f_0\| \, \|x\|$$

an. Das Funktional f ist also linear, und es gilt $\|f\| \leqq \|f_0\|$. Hieraus schließen wir wie früher auf die Gleichung $\|f\| = \|f_0\|$.

2.8. Satz 7 findet eine elegante Anwendung in der Maß- und Integrationstheorie.[1])

Wir stellen uns folgende Aufgabe: Es ist jeder beschränkten periodischen Funktion $x(t)$ der Periode 1 eine Zahl $\int_0^1 x(t)\,dt$ — das „Integral" dieser Funktion über dem Intervall $[0, 1]$ — zuzuordnen, so daß die folgenden Bedingungen erfüllt sind:

1. $\int_0^1 [\alpha\, x_1(t) + \beta\, x_2(t)]\,dt = \alpha \int_0^1 x_1(t)\,dt + \beta \int_0^1 x_2(t)\,dt$ $\quad(\alpha, \beta$ — beliebige Zahlen).

2. Aus $x(t) \geqq 0$ $(t \in [0, 1])$ folgt $\int_0^1 x(t) \geqq 0$.

3. Für jede reelle Zahl t_0 gilt $\int_0^1 x(t + t_0)\,dt = \int_0^1 x(t)\,dt$.

4. $\int_0^1 x(1 - t)\,dt = \int_0^1 x(t)\,dt$.

5. Aus $x_0(t) \equiv 1$ folgt $\int_0^1 x_0(t)\,dt = 1$.

Satz 8 (2.IV). *Die gestellte Aufgabe hat mindestens eine Lösung.*

Beweis. Mit **M** bezeichnen wir die Menge aller beschränkten periodischen Funktionen der Periode 1. Offensichtlich ist **M** eine lineare Menge.

Es sei $x \in \mathbf{M}$, und $\alpha_1, \alpha_2, \ldots, \alpha_n$ seien beliebige reelle Zahlen. Wir setzen

$$\pi(x; \alpha_1, \alpha_2, \ldots, \alpha_n) = \sup_{-\infty < t < \infty} \frac{1}{n} \sum_{k=1}^{n} x(t + \alpha_k)$$

und

$$p(x) = \inf \pi(x; \alpha_1, \alpha_2, \ldots, \alpha_n)\,,$$

wobei das Infimum bezüglich aller endlichen Zahlenkomplexe $\alpha_1, \alpha_2, \ldots, \alpha_n$ (beliebiger Anzahl) gebildet werde.

Wir zeigen, daß p den Voraussetzungen von Satz 7 genügt. Offensichtlich ist $p(x)$ positiv-homogen. Also haben wir nur die Halbadditivität von p nachzuweisen.

$\alpha_1, \alpha_2, \ldots, \alpha_m$ und $\beta_1, \beta_2, \ldots, \beta_n$ seien Zahlenkomplexe mit den Eigenschaften

$$\pi(x_1; \alpha_1, \alpha_2, \ldots, \alpha_m) < p(x_1) + \varepsilon \quad \text{und} \quad \pi(x_2; \beta_1, \beta_2, \ldots, \beta_n) < p(x_2) + \varepsilon\,.$$

Wir setzen $\gamma_{j,k} = \alpha_j + \beta_k$. Dann gilt einerseits

$$p(x_1 + x_2) \leqq \pi(x_1 + x_2;\ \gamma_{1,1}, \gamma_{1,2}, \ldots, \gamma_{m,n})\,. \tag{11}$$

---

[1]) Siehe BANACH [4 a]. Ohne Benutzung von Satz 7 wurden die folgenden Aussagen auch in [60 a] bewiesen.

Andererseits folgt aber auch

$$\pi(x_1 + x_2;\ \gamma_{1,1}, \gamma_{1,2}, \ldots, \gamma_{m,n})$$

$$= \frac{1}{m\,n} \sup_{-\infty < t < \infty} \sum_{j,k} [x_1(t + \gamma_{j,k}) + x_2(t + \gamma_{j,k})]$$

$$\leqq \frac{1}{m\,n} \sup_{-\infty < t < \infty} \sum_{j,k} x_1(t + \gamma_{j,k})$$

$$+ \frac{1}{m\,n} \sup_{-\infty < t < \infty} \sum_{j,k} x_2(t + \gamma_{jk}) \leqq \frac{1}{n} \sum_{k=1}^{n} \sup \frac{1}{m} \sum_{j=1}^{m} x_1(t + \beta_k + \alpha_j)$$

$$+ \frac{1}{m} \sum_{j=1}^{m} \sup \frac{1}{n} \sum_{k=1}^{n} x_2(t + \alpha_j + \beta_k) = \pi(x_1;\ \alpha_1, \alpha_2, \ldots, \alpha_m)$$

$$+ \pi(x_2;\ \beta_1, \beta_2, \ldots, \beta_m) < p(x_1) + p(x_2) + 2\,\varepsilon\,.$$

Da ε beliebig gewählt war, erhalten wir hieraus zusammen mit (11)

$$p(x_1 + x_2) \geqq p(x_1) + p(x_2)\,.$$

Es sei f ein nach der Folgerung von Satz 7 existierendes Funktional.

Aus $x(t) \geqq 0$ folgt $p(x) \geqq 0$, $p(-x) \leqq 0$ und daraus wegen (10) die Ungleichung $f(x) \geqq 0$.

Setzen wir weiter $x'(t) = x(t + t_0) - x(t)$ und wählen $\alpha_k = (k - 1)\,t_0$ $(k = 1, 2, \ldots, n + 1)$, dann erhalten wir

$$f(x') \leqq \pi(x';\ \alpha_1, \alpha_2, \ldots, \alpha_{n+1})$$
$$= \frac{1}{n+1} \sup_{-\infty < t < \infty} [x(t + (n + 1)\,t_0) - x(t)] \underset{n\to\infty}{\longrightarrow} 0\,.$$

Folglich gilt $p(x') \leqq 0$. Ebenso folgt $p(-x') \leqq 0$, womit wegen (10) $f(x') = 0$ bewiesen ist.

Für $x_0(t) \equiv 1$ erhalten wir schließlich $p(x_0) = 1$ und $p(-x_0) = -1$. Es gilt also $f(x_0) = 1$.

Um den Beweis des Satzes zu beenden, brauchen wir nur

$$\int_0^1 x(t)\,dt = \frac{1}{2}[f(x) + f(\tilde{x})] \qquad (\tilde{x}(t) = x(1 - t)) \tag{12}$$

zu setzen.

Bemerkung. Man zeigt leicht, daß das oben konstruierte Integral mit dem Riemann-Integral zusammenfällt, falls das letztere existiert. Bezüglich des Lebesgue Integrals ist diese Aussage i. a. nicht richtig. Das Funktional f kann jedoch so gewählt werden, daß das Integral (12) für jede meßbare Funktion mit dem Lebesgue-Integral übereinstimmt.

Mit Hilfe des verallgemeinerten Integrals (12) kann man für Teilmengen des Intervalls $E_0 = [0, 1]$ ein verallgemeinertes Maß konstruieren. Es gilt nämlich der

Satz 9 (2.IV). *Jeder Menge $e \subset E_0 = [0, 1]$ kann man eine Zahl $\mu(e)$ — das „Maß" der Menge e — zuordnen, die folgende Eigenschaften besitzt:*

1. *Aus $e_1 \cap e_2 = \varnothing$ folgt $\mu(e_1 \cup e_2) = \mu(e_1) + \mu(e_2)$.*
2. $\mu(e) \geqq 0$.
3. *Für zwei kongruente Mengen e_1 und e_2 gilt $\mu(e_1) = \mu(e_2)$.*
4. $\mu(E_0) = 1$.

Beweis. Es sei $x_e(t)$ die charakteristische Funktion der Menge $e \subset E_0$. Setzen wir

$$\mu(e) = \int_0^1 x_e(t)\,dt\,,$$

dann folgen die Eigenschaften 1—4 ohne Schwierigkeit aus den Eigenschaften des verallgemeinerten Integrals.

Bemerkung. Ein verallgemeinertes Maß, das den Bedingungen 1—4 genügt, läßt sich auch für alle Teilmengen des Quadrates [0, 1; 0, 1] definieren.

Wir vermerken noch, daß sich dieselbe Aufgabe für den dreidimensionalen Kubus nicht lösen läßt.[1])

2.9. Analog dem verallgemeinerten Integral läßt sich auch für eine beliebige beschränkte Folge ein verallgemeinerter Grenzwert definieren.

Wir betrachten den Raum $\mathbf{m}$ aller beschränkten Folgen. Für $x = (\xi_1, \xi_2, \ldots) \in \mathbf{m}$ setzen wir

$$\pi(x; n_1, n_2, \ldots, n_k) = \overline{\lim_{n \to \infty}} \frac{1}{k} \sum_{j=1}^{k} \xi_{n+n_j}$$

und

$$p(x) = \inf \pi(x; n_1, n_2, \ldots, n_k),$$

wobei das Infimum bezüglich aller endlichen Komplexe natürlicher Zahlen $n_1, n_2, \ldots, n_k$ gebildet werde.

Wie beim Beweis von Satz 8 kann man zeigen, daß p ein positiv-homogenes und halbadditives Funktional ist. Folglich existiert ein additives und homogenes Funktional f, das der Beziehung (10) genügt. Wir setzen

$$\operatorname*{Lim}_{n \to \infty} \xi_n = f(x).$$

Durch dieselben Überlegungen wie im Beweis von Satz 8 läßt sich zeigen, daß dieses Funktional die folgenden Eigenschaften hat:

1. $\operatorname*{Lim}_{n \to \infty} [\alpha \xi_n' + \beta \xi_n''] = \alpha \operatorname*{Lim}_{n \to \infty} \xi_n' + \beta \operatorname*{Lim}_{n \to \infty} \xi_n''.$

2. Aus $\xi_n \geqq 0$ $(n = 1, 2, \ldots)$ folgt $\operatorname*{Lim}_{n \to \infty} \xi_n \geqq 0.$

3. $\operatorname*{Lim}_{n \to \infty} \xi_{n+1} = \operatorname*{Lim}_{n \to \infty} \xi_n.$

4. Aus $\xi_n^{(0)} = 1$ $(n = 1, 2, \ldots)$ folgt $\operatorname*{Lim}_{n \to \infty} \xi_n^{(0)} = 1.$

5. $\underline{\lim}_{n \to \infty} \xi_n \leqq \operatorname*{Lim}_{n \to \infty} \xi_n \leqq \overline{\lim_{n \to \infty}} \xi_n.$

Existiert der Grenzwert $\lim_{n \to \infty} \xi_n$, dann muß nach der letzten Beziehung $\operatorname*{Lim}_{n \to \infty} \xi_n = \lim_{n \to \infty} \xi_n$ gelten. Beachtet man noch die übrigen vier Eigenschaften der Zahl $\operatorname*{Lim}_{n \to \infty} \xi_n$, dann liegt es nahe, diese als *verallgemeinerten* (Banachschen) *Grenzwert* der Folge $\{\xi_n\}$ zu bezeichnen.

---

[1]) Einen Beweis dafür findet man in Natanson [30b], S. 81.

KAPITEL V

RÄUME VON OPERATOREN UND FUNKTIONALEN

§ 1. Der Raum der linearen Operatoren und der duale Raum

1.1. **X** und **Y** seien zwei normierte Räume. Wir betrachten die Menge aller linearen Operatoren, die den Raum **X** in **Y** abbilden. Diese Menge bezeichnen wir mit $[\mathbf{X} \to \mathbf{Y}]$ und definieren in ihr algebraische Operationen.

Für $U_1, U_2 \in [\mathbf{X} \to \mathbf{Y}]$ sei $U = U_1 + U_2$ der durch die Gleichung

$$U(x) = U_1(x) + U_2(x) \qquad (x \in \mathbf{X})$$

definierte Operator von **X** in **Y**.

Offensichtlich ist U additiv. Außerdem gilt

$$||U(x)|| \leqq ||U_1(x)|| + ||U_2(x)|| \leqq (||U_1|| + ||U_2||) \, ||x|| \, .$$

Folglich gehört auch der Operator U zur Menge $[\mathbf{X} \to \mathbf{Y}]$ und seine Norm genügt der Ungleichung

$$||U|| \leqq ||U_1|| + ||U_2|| \, .$$

Weiterhin sei $\tilde{U} = \lambda \, U$ für eine Zahl λ und $U \in [\mathbf{X} \to \mathbf{Y}]$ gleichbedeutend mit

$$\tilde{U}(x) = \lambda \, U(x) \qquad (x \in \mathbf{X}) \, . \tag{1}$$

Man zeigt leicht, daß $\tilde{U} \in [\mathbf{X} \to \mathbf{Y}]$ und

$$||\tilde{U}|| = ||\lambda \, U|| = |\lambda| \, ||U||$$

gilt.

Der Leser überzeuge sich davon, daß bei dieser Definition der algebraischen Operationen in $[\mathbf{X} \to \mathbf{Y}]$ alle Axiome einer linearen Menge erfüllt sind. Die Rolle des Nullelementes übernimmt dabei der Operator $U_0 = 0$, der identisch gleich Null ist:

$$U_0(x) = 0 \qquad (x \in \mathbf{X}) \, .$$

Offensichtlich gilt $||U_0|| = 0$, und aus $||U|| = 0$ folgt stets $U = 0$.

Damit ist gleichzeitig bewiesen, daß die Menge $[\mathbf{X} \to \mathbf{Y}]$ sogar einen normierten Raum bildet. Die Norm eines Elementes $U \in [\mathbf{X} \to \mathbf{Y}]$ ist die in Abschnitt III.1.2 definierte Norm des linearen Operators U:

$$||U|| = \sup_{||x|| = 1} ||U(x)|| \, .$$

Wir zeigen jetzt, daß aus der Vollständigkeit des Bildraumes **Y** die Vollständigkeit des Raumes $[\mathbf{X} \to \mathbf{Y}]$ folgt.

Zu diesem Zweck sei $\{U_n\}$ eine in sich konvergente Folge von Elementen des Raumes $[\mathbf{X} \to \mathbf{Y}]$. Wir wählen ein beliebiges $\varepsilon > 0$. Dann gibt es ein N_ε, so daß für $m, n \geqq N_\varepsilon$ immer

$$||U_m - U_n|| < \varepsilon$$

ausfällt, d. h., für jedes $x \in \mathbf{X}$ gilt

$$||U_m(x) - U_n(x)|| < \varepsilon \, ||x|| \,. \tag{2}$$

Die Folge $\{U_n(x)\}$ von Elementen des Raumes $\mathbf{Y}$ konvergiert also in sich, weshalb wegen der Vollständigkeit des Raumes $\mathbf{Y}$ der Grenzwert

$$U(x) = \lim_{n \to \infty} U_n(x) \qquad (x \in \mathbf{X})$$

existiert. Offensichtlich ist der auf diese Weise definierte Operator U additiv. Führen wir in der Ungleichung (2) den Grenzübergang $m \to \infty$ durch, dann erhalten wir

$$||U(x) - U_n(x)|| = \lim_{m \to \infty} ||U_m(x) - U_n(x)|| \leqq \varepsilon \, ||x|| \qquad (n \geqq N_\varepsilon) \,, \tag{3}$$

d. h., der durch die Gleichung

$$V(x) = U(x) - U_n(x) \qquad (x \in \mathbf{X})$$

definierte Operator V ist ein Element des Raumes $[\mathbf{X} \to \mathbf{Y}]$. Deshalb gilt auch $U = V + U_n \in [\mathbf{X} \to \mathbf{Y}]$, und aus (3) folgt schließlich

$$||U - U_n|| \leqq \varepsilon \qquad (n \geqq N_\varepsilon) \,,$$

was gleichbedeutend ist mit $U_n \to U$ im Raum $[\mathbf{X} \to \mathbf{Y}]$.

Damit ist also folgendes bewiesen:

Satz 1 (1.V). *Die Menge* $[\mathbf{X} \to \mathbf{Y}]$ *aller linearen Operatoren, die einen normierten Raum* $\mathbf{X}$ *in einen B-Raum* $\mathbf{Y}$ *abbilden, erweist sich bezüglich der oben angegebenen algebraischen Operationen und Normdefinition selbst als ein B-Raum.*

1.2. Da der Raum $\mathbf{R}$ der reellen (oder komplexen) Zahlen vollständig ist, bildet die Menge aller auf einem normierten Raum $\mathbf{X}$ definierten linearen Funktionale nach Satz 1 einen B-Raum. Dieser Raum wird mit $\mathbf{X}^*$ bezeichnet und heißt der zu $\mathbf{X}$ *duale* Raum, kurz auch der *Dual* von $\mathbf{X}$. Mit den oben eingeführten Bezeichnungen gilt also $\mathbf{X}^* = [\mathbf{X} \to \mathbf{R}]$.

Bemerkung. Ist der betrachtete Raum $\mathbf{X}$ ein komplexer Raum, dann wird die Multiplikation mit einer komplexen Zahl in $\mathbf{X}^*$ günstiger durch die Formel

$$(\lambda f)(x) = \bar{\lambda} \cdot f(x) \qquad (f \in \mathbf{X}^*, \ x \in \mathbf{X}) \tag{4}$$

definiert. Für Operatoren (die keine Funktionale sind) soll jedoch die Formel (1) auch im komplexen Fall gültig bleiben.

Um die Zweckmäßigkeit dieser Definition zu zeigen, betrachten wir Funktionale im HILBERT-Raum $\mathbf{H}$. Der Satz über die allgemeine Form eines linearen

Funktionals im HILBERT-Raum (III.3.2) veranlaßt uns, ein Funktional $f \in \mathbf{H}^*$ mit seinem erzeugenden Element $y \in \mathbf{H}$ zu identifizieren:

$$f(x) = (x, y) \qquad (x \in \mathbf{H}). \tag{5}$$

Wird dabei f_1 durch das Element y_1 und f_2 durch das Element y_2 bestimmt, dann bestimmt das Element $y_1 + y_2$ offensichtlich das Funktional $f_1 + f_2$. Definiert man λf gemäß Formel (4), dann wird entsprechend das Funktional λf durch das Element λy bestimmt, denn es gilt die Beziehung

$$(\lambda f)(x) = \bar{\lambda} f(x) = \bar{\lambda}(x, y) = (x, \lambda y). \tag{6}$$

Da außerdem $||f|| = ||y||$ gilt, kann man schließlich den Raum $\mathbf{H}^*$ der Funktionale f mit dem Raum $\mathbf{H}$ der Elemente y identifizieren; diese Zuordnung ist linear und isometrisch.

Wir wenden uns jetzt wieder dem allgemeinen Fall zu. Da $\mathbf{X}^*$ seinerseits ein normierter Raum ist, kann man wiederum den zu $\mathbf{X}^*$ dualen Raum, den Raum $\mathbf{X}^{**} = (\mathbf{X}^*)^*$ bilden; $\mathbf{X}^{**}$ heißt der zu $\mathbf{X}$ *zweite duale* oder *biduale* Raum, kurz auch der *Bidual* zu $\mathbf{X}$. Er besteht aus der Gesamtheit aller linearen Funktionale auf $\mathbf{X}^*$. Ebenso kann man den Raum $\mathbf{X}^{***}$ betrachten usw.

Es sei jetzt x_0 ein festes Element des reellen normierten Raumes $\mathbf{X}$. Wir betrachten den Ausdruck

$$X_{x_0}(f) = f(x_0) \qquad (f \in \mathbf{X}^*). \tag{7}$$

Dann gilt

$$|X_{x_0}(f)| = |f(x_0)| \leqq ||f|| \, ||x_0||. \tag{8}$$

Daraus folgt, daß X_{x_0} ein lineares Funktional auf $\mathbf{X}^*$, d.h. ein Element des Raumes $\mathbf{X}^{**}$ ist. Mit $\mathbf{X}_0^{**}$ bezeichnen wir die Gesamtheit aller Funktionale auf $\mathbf{X}^*$ von der Form (7) und beweisen den folgenden wichtigen Satz.

Satz 2 (1.V). *Es sei* $\mathbf{X}$ *ein B-Raum. Dann ist* $\mathbf{X}_0^{**}$ *ein Teilraum des Raumes* $\mathbf{X}^{**}$. *Dabei gilt*

$$X_{\lambda_1 x_1 + \lambda_2 x_2} = \lambda_1 X_{x_1} + \lambda_2 X_{x_2}; \; ||X_x|| = ||x|| \tag{9}$$

und das Element $X_x \in \mathbf{X}_0^{**}$ *bestimmt das zugehörige* $x \in \mathbf{X}$ *eindeutig.*

Beweis. Wir beweisen zunächst die Beziehungen (9). Die erste folgt ohne Schwierigkeit aus

$$\begin{aligned} X_{\lambda_1 x_1 + \lambda_2 x_2}(f) &= f(\lambda_1 x_1 + \lambda_2 x_2) \\ &= \lambda_1 f(x_1) + \lambda_2 f(x_2) = \lambda_1 X_{x_1}(f) + \lambda_2 X_{x_2}(f) = (\lambda_1 X_{x_1} + \lambda_2 X_{x_2})(f). \end{aligned}$$

Zum Beweis der zweiten Beziehung von (9) beachten wir, daß aus (8) $||X_{x_0}|| \leqq$ $\leqq ||x_0||$ folgt. Andererseits gibt es nach dem Satz über die ausreichende Anzahl von Funktionalen (Satz 2 (2.IV)) ein Funktional f_0 mit $||f_0|| = 1$ und $f_0(x_0) =$ $= ||x_0||$. Für dieses f_0 gilt dann $X_{x_0}(f_0) = f_0(x_0) = ||x_0||$, woraus auch die Ungleichung $||X_{x_0}|| \geqq ||x_0||$ folgt. Damit ist aber die Beziehung $||X_{x_0}|| = ||x_0||$ bewiesen.

Aus dem in Abschnitt II.2.7 Gesagten ergibt sich, daß durch die Zuordnung $x \to X_x$ die Räume $\mathbf{X}$ und $\mathbf{X}_0^{**}$ linear isometrisch aufeinander abgebildet werden. Da der Raum $\mathbf{X}_0^{**}$ zu einem vollständigen Raum linear isometrisch ist, ist er selbst vollständig, also auch abgeschlossen in $\mathbf{X}^{**}$ und deshalb sogar ein Teilraum von $\mathbf{X}^{**}$.

Damit ist der Satz bewiesen.

Bemerkung. Für einen komplexen Raum $\mathbf{X}$ wird das Funktional X_{x_0} folgendermaßen definiert:

$$X_{x_0}(f) = \overline{f(x_0)} \qquad (f \in \mathbf{X}^*)\,.$$ [1]

Der Leser überzeugt sich ohne Schwierigkeit davon, daß die Aussagen von Satz 2 nun auch in diesem Fall richtig bleiben.

1.3. Wir illustrieren die vorangehenden Überlegungen am Beispiel endlichdimensionaler Räume. $\mathbf{X}$ sei ein endlichdimensionaler Raum (der Dimension μ) und $f \in \mathbf{X}^*$. Wie in Abschnitt III.2.8 gezeigt wurde, kann man das Funktional f mit einem System von μ Zahlen identifizieren: $f = (\varphi_1, \varphi_2, \ldots, \varphi_\mu)$. Dabei gilt offensichtlich

$$\lambda f = (\lambda \varphi_1, \lambda \varphi_2, \ldots, \lambda \varphi_\mu)\,,$$ [2]

$$f_1 + f_2 = (\varphi_1' + \varphi_1'', \varphi_2' + \varphi_2'', \ldots, \varphi_\mu' + \varphi_\mu'')\,,$$

$$\left(f_1 = (\varphi_1', \varphi_2', \ldots, \varphi_\mu')\,, \quad f_2 = (\varphi_1'', \varphi_2'', \ldots, \varphi'')\right).$$

Der Raum $\mathbf{X}^*$ ist also ebenfalls endlichdimensional, und seine Dimension stimmt mit der von $\mathbf{X}$ überein.

Wir nehmen jetzt ein Funktional $X \in \mathbf{X}^{**}$. Dann wird X wieder durch ein Zahlensystem $(\xi_1, \xi_2, \ldots, \xi_\mu)$ gemäß der Beziehung

$$X(f) = \sum_{k=1}^{\mu} \xi_k \varphi_k \qquad (f = (\varphi_1, \varphi_2, \ldots, \varphi_\mu) \in \mathbf{X}^*)$$

bestimmt. Hieraus folgt

$$X = X_x\,,$$

wenn wir $x = (\xi_1, \xi_2, \ldots, \xi_\mu)$ setzen. Im betrachteten Fall gilt also $\mathbf{X}^{**} = \mathbf{X}_0^{**}$.

Wählen wir speziell $\mathbf{X} = \mathbf{m}_\mu$, dann folgt aus Formel (19) von Abschnitt III.2.8 $\mathbf{X}^* = l_\mu$ und entsprechend aus Formel (20) desselben Abschnitts $\mathbf{X}^{**} = \mathbf{m}_\mu$; vgl. hierzu II.4.3.

Wir werden später sehen, daß der Raum $\mathbf{X}^{**}$ i. a. keineswegs mit der Menge der Funktionale X_x $(x \in \mathbf{X})$ übereinstimmt. Man nennt einen Raum, für den speziell $\mathbf{X}^{**} = \mathbf{X}_0^{**}$ gilt, *reflexiv* (oder *regulär*).

---

[1]) Würde man nämlich auch in diesem Fall Formel (7) verwenden, dann wäre das Funktional X_{x_0} nicht homogen.

[2]) Diese Formel bleibt auch für einen komplexen Raum $\mathbf{X}$ richtig, denn dann gilt (siehe die Bemerkung in Abschnitt III.2.8)

$$(\lambda f)(x) = \overline{\lambda} f(x) = \overline{\lambda} \sum_{k=1}^{\mu} \overline{\varphi}_k \xi_k = \sum_{k=1}^{\mu} \overline{(\lambda \varphi_k)}\, \xi_k \qquad (x = (\xi_1, \xi_2, \ldots, \xi_\mu) \in \mathbf{X})\,.$$

Ein reflexiver Raum ist also zu seinem bidualen Raum linear isometrisch. Die Zuordnung, die diese Isometrie erzeugt, hat dabei eine besondere Form: Dem Element $x \in \mathbf{X}$ entspricht das Element $X_x \in \mathbf{X}^{**}$. Die Existenz einer linearen Isometrie zwischen den Räumen $\mathbf{X}$ und $\mathbf{X}^{**}$ ist i. a. allein nicht hinreichend für die Reflexivität des Raumes $\mathbf{X}$. Es gibt in der Tat Räume, die zu ihrem bidualen Raum linear isometrisch, aber nicht reflexiv sind (siehe [111]).

In Kapitel XI behandeln wir noch einmal Fragestellungen, die mit dem Begriff des dualen Raumes zusammenhängen. Reflexive Räume werden auch dort eine besondere Rolle spielen.

Wir möchten es dem Leser überlassen, aus Satz 1 (3.III) über die allgemeine Form eines linearen Funktionals im Hilbert-Raum zu folgern, daß jeder Hilbert-Raum ebenso wie jeder endlichdimensionale Raum reflexiv ist.

1.4. In Abschnitt IV.2.5 wurde bewiesen, daß es zu einer endlichen Menge linear unabhängiger Elemente $x_1, x_2, \ldots, x_n$ eines normierten Raumes $\mathbf{X}$ ein biorthogonales System linearer Funktionale $f_1, f_2, \ldots, f_n$ gibt, d. h., es gilt

$$f_j(x_k) = \begin{cases} 0, & j \neq k \\ 1, & j = k \end{cases} \qquad (j, k = 1, 2, \ldots, n). \tag{10}$$

Wir betrachten jetzt die umgekehrte Aufgabe, nämlich zu vorgegebenen linear unabhängigen linearen Funktionalen $f_1, f_2, \ldots, f_n$ ein biorthogonales System von Elementen $x_1, x_2, \ldots, x_n \in \mathbf{X}$ zu konstruieren. Diese Aufgabe führt unmittelbar auf die vorangehend genannte Fragestellung, sofern der gegebene Raum $\mathbf{X}$ reflexiv ist. Dann lassen sich nämlich Funktionale $X_1, X_2, \ldots, X_n \in \mathbf{X}^{**}$ derart bestimmen, daß

$$X_k(f_j) = \begin{cases} 0, & j \neq k \\ 1, & j = k \end{cases} \qquad (j, k = 1, 2, \ldots, n) \tag{11}$$

gilt.

Nun hat in einem reflexiven Raum jedes Funktional X_k die Form X_{x_k} mit $x_k \in \mathbf{X}$, so daß die Beziehung (11) in (10) übergeht.

Wir zeigen jetzt, daß die Forderung der Reflexivität nicht wesentlich ist, sondern daß sich die gestellte Aufgabe bereits unter viel allgemeineren Voraussetzungen lösen läßt.

Zu diesem Zweck betrachten wir eine beliebige lineare Menge $\mathbf{X}$ und die Gesamtheit $\mathbf{X}'$ aller ihrer additiven und homogenen Funktionale. Die Menge $\mathbf{X}'$ werde in natürlicher Weise linearisiert.

Satz 3 (1.V). *Die Funktionale $f_1, f_2, \ldots, f_n \in \mathbf{X}'$ seien linear unabhängig. Dann gibt es ein System von Elementen $x_1, x_2, \ldots, x_n \in \mathbf{X}$, das zu dem gegebenen der Funktionale biorthogonal ist, d. h., die Systeme $\{f_k\}$ und $\{x_k\}$ $(k = 1, 2, \ldots, n)$ erfüllen die Beziehungen* (10).

Beweis. Wir zeigen die Existenz des geforderten Systems durch Induktion. Für $n = 1$ gibt es wegen $f_1 \neq 0$ ein Element $x_1 \in \mathbf{X}$ derart, daß $f_1(x_1) = 1$ gilt.

Das Element x_1 bildet in diesem Fall das gesuchte System. Wir betrachten nun den Fall $n > 1$ und setzen voraus, daß man ein biorthogonales Elementensystem konstruieren kann, wenn die Anzahl der Funktionale kleiner als n ist. Unter diesen Voraussetzungen beweisen wir die Existenz eines Elementes $x_1 \in \mathbf{X}$, so daß

$$f_1(x_1) = 1 \ , \quad f_2(x_1) = \cdots = f_n(x_1) = 0 \tag{12}$$

gilt. Dabei sei das System der Elemente $x_2', \ldots, x_k' \in \mathbf{X}$ zu den Funktionalen $f_2, \ldots, f_n$ biorthogonal. Jedes $x \in \mathbf{X}$ läßt sich dann in der Form

$$x = \sum_{k=2}^{n} \alpha_k x_k' + x' \tag{13}$$

darstellen, wobei x' ein Element aus $\mathbf{X}$ mit der Eigenschaft $f_2(x') = \cdots = f_n(x') = = 0$ ist. Um das zu sehen, brauchen wir nur

$$\alpha_k = f_k(x) \qquad (k = 2, \ldots, n) \tag{14}$$

zu setzen. Dann folgt für das Element $x' = x - \sum_{k=2}^{n} \alpha_k x_k'$

$$f_j(x') = f_j(x) - \sum_{k=2}^{n} \alpha_k f_j(x_k') = \alpha_j - \alpha_j = 0 \qquad (j = 2, \ldots, n) \, .$$

Die Koeffizienten α_k sind durch x eindeutig bestimmt. Das wird ersichtlich, wenn man auf beide Seiten der Gleichung (13) der Reihe nach die Funktionale $f_2, \ldots, f_n$ anwendet.

Wir nehmen jetzt an, es gäbe kein Element $x_1 \in \mathbf{X}$, das der Beziehung (12) genügt. Das bedeutet, für $x' \in \mathbf{X}$ gilt neben $f_2(x') = \cdots = f_n(x') = 0$ auch $f_1(x') = 0$. Dann folgt aus (13) unter Berücksichtigung von (14) für beliebiges $x \in \mathbf{X}$

$$f_1(x) = \sum_{k=2}^{n} \alpha_k f_1(x_k') + f_1(x') = \sum_{k=2}^{n} \lambda_k f_k(x) \, ,$$

d. h. $f_1 = \sum_{k=2}^{n} \lambda_k f_k$, wobei $\lambda_k = f_1(x_k')$ $(k = 2, \ldots, n)$ gesetzt wurde. Das widerspricht aber der linearen Unabhängigkeit der Funktionale $f_1, f_2, \ldots, f_n$. Es gibt also ein Element x_1 mit den Eigenschaften (12). Entsprechend zeigt man die Existenz von Elementen $x_2, \ldots, x_n \in \mathbf{X}$ mit

$$f_k(x_k) = 1, \ f_j(x_k) = 0 \qquad (j \neq k; \ j = 1, 2, \ldots, n; \ k = 2, \ldots, n) \, ,$$

womit der Satz bewiesen ist.

Die Betrachtungen dieses Paragraphen sind im wesentlichen in der Monographie Banach [4a] enthalten.

Der Begriff der Reflexivität wurde unter der Bezeichnung „Regularität" von A. I. Plessner eingeführt (siehe Ljusternik).

§ 2. Der Operatorenring

2.1. Für lineare Operatoren läßt sich außer der Addition auch eine Multiplikation definieren. $\mathbf{X}$, $\mathbf{Y}$ und $\mathbf{Z}$ seien normierte Räume und U (bzw. V) ein linearer Operator von $\mathbf{X}$ in $\mathbf{Y}$ (bzw. von $\mathbf{Y}$ in Z) ($U \in [\mathbf{X} \to \mathbf{Y}]$, $V \in [\mathbf{Y} \to \mathbf{Z}]$). Unter dem *Produkt* der Operatoren V und U verstehen wir den durch die Gleichung

$$W(x) = V\big(U(x)\big) \qquad (x \in \mathbf{X})$$

definierten Operator $W = V\,U$ von $\mathbf{X}$ in $\mathbf{Z}$.[1])

Wegen der Beziehungen

$$\begin{aligned} W\,(x_1 + x_2) &= V\big(U(x_1 + x_2)\big) = V\big(U(x_1) + U(x_2)\big) \\ &= V\big(U(x_1)\big) + V\big(U(x_2)\big) = W(x_1) + W(x_2) \end{aligned}$$

und

$$\|W(x)\| = \|V\big(U(x)\big)\| \leqq \|V\|\,\|U(x)\| \leqq \|U\|\,\|V\|\,\|x\|$$

ist W ein linearer Operator und es gilt

$$\|W\| = \|V\,U\| \leqq \|V\|\,\|U\|\,. \tag{1}$$

Sind $\mathbf{X}$, $\mathbf{Y}$, $\mathbf{Z}$ endlichdimensionale Räume (der Dimensionen μ, ν bzw. π) und A, B bzw. C die den Operatoren U, V bzw. W zugeordneten Matrizen, dann gilt $C = B\,A$. $z = W(x)$ bedeutet nämlich

$$\zeta_j = \sum_{k=1}^{\mu} c_{jk}\,\xi_k \qquad (j = 1, 2, \ldots, \pi,\ x = (\xi_1, \xi_2, \ldots, \xi_\mu)\,,\ z = (\zeta_1, \zeta_2, \ldots, \zeta_\pi))$$

Andererseits besteht der Zusammenhang $z = V(y)$ mit $y = U(x)$, d. h.

$$\zeta_j = \sum_{m=1}^{\nu} b_{jm}\,\eta_m\,, \quad \eta_m = \sum_{k=1}^{\mu} a_{mk}\,\xi_k$$

$$(j = 1, 2, \ldots, \pi\,, \qquad m = 1, 2, \ldots, \nu\,, \qquad y = (\eta_1, \eta_2, \ldots, \eta_\nu))\,.$$

Da das Element x beliebig gewählt war, folgt durch Vergleich mit der vorhergehenden Beziehung

$$c_{jk} = \sum_{m=1}^{\nu} b_{jm}\,a_{mk} \qquad (j = 1, 2, \ldots, \pi\,, \qquad k = 1, 2, \ldots, \mu)\,,$$

was zu zeigen war.

Aus der Algebra ist bekannt, daß das Produkt zweier Matrizen gleich der Nullmatrix (das ist diejenige Matrix, deren sämtliche Elemente gleich Null sind) sein kann, obwohl beide Faktoren von der Nullmatrix verschieden sind. In Formel (1) steht also auch im Fall endlichdimensionaler Räume i. a. nicht das Gleichheitszeichen.

Einige Eigenschaften des Produktes von Zahlen bleiben jedoch für Operatoren erhalten, z. B. die Distributivität und die Assoziativität der Multiplikation. Weiterhin existieren Operatoren, die die Rolle der Eins bei der Multiplikation

---

[1]) Diese Definition ist auch im Falle nichtlinearer Operatoren sinnvoll.

von Zahlen übernehmen. Im Unterschied zur Zahlenmultiplikation gibt es hier jedoch zwei „Einheiten", eine linke und eine rechte. So bildet der durch die Gleichung

$$I(x) = x \qquad (x \in \mathbf{X}) \tag{2}$$

definierte Operator $I \in [\mathbf{X} \to \mathbf{X}]$, die identische Abbildung in **X**, eine Rechtseinheit:

$$U\,I = U\,.$$

Entsprechend bildet die identische Abbildung I_1 in **Y** eine Linkseinheit:

$$I_1\,U = U\,.$$

Es muß hervorgehoben werden, daß die Multiplikation zweier Operatoren i. a. nicht kommutativ ist. Im allgemeinen ist der Operator $U\,V$ gar nicht definiert, so daß dann die Gleichung $U\,V = V\,U$ von vornherein sinnlos ist. Aber selbst wenn der Operator $U\,V$ einen Sinn hat (das ist offensichtlich für $\mathbf{Z} = \mathbf{X}$ der Fall), sind die Operatoren $U\,V$ und $V\,U$ i. a. in verschiedenen Räumen definiert, nämlich der erste in **Y**, der zweite in **X**.

Die Frage nach der Vertauschbarkeit der Operatoren U und V hat deshalb nur für $\mathbf{X} = \mathbf{Y} = \mathbf{Z}$ einen Sinn. Dann sind beide Operatoren in einem und demselben Raum **X** definiert, gehören also beide zu $[\mathbf{X} \to \mathbf{X}]$.

Auch unter diesen Voraussetzungen gilt für beliebige Operatoren $U, V \in \in [\mathbf{X} \to \mathbf{X}]$ i. a. nicht die Gleichung $U\,V = V\,U$, falls **X** nicht eindimensional ist.

2.2. Unter den Räumen $[\mathbf{X} \to \mathbf{Y}]$ nimmt der Raum $[\mathbf{X} \to \mathbf{X}]$ aller linearen Operatoren, die **X** in sich abbilden, eine besondere Stellung ein, da in ihm für irgend zwei Elemente das Produkt stets definiert ist.

Eine Menge, für deren Elemente zwei Operationen, nämlich eine Addition und eine Multiplikation definiert sind, die den üblichen Gesetzen dieser Operationen bei Zahlen (unter Ausschließung der Kommutativität und der Umkehrbarkeit der Multiplikation) genügen, heißt ein *Ring*. Ist für die Elemente eines normierten Raumes eine Multiplikation definiert und ist diese Multiplikation außerdem stetig, d. h., gilt $U_n\,V_n \to U\,V$ für $U_n \to U$ und $V_n \to V$, dann heißt dieser Raum ein *normierter Ring*.

Der Raum $[\mathbf{X} \to \mathbf{X}]$ bildet also einen normierten Ring (die Stetigkeit des Produktes folgt aus der Ungleichung (1)).[1])

In einem normierten Ring, insbesondere also im Raum $[\mathbf{X} \to \mathbf{X}]$, kann man die Potenzen eines beliebigen Elementes definieren. Wir setzen für $U \in [\mathbf{X} \to \mathbf{X}]$

$$U^0 = I, \quad U^n = U^{n-1}\,U \qquad (n = 1, 2, \ldots)\,,$$

wobei I die identische Abbildung in **X** bezeichnet (siehe (2)).

Wie für die Potenzen einer Zahl gilt auch hier für beliebige nichtnegative ganze Zahlen m und n

$$U^m\,U^n = U^{m+n}\,.$$

---

[1]) Die Theorie normierter Ringe wird uns nur im Zusammenhang mit dem Raum $[\mathbf{X} \to \mathbf{X}]$ interessieren. Zum weitergehenden Studium verweisen wir auf das Buch von M. A. Neumark (siehe Neumark [32b]).

Hieraus folgt, daß alle Potenzen eines und desselben Operators U miteinander vertauschbar sind.

Durch die wiederholte Anwendung der Ungleichung (1) ergibt sich noch die Beziehung

$$\|U^n\| \leqq \|U\|^n \quad (n = 0, 1, 2, \ldots)\,. \tag{3}$$

Hierin steht i. a. nicht das Gleichheitszeichen.

Für das Folgende setzen wir voraus, daß der Raum $\mathbf{X}$ vollständig ist. Dann ist nach Satz 1 (1.V) auch der Raum $[\mathbf{X} \to \mathbf{X}]$ vollständig, und wir können den durch die „geometrische Reihe"

$$I + U + U^2 + \cdots + U^n + \cdots \tag{4}$$

definierten Operator betrachten.

Wir untersuchen, unter welchen Bedingungen diese Reihe konvergiert. Aus (3) folgt unmittelbar, daß für ihre Konvergenz die Voraussetzung

$$\|U\| < 1 \tag{5}$$

hinreichend ist, denn in diesem Fall wird die Reihe (4) durch die konvergente Zahlenreihe

$$1 + \|U\| + \|U\|^2 + \cdots + \|U\|^n + \cdots$$

majorisiert, ist also wegen der Vollständigkeit des Raumes $[\mathbf{X} \to \mathbf{X}]$ selbst konvergent (siehe II.2.5). Im Unterschied zur gewöhnlichen geometrischen Zahlenreihe ist die Bedingung (5) jedoch nicht notwendig für die Konvergenz der Reihe (4).

Satz 1 (2.V). *Für jeden Operator $U \in [\mathbf{X} \to \mathbf{X}]$ existiert der Grenzwert*

$$\lim_{n\to\infty} \sqrt[n]{\|U^n\|} = c_U\,.$$

Gilt dabei $c_U < 1$, dann ist die Reihe (4) konvergent; gilt $c_U > 1$, dann ist die Reihe (4) divergent.

Beweis. Wir setzen

$$a = \inf_n \sqrt[n]{\|U^n\|}$$

und zeigen, daß $c_U = \lim\limits_{n\to\infty} \sqrt[n]{\|U^n\|} = a$ gilt. Es sei $\varepsilon > 0$ gegeben. Dann gibt es ein m derart, daß

$$\sqrt[m]{\|U^m\|} < a + \varepsilon$$

ausfällt. Weiterhin sei

$$M = \max\,[1, \|U\|, \ldots, \|U^{m-1}\|]\,.$$

Wir betrachten eine beliebige nichtnegative ganze Zahl n und stellen sie in der Form $n = k_n m + l_n$ $(0 \leqq l_n \leqq m - 1)$ dar. Dann gilt wegen (3)

$$\sqrt[n]{\|U^n\|} \leqq \sqrt[n]{\|U^{l_n}\|\,\|U^m\|^{k_n}} \leqq M^{\frac{1}{n}}\,\|U^m\|^{\frac{k_n}{n}} < M^{\frac{1}{n}}\,(a+\varepsilon)^{\frac{n-l_n}{n}}\,.$$

Wegen

$$\lim_{n\to\infty} M^{\frac{1}{n}} (a+\varepsilon)^{\frac{n-l_n}{n}} = a+\varepsilon$$

folgt, daß ein N_ε mit der Eigenschaft

$$M^{\frac{1}{n}} (a+\varepsilon)^{\frac{n-l_n}{n}} < a + 2\varepsilon \quad \text{für } n \geqq N_\varepsilon$$

existiert. Für $n \geqq N_\varepsilon$ gilt also

$$a \leqq \sqrt[n]{\|U^n\|} < a + 2\varepsilon\,,$$

womit die Beziehung $\lim\limits_{n\to\infty} \sqrt[n]{\|U^n\|} = a$ bewiesen ist.

Die Konvergenz (für $c_U < 1$) bzw. Divergenz (für $c_U > 1$) der Reihe (4) folgt jetzt durch Anwendung des CAUCHYschen Konvergenzkriteriums auf die Reihe $\sum\limits_{n=0}^{\infty} \|U^n\|$.[1])

Folgerung. *Für die Konvergenz der Reihe* (4) *ist notwendig und hinreichend, daß für eine natürliche Zahl k die Ungleichung*

$$\|U^k\| < 1 \tag{6}$$

gilt.

Aus der Konvergenz der Reihe (4) folgt nämlich $\|U^n\| \to 0$, also ist (6) für hinreichend große k erfüllt. Gilt umgekehrt die Ungleichung (6), dann ist die Reihe (4) wegen $c_U = \inf\limits_n \sqrt[n]{\|U^n\|} \leqq \sqrt[k]{\|U^k\|} < 1$ nach dem vorhergehenden Satz konvergent.

2.3. Wir untersuchen jetzt die Umkehrbarkeit der Multiplikation von Operatoren. U sei ein additiver und homogener Operator, der den normierten Raum X in den normierten Raum Y abbildet. Man sagt, der Operator U habe einen *inversen Operator* (oder der Operator U sei *umkehrbar*), wenn ein Operator V existiert, der Y in X abbildet und für den

$$VU = I_X, \quad UV = I_Y \tag{7}$$

gilt. I_X bzw. I_Y bezeichnet dabei die identische Abbildung des Raumes X bzw. Y auf sich.[2])

Der Operator V heißt der *inverse Operator* (oft auch kurz die *Inverse* genannt) oder die Umkehrung von U und wird mit $V = U^{-1}$ bezeichnet.

Aus dieser Definition folgt unmittelbar, daß mit dem Operator U auch der inverse Operator U^{-1} additiv und homogen ist. Für $y_1, y_2 \in Y$ ergibt sich nämlich aus der zweiten Gleichung von (7)

$$y_k = U(x_k) \quad \left(x_k = V(y_k), \quad k = 1, 2\right)$$

[1]) FICHTENHOLZ [10], Bd. II, S. 320.

[2]) Im folgenden benutzen wir die Bezeichnungen I_X, I_Y u. ä. in derselben Bedeutung. Den Index, der den Raum bezeichnet, in dem der Operator definiert ist, lassen wir weg, falls dadurch keine Mißverständnisse entstehen.

und daraus unter Benutzung der ersten Gleichung von (7)

$$V(y_1 + y_2) = V\big(U(x_1 + x_2)\big) = x_1 + x_2 = V(y_1) + V(y_2)\,.$$

Entsprechend beweist man die Homogenität des Operators U^{-1}.

Aus der obigen Definition folgt weiter, daß der Operator U die Umkehrung des Operators U^{-1} ist, d. h., es gilt $(U^{-1})^{-1} = U$.

Die Bedeutung der zunächst rein formal gegebenen Definition des inversen Operators können wir durch folgenden Sachverhalt erläutern: Der Operator U besitzt genau dann eine Inverse U^{-1}, wenn er eine eineindeutige Abbildung des Raumes $\mathbf{X}$ auf den Raum $\mathbf{Y}$ vermittelt.

Dazu nehmen wir zwei Elemente $x_1, x_2 \in \mathbf{X}$ mit $x_1 \neq x_2$. Wäre $U(x_1) = U(x_2)$, dann würde aus der ersten Gleichung von (7)

$$x_1 = V\,U(x_1) = V\,U(x_2) = x_2$$

folgen.

Außerdem ist jedes $y \in \mathbf{Y}$ das Bild eines Elementes $x \in \mathbf{X}$ (dieses Element x ist nach dem eben Bewiesenen eindeutig bestimmt), nämlich des Elementes $x = V(y)$. Aus der zweiten Gleichung von (7) erhält man nämlich

$$U(x) = U\,V(y) = y\,.$$

Vermittelt umgekehrt der Operator U eine eineindeutige Abbildung von $\mathbf{X}$ auf $\mathbf{Y}$, dann können wir einem Element $y \in \mathbf{Y}$ sein Urbild, das ist dasjenige Element $x \in \mathbf{X}$, für das $U(x) = y$ gilt, zuordnen. Dadurch wird ein Operator V definiert, der $\mathbf{Y}$ auf $\mathbf{X}$ abbildet. Man sieht leicht, daß V additiv und homogen ist und die Beziehung $V = U^{-1}$ erfüllt.

Da die Gleichungen $x = V(y)$ und $y = U(x)$ äquivalent sind, ergibt sich nämlich

$$V\,U(x) = V(y) = x, \qquad U\,V(y) = U(x) = y\,.$$

Aus dem Gesagten folgt u. a., daß der inverse Operator, falls er existiert, eindeutig bestimmt ist.

Man kann den Begriff des inversen Operators auch noch unter einem etwas anderen Gesichtspunkt betrachten. Es sei die Gleichung

$$U(x) = y \tag{8}$$

gegeben, wobei y ein beliebiges, aber festes Element aus $\mathbf{Y}$ und x das gesuchte Element des Raumes $\mathbf{X}$ ist.

Falls der inverse Operator U^{-1} existiert, dann hat die Gleichung (8) offensichtlich für beliebiges $y \in \mathbf{Y}$ eine eindeutige Lösung, nämlich $x = U^{-1}(y)$.

Man beachte aber, daß umgekehrt durch die eindeutige Lösbarkeit der Gleichung (8) noch nicht die Existenz eines linearen inversen Operators U^{-1} gesichert ist.

Satz 2 (2.V). *Die Gleichung* (8) *habe für beliebiges* $y \in \mathbf{Y}$ *eine Lösung, und es existiere eine positive Zahl* m *mit der Eigenschaft, daß für jedes* $x \in \mathbf{X}$

$$\|U(x)\| \geqq m\,\|x\| \tag{9}$$

gilt. Dann besitzt der Operator U eine lineare Umkehrung U^{-1} mit

$$\|U^{-1}\| \leqq \frac{1}{m}\,. \tag{10}$$

Beweis. Die durch den Operator U vermittelte Abbildung ist eineindeutig, denn für $x_1 \neq x_2$ gilt

$$\|U(x_1) - U(x_2)\| \geqq m\,\|x_1 - x_2\| > 0\,.$$

Außerdem folgt aus der Lösbarkeit der Gleichung (8) für beliebiges $y \in \mathbf{Y}$ die Beziehung $U(\mathbf{X}) = \mathbf{Y}$.

Deshalb existiert nach dem oben Bewiesenen ein additiver und homogener Operator $V = U^{-1}$. Da $x = V(y)$ mit $y = U(x)$ gleichbedeutend ist, erhalten wir aus (9)

$$\|y\| \geqq m\,\|V(y)\| \qquad (y \in \mathbf{Y})$$

oder

$$\|U^{-1}(y)\| = \|V(y)\| \leqq \frac{1}{m}\|y\| \qquad (y \in \mathbf{Y})\,. \tag{11}$$

Der Operator U^{-1} ist also beschränkt und folglich linear. Die Abschätzung (10) ergibt sich unmittelbar aus (11).

Bemerkung. Die Bedingungen des Satzes sind auch notwendig für die Existenz eines linearen inversen Operators U^{-1}.

Die Notwendigkeit der ersten Bedingung ist offensichtlich. Die Notwendigkeit der zweiten Bedingung folgt leicht, wenn man $m = \frac{1}{\|U^{-1}\|}$ setzt.

Zur Illustrierung des letzten Satzes betrachten wir wieder den in Abschnitt III.2.7 definierten Operator U in $\mathbf{L}^2$ mit symmetrischem Kern $K(s, t)$:

$$y = U(x)\,, \qquad y(s) = x(s) - \lambda \int_a^b K(s, t)\, x(t)\, dt\,.$$

Ist λ keine charakteristische Zahl dieses Kernes, dann besitzt, wie aus der Theorie der Integralgleichungen bekannt ist (siehe Petrowskij), Gleichung (8) für beliebiges $y \in \mathbf{L}^2$ eine Lösung. In Abschnitt III.2.7 wurde weiter gezeigt, daß (mit den dort eingeführten Bezeichnungen)

$$\|y\|^2 = \|U(x)\|^2 = \sum_{-\infty}^{+\infty} h_k^2 \left(1 - \frac{\lambda}{\lambda_k}\right)^2$$

gilt. Hieraus folgt

$$\|U\,x\|^2 \geqq m^2 \sum_{-\infty}^{\infty} h_k^2 = m^2\,\|x\|^2\,,$$

wobei

$$m = \inf\left|1 - \frac{\lambda}{\lambda_k}\right| \qquad (k = \ldots, -1, 0, 1, \ldots)$$

gesetzt wurde und die λ_k die charakteristischen Zahlen des Kernes $K(s, t)$ sind (für $k = 0, -1, -2, \ldots$ ist $\lambda_k = \infty$ zu setzen). Wegen $\lambda_k \neq \lambda$ und $\lambda_k \to \infty$ für $k \to \infty$ ist $m > 0$. Folglich gibt es einen linearen Operator U^{-1} mit

$$\|U^{-1}\| \leqq \frac{1}{m} = \sup\left|1 + \frac{\lambda}{\lambda_k - \lambda}\right| \qquad (k = \ldots, -1, 0, 1, \ldots)\,.$$

2.4. Betrachten wir nur eine der Gleichungen (7), dann kommen wir zum Begriff des links- bzw. rechtsinversen Operators. Ein Operator V_1 heißt eine *linke Inverse* (auch *vordere Reziproke* oder kurz *linksinvers*) bezüglich des Operators U, wenn

$$V_l U = I_{\mathbf{X}}$$

gilt. Entsprechend heißt der Operator V_r eine *rechte Inverse* (auch *hintere Reziproke* oder kurz *rechtsinvers*) bezüglich des Operators U, wenn

$$U V_r = I_{\mathbf{Y}}$$

gilt.

Einen linksinversen Operator bezeichnen wir mit U_l^{-1}, einen rechtsinversen Operator mit U_r^{-1}; dabei lassen wie die Indizes weg, wenn aus dem Beitext klar hervorgeht, um welche Inverse es sich handelt.

Aus dem Vorhandensein eines links- oder rechtsinversen Operators kann man Schlüsse über die Lösbarkeit der Gleichung (8) ziehen.

Existiert nämlich der linksinverse Operator U_l^{-1}, dann ist die Lösung der Gleichung (8), falls sie existiert, immer eindeutig; d. h., wenn U einen linksinversen Operator besitzt, dann ist U eine eineindeutige Abbildung von $\mathbf{X}$ auf $U(\mathbf{X})$. Beim Beweis dieser Aussage benutzten wir nämlich nur die erste der Beziehungen (7), die auch für einen linksinversen Operator richtig bleibt.

Es ist zu beachten, daß die Menge $U(\mathbf{X})$ i. a. nicht mit dem ganzen Raum $\mathbf{Y}$ zusammenfällt und der Operator U_l^{-1} dann nicht auf ganz $\mathbf{Y}$ definiert ist.

Ähnlich überzeugt man sich davon, daß die Existenz eines rechtsinversen Operators die (i. a. nicht eindeutige) Lösbarkeit der Gleichung (8) für beliebiges $y \in \mathbf{Y}$ nach sich zieht (eine Lösung ist z. B. $x = U_r^{-1}(y)$). In diesem Fall gilt also $U(\mathbf{X}) = \mathbf{Y}$.

Im Gegensatz zum inversen Operator sind links- und rechtsinverser Operator i. a. nicht eindeutig bestimmt. Aus der gleichzeitigen Existenz eines linksinversen und eines rechtsinversen Operators folgt, jedoch daß beide einander gleich sind: $U_l^{-1} = U_l^{-1}(U U_r^{-1}) = (U_l^{-1} U) U_r^{-1} = U_r^{-1}$. In diesem Fall existiert auch der inverse Operator, und es gilt $U^{-1} = U_l^{-1} = U_r^{-1}$. Deshalb nennt man den inversen Operator manchmal auch *zweiseitig* invers.

Schließlich bemerken wir noch, daß für die Existenz eines l i n e a r e n linksinversen Operators von U notwendig und hinreichend ist, daß U der Bedingung (9) genügt.

2.5. Hat ein Operator $U \in [\mathbf{X} \to \mathbf{X}]$ eine lineare Inverse, dann gehört diese ebenfalls zum Raum $[\mathbf{X} \to \mathbf{X}]$. Deshalb ist der Fall $\mathbf{Y} = \mathbf{X}$ besonders interessant.

Unter Benutzung der in Abschnitt 2.2 über die Reihe (4)

$$I + U + U^2 + \cdots + U^n + \cdots$$

gewonnenen Ergebnisse beweisen wir jetzt folgenden Satz (siehe [11b]).

Satz 3 (2.V) (Banach). *Es sei* $\mathbf{X}$ *ein B-Raum und* $U \in [\mathbf{X} \to \mathbf{X}]$. *Gilt*

$$\|U\|^{-1} \leqq q < 1\,, \tag{12}$$

dann hat der Operator $I - U$ eine lineare Inverse mit

$$\|(I - U)^{-1}\| \leqq \frac{1}{1 - q} \cdot \tag{13}$$

Beweis. In Abschnitt 2.2 wurde gezeigt, daß die Reihe (4) unter der Voraussetzung des Satzes, d. h. unter der Bedingung (5), konvergiert; mit V bezeichnen wir ihre Summe. Dann gilt

$$\begin{aligned} V(I - U) &= (I + U + \cdots + U^n + \cdots)(I - U) \\ &= (I + U + \cdots + U^n + \cdots) \\ &\quad - (I + U + \cdots + U^n + \cdots) = I \end{aligned} \tag{14}$$

und entsprechend

$$(I - U)\, V = I\,, \tag{15}$$

d. h., es ist $V = (I - U)^{-1}$.

Aus (3) folgt weiter

$$\|V\| \leqq \|I\| + \|U\| + \cdots + \|U^n\| + \cdots \leqq 1 + q + \cdots + q^n + \cdots = \frac{1}{1 - q},$$

womit auch die Behauptung (13) bewiesen ist.

Bemerkung. Da die Beziehungen (13) und (14) gelten, sobald die Reihe (4) konvergiert, existiert nach Satz 1 und der anschließenden Folgerung der lineare Operator $(I - U)^{-1}$ auch dann, wenn nur

$$\lim_{n \to \infty} \sqrt[n]{\|U^n\|} < 1 \tag{16}$$

oder für irgendein $k = 1, 2, \ldots$

$$\sqrt[k]{\|U^k\|} < 1 \tag{17}$$

gilt.

2.6. Der identische Operator I besitzt offensichtlich eine lineare Inverse ($I^{-1} = I$). Dasselbe gilt nach dem Satz von Banach auch für den Operator $I - U$, wenn er sich nur hinreichend wenig von der identischen Abbildung unterscheidet. Diese Aussage läßt sich noch verallgemeinern.

Satz 4 (2.V). **X** und **Y** *seien zwei B-Räume, es sei* $U_0 \in [\mathbf{X} \to \mathbf{Y}]$ *und es existiere der lineare inverse Operator* $U_0^{-1} \in [\mathbf{Y} \to \mathbf{X}]$. *Genügt dann der Operator* $U \in [\mathbf{X} \to \mathbf{Y}]$ *der Bedingung*

$$\|U\| < \frac{1}{\|U_0^{-1}\|}, \tag{18}$$

so hat der Operator $V = U_0 + U$ *eine lineare Inverse* V^{-1}, *für die*

$$\|V^{-1}\| \leqq \frac{\|U_0^{-1}\|}{1 - \|U_0^{-1}\, U\|} \leqq \frac{\|U_0^{-1}\|}{1 - \|U_0^{-1}\|\, \|U\|}$$

gilt.

Beweis. Wir betrachten den Operator

$$W = U_0^{-1} V = I_X + U_0^{-1} U .$$

Wegen

$$\|U_0^{-1} U\| \leqq \|U_0^{-1}\| \, \|U\| < 1$$

hat der Operator W nach dem Satz von BANACH eine lineare Inverse W^{-1}. Für diese gilt

$$\|W^{-1}\| \leqq \frac{1}{1 - \|U_0^{-1} U\|} \leqq \frac{1}{1 - \|U_0^{-1}\| \, \|U\|} \tag{19}$$

und

$$U_0^{-1} V W^{-1} = I_{\mathrm{X}} .$$

Hieraus folgt

$$V W^{-1} = U_0$$

und

$$V W^{-1} U_0^{-1} = I_{\mathrm{Y}} .$$

Andererseits gilt aber auch

$$W^{-1} U_0^{-1} V = I_{\mathrm{X}} .$$

Aus den letzten beiden Gleichungen ergibt sich, daß der Operator $W^{-1} U_0^{-1}$ die lineare Inverse des Operators V ist.

Schließlich erhalten wir aus $V^{-1} = W^{-1} U_0^{-1}$ unter Benutzung von (19) die Abschätzung

$$\|V^{-1}\| \leqq \|W^{-1}\| \, \|U_0^{-1}\| \leqq \frac{\|U_0^{-1}\|}{1 - \|U_0^{-1} U\|} \leqq \frac{\|U_0^{-1}\|}{1 - \|U_0^{-1}\| \, \|U\|} .$$

§ 3. Die Methode der sukzessiven Approximationen

3.1. Wir betrachten die Gleichung

$$x - U(x) = y , \tag{1}$$

wobei U ein linearer Operator im B-Raum X, y ein gegebenes Element und x das gesuchte Element des Raumes X bezeichnen.

Häufig benutzt man zur Bestimmung einer Lösung x der Gleichung (1) die sogenannte *Methode der sukzessiven Approximationen.* Sie besteht darin, daß man, ausgehend von einem beliebigen Element $x_0 \in \mathrm{X}$, der *Anfangsnäherung,* nach der Formel

$$x_{n+1} = y + U(x_n) \qquad (n = 0, 1, \ldots) \tag{2}$$

eine Folge $\{x_n\}$ von *Näherungslösungen* konstruiert. Ist diese Folge $\{x_n\}$ konvergent und bildet ihr Grenzwert eine Lösung der betrachteten Gleichung, dann sagt man, daß die Methode der sukzessiven Approximationen für Gleichung (1) mit der Anfangsnäherung x_0 (gegen die Lösung der Gleichung (1)) *konvergiert.* Da U ein linearer Operator ist, folgt allein aus der Konvergenz der Folge $\{x_n\}$, daß das Element $x^* = \lim_{n\to\infty} x_n$ eine Lösung von Gleichung (1) ist. Um das zu sehen, braucht man nur in der Beziehung (2) den Grenzübergang $n \to \infty$ durchzuführen.

Die Frage nach der Konvergenz der Methode der sukzessiven Approximationen für Gleichung (1) hängt eng mit der Konvergenz der Reihe

$$I + U + \cdots + U^n + \cdots \tag{3}$$

zusammen, deren Summe (im Fall der Konvergenz) gleich dem Operator $(I - U)^{-1}$ ist (siehe die Bemerkung zum Satz von BANACH, Satz 3 (2.V)).

Satz 1 (3.V). *Konvergiert die Reihe* (3), *dann konvergiert auch die Methode der sukzessiven Approximationen für Gleichung* (1) *bei beliebiger Anfangsnäherung* x_0 *gegen die eindeutig bestimmte Lösung* x^* *der Gleichung* (1). *Dabei gilt die Abschätzung*

$$\|x^* - x_n\| \leqq \|(I - U)^{-1}\| \, \|U^n\| \, \|x_1 - x_0\| \quad (n = 1, 2, \ldots)\,. \tag{4}$$

Sind darüber hinaus die Voraussetzungen des Satzes von BANACH *erfüllt, dann kann diese Abschätzung durch*

$$\|x^* - x_n\| \leqq \frac{q^n}{1 - q} \|x_1 - x_0\| \quad (n = 1, 2, \ldots)$$

ersetzt werden.

Beweis. Durch wiederholte Anwendung von Formel (2) erhalten wir

$$x_n = y + U(y) + \cdots + U^{n-1}(y) + U^n(x_0) \quad (n = 1, 2, \ldots)\,. \tag{5}$$

Wenn die Reihe (3) konvergiert, dann gilt $U^n(x_0) \to 0$ für $n \to \infty$, und folglich existiert der Grenzwert

$$x^* = \lim_{n\to\infty} x_n = \sum_{k=0}^{\infty} U^k(y) = (I - U)^{-1}(y)\,.$$

Offensichtlich bildet x^* eine Lösung der Gleichung (1). Damit ist der erste Teil des Satzes bewiesen.

Um die Gültigkeit der Abschätzung (4) zu zeigen, ersetzen wir in der Gleichung (5) das Element x_0 durch x^*. Dann folgt aus Formel (2) $x_n = x^*$ $(n = 1, 2, \ldots)$, und wir erhalten die Beziehung

$$x^* = y + U(y) + \cdots + U^{n-1}(y) + U^n(x^*) \quad (n = 1, 2, \ldots)\,.$$

Subtraktion der Gleichung (5) und Übergang zu den Normen ergibt

$$\|x^* - x_n\| \leqq \|U^n\| \, \|x^* - x_0\| \quad (n = 1, 2, \ldots)\,. \tag{6}$$

Wir setzen jetzt $\tilde{x} = x^* - x_0$. Da x^* eine Lösung der Gleichung (1) ist, gilt $x^* - U(x^*) = y$, und wir erhalten

$$\begin{aligned}(I - U)(\tilde{x}) &= \tilde{x} - U(\tilde{x}) = x^* - U(x^*) - x_0 + U(x_0)\\ &= y + U(x_0) - x_0 = x_1 - x_0\,,\end{aligned}$$

woraus

$$\bar{x} = (I - U)^{-1}(x_1 - x_0)$$

folgt. Zusammen mit (6) ergibt sich schließlich die gewünschte Abschätzung.

3.2. Wir betrachten jetzt einige der vielseitigen Anwendungen von Satz 1.

In diesem Abschnitt sei **X** ein ν-dimensionaler Raum. Dann wird jeder lineare Operator $U \in [\mathbf{X} \to \mathbf{X}]$ durch eine quadratische Matrix $A = (a_{jk})$ bestimmt, und die Gleichung (1) kann als Gleichungssystem

$$\xi_j - \sum_{k=1}^{\nu} a_{jk}\xi_k = \eta_j \quad (j = 1, 2, \ldots, \nu;\ x = (\xi_1, \xi_2, \ldots, \xi_\nu),\ y = (\eta_1, \eta_2, \ldots, \eta_\nu)) \tag{7}$$

geschrieben werden. Die Näherungswerte $x_n = (\xi_1^{(n)}, \xi_2^{(n)}, \ldots, \xi_\nu^{(n)})$ $(n = 0, 1 \ldots)$ ergeben sich aus den (2) entsprechenden Formeln

$$\xi_j^{(n+1)} = \sum_{k=1}^{\nu} a_{jk}\xi_k^{(n)} + \eta_j \quad (j = 1, 2, \ldots, \nu;\ n = 0, 1, \ldots).$$

Die Bedingung (12) des vorangehenden Paragraphen, die die Konvergenz der Methode der sukzessiven Approximationen gegen die Lösung sichert, hängt von der Art der Normierung des Raumes **X** ab. Ist $\mathbf{X} = \mathbf{m}_\nu$, dann gilt (siehe III.2.8)

$$\|U\| = \max_j \sum_{k=1}^{\nu} |a_{jk}|.$$

Deshalb existieren unter der Voraussetzung

$$\sum_{k=1}^{\nu} |a_{jk}| < 1 \quad (j = 1, 2, \ldots, \nu) \tag{8}$$

die Grenzwerte $\lim_{n\to\infty} \xi_j^{(n)} = \xi_j^*$ $(j = 1, 2, \ldots, \nu)$, und das System $\xi_1 = \xi_1^*$, $\xi_2 = \xi_2^*, \ldots, \xi_\nu = \xi_\nu^*$ bildet die (eindeutig bestimmte) Lösung von (7).

Im Falle $\mathbf{X} = \mathbf{l}_\nu$ erhalten wir als Konvergenzbedingung

$$\sum_{j=1}^{\nu} |a_{jk}| < 1 \quad (k = 1, 2, \ldots). \tag{9}$$

Schließlich ergibt sich für $\mathbf{X} = \mathbf{R}^\nu$ aus der Abschätzung

$$\|U\| \leqq \Big[\sum_{j=1}^{\nu} \sum_{k=1}^{\nu} |a_{jk}|^2\Big]^{1/2}$$

die Konvergenzbedingung

$$\sum_{j=1}^{\nu} \sum_{k=1}^{\nu} |a_{jk}|^2 < 1. \tag{10}$$

Es läßt sich leicht zeigen, daß für eine symmetrische Matrix A im Fall $\mathbf{X} = \mathbf{R}^\nu$ die Bedingung $\|U\| < 1$ nicht nur hinreichend, sondern auch notwendig für die Konvergenz der Methode der sukzessiven Approximationen ist.

In Abschnitt III.2.8 wurde nämlich bewiesen, daß dann

$$\|U\| = |\lambda_1|$$

gilt, wobei λ_1 den betragsgrößten Eigenwert der Matrix A bezeichnet. Nehmen wir für y im System (7) den zu λ_1 gehörigen Eigenvektor und setzen $x_0 = 0$, dann erhalten wir

$$x_1 = y,\ x_2 = U(x_1) + y = (\lambda_1 + 1)\, y,\ \ldots,$$

$$x_{n+1} = U(x_n) + y = (\lambda_1^n + \cdots + \lambda_1 + 1)\, y \qquad (n = 1, 2, \ldots),$$

die Folge $\{\xi_j^{(n)}\}$ hat also unter der Voraussetzung $|\lambda_1| \geqq 1$ keinen Grenzwert für $n \to \infty$ bei $\eta_j \neq 0$.

Falls die Matrix A symmetrisch ist, konvergiert demnach die Methode der sukzessiven Approximationen bei beliebiger Anfangsnäherung genau dann gegen die Lösung, wenn alle Eigenwerte der Matrix A ihrem Betrage nach kleiner als Eins sind.

In Kapitel XIII beweisen wir ein allgemeineres Ergebnis, aus dem folgt, daß die letzte Aussage auch ohne die Voraussetzung der Symmetrie der Matrix A richtig bleibt. Davon kann sich der Leser auch unmittelbar überzeugen.

Wir führen noch einige Abschätzungen für den betragsgrößten Eigenwert λ_1 einer beliebigen Matrix A an. Bezeichnet x_1 den zum Eigenwert λ_1 gehörigen Eigenvektor, dann gilt $U(x_1) = \lambda_1 x_1$ und somit

$$|\lambda_1|\, \|x_1\| = \|U(x_1)\| \leqq \|U\|\, \|x_1\|,$$

d. h.

$$|\lambda_1| \leqq \|U\|.$$

Nehmen wir für $\mathbf{X}$ den Raum $\mathbf{m}_\nu$, dann erhalten wir daraus

$$|\lambda_1| \leqq \max_j \sum_{k=1}^{\nu} |a_{jk}|.$$

Für $\mathbf{X} = \mathbf{l}_\nu$ ergibt sich die Abschätzung

$$|\lambda_1| \leqq \max_k \sum_{j=1}^{\nu} |a_{jk}|$$

und schließlich für $\mathbf{X} = \mathbf{R}^\nu$

$$|\lambda_1| \leqq \|U\| \leqq \left[\sum_{j=1}^{\nu} \sum_{k=1}^{\nu} |a_{jk}|^2\right]^{1/2}.$$

3.3. Wir gehen jetzt zur Untersuchung unendlicher Gleichungssysteme über. Gegeben sei das System

$$\xi_j - \sum_{k=1}^{\infty} a_{jk}\, \xi_k = \eta_j \qquad (j = 1, 2, \ldots). \tag{11}$$

Eine Zahlenfolge $\{\xi_j^*\}$ heißt eine *Lösung* dieses Systems, wenn für $\xi_j = \xi_j^*$ die Reihen auf der linken Seite von (11) gegen die entsprechenden Glieder der rechten Seite konvergieren.

Gleichungssysteme dieser Art treten z. B. beim Studium von Integralgleichungen und Randwertaufgaben der mathematischen Physik auf.[1])

Wir setzen zunächst voraus, daß die unendliche Matrix

$$A = \begin{Vmatrix} a_{11} & a_{12} & \ldots & a_{1k} & \ldots \\ a_{21} & a_{22} & \ldots & a_{2k} & \ldots \\ \ldots & \ldots & \ldots & \ldots & \ldots \\ \ldots & \ldots & \ldots & \ldots & \ldots \\ a_{j1} & a_{j2} & \ldots & a_{jk} & \ldots \\ \ldots & \ldots & \ldots & \ldots & \ldots \end{Vmatrix}$$

des Systems (11) der Bedingung

$$\sum_{j=1}^{\infty} \sum_{k=1}^{\infty} |a_{jk}|^2 < 1 \tag{12}$$

genügt. In Abschnitt III.3.1 wurde gezeigt, daß dann die Matrix A einen linearen Operator U im Raum l^2 definiert:

$$z = U(x)\,,$$

$$\zeta_j = \sum_{k=1}^{\infty} a_{jk}\,\xi_k \quad (j = 1, 2, \ldots;\ x = (\xi_1, \xi_2, \ldots);\ z = (\zeta_1, \zeta_2, \ldots)\,.$$

Die Bedingung (12) ergibt

$$\|U\| \leqq \left[\sum_{j=1}^{\infty} \sum_{k=1}^{\infty} |a_{jk}|^2\right]^{1/2} < 1\,.$$

Schreibt man das Gleichungssystem (11) als eine Gleichung der Form (1)

$$x - U(x) = y \qquad \bigl(x = (\xi_1, \xi_2, \ldots), \qquad y = (\eta_1, \eta_2, \ldots)\bigr)\,,$$

dann sind hierfür also die Voraussetzungen von Satz 1 erfüllt. Deshalb gibt es zu jedem $y \in l^2$ eine eindeutig bestimmte Lösung $x^* = \{\xi_k^*\}$ (im Raum l^2), die man durch das Verfahren der sukzessiven Approximationen erhalten kann:

$$\xi_j^{(n+1)} = \sum_{k=1}^{\infty} a_{jk}\,\xi_k^{(n)} + \eta_j \qquad (j = 1, 2, \ldots;\ n = 0, 1, \ldots)\,,$$

$$\lim_{n\to\infty} \sum_{j=1}^{\infty} |\xi_j^* - \xi_j^{(n)}|^2 = 0$$

($\{\xi_k^{(0)}\}$ ist dabei eine beliebige Folge aus l^2).

Wir schwächen jetzt die Voraussetzung (12) folgendermaßen ab:

$$\sum_{j=1}^{\infty} \sum_{k=1}^{\infty} |a_{jk}|^2 < \infty\,. \tag{13}$$

Dann definiert zwar die Matrix A noch einen linearen Operator U in l^2, aber die Ungleichung $\|U\| < 1$ ist i. a. nicht erfüllt, und man kann deshalb Satz 1 in diesem Fall nicht anwenden.

---

[1]) Unendliche Gleichungssysteme werden auch in [117b] untersucht. Literaturangaben findet man in dem Buch Kantorowitsch und Krylow sowie in der Arbeit [105].

Wir zeigen jetzt, daß die Untersuchung des Systems (11) unter der Bedingung (13) auf die eines endlichen Gleichungssystems zurückgeführt werden kann (dabei setzen wir wieder voraus, daß die Folge $\{\eta_j\}$ der rechten Seite ein Element des Raumes l^2 ist).

Es gibt unter der Voraussetzung (13) sicher eine natürliche Zahl n_0, so daß

$$\sum_{j=n_0+1}^{\infty} \sum_{k=n_0+1}^{\infty} |a_{jk}|^2 < 1$$

gilt.

Wir halten jetzt die ersten n_0 Unbekannten $\xi_1, \xi_2, \ldots, \xi_{n_0}$ fest und betrachten das System

$$\xi_j - \sum_{k=n_0+1}^{\infty} a_{jk}\xi_k = \eta_j + \sum_{k=1}^{n_0} a_{jk}\xi_k \qquad (j = n_0+1,\, n_0+2, \ldots). \tag{14}$$

Wegen

$$\sum_{j=n_0+1}^{\infty} |a_{jk}\xi_k|^2 = |\xi_k|^2 \sum_{j=n_0+1}^{\infty} |a_{jk}|^2 \leq |\xi_k|^2 \sum_{j=1}^{\infty}\sum_{s=1}^{\infty} |a_{js}|^2 < \infty$$
$$(k = 1, 2, \ldots, n_0)$$

gehört die Folge der rechten Seiten von (14) zu l^2. Deshalb hat dieses System nach dem oben Gesagten eine eindeutig bestimmte Lösung $\tilde{\xi}_{n_0+1}, \tilde{\xi}_{n_0+2}, \ldots$ in l^2, die natürlich noch von den festgehaltenen Werten $\xi_1, \xi_2, \ldots, \xi_{n_0}$ abhängt. Um diese Abhängigkeit genauer zu untersuchen, betrachten wir die Systeme

$$\xi_j - \sum_{k=n_0+1}^{\infty} a_{jk}\xi_k = a_{js} \qquad (j = n_0+1,\, n_0+2, \ldots;\ s = 1, 2, \ldots, n_0),$$

$$\xi_j - \sum_{k=n_0+1}^{\infty} a_{jk}\xi_k = \eta_j \qquad (j = n_0+1,\, n_0+2, \ldots)$$

und bezeichnen deren Lösungen (die, wie wir wissen, eindeutig bestimmt sind) mit $\{c_{ks}\}$ bzw. $\{\tilde{\eta}_k\}$ $(k = n_0+1,\, n_0+2, \ldots;\ s = 1, 2, \ldots, n_0)$. Es gelten also die Gleichungen

$$c_{js} - \sum_{k=n_0+1}^{\infty} a_{jk}c_{ks} = a_{js} \qquad (j = n_0+1,\, n_0+2, \ldots;\ s = 1, 2, \ldots, n_0), \tag{15}$$

$$\tilde{\eta}_j - \sum_{k=n_0+1}^{\infty} a_{jk}\tilde{\eta}_k = \eta_j \qquad (j = n_0+1,\, n_0+2, \ldots). \tag{16}$$

Durch Multiplikation der ersten Gleichungen mit ξ_s und Addition folgt hieraus

$$\Big(\tilde{\eta}_j + \sum_{s=1}^{n_0} c_{js}\xi_s\Big) - \sum_{k=n_0+1}^{\infty} a_{jk}\Big(\tilde{\eta}_k + \sum_{s=1}^{n_0} c_{ks}\xi_s\Big) = \eta_j + \sum_{s=1}^{n_0} a_{js}\xi_s$$
$$(j = n_0+1,\, n_0+2, \ldots).$$

Die Folge $\{\tilde{\eta}_k + \sum_{s=1}^{n_0} c_{ks}\xi_s\}$ ist also die (eindeutig bestimmte) Lösung des Systems (14), d. h., es gilt

$$\tilde{\xi}_k = \tilde{\eta}_k + \sum_{s=1}^{n_0} c_{ks}\xi_s \qquad (k = n_0+1,\, n_0+2, \ldots).$$

Dieses Ergebnis kann man auch so formulieren: Das gegebene System (11) ist gleichwertig mit dem System

$$\begin{aligned} \xi_j - \sum_{k=1}^{\infty} a_{jk}\xi_k &= \eta_j \qquad (j = 1, 2, \ldots, n_0), \\ \xi_j - \sum_{k=1}^{n_0} c_{jk}\xi_k &= \tilde{\eta}_j \qquad (j = n_0 + 1, n_0 + 2, \ldots). \end{aligned} \tag{17}$$

Ersetzen wir in der ersten Gleichungsgruppe die ξ_k für $k > n_0$ durch die aus der zweiten Gruppe erhaltenen Ausdrücke, dann ergibt sich

$$\xi_j - \sum_{k=1}^{n_0} a_{jk}\xi_k - \sum_{k=n_0+1}^{\infty} a_{jk}\Big(\tilde{\eta}_k + \sum_{s=1}^{n_0} c_{ks}\xi_s\Big) = \eta_j \qquad (j = 1, 2, \ldots, n_0). \tag{18}$$

Mit (vgl. (15) und (16))

$$c_{jk} = a_{jk} + \sum_{s=n_0+1}^{\infty} a_{js}c_{sk};\ \tilde{\eta}_j = \eta_j + \sum_{k=n_0+1}^{\infty} a_{jk}\tilde{\eta}_k \qquad (j, k = 1, 2, \ldots, n_0)\ ^{1)}$$

können wir die Gleichungen (18) in der Form

$$\xi_j - \sum_{k=1}^{n_0} c_{jk}\xi_k = \tilde{\eta}_j \qquad (j = 1, 2, \ldots, n_0) \tag{19}$$

schreiben.

Fügen wir hierzu noch die Gleichungen der zweiten Gruppe des Systems (17)

$$\xi_j - \sum_{k=1}^{n_0} c_{jk}\xi_k = \tilde{\eta}_j \qquad (j = n_0 + 1, n_0 + 2, \ldots), \tag{20}$$

dann erhalten wir ein unendliches System, das dem gegebenen System (11) äquivalent ist.

Die Lösung von (19) und (20) läßt sich in zwei Schritten berechnen: Zunächst bestimmt man aus dem endlichen System (19) die ersten n_0 Unbekannten; diese setzt man in die Gleichungen (20) ein und findet die Werte der übrigen Unbekannten.

Da der zweite Schritt immer durchführbar ist, wenn wir die ersten n_0 Unbekannten kennen, haben wir damit bewiesen, daß die Auflösung von (11) auf die des endlichen Systems (19) zurückgeführt werden kann.

Unter Benutzung dieser Tatsache läßt sich zeigen, daß das System (11) unter der Voraussetzung (13) alle Eigenschaften eines endlichen Systems hat. Da wir dieses Ergebnis in Kapitel XIII aus allgemeineren Überlegungen ableiten werden, führen wir hier nur folgende Eigenschaft an: Ist das zu (11) gehörige homogene System (dieses erhält man aus (11) für $\eta_1 = \eta_2 = \cdots = 0$) im Raum l^2 eindeutig lösbar (die Lösung lautet dann offensichtlich $\xi_1 = \xi_2 = \cdots = 0$), dann hat das gegebene System (11) für jede Folge $\{\eta_j\}$ der rechten Seite eine eindeutig bestimmte Lösung.

---

1) Da die Reihen $\sum_{s=n_0+1}^{\infty} |a_{js}|^2$, $\sum_{s=n_0+1}^{\infty} |c_{sk}|^2$ und $\sum_{k=n_0+1}^{\infty} |\tilde{\eta}_k|^2$ konvergieren, konvergieren auch die Reihen der rechten Seite.

Aus der Homogenität des Systems (11) folgt nämlich die Homogenität des Systems (19). Da die zu beweisende Aussage bekanntlich für endliche Systeme gilt, hat das inhomogene System (19) eine eindeutig bestimmte Lösung, woraus sich die Behauptung ergibt.

Wir überlassen es dem Leser nachzuweisen, daß das homogene System (11) nur eine endliche Anzahl linear unabhängiger Lösungen hat, und Bedingungen für die Lösbarkeit des inhomogenen Systems in dem Fall abzuleiten, daß nichttriviale Lösungen existieren.

3.4. Wir setzen jetzt voraus, daß die Matrix A der Bedingung

$$\sum_{k=1}^{\infty} |a_{jk}| \leqq 1 - \varrho \qquad (j = 1, 2, \ldots) \tag{21}$$

genügt, wobei $1 \geqq \varrho > 0$ sein soll.

In diesem Fall heißt das System (11) *vollregulär.*

Im Raum $\mathfrak{m}$ definieren wir einen Operator U durch die Gleichungen

$$z = U(x),$$

$$\zeta_j = \sum_{k=1}^{\infty} a_{jk}\, \xi_k \quad \bigl(j = 1, 2, \ldots;\ x = (\xi_1, \xi_2, \ldots),\ z = (\zeta_1, \zeta_2, \ldots)\bigr).$$

Aus (21) folgt

$$|\zeta_j| \leqq \sum_{k=1}^{\infty} |a_{jk}|\, |\xi_k| \leqq \|x\| \sum_{k=1}^{\infty} |a_{jk}| \leqq (1 - \varrho)\, \|x\| \qquad (j = 1, 2, \ldots), \tag{22}$$

deshalb wird durch die Gleichung $z = U(x)$ für jedes $x \in \mathfrak{m}$ wieder ein Element z des Raumes $\mathfrak{m}$ definiert und es gilt

$$\|z\| = \|U(x)\| \leqq (1 - \varrho)\, \|x\|.$$

Der Operator U ist außerdem offensichtlich additiv. Deshalb ist U ein linearer Operator in $\mathfrak{m}$ mit

$$\|U\| \leqq 1 - \varrho. \tag{23}$$

Wie in Abschnitt 3.3 können wir das System (11) wieder als eine Gleichung der Form (1) schreiben:

$$x - U(x) = y \quad \bigl(x = (\xi_1, \xi_2, \ldots),\quad y = (\eta_1, \eta_2, \ldots)\bigr). \tag{24}$$

Da U der Ungleichung (23) genügt, läßt sich auf Gleichung (24) der Satz 1 anwenden. Sie hat deshalb für beliebiges $y \in \mathfrak{m}$ eine eindeutig bestimmte Lösung (im Raum $\mathfrak{m}$), die man z. B. nach dem Verfahren der sukzessiven Approximationen berechnen kann.

Ein vollreguläres System besitzt also für jede beschränkte Folge $\{\eta_j\}$ rechter Seiten eine eindeutig bestimmte beschränkte Lösung.

Bemerkung. Diese Aussage garantiert nur die Eindeutigkeit der beschränkten Lösung eines vollregulären Systems. Daneben kann das System aber auch noch unbeschränkte Lösungen haben. Zum Beispiel ist für jede Konstante a die Folge $\{\xi_k\}$ mit

$$\xi_1 = a, \quad \xi_2 = 2\,a, \ldots, \xi_k = k!\,a, \ldots$$

Lösung des Systems

$$\xi_j - \frac{1}{j+1}\xi_{j+1} = 0 \qquad (j = 1, 2, \ldots)\,.$$

Dieses System hat also unendlich viele unbeschränkte Lösungen.

Eine entsprechende Bemerkung gilt übrigens auch für das in Abschnitt 3.3 betrachtete System.

Falls für die Matrix A eine natürliche Zahl n_0 und eine positive Konstante M mit

$$\sum_{k=n_0+1}^{\infty} |a_{jk}| \leqq 1 - \varrho\,, \qquad \sum_{k=1}^{\infty} |a_{jk}| \leqq M \qquad (j = 1, 2, \ldots;\ 1 \geqq \varrho > 0)$$

existieren, dann kann man ohne wesentliche Änderung der Überlegungen von Abschnitt 3.3 zeigen, daß für das zugehörige Gleichungssystem die dort unter der Voraussetzung (13) abgeleiteten Aussagen gültig bleiben.

3.5. Wir betrachten jetzt die Integralgleichung

$$x(s) - \lambda \int_a^b K(s, t)\, x(t)\, dt = y(s)$$

mit stetigem Kern $K(s, t)$.

Durch Einführung des Integraloperators U im Raum $\mathbf{C}$ oder im Raum $\mathbf{L}^2$ (siehe III.2.4 oder III.2.6) können wir diese Integralgleichung in der Form

$$x - \lambda\, U(x) = y \tag{25}$$

schreiben. Für

$$|\lambda| < \frac{1}{\|U\|} \tag{26}$$

hat nach Satz 3 (2.V) der Operator $I - \lambda\, U$ eine lineare Inverse

$$(I - \lambda\, U)^{-1} = I + \lambda\, U + \lambda^2\, U^2 + \cdots + \lambda^n\, U^n + \cdots\,.$$

Die eindeutige Lösung x^* der Gleichung (25) ist folglich

$$x^* = (I - \lambda\, U)^{-1}(y) = y + \lambda\, U(y) + \lambda^2\, U^2(y) + \cdots + \lambda^n\, U^n(y) + \cdots\,. \tag{27}$$

Diese Reihe heißt NEUMANN*sche Reihe.*

Wir zeigen, daß die Operatoren U^n ebenso wie U Integraloperatoren sind. $v = U^2(x)$ bedeutet nämlich $v = U(z)$ mit $z = U(x)$, d. h.

$$v(s) = \int_a^b K(s, t)\, z(t)\, dt\,; \quad z(t) = \int_a^b K(t, u)\, x(u)\, du\,.$$

Daraus folgt

$$v(s) = \int_a^b K(s, t)\left[\int_a^b K(t, u)\, x(u)\, du\right] dt = \int_a^b\left[\int_a^b K(s, t)\, K(t, u)\, dt\right] x(u)\, du$$

$$= \int_a^b K_2(s, u)\, x(u)\, du \qquad \left(K_2(s, u) = \int_a^b K(s, t)\, K(t, u)\, dt\right).$$

Durch Induktion kann man beweisen, daß $v = U^n(x)$ mit

$$v(s) = \int_a^b K_n(s, u)\, x(u)\, du \qquad (n = 2, 3, \ldots)$$

gleichbedeutend ist, wobei sich die Kerne $K_n(s, u)$ nach der Rekursionsformel

$$K_n(s, u) = \int_a^b K_{n-1}(s, t)\, K(t, u)\, dt \qquad (n = 2, 3, \ldots)$$

berechnen, d. h., es gilt

$$K_n(s, u) = \int_a^b \ldots \int_a^b K(s, t_1)\, K(t_1, t_2) \ldots K(t_{n-1}, u)\, dt_1\, dt_2 \ldots dt_{n-1}.$$

Die Funktionen $K_n(s, u)$ heißen *iterierte Kerne.*

Die NEUMANNsche Reihe können wir jetzt in der Form

$$x^*(s) = y(s) + \lambda \int_a^b K(s, t)\, y(t)\, dt + \lambda^2 \int_a^b K_2(s, t)\, y(t)\, dt + \cdots$$
$$\cdots + \lambda^n \int_a^b K_n(s, t)\, y(t)\, dt + \cdots$$

schreiben. Die Art der Konvergenz dieser Reihe hängt davon ab, in welchem Raum wir den Operator U betrachten.

Konvergenzbedingungen für die NEUMANNsche Reihe erhält man aus (26), wenn man darin $\|U\|$ durch den entsprechenden Ausdruck ersetzt. Im Raum **C** gilt z. B. (siehe III.2.4)

$$\|U\| = \max_s \int_a^b |K(s, t)|\, dt \leqq M\,(b - a) \quad \left(M = \max_{s,t} |K(s, t)|\right),$$

so daß die Bedingung (26) in

$$|\lambda| < \frac{1}{\max\limits_s \int_a^b |K(s, t)|\, dt}$$

oder in die einfachere Bedingung

$$|\lambda| < \frac{1}{M\,(b - a)}$$

übergeht.

Für den Fall des Raumes $\mathbf{L}^2$ wurde in Abschnitt III.2.6 die Abschätzung

$$\|U\| \leqq \left[\int_a^b \int_a^b |K(s, t)|^2\, ds\, dt\right]^{1/2}$$

bewiesen. Folglich ist die Bedingung

$$|\lambda| < \frac{1}{\left[\int_a^b \int_a^b |K(s, t)|^2\, ds\, dt\right]^{1/2}}$$

hinreichend für die Konvergenz der NEUMANNschen Reihe in $\mathbf{L}^2$.

Setzt man die Symmetrie des Kernes $K(s, t)$ voraus, dann gilt nach Abschnitt III.2.6 genauer

$$\|U\| = \frac{1}{|\lambda_1|},$$

wobei λ_1 die betragsmäßig kleinste charakteristische Zahl von $K(s, t)$ bezeichnet. Deshalb konvergiert im Fall eines symmetrischen Kernes die NEUMANNsche Reihe in $\mathbf{L}^2$ für

$$|\lambda| < |\lambda_1|.$$

Für $|\lambda| \geqq |\lambda_1|$ konvergiert die NEUMANNsche Reihe nicht mehr bei beliebigem $y \in \mathbf{L}^2$. Das läßt sich ebenso beweisen, wie die entsprechende Aussage für endliche Gleichungssysteme im Abschnitt 3.2. Die Bedingung (26) ist in diesem Fall für die Konvergenz der NEUMANNschen Reihe also nicht nur hinreichend, sondern auch notwendig.

Entsprechend wie in Abschnitt 3.2 findet man mit Hilfe der Ungleichung $|\lambda_1| \geqq \frac{1}{\|U\|}$ auch eine untere Schranke für die betragsmäßig kleinste charakteristische Zahl eines nichtsymmetrischen Kernes $K(s, t)$:

$$|\lambda_1| \geqq \frac{1}{\max\limits_s \int\limits_a^b |K(s, t)|\, dt} \geqq \frac{1}{M\,(b-a)} \qquad \text{(im Raum } \mathbf{C}\text{)}$$

bzw.

$$|\lambda_1| \geqq \frac{1}{\left[\int\limits_a^b \int\limits_a^b |K(s, t)|^2\, ds\, dt\right]^{1/2}} \qquad \text{(im Raum } \mathbf{L}^2\text{)}.$$

Schließlich weisen wir noch auf folgende Tatsache hin. Nach der Bemerkung zum Satz von BANACH (V.2.5) konvergiert die NEUMANNsche Reihe auch noch, wenn für ein gewisses $n = 1, 2, \ldots$

$$|\lambda| < \frac{1}{\sqrt[n]{\|U^n\|}},$$

d. h. (im Raum $\mathbf{C}$)

$$|\lambda| < \frac{1}{\left[\max\limits_s \int\limits_a^b |K_n(s, t)|\, dt\right]^{1/n}}$$

oder (im Raum $\mathbf{L}^2$)

$$|\lambda| < \frac{1}{\left[\int\limits_a^b \int\limits_a^b |K_n(s, t)|^2\, ds\, dt\right]^{1/2n}}$$

gilt.

§ 4. Der Ring der Operatoren im Hilbert-Raum

4.1. In diesem Paragraphen betrachten wir den Ring $[\mathbf{H} \to \mathbf{H}]$ der linearen Operatoren in einem Hilbert-Raum $\mathbf{H}$ genauer und untersuchen zunächst die Zusammenhänge der Adjungiertenbildung mit den algebraischen Operationen des Ringes. Darüber gelten folgende Aussagen:

a) $[U_1 + U_2]^* = U_1^* + U_2^*$. (1)

Aus der Definition des adjungierten Operators folgt nämlich für beliebige $x, y \in \mathbf{H}$

$$([U_1 + U_2]\, x, y) = (x, [U_1 + U_2]^*\, y)\,,$$
$$(U_1\, x, y) = (x, U_1^*\, y)\,,$$
$$(U_2\, x, y) = (x, U_2^*\, y)\,.$$

Durch Addition der zweiten und dritten Gleichung finden wir die Beziehung

$$([U_1 + U_2]\, x, y) = (x, U_1^*\, y + U_2^*\, y) = (x, [U_1^* + U_2^*]\, y)$$

für beliebiges $x \in \mathbf{H}$, woraus sich

$$[U_1 + U_2]^*\, y = [U_1^* + U_2^*]\, y$$

ergibt. Die letzte Beziehung ist aber mit (1) gleichbedeutend.

b) $[\lambda\, U]^* = \bar{\lambda}\, U^*$. (2)

Es gilt

$$([\lambda\, U]\, x, y) = (x, [\lambda\, U]^*\, y) \qquad (x, y \in \mathbf{H}) \tag{3}$$

und wegen $[\lambda\, U]\, x = \lambda\, U\, x$ auch

$$([\lambda\, U]\, x, y) = \lambda(U\, x, y) = \lambda(x, U^*\, y) = (x, [\bar{\lambda}\, U^*]\, y)\,.$$

Durch Vergleich dieser Beziehung mit (3) ergibt sich (2).

c) $[U_1\, U_2]^* = U_2^*\, U_1^*$. (4)

Einerseits gilt nämlich

$$([U_1\, U_2]\, x, y) = (x, [U_1\, U_2]^*\, y) \qquad (x, y \in \mathbf{H})\,,$$

andererseits aber auch

$$([U_1\, U_2]\, x, y) = \big(U_1(U_2\, x), y\big) = (U_2\, x, U_1^*\, y) = \big(x, U_2^*(U_1^*\, y)\big) = (x, [U_2^*\, U_1^*]\, y)\,.$$

Durch die entsprechenden Überlegungen wie oben erhalten wir hieraus die Beziehung (4).

d) Besitzt der Operator U eine lineare Inverse U^{-1}, dann besitzt auch der adjungierte Operator U^* eine lineare Inverse, und es gilt

$$(U^*)^{-1} = (U^{-1})^*\,. \tag{5}$$

Aus $U^{-1}\, U = U\, U^{-1} = I$ folgt nämlich nach c)

$$U^*(U^{-1})^* = (U^{-1})^*\, U^* = I^* = I\,,$$

was mit der Behauptung (5) gleichbedeutend ist.

Sind die Operatoren U_1 und U_2 beide selbstadjungiert, dann erhält man aus a)—c) folgende Aussagen:

d*) Für zwei reelle Zahlen λ, μ ist der Operator $\lambda U_1 + \mu U_2$ selbstadjungiert.

e) Das Produkt $U_1 U_2$ ist genau dann selbstadjungiert, wenn $U_1 U_2 = U_2 U_1$ gilt, d. h., wenn die Operatoren U_1 und U_2 vertauschbar sind.

Für zwei selbstadjungierte Operatoren folgt nämlich aus Punkt c)

$$[U_1 U_2]^* = U_2 U_1 ,$$

woraus sich unmittelbar die Behauptung ergibt.

Eine Folge $\{U_n\}$ von Operatoren eines Hilbert-Raumes $\mathbf{H}$ heißt *schwach konvergent* gegen den Operator U, wenn für beliebige $x, y \in \mathbf{H}$ die Beziehung

$$\lim_{n \to \infty} (U_n x, y) = (U x, y)$$

gilt. Man sieht leicht, daß der Grenzwert einer schwach konvergenten Folge selbstadjungierter Operatoren wieder ein selbstadjungierter Operator ist.

Gilt $U_n x \to Ux$ für jedes $x \in \mathbf{H}$, so nennen wir die Operatorenfolge $\{U_n\}$ *konvergent* gegen den Operator U.[1]) Sind die Operatoren U_n selbstadjungiert, dann gilt das gleiche für U.

Schließlich ist auch für eine Folge selbstadjungierter Operatoren $\{U_n\}$ mit $U_n \to U$ im Raum $[\mathbf{H} \to \mathbf{H}]$ der Grenzoperator U selbstadjungiert.

Die beiden letzten Aussagen ergeben sich unmittelbar aus der ersten, wenn man beachtet, daß in beiden Fällen die Folge $\{U_n\}$ auch schwach gegen den Operator U konvergiert.

4.2. Ein Operator U im Hilbert-Raum $\mathbf{H}$ heißt *positiv* ($U \geqq 0$), wenn für jedes $x \in \mathbf{H}$

$$(U x, x) \geqq 0$$

gilt.

Jeder positive Operator (in einem komplexen Hilbert-Raum $\mathbf{H}$) ist auch selbstadjungiert. In der Beziehung

$$(U x, y) = \frac{1}{4} \{[(U(x + y), x + y) - (U(x - y), x - y)] + i[(U(x + y i), x + y i) - (U (x - y i), x - y i)]\}$$

sind nämlich die Ausdrücke in eckigen Klammern reell, falls $(U x, x)$ für jedes $x \in \mathbf{H}$ reell ist. Durch Vertauschung von x und y folgt

$$\begin{aligned}(U y, x) &= \frac{1}{4} \{[(U (y + x), y + x) - (U (y - x), y - x)] \\ &\qquad + i [(U (y + x i), y + x i) - (U (y - x i), y - x i)]\} \\ &= \frac{1}{4} \{[(U (x + y), x + y) - (U (x - y), x - y)] \\ &\qquad - i [(U(x + y i), x + y i) - (U(x - y i), x - y i)]\} = \overline{(U x, y)} .\end{aligned}$$

[1]) In der Literatur findet man hierfür zur besseren Unterscheidung häufig die Bezeichnung „starke Konvergenz“.

Es ergibt sich somit

$$(U\,x, y) = \overline{(U\,y, x)} = (x, U\,y)\,,$$

was zu zeigen war.

Bemerkung. Zum Beweis der Selbstadjungiertheit des Operators U haben wir nur benutzt, daß der Ausdruck $(U\,x, x)$ für jedes $x \in \mathbf{H}$ reell ist. Man sieht leicht, daß diese Bedingung für die Selbstadjungiertheit von U auch notwendig ist.

Ein Operator U_1 heißt *größer* als ein Operator U_2 ($U_1 \geqq U_2$), wenn $U_1 - U_2 \geqq 0$ gilt.

Für jeden Operator U sind die Operatoren $U^* U$ und $U\,U^*$ positiv. Das ergibt sich z. B. für $U^* U$ aus der Beziehung

$$(U^*\,U\,x, x) = (U\,x, U\,x) \geqq 0\,.$$

Ist U selbstadjungiert, dann folgt hieraus $U^2 \geqq 0$.

Man überzeugt sich leicht davon, daß jede Linearkombination positiver Operatoren mit reellen nichtnegativen Koeffizienten wieder ein positiver Operator ist.

Weiterhin ist jede Potenz U^n eines positiven Operators U ein positiver Operator. Für gerades n ($n = 2\,m$) gilt nämlich¹)

$$(U^n\,x, x) = (U^m\,x, U^m\,x) = \|U^m\,x\|^2 \geqq 0 \qquad (x \in \mathbf{H})$$

und für ungerades n ($n = 2\,m + 1$)

$$(U^n\,x, x) = \big(U(U^m, x)\,U^m\,x\big) = (U\,y, y) \geqq 0 \qquad (x \in \mathbf{H},\; y = U^m\,x)\,.$$

Daraus folgt, daß auch jede Linearkombination von Potenzen eines positiven Operators U mit nichtnegativen Koeffizienten, d. h. jeder Operator der Form

$$\varphi(U) = a_0\,U^n + a_1\,U^{n-1} + \cdots + a_n\,I \qquad (a_0, a_1, \ldots, a_n \geqq 0)$$

positiv ist. Den Operator $\varphi(U)$ nennen wir ein *Operatorpolynom* von U.

Für jeden positiven Operator U gilt in Verallgemeinerung der Schwarzschen Ungleichung

$$|(U\,x, y)|^2 \leqq (U\,x, x)\,(U\,y, y) \qquad (x, y \in \mathbf{H})\,. \tag{6}$$

Der Beweis von (6), der sich durch fast wörtliche Übertragung des Beweises der Schwarzschen Ungleichung in Abschnitt II.7.1 ergibt, kann dem Leser überlassen werden.

4.3. Mit Hilfe der Ungleichung (6) beweisen wir jetzt einen „Satz über den Grenzwert einer monotonen Folge“.

Satz 1 (4.V). *$\{U_n\}$ sei eine wachsende Folge selbstadjungierter Operatoren mit $\sup_n \|U_n\| = A < \infty$. Dann gibt es einen linearen Operator U derart, daß für jedes Element $x \in \mathbf{H}$*

$$U\,x = \lim_{n\to\infty} U_n\,x$$

und

$$\|U\| \leqq A \tag{7}$$

gilt. Die Folge U_n ist also (stark) konvergent gegen U.

¹) Wegen $U^0 = I$ ist die Behauptung offensichtlich auch für $n = 0$ richtig.

Beweis. m und n seien natürliche Zahlen mit $m \geqq n$. Der Operator $U_m - U_n$ ist positiv, deshalb gilt für ein beliebiges $x \in \mathbf{H}$

$$(U_m x, x) - (U_n x, x) = ([U_m - U_n] x, x) \geqq 0,$$

d. h., die Zahlenfolge $\{(U_n x, x)\}$ wächst monoton. Da sie außerdem beschränkt ist,

$$|(U_n x, x)| \leqq ||U_n x|| \, ||x|| \leqq A \, ||x||^2, \tag{8}$$

existiert der (endliche) Grenzwert $\lim\limits_{n \to \infty} (U_n x, x)$.

Wenden wir die Ungleichung (6) auf den Operator $U_m - U_n$ $(m \geqq n)$ an, dann ergibt sich unter Berücksichtigung von (8)

$$|(U_m x - U_n x, y)|^2 \leqq [(U_m x, x) - (U_n, x, x)] [(U_m y, y) - (U_n y, y)]$$
$$\leqq 2 A \, ||y||^2 [(U_m x, x) - (U_n x, x)].$$

Mit

$$y = U_m x - U_n x$$

erhalten wir hieraus die Beziehung

$$||U_m x - U_n x||^2 \leqq 2 A [(U_m x, x) - (U_n x, x)] \qquad (x \in \mathbf{H}).$$

Nach den obigen Überlegungen strebt die rechte Seite dieser Ungleichung gegen Null für $m, n \to \infty$. Folglich existiert der Grenzwert

$$U x = \lim_{n \to \infty} U_n x.$$

Der so definierte Operator U ist additiv und homogen. Aus

$$||U_n x|| \leqq ||U_n|| \, ||x|| \leqq A \, ||x||$$

folgt

$$||Ux|| \leqq A \, ||x||,$$

d. h., U ist sogar beschränkt und es gilt $||U|| \leqq A$.

Damit ist der Satz bewiesen.

Bemerkung. Satz 1 gilt selbstverständlich auch für monoton fallende Folgen selbstadjungierter Operatoren.

4.4. Es sei jetzt ein positiver Operator U gegeben. Ein positiver Operator V heißt eine *Quadratwurzel* des Operators U, wenn $V^2 = U$ gilt. Man schreibt in diesem Falle $V = \sqrt{U}$ oder $V = U^{1/2}$.

Satz 2 (4.V). *U sei ein positiver Operator. Dann gibt es eine eindeutig bestimmte Quadratwurzel $V = \sqrt{U}$ des Operators U. V ist genau mit all denjenigen Operatoren vertauschbar, die mit U vertauschbar sind.*

Beweis. Ohne Einschränkung der Allgemeinheit können wir annehmen, daß $||U|| \leqq 1$ gilt.[1])

---

[1]) Im allgemeinen Fall geht man zu $\dfrac{U}{||U||}$ über.

Wir setzen $U_0 = I - U$. Der Operator U_0 ist wegen

$$(U_0 x, x) = (x, x) - (U x, x) \geqq \|x\|^2 - \|U\| \, \|x\|^2 \geqq 0 \qquad (x \in \mathbf{H})$$

positiv und es gilt $(x, x) - (U_0 x, x) = (U x, x) \geqq 0$. Aus (6) folgt

$$|(U_0 x, y)|^2 \leqq (U_0 x, x) \, (U_0 y, y) \leqq \|x\|^2 \, \|y\|^2 .$$

Für $y = U_0 x$ ergibt sich hieraus die Ungleichung

$$\|U_0 x\| \leqq \|x\| ,$$

d. h.

$$\|U_0\| \leqq 1 . \tag{9}$$

Wir definieren nun eine Folge von Operatoren $\{V_n\}$, indem wir

$$V_1 = 0 , \qquad V_{n+1} = \frac{1}{2} (U_0 + V_n^2) \qquad (n = 1, 2, \ldots) \tag{10}$$

setzen. Unter Benutzung von (9) zeigt man ohne Schwierigkeit durch vollständige Induktion, daß

$$\|V_n\| \leqq 1 \qquad (n = 1, 2, \ldots) \tag{11}$$

gilt.

Die Operatoren V_n und $V_{n+1} - V_n$ sind Operatorpolynome von U_0 mit nichtnegativen Koeffizienten. Für $n = 1$ ist das offensichtlich. Da für das Rechnen mit Operatorpolynomen dieselben Regeln wie für das Rechnen mit gewöhnlichen Polynomen gelten, folgt aus Formel (10), daß V_{n+1} ein Operatorpolynom von U_0 mit nichtnegativen Koeffizienten ist, wenn dies für V_n zutrifft. Weiter gilt wegen Formel (10) und der Vertauschbarkeit der V_n

$$V_{n+1} - V_n = \frac{1}{2}(U_0 + V_n^2) - \frac{1}{2}(U_0 + V_{n-1}^2)$$

$$= \frac{1}{2} (V_n^2 - V_{n-1}^2) = \frac{1}{2} (V_n + V_{n-1}) \, (V_n - V_{n-1}) .$$

$V_n + V_{n-1}$ ist nach dem eben Bewiesenen ein Operatorpolynom von U_0 mit nichtnegativen Koeffizienten. Nehmen wir an, auch $V_n - V_{n-1}$ sei ein Operatorpolynom von U_0 mit nichtnegativen Koeffizienten, dann gilt dasselbe für $V_{n+1} - V_n$, denn das Produkt zweier Operatorpolynome von U_0 mit nichtnegativen Koeffizienten ist wieder ein Polynom dieser Art.

Da ein Operatorpolynom von einem positiven Operator mit nichtnegativen Koeffizienten wieder ein positiver Operator ist (siehe Abschnitt 4.2), folgt $V_n \geqq 0$ und $V_{n+1} - V_n \geqq 0$. Die Folge $\{V_n\}$ wächst also monoton und die Operatoren V_n sind als positive Operatoren auch selbstadjungiert. Wegen (11) ist die Folge $\{V_n\}$ beschränkt, deshalb existiert nach Satz 1 ein Operator V_0 mit

$$V_0 x = \lim_{n \to \infty} V_n x .$$

Da die Operatoren V_n positiv sind, ist auch V_0 positiv, und es gilt wegen (11)

$$\|V_0\| \leqq 1 . \tag{12}$$

Man sieht leicht, daß ein mit U vertauschbarer Operator $\overline{U}$ auch mit U_0 und mit V_n ($n = 1, 2, \ldots$) vertauschbar ist. Daraus folgt

$$\overline{U}\, V_0\, x = \overline{U}\left(\lim_{n\to\infty} V_n\, x\right) = \lim_{n\to\infty} \overline{U}\, V_n\, x = \lim_{n\to\infty} V_n\, \overline{U}\, x = V_0\, \overline{U}\, x \qquad (x \in \mathbf{H}),$$

d. h., auch V_0 ist mit $\overline{U}$ vertauschbar. Insbesondere ist V_0 mit jedem Operator V_n vertauschbar. Es gilt deshalb $V_0^2 - V_n^2 = (V_0 + V_n)(V_0 - V_n)$ und

$$||V_0^2 x - V_n^2 x|| = ||V_0 + V_n||\, ||V_0 x - V_n x|| \leqq 2\, ||V_0 x - V_n x|| \to 0 \qquad (x \in \mathbf{H}),$$

woraus

$$V_0^2 x = \lim_{n\to\infty} V_n^2 x \qquad (x \in \mathbf{H})$$

folgt. Führen wir in der Beziehung

$$V_{n+1}\, x = \frac{1}{2}\,(U_0\, x + V_n^2\, x) \qquad (n = 1, 2, \ldots;\ x \in \mathbf{H})$$

den Grenzübergang $n \to \infty$ durch, dann ergibt sich

$$V_0\, x = \frac{1}{2}(U_0\, x + V_0^2\, x) \qquad (x \in \mathbf{H}).$$

Für $V = I - V_0$ erhalten wir damit

$$V^2 = I - 2\, V_0 + V_0^2 = [I - 2\, V_0] + [2\, V_0 - U_0] = I - U_0 = U.$$

Die Positivität des Operators V beweist man unter Benutzung von (12) ebenso wie am Anfang des Beweises die Positivität von U_0. Es gilt also $V = \sqrt{U}$.

Wie man sich leicht überlegt, ist auch V mit jedem Operator vertauschbar, der mit U vertauschbar ist.

Wir haben nun nur noch die Eindeutigkeit der Quadratwurzel zu zeigen. Zu diesem Zweck sei V' eine Quadratwurzel von U. Wegen

$$U\, V' = V'^3 = V'\, U$$

ist V' mit U und deshalb auch mit V vertauschbar. Wir nehmen ein beliebiges $x \in \mathbf{H}$ und setzen $y = V'\, x - V\, x$. Aus der Beziehung

$$(V'\, y, y) + (V\, y, y) = ([V' + V]\,[V' - V]\, x, y) = ([V'^2 - V^2]\, x, y) = ([U - U]\, x, y) = 0$$

folgt wegen $(V\, y, y) \geqq 0$ und $(V'\, y, y) \geqq 0$

$$(V\, y, y) = (V'\, y, y) = 0.$$

W sei jetzt irgendeine Quadratwurzel von V. Dann gilt

$$||W\, y||^2 = (W\, y, W\, y) = (W^2\, y, y) = (V\, y, y) = 0,$$

also $Wy = \mathbf{0}$ und deshalb erst recht $Vy = W(Wy) = \mathbf{0}$. Ebenso beweist man die Beziehung $V'\, y = \mathbf{0}$. Daraus folgt aber

$$||V'\, x - V\, x||^2 = ([V' - V]^2\, x, x) = ([V' - V]\, y, x) = 0,$$

d. h. $V'\, x = V\, x$ für jedes $x \in \mathbf{H}$ oder $V' = V$.

Damit ist der Satz vollständig bewiesen.[1])

---

[1]) Die Existenz der Quadratwurzel wurde von VISSER in [193], ihre Eindeutigkeit von SZÖKEFALVI-NAGY [39] bewiesen.

Folgerung. *Das Produkt zweier positiver, miteinander vertauschbarer Operatoren U_1 und U_2 ist wieder ein positiver Operator.*

Der Operator $\sqrt{U_2} = V$ ist nämlich vertauschbar mit U_1, deshalb gilt

$$(U_1 U_2 x, x) = (U_1 V^2 x, x) = (V U_1 V x, x) = \big(U_1(V x), V x\big) \geqq 0 \qquad (x \in \mathbf{H}) .$$

4.5. Für einen selbstadjungierten Operator U vereinfacht sich das in Satz 1 (2.V) formulierte Konvergenzkriterium für die Reihe

$$I + U + U^2 + \cdots + U^n + \cdot \tag{13}$$

folgendermaßen.

Satz 3 (4.V). *Ist U ein selbstadjungierter Operator, so konvergiert die Reihe* (13) *genau dann, wenn $\|U\| < 1$ gilt.*

Beweis. Wir beweisen zunächst die Beziehung

$$\|U^2\| = \|U\|^2 . \tag{14}$$

Einerseits gilt nämlich

$$\|U\|^2 = \sup_{x \neq 0} \frac{\|U x\|^2}{\|x\|^2} = \sup_{x \neq 0} \frac{(U^2 x, x)}{\|x\|^2} \leqq \sup_{x \neq 0} \frac{\|U^2 x\|}{\|x\|} = \|U^2\| .$$

Die umgekehrte Ungleichung $\|U^2\| \leqq \|U\|^2$ ist aber für einen beliebigen Operator U erfüllt.

Aus (14) folgt

$$\|U^{2^m}\| = \|U\|^{2^m} \qquad (m = 1, 2, \ldots) \tag{15}$$

und

$$c_U = \lim_{n \to \infty} \|U^n\|^{1/n} = \lim_{m \to \infty} \|U^{2^m}\|^{1/2^m} = \|U\| . \tag{16}$$

Beachten wir die Aussage von Satz 1 (2.V) und die Beziehung (16), dann haben wir nur noch zu zeigen, daß die Reihe (13) für $c_U = \|U\| = 1$ divergiert. Wegen (15) gilt in diesem Fall aber

$$\|U^{2^m}\| = 1 \qquad (m = 1, 2, \ldots) ,$$

also strebt das allgemeine Glied der Reihe (13) nicht gegen Null.

4.6. Im normierten Ring $[\mathbf{H} \to \mathbf{H}]$ der Operatoren in einem Hilbert-Raum $\mathbf{H}$ spielt die Menge der Projektionen (III.3.4) eine große Rolle. Wie in Kapitel IX, § 5 gezeigt wird, läßt sich jeder selbstadjungierte Operator mit Hilfe von Projektionen darstellen. Das erklärt die Wichtigkeit der folgenden Betrachtungen.

Zwei Projektionen P_1 und P_2 heißen (zueinander) *orthogonal*, wenn $P_1 P_2 = 0$ gilt.[1])

Bezeichnen wir mit $\mathbf{H}_1$ bzw. $\mathbf{H}_2$ denjenigen Teilraum von $\mathbf{H}$, auf den die Projektion P_1 bzw. P_2 projiziert, so sind die Projektionen P_1 und P_2 genau dann orthogonal, wenn die Teilräume $\mathbf{H}_1$ und $\mathbf{H}_2$ orthogonal sind. Um das zu sehen,

---

[1]) Da 0 ein selbstadjungierter Operator ist, sind nach Aussage e) aus Abschnitt 4.1 die Projektionen P_1 und P_2 vertauschbar, d. h., es gilt $P_1 P_2 = P_2 P_1 = 0$. Die Definition der Orthogonalität hängt also nicht von der Reihenfolge ab, in der man die Projektionen miteinander multipliziert.

sei zuerst $P_1 P_2 = \mathbf{0}$ und $x' \in \mathbf{H}_1$, $x'' \in \mathbf{H}_2$. Unter Benutzung von Aussage b) in Abschnitt III.3.4 und Satz 2 (3.III) erhalten wir

$$(x', x'') = (P_1 x', P_2 x'') = (x', P_1 P_2 x'') = 0 .$$

Umgekehrt folgt aus $\mathbf{H}_1 \perp \mathbf{H}_2$ und $x \in \mathbf{H}$ wegen $P_2 x \in \mathbf{H}_2$ stets $P_2 x \perp \mathbf{H}_1$. Nach Aussage c) aus Abschnitt III.3.4 ergibt sich hieraus $P_1 P_2 x = \mathbf{0}$, d. h. $P_1 P_2 = \mathbf{0}$.

Satz 4 (4.V). *Die Summe $P = P_1 + P_2 + \cdots + P_n$ der Projektionen $P_1, P_2, \ldots, P_n$ ist genau dann wieder eine Projektion, wenn die $P_1, \ldots, P_n$ paarweise orthogonal sind.*

Beweis. P sei eine Projektion. Aus Satz 2 (3.III) folgt

$$\|P x\|^2 = (P x, P x) = (P^2 x, x) = (P x, x) \qquad (x \in \mathbf{H}) \tag{17}$$

und entsprechend

$$\|P_k x\|^2 = (P_k x, x) \qquad (x \in \mathbf{H};\ k = 1, 2, \ldots, n) .$$

Somit erhalten wir

$$\begin{aligned} \|P_1 x\|^2 + \|P_2 x\|^2 &\leq \sum_{k=1}^{n} \|P_k x\|^2 = \sum_{k=1}^{n} (P_k x, x) = (P x, x) \\ &= \|P x\|^2 \leq \|x\|^2 \qquad (x \in \mathbf{H}) . \end{aligned} \tag{18}$$

Wir betrachten jetzt ein beliebiges Element $y \in \mathbf{H}$ und setzen in (18) $x = P_1 y$. Wegen $P_1 x = P_1^2 y = P_1 y$ ergibt das

$$\|P_1 y\|^2 + \|P_2 P_1 y\|^2 \leq \|P_1 y\|^2 .$$

Daraus folgt $P_2 P_1 y = \mathbf{0}$, d. h. $P_2 P_1 = \mathbf{0}$. Die Projektionen P_1 und P_2 sind also orthogonal. Entsprechend beweist man die paarweise Orthogonalität der anderen Projektionen.

Um zu sehen, daß diese Bedingung auch hinreichend ist, zeigen wir, daß der Operator $P = P_1 + P_2 + \cdots + P_n$ den Voraussetzungen von Satz 2 (3.III) genügt. Erstens ist P als Summe selbstadjungierter Operatoren ebenfalls selbstadjungiert (4.1, Aussage d)). Da die Projektionen P_k $(k = 1, 2, \ldots, n)$ paarweise orthogonal sind, d. h. den Beziehungen

$$P_j P_k = \begin{cases} \mathbf{0}, & j \neq k \\ P_k, & j = k \end{cases} \qquad (j, k = 1, 2, \ldots, n)$$

genügen, folgt zweitens auch

$$P^2 = \left(\sum_{k=1}^{n} P_k\right)^2 = \sum_{j=1}^{n} \sum_{k=1}^{n} P_j P_k = \sum_{k=1}^{n} P_k = P .$$

Damit ist der Satz bewiesen.

Unter der Voraussetzung, daß die Bedingungen von Satz 4 erfüllt sind, untersuchen wir noch die Struktur des Teilraumes $\tilde{\mathbf{H}}$, auf den die Projektion $P = P_1 + \cdots + P_n$ projiziert. Mit $\mathbf{H}_k$ bezeichnen wir den Wertebereich der Projektion P_k $(k = 1, 2, \ldots, n)$. Ist $x \in \tilde{\mathbf{H}}$, dann gilt

$$x = P x = P_1 x + P_2 x + \cdots + P_n x = x_1 + x_2 + \cdots + x_n$$

mit $x_k = P_k x \in \mathbf{H}_k$ $(k = 1, 2, \ldots, n)$.

Läßt sich umgekehrt das Element x in der Form

$$x = x_1 + x_2 + \cdots + x_n \qquad (x_k \in \mathbf{H}_k;\ k = 1, 2, \ldots, n) \tag{19}$$

darstellen, dann folgt aus $P P_k = \sum_{j=1}^{n} P_j P_k = P_k$ und $x_k = P_k x_k = P P_k x_k$ die Beziehung

$$P x = \sum_{k=1}^{n} P x_k = \sum_{k=1}^{n} P P_k x_k = \sum_{k=1}^{n} x_k = x\,,$$

d. h. $x \in \widetilde{\mathbf{H}}$. Wegen $P_k x_j = 0$ $(j \neq k)$ ergibt sich hieraus insbesondere, daß die Darstellung (19) des Elementes x eindeutig ist.

Zusammenfassend können wir also sagen, daß der Teilraum $\widetilde{\mathbf{H}}$ aus allen Elementen x besteht, die sich in der Form (19) darstellen lassen. $\widetilde{\mathbf{H}}$ heißt die *orthogonale Summe* der Teilräume $\mathbf{H}_1, \mathbf{H}_2, \ldots, \mathbf{H}_n$ und wird mit

$$\widetilde{\mathbf{H}} = \mathbf{H}_1 \oplus \mathbf{H}_2 \oplus \cdots \oplus \mathbf{H}_n = \oplus \sum_{k=1}^{n} \mathbf{H}_k$$

bezeichnet.

4.7. Wir untersuchen noch die Differenz und das Produkt zweier Projektionen.

Lemma. *P_1 und P_2 seien Projektionen, die auf die Teilräume $\mathbf{H}_1$ bzw. $\mathbf{H}_2$ projizieren. Dann sind die folgenden vier Bedingungen äquivalent:*

a) $P_1 \geqq P_2$; b) $\mathbf{H}_1 \supset \mathbf{H}_2$; c) $P_1 P_2 = P_2$; d) $P_2 P_1 = P_2$.

Beweis. Aus a) folgt b). Wegen $P_1 x \perp x - P_1 x$ ist nämlich für jedes $x \in \mathbf{H}$ die Beziehung

$$\|x\|^2 = \|P_1 x\|^2 + \|x - P_1 x\|^2 \tag{20}$$

erfüllt. Gehört x zu $\mathbf{H}_2$, dann gilt $P_2 x = x$ und $(P_2 x, x) = (x, x) = \|x\|^2$, also auch

$$\|x\|^2 \geqq \|P_1 x\|^2 = (P_1 x, P_1 x) = (P_1 x, x) \geqq (P_2, x, x) = \|x\|^2\,.$$

Aus (20) erhalten wir somit $x = P_1 x$, d. h. $x \in \mathbf{H}_1$.

Aus b) folgt c). Für $x \in \mathbf{H}$ gehört $P_2 x$ zu $\mathbf{H}_2$, also auch zu $\mathbf{H}_1$, d. h., es gilt $P_1 P_2 x = P_2 x$.

Aus c) folgt d). Da das Produkt der selbstadjungierten Operatoren P_1 und P_2 eine Projektion, also ein selbstadjungierter Operator ist, sind P_1 und P_2 vertauschbar: $P_2 P_1 = P_1 P_2 = P_2$.

Aus d) folgt a). Für $x \in \mathbf{H}$ gilt nämlich

$$(P_2 x, x) = \|P_2 x\|^2 = \|P_2 P_1 x\|^2 \leqq \|P_1 x\|^2 = (P_1 x, x)\,.$$

Satz 5 (4.V). *Die Differenz $P = P_1 - P_2$ zweier Projektionen P_1 und P_2 ist genau dann wieder eine Projektion, wenn $P_1 \geqq P_2$ gilt.*

Beweis. Ist P eine Projektion, dann gilt wegen $P_1 = P + P_2$ nach Satz 4 $P P_2 = 0$, d. h. $(P_1 - P_2) P_2 = P_1 P_2 - P_2 = 0$, so daß die Bedingung c) des vorangehenden Lemmas erfüllt ist.

Umgekehrt ist die Differenz $P = P_1 - P_2$ der beiden Projektionen P_1 und P_2 ein selbstadjungierter Operator und nach c) und d) des Lemmas gilt

$$P^2 = P_1^2 - P_1 P_2 - P_2 P_1 + P_2^2 = P_1 - P_2 - P_2 + P_2 = P,$$

so daß aus Satz 2 (3.III) die Behauptung folgt.

Mit $\tilde{\mathbf{H}}$ bezeichnen wir den Wertebereich der Projektion P. Dann besteht $\tilde{\mathbf{H}}$ aus allen Elementen $x \in \mathbf{H}_1$, die zum Teilraum $\mathbf{H}_2$ orthogonal sind. Davon kann sich der Leser ohne Schwierigkeit selbst überzeugen. Der Teilraum $\tilde{\mathbf{H}}$ heißt das *orthogonale Komplement* des Teilraumes $\mathbf{H}_2$ im Teilraum $\mathbf{H}_1$ und wird mit $\tilde{\mathbf{H}} = \mathbf{H}_1 \ominus \mathbf{H}_2$ bezeichnet.

Bemerkung. Gilt $P_1 = I$, dann ist die Bedingung des letzten Satzes offensichtlich für jede Projektion P_2 erfüllt. Deshalb stellt der Operator $P = I - P_2$ ebenfalls eine Projektion dar. P projiziert $\mathbf{H}$ auf das orthogonale Komplement $\mathbf{H} \ominus \mathbf{H}_2$ des Teilraumes $\mathbf{H}_2$.

Wir beweisen noch einen Satz über das Produkt zweier Projektionen.

Satz 6 (4.V). *Das Produkt $P = P_1 P_2$ zweier Projektionen P_1 und P_2 ist genau dann eine Projektion, wenn P_1 und P_2 vertauschbar sind.*

Beweis. Die Notwendigkeit der Bedingung folgt aus der Selbstadjungiertheit der Projektion P.

Daß die Bedingung auch hinreichend ist, zeigt man wieder mit Hilfe von Satz 2 (3.III). P ist nämlich ein selbstadjungierter Operator und es gilt

$$P^2 = P_1 P_2 P_1 P_2 = P_1^2 P_2^2 = P.$$

Wir überlassen es dem Leser, sich davon zu überzeugen, daß der Wertebereich der Projektion P in diesem Fall mit dem Durchschnitt der Teilräume $\mathbf{H}_1$ und $\mathbf{H}_2$ übereinstimmt.

4.8. Durch Anwendung von Satz 1 auf eine monoton wachsende (oder fallende) Folge $\{P_n\}$ von Projektionen erhält man den wichtigen

Satz 7 (4.V). *Ist $\{P_n\}$ eine monotone Folge von Projektionen, dann existiert für jedes $x \in \mathbf{H}$ der Grenzwert*

$$P x = \lim_{n \to \infty} P_n x. \tag{21}$$

P ist die Projektion auf den Teilraum $\tilde{\mathbf{H}}$, wobei für eine wachsende Folge $\{P_n\}$

$$\tilde{\mathbf{H}} = \overline{\bigcup_{n=1}^{\infty} \mathbf{H}_n}$$

und für eine fallende Folge $\{P_n\}$

$$\tilde{\mathbf{H}} = \bigcap_{n=1}^{\infty} \mathbf{H}_n$$

gilt, wenn wir mit $\mathbf{H}_n$ die den Projektionen P_n $(n = 1, 2, \ldots)$ entsprechenden Teilräume bezeichnen.

Beweis. Die Folge $\{P_n\}$ sei monoton wachsend. Dann folgt die Existenz des Grenzwertes (21) wegen $\|P_n\| \leqq 1$ $(n = 1, 2, \ldots)$ aus Satz 1. Wir zeigen, daß P die Projektion auf $\tilde{\mathbf{H}}$ ist. Zu diesem Zweck haben wir nur nachzuprüfen, daß für $x \in \tilde{\mathbf{H}}$ stets $P x = x$ und für $x \perp \tilde{\mathbf{H}}$ stets $P x = 0$ gilt. Es sei $\Omega = \bigcup_{n=1}^{\infty} \mathbf{H}_n$. Wir nehmen ein beliebiges $x \in \Omega$. Dann gibt es eine natürliche Zahl m mit $x \in \mathbf{H}_n$ $(n \geqq m)$, d. h. $P_n x = x$ $(n \geqq m)$, woraus $P x = \lim_{n\to\infty} P_n x = x$ folgt. Wegen $\tilde{\mathbf{H}} = \bar{\Omega}$ ergibt sich $P x = x$ auch für $x \in \tilde{\mathbf{H}}$. Ist $x \perp \tilde{\mathbf{H}}$, dann gilt erst recht $x \perp \mathbf{H}_n$ $(n = 1, 2, \ldots)$, also $P_n x = 0$. Durch Grenzübergang folgt hieraus $P x = 0$.

Mit Hilfe ähnlicher Überlegungen beweist man die entsprechende Aussage für eine monoton fallende Folge $\{P_n\}$.

Bemerkung. Der Satz bleibt auch richtig, wenn man an Stelle der Folge $\{P_n\}$ eine Familie $\{P_\lambda\}$ von Projektionen betrachtet, die von einem sich stetig ändernden reellen Parameter abhängen.

Folgerung. *Ist $\{P_n\}$ eine Menge paarweise orthogonaler Projektionen, dann konvergiert für jedes $x \in \mathbf{H}$ die Reihe*

$$P x = \sum_{k=1}^{\infty} P_k x \tag{22}$$

und der Operator P ist ebenfalls eine Projektion.

Um das zu erkennen, brauchen wir nur den letzten Satz auf die wachsende Folge $\{P^{(n)}\}$ $\left(P^{(n)} = \sum_{k=1}^{n} P_k;\ n = 1, 2, \ldots\right)$ von Projektionen anzuwenden.

Wir überlassen es dem Leser nachzuweisen, daß die Projektion P den Raum $\mathbf{H}$ auf den Teilraum $\tilde{\mathbf{H}}$ projiziert, der aus allen Elementen $x \in \mathbf{H}$ besteht, die sich in der Form

$$x = \sum_{k=1}^{\infty} x_k \qquad \left(x_k \in \mathbf{H}_k,\ k = 1, 2, \ldots;\ \sum_{k=1}^{\infty} \|x_k\|^2 < \infty\right)$$

darstellen lassen. Der Teilraum $\tilde{\mathbf{H}}$ heißt die *orthogonale Summe* (vgl. 4.6) der Teilräume $\mathbf{H}_1, \mathbf{H}_2, \ldots$ und wird mit

$$\tilde{\mathbf{H}} = \mathbf{H}_1 \oplus \mathbf{H}_2 \oplus \cdots = \oplus \sum_{k=1}^{\infty} \mathbf{H}_k$$

bezeichnet.

KAPITEL VI

ANALYTISCHE DARSTELLUNG VON FUNKTIONALEN

Die Kenntnis der allgemeinen Form linearer Funktionale in speziellen Räumen ist für die Anwendungen häufig sehr wertvoll. Dabei versteht man unter der allgemeinen Form der linearen Funktionale einer gegebenen Klasse (meistens betrachtet man die Klasse aller linearen Funktionale in einem gegebenen Raum, und auf diesen Fall werden wir uns im folgenden auch beschränken) einen analytischen Ausdruck, der verschiedene Parameter (z. B. Zahlen, Funktionen) enthält, für feste Werte dieser Parameter ein Funktional dieser Klasse definiert und durch den sich umgekehrt bei geeigneter Parameterwahl auch jedes Funktional dieser Klasse darstellen läßt.

Wir untersuchen in diesem Kapitel die allgemeine Form der linearen Funktionale in einigen der oben eingeführten speziellen Räume.

§ 1. Folgenräume

1.1. X sei ein normierter Folgenraum, den wir zunächst als reell annehmen wollen. Wir setzen voraus, daß X die *Einheitsvektoren*

$$e_n = (0, 0, \ldots, 0, 1, 0, \ldots) = \{\xi_k^{(n)}\} \qquad \left(\xi_k^{(n)} = \begin{cases} 0, & k \neq n \\ 1, & k = n \end{cases}\right), \qquad n = 1, 2, \ldots$$

enthält und daß für jedes $x = \{\xi_k\} \in \mathbf{X}$

$$x = \lim_{n\to\infty} \sum_{k=1}^{n} \xi_k e_k = \lim_{n\to\infty} (\xi_1, \xi_2, \ldots, \xi_n, 0, \ldots) = \sum_{k=1}^{\infty} \xi_k e_k \tag{1}$$

gilt.

Unter allen oben betrachteten Folgenräumen genügen nur die Räume $\mathbf{m}$ und $\mathbf{c}$ (siehe Abschnitt II.4.1) diesen Bedingungen nicht. Insbesondere aber sind die getroffenen Voraussetzungen für die Räume $\mathbf{l}^p$ ($p \geqq 1$) und $\mathbf{c}_0$ erfüllt.

Es sei f ein lineares Funktional auf X. Wir setzen $\eta_k = f(e_k)$. Dann wird die Zahlenfolge $\{\eta_k\}$ durch das Funktional f eindeutig bestimmt und es gilt wegen der Linearität von f und (1)

$$f(x) = \lim_{n\to\infty} f\left(\sum_{k=1}^{n} \xi_k e_k\right) = \lim_{n\to\infty} \sum_{k=1}^{n} \eta_k \xi_k = \sum_{k=1}^{\infty} \eta_k \xi_k \,. \tag{2}$$

Deshalb bestimmt nicht nur das Funktional f die Folge $\{\eta_k\}$, sondern wird selbst durch diese Folge eindeutig bestimmt.

Die allgemeine Form eines linearen Funktionals im Raum **X** ist also durch (2) gegeben, und unsere Aufgabe besteht jetzt darin, notwendige und hinreichende Bedingungen herzuleiten, denen die Folge $\{\eta_k\}$ genügen muß, damit die Gleichung (2) ein lineares Funktional auf **X** definiert.

Entspricht dem Funktional f die Folge $\{\eta_k\} = y$, und bezeichnen wir die Menge aller dieser Folgen mit **Y**, dann sieht man ohne Schwierigkeit, daß **Y** eine lineare Menge ist, die durch die Festsetzung $\|y\| = \|f\|$ sogar ein B-Raum wird. (Bei dieser Normdefinition sind die Räume **Y** und **X*** offensichtlich linear isometrisch.)

1.2. Die Betrachtung spezieller Räume beginnen wir mit dem Raum **l**.

Satz 1 (1.VI). *Die Beziehung* (2) *definiert genau dann ein lineares Funktional im Raum* **l**, *wenn die Folge* $y = \{\eta_k\}$ *beschränkt ist, d. h., wenn* y *zum Raum* **m** *gehört. Die Norm des Funktionals* f *genügt dann der Gleichung*

$$\|f\| = \|y\|_{\mathrm{m}} = \sup_k |\eta_k| \,.$$

Beweis. Die Folge $y = \{\eta_k\}$ definiere durch (2) ein lineares Funktional in **l**. Dann ergibt sich aus $\|e_k\| = 1$ $(k = 1, 2, \ldots)$

$$|\eta_k| = |f(e_k)| \leqq \|f\|$$

und deshalb

$$\|y\|_{\mathrm{m}} = \sup_k |\eta_k| \leqq \|f\| \,. \tag{3}$$

Setzen wir umgekehrt voraus, daß $y = \{\eta_k\}$ zu **m** gehört, dann folgt aus der Konvergenz der Reihe $\sum_{k=1}^{\infty} |\xi_k|$ $(x \in \mathrm{l})$ und $|\eta_k| \leqq \|y\|_{\mathrm{m}}$ auch die Konvergenz der Reihe $\sum_{k=1}^{\infty} \eta_k \xi_k$, und es gilt

$$\left|\sum_{k=1}^{\infty} \eta_k \xi_k\right| \leqq \|y\|_{\mathrm{m}} \sum_{k=1}^{\infty} |\xi_k| = \|y\|_{\mathrm{m}} \, \|x\| \,. \tag{4}$$

Die Additivität des durch (2) definierten Funktionals ist offensichtlich; aus (4) folgt auch seine Beschränktheit und die Ungleichung $\|f\| \leqq \|y\|_{\mathrm{m}}$. Zusammen mit (3) erhalten wir deshalb $\|f\| = \|y\|_{\mathrm{m}}$, was zu zeigen war.

Der am Ende von Abschnitt 1.1 beschriebene Raum **Y** ist in diesem Fall also der Raum **m**. Identifizieren wir wieder isometrische Räume, dann können wir das erhaltene Resultat auch in der Form $\mathrm{l}^* = \mathrm{m}$ schreiben.

1.3. Wir gehen jetzt zum Raum l^p $(p > 1)$ über.

Satz 2 (1.VI). *Dafür, daß die Beziehung* (2) *ein lineares Funktional im Raum* l^p $(p > 1)$ *definiert, ist notwendig und hinreichend, daß die Folge* $y = \{\eta_k\}$ *zu* l^q *gehört, wobei* q *den zu* p *adjungierten Exponenten* $\left(\frac{1}{p} + \frac{1}{q} = 1\right)$ *bezeichnet. Dabei gilt*

$$\|f\| = \|y\|_{\mathrm{l}^q} \,.$$

Beweis. Notwendig. Wir betrachten das Element $\tilde{x} = \{\tilde{\xi}_k\} \in \mathrm{l}^p$ mit

$$\tilde{\xi}_k = \begin{cases} |\eta_k|^{q-1} \operatorname{sgn} \eta_k & k \leqq n \,, \\ 0 & k > n \,. \end{cases}$$

Dann gilt $f(x) = \sum_{k=1}^{n} |\eta_k|^q$. Andererseits besteht die Beziehung

$$||\tilde{x}|| = \left[\sum_{k=1}^{n} |\tilde{\xi}_k|^p\right]^{1/p} = \left[\sum_{k=1}^{n} |\eta_k|^{p(q-1)}\right]^{1/p} = \left[\sum_{k=1}^{n} |\eta_k|^q\right]^{1/p}$$

Die Ungleichung $|f(\tilde{x})| \leqq ||f||\,||\tilde{x}||$ erhält deshalb die Form

$$\sum_{k=1}^{n} |\eta_k|^q \leqq ||f|| \left[\sum_{k=1}^{n} |\eta_k|^q\right]^{1/p},$$

was wir auch folgendermaßen schreiben können:

$$\left[\sum_{k=1}^{n} |\eta_k|^q\right]^{1/q} \leqq ||f||\,.$$

Da n hierin eine beliebige natürliche Zahl ist, folgt durch Grenzübergang $n \to \infty$

$$\left[\sum_{k=1}^{\infty} |\eta_k|^q\right]^{1/q} \leqq ||f||\,, \tag{5}$$

d. h. $y \in \mathbf{l}^q$ und $||y||_{\mathbf{l}^q} \leqq ||f||$.

Hinreichend. Gehört y zu $\mathbf{l}^q$, dann ergibt sich aus der Hölderschen Ungleichung (II.3.2)

$$|f(x)| = \left|\sum_{k=1}^{\infty} \eta_k \xi_k\right| \leqq \left[\sum_{k=1}^{\infty} |\eta_k|^q\right]^{1/q} \left[\sum_{k=1}^{\infty} |\xi_k|^p\right]^{1/p} = ||y||_{\mathbf{l}^q}\,||x||\,. \tag{6}$$

Die Additivität des Funktionals f ist offensichtlich, seine Beschränktheit folgt aus (6). f ist also linear und wegen (6) gilt noch $||f|| \leqq ||y||_{\mathbf{l}^q}$, woraus sich zusammen mit (5) die Beziehung $||f|| = ||y||_{\mathbf{l}^q}$ ergibt.

Damit ist der Satz bewiesen.

Im gleichen Sinne wie oben können wir das erhaltene Ergebnis auch kurz so formulieren: $(\mathbf{l}^p)^* = \mathbf{l}^q$. Insbesondere gilt also $(\mathbf{l}^p)^{**} = (\mathbf{l}^q)^* = \mathbf{l}^p$. Hieraus kann man jedoch noch nicht auf die Reflexivität des Raumes $\mathbf{l}^p$ schließen, da die Beziehung $(\mathbf{l}^p)^{**} = \mathbf{l}^p$ nur die lineare Isometrie der Räume $(\mathbf{l}^p)^{**}$ und $\mathbf{l}^p$ bedeutet, die nicht von der speziellen Form sein muß, wie sie bei der Definition der Reflexivität (siehe Abschnitt V.1.3) gefordert wurde. Trotzdem kann man aber zeigen, daß der Raum $\mathbf{l}^p$ reflexiv ist. Da die Räume $(\mathbf{l}^p)^*$ und $\mathbf{l}^q$ linear isometrisch sind, hat nämlich jedes Funktional X in $(\mathbf{l}^p)^*$ die Form

$$X(f) = \sum_{k=1}^{\infty} \eta_k \xi_k\,,$$

wobei $\{\eta_k\}$ diejenige Folge aus $\mathbf{l}^q$ ist, die das Funktional f bestimmt. Setzen wir $x = \{\xi_k\} \in \mathbf{l}^p$, so gilt

$$f(x) = \sum_{k=1}^{\infty} \eta_k \xi_k\,,$$

woraus

$$X(f) = f(x) = X_x(f)$$

folgt.

Es gilt also $X = X_x$, d. h., jedes Funktional X in $(\mathrm{l}^p)^*$ hat die Form X_x, womit die Reflexivität des Raumes l^p bewiesen ist.

Wir weisen noch besonders auf den Spezialfall $p = 2$ hin. Dann gilt auch $q = 2$, und nach dem oben Bewiesenen ist der Raum l^2 zu sich selbst dual. Deshalb lautet die allgemeine Form eines linearen Funktionals in l^2

$$f(x) = \sum_{k=1}^{\infty} \eta_k \xi_k \tag{7}$$

mit $y = \{\eta_k\} \in \mathrm{l}^2$. Die rechte Seite von (7) ist aber definitionsgemäß das Skalarprodukt der Elemente x und y. Folglich gilt

$$f(x) = (x, y),$$

d. h., die allgemeine Form eines linearen Funktionals in l^2 ist durch das Skalarprodukt (x, y) mit einem festen $y \in \mathrm{l}^2$ gegeben.

Diese Aussage wurde weiter oben schon in allgemeiner Form für einen beliebigen komplexen Hilbert-Raum bewiesen (siehe Abschnitt III.3.2).

1.4. Wir betrachten jetzt den Raum c_0 (siehe Abschnitt II.4.1) und beweisen, daß im Sinne der am Ende von 1.1 erklärten Auffassung $(\mathrm{c}_0)^* = \mathrm{l}$ gilt.

Satz 3 (1.VI). *Die Beziehung* (2) *stellt die allgemeine Form eines linearen Funktionals in* c_0 *dar, falls* $y = \{\eta_k\}$ *zum Raum* l *gehört. Dabei gilt* $\|f\| = \|y\|_1$.

Beweis. Notwendig. Die Folge $\tilde{x} = \{\tilde{\xi}_k\}$ mit

$$\xi_k = \begin{cases} \operatorname{sgn} \eta_k, & k \leq n, \\ 0, & k > n \end{cases}$$

gehört zu c_0, und es gilt $\|\tilde{x}\| \leq 1$. Daraus folgt

$$f(\tilde{x}) = \sum_{k=1}^{n} |\eta_k| \leq \|f\|,$$

woraus sich für $n \to \infty$

$$\sum_{k=1}^{\infty} |\eta_k| \leq \|f\|, \tag{8}$$

d. h. $y \in \mathrm{l}$ und $\|y\|_1 \leq \|f\|$ ergibt.

Hinreichend. Gehört y zu l, dann gilt

$$\left|\sum_{k=1}^{\infty} \eta_k \xi_k\right| \leq \max_k |\xi_k| \sum_{k=1}^{\infty} |\eta_k| = \|y\|_1 \|x\|.$$

f ist also ein lineares Funktional mit $\|f\| \leq \|y\|_1$. Zusammen mit (8) folgt hieraus wieder die Gleichung $\|f\| = \|y\|_1$.

Da ein dualer Raum stets vollständig ist (siehe Abschnitt V.1.2), ergibt sich aus den Sätzen 2 und 3 wegen $\mathrm{l}^p = (\mathrm{l}^q)^*$ $(p > 1)$ und $\mathrm{l} = (\mathrm{c}_0)^*$ von neuem die Vollständigkeit der Räume l^p $(p \geq 1)$.

Obwohl der Raum c nicht der Bedingung (1) genügt, läßt sich jetzt durch einige zusätzliche Betrachtungen auch die allgemeine Form seiner linearen Funktionale bestimmen.

Wir betrachten im Raum c das Element $e_0 = (1, 1, \ldots, 1, \ldots)$. Ist $x = \{\xi_k\}$ ein beliebiges Element aus c und $\xi_0 = \lim_{k\to\infty} \xi_k$, so gilt offensichtlich $x - \xi_0 e_0 \in c_0$.

f sei ein lineares Funktional auf c. Betrachten wir f auf c_0, so erhalten wir dadurch ein lineares Funktional f_0 auf c_0. Für $x \in c_0$ gelte

$$f_0(x) = \sum_{k=1}^{\infty} \eta_k \xi_k \qquad (y = \{\eta_k\} \in l).$$

Setzen wir $\eta_0 = f(e_0)$, so ergibt sich für beliebiges $x \in c$

$$f(x) = f(\xi_0 e_0) + f_0(x - \xi_0 e_0) = \eta_0 \xi_0 + \sum_{k=1}^{\infty} \eta_k (\xi_k - \xi_0).$$

Hieraus folgt mit $\alpha = \eta_0 - \sum_{k=1}^{\infty} \eta_k$ schließlich

$$f(x) = \alpha \xi_0 + \sum_{k=1}^{\infty} \eta_k \xi_k = \alpha \lim_{k\to\infty} \xi_k + \sum_{k=1}^{\infty} \eta_k \xi_k. \tag{9}$$

Wir überlassen es dem Leser zu zeigen, daß (9) die allgemeine Form eines linearen Funktionals im Raum c darstellt und daß

$$\|f\| = |\alpha| + \sum_{k=1}^{\infty} |\eta_k|$$

gilt.

Bemerkung. Sind die betrachteten Räume komplex, so schreibt man die Formel (2) ebenso wie im endlichdimensionalen Fall (siehe Abschnitt III.2.8) zweckmäßigerweise in der Form

$$f(x) = \sum_{k=1}^{\infty} \bar{\eta}_k \xi_k$$

und identifiziert y nach wie vor mit der Folge $\{\eta_k\}$. Die Sätze 1—3 bleiben dann auch für den komplexen Fall gültig, und die zugehörigen Beweise lassen sich leicht übertragen.

Die Ergebnisse dieses Paragraphen sind bereits in der Monographie BANACH [4a] enthalten.

§ 2. Die Räume L_T^p

In diesem Paragraphen bestimmen wir die allgemeine Form eines linearen Funktionals im Raum L_T^p $(1 \leqq p < \infty)$ (siehe Abschnitt II.5.1).

2.1. Wir beweisen zunächst ein Lemma.

Lemma. *Ist $1 < q \leqq 2$, dann gibt es eine positive Konstante c mit der Eigenschaft, daß für alle reellen u die Ungleichung*

$$|1 + u|^q \geqq 1 + q u + c\,\Theta(u) \tag{1}$$

mit

$$\Theta(u) = \begin{cases} |u|^2 & \text{für} \quad |u| < 1\,, \\ |u|^q & \text{für} \quad |u| \geqq 1 \end{cases} \tag{2}$$

gilt.

Beweis. Wir führen die Funktionen

$$\chi(u) = |1 + u|^q - 1 - q\,u$$

und

$$\psi(u) = \frac{\chi(u)}{\Theta(u)}$$

ein. Wegen

$$\lim_{u \to 0} \psi(u) = \lim_{u \to 0} \frac{(1 + u)^q - 1 - q\,u}{u^2} = \frac{q(q-1)}{1 \cdot 2}\,,$$

$$\lim_{u \to \infty} \psi(u) = \lim_{u \to \infty} \frac{(1 + u)^q - 1 - q\,u}{|u|^q} = 1$$

gibt es drei Konstanten $\delta > 0$, $\Delta > 0$ und $c > 0$ mit der Eigenschaft, daß

$$\psi(u) \geqq c \quad \text{für} \quad |u| \leqq \delta \quad \text{oder} \quad |u| \geqq \Delta \tag{3}$$

gilt. Weiterhin ergibt sich

$$\chi'(u) = q\,|1 + u|^{q-1} \operatorname{sgn}(1 + u) - q; \quad \chi''(u) = q\,(q - 1)\,|1 + u|^{q-2}$$
$$(u \neq -1)\,.$$

Wegen $\chi''(u) > 0$ und $\chi'(0) = 0$ hat die Funktion $\chi(u)$ bei $u = 0$ ihr einziges Minimum. Nun gilt aber $\chi(0) = 0$, so daß für $\delta \leqq |u| \leqq \Delta$ also $\chi(u) > 0$ und deshalb auch $\psi(u) > 0$ ausfällt. Verkleinern wir nötigenfalls das eben gefundene c, dann folgt

$$\psi(u) \geqq c \qquad (\delta \leqq |u| \leqq \Delta)\,.$$

Zusammen mit (3) ergibt sich hieraus die Behauptung.

2.2. Wir beweisen jetzt, daß alle linearen Funktionale im Raum $\mathbf{L}_T^p$ $(1 \leqq p < \infty)$ die in Abschnitt III.2.3 beschriebene Form haben. Dabei betrachten wir hier nur den Fall einer beschränkten Menge T.

Satz 1 (2.VI). *Jedes lineare Funktional f im Raum $\mathbf{L}_T^p$ wird durch eine Funktion $\varphi \in \mathbf{L}_T^q$ durch die Formel*

$$f(x) = \int_T \varphi(t)\, x(t)\, dt \qquad (x \in \mathbf{L}_T^p)$$

bestimmt, wobei q den zu p adjungierten Exponenten $\left(\frac{1}{p} + \frac{1}{q} = 1\right)$ bezeichnet. Für $p = 1$ sei dabei $q = \infty$ und $\mathbf{L}^\infty = \widetilde{\mathbf{M}}$ (vgl. Abschnitt III.2.3).

Beweis. Ohne Einschränkung der Allgemeinheit nehmen wir an, daß $\operatorname{mes} T = 1$ gilt.

In den folgenden Betrachtungen unterscheiden wir die zwei Fälle $p \geqq 2$ und $p < 2$.

1. $2 \leqq p < \infty$.

Zunächst sei T ein Würfel Q im ν-dimensionalen Raum. Wir zerlegen Q derart in $2^{\nu n}$ gleiche Würfel $Q_k^{(n)}$, daß zwei verschiedene dieser Würfel keine inneren Punkte gemeinsam haben, bezeichnen mit $x_k^{(n)}$ die charakteristische Funktion der Menge $Q_k^{(n)}$ und setzen

$$\varphi_n(t) = \frac{1}{\operatorname{mes} Q_k^{(n)}} f(x_k^{(n)}) = 2^{\nu n} f(x_k^{(n)})$$

$$(t \in Q_k^{(n)}, \quad k = 1, 2, \ldots, 2^{\nu n}, \quad n = 1, 2, \ldots).$$

Dann gilt

$$\int_Q \varphi_n(t)\, x_k^{(n)}(t)\, dt = \int_{Q_k^{(n)}} \varphi_n(t)\, x_k^{(n)}(t)\, dt = \frac{1}{\operatorname{mes} Q_k^{(n)}} f(x_k^{(n)}) \operatorname{mes} Q_k^{(n)} = f(x_k^{(n)}).$$

Ist $\bar{x}$ eine auf jeder der Mengen $Q_k^{(n)}$ $(k = 1, 2, \ldots, 2^{\nu n})$ konstante Funktion, so läßt sie sich als Linearkombination der Funktionen $x_k^{(n)}$ darstellen: $\bar{x} = \sum_{k=1}^{2^{\nu n}} c_k x_k^{(n)}$.

Deshalb gilt

$$f(\bar{x}) = \sum_{k=1}^{2^{\nu n}} c_k f(x_k^{(n)}) = \sum_{k=1}^{2^{\nu n}} c_k \int_Q \varphi_n(t)\, x_k^{(n)}(t)\, dt = \int_Q \varphi_n(t)\, \bar{x}(t)\, dt. \tag{4}$$

Setzen wir insbesondere

$$\bar{x}(t) = \frac{|\varphi_n(t)|^q}{\varphi_n(t)} = |\varphi_n(t)|^{q-1} \operatorname{sgn} \varphi_n(t),$$

so folgt

$$\int_Q |\varphi_n(t)|^q\, dt = \int_Q \varphi_n(t)\, \bar{x}(t)\, dt = f(\bar{x}) \leqq \|f\|\, \|\bar{x}\|. \tag{5}$$

Wegen

$$\|\bar{x}\| = \Big[\int_Q |\varphi_n(t)|^{p(q-1)}\, dt\Big]^{1/p} = \Big[\int_Q |\varphi_n(t)|^q\, dt\Big]^{1/p}$$

ergibt sich aus (5)

$$\|\varphi_n\|_{L^q} = \Big[\int_Q |\varphi_n(t)|^q\, dt\Big]^{1/q} \leqq \|f\|. \tag{6}$$

Wir zeigen jetzt, daß die Folge $\{\varphi_n\}$ im Raum L^q in sich konvergiert. Unter der Voraussetzung $n \geqq m$ ersetzen wir in der Ungleichung (1) des vorangehenden Lemmas die Funktion u durch $\dfrac{\varphi_n(t) - \varphi_m(t)}{\varphi_m(t)}$. Dann folgt

$$\left|\frac{\varphi_n(t)}{\varphi_m(t)}\right|^q \geqq 1 + q\, \frac{\varphi_n(t) - \varphi_m(t)}{\varphi_m(t)} + c\, \Theta\!\left(\frac{\varphi_n(t) - \varphi_m(t)}{\varphi_m(t)}\right). \tag{7}$$

Durch Multiplikation dieser Ungleichung mit $|\varphi_m(t)|^q$ und Integration ergibt sich

$$\int_Q |\varphi_n(t)|^q\, dt \geqq \int_Q |\varphi_m(t)|^q\, dt + q \int_Q \frac{|\varphi_m(t)|^q}{\varphi_m(t)} [\varphi_n(t) - \varphi_m(t)]\, dt$$
$$+ c \int_Q |\varphi_m(t)|^q\, \Theta\!\left(\frac{\varphi_n(t) - \varphi_m(t)}{\varphi_m(t)}\right) dt. \tag{8}$$

Wir zeigen, daß das zweite Integral auf der rechten Seite von (8) verschwindet. Die Funktion

$$\bar{x}(t) = \frac{|\varphi_m(t)|^q}{\varphi_m(t)}$$

ist auf den Mengen $Q_k^{(m)}$, also erst recht auch auf den Mengen $Q_k^{(n)}$ konstant. Deshalb gilt wegen (4)

$$\int_Q \frac{|\varphi_m(t)|^q}{\varphi_m(t)} [\varphi_n(t) - \varphi_m(t)]\, dt = \int_Q \varphi_n(t)\, \bar{x}(t)\, dt - \int_Q \varphi_m(t)\, \bar{x}(t)\, dt$$

$$= f(\bar{x}) - f(\bar{x}) = 0\,.$$

Aus (8) folgt somit, daß die Folge $\left\{\int_Q |\varphi_n(t)|^q\, dt\right\}$ monoton wächst. Da sie wegen (6) auch beschränkt ist, existiert der Grenzwert $\lim\limits_{n\to\infty} \int_Q |\varphi_n(t)|^q\, dt < \infty$. Schreiben wir die Beziehung (8) in der Form

$$\int_Q |\varphi_n(t)|^q\, dt - \int_Q |\varphi_m(t)|^q\, dt \geqq c \int_Q |\varphi_m(t)|^q\, \Theta\left(\frac{\varphi_n(t) - \varphi_m(t)}{\varphi_m(t)}\right) dt\,, \tag{9}$$

so ergibt sich

$$\int_Q |\varphi_m(t)|^q\, \Theta\left(\frac{\varphi_n(t) - \varphi_m(t)}{\varphi_m(t)}\right) dt \xrightarrow[m,n\to\infty]{} 0\,. \tag{10}$$

$e'_{m,n}$ bzw. $e''_{m,n}$ bezeichne die Menge derjenigen $t \in Q$, für die

$$|\varphi_n(t) - \varphi_m(t)| \geqq |\varphi_m(t)| \quad \text{bzw.} \quad |\varphi_n(t) - \varphi_m(t)| < |\varphi_m(t)|$$

gilt. Beachten wir die Definition der Funktion Θ (siehe (2)), dann können wir das Integral (10) in der Form[1])

$$\int |\varphi_m(t)|^q\, \Theta\left(\frac{\varphi_n(t) - \varphi_m(t)}{\varphi_m(t)}\right) dt = \int_{e'_{m,n}} |\varphi_n(t) - \varphi_m(t)|^q\, dt$$

$$+ \int_{e''_{m,n}} |\varphi_m(t)|^{q-2}\, |\varphi_n(t) - \varphi_m(t)|^2\, dt$$

schreiben.

Für $m, n \to \infty$ streben wegen (10) beide Teile auf der rechten Seite dieser Beziehung gegen Null. Beachten wir andererseits, daß auf der Menge $e''_{m,n}$ die Un-

---

[1]) Die durchgeführten Überlegungen gelten streng genommen nicht, wenn die Funktion $\varphi_m(t)$ eine Nullstelle hat, weil dann das Integral auf der rechten Seite von (9) nicht definiert ist. Da aber die Menge e_0 derjenigen $t \in Q$, für die $\varphi_m(t) = 0$ gilt, in $e'_{m,n}$ enthalten ist, setzen wir in diesem Fall einfach

$$\int_{e_0} |\varphi_m(t)|^q\, \Theta\left(\frac{\varphi_n(t) - \varphi_m(t)}{\varphi_m(t)}\right) dt = \int_{e_0} |\varphi_n(t) - \varphi_m(t)|^q\, dt = \int_{e_0} |\varphi_n(t)|^q\, dt\,.$$

Dann ist die Ungleichheit (9) (bei $c \leqq 1$) erfüllt, wenn wir über die Menge e_0 integrieren. Da sie außerdem auch bei Integration über $Q \setminus e_0$ gilt, bleiben die oben bewiesenen Aussagen auch im betrachteten Sonderfall gültig.

gleichung $|\varphi_m(t) - \varphi_n(t)| < |\varphi_m(t)|$ gilt, so folgt unter Benutzung der SCHWARZschen Ungleichung

$$\int_{e''_{m,n}} |\varphi_n(t) - \varphi_m(t)|^q\, dt \leqq \int_{e''_{m,n}} |\varphi_m(t)|^{q-1}\, |\varphi_n(t) - \varphi_m(t)|\, dt$$

$$= \int_{e''_{m,n}} [|\varphi_m(t)|^{q/2-1}\, |\varphi_n(t) - \varphi_m(t)|]\, \varphi_m(t)|^{q/2}\, dt$$

$$\leqq \left|\int_{e''_{m,n}} |\varphi_m(t)|^{q-2}\, |\varphi_n(t) - \varphi_m(t)|^2\, dt\right|^{1/2} \left|\int_{e''_{m,n}} |\varphi_m(t)|^q\, dt\right|^{1/2}.$$

Der erste Faktor der rechten Seite dieser Ungleichung strebt, wie wir wissen, nach Null, der zweite Faktor ist beschränkt. Daraus folgt

$$\int_{e''_{m,n}} |\varphi_n(t) - \varphi_m(t)|^q dt \xrightarrow[n,\, m \to \infty]{} 0$$

und deshalb auch

$$\int_Q |\varphi_n(t) - \varphi_m(t)|^q\, dt = \int_{e'_{m,n}} + \int_{e''_{m,n}} |\varphi_n(t) - \varphi_m(t)|^q\, dt \xrightarrow[m,\, n \to \infty]{} 0\,,$$

womit gezeigt ist, daß die Folge $\{\varphi_n(t)\}$ in sich konvergiert.

Da der Raum L^q vollständig ist, gibt es eine Funktion $\varphi \in L^q$ mit $\varphi = \lim_{n\to\infty} \varphi_n$ (in L^q).

f_n bzw. f^* bezeichne dasjenige Funktional in L^q, das gemäß III.2.3 durch die Funktion φ_n bzw. φ definiert ist, d. h., es gilt

$$f_n(x) = \int_Q \varphi_n(t)\, x(t)\, dt\,, \qquad f^*(x) = \int_Q \varphi(t)\, x(t)\, dt \qquad (n = 1, 2, \ldots;\ x \in L^p)\,.$$

Wegen $\varphi_n \to \varphi$ in L^q folgt nach den Ergebnissen von Abschnitt III.2.3

$$\|f_n - f^*\| = \|\varphi_n - \varphi\|_{L^q} \to 0\,,$$

also

$$|f_n(x) - f^*(x)| \leqq \|f_n - f^*\|\, \|x\| \to 0 \qquad (x \in L^p)\,,$$

d. h.

$$f^*(x) = \lim_{n\to\infty} f_n(x) \qquad (x \in L^p)\,. \tag{11}$$

Ist $\bar{x}$ wieder eine auf jeder der Mengen $Q_m^{(k)}$ $(k = 1, 2, \ldots, 2^{\nu m})$ konstante Funktion, so gilt wegen (4) für $n \geqq m$

$$f(\bar{x}) = \int_Q \varphi_n(t)\, \bar{x}(t)\, dt = f_n(\bar{x})\,,$$

woraus sich zusammen mit (11)

$$f(\bar{x}) = f^*(\bar{x})$$

ergibt. Da die Durchmesser der Mengen $Q_k^{(m)}$ für $m \to \infty$ gegen Null streben, liegen die Funktionen $\bar{x}$ der betrachteten Art in der Menge der stetigen Funktionen und deshalb auch im Raum L^p dicht. Nach den Ergebnissen von Abschnitt IV.1.2 müssen deshalb die Funktionale f und f^*, weil sie auf einer dichten

Menge übereinstimmen, auch auf dem ganzen Raum $\mathbf{L}^p$ übereinstimmen, d. h., es gilt

$$f(x) = f^*(x) = \int_Q \varphi(t)\, x(t)\, dt \qquad (x \in \mathbf{L}^p)\,.$$

T sei jetzt eine beliebige meßbare beschränkte Menge im euklidischen Raum $\mathbf{R}^\nu$; Q sei ein Quader in $\mathbf{R}^\nu$, der T ganz enthält. Erweitern wir jede Funktion $x \in \mathbf{L}^p_T$ auf den Quader Q, indem wir sie außerhalb von T gleich Null setzen, dann können wir den Raum $\mathbf{L}^p_T$ als Teilraum von $\mathbf{L}^p_Q$ ansehen.

Ein Funktional f auf $\mathbf{L}^p_T$ läßt sich nach Satz 1 (2.IV) unter Erhaltung seiner Norm auf den Raum $\mathbf{L}^p_Q$ fortsetzen. Bezeichnen wir diese Erweiterung wieder mit f, dann gilt nach dem oben Bewiesenen

$$f(x) = \int_Q \varphi(t)\, x(t)\, dt \qquad (x \in \mathbf{L}^p_Q) \tag{12}$$

mit einer Funktion $\varphi \in \mathbf{L}^q_Q$. Gehört x speziell zu $\mathbf{L}^p_T$, so folgt aus (12)

$$f(x) = \int_T \varphi(t)\, x(t)\, dt\,,$$

denn außerhalb von T ist die Funktion x gleich Null. Es bleibt noch zu zeigen, daß die Funktion φ, wenn wir sie nur auf der Menge T betrachten, zum Raum $\mathbf{L}^q_T$ gehört. Das ergibt sich aber unmittelbar aus der Ungleichung

$$\int_T |\varphi(t)|^q\, dt \leqq \int_Q |\varphi(t)|^q\, dt < \infty\,.$$

2. Ist $1 \leqq p < 2$, dann kann man jedes $x \in \mathbf{L}^2$ auch als Element des Raumes $\mathbf{L}^p_T$ ansehen. Wie in Abschnitt II.5.1 gezeigt wurde, gilt dabei $\|x\|_{\mathbf{L}^p} \leqq \|x\|_{\mathbf{L}^2}$. Betrachten wir das gegebene Funktional f nur auf den Elementen von $\mathbf{L}^2$, dann ergibt sich

$$|f(x)| \leqq \|f\|\, \|x\|_{\mathbf{L}^p} \leqq \|f\|\, \|x\|_{\mathbf{L}^2}\,,$$

d. h., f ist auch ein lineares Funktional in $\mathbf{L}^2$. Nach dem oben Bewiesenen läßt sich f also in der Form

$$f(x) = \int_T \varphi(t)\, x(t)\, dt \qquad (x \in \mathbf{L}^2) \tag{13}$$

mit einer quadratisch summierbaren Funktion φ darstellen.

Wir zeigen jetzt, daß φ zu $\mathbf{L}^q$ gehört und die Beziehung (13) sogar für alle $x \in \mathbf{L}^p$ gilt. Es sei zunächst $p > 1$. Dann setzen wir

$$\varphi_n(t) = \begin{cases} \varphi(t) & |\varphi(t)| \leqq n\,, \\ n & |\varphi(t)| > n\,, \end{cases} \qquad x_n(t) = |\varphi_n(t)|^{q-1} \operatorname{sgn} \varphi(t) \quad (n = 1, 2, \ldots)\,.$$

Da jedes $x_n(t)$ eine beschränkte Funktion ist, folgt durch Anwendung von Formel (13)

$$f(x_n) = \int_T \varphi(t)\, x_n(t)\, dt = \int_T \varphi(t)\, |\varphi_n(t)|^{q-1} \operatorname{sgn} \varphi(t)\, dt \geqq \int_T |\varphi_n(t)|^q\, dt\,.$$

Andererseits gilt aber

$$f(x_n) \leqq \|f\|\, \|x_n\| = \|f\| \left[\int_T |\varphi_n(t)|^{p(q-1)}\, dt\right]^{1/p} = \|f\| \left[\int_T |\varphi_n(t)|^q\, dt\right]^{1/p},$$

woraus sich

$$\int_T |\varphi_n(t)|^q \, dt \leqq ||f|| \left[\int_T |\varphi_n(t)|^q \, dt\right]^{1/p},$$

d. h.

$$\left[\int_T |\varphi_n(t)|^q \, dt\right]^{1/q} \leqq ||f|| \qquad (n = 1, 2, \ldots)$$

ergibt. Für $n \to \infty$ erhalten wir schließlich

$$||\varphi||_{\mathbf{L}^q} = \left[\int_T |\varphi(t)|^q \, dt\right]^{1/q} \leqq ||f||,$$

d. h. $\varphi \in \mathbf{L}^q$.

Wir betrachten jetzt ein beliebiges Element $x \in \mathbf{L}^p$. x läßt sich in $\mathbf{L}^p$ durch eine Folge $\{\tilde{x}_n\}$ von Elementen aus $\mathbf{L}^2$ approximieren. Aus

$$f(\tilde{x}_n) = \int_T \varphi(t) \, \tilde{x}_n(t) \, dt \qquad (n = 1, 2, \ldots)$$

folgt dann durch Grenzübergang $n \to \infty$

$$f(x) = \int_T \varphi(t) \, x(t) \, dt \, .$$

Schließlich betrachten wir noch den Fall $p = 1$. e_n bezeichne die Menge derjenigen $t \in T$, für die $|\varphi(t)| \geqq n$ gilt. Ersetzen wir in (13) das Element x durch $\tilde{x}_n$ mit

$$\tilde{x}_n(t) = \begin{cases} \operatorname{sgn} \varphi(t) & t \in e_n\,, \\ 0 & t \notin e_n\,, \end{cases}$$

dann ergibt sich

$$f(\tilde{x}_n) = \int_T \varphi(t) \, \tilde{x}_n(t) \, dt = \int_{e_n} |\varphi(t)| \, dt \geqq n \cdot \operatorname{mes} e_n \, .$$

Andererseits gilt aber auch

$$f(\tilde{x}_n) \leqq ||f|| \, ||\tilde{x}_n|| = ||f|| \cdot \operatorname{mes} e_n \,,$$

so daß wir die Beziehung

$$n \operatorname{mes} e_n \leqq ||f|| \operatorname{mes} e_n$$

erhalten. Hieraus folgt, daß für $n > ||f||$ immer $\operatorname{mes} e_n = 0$ gilt, d. h., $\varphi(t)$ ist fast überall beschränkt: $\varphi \in \mathbf{L}^\infty$.

Durch eine entsprechende Überlegung zu oben zeigt man jetzt ohne Schwierigkeit, daß die Beziehung (13) für alle $x \in \mathbf{L}$ richtig bleibt.

Damit ist der Satz vollständig bewiesen.

Bemerkung. Die im zweiten Teil des Beweises benutzte Beziehung (13) erhält man auch, wenn man den Satz 1 (3.III) über die allgemeine Form eines linearen Funktionals im Hilbert-Raum auf den Raum $\mathbf{L}^2$ anwendet.

2.3. Aus Satz 1 und den Ergebnissen von Abschnitt III.2.3 folgt, daß die allgemeine Form eines linearen Funktionals im Raum $\mathbf{L}_T^p$ ($1 \leqq p < \infty$; T – beschränkte Menge) durch die Gleichung

$$f(x) = \int_T \varphi(t) \, x(t) \, dt \tag{14}$$

gegeben ist, wobei φ in $\mathbf{L}_T^q$ liegt $\left(\frac{1}{p} + \frac{1}{q} = 1\right)$.[1])

Dabei gilt

$$\|f\| = \|\varphi\|_{\mathbf{L}^q}.$$

Ordnen wir dem Funktional f seine erzeugende Funktion φ zu, dann können wir sagen, daß der Raum $(\mathbf{L}^p)^*$ der linearen Funktionale auf $\mathbf{L}^p$ und der Raum $\mathbf{L}^q$ linear isometrisch sind. Identifizieren wir wieder einander zugeordnete Elemente, dann können wir für diesen Sachverhalt kurz $(\mathbf{L}_T^p)^* = \mathbf{L}_T^q$ schreiben.

Für $p > 1$ gilt also

$$(\mathbf{L}_T^p)^{**} = (\mathbf{L}_T^q)^* = \mathbf{L}_T^p.$$

Hieraus folgt zwar noch nicht unmittelbar die Reflexivität des Raumes $\mathbf{L}_T^p$, der Leser weist diese jedoch durch ähnliche Überlegungen wie in § 1 für den Raum $\mathbf{l}^p$ $(p > 1)$ leicht nach.

Schließlich überlassen wir es auch dem Leser zu zeigen, daß die allgemeine Form eines linearen Funktionals auf dem Raum $\mathbf{L}_T^p$ auch im Fall einer unbeschränkten Menge T durch die Formel (14) gegeben ist und daß dieses Ergebnis auch für komplexe Räume richtig bleibt. Dazu benutzt man zweckmäßigerweise die für den reellen Fall abgeleiteten Resultate.[2])

Die allgemeine Form eines linearen Funktionals im Raum $\mathbf{L}^p$ wurde für $p > 1$ von F. Riesz, für $p = 1$ von H. Steinhaus ([171c] bzw. [186]) bewiesen. Die wesentlichen Überlegungen des oben gegebenen Beweises von Satz 1 finden sich in anderem Zusammenhang in dem Buch von Riesz-Sz.-Nagy [39].

Es ist noch interessant zu bemerken, daß es in den Räumen $\mathbf{L}^p$ mit $p < 1$ keine stetigen additiven Funktionale gibt [79].

§ 3. Die allgemeine Form eines linearen Funktionals im Raum C

3.1. In der Formulierung des grundlegenden Satzes dieses Paragraphen über die allgemeine Form eines linearen Funktionals im Raum **C** spielen Funktionen von beschränkter Variation eine wesentliche Rolle. Deshalb ergänzen wir zunächst die Betrachtungen von Kapitel II (§ 6).

Wir betrachten im Intervall $[a, b]$ eine monoton wachsende Funktion $\varphi(t)$. $\{t_1, t_2, \ldots, t_n\}$ sei irgendein unterteilendes System von Punkten des Intervalls $[a, b]$ mit $a < t_1 < t_2 < \cdots < t_n < b$. Weiterhin wählen wir Punkte t_k' und t_k'' $(k = 1, 2, \ldots, n)$ mit $a < t_1' < t_1 < t_1'' < t_2' < t_2 < t_2'' < \cdots < t_n'' < b$. Dann gilt offensichtlich

$$\sum_{k=1}^{n} [\varphi(t_k'') - \varphi(t_k')] \leqq \varphi(b) - \varphi(a),$$

woraus wir durch Grenzübergang $t_k' \to t_k - 0$ und $t_k'' \to t_k + 0$

$$\sum_{k=1}^{n} [\varphi(t_k + 0) - \varphi(t_k - 0)] \leqq \varphi(b) - \varphi(a)$$

erhalten.

---

[1]) Für $p = 1$ ist $q = \infty$ und $\mathbf{L}^\infty = \widetilde{\mathbf{M}}$ (vgl. Abschnitt II.5.4).

[2]) Das Lemma in 2.1 läßt sich nicht auf den komplexen Fall übertragen; deshalb gilt der oben geführte Beweis von Satz 1 nur für reelle Räume.

Hieraus folgt, daß eine monotone Funktion nur endlich viele Unstetigkeiten haben kann, an denen ihr Sprung größer als ein vorgegebenes $\varepsilon > 0$ ist. Die Menge aller Unstetigkeitspunkte einer monotonen Funktion ist folglich höchstens abzählbar.

Da sich jede Funktion von beschränkter Variation als Differenz zweier wachsender Funktionen darstellen läßt, gilt diese Aussage auch allgemeiner für Funktionen von beschränkter Variation.

Die Menge der Stetigkeitspunkte einer Funktion von beschränkter Variation liegt also dicht im Intervall $[a, b]$.

Es sei $g(t)$ eine Funktion von beschränkter Variation. Wir betrachten die Funktion $\tilde{g}(t)$ mit

$$\tilde{g}(t) = \frac{1}{2}[g(t+0) - g(t-0)] \qquad (a < t < b),$$

$$\tilde{g}(b) = g(b), \quad \tilde{g}(a) = g(a).$$

$\tilde{g}(t)$ fällt in allen Stetigkeitspunkten von $g(t)$ und in den Punkten $t = a$ und $t = b$ mit $g(t)$ zusammen. $\tilde{g}(t)$ nennen wir die *gemittelte* Funktion von $g(t)$.

Man sieht leicht, daß die gemittelte Funktion von $g(t)$ unter der Klasse aller Funktionen, die sich von $g(t)$ nur in inneren Unstetigkeitspunkten unterscheiden, zu derjenigen Teilklasse gehört, die einen Kleinstwert für die Totalvariation liefert.[1])

Die Menge aller bei $t = a$ verschwindenden gemittelten Funktionen bezeichnen wir mit $\mathbf{V}_0$. Offensichtlich ist $\mathbf{V}_0$ eine lineare Teilmenge des Raumes $\mathbf{V}$ aller Funktionen von beschränkter Variation. Man sieht auch leicht, daß $\mathbf{V}_0$ bezüglich der für Funktionen beschränkter Variation eingeführten Norm ein abgeschlossener Teil von $\mathbf{V}$ ist. Deshalb bildet die Menge $\mathbf{V}_0$ als Teilraum des B-Raumes $\mathbf{V}$ selbst einen B-Raum.

Die obigen Überlegungen bezogen sich auf die Unstetigkeitspunkte einer Funktion von beschränkter Variation. Wir beweisen jetzt noch eine Eigenschaft ihrer Stetigkeitspunkte.

Es sei $g(t)$ wieder eine Funktion von beschränkter Variation. Mit $v(t)$ bezeichnen wir ihre Totalvariation im Intervall $[a, t]$:

$$v(t) = \bigvee_a^t (g).$$

Außerdem sei $a < c \leqq b$. Zu einem vorgegebenen $\varepsilon > 0$ existiert dann eine solche Zerlegung des Intervalls $[a, c]$ durch Punkte $a = t_0 < t_1 < \cdots < t_{n-1} < < t_n = c$, daß

$$\bigvee_a^c (g) = v(c) < \sum_{k=0}^{n-1} |g(t_{k+1}) - g(t_k)| + \varepsilon$$

---

[1]) Diese Teilklasse besteht aus all denjenigen Funktionen, deren Werte in den Sprungpunkten von $g(t)$ zwischen dem linksseitigen und dem rechtsseitigen Grenzwert von $g(t)$ liegen.

gilt. Fügen wir zu diesen Teilpunkten noch einen Punkt t zwischen t_{n-1} und $t_n = c$ hinzu, so kann die Summe auf der rechten Seite dieser Ungleichung nur größer werden, woraus

$$v(c) < |g(c) - g(t)| + \sum_{k=1}^{n-1} |g(t_k) - g(t_{k-1})| + |g(t) - g(t_{n-1})| + \varepsilon \qquad (1)$$

folgt.

Nun gilt aber auch

$$\sum_{k=1}^{n-1} |g(t_k) - g(t_{k-1})| + |g(t) - g(t_{n-1})| \leqq \bigvee_a^t (g) = v(t)\,,$$

so daß wir aus (1) die Beziehung

$$v(c) - v(t) < |g(c) - g(t)| + \varepsilon$$

erhalten. Durch Grenzübergang $t \to c - 0$ und anschließend $\varepsilon \to 0$ ergibt sich hieraus

$$v(c) - v\,(c - 0) \leqq |g(c) - g\,(c - 0)|\,.$$

Ist die Funktion $g(t)$ im Punkte $t = c$ linksseitig stetig, dann ist auch die Funktion $v(t)$ in diesem Punkt linksseitig stetig. Durch ähnliche Überlegungen beweist man auch die entsprechende Aussage für die rechtsseitige Stetigkeit. Daraus folgt, daß die Stetigkeit der Funktion $g(t)$ im Punkte $t = c$ dort die Stetigkeit der Funktion $v(t)$ nach sich zieht.

3.2. Eine seiner wichtigsten Anwendungen findet der Begriff der Funktion von beschränkter Variation bei der Definition des STIELTJES-Integrals (siehe FICHTENHOLZ [10], Bd. III).

Im Intervall $[a, b]$ seien eine stetige Funktion $x(t)$ und eine Funktion $g(t)$ von beschränkter Variation gegeben. Wir betrachten eine beliebige Zerlegung τ des Intervalls $[a, b]$

$$a = t_0 < t_1 < \cdots < t_n = b$$

und bilden die Summe

$$\sigma_\tau = \sum_{j=1}^{n} x(\xi_j)\,[g(t_j) - g(t_{j-1})] \qquad (t_{j-1} \leqq \xi_j \leqq t_j;\ j = 1, 2, \ldots, n)\,.$$

Für $\lambda_\tau = \max\limits_j\,[t_j - t_{j-1}] \to 0$ haben die Summen σ_τ einen Grenzwert, der nicht von der Art der Einteilung und der Wahl der Zwischenpunkte ξ_k abhängt.

Um das zu sehen, wählen wir ein beliebiges $\varepsilon > 0$ und zu diesem ein $\delta > 0$ derart, daß für $|t' - t''| < \delta$ stets $|x(t') - x(t'')| < \varepsilon$ ausfällt. τ sei eine Zerlegung mit $\lambda_\tau < \delta$. Wir betrachten eine zweite Zerlegung τ',

$$a = t'_0 < t'_1 < \cdots < t'_m = b\,,$$

die ebenfalls der Bedingung $\lambda_{\tau'} < \delta$ genügt. Durch Vereinigung der Punkte beider Zerlegungen erhalten wir eine dritte Zerlegung τ'' $(a = t''_0 < t''_1 < \cdots < t''_s = b)$.

Wir vergleichen die Summen σ_τ und $\sigma_{\tau''}$. Die Differenz $\sigma_{\tau''} - \sigma_\tau$ läßt sich in Summanden

$$\gamma_j = \sum x(\xi_k'') [g(t_k'') - g(t_{k-1}'')] - x(\xi_j) [g(t_j) - g(t_{j-1})] \qquad (j = 1, 2, \ldots, n)$$

zerlegen, wobei die Summation über alle Teilintervalle $[t_{k-1}'', t_k'']$ der Zerlegung τ_k'' zu erstrecken ist, die in einem Teilintervall $[t_{j-1}, t_j]$ der Zerlegung τ liegen.

Wir schreiben den letzten Ausdruck in der Form

$$\gamma_j = \sum [x(\xi_k'') - x(\xi_j)] [g(t_k'') - g(t_{k-1}'')] \qquad (j = 1, 2, \ldots, n)\,.$$

Da die Punkte ξ_k'' und ξ_j im Intervall $[t_{j-1}, t_j]$ liegen, dessen Länge höchstens gleich $\lambda_\tau < \delta$ ist, gilt $|x(\xi_k'') - x(\xi_j)| < \varepsilon$ und folglich auch

$$|\gamma_j| < \varepsilon \sum |g(t_k'') - g(t_{k-1}'')| \leqq \varepsilon \bigvee_{t_{j-1}}^{t_j} (g) \qquad (j = 1, 2, \ldots, n)\,.$$

Somit erhalten wir schließlich

$$|\sigma_{\tau''} - \sigma_\tau| \leqq \sum_{j=1}^{n} |\gamma_j| < \varepsilon \bigvee_a^b (g)\,.$$

Da ebenso auch

$$|\sigma_{\tau''} - \sigma_{\tau'}| < \varepsilon \bigvee_a^b (g)$$

gilt, folgt

$$|\sigma_\tau - \sigma_{\tau'}| < 2\,\varepsilon \bigvee_a^b (g)\,.$$

Die Existenz des Grenzwertes $\lim\limits_{\lambda_\tau \to 0} \sigma_\tau$ ergibt sich jetzt aus dem Cauchyschen Konvergenzprinzip. Dieser Grenzwert heißt Stieltjes-*Integral* der Funktion $x(t)$ bezüglich der Funktion $g(t)$ und wird mit

$$\int_a^b x(t)\, dg(t)$$

bezeichnet.

Wir führen einige Eigenschaften des Stieltjes-Integrals an, die zum großen Teil unmittelbar aus seiner Definition folgen:

1. $\int_a^b [\alpha\, x_1(t) + \beta\, x_2(t)]\, dg(t) = \alpha \int_a^b x_1(t)\, dg(t) + \beta \int_a^b x_2(t)\, dg(t)\,.$

2. $\int_a^b x(t)\, d[\alpha\, g_1(t) + \beta\, g_2(t)] = \alpha \int_a^b x(t)\, dg_1(t) + \beta \int_a^b x(t)\, dg_2(t)\,.$

3. $\int_a^b x(t)\, dg(t) = \int_a^c x(t)\, dg(t) + \int_c^b x(t)\, dg(t) \qquad (a < c < b)\,.$

4. Ist $g(t)$ eine Treppenfunktion mit Sprüngen in den Punkten $t_1, t_2, \ldots, t_n$ von der Größe $\delta_k = g(t_k + 0) - g(t_k - 0)$, so gilt

$$\int_a^b x(t)\, dg(t) = \sum_{k=1}^{n} x(t_k)\, \delta_k\,. \tag{2}$$

5. Ist $g(t)$ ein unbestimmtes Integral (siehe Abschnitt II.6.4), dann gilt

$$\int_a^b x(t)\, dg(t) = \int_a^b x(t)\, \varphi(t)\, dt\,,$$

wobei $\varphi(t)$ die verallgemeinerte Ableitung der Funktion $g(t)$ bezeichnet und das Integral auf der rechten Seite im Sinne von LEBESGUE zu verstehen ist.

Hat $g(t)$ sogar eine stetige Ableitung, dann kann man $\varphi(t) = g'(t)$ setzen.

6. Es gilt die Abschätzung

$$\left|\int_a^b x(t)\, dg(t)\right| \leqq \max_{a\leqq t\leqq b} |x(t)| \bigvee_a^b (g)\,. \tag{3}$$

Für eine Integralsumme σ_τ gilt nämlich

$$|\sigma_\tau| = \left|\sum_{j=1}^n x(\xi_j)\, [g(t_j) - g(t_{j-1})]\right|$$

$$\leqq \max_{a\leqq t\leqq b} |x(t)| \sum_{j=1}^n |g(t_j) - g(t_{j-1})| \leqq \max_{a\leqq t\leqq b} |x(t)| \bigvee_a^b (g)\,,$$

woraus sich durch Grenzübergang die Beziehung (3) ergibt.

7. Sind $g_1(t)$ und $g_2(t)$ Funktionen von beschränkter Variation, die sich höchstens in ihren inneren Unstetigkeitspunkten voneinander unterscheiden, dann gilt

$$\int_a^b x(t)\, dg_1(t) = \int_a^b x(t)\, dg_2(t)\,.$$

8. Ist $\int_a^b x(t)\, dg(t) = 0$ für jede stetige Funktion $x(t)$, dann gilt $g(t) = g(a)$ mit Ausnahme der inneren Unstetigkeitspunkte der Funktion $g(t)$.

Wir beweisen die beiden letzten Aussagen, die wir später benötigen.

Die Richtigkeit von 7 folgt, wenn man beachtet, daß der Grenzwert der Integralsummen σ_τ nicht von der Wahl der Zerlegung τ des Intervalls $[a, b]$ abhängt. Deshalb können wir die inneren Teilpunkte der Zerlegung so wählen, daß beide Funktionen $g_1(t)$ und $g_2(t)$ in ihnen stetig sind. (Die Menge dieser Punkte liegt im Intervall $[a, b]$ dicht.) Für jede solche Zerlegung stimmen aber die Integralsummen beider Integrale überein, weshalb auch die Integrale selbst identisch sein müssen.

Zum Beweis von 8 betrachten wir irgendeinen inneren Stetigkeitspunkt c und definieren eine stetige Funktion $x_n(t)$ durch

$$x_n(t) = \begin{cases} 1 & \text{für } a \leqq t \leqq c\,, \\ 0 & \text{für } c + \frac{1}{n} \leqq t \leqq b\,, \\ -n(t-c)+1 & \text{für } c \leqq t \leqq c + \frac{1}{n}\,. \end{cases}$$

Dann gilt nach Voraussetzung

$$0 = \int_a^b x_n(t)\,dg(t) = \int_a^c x_n(t)\,dg(t) + \int_c^{c+\frac{1}{n}} x_n(t)\,dg(t) + \int_{c+\frac{1}{n}}^b x_n(t)\,dg(t)$$

$$= g(c) - g(a) + \int_c^{c+\frac{1}{n}} x_n(t)\,dg(t)\,,$$

woraus wegen 6

$$|g(c) - g(a)| \leq \bigvee_c^{c+\frac{1}{n}} (g) = v\left(c + \frac{1}{n}\right) - v(c) \tag{4}$$

folgt, wenn wir wieder $v(t) = \bigvee_a^t (g)$ setzen. Da $v(t)$ bei $t = c$ stetig ist (siehe 3.1), erhalten wir aus (4) $g(c) - g(a) = 0$, was zu zeigen war.

Entsprechend kann man auch beweisen, daß $g(b) = g(a)$ gilt, indem man für $x(t)$ diejenige Funktion einsetzt, die im Intervall $[a, b]$ identisch Eins ist.

Funktionen von beschränkter Variation werden uns nur im Zusammenhang mit Stieltjes-Integralen interessieren. Deshalb brauchen wir wegen 7 zwei Funktionen, die in allen ihren Stetigkeitspunkten und bei $t = a$ und $t = b$ übereinstimmen, nicht als verschieden anzusehen. Als Repräsentant einer solchen Funktionenklasse nehmen wir diejenige Funktion, deren Wert in einem inneren Unstetigkeitspunkt gleich dem arithmetischen Mittel aus rechts- und linksseitigem Grenzwert in diesem Punkt ist.

Addieren wir zu $g(t)$ eine beliebige Konstante, so ändert sich der Wert des Integrals nicht. Deshalb können wir unsere Betrachtungen auch auf solche Funktionen beschränken, für die $g(a) = 0$ gilt. Wenn wir also in Zukunft von einer Funktion von beschränkter Variation sprechen, so setzen wir stets voraus, daß sie zur Klasse V_0 gehört.

3.3. In den Abschnitten III.2.1 und III.2.2 hatten wir Beispiele für lineare Funktionale im Raum C betrachtet:

$$f(x) = x(t_0)\,, \tag{5}$$

$$f(x) = \sum_{k=1}^{n} c_k\, x(t_k)\,, \tag{6}$$

$$f(x) = \int_a^b x(t)\,\varphi(t)\,dt \qquad (\varphi \text{ — summierbare Funktion})\,. \tag{7}$$

Ein Funktional der Form (7) läßt sich nicht in der Form (6) darstellen (vom trivialen Fall $\varphi \equiv 0$ abgesehen). Umgekehrt gibt es aber auch keine summierbare Funktion φ, so daß sich das Funktional (6) aus (7) ergibt.

Im Unterschied zum Raum L^p erfassen wir deshalb im Raum C durch die Integralformel (7) nicht alle linearen Funktionale. Die Formeln (6) und (7) lassen sich jedoch bei Benutzung des STIELTJES-Integrals zu einer allgemeineren Formel zusammenfassen.[1])

Satz 1 (3.VI).[2]) *Die allgemeine Form eines linearen Funktionals im Raum* C *ist durch das* STIELTJES-*Integral*

$$f(x) = \int_a^b x(t)\, dg(t) \tag{8}$$

mit einer beliebigen Funktion $g(t)$ von beschränkter Variation gegeben. Ist dabei $g(t)$ eine gemittelte Funktion, so gilt

$$\|f\| = \overset{b}{\underset{a}{\mathrm{V}}}(g)\,.$$

Das Funktional f bestimmt die Funktion $g \in \mathbf{V}_0$ eindeutig.

Beweis. Daß die Gleichung (8) ein lineares Funktional im Raum C definiert, folgt aus 1 und 6 (3.2). Aus 6 erhalten wir dabei noch die Abschätzung

$$\|f\| \leqq \overset{b}{\underset{a}{\mathrm{V}}}(g)\,. \tag{9}$$

Wir zeigen jetzt umgekehrt, daß sich jedes lineare Funktional f in der Form (8) darstellen läßt.

Da C ein Teilraum des Raumes $\mathbf{M} = \mathbf{M}_{[a,b]}$ aller auf dem Intervall $[a, b]$ definierten beschränkten Funktionen ist, läßt sich das Funktional f unter Erhaltung seiner Norm auf **M** fortsetzen. Dieses erweiterte Funktional bezeichnen wir wieder mit f und führen noch die Funktion

$$g(\tau) = f(x_\tau)$$

mit

$$x_\tau(t) = \begin{cases} 1, & t \leqq \tau \\ 0, & t > \tau \end{cases} \qquad \left(\tau > a;\ x_a(t) = 0\right)$$

ein.

Wir zeigen, daß $g(\tau)$ von beschränkter Variation ist.

Zu diesem Zweck nehmen wir eine beliebige Zerlegung des Intervalls $[a, b]$

$$a = t_0 < t_1 < \cdots < t_n = b\,, \tag{10}$$

setzen $\Theta_k = \operatorname{sgn}[g(t_k) - g(t_{k-1})]$ $(k = 1, 2, \ldots, n)$ und betrachten die Summe

$$\begin{aligned} \sum_{k=1}^{n} |g(t_k) - g(t_{k-1})| &= \sum_{k=1}^{n} \Theta_k[g(t_k) - g(t_{k-1})] \\ &= \sum_{k=1}^{n} \Theta_k\, f(x_{t_k} - x_{t_{k-1}}) = f\left(\sum_{k=1}^{n} \Theta_k(x_{t_k} - x_{t_{k-1}})\right) \\ &\leqq \|f\| \left\| \sum_{k=1}^{n} \Theta_k(x_{t_k} - x_{t_{k-1}}) \right\|. \end{aligned}$$

---

[1]) Das soll natürlich nicht heißen, daß sich die allgemeine Form eines linearen Funktionals im Raum C als Kombination der Ausdrücke (6) und (7) ergibt.

[2]) Dieser Satz wurde zuerst von F. RIESZ in [171 c] bewiesen.

Die Funktion $\sum_{k=1}^{n} \Theta_k[x_{t_k}(t) - x_{t_{k-1}}(t)]$ nimmt nur die drei Werte $-1, 0, 1$ an (und zwar ist ihr Wert im Intervall $(t_{k-1}, t_k]$ gleich Θ_k), also gilt

$$\left\| \sum_{k=1}^{n} \Theta_k(x_{t_k} - x_{t_{k-1}}) \right\| = \max_k |\Theta_k| \leqq 1 .$$

Hieraus folgt

$$\sum_{k=1}^{n} |g(t_k) - g(t_{k-1})| \leqq \|f\| ,$$

und da die Zerlegung (10) beliebig gewählt war, ergibt sich schließlich

$$\bigvee_a^b (g) \leqq \|f\| . \tag{11}$$

$x(t)$ sei eine stetige Funktion. Wir geben uns ein $\varepsilon > 0$ vor und finden zu diesem ein $\delta > 0$, so daß aus $|t'' - t'| < \delta$ stets $|x(t'') - x(t')| < \varepsilon$ folgt. Die Zerlegung (10) wählen wir jetzt so, daß $|t_k - t_{k-1}| < \delta$ gilt, und betrachten die Treppenfunktion

$$\tilde{x}(t) = \sum_{k=1}^{n} x(t_k) [x_{t_k}(t) - x_{t_{k-1}}(t)] ,$$

die im Intervall $(t_{k-1}, t_k]$ den Wert $x(t_k)$ annimmt; weiter gilt $\tilde{x}(a) = x(t_1)$.

Aus $a < t \leqq b$ folgt $t_{k-1} < t \leqq t_k$ für ein gewisses $k = 1, 2, \ldots, n$. Deshalb gilt

$$|x(t) - \tilde{x}(t)| = |x(t) - x(t_k)| < \varepsilon .$$

Für $t = a$ ist diese Ungleichung wegen

$$|x(a) - \tilde{x}(a)| = |x(t_0) - x(t_1)| < \varepsilon$$

ebenfalls richtig. Daraus ergibt sich $\|x - \tilde{x}\| < \varepsilon$.

Für die Funktion $\tilde{x}$ hat das Funktional f den Wert

$$f(\tilde{x}) = \sum_{k=1}^{n} x(t_k) [f(x_{t_k}) - f(x_{t_{k-1}})] = \sum_{k=1}^{n} x(t_k) [g(t_k) - g(t_{k-1})] ,$$

d. h., $f(\tilde{x})$ ist diejenige Integralsumme des Integrals

$$\int_a^b x(t)\, dg(t) ,$$

die der Zerlegung (10) entspricht. Für hinreichend kleines $\delta > 0$ erhalten wir somit die Abschätzung

$$\left|f(\tilde{x}) - \int_a^b x(t)\, dg(t)\right| < \varepsilon .$$

Nun gilt aber

$$|f(x) - f(\tilde{x})| \leqq \|f\| \, \|x - \tilde{x}\| \leqq \varepsilon \, \|f\| ,$$

woraus

$$\left| f(x) - \int_a^b x(t)\, dg(t) \right| < \varepsilon\,(1 + \|f\|)$$

folgt. Da ε beliebig gewählt war, ergibt sich hieraus die Gleichung (8).

Bezeichnet jetzt $\tilde{g}(t)$ die gemittelte Funktion von $g(t)$, so ändert sich der Wert des Integrals (8) nicht, wenn wir $g(t)$ durch $\tilde{g}(t)$ ersetzen. Nach der Bemerkung in Abschnitt 3.1 gilt außerdem $\overset{b}{\underset{a}{\mathrm{V}}}(\tilde{g}) \leqq \overset{b}{\underset{a}{\mathrm{V}}}(g)$, woraus zusammen mit (11)

$$\overset{b}{\underset{a}{\mathrm{V}}}(\tilde{g}) \leqq \|f\|$$

folgt. Durch Vergleich dieser Beziehung mit (9) erhalten wir schließlich

$$\overset{b}{\underset{a}{\mathrm{V}}}(\tilde{g}) = \|f\|\,.$$

$g_1(t)$ und $g_2(t)$ seien jetzt zwei Funktionen beschränkter Variation, die beide zu $\mathbf{V}_0$ gehören. Falls die von ihnen erzeugten Funktionale im Raum $\mathbf{C}$ übereinstimmen, gilt

$$\int_a^b x(t)\, d[g_2(t) - g_1(t)] = 0 \quad \text{für alle} \quad x \in \mathbf{C}\,,$$

woraus wegen Aussage 8 (3.2) folgt, daß die Differenz $g_0(t) = g_2(t) - g_1(t)$ nur in ihren inneren Unstetigkeitspunkten verschieden von Null sein kann. Das ist jedoch nicht möglich, da $g_0(t)$ eine gemittelte Funktion ist.

Damit ist der Satz vollständig bewiesen.

Satz 1 kann man kurz auch so formulieren: $\mathbf{C}^* = \mathbf{V}_0$. Hieraus folgt u. a., daß der Raum $\mathbf{V}_0$ vollständig ist, was wir ohne Beweis in Abschnitt 3.1 erwähnten.

Wie schon am Anfang dieses Abschnitts bemerkt wurde, ergeben sich die Funktionale (6) und (7) aus der allgemeinen Form: das Funktional (6), wenn $g(t)$ eine Treppenfunktion und das Funktional (7), wenn $g(t)$ ein unbestimmtes Integral ist.

3.4. Wir betrachten jetzt den allgemeinen Fall eines Raumes $\mathbf{C}_T$, wobei T ein Parallelepiped eines endlichdimensionalen euklidischen Raumes bezeichnet. Die allgemeine Form der linearen Funktionale ist in diesem Fall wieder durch ein Integral gegeben, das analog dem Stieltjes-Integral gebildet wird.

Ordnen wir jedem Parallelepiped $P \subset T$ eine Zahl $\Phi(P)$ zu, so erhalten wir eine *Parallelepipedfunktion*. Ein beliebiges Parallelepiped P sei als Summe paarweise disjunkter Parallelepipede $P_1, P_2, \ldots, P_n$ dargestellt. Gilt dann für jede Wahl der $P, P_1, P_2, \ldots, P_n$

$$\Phi(P) = \Phi(P_1) + \Phi(P_2) + \cdots + \Phi(P_n)\,,$$

so heißt die Funktion Φ *additiv*.

Wir betrachten eine Zerlegung des Parallelepipeds T in die paarweise disjunkten Parallelepipede $P_1, P_2, \ldots, P_n$:

$$T = P_1 \cup P_2 \cup \ldots \cup P_n\,. \tag{12}$$

Sind die Summen

$$\sum_{k=1}^{n} |\Phi(P_k)| \tag{13}$$

für alle solchen Zerlegungen beschränkt, dann sagt man, die Funktion Φ sei von *beschränkter Variation*. Das Supremum aller Summen der Form (13) heißt in diesem Fall die *Totalvariation* der Funktion Φ und wird mit $\overline{\Phi}(T)$ bezeichnet.

Man zeigt leicht (siehe § 4), daß eine additive Parallelepipedfunktion von beschränkter Variation als Differenz zweier nichtnegativer Funktionen dargestellt werden kann:

$$\Phi(P) = \Phi_1(P) - \Phi_2(P) \qquad (\Phi_1(P), \Phi_2(P) \geqq 0)\,. \tag{14}$$

Gehen wir von einer stetigen, auf der Menge T definierten Funktion $x(t)$ und einer additiven Parallelepipedfunktion Φ von beschränkter Variation aus, so können wir ein Integral definieren, das als Verallgemeinerung des STIELTJES-Integrals anzusehen ist. Zu diesem Zweck bilden wir mit der Zerlegung (12) des Parallelepipeds T die Integralsumme

$$\sigma = \sum_{k=1}^{n} x(\xi_k)\, \Phi(P_k) \qquad (\xi_k \in P_k,\ k = 1, 2, \ldots, n)\,.$$

Wie oben im Fall des eindimensionalen STIELTJES-Integrals kann man beweisen, daß der Grenzwert $\lim\limits_{\lambda \to 0} \sigma$ existiert, wenn λ den größten Durchmesser der Parallelepipede P_k bezeichnet, und daß dieser Grenzwert nicht von der Wahl der Punkte ξ_k und der Art der Zerlegung abhängt. $\lim\limits_{\lambda \to 0} \sigma$ heißt das STIELTJES-GÜNTER-*Integral* und wird mit

$$\int_T x(t)\, d\Phi(P)$$

bezeichnet.

Das STIELTJES-Integral ergibt sich hieraus als Spezialfall, wenn wir

$$\Phi(\langle\alpha, \beta\rangle) = g(\beta) - g(\alpha) \qquad (\langle\alpha, \beta\rangle \subset [a, b])$$

setzen.[1])

Die Eigenschaften 1—3 des STIELTJES-Integrals (3.2) weist man ohne Schwierigkeit auch für das STIELTJES-GÜNTER-Integral nach. Insbesondere gilt

$$\left| \int_T x(t)\, d\Phi(P) \right| \leqq \max_{t \in T} |x(t)|\, \overline{\Phi}(T)\,.$$

Hieraus folgt, daß der Ausdruck

$$f(x) = \int_T x(t)\, d\Phi(P) \tag{15}$$

ein lineares Funktional im Raum C_T definiert.

Durch entsprechende Überlegungen wie in Abschnitt 3.3 für den eindimensionalen Fall kann man zeigen, daß Beziehung (15) die allgemeine Form eines linearen Funktionals im Raum C_T darstellt. Dabei läßt sich die Parallelepipedfunktion Φ derart wählen, daß

$$\|f\| = \overline{\Phi}(T)$$

gilt.

Dasselbe Resultat werden wir durch andere Überlegungen auch in § 4 herleiten.

3.5. Wir erwähnen noch einige Anwendungen des Satzes über die allgemeine Form eines linearen Funktionals im Raum C.

Die gleichmäßige Konvergenz einer Folge stetiger Funktionen ist gleichbedeutend mit ihrer Normkonvergenz im Raum C. Wir untersuchen jetzt, wie

---

[1]) Unter $\langle\alpha, \beta\rangle$ verstehen wir dabei eines der vier Intervalle $[\alpha, \beta]$, $(\alpha, \beta]$, $[\alpha, \beta)$ und (α, β).

sich die punktweise Konvergenz im Raum C charakterisieren läßt. Zu diesem Zweck seien eine beschränkte Folge stetiger Funktionen $\{x_n(t)\}$ und eine stetige Funktion $x_0(t)$ gegeben. Dafür, daß für jedes $t \in [a, b]$ die Beziehung

$$\lim_{n \to \infty} x_n(t) = x_0(t) \tag{16}$$

gilt, ist dann hinreichend, daß für jedes lineare Funktional f im Raum C die Folge $\{f(x_n)\}$ gegen $f(x_0)$ konvergiert:

$$f(x_n) \xrightarrow[n\to\infty]{} f(x_0) \qquad (f \in \mathrm{C}) . \tag{17}$$

Betrachten wir nämlich das Funktional f_t:

$$f_t(x) = x(t) ,$$

so erhalten wir

$$x_n(t) = f_t(x_n) \to f_t(x_0) = x_0(t) .$$

In Kapitel VIII wird bewiesen, daß die Bedingung (17) für die punktweise Konvergenz der Folge $\{x_n\}$ gegen x_0 auch notwendig ist (Satz 3 (2.VIII)).

3.6. Eine interessante Anwendung findet der Satz über die allgemeine Form eines linearen Funktionals im Raum C auch auf das sogenannte Momentenproblem.

In einem normierten Raum X sei eine Folge $\{x_n\}$ linear unabhängiger Elemente gegeben. Wir nehmen ein beliebiges lineares Funktional f in X und bilden die Zahlenfolge

$$f(x_n) = \mu_n \qquad (n = 0, 1, 2, \ldots) . \tag{18}$$

Unter dem Momentenproblem im weitesten Sinne des Wortes versteht man dann die Aufgabe, aus der Folge $\{\mu_n\}$ umgekehrt wieder das Funktional f zu bestimmen. In dieser allgemeinen Form läßt sich diese Aufgabe nicht lösen. Jedoch erhält man auch für den allgemeinen Fall einige Lösbarkeitsbedingungen sowie Bedingungen für die Eindeutigkeit der Lösung des Momentenproblems.

Ist das System $\{x_n\}$ vollständig, dann ist es nach den Aussagen in Abschnitt IV.2.4 auch fundamental; folglich wird das Funktional f (falls es existiert) durch die Folge $\{\mu_n\}$ eindeutig bestimmt. Man sieht leicht, daß die Vollständigkeit des Systems $\{x_n\}$ für die Eindeutigkeit der Lösung des Momentenproblems auch notwendig ist.

Bezeichnet weiter φ ein durch die Gleichungen

$$\varphi(x_n) = \mu_n \qquad (n = 0, 1, \ldots) \tag{19}$$

auf der Menge $\{x_n;\ n = 0, 1, \ldots\}$ definiertes (nicht additives) Funktional, so folgt aus Satz 1 (1.IV) als notwendige und hinreichende Bedingung für die Lösbarkeit des Momentenproblems die Existenz einer Konstanten $M > 0$, so daß für beliebige $\lambda_0, \lambda_1, \ldots, \lambda_n$ die Ungleichung

$$\left| \sum_{k=0}^{n} \lambda_k \mu_k \right| \leq M \left\| \sum_{k=0}^{n} \lambda_k x_k \right\| \tag{20}$$

oder

$$\sup \frac{\left|\sum_{k=0}^{n} \lambda_k \mu_k\right|}{\left\|\sum_{k=0}^{n} \lambda_k x_k\right\|} < \infty \tag{21}$$

erfüllt ist, wobei die Supremumbildung über alle $\lambda_0, \lambda_1, \ldots, \lambda_n$ $(n = 0, 1, \ldots)$ zu erstrecken ist. Die Existenz eines Funktionals f mit der geforderten Eigenschaft ist nämlich gleichbedeutend damit, daß sich φ zu einem auf der linearen Hülle $\mathscr{L}(\{x_n\})$ definierten linearen Funktional fortsetzen läßt.

Aus der Vielfalt der speziellen Momentenprobleme greifen wir hier nur das Potenzmomentenproblem heraus, das sich für $\mathbf{X} = \mathbf{C}$ und

$$x_n(t) = t^n \quad (n = 0, 1, \ldots) \tag{22}$$

ergibt.

Beachten wir die allgemeine Form eines linearen Funktionals im Raum C, dann können wir diese Aufgabe auch folgendermaßen formulieren: Es ist zu untersuchen, unter welchen Bedingungen eine Funktion $g(t)$ von beschränkter Variation existiert, so daß

$$\int_a^b t^n \, dg(t) = \mu_n \quad (n = 0, 1, \ldots) \tag{23}$$

gilt.[1])

Da in diesem Fall das System $\{x_n\}$ im Raum C vollständig ist, ist die Lösung des Momentenproblems, falls sie überhaupt existiert, eindeutig bestimmt.

Die Lösbarkeitsbedingung (21) läßt sich dann in der Form

$$\sup \frac{\left|\sum_{k=0}^{n} \lambda_k \mu_k\right|}{\max\limits_{a \leq t \leq b} \left|\sum_{k=0}^{n} \lambda_k t^k\right|} < \infty \tag{24}$$

schreiben.

Schließlich beweisen wir für das Potenzmomentenproblem im Intervall [0, 1] noch ein spezielleres Resultat (siehe [104b]).

Satz 2 (3.VI) (Hausdorff). *Für die Existenz einer Funktion $g(t)$ von beschränkter Variation mit der Eigenschaft*

$$\int_0^1 t^n \, dg(t) = \mu_n \quad (n = 0, 1, \ldots) \tag{25}$$

ist notwendig und hinreichend, daß eine Konstante M existiert, für die

$$\sum_{k=0}^{n} C_n^k \left|\Delta^{n-k} \mu_k\right| \leq M \quad (n = 0, 1, \ldots) \tag{26}$$

gilt. Dabei bedeuten C_n^k die Binomialkoeffizienten und $\Delta^m \mu_k$ die m-ten Differenzen der Folge $\{\mu_k\}$:

$$\Delta^{m+1}\mu_k = \Delta^m \mu_k - \Delta^m \mu_{k+1}, \quad \Delta^0 \mu_k = \mu_k \quad (m = 0, 1, \ldots; \ k = 0, 1, \ldots). \tag{27}$$

---

[1]) Man kann das Momentenproblem auch bei unendlichen Intervallen betrachten. Wir wollen unsere Betrachtungen jedoch auf den Fall eines endlichen Intervalls beschränken.

Beweis. Notwendig. Das Momentenproblem (25) sei lösbar. Mit f bezeichnen wir dasjenige Funktional im Raum **C**, das von der Funktion $g(t)$ erzeugt wird. Weiterhin sei

$$x_k^{(m)}(t) = t^k(1-t)^m \quad (m, k = 0, 1, \ldots)\,. \tag{28}$$

Aus

$$x_k^{(m+1)}(t) = t^k(1-t)^{m+1} = t^k(1-t)^m - t^{k+1}(1-t)^m = x_k^{(m)}(t) - x_{k+1}^{(m)}(t)$$

folgt

$$f(x_k^{(m+1)}) = f(x_k^{(m)}) - f(x_{k+1}^{(m)}) \quad (m, k = 0, 1, \ldots)\,.$$

Außerdem gilt

$$f(x_k^{(0)}) = \mu_k\,.$$

Unter Benutzung der Definitionsgleichungen (27) überzeugt man sich (durch vollständige Induktion) leicht vom Bestehen der Beziehungen

$$f(x_k^{(m)}) = \Delta^m \mu_k \quad (m, k = 0, 1, \ldots)\,.$$

Es sei jetzt $\Theta_k^{(n)} = \operatorname{sgn} \Delta^{n-k}\mu_k$ $(k = 0, 1, \ldots, n)$, und wir betrachten die Funktion

$$\tilde{x}(t) = \sum_{k=1}^{n} \Theta_k^{(n)} C_n^k\, x_k^{(n-k)}(t)\,.$$

Wegen $x_k^{(m)}(t) \geqq 0$ in $[0, 1]$ gilt

$$|\tilde{x}(t)| \leqq \sum_{k=0}^{n} C_n^k\, x_k^{(n-k)}(t) = \sum_{k=0}^{n} C_n^k\, t^k\,(1-t)^{n-k} = [t + (1-t)]^n = 1\,.$$

Hieraus folgt $\|\tilde{x}\| \leqq 1$. Damit ergibt sich aber

$$\sum_{k=0}^{n} C_n^k\, |\Delta^{n-k}\,\mu_k| = \sum_{k=0}^{n} C_n^k\, \Theta_k^{(n)}\, \Delta^{n-k}\,\mu_k = \sum_{k=0}^{n} C_n^k\, \Theta_k^{(n)}\, f(x_k^{(n-k)})$$

$$= f(\tilde{x}) \leqq \|f\| \quad (n = 0, 1, \ldots)\,,$$

womit die Notwendigkeit der Bedingung gezeigt ist, wenn wir nur $M = \|f\|$ setzen.

Hinreichend. φ bezeichne das auf der Menge $\{x_n;\ n = 0, 1, \ldots\}$ mit $x_n(t) = t^n$ durch Formel (19) definierte Funktional. Wir erweitern φ auf die lineare Hülle der Menge $\{x_n\}$, d. h. auf die Menge aller Polynome. Ist $x(t) = \lambda_0 + \lambda_1 t + \cdots + \lambda_n t^n$, so setzen wir

$$f_0(x) = \lambda_0\,\mu_0 + \lambda_1\,\mu_1 + \cdots + \lambda_n\,\mu_n\,.$$

Wegen der linearen Unabhängigkeit der Funktionen $x_n(t)$ wird durch diese Definition das Funktional f_0 eindeutig bestimmt.

Offensichtlich ist f_0 additiv und homogen. Wir zeigen, daß aus der Bedingung (26) seine Linearität folgt.

Zunächst ist das Funktional f_0 unabhängig von der Bedingung (26) auf der Menge $\mathbf{H}_m$ aller Polynome vom Grade kleiner oder gleich m linear, da $\mathbf{H}_m$ ein endlichdimensionaler Raum ist (als Koordinaten können die Koeffizienten des Polynoms dienen) und deshalb die Konvergenz in H_m koordinatenweise besteht (siehe Abschnitt II.2.8).

Mit den oben (28) eingeführten Bezeichnungen erhalten wir wieder

$$f_0(x_k^{(s)}) = \Delta^s \mu_k \qquad (s, k = 0, 1, \ldots) .$$

Wir betrachten jetzt ein beliebiges Polynom $x(t)$ vom Grade m und führen die Folge der zugehörigen BERNSTEINschen Polynome ein:

$$x_n(t) = B_n(x; t) = \sum_{k=0}^{n} C_n^k \, x\left(\frac{k}{n}\right) t^k (1-t)^{n-k} . \tag{29}$$

Bekanntlich ist der Grad jedes Polynoms $x_n(t)$ $(n = 1, 2, \ldots)$ nicht größer als m.[1])

Da für $n \to \infty$ die Folge $\{x_n(t)\}$ gleichmäßig gegen $x(t)$ konvergiert (siehe NATANSON [30a], S. 6), gilt nach der obigen Bemerkung

$$f_0(x_n) \to f_0(x) .$$

Aus

$$|f_0(x_n)| \leqq \sum_{k=0}^{n} C_n^k \left| x\left(\frac{k}{n}\right)\right| |f_0(x_n^{(n-k)})| \leqq ||x|| \sum_{k=0}^{n} C_n^k \, |\Delta^{n-k} \mu_k| \leqq M \, ||x||$$

folgt dann durch Grenzübergang $n \to \infty$ auf der linken Seite

$$|f_0(x)| \leqq M \, ||x|| .$$

Da x ein beliebiges Polynom war, ist damit die Linearität von f_0 bewiesen. Wir brauchen jetzt nur f_0 durch stetige Fortsetzung (siehe Abschnitt IV.1.2) auf ganz C zu erweitern und auf das erhaltene Funktional f den Satz über die allgemeine Form eines linearen Funktionals im Raum C anzuwenden. Dann ergibt sich

$$f(x) = \int_0^1 x(t) \, dg(t) \qquad (x \in C) ,$$

wobei $g(t)$ eine Funktion von beschränkter Variation ist.

Damit ist der Satz vollständig bewiesen.

---

[1]) Um dies zu erkennen, differenzieren wir den Ausdruck (29) und ersetzen in der ersten Summe den Summationsindex k durch $k + 1$. Dadurch erhalten wir

$$\frac{dx_n}{dt} = \sum_{k=0}^{n} C_n^k \left[k \, t^{k-1} (1-t)^{n-k} - (n-k) \, t^k (1-t)^{n-k-1}\right] x\left(\frac{k}{n}\right)$$
$$= n \sum_{k=0}^{n-1} C_{n-1}^k \, t^k (1-t)^{n-1-k} \left[x\left(\frac{k+1}{n}\right) - x\left(\frac{k}{n}\right)\right].$$

Durch vollständige Induktion folgt hieraus

$$\frac{d^s x_n}{dt^s} = n(n-1) \cdots (n-s+1) \sum_{k=0}^{n-s} C_{n-s}^k \, t^k (1-t)^{n-s-k} \Delta^s x\left(\frac{k}{n}\right).$$

Da $x(t)$ ein Polynom vom Grade m ist, gilt $\Delta^{m+1} x\left(\frac{k}{n}\right) = 0$. Deshalb ergibt sich $\frac{d^{m+1} x_n}{dt^{m+1}} = 0$, woraus folgt, daß der Grad des Polynoms $x_n(t)$ höchstens gleich m sein kann.

§ 4. Funktionale auf einer Klasse von Funktionenräumen

4.1. Für die Konstruktion der allgemeinen Form der linearen Funktionale auf einer unter 4.3 gekennzeichneten Klasse von Funktionenräumen benötigen wir eine weitere Verallgemeinerung des Integralbegriffs, das sog. RADON-Integral (der Literatur häufig auch als „LEBESGUE-STIELTJES-Integral" bezeichnet). Diese Verallgemeinerung besteht darin, daß an die Stelle des LEBESGUE-Maßes einer Menge beim LEBESGUE-Integral allgemeiner eine additive Mengenfunktion tritt. Deshalb schicken wir der Definition des RADON-Integrals einige Betrachtungen über additive Mengenfunktionen voraus.

Es sei T eine beliebige nicht leere abstrakte Menge. Ein System $\mathfrak{E} = \{e\}$ von Teilmengen dieser Menge heißt unter den folgenden Bedingungen eine *additive Familie* oder *Algebra*.

1. Aus $e_1, e_2 \in \mathfrak{E}$ folgt $e_1 \cup e_2 \in \mathfrak{E}$.
2. Aus $e \in \mathfrak{E}$ folgt $Ce = T \setminus e \in \mathfrak{E}$.

Gilt $e_1, e_2 \in \mathfrak{E}$, so gehört wegen $e_1 \cap e_2 = C(C\,e_1 \cup C\,e_2)$ auch der Durchschnitt $e_1 \cap e_2$ und wegen $e_1 \setminus e_2 = e_1 \cap C\,e_2$ auch die Differenz $e_1 \setminus e_2$ zu $\mathfrak{E}$. Hieraus folgt, daß die leere Menge $\emptyset$ und ganz T zu $\mathfrak{E}$ gehören ($\emptyset = e \cap C\,e$; $T = e \cup C\,e$).

Ein triviales Beispiel einer additiven Familie ist das nur aus T und der leeren Menge bestehende System.

Die Gesamtheit aller Teilmengen einer gegebenen Menge bildet ebenfalls eine additive Familie.

Weiterhin bilden alle meßbaren Teilmengen einer meßbaren Punktmenge T des euklidischen Raumes eine additive Familie.

Ist jedem $e \in \mathfrak{E}$ eine reelle Zahl $\Phi(e)$ zugeordnet, so sagt man, auf der Familie $\mathfrak{E}$ sei eine Mengenfunktion Φ gegeben. Uns werden nun ausschließlich *additive Mengenfunktionen* interessieren, das sind solche, für die

$$\Phi(e_1 + e_2) = \Phi(e_1) + \Phi(e_2)\ ^{1)} \qquad (e_1, e_2 \in \mathfrak{E})$$

gilt. Wegen $\Phi(\emptyset) = \Phi(\emptyset + \emptyset) = \Phi(\emptyset) + \Phi(\emptyset)$ ist für eine additive Mengenfunktion stets $\Phi(\emptyset) = 0$.

Eine additive Mengenfunktion Φ heißt von *beschränkter Variation* auf einer Menge $e \subset T$ ($e \in \mathfrak{E}$), wenn

$$\overline{\Phi}(e) = \sup \sum_{k=1}^{n} |\Phi(e_k)| < \infty \tag{1}$$

gilt, wobei die Supremumbildung über alle Zerlegungen $e = e_1 + e_2 + \cdots + e_n$ ($e_k \in \mathfrak{E}$; $k = 1, 2, \ldots, n$) der Menge e zu erstrecken ist. Die Größe $\overline{\Phi}(e)$ heißt die *Totalvariation* der Funktion Φ und wird mit

$$\overline{\Phi}(e) = \bigvee_{e} (\Phi)$$

bezeichnet.

Ist die Funktion Φ von beschränkter Variation auf einer Menge e, so ist sie auch auf jeder Teilmenge $e' \subset e$ von beschränkter Variation ($e, e' \in \mathfrak{E}$) und es gilt $\overline{\Phi}(e') \leqq \overline{\Phi}(e)$. Deshalb nennen wir eine Funktion von beschränkter Variation auf T kurz „von beschränkter Variation".

Die Totalvariation der Funktion Φ läßt sich auch in der Form

$$\overline{\Phi}(e) = \sup_{e=e'+e''} [\Phi(e') - \Phi(e'')] \qquad (e', e'' \in \mathfrak{E}) \tag{2}$$

darstellen.

---

[1]) Hierbei benutzen wir das Symbol + zur Bezeichnung der Vereinigung zweier disjunkter offener Mengen.

Die rechte Seite dieser Gleichung ist nämlich offensichtlich nicht größer als $\overline{\Phi}(e)$. Andererseits betrachten wir jetzt eine solche Zerlegung $e = e_1^* + e_2^* + \cdots + e_n^*$, für die

$$\overline{\Phi}(e) < \sum_{k=1}^{n} |\Phi(e_k^*)| + \varepsilon \text{ [1]} \tag{3}$$

gilt, und zerlegen die Mengen e_k^* in zwei Gruppen, indem wir zur ersten alle Mengen e_k^* mit $\Phi(e_k^*) = 0$ und zur zweiten alle übrigen Mengen e_k nehmen. e_0' sei die Vereinigung der Mengen der ersten und e'' die Vereinigung der Mengen der zweiten Gruppe. Dann ergibt sich

$$\sum_{k=1}^{n} |\Phi(e_k^*)| = \Sigma_{\mathrm{I}}\, \Phi(e_k^*) - \Sigma_{\mathrm{II}}\, \Phi(e_k^*) = \Phi(e_0') - \Phi(e_0'') \leqq \sup_{e=e'+e''} [\Phi(e') - \Phi(e'')] .$$

Da $\varepsilon > 0$ beliebig gewählt war, folgt hieraus zusammen mit (3) die Gleichung (2).

Eine Funktion (additive Mengenfunktion) Φ ist genau dann von beschränkter Variation, wenn sie *beschränkt* ist, d. h., wenn

$$K = \sup_{e \in \mathfrak{E}} |\Phi(e)| < \infty \tag{4}$$

gilt.

Ist nämlich $\overline{\Phi}(T) < \infty$, dann folgt aus $|\Phi(e)| \leqq \overline{\Phi}(e) \leqq \overline{\Phi}(T)$ für $K = \overline{\Phi}(T)$ die Beziehung (4). Umgekehrt ergibt sich aus (4)

$$\overline{\Phi}(T) = \sup_{T=e_1+e_2} [\Phi(e_1) - \Phi(e_2)] \leqq 2\,K < \infty .$$

Es sei Φ jetzt eine Funktion von beschränkter Variation. Die Totalvariation der Funktion Φ auf einer Menge e bildet wieder eine Mengenfunktion. Wir beweisen, daß diese neue Mengenfunktion additiv ist. Zu diesem Zweck sei $e = e_1 + e_2$. Dann finden wir zu jedem $\varepsilon > 0$ solche Mengen e_1', e_1'', e_2', e_2'', daß $e_1 = e_1' + e_1''$, $e_2 = e_2' + e_2''$ und

$$\overline{\Phi}(e_1) - \varepsilon < \Phi(e_1') - \Phi(e_1''); \qquad \overline{\Phi}(e_2) - \varepsilon < \Phi(e_2') - \Phi(e_2'')$$

gilt. Durch Addition folgt hieraus

$$\overline{\Phi}(e_1) + \overline{\Phi}(e_2) - 2\,\varepsilon < \Phi(e_1' + e_2') - \Phi(e_1'' + e_2'') \leqq \overline{\Phi}(e_1 + e_2) = \overline{\Phi}(e) .$$

Da ε beliebig gewählt war, gilt also

$$\overline{\Phi}(e) \geqq \overline{\Phi}(e_1) + \overline{\Phi}(e_2) .$$

Die entgegengesetzte Ungleichung läßt sich noch einfacher beweisen. Es sei $e = e' + e'' = e_1 + e_2$ und

$$e_i' = e_i \cap e', \quad e_i'' = e_i \cap e'' \qquad (i = 1, 2) .$$

Dann folgt

$$\overline{\Phi}(e) = \sup [\Phi(e') - \Phi(e'')] = \sup \{[\Phi(e_1') - \Phi(e_1'')] + \Phi[(e_2') - \Phi(e_2'')]\}$$

$$\leqq \sup [\Phi(e_1') - \Phi(e_1'')] + \sup [\Phi(e_2') - \Phi(e_2'')] \leqq \overline{\Phi}(e_1) + \overline{\Phi}(e_2)$$

und somit

$$\overline{\Phi}(e) = \overline{\Phi}(e_1) + \overline{\Phi}(e_2) .$$

Unter Benutzung dieser Beziehung kann man auch beweisen, daß sich jede additive Funktion von beschränkter Variation als Differenz zweier positiver beschränkter additiver Funktionen darstellen läßt. Es gilt nämlich

$$\Phi(e) = \Phi^+(e) - \Phi^-(e)$$

---

[1]) Die im Falle $\overline{\Phi}(e) = \infty$ nötigen Änderungen des Beweises möge der Leser selbständig durchführen.

mit

$$\Phi^+(e) = \frac{1}{2}[\overline{\Phi}(e) + \Phi(e)], \quad \Phi^-(e) = \frac{1}{2}[\overline{\Phi}(e) - \Phi(e)].$$

Daß die Funktion Φ^+ positiv ist, sieht man durch Einsetzen der leeren Menge für e' in der Zerlegung $e = e' + e''$. Dann ergibt sich nämlich

$$\overline{\Phi}(e) = \sup_{e=e'+e''} [\Phi(e') - \Phi(e'')] \geqq - \Phi(e),$$

d. h. $\overline{\Phi}(e) + \Phi(e) \geqq 0$. Entsprechend zeigt man die Positivität der Funktion Φ^-.

Die Größe $\Phi^+(e)$ bzw. $\Phi^-(e)$ heißt die *positive* bzw. *negative Variation* der Funktion Φ auf der Menge e. Wir überlassen es dem Leser zu beweisen, daß sich $\Phi^+(e)$ als Supremum von Summen der Form (1) darstellen läßt, wobei man nur über solche Summanden zu addieren hat, für die $\Phi(e_k) \geqq 0$ gilt. $\Phi^+(e)$ kann auch durch die Gleichung

$$\Phi^+(e) = \sup_{e' \subset e} \Phi(e')$$

definiert werden. Entsprechendes gilt für die Funktion Φ^-.

4.2. Um das Radon-*Integral* zu bilden [168], betrachten wir eine auf der Menge T definierte reelle Funktion $x(t)$ und eine auf der additiven Familie $\mathfrak{E}$ definierte Mengenfunktion Φ von beschränkter Variation. Die Funktion $x(t)$ heißt *meßbar* bezüglich der Familie $\mathfrak{E}$, wenn für jedes reelle a die Mengen $\{t \in T: x(t) > a\}$, $\{t \in T: x(t) < a\}$ zu $\mathfrak{E}$ gehören.

Die Funktion $x(t)$ sei meßbar bezüglich der Familie $\mathfrak{E}$. Wir wählen eine Zerlegung der reellen Achse

$$\cdots < l_{-m} < \cdots < l_{-1} < l_0 < l_1 < \cdots < l_n \quad (l_{-m} \xrightarrow[m\to\infty]{} -\infty;\ l_n \xrightarrow[n\to\infty]{} \infty), \tag{5}$$

$$\lambda = \sup_k [l_{k+1} - l_k] < \infty$$

und führen weiter die Mengen

$$e_k = \{t \in T: l_k \leqq x(t) < l_{k+1}\} \quad (k = \ldots, -1, 0, 1, \ldots)$$

em. Wie den sich leicht überlegt, gilt $e_k \in \mathfrak{E}$; wir können also die Reihe

$$\sum_{k=-\infty}^{\infty} l_k \overline{\Phi}(e_k) \tag{6}$$

bilden. Konvergiert diese Reihe für alle hinreichend kleinen λ absolut, dann existiert der Grenzwert

$$\lim_{\lambda\to 0} \sum_{k=-\infty}^{\infty} l_k \Phi(e_k),$$

den man das Radon-*Integral* (oder Lebesgue-Stieltjes-Integral) der Funktion $x(t)$ bezüglich der Mengenfunktion Φ nennt und mit

$$\int_T x(t)\, d\Phi(e)$$

bezeichnet.

Wir beweisen die Existenz dieses Grenzwertes. Aus der absoluten Konvergenz der Reihe (6) folgt die absolute Konvergenz der Reihen

$$\sum_{k=-\infty}^{\infty} l_k \Phi^+(e_k), \quad \sum_{k=-\infty}^{\infty} l_k \Phi^-(e_k).$$

Es ist deshalb hinreichend, den Fall einer positiven Funktion Φ zu betrachten, d. h., wir können voraussetzen, daß $\Phi(e) = \overline{\Phi}(e)$ gilt. Außer der unteren Integralsumme

$$s = \sum_{k=-\infty}^{\infty} l_k \Phi(e_k)$$

führen wir noch die obere Integralsumme

$$S = \sum_{k=-\infty}^{\infty} l_{k+1}\, \Phi(e_k)$$

ein. Die Reihe auf der rechten Seite dieser Gleichung konvergiert wegen

$$\sum_{k=-\infty}^{\infty} |l_{k+1}\, \Phi(e_k)| \leqq \sum_{k=-\infty}^{\infty} |l_k\, \Phi(e_k)| + \lambda \sum_{k=-\infty}^{\infty} \Phi(e_k)$$

$$\leqq \sum_{k=-\infty}^{\infty} |l_k\, \Phi(e_k)| + \lambda\, \Phi(T)\,^{1)}$$

absolut. Daraus folgt

$$0 \leqq S - s \leqq \lambda\, \Phi(T)\,. \tag{7}$$

Durch entsprechende Überlegungen wie im eindimensionalen Fall sieht man, daß die untere Integralsumme irgendeiner Zerlegung stets kleiner ist als die obere Integralsumme jeder beliebigen Zerlegung. Hieraus erhält man mit Hilfe von (7)

$$I = \sup\{s\} = \inf\{S\}$$

und damit weiter $I = \lim\limits_{\lambda \to 0} s = \lim\limits_{\lambda \to 0} S$, was zu zeigen war.

Ist die Funktion $x(t)$ beschränkt ($|x(t)| \leqq M$), dann sind für $|l_k| > M + \lambda$ die Mengen e_k leer, d. h., nur endlich viele Glieder der Reihe (6) sind von Null verschieden. In diesem wichtigen Spezialfall konvergiert deshalb die Reihe (6) für alle Werte von λ absolut, also existiert das Radon-Integral $\int\limits_T x(t)\, d\Phi(e)$.

Für die Integralsummen erhalten wir unter dieser Voraussetzung die Abschätzung

$$|s| \leqq \sum_{k=-\infty}^{\infty} |l_k\, \Phi(e_k)| = \sum_{|l_k| \leqq M+\lambda} |l_k\, \Phi(e_k)| \leqq (M + \lambda) \sum_{k=-\infty}^{\infty} \Phi(e_k) \leqq (M + \lambda) \bigvee_T (\Phi)\,.$$

Führen wir hierin den Grenzübergang $\lambda \to 0$ durch und ersetzen M durch $\sup\limits_{t \in T} |x(t)|$, so ergibt sich

$$\left| \int\limits_T x(t)\, d\Phi(e) \right| \leqq \sup_{t \in T} |x(t)| \bigvee_T (\Phi)\,. \tag{8}$$

Einige Eigenschaften des Radon-Integrals folgen unmittelbar aus seiner Definition (alle in den folgenden Formeln auftretenden Mengen sollen zur Familie $\mathfrak{E}$ gehören und alle Funktionen sollen bezüglich $\mathfrak{E}$ meßbar sein):

1. $\int\limits_T [\alpha\, x_1(t) + \beta\, x_2(t)]\, d\Phi(e) = \alpha \int\limits_T x_1(t)\, d\Phi(e) + \beta \int\limits_T x_2(t)\, d\Phi(e)\,,$

$\int\limits_T x(t)\, d[\alpha\, \Phi_1(e) + \beta\, \Phi_2(e)] = \alpha \int\limits_T x(t)\, d\Phi_1(e) + \beta \int\limits_T x(t)\, d\Phi_2(e)\,,$

falls die Integrale auf den rechten Seiten existieren.

2. Ist $\chi_E(t)$ die charakteristische Funktion der Menge E, dann gilt

$$\int\limits_T \chi_E(t)\, d\Phi(e) = \Phi(E)\,.$$

---

[1]) Ist Φ eine positive additive Funktion, dann gilt $\Phi(e_1 + e_2 + \cdots + e_n + \cdots) \geqq \Phi(e_1) + \Phi(e_2) + \cdots$. Das ergibt sich aus der Beziehung

$$\Phi(e_1) + \Phi(e_2) + \cdots + \Phi(e_n) = \Phi(e_1 + e_2 + \cdots + e_n) \leqq \Phi\,(e_1 + e_2 + \cdots + e_n + \cdots)$$

durch Grenzübergang $n \to \infty$.

3. Existiert das Integral $\int_T x(t)\, d\Phi(e)$, dann existiert auch für beliebiges $E \in \mathfrak{E}$ das Integral

$$\int_E x(t)\, d\Phi(e) = \int_T x(t)\, \chi_E(t)\, d\Phi(e)\,,$$

und es gilt weiter

$$\int_{E_1+E_2} x(t)\, d\Phi(e) = \int_{E_1} x(t)\, d\Phi(e) + \int_{E_2} x(t)\, d\Phi(e)\,,$$

d. h., das Radon-Integral ist additiv. Aus $\chi_{E_1+E_2}(t) = \chi_{E_1}(t) + \chi_{E_2}(t)$ folgt nämlich

$$\int_{E_1+E_2} x(t)\, d\Phi(e) = \int_T [\chi_{E_1}(t) + \chi_{E_2}(t)]\, x(t)\, d\Phi(e)$$

$$= \int_T \chi_{E_1}(t)\, x(t)\, d\Phi(e) + \int_T \chi_{E_2}(t)\, x(t)\, d\Phi(e) = \int_{E_1} x(t)\, d\Phi(e) + \int_{E_2} x(t)\, d\Phi(e)\,.$$

4. Ist $x(t)$ eine auf $E \subset T$ beschränkte Funktion, so gilt

$$\left| \int_E x(t)\, d\Phi(e) \right| \leqq \sup_{t \in E} |x(t)|\, \overline{\Phi}(E)\,. \tag{9}$$

Wir setzen jetzt voraus, daß T ein Parallelepiped des euklidischen Raumes ist und $\mathfrak{E}$ aus allen meßbaren Teilmengen von T besteht. Eine auf $\mathfrak{E}$ definierte additive Mengenfunktion Φ von beschränkter Variation kann man als Parallelepipedfunktion ansehen und deshalb für eine stetige Funktion $x(t)$ auch das Stieltjes-Günter-Integral bilden. Wir zeigen seine Übereinstimmung mit dem Radon-Integral. Zu diesem Zweck betrachten wir eine beliebige Zerlegung von T in Parallelepipede

$$T = P_1 + P_2 + \cdots + P_n\,,$$

bilden die zugehörige Integralsumme für das Stieltjes-Günter-Integral

$$\sigma = \sum_{k=1}^{n} x(\xi_k)\, \Phi(P_k) \qquad (\xi_k \in P_k;\ k = 1, 2, \ldots, n)$$

und vergleichen diese Integralsumme mit dem Radon-Integral $I = \int_T x(t)\, d\Phi(e)$. Unter Benutzung der Eigenschaften 1—4 ergibt sich

$$|I - \sigma| = \left| \sum_{k=1}^{n} \int_{P_k} x(t)\, d\Phi(e) - \sum_{k=1}^{n} x(\xi_k)\, \Phi(P_k) \right|$$

$$= \left| \sum_{k=1}^{n} \int_{P_k} [x(t) - x(\xi_k)]\, d\Phi(e) \right| \leqq \sum_{k=1}^{n} \sup_{t \in P_k} |x(t) - x(\xi_k)|\, \overline{\Phi}(P_k)\,.$$

Da die Funktion $x(t)$ stetig ist, gilt für eine hinreichend feine Zerlegung

$$\sup_{t \in P_k} |x(t) - x(\xi_k)| < \varepsilon \qquad (k = 1, 2, \ldots, n)\,.$$

Damit folgt nun

$$|I - \sigma| \leqq \varepsilon \sum_{k=1}^{n} \overline{\Phi}(P_k) = \varepsilon\, \overline{\Phi}(T)\,.$$

I ist also der Grenzwert der Integralsumme des Stieltjes-Günter-Integrals, d. h., die Integrale von Stieltjes-Günter und Radon sind in diesem Falle einander gleich.

4.3. Unter Benutzung des abstrakten Radon-Integrals läßt sich für gewisse Funktionenräume (entsprechend wie in § 1 für Folgenräume) eine allgemeine Form ihrer linearen Funktionale angeben.

Es sei T eine abstrakte Menge und $\mathfrak{E}$ eine additive Familie von Teilmengen von T. Wir betrachten eine lineare Menge $\mathbf{X}$ auf T definierter und bezüglich $\mathfrak{E}$ meßbarer reeller Funktionen. Weiter setzen wir voraus, daß auf $\mathbf{X}$ ein Funktional N gegeben ist, das den folgenden Bedingungen genügt:

I. $N(x) \geqq 0$, und aus $x(t) \equiv 0$ folgt $N(x) = 0$.

II. $N(x_1 + x_2) \leqq N(x_1) + N(x_2)$.

III. $N(\lambda x) = |\lambda|\, N(x)$.

Zwei Funktionen $x_1(t)$ und $x_2(t)$ der Menge X heißen *N-äquivalent*, wenn

$$N(x_1 - x_2) = 0$$

gilt. Identifizieren wir N-äquivalente Funktionen[1]) und setzen

$$||x|| = N(x)\,, \tag{10}$$

so wird $\mathbf{X}$ zu einem normierten Raum.[2])

Der Raum $\mathbf{X}$ soll außerdem den folgenden drei Bedingungen genügen:

IV. Die Funktion $x(t) \equiv 1$ gehört zu $\mathbf{X}$.

V. Sind $x_0(t)$ und $x(t)$ zwei bezüglich $\mathfrak{E}$ meßbare Funktionen mit

$$|x(t)| \leqq |x_0(t)|\,,$$

dann folgt aus $x_0 \in \mathbf{X}$, daß auch x zu $\mathbf{X}$ gehört und

$$||x|| \leqq ||x_0||$$

gilt.

Durch diese Forderung wird erreicht, daß alle beschränkten meßbaren Funktionen zu $\mathbf{X}$ gehören. Für jede reelle Zahl M ist nämlich wegen IV die Funktion $x_0(t) \equiv M$ ein Element von $\mathbf{X}$, deshalb folgt aus $|x(t)| \leqq M$ auch $x(t) \in \mathbf{X}$. Weiterhin gehören zusammen mit $x(t)$ auch die Funktionen $x^+(t) = \frac{1}{2}[|x(t)| + x(t)]$ und $x^-(t) = \frac{1}{2}[|x(t)| - x(t)]$ zu $\mathbf{X}$ (dabei gilt $x(t) = x^+(t) - x^-(t)$ und $|x(t)| = x^+(t) + x^-(t)$).

Die sechste Forderung wird nur dann notwendig, wenn $\mathbf{X}$ unbeschränkte Funktionen enthält.

VI. $\{l_n\}$ sei eine monoton wachsende unbeschränkte Zahlenfolge, und die Mengen $e_1, e_2, \ldots, e_n, \ldots$ seien paarweise disjunkt. Gehört dann die Funktion

$$x(t) = \sum_{k=1}^{\infty} l_k\, \chi_{e_k}(t) \qquad (t \in T)$$

zu $\mathbf{X}$, so gilt

$$x = \sum_{k=1}^{\infty} l_k\, \chi_{e_k}\,,$$

wobei die Reihe auf der rechten Seite bezüglich der Norm im Raum $\mathbf{X}$ konvergiert.

Diesen sechs Forderungen genügen mehrere konkrete Räume, z. B. $\mathbf{M}_T$, $\widetilde{\mathbf{M}}_T$, $\mathbf{L}_T^p$. Ausnahmen bilden die Räume $\mathbf{C}$ und $\mathbf{V}$, für die die Bedingung V nicht erfüllt ist.

Unter den getroffenen Voraussetzungen ergibt sich die allgemeine Form eines linearen Funktionals im Raum $\mathbf{X}$ aus folgendem Satz.

---

[1]) Dadurch identifizieren wir auch N-äquivalente charakteristische Funktionen oder, was auf dasselbe hinausläuft, die ihnen entsprechenden Mengen.

[2]) Streng genommen sind die Elemente dieses Raumes keine Funktionen, sondern Klassen N-äquivalenter Funktionen. Ebenso müssen wir an Stelle der Mengen aus $\mathfrak{E}$ Klassen N-äquivalenter Mengen betrachten; das sind Mengen, deren charakteristische Funktionen N-äquivalent sind.

Satz 1 (4.VI). *Ist f ein lineares Funktional im Raum* $\mathbf{X}$, *dann gibt es eine eindeutig bestimmte auf* $\mathfrak{E}$ *definierte additive Funktion* Φ *von beschränkter Variation*[1]), *so daß*

$$f(x) = \int_T x(t)\, d\Phi(e) \tag{11}$$

gilt.

Beweis. Wir setzen

$$\Phi(e) = f(\chi_e), \tag{12}$$

wobei χ_e wieder die charakteristische Funktion der Menge $e \in \mathfrak{E}$ bezeichnet. Sind e_1 und e_2 disjunkte Mengen aus $\mathfrak{E}$, so gilt

$$\chi_{e_1+e_2}(t) = \chi_{e_1}(t) + \chi_{e_2}(t),$$

woraus sich

$$\Phi(e_1 + e_2) = f(\chi_{e_1+e_2}) = f(\chi_{e_1}) + f(\chi_{e_2}) = \Phi(e_1) + \Phi(e_2)$$

ergibt.

Aus $\|\chi_e\| \leqq \|\chi_T\|$ (Bedingung V) folgt weiterhin

$$|\Phi(e)| = |f(\chi_e)| \leqq \|f\|\, \|\chi_e\| \leqq \|f\|\, \|\chi_T\| .$$

Φ ist also eine additive und beschränkte Mengenfunktion, folglich ist Φ auch von beschränkter Variation.

Es sei $x(t)$ eine beliebige nichtnegative Funktion aus $\mathbf{X}$. Wir betrachten die Zerlegung

$$0 = l_0 < l_1 < \cdots < l_n < \cdots \quad \left(l_n \xrightarrow[n\to\infty]{} \infty;\ \lambda = \sup_n (l_{n+1} - l_n) < \infty\right)$$

der nichtnegativen Halbachse, setzen wieder wie oben

$$e_k = \{t \in T\colon l_k \leqq x(t) < l_{k+1}\} \qquad (k = 0, 1, 2, \ldots)$$

und beweisen, daß die Reihe $\sum\limits_{k=0}^{\infty} l_k\, \overline{\Phi}(e_k)$ konvergiert.

Für jedes $k = 1, 2, \ldots$ gibt es Mengen e_k', e_k'' mit $e_k = e_k' + e_k''$ und

$$\overline{\Phi}(e_k) - \frac{\varepsilon}{2^k l_k} < \Phi(e_k') - \Phi(e_k'') .$$

Ist

$$\tilde{x}(t) = \begin{cases} l_k, & t \in e_k' \\ -l_k, & t \in e_k'' \end{cases} \qquad (k = 1, 2, \ldots),$$

dann gilt

$$\tilde{x}(t) = \sum_{k=0}^{\infty} l_k\, \chi_{e_k'}(t) - \sum_{k=0}^{\infty} l_k\, \chi_{e_k''}(t) \qquad (t \in T) .$$

Aus $|\tilde{x}(t)| \leqq x(t)$ erhalten wir wegen der Voraussetzung V zunächst $\tilde{x} \in \mathbf{X}$ und wegen VI

$$\tilde{x} = \sum_{k=0}^{\infty} l_k\, \chi_{e_k'} - \sum_{k=0}^{\infty} l_k\, \chi_{e_k''} .$$

Hieraus ergibt sich

$$f(\tilde{x}) = \sum_{k=0}^{\infty} l_k\, [f(\chi_{e_k'}) - f(\chi_{e_k''})] = \sum_{k=0}^{\infty} l_k\, [\Phi(e_k') - \Phi(e_k'')] > \sum_{k=0}^{\infty} l_k\, \overline{\Phi}(e_k) - \varepsilon ,$$

womit die Konvergenz der Reihe $\sum\limits_{k=0}^{\infty} l_k\, \overline{\Phi}(e_k)$ gezeigt ist.

---

[1]) Da wir N-äquivalente Mengen identifizieren, stimmen die Werte von Φ für zwei N-äquivalente Mengen überein.

Nach den Ergebnissen von Abschnitt 4.2 existiert das Integral

$$\int_T x(t)\, d\Phi(e)\,. \tag{13}$$

Wir betrachten jetzt die Funktionen $x'(t)$ und $x''(t)$:

$$x'(t) = \sum_{k=0}^{\infty} l_k\, \chi_{e_k}(t)\,, \qquad x''(t) = \sum_{k=0}^{\infty} l_{k+1}\, \chi_{e_k}(t)\,.$$

Durch dieselben Überlegungen wie oben sieht man, daß x' zu $\mathbf{X}$ gehört. Weiterhin gilt

$$x''(t) = x'(t) + \sum_{k=0}^{\infty} (l_{k+1} - l_k)\, \chi_{e_k}(t)\,.$$

Der zweite Summand auf der rechten Seite dieser Gleichung ist eine beschränkte meßbare Funktion, also nach der Bemerkung zu Bedingung V ein Element von $\mathbf{X}$. Hieraus folgt auch $x'' \in \mathbf{X}$. Aus $x'(t) \leqq x(t) \leqq x''(t)$ ergibt sich $0 \leqq x(t) - x'(t) \leqq x''(t) - x'(t)$. Nach Bedingung V gilt deshalb

$$\|x - x'\| \leqq \|x'' - x'\|\,. \tag{14}$$

Andererseits erhalten wir aus

$$0 \leqq x''(t) - x'(t) \leqq \lambda \sum_{k=0}^{\infty} \chi_{e_k}(t) = \lambda\, \chi_T(t)$$

und durch nochmalige Anwendung von V

$$\|x'' - x'\| \leqq \lambda \|\chi_T\|\,.$$

Hieraus folgt $x' \xrightarrow[\lambda \to 0]{} x$, also auch $f(x') \to f(x)$. Wegen $x' = \sum_{k=0}^{\infty} l_k\, \chi_{e_k}$ (Bedingung VI) gilt aber

$$f(x') = \sum_{k=0}^{\infty} l_k\, f(\chi_{e_k}) = \sum_{k=0}^{\infty} l_k\, \Phi(e_k)\,,$$

d. h., $f(x')$ ist eine Integralsumme für das Integral (13), also gilt auch

$$f(x') \xrightarrow[\lambda \to 0]{} \int_T x(t)\, d\Phi(e)\,.$$

Damit ist die Beziehung

$$f(x) = \int_T x(t)\, d\Phi(e) \tag{15}$$

für eine nichtnegative Funktion bewiesen.

Nimmt die Funktion $x(t)$ Werte verschiedenen Vorzeichens an, dann ergibt sich Formel (15) aus der vorangehenden Überlegung dadurch, daß man $x(t)$ als Differenz zweier positiver Funktionen darstellt: $x(t) = x^+(t) - x^-(t)$.

Wir haben noch die Eindeutigkeit der Mengenfunktion Φ zu zeigen. Erzeugt eine Mengenfunktion Φ_1 dasselbe Funktional wie Φ, d. h., gilt

$$\int_T x(t)\, d\Phi(e) = \int_T x(t)\, d\Phi_1(e)\,,$$

so erhält man hieraus speziell für $x = \chi_E$ $(E \in \mathfrak{E})$

$$\Phi(E) = \int_T \chi_E(t)\, d\Phi(e) = \int_T \chi_E(t)\, d\Phi_1(e) = \Phi_1(E)\,.$$

Damit ist der Satz vollständig bewiesen.

Identifizieren wir das Funktional f mit seiner erzeugenden Funktion Φ, so können wir also sagen, daß der duale Raum von $\mathbf{X}$ eine Teilmenge der Gesamtheit aller auf $\mathfrak{E}$ definierten additiven Mengenfunktionen von beschränkter Variation ist.

4.4. Wir betrachten jetzt spezielle Räume. $\mathbf{X}$ bestehe zunächst nur aus beschränkten (also nach der Bemerkung zu Bedingung V aus allen beschränkten) meßbaren Funktionen. Die Norm in $\mathbf{X}$ definieren wir nicht durch Formel (10), sondern wir setzen

$$\|x\| = \operatorname{vrai\,max} |x(t)|\,, \tag{16}$$

wobei $\operatorname{vrai\,max} |x(t)|$ das Infimum der Menge aller Zahlen a bezeichnet, für die die Menge $\{t \in T\colon |x(t)| \geqq a\}$ der leeren Menge N-äquivalent ist.

Man prüft leicht nach, daß N-äquivalente Funktionen die gleiche Norm haben und daß der betrachtete Raum bezüglich dieser Norm ein B-Raum ist, wenn wir wieder N-äquivalente Funktionen identifizieren.

Diesen Raum $\mathbf{X}$ mit der Norm (16) bezeichnen wir mit $\mathbf{M}_{T,\mathfrak{E},N}$ (manchmal wird auch der eine oder andere Index weggelassen).

Enthält $\mathfrak{E}$ alle Teilmengen von T und setzen wir $N(x) = \sup\limits_{t \in T} |x(t)|$, so erhalten wir wieder den schon früher eingeführten Raum $\mathbf{M}_T$ aller auf T definierten beschränkten Funktionen. Ist T eine meßbare Menge des euklidischen Raumes, $\mathfrak{E}$ die Gesamtheit aller meßbaren Teilmengen von T und $N(x) = \int\limits_T |x(t)|dt$ oder $N(x) = \operatorname{vrai\,max} |x(t)|$, so ergibt sich der Raum $\widetilde{\mathbf{M}}_T$ aller meßbaren beschränkten Funktionen.

Satz 2 (4.VI).[1] *Die allgemeine Form eines linearen Funktionals im Raum* $\mathbf{M}_{T,\mathfrak{E},N}$ *ist durch Formel* (11) *gegeben. Dabei bezeichnet* Φ *eine auf* $\mathfrak{E}$ *definierte additive Mengenfunktion von beschränkter Variation, die auf* N*-äquivalenten Mengen gleiche Werte annimmt, und es gilt*

$$\|f\| = \bigvee_T (\Phi)\,.$$

Beweis. Die gesuchte Mengenfunktion existiert nach Satz 1. Aus $e' + e'' = T$ folgt

$$\Phi(e') - \Phi(e'') = f(\chi_{e'}) - f(\chi_{e''}) \leqq \|f\|\,\|\chi_{e'} - \chi_{e''}\|\,.$$

Da die Funktion $\chi_{e'}(t) - \chi_{e''}(t)$ nur die zwei Werte 1 und -1 annimmt, gilt

$$\|\chi_{e'} - \chi_{e''}\| = \operatorname{vrai\,max} |\chi_{e'}(t) - \chi_{e''}(t)| \leqq 1\,.$$

Somit ergibt sich

$$\Phi(e') - \Phi(e'') \leqq \|f\|\,,$$

woraus wir durch Supremumbildung auf der linken Seite die Ungleichung

$$\bigvee_T (\Phi) \leqq \|f\| \tag{17}$$

erhalten.

Ist umgekehrt Φ eine beliebige additive Mengenfunktion von beschränkter Variation, dann existiert das Integral (13) für jede Funktion $x \in \mathbf{M}_{T,\mathfrak{E},N}$, und sein Wert ändert sich nicht, wenn wir $x(t)$ durch eine N-äquivalente Funktion ersetzen. Offensichtlich wird durch Formel (13) ein additives und homogenes Funktional auf $\mathbf{M}_{T,\mathfrak{E},N}$ definiert. Seine Beschränktheit ist eine Folgerung der Abschätzung (9) (siehe Abschnitt 4.2), die — wie man sich leicht überlegt — in unserem Fall die Form

$$|f(x)| = \left|\int\limits_T x(t)\, d\Phi(e)\right| = \operatorname{vrai\,max} |x(t)| \bigvee_T (\Phi)$$

annimmt. Hieraus folgt

$$\|f\| \leqq \bigvee_T (\Phi)\,,$$

[1]) Die allgemeine Form eines linearen Funktionals im Raum der beschränkten Funktionen wurde von Fichtenholz und Kantorowitsch in [86] angegeben.

also ergibt sich zusammen mit (17)

$$\|f\| = \bigvee_T (\Phi) .$$

Damit ist der Satz vollständig bewiesen.

Der zu $\mathbf{M}_T$ duale Raum stimmt also (bis auf lineare Isometrie) mit dem Raum aller additiven Mengenfunktionen von beschränkter Variation überein, wenn man in diesem die Totalvariation als Norm einführt.

Der Dual des Raumes $\widetilde{\mathbf{M}}_T$ aller meßbaren beschränkten Funktionen ist die Gesamtheit aller additiven Mengenfunktionen von beschränkter Variation, die auf den meßbaren Teilmengen von T definiert sind (Mengen, die sich nur durch eine Menge vom Maße Null unterscheiden, werden dabei identifiziert).

Ist die Menge T abzählbar, so geht der Raum $\mathbf{M}_T$ in den Raum $\mathbf{m}$ aller beschränkten Folgen über. Aus Satz 2 erhalten wir also die allgemeine Form eines linearen Funktionals im Raum $\mathbf{m}$. Aus $\mathbf{m} = \mathbf{l}^*$ folgt $\mathbf{m}^* = \mathbf{l}^{**} \supset \mathbf{l}$. Eine notwendige und hinreichende Bedingung dafür, daß das einer Funktion Φ entsprechende Funktional f die Form Y_y $(y \in \mathbf{l})$ hat, d. h., daß

$$f(x) = \sum_{k=1}^{\infty} \xi_k \eta_k \quad (x = \{\xi_k\} \in \mathbf{m},\ y = \{\eta_k\} \in \mathbf{l})$$

gilt, besteht darin, daß Φ der Beziehung

$$\Phi(T) = \Phi(e_1) + \Phi(e_2) + \cdots + \Phi(e_n) + \cdots$$

genügt, wobei die e_n einpunktige Mengen mit $T = e_1 + e_2 + \cdots$ sind. Den Beweis dieser Tatsache sowie die Angabe einer additiven aber nicht volladditiven Mengenfunktion überlassen wir dem Leser.

Schließlich bemerken wir noch, daß sich aus Satz 2 auch eine Aussage über die allgemeine Form eines linearen Funktionals im Raum $\mathbf{C}_T$ der auf einer beschränkten abgeschlossenen Menge T des euklidischen Raumes definierten stetigen Funktionen ergibt, obwohl dieser Raum nicht allen obengenannten Bedingungen genügt.

Der Raum $\mathbf{C}_T$ ist ein Teilraum von $\mathbf{M}_T$. Nach dem Satz von Hahn-Banach (Satz 1 (2.IV)) läßt sich deshalb jedes lineare Funktional von $\mathbf{C}_T$ auf ganz $\mathbf{M}_T$ erweitern, also in der Form eines Radon-Integrals darstellen. Ist T ein Parallelepiped, dann kann man das Radon-Integral als Stieltjes-Günter-Integral auffassen. Setzen wir umgekehrt in (11) $x \in \mathbf{C}_T$, so erhalten wir ein lineares Funktional im Raum $\mathbf{C}_T$.

Da der Raum $\mathbf{C}_T$ nicht der Bedingung V genügt, ist die Eineindeutigkeit der Zuordnung zwischen Funktionalen auf $\mathbf{C}_T$ und additiven Mengenfunktionen nicht gesichert. Verschiedene Funktionen können ein und dasselbe Funktional erzeugen, d. h., die von diesen verschiedenen Mengenfunktionen in $\mathbf{M}_T$ definierten Funktionale können für die Elemente aus $\mathbf{C}_T$ zusammenfallen. Unter diesen gleichartigen Funktionalen in $\mathbf{M}_T$ befindet sich jeweils auch ein solches, dessen Norm mit der des nur auf $\mathbf{C}_T$ betrachteten Funktionals f übereinstimmt. Man kann deshalb aus der Menge der Funktionen Φ von beschränkter Variation, die das gegebene Funktional f erzeugen, eine auswählen, für die

$$\|f\| = \bigvee_T (\Phi)$$

gilt.

4.5. Wir betrachten jetzt den Raum $\mathbf{L}_T^p$ $(p \geqq 1)$, wobei T eine beschränkte meßbare Menge des euklidischen Raumes bezeichnet. Dieser Raum genügt den oben formulierten Bedingungen I—VI, wenn wir für $\mathfrak{E}$ die Gesamtheit aller meßbaren Teilmengen von T nehmen und

$$N(x) = \left[\int_T |x(t)|^p \, dt\right]^{1/p}$$

setzen.

Satz 3 (4.VI). *Eine additive Mengenfunktion Φ von beschränkter Variation definiert genau dann ein lineares Funktional auf dem Raum L_T^p, wenn sie der Bedingung*

$$|\Phi(e)| \leqq M \operatorname{mes} e \qquad (e \in \mathfrak{E},\ p = 1) \tag{18}$$

bzw.

$$\sum_{k=1}^{n} \frac{|\Phi(e_k)|^q}{[\operatorname{mes} e_k]^{q-1}} \leqq M^q \quad \left(e_1 + e_2 + \cdots + e_n = T,\ p > 1,\ \frac{1}{p} + \frac{1}{q} = 1\right) \tag{19}$$

genügt.

Beweis. Definiert das Integral (11) ein lineares Funktional auf L_T^p, dann erhalten wir für $p = 1$

$$|\Phi(e)| = |f(\chi_e)| \leqq \|f\|\,\|\chi_e\| = \|f\| \operatorname{mes} e\,,$$

so daß die Beziehung (18) für $M = \|f\|$ erfüllt ist.

Für $p > 1$ ergibt sich

$$\sum_{k=1}^{n} \frac{|\Phi(e_k)|^q}{[\operatorname{mes} e_k]^{q-1}} = \sum_{k=1}^{n} c_k\, \Phi(e_k) = \sum_{k=1}^{n} c_k\, f(\chi_{e_k}) = f(\tilde{x}) \leqq \|f\|\,\|\tilde{x}\|$$

mit

$$c_k = \frac{|\Phi(e_k)|^{q-1} \operatorname{sgn} \Phi(e_k)}{[\operatorname{mes} e_k]^{q-1}} \qquad (k = 1, 2, \ldots, n)\,, \qquad \tilde{x} = \sum_{k=1}^{n} c_k\, \chi_{e_k}\,.$$

Wegen

$$\|\tilde{x}\| = \left[\sum_{k=1}^{n} |c_k|^p \operatorname{mes} e_k\right]^{1/p} = \left[\sum_{k=1}^{n} \frac{|\Phi(e_k)|^{p(q-1)}}{[\operatorname{mes} e_k]^{p(q-1)-1}}\right]^{1/p} = \left[\sum_{k=1}^{n} \frac{|\Phi(e_k)|^q}{[\operatorname{mes} e_k]^{q-1}}\right]^{1/p}$$

folgt daraus und aus der vorangehenden Ungleichung

$$\left[\sum_{k=1}^{n} \frac{|\Phi(e_k)|^q}{[\operatorname{mes} e_k]^{q-1}}\right]^{1/q} \leqq \|f\|\,.$$

(Vgl. den Beweis von Satz 1 (2.VI).)

Wir haben noch zu zeigen, daß umgekehrt die Voraussetzungen (18) bzw. (19) die Existenz des Integrals (11) für jede Funktion $x(t)$ aus L_T^p sichern.

Dabei können wir uns offensichtlich auf den Fall $x(t) \geqq 0$ beschränken und (für $p = 1$) wegen

$$\overline{\Phi}(e) = \sup_{e'+e''=e} [\Phi(e') - \Phi(e'')] \leqq M [\operatorname{mes} e' + \operatorname{mes} e''] = M \operatorname{mes} e$$

annehmen, daß die Funktion Φ positiv ist.

Zur Zerlegung

$$0 = l_0 < l_1 < \cdots < l_n < \cdots \quad (l_n \xrightarrow[n\to\infty]{} \infty;\ \lambda = \sup (l_{n+1} - l_n) < \infty) \tag{20}$$

$$e_k = \{t \in T\colon\ l_k \leqq x(t) < l_{k+1}\} \qquad (k = 0, 1, \ldots)$$

gehört die Integralsumme

$$\sum_{k=0}^{\infty} l_k\, \Phi(e_k)\,. \tag{21}$$

Aus (18) folgt

$$\sum_{k=0}^{\infty} l_k\, \Phi(e_k) \leqq \sum_{k=0}^{\infty} l_k\, M \operatorname{mes} e_k \leqq M \sum_{k=0}^{\infty} \int_{e_k} x(t)\, dt = M \int_T x(t)\, dt = M\, \|x\|\,.$$

Deshalb existiert das Integral (11), und der Grenzübergang $\lambda \to 0$ in der letzten Ungleichung ergibt

$$\int_T x(t)\, d\Phi(e) \leqq M\, \|x\|\,. \tag{22}$$

Formel (11) definiert offensichtlich ein additives und homogenes Funktional auf L_T, und wegen (22) ist dieses Funktional auch beschränkt.

Wir gehen jetzt zum Fall $p > 1$ über. Da die Funktion Φ der Bedingung (19) genügt, gilt dasselbe für die Funktion $\bar{\Phi}$. Ist nämlich $T = e_1 + e_2 + \cdots + e_n$ und wählen wir Mengen e_k', e_k'' mit den Eigenschaften $e_k = e_k' + e_k''$ und $\bar{\Phi}(e_k) < \Phi(e_k') - \Phi(e_k'') + \varepsilon$, dann erhalten wir

$$\sum_{k=1}^{n} \frac{|\bar{\Phi}(e_k)|^q}{[\text{mes } e_k]^{q-1}} \leqq \sum_{k=1}^{n} \frac{[\Phi(e_k') - \Phi(e_k'') + \varepsilon]^q}{[\text{mes } e_k]^{q-1}}$$

$$= \sum_{k=1}^{n} \left[\frac{\Phi(e_k')}{[\text{mes } e_k]^{\frac{q-1}{q}}} - \frac{\Phi(e_k'')}{[\text{mes } e_k]^{\frac{q-1}{q}}} + \frac{\varepsilon}{[\text{mes } e_k]^{\frac{q-1}{q}}}\right]^q,$$

woraus unter Benutzung der Minkowskischen Ungleichung (siehe Abschnitt II.3.5)

$$\left[\sum_{k=1}^{n} \frac{[\bar{\Phi}(e_k)]^q}{[\text{mes } e_k]^{q-1}}\right]^{1/} \leqq \left[\sum_{k=1}^{n} \frac{|\Phi(e_k')|^q}{[\text{mes } e_k]^{q-1}}\right]^{1/q} + \left[\sum_{k=1}^{n} \frac{|\Phi(e_k'')|^q}{[\text{mes } e_k]^{q-1}}\right]^{1/q}$$

$$+ \varepsilon \left[\sum_{k=1}^{n} \frac{1}{[\text{mes } e_k]^{q-1}}\right]^{1/q} \leqq \left[\sum_{k=1}^{n} \frac{|\Phi(e_k')|^q}{[\text{mes } e_k']^{q-1}}\right]^{1/q} + \left[\sum_{k=1}^{n} \frac{|\Phi(e_k'')|^q}{[\text{mes } e_k'']^{q-1}}\right]^{1/q}$$

$$+ \varepsilon \left[\sum_{k=1}^{n} \frac{1}{[\text{mes } e_k]^{q-1}}\right]^{1/q} \leqq 2\,M + \varepsilon \left[\sum_{k=1}^{n} \frac{1}{[\text{mes } e_k]^{q-1}}\right]^{1/q}$$

folgt. Da ε beliebig gewählt war, gilt also

$$\sum_{k=1}^{n} \frac{[\bar{\Phi}(e_k)]^q}{[\text{mes } e_k]^{q-1}} \leqq (2\,M)^q.$$

Wir können uns deshalb auf die Betrachtung positiver Funktionen $x(t)$ und $\Phi(e)$ beschränken.

Die Integralsumme (21) schätzen wir unter Benutzung der Hölderschen Ungleichung (II.3.2) nach oben ab:

$$\sum_{k=0}^{n} l_k\, \Phi(e_k) = \sum_{k=0}^{n} l_k\, (\text{mes } e_k)^{1/p} \frac{\Phi(e_k)}{[\text{mes } e_k]^{\frac{q-1}{q}}}$$

$$\leqq \left[\sum_{k=0}^{n} l_k^p \text{ mes } e_k\right]^{1/p} \left[\sum_{k=0}^{n} \frac{[\Phi(e_k)]^q}{[\text{mes } e_k]^{q-1}}\right]^{1/q} \leqq M \left[\sum_{k=0}^{n} \int_{e_k} [x(t)]^p\, dt\right]^{1/p}$$

$$\leqq M \left[\sum_{k=0}^{\infty} \int_{e_k} [x(t)]^p\, dt\right]^{1/p} = M\, \|x\|.$$

Lassen wir in dieser Beziehung erst $n \to \infty$ und anschließend $\lambda \to 0$ streben, so ergibt sich wieder die Ungleichung

$$\int_T x(t)\, d\Phi(e) \leqq M\, \|x\|.$$

Damit ist gezeigt, daß die Bedingung (19) im Fall $p > 1$ auch hinreichend ist für die Existenz des Integrals (11).

Satz 3 an sich ist insofern nicht von allzu großem Interesse, da wir bereits in § 2 jedes lineare Funktional im Raum L_T^p als Lebesgue-Integral darstellen konnten. Er läßt jedoch einige wichtige Folgerungen über additive Mengenfunktionen zu. Vergleichen wir die

Ergebnisse von § 2 (Satz 1 (2.VI)) mit der Aussage von Satz 3, so erhalten wir das folgende Resultat. Genügt eine additive Mengenfunktion Φ von beschränkter Variation der Bedingung (18) bzw. (19), dann existiert eine eindeutig bestimmte meßbare Funktion $\varphi \in \widetilde{\mathbf{M}}_T = \mathbf{L}_T^\infty$ bzw. $\varphi \in \mathbf{L}_T^q$ $(1 < q < \infty)$ mit der Eigenschaft, daß

$$\int_T x(t)\, d\Phi(e) = \int_T x(t)\, \varphi(t)\, dt \tag{23}$$

für jede Funktion $x(t)$ aus $\mathbf{L}_T^p$ gilt $\left(\frac{1}{p} + \frac{1}{q} = 1\right)$. Gibt es umgekehrt eine Funktion φ mit dieser Eigenschaft, dann genügt die additive Mengenfunktion Φ der Bedingung (18) bzw. (19).

Setzen wir in Gleichung (23) für $x(t)$ die charakteristische Funktion einer meßbaren Menge e ein, dann erhalten wir folgende Aussage:

Eine auf den meßbaren Teilmengen einer beschränkten meßbaren Menge T definierte additive Mengenfunktion Φ (von beschränkter Variation) läßt sich genau dann in der Form

$$\Phi(e) = \int_e \varphi(t)\, dt \tag{24}$$

mit $\varphi \in \mathbf{L}_T^q$ $(1 < q \leqq \infty)$ *darstellen, wenn sie der Bedingung* (18) $(q = \infty)$ *oder der Bedingung* (19) $(1 < q < \infty)$ *genügt.*

Dabei kann man noch auf die Forderung verzichten, daß Φ von beschränkter Variation sein soll, denn dies folgt bereits aus (18) oder (19). Für $q = \infty$ ist dies offensichtlich. Für $q < \infty$ ergibt sich aus (19) (wenn wir nur einen Summanden betrachten)

$$|\Phi(e)| \leqq M\, (\text{mes}\, e)^{\frac{q-1}{q}} .$$

Die Funktion Φ ist also beschränkt und deshalb auch von beschränkter Variation (siehe Abschnitt 4.1).

4.6. Wir untersuchen noch, welchen Bedingungen eine additive Funktion Φ genügen muß, damit sie sich in der Form (24) mit einer summierbaren Funktion $\varphi(t)$ darstellen läßt (es interessiert also jetzt der Fall $q = 1$). Um diese Bedingung formulieren zu können. benötigen wir den folgenden Begriff. Eine additive auf allen meßbaren Teilmengen von T definierte Funktion Φ heißt *absolutstetig*, wenn zu jedem $\varepsilon > 0$ ein $\delta > 0$ existiert, so daß

$$\text{mes}\, e < \delta \qquad \text{stets} \qquad |\Phi(e)| < \varepsilon$$

nach sich zieht.

Ist die Mengenfunktion Φ absolutstetig, dann ist sie von beschränkter Variation, und die beiden Funktionen Φ^+ und Φ^- sind dann ebenfalls absolutstetig.

Satz 4 (4.VI). *Dafür, daß sich eine auf allen meßbaren Teilmengen von T definierte Funktion Φ in der Form* (24) *mit einer summierbaren Funktion $\varphi(t)$ darstellen läßt, ist die Absolutstetigkeit von Φ notwendig und hinreichend.*

Beweis. Die Notwendigkeit dieser Bedingung ist eine fundamentale Eigenschaft des Lebesgue-Integrals, die als Absolutstetigkeit des Lebesgue-Integrals bezeichnet wird (Natanson [30b], S. 149).

Hinreichend. Wir betrachten den Raum $\widetilde{\mathbf{M}}_T$ aller beschränkten meßbaren Funktionen. $\widetilde{\mathbf{M}}_T$ ist der Dual des Raumes $\mathbf{L}_T$, und der Dual von $\widetilde{\mathbf{M}}_T$ ist der Raum $\widetilde{\mathbf{V}}_T$ aller additiven Funktionen von beschränkter Variation, wenn man die Totalvariation einer solchen Funktion als ihre Norm einführt. Es gilt also $(\mathbf{L}_T)^{**} = \widetilde{\mathbf{V}}_T$, weshalb also ein Teilraum $\widetilde{\mathbf{L}}_T$ von $\widetilde{\mathbf{V}}_T$ dem Raum $\mathbf{L}_T$ linear isometrisch ist. Der Teilraum $\widetilde{\mathbf{L}}_T$ besteht aus denjenigen Funktionen $\Phi \in \widetilde{\mathbf{V}}_T$, die auf $\widetilde{\mathbf{M}}_T$ ein Funktional der Form X_φ mit $\varphi \in \mathbf{L}_T$ erzeugen. Hieraus folgt in Verbindung mit Satz 1 (2.VI) und Satz 1 (4.VI), daß sich die Funktionen aus $\widetilde{\mathbf{L}}_T$ (und nur diese) in der Form (24) mit einer summierbaren Funktion φ darstellen lassen.

Somit haben wir noch zu zeigen, daß jede absolutstetige Mengenfunktion Φ zum Raum $\tilde{\mathbf{L}}_T$ gehört. Dabei können wir uns wieder auf den Fall einer positiven Funktion Φ beschränken.

Für jedes $n = 1, 2, \ldots$ definieren wir eine Mengenfunktion Φ_n, indem wir für eine meßbare Menge $e \subset T$

$$\Phi_n(e) = \inf_{e'+e''=e} [\Phi(e') + n \operatorname{mes} e'']$$

setzen. Φ_n ist eine additive Funktion. Der Beweis hierfür verläuft analog dem Nachweis der Additivität der Funktion $\bar{\Phi}$ in 4.1 und kann daher unterbleiben. Weiterhin gilt

$$0 \leqq \Phi_n(e) \leqq \min [\Phi(e), n \cdot \operatorname{mes} e] \leqq n \cdot \operatorname{mes} e . \tag{25}$$

Folglich genügt Φ_n der Bedingung (18), und $\Phi_n(e)$ läßt sich daher in der Form (24) darstellen, d. h. $\Phi_n \in \tilde{\mathbf{L}}_T$.

Wir zeigen jetzt, daß die Folge $\{\Phi_n\}$ im Raum $\tilde{\mathbf{V}}_T$ gegen Φ konvergiert. Dazu nehmen wir zu einem beliebig vorgegebenen $\varepsilon > 0$ zwei Mengen e' und e'' mit $e' + e'' = T$ und

$$\Phi_n(T) > \Phi(e') + n \cdot \operatorname{mes} e'' - \varepsilon .$$

Wegen $\Phi_n(T) \leqq \Phi(T)$ gilt

$$\operatorname{mes} e'' < \frac{\Phi(T) - \Phi(e') + \varepsilon}{n} \leqq \frac{\Phi(T) + \varepsilon}{n} .$$

Wählen wir deshalb gemäß der Definition der Absolutstetigkeit ein dem ε entsprechendes $\delta > 0$, so ergibt sich für hinreichend große n $\left(n \geqq \frac{\Phi(T) + \varepsilon}{\delta}\right)$

$$\Phi(e'') < \varepsilon .$$

Hieraus folgt

$$\Phi(T) - \Phi_n(T) < \Phi(e'') - n \cdot \operatorname{mes} e'' + \varepsilon < 2\varepsilon .$$

Da die Funktion $\Phi - \Phi_n$ positiv ist, gilt somit

$$\|\Phi - \Phi_n\| = \bigvee_T (\Phi - \Phi_n) = \Phi(T) - \Phi_n(T) < 2\varepsilon ,$$

d. h. $\Phi_n \to \Phi$ im Raum $\tilde{\mathbf{V}}_T$.

Der Teilraum $\tilde{\mathbf{L}}_T$ ist abgeschlossen (siehe Abschnitt V.1.2). Deshalb folgt aus $\Phi_n \in \tilde{\mathbf{L}}_T$ auch $\Phi \in \tilde{\mathbf{L}}_T$, womit der Satz bewiesen ist.

Bemerkung. Da die Norm eines Funktionals $X_\varphi \in \mathbf{V}_T$ mit der Norm von $\varphi \in \mathbf{L}_T$ übereinstimmt, ergibt sich für die Totalvariation einer absolutstetigen Mengenfunktion

$$\bigvee_T (\Phi) = \int_T |\varphi(t)|\, dt .$$

Die in der Form (24) darstellbare Funktion Φ heißt das *unbestimmte Integral* der Funktion φ und die Funktion φ die *verallgemeinerte Ableitung* von Φ.

KAPITEL VII

FOLGEN LINEARER OPERATOREN

Eine große Zahl konkreter mathematischer Aufgaben, wie z. B. Konvergenzuntersuchungen bei FOURIER-Reihen und Interpolationspolynomen, die Untersuchung der mechanischen Quadraturformeln und singulärer Integrale, läßt sich abstrakt mit Hilfe von Folgen linearer Operatoren beschreiben. Dabei hat man dann i. a. entweder die Konvergenz einer Reihe linearer Operatoren, die Beschränktheit der Folge ihrer Normen oder ähnliche Eigenschaften nachzuweisen.

§ 1. Grundlegende Sätze

1.1. Das wichtigste Resultat über Folgen linearer Operatoren bildet der

Satz 1 (1.VII). (Prinzip der gleichmäßigen Beschränktheit.) *Ist eine Folge linearer Operatoren $\{U_n\}$, die einen B-Raum* **X** *in einen normierten Raum* **Y** *abbilden, in jedem Punkt x beschränkt, d. h., gilt*

$$\sup_n \|U_n(x)\| < \infty \qquad (x \in \mathbf{X}), \tag{1}$$

dann sind die Normen dieser Operatoren gleichmäßig beschränkt:

$$\|U_n\| \leqq M \qquad (n = 1, 2, \ldots).$$

Beweis. Wir zeigen zunächst, daß für einen linearen Operator U aus

$$\|U(x)\| \leqq B \quad \text{für alle} \quad x \in K_\delta(x_0)$$

stets

$$\|U\| \leqq \frac{2\,B}{\delta}$$

folgt.

Für ein beliebiges x' mit $\|x'\| < 1$ gilt nämlich

$$x = x_0 + \delta x' \in K_\delta(x_0),$$

also nach Voraussetzung

$$\|U(x_0) + \delta U(x')\| \leqq B,$$

somit

$$\|U(x')\| = \frac{1}{\delta}\,\|U(\delta x')\| \leqq \frac{1}{\delta}\,[\|U(x_0) + \delta U(x')\| + \|U(x_0)\|] \leqq \frac{2\,B}{\delta},$$

d. h. $\|U\| \leqq \frac{2\,B}{\delta}$.

Zum Beweis des Satzes nehmen wir an, die Folge $\{\|U_n\|\}$ sei unbeschränkt und setzen

$$p(x) = \sup_n \|U_n(x)\| .$$

Das Funktional p ist dann in jeder Kugel unbeschränkt, denn aus $p(x) \leqq B$ in $K_\delta(x_0)$ würde nach obiger Überlegung $\|U_n\| \leqq \frac{2B}{\delta}$ für jedes $n = 1, 2, \ldots$ folgen.

Hieraus ergibt sich, daß die Menge $E_k = \{x \in \mathbf{X}: p(x) > k\}$ in $\mathbf{X}$ dicht liegt. Außerdem ist diese Menge offen, denn aus $x_0 \in E_k$, d. h. $p(x_0) > k$, folgt für ein gewisses n_0 zunächst $\|U_{n_0}(x_0)\| > k$ und somit wegen der Stetigkeit von $\|U_{n_0}(x)\|$ auch $\|U_{n_0}(x)\| > k$ für alle hinreichend nahe bei x_0 gelegenen x.

Die Menge E_k ist als offene und in $\mathbf{X}$ dichte Teilmenge eine Residualmenge (siehe Abschnitt I.4.2), der Durchschnitt der abzählbar vielen Residualmengen E_k $(k = 1, 2, \ldots)$ ist ebenfalls eine Residualmenge, also nicht leer. Es sei $x_0 \in \bigcap_{k=1}^{\infty} E_k$. Dann gilt

$$\sup_n \|U_n(x_0)\| = \infty ,$$

was der Voraussetzung (1) widerspricht.

Bemerkung. Die Voraussetzung von Satz 1 kann dahingehend abgeschwächt werden, daß man die Gültigkeit der Beziehung (1) nur auf einer Menge von zweiter Kategorie und nicht auf ganz $\mathbf{X}$ fordert.

Das Ergebnis von Satz 1 läßt sich auch folgendermaßen formulieren (**Prinzip der Festlegung der Singularität**): Gilt

$$\sup_n \|U_n\| = \infty ,$$

dann gibt es ein Element $x_0 \in \mathbf{X}$ mit

$$\sup_n \|U_n(x_0)\| = \infty . \tag{2}$$

Dabei bildet die Menge aller Elemente x_0, die der Beziehung (2) genügen, eine Residualmenge.

Hieraus erhält man noch folgende etwas allgemeinere Aussage: Gilt für eine Menge $\{U_n^{(k)}; k, n = 1, 2, \ldots\}$ linearer Operatoren von $\mathbf{X}$ in $\mathbf{Y}$

$$\sup_n \|U_n^{(k)}\| = \infty \qquad (k = 1, 2, \ldots) ,$$

dann gibt es ein Element x_0 mit

$$\sup_n \|U_n^{(k)}(x_0)\| = \infty \qquad (k = 1, 2, \ldots) . \tag{3}$$

Die Menge A_k aller $x \in \mathbf{X}$ mit

$$\sup_n \|U_n^{(k)}(x)\| = \infty$$

bildet nämlich eine Residualmenge, deshalb ist der Durchschnitt $A_0 = \bigcap_{k=1}^{\infty} A_k$ nicht leer und die Beziehung (3) gilt für alle $x_0 \in A_0$.

Diese Tatsache bezeichnet man manchmal als das **Häufungsprinzip für Singularitäten.**

1.2. Genügen die Räume $\mathbf{X}$ und $\mathbf{Y}$ den oben genannten Voraussetzungen, dann liefert die Anwendung von Satz 1 auf eine konvergente Folge linearer Operatoren $\{U_n\}$ (vgl. Abschnitt V.4.1) die folgende wichtige Aussage.

Satz 2 (1.VII). *Konvergiert eine Folge linearer Operatoren $\{U_n\}$ auf $\mathbf{X}$ gegen einen Operator U, d. h., existiert für jedes $x \in \mathbf{X}$ der Grenzwert*

$$U(x) = \lim_{n\to\infty} U_n(x)\,, \tag{4}$$

dann ist U ein linearer Operator, und es gilt

$$\|U\| \leqq \varliminf_{n\to\infty} \|U_n\|\,. \tag{5}$$

Beweis. Der Operator U ist offensichtlich additiv. Aus $\lim\limits_{n\to\infty} \|U_n(x)\| = \|U(x)\| < < \infty$ folgt weiter $\sup\limits_n \|U_n(x)\| < \infty$ $(x \in \mathbf{X})$, deshalb ist die Folge der Normen $\{\|U_n\|\}$ nach Satz 1 beschränkt. Wir erhalten also

$$\|U(x)\| = \lim_{n\to\infty} \|U_n(x)\| \leqq \varliminf_{n\to\infty} \|U_n\|\,\|x\|\,,$$

woraus sich die Linearität des Operators U und die Ungleichung (5) ergeben.

Bemerkung. Die Folge $\{U_n\}$ braucht deshalb nicht bezüglich der Norm des Raumes $[\mathbf{X} \to \mathbf{Y}]$ gegen U zu konvergieren. Das zeigt folgendes Gegenbeispiel: $\mathbf{X} = \mathbf{l}$, $\mathbf{Y} = \mathbf{R}^1$, $U_n = f_n$ mit

$$f_n(x) = \xi_n \qquad (x = \{\xi_k\} \in \mathbf{l};\ n = 1, 2, \ldots)\,.$$

In diesem Falle gilt $f_n(x) \to 0$ $(n \to \infty)$ und $\|f_n\| = 1$ $(n = 1, 2, \ldots)$.

Für die Konvergenz einer Folge linearer Operatoren ist die Konvergenz der Folge ihrer Normen in gewissem Sinne auch hinreichend. Genauer gilt der (siehe [10])

Satz 3 (1.VII) (Banach-Steinhaus). *Dafür, daß die Folge linearer Operatoren $\{U_n\}$, die einen B-Raum $\mathbf{X}$ in einen B-Raum $\mathbf{Y}$ abbilden, auf $\mathbf{X}$ gegen einen linearen Operator U konvergiert, sind die beiden folgenden Bedingungen zusammen notwendig und hinreichend:*

1. *Die Normen der Operatoren U_n sind gleichmäßig beschränkt.*

2. *Die Folge $\{U_n(x')\}$ ist für jedes Element x' aus einer in $\mathbf{X}$ dichten Menge D in sich konvergent.*

Beweis. Die **Notwendigkeit** der ersten Bedingung folgt aus Satz 2, die der zweiten Bedingung ist offensichtlich.

Hinreichend. Zu einem beliebigen $x \in \mathbf{X}$ finden wir für jedes $\varepsilon > 0$ ein $x' \in D$ mit

$$\|x - x'\| < \varepsilon\,.$$

Wählen wir m und n hinreichend groß, dann gilt

$$\|U_m(x') - U_n(x')\| < \varepsilon$$

und somit

$$\|U_m(x) - U_n(x)\| \leqq \|U_m(x') - U_n(x')\| + \|U_m(x) - U_m(x')\|$$
$$+ \|U_n(x) - U_n(x')\| < \varepsilon + (\|U_m\| + \|U_n\|)\, \|x - x'\| < (2\,M + 1)\,\varepsilon\,.$$

Wegen der Vollständigkeit des Raumes $\mathbf{Y}$ existiert also der Grenzwert $U(x) = \lim\limits_{n\to\infty} U_n(x)$ und nach Satz 2 ist U ein linearer Operator.

Bemerkung 1. Satz 3 bleibt richtig, wenn wir statt der Konvergenz der Folge $\{U_n(x')\}$ $(x' \in D)$ in sich ihre Konvergenz gegen $U(x')$ fordern, wobei U ein gegebener linearer Operator ist. In diesem Fall brauchen wir die Vollständigkeit des Raumes $\mathbf{Y}$ nicht vorauszusetzen.

Bemerkung 2. Die Bedingung 2 kann man durch die Forderung ersetzen, daß die Folge $\{U_n(x')\}$ nur auf einer in $\mathbf{X}$ vollständigen Menge D konvergiert. Ihre Konvergenz auf D zieht nämlich die Konvergenz auf der in $\mathbf{X}$ dichten Menge $\mathscr{L}(D)$ nach sich.

Bemerkung 3. Die Bedingung 1 kann durch (1) ersetzt werden.

Folgerung. *Die Menge der Punkte, für die eine Folge linearer Operatoren $\{U_n\}$ konvergiert, ist entweder von erster Kategorie oder fällt mit dem ganzen Raum zusammen.*

Ist diese Menge nämlich von zweiter Kategorie, dann liegt sie dicht in einer gewissen Kugel und somit wegen ihrer Linearität auch im ganzen Raume. Außerdem sind die Normen der Operatoren U_n nach der Bemerkung zu Satz 1 gleichmäßig beschränkt. Durch Anwendung von Satz 3 ergibt sich hieraus die Behauptung.

Bemerkung 4. Die Sätze 1—3 bleiben richtig, wenn man in ihnen die Operatorenfolge durch eine Operatorenschar ersetzt, die stetig von einem Parameter abhängt.

1.3. Wir führen noch einige Aussagen über halbstetige konvexe Funktionale an, deren Beweis ähnlich wie der von Satz 1 verläuft.

Ein in dem normierten Raum $\mathbf{X}$ definiertes Funktional p, das auch die Werte $\pm\infty$ annehmen kann, heißt in einem Punkt $x_0 \in \mathbf{X}$ *halbstetig nach unten*, wenn $p(x_0) = -\infty$ gilt oder wenn zu jedem $h < p(x_0)$ ein $\delta > 0$ existiert mit

$$p(x) > h \quad \text{für} \quad x \in K_\delta(x_0)\,.$$

Ist das Funktional p in jedem Punkt einer Menge $R \subset \mathbf{X}$ halbstetig nach unten, so heißt es halbstetig nach unten in R.

Ein auf $\mathbf{X}$ definiertes Funktional heißt *konvex*, wenn es den folgenden Bedingungen genügt:

1. $p(x) \geqq 0$;
2. $p(x_1 + x_2) \leqq p(x_1) + p(x_2) \qquad (x_1, x_2 \in \mathbf{X})$;
3. $p(\lambda\, x) = |\lambda|\, p(x) \qquad (x \in \mathbf{X},\ \lambda$ reell, $p(x) < +\infty)$.

Der Unterschied zwischen einem konvexen Funktional und einer Norm besteht also darin, daß ein konvexes Funktional den Wert $+\infty$ annehmen und auch auf Elementen, die vom Nullelement verschieden sind, verschwinden kann. Ein konvexes, nach unten halbstetiges Funktional steht in engem Zusammenhang zur Norm. Das zeigt der folgende Satz (siehe [94]).

Satz 4 (1.VII) (Gelfand). *Es sei p ein nach unten halbstetiges konvexes Funktional im normierten Raum $\mathbf{X}$. Gilt dann $p(x) < \infty$ auf einer Menge von zweiter Kategorie, so existiert eine Konstante $M < \infty$ mit*

$$p(x) \leqq M\,||x||\,.$$

Beweis. Wir betrachten die Menge $E_k = \{x \in \mathbf{X} : p(x) > k\}$. Diese Menge ist offen, denn aus $x_0 \in E_k$, d. h. $p(x_0) > k$, folgt nach Definition der Halbstetigkeit $p(x) > k$ für alle x aus einer hinreichend kleinen Umgebung von x_0. Die Mengen $E'_k = \mathbf{X} \setminus E_k = \{x \in \mathbf{X} : p(x) \leqq k\}$ sind also abgeschlossen.

Da die Menge

$$\{x \in \mathbf{X} : p(x) < \infty\} = \bigcup_{k=1}^{\infty} E'_k$$

nach Voraussetzung von zweiter Kategorie ist, gilt dasselbe für mindestens ein E'_{k_0}. Deshalb gibt es eine Kugel $K_\delta(x_0)$, in der die Menge E'_{k_0} dicht liegt:

$$E'_{k_0} = \overline{E'_{k_0}} \supset K_\delta(x_0)\,.$$

Aus $x \in K_\delta(x_0)$ folgt also

$$p(x) \leqq k_0\,,$$

d. h., das Funktional p ist auf der Kugel $K_\delta(x_0)$ nach oben beschränkt.

Es sei x jetzt ein beliebiges Element aus $\mathbf{X}$. Wegen $x_0 + \dfrac{\delta x}{2\,||x||} \in K_\delta(x_0)$ gilt

$$p(x) = \frac{2\,||x||}{\delta}\, p\left(\frac{\delta x}{2\,||x||}\right) \leqq \frac{2\,||x||}{\delta}\left[p\left(x_0 + \frac{\delta x}{2\,||x||}\right) + p(x_0)\right] \leqq \frac{4\,k_0}{\delta}\,||x||\,,$$

womit der Satz bei $M = \dfrac{4\,k_0}{\delta}$ bewiesen ist.

Folgerung 1. *Genügt ein Funktional p den Voraussetzungen von Satz 4, dann ist es stetig auf $\mathbf{X}$.*

Für beliebige Elemente $x, x_0 \in \mathbf{X}$ gilt nämlich

$$p(x) = p((x - x_0) + x_0) \leqq p(x - x_0) + p(x_0)\,,$$

also

$$p(x) - p(x_0) \leqq p(x - x_0)\,.$$

Zusammen mit der durch Vertauschung von x und x_0 hieraus entstehenden Ungleichung

$$p(x_0) - p(x) \leqq p(x_0 - x) = p(x - x_0)$$

erhalten wir

$$|p(x) - p(x_0)| \leqq p(x - x_0) \leqq M\,||x - x_0||\,,$$

woraus sich unmittelbar die Stetigkeit des Funktionals p ergibt.

Folgerung 2. *Sind die p_n $(n = 1, 2, \ldots)$ konvexe stetige Funktionale*[1]) *im Raum $\mathbf{X}$ und gilt auf einer Menge von zweiter Kategorie*

$$p(x) = \sup_n p_n(x) < \infty\,,$$

dann ist auch p ein konvexes und stetiges Funktional.

---

[1]) An Stelle der Stetigkeit braucht man nur ihre Halbstetigkeit nach unten zu fordern.

Die Konvexität von p sieht man leicht. Es genügt deshalb nach Folgerung 1 zu zeigen, daß p auch nach unten halbstetig ist. Zu diesem Zweck sei $x_0 \in \mathbf{X}$ und $h < p(x_0)$. Dann gilt $h < p_n(x)$ für ein gewisses n und somit wegen der Stetigkeit des Funktionals p_n auch $p_n(x) > h$ für alle x aus einer Umgebung von x_0. Also gilt in dieser Umgebung erst recht $p(x) > h$, womit die Halbstetigkeit von p im Punkte x_0 gezeigt ist.

Bemerkung. Für $p_n(x) = \|U_n(x)\|$ ergibt sich aus Folgerung 2 und Satz 4 der Satz 1.

§ 2. Einige Anwendungen auf die konstruktive Funktionentheorie[1])

Wir erwähnen einige der vielseitigen Anwendungen der Sätze des vorigen Paragraphen.

2.1. Als erstes untersuchen wir die Konvergenz der Quadraturformeln.

Zur näherungsweisen Berechnung bestimmter Integrale benutzt man gewöhnlich die mechanischen Quadraturformeln; das sind Formeln der Gestalt

$$\int_a^b x(t)\,dt \cong \sum_{k=0}^{n} A_k\, x(t_k) \qquad (a \leqq t_0 < t_1 < \cdots < t_n \leqq b)\,.$$

Hierzu gehören z. B. die Rechteckformel, die Trapezformel und die Simpsonsche Regel, aber auch die komplizierteren Formeln von Newton-Cotes und Gauss.

Da sich der gesuchte Integralwert i. a. sicher nicht durch eine einzige solche Formel beliebig genau angeben läßt, ist es naheliegend, eine ganze Folge solcher Formeln zu betrachten,

$$\int_a^b x(t)\,dt \cong \sum_{k=0}^{n} A_k^{(n)}\, x(t_k^{(n)}) \tag{1}$$

$$(a \leqq t_0^{(n)} < t_1^{(n)} < \cdots < t_n^{(n)} \leqq b,\ n = 0; 1, \ldots)\,,$$

und zu fragen, unter welchen Bedingungen der Fehler bei der Berechnung der Integrale nach diesen Formeln für $n \to \infty$ gegen Null strebt. Ist das der Fall, dann sagt man, die Quadraturformeln (1) *konvergieren* für die Funktion x.

Eine Antwort auf diese Frage gibt der folgende Satz.

Satz 1 (2.VII) (Szegö). *Die Quadraturformeln* (1) *konvergieren genau dann für jede stetige Funktion x, wenn die folgenden beiden Bedingungen erfüllt sind:*

1. $\sum_{k=0}^{n} |A_k^{(n)}| \leqq M \qquad (n = 0, 1, \ldots)$;
2. *die Formeln konvergieren für jedes Polynom.*

Beweis. Wir betrachten im Raum $\mathbf{C}$ die Funktionale

$$f_n(x) = \sum_{k=0}^{n} A_k^{(n)}\, x(t_k^{(n)}) \qquad (n = 0, 1, \ldots)$$

und

$$f(x) = \int_a^b x(t)\,dt\,.$$

[1]) Die Bezeichnung „konstruktive Funktionentheorie" versteht sich im Sinne des gleichnamigen Buches von Natanson, dessen Übersetzung 1955 beim Akademie-Verlag, Berlin erschienen ist.

In Abschnitt III.2.1 wurde gezeigt, daß

$$\|f_n\| = \sum_{k=0}^{n} |A_k^{(n)}| \qquad (n = 0, 1, \ldots)$$

gilt. Die Bedingung 1 sichert die gleichmäßige Beschränktheit der Normen der Funktionale f_n, und aus der Bedingung 2 folgt $f_n(x) \to f(x)$ für alle x aus der in C dicht liegenden Menge der Polynome. Deshalb ist Satz 1 nur ein Spezialfall des Satzes von BANACH-STEINHAUS (unter Berücksichtigung der zugehörigen Bemerkung 1).

Bemerkung 1. Sind die Koeffizienten $A_k^{(n)}$ für beliebige k und n positiv, dann folgt die erste Bedingung bereits aus der zweiten.

Für $x(t) \equiv 1$ ergibt sich nämlich aus der zweiten Bedingung die Konvergenz der Formeln, d. h., es gilt

$$b - a = \int_a^b dt = \lim_{n \to \infty} \sum_{k=0}^{n} A_k^{(n)},$$

woraus die Beschränktheit der Summen $\sum_{k=0}^{n} |A_k^{(n)}| = \sum_{k=0}^{n} A_k^{(n)}$ folgt.

Bemerkung 2. In der zweiten Bedingung kann die Menge aller Polynome durch eine andere in C dichte Menge, z. B. die Menge aller stückweise linearen Funktionen, oder durch eine in C vollständige Menge, z. B. die Potenzen der unabhängigen Veränderlichen, ersetzt werden (siehe Bemerkung 2 zum Satz von BANACH-STEINHAUS).

Bemerkung 3. Alles oben für die Formel (1) Gesagte läßt sich ohne irgendwelche Änderungen auch auf den allgemeineren Fall

$$\int_a^b p(t)\, x(t)\, dt \cong \sum_{k=0}^{n} A_k^{(n)}\, x(t_k^{(n)}) \tag{2}$$

$$(a \leqq t_0^{(n)} < t_1^{(n)} < \cdots < t_n^{(n)} \leqq b, \quad n = 0, 1, \ldots)$$

übertragen, wobei $p(t)$ eine feste summierbare Funktion, die sog. *Gewichtsfunktion*, bezeichnet.

Eine der wichtigsten Methoden, mechanische Quadraturformeln zu erhalten, ist die folgende.

Für jedes $n = 0, 1, \ldots$ geben wir uns im Intervall $[a, b]$ beliebige Werte $t_0^{(n)}$, $t_1^{(n)}, \ldots, t_n^{(n)}$ vor und konstruieren für die Funktion $x(t)$ das LAGRANGEsche Interpolationspolynom $P_n(x, t)$, das in den Punkten $t_0^{(n)}, t_1^{(n)}, \ldots, t_n^{(n)}$ mit $x(t)$ übereinstimmt. Bekanntlich gilt

$$P_n(x, t) = \sum_{k=0}^{n} l_k^{(n)}(t)\, x(t_k^{(n)})$$

mit

$$l_k^{(n)}(t) = \frac{\omega_n(t)}{(t - t_k^{(n)})\, \omega_n'(t_k^{(n)})}$$

$$\left(\omega_n(t) = (t - t_0^{(n)})\,(t - t_1^{(n)}) \ldots (t - t_n^{(n)});\ k = 0, 1, \ldots, n;\ n = 0, 1, \ldots\right).$$

Ersetzen wir unter dem Integral $\int\limits_a^b p(t)\, x(t)\, dt$ die Funktion $x(t)$ durch ihr Interpolationspolynom, so ergibt sich

$$\int\limits_a^b p(t)\, x(t)\, dt \simeq \sum_{k=0}^{n} A_k^{(n)}\, x(t_k^{(n)}) \qquad \left(A_k^{(n)} = \int\limits_a^b p(t)\, l_k^{(n)}(t)\, dt\right). \tag{3}$$

Die auf diese Weise erhaltenen Formeln liefern die sog. *Interpolationsquadraturformeln* (siehe Natanson [30a], S. 455).

Ist die Funktion $x(t)$ ein Polynom vom Grade kleiner oder gleich n, dann stimmt sie mit ihrem Interpolationspolynom überein. Deshalb gilt Formel (3) in diesem Fall exakt. Ist $x(t)$ ein beliebiges Polynom, dann wird also der Fehler der Formel (3) für hinreichend große n gleich Null, d. h., die Formeln der Interpolationsquadraturen konvergieren auf der Menge aller Polynome. Sie konvergieren also genau dann für jede stetige Funktion, wenn die erste der beiden Bedingungen von Satz 1 erfüllt ist. Nach Bemerkung 1 ist das z. B. dann der Fall, wenn alle Koeffizienten $A_k^{(n)}$ nichtnegativ sind. Dies gilt insbesondere dann, wenn die Gewichtsfunktion positiv ist und die Punkte $t_0^{(n)}, t_1^{(n)}, \ldots, t_n^{(n)}$ so gewählt werden, daß die Polynome $\omega_n(t)$ bezüglich der Gewichtsfunktion $p(t)$ ein Orthogonalsystem bilden. Die auf diese Weise erhaltenen Quadraturformeln heißen *Formeln vom* Gauss*schen Typ*. Sie unterscheiden sich von den übrigen Interpolationsformeln dadurch, daß sie noch für ein Polynom vom Grade $2n + 1$ einen exakten Wert liefern (siehe Natanson [30a], S. 436).

2.2. Neben dem Raum **C** betrachten wir noch den Raum $\widetilde{\mathbf{C}}$ aller auf der reellen Achse definierten periodischen stetigen Funktionen mit der Periode 2π. Jede solche Funktion kann man als eine auf dem Intervall $[a, a + 2\pi]$ der Länge 2π definierte stetige Funkiton ansehen, die der Bedingung $x(a + 2\pi) = x(a)$ genügt, d. h., wir können $\widetilde{\mathbf{C}}$ als Teilmenge des Raumes **C** auffassen.

Hieraus folgt, daß der Operator $y = U(x)$

$$y(s) = \int\limits_a^{a+2\pi} K(s, t)\, x(t)\, dt \qquad (s \in [a, a + 2\pi]) \tag{4}$$

mit stetigem Kern $K(s, t)$ den Raum $\widetilde{\mathbf{C}}$ linear in **C** abbildet. Seine Norm ist durch die Gleichung

$$\|U\| = \max_s \int\limits_a^{a+2\pi} |K(s, t)|\, dt \tag{5}$$

gegeben, deren Beweis wir dem Leser überlassen (vgl. Abschnitt III.2.4).

Der Operator (4) führt periodische Funktionen nicht allgemein in periodische Funktionen über. Offensichtlich ist U genau dann ein Operator von $\widetilde{\mathbf{C}}$ in $\widetilde{\mathbf{C}}$, wenn der Kern $K(s, t)$ bezüglich des ersten Argumentes mit 2π periodisch ist, d. h., wenn $K(s + 2\pi, t) = K(s, t)$ gilt. Ist der Kern $K(s, t)$ schließlich auf der ganzen Ebene definiert und auch bezüglich des zweiten Argumentes mit 2π periodisch, so kann man in den Formeln (4) und (5) über ein beliebiges Intervall der Länge 2π integrieren.

Wir bilden jetzt die FOURIER-Reihe der stetigen und mit 2π periodischen Funktion $x(t)$:

$$x(t) \sim \frac{a_0}{2} + \sum_{k=1}^{\infty} (a_k \cos k\,t + b_k \sin k\,t),$$

$$a_k = \frac{1}{\pi} \int_0^{2\pi} x(t) \cos k\,t\,dt, \qquad b_k = \frac{1}{\pi} \int_0^{2\pi} x(t) \sin k\,t\,dt \qquad (k = 0, 1, \ldots).$$

Ordnen wir jeder Funktion $x(t)$ aus $\tilde{C}$ die Partialsumme $S_n(x)$ ihrer FOURIER-Reihe zu, so wird dadurch ein Operator S_n definiert, der von $\tilde{C}$ in $\tilde{C}$ abbildet. Bekanntlich läßt sich diese Partialsumme durch das DIRICHLET-Integral

$$y = S_n(x), \qquad y(s) = \frac{1}{2\pi} \int_0^{2\pi} x(t) \frac{\sin (2n+1) \frac{t-s}{2}}{\sin \frac{t-s}{2}}\, dt$$

darstellen, d. h., der Operator S_n ist von der Form (4) und wegen der Stetigkeit des zugehörigen Kernes linear. Wir zeigen, daß $\|S_n\| \xrightarrow[n\to\infty]{} \infty$ gilt.

Aus (5) und der Periodizität des Kernes ergibt sich

$$\|S_n\| = \frac{1}{2\pi} \int_0^{2\pi} \left| \frac{\sin (2n+1) \frac{t-s}{2}}{\sin \frac{t-s}{2}} \right| dt = \frac{1}{2\pi} \int_0^{2\pi} \left| \frac{\sin \frac{2n+1}{2}t}{\sin \frac{t}{2}} \right| dt = \frac{1}{\pi} \int_0^{\pi} \left| \frac{\sin m\,t}{\sin t} \right| dt$$

mit $m = 2n + 1$. Benutzen wir die aus der Analysis bekannten Ungleichungen

$$|\sin t| \leqq |t|, \quad \sin s \geqq \frac{2}{\pi} s \quad \left(0 \leqq s \leqq \frac{\pi}{2}\right),$$

so erhalten wir weiter

$$\|S_n\| = \frac{1}{\pi} \int_0^{\pi} \left| \frac{\sin m\,t}{\sin t} \right| dt > \frac{1}{\pi} \sum_{k=1}^{m-1} \int_{\frac{k\pi}{m}}^{\frac{(2k+1)\pi}{2m}} \frac{|\sin m\,t|}{\sin t} dt = \frac{1}{\pi} \sum_{k=1}^{m-1} \int_0^{\frac{\pi}{2m}} \frac{|\sin m\,t|}{\sin \left(t + \frac{k\pi}{m}\right)} dt$$

$$\geqq \frac{1}{\pi} \sum_{k=1}^{m-1} \int_0^{\frac{\pi}{2m}} \frac{\frac{2}{\pi} m\,t}{t + \frac{k\pi}{m}} dt \geqq \frac{1}{\pi} \sum_{k=1}^{m-1} \int_{\frac{\pi}{4m}}^{\frac{\pi}{2m}} \frac{\frac{2}{\pi} m\,t}{t + \frac{k\pi}{m}} dt \geqq \frac{1}{\pi} \sum_{k=1}^{m-1} \frac{\frac{2}{\pi} m \cdot \frac{\pi}{4m}}{\frac{\pi}{4m} + \frac{k\pi}{m}} \cdot \frac{\pi}{4m}$$

$$\geqq \frac{1}{8\pi} \sum_{k=2}^{m-1} \frac{1}{k} \geqq \frac{1}{8\pi} \sum_{k=2}^{m-1} \int_k^{k+1} \frac{dt}{t} = \frac{1}{8\pi} \ln \frac{m}{2} \geqq \frac{1}{8\pi} \ln n,$$

d. h., es gilt

$$\|S_n\| \geqq \frac{1}{8\pi} \ln n,$$

also $\|S_n\| \to \infty$.

Hieraus folgt nach der Bemerkung 1 von Satz 3 (1.VII) die Existenz einer stetigen periodischen Funktion, deren FOURIER-Reihe nicht gleichmäßig konvergiert.

Wir zeigen jetzt, daß sogar eine stetige periodische Funktion existiert, deren FOURIER-Reihe in einem beliebig vorgegebenen Punkt t_0 divergiert.

Zu diesem Zweck betrachten wir im Raum $\tilde{\mathrm{C}}$ die Folge der Funktionale f_n:

$$f_n(x) = S_n(x)\,(t_0) = \frac{1}{2\pi} \int_0^{2\pi} \frac{\sin (2n+1)\dfrac{t-t_0}{2}}{\sin \dfrac{t-t_0}{2}}\, x(t)\, dt\,.$$

Wie in Abschnitt III.2.2 sieht man, daß

$$\|f_n\| = \frac{1}{2\pi} \int_0^{2\pi} \left| \frac{\sin (2n+1)\dfrac{t-t_0}{2}}{\sin \dfrac{t-t_0}{2}} \right| dt = \frac{1}{2\pi} \int_0^{2\pi} \left| \frac{\sin (2n+1)\dfrac{t}{2}}{\sin \dfrac{t}{2}} \right| dt = \|S_n\|$$

und folglich $\|f_n\| \underset{n\to\infty}{\longrightarrow} \infty$ gilt. Deshalb gibt es nach Satz 1 (1.VII) ein Element $x_0 \in \tilde{\mathrm{C}}$ mit $\sup\limits_n |f_n(x_0)| = \infty$, was zu zeigen war.

Wir nehmen jetzt eine beliebige abzählbare Menge $e = \{t_k\}$ auf der Zahlengeraden und definieren Funktionale $f_n^{(k)}$ durch die Gleichungen

$$f_n^{(k)}(x) = S_n(x)\,(t_k) \qquad (k, n = 1, 2, \ldots)\,.$$

Aus dem am Ende von 1.1.VII formulierten Häufungsprinzip für Singularitäten folgt, daß ein Element $x_0 \in \tilde{\mathrm{C}}$ existiert mit

$$\sup_n |f_n^{(k)}(x_0)| = \infty \qquad (k = 1, 2, \ldots)\,,$$

d. h., es gibt eine Funktion $x_0(t)$, deren FOURIER-Reihe in jedem Punkt der Menge e divergiert.

Ein Beispiel einer stetigen Funktion, deren FOURIER-Reihe nicht überall konvergiert, wurde zuerst von DU BOIS-REYMOND angegeben (siehe ZYGMUND).

Betrachten wir S_n als linearen Operator von L in L, so folgt aus der Symmetrie seines Kernes, daß $\|S_n\|$ den oben berechneten Wert behält. Aus Satz 3 (1.VII) können wir deshalb auch auf die Existenz einer summierbaren Funktion schließen, deren FOURIER-Reihe in L nicht konvergiert.

2.3. Die Ergebnisse des letzten Abschnittes lassen sich stark verallgemeinern, wenn man den Begriff des Polynomoperators einführt.

Wir betrachten wieder den Raum $\tilde{\mathrm{C}}$ aller stetigen periodischen Funktionen (Periode 2π) und bezeichnen mit $\tilde{\mathrm{H}}_n$ den aus allen trigonometrischen Polynomen der Ordnung kleiner oder gleich n bestehenden Teilraum.

Ein linearer Operator U im Raum $\tilde{\mathrm{C}}$ heißt ein (trigonometrischer) *Polynomoperator der Ordnung n*, wenn er folgenden Bedingungen genügt:

1. Für jedes $x \in \tilde{\mathrm{C}}$ gilt $U(x) \in \tilde{\mathrm{H}}_n$.
2. Aus $x \in \tilde{\mathrm{H}}_n$ folgt $U(x) = x$.

Mit anderen Worten, ein Polynomoperator ordnet jeder mit 2π periodischen Funktion ein trigonometrisches Polynom der Ordnung kleiner oder gleich n zu, wobei diese Polynome selbst unverändert bleiben.

Ein sehr einfaches Beispiel eines Polynomoperators ist der in Abschnitt 2.2 eingeführte Operator S_n. Als weiteres Beispiel kann derjenige Operator dienen, der jeder Funktion ihr (trigonometrisches) Interpolationspolynom zu einem fest vorgegebenen System von Stützpunkten zuordnet.

Gilt $y = U(x)$, so schreiben wir $U(x; s)$ für den Wert von y an der Stelle s, d. h., es ist z. B. $S_n(x; s) = S_n(x)(s)$. Weiterhin bezeichnen wir für irgendeine Funktion $x(t)$ aus $\widetilde{\mathrm{C}}$ mit $x^h(t)$ die aus $x(t)$ durch eine Argumentverschiebung um h hervorgehende Funktion:

$$x^h(t) = x(t + h) .$$

Offensichtlich gilt $x^h(t) \in \widetilde{\mathrm{C}}$ für jedes h. Aus der gleichmäßigen Stetigkeit der Funktion $x \in \widetilde{\mathrm{C}}$ folgt noch

$$\|x^h - x\| = \max_t |x^h(t) - x(t)| \to 0 \qquad \text{für } h \to 0 . \tag{6}$$

Über Polynomoperatoren und Folgen von Polynomoperatoren gelten sehr wichtige allgemeine Aussagen. Diese gehen alle auf das folgende Lemma zurück, das eine Beziehung zwischen einem beliebigen Polynomoperator und dem oben eingeführten Operator S_n herstellt.

Lemma. *Ist U ein beliebiger Polynomoperator der Ordnung n, dann gilt*

$$\frac{1}{2\pi}\int_0^{2\pi} U(x^\tau; s - \tau)\, d\tau = S_n(x; s) \qquad (x \in \widetilde{\mathrm{C}}) \tag{7}$$

(*Identität von* Zygmund-Marzinkewitsch-Berman).

Beweis. Es sei $x \in \widetilde{\mathrm{H}}_n$. Dann gehört auch x^τ zu $\widetilde{\mathrm{H}}_n$, woraus

$$U(x^\tau; s - \tau) = x^\tau(s - \tau) = x(s)$$

folgt. Da S_n ein Polynomoperator der Ordnung n ist, gilt auch

$$S_n(x; s) = x(s) ,$$

womit die Identität (7) in diesem Falle bewiesen ist.

Es sei jetzt $x(t) = \cos m t$ mit $m > n$. Dann erhalten wir

$$\begin{aligned} x^\tau(t) = \cos m(t + \tau) &= \cos m t \cos m \tau - \sin m t \sin m \tau \\ &= x_1(t) \cos m \tau + x_2(t) \sin m \tau . \end{aligned}$$

Hieraus ergibt sich mit

$$y_1 = U(x_1) \text{ und } y_2 = U(x_2)$$

($y_1, y_2 \in \widetilde{\mathrm{H}}_n$) die Beziehung

$$U(x^\tau; s - \tau) = y_1(s - \tau) \cos m \tau + y_2(s - \tau) \sin m \tau .$$

Die Funktionen $y_1(s-\tau)$ und $y_2(s-\tau)$ sind aber trigonometrische Polynome bezüglich τ, deren Ordnung n nicht übertrifft, und deshalb zu den Funktionen $\cos m\tau$ und $\sin m\tau$ orthogonal. Daraus folgt

$$\frac{1}{2\pi}\int\limits_0^{2\pi} U(x^\tau; s-\tau)\,d\tau = 0\,.$$

Offensichtlich ist auch die rechte Seite von (7) gleich Null.

Damit haben wir die Identität (7) auch für diesen Fall bewiesen. Da weiterhin ihre beiden Seiten bezüglich x additiv sind, gilt sie auch für ein beliebiges trigonometrisches Polynom.

Wir betrachten jetzt die linke Seite von (7) und zeigen, daß sie für festes s ein lineares Funktional auf dem Raum $\tilde{C}$ definiert, das wir mit f_s bezeichnen.

Das Funktional f_s ist zunächst auf ganz $\tilde{C}$ definiert. Um dies zu sehen, brauchen wir nur zu zeigen, daß unter dem Integral eine stetige Funktion von τ steht. Letzteres folgt aber aus der Beziehung

$$\begin{aligned}|U(x^{\tau+h}; s-\tau-h) - U(x^\tau; s-\tau)| &\leqq |U(x^{\tau+h}; s-\tau-h)\\ - U(x^\tau; s-\tau-h)| &+ |U(x^\tau; s-\tau-h) - U(x^\tau; s-\tau)|\\ \leqq \|U(x^{\tau+h} - x^\tau)\| &+ |U(x^\tau; s-\tau-h) - U(x^\tau; s-\tau)|\\ \leqq \|U\|\,\|x^{\tau+h} - x^\tau\| &+ |U(x^\tau; s-\tau-h) - U(x^\tau; s-\tau)|\,.\end{aligned}$$

Für hinreichend kleine h wird nämlich der erste Summand wegen (6) und der zweite Summand wegen der Stetigkeit der Funktion $U(x^\tau; t)$ beliebig klein.

Das Funktional f_s ist offensichtlich additiv, außerdem folgt aus der Abschätzung

$$|f_s(x)| \leqq \frac{1}{2\pi}\int\limits_0^{2\pi} |U(x^\tau; s-\tau)|\,d\tau \leqq \frac{1}{2\pi}\int\limits_0^{2\pi} \|U\|\,\|x^\tau\|\,d\tau = \|U\|\,\|x\|$$

seine Beschränktheit.

Sei schließlich $g_s(x) = S_n(x; s)$. Wie oben gezeigt wurde, fallen die Funktionale f_s und g_s auf der in $\tilde{C}$ dichten Menge aller trigonometrischen Polynome zusammen. Da f_s und g_s lineare Funktionale sind, müssen sie deshalb auch auf ganz $\tilde{C}$ übereinstimmen, womit die Identität (7) bewiesen ist.

S a t z 2 (2.VII). *Unter allen Polynomoperatoren der Ordnung n hat der Operator S_n die kleinste Norm, d. h., für jeden solchen Polynomoperator U gilt*

$$\|U\| \geqq \|S_n\| > A \ln n\,.$$

Aus der Identität (7) folgt nämlich

$$\|S_n(x)\| = \max_s |S_n(x; s)| \leqq \frac{1}{2\pi}\int\limits_0^{2\pi} \max_s |U(x^\tau; s-\tau)|\,d\tau \leqq \|U\|\,\|x\|\,,$$

d. h. $\|S_n\| \leqq \|U\|$.

Satz 3 (2.VII) (Losinskij-Charschiladse). *Ist für jede natürliche Zahl n der Operator U_n ein Polynomoperator der Ordnung n, so strebt die Folge $\{\|U_n\|\}$ gegen Unendlich. Die Operatorenfolge $\{U_n\}$ kann also nicht auf ganz $\tilde{\mathbf{C}}$ konvergieren.*

Die erste Aussage folgt unmittelbar aus Satz 2, die zweite Aussage erhält man durch Anwendung von Satz 1 (1.VII).

Als Spezialfall von Satz 3 erwähnen wir: Zu jedem System von Stützpunkten gibt es eine stetige und bezüglich 2π periodische Funktion mit der Eigenschaft, daß die zugehörige Folge der Interpolationspolynome nicht gleichmäßig konvergiert (Satz von Faber).

Ohne Beweis führen wir noch an, daß die Aussagen der Sätze 2 und 3 auch für den Fall des Raumes **L** gelten.

Im Raum **C** der auf [0, 1] definierten stetigen Funktionen kann man analog (algebraische) Polynomoperatoren betrachten. Darunter verstehen wir wieder lineare Operatoren, die **C** in einen Teilraum $\mathbf{H}_n$ aller algebraischen Polynome vom Grade kleiner oder gleich n abbilden und dabei die Elemente aus $\mathbf{H}_n$ unverändert lassen. Zweckmäßigerweise führt man aber die Untersuchungen algebraischer Polynomoperatoren auf den trigonometrischen Fall zurück (siehe Natanson [30a], S. 495/496).

U_n sei jetzt ein (algebraischer) Polynomoperator, der einer stetigen Funktion die n-te Partialsumme ihrer Fourier-Reihe bezüglich eines vorgegebenen Systems orthogonaler Polynome zuordnet. Wenden wir auf eine Folge $\{U_n\}$ solcher Operatoren das Analogon des Satzes 3 für den algebraischen Fall an, so folgt [157]: Zu jedem System orthogonaler Polynome gibt es eine stetige Funktion, deren Fourier-Reihe bezüglich dieses Polynomsystems nicht gleichmäßig konvergiert.

Die Sätze 2 und 3 wurden von S. M. Losinski und F. I. Charschiladse bewiesen [143] und diese Gedankengänge von S. M. Losinski noch weitgehend verallgemeinert. Das zum Beweis benutzte Lemma findet man in [62].

2.4. Wir untersuchen jetzt die Frage nach der Darstellbarkeit von Funktionen durch singuläre Integrale.

Auf dem Quadrat $[a, b; a, b]$ sei eine Folge summierbarer Funktionen $\{K_n(s, t)\}$ gegeben. Man sagt, eine Funktion $x(s)$ ist als singuläres Integral darstellbar, wenn die Folge

$$x_n(s) = \int_a^b K_n(s, t)\, x(t)\, dt \qquad (n = 1, 2, \ldots) \tag{8}$$

bezüglich irgendeiner der möglichen Konvergenzarten gegen $x(s)$ konvergiert.

Singulären Integralen begegnet man auf verschiedenen Gebieten der Analysis. Als Beispiele erwähnen wir die Integrale von Dirichlet, Fejér und de la Vallée-Poussin.

Wir beschränken unsere Betrachtungen auf stetige Kerne und beweisen einen Satz über die Konvergenz von singulären Integralen im Mittel des Raumes **L**.

Satz 4 (2.VII). *Dafür, daß die Folge* (8) *für jede summierbare Funktion* $x \in \mathbf{L}$ *gegen* x *konvergiert, sind die beiden folgenden Bedingungen zusammen notwendig und hinreichend:*

$$1. \int_a^b \left| \int_a^b K_n(s,t)\,x(t)\,dt - x(s) \right| ds \underset{n\to\infty}{\longrightarrow} 0 \tag{9}$$

für jedes x *aus einer in* $\mathbf{L}$ *vollständigen Menge* D;

$$2. \int_a^b |K_n(s,t)|\,ds \leqq M \qquad (t \in [a,b],\ n = 1, 2, \ldots)\,. \tag{10}$$

Bezeichnen wir nämlich mit U_n den vom Kern $K_n(s,t)$ im Raum $\mathbf{L}$ erzeugten Operator,

$$y = U_n(x)\,, \quad y(s) = \int_a^b K_n(s,t)\,x(t)\,dt\,,$$

so ist die erste Bedingung gleichbedeutend mit $U_n(x) \to x$ für $x \in D$ und die zweite gemäß III.2.5 gleichbedeutend mit $\|U_n\| \leqq M$. Satz 4 stellt also einen Spezialfall des Satzes von Banach-Steinhaus (Bemerkung 2) dar (siehe VII.1.2).

Bemerkung 1. Der eine Teil der Aussage des Satzes (und zwar die Hinlänglichkeit) bleibt noch richtig, wenn man die Bedingung 1 durch die beiden folgenden einfacheren ersetzt:

$$\int_a^\beta K_n(s,t)\,dt \underset{n\to\infty}{\longrightarrow} 1 \quad (s \in (\alpha,\beta) \subset [a,b])\,, \tag{11}$$

$$\int_a^b |K_n(s,t)|\,dt \leqq M \quad (s \in [a,b];\quad n = 1, 2, \ldots)\,. \tag{12}$$

Für D kann man in diesem Fall die Gesamtheit der charakteristischen Funktionen aller in $[a,b]$ enthaltenen Intervalle nehmen.

Ist nämlich $\tilde{x}$ die charakteristische Funktion des Intervalls (α,β), so gilt für $s \in (\alpha,\beta)$

$$\tilde{x}_n(s) = \int_a^\beta K_n(s,t)\,dt \underset{n\to\infty}{\longrightarrow} 1 = \tilde{x}(s)$$

und für $s \notin [\alpha,\beta]$, z. B. für $a \leqq s < \alpha$,

$$\tilde{x}_n(s) = \int_a^\beta K_n(s,t)\,dt = \int_a^\beta K_n(s,t)\,dt - \int_a^\alpha K_n(s,t)\,dt \underset{n\to\infty}{\longrightarrow} 1 - 1 = 0 = \tilde{x}(s)\,.$$

Daraus folgt $\tilde{x}_n(s) \to x(s)$ für alle $s \neq \alpha, \beta$, also fast überall. Wegen (12) kann man beim Integral $\int_a^b \left| \int_a^b K_n(s,t)\,\tilde{x}(t)\,dt - \tilde{x}(s) \right| ds$ den Grenzübergang $n \to \infty$ und die äußere Integration vertauschen, woraus

$$\lim_{n\to\infty} \int_a^b \left| \int_a^b K_n(s,t)\,\tilde{x}(t)\,dt - \tilde{x}(s) \right| ds = 0$$

folgt.

Bemerkung 2. Sind die Kerne $K_n(s, t)$ symmetrisch, dann ist (12) mit der Bedingung 2 des Satzes äquivalent. Deshalb sind die beiden Bedingungen (11) und (12) zusammen in diesem Fall schon notwendig und hinreichend.

Betrachten wir die von den Kernen $K_n(s, t)$ erzeugten Operatoren U_n im Raum C, so erhalten wir entsprechende Bedingungen für die gleichmäßige Konvergenz der Folge (8) gegen die stetige Funktion $x(s)$.

Eine ausführlichere Untersuchung singulärer Integrale findet der Leser in den Arbeiten [153] und [161 b].

2.5. Schließlich wollen wir uns noch mit der verallgemeinerten Summierbarkeit von Reihen beschäftigen.

Es sei eine Zahlenreihe

$$a_1 + a_2 + \cdots + a_n + \cdots \tag{13}$$

gegeben und $\{s_k\}$ bezeichne die Folge ihrer Partialsummen. Wir führen eine unendliche Matrix

$$\begin{pmatrix} \alpha_{11} & \alpha_{12} & \cdots & \alpha_{1k} & \cdots \\ \alpha_{21} & \alpha_{22} & \cdots & \alpha_{2k} & \cdots \\ \cdots & \cdots & \cdots & \cdots & \cdots \\ \cdots & \cdots & \cdots & \cdots & \cdots \\ \alpha_{n1} & \alpha_{n2} & \cdots & \alpha_{nk} & \cdots \\ \cdots & \cdots & \cdots & \cdots & \cdots \end{pmatrix} \tag{14}$$

ein und bilden die Ausdrücke

$$\sigma_n = \sum_{k=1}^{\infty} \alpha_{nk} s_k \qquad (n = 1, 2, \ldots). \tag{15}$$

Dabei setzen wir voraus, daß alle Reihen auf der rechten Seite von (15) konvergieren.

Man sagt, die Reihe (13) sei (verallgemeinert) summierbar bezüglich der Matrix (14), wenn die Folge $\{\sigma_n\}$ einen endlichen Grenzwert

$$\sigma = \lim_{n\to\infty} \sigma_n$$

hat. Dieser heißt die *verallgemeinerte Summe* der Reihe (13).

Zum Beispiel wird das Summationsverfahren von Cesàro, bei dem man

$$\sigma_n = \frac{1}{n} \sum_{k=1}^{n} s_k$$

setzt, durch die Matrix

$$\begin{pmatrix} 1, & 0, & \ldots, & 0, \ldots \\ \frac{1}{2}, & \frac{1}{2}, & \ldots, & 0, \ldots \\ \cdots & \cdots & \cdots & \cdots \\ \cdots & \cdots & \cdots & \cdots \\ \frac{1}{n}, & \frac{1}{n}, & \ldots, & \frac{1}{n}, \ldots \\ \cdots & \cdots & \cdots & \cdots \end{pmatrix}$$

charakterisiert.

Statt von der verallgemeinerten Summierbarkeit von Reihen zu sprechen, kann man auch einen verallgemeinerten Grenzwert einer Folge $x = \{\xi_k\}$ einführen, indem man die Folge

$$\sigma_n(x) = \sum_{k=1}^{\infty} \alpha_{nk} \xi_k \qquad (n = 1, 2, \ldots)$$

betrachtet und deren Verhalten für $n \to \infty$ untersucht. Offensichtlich läßt sich jede der beiden Aufgaben unmittelbar auf die andere zurückführen. Wir wollen der Einfachheit halber hier nur Folgen betrachten, sprechen aber trotzdem von „Summationsverfahren".[1])

Es ist naturgemäß, nur solche Summationsverfahren zu verwenden, bei denen für jede im gewöhnlichen Sinne konvergente Folge der verallgemeinerte Grenzwert existiert und mit dem gewöhnlichen übereinstimmt. Diese Summierbarkeitsverfahren heißen *permanent*. Eine notwendige und hinreichende Bedingung für die Permanenz des durch die Matrix (14) definierten Summationsverfahrens liefert der folgende Satz [189].

Satz 5 (2.VII) (Toeplitz). *Das durch die Matrix* (14) *definierte Summationsverfahren ist genau dann permanent, wenn folgendes gilt:*

1. $\lim\limits_{n\to\infty} \alpha_{nk} = 0 \qquad (k = 1, 2, \ldots);$

2. $\lim\limits_{n\to\infty} \sum\limits_{k=1}^{\infty} \alpha_{nk} = 1;$

3. $\sum\limits_{k=1}^{\infty} |\alpha_{nk}| \leqq M \qquad (n = 1, 2, \ldots)\,.$

Beweis. Auf dem Raum c aller konvergenten Folgen betrachten wir die Funktionale

$$\sigma_n(x) = \sum_{k=1}^{\infty} \alpha_{nk} \xi_k \qquad (x = \{\xi_k\}, \quad n = 1, 2, \ldots)$$

und

$$\sigma(x) = \lim_{k\to\infty} \xi_k\,.$$

In Abschnitt VI.1.4 wurde gezeigt, daß

$$\|\sigma_n\| = \sum_{k=1}^{\infty} |\alpha_{nk}| \qquad (n = 1, 2, \ldots)$$

gilt. Deshalb ist Bedingung 3 mit der gleichmäßigen Beschränktheit der Funktionale σ_n äquivalent.

Weiterhin führen wir die Folgen $x_0 = (1, 1, \ldots, 1, \ldots)$ und $x_k = (0, \ldots, 0, 1, 0, \ldots)$ (1 an der k-ten Stelle) ein. Wegen

$$\sigma_n(x_0) = \sum_{k=1}^{\infty} \alpha_{nk} \quad \text{und} \quad \sigma_n(x_k) = \alpha_{nk} \qquad (n, k = 1, 2, \ldots)$$

---

[1]) Treffender wäre hierfür die in der Literatur übliche Bezeichnung „Limitierungsverfahren".

lassen sich die Bedingungen 1 und 2 in der Form

$$\sigma_n(x_k) \xrightarrow[n\to\infty]{} 0 = \sigma(x_k) \quad \text{und} \quad \sigma_n(x_0) \xrightarrow[n\to\infty]{} 1 = \sigma(x_0)$$

schreiben.

Da die Gesamtheit der Elemente $x_0, x_1, \ldots, x_k$ im Raum c vollständig ist, sind im vorliegenden Fall die Voraussetzungen des Satzes von BANACH-STEINHAUS erfüllt (unter Berücksichtigung der zugehörigen Bemerkungen 1 und 2). Die Bedingungen 1—3 sind also notwendig und hinreichend dafür, daß die Beziehung

$$\sigma_n(x) \xrightarrow[n\to\infty]{} \sigma(x)$$

gilt, die aber gerade die Permanenz des Summationsverfahrens bedeutet.

Man sieht leicht, daß die dem CESÀROschen Summationsverfahren entsprechende Matrix den Voraussetzungen von Satz 5 genügt. Daraus folgt die bekannte Tatsache der Permanenz des Verfahrens der arithmetischen Mittel (CESÀRO).

KAPITEL VIII

SCHWACHE KONVERGENZ VON FUNKTIONALEN UND ELEMENTEN

§ 1. Schwache Konvergenz von Funktionalen[1])

1.1. Es sei $\mathbf{X}$ ein B-Raum und $\{f_n\}$ eine Folge auf $\mathbf{X}$ definierter linearer Funktionale. Existiert für jedes $x \in \mathbf{X}$ der endliche Grenzwert

$$\lim_{n\to\infty} f_n(x) = f(x) , \tag{1}$$

so folgt daraus nach Satz 2 (1.VII) die Linearität des Funktionals f. Ist die Beziehung (1) für jedes $x \in \mathbf{X}$ erfüllt, dann heißt die Folge $\{f_n\}$ *schwach konvergent* gegen das Funktional f; wir schreiben für diesen Sachverhalt

$$f_n \rightharpoonup f .$$

Wir wissen, daß die Gesamtheit aller auf einem B-Raum $\mathbf{X}$ definierten linearen Funktionale wieder einen B-Raum, den zu $\mathbf{X}$ dualen Raum, bildet. Deshalb kann man auch von der Konvergenz einer Folge von Funktionalen sprechen, wenn man die Funktionale als Elemente des dualen Raumes ansieht. Diese Konvergenzart (die Konvergenz bezüglich der Norm) wird im Unterschied zur schwachen manchmal *starke Konvergenz* genannt.

Die Bezeichnung „schwache Konvergenz" ist dadurch gerechtfertigt, daß aus der Konvergenz der Folge $\{f_n\}$ gegen f bezüglich der Norm ihre schwache Konvergenz folgt, aber die umgekehrte Aussage, wie wir sehen werden, i. a. nicht richtig ist. Die Forderung $f_n \rightharpoonup f$ ist also schwächer als $f_n \to f$ ($\|f_n - f\| \to 0$).

Der Satz von Banach-Steinhaus liefert folgendes Kriterium für die schwache Konvergenz.

Satz 1 (1.VIII). *Für die Gültigkeit der Beziehung*

$$f_n \rightharpoonup f \tag{2}$$

sind die folgenden beiden Bedingungen zusammen notwendig und hinreichend:

1. *Die Folge der Normen* $\{\|f_n\|\}$ *ist beschränkt.*
2. *Die Beziehung* (1) *gilt für alle* x *aus einer in* $\mathbf{X}$ *dicht liegenden Menge* D.

Bemerkung. In der Bedingung 2 braucht man nur zu fordern, daß D in $\mathbf{X}$ vollständig ist (vgl. die Bemerkung 2 zum Satz von Banach-Steinhaus).

---

[1]) Die Definitionen und grundlegenden Ergebnisse dieses Paragraphen wurden zuerst in der Monographie Banach [4a] und in den unmittelbar vorher erschienenen Arbeiten desselben Autors publiziert.

Die Norm ist bezüglich der schwachen Konvergenz i. a. nicht stetig, d. h., aus (2) folgt nicht notwendig $||f_n|| \to ||f||$. Es gilt jedoch stets

$$||f|| \leqq \underline{\lim}_{n\to\infty} ||f_n||$$

(siehe Satz 2 (1.VII)).

1.2. Eine Menge Φ von Funktionalen heißt *schwach kompakt*, wenn man aus jeder Folge $\{f_n\} \subset \Phi$ eine schwach konvergente Teilfolge auswählen kann (vgl. die Definition der kompakten Menge im metrischen Raum, Abschnitt I.3.1).

Wir wissen, daß aus der Beschränktheit einer beliebigen Teilmenge eines normierten Raumes nur dann ihre Kompaktheit folgt, wenn der betrachtete Raum endlichdimensional ist (Satz 2 (2.II)). Da die Forderung der schwachen Kompaktheit weniger einschränkend ist als die der Kompaktheit, kann man erwarten, daß beschränkte Mengen in einer umfassenderen Klasse von Räumen als der der endlichdimensionalen Räume schwach kompakt sind.

Satz 2 (1.VIII). *Für die schwache Kompaktheit einer Menge Φ linearer Funktionale auf* **X** *ist notwendig und im Fall eines separablen Raumes* **X** *auch hinreichend, daß Φ bezüglich der Norm in* $\mathbf{X}^*$ *beschränkt ist, d. h., daß*

$$||f|| \leqq M \quad (f \in \Phi)$$

gilt.

Beweis. Die Notwendigkeit der Bedingung folgt aus Satz 1 (1.VII). Wir zeigen, daß sie auch hinreichend ist. Es sei $D = \{x_1, x_2, \ldots\}$ eine abzählbare in **X** dichte Menge. Jedem Funktional $f \in \Phi$ ordnen wir ein Element des metrischen Raumes $\mathbf{s}$, nämlich die Folge

$$y_f = \big(f(x_1), f(x_2), \ldots, f(x_n), \ldots\big)$$

zu. Die Menge aller dieser Folgen bezeichnen wir mit $\mathbf{s}_\Phi$. Diese Zuordnung zwischen den Funktionalen $f \in \Phi$ und den Folgen $y_f \in \mathbf{s}_\Phi$ ist eineindeutig, denn aus $y_{f_1} = y_{f_2}$ folgt $f_1(x_k) = f_2(x_k)$ $(k = 1, 2, \ldots)$, d. h., die Funktionale f_1 und f_2 stimmen auf der Menge D überein. Da D ein dichter Teil von **X** ist, müssen f_1 und f_2 auf dem ganzen Raum **X** zusammenfallen (siehe Abschnitt IV.1.2).

Die schwache Konvergenz der Funktionalfolge $\{f_n\}$ ist gleichbedeutend mit der Konvergenz der entsprechenden Folge $\{y_{f_n}\}$ im Raum $\mathbf{s}$. Eine Folge in $\mathbf{s}$ ist nämlich genau dann konvergent, wenn sie koordinatenweise konvergiert (siehe Abschnitt I.1.5), d. h. in unserem Fall, wenn jede Folge $\{f_n(\tilde{x})\}$ $(\tilde{x} \in D)$ konvergiert. Wegen der gleichmäßigen Beschränktheit der Funktionale f_n ist das wiederum mit der schwachen Konvergenz der Folge $\{f_n\}$ äquivalent (Banach-Steinhaus).

Deshalb brauchen wir an Stelle der schwachen Kompaktheit der Menge Φ nur die Kompaktheit (im gewöhnlichen Sinne) der Menge $\mathbf{s}_\Phi$ im Raum $\mathbf{s}$ zu zeigen. Eine Menge im Raum $\mathbf{s}$ ist aber genau dann kompakt, wenn die Gesamtheit der k-ten Koordinaten $(k = 1, 2, \ldots)$ ihrer Elemente beschränkt ist (siehe I.3.2). Wegen

$$|f(x_k)| \leqq ||f||\, ||x_k|| \leqq M\, ||x_k|| \qquad (f \in \Phi,\ k = 1, 2, \ldots)$$

erfüllt die Menge $\mathbf{s}_\Phi$ diese Bedingung, ist also kompakt.

Bemerkung. Man beachte, daß in Satz 2 die Separabilität des Raumes $\mathbf{X}$ vorausgesetzt wurde, obwohl sich das Ergebnis nicht auf $\mathbf{X}$, sondern auf seinen dualen Raum $\mathbf{X}^*$ bezieht. $\mathbf{X}^*$ kann aber auch im Falle eines separablen Raumes $\mathbf{X}$ nicht separabel sein. Das zeigt der Raum $\mathbf{l}$. Er ist separabel, jedoch sein Dual, der Raum $\mathbf{l}^* = \mathbf{m}$, ist nicht separabel.

Aus der Separabilität des Raumes $\mathbf{X}$ folgt die *schwache Separabilität* des Raumes $\mathbf{X}^*$. Genauer gesagt gilt der folgende

Satz 3 (1.VIII). *Es sei $\mathbf{X}$ ein separabler Raum. Dann existiert eine abzählbare Menge D^* von Funktionalen auf $\mathbf{X}$ mit der Eigenschaft, daß sich jedes Funktional f auf $\mathbf{X}$ als Grenzwert einer schwach konvergenten Folge von Funktionalen aus D^* darstellen läßt.*

Beweis. Wir brauchen offenbar nur die schwache Separabilität der Einheitskugel $\mathbf{\Gamma}$ des Raumes $\mathbf{X}^*$ zu zeigen. Diese ergibt sich aber sofort, wenn man beachtet, daß der metrische Raum $\mathfrak{s}$ und folglich auch sein Teil $\mathfrak{s}_\Gamma$ separabel sind.

1.3. Es sei $\{f_n\}$ eine Folge von Funktionalen, die schwach gegen das Funktional f konvergiert, und es gelte außerdem $\|f_n\| \to \|f\|$. Daraus folgt in gewissen Räumen schon die Konvergenz der Folge $\{f_n\}$ gegen f bezüglich der Norm, d. h. also die starke Konvergenz.

Satz 4 (1.VIII). f_n $(n = 1, 2, \ldots)$ *und f seien Funktionale auf dem Raum $\mathbf{L}_T^p$ $(p > 1)$. Dafür, daß die Folge $\{f_n\}$ bezüglich der Norm gegen f konvergiert, sind die beiden folgenden Bedingungen zusammen notwendig und hinreichend:*

1. $f_n \rightharpoonup f$;
2. $\|f_n\| \to \|f\|$.

Beweis. Die Notwendigkeit der beiden Bedingungen ist offensichtlich. Wir zeigen, daß sie auch hinreichend sind. Dazu bezeichne φ_n bzw. φ dasjenige Element aus $\mathbf{L}_T^q \left(\frac{1}{p} + \frac{1}{q} = 1\right)$, welches das Funktional f_n bzw. f erzeugt:

$$f_n(x) = \int_T \varphi_n(t)\, x(t)\, dt, \qquad f(x) = \int_T \varphi(t)\, x(t)\, dt,$$

$$\|f_n\| = \|\varphi_n\|_{\mathbf{L}_T^q}, \qquad \|f\| = \|\varphi\|_{\mathbf{L}_T^q}.$$

Wir betrachten zunächst den Fall $1 < q \leqq 2$ und benutzen wieder die Ungleichung (1) des Lemmas aus Abschnitt VI.2.1:

$$|1 + u|^q = 1 + q\,u + c\,\Theta(u) \quad \left(c > 0,\ \Theta(u) = \begin{cases} |u|^2 & |u| < 1 \\ |u|^q & |u| \geqq 1 \end{cases}\right). \tag{3}$$

Ersetzen wir darin u durch $\dfrac{\varphi_n(t) - \varphi(t)}{\varphi(t)}$ und formen den erhaltenen Ausdruck ebenso wie beim Beweis von Satz 1 (2.VI) um, so ergibt sich (vgl. Ungleichung (8), § 2, Kap. VI):

$$\int_T |\varphi_n(t)|^q\, dt \geqq \int_T |\varphi(t)|^q\, dt + q \int_T \frac{|\varphi(t)|^q}{\varphi(t)} \left(\varphi_n(t) - \varphi(t)\right) dt + c \int_T |\varphi(t)|^q\, \Theta\left(\frac{\varphi_n(t) - \varphi(t)}{\varphi(t)}\right) dt.$$

Mit

$$\tilde{x}(t) = \frac{|\varphi(t)|^q}{\varphi(t)} = |\varphi(t)|^{q-1} \operatorname{sgn} \varphi(t), \quad \tilde{x} \in \mathbf{L}^p ,$$

läßt sich die letzte Ungleichung folgendermaßen schreiben:

$$\int_T |\varphi(t)|^q \, \Theta \left(\frac{\varphi_n(t) - \varphi(t)}{\varphi(t)}\right) dt \leqq \frac{1}{c} \left[\|f_n\|^q - \|f\|^q + q\left(f(\tilde{x}) - f_n(\tilde{x})\right)\right].$$

Der Ausdruck auf der rechten Seite dieser Ungleichung strebt für $n \to \infty$ nach Voraussetzung gegen Null. Deshalb gilt dasselbe für das links stehende Integral.

Die weiteren Überlegungen, die analog denjenigen im Beweis von Satz 1 (2.VI) verlaufen, führen wir hier im einzelnen nicht aus. Es ergibt sich daraus die Behauptung $\|f_n - f\| \to 0$.

Ist $q > 2$, dann benutzt man an Stelle von (3) die Ungleichung

$$|1 + u|^q \geqq 1 + q\,u + c|u|^q , \tag{3'}$$

die sich ebenso wie (3) beweisen läßt (siehe Abschnitt VI.2.1). Setzen wir hierin

$$u = \frac{\varphi_n(t) - \varphi(t)}{\varphi(t)},$$

multiplizieren mit $|\varphi(t)|^q$ und integrieren, so erhalten wir

$$\int_T |\varphi_n(t)|^q \, dt \geqq \int_T |\varphi(t)|^q \, dt + q \int_T \frac{|\varphi(t)|^q}{\varphi(t)} \left(\varphi_n(t) - \varphi(t)\right) dt + c \int_T |\varphi_n(t) - \varphi(t)|^q \, dt .$$

Hat $\tilde{x}$ dieselbe Bedeutung wie oben, dann ergibt sich

$$\int_T |\varphi_n(t) - \varphi(t)|^q \, dt \leqq \frac{1}{c}\left[\|f_n\|^q - \|f\|^q + q\left(f(\tilde{x}) - f_n(\tilde{x})\right)\right],$$

woraus folgt, daß das links stehende Integral für $n \to \infty$ gegen Null strebt, d. h., es gilt $\|f_n - f\|^q \to 0$, was zu zeigen war.

1.4. Wir untersuchen noch die Bedeutung der schwachen Konvergenz in speziellen Räumen.

Es sei zunächst $\mathbf{X} = \mathbf{L}^p$ $(p > 1)$ und $\{f_n\}$ eine Folge linearer Funktionale in $\mathbf{L}^p$. Nach dem Satz über die allgemeine Form eines linearen Funktionals in $\mathbf{L}^p$ können wir jedes Funktional f_n in der Form

$$f_n(x) = \int_a^b \varphi_n(t)\, x(t)\, dt \tag{4}$$

mit einer Funktion $\varphi_n \in \mathbf{L}^q \left(\frac{1}{p} + \frac{1}{q} = 1\right)$ darstellen. Dabei gilt

$$\|f_n\| = \|\varphi_n\|_{\mathbf{L}^q} . \tag{5}$$

Satz 5 (1.VIII).[1]) *Die Folge der Funktionale* (4) *konvergiert genau dann schwach gegen das Funktional f,*

$$f(x) = \int_a^b \varphi(t)\, x(t)\, dt\,,$$

wenn folgendes gilt:

1. $\sup\limits_n \|\varphi_n\|_{L^q} < \infty$;

2. $\int_a^s \varphi_n(t)\, dt \underset{n\to\infty}{\longrightarrow} \int_a^s \varphi(t)\, dt \quad (a \leqq s \leqq b)$.

Beweis. Mit D bezeichnen wir die Menge der charakteristischen Funktionen aller Intervalle der Gestalt $[a, s]$ ($a \leqq s \leqq b$). Dann können wir die zweite Bedingung in der Form

$$f_n(x) \to f(x) \qquad (x \in D)$$

schreiben. Da die erste Bedingung besagt, daß die Normen der Funktionale f_n gleichmäßig beschränkt sind, und D in $\mathbf{L}^p$ vollständig ist, bildet Satz 5 einen Spezialfall von Satz 1.

Bemerkung 1. Für $\mathbf{X} = \mathbf{L}$ haben wir die Bedingung 1 von Satz 5 durch

1′. $\sup\limits_n \|\varphi_n\|_{\widetilde{\mathbf{M}}} < \infty$

zu ersetzen.

Der Beweis verläuft wie oben.

Bemerkung 2. Betrachten wir die Räume $\mathbf{L}^p_T$, so haben wir die Bedingung 2 von Satz 5 durch folgende Bedingung zu ersetzen:

2′. $\int_e \varphi_n(t)\, dt \to \int_e \varphi(t)\, dt$ für jede meßbare Menge $e \subset T$.

Ist T speziell ein Parallelepiped, so ist hinreichend, daß diese Beziehung nur für jedes Parallelepiped $e \subset T$ erfüllt ist.

Analog beweist man für die Räume $\mathbf{X} = \mathbf{l}^p$ den

Satz 6 (1.VIII). *Dafür, daß die Folge* $\{f_n\}$ *von Funktionalen im Raum* $\mathbf{l}^p$ ($p \geqq 1$) *mit*

$$f_n(x) = \sum_{k=1}^{\infty} \eta_k^{(n)} \xi_k \qquad (x = \{\xi_k\})\,,$$

$$y_n = \{\eta_k^{(n)}\} \in \begin{cases} \mathbf{l}^q, & p > 1 \\ \mathbf{m}, & p = 1 \end{cases} \quad \left(\frac{1}{p} + \frac{1}{q} = 1\,,\ n = 1, 2, \ldots\right)$$

schwach gegen das Funktional f,

$$f(x) = \sum_{k=1}^{\infty} \eta_k \xi_k\,,$$

[1]) [171b].

konvergiert, sind die folgenden beiden Bedingungen zusammen notwendig und hinreichend:

1. $\sup\limits_n \|y_n\| < \infty$;

2. $\eta_k^{(n)} \xrightarrow[n\to\infty]{} \eta_k \quad (k = 1, 2, \ldots)$.

Unter Beachtung der Separabilität der Räume $\mathbf{L}^p_T$ und $\mathbf{l}^p$ erwähnen wir noch eine Anwendung von Satz 2.

Es sei eine Folge $\{\varphi_n(t)\}$ von Elementen des Raumes $\mathbf{L}^q$ $(1 < q \leqq \infty)$ mit den Eigenschaften

$$\int_a^b |\varphi_n(t)|^q \, dt \leqq M \quad (q < \infty), \qquad |\varphi_n(t)| \leqq M \quad (q = \infty) \quad (n = 1, 2, \ldots)$$

gegeben. Dann kann man eine Teilfolge $\{\varphi_{n_k}\}$ auswählen, für die

$$\int_a^s \varphi_{n_k}(t) \, dt \to \int_a^s \varphi(t) \, dt \qquad (a \leqq s \leqq b)$$

gilt, wobei die Funktion $\varphi(t)$ zu $\mathbf{L}^q$ gehört.

§ 2. Schwache Konvergenz von Elementen

2.1. In engem Zusammenhang zu der im vorangehenden Paragraphen gegebenen Definition der schwachen Konvergenz von Funktionalen steht der Begriff der schwachen Konvergenz von Elementen.

Es sei $\{x_n\}$ eine Folge von Elementen des normierten Raumes $\mathbf{X}$ und $x_0 \in \mathbf{X}$. Gilt dann für jedes lineare Funktional f auf $\mathbf{X}$ die Beziehung

$$f(x_n) \to f(x_0), \tag{1}$$

so heißt die Folge $\{x_n\}$ *schwach konvergent* gegen x_0. Wir schreiben für diesen Sachverhalt $x_n \rightharpoonup x_0$.

Bezüglich der Benennung „schwache Konvergenz" gilt dieselbe Bemerkung wie in § 1, denn aus $x_n \to x_0$ folgt hier ebenso $x_n \rightharpoonup x_0$, während das Umgekehrte i. a. nicht erfüllt ist.

Es sei $\{x_n\}$ eine Folge von Elementen des Raumes $\mathbf{X}$ und $x_0 \in \mathbf{X}$. Wir betrachten die von den Elementen x_n auf dem Raum $\mathbf{X}^*$ erzeugten Funktionale $X_n = X_{x_n}$ $(n = 0, 1, \ldots)$,

$$X_n(f) = f(x_n) \qquad (f \in \mathbf{X}^*)$$

(siehe Abschnitt V.1.2). Die schwache Konvergenz der Folge $\{x_n\}$ gegen das Element x_0 ist gleichbedeutend mit der schwachen Konvergenz der Funktionalfolge $\{X_n\}$ gegen das Funktional X_0 (die schwache Konvergenz der letztgenannten Folge versteht sich im Sinne von § 1): $X_n \rightharpoonup X_0$ bedeutet nämlich

$$X_n(f) \to X_0(f) \qquad (f \in \mathbf{X}^*), \tag{2}$$

was nur eine andere Schreibweise für (1) darstellt.

In Abschnitt VIII.1.1 wurde gezeigt, daß aus $X_n \rightharpoonup X_0$ stets

$$\|X_0\| \leqq \varliminf_{n\to\infty} \|X_n\|$$

folgt. Wegen $\|X_n\| = \|x_n\|$ $(n = 0, 1, \ldots)$ (siehe Abschnitt V.1.2) zieht die schwache Konvergenz also ebenso

$$\|x_0\| \leqq \varliminf_{n\to\infty} \|x_n\|$$

nach sich.

2.2. Durch Übergang zu den entsprechenden Elementen des Raumes $\mathbf{X}^{**}$ beweisen wir auch das folgende Kriterium für die schwache Konvergenz einer Elementfolge.

Satz 1 (2.VIII). *Für die Beziehung $x_n \rightharpoonup x_0$ sind die folgenden beiden Bedingungen zusammen notwendig und hinreichend:*

1. $\sup_n \|x_n\| < \infty$.
2. *Die Beziehung* (1) *gilt für eine im Raum $\mathbf{X}^*$ dichte (vollständige) Menge von Funktionalen.*

Beweis. Wie oben bemerkt wurde, ist die Beziehung $x_n \rightharpoonup x_0$ gleichbedeutend mit der schwachen Konvergenz der Funktionalfolge $\{X_n\}$ gegen das Funktional X_0. Dafür sind aber nach Satz 1 (1.VIII) die folgenden Bedingungen notwendig und hinreichend:

1. $\sup_n \|X_n\| < \infty$.
2. Es gilt $X_n(f) \to X_0(f)$ für eine in $\mathbf{X}^*$ dichte (vollständige) Menge.

Beachten wir die Definition der Funktionale X_n und die Beziehung $\|X_n\| = \|x_n\|$, so ergibt sich die zu beweisende Aussage.

Folgerung. *Hat eine Teilmenge E des normierten Raumes $\mathbf{X}$ die Eigenschaft, daß für jedes Funktional $f \in \mathbf{X}^*$*

$$L(f) = \sup_{x \in E} |f(x)| < \infty$$

gilt, dann ist E beschränkt.

Anderenfalls könnte man nämlich aus E eine Folge $\{x_n\}$ mit $\|x_n\| \geqq n^2$ $(n = 1, 2, \ldots)$ auswählen. Aus der Beziehung

$$\left|\frac{1}{n} f(x_n)\right| \leqq \frac{1}{n} L(f) \xrightarrow[n\to\infty]{} 0 \qquad (f \in \mathbf{X}^*)$$

ersieht man, daß die Folge $\left\{\frac{1}{n} x_n\right\}$ schwach gegen Null konvergiert. Wegen $\left\|\frac{1}{n} x_n\right\| \geqq n$ widerspricht das jedoch der Bedingung 1 von Satz 1.

Bemerkung. Im Raum $\mathbf{X}^*$ kann man somit zwei Arten der schwachen Konvergenz betrachten: erstens die schwache Konvergenz seiner Elemente, aufgefaßt als auf dem Raum $\mathbf{X}$ definierte Funktionale, und zweitens die schwache Konvergenz der Elemente von $\mathbf{X}^*$, wenn man den Raum $\mathbf{X}^*$ als Ausgangsraum ansieht. Die erste Form der schwachen Konvergenz ist durch die Beziehung

$$f_n(x) \to f_0(x) \qquad (x \in \mathbf{X}) \tag{3}$$

definiert, während die zweite Form besagt, daß

$$X(f_n) \to X(f_0) \qquad (X \in \mathbf{X}^{**}) \tag{4}$$

gilt.

Wegen $\mathbf{X}^{**} \supset \mathbf{X}$ folgt aus (4) stets (3); mit anderen Worten, aus der schwachen Konvergenz einer Folge $\{f_n\}$ als Elementfolge von $\mathbf{X}^*$ folgt ihre schwache Konvergenz als Funktionalfolge. Die beiden Konvergenzarten sind genau dann äquivalent, wenn der Raum $\mathbf{X}$ (und folglich auch $\mathbf{X}^*$; siehe Kapitel XI) reflexiv ist.

2.3. Wir erwähnten bereits, daß die schwache Konvergenz und die Normkonvergenz einer Folge i. a. nicht äquivalent sind. Es gilt jedoch der

Satz 2 (2.VIII). *Konvergiert eine Folge von Elementen $\{x_n\}$ schwach gegen das Element x_0, $x_n \rightharpoonup x_0$, dann gibt es eine Folge von Linearkombinationen der Elemente der gegebenen Folge $\{x_n\}$, die stark gegen denselben Grenzwert konvergiert:*

$$y_n \to x_0 \quad \left(y_n = \sum_{k=1}^{n} \lambda_k^{(n)} x_k; \quad n = 1, 2, \ldots\right). \tag{5}$$

Beweis. Es sei f irgendein Funktional, das auf den Elementen x_k $(k = 1, 2, \ldots)$ verschwindet. Dann gilt nach Voraussetzung auch $f(x_0) = 0$. Aus Satz 4 (2.IV) folgt nun, daß x_0 zur linearen Abschließung der Menge $\{x_k\}$ gehört, d. h., x_0 ist in der Form (5) darstellbar.

Bemerkung 1. Aus Satz 2 folgt, daß jeder Teilraum eines normierten Raumes die Grenzwerte aller schwach konvergenten Folgen seiner Elemente enthält.

Bemerkung 2. Man beachte, daß die Aussage von Satz 2 nicht richtig bleibt, wenn man die schwach konvergente Folge von Elementen durch eine schwach konvergente Folge von Funktionalen ersetzt. Um dies zu sehen, betrachten wir den Raum $\mathbf{l}$ und die darauf definierten Funktionale

$$f_n(x) = \sum_{k=1}^{n} \xi_k \qquad (x = (\xi_1, \xi_2, \ldots)) .$$

Offensichtlich gilt $f_n \rightharpoonup f_0$ mit

$$f_0(x) = \sum_{k=1}^{\infty} \xi_k .$$

Die lineare Abschließung der Folge $\{f_n\}$ ist der Raum $\mathbf{c}_0$ aller Nullfolgen, siehe Satz 1 (1.VI). Dieser enthält aber das Funktional f_0 nicht.

2.4. Wir untersuchen jetzt die schwache Konvergenz in speziellen Räumen.

Satz 3 (2.VIII). *Dafür, daß eine Folge $\{x_n\}$ auf dem Intervall $[a, b]$ definierter stetiger Funktionen im Raum $\mathbf{C}$ schwach gegen eine stetige Funktion x_0 konvergiert, sind die beiden folgenden Bedingungen zusammen notwendig und hinreichend:*

1. $|x_n(t)| \leq M \quad (t \in [a, b];\ n = 1, 2, \ldots)$;
2. $x_n(t) \xrightarrow[n\to\infty]{} x_0(t)$ *für jedes* $t \in [a, b]$.

Beweis. Die Notwendigkeit der beiden Bedingungen ist leicht zu sehen. Nach Satz 1 gilt nämlich $\sup \|x_n\| = M < \infty$, also auch $|x_n(t)| \leqq M$.

Weiter betrachten wir das auf dem Raum C durch die Formel

$$f_t(x) = x(t)$$

definierte Funktional f_t. Aus der schwachen Konvergenz $x_n \rightharpoonup x_0$ folgt die Beziehung

$$f_t(x_n) \to f_t(x_0);$$

das ist aber gerade die Bedingung 2.

Hinreichend. Wir zeigen, daß man unter den Voraussetzungen 1 und 2 den Grenzübergang unter dem STIELTJES-Integral durchführen kann, d. h., es gilt für jede Funktion $g(t)$ von beschränkter Variation

$$\lim_{n\to\infty} \int_a^b x_n(t)\, dg(t) = \int_a^b x_0(t)\, dg(t)\,. \tag{6}$$

Da sich $g(t)$ als Differenz zweier streng monoton wachsender Funktionen darstellen läßt[1]), können wir annehmen, daß $g(t)$ selbst monoton wächst. Nunmehr läßt sich das STIELTJES-Integral in ein gewöhnliches LEBESGUE- (und sogar RIEMANN-) Integral umformen. Zu diesem Zweck führen wir die zu $g(t)$ auf dem Intervall $[g(a), g(b)]$ definierte Umkehrfunktion $\overset{-1}{g}(t)$ ein. Ist dabei t_0 ein Unstetigkeitspunkt von $g(t)$, so setzen wir für $u \in [g(t_0 - 0),\ g(t_0 + 0)]$ stets $\overset{-1}{g}(u) = t_0$. Es sei $x(t)$ eine auf $[a, b]$ definierte stetige Funktion. Dann gilt (s. z. B. FICHTENHOLZ [10], Bd. III, S. 122)

$$\int_a^b x(t)\, dg(t) = \int_{g(a)}^{g(b)} x\big(\overset{-1}{g}(u)\big)\, du\,,$$

also insbesondere

$$\int_a^b x_n(t)\, dg(t) = \int_a^b x_n\big(\overset{-1}{g}(u)\big)\, du \qquad (n = 1, 2, \ldots)\,.$$

Da die Funktionen $x_n(t)$ gleichmäßig beschränkt sind, kann man auf der rechten und folglich auch auf der linken Seite dieser letzten Gleichung den Grenzübergang $n \to \infty$ durchführen.

Die Beziehung (6) läßt sich in der Form

$$f(x_n) \to f(x_c) \tag{7}$$

schreiben. Da $g(t)$ eine beliebige Funktion von beschränkter Variation war, gilt (7) für jedes Funktional $f \in C^*$, d. h. $x_n \rightharpoonup x_0$. Damit ist der Satz bewiesen.

Die Sätze 2 und 3 lassen eine interessante Folgerung zu.

---

[1]) Es gibt nämlich bekanntlich zwei nichtabnehmende Funktionen $g_1(t)$ und $g_2(t)$, so daß $g(t) = g_2(t) - g_1(t)$ gilt. $g(t) = [g_1(t) + t] - [g_2(t) + t]$ ist dann eine solche Darstellung.

Folgerung. *Es sei $\{x_n(t)\}$ eine Folge gleichmäßig beschränkter stetiger Funktionen, die in jedem Punkt des Intervalls $[a, b]$ gegen eine stetige Funktion $x_0(t)$ konvergiert. Dann gibt es Linearkombinationen $y_n(t) = \sum_{k=1}^{n} \lambda_k^{(n)} x_k(t)$ mit der Eigenschaft, daß die Folge $\{y_n(t)\}$ gleichmäßig gegen $x_0(t)$ konvergiert.*

2.5. Man überlegt sich leicht, daß in einem endlichdimensionalen Raum die schwache Konvergenz mit der Normkonvergenz zusammenfällt.

Wie oben bewiesen wurde, ist der Raum L^p bzw. l^p $(p > 1)$ der Dual des Raumes L^q bzw. l^q $\left(\frac{1}{p} + \frac{1}{q} = 1\right)$. Da diese Räume reflexiv sind, ist die schwache Konvergenz einer Elementfolge in L^q bzw. l^q mit der schwachen Konvergenz der entsprechenden Folge von Funktionalen auf dem Raum L^p bzw. l^p gleichbedeutend. Die genaue Formulierung des Sachverhaltes ergibt sich nunmehr unmittelbar aus Satz 6 (1.VIII).

Wir betrachten noch den Raum l.

Satz 4 (2.VIII). *Im Raum* l *fällt die schwache Konvergenz mit der Normkonvergenz zusammen.*

Beweis. Es gelte $x_n \rightharpoonup x_0$. Indem wir x_n durch $x_n - x_0$ ersetzen, können wir $x_n \rightharpoonup 0$ voraussetzen. Es ist zu zeigen, daß hieraus $\|x_n\| \to 0$ folgt. Wir nehmen das Gegenteil an. Dann existiert eine Teilfolge $\{x_{n_k}\}$ mit

$$\lim_{k\to\infty} \|x_{n_k}\| = m > 0\,. \tag{8}$$

Eine Teilfolge einer schwach konvergenten Folge ist ebenfalls schwach konvergent. Außerdem erhalten wir durch Übergang von den Elementen x_{n_k} zu $\frac{x_{n_k}}{\|x_{n_k}\|}$ wegen (8) eine Folge, die ebenfalls schwach gegen das Nullelement konvergiert und deren sämtliche Elemente die Norm 1 haben.

Wir können also von vornherein annehmen, daß die gegebene Folge $\{x_n\}$ den beiden Bedingungen

$$x_n \rightharpoonup 0 \tag{9}$$

und

$$\|x_n\| = 1 \qquad (n = 1, 2, \ldots) \tag{10}$$

genügt.

Es sei $x_n = (\xi_1^{(n)}, \xi_2^{(n)}, \ldots, \xi_k^{(n)}, \ldots)$. Für die durch

$$f_k(x) = \xi_k \quad (x = \{\xi_k\}, \quad k = 1, 2, \ldots)$$

definierten Funktionale f muß dann wegen (9) $f_k(x_n) \underset{n\to\infty}{\longrightarrow} 0$, d. h.

$$\xi_k^{(n)} \underset{n\to\infty}{\longrightarrow} 0 \quad (k = 1, 2, \ldots) \tag{11}$$

gelten.

Wir setzen jetzt $n_1 = 1$. Dann ergibt sich aus (10)

$$\sum_{k=1}^{\infty} |\xi_k^{(n_1)}| = \|x_{n_1}\| = 1\,.$$

Folglich gibt es eine natürliche Zahl p_1 mit

$$\sum_{k=1}^{p_1} |\xi_k^{(n_1)}| > \frac{3}{4}\,.$$

Der wesentliche Beweisgedanke beruht nun auf der Konstruktion zweier geeigneter Teilfolgen der natürlichen Zahlen, die zu den folgenden Ungleichungen (12) und (13) führen.

Haben wir schon ganze Zahlen $1 = n_1 < n_2 < \cdots < n_j$ und $0 = p_0 < p_1 < \cdots < p_j$ derart bestimmt, daß

$$\sum_{k=1}^{s-1} \left|\xi_k^{(n_s)}\right| < \frac{1}{4} \qquad (s = 1, 2, \ldots, j) \tag{12}$$

und

$$\sum_{k=p_{s-1}+1}^{p_s} \left|\xi_k^{(n_s)}\right| > \frac{3}{4} \qquad (s = 1, 2, \ldots, j) \tag{13}$$

gilt, dann gibt es wegen (11) eine ganze Zahl $n_{j+1} > n_j$ mit

$$\sum_{k=1}^{p_j} \left|\xi_k^{(n_j+1)}\right| < \frac{1}{4}.$$

Aus dieser Ungleichung zusammen mit (10) folgt

$$\sum_{k=p_j+1}^{\infty} \left|\xi_k^{(n_j+1)}\right| = \sum_{k=1}^{\infty} \left|\xi_k^{(n_j+1)}\right| - \sum_{k=1}^{p_j} \left|\xi_k^{(n_j+1)}\right| > \frac{3}{4},$$

d. h., wir können eine natürliche Zahl $p_{j+1} > p_j$ angeben, so daß

$$\sum_{k=p_j+1}^{p_{j+1}} \left|\xi_k^{(n_j+1)}\right| > \frac{3}{4}$$

ausfällt.

Damit haben wir gezeigt, daß zwei Folgen ganzer Zahlen $1 = n_1 < n_2 < \cdots$ und $0 = p_0 < p_1 < \cdots$ existieren, so daß die Ungleichungen (12) und (13) für jedes $s = 1, 2, \ldots$ gelten.

Es bezeichne jetzt

$$\eta_k = \operatorname{sgn} \xi_k^{(n_s)} \quad (p_{s-1} < k \leqq p_s;\ k, s = 1, 2, \ldots).$$

Die Folge $\{\eta_k\}$ gehört zum Raum **m**, deshalb wird durch die Gleichung

$$f_0(x) = \sum_{k=1}^{\infty} \eta_k \xi_k \qquad (x = \{\xi_k\})$$

auf **l** ein Funktional f_0 definiert.

Wir schätzen die Größe $f_0(x_{n_s})$ nach unten ab. Wegen $|\eta_k| \leqq 1$ erhalten wir

$$|f_0(x_{n_s})| = \left|\sum_{k=1}^{\infty} \eta_k \xi_k^{(n_s)}\right| \geqq \left|\sum_{k=p_{s-1}+1}^{p_s} \eta_k \xi_k^{(n_s)}\right| - \sum_{k=1}^{p_s-1} \left|\eta_k \xi_k^{(n_s)}\right| - \sum_{k=p_s+1}^{\infty} \left|\eta_k \xi_k^{(n_s)}\right|$$

$$\geqq \sum_{k=p_{s-1}+1}^{p_s} \left|\xi_k^{(n_s)}\right| - \sum_{k=1}^{p_s-1} \left|\xi_k^{(n_s)}\right| - \sum_{k=p_s+1}^{\infty} \left|\xi_k^{(n_s)}\right| = 2 \sum_{k=p_{s-1}+1}^{p_s} \left|\xi_k^{(n_s)}\right| - \|x_{n_s}\|.$$

Zusammen mit (10) und (13) ergibt sich hieraus $f_0(x_{n_s}) > \frac{1}{2}$. Das aber widerspricht der Beziehung (9).

2.6. Wir betrachten jetzt die schwache Konvergenz im HILBERT-Raum **H**. Da **H** reflexiv ist, fallen nach der Bemerkung in Abschnitt 2.2 die beiden Arten der schwachen Konvergenz — die Konvergenz von Elementen und die Konvergenz von Funktionalen — zusammen.

Ein lineares Funktional f in $\mathbf{H}$ hat die Form

$$f(x) = (x, y) \qquad (x \in \mathbf{H})$$

(siehe Abschnitt III.3.2). Deshalb bedeutet die schwache Konvergenz $x_n \rightharpoonup x_0$, daß für jedes $y \in \mathbf{H}$ gilt:

$$(x_n, y) \underset{n\to\infty}{\longrightarrow} (x_0, y) .$$

In einem Hilbert-Raum $\mathbf{H}$ gelten, selbst wenn er nicht separabel ist, einige Aussagen, die i. a. nur für separable Räume richtig sind. Wir beweisen z. B., daß jede beschränkte Menge in $\mathbf{H}$ schwach kompakt ist.

Es sei $\{x_n\}$ eine beschränkte Folge. Mit $\mathbf{H}_1$ bezeichnen wir die lineare Abschließung der Menge ihrer Elemente. Da $\mathbf{H}_1$ ein separabler Hilbert-Raum ist, kann man wegen der Äquivalenz der beiden Arten der schwachen Konvergenz nach Satz 2 (1.VIII) aus der Folge $\{x_n\}$ eine (in $\mathbf{H}_1$) schwach konvergente Teilfolge auswählen. Es gelte z. B. $x_{n_k} \rightharpoonup x_0$.

Betrachten wir ein gegebenes lineares Funktional $f \in \mathbf{H}^*$ nur auf den Elementen von $\mathbf{H}_1$, so wird dadurch ein lineares Funktional f_1 auf $\mathbf{H}_1$ definiert. Dann gilt $f(x_{n_k}) = f_1(x_{n_k}) \to f_1(x_0) = f(x_0)$, d. h. $x_{n_k} \rightharpoonup x_0$ in $\mathbf{H}$.

Die Tatsache, daß $\mathbf{H}$ ein Hilbert-Raum ist, benutzten wir nur, um zu zeigen, daß im Teilraum $\mathbf{H}_1$ die beiden Arten der schwachen Konvergenz zusammenfallen. Das ist aber, wie wir wissen, schon der Fall, wenn $\mathbf{H}_1$ nur reflexiv ist. Da jeder Teilraum eines reflexiven Raumes selbst reflexiv ist (siehe Kapitel XI), haben wir damit auch folgendes bewiesen: In einem reflexiven Raum ist jede beschränkte Menge schwach kompakt.

Im Hilbert-Raum gilt weiter die für die Räume $\mathbf{L}^p_T$ bewiesene Tatsache, daß aus der schwachen Konvergenz einer Folge und der Konvergenz der Normen ihrer Elemente gegen die Norm des Grenzelementes die Konvergenz bezüglich der Norm folgt. Der einfache Beweis hierfür lautet folgendermaßen: Gilt $x_n \rightharpoonup x_0$ und $||x_n|| \to ||x_0||$, dann ergibt sich wegen $(x_n, x_0) \to (x_0, x_0)$ sofort

$$||x_n - x_0||^2 = (x_n - x_0, x_n - x_0) = (x_n, x_n) + (x_0, x_0) - (x_n, x_0) - \overline{(x_n, x_0)} \to 0 .$$

Der Inhalt dieses Paragraphen geht im wesentlichen auf Banach [4a] zurück. Die schwache Konvergenz im $\mathbf{L}^2$ wurde schon von D. Hilbert untersucht. Den Satz 3 über die schwache Konvergenz im Raum $\mathbf{C}$ findet man bei F. Riesz [171b], der Satz 4 über die Äquivalenz von schwacher und starker Konvergenz im Raum $\mathbf{l}$ wurde von J. Schur bewiesen [180].

§ 3. Die Universalität des Raumes C

Eine wichtige Aufgabe der Theorie der metrischen und insbesondere der normierten Räume besteht darin, sie konkret zu realisieren. Darunter verstehen wir folgendes: Es seien eine Klasse Ξ axiomatisch definierter Räume, z. B. die Klasse der vollständigen metrischen Räume, die Klasse der B-Räume, die Klasse der Hilbert-Räume o. ä. und eine Klasse $\tilde{\Xi}$ von Räumen, deren Elemente konkreter Natur sind, gegeben. Man sagt, die Klasse $\tilde{\Xi}$ realisiert die Klasse Ξ, wenn zu jedem $\mathbf{X} \in \Xi$ ein Raum $\widetilde{\mathbf{X}} \in \widetilde{\Xi}$ existiert, den man mit $\mathbf{X}$ identifizieren kann.[1]) So kann man die in Abschnitt II.7.9 bewiesene Tatsache, daß jeder unendlichdimensionale separable HILBERT-Raum dem Raum $\mathbf{l}^2$ linear isometrisch ist, als einen Satz über die konkrete Realisierung dieser Klasse von HILBERT-Räumen ansehen.

Im vorliegenden Paragraphen werden wir zwei weitere Sätze über Realisierungen abstrakter Räume beweisen.

3.1. Bevor wir die Ergebnisse dieses Paragraphen formulieren, wollen wir einige Überlegungen zur Isometrie und insbesondere zur linearen Isometrie metrischer bzw. normierter Räume durchführen, die sich auch für die folgenden Kapitel als nützlich erweisen werden.

Es seien $\mathbf{X}$ und $\mathbf{Y}$ zwei metrische Räume und G ein Operator, der $\mathbf{X}$ auf $\mathbf{Y}$ abbildet. Gilt

$$\varrho\big(G(x'), G(x'')\big) = \varrho(x', x'') \tag{1}$$

für jedes Elementepaar x', $x'' \in \mathbf{X}$, dann sind die Räume $\mathbf{X}$ und $\mathbf{Y}$ isometrisch. Um dies zu sehen, ordnen wir dem Element $x \in \mathbf{X}$ das Element $y = G(x) \in \mathbf{Y}$ zu. Diese Zuordnung ist eineindeutig, denn aus $G(x') = G(x'')$ folgt nach (1) $x' = x''$. Aus Beziehung (1) ergibt sich darüber hinaus, daß diese Zuordnung den Abstand unverändert läßt, also eine Isometrie erzeugt.

Sind umgekehrt die Räume $\mathbf{X}$ und $\mathbf{Y}$ isometrisch, d. h., gibt es eine eineindeutige Zuordnung $x \leftrightarrow y$ zwischen den Elementen der Räume $\mathbf{X}$ und $\mathbf{Y}$, bei der der Abstand zweier Elemente erhalten bleibt, so wird dadurch in $\mathbf{X}$ ein Operator G definiert, der $\mathbf{X}$ auf $\mathbf{Y}$ abbildet. Offensichtlich genügt G der Bedingung (1). Wir sagen, G *realisiet* die Isometrie zwischen den Räumen $\mathbf{X}$ und $\mathbf{Y}$.

Aus Bedingung (1) ergibt sich unmittelbar die Stetigkeit des Operators G, denn gilt $x_n \to x_0$, so folgt $\varrho\big(G(x_n), G(x_0)\big) = \varrho(x_n, x_0) \to 0$, d. h. $G(x_n) \to G(x_0)$.

Es sei jetzt G ein Operator, der eine Isometrie zwischen den Räumen $\mathbf{X}$ und $\mathbf{Y}$ realisiert. Ordnen wir jedem Element $y \in \mathbf{Y}$ sein Urbild, das ist dasjenige Element $x \in \mathbf{X}$, für das $G(x) = y$ gilt, zu, so gelangen wir zum inversen Operator G^{-1} $\big(x = G^{-1}(y)\big)$ (vgl. V.2.3). Offensichtlich realisiert G^{-1} eine Isometrie zwischen $\mathbf{Y}$ und $\mathbf{X}$.

Sind $\mathbf{X}$ und $\mathbf{Y}$ nicht nur metrische, sondern sogar normierte Räume, so kann zwischen ihnen eine lineare Isometrie bestehen (vgl. II.2.7). In diesem Fall muß der Operator G außer (1) noch der Bedingung

$$G(\lambda x' + \mu x'') = \lambda G(x') + \mu G(x'') \tag{2}$$

genügen, d. h., G ist additiv und homogen und deshalb wegen seiner Stetigkeit sogar ein linearer Operator. Die Bedingung (1) läßt sich in diesem Fall einfacher folgendermaßen schreiben:

$$\|G(x)\| = \|x\| \qquad (x \in \mathbf{X}) . \tag{1'}$$

---

[1]) Betrachtet man metrische Räume, dann ist die Identifizierbarkeit zweier Räume gleichbedeutend mit ihrer Isometrie, bei normierten Räumen ist sie gleichbedeutend mit ihrer linearen Isometrie usw.

Manchmal spricht man auch von einem *Homöomorphismus* oder einer *topologischen Äquivalenz* zweier metrischer Räume X und Y. Man versteht darunter die Existenz einer eineindeutigen Abbildung zwischen den Elementen dieser Räume mit der Eigenschaft, daß die Konvergenz einer Folge $\{x_n\}$ gegen ein Element x_0 im Raum X die Konvergenz der Folge $\{y_n\}$ der entsprechenden Elemente des Raumes Y gegen das Element y_0, das Bild von x_0, nach sich zieht und auch das Umgekehrte gilt. Es versteht sich, daß dabei i. a. noch nicht die Bedingung (1) erfüllt zu sein braucht. Die diese Zuordnung realisierenden Operatoren G und G^{-1} sind aber immer stetig.

Im Falle zweier normierter Räume X und Y versteht man unter „topologischer Äquivalenz" auch die Erhaltung der algebraischen Operationen bei der Zuordnung, d. h., man verlangt, daß die Operatoren G und G^{-1} linear sind. Bezeichnen wir in diesem Falle mit x und $y = G(x)$ zwei einander entsprechende Elemente, so gilt

$$\|y\| \leqq \|G\| \, \|x\| \quad \text{und} \quad \|x\| = \|G^{-1}(y)\| \leqq \|G^{-1}\| \, \|y\|,$$

d. h., es existieren positive Konstanten m und M mit

$$m \|x\| \leqq \|y\| \leqq M \|x\| \quad \left(m = \frac{1}{\|G^{-1}\|}, \quad M = \|G\|\right).$$

Alle diese Betrachtungen bleiben richtig, wenn man die metrischen Räume X und Y durch Mengen $E \subset$ X und $E_1 \subset$ Y ersetzt und diese im Fall normierter Räume X und Y als linear voraussetzt.

3.2. Lemma. *Es bezeichne Q_0 den Einheitsquader des Raumes* s *(darunter verstehen wir die Menge aller Zahlenfolgen, deren Koordinaten zwischen Null und Eins liegen). Dann gibt es einen stetigen Operator Φ_0, der die* CANTOR*sche perfekte Menge P auf Q_0 abbildet.*

Beweis. Es sei $t \in P$. Dann gestattet t eine eindeutig bestimmte triadische Entwicklung

$$t = \frac{2a_1}{3} + \frac{2a_2}{3^2} + \cdots + \frac{2a_n}{3^n} + \cdots,$$

wobei alle Koeffizienten a_n gleich Null oder Eins sind (siehe NATANSON [30b], S. 47).

Wir setzen

$$\varphi_1^{(0)}(t) = \frac{a_1}{2} + \frac{a_3}{2^2} + \cdots + \frac{a_{2k-1}}{2^k} + \cdots,$$

$$\varphi_2^{(0)}(t) = \frac{a_2}{2} + \frac{a_6}{2^2} + \cdots + \frac{a_{2(2k-1)}}{2^k} + \cdots,$$

$$\cdots\cdots\cdots\cdots\cdots\cdots\cdots\cdots\cdots$$

$$\varphi_{m+1}^{(0)}(t) = \frac{a_{2^m}}{2} + \frac{a_{2^m \cdot 3}}{2^2} + \cdots + \frac{a_{2^m(2k-1)}}{2^k} + \cdots,$$

$$\Phi_0(t) = \left(\varphi_1^{(0)}(t), \varphi_2^{(0)}(t), \ldots, \varphi_m^{(0)}(t), \ldots\right)$$

und zeigen, daß Φ_0 der gesuchte Operator ist. Zunächst ist jedes $z \in Q_0$ das Bild von mindestens einem $t \in P$.

Um dies zu sehen, identifizieren wir für

$$z = (\zeta_1, \zeta_2, \ldots, \zeta_m, \ldots)$$

mit

$$\zeta_m = \frac{b_1^{(m)}}{2} + \frac{b_2^{(m)}}{2^2} + \cdots + \frac{b_k^{(m)}}{2^k} + \cdots \quad (b_k^{(m)} = 0, 1;\ k, m = 1, 2, \ldots)$$

die entsprechenden Elemente der beiden Matrizen

$$\begin{pmatrix} b_1^{(1)} & b_2^{(1)} & \ldots & b_k^{(1)} & \ldots \\ b_1^{(2)} & b_2^{(2)} & \ldots & b_k^{(2)} & \ldots \\ \cdots & \cdots & \cdots & \cdots & \cdots \\ \cdots & \cdots & \cdots & \cdots & \cdots \\ b_1^{(m)} & b_2^{(m)} & \ldots & b_k^{(m)} & \ldots \\ \cdots & \cdots & \cdots & \cdots & \cdots \\ \cdots & \cdots & \cdots & \cdots & \cdots \end{pmatrix} \quad \text{und} \quad \begin{pmatrix} a_1 & a_3 & \ldots & a_{2k-1} & \ldots \\ a_2 & a_6 & \ldots & a_{2(2k-1)} & \ldots \\ \cdots & \cdots & \cdots & \cdots & \cdots \\ \cdots & \cdots & \cdots & \cdots & \cdots \\ a_{2^m} & a_{2^m \cdot 3} & \ldots & a_{2^m(2k-1)} & \ldots \\ \cdots & \cdots & \cdots & \cdots & \cdots \\ \cdots & \cdots & \cdots & \cdots & \cdots \end{pmatrix}$$

und setzen

$$t = \frac{2a_1}{3} + \frac{2a_2}{3^2} + \cdots + \frac{2a_k}{3^k} + \cdots.$$

Dann gilt $\Phi_0(t) = z$, wovon man sich ohne Schwierigkeit überzeugt.

Wir haben noch die Stetigkeit des Operators Φ_0 zu zeigen. Sind zwei Werte t' und t'' aus P hinreichend benachbart, so fallen in ihren triadischen Entwicklungen die ersten $2^m(2k-1)$, also in den dyadischen Entwicklungen von $\varphi_j^{(0)}(t')$ und $\varphi_j^{(0)}(t'')$ $(j = 1, 2, \ldots, m)$ die ersten k Koeffizienten zusammen. Folglich gilt

$$|\varphi_j^{(0)}(t') - \varphi_j^{(0)}(t'')| \leq \frac{1}{2^k} \qquad (j = 1, 2, \ldots, m + 1).$$

Durch geeignete Wahl von k und m kann man somit erreichen, daß die Elemente $\Phi_0(t')$ und $\Phi_0(t'')$ im Raum s beliebig nahe beieinander liegen (vgl. I.1.5).

Damit ist das Lemma bewiesen.

Folgerung. *Es gibt einen stetigen Operator, der die* Cantor*sche perfekte Menge P auf die Menge Q aller Elemente aus* s, *deren Koordinaten zwischen* -1 *und* 1 *liegen, abbildet.*

Der Operator Φ:

$$\Phi(t) = (\varphi_1(t), \varphi_2(t), \ldots, \varphi_m(t), \ldots) \qquad (t \in P)$$

mit

$$\varphi_m(t) = 2\varphi_m^{(0)}(t) - 1 \qquad (m = 1, 2, \ldots)$$

hat nämlich offensichtlich die gewünschte Eigenschaft.

3.3. Wir beweisen jetzt den Hauptsatz dieses Paragraphen, der auf Banach und Mazur zurückgeht (siehe Banach [4a]).

Satz 1 (3.VIII). *Jeder separable normierte Raum ist einer linearen Teilmenge des Raumes* C *linear isometrisch.*

Beweis. Es sei $\mathbf{X}$ ein separabler normierter Raum. Mit K bezeichnen wir die abgeschlossene Einheitskugel in $\mathbf{X}$, mit Γ die abgeschlossene Einheitskugel in $\mathbf{X}^*$, ferner sei $D = \{x_k\}$ eine abzählbare in K dichte Menge. Jedem $f \in \Gamma$ ordnen wir das Element

$$z_f = \big(f(x_1), f(x_2), \ldots, f(x_k), \ldots\big) \in \mathbf{s}$$

zu und bezeichnen mit $\mathbf{s}_\Gamma$ die Menge derjenigen Elemente aus $\mathbf{s}$, die von der Form z_f $(f \in \Gamma)$ sind. Wie im Beweis von Satz 2 (1. VIII) kann man sich davon überzeugen, daß diese Zuordnung zwischen Funktionalen $f \in \Gamma$ und Folgen $z_f \in \mathbf{s}$ eineindeutig ist und die beiden Beziehungen

$$z_{f_n} \to z_{f_0} \quad \text{(im Raum } \mathbf{s}) \tag{3}$$

und

$$f_n \rightharpoonup f_0 \tag{4}$$

äquivalent sind.

Aus $x \in K$ und $f \in \Gamma$ folgt $|f(x)| \leqq \|f\|\,\|x\| \leqq 1$, so daß alle Koordinaten der Elemente aus $\mathbf{s}_\Gamma$ dem Betrage nach höchstens gleich Eins sind. Folglich ist $\mathbf{s}_\Gamma$ kompakt in $\mathbf{s}$ (siehe I.3.2).

Wir zeigen, daß die Menge $\mathbf{s}_\Gamma$ in $\mathbf{s}$ abgeschlossen ist. Es gelte $z_{f_n} \to z_0$, d. h. $f_n(x_k) \underset{n\to\infty}{\longrightarrow} \zeta_k^{(0)}$ $\big(z_0 = (\zeta_1^{(0)}, \zeta_2^{(0)}, \ldots, \zeta_k^{(0)}, \ldots);\ k = 1, 2, \ldots\big)$. Da die Normen der Funktionale f_n gleichmäßig beschränkt sind, existiert nach dem Satz von Banach-Steinhaus (siehe VII.1.2, Bemerkung 2) für jedes $x \in \mathbf{X}$ der Grenzwert

$$\lim_{n\to\infty} f_n(x) = f_0(x)\,,$$

und diese Beziehung definiert ein lineares Funktional f_0 mit $\|f_0\| \leqq \varliminf_{n\to\infty} \|f_n\| \leqq 1$. Es gilt also $f_n \rightharpoonup f_0 \in \Gamma$ und somit $\zeta_k^{(0)} = f_0(x_k)$, $z_0 = z_{f_0} \in \mathbf{s}_\Gamma$.

Φ sei wieder der in Abschnitt 3.2 (Folgerung) konstruierte Operator. Mit T bezeichnen wir die Menge derjenigen $t \in P$, für die $\Phi(t)$ zu $\mathbf{s}_\Gamma$ gehört. Die Menge T ist abgeschlossen. Aus $t_n \in T$ $(n = 1, 2, \ldots)$ und $t_n \to t_0$ folgt nämlich zunächst $\Phi(t_n) = z_{f_n} \in \mathbf{s}_\Gamma$. Wegen der Abgeschlossenheit der Menge P gilt $t_0 \in P$ und wegen der Stetigkeit des Operators Φ

$$z_{f_n} = \Phi(t_n) \to \Phi(t_0) = z_0\,.$$

Da $\mathbf{s}_\Gamma$ abgeschlossen ist, gehört z_0 zu $\mathbf{s}_\Gamma$, d. h. $\Phi(t_0) \in \mathbf{s}_\Gamma$ also $t_0 \in T$.

Wir betrachten jetzt ein Element $t \in T$. Diesem entspricht ein Element $\Phi(t) = z_f$ der Menge $\mathbf{s}_\Gamma$, das durch ein Funktional $f \in \Gamma$ bestimmt wird. Dieses Funktional bezeichnen wir mit f_t. Es gilt also die Beziehung $\Phi(t) = z_{f_t}$.

Es sei x ein beliebiges Element des Raumes $\mathbf{X}$. Wir definieren durch die Gleichung

$$y_x(t) = f_t(x)$$

eine Funktion y_x auf T und zeigen zunächst, daß sie dort stetig ist. Aus $t_n \to t_0$ folgt nämlich (siehe 3.2) $\Phi(t_n) \to \Phi(t_0)$ (im Raum $\mathbf{s}$), was wiederum (s. o.) mit der Beziehung $f_{t_n} \rightharpoonup f_{t_0}$ gleichbedeutend ist. Deshalb gilt

$$y_x(t_n) = f_{t_n}(x) \to f_{t_0}(x) = y_x(t_0)\,.$$

Wir erweitern jetzt die Funktion y_x auf die ganze reelle Achse, indem wir sie in den Intervallen, die von zwei Randpunkten von T begrenzt werden und nicht zu T gehören, stetig linear und in den unendlichen Intervallen, die sich nach links und rechts an T anschließen, stetig konstant fortsetzen. Diese erweiterte Funktion, die wir wieder mit y_x bezeichnen, ist stetig und die Größe max $|y_x(t)|$ ändert sich bei der Erweiterung nicht (siehe NATANSON [30b], S. 102).

Für $t \in T$ gilt

$$y_{\alpha x+\beta x'}(t) = f_t(\alpha x + \beta x') = \alpha f_t(x) + \beta f_t(x') = \alpha y_x(t) + \beta y_{x'}(t) . \qquad (5)$$

Gehört t nicht zu T, so bleibt die Beziehung (5) wegen der speziellen Art der vereinbarten Fortsetzung richtig. Also gilt für jedes reelle t

$$y_{\alpha x+\beta x'}(t) = \alpha y_x(t) + \beta y_{x'}(t) .$$

Im folgenden betrachten wir die Funktion $y_x(t)$ nur auf dem Intervall [0, 1] und berechnen die Größe $\max_{0 \leq t \leq 1} |y_x(t)|$. Zunächst gilt wegen $f_t \in \Gamma$

$$\max_{0\leq t\leq 1} |y_x(t)| = \max_{t \in T} |y_x(t)| = \max_{t \in T} |f_t(x)| \leq \max_{t \in T} ||f_t|| \, ||x|| \leq ||x|| . \qquad (6)$$

Andererseits gibt es nach dem Satz über die ausreichende Anzahl von Funktionalen (siehe IV.2.2) ein Funktional $f_0 \in \Gamma$ mit $f_0(x) = ||x||$. Für dieses gilt $f_0 = f_{t_0}$ $(t_0 \in T)$. Daraus folgt

$$y_x(t_0) = f_{t_0}(x) = ||x||,$$

woraus sich zusammen mit (6) schließlich

$$\max_{0\leq t\leq 1} |y_x(t)| = ||x||$$

ergibt.

Der durch die Gleichung $y_x = G(x)$ $(x \in \mathbf{X})$ definierte Operator G genügt den Bedingungen (2) und (1′), realisiert also eine lineare Isometrie zwischen dem Raum $\mathbf{X}$ und der Menge der Funktionen $\{y_x\} \subset \mathbf{C}$, was zu zeigen war.

3.4. Aus Satz 1 folgt noch ein anderes interessantes Ergebnis, das zum selben Problemkreis gehört.

Satz 2 (3.VIII). *Jeder separable metrische Raum ist einer Teilmenge des Raumes* **C** *isometrisch.*

Beweis. $D = \{x_k\}$ sei eine abzählbare in $\mathbf{X}$ dichte Menge. Wir setzen

$$\eta_k^{(x)} = \varrho(x_k, x) - \varrho(x_k, x_1) \qquad (k = 1, 2, \ldots, x \in \mathbf{X})$$

und bezeichnen mit y_x die Folge $\{\eta_k^{(x)}\}$. Wegen

$$|\eta_k^{(x)}| = |\varrho(x_k, x) - \varrho(x_k, x_1)| \leq \varrho(x, x_1) \qquad (k = 1, 2, \ldots)$$

gehört y_x zum Raum $\mathbf{m}$. Mit einem zweiten Element $x' \in \mathbf{X}$ gilt

$$||y_x - y_{x'}||_{\mathbf{m}} = \sup_k |\varrho(x_k, x) - \varrho(x, x')| \leq \varrho(x, x') .$$

Wir wählen jetzt einen Index k_0 so, daß $\varrho(x', x_{k_0}) < \varepsilon$ ausfällt. Dann ergibt sich

$$\eta_{k_0}^{(x)} - \eta_{k_0}^{(x')} = \varrho(x_{k_0}, x) - \varrho(x_{k_0}, x') > \varrho(x_{k_0}, x) - \varepsilon$$
$$\geq \varrho(x, x') - \varrho(x_{k_0}, x') - \varepsilon > \varrho(x, x') - 2\,\varepsilon ,$$

also erst recht

$$\|y_x - y_{x'}\| = \sup_k \left|\eta_k^{(x)} - \eta_k^{(x')}\right| > \varrho(x, x') - 2\,\varepsilon\,.$$

Da ε beliebig gewählt war, folgt hieraus

$$\|y_x - y_{x'}\| \geqq \varrho(x, x')\,,$$

also zusammen mit der oben bewiesenen Beziehung

$$\|y_x - y_{x'}\| = \varrho(x, x')\,.$$

Ordnen wir jedem Element $x \in \mathbf{X}$ die Folge $y_x \in \mathbf{m}$ zu, so wird dadurch eine Isometrie zwischen dem Raum $\mathbf{X}$ und einer Teilmenge E_0 des Raumes $\mathbf{m}$ definiert. Wie man sich unschwer überlegt, können wir die Menge $E_1 = \mathscr{L}(E_0)$ als normierten Raum ansehen, der offensichtlich separabel ist. Nach Satz 1 ist E_1 wiederum einer Teilmenge E_2 des Raumes $\mathbf{C}$ isometrisch. E sei die Menge derjenigen Elemente aus E_2, die Elementen aus E_0 entsprechen. Die Mengen E_0 und E sind isometrisch, folglich gilt dasselbe für die Mengen $\mathbf{X}$ und E.

Damit ist der Satz bewiesen.

Zum Schluß erwähnen wir ohne Beweis noch eine Aussage, die sich ebenfalls auf die konkrete Darstellung metrischer Räume bezieht.

Jeder separable metrische Raum ist einer Teilmenge des Parallelepipeds des Raumes $\mathbf{l}^2$ homöomorph. Dabei verstehen wir unter dem Parallelepiped des Raumes $\mathbf{l}^2$ die Menge aller Elemente aus $\mathbf{l}^2$, deren n-te Koordinate zwischen $-\frac{1}{n}$ und $\frac{1}{n}$ liegt.

KAPITEL IX

VOLLSTETIGE UND ADJUNGIERTE OPERATOREN

§ 1. Kompakte Mengen in normierten Räumen

1.1. In Abschnitt I.3.3 wurde ein Kriterium für die Kompaktheit von Mengen im Raum **C** bewiesen. Wir leiten jetzt Kriterien für die Kompaktheit einer Menge im Raum $\mathbf{L}_T^p$ her (dabei sei $p > 1$ und T eine beschränkte meßbare Menge des euklidischen Raumes $\mathbf{R}^\nu$).

Es sei eine Familie $\{\omega_h\}$ von Funktionen eines reellen Argumentes gegeben, die von einem reellen positiven Parameter h abhängen und die folgenden Eigenschaften besitzen:

1. $0 \leqq \omega_h(\xi) \leqq M \quad (\xi \geqq 0,\ h > 0)$.

2. $\omega_h(\xi) = 0$ für $\xi \geqq h$.

3. $\omega_h(\xi)$ ist für $\xi < h$ stetig.

4. Bezeichnet t einen Vektor aus dem Raum $\mathbf{R}^\nu$, $|t|$ dessen Länge und v_h das Volumen einer ν-dimensionalen Kugel vom Radius h, so gilt für alle $h > 0$

$$\int_{\mathbf{R}^\nu} \omega_h(|t|)\, dt = v_h\,.$$

Wegen Bedingung 2 braucht man dabei nur über die ν-dimensionale Kugel mit dem Zentrum im Ursprung des Koordinatensystems und dem Radius h zu integrieren.

Die Funktionen aus $\mathbf{L}_T^p$ erweitern wir auf ganz $\mathbf{R}^\nu$, indem wir sie außerhalb der Menge T gleich Null setzen.

Weiterhin bezeichne $G_h(s)$ die ν-dimensionale Kugel mit dem Radius h und dem Mittelpunkt $s \in \mathbf{R}^\nu$. Für $x \in \mathbf{L}_T^p$ setzen wir

$$x_h(s) = \frac{1}{v_h} \int_{\mathbf{R}^\nu} \omega_h(s-t)\, x(t)\, dt = \frac{1}{v_h} \int_{G_h(s)} \omega_h(s-t)\, x(t)\, dt \quad (s \in \mathbf{R}^\nu)\,, \tag{1}$$

wobei wir der Einfachheit halber für $\omega_h(|s-t|)$ nur $\omega_h(s-t)$ geschrieben haben.

Die Funktion x_h heißt das STEKLOW*sche Mittel* der Funktion x oder auch die *mittlere Funktion* (bezüglich x); die Funktionenfamilie $\{\omega_h\}$ heißt der *Kern* der Mittelung. Setzen wir z. B. speziell

$$\omega_h(\xi) = \begin{cases} 1, & \xi < h\,, \\ 0, & \xi \geqq h\,, \end{cases}$$

so ist $x_h(s)$ der über die Kugel $G_h(s)$ gebildete Mittelwert der Funktion x im gewöhnlichen Sinne.

Lemma 1. *Gehört die Funktion x zum Raum L_T^p, dann ist die mittlere Funktion x_h für jedes $h > 0$ stetig, und es gilt*

$$|x_h(s)| \leqq \frac{M}{(v_h)^{1/p}} \left\{ \int_{G_h(s)} |x(t)|\, dt \right\}^{1/p} \leqq \frac{M}{(v_h)^{1/p}} \|x\| \quad (s \in \mathbf{R}^r) . \tag{2}$$

Beweis. Wir betrachten die Differenz

$$x_h(s) - x_h(s') = \frac{1}{v_h} \int_{G_h(s)} \omega_h(s-t)\, x(t)\, dt - \frac{1}{v_h} \int_{G_h(s')} \omega_h(s'-t)\, x(t)\, dt \quad (s, s' \in \mathbf{R}^r) .$$

Es sei $0 < \lambda < 1$,

$$e_\lambda' = G_{\lambda h}(s) \cap G_{\lambda h}(s') , \qquad e_\lambda'' = [G_h(s) \cup G_h(s')] \setminus e_\lambda' .$$

Dann ergibt sich unter Benutzung der HÖLDERschen Ungleichung

$$\begin{aligned} |x_h(s) - x_h(s')| &\leqq \frac{1}{v_h} \left[\int_{e_\lambda'} |\omega_h(s-t) - \omega_h(s'-t)|\, |x(t)|\, dt + 2M \int_{e_\lambda''} |x(t)|\, dt \right] \\ &\leqq \frac{1}{v_h} \left[\left(\int_{e_\lambda'} |\omega_h(s-t) - \omega_h(s'-t)|^q\, dt \right)^{1/q} \left(\int_{e_\lambda'} |x(t)|^p\, dt \right)^{1/p} \right. \\ &\qquad \left. + 2M \left(\int_{e_\lambda''} |x(t)|^p\, dt \right)^{1/p} (\operatorname{mes} e_\lambda'')^{1/q} \right] \\ &\leqq \frac{\|x\|}{v_h} \left\{ \left[\int_{e_\lambda'} |\omega_h(s-t) - \omega_h(s'-t)|^q\, dt \right]^{1/q} + 2M\, [\operatorname{mes} e_\lambda'']^{1/q} \right\} . \end{aligned}$$

Für $|s' - s| \to 0$ und $\lambda \to 1$ gilt offensichtlich $\operatorname{mes} e_\lambda'' \to 0$. Deshalb gibt es zu einem beliebigen $\varepsilon > 0$ ein $\delta > 0$ und ein $\lambda_0 < 1$, so daß für $|s' - s| < \delta$ und $\lambda = \lambda_0$ der zweite Summand in der geschweiften Klammer kleiner als ε ausfällt.

Auf der Menge $G_{\lambda_0 h}(s)$ ist die Funktion $\omega_h(s - t)$ bezüglich der Veränderlichen t gleichmäßig stetig, folglich existiert ein $\delta_0 \leqq \delta$ mit

$$|\omega_h(s-t) - \omega_h(s'-t)| \leqq \varepsilon \qquad (|s - s'| \leqq \delta_0, \quad t \in e_{\lambda_0}') .$$

Nach diesen Überlegungen können wir schließlich die Differenz $x_h(s) - x_h(s')$ folgendermaßen nach oben abschätzen:

$$|x_h(s) - x_h(s')| \leqq \frac{\varepsilon \|x\|}{v_h} (v_h + 1) \qquad (|s - s'| \leqq \delta_0) , \tag{3}$$

womit die Stetigkeit der Funktion x_h bewiesen ist.

Die Ungleichung (2) ergibt sich durch Anwendung der HÖLDERschen Ungleichung unmittelbar aus Formel (1).

Bemerkung. Die im Beweis von Lemma 1 benutzte Größe δ_0 hängt nicht von der Funktion x ab.

Lemma 2. *Ist die Funktion x auf $\mathbf{R}^r$ gleichmäßig stetig, so streben die mittleren Funktionen x_h für $h \to 0$ auf $\mathbf{R}^r$ gleichmäßig gegen x.*

Beweis. Wegen

$$x(s) = \frac{1}{v_h} \int\limits_{G_h(s)} \omega_h(s-t)\, x(s)\, dt$$

gilt

$$|x_h(s) - x(s)| \leqq \frac{1}{v_h} \int\limits_{G_h(s)} \omega_h(s-t)\, |x(t) - x(s)|\, dt\,.$$

Da für hinreichend kleine h der Ausdruck $|x(t) - x(s)|$ nicht größer als ε ausfällt (man beachte hierzu die Bedingung 2 für $\omega_h(\xi)$), folgt

$$|x_h(s) - x(s)| \leqq \frac{\varepsilon}{v_h} \int\limits_{G_h(s)} \omega_h(s-t)\, dt = \varepsilon$$

gleichzeitig für alle $s \in \mathbf{R}^\nu$.

Ordnen wir einem Element $x \in \mathbf{L}_T^p$ seine mittlere Funktion x_h zu, so wird dadurch auf $\mathbf{L}_T^p$ ein additiver Operator definiert, den wir mit U_h bezeichnen wollen: $U_h(x) = x_h$. Man sieht leicht, daß U_h ein linearer Operator von $\mathbf{L}_T^p$ in $\mathbf{C}_Q$ ist, wobei Q eine beliebige abgeschlossene beschränkte Menge bezeichnet, die T enthält. Nach Lemma 1 ist nämlich die Funktion x_h in $\mathbf{R}^\nu$, also erst recht auf Q stetig. Aus der Ungleichung (2) folgt weiter

$$\|x_h\|_{\mathbf{C}_Q} = \max_{s \in Q} |x_h(s)| \leqq \frac{M}{(v_h)^{1/p}} \|x\|_{\mathbf{L}_T^p}\,,$$

d. h.

$$\|U_h\| \leqq \frac{M}{(v_h)^{1/p}}\,.$$

Die Abschätzung für die Norm des Operators U_h kann nun wesentlich verbessert werden, wenn man U_h als Operator im Raum $\mathbf{L}_T^p$ ansieht.

Lemma 3. *Betrachtet man U_h als Operator im Raum $\mathbf{L}_T^p$, so gilt*

$$\|U_h\| \leqq M \qquad (h > 0)\,. \tag{4}$$

Beweis. Aus der Ungleichung (2) folgt

$$\|x_h\|_{\mathbf{L}_T^p} = \left[\int\limits_T |x_h(s)^p|\, ds\right]^{1/p} \leqq \left\{\frac{M^p}{v_h} \int\limits_T \left[\int\limits_{G_h(s)} |x(t)|^p\, dt\right] ds\right\}^{1/p}$$

Hieraus ergibt sich durch Vertauschung der Reihenfolge der Integrationen

$$\|x_h\|_{\mathbf{L}_T^p} \leqq \left\{\frac{M^p}{v_h} \int\limits_T \left[\int\limits_{G_h(s)} |x(t)|^p\, ds\right] dt\right\}^{1/p} = M \left[\int\limits_T |x(t)|^p\, dt\right]^{1/p},$$

was gleichbedeutend mit der Formel (4) ist.

Lemma 4. *Für $h \to 0$ gilt $x_h \to x$ im Raum $\mathbf{L}_T^p$.*

Beweis. T_0 sei ein abgeschlossener Würfel in $\mathbf{R}^\nu$, der T enthält. Dabei sei T_0 so groß, daß ein abgeschlossener Würfel T_1 existiert, der ebenfalls noch T

enthält und seinerseits im Inneren von T_0 enthalten ist. Wir zeigen, daß die Menge $\overset{\circ}{\mathbf{C}}_{T_0}$ aller auf T_0 stetigen Funktionen, die auf dem Rande von T_0 verschwinden, in $\mathbf{L}^p_{T_0}$ dicht liegt. Es sei $x \in \mathbf{L}^p_{T_0}$. Da die Menge der fast überall beschränkten Funktionen in $\mathbf{L}^p_{T_0}$ dicht liegt, kann man annehmen, daß die Funktion x auf T_0 beschränkt ist. Wir setzen z. B. voraus, daß für $t \in T_0$ stets $|x(t)| \leqq K$ gilt. Es sei ε eine beliebige positive Zahl. Dann gibt es nach dem Satz von Lusin (siehe Natanson [30b], S. 106) eine auf T_0 stetige Funktion φ, die außerhalb einer Menge $e \subset T_0$ mit mes $e \leqq \varepsilon$ mit x übereinstimmt und für die wieder $|\varphi(t)| \leqq K$ $(t \in T_0)$ gilt. Wir wählen jetzt den Würfel T_1 derart, daß mes $(T_0 \setminus T_1) \leqq \varepsilon$ ausfällt, und konstruieren unter Benutzung des Satzes über die Erweiterung stetiger Funktionen (Natanson [30b], S. 334) eine auf T_0 stetige Funktion x_0, die auf T_1 mit φ zusammenfällt und auf dem Rand von T_0 verschwindet. Nach dem eben zitierten Satz kann man die Funktion x_0 außerdem so wählen, daß sie dem Betrage nach K nicht übertrifft: $|x_0(t)| \leqq K$ $(t \in T_0)$. Wir schätzen nun die Norm (in $\mathbf{L}^p_{T_0}$) der Differenz $x - x_0$ nach oben ab. Zunächst gilt

$$\|x - x_0\| \leqq \|x - \varphi\| + \|\varphi - x_0\|$$

und weiter

$$\|x - \varphi\| = \Big[\int_{T_0} |x(t) - \varphi(t)|^p \, dt\Big]^{1/p} = \Big[\int_e |x(t) - \varphi(t)|^p \, dt\Big]^{1/p} \leqq 2\, K\, \varepsilon^{1/p} ,$$

$$\|\varphi - x_0\| = \Big[\int_{T_0} |\varphi(t) - x_0(t)|^p \, dt\Big]^{1/p} = \Big[\int_{T_0 \setminus T_1} |\varphi(t) - x_0(t)|^p \, dt\Big]^{1/p} \leqq 2\, K\, \varepsilon^{1/p} ,$$

woraus $\|x - x_0\| \leqq 4\, K\, \varepsilon^{1/p}$ folgt. Die Funktion x_0 gehört aber zu $\overset{\circ}{\mathbf{C}}_{T_0}$.

Es sei jetzt x irgendeine Funktion aus $\overset{\circ}{\mathbf{C}}_{T_0}$. Erweitern wir diese auf ganz $\mathbf{R}^\nu$, indem wir sie außerhalb T_0 gleich Null setzen, so folgt aus Lemma 2 $x_h \to x$ gleichmäßig auf $\mathbf{R}^\nu$, also auch auf T_0. Deshalb gilt erst recht $x_h \to x$ in $\mathbf{L}^p_{T_0}$. Nach Lemma 3 sind die Normen der Operatoren U_h gleichmäßig beschränkt. Da, wie wir sahen, die Menge $\overset{\circ}{\mathbf{C}}_{T_0}$ in $\mathbf{L}^p_{T_0}$ dicht liegt, folgt durch Anwendung des Satzes von Banach-Steinhaus (VII.1.2), daß die Konvergenz $x_h \to x$ sogar für alle $x \in \mathbf{L}^p_{T_0}$ gilt. Nun gehört aber eine Funktion aus $\mathbf{L}^p_T$, wenn man sie außerhalb von T gleich Null setzt, zu $\mathbf{L}^p_{T_0}$. Deshalb gilt die Beziehung $x_h \to x$ erst recht für alle $x \in \mathbf{L}^p_T$. Damit ist das Lemma bewiesen.

1.2. Wir beweisen jetzt Kompaktheitskriterien für Mengen im Raum $\mathbf{L}^p_T$ (siehe [126b]).

Satz 1 (1.IX) (Kolmogorow). *Für die Kompaktheit einer Menge $E \subset \mathbf{L}^p_T$ sind die beiden folgenden Bedingungen zusammen notwendig und hinreichend:*

1. *E ist beschränkt.*

2. *Die mittleren Funktionen konvergieren (in $\mathbf{L}^p_T$) auf E gleichmäßig gegen ihre erzeugenden Funktionen, d. h., es gilt*

$$x_h \to x \quad \textit{für } h \to 0 \quad \textit{gleichmäßig auf } E .$$

Beweis. Die Notwendigkeit der ersten Bedingung ist offensichtlich. Wir zeigen die Notwendigkeit der zweiten Bedingung. Da E kompakt ist, existiert nach

Satz 2 (3.I) zu E ein endliches ε-Netz, das aus den Funktionen $x^{(1)}, x^{(2)}, \ldots, x^{(m)}$ bestehe. Für hinreichend kleine h ($h \leqq h_\varepsilon$) gilt nach Lemma 4 $\|x_h^{(k)} - x^{(k)}\| \leqq \varepsilon$ ($k = 1, 2, \ldots, m$).

Nun gibt es zu jedem $x \in E$ ein $x^{(k)}$ mit der Eigenschaft, daß

$$\|x - x^{(k)}\| < \varepsilon$$

ausfällt. Damit erhalten wir

$$\|x_h - x\| = \|U_h(x) - x\| \leqq \|U_h(x - x^{(k)})\| + \|x_h^{(k)} - x^{(k)}\| + \|x - x^{(k)}\| < 2\,\varepsilon + M\,\varepsilon\,.$$

Hinreichend. Mit E_h bezeichnen wir die Menge aller Elemente der Form $U_h(x)$ mit $x \in E$. Nach den Aussagen von Lemma 1 gilt $E_h \subset \mathbf{C}_{\overline{T}}$. Wir sehen leicht ein, daß E_h sogar ein kompakter Teil von $\mathbf{C}_{\overline{T}}$ ist. Die erste Bedingung für die Kompaktheit einer Menge im Raum $\mathbf{C}_{\overline{T}}$, ihre Beschränktheit, ergibt sich aus Ungleichung (2), die gleichgradige Stetigkeit der Funktionen von E_h aus Ungleichung (3) unter Beachtung der Bemerkung zu Lemma 1.

Die Menge E_h ist also für jedes h kompakt im Raum $\mathbf{C}_{\overline{T}}$ und deshalb erst recht kompakt in $\mathbf{L}_T^p$. Nach Bedingung 2 gibt es zu beliebigem $\varepsilon > 0$ ein solches h_0, daß die Abschätzung $\|x - x_{h_0}\| = \|x - U_{h_0}(x)\| < \varepsilon$ für jedes Element $x \in E$ gilt, d. h., die Menge E_h ist ein kompaktes ε-Netz für E. Hieraus folgt nach der Bemerkung zum Satz von HAUSDORFF (siehe I. 3.2) die Kompaktheit der Menge E.

Damit ist der Satz bewiesen.

Bemerkung. Das in Satz 1 formulierte Kompaktheitskriterium gilt auch noch im Raum $\mathbf{L}_T$ (siehe [192]).

1.3. Ein weiteres Kompaktheitskriterium für Mengen im Raum $\mathbf{L}_T^p$ liefert der folgende Satz [172]. Um ihn einfach formulieren zu können, beschränken wir uns auf den Fall, daß die Menge T ein abgeschlossenes Intervall der reellen Achse ist: $T = [a, b]$.

Satz 2 (1.IX) (M. RIESZ). *Für die Kompaktheit einer Menge $E \subset \mathbf{L}_T^p$ sind die beiden folgenden Bedingungen zusammen notwendig und hinreichend:*

1. *E ist beschränkt.*
2. *Es gilt $\int_a^b |x(t + \tau) - x(t)|^p \, dt \xrightarrow[\tau \to 0]{} 0$ gleichmäßig bezüglich $x \in E$.*

Beweis. Notwendig. Wir führen im Raum $\mathbf{L}^p$ den Operator V_τ der Argumentverschiebung ein:

$$y = V_\tau(x)\,, \qquad y(t) = x(t + \tau)\,,$$

wobei wir noch

$$y(t) = \begin{cases} x(b) & \text{in } [b - \tau, b] \quad \text{für } \tau > 0\,, \\ x(a) & \text{in } [a, a - \tau] \quad \text{für } \tau < 0 \end{cases}$$

und $|\tau| < b - a$ festsetzen.

Damit sind die Funktionen $y(t)$ auf $[a, b]$ definiert.

Wie man leicht sieht, ist V_τ ein linearer Operator in $\mathbf{L}^p$ mit

$$\|V_\tau\| \leqq 1 \tag{5}$$

und

$$V_\tau(x) \underset{\tau \to 0}{\longrightarrow} x \qquad (\text{in } \mathbf{L}^p)\,. \tag{6}$$

Die Beziehung (6) folgt zunächst für jede stetige Funktion aus der Ungleichung

$$\int_a^b |x(t+\tau) - x(t)|^p\, dt \leqq \int_a^b \varepsilon^p\, dt = \varepsilon^p(b-a) \qquad (\tau \leqq \tau_\varepsilon)\,.$$

Da die Menge der stetigen Funktionen im Raum $\mathbf{L}^p$ dicht liegt, können wir wegen (5) den Satz von Banach-Steinhaus anwenden, woraus folgt, daß (6) für jedes $x \in \mathbf{L}^p$ gilt.

Die weiteren Überlegungen verlaufen nun analog zum ersten Teil des Beweises von Satz 1.

Hinreichend. Genügt eine Menge $E \subset \mathbf{L}^p$ den Bedingungen 1 und 2 von Satz 2, dann genügt sie auch den Bedingungen 1 und 2 von Satz 1, wenn wir als Kern der Mittelung

$$\omega_h(\xi) = \begin{cases} 1\,, & \xi < h \\ 0\,, & \xi \geqq h \end{cases} \quad (h > 0)$$

wählen.

Mit den früheren Bezeichnungen gilt nämlich

$$\|U_h(x) - x\|^p = \frac{1}{(2\,h)^p} \int_a^b \left| \int_{-h}^{+h} [x\,(t+\tau) - x(t)]\, d\tau \right|^p dt\,.$$

Wenden wir auf das innere Integral die Höldersche Ungleichung an und ändern anschließend die Integrationsreihenfolge, dann ergibt sich

$$\|U_h(x) - x\|^p \leqq \frac{1}{(2\,h)^p} \int_a^b \left\{ \left[\int_{-h}^{h} 1^q\, d\tau \right]^{p/q} \left[\int_{-h}^{h} |x\,(t+\tau) - x(t)|^p\, d\tau \right] \right\} dt$$

$$= \frac{1}{2\,h} \int_{-h}^{h} d\tau \int_a^b |x\,(t+\tau) - x(t)|^p\, dt = \frac{1}{2\,h} \int_{-h}^{+h} \|V_\tau(x) - x\|^p\, d\tau\,.$$

Ist die zweite Bedingung von Satz 2 erfüllt, dann existiert zu beliebigem $\varepsilon > 0$ ein $h_0 > 0$, so daß für $|\tau| \leqq h_0$ und jedes $x \in E$ stets $\|V_\tau(x) - x\|^p < \varepsilon$ ausfällt. Hieraus folgt aber zusammen mit der soeben bewiesenen Ungleichung

$$\|U_h(x) - x\|^p \leqq \frac{1}{2\,h} \int_{-h}^{h} \varepsilon\, d\tau = \varepsilon\,,$$

d. h., die zweite Bedingung von Satz 1 ist erfüllt. Da die ersten Bedingungen in beiden Sätzen übereinstimmen, ist die Menge E nach Satz 1 kompakt.

1.4. Wir beweisen noch ein allgemeines Kompaktheitskriterium für Mengen in normierten Räumen (siehe GELFAND).

Satz 3 (1.IX) (GELFAND). *Für die Kompaktheit einer Teilmenge E des B-Raumes* $\mathbf{X}$ *ist notwendig, daß für jede schwach gegen Null konvergente Folge von Funktionalen* $\{f_n\}$ *die Beziehung*

$$f_n(x) \xrightarrow[n\to\infty]{} 0 \tag{7}$$

gleichmäßig auf E gilt, d. h., daß man zu jedem $\varepsilon > 0$ eine natürliche Zahl n_ε finden kann, so daß aus $n > n_\varepsilon$ für jedes $x \in E$

$$|f_n(x)| < \varepsilon$$

folgt. Im Falle der Separabilität des Raumes $\mathbf{X}$ *ist diese Bedingung auch hinreichend.*

Beweis. Hinreichend. Wir zeigen zunächst, daß die Menge E beschränkt ist. Anderenfalls könnte man aus ihr eine Folge $\{x_n\}$ ($x_n \in E$, $n = 1, 2, \ldots$) mit der Eigenschaft $\|x_n\| = \gamma_n^2 \xrightarrow[n\to\infty]{} \infty$ auswählen. Nach dem Satz über die ausreichende Anzahl von Funktionalen (IV.2.2) gäbe es dann Funktionale f_n' mit $\|f_n'\| = 1$ und $f_n'(x_n) = \|x_n\|$. Die Folge $\{f_n\}$ mit $f_n = \frac{1}{\gamma_n} f_n'$ würde dann gegen Null konvergieren, aber dabei gleichzeitig

$$f_n(x_n) = \gamma_n \xrightarrow[n\to\infty]{} \infty$$

gelten, d. h., die Konvergenz (7) wäre nicht gleichmäßig auf E.

Der separable Raum $\mathbf{X}$ ist einem Teilraum $\widetilde{\mathbf{X}}$ des Raumes $\mathbf{C}$ linear isometrisch [Satz 1 (3.VIII)]. Den Operator, der diese Isometrie realisiert, bezeichnen wir mit G und zeigen, daß die Menge $\widetilde{E} = G(E)$ in $\mathbf{C}$ kompakt ist. Die Beschränktheit von $\widetilde{E}$ folgt aus der Beschränktheit von E und der Beziehung $\|G(x)\| = \|x\|$. Wir nehmen an, die Funktionen der Menge $\widetilde{E}$ seien nicht gleichgradig stetig; setzen wir $G(x; t) = G(x)(t)$ ($x \in \mathbf{X}$, $t \in [0, 1]$), so bedeutet dies, daß ein $\varepsilon > 0$ existiert, für das wir zu jedem $\delta > 0$ ein Element $x_\delta \in E$ und Zahlen $t_\delta, t_\delta' \in [0, 1]$ mit $|t_\delta - t_\delta'| < \delta$ und

$$|G(x_\delta; t_\delta') - G(x_\delta; t_\delta)| \geqq \varepsilon$$

finden.

Speziell gibt es also zu der Folge $\{\delta_n\}$ mit $\delta_n = 1/n$ eine Folge $\{x_n\}$ von Elementen aus E und zwei Zahlenfolgen $\{t_n\}$, $\{t_n'\}$ mit $|t_n - t_n'| < 1/n$ und

$$|G(x_n; t_n') - G(x_n; t_n)| \geqq \varepsilon \quad (n = 1, 2, \ldots). \tag{8}$$

Wir können (nach evtl. Übergang zu einer Teilfolge) voraussetzen, daß die Folge $\{t_n\}$ einen Grenzwert hat: $t_n \to t_0$. Dann gilt auch $t_n' \to t_0$.

Durch die Gleichung

$$f_n(x) = G(x; t_n') - G(x; t_n) \quad (x \in \mathbf{X},\ n = 1, 2, \ldots)$$

wird ein lineares Funktional f_n im Raum $\mathbf{X}$ definiert. Die Additivität von f_n ist offensichtlich, seine Beschränktheit folgt aus der Ungleichung

$$|f_n(x)| \leqq |G(x; t_n')| + |G(x; t_n)| \leqq 2\,\|G(x)\| = 2\,\|x\|.$$

Da die Funktion $G(x; t)$ stetig ist, erhalten wir

$$\lim_{n\to\infty} f_n(x) = \lim_{n\to\infty} [G(x; t_n') - G(x; t_n)] = G(x; t_0) - G(x; t_0) = 0,$$

nach Voraussetzung (7) gilt also $f_n(x) \xrightarrow[n\to\infty]{} 0$ gleichmäßig auf E, was der Beziehung (8) widerspricht.

Die Menge $\widetilde{E}$ ist folglich kompakt im Raum $\mathbf{C}$, deshalb gilt dasselbe für die zu ihr isometrische Menge E, was zu zeigen war.

Notwendig. Es sei $\{U_n\}$ eine Folge linearer Operatoren, die den gegebenen Raum $\mathbf{X}$ in einen normierten Raum $\mathbf{Y}$ abbilden und der Beziehung

$$U_n(x) \xrightarrow[n \to \infty]{} 0 \qquad (x \in \mathbf{X}) \tag{9}$$

genügen. Wir zeigen, daß im Falle der Kompaktheit einer Menge $E \subset \mathbf{X}$ die Beziehung (9) sogar gleichmäßig auf E gilt.

Da $\mathbf{X}$ ein B-Raum ist, ergibt sich aus (9) die gleichmäßige Beschränktheit der Normen der Operatoren U_n (siehe VII.1.1): $\|U_n\| \leqq M$. Da E kompakt ist, existiert ein endliches $\varepsilon/2M$-Netz: $x_1, x_2, \ldots, x_m$. Für hinreichend große n gilt dann

$$\|U_n(x_k)\| < \frac{\varepsilon}{2} \qquad (k = 1, 2, \ldots, m)\,. \tag{10}$$

Weiterhin gibt es zu jedem $x \in E$ ein Element x_k mit

$$\|x - x_k\| < \frac{\varepsilon}{2\,M}.$$

Für die oben festgelegten n erhalten wir somit

$$\|U_n(x_n)\| \leqq \|U_n(x_k)\| + \|U_n(x - x_k)\| < \frac{\varepsilon}{2} + \|U_n\|\,\|x - x_k\| \leqq \varepsilon\,,$$

d. h. $U_n(x) \to 0$ gleichmäßig auf E.

§ 2. Vollstetige Operatoren

2.1. In Kapitel III wurde gezeigt, daß jeder lineare Operator, der einen endlichdimensionalen Raum in einen ebensolchen abbildet, durch eine rechteckige Matrix bestimmt wird. Da die Eigenschaften endlicher Matrizen aus der Algebra wohlbekannt sind, ist die Untersuchung dieser Operatoren verhältnismäßig einfach. Ein Operator in einem beliebigen normierten Raum hat bei weitem nicht alle Eigenschaften „endlichdimensionaler" Operatoren. Den letzteren kommen in dieser Beziehung die sog. vollstetigen Operatoren am nächsten. Die wichtigsten Eigenschaften vollstetiger Operatoren werden wir erst in Kapitel XIII herleiten. Hier geben wir nur ihre Definition und beweisen einige einfache Folgerungen daraus. Etwas ausführlicher betrachten wir nur vollstetige Operatoren im Hilbert-Raum.

Ein beliebiger Operator U, der einen normierten Raum $\mathbf{X}$ in einen normierten Raum $\mathbf{Y}$ abbildet, heißt *kompakt*, wenn er jede in $\mathbf{X}$ beschränkte Menge in eine kompakte Teilmenge von $\mathbf{Y}$ überführt. Ist er zusätzlich stetig, so heißt er *vollstetig*.

Im folgenden setzen wir fast ausschließlich voraus, daß U außerdem additiv ist. Man sieht leicht, daß jeder kompakte additive Operator vollstetig ist. Die Einheitskugel des Raumes $\mathbf{X}$ wird nämlich durch einen kompakten additiven Operator U in eine kompakte, also erst recht beschränkte Teilmenge des Raumes $\mathbf{Y}$ überführt, d. h., es gilt $\sup\limits_{\|x\|=1} \|U(x)\| < \infty$, der Operator U ist also beschränkt.

Schließlich bemerken wir noch, daß man im Falle der Additivität bei der Definition nur zu fordern braucht, daß der Operator U die Einheitskugel (oder eine Kugel von beliebigem Radius) in eine kompakte Menge überführt.

Die Definition vollstetiger Operatoren und ihre einfachsten Eigenschaften wurden zuerst von D. HILBERT (siehe HILBERT) formuliert, und zwar bei Betrachtungen im Raume $\mathbf{L}^2$. Für den allgemeinen Fall siehe BANACH [4a].

Die oben erwähnten endlichdimensionalen Operatoren sind offensichtlich vollstetig. Ein anderes triviales Beispiel eines vollstetigen Operators bildet jedes lineare Funktional im Raum $\mathbf{X}$, das man dabei als Abbildung von $\mathbf{X}$ in den Raum der reellen (oder komplexen) Zahlen ansieht.

Ein interessanteres Beispiel für einen vollstetigen Operator ist der in § 1 eingeführte Operator U_h (siehe IX.1.1). Man sieht nämlich unschwer (vgl. hierzu die Formeln (1) und (3)), daß allein aus der Beschränktheit der Menge E die Kompaktheit von $U_h(E)$ folgt.

Schließlich zeigen wir noch, daß der Integraloperator U

$$y = U(x)\,, \qquad y(s) = \int_a^b K(s, t)\, x(t)\, dt$$

mit stetigem Kern $K(s, t)$ als Operator von $\mathbf{C}$ in $\mathbf{C}$ vollstetig ist. Zu diesem Zweck sei E eine beschränkte Teilmenge des Raumes $\mathbf{C}$ ($\|x\| \leqq M$ für $x \in E$). Dann ist auch die Menge $U(E)$ beschränkt ($\|y\| \leqq M\,\|U\|$ für $y \in U(E)$). Aus $x \in E$ folgt für $y = U(x)$ weiter

$$|y(s') - y(s)| \leqq \int_a^b |K(s', t) - K(s, t)|\, |x(t)|\, dt \leqq M \int_a^b |K(s', t) - K(s, t)|\, dt\,.$$

Liegen die Punkte s und s' hinreichend nahe beieinander, so wird die rechte Seite dieser Ungleichung unabhängig von $x \in E$ beliebig klein, d. h., die Funktionen der Menge $U(E)$ sind gleichgradig stetig. $U(E)$ ist folglich ein kompakter Teil von $\mathbf{C}$.

Unter Benutzung von Satz 2 (1.IX) kann man auch zeigen, daß U als Operator von $\mathbf{L}^p$ in $\mathbf{L}^r$ ($p, r > 1$) stetig ist.

Alle diese Aussagen und die zugehörigen Beweise gelten noch für die Räume $\mathbf{C}_T$ und $\mathbf{L}^p_T$, wenn T eine abgeschlossene beschränkte Menge in $\mathbf{R}^\nu$ bezeichnet.

2.2. Wir beweisen jetzt drei einfache Sätze über vollstetige Operatoren.

Satz 1 (2.IX). *Bildet der vollstetige Operator U den Raum $\mathbf{X}$ in den Raum $\mathbf{Y}$ ab, so ist der Wertebereich $\mathbf{Y}_0 = \Delta_U$ von U separabel.*

Beweis. Im Raum $\mathbf{X}$ bezeichne K_n die Kugel mit dem Mittelpunkt 0 und dem Radius n und Q_n die Menge $U(K_n) \subset \mathbf{Y}$, d. h. also die Menge aller Elemente der Form $y = U(x)$ $(x \in K_n)$. Wegen

$$\mathbf{X} = \bigcup_{n=1}^{\infty} K_n$$

gilt

$$\mathbf{Y}_0 = \bigcup_{n=1}^{\infty} Q_n\,.$$

Jede Menge Q_n ist nach Voraussetzung kompakt, folglich separabel (I.3.2). Deshalb ist auch $\mathbf{Y}_0$ separabel.

Satz 2 (2.IX). a) *Jede Linearkombination $U = \alpha U_1 + \beta U_2$ vollstetiger Operatoren U_1 und U_2, die einen Raum* $\mathbf{X}$ *in einen Raum* $\mathbf{Y}$ *abbilden, ist wieder ein vollstetiger Operator.*

b) *Ist U ein linearer Operator von* $\mathbf{X}$ *in* $\mathbf{Y}$, *V ein linearer Operator von* $\mathbf{Y}$ *in* $\mathbf{Z}$ *und ist einer dieser Operatoren vollstetig, so ist auch das Produkt VU vollstetig.*

Beweis. a) Es sei $E \subset \mathbf{X}$ eine beschränkte Menge, $\{x_n\}$ eine beliebige Folge aus E und

$$y_n = \alpha U_1(x_n) + \beta U_2(x_n) \in U(E) \qquad (n = 1, 2, \ldots) .$$

Aus der Folge $\{U_1(x_n)\}$ kann man wegen der Vollstetigkeit des Operators U_1 eine konvergente Teilfolge $\{U_1(x_{n_k})\}$ auswählen. Ebenso läßt sich aus der Folge $\{U_2(x_{n_k})\}$ eine konvergente Teilfolge $\{U_2(x_{n_{k_j}})\}$ auswählen. Offensichtlich ist die Folge $\{U(x_{n_{k_j}})\}$ konvergent, d. h., die Menge $U(E)$ ist kompakt.

Die Behauptung b) ergibt sich aus der leicht nachzuprüfenden Tatsache, daß ein linearer Operator beschränkte bzw. kompakte Mengen in gleichartige Bildmengen überführt.

Satz 3 (2.IX). *Es sei $\{U_n\}$ eine Folge vollstetiger linearer Operatoren von* $\mathbf{X}$ *in* $\mathbf{Y}$, *die (im Raum* $[\mathbf{X} \to \mathbf{Y}]$*) gegen den Operator U konvergiert. Dann ist auch der Operator U vollstetig.*

Beweis. K sei die Einheitskugel des Raumes $\mathbf{X}$. Wir zeigen, daß die Menge $U(X)$ kompakt ist. Zu diesem Zweck wählen wir einen Index n_0 so, daß

$$\|U_{n_0} - U\| < \varepsilon$$

ausfällt. Die Menge $U_{n_0}(K)$ ist kompakt und bildet wegen der Beziehung

$$\|y - y_{n_0}\| = \|U(x) - U_{n_0}(x)\| \leqq \|U - U_{n_0}\| \, \|x\| < \varepsilon$$

$$(y_{n_0} = U_{n_0}(x) \,, \quad y = U(x) \,, \quad x \in X)$$

ein ε-Netz für $U(K)$. Aus der Bemerkung zum Satz 2 (3.I) von HAUSDORFF folgt die Kompaktheit von $U(K)$, womit die Vollstetigkeit des Operators U gezeigt ist.

Bemerkung. Die Aussage von Satz 3 bleibt nicht richtig, wenn man die Konvergenz im Raum der Operatoren, d. h. bezüglich der Norm, durch die Konvergenz im Raum $\mathbf{X}$ ersetzt. Wie wir oben sahen, sind nämlich die Operatoren U_h (siehe IX.1.1) vollstetig, und es gilt

$$U_h(x) \to x \quad \text{in } \mathbf{L}^p \quad (x \in \mathbf{L}^p) \,.$$

Der identische Operator in $\mathbf{L}^p$ ist aber nicht vollstetig. Man kann nämlich Satz 2 (2.II) auch so formulieren: Die identische Abbildung in einem normierten Raum $\mathbf{X}$ ist genau dann vollstetig, wenn der Raum $\mathbf{X}$ endlichdimensional ist.

§ 3. Adjungierte Operatoren

3.1. Gegeben sei ein linearer Operator U, der den normierten Raum $\mathbf{X}$ in den normierten Raum $\mathbf{Y}$ abbildet. Weiter sei g ein lineares Funktional im Raum $\mathbf{Y}$, d. h. $g \in \mathbf{Y}^*$. Dann setzen wir für beliebiges $x \in \mathbf{X}$

$$f(x) = g(U(x)) . \tag{1}$$

Das durch diese Gleichung definierte Funktional f ist das Produkt des Funktionals g, betrachtet als linearer Operator von $\mathbf{Y}$ in den Raum $\mathbf{R}$ der reellen (oder komplexen) Zahlen, und des Operators U: $f = g\,U$. Deshalb ist f wieder ein lineares Funktional und es gilt

$$\|f\| \leqq \|g\|\,\|U\| \tag{2}$$

(siehe V. 2.1).

Die Formel (1) ordnet also jedem Funktional $g \in \mathbf{Y}^*$ ein Funktional $f \in \mathbf{X}^*$ zu. Der durch diese Zuordnung definierte Operator heißt *adjungiert* zum gegebenen Operator U und wird mit U^* bezeichnet; d. h., die Beziehung $f = U^*(g)$ ist gleichbedeutend mit (1) oder $U^*(g) = gU$.

Auf diese Weise entspricht jedem linearen Operator U von $\mathbf{X}$ in $\mathbf{Y}$ ein adjungierter Operator U^*, der $\mathbf{Y}^*$ in $\mathbf{X}^*$ abbildet. Wir zeigen, daß U^* ebenfalls linear ist.

Satz 1 (3.IX). *Der adjungierte Operator U^* ist ein linearer Operator von $\mathbf{Y}^*$ in $\mathbf{X}^*$; dabei gilt die Beziehung*

$$\|U^*\| = \|U\| . \tag{3}$$

Beweis. Um zu sehen, daß U^* additiv ist, sei $g = \lambda\, g_1 + \mu\, g_2$ und $f = U^*(g)$. Dann ergibt sich

$$f(x) = g(U(x)) = \lambda\, g_1(U(x)) + \mu\, g_2(U(x)) = \lambda\, U^*(g_1)\,(x) + \mu\, U^*(g_2)\,(x) ,$$

d. h.

$$U^*(g) = \lambda\, U^*(g_1) + \mu\, U^*(g_2) .$$

Die Beschränktheit von U^* folgt aus Ungleichung (2):

$$\|U^*\| \leqq \|U\| .$$

Um zu zeigen, daß diese Ungleichung auch in umgekehrter Richtung gilt, nehmen wir ein beliebiges Element $x \in \mathbf{X}$ und setzen $y = U(x)$. Dann gibt es nach Satz 2 (2.IV) ein Funktional $g \in \mathbf{Y}^*$ mit

$$g(y) = \|y\|, \quad \|g\| = 1 .$$

Hieraus folgt

$$\|U(x)\| = \|y\| = g(y) = (gU)\,(x) = U^*(g)\,(x) \leqq \|U^*(g)\|\,\|x\| \leqq \|U^*\|\,\|x\| ,$$

d. h.

$$\|U\| \leqq \|U^*\| .$$

Damit ist der Satz bewiesen.

Sind U_1 und U_2 zwei lineare Operatoren von $\mathbf{X}$ in $\mathbf{Y}$ und ist

$$U = \lambda U_1 + \mu U_2,$$

dann gilt

$$U^* = \lambda U_1^* + \mu U_2^*.$$

Dies ergibt sich aus der Beziehung ($g \in \mathbf{Y}^*$, $x \in \mathbf{X}$)

$$U^*(g)(x) = g(U(x)) = g(\lambda U_1(x) + \mu U_2(x))$$
$$= \lambda g(U_1(x)) + \mu g(U_2(x)) = [\lambda U_1^*(g)](x) + [\mu U_2^*(g)](x).$$

Bemerkung. Sind $\mathbf{X}$ und $\mathbf{Y}$ zwei komplexe Räume, dann ist die angegebene Formel durch die folgende zu ersetzen:

$$U^* = \bar{\lambda} U_1^* + \bar{\mu} U_2^*.$$

Beachtet man nämlich die Regel für die Multiplikation eines Funktionals mit einer Zahl in einem komplexen Raum ((V.1.2), Formel (4)), dann ergibt eine Wiederholung der obigen Rechnung unter Beachtung der Linearität von U_1^* und U_2^*

$$U^*(g)(x) = \lambda [g(U_1(x))] + \mu [g(U_2 x))] = (\bar{\lambda} g)(U_1(x)) + (\bar{\mu} g)(U_2(x))$$
$$= U_1^*(\bar{\lambda} g)(x) + U_2^*(\bar{\mu} g)(x) = [\bar{\lambda} U_1^*(g) + \bar{\mu} U_2^*(g)](x).$$

Ist V bzw. U ein linearer Operator, der den Raum $\mathbf{X}$ in den Raum $\mathbf{Y}$ bzw. den Raum $\mathbf{Y}$ in den Raum $\mathbf{Z}$ abbildet, so gilt für $W = UV$

$$W^* = T^* U^*$$

Für $f = W^*(g)$, $f_1 = U^*(g)$ ($g \in \mathbf{Z}^*$) erhalten wir nämlich

$$f(x) = g(W(x)) = g(U V(x)) = f_1(V(x)) = V^* U^*(g)(x) \qquad (x \in \mathbf{X}).$$

3.2. Wir betrachten jetzt zwei endlichdimensionale Räume $\mathbf{X}$ und $\mathbf{Y}$ der Dimension μ bzw. ν und einen linearen Operator U von $\mathbf{X}$ in $\mathbf{Y}$, der durch die Matrix

$$A = \begin{pmatrix} a_{11} & a_{12} \ldots a_{1\mu} \\ a_{21} & a_{22} \ldots a_{2\mu} \\ \ldots & \ldots \\ \ldots & \ldots \\ a_{\nu 1} & a_{\nu 2} \ldots a_{\nu\mu} \end{pmatrix}$$

mit Hilfe der Formel

$$\eta_j = \sum_{k=1}^{\mu} a_{jk} \xi_k \qquad (j = 1, 2, \ldots, \nu) \tag{4}$$

$$(x = (\xi_1, \xi_2, \ldots, \xi_\mu) \in \mathbf{X}, \qquad y = (\eta_1, \eta_2, \ldots, \eta_\nu) \in \mathbf{Y}, \qquad y = U(x))$$

definiert ist. Weiter sei $g = (\psi_1, \psi_2, \ldots, \psi_\nu)$ ein Funktional im Raum $\mathbf{Y}$:

$$g(y) = \sum_{j=1}^{\nu} \psi_j \eta_j.$$

Dann hat das Funktional $f = U^*(g)$ die Form

$$f(x) = g(U(x)) = \sum_{j=1}^{\nu} \psi_j \sum_{k=1}^{\mu} a_{jk} \xi_k = \sum_{k=1}^{\mu} \left(\sum_{j=1}^{\nu} a_{jk} \psi_j \right) \xi_k ,$$

d. h. $f = (\varphi_1, \varphi_2, \ldots, \varphi_\mu)$ mit

$$\varphi_k = \sum_{j=1}^{\nu} a_{jk} \psi_j = \sum_{j=1}^{\nu} a^*_{kj} \psi_j \qquad (a^*_{kj} = a_{jk}, \quad j = 1, 2, \ldots, \nu, \quad k = 1, 2, \ldots, \mu) .$$

Der Operator U^* wird also durch die Matrix

$$A^* = \begin{pmatrix} a^*_{11} & a^*_{12} & \ldots & a^*_{1\nu} \\ a^*_{21} & a^*_{22} & \ldots & a^*_{2\nu} \\ \ldots & \ldots & \ldots & \ldots \\ \ldots & \ldots & \ldots & \ldots \\ a^*_{\mu 1} & a^*_{\mu 2} & \ldots & a^*_{\mu\nu} \end{pmatrix} = \begin{pmatrix} a_{11} & a_{21} & \ldots & a_{\nu 1} \\ a_{12} & a_{22} & \ldots & a_{\nu 2} \\ \ldots & \ldots & \ldots & \ldots \\ \ldots & \ldots & \ldots & \ldots \\ a_{1\mu} & a_{2\mu} & \ldots & a_{\nu\mu} \end{pmatrix}$$

definiert, die aus A durch Vertauschung der Zeilen und Spalten oder durch Spiegelung an der Hauptdiagonale entsteht.

Es sei jetzt U der Integraloperator

$$y = U(x) , \quad y(s) = \int_a^b K(s, t)\, x(t)\, dt$$

mit stetigem Kern $K(s, t)$ im Raum $\mathbf{L}^p$ $(p > 1)$.

Für das Funktional $g \in (\mathbf{L}^p)^*$

$$g(y) = \int_a^b \psi(s)\, y(s)\, ds \qquad \left(y \in \mathbf{L}^p, \ \psi \in \mathbf{L}^q; \frac{1}{p} + \frac{1}{q} = 1 \right)$$

erhalten wir dann

$$g(U(x)) = \int_a^b \psi(s) \left[\int_a^b K(s, t)\, x(t)\, dt \right] ds$$
$$= \int_a^b \left[\int_a^b K(s, t)\, \psi(s)\, ds \right] x(t)\, dt = \int_a^b \varphi(t)\, x(t)\, dt .$$

Der adjungierte Operator U^* ist also ebenfalls ein Integraloperator mit dem Kern $K^*(s, t) = K(t, s)$:

$$f = U^*(g) , \quad \varphi(t) = \int_a^b K^*(t, s)\, \psi(s)\, ds = \int_a^b K(s, t)\, \psi(s)\, ds .$$

Bemerkung. Betrachtet man komplexe endlichdimensionale Räume, dann wird der adjungierte Operator durch die Matrix

$$A^* = \begin{pmatrix} a^*_{11} & a^*_{12} & & a^*_{1\nu} \\ a^*_{21} & a^*_{22} & & a^*_{2\nu} \\ \ldots & \ldots & \ldots & \ldots \\ \ldots & \ldots & \ldots & \ldots \\ a^*_{\mu 1} & a^*_{\mu 2} & \ldots & a^*_{\mu\nu} \end{pmatrix} \qquad (a^*_{jk} = \overline{a_{kj}}, \quad j = 1, 2, \ldots, \mu, \quad k = 1, 2, \ldots, \nu)$$

bestimmt.

Das ergibt sich unter Beachtung der Tatsache, daß die Funktionale $f = (\varphi_1, \varphi_2, \ldots, \varphi_\mu) \in \mathbf{X}^*$ und $g = (\psi_1, \psi_2, \ldots, \psi_\nu) \in \mathbf{Y}^*$ in diesem Fall durch die Formeln

$$f(x) = \sum_{k=1}^{\mu} \overline{\varphi_k}\, \xi_k \qquad (x = (\xi_1, \xi_2, \ldots, \xi_\mu) \in \mathbf{X})$$

$$g(y) = \sum_{k=1}^{\nu} \overline{\psi_k}\, \eta_k \qquad (y = (\eta_1, \eta_2, \ldots, \eta_\nu) \in \mathbf{Y})$$

definiert werden.

Analog ist für einen komplexen Raum $\mathbf{L}^p$ der adjungierte Operator des Integraloperators mit dem Kern $K(s, t)$ wieder ein Integraloperator mit dem Kern

$$K^*(s, t) = \overline{K(t, s)}$$

(vgl. III.3.3).

3.3. Betrachtet man U^* als Ausgangsoperator, so kann man wieder den zugehörigen adjungierten Operator bilden, den wir den *zweiten adjungierten* des Operators U nennen und mit U^{**} bezeichnen wollen. Dieser bildet nach Satz 1 den Raum $\mathbf{X}^{**}$ linear in den Raum $\mathbf{Y}^{**}$ ab. Identifizieren wir den Raum $\mathbf{X}$ mit dem Teilraum $\mathbf{X}_0^{**} \subset \mathbf{X}^{**}$ und den Raum $\mathbf{Y}$ mit dem Teilraum $\mathbf{Y}_0^{**} \subset \mathbf{Y}^{**}$[1]), dann stimmt auf $\mathbf{X}_0^{**} = \mathbf{X}$ der Operator U^{**} mit U überein. Genauer gesagt gilt der folgende Satz.

Satz 2 (3.IX). *Für das Element X_x des Raumes $\mathbf{X}_0^{**}$ (das ist das von dem Element $x \in \mathbf{X}$ erzeugte Funktional auf $\mathbf{X}^*$) gilt*

$$U^{**}(X_x) = Y_{U(x)}, \tag{5}$$

wenn Y_y das von dem Element $y \in \mathbf{Y}$ erzeugte Funktional auf $\mathbf{Y}_0^*$ bezeichnet ($Y_y \in Y_0^{**}$).

Beweis. Es sei $g \in \mathbf{Y}^*$. Aus der Definition des adjungierten Operators folgt bei Beachtung der Form der Funktionale X_x und Y_y die Beziehung

$$U^{**}(X_x)\,(g) = X_x\big(U^*(g)\big) = \big(U^*(g)\,(x) = g(U(x)\big) = Y_{U(x)}(g)\,,$$

die mit Formel (5) gleichbedeutend ist.

Folgerung. *Ist der Raum $\mathbf{X}$ reflexiv, dann gilt $U^{**} = U$ (das Gleichheitszeichen ist dabei so zu verstehen, daß man entsprechende Elemente der Räume $\mathbf{X}$ und $\mathbf{X}^{**}$ sowie der Räume $\mathbf{Y}$ und $\mathbf{Y}^{**}$ identifiziert).*

3.4. Beim Übergang zum adjungierten Operator bleibt die Vollstetigkeit erhalten.

Satz 3 (3.IX). *Es sei U ein linearer Operator, der den normierten Raum $\mathbf{X}$ in den B-Raum $\mathbf{Y}$ abbildet. Ist dann einer der Operatoren U oder U^* vollstetig, so ist es auch der andere.*

Beweis. Wir setzen zuerst voraus, daß der Operator U vollstetig ist, nehmen eine beschränkte Folge $\{g_n\}$ von Funktionalen im Raum $\mathbf{Y}$ ($\|g_n\| \leq M$, $n = 1, 2, \ldots$)

---

[1]) Bezüglich der Bezeichnung vgl. Abschnitt V.1.2.

und zeigen, daß man aus der Funktionalfolge $\{U^*(g_n)\}$ eine konvergente Teilfolge auswählen kann.

Mit $\tilde{\mathrm{Y}}$ bezeichnen wir die Abschließung der Menge $U(\mathrm{X})$. Nach Satz 1 (2.IX) ist der Raum $\tilde{\mathrm{Y}}$ separabel. Wir betrachten die Funktionale g_n nur auf $\tilde{\mathrm{Y}}$. Da die Folge $\{g_n\}$ beschränkt ist, kann man aus ihr nach Satz 2 (1.VIII) eine schwach konvergente Teilfolge auswählen, die wir wieder mit $\{g_n\}$ bezeichnen wollen, d. h., es gilt

$$\lim_{n\to\infty} g_n(y) = g(y) \qquad (y \in \tilde{\mathrm{Y}}) .$$

Durch diese Gleichung wird ein lineares Funktional g in $\tilde{\mathrm{Y}}$ definiert, das wir unter Erhaltung seiner Norm auf ganz Y fortsetzen. Wird diese Erweiterung wieder mit g bezeichnet, so genügt sie (vgl. Satz 2 (1.VII)) den Beziehungen

$$g \in \mathrm{Y}^* , \qquad \|g\| \leqq \varliminf_{n\to\infty} \|g_n\| \leqq M .$$

Für $f = U^*(g)$, $f_n = U^*(g_n)$ und beliebiges $x \in \mathrm{X}$ gilt dann wegen $U(x) \in \tilde{\mathrm{Y}}$

$$f_n(x) = g_n\big(U(x)\big) \to g\big(U(x)\big) = f(x) ,$$

d. h.

$$f_n \rightharpoonup f .$$

Wir zeigen, daß die Folge $\{f_n\}$ sogar bezüglich der Norm gegen f konvergiert. Anderenfalls können wir (nach evtl. Übergang zu einer Teilfolge) voraussetzen, daß

$$\|f_n - f\| \geqq m > 0 \qquad (n = 1, 2, \ldots)$$

gilt. Es existiert also zu jedem $n = 1, 2, \ldots$ ein Element x_n mit

$$\|x_n\| = 1 , \; |f_n(x_n) - f(x_n)| > \frac{1}{2}\|f_n - f\| \geqq \frac{1}{2} m \qquad (n = 1, 2, \ldots) ,$$

d. h. für $y_n = U(x_n)$

$$|g_n(y_n) - g(y_n)| \geqq \frac{1}{2} m \qquad (n = 1, 2, \ldots) . \tag{6}$$

Da der Operator U vollstetig ist, enthält die Folge $\{y_n\}$ wegen $\|x_n\| = 1$ $(n = 1, 2, \ldots)$ eine konvergente Teilfolge $\{y_{n_k}\}$. Es gelte $y_{n_k} \to y_0$. Beachten wir, daß y_0 zu $\tilde{\mathrm{Y}}$ gehört, so ergibt sich

$$\begin{aligned}|g_{n_k}(y_{n_k}) - g(y_{n_k})| &\leqq |g_{n_k}(y_{n_k}) - g_{n_k}(y_0)| + |g_{n_k}(y_0) - g(y_0)| + |g(y_0) - g(y_{n_k})| \\ &\leqq 2M\,\|y_{n_k} - y_0\| + |g_{n_k}(y_0) - g(y_0)| \xrightarrow[k\to\infty]{} 0 ,\end{aligned}$$

was der Beziehung (6) widerspricht.

Wir zeigen jetzt, daß aus der Vollstetigkeit von U^* auch die Vollstetigkeit von U folgt.

Zu diesem Zweck betrachten wir den Operator U^{**}, der nach dem ersten Teil des Beweises vollstetig und nach Satz 2 eine Fortsetzung des Operators U ist. Deshalb wird eine beschränkte Teilmenge E von X durch U auf einen kompakten Teil $\dot{U}(E)$ von Y^{**} abgebildet. Wegen der Abgeschlossenheit von $\mathrm{Y} = \mathrm{Y}_0^{**}$ in Y^{**} ist die Menge $U(E)$ damit auch kompakt in Y (siehe I.3.1).

3.5. Unter Benutzung des adjungierten Operators kann man noch folgendes Vollstetigkeitskriterium aussprechen.

Satz 4 (3.IX). *Es sei U ein linearer Operator, der den normierten Raum $\mathbf{X}$ in den separablen B-Raum $\mathbf{Y}$ abbildet. Für die Vollstetigkeit von U ist dann notwendig und hinreichend, daß der adjungierte Operator U^* jede schwach gegen Null konvergente Folge $\{g_n\}$ von Funktionalen auf $\mathbf{Y}$ in eine Folge $\{f_n\} \subset \mathbf{X}^*$ überführt, die bezüglich der Norm gegen Null konvergiert.*

Beweis. Notwendig. Die Folge $\{f_n\}$ konvergiere bezüglich der Norm nicht gegen das Nullelement von $\mathbf{X}^*$. Dann können wir annehmen, daß

$$\|f_n\| \geqq m > 0 \qquad (n = 1, 2, \ldots) \tag{7}$$

gilt. Nach dem vorangehenden Satz ist der Operator U^* vollstetig. Da die Folge $\{g_n\}$ beschränkt ist (Satz 1 (1.VIII)), kann man aus $\{f_n\}$ eine konvergente Teilfolge $\{f_{n_k}\}$ auswählen:

$$f_{n_k} \to f\,. \tag{8}$$

Für jedes $x \in \mathbf{X}$ ergibt sich dann wegen $g_{n_k} \rightharpoonup 0$

$$f(x) = \lim_{k\to\infty} f_{n_k}(x) = \lim_{k\to\infty} g_{n_k}\big(U(x)\big) = 0\,,$$

folglich ist $f = 0$, und die Beziehungen (7) und (8) widersprechen einander.

Hinreichend. Es sei K die Einheitskugel des Raumes $\mathbf{Y}$. Wir zeigen, daß die Menge $U(K)$ im Raum $\mathbf{Y}$ kompakt ist, indem wir nachweisen, daß sie den Bedingungen des Satzes von Gelfand (IX.1.4) genügt. Es gelte $g_n \rightharpoonup 0$ $(g_n \in \mathbf{Y}^*)$. Würde die Folge $\{g_n\}$ auf der Menge $U(K)$ nicht gleichmäßig gegen Null konvergieren, so gäbe es zu einem geeigneten $\varepsilon > 0$ eine Zahlenfolge $\{n_k\}$ $(n_1 < n_2 < \cdots < n_k < \cdots)$ und eine Elementfolge $\{y_k\} \subset U(K)$ mit

$$|g_{n_k}(y_k)| \geqq \varepsilon\,. \tag{9}$$

Wegen $y_k = U(x_k)$, $x_k \in K$, kann man die Beziehung (9) auch in der Form

$$|U^*(g_{n_k})\ (x_k)| \geqq \varepsilon$$

schreiben. Also würde erst recht

$$\|U^*(g_{n_k})\| \geqq \varepsilon \qquad (k = 1, 2, \ldots)$$

gelten, was der Voraussetzung des Satzes widerspricht.

Damit ist der Satz vollständig bewiesen.

3.6. Für einen Operator U im Hilbert-Raum $\mathbf{H}$ wurde der adjungierte Operator bereits in Abschnitt III.3.3 definiert. Wir zeigen, daß die dort angegebene Definition mit der dieses Paragraphen im wesentlichen übereinstimmt.

Es sei g ein lineares Funktional im Raum $\mathbf{H}$. Nach den Ergebnissen von Abschnitt III.3.2 existiert dann ein Element $z \in \mathbf{H}$ mit

$$g(y) = (y, z) \qquad (y \in \mathbf{H})\,. \tag{10}$$

Wir setzen $f = U^* g$. Das Funktional f werde durch das Element $z^* \in \mathbf{H}$ bestimmt:

$$f(x) = (x, z^*) \qquad (x \in \mathbf{H}) . \tag{11}$$

Dann können wir wegen (10) und (11) die Beziehung $f(x) = g(Ux)$ in der Form

$$(x, z^*) = (Ux, z) \qquad (x \in \mathbf{H}) \tag{12}$$

schreiben.

Der Operator U^* ist auf ganz $\mathbf{H}^*$ definiert. Da die Räume $\mathbf{H}^*$ und $\mathbf{H}$ linear isometrisch sind, kann man ihn einfach als Operator in $\mathbf{H}$ betrachten. Man überlegt sich leicht seine Linearität; wir bezeichnen ihn deshalb mit demselben Symbol U^*. Das Funktional g entspricht dem Element z, das Funktional f dem Element z^*, also gilt $z^* = U^* z$, und wir können die Formel (12) folgendermaßen schreiben:

$$(Ux, z) = (x, U^* z) \qquad (x \in \mathbf{H}) .$$

Diese Beziehung stimmt aber mit der in Abschnitt III.3.3 gegebenen Definition des adjungierten Operators überein.

Der adjungierte Operator wurde für spezielle Operatoren in $\mathbf{L}^2$ zuerst von D. HILBERT [18], für andere Spezialfälle von F. RIESZ [38a] eingeführt. Die allgemeine Definition findet man in [175b], [108a] und BANACH [4a].

§ 4. Vollstetige selbstadjungierte Operatoren im HILBERT-Raum

4.1. In diesem Paragraphen untersuchen wir die Struktur vollstetiger selbstadjungierter Operatoren im HILBERT-Raum $\mathbf{H}$. Es wird sich zeigen, daß der Aufbau eines solchen Operators dem einer symmetrischen Matrix ähnelt. Wie bei Matrizen spielen auch bei vollstetigen selbstadjungierten Operatoren die Eigenwerte und damit zusammenhängende Begriffe eine große Rolle.

Die Ergebnisse dieses Paragraphen wurden für Integraloperatoren im Raum $\mathbf{L}^2$ zuerst von D. HILBERT und E. SCHMIDT, allgemeiner für einen separablen Raum $\mathbf{H}$ von J. v. NEUMANN [155] und für einen beliebigen HILBERT-Raum $\mathbf{H}$ von RELLICH [170] bewiesen.

Eine Zahl λ heißt *Eigenwert* des Operators U, wenn ein Element $x_0 \neq 0$ existiert, das der Beziehung

$$Ux_0 = \lambda x_0$$

genügt. Jedes Element $x \neq 0$, für das die Gleichung $U x = \lambda x$ gilt, heißt ein zum gegebenen Eigenwert λ gehöriges *Eigenelement*. Wir betrachten im folgenden Zusammenhang nur lineare Operatoren. Dann bilden die zu einem gegebenen Eigenwert λ gehörenden Eigenelemente den *geometrischen Eigenraum* $\mathbf{H}_\lambda$. Man sieht leicht, daß $\mathbf{H}_\lambda$ ein Teilraum von $\mathbf{H}$ ist.[1])

[1]) Diese Definitionen gelten auch noch für einen linearen Operator U in einem beliebigen normierten Raum $\mathbf{X}$. Den zum Eigenwert λ gehörigen Eigenraum bezeichnen wir in diesem Falle mit $\mathbf{X}_\lambda$.

4.2. Wir beweisen in diesem Abschnitt einige relativ einfache Aussagen über einen selbstadjungierten Operator U (s. III.3.3) im HILBERT-Raum $\mathbf{H}$, im besonderen Hinblick auf Eigenwerte und Eigenelemente.

I. *Der Ausdruck* $(U\,x, x)$ *ist für jedes* $x \in \mathbf{H}$ *reell* (vgl. V.4.2).

Das folgt einfach aus der Gleichung

$$(U\,x, x) = (x, U\,x) = \overline{(U\,x, x)}\,.$$

II. *Es gilt die Beziehung*

$$\|U\| = \sup_{\|x\|=1} |(U\,x, x)|\,.$$

Wir setzen $Q = \sup\limits_{\|x\|=1} |(U\,x, x)|$. Da für $\|x\| = 1$

$$|(U\,x, x)| \leqq \|U\,x\|\;\|x\| = \|U\,x\| \leqq \|U\|$$

ausfällt, erhalten wir sofort $Q \leqq \|U\|$.

Weiter folgt aus der leicht zu verifizierenden Identität (siehe V.4.2)

$$(Ux, y) = \frac{1}{4}\,\{[(U(x+y), x+y) - (U(x-y), x-y)] + i\,[(U(x+y\,i), x+y\,i) - (U(x-y\,i), x-y\,i)]\} \tag{1}$$

wegen I die Ungleichung

$$\begin{aligned} \operatorname{Re}(Ux, y) &= \frac{1}{4}[(U(x+y), x+y) - (U(x-y), x-y)] \\ &\leqq \frac{1}{4}\,Q\,[\|x+y\|^2 + \|x-y\|^2] = \frac{1}{2}\,Q\,[\|x\|^2 + \|y\|^2] \end{aligned}$$

(bezüglich des letzten Gleichheitszeichens siehe II.7.1). Wählen wir hierin ein Element x mit $\|x\| = 1$ und setzen $y = \frac{U\,x}{\|U\,x\|}$, so ergibt sich

$$\|Ux\| = \operatorname{Re}(Ux, y) \leqq Q\,,$$

d. h.

$$\|U\| \leqq Q\,.$$

III. *Alle Eigenwerte des Operators U sind reell.*

Für einen Eigenwert λ mit zugehörigem Eigenelement x gilt nämlich

$$\lambda = \frac{(U\,x, x)}{(x, x)}.$$

Der Zähler dieses Bruches ist aber nach I reell, folglich auch λ.

IV. *Die zu zwei verschiedenen Eigenwerten λ_1 und λ_2 des Operators U gehörenden Eigenräume $\mathbf{H}_{\lambda_1}$ und $\mathbf{H}_{\lambda_2}$ sind orthogonal.*

Es sei $x \in \mathbf{H}_{\lambda_1}$ und $y \in \mathbf{H}_{\lambda_2}$. Wegen $Ux = \lambda_1 x$, $Uy = \lambda_2 y$ erhalten wir z. B. für $\lambda_1 \neq 0$

$$(x, y) = \frac{1}{\lambda_1}\;(U\,x, y) = \frac{1}{\lambda_1}\;(x, Uy) = \frac{\lambda_2}{\lambda_1}(x, y)\,,$$

woraus $(x, y) = 0$ folgt.

4.3. Der Operator U sei jetzt nicht nur selbstadjungiert, sondern zusätzlich noch vollstetig. Dann gilt der folgende Satz.

Satz 1 (4.IX). *Der Operator U hat mindestens einen Eigenwert.*

Beweis. Da die Aussage des Satzes für $U = 0$ offensichtlich richtig ist, können wir $U \neq 0$ voraussetzen.

Als *Grenzen* des Operators U bezeichnet man die reellen Zahlen

$$m = \inf_{||x||=1} (U x, x), \qquad M = \sup_{||x||=1} (U x, x) .$$

Nach II gilt $||U|| = \max (|m|, M)$. Wir zeigen, daß

$$\lambda_1 = \begin{cases} m, & \text{falls } ||U|| = |m| , \\ M, & \text{falls } ||U|| = M , \end{cases}$$

ein Eigenwert von U ist.

Es sei z. B. $||U|| = M$. Nach Definition der Zahl M gibt es eine Folge normierter Elemente $\{x_n\}$ mit

$$(U x_n, x_n) \underset{n\to\infty}{\longrightarrow} M = \lambda_1 . \tag{2}$$

Da die Folge $\{x_n\}$ beschränkt ist, kann man aus der Folge $\{Ux_n\}$ eine konvergente Teilfolge auswählen, die wir wieder mit $\{U x_n\}$ bezeichnen wollen. Es gelte also $Ux_n \to y_0$. Aus der Beziehung

$$||Ux_n - \lambda_1 x_n||^2 = ||Ux_n||^2 - 2 \lambda_1(Ux_n, x_n) + \lambda_1^2 \leqq ||U||^2 + \lambda_1^2 - 2 \lambda_1(Ux_n, x_n)$$

ergibt sich wegen $\lambda_1^2 = ||U||^2$ und Formel (2)

$$U x_n - \lambda_1 x_n \underset{n\to\infty}{\longrightarrow} 0 .$$

Dann hat aber auch die Folge der Elemente

$$x_n = \frac{1}{\lambda_1} [U x_n - (U x_n - \lambda_1 x_n)]$$

einen Grenzwert, nämlich $x_0 = \frac{1}{\lambda_1} y_0$, und wegen $Ux_n \to Ux_0 = y_0$ gilt $y_0 = U x_0 = \lambda_1 x_0$ ($||x_0|| = 1$), d. h., λ_1 ist ein Eigenwert von U.

Damit ist der Satz bewiesen.

Folgerung. *Hat der selbstadjungierte und vollstetige Operator U keine von Null verschiedenen Eigenwerte, dann gilt $U = 0$.*

Bemerkung. Der im Beweis des Satzes gefundene Eigenwert λ_1 ist der betragsmäßig größte des Operators U.

Für irgendeinen Eigenwert λ von U mit zugehörigem normierten Eigenelement x gilt nämlich

$$|\lambda| = |\lambda|(x, x) = |(U x, x)| \leqq ||U|| = |\lambda_1| .$$

4.4. Mit P_λ bezeichnen wir die Projektion auf den Eigenraum $\mathbf{H}_\lambda$ (siehe III.3.4). Dann erhalten wir im folgenden Satz eine wesentliche Verschärfung von Satz 1.

Satz 2 (4.IX). *Die Menge der Eigenwerte eines vollstetigen selbstadjungierten Operators U ist höchstens abzählbar, und es gilt*

$$U = \sum_k \lambda_k P_{\lambda_k}, \tag{3}$$

wenn $\lambda_1, \lambda_2, \ldots$ die untereinander verschiedenen Eigenwerte von U bedeuten. Die in Formel (3) stehende Reihe konvergiert dabei bezüglich der Norm im Raum der Operatoren.

Beweis. Es sei λ irgendein Eigenwert des Operators U. Dann gilt die Beziehung

$$\lambda P_\lambda = U P_\lambda = P_\lambda U . \tag{4}$$

Für beliebiges $x \in \mathbf{H}$ gehört nämlich $P_\lambda x$ zum Eigenraum $\mathbf{H}_\lambda$, d. h. genügt der Gleichung $U P_\lambda x = \lambda P_\lambda x$, und das Produkt $U P_\lambda = \lambda P_\lambda$ ist ein selbstadjungierter Operator. Hieraus ergibt sich nach Abschnitt V.4.1 die Vertauschbarkeit der Operatoren U und P_λ.

Es sei jetzt λ_1 ein betragsmäßig größter Eigenwert des Operators U. Wir betrachten den Operator

$$U_2 = U_1 - \lambda_1 P_{\lambda_1} \qquad (U_1 = U) . \tag{5}$$

Wegen (4) können wir ihn in der Form

$$U_2 = \tilde{P}_1 U_1 = U_1 \tilde{P}_1 \tag{6}$$

mit $\tilde{P}_1 = \mathrm{I} - P_{\lambda_1}$ schreiben. Aus Formel (6) folgt, daß U_2 ein selbstadjungierter und vollstetiger Operator ist (das letztere auf Grund von Satz 2 (2.IX)), für den außerdem

$$\|U_2\| \leqq \|\tilde{P}_1\| \, \|U_1\| \leqq \|U_1\|$$

gilt.

Wenden wir auf den Operator U_2 den vorhergehenden Satz an, so finden wir einen Eigenwert λ_2, der wegen $|\lambda_1| = \|U_1\|$ und $|\lambda_2| = \|U_2\|$ der Ungleichung

$$|\lambda_2| \leqq |\lambda_1|$$

genügt.

Wir zeigen, daß λ_1 kein Eigenwert des Operators U_2 ist. Anderenfalls gäbe es ein Element $x \neq 0$ mit

$$U_2 x = \lambda_1 x$$

oder wegen (5)

$$U_1 x - \lambda_1 P_{\lambda_1} x = \lambda_1 x . \tag{7}$$

Wenden wir auf beide Seiten dieser Gleichung den Operator P_{λ_1} an, so ergibt sich bei Beachtung von Formel (4)

$$\lambda_1 P_{\lambda_1} x = U P_{\lambda_1} x - \lambda_1 P_{\lambda_1} x = 0 ,$$

aus (7) folgt somit

$$U_1 x = \lambda_1 x ,$$

d. h. $x \in \mathbf{H}_{\lambda_1}$, also $x = P_{\lambda_1} x = 0$, was der Voraussetzung $x \neq 0$ widerspricht.

Weiterhin ist jeder von Null verschiedene Eigenwert des Operators U_2 gleichzeitig Eigenwert des Operators U_1, und die zugehörigen Eigenräume fallen zusammen.

Um das zu sehen, sei $\lambda \neq 0$ ein Eigenwert des Operators U_2 und $x \neq 0$ ein zugehöriges Eigenelement: $U_2 x = \lambda x$. Aus (6) folgt

$$U_1 \widetilde{P}_1 x = \lambda x \tag{8}$$

und hieraus

$$\widetilde{P}_1 U_1 \widetilde{P}_1 x = \lambda \widetilde{P}_1 x .$$

Andererseits gilt aber auch

$$\widetilde{P}_1 U_1 \widetilde{P}_1 x = U_1 \widetilde{P}_1^2 x = U_1 \widetilde{P}_1 x = \lambda x ,$$

also $\widetilde{P}_1 x = x$. Aus Gleichung (8) ergibt sich somit

$$U_1 x = \lambda x ,$$

d. h., λ ist ein Eigenwert des Operators U_1. Verstehen wir jetzt unter x ein zum Eigenwert $\lambda \neq \lambda_1$ gehöriges Eigenelement des Operators U_1, dann sind die Eigenräume $\mathbf{H}_\lambda$ und $\mathbf{H}_{\lambda_1}$ orthogonal (siehe Behauptung III aus Abschnitt 4.3), es gilt also $P_{\lambda_1} x = 0$ und deshalb wegen (5)

$$U_2 x = U_1 x - \lambda_1 P_{\lambda_1} x = U_1 x = \lambda x .$$

Somit ist x auch Eigenelement des Operators U_2.

Falls der Operator U_2 nicht mit dem Nulloperator zusammenfällt, kann man von ihm ausgehend wieder einen Operator $U_3 = U_2 - \lambda_2 P_{\lambda_2}$ konstruieren, und durch Fortsetzung dieses Verfahrens erhalten wir vollstetige selbstadjungierte Operatoren $U_1 = U, U_2, \ldots, U_n$ und Eigenwerte $\lambda_1, \lambda_2, \ldots, \lambda_n$ dieser Operatoren mit folgenden Eigenschaften:

$$U_{k+1} = U_k - \lambda_k P_{\lambda_k} = U - \sum_{j=1}^{k} \lambda_j P_{\lambda_j} \qquad (k = 1, 2, \ldots, n-1) ,$$

$$|\lambda_1| \geqq |\lambda_2| \geqq \cdots \geqq |\lambda_n| ,$$

$$\|U_k\| = |\lambda_k| \qquad (k = 1, 2, \ldots, n) .$$

Dabei sind die λ_k $(k = 1, 2, \ldots, n)$ paarweise verschiedene Eigenwerte des Operators $U_1 = U$.

Gilt $U_n = 0$ für eine natürliche Zahl n, dann ergibt sich

$$U = \sum_{j=1}^{n-1} \lambda_j P_{\lambda_j} . \tag{9}$$

Ist $U_n \neq 0$ für jedes $n = 1, 2, \ldots$, so liefert das beschriebene Verfahren eine Folge $U_1, U_2, \ldots$ von Operatoren und Eigenwerte $\lambda_1, \lambda_2, \ldots$. Wir zeigen, daß in diesem Fall die Folge $\{\lambda_n\}$ gegen Null strebt. Anderenfalls würde für alle $n = 1, 2, \ldots$

$$|\lambda_n| \geqq \lambda_0 > 0$$

gelten. Wir wählen aus jedem Teilraum $\mathbf{H}_{\lambda_n}$ ein normiertes Element x_n. Die Elemente x_n sind für verschiedene n paarweise orthogonal; daraus folgt

$$\|U x_m - U x_n\|^2 = \|\lambda_m x_m - \lambda_n x_n\|^2 = |\lambda_m|^2 + |\lambda_n|^2 \geqq 2\lambda_0^2 \qquad (m \neq n),$$

weshalb weder die Folge $\{U x_n\}$ noch eine ihrer Teilfolgen konvergieren würde. Das widerspricht aber der Vollstetigkeit des Operators U. Wegen $\|U_n\| = |\lambda_n|$ folgt aus dem Bewiesenen auch $U_n \underset{n\to\infty}{\longrightarrow} 0$, d. h.

$$U = \sum_{k=1}^{\infty} \lambda_k P_{\lambda_k}.$$

Damit ist gezeigt, daß sich der Operator U in der Form (3) darstellen läßt.

In dieser Darstellung sind zur ursprünglichen Folge $\lambda_1, \lambda_2, \ldots, \lambda_n, \ldots$ keine von Null verschiedenen Eigenwerte hinzugekommen. Wäre nämlich λ ein solcher, so würde für $x \neq 0$ die Gleichung $Ux = \lambda x$, d. h.

$$\lambda x = \sum_k \lambda_k P_{\lambda_k} x$$

gelten. Die Elemente $P_{\lambda_k} x$ gehören zu $\mathbf{H}_{\lambda_k}$, sind also paarweise orthogonal. Somit ergibt sich

$$\lambda P_{\lambda_m} x = \lambda_m P_{\lambda_m} x \qquad (m = 1, 2, \ldots),$$

also wegen $\lambda \neq \lambda_m$ auch $P_{\lambda_m} x = 0$ für alle $m = 1, 2, \ldots$.

Hieraus folgt $x = 0$.

Damit ist der Satz bewiesen.

Bemerkung 1. Man sieht leicht, daß der zu einem von Null verschiedenen Eigenwert λ_k gehörende Eigenraum $\mathbf{H}_{\lambda_k}$ endlichdimensional ist.

Jede beschränkte Menge E in $\mathbf{H}_{\lambda_k}$ ist nämlich das Bild mittels U einer beschränkten Menge $\tilde{E}$, und zwar besteht $\tilde{E}$ aus allen Elementen z der Form $z = \frac{1}{\lambda_k} x$ mit $x \in E$. Hieraus folgt wegen der Vollstetigkeit des Operators U die Kompaktheit von E, also ist $\mathbf{H}_{\lambda_k}$ endlichdimensional (siehe Satz 2 (2.II)).

Bemerkung 2. Aus der (6) entsprechenden Beziehung für den Index k ergibt sich folgende Formel zur Bestimmung des Eigenwertes λ_k:

$$\lambda_k = \pm \sup_{\substack{\|x\|=1 \\ x \perp \mathbf{H}_{\lambda_j}}} |(U x, x)| \qquad (j = 1, 2, \ldots, k-1).$$

4.5. Es sei jetzt $\mathbf{H}_0$ der zum Eigenwert Null gehörige Eigenraum und $\tilde{\mathbf{H}}$ dessen orthogonales Komplement. Da für jedes $x \in \mathbf{H}$, $y \in \mathbf{H}_0$ die Beziehung

$$(Ux, y) = (x, Uy) = 0$$

gilt, folgt $Ux \perp \mathbf{H}_0$, d. h. $U(\mathbf{H}) \subset \tilde{\mathbf{H}}$. Umgekehrt ergibt sich aus $y \perp U(\mathbf{H})$ für beliebiges $x \in \mathbf{H}$

$$0 = (Ux, y) = (x, Uy),$$

d. h. $Uy = 0$, also $y \in \mathbf{H}_0$. Damit haben wir die Beziehung $\tilde{\mathbf{H}} = \overline{U(\mathbf{H})}$ bewiesen.

Wir wählen jetzt in jedem Teilraum $\mathbf{H}_{\lambda_k}$ ein vollständiges Orthonormalsystem. Durch Vereinigung dieser (nach Bemerkung 1) endlichdimensionalen Orthonormalsysteme für $k = 1, 2, \ldots$ erhalten wir ein Orthonormalsystem $x_1, x_2, \ldots$, das nur aus Eigenelementen des Operators U besteht. Denjenigen Eigenwert, der dem Eigenelement x_k entspricht, bezeichnen wir mit λ_k. Dann können also i. a. unter den Eigenwerten λ_k auch untereinander gleiche auftreten.[1]) Aus Satz 2 folgt, daß das so konstruierte Orthonormalsystem in $\tilde{\mathbf{H}}$ vollständig ist, also läßt sich jedes Element $z \in \mathbf{H}$ in der Form

$$z = x_0 + \tilde{x} \tag{10}$$

mit

$$x_0 \in \mathbf{H}_0, \quad \tilde{x} = \sum_k c_k x_k \in \tilde{\mathbf{H}} \quad (c_k = (\tilde{x}, x_k) = (z, x_k), \quad k = 1, 2, \ldots)$$

darstellen. Für $z = Ux$ gilt wegen $z \in \tilde{\mathbf{H}}$ insbesondere

$$z = \sum_k c_k x_k \quad \bigl(c_k = (z, x_k) = (Ux, x_k) = (x, Ux_k) = \lambda_k(x, x_k)\bigr) .$$

Wir betrachten jetzt die Gleichung

$$x - \mu\, Ux = y , \tag{11}$$

in der y ein festes Element aus $\mathbf{H}$ und μ eine komplexe Zahl bezeichnen.

Stellen wir y und das gesuchte Element x in der Form (10) dar, so ergibt sich die Gleichung

$$x_0 + \sum_k c_k x_k - \mu \sum_k c_k \lambda_k x_k = y_0 + \sum_k d_k x_k \quad \bigl(c_k = (x, x_k),\ d_k = (y, x_k)\bigr) ,$$

woraus

$$x_0 = y_0, \quad c_k(1 - \mu\lambda_k) = d_k \qquad (k = 1, 2, \ldots) ,$$

also

$$x_0 = y_0, \qquad c_k = \frac{d_k}{1 - \mu\lambda_k} \qquad (k = 1, 2, \ldots) \tag{12}$$

folgt, sofern für alle $k = 1, 2, \ldots$ die Bedingung

$$1 - \mu\lambda_k \neq 0$$

erfüllt ist. Dabei gilt

$$\sum_k |c_k|^2 \leqq \frac{1}{\min\limits_k |1 - \mu\lambda_k|^2} \sum_k |d_k|^2 < \infty .$$

Also existiert die Lösung der Gleichung (11) und diese ist eindeutig bestimmt. Bezeichnen wir sie mit x^*, so erhalten wir schließlich

$$x^* = y_0 + \sum_k \frac{d_k}{1 - \mu\lambda_k} x_k .$$

[1]) Der Vorteil dieser Bezeichnungsweise besteht darin, daß nicht nur das Eigenelement den Eigenwert, sondern auch umgekehrt der Eigenwert das Eigenelement (bis auf einen Faktor) eindeutig bestimmt.

Ist $\mu \lambda_k = 1$, dann ist die Gleichung (11) genau dann lösbar, wenn die zugehörigen Koeffizienten d_k verschwinden, d. h., wenn die rechte Seite von (11) — also das Element y — zu allen zum Eigenwert $1/\mu$ gehörenden Eigenelementen orthogonal ist. Die zugehörigen Koeffizienten c_k können dann beliebig gewählt werden und deshalb ist die Lösung in diesem Fall nicht eindeutig bestimmt: Bezeichnet x^* eine Lösung, so ist auch jede Linearkombination $x^* + \bar{x}$ für $\bar{x} \in \mathbf{H}_{1/\mu}$ eine Lösung.

Die Werte

$$\mu_k = \frac{1}{\lambda_k} \qquad (k = 1, 2, \ldots)$$

nennen wir die *charakteristischen Zahlen* der Gleichung (11) und die zum Eigenwert λ_k gehörenden Eigenelemente auch zur charakteristischen Zahl μ_k gehörige *charakteristische Elemente.*

Verstehen wir unter U einen Integraloperator mit symmetrischem Kern in $\mathbf{L}^2$,

$$y = U(x), \quad y(s) = \int_a^b K(s, t)\, x(t)\, dt\,,$$

so ergeben die oben abgeleiteten allgemeinen Aussagen bekannte Sätze aus der Theorie der Integralgleichungen, auf deren spezielle Formulierung wir hier verzichten.

Betrachtet man eine symmetrische Matrix als Operator in einem endlichdimensionalen Hilbert-Raum, so erhalten wir entsprechend bekannte Sätze der Matrizentheorie.

4.6. Es sei $\mathbf{H}$ jetzt ein separabler Hilbert-Raum. Für die Darstellung des vollstetigen selbstadjungierten Operators U durch eine Matrix (siehe III.3.1) wählen wir folgendes vollständige Orthonormalsystem: Zu dem oben in $\widetilde{\mathbf{H}}$ konstruierten System fügen wir irgendein vollständiges Orthonormalsystem von $\mathbf{H}_0$ hinzu. Wenn wir das auf diese Weise erhaltene System mit $\{x_k\}$ und die zugehörigen Eigenwerte mit $\{\lambda_k\}$ bezeichnen (gewisse λ_k können also gleich Null sein), dann hat die dem Operator U entsprechende Matrix folgende Gestalt:

$$A = \begin{pmatrix} \lambda_1 & 0 & 0 & \ldots \\ 0 & \lambda_2 & 0 & \ldots \\ 0 & 0 & \lambda_3 & \ldots \\ \ldots & \ldots & \ldots & \ldots \\ \ldots & \ldots & \ldots & \ldots \end{pmatrix}. \tag{13}$$

Die Diagonalelemente dieser Matrix sind die Eigenwerte von U, alle Elemente außerhalb der Hauptdiagonale verschwinden.

Dem Leser sei der einfache Beweis überlassen, daß umgekehrt jeder in der Form (13) darstellbare Operator U vollstetig und selbstadjungiert ist, wenn nur die λ_k reell sind und der Bedingung $\lambda_k \to 0$ genügen.

§ 5. Integraldarstellung eines selbstadjungierten Operators

In diesem Paragraphen zeigen wir, daß sich ein beliebiger selbstadjungierter Operator als abstraktes STIELTJES-Integral darstellen läßt. Für einen vollstetigen selbstadjungierten Operator führt diese Integraldarstellung wieder auf die Formel (3) des vorangehenden Paragraphen.

Diese Darstellung wurde für Operatoren in speziellen Räumen zuerst von D. HILBERT (siehe HILBERT), im allgemeinen Fall von J. v. NEUMANN [155] hergeleitet. Der hier gegebene Beweis stammt von F. RIESZ.

Das wesentliche Hilfsmittel für die Untersuchungen dieses Paragraphen ist der Begriff der Operatorfunktion. Spezielle Operatorfunktionen begegneten uns schon früher, z. B. definierten wir für Operatoren in einem normierten Raum Potenzen mit ganzen Exponenten und für positive Operatoren im HILBERT-Raum die Quadratwurzel. In diesem Paragraphen wird die Zuordnung zwischen Funktionen einer reellen Veränderlichen und Operatoren systematisch auf alle stetigen Funktionen erweitert.

5.1. Es sei U ein selbstadjungierter Operator im HILBERT-Raum **H**. Wie in § 4 bezeichnen wir die Grenzen des Operators U mit

$$m = \inf_{\|x\|=1} (U x, x) , \qquad M = \sup_{\|x\|=1} (U x, x) .$$

Weiter sei $\varphi(t) = c_0 + c_1 t + \cdots + c_n t^n$. Dann setzen wir

$$\varphi(U) = c_0 I + c_1 U + \cdots + c_n U^n$$

und nennen den Operator $\varphi(U)$ ein *Operatorpolynom.*

Operatorpolynome haben u. a. folgende Eigenschaften:

I. $[\varphi(U)]^* = \bar{\varphi}(U)$. Insbesondere ist für ein reelles Polynom $\varphi(t)$ der Operator $\varphi(U)$ selbstadjungiert.

II. Aus $\varphi(t) = \alpha \varphi_1(t) + \beta \varphi_2(t)$ folgt $\varphi(U) = \alpha \varphi_1(U) + \beta \varphi_2(U)$.

III. Aus $\varphi(t) = \varphi_1(t) \varphi_2(t)$ folgt $\varphi(U) = \varphi_1(U) \varphi_2(U)$.

IV. Ein Operatorpolynom ist mit jedem Operator vertauschbar, der mit U vertauschbar ist, d. h., aus $UV = VU$ folgt $\varphi(U)V = V\varphi(U)$.

V. Aus $\varphi(t) \geqq 0$ für $t \in [m, M]$ folgt $\varphi(U) \geqq 0$.

Die ersten vier Eigenschaften sind offensichtlich; wir beschränken uns daher auf den Beweis von V.

Das Polynom $\varphi(t)$ ist nach Voraussetzung im Intervall $[m, M]$ nicht negativ, deshalb hat es reelle Koeffizienten und innerhalb dieses Intervalls keine Nullstelle ungerader Vielfachheit. Die nichtreellen Wurzeln treten in konjugiert komplexen Paaren auf. Da sich beim Durchlaufen einer reellen Nullstelle ungerader Vielfachheit das Vorzeichen des Polynoms ändert, aber das Vorzeichen von $\varphi(t)$ für hinreichend große t mit dem Vorzeichen des Koeffizienten c_n übereinstimmt, ist die Anzahl der reellen Wurzeln, die größer oder gleich M sind, für $c_n > 0$ gerade und für

$c_n < 0$ ungerade. Unter Beachtung dieser Tatsachen sieht man leicht, daß sich $\varphi(t)$ als Produkt

$$\varphi(t) = \varphi_1(t)\,\varphi_2(t)\ldots\varphi_s(t)$$

darstellen läßt, wobei jeder Faktor $\varphi_k(t)$ eine der folgenden Formen hat:

$$\varphi_k(t) = \begin{cases} a & (a > 0)\,, \\ (t+\alpha_k)^2 + \beta_k & (\alpha_k \text{reell},\ \beta_k \geqq 0)\,, \\ t - t_k & (t_k \leqq m)\,, \\ t_k - t & (t_k \geqq M)\,. \end{cases}$$

In jedem Fall gilt $\varphi_k(U) \geqq 0$.

Ist z. B. $\varphi_k(t) = t - t_k$ $(t_k \leqq m)$, so folgt $\varphi_k(U) = U - t_k I$ und

$$\big(\varphi_k(U)\,x, x\big) = (U\,x, x) - (t_k\,x, x) \geqq (m - t_k)\,(x, x) \geqq 0\,.$$

Wegen III ergibt sich weiter

$$\varphi(U) = \varphi_1(U)\,\varphi_2(U)\ldots\varphi_s(U)\,.$$

Die Operatoren $\varphi_k(U)$ sind alle miteinander vertauschbar (Eigenschaft IV), deshalb können wir die Folgerung aus Satz 2 (4.V) anwenden und erhalten schließlich die Beziehung $\varphi(U) \geqq 0$.

Wir erwähnen noch zwei weitere aus I—V folgende Eigenschaften von Operatorpolynomen.

VI. Ist $\varphi_1(t) \leqq \varphi_2(t)$ für alle $t \in [m, M]$, dann gilt (als unmittelbare Folge von II und V) $\varphi_1(U) \leqq \varphi_2(U)$.

VII. $\|\varphi(U)\| \leqq \max\limits_{t \in [m, M]} |\varphi(t)|\,.$

Der Beweis der letzten Beziehung verläuft folgendermaßen. Zunächst gilt

$$\|\varphi(U)\|^2 = \sup_{\|x\|=1} \big(\varphi(U)\,x, \varphi(U)\,x\big) = \sup_{\|x\|=1} \big(\overline{\varphi}(U)\,\varphi(U)\,x, x\big) = \sup_{\|x\|=1} \big(\psi(U)\,x, x\big)$$

mit $\psi(t) = |\varphi(t)|^2$. Für $l = \max\limits_{t \in [m, M]} |\varphi(t)|$ folgt

$$0 \leqq \psi(t) \leqq l^2 \qquad (t \in [m, M])\,,$$

also auch

$$0 \leqq \psi(U) \leqq l^2 I\,,$$

d. h.

$$\sup_{\|x\|=1} \big(\psi(U)\,x, x\big) \leqq l^2\,.$$

5.2. Es sei jetzt $\varphi(t)$ eine im Intervall $[m, M]$ stetige Funktion. Dann gibt es eine Folge $\{\varphi_n\}$ von Polynomen, die in $[m, M]$ gleichmäßig gegen $\varphi(t)$ konvergiert. Aus der Beziehung

$$\|\varphi_{n+p}(U) - \varphi_n(U)\| \leqq \max_{t \in [m, M]} |\varphi_{n+p}(t) - \varphi_n(t)| \xrightarrow[n\to\infty]{} 0$$

ersieht man, daß die Operatorenfolge $\{\varphi_n(U)\}$ ebenfalls konvergent ist.

Existiert noch eine zweite Polynomfolge, die auch in $[m, M]$ gleichmäßig gegen $\varphi(t)$ konvergiert, so konvergiert die Folge der entsprechenden Operatorpolynome gegen den gleichen Grenzoperator wie die erste Folge. Davon kann man sich überzeugen, indem man beide Folgen zu einer einzigen zusammenfaßt. Diese Überlegungen rechtfertigen die Bezeichnung

$$\varphi(U) = \lim_{n \to \infty} \varphi_n(U) .$$

Den Operator $\varphi(U)$ nennen wir eine *Operatorfunktion.*

Wir formulieren jetzt die wichtigsten Eigenschaften der Operatorfunktionen.

Satz 1 (5.IX). a) $[\varphi(U)]^* = \bar{\varphi}(U)$. *Insbesondere ist für eine im Intervall $[m, M]$ reelle Funktion der Operator $\varphi(U)$ selbstadjungiert.*

b) *Aus* $\varphi(t) = \alpha\, \varphi_1(t) + \beta\, \varphi_2(t)$ $(t \in [m, M])$ *folgt* $\varphi(U) = \alpha\, \varphi_1(U) + \beta\, \varphi_2(U)$.

c) *Aus* $\varphi(t) = \varphi_1(t)\, \varphi_2(t)$ $(t \in [m, M])$ *folgt* $\varphi(U) = \varphi_1(U)\, \varphi_2(U)$.

d) *Der Operator $\varphi(U)$ ist mit jedem Operator vertauschbar, der mit U vertauschbar ist.*

e) *Aus* $\varphi(t) \geqq \psi(t)$ $(t \in [m, M])$ *folgt* $\varphi(U) \geqq \psi(U)$.

f) $||\varphi(U)|| \leqq \max\limits_{t \in [m, M]} |\varphi(t)|$. [1])

g) *Konvergiert eine Folge $\{\varphi_n(t)\}$ stetiger Funktionen im Intervall $[m, M]$ gleichmäßig gegen die Funktion $\varphi(t)$, so gilt* $||\varphi_n(U) - \varphi(U)|| \to 0$.

h) *Jede mit U vertauschbare Projektion P genügt der Beziehung*

$$P\, \varphi(U) = P\, \varphi(P\, U) .$$

Beweis. Die Aussagen a)—g) folgen ohne Schwierigkeit aus den Eigenschaften der Operatorpolynome.

Die Behauptung h) ergibt sich zunächst leicht für ein Polynom $\varphi(t)$, indem man beachtet, daß $P^2 = P$, also auch $P_k = P$ $(x = 1, 2, \ldots)$ gilt. Für eine beliebige stetige Funktion $\varphi(t)$ hat man wieder einen Grenzübergang durchzuführen.

5.3. Um den Operator $\varphi(U)$ eindeutig zu bestimmen, braucht man i. a. die Funktion $\varphi(t)$ nicht auf dem ganzen Intervall $[m, M]$ zu kennen. Es genügen dazu vielmehr schon ihre Werte auf einer abgeschlossenen Teilmenge $S_U \subset [m, M]$, nämlich dem Spektrum des Operators U.

Wir sagen, eine Zahl λ ist ein *Punkt des Spektrums* des selbstadjungierten Operators U, falls es eine Folge $\{x_n\}$ mit der Eigenschaft

$$||x_n|| = 1 \quad (n = 1, 2, \ldots), \quad U\, x_n - \lambda\, x_n \xrightarrow[n \to \infty]{} 0 \tag{1}$$

gibt, oder anders ausgedrückt, falls

$$\inf_{||x|| = 1} ||U\, x - \lambda\, x|| = 0 \tag{2}$$

[1]) Wir werden im folgenden Abschnitt 5.3 den genauen Wert von $||\varphi(U)||$ angeben.

gilt. Die Gesamtheit aller Punkte des Spektrums heißt das *Spektrum* des Operators U[1]) und wird mit S_U bezeichnet.

Offensichtlich gehört jeder Eigenwert zum Spektrum, aber nicht jeder Punkt des Spektrums ist notwendig ein Eigenwert. Man sieht z. B. leicht, daß für einen vollstetigen Operator U in einem unendlichdimensionalen HILBERT-Raum $\mathbf{H}$ die Zahl $\lambda = 0$ immer ein Punkt des Spektrums, aber nicht notwendig ein Eigenwert ist.

Es sei jetzt λ ein Punkt des Spektrums von U. Für die Folge $\{x_n\}$ in (1) gilt dann

$$\lambda = \lim_{n\to\infty} (U x_n, x_n) .$$

Hieraus folgt, daß das Spektrum des Operators U auf der reellen Achse liegt und im Intervall $[m, M]$ enthalten ist. *Die Grenzen des Operators U gehören stets zum Spektrum*, wie wir nun anschließend zeigen.

Zu diesem Zweck setzen wir $0 \leqq m \leqq M$ voraus[2]) und betrachten den Punkt $\lambda = M$. Wegen $||U|| = \lambda$ ergibt sich für $||x|| = 1$

$$||Ux - \lambda x||^2 = ||Ux||^2 - 2\lambda(Ux, x) + \lambda^2 \leqq 2\lambda[\lambda - (Ux, x)]$$

und somit

$$\inf_{||x||=1} ||Ux - \lambda x||^2 \leqq 2\lambda[\lambda - \sup_{||x||=1} (Ux, x)] = 0 ,$$

woraus nach (2) folgt, daß λ zum Spektrum von U gehört.

Wir zeigen weiter, daß S_U eine abgeschlossene Menge ist.

Für $\lambda_0 \notin S_U$ erhalten wir nämlich aus (2) die Ungleichung

$$\inf_{||x||=1} ||Ux - \lambda_0 x|| = d > 0 ,$$

so daß für $|\lambda - \lambda_0| < \frac{d}{2}$ noch

$$\inf_{||x||=1} ||Ux - \lambda x|| \geqq \inf_{||x||=1} ||Ux - \lambda_0 x|| - \sup_{||x||=1} ||\lambda_0 x - \lambda x|| > d - \frac{d}{2} = \frac{d}{2} > 0$$

gilt, d. h., das Komplement der Menge S_U ist offen.

Bevor wir das Hauptergebnis dieses Abschnittes formulieren, beweisen wir noch zwei Hilfssätze.

Lemma 1. *Es sei $\varphi(t)$ ein reelles Polynom. Dann gilt $S_{\varphi(U)} = \varphi(S_U)$, d. h., das Spektrum des Operators $\varphi(U)$ besteht aus den Zahlen μ der Form $\mu = \varphi(\lambda)$ $(\lambda \in S_U)$.*

Beweis. Es sei μ eine reelle Zahl und $t_1, t_2, \ldots, t_s$ seien alle Lösungen der Gleichung

$$\varphi(t) = \mu .$$

[1]) Diese Definition hat formal auch dann noch einen Sinn, wenn U ein beliebiger linearer Operator in einem normierten Raum ist. In diesem allgemeinen Fall werden wir jedoch später eine andere Definition des Spektrums vorziehen, die aber für einen selbstadjungierten Operator U im HILBERT-Raum mit der hier angegebenen äquivalent ist.

[2]) Das Erfülltsein dieser Bedingung kann man stets erreichen, indem man zu U einen Operator der Form μI addiert. Dabei verschieben sich das Spektrum und die Grenzen des Operators U auf der reellen Achse um die Strecke μ nach rechts.

Offensichtlich läßt sich dann der Operator $\varphi(U) - \mu I$ als Produkt

$$\varphi(U) - \mu I = c(U - t_1 I)(U - t_2 I) \ldots (U - t_s I) \tag{3}$$

darstellen.

Wir wählen einen Punkt $\lambda \in S_U$. Dann gibt es eine Folge $\{x_n\}$ normierter Elemente mit $Ux_n - \lambda x_n \xrightarrow[n\to\infty]{} 0$. Setzen wir in der Zerlegung (3) $\mu = \varphi(\lambda)$, $t_s = \lambda$, so ergibt sich

$$\varphi(U) x_n - \mu x_n = c(U - t_1 I)(U - t_2 I) \ldots (U x_n - \lambda x_n) \xrightarrow[n\to\infty]{} 0,$$

d. h. $\mu \in S_{\varphi(U)}$.

Gehört umgekehrt keiner der Punkte t_k zum Spektrum des Operators U, dann gilt

$$\inf_{\|x\|=1} \|U x - t_s x\| = \varrho_s > 0,$$

$$\inf_{\|x\|=1} \|(U - t_{s-1} I)(Ux - t_s x)\| \geqq \inf_{\|y\| \geqq \varrho_s} \|Uy - t_{s-1} y\| = \varrho_{s-1} > 0,$$

und durch Fortsetzung dieses Verfahrens erhalten wir schließlich

$$\inf_{\|x\|=1} \|\varphi(U) x - \mu x\| = \varrho_1 > 0,$$

d. h., $\mu = \varphi(t_k)$ $(k = 1, 2, \ldots, s)$ gehört nicht zur Menge $S_{\varphi(U)}$.

Lemma 2. *Ist $\varphi(t)$ ein Polynom, dann gilt*

$$\|\varphi(U)\| = \max_{t \in S_U} |\varphi(t)|.$$

Beweis. Aus der Beziehung

$$\|\varphi(U)\|^2 = \sup_{\|x\|=1} \big(\varphi(U) x, \varphi(U) x\big) = \sup_{\|x\|=1} \big(\bar{\varphi}(U) \varphi(U) x, x\big) = \sup_{\|x\|=1} \big(\psi(U) x, x\big), \tag{4}$$

wobei wir wieder $\psi(t) = |\varphi(t)|^2$ gesetzt haben, folgt, daß $\|\varphi(U)\|^2$ die obere Grenze des (positiven) Operators $\psi(U)$ ist. Diese fällt aber mit dem Supremum seines Spektrums zusammen:

$$M_{\psi(U)} = \sup S_{\psi(U)}. \tag{5}$$

Unter Benutzung von Lemma 1 ergibt sich hieraus

$$\sup S_{\psi(U)} = \sup \psi(S_U) = \sup_{t \in S_U} \psi(t) = [\sup_{t \in S_U} |\varphi(t)|]^2.$$

Wegen der Abgeschlossenheit der Menge S_U kann man in dieser Beziehung das Supremum durch das Maximum ersetzen. Daraus folgt zusammen mit (4) und (5) die Behauptung.

Wir können jetzt ohne Schwierigkeit den Hauptsatz dieses Abschnittes beweisen.

Satz 2 (5.IX). *Ist $\varphi(t)$ eine im Intervall $[m, M]$ stetige Funktion, dann gilt*

$$\|\varphi(U)\| = \max_{t \in S_U} |\varphi(t)|. \tag{6}$$

Es sei $\{\varphi_n(t)\}$ eine Folge von Polynomen, die gleichmäßig gegen $\varphi(t)$ konvergiert. Aus Lemma 2 folgt

$$||\varphi_n(U)|| = \max_{t \in S_U} |\varphi_n(t)| = ||\varphi_n||_C ,$$

woraus sich durch Grenzübergang $n \to \infty$ die Gleichung (6) ergibt.

Folgerung. *Sind φ_1 und φ_2 im Intervall $[m, M]$ stetige Funktionen, die auf dem Spektrum des Operators U übereinstimmen, dann gilt $\varphi_1(U) = \varphi_2(U)$.*

Es sei jetzt $\varphi(t)$ eine auf dem Spektrum des Operators U gegebene stetige Funktion. Dann können wir diese zu einer auf dem ganzen Intervall $[m, M]$ definierten stetigen Funktion $\tilde{\varphi}$ erweitern. Wir setzen

$$\varphi(U) = \tilde{\varphi}(U) .$$

Wegen der Folgerung aus Satz 2 hängt der Operator $\varphi(U)$ nicht von der speziellen Art der Fortsetzung der Funktion $\varphi(t)$ ab und wird nur durch die Werte von φ auf S_U bestimmt. Man sieht auch leicht, daß sich die in Satz 1 formulierten Aussagen auf die soeben definierten Operatorfunktionen übertragen lassen (man braucht in der Formulierung von Satz 1 nur das Intervall $[m, M]$ überall durch die Menge S_U zu ersetzen).

Diese Erweiterung des Begriffes der Operatorfunktion gestattet es, einen wichtigen Satz zu beweisen, der das Spektrum eines selbstadjungierten Operators charakterisiert.

Eine komplexe Zahl λ heißt ein *regulärer Wert* des Operators U, wenn sie nicht zum Spektrum S_U gehört.

Satz 3 (5.IX). *Die Zahl λ ist genau dann ein regulärer Wert des Operators U, wenn der lineare inverse Operator*

$$R_\lambda = [U - \lambda I]^{-1}$$

in **H** *existiert.*[1])

Beweis. Ist λ ein regulärer Wert, dann definieren wir auf der Menge S_U die Funktion ϱ_λ:

$$\varrho_\lambda(t) = \frac{1}{t - \lambda}$$

und setzen $R_\lambda = \varrho_\lambda(U)$. Wegen

$$(t - \lambda)\, \varrho_\lambda(t) = 1 \qquad (t \in S_U)$$

gilt nach Satz 1

$$(U - \lambda I)\, R_\lambda = R_\lambda(U - \lambda I) = I ,$$

d. h.

$$R_\lambda = (U - \lambda I)^{-1} .$$

Die Beschränktheit von R_λ ergibt sich unmittelbar nach Satz 1.

[1]) Dieser Satz stellt die Verbindung zwischen der oben gegebenen Definition des Spektrums eines selbstadjungierten Operators und der Definition des Spektrums für beliebige lineare Operatoren in normierten Räumen (siehe Kapitel XIII) her.

Existiert umgekehrt der lineare inverse (oder wenigstens linksinverse) Operator

$$R_\lambda = [U - \lambda I]^{-1},$$

so ergibt sich für $\|x\| = 1$

$$\|R_\lambda(U - \lambda I)\, x\| = \|x\| = 1$$

und folglich

$$\inf_{\|x\|=1} \|U x - \lambda x\| \geqq \frac{1}{\|R_\lambda\|} > 0 .$$

Mit Hilfe von Satz 3 können wir das Ergebnis von Lemma 1 auf beliebige stetige reelle Funktionen übertragen.

Satz 4 (5.IX). *Ist $\varphi(t)$ eine auf S_U stetige Funktion, dann gilt*

$$S_{\varphi(U)} = \varphi(S_U) .$$

Beweis. Es sei $\mu \notin \varphi(S_U)$. Dann ist die Funktion ψ:

$$\psi(t) = \frac{1}{\varphi(t) - \mu} \qquad (t \in S_U)$$

auf der Menge S_U stetig, folglich existiert der Operator

$$\psi(U) = [\varphi(U) - \mu I]^{-1},$$

und nach Satz 3 gilt $\mu \notin S_{\varphi(U)}$.

Wir setzen jetzt umgekehrt $\mu = \varphi(\lambda)$ mit $\lambda \in S_U$ voraus. $\{\varphi_n(t)\}$ sei eine auf S_U gleichmäßig gegen $\varphi(t)$ konvergente Folge von Polynomen. Dann gilt

$$\|\varphi(U)\, x - \mu x\| \leqq \|\varphi_n(U)\, x - \varphi_n(\lambda)\, x\| + \|\varphi(U) - \varphi_n(U)\|\, \|x\| + |\mu - \varphi_n(\lambda)|\, \|x\| ,$$

und da wegen Lemma 1 die Gleichung

$$\inf_{\|x\|=1} \|\varphi_n(U)\, x - \varphi_n(\lambda)\, x\| = 0$$

besteht, ergibt sich

$$\inf_{\|x\|=1} \|\varphi(U)\, x - \mu x\| \leqq \|\varphi(U) - \varphi_n(U)\| + |\mu - \varphi_n(\lambda)| .$$

Lassen wir in dieser Beziehung $n \to \infty$ streben, so erhalten wir schließlich

$$\inf_{\|x\|=1} \|\varphi(U)\, x - \mu x\| = 0 ,$$

d. h. $\mu \in S_{\varphi(U)}$.

5.4. Man kann jedem selbstadjungierten Operator U eine Familie von Projektionen zuordnen, mit deren Hilfe sich der Operator U selbst sowie seine Operatorfunktionen als Integral vom Stieltjes-Typ darstellen lassen.

Es sei U ein selbstadjungierter Operator. Wir betrachten die Funktion

$$\varphi_\lambda^+(t) = \begin{cases} 0 & (t \leqq \lambda), \\ t - \lambda & (t > \lambda) \end{cases}$$

und setzen

$$U_\lambda^+ = \varphi_\lambda^+(U) .$$

Weiter sei $\mathbf{H}_\lambda^+$ die Menge aller Elemente, für die $U_\lambda^+ x = 0$ gilt, d. h., $\mathbf{H}_\lambda^+$ ist der zum Eigenwert Null gehörige Eigenraum des Operators U_λ^+. Schließlich bezeichnen wir noch die Projektion auf den Teilraum $\mathbf{H}_\lambda^+$ mit I_λ.

Der folgende Satz zeigt, daß die Eigenschaften der Projektionen I_λ eng mit dem Spektrum des Operators U zusammenhängen. Deshalb nennt man die Projektionenschar I_λ die *Spektralfunktion* oder auch die *Spektralschar* des Operators U.

Satz 5 (5.IX). a) *Für* $\lambda < m$ *gilt* $I_\lambda = 0$; *für* $\lambda > M$ *gilt* $I_\lambda = I$.

b) *Aus* $\lambda \leqq \mu$ *folgt* $I_\lambda \leqq I_\mu$.

c) *Die Spektralfunktion ist als Funktion von* λ *rechtsseitig stetig:*

$$I_\lambda = I_{\lambda+0} = \lim_{\mu \to \lambda+0} I_\mu \quad \textit{auf } \mathbf{H}\,.$$

d) *Die Projektion* I_λ $(-\infty < \lambda < \infty)$ *ist mit jedem Operator vertauschbar, der mit* U *vertauschbar ist.*

e) *Jeder reelle reguläre Wert* λ *des Operators* U *ist ein Konstanzpunkt der Spektralfunktion, d. h., es gibt ein* $\delta > 0$, *so daß* $I_{\lambda-\delta} = I_{\lambda+\delta}$ *gilt. Umgekehrt sind alle Konstanzpunkte der Spektralfunktion auch reguläre Werte des Operators* U.

f) *Die reelle Zahl* λ *ist dann und nur dann ein Eigenwert des Operators* U, *wenn* $I_\lambda = I_{\lambda+0} \neq I_{\lambda-0}$ *gilt, wobei wir* $I_{\lambda-0} = \lim_{\mu \to \lambda-0} I_\mu$ *gesetzt haben. Dabei ist der Operator* $P_\lambda = I_\lambda - I_{\lambda-0}$ *die Projektion auf den zum Eigenwert* λ *gehörigen Eigenraum.*

g) *Gilt im Intervall* $[\lambda, \mu]$ $\varphi(t) \geqq 0$, *so folgt daraus* $[I_\mu - I_\lambda]\,\varphi(U) \geqq 0$. [1])

Beweis. a) Für $\lambda < m$ ist $U_\lambda^+ = U - \lambda\,\mu$. Damit ergibt sich für $x \neq 0$

$$(U_\lambda^+ x, x) = (U x, x) - \lambda(x, x) \geqq (m - \lambda)\,(x, x) > 0\,,$$

so daß $\mathbf{H}_\lambda^+$ nur aus dem Nullelement besteht.

Für $\lambda > M$ erhalten wir $U_\lambda^+ = 0$, also $\mathbf{H}_\lambda^+ = \mathbf{H}$.

b) Ist $\lambda \leqq \mu$, dann gilt $\varphi_\lambda^+(t) \geqq \varphi_\mu^+(t) \geqq 0$ und somit nach Satz 1 $U_\lambda^+ \geqq U_\mu^+ \geqq 0$, d. h.

$$0 \leqq (U_\mu^+ x, x) \leqq (U_\lambda^+ x, x) \qquad (x \in \mathbf{H})\,.$$

Aus $x \in \mathbf{H}_\lambda^+$ folgt $U_\lambda^+ x = 0$ und daraus

$$(U_\mu^+ x, x) = 0\,,$$

d. h. $U_\mu^+ x = 0$ [2]), also $x \in \mathbf{H}_\mu^+$. Damit haben wir die Inklusion $\mathbf{H}_\lambda^+ \subset \mathbf{H}_\mu^+$ bewiesen, die nach dem Lemma in Abschnitt V.4.7 mit $I_\lambda \leqq I_\mu$ gleichbedeutend ist.

---

[1]) Wie wir aus 5.3 wissen, braucht die Ungleichung $\varphi(t) \geqq 0$ nur in den Punkten des Intervalls $[\lambda, \mu]$ erfüllt zu sein, die zum Spektrum von U gehören.

[2]) Für einen positiven Operator V zieht nämlich $(Vx, x) = 0$ stets $Vx = 0$ nach sich, denn aus $0 = (Vx, x) = ([\sqrt{V}]^2 x, x) = (\sqrt{V}\,x, \sqrt{V}\,x)$, d. h. $\sqrt{V}\,x = 0$, folgt $Vx = \sqrt{V}\,[\sqrt{V}\,x] = 0$.

c) Da I_λ für fallendes λ monoton fällt, existiert nach Satz 7(4.V) der Grenzwert $I_{\lambda+0} = \lim_{\mu \to \lambda+0} I_\mu$ auf $\mathbf{H}$ und ist selbst eine Projektion. Den zugehörigen Teilraum bezeichnen wir mit $\mathbf{H}^+_{\lambda+0}$. Wegen $I_\lambda \leqq I_{\lambda+0}$ gilt $\mathbf{H}^+_\lambda \subset \mathbf{H}^+_{\lambda+0}$. Es sei jetzt $x \in \mathbf{H}^+_{\lambda+0}$. Dann gehört x auch zu H^+_μ $(\mu > \lambda)$, d. h. $I_\mu x = x$. Daraus folgt $U^+_\mu x = 0$ und wegen

$$\|U^+_\mu - U^+_\lambda\| = \max_{t \in S_U} |\varphi^+_\mu(t) - \varphi^+_\lambda(t)| \leqq \mu - \lambda$$

auch

$$U^+_\lambda x = \lim_{\mu \to \lambda+0} U^+_\mu x = 0 ,$$

d. h. $x \in \mathbf{H}^+_\lambda$. Es gilt also $\mathbf{H}^+_{\lambda+0} \subset \mathbf{H}^+_\lambda$, womit die Gleichungen $\mathbf{H}^+_{\lambda+0} = \mathbf{H}^+_\lambda$ und $I_{\lambda+0} = I_\lambda$ bewiesen sind.

d) Es sei jetzt V ein mit U vertauschbarer Operator. Nach Satz 1 ist der Operator V auch mit U^+_λ vertauschbar. Daraus folgt für $x \in \mathbf{H}^+_\lambda$

$$U^+_\lambda Vx = V\, U^+_\lambda x = 0 ,$$

d. h. $V x \in \mathbf{H}^+_\lambda$. Ist x ein beliebiges Element aus $\mathbf{H}$, so ergibt sich hieraus $V I_\lambda x \in \mathbf{H}^+_\lambda$, also

$$V I_\lambda = I_\lambda V I_\lambda . \tag{7}$$

Der Operator V^* ist — wie leicht zu sehen — ebenfalls mit U vertauschbar. Deshalb kann man in Formel (7) V durch V^* ersetzen:

$$V^* I_\lambda = I_\lambda V^* I_\lambda .$$

Gehen wir auf beiden Seiten dieser Gleichung zu den adjungierten Operatoren über, so folgt

$$I_\lambda V = I_\lambda V I_\lambda .$$

Zusammen mit (7) ergibt sich daraus

$$I_\lambda V = V I_\lambda .$$

e) Wir führen den Operator

$$U^-_\lambda = \varphi^-_\lambda(U)$$

mit

$$\varphi^-_\lambda(t) = \begin{cases} t - \lambda & (t \leqq \lambda) , \\ 0 & (t > \lambda) \end{cases}$$

ein und zeigen zunächst die Gültigkeit der Beziehung

$$U^-_\lambda = I_\lambda (U - \lambda I) . \tag{8}$$

Aus

$$U - \lambda I = U^+_\lambda + U^-_\lambda \tag{9}$$

folgt für $x \in \mathbf{H}^+_\lambda$

$$U x - \lambda x = U^-_\lambda x .$$

Ist jetzt x ein beliebiges Element aus $\mathbf{H}$, so ergibt sich mit Hilfe von d)

$$I_\lambda(U x - \lambda x) = (U - \lambda I)\, I_\lambda x = U^-_\lambda I_\lambda x = I_\lambda U^-_\lambda x . \tag{10}$$

Wegen $U_\lambda^+ U_\lambda^- = 0$, d. h. $U_\lambda^+(U_\lambda^- x) = 0$, gehört $U_\lambda^- x$ zu $\mathbf{H}_\lambda^+$, d. h., es gilt $I_\lambda U_\lambda^- x = U_\lambda^- x$, womit wir die Formel (8) bewiesen haben.

Wir setzen jetzt voraus, daß λ_0 ein Konstanzpunkt der Spektralfunktion I_λ ist, d. h., daß ein offenes Intervall (λ, μ) mit $\lambda_0 \in (\lambda, \mu)$ und $I_\lambda = I_\mu$ existiert, und betrachten den Operator

$$P = \frac{U_\lambda^- - U_\mu^-}{\mu - \lambda}.$$

Unter Benutzung von Formel (8) folgt

$$P = \frac{I_\lambda(U - \lambda I) - I_\mu(U - \mu I)}{\mu - \lambda} = I_\lambda,$$

d. h., P ist eine Projektion. Außerdem gilt

$$P = \sigma(U),$$

wobei die Funktion $\sigma(t)$ gleich Eins für $t \leqq \lambda$, gleich Null für $t \geqq \mu$ und im Intervall $[\lambda, \mu]$ linear ist.

Angenommen, in (λ, μ) lägen Punkte des Spektrums von U, z. B. sei $\tilde{\lambda} \in S_U$. Dann ergibt sich einerseits

$$Q = P - P^2 = 0,$$

andererseits nach Satz 2

$$\|Q\| = \max_{t \in S_U} |\sigma(t) - \sigma^2(t)| \geqq \sigma(\tilde{\lambda}) - \sigma^2(\tilde{\lambda}) > 0.$$

Deshalb ist auch im besonderen der Punkt $\lambda_0 \in (\lambda, \mu)$ ein regulärer Wert.

Wir setzen jetzt voraus, daß λ ein Wachstumspunkt der Spektralfunktion I_λ ist. Das bedeutet, daß für jedes $\delta > 0$

$$I_{\lambda+\delta} - I_{\lambda-\delta} \neq 0$$

gilt.

Es sei $x \in \mathbf{H}_{\lambda+\delta}^+ \ominus \mathbf{H}_{\lambda-\delta}^+$. Aus $x \in \mathbf{H}_{\lambda+\delta}^+$ folgt $U_{\lambda+\delta}^+ x = 0$. Wegen

$$\|U_{\lambda+\delta}^+ - U_\lambda^+\| \leqq \delta$$

ergibt sich daraus

$$\|U_\lambda^+ x\| \leqq \delta \, \|x\|.$$

Weiter ist $x \perp \mathbf{H}_{\lambda-\delta}^+$, d. h. $I_{\lambda-\delta} x = 0$, also

$$I_{\lambda-\delta} U_{\lambda-\delta}^+ x = U_{\lambda-\delta}^- I_{\lambda-\delta} x = 0,$$

woraus wir die Beziehung $U_{\lambda-\delta}^- x \perp \mathbf{H}_{\lambda-\delta}^+$ erhalten. Wie oben gezeigt wurde, gilt stets $U_{\lambda-\delta}^- x \in \mathbf{H}_{\lambda-\delta}^+$, also in unserem Fall $U_{\lambda-\delta}^- x = 0$. Damit ergibt sich analog wie eben aus

$$\|U_{\lambda-\delta}^- - U_\lambda^-\| \leqq \delta$$

wieder

$$\|U_\lambda^- x\| \leqq \delta \, \|x\|.$$

Zusammen mit (9) folgt daraus

$$\|U x - \lambda x\| \leqq \|U_\lambda^+ x\| + \|U_\lambda^- x\| \leqq 2\delta \, \|x\|. \tag{11}$$

Wählen wir jetzt eine Nullfolge $\{\delta_n\}$ und eine entsprechende Folge normierter Elemente $x_n \in \mathbf{H}^+_{\lambda+\delta} \ominus \mathbf{H}^+_{\lambda-\delta}$, so finden wir schließlich die Beziehung

$$\|U x_n - \lambda x_n\| \xrightarrow[n\to\infty]{} 0,$$

d. h., λ gehört zum Spektrum des Operators U.

f) Zunächst existiert wegen der Monotonie der Spektralfunktion der Grenzwert

$$I_{\lambda-0} = \lim_{\mu\to\lambda-0} I_\mu \text{ auf } \mathbf{H},$$

und $I_{\lambda-0}$ ist wieder eine Projektion. Offensichtlich gilt auch $I_{\lambda-0} \leqq I_\lambda$.

Wir setzen jetzt voraus, daß im Punkte λ der rechtsseitige und der linksseitige Grenzwert der Spektralfunktion I_λ verschieden sind:

$$I_{\lambda-0} \neq I_{\lambda+0} = I_\lambda .$$

Bezeichnet $\mathbf{H}^+_{\lambda-0}$ den zur Projektion $I_{\lambda-0}$ gehörigen Teilraum, so wählen wir ein $x \in \mathbf{H}^+_\lambda \ominus \mathbf{H}^+_{\lambda-0}$. Offensichtlich gehört dann x für jedes $\delta > 0$ auch zum Teilraum $\mathbf{H}^+_{\lambda+\delta} \ominus \mathbf{H}^+_{\lambda-\delta}$. Da nunmehr die Ungleichung (11) für jedes $\delta > 0$ erfüllt ist und ihre linke Seite nicht von δ abhängt, folgt

$$\|U x - \lambda x\| = 0,$$

d. h., λ ist ein Eigenwert des Operators U mit zugehörigem Eigenelement x. Bezeichnet $\mathbf{H}_\lambda$ wie üblich den Eigenraum und P_λ die Projektion auf $\mathbf{H}_\lambda$, so haben wir damit die Beziehung

$$\mathbf{H}_\lambda \supset \mathbf{H}^+_\lambda \ominus \mathbf{H}^+_{\lambda-0} \qquad (P_\lambda \geqq I_\lambda - I_{\lambda-0})$$

bewiesen.

Wir betrachten weiter die Projektion

$$I'_\mu = P_\lambda - I_\mu P_\lambda \qquad (-\infty < \mu < \infty)$$

und zeigen, daß die Gleichungen $I'_\mu x = 0$ und $P_\lambda U^+_\mu x = 0$ äquivalent sind. Gilt nämlich $I'_\mu x = 0$, so folgt $P_\lambda x = I_\mu P_\lambda x$ und daraus $P_\lambda U^+_\mu x = U^+_\mu P_\lambda x = 0$.[1]) Umgekehrt ergibt sich aus $P_\lambda U^+_\mu x = 0$, daß $P_\lambda x$ zu $\mathbf{H}^+_\mu$ gehört und somit $I_\mu P_\lambda x = P_\lambda x$, d. h. $I^+_\mu x = 0$.

Unter Benutzung der Aussage h) von Satz 1 erhalten wir

$$P_\lambda U^+_\mu = P_\lambda \varphi^+_\mu (P_\lambda U) .$$

Nun gilt aber

$$P_\lambda U = \lambda P_\lambda ,$$

womit unmittelbar aus der Definition der Operatorfunktion die Beziehung

$$P_\lambda U^+_\mu = \begin{cases} (\lambda - \mu) P_\lambda & (\mu < \lambda) , \\ 0 & (\mu \geqq \lambda) \end{cases}$$

---

[1]) Die Vertauschbarkeit von P_λ mit U und damit auch U^+_μ kann sich der Leser leicht selbst überlegen.

folgt. Für $\mu < \lambda$ sind also die Gleichungen $I'_\mu x = 0$ und $P_\lambda x = 0$ äquivalent, d. h., die Operatoren I'_μ und P_λ sind einander gleich: $I'_\mu = P_\lambda$. Ist $\mu \geqq \lambda$, so gilt $I'_\mu = 0$, also ergibt sich insgesamt

$$I_\mu P_\lambda = \begin{cases} 0 & (\mu < \lambda)\,, \\ P_\lambda & (\mu \geqq \lambda)\,. \end{cases}$$

Aus der Identität

$$I_\mu = I_\mu P_\lambda + I_\mu(I - P_\lambda)$$

folgt damit

$$I_{\lambda-0} = \lim_{\mu \to \lambda - 0} I_\mu = I_{\lambda-0}(I - P_\lambda)\,,$$

woraus wir zusammen mit

$$I_\lambda = I_\lambda P_\lambda + I_\lambda (I - P_\lambda) = P_\lambda + I_\lambda(I - P_\lambda)$$

die Beziehung

$$I_\lambda - I_{\lambda-0} = P_\lambda + (I_\lambda - I_{\lambda-0})(I - P_\lambda) \geqq P_\lambda$$

erhalten. Wegen $P_\lambda \neq 0$ gilt also erst recht $I_\lambda - I_{\lambda-0} \neq 0$, d. h., die Spektralfunktion hat im Punkte λ einen Sprung. Zusammen mit der oben bewiesenen Inklusion $H_\lambda \supset H_\lambda^+ \ominus H_{\lambda-0}^+$ ergibt sich noch

$$P_\lambda = I_\lambda - I_{\lambda-0}\,.$$

g) Wir setzen zunächst $\varphi(t) = 0$ für $t \in [\lambda, \mu]$ voraus und zeigen, daß dann $[I_\mu - I_\lambda]\,\varphi(U) = 0$ gilt. Zu diesem Zweck betrachten wir diejenige Funktion $\tilde{\varphi}(t)$, die in den Punkten $\lambda_1, \lambda_2, \ldots, \lambda_r$ ($\lambda_k \leqq \lambda$, $\lambda_r = \lambda$) und $\mu_1, \mu_2, \ldots, \mu_s$ ($\mu_k \geqq \mu$, $\mu_1 = \mu$) mit der Funktion $\varphi(t)$ zusammenfällt und in den dazwischenliegenden Intervallen linear verläuft. $\tilde{\varphi}(t)$ besitzt dann offensichtlich die Darstellung

$$\tilde{\varphi}(t) = \sum_{k=1}^{r} \alpha_k \varphi_{\lambda_k}^-(t) + \sum_{k=1}^{s} \beta_k \varphi_{\mu_k}^+(t)\,,$$

woraus

$$\tilde{\varphi}(U) = \sum_{k=1}^{r} \alpha_k U_{\lambda_k}^- + \sum_{k=1}^{s} \beta_k U_{\mu_k}^+$$

folgt.

Der Operator $\tilde{\varphi}(U)$ erfüllt die Gleichung

$$[I_\mu - I_\lambda]\,\tilde{\varphi}(U) = 0\,. \tag{12}$$

Um dies zu sehen, betrachten wir in der Summe

$$[I_\mu - I_\lambda]\,\tilde{\varphi}(U) = \sum_{k=1}^{r} \alpha_k [I_\mu - I_\lambda]\, U_{\lambda_k}^- + \sum_{k=1}^{s} \beta_k [I_\mu - I_\lambda]\, U_{\mu_k}^+$$

jeden Summanden einzeln. Unter Benutzung von Formel (8) ergibt sich

$$[I_\mu - I_\lambda]\, U_{\lambda_k}^- = [I_\mu - I_\lambda]\, I_{\lambda_k}(U - \lambda_k I) = [I_\mu I_{\lambda_k} - I_\lambda I_{\lambda_k}]\,(U - \lambda_k I)\,.$$

Nun gilt aber wegen $I_{\lambda_k} \leqq I_\lambda \leqq I_\mu$ auch $I_\mu I_{\lambda_k} = I_\lambda I_{\lambda_k} = I_{\lambda_k}$, hieraus folgt $[I_\mu - I_\lambda]\, U_{\lambda_k}^- = 0$. Weiter gilt unter Benutzung von d)

$$[I_\mu - I_\lambda]\, U_{\mu_k}^+ = I_\mu [I - I_\lambda]\, U_{\mu_k}^+ = [I - I_\lambda]\, U_{\mu_k}^+ I_\mu = 0\,.$$

Damit ist die Gleichung (12) bewiesen.

Die Funktion $\varphi(t)$ läßt sich nun als Grenzwert einer im Intervall $[m, M]$ gleichmäßig konvergenten Folge stückweise linearer Funktionen der betrachteten Art darstellen. Da die Beziehung (12) für jede Funktion dieser Folge erfüllt ist, liefert der wegen Aussage g) von Satz 1 erlaubte Grenzübergang $n \to \infty$ die gewünschte Beziehung $[I_\mu - I_\lambda]\,\varphi(U) = 0$.

Die Funktion $\varphi(t)$ genüge jetzt den Voraussetzungen des Satzes, d. h., es gelte $\varphi(t) \geqq 0$ für $t \in [\lambda, \mu]$. Neben $\varphi(t)$ betrachten wir die Funktion $\psi(t)$:

$$\psi(t) = \begin{cases} \varphi(\lambda), & t \leqq \lambda \\ \varphi(t), & \lambda \leqq t \leqq \mu \\ \varphi(\mu), & t > \mu \end{cases}$$

Aus $\psi(t) \geqq 0$ für alle t folgt (s. 5.1.V) $\psi(U) \geqq 0$ und deshalb erst recht $[I_\mu - I_\lambda]\,\psi(U) \geqq 0$. Nun fallen aber im Intervall $[\lambda, \mu]$ die Funktionen $\varphi(t)$ und $\psi(t)$ zusammen, also gilt nach dem oben Bewiesenen

$$[I_\mu - I_\lambda]\,[\varphi(U) - \psi(U)] = 0\,,$$

d. h.

$$[I_\mu - I_\lambda]\,\varphi(U) = [I_\mu - I_\lambda]\,\psi(U) \geqq 0\,.$$

Damit ist der Beweis des Satzes beendet.

5.5. Wir gehen jetzt zur Integraldarstellung von Operatorfunktionen über. Es sei $\varphi(t)$ eine auf $(-\infty, +\infty)$ definierte reelle stetige beschränkte Funktion.[1] Wir betrachten eine Zerlegung der Zahlengeraden durch die Punkte $-\infty = \lambda_0 < < \lambda_1 < \cdots < \lambda_n < \lambda_{n+1} = \infty$ $(\lambda_1 < m, \lambda_n > M)$ und bilden die Summen

$$s = \sum_{k=1}^{n-1} l_k\,[I_{\lambda_{k+1}} - I_{\lambda_k}], \qquad S = \sum_{k=1}^{n-1} L_k\,[I_{\lambda_{k+1}} - I_{\lambda_k}] \tag{13}$$

mit

$$l_k = \inf_{t \in [\lambda_k, \lambda_{k+1}]} \varphi(t)\,, \qquad L_k = \sup_{t \in [\lambda_k, \lambda_{k+1}]} \varphi(t)\,.$$

Da die Funktion $\varphi(t)$ im Intervall $[\lambda_k, \lambda_{k+1}]$ der Bedingung

$$l_k \leqq \varphi(t) \leqq L_k$$

genügt, gilt nach Punkt g) von Satz 5

$$l_k[I_{\lambda_{k+1}} - I_{\lambda_k}] \leqq [I_{\lambda_{k+1}} - I_{\lambda_k}]\,\varphi(U) \leqq L_k\,[I_{\lambda_{k+1}} - I_{\lambda_k}]\,.$$

Durch Addition dieser Beziehungen ergibt sich

$$s \leqq \varphi(U) \leqq S\,. \tag{14}$$

Andererseits gilt aber mit $\delta = \max\limits_{k=1,2,\ldots,n-1} (\lambda_{k+1} - \lambda_k)$

$$S - s = \sum_{k=1}^{n-1} (L_k - l_k)\,[I_{\lambda_{k+1}} - I_{\lambda_k}] \leqq \delta I\,.$$

[1]) Man kann auch annehmen, daß die Funktion $\varphi(t)$ zunächst nur auf dem Spektrum des Operators U gegeben ist und dann anschließend auf die ganze reelle Achse erweitert wird.

Aus $\delta \to 0$ folgt somit $||S - s|| \to 0$. Wegen $0 \leqq S - \varphi(U) \leqq S - s$ erhalten wir also $S \underset{\delta \to 0}{\longrightarrow} \varphi(U)$ und analog $s \underset{\delta \to 0}{\longrightarrow} \varphi(U)$.

Wir bilden jetzt die „Integralsumme“

$$\sigma = \sum_{k=1}^{n-1} \varphi(\xi_k)\,[I_{\lambda_{k+1}} - I_{\lambda_k}] \qquad (\lambda_k \leqq \xi_k \leqq \lambda_{k+1})\,. \tag{15}$$

Man zeigt ohne Schwierigkeit, daß diese der Bedingung

$$s \leqq \sigma \leqq S$$

genügt, also gilt

$$\lim_{\delta \to 0} \sigma = \lim_{\delta \to 0} S = \varphi(U)\,.$$

Diesen Grenzwert kann man aber als das Integral

$$\lim_{\delta \to 0} \sigma = \int_{-\infty}^{\infty} \varphi(t)\, dI_t \tag{16}$$

ansehen.

Damit erhalten wir die Beziehung

$$\varphi(U) = \int_{-\infty}^{\infty} \varphi(t)\, dI_t\,. \tag{17}$$

Ist insbesondere $\varphi(t) = t$, so liefert Formel (17) die *Integraldarstellung* des Operators U

$$U = \int_{-\infty}^{\infty} t\, dI_t\,. \tag{18}$$

Die in Satz 1 und in Abschnitt 5.3 angeführten Eigenschaften von Operatorfunktionen können nun auch mit Hilfe des Operatorintegrals (16) formuliert werden. Wir weisen noch auf eine Formel hin, die einen Zusammenhang zwischen dem Begriff der Operatorfunktion und dem gewöhnlichen Stieltjes-Integral herstellt, und zwar gilt

$$\big(\varphi(U)\, x, y\big) = \int_{-\infty}^{\infty} \varphi(t)\, d(I_t\, x, y)\,.$$

Hieraus folgt

$$||\varphi(U)\, x||^2 = \int_{-\infty}^{\infty} |\varphi(t)|^2\, d(I_t\, x, x)\,.$$

Den einfachen Beweis dafür können wir dem Leser überlassen.

Das Integral der Gestalt (16) kann man auch auf einem beliebigen Intervall $[\lambda, \mu]$ betrachten. Man sieht leicht, daß in diesem Fall

$$\int_{\lambda}^{\mu} \varphi(t)\, dI_t = [I_\mu - I_\lambda]\, \varphi(U)$$

gilt. Insbesondere folgt für $\lambda < m$ und $\mu \geqq M$

$$\int_{\lambda}^{\mu} \varphi(t)\, dI_t = \varphi(U)\,.$$

5.6. Zur Konstruktion des Integrals (16) braucht man nicht vorauszusetzen, daß die Familie von Projektionen I_λ die Spektralfunktion eines selbstadjungierten Operators ist. Es ist dafür schon hinreichend, daß sie den in den Punkten a) und b) von Satz 5 formulierten Bedingungen genügt.

Es sei $\{E_\lambda\}$ eine Familie von Projektionen, die von dem reellen Parameter λ abhängt und den folgenden Bedingungen genügt:

1. $E_\lambda \leqq E_\mu$ für $\lambda \leqq \mu$.
2. Es gibt Zahlen m und M mit $E_\lambda = 0$ für $\lambda < m$ und $E_\lambda = I$ für $\lambda > M$.

Die Familie $\{E_\lambda\}$ heißt in diesem Falle eine *Zerlegung der Einheit*.

Unter den getroffenen Voraussetzungen ist die komplexe Funktion $(E_t\, x, y)$ des reellen Argumentes t für jedes Elementpaar $x, y \in \mathbf{H}$ eine Funktion von beschränkter Variation. Das folgt unmittelbar aus der Formel

$$(E_t\, x, y) = \frac{1}{4}\{[(E_t(x+y), x+y) - (E_t(x-y), x-y)] + i\,[(E_t(x+i\,y), x+i\,y) - (E_t(x-i\,y), x-i\,y)]\}.$$

Für eine stetige beschränkte Funktion $\varphi(t)$ hat also das (Riemann-Stieltjes)-Integral

$$J(\varphi; x, y) = \int_{-\infty}^{\infty} \varphi(t)\, d(E_t\, x, y) \qquad (x, y \in \mathbf{H})$$

einen Sinn. Man sieht leicht, daß das Funktional $J(\varphi; x, y)$ additiv und homogen bezüglich x und y ist.[1]) Außerdem folgt aus der Beziehung

$$\begin{aligned} |J(\varphi; x, y)| &\leqq \sup |\varphi(t)| \overset{+\infty}{\underset{-\infty}{\mathrm{V}}}[(E_t\, x, y)] \\ &\leqq \sup |\varphi(t)| \cdot \frac{1}{4}\,[\|x+y\|^2 + \|x-y\|^2 + \|x+i\,y\|^2 + \|x-i\,y\|^2] \\ &= \sup |\varphi(t)|\,[\|x\|^2 + \|y\|^2] \end{aligned} \qquad (19)$$

seine Stetigkeit bezüglich x und y.

Für ein festes x betrachten wir das lineare Funktional von y:

$$f_x(y) = \overline{J(\varphi; x, y)}\,.$$

Nach dem Satz über die allgemeine Form eines linearen Funktionals im Hilbert-Raum gilt

$$f_x(y) = (y, \tilde{x})\,,$$

wobei das Element $\tilde{x} \in \mathbf{H}$ nur durch das Funktional f_x, also letzten Endes durch das Element x bestimmt wird. Mit $\tilde{x} = J(\varphi)\, x$ können wir demnach

$$J(\varphi; x, y) = (J(\varphi)\, x, y)$$

schreiben.

---

[1]) Bezüglich y liegt „konjugierte Homogenität" vor: $J(\varphi; x, \alpha\, y) = \bar{\alpha}\, J(\varphi; x, y)$.

Der Operator $J(\varphi)$ ist additiv und homogen. Außerdem erhalten wir mit Hilfe von (19)

$$\|J(\varphi)\,x\| = \left(J(\varphi)\,x, \frac{J(\varphi)\,x}{\|J(\varphi)(x)\|}\right) \leqq \sup_{\|y\|=1} |(J(\varphi)\,x, y)| \leqq \sup |\varphi(t)|\,[\|x\|^2 + 1]\,,$$

d. h., $J(\varphi)$ ist auch beschränkt.

Entsprechend zu oben kann man das Integral für ein beliebiges Intervall $[\lambda, \mu]$ definieren.

Wir zeigen jetzt, daß der Operator $J(\varphi)$ der Grenzwert von Integralsummen der Form (15) ist:

$$\sigma = \sum_{k=1}^{n-1} \varphi(\xi_k)\,[E_{\lambda_{k+1}} - E_{\lambda_k}] \qquad (\lambda_1 < m, \lambda_n > M)\,.$$

Es gilt

$$(J(\varphi)\,x, y) - (\sigma\,x, y) = \sum_{x=1}^{n-1} \int_{\lambda_k}^{\lambda_{k+1}} \varphi(t)\,d(E_t\,x, y) - \sum_{k=1}^{n-1} \int_{\lambda_k}^{\lambda_{k+1}} \varphi(\xi_k)\,d(E_t\,x, y)$$

$$= \sum_{k=1}^{n-1} \int_{\lambda_k}^{\lambda_{k+1}} [\varphi(t) - \varphi(\xi_k)]\,d(E_t\,x, y)\,.$$

Hieraus folgt[1])

$$\|J(\varphi) - \sigma\| = \sup_{\substack{\|x\|=1\\ \|y\|=1}} |(J(\varphi)\,x, y) - (\sigma\,x, y)|$$

$$\leqq \sup_{\substack{\|x\|=1\\ \|y\|=1}} \sum_{k=1}^{n-1} \left| \int_{\lambda_k}^{\lambda_{k+1}} [\varphi(t) - \varphi(\xi_k)]\,d(E_t x, y) \right|\,.$$

Bezeichnen wir mit ω die größte Schwankung der Funktion $\varphi(t)$ in den Intervallen $[\lambda_1, \lambda_2], [\lambda_2, \lambda_3], \ldots, [\lambda_{n-1}, \lambda_n]$, dann können wir den rechts stehenden Ausdruck weiter abschätzen und erhalten (vgl. (19))

$$\|J(\varphi) - \sigma\| \leqq \omega \sup_{\substack{\|x\|=1\\ \|y\|=1}} \sum_{k=1}^{n-1} \bigvee_{\lambda_k}^{\lambda_{k+1}} [(E_t\,x, y)] = \omega \sup_{\substack{\|x\|=1\\ \|y\|=1}} \bigvee_{-\infty}^{\infty} [(E_t\,x, y)] \leqq 2\,\omega\,.$$

Für $\delta = \max\limits_{k=1, 2, \ldots, n-1} (\lambda_{k+1} - \lambda_k) \to 0$ gilt $\omega \to 0$, also ergibt sich aus der letzten Ungleichung $\lim\limits_{\delta \to 0} \sigma = J(\varphi)$. Dadurch ist also auch die Bezeichnung $J(\varphi) = \int\limits_{-\infty}^{\infty} \varphi(t)\,dE_t$ gerechtfertigt.

---

[1]) Die Gültigkeit von $\|A\| = \sup\limits_{\|f\|=\|g\|=1} |(Af, g)|$ für einen beliebigen linearen Operator A in H folgt leicht aus den Ungleichungen $|(Af, g)| \leqq \|A\|\,\|f\|\,\|g\|$ und $\sup\limits_{\|f\|=\|g\|=1} |(Af, g)| \geqq$ $\geqq \sup\limits_{\|f\|=1} \left|\left(A\,f, \frac{A\,f}{\|A\,f\|}\right)\right| = \sup\limits_{\|f\|=1} \|A\,f\| = \|A\|\,.$

Der Operator $J(\varphi)$ hat u. a. folgende Eigenschaften:

I. $[J(\varphi)]^* = J(\bar{\varphi})$.

II. Aus $\varphi(t) = \alpha\,\varphi_1(t) + \beta\,\varphi_2(t)$ folgt $J(\varphi) = \alpha\,J(\varphi_1) + \beta\,J(\varphi_2)$.

III. Aus $\varphi(t) = \varphi_1(t)\,\varphi_2(t)$ folgt

$$J(\varphi) = J(\varphi_1)\,J(\varphi_2) = J(\varphi_2)\,J(\varphi_1)\,. \tag{20}$$

Die Eigenschaften I und II sind leicht zu erkennen.

Wir beweisen die Beziehung (20). Zu diesem Zweck bilden wir die zur Zerlegung $\lambda_1 < \lambda_2 < \cdots < \lambda_n$ gehörigen Integralsummen

$$\sigma = \sum_{k=1}^{n-1} \varphi(\xi_k)\,[E_{\lambda_{k+1}} - E_{\lambda_k}]\,,$$

$$\sigma' = \sum_{k=1}^{n-1} \varphi_1(\xi_k)\,[E_{\lambda_{k+1}} - E_{\lambda_k}]\,, \qquad \sigma'' = \sum_{k=1}^{n-1} \varphi_2(\xi_k)\,[E_{\lambda_{k+1}} - E_{\lambda_k}]\,.$$

Für $j < k$ ergibt sich wegen $\lambda_j < \lambda_{j+1} \leqq \lambda_k < \lambda_{k+1}$

$$\begin{aligned}[E_{\lambda_{k+1}} - E_{\lambda_k}]\,[E_{\lambda_{j+1}} - E_{\lambda_j}] &= E_{\lambda_{k+1}} E_{\lambda_{j+1}} - E_{\lambda_k} E_{\lambda_{j+1}} - E_{\lambda_{k+1}} E_{\lambda_j} + E_{\lambda_k} E_{\lambda_j}\\ &= E_{\lambda_{j+1}} - E_{\lambda_{j+1}} - E_{\lambda_j} + E_{\lambda_j} = 0\,.\end{aligned}$$

Deshalb sind im Produkt

$$\sigma'\,\sigma'' = \sum_{j,\,k=1}^{n-1} \varphi_1(\xi_j)\,\varphi_2(\xi_k)\,[E_{\lambda_{j+1}} - E_{\lambda_j}]\,[E_{\lambda_{k+1}} - E_{\lambda_k}]$$

nur die Summanden mit $j = k$ vom Nulloperator verschieden. Daraus folgt

$$\sigma'\,\sigma'' = \sigma\,,$$

woraus wir durch Grenzübergang die Formel (20) erhalten.

IV. Es gilt die Ungleichung

$$\|J(\varphi)\| \leqq \max_{t \in [m,\,M]} |\varphi(t)|\,. \tag{21}$$

Aus der Beziehung

$$\|J(\varphi)\,x\|^2 = \big(J(\varphi)\,x,\,J(\varphi)\,x\big) = \big(J(|\varphi|^2)\,x,\,x\big) = \int_{-\infty}^{\infty} |\varphi(t)|^2\,d(E_t\,x,\,x)$$

und

$$(E_t\,x,\,x) = \begin{cases} 0, & t < m\,,\\ \|x\|^2, & t > M \end{cases}$$

ergibt sich nämlich

$$\|J(\varphi)\,x\|^2 = \int_{m-\varepsilon}^{M+\varepsilon} |\varphi(t)|^2\,d(E_t\,x,\,x) \leqq \max_{t \in [m-\varepsilon,\,M+\varepsilon]} |\varphi(t)|^2\,\|x\|^2\,.$$

Da diese Abschätzung für jedes $\varepsilon > 0$ richtig ist, können wir wegen der Stetigkeit der Funktion $\varphi(t)$ den Grenzübergang $\varepsilon \to 0$ durchführen und erhalten schließlich die mit Formel (21) gleichbedeutende Ungleichung

$$\|J(\varphi)\,x\|^2 \leqq \max_{t \in [m,\,M]} |\varphi(t)|^2\,\|x\|^2\,.$$

V. Konvergiert die Folge stetiger Funktionen $\{\varphi_n\}$ im Intervall $[m, M]$ gleichmäßig gegen die Funktion φ, so gilt $J(\varphi_n) \to J(\varphi)$. Den einfachen Beweis hierfür unterlassen wir.

Die Operatorintegrale $J(\varphi)$ haben dieselben Eigenschaften wie die Operatorfunktionen. Der Grund dafür wird durch den folgenden Satz klar.

Satz 6 (5.IX). *Es sei $\{E_\lambda\}$ eine als Funktion des Parameters λ rechtsseitig stetige Zerlegung der Einheit. Dann ist $\{E_\lambda\}$ die Spektralfunktion des Operators*

$$U = \int_{-\infty}^{\infty} t \, dE_t \,,$$

und es gilt

$$J(\varphi) = \varphi(U) \,. \tag{22}$$

Beweis. Die Gleichung (22) folgt ohne Schwierigkeit mit Hilfe der Eigenschaften II, III und V.

Insbesondere ergibt sich

$$U_\lambda^+ = \varphi_\lambda^+(U) = J(\varphi_\lambda^+) \,,$$

also

$$(U_\lambda^+ x, x) = \int_{-\infty}^{\infty} \varphi_\lambda^+(t) \, d(E_t x, x) = \int_{\lambda}^{\infty} (t - \lambda) \, d(E_t x, x) \,. \tag{23}$$

Für jedes Element x mit $I_\lambda x = x$, d. h. $U_\lambda^+ x = 0$, gilt

$$\int_{\lambda}^{\infty} (t - \lambda) \, d(E_t x, x) = 0 \,.$$

Das ist aber nur dann möglich, wenn für $t > \lambda$ die Funktion $(E_t x, x)$ konstant ist. Hieraus folgt

$$(E_t x, x) = (E_\infty x, x) = (x, x) \qquad (t > \lambda)$$

und damit

$$E_t x = x \qquad (t > \lambda) \,.$$

Lassen wir jetzt $t \to \lambda + 0$ streben, so finden wir die Beziehung

$$E_\lambda x = E_{\lambda+0} x = x \,,$$

d. h. $I_\lambda \leqq E_\lambda$.

Ist umgekehrt $E_\lambda x = x$, dann gilt erst recht $E_t x = x$ für $t > \lambda$, und aus der Gleichung (23) erhalten wir

$$(U_\lambda^+ x, x) = 0 \,,$$

d. h.

$$U_\lambda^+ x = 0 \text{ [1]} \,,$$

was mit der Beziehung $I_\lambda x = x$ gleichbedeutend ist. Daraus folgt $I_\lambda \geqq E_\lambda$, zusammen mit der oben bewiesenen Relation $I_\lambda \leqq E_\lambda$ also $I_\lambda = E_\lambda$.

---

[1]) Vgl. die Fußnote [2]) auf Seite 268.

Bemerkung. Ist die Zerlegung der Einheit nicht rechtsseitig stetig, so gilt trotzdem

$$I_\lambda = E_{\lambda+0}\,.$$

Die Ungleichung $I_\lambda \leqq E_{\lambda+0}$ ergibt sich nämlich wieder wie beim Beweis des letzten Satzes. Führen wir in der Beziehung $I_t \geqq E_t$ den Grenzübergang $t \to \lambda + 0$ durch, so erhalten wir auch die entgegengesetzte Ungleichung

$$I_\lambda = I_{\lambda+0} \geqq E_{\lambda+0}\,.$$

Es sei jetzt U ein selbstadjungierter vollstetiger Operator und $\{\lambda_n\}$ die Gesamtheit seiner Eigenwerte. Wir bezeichnen wie früher mit $\mathbf{H}_{\lambda_k}$ den zum Eigenwert λ_k gehörigen Eigenraum, mit P_{λ_k} die Projektion auf diesen und definieren Operatoren E_λ durch die Gleichung

$$E_\lambda = \sum_{\lambda_k \leqq \lambda} P_{\lambda_k} \qquad (-\infty < \lambda < \infty)\,. \tag{24}$$

Man sieht leicht, daß die Familie $\{E_\lambda\}$ eine rechtsseitig stetige Zerlegung der Einheit darstellt, folglich ist $\{E_\lambda\}$ die Spektralfunktion des Operators

$$\tilde{U} = \int_{-\infty}^{\infty} t\, dE_t\,.$$

Weiterhin erkennt man durch eine einfache Überlegung

$$\int_{-\infty}^{\infty} t\, dE_t = \sum_k \lambda_k P_k\,.$$

Aus den letzten beiden Gleichungen und der Formel (3) des vorangehenden Paragraphen erhalten wir somit

$$\tilde{U} = U\,.$$

Die Projektionen (24) bilden also die Spektralfunktion des Operators U, und seine Integraldarstellung (18) fällt mit der Formel (3) des vorangehenden Paragraphen zusammen.

5.7. Die Beziehung (17) legt es nahe, den Begriff der Operatorfunktion zu erweitern. Wir betrachten zu diesem Zweck eine Funktion $\varphi(t)$ mit der Eigenschaft, daß für beliebige $x, y \in \mathbf{H}$ des Lebesgue-Stieltjes-Integral

$$J(\varphi; x, y) = \int_{-\infty}^{\infty} \varphi(t)\, d(I_t\, x, y)$$

existiert und einen endlichen Wert hat. $\{I_\lambda\}$ bezeichnet dabei wieder die Spektralfunktion des Operators U. Wie oben kann man zeigen, daß sich das Funktional $J(\varphi; x, y)$ in der Form

$$J(\varphi; x, y) = (J(\varphi)\, x, y) \qquad (x, y \in \mathbf{H})$$

mit einem linearen Operator $J(\varphi)$ darstellen läßt. Wegen Formel (22) ist es dann naheliegend,

$$\varphi(U) = J(\varphi)$$

zu setzen.

Ein etwas anderer Zugang zum Begriff der verallgemeinerten Operatorfunktion ist der folgende. Ausgehend von einer Spektralfunktion kann man in der gleichen Weise, wie eine reelle monotone Funktion eine additive Mengenfunktion bestimmt, ein Operatormaß definieren. Ist $\varphi(t)$ die charakteristische Funktion einer bezüglich des Operatormaßes meßbaren Menge e, so ist $\varphi(U)$ der Wert dieses Operatormaßes auf e. Man kann weiter leicht einer meßbaren Funktion $\varphi(t)$, die nur endlich viele Werte annimmt, einen Operator $\varphi(U)$ zuordnen. Jede bezüglich des Operatormaßes meßbare Funktion ist aber der Grenzwert einer gleichmäßig konvergenten Folge solcher meßbaren Funktionen, die nur endlich viele verschiedene Werte annehmen. Deshalb läßt sich der Operator $\varphi(U)$ auch für eine beliebige meßbare Funktion $\varphi(t)$ definieren.

KAPITEL X

ANALYTISCHE DARSTELLUNG EINIGER KLASSEN LINEARER OPERATOREN

§ 1. Operatoren in Folgenräumen

1.1. Wir untersuchen die Struktur linearer und insbesondere vollstetiger Operatoren, die den Raum l^p in l^r $(p > 1, r \geqq 1)$ abbilden.

Es sei U ein linearer Operator von l^p in l^r:

$$y = U(x) \qquad (x = \{\xi_k\} \in l^p, \quad y = \{\eta_i\} \in l^r).$$

Wir definieren im Raum l^p lineare Funktionale f_i durch die Gleichung $f_i(x) = \eta_i$ $(i = 1, 2, \ldots)$. Wegen

$$|f_i(x)| = |\eta_i| \leqq ||y|| \leqq ||U|| \, ||x||$$

gilt $||f_i|| \leqq ||U||$. Nach dem Satz 2 (1.VI) über die allgemeine Form eines linearen Funktionals im Raum l^p läßt sich jedes Funktional f_i in der Gestalt

$$\left.\begin{array}{l} \eta_i = f_i(x) = \sum\limits_{k=1}^{\infty} a_{ik} \xi_k \\ \left(z_i = \{a_{ik}\} \in l^q, \quad \dfrac{1}{p} + \dfrac{1}{q} = 1, \quad ||z_i|| = ||f_i||, \quad i = 1, 2, \ldots\right) \end{array}\right\} \tag{1}$$

darstellen.

Der Operator U definiert auf diese Weise eine Matrix

$$A = \begin{pmatrix} a_{11} & a_{12} & \ldots & a_{1k} & \ldots \\ a_{21} & a_{22} & \ldots & a_{2k} & \ldots \\ \cdot & \cdot & \cdot & \cdot & \cdot \\ \cdot & \cdot & \cdot & \cdot & \cdot \\ a_{i1} & a_{i2} & \ldots & a_{ik} & \ldots \\ \cdot & \cdot & \cdot & \cdot & \cdot \\ \cdot & \cdot & \cdot & \cdot & \cdot \end{pmatrix}, \tag{2}$$

$$a_{ik} = f_i(x_k) \qquad \left(x_k = \begin{pmatrix} (0, \ldots, 0, & 1, 0, \ldots \\ 1 \quad \ldots \quad k-1, & k, k+1 \end{pmatrix}, \quad i, k = 1, 2, \ldots\right).$$

Es sei wieder $x = \{\xi_k\} \in l^p$, $y = \{\eta_k\} \in l^r$. Wir erinnern nun an die weiter oben eingeführte Bezeichnung für die „abgeschnittenen" Elemente

$$[x]_n = (\xi_1, \xi_2, \ldots, \xi_n, 0, \ldots), \qquad [y]_n = (\eta_1, \eta_2, \ldots, \eta_n, 0, \ldots)$$

und betrachten neben dem Operator U die Operatoren U_n und U_{nm}:

$$U_n(x) = [U(x)]_n, \qquad U_{nm}(x) = U_n([x]_m) \qquad (x \in l^p).$$

Außerdem setzen wir noch

$$[a_{ik}]_n = \begin{cases} a_{ik} & (i \leqq n), \\ 0 & (i > n), \end{cases} \qquad [a_{ik}]_{m,n} = \begin{cases} a_{ik} & (i \leqq n,\ k \leqq m), \\ 0 & (i > n \text{ oder } k > m) \end{cases}$$

und führen damit die Matrizen

$$[A]_n = \begin{pmatrix} [a_{11}]_n & [a_{12}]_n & \ldots & [a_{1k}]_n & \ldots \\ \ldots & \ldots & \ldots & \ldots & \ldots \\ [a_{i1}]_n & [a_{i2}]_n & \ldots & [a_{ik}]_n & \ldots \\ \ldots & \ldots & \ldots & \ldots & \ldots \end{pmatrix} = \begin{pmatrix} a_{11} & a_{12} & \ldots & a_{1k} & \ldots \\ \ldots & \ldots & \ldots & \ldots & \ldots \\ a_{n1} & a_{n2} & \ldots & a_{nk} & \ldots \\ 0 & 0 & & 0 & \ldots \\ \ldots & \ldots & \ldots & \ldots & \ldots \end{pmatrix},$$

$$[A]_{nm} = \begin{pmatrix} [a_{11}]_{nm} & [a_{12}]_{nm} & \ldots & [a_{1k}]_{nm} & \ldots \\ \ldots & \ldots & \ldots & \ldots & \ldots \\ [a_{i1}]_{nm} & [a_{i2}]_{nm} & \ldots & [a_{ik}]_{nm} & \ldots \\ \ldots & \ldots & \ldots & \ldots & \ldots \end{pmatrix} = \begin{pmatrix} a_{11} & a_{12} & \ldots & a_{1m} & 0 & \ldots \\ \ldots & \ldots & \ldots & \ldots & \ldots & \ldots \\ a_{n1} & a_{n2} & \ldots & a_{nm} & 0 & \ldots \\ 0 & 0 & \ldots & 0 & 0 & \ldots \\ \ldots & \ldots & \ldots & \ldots & \ldots & \ldots \end{pmatrix}$$

ein. Man sieht leicht, daß diese Matrizen in der oben beschriebenen Weise den Operatoren U_n und U_{nm} entsprechen. Mit den früheren Bezeichnungen für die Elemente x und $y = U(x)$ ergibt sich nämlich mit $U_n(x) = \{[\eta_k]_n\}$, $U_{mn}(x) = \{[\eta_k]_{nm}\}$ die Gleichung

$$[\eta_i]_n = \begin{cases} \eta_i = \sum_{k=1}^{\infty} a_{ik}\,\xi_k & (i \leqq n), \\ 0 & (i > n), \end{cases}$$

d. h.

$$[\eta_i]_n = \sum_{k=1}^{\infty} [a_{ik}]_n\,\xi_k \qquad (i = 1, 2, \ldots),$$

und hieraus

$$[\eta_i]_{nm} = \sum_{k=1}^{m} [a_{ik}]_n\,\xi_k = \sum_{k=1}^{\infty} [a_{ik}]_{nm}\,\xi_k \qquad (i = 1, 2, \ldots).$$

Wir zeigen, daß die Folgen $\{U_n(x)\}$ und $\{U_{nm}(x)\}$ für jedes Element $x \in l^p$ gegen $U(x)$ konvergieren.

Wegen $\lim\limits_{n\to\infty} [y]_n = y$ gilt

$$\lim_{n\to\infty} U_n(x) = \lim_{n\to\infty} [U(x)]_n = U(x) \qquad (x \in l^p)$$

und aus der leicht nachzuweisenden Ungleichung $\|[y]_n\| \leqq \|y\|$ folgt $\|U_n(x)\| \leqq \|U(x)\| \leqq \|U\|\,\|x\|$, d. h.

$$\|U_n\| \leqq \|U\|. \tag{3}$$

Wir wählen jetzt zwei Zahlen N und M mit

$$\|[x]_m - x\| < \varepsilon, \quad \|U(x) - U_n(x)\| < \varepsilon \quad \text{für} \quad m \geqq M,\ n \geqq N.$$

Dann ergibt sich für dieselben m und n

$$\|U(x) - U_{nm}(x)\| \leqq \|U(x) - U_n(x)\| + \|U_n(x) - U_n([x]_m)\|$$
$$< \varepsilon + \|U_n\| \, \|x - [x]_m\| \leqq \varepsilon + \|U\| \, \varepsilon \, ,$$

d. h.

$$\lim_{m, n \to \infty} U_{nm}(x) = U(x) \qquad (x \in \mathrm{l}^p) \, .$$

Ist der Operator U vollstetig, dann konvergieren die Operatoren U_n und U_{nm} sogar bezüglich der Norm im Raum der linearen Operatoren gegen U.

Satz 1 (1.X). *Die Vollstetigkeit des Operators U ist mit der Gültigkeit von irgendeiner der beiden Beziehungen $U_n \underset{n\to\infty}{\longrightarrow} U$ oder $U_{nm} \underset{n, m\to\infty}{\longrightarrow} U$, d. h.*

$$\lim_{n\to\infty} \|U_n - U\| = 0 \quad \textit{oder} \quad \lim_{n, m\to\infty} \|U_{nm} - U\| = 0 \tag{4}$$

äquivalent.

Beweis. Die Operatoren U_n und U_{nm} sind vollstetig, da sie den Raum l^p in einen endlichdimensionalen (n-dimensionalen) Raum abbilden. Deshalb ist nach Satz 3 (2.IX) auch der Operator $U = \lim U_n = \lim U_{nm}$ vollstetig.

Es sei jetzt umgekehrt der Operator U vollstetig. Mit Γ bezeichnen wir die (kompakte) Menge der Werte $U(x)$ für $\|x\| \leqq 1$ und betrachten die Operatoren V_n:

$$V_n(y) = [y]_n \qquad (y \in \mathrm{l}^r, \qquad n = 1, 2, \ldots) \, .$$

Dann gilt

$$\lim_{n\to\infty} V_n(y) = y \qquad (y \in \mathrm{l}^r) \, . \tag{5}$$

Nach dem Satz von Gelfand (Satz 3 (1.IX), siehe den allgemein für Operatoren formulierten Teil des Beweises für die Notwendigkeit) ist die Konvergenz (5) auf der kompakten Menge Γ sogar gleichmäßig, also besteht für alle $y \in \Gamma$ und hinreichend große n ($n \geqq N$) die Ungleichung

$$\|[y]_n - y\| < \varepsilon$$

oder

$$\|U_n(x) - U(x)\| < \varepsilon \qquad (\|x\| \leqq 1, \; n \geqq N) \, ,$$

d. h.

$$\|U_n - U\| \leqq \varepsilon \qquad (n \geqq N) \, . \tag{6}$$

Damit ist die erste der Beziehungen (4) bewiesen.

Zum Beweis der zweiten Beziehung gehen wir von der Gleichung

$$U_N(x) = \big(f_1(x), \, f_2(x), \, \ldots, \, f_N(x), \, 0, \ldots\big)$$

aus und setzen

$$f_{im}(x) = f_i([x]_m) = \sum_{i=1}^{m} a_{ik} \, \xi_k \qquad (x = \{\xi_k\} \in \mathrm{l}^p) \, .$$

Dann gilt für hinreichend große m ($m \geqq M$)

$$\|f_i - f_{im}\| = \left\{\sum_{k=m+1}^{\infty} |a_{ik}|^q\right\}^{1/q} < \frac{\varepsilon}{N} \qquad (i = 1, 2, \ldots, N)$$

und damit

$$\|U_N(x) - U_{Nm}(x)\| = \|(f_1(x) - f_{1m}(x), f_2(x) - f_{2m}(x), \ldots, f_N(x) - f_{Nm}(x), 0, \ldots)\|$$

$$\leqq \frac{\varepsilon}{N} \|x\| \, \|(1, 1, \ldots, 1, 0, \ldots)\| = \frac{\varepsilon}{N} \|x\| \, N^{1/r} \leqq \varepsilon \|x\|.$$

Zusammen mit der aus (6) folgenden Ungleichung $\|U_n - U_N\| \leqq 2\varepsilon$ ($n \geqq N$) ergibt sich hieraus

$$\|U_n(x) - U_{nm}(x)\| = \|U_n(x) - U_n([x]_m)\| \leqq \|U_n(x) - U_N(x)\|$$

$$+ \|U_n([x]_m) - U_N([x]_m)\| + \|U_N(x) - U_N([x]_m)\| \leqq 2\varepsilon \|x\|$$

$$+ 2\varepsilon \|[x]_m\| + \varepsilon \|x\| \leqq 5\varepsilon \|x\|,$$

so daß wir wegen $\|U_n - U\| \leqq \varepsilon$ für $n \geqq N$ und $m \geqq M$ schließlich die Beziehung

$$\|U_{nm} - U\| \leqq 6\varepsilon$$

erhalten. Damit ist der Satz bewiesen.

Bemerkung. Satz 1 läßt sich auch etwas anders formulieren. Zunächst kann man sich an Stelle der Operatoren U_{nm} auf die Betrachtung der spezielleren Operatoren U_{nn} beschränken und die Konvergenz der Folge $\{U_{nn}\}$ gegen U durch ihre Konvergenz in sich ersetzen. Der Operator U ist also genau dann vollstetig, wenn für $n, \nu \geqq N_\varepsilon$ stets

$$\|U_{nn} - U_{\nu\nu}\| < \varepsilon$$

ausfällt.

Nun gilt aber

$$U_{nn} = \sup_{\substack{\|x\| \leqq 1 \\ \|x'\| \leqq 1}} \left| \sum_{i,k=1}^{n} a_{ik} \xi'_i \xi_k \right| \tag{7}$$

$$\left(x = \{\xi_k\} \in \mathrm{l}^p, \quad x' = \{\xi'_k\} \in \mathrm{l}^s, \quad \frac{1}{r} + \frac{1}{s} = 1\right).$$[1]

Um dies zu sehen, sei $\mathbf{X}$ ein beliebiger B-Raum. Mit X_x bezeichnen wir das von dem Element $x \in \mathbf{X}$ erzeugte Funktional im Raum $\mathbf{X}^*$ (siehe V.1.2),

$$\|x\| = \|X_x\| = \sup_{\|f\| \leqq 1} |X_x(f)| = \sup_{\|f\| \leqq 1} |f(x)| \qquad (f \in \mathbf{X}^*).$$

Bildet der Operator U den Raum $\mathbf{X}$ in den Raum $\mathbf{Y}$ ab, so läßt sich demnach die Norm von U folgendermaßen darstellen:

$$\|U\| = \sup_{\|x\| \leqq 1} \|U(x)\| = \sup_{\|x\| \leqq 1} \sup_{\|g\| \leqq 1} |g(U(x))| \qquad (x \in \mathbf{X},\ g \in \mathbf{Y}^*). \tag{8}$$

---

[1]) Für $r = 1$ ist $s = \infty$ und $\mathrm{l}^s = m$.

Setzen wir speziell $\mathbf{X} = \mathrm{l}^p$, $\mathbf{Y} = \mathrm{l}^r$ und nehmen für U den Operator U_{nn}, dann ergibt sich

$$g(U(x)) = \sum_{i,k=1}^{n} a_{ik}\, \xi'_i\, \xi_k \qquad (x = \{\xi_k\} \in \mathrm{l}^p)\,, \tag{9}$$

wenn die Folge $x' = \{\xi'_k\} \in \mathrm{l}^s$ das Funktional g definiert ($\|g\| = \|x'\|$). Aus (8) und (9) folgt aber Formel (7).

Wenden wir (7) auf die Differenz $U_{nn} - U_{\nu\nu}$ (es sei $n \geqq \nu$) an, dann läßt sich die Bedingung $\|U_{nn} - U_{\nu\nu}\| < \varepsilon$ $(\nu \geqq N)$ in der Form

$$\left|\sum_{i,k=1}^{n} a_{ik}\, \xi'_i\, \xi_k - \sum_{i,k=1}^{\nu} a_{ik}\, \xi'_i\, \xi_k\right| < \varepsilon \quad \text{für} \ \sum_{k=1}^{\infty} |\xi_k|^p \leqq 1\,, \qquad \sum_{k=1}^{\infty} |\xi'_k|^s \leqq 1, \qquad \nu \geqq N$$

schreiben. Satz 1 kann man also auch folgendermaßen formulieren:

Der Operator U ist genau dann vollstetig, wenn die Folge der Bilinearformen, die von den Abschnittsmatrizen $[A]_{nn}$ erzeugt werden, auf den Einheitskugeln der Räume l^p und l^s $\left(\frac{1}{p} + \frac{1}{s} = 1\right)$ gleichmäßig konvergiert.

Diese Aussage wurde im wesentlichen schon von D. Hilbert bewiesen.

1.2. Oben gingen wir von einem gegebenen linearen Operator U aus und definieren durch ihn die Matrix (2). Es ist nun auch wichtig zu wissen, unter welchen Bedingungen umgekehrt eine vorgegebene Matrix (2) einem linearen oder vollstetigen Operator entspricht.

Mit Hilfe der Abschnittsmatrizen können wir zunächst wieder Operatoren U_{nm} durch die Gleichungen

$$y = U_{nm}(x) \qquad (x = \{\xi_k\} \in \mathrm{l}^p\,, \qquad y = \{\eta_k\} \in \mathrm{l}^r)\,,$$

$$\eta_i = \begin{cases} \sum_{k=1}^{m} a_{ik}\, \xi_k & (i \leqq n)\,, \\ 0 & (i > n) \end{cases}$$

einführen.

Satz 2 (1.X). *Dafür, daß die Matrix* (2) *einem linearen Operator U von l^p in l^r entspricht, ist notwendig und hinreichend, daß die durch diese Matrix definierten Operatoren U_{nn} (oder U_{nm}) gleichmäßig beschränkt sind:*

$$\|U_{nn}\| \leqq K \qquad (n = 1, 2, \ldots) \qquad [\text{oder } \|U_{nm}\| \leqq K \quad (n, m = 1, 2, \ldots)]\,. \tag{10}$$

Für die Vollstetigkeit des Operators U ist notwendig und hinreichend, daß die Folge der Operatoren U_{nn} in sich konvergiert:

$$\lim_{n,\nu \to \infty} \|U_{nn} - U_{\nu\nu}\| = 0\,. \text{ [1]} \tag{11}$$

Beweis. Notwendig. Existiert der Operator U, so gilt (wie wir oben sahen) $U_{nn}(x) \to U(x)$ für alle $x \in \mathrm{l}^p$. Wegen der Vollständigkeit der Räume l^p und l^r sind die Normen der Operatoren U_{nn} gleichmäßig beschränkt (Satz von Banach-Steinhaus; VII.1.2).

Ist der Operator U vollstetig, dann folgt die Beziehung (11) aus Satz 1.

---

[1]) Für den Raum l^2 wurde dieser Satz zuerst von D. Hilbert [18] bewiesen.

Hinreichend. Wir untersuchen zuerst das Verhalten der Operatoren U_{nn} auf den abgeschnittenen Elementen. Es sei ein Element $x \in l^p$ mit $[x]_m = x$ gegeben. Dann gilt für $n > m$

$$U_{nn}(x) = (\eta_1, \eta_2, \ldots, \eta_n, 0, \ldots)$$

$$\left(\eta_i = \sum_{k=1}^{m} a_{ik} \xi_k, \quad x = (\xi_1, \xi_2, \ldots, \xi_m, 0, \ldots), \quad i = 1, 2, \ldots, n\right)$$

und wegen (10)

$$\|U_{nn}(x)\| = \left[\sum_{i=1}^{n} |\eta_i|^r\right]^{1/r} \leqq K \|x\| .$$

In diesem Fall gehört also die Folge $\{\eta_i\}$ zum Raum l^r, und es existiert der Grenzwert

$$y = \lim_{u \to \infty} U_{nn}(x) = \{\eta_i\} .$$

Die Folge $\{U_{nn}\}$ konvergiert somit auf der im Raum l^p dichten Menge der abgeschnittenen Elemente. Da außerdem die Normen dieser Operatoren gleichmäßig beschränkt sind, konvergiert sie sogar auf dem ganzen Raum l^p. Es gelte

$$U(x) = \lim_{n \to \infty} U_{nn}(x) \qquad (x \in l^p) .$$

Für ein beliebiges Element $x \in l^p$ und $m \to \infty$ folgt dann aus

$$U([x]_m) = \lim_{n \to \infty} U_{nn}([x]_m) = (\eta_1^{(m)}, \eta_2^{(m)}, \ldots, \eta_i^{(m)}, \ldots),$$

$$\eta_i^{(m)} = \sum_{k=1}^{m} a_{ik} \xi_k \qquad (x = \{\xi_k\}, \qquad i = 1, 2, \ldots)$$

die Beziehung

$$U(x) = \lim_{m \to \infty} U([x]_m) = (\eta_1, \eta_2, \ldots, \eta_i, \ldots)$$

mit

$$\eta_i = \lim_{m \to \infty} \eta_i^{(m)} = \sum_{k=1}^{\infty} a_{ik} \xi_k \qquad (i = 1, 2, \ldots) ,$$

d. h., der Operator U entspricht der Matrix (2).

Ist die Bedingung (11) erfüllt, dann gilt

$$U = \lim_{n \to \infty} U_{nn} ,$$

und die Vollstetigkeit der Operatoren U_{nn} zieht die Vollstetigkeit des Operators U nach sich.

Damit ist der Satz 2 bewiesen.

Wir führen einige Folgerungen an.

Folgerung 1. *Ist A eine symmetrische Matrix, so entspricht ihr genau dann ein linearer Operator von l^2 in l^2, wenn*

$$\sup_n |\lambda_1^{(n)}| < \infty \tag{12}$$

gilt, wobei $\lambda_1^{(n)}$ den betragsgrößten Eigenwert der Matrix

$$\begin{pmatrix} a_{11} & a_{12} & \dots & a_{1n} \\ a_{21} & a_{22} & \dots & a_{2n} \\ \dots & \dots & \dots & \dots \\ a_{n1} & a_{2n} & \dots & a_{nn} \end{pmatrix}$$

bezeichnet.

Der Operator U_{nn} ist dann nämlich im wesentlichen ein Operator im n-dimensionalen Raum aller Elemente aus l^2, deren Koordinaten von der $(n+1)$-ten an gleich Null sind. Daraus folgt bekanntlich (s. IX.4.3)

$$||U_{nn}|| = |\lambda_1^{(n)}|\,,$$

weshalb die Beziehungen (10) und (12) in diesem Falle gleichbedeutend sind.

Folgerung 2. *Genügt die Matrix* (2) *der Bedingung*

$$B = \left\{\sum_{i=1}^{\infty}\left[\sum_{k=1}^{\infty}|a_{ik}|^q\right]^{r/q}\right\}^{1/r} < \infty \qquad \left(\frac{1}{p}+\frac{1}{q}=1\right), \tag{13}$$

dann entspricht ihr ein vollstetiger Operator U mit

$$||U|| \leqq B\,.$$

Um dies zu sehen, schätzen wir die Norm des Operators U_{nn} ab:

$$||U_{nn}(x)||^r = \sum_{i=1}^{n}|\sum_{k=1}^{n}a_{ik}\xi_k|^r \leqq \sum_{i=1}^{n}\left[\sum_{k=1}^{n}|a_{ik}|^q\right]^{r/q}\left[\sum_{k=1}^{n}|\xi_k|^p\right]^{r/p} \leqq B^r\,||x||^r\,.$$

Hieraus ergibt sich $||U_{nn}|| \leqq B$, also ist die Beziehung (10) erfüllt. Der Matrix A entspricht deshalb ein linearer Operator U mit $||U|| \leqq B$.

Verstehen wir jetzt unter U_n wieder den in Abschnitt 1.1 definierten Operator und schätzen die Norm der Differenz $U - U_n$ entsprechend zur vorangehenden Überlegung für U_{nn} ab, dann ergibt sich

$$||U - U_n|| \leqq \left\{\sum_{i=n+1}^{\infty}\left[\sum_{k=1}^{\infty}|a_{ik}|^q\right]^{r/q}\right\}^{1/r}$$

Hieraus folgt $\lim\limits_{n\to\infty}||U - U_n|| = 0$, also ist der Operator U sogar vollstetig.

Bemerkung 1. Im Fall $p = r = 2$ erhält die Bedingung (13) die einfache Form

$$B = \left\{\sum_{i=1}^{\infty}\sum_{k=1}^{\infty}|a_{ik}|^2\right\}^{1/2} < \infty\,.$$

Bemerkung 2. Für $p = 1$ hat man die Bedingung (13) durch folgende zu ersetzen:

$$B = \left\{\sum_{i=1}^{\infty}\sup_k|a_{ik}|^r\right\}^{1/r} < \infty\,. \tag{14}$$

Der Beweis dafür verläuft entsprechend.

§ 2. Integraloperatoren in Funktionenräumen

In diesem Paragraphen leiten wir Bedingungen her, unter denen ein Integraloperator U

$$y = U(x), \qquad y(s) = \int_D K(s, t)\, x(t)\, dt \qquad (s \in D') \tag{1}$$

einen Funktionenraum $\mathbf{X}$ linear (oder vollstetig) in einen anderen Funktionenraum $\mathbf{Y}$ abbildet. Ein großer Teil der Ergebnisse bezieht sich auf den Fall $\mathbf{X} = \mathbf{L}^p_D$, $\mathbf{Y} = \mathbf{L}^q_{D'}$ $(1 \leqq p, q \leqq \infty)$, wobei D und D' Bereiche (von endlichem Maß) eines μ- bzw. ν-dimensionalen euklidischen Raumes sind. Ohne wesentliche Einschränkung der Allgemeinheit (s. u.) nehmen wir an, daß mes $D = 1$ gilt.

Die Funktion $K(s, t)$ — der Kern des Operators U — sei im Gebiet $D' \times D$ des $(\mu + \nu)$-dimensionalen Raumes meßbar, folglich ist sie nach bekannten Sätzen der Maßtheorie (s. Natanson [30b] Kap. XII, § 3, Hilfssatz und Bemerkung 1 zu Satz 1) auch für fast alle $s \in D'$ meßbar bezüglich t und für fast alle $t \in D$ meßbar bezüglich s.

Die Ergebnisse dieser Paragraphen sind äußerst wichtig für die Herleitung der sogenannten Sobolewschen „Einbettungssätze" in § 3, die wiederum in der Theorie der Differentialgleichungen der mathematischen Physik eine große Rolle spielen. Sie sind größtenteils Verallgemeinerungen von Sätzen S. L. Sobolews über Integrale vom Typ des Potentials. Die Darstellung in diesem und dem nächsten Paragraphen folgt dem Artikel [117 d] von L. W. Kantorowitsch.

2.1. Satz 1 (2.X). *Unter den Voraussetzungen*

1.
$$\left[\int_D |K(s, t)|^r\, dt\right]^{1/r} \leqq C_1 \qquad (r > 0) \tag{2}$$

für fast alle $s \in D'$,

2.
$$\left[\int_{D'} |K(s, t)|^\sigma\, ds\right]^{1/\sigma} \leqq C_2 \qquad (\sigma > 0) \tag{3}$$

für fast alle $t \in D$,

3.
$$q \geqq p, \qquad q \geqq \sigma, \qquad \left(1 - \frac{\sigma}{q}\right) p' \leqq r \;^{1)} \qquad (p, q \geqq 1) \tag{4}$$

bildet der durch Formel (1) *definierte Operator* U *den Raum* $\mathbf{L}^p_D$ *linear in* $\mathbf{L}^q_{D'}$ *ab, und es gilt* [2])

$$\|U\| \leqq C_1^{1-\frac{\sigma}{q}}\, C_2^{\frac{\sigma}{q}}. \tag{5}$$

---

[1]) Hier und im folgenden bezeichnen wir durch einen Strich den durch die Gleichung

$$\frac{1}{p} + \frac{1}{p'} = 1, \qquad \text{d. h.} \quad p' = \frac{p}{p-1}$$

definierten „adjungierten Exponenten".

[2]) Dieser Satz wurde von C. L. Smolitzki verallgemeinert. Siehe den Artikel „Über die Summierbarkeit von Potentialen". Uspechi Matem. Nauk 12 (1957) 4, 349—356.

Beweis. Wir schätzen zunächst den Betrag von $y(s)$ nach oben ab:

$$|y(s)| \leqq \int_D |K(s,t)|\,|x(t)|\,dt$$
$$= \int [|K(s,t)|^\sigma |x(t)|^p]^{\frac{1}{q}} |x(t)|^{p\left(\frac{1}{p}-\frac{1}{q}\right)} |K(s,t)|^{1-\frac{\sigma}{q}}\,dt\,.$$

Wenden wir auf das letzte Integral die verallgemeinerte HÖLDERsche Ungleichung (II.3.4) mit den Exponenten

$$\lambda_1 = q, \qquad \lambda_2 = \frac{1}{\frac{1}{p}-\frac{1}{q}}, \qquad \lambda_3 = p' = \frac{p}{p-1} \qquad \left(\frac{1}{\lambda_1}+\frac{1}{\lambda_2}+\frac{1}{\lambda_3}=1\right)\,^{1)}$$

an, so ergibt sich

$$|y(s)| \leqq \left[\int_D |K(s,t)|^\sigma |x(t)|^p\,dt\right]^{\frac{1}{q}} \left[\int_D |x(t)|^p\,dt\right]^{\frac{1}{p}-\frac{1}{q}} \left[\int_D |K(s,t)|^{p'\left(1-\frac{\sigma}{q}\right)} dt\right]^{1-\frac{1}{p}}. \tag{6}$$

Mit

$$\lambda = p'\left(1-\frac{\sigma}{p}\right)$$

erhalten wir wegen (2) bei Beachtung von mes $D = 1$ und der aus (4) folgenden Beziehung $\lambda \leqq r$ (siehe die Ungleichung (1) aus II.5.1)

$$\left[\int_D K(s,t)|^\lambda\,dt\right]^{1-\frac{1}{p}} = \left[\int_D |K(s,t)|^\lambda\,dt\right]^{\frac{1}{\lambda}\left(1-\frac{\sigma}{q}\right)} \leqq \left[\int_D |K(s,t)|^r\,dt\right]^{\frac{1}{r}\left(1-\frac{\sigma}{q}\right)} \leqq C_1^{1-\frac{\sigma}{q}}\,.$$

Damit folgt weiter aus Ungleichung (6)

$$|y(s)| \leqq \left[\int_D |K(s,t)|^\sigma |x(t)|^p\,dt\right]^{\frac{1}{q}} ||x||^{1-\frac{p}{q}}\, C_1^{1-\frac{\sigma}{q}}\,, \tag{7}$$

und für $||y||$ finden wir schließlich die Abschätzung

$$||y|| = \left[\int_{D'} |y(s)|^q\,ds\right]^{\frac{1}{q}} \leqq \left\{\int_{D'}\int_D |K(s,t)|^\sigma |x(t)|^p\,dt\,ds\right\}^{\frac{1}{q}} ||x||^{1-\frac{p}{q}}\, C_1^{1-\frac{\sigma}{q}}$$
$$= C_1^{1-\frac{\sigma}{q}} \left\{\int_D |x(t)|^p \left(\int_{D'} |K(s,t)|^\sigma ds\right) dt\right\}^{\frac{1}{q}} ||x||^{1-\frac{p}{q}} \leqq C_1^{1-\frac{\sigma}{q}}\, C_2^{\frac{\sigma}{q}}\, ||x||\,,$$

womit der Satz bewiesen ist.

Bemerkung 1. Ist die in Bedingung 3 auftretende Ungleichung $q \geqq \sigma$ nicht erfüllt, so definiert Formel (1) auch dann noch einen linearen Operator von $\mathbf{L}^p$ in $\mathbf{L}^q$. Ersetzen wir nämlich im Fall $q < \sigma$ die Größe q durch $q_1 = \sigma$, so bleibt die Ungleichung (4) mit $q_1 = \sigma$ anstelle von q richtig. Der Operator U bildet dann $\mathbf{L}^p$ linear in $\mathbf{L}^{q_1}$, also wegen $q < q_1$ erst recht linear in $\mathbf{L}^q$ ab.

---

1) Wir setzen zunächst $q > p > 1$ voraus. Der Fall $q = p$ ist leicht zu verfolgen und hat auf das Endergebnis keinen Einfluß. Die übrigen Fälle werden in den anschließenden Bemerkungen behandelt.

Ist die Voraussetzung $q \geqq p$ verletzt, dann ist U ein linearer Operator von $\mathbf{L}^p$ in $\mathbf{L}^q$, falls die Ungleichung

$$p'\left(1 - \frac{\sigma}{p}\right) \leqq r \tag{8}$$

besteht, die aus (4) hervorgeht, indem man q durch $q_1 = p$ ersetzt.

Die Beziehung (8) gilt immer für $\sigma \geqq 1$, $r \geqq 1$.

Bemerkung 2. Die Voraussetzung $\operatorname{mes} D = 1$ ist nicht wesentlich. Man braucht anderenfalls auf das Gebiet D nur eine geeignete Ähnlichkeitstransformation anzuwenden. In den Abschätzungen tritt dann noch ein Faktor A auf, der allein von $\operatorname{mes} D$ und den Exponenten abhängt.

Bemerkung 3. Wir erwähnen besonders den Grenzfall $p = 1$, für den sich die Voraussetzungen des Satzes wesentlich vereinfachen. Dafür, daß der Operator U den Raum $\mathbf{L}_D$ linear in $\mathbf{L}^q_{D'}$ abbildet, ist nämlich schon die Bedingung

$$\left[\int_{D'} |K(s, t)|^q \, ds\right]^{1/q} \leqq C_2 \quad \text{für fast alle} \quad t \in D \tag{3'}$$

hinreichend. Die Norm von U genügt dann der Ungleichung

$$\|U\| \leqq C_2 .$$

Die Bedingungen 1 und 3 sind in diesem Fall also überflüssig, die Bedingung 2 muß für $\sigma = q$ erfüllt sein.

Auch der Beweis des Satzes vereinfacht sich in diesem speziellen Falle, da in der Ungleichung (6) der letzte Faktor fehlt und man nur die gewöhnliche HÖLDERsche Ungleichung anzuwenden braucht.[1])

Bemerkung 4. Im Fall $q = \infty$ kann Satz 1 folgendermaßen formuliert werden: Der Integraloperator (1) bildet den Raum $\mathbf{L}^p_D$ linear in $\mathbf{L}^\infty_{D'} = \widetilde{\mathbf{M}}_{D'}$ ab, wenn die Bedingung (2) für irgendein $r \geqq p'$ erfüllt ist. Für die Norm des Operators U gilt dann die Ungleichung

$$\|U\| \leqq C_1 .$$

Der Beweis hierfür ergibt sich unmittelbar durch Anwendung der HÖLDERschen Ungleichung auf (1).

Bemerkung 5. Satz 1 bleibt auch noch richtig, wenn in der Ungleichung (2) die rechte Seite von s abhängt:

$$\left[\int_D |K(s, t)|^r \, dt\right]^{1/r} \leqq C_1 \Psi(s) \tag{2a}$$

und die Voraussetzung (3) durch

$$\left\{\int_{D'} \left[|K(s,t)| \left(\Psi(s)\right)^{\frac{q}{\sigma} - 1}\right]^\sigma ds\right\}^{\frac{1}{\sigma}} \leqq C_2 \tag{3a}$$

---

[1]) Es läßt sich sogar zeigen (siehe KANTOROWITSCH, WULICH, PINSKER [22], S. 307), daß für $q > 1$ die Formel (1) unter der Bedingung (3') die allgemeine Form eines linearen Operators von $\mathbf{L}$ in $\mathbf{L}^q$ darstellt. Dabei gilt

$$\|U\| = \operatorname*{vrai\,max}_t \left[\int_{D'} |K(s, t)|^q \, ds\right]^{1/q} .$$

ersetzt wird. Die Norm des Operators U genügt auch in diesem Fall der Ungleichung (5).

2.2. Wir gehen jetzt zur Beschreibung vollstetiger Operatoren über. Zunächst beweisen wir einen einfachen Satz.

Satz 2 (2.X). *Der Integraloperator* (1) *ist ein linearer vollstetiger Operator von* L_D^p *in* $L_{D'}^q$, *wenn für* $r = \min(p, q')$ *die* r'*-te Potenz seines Kernes im Gebiet* $D \times D'$ *summierbar ist, d. h. wenn*

$$\left[\int_{D'}\int_{D} |K(s,t)|^{r'}\,dt\,ds\right]^{1/r'} \leqq C < \infty \tag{9}$$

gilt. Die Norm des Operators U *genügt der Ungleichung*

$$\|U\| \leqq A\,C \tag{10}$$

mit

$$A = [\operatorname{mes} D']^{\frac{1}{q\left(\frac{r'}{q}\right)'}}.$$

(Für die Bedeutung der mit einem Strich versehenen Exponenten vgl. die Fußnote [1]) auf S. 288.)

Beweis. Wir zeigen zunächst die Richtigkeit der Abschätzung (10). Unter Benutzung der Hölderschen Ungleichung folgt (siehe (1) aus II.5.1) bei der am Anfang von § 2 vereinbarten Voraussetzung mes $D = 1$

$$\begin{aligned}|y(s)| &\leqq \left[\int_D |K(s,t)|^{r'}\,dt\right]^{1/r'} \left[\int_D |x(t)^r\,dt\right]^{1/r} \\ &\leqq \left[\int_D |K(s,t)|^{r'}\,dt\right]^{1/r'} \left[\int_D |x(t)|^p\,dt\right]^{1/p} = \|x\| \left[\int_D |K(s,t)|^{r'}\,dt\right]^{1/r'}\end{aligned}$$

und daraus

$$\|y\| = \left[\int_{D'} |y(s)|^q\,ds\right]^{1/q} \leqq \|x\| \left\{\int_{D'}\left[\int_D |K(s,t)|^{r'}\,dt\right]^{q/r'} ds\right\}^{1/q}.$$

Wegen $r \leqq q'$, d. h. $r' \geqq q$, können wir auf das äußere Integral nochmals die Höldersche Ungleichung mit den Exponenten r'/q und $(r'/q)'$ anwenden (der Spezialfall $r = q'$ ist leicht zu übersehen):

$$\|y\| \leqq \|x\| \left\{\int_{D'}\left[\int_D |K(s,t)|^{r'}\,dt\right] ds\right\}^{\frac{1}{r'}} \left\{\int_{D'} 1^{\left(\frac{r'}{q}\right)'}\,ds\right\}^{\frac{1}{q\left(\frac{r'}{q}\right)'}} \leqq A\,C\,\|x\|,$$

womit die Beziehung (10) bewiesen ist.

Der Kern K gehört zum Raum $L_{D\times D'}^{r'}$ deshalb gibt es (da die stetigen Funktionen eine in diesem Raume dichtliegende Teilmenge bilden) eine Folge stetiger Kerne K_n mit

$$\left[\int_{D'}\int_{D} |K(s,t) - K_n(s,t)|^{r'}\,dt\,ds\right]^{1/r'} \leqq \varepsilon_n \qquad (n = 1, 2, \ldots) \tag{11}$$

und $\varepsilon_n \to 0$. Bezeichnen wir den vom Kern $K_n(s, t)$ erzeugten Integraloperator mit U_n, so ist U_n nach dem in Abschnitt IX.2.1 Gesagten vollstetig, und aus (10) und (11) folgt

$$\|U_n - U\| \leqq A\,\varepsilon_n \qquad (n = 1, 2, \ldots),$$

d. h., die Folge $\{U_n\}$ konvergiert gegen U. Dann ist aber auch der Operator U vollstetig (Satz 3 (2.IX)).

Bemerkung. Genügt der Kern $K(s,t)$ der Bedingung

$$B = \left\{\int\limits_{D'}\left[\int\limits_{D} |K(s,t)|^{p'}\,dt\right]^{q/p'} ds\right\}^{1/q} < \infty\,, \tag{12}$$

dann ist U ein vollstetiger Operator von $\mathbf{L}_D^p$ in $\mathbf{L}_{D'}^q$ mit $\|U\| \leqq B$.

Der Beweis hierfür verläuft analog dem Beweis von Satz 2.

Satz 3 (2.X). *Erfüllt der Kern $K(s,t)$ die Bedingungen 1 und 2 von Satz 1 und die Bedingung 3 in der folgenden verschärften Form:*

$$q \geqq p, \quad q > \sigma, \quad \left(1 - \frac{\sigma}{q}\right)p' < r\,, \tag{13}$$

dann ist der Integraloperator (1) *ein vollstetiger Operator von $\mathbf{L}_D^p$ in $\mathbf{L}_{D'}^q$.*

Beweis. Wir wählen eine Zahl $\varrho < r$, die der Bedingung

$$\left(1 - \frac{\sigma}{q}\right)p' < \varrho$$

genügt, und definieren eine Folge von Kernen $K_n(s,t)$ durch die Gleichung

$$K_n(s,t) = \begin{cases} -n, & -n \geqq K(s,t)\,, \\ K(s,t), & -n \leqq K(s,t) \leqq n\,, \\ n, & K(s,t) > n\,. \end{cases}$$

Dann gilt

$$C_1^{(n)} = \underset{s\in D'}{\operatorname{vrai\,max}} \left\{\int\limits_D |K(s,t) - K_n(s,t)|^{\varrho}\,dt\right\}^{1/\varrho} = \underset{s\in D'}{\operatorname{vrai\,max}} \left\{\int\limits_{e_n(s)} |K(s,t)|^{\varrho}\,dt\right\}^{1/\varrho},$$

wobei $e_n(s)$ die Menge aller Punkte aus D mit $|K(s,t)| > n$ bezeichnet. Für $t \in e_n(s)$ folgt wegen $|K(s,t)| > n$

$$|K(s,t)|^{\varrho} \leqq \frac{1}{n^{r-\varrho}}\,|K(s,t)|^r$$

und deshalb

$$C_1^{(n)} \leqq \underset{s\in D'}{\operatorname{vrai\,max}} \left\{\int\limits_{e_n(s)} \frac{1}{n^{r-\varrho}}\,|K(s,t)|^r\,dt\right\}^{\frac{1}{r}\cdot\frac{r}{\varrho}} \leqq n^{1-\frac{r}{\varrho}}\, C_1^{\frac{r}{\varrho}}\,.$$

Es sei U_n wieder der vom Kern $K_n(s,t)$ erzeugte Operator. Wenden wir auf $U - U_n$ die Abschätzung (5) von Satz 1 an (C_1 ist dabei durch $C_1^{(n)} \leqq n^{1-\frac{r}{\varrho}}\, C_1^{\frac{r}{\varrho}}$ zu ersetzen), so ergibt sich

$$\|U - U_n\| \leqq \left(n^{1-\frac{r}{\varrho}}\, C_1^{\frac{r}{\varrho}}\right)^{1-\frac{\sigma}{q}} C_2^{\frac{\sigma}{q}}\,,$$

also $\lim\limits_{n\to\infty} \|U - U_n\| = 0$.

Der Kern des Operators U_n ist beschränkt; folglich sind alle seine (nichtnegativen) Potenzen summierbar und nach Satz 2 ist der Operator U_n vollstetig.

Dann ist aber auch der Operator U als Grenzwert einer Folge vollstetiger Operatoren selbst vollstetig (Satz 3 (2.IX)).

Bemerkung. Die Aussage des Satzes bleibt noch richtig, wenn in der dritten Bedingung von (13) das Gleichheitszeichen steht und eine monoton wachsende Funktion $\Phi(\lambda)$ $(\lambda \geqq 0)$ existiert, für die $\frac{\Phi(\lambda)}{\lambda}$ noch monoton gegen Unendlich strebt, und die Ungleichung (2) dann in der schärferen Form

$$\left\{\int_D [\Phi(|K(s, t)|)]^r \, dt\right\}^{1/r} = C_1$$

erfüllt ist.

2.3. Wir führen jetzt den Raum Lip β aller in einem Gebiet D' definierten Funktionen ein, die dort einer Lipschitz-Bedingung mit dem Exponenten $\beta > 0$ genügen; $y \in$ Lip β bedeutet also, daß eine Konstante B existiert, für die

$$|y(s + \Delta s) - y(s)| \leqq B \, |\Delta s|^\beta$$

gilt, falls die Strecke $[s, s + \Delta s]$ zu D' gehört. Unter $|\Delta s|$ verstehen wir dabei die Länge des Vektors Δs im ν-dimensionalen Raum. Durch die Gleichung

$$||y|| = \sup_{[s, s+\Delta s] \subset D'} \frac{|y(s + \Delta s) - y(s)|}{|\Delta s|^\beta} + \max_{s \in D'} |y(s)| = C_\beta(y) + ||y||_C$$

wird in Lip β eine Norm definiert. Der Leser überlege sich mit Hilfe der Bemerkung am Ende vom Beweis des folgenden Satzes selbst, daß die Menge Lip β bezüglich dieser Norm einen B-Raum bildet.

Für das Folgende setzen wir voraus, daß die Mengen D und D' in einem und demselben Raum liegen und der Kern $K(s, t)$ höchstens auf der „Diagonale" der Menge $D' \times D$ (damit bezeichnen wir die Menge aller Paare $(s, t) \in D' \times D$ mit $s = t$) singulär ist. Für $s \neq t$ sei $K(s, t)$ nach den Koordinaten des Punktes s differenzierbar. Unter $|s - t|$ verstehen wir schließlich den Abstand der Punkte s und t, m. a. W. die Länge des Vektors $s - t$.

Satz 4 (2.X). *Genügt der Kern $K(s, t)$ den Bedingungen*

1. $$\left\{\int_D [|\mathrm{grad}_s K(s, t)| \cdot |s - t|^{1-\beta}]^r \, dt\right\}^{1/r} \leqq E \tag{14}$$

(grad$_s$ *bezeichnet den Gradienten bezüglich der Veränderlichen* s),

2. $$\left\{\int_D \left[\frac{|K(s, t)|}{|s - t|^\beta}\right]^r dt\right\}^{1/r} \leqq F, \tag{15}$$

dann bildet der Integraloperator (1) *den Raum* $\mathrm{L}_D^{r'}$ [1]) *(und auch jeden Raum* L_D^p *mit* $p \geqq r'$) *linear in den Raum* Lip β *ab, und es gilt*

$$C_\beta(y) \leqq [E + (2^\beta + 3^\beta) F] \, ||x|| \, . \tag{16}$$

Beweis. Wir wählen eine beliebige Strecke $[s, s + \Delta s]$, die ganz im Innern von D' liegt, und schätzen den Zuwachs der Funktion $y = U(x)$ auf dieser Strecke ab:

$$|y(s + \Delta s) - y(s)| = \left|\int_D [K(s + \Delta s, t) - K(s, t)] \, x(t) \, dt\right|$$
$$\leqq \left[\int_D |K(s + \Delta s, t) - K(s, t)|^r \, dt\right]^{1/r} ||x||_{\mathrm{L}^{r'}} . \tag{17}$$

---

[1]) Wir erinnern hier nochmals an den Zusammenhang $\frac{1}{r'} + \frac{1}{r} = 1$.

Um den ersten Faktor weiter abschätzen zu können, zerlegen wir den Integrationsbereich in zwei Teile: D_1 sei der Durchschnitt von D mit der Kugel $|t - s| \leqq 2|\Delta s|$ um den Mittelpunkt s und $D_2 = D \setminus D_1$. Für das Integral von $|K(s, t)|^r$ über D_1 ergibt sich dann

$$\left[\int_{D_1} |K(s,t)|^r \, dt\right]^{1/r} = \left[\int_{D_1} \left(\frac{|K(s,t)|}{|s-t|^\beta}\right)^r |s-t|^{\beta r} \, dt\right]^{1/r} \leqq (2|\Delta s|)^\beta F .$$

Eine entsprechende Abschätzung gilt auch für das Integral von $|K(s + \Delta s, t)|^r$, wobei man wegen

$$|s + \Delta s - t| \leqq |s - t| + |\Delta s| \leqq 3|\Delta s|$$

in diesem Falle nur den Faktor 2^β durch 3^β zu ersetzen hat. Damit erhalten wir nach der Minkowskischen Ungleichung

$$I_1 = \left[\int_{D_1} |K(s+\Delta s, t) - K(s,t)|^r \, dt\right]^{1/r} \leqq \left[\int_{D_1} |K(s+\Delta s, t)|^r \, dt\right]^{1/r} + \left[\int_{D_1} |K(s,t)|^r dt\right]^{1/r}$$

$$\leqq (2^\beta + 3^\beta) F \, |\Delta s|^\beta . \tag{18}$$

Weiter ergibt sich

$$I_2 = \left[\int_{D_2} |K(s+\Delta s, t) - K(s,t)|^r \, dt\right]^{1/r} \leqq \left\{\int_{D_2} \left[\int_s^{s+\Delta s} |\operatorname{grad}_s K(\lambda, t)| \, d\lambda\right]^r dt\right\}^{1/r} .\,^{1)}$$

Für $t \in D_2$ gilt aber $|\lambda - t| \geqq |s - t| - |\lambda - s| \geqq |s - t| - |\Delta s| > 1/2 \, |s - t|$, also

$$I_2 \leqq 2^{1-\beta} \left\{\int_{D_2} \left[\int_s^{s+\Delta s} |\operatorname{grad}_s K(\lambda, t)| \, |\lambda - t|^{1-\beta} \, d\lambda\right]^r \frac{dt}{|s-t|^{r(1-\beta)}}\right\}^{1/r}$$

$$\leqq 2^{1-\beta} \left\{\int_{D_2} \left[\int_s^{s+\Delta s} (|\operatorname{grad}_s K(\lambda, t)| \, |\lambda - t|^{1-\beta})^r d\lambda\right] \left[\int_s^{s+\Delta s} 1 \cdot d\lambda\right]^{r/r'} \frac{dt}{|s-t|^{r(1-\beta)}}\right\}^{1/r}$$

$$\leqq \frac{2^{1-\beta} \, |\Delta s|^{1/r'}}{(2\,|\Delta s|)^{1-\beta}} \left\{\int_s^{s+\Delta s} d\lambda \int_{D_2} [|\operatorname{grad}_s K(\lambda, t)| \, |\lambda - t|^{1-\beta}]^r \, dt\right\}^{1/r}$$

$$\leqq |\Delta s|^{\frac{1}{r'} + \beta - 1 + \frac{1}{r}} \cdot E = |\Delta s|^\beta E . \tag{19}$$

Aus (18) und (19) folgt

$$\left[\int_D |K(s+\Delta s, t) - K(s,t)|^r \, dt\right]^{1/r} \leqq I_1 + I_2 \leqq [E + (2^\beta + 3^\beta) F] \, |\Delta s|^\beta ,$$

also zusammen mit (17) schließlich

$$\frac{|y(s+\Delta s) - y(s)|}{|\Delta s|^\beta} \leqq [E + (2^\beta + 3^\beta) F] \, \|x\| .$$

Damit ist die Ungleichung (16) bewiesen.

---

1) Unter $\int_s^{s+\Delta s} \varphi(\lambda) \, d\lambda$ verstehen wir das Integral über den Quader $[s, s + \Delta s]$.

Um eine Abschätzung für das Maximum des Betrages von $y(s)$ zu finden, braucht man nur zu beachten, daß wegen der Bedingung (15) U ein linearer Operator von $\mathbf{L}_D^r$ in $\mathbf{L}_{D'}^\infty$ ist (siehe die Bemerkung 4 zu Satz 1), also gilt

$$\max |y(s)| \leq A \, ||x|| \, .$$

Zusammen mit (16) folgt hieraus die Linearität des Operators U.

Bemerkung 1. Da die Funktionen einer bezüglich der Norm in Lip β beschränkten Menge gleichgradig stetig und gleichmäßig beschränkt sind, folgt aus dem Beweis noch, daß der Operator U als Abbildung von $\mathbf{L}_D^p$ in $\mathbf{C}_{D'}$ vollstetig ist, falls sein Kern $K(s, t)$ den Bedingungen (14) und (15) für irgendein $\beta > 0$ genügt.

Bemerkung 2. Die Aussage des Satzes gilt auch noch im Fall $p = \infty$. Sind nämlich die Bedingungen (14) und (15) für $r = 1$ und irgendein $\beta > 0$ erfüllt, dann ist U ein linearer Operator von $\mathbf{L}_D^\infty$ in Lip β mit

$$C_\beta(y) \leq [E + (2^\beta + 3^\beta) F] \, ||x|| \, .$$

Betrachten wir U wieder als Operator von $\mathbf{L}_D^\infty$ in $\mathbf{C}_{D'}$, so ist er sogar vollstetig.

2.4. Im Kern des Operators U soll jetzt noch ein Parameter auftreten.

Wir sagen, die Funktion $K_\tau(s, t)$ hängt im Punkte $\tau = \tau_0$ bezüglich s und t *fast gleichmäßig stetig* von dem Parameter τ ab, wenn es zu beliebig vorgegebenen $\varepsilon > 0$, $h > 0$ und s eine Zahl $\delta > 0$ und eine Menge $e(s)$ mit mes $e(s) < h$ gibt, so daß für $|\tau - \tau_0| < \delta$ und $t \notin e(s)$ stets $|K_\tau(s, t) - K_{\tau_0}(s, t)| < \varepsilon$ ausfällt.[1]

Den Begriff der fast gleichmäßigen Stetigkeit benötigen wir zur Formulierung des folgenden Satzes.

Satz 5 (2.X). *Der Kern eines Integraloperators hänge bei $\tau = \tau_0$ fast gleichmäßig stetig von τ ab und genüge für jedes τ den Voraussetzungen von Satz 3, wobei alle dort auftretenden Konstanten C_1, C_2, σ usw. unabhängig von τ sein sollen. Dann ist der Integraloperator U_τ*

$$y_\tau = U_\tau(x) \, , \qquad y_\tau(s) = \int_D K_\tau(s, t) \, x(t) \, dt \qquad (x \in \mathbf{L}_D^p, \; y_\tau \in \mathbf{L}_{D'}^q) \tag{20}$$

eine stetige Funktion von τ im folgenden Sinne:

$$\lim_{\tau \to \tau_0} ||U_\tau - U_{\tau_0}|| = 0 \, .$$

Beweis. Es gilt

$$y_{\tau_0}(s) - y_\tau(s) = \int_D [K_{\tau_0}(s, t) - K_\tau(s, t)] \, x(t) \, dt \, .$$

Mit der Bedeutung für ϱ aus dem Beweis von Satz 3 schätzen wir die Konstante

$$C_1^{(\varrho)} = \operatorname*{vrai\,max}_{s \in D'} \left[\int_D |K_{\tau_0}(s, t) - K_\tau(s, t)|^\varrho \, dt \right]^{1/\varrho}$$

ab. Sind $\varepsilon > 0$, $h > 0$ und s vorgegeben, dann existiert dazu ein $\delta > 0$ und eine Menge $e(s) \subset D$ mit den in der Definition der fast gleichmäßigen Stetigkeit ge-

---

[1]) Die Werte des Parameters τ seien dabei Punkte des euklidischen oder eines beliebigen metrischen Raumes.

nannten Eigenschaften. Setzen wir der Einfachheit halber noch $\varrho \geqq 1$ voraus[1]), dann ergibt sich

$$\left[\int_D |K_{\tau_0}(s,t) - K_\tau(s,t)|^\varrho dt\right]^{1/\varrho} \leqq \left[\int_{D \setminus e(s)} |K_{\tau_0}(s,t) - K_\tau(s,t)|^\varrho dt\right]^{1/\varrho}$$

$$+ \left[\int_{e(s)} |K_{\tau_0}(s,t) - K_\tau(s,t)|^\varrho dt\right]^{1/\varrho}$$

$$\leqq \varepsilon\,[\operatorname{mes} D]^{1/\varrho} + \left[\int_{e(s)} |K_{\tau_0}(s,t) - K_\tau(s,t)|^{\varrho\frac{r}{\varrho}} dt\right]^{1/r} \left[\int_{e(s)} dt\right]^{\left(\frac{r}{\varrho}\right)'\frac{1}{\varrho}}$$

$$\leqq \varepsilon\,[\operatorname{mes} D]^{1/\varrho} + 2\,C_1\,h^{\frac{1}{\varrho} - \frac{1}{r}},$$

also auch $C_1^{(\varrho)} \leqq \varepsilon\,[\operatorname{mes} D]^{1/\varrho} + 2\,C_1\,h^{\frac{1}{\varrho} - \frac{1}{r}}$. Die Größe $C_1^{(\varrho)}$ für den Operator $U_{\tau_0} - U_\tau$ wird also beliebig klein, wenn nur τ hinreichend nahe bei τ_0 liegt. Da nach Satz 1 (siehe (5))

$$\|U_{\tau_0} - U_\tau\| \leqq [C_1^{(\varrho)}]^{1-\frac{\sigma}{q}}\,[2\,C_2]^{\sigma/q}$$

gilt, folgt die Behauptung.

Bemerkung. Satz 5 kann man auch unmittelbar auf den Fall $q = \infty$ anwenden (vgl. Bemerkung 4 zu Satz 1). Genauer gesagt, ist mit $r > p'$ die Beziehung (2) (für jedes τ) erfüllt und hängt der Kern $K_\tau(s,t)$ bei $\tau = \tau_0$ fast gleichmäßig stetig vom Parameter τ ab, dann hängt auch der Operator (20) stetig von τ ab. Das bedeutet im vorliegenden Fall, daß man zu ein $\eta > 0$ ein $\lambda > 0$ findet mit

$$|y_{\tau_0}(s) - y_\tau(s)| < \eta \quad \text{für} \quad |\tau_0 - \tau| < \lambda, \qquad s \in D'.$$

2.5. Schließlich betrachten wir noch Kerne eines speziellen Types. Wir setzen voraus, daß die (μ- bzw. ν-dimensionalen) Mengen D und D' in ein und demselben Raum liegen und untersuchen den von dem Kern

$$K(s,t) = \frac{B(s,t)}{|s-t|^m} \tag{21}$$

mit einer beschränkten und für $s \neq t$ stetigen Funktion $B(s,t)$ erzeugten Operator. Kerne dieser Form heißen *Kerne vom Typ des Potentials*.

Damit die r-te Potenz eines solchen Kernes bezüglich t summierbar ist, genauer gesagt, damit dieser die Bedingung (2) erfüllt, ist es hinreichend vorauszusetzen, daß $m\,r < \mu$ gilt; die Bedingung (3) ist für $m\,\sigma < \nu$ erfüllt. Die Zahlen r und σ können also beliebig nahe bei $\frac{\mu}{m}$ bzw. $\frac{\nu}{m}$ liegen. Die Bedingungen (4) erhalten dann die Form

$$q \geqq p, \qquad q > \frac{\nu}{m}, \qquad \left(1 - \frac{\nu}{m\,q}\right)p' < \frac{\mu}{m}.$$

---

[1]) Für $\varrho < 1$ muß man die Ungleichung

$$(a+b)^{\frac{1}{\varrho}} \leqq 2^{\frac{1}{\varrho}-1}\left[a^{\frac{1}{\varrho}} + b^{\frac{1}{\varrho}}\right] \qquad (a, b \geqq 0)$$

benutzen.

Aus der Bemerkung 1 zu Satz 1 folgt, daß die Beziehungen

$$q < \frac{\nu p}{\mu - (\mu - m) p}, \qquad \nu > \mu - (\mu - m) p \tag{22}$$

die Linearität des Operators (1) mit dem Kern (21) als Operator von $\mathbf{L}_D^p$ in $\mathbf{L}_D^q$, sichern. Da hierbei auch die Bedingungen von Satz 3 erfüllt sind, folgt aus (22) sogar die Vollstetigkeit des Operators U.[1]) Insbesondere erhalten die Beziehungen (22) für $m = \mu - 1$ die Form

$$q < \frac{\nu p}{\mu - p}, \qquad \nu > \mu - p. \tag{23}$$

Satz 4 läßt sich unter folgenden Voraussetzungen auf den betrachteten Fall anwenden. Da offensichtlich

$$|\operatorname{grad}_s K(s, t)| \leqq \frac{|\operatorname{grad}_s B(s, t)|}{|s - t|^m} + m \frac{B(s, t)}{|s - t|^{m+1}}$$

gilt, sind die Bedingungen (14) und (15) erfüllt, wenn der Kern $K(s, t)$ den Beziehungen

$$\sup_{s \in D'} \left[\int_D \frac{|\operatorname{grad}_s B(s, t)|^r}{|s - t|^{(m+\beta-1) r}} dt \right]^{1/r} \leqq E', \tag{24}$$

$$(m + \beta) r < \mu \tag{25}$$

genügt. Dann bildet der Operator (1) den Raum $\mathbf{L}_D^p$ linear in den Raum Lip β ab.

Betrachtet man den Kern $K(s + \Delta s, t)$ als Funktion des Parameters Δs in einer beliebig kleinen Umgebung des Punktes s, dann hängt er bei $\Delta s = 0$ fast gleichmäßig stetig vom Parameter Δs ab. Also folgt aus Satz 5

$$\lim_{\Delta s \to 0} ||U_{\Delta s} - U|| = 0,$$

wenn $U_{\Delta s}$ den Integraloperator mit dem Kern $K(s + \Delta s, t)$ bezeichnet. Insbesondere gilt

$$\int_{D'} |y(s + \Delta s) - y(s)|^q \, ds \to 0 \quad \text{für} \quad \Delta s \to 0.$$ [2])

Es sei jetzt D' eine ν-dimensionale Menge, die stetig und glatt von einem Parameter τ abhängt, $D' = D'_\tau$. Das soll folgendes besagen: Die Menge D'_τ besteht aus allen Punkten der Gestalt $s + \varphi(s, \tau)$, wobei s das Gebiet D'_0 durchläuft und die Funktion φ den Bedingungen

$$\varphi(s, \tau) \to 0 \quad \text{für} \quad \tau \to 0 \text{ gleichmäßig bezüglich } s$$

und

$$|\varphi(s, \tau) - \varphi(s', \tau)| \leqq \alpha \, |s - s'| \qquad (\alpha < 1)$$

---

[1]) Die erste der Beziehungen (22) ist nämlich die Ungleichung $\left(1 - \frac{\nu}{m q}\right) p' < \frac{\mu}{m}$ äquivalent. Für $q < p$ sichert dabei die zweite der Bedingungen (22) die Ungleichung (8).

[2]) Hier und im folgenden verstehen wir unter y das vom Operator U vermittelte zugehörige Bild irgendeines Elementes $x \in \mathbf{L}_D^p$: $y = U(x)$.

genügt.[1]) Dann hängt die Funktion

$$y_\tau(s) = y(s + \varphi(s, \tau)) = \int_D K(s + \varphi(s, \tau), t)\, x(t)\, dt\,,$$

betrachtet auf der Menge D'_τ, bezüglich der Metrik des Raumes $\mathbf{L}^q_{D'_0}$, stetig von τ ab, d. h., es gilt

$$\|y_0 - y_\tau\| = \left\{\int_{D'_0} |y_0(s) - y_\tau(s)|^q\, ds\right\}^{1/q} \underset{\tau \to 0}{\longrightarrow} 0\,.$$

Damit haben wir den folgenden Satz bewiesen.

Satz 6 (2.X). *Sind die Bedingungen* (22) *erfüllt, dann bildet der Integraloperator mit dem Kern* (21) *den Raum* $\mathbf{L}^p_D$ *linear und vollstetig in den Raum* $\mathbf{L}^q_{D'}$ *ab, wenn* D *einen* μ*-dimensionalen Bereich und* D' *einen* ν*-dimensionalen Bereich desselben euklidischen Raumes bezeichnen. Hängt die Menge* D' *stetig von einem Parameter ab, dann ist auch* $y = U(x)$ *bezüglich dieses Parameters stetig. Insbesondere gilt*

$$\lim_{\Delta s \to 0} \left[\int_{D'} |y(s + \Delta s) - y(s)|^q\, ds\right]^{1/q} = 0\,. \tag{26}$$

Bemerkung. Dieser Satz bleibt auch für $q = \infty$ richtig (siehe Bemerkung 4 zu Satz 1). Die Bedingung (22) hat man dabei durch folgende zu ersetzen:

$$(\mu - m)\, p > \mu\,. \tag{27}$$

Die Beziehung (26) erhält in diesem Fall die Form

$$\sup_s |y(s + \Delta s) - y(s)| \underset{\Delta s \to 0}{\longrightarrow} 0\,,$$

d. h., die Funktion y ist stetig. Der Operator U bildet dann also den Raum $\mathbf{L}^p_D$ in $\mathbf{C}_{D'}$ ab.

Die Bedingung (27) kann man auch folgendermaßen schreiben: $m\, p' < \mu$. Wenden wir jetzt die Bemerkung zu Satz 2 an, so ergibt sich, daß U den Raum $\mathbf{L}^p_D$ sogar vollstetig in $\mathbf{L}^\infty_{D'}$ (also, wie oben gezeigt wurde, auch in $\mathbf{C}_{D'}$) abbildet.

Es gilt also der

Satz 7 (2.X). *Ist die Bedingung* (27) *erfüllt, dann bildet der Integraloperator mit einem Kern vom Typ des Potentials den Raum* $\mathbf{L}^p_D$ *linear und vollstetig in den Raum* $\mathbf{C}_{D'}$ *ab.*

§ 3. Die Sobolewschen Einbettungssätze

Bei verschiedenen Fragestellungen der mathematischen Physik und anderer Gebiete der Analysis spielen Beziehungen zwischen den Eigenschaften einer Funktion und ihrer Ableitungen eine große Rolle. So kann man in bekannten

---

[1]) Besteht nur die erste der beiden Bedingungen, dann sprechen wir nur von stetiger Abhängigkeit. Die zweite Bedingung beinhaltet die Glattheit.

Fällen aus der Kenntnis von Integralabschätzungen für partielle Ableitungen auf die Beschränktheit oder sogar die Stetigkeit der Funktion selbst schließen. Umgekehrt folgen mitunter auch aus dem Verhalten der Funktion im ganzen Raum Differenzierbarkeitseigenschaften auf einer Fläche usw.

In Kapitel VI benutzten wir schon einmal die Tatsache, daß man eine und dieselbe Funktion als Element verschiedener Funktionalräume ansehen kann. Hier wird dieser Gedanke systematisch weiterentwickelt. Die in diesem Paragraphen untersuchten Räume werden durch Differenzierbarkeitseigenschaften ihrer Funktionen charakterisiert. Ist dann ein solcher Raum Teil (im mengentheoretischen Sinne) eines anderen, so folgen aus den Eigenschaften, die für die Funktionen des ersten Raumes charakteristisch sind, auch die der Funktionen des umfassenderen Raumes. Ordnen wir in diesem Fall einer Funktion des ersten Raumes dieselbe Funktion als Element des zweiten Raumes zu, so wird dadurch ein Einbettungsoperator definiert, dessen Untersuchung es ermöglicht, nicht nur qualitative, sondern auch quantitative Zusammenhänge zwischen verschiedenen Eigenschaften der Funktionen herzuleiten.

Die Ergebnisse dieses Paragraphen gehen im wesentlichen auf S. A. SOBOLEW zurück (siehe SOBOLEW, [183a, b]).

3.1. Wir beweisen als erstes ein Lemma über die Integraldarstellung einer differenzierbaren Funktion (die hier benutzten Bezeichnungen haben dabei dieselbe Bedeutung wie im vorangehenden Paragraphen).

Lemma 1. *Ist $x(s)$ eine im konvexen Gebiet $D \subset R^\mu$ (mit* mes $D < \infty$*) definierte stetig differenzierbare Funktion, dann gilt die Identität*

$$x(s) = \frac{1}{\operatorname{mes} D} \int_D x(t)\,dt - \sum_{k=1}^{\mu} \int_D \frac{B_k(s,t)}{|s-t|^{\mu-1}} \frac{\partial x}{\partial t_k}\,dt\,, \tag{1}$$

wobei die (im folgenden Beweis angegebenen) Funktionen $B_k(s, t)$ $(k = 1, 2, \ldots)$ beschränkt,

$$|B_k(s,t)| \leq \frac{\delta^\mu}{\mu \operatorname{mes} D} \qquad (k = 1, 2, \ldots, \mu)\,, \tag{2}$$

und für $s \neq t$ stetig sind. Dabei bezeichnen $t_1, \ldots, t_n$ die Koordinaten des Punktes t und δ den Durchmesser des Gebietes D.

Beweis. Es sei s ein fester Punkt aus D. Dann ist jeder Punkt $t \in D$ durch die Angabe seines Abstandes $R = |s - t|$ von s und den Einheitsvektor $\bar{l}$ der Richtung von s nach t eindeutig bestimmt. Offensichtlich gilt

$$x(s) = x(t) - \int_0^R \frac{\partial x}{\partial l}\,dl\,.$$

Multiplizieren wir diese Gleichung mit $R^{\mu-1}\,dR$ und integrieren über R längs des Strahles, der vom Punkt s in Richtung $\bar{l}$ ausgeht zwischen den Grenzen 0 und $d = d(\bar{l})$, wobei $d(\bar{l})$ die Länge desjenigen Teiles dieses Strahles ist, der innerhalb D liegt, so folgt daraus

$$x(s)\int_0^d R^{\mu-1}\,dR = \int_0^d x(t)\,R^{\mu-1}\,dR - \int_0^d R^{\mu-1}\,dR\int_0^R \frac{\partial x}{\partial l}\,dl = \int_0^d x(t)\,R^{\mu-1}\,dR$$

$$-\int_0^d \frac{\partial x}{\partial l}\left(\int_l^d R^{\mu-1}\,dR\right)dl = \int_0^d x(t)\,R^{\mu-1}\,dR - \int_0^d \frac{d^\mu - l^\mu}{\mu}\,\frac{\partial x}{\partial l}\,\frac{1}{l^{\mu-1}}\,l^{\mu-1}\,dl\,. \tag{3}$$

Im letzten Integral bezeichnen wir jetzt die Integrationsveränderliche mit R, multiplizieren beide Seiten der Gleichung mit dem Element des Raumwinkels, d. h. dem Flächenelement der Einheitskugel im μ-dimensionalen Raum, und integrieren über diese. Unter Benutzung der bekannten Formel

$$\int_D z(t)\,dt = \int_\omega d\omega \int_0^{d(\bar{l})} z(t)\,R^{\mu-1}\,dR$$

(hierin bezeichnet ω die Oberfläche der Einheitskugel mit dem Mittelpunkt in s) folgt daraus die Beziehung

$$x(s)\,\mathrm{mes}\,D = \int_D x(t)\,dt - \int_D \frac{[d(\bar{l})]^\mu - R^\mu}{\mu}\,\frac{\partial x}{\partial l}\,\frac{dt}{R^{\mu-1}}. \tag{4}$$

Dividieren wir beide Seiten dieser Gleichung durch mes D und setzen

$$B_k(s,t) = B(s,t)\cos(\bar{l}, t_k) \qquad \left(B(s,t) = \frac{d^\mu - R^\mu}{\mu\,\mathrm{mes}\,D},\quad k = 1, 2, \ldots, \mu\right),$$

dann ergibt sich wegen $\frac{\partial x}{\partial l} = \sum_{k=1}^{\mu} \frac{\partial x}{\partial t_k}\cos(\bar{l}, t_k)$ die Formel (1). Die Abschätzung (2) und die Stetigkeit der Funktionen $B_k(s,t)$ folgen unmittelbar aus ihrer Definition.

Bemerkung 1. Dieses Lemma gilt auch noch in etwas allgemeinerer Form, und zwar braucht das Gebiet D nicht konvex zu sein. Es ist vielmehr schon hinreichend, daß in D ein konvexes Teilgebiet D_1 liegt, so daß für jeden Punkt $s \in D$ folgender Kegel D_2 ganz zu D gehört: D_2 enthält von denjenigen Strahlen durch s, deren Durchschnitt mit D_1 nicht leer ist, die Abschnitte von s bis zum nächsten Punkt dieses Durchschnitts und sonst keine weiteren Punkte (Abb. 5).[1]) Dann hat man die Formel (1) durch irgendeine der folgen-

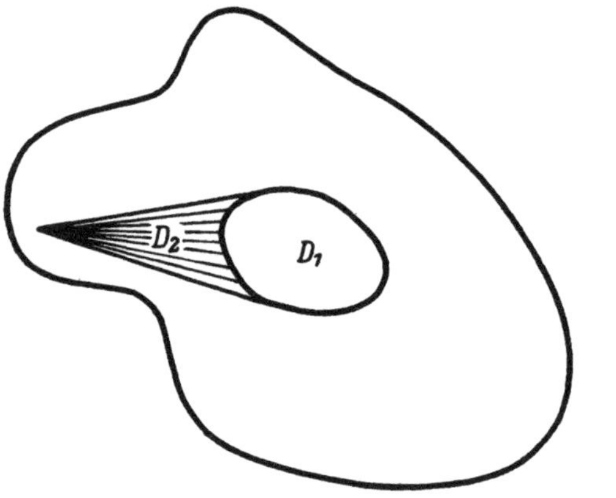

Abb. 5

[1]) Das Gebiet D heißt in diesem Fall *sternförmig* bezüglich des Gebietes D_1.

den zu ersetzen:

$$x(s) = \frac{1}{\operatorname{mes} D_1} \int\limits_{D_1} x(t)\, dt - \sum_{k=1}^{\mu} \int\limits_{D_1 \cup D_2} \frac{B_k(s, t)}{|s-t|^{\mu-1}} \frac{\partial x}{\partial t_k} dt\,, \tag{5}$$

$$x(s) = \frac{1}{\operatorname{mes} D_1} \int\limits_{D_1} x(t)\, dt - \sum_{k=1}^{\mu} \int\limits_{D} \frac{B_k(s, t)}{|s-t|^{\mu-1}} \frac{\partial x}{\partial t_k} dt\,. \tag{5'}$$

Der Beweis hierfür ergibt sich durch entsprechende Überlegungen wie oben.

Bemerkung 2. Die Konvexität des Gebietes D wurde nur vorausgesetzt, um zu garantieren, daß jeder von einem beliebigen inneren Punkt des Gebietes D ausgehende Strahl den Rand von D in nur einem Punkt schneidet. Ist nun D nicht konvex, so gilt die Darstellung (1) immer noch für die Punkte $s \in D$, bezüglich deren D sternförmig ist, insbesondere also für alle $s \in D_1$, wenn D_1 die gleiche Bedeutung wie in Bemerkung 1 hat.

Lemma 2. *Es sei* $r < \frac{\mu}{\mu-1}$ *und* $\beta > 0$ *so klein, daß die Ungleichung* $(\mu - 1 + \beta)\, r < \mu$ *erfüllt ist. Dann ist für die in Satz 1 eingeführte Funktion* $B_k(s, t)$ *das Integral*

$$\int\limits_{D} \frac{|\operatorname{grad}_s B_k(s, t)|^r}{|s-t|^{(\mu-2+\beta)\, r}} dt \tag{6}$$

unabhängig von s beschränkt. (Dabei soll außer den obengenannten Voraussetzungen die Oberfläche S von D hinreichend glatt sein.)

Beweis. Aus

$$B_k(s, t) = B(s, t) \cos(\bar{l}, t_k)$$

errechnet man sich zunächst die Abschätzung

$$\begin{aligned} |\operatorname{grad}_s B_k(s, t)| &\leqq |\operatorname{grad}_s B(s, t)|\, |\cos(\bar{l}, t_k)| + |B(s, t)|\, |\operatorname{grad}_s \cos(\bar{l}, t_k)| \\ &\leqq |\operatorname{grad}_s B(s, t)| + \frac{K}{R} \qquad (R = |s-t|) \end{aligned}$$

mit einer Konstanten K. Für den Summanden mit $\frac{K}{R}$ folgt die gleichmäßige Beschränktheit des Integrals bezüglich s aus der Ungleichung $(\mu - 1 + \beta)\, r < \mu$. Da weiter $B(s, t) = \frac{1}{\mu \operatorname{mes} D}(d^\mu - R^\mu)$ gilt und auch für den Summanden mit R^μ die Aussage des Lemmas, wie man leicht überprüft, richtig ist, brauchen wir nur noch das Glied mit der Funktion d^μ zu betrachten.[1])

Es bezeichne u den Schnittpunkt des Randes von D mit dem Strahl in Richtung $\bar{l}$ durch s, $\bar{n}$ die Normale an die Oberfläche S von D im Punkte u und schließlich φ den Winkel zwischen $\bar{l}$ und $\bar{n}$. Dann liegt der Vektor $\operatorname{grad}_s d$ in der von den Vektoren $\bar{l}$ und $\bar{n}$ aufgespannten Fläche. Außerdem ist klar, daß die Ableitung von d als Funktion von s in Richtung $\bar{l}$

[1]) Diese Überlegung wird durch folgende Abschätzung gerechtfertigt: Es gelte für nichtnegative Zahlen A, α, β, γ die Ungleichung

$$A \leqq \alpha + \beta + \gamma$$

und es sei ferner $r > 0$. Dann folgt

$$A \leqq 3 \max(\alpha, \beta, \gamma)\,, \quad \text{also} \quad A^r = 3^r(\alpha^r + \beta^r + \gamma^r)\,.$$

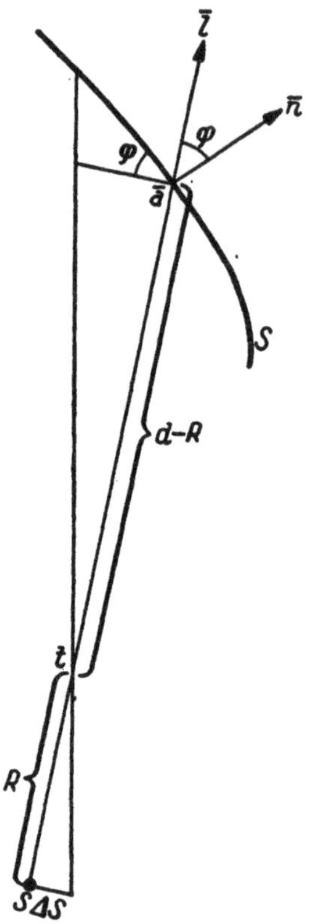

Abb. 6

gleich Eins und in der dazu senkrechten Richtung (in der Ebene $(\bar{l}, \bar{n})$) gleich $\dfrac{d-R}{R}$ tg φ ist (Abb. 6). Deshalb gilt

$$|\operatorname{grad}_s d| = \sqrt{1 + \left(\frac{d-R}{R}\operatorname{tg}\varphi\right)^2} = 1 + \frac{d}{R}|\operatorname{tg}\varphi|\,,$$

also

$$|\operatorname{grad}_s d^\mu| \leqq \mu\, d^{\mu-1}\left(1 + \frac{d}{R}\,|\operatorname{tg}\varphi|\right).$$

Hieraus folgt die Abschätzung (vgl. die vorangehende Fußnote)

$$\frac{|\operatorname{grad}_s d^\mu|^r}{R^{(\mu-2+\beta)r}} \leqq \frac{\mu^r d^{(\mu-1)r}\left(1 + \frac{d}{R}\,|\operatorname{tg}\varphi|\right)^r}{R^{(\mu-2+\beta)r}}$$

$$\leqq \frac{(2\,\mu)^r d^{(\mu-1)r}\left(1 + \left(\frac{d}{R}\right)^r |\operatorname{tg}\varphi|^r\right)}{R^{(\mu-2+\beta)r}}$$

$$= (2\,\mu)^r \frac{d^{(\mu-1)r}}{R^{(\mu-2+\beta)r}} + (2\,\mu)^r \frac{d^{\mu r}}{R^{(\mu-1+\beta)r}}\,|\operatorname{tg}\varphi|^r\,.$$

Die Beschränktheit des Integrals über den ersten Summanden ist wieder unmittelbar zu sehen. Um das Integral über den zweiten Summanden weiter abzuschätzen, benutzen wir die Beziehung

$$dt = \frac{R^{\mu-1}}{d^{\mu-1}} \cos\varphi\, dS\, dR\,,$$

wobei dS das Oberflächenelement auf der Oberfläche S von D bezeichnet, und die aus den Voraussetzungen folgende Ungleichung

$$\mu\, r - (\mu - 1 + \beta)\, r + 1 > \mu\, r - \mu + 1 > 0\,.$$

Dann erhalten wir

$$\int\limits_D \frac{d^{\mu r}}{R^{(\mu-1+\beta)r}}\,|\operatorname{tg}\varphi|^r\, dt = \int\limits_S |\operatorname{tg}\varphi|^r \cos\varphi \left(\int\limits_0^d \frac{d^{\mu r-(\mu-1)}R^{\mu-1}}{R^{(\mu-1+\beta)r}}\, dR\right) dS$$

$$\leqq \frac{\delta^{\mu r-(\mu-1+\beta)r+1}}{\mu - (\mu - 1 + \beta)\, r} \int\limits_S \frac{|\sin\varphi|^r}{|\cos\varphi|^{r-1}} dS\,,$$

wobei wir unter δ den Durchmesser von D verstehen wollten. Hat die Oberfläche S überall einen endlichen Krümmungsradius, so folgt wegen $r < \dfrac{\mu}{\mu-1} \leqq 2$

$$\int\limits_S \frac{|\sin\varphi|^r}{|\cos\varphi|^{r-1}}\, dS \leqq \int\limits_S \frac{dS}{|\cos\varphi|^{r-1}} \leqq K_1\,,$$

woraus sich die Behauptung ergibt.

Damit ist das Lemma bewiesen.

Bemerkung. Aus den Ergebnissen von Abschnitt X.2.5 folgt, daß unter den Voraussetzungen von Lemma 2 der Kern $\frac{B_k(s,t)}{|s-t|^{\mu-1}}$ den Bedingungen von Satz 4 (2.X) genügt.

3.2. Unter Benutzung der Sätze des vorangehenden Paragraphen beweisen wir jetzt die folgende wichtige Aussage.

Satz 1 (3.X). (Die SOBOLEWsche Ungleichung.) *Es sei $x(s)$ eine im konvexen Gebiet D stetig differenzierbare Funktion und*

$$q < \frac{\mu p}{\mu - p}. \tag{7}$$

Dann gilt die Ungleichung

$$\begin{aligned} \|x - m(x)\|_{\mathbf{L}^q_D} &= \left\{\int_D |x(t) - m(x)|^q \, dt\right\}^{1/q} \leq A \, \| \, |\operatorname{grad} x| \, \|_{\mathbf{L}^p_D} \\ &= A \left\{ \int_D \left[\sum_{k=1}^{\mu} \left(\frac{\partial x}{\partial t_k}\right)^2 \right]^{p/2} dt \right\}^{1/p}, \end{aligned} \tag{8}$$

wobei

$$m(x) = \frac{1}{\operatorname{mes} D} \int_D x(s) \, ds \tag{9}$$

den Mittelwert der Funktion x im Gebiet D und A eine Konstante bezeichnet.

Beweis. Aus Lemma 1 folgt zunächst

$$|x(s) - m(x)| \leq \sum_{k=1}^{\mu} \left| \int_D \frac{B_k(s,t)}{|s-t|^{\mu-1}} \frac{\partial x}{\partial t_k} dt \right| \leq \int_D \frac{|B(s,t)|}{|s-t|^{\mu-1}} |\operatorname{grad} x| \, dt .$$

Unter der Voraussetzung (7) bildet der Integraloperator U mit dem Kern $\frac{B(s,t)}{|s-t|^{\mu-1}}$ den Raum $\mathbf{L}^p_D$ linear in $\mathbf{L}^q_D$ ab (siehe X.2.5, Bedingung (23)), deshalb gilt

$$\|x - m(x)\|_{\mathbf{L}^q_D} \leq \|U\| \, \| \, |\operatorname{grad} x| \, \|_{\mathbf{L}^p_D},$$

womit die Ungleichung (8) für $A = \|U\|$ bewiesen ist.

Bemerkung 1. Manchmal benutzt man an Stelle von (8) zweckmäßiger die sich unmittelbar daraus ergebende Ungleichung

$$\|x\|_{\mathbf{L}^q} \leq M \left[\| \, |\operatorname{grad} x| \, \|_{\mathbf{L}^p} + |m(x)|\right]. \tag{10}$$

Bemerkung 2. Für $p = 2$ und $\mu \geqq 2$ erfüllt z. B. $q = 2$ die Bedingung (7). Die Ungleichung (10) erhält in diesem Fall die Form

$$\left[\int_D |x(s)|^2 \, ds\right]^{1/2} \leq M \left\{ \left| \int_D x(t) dt \right| + \left[\int_D \sum_{k=1}^{\mu} \left(\frac{\partial x}{\partial t_k}\right)^2 dt \right]^{1/2} \right\} \tag{11}$$

oder (vgl. die Fußnote ¹) auf S. 301 zum Beweis von Lemma 2 aus 3.1)

$$\int\limits_D |x(s)|^2\, ds \leqq M_1 \left\{ \left| \int\limits_D x(t)\, dt \right|^2 + \int\limits_D \sum_{k=1}^{\mu} \left(\frac{\partial x}{\partial t_k}\right)^2 dt \right\}. \tag{12}$$

Das ist die bekannte Ungleichung von POINCARÉ.

Bemerkung 3. In den Anwendungen spielt mitunter die Größe der Konstanten A in (8) eine Rolle. Die Norm des Integraloperators U mit dem Kern $\frac{B(s,t)}{|s-t|^{\mu-1}}$ können wir aber unter Benutzung von Satz 1 (2.X) abschätzen. Setzen wir $\sigma = r$ und bestimmen das kleinste r, das der Ungleichung $\left(1 - \frac{r}{q}\right) p' \leqq r$ genügt, so ergibt sich für A die Beziehung (s. hierzu den Beweis von Lemma 1 und die dortigen Bezeichnungen)

$$A = C_1 = C_2 \leqq \max |B(s,t)| \max_s \left[\int\limits_D \frac{dt}{|s-t|^{(\mu-1)r}} \right]^{1/r}$$

$$\leqq \frac{\delta^\mu}{\mu \operatorname{mes} D} \left\{ \int\limits_\omega d\omega \int\limits_0^\delta \frac{R^{\mu-1}}{R^{(\mu-1)r}} dR \right\}^{1/r} \leqq \frac{\delta^{1+\frac{\mu}{r}}}{\mu \operatorname{mes} D} \left\{ \frac{\mu\, \pi^{\mu/2}}{(\mu - (\mu-1)\, r)\, \Gamma\left(\frac{\mu}{2} + 1\right)} \right\}^{1/r}.$$

Bemerkung 4. Die Voraussetzung der Konvexität des Gebietes D war für den hier gegebenen Beweis der SOBOLEWschen Ungleichung wesentlich. Letztere gilt jedoch auch noch für Gebiete von viel allgemeinerer Form. Läßt sich z. B. ein Gebiet eindeutig und stetig differenzierbar in ein anderes Gebiet, für das die SOBOLEWsche Ungleichung erfüllt ist, abbilden, und ist die Funktionaldeterminante dieser Abbildung gleich Eins, so gilt die Ungleichung auch für das gegebene Gebiet. Eine andere Erweiterung der SOBOLEWschen Ungleichung auf Gebiete allgemeinerer Form liefert der folgende Satz.

Satz 2 (3.X). *Ist ein Gebiet D die Vereinigung zweier Gebiete D_1 und D_2, deren Durchschnitt ein positives Maß hat, und gilt für jedes der beiden Gebiete D_1, D_2 die Ungleichung* (8), *dann gilt sie auch für das ganze Gebiet D.*

Beweis. Es sei $D = D_1 \cup D_2$. Wir setzen

$$D_3 = D_1 \cap D_2, \qquad D_4 = D_2 \setminus D_3$$

und bezeichnen mit $m(x)$, $m_1(x)$, $m_2(x)$, $m_3(x)$ bzw. $m_4(x)$ den Mittelwert der Funktion x im Gebiet D, D_1, D_2, D_3 bzw. D_4. Wenden wir die Ungleichung (8) auf die Gebiete D_1 und D_2 an, so ergibt sich mit zwei Konstanten B_1 und B_2

$$\|x - m_1(x)\|_{L^q_{D_1}} \leqq B_1 J, \qquad \|x - m_2(x)\|_{L^q_{D_2}} \leqq B_2 J, \tag{13}$$

wobei $J = \| \, |\operatorname{grad} x| \, \|_{L^p_D}$ gesetzt wurde.

Weiter gilt nach der MINKOWSKIschen Ungleichung (II.3.6)

$$|m_1(x) - m_2(x)| \leqq \frac{1}{(\text{mes } D_3)^{1/q}} \left[\|x - m_1(x)\|_{L^q_{D_3}} + \|x - m_2(x)\|_{L^q_{D_3}} \right]$$

$$\leqq \frac{1}{(\text{mes } D_3)^{1/q}} \left[\|x - m_1(x)\|_{L^q_{D_1}} + \|x - m_2(x)\|_{L^q_{D_2}} \right] \leqq B_3 J ,$$

$$|m_4(x) - m_2(x)| = \frac{1}{\text{mes } D_4} \left| \int\limits_{D_4} [x(s) - m_2(x)] \, ds \right|$$

$$\leqq \frac{A}{\text{mes } D_4} \|x - m_2(x)\|_{L^q_{D_2}} \leqq B_4 J .$$

Nun folgt aus der Definition der Mittelwerte

$$\min [m_1(x), m_4(x)] \leqq m(x) \leqq \max [m_1(x), m_4(x)]$$

und daraus

$$|m(x) - m_1(x)| \leqq |m_4(x) - m_1(x)| \leqq |m_4(x) - m_2(x)| + |m_2(x) - m_1(x)| \leqq B_5 J ,$$

also auch

$$|m(x) - m_2(x)| \leqq |m(x) - m_1(x)| + |m_2(x) - m_1(x)| \leqq B_6 J .$$

Damit erhalten wir schließlich die Abschätzung

$$\|x - m(x)\|_{L^q_D} \leqq \|x - m(x)\|_{L^q_{D_1}} + \|x - m(x)\|_{L^q_{D_2}}$$

$$\leqq \|x - m_1(x)\|_{L^q_{D_1}} + \|x - m_2(x)\|_{L^q_{D_2}} + |m(x) - m_1(x)| \, (\text{mes } D_1)^{1/q}$$

$$+ |m(x) - m_2(x)| \, (\text{mes } D_2)^{1/q} \leqq B_7 J ,$$

d. h., auch für das Gebiet D gilt eine Ungleichung der Form (8).

Unter Benutzung der Bemerkung 1 zu Lemma 1 können wir die SOBOLEWsche Ungleichung noch auf eine andere Gebietsklasse erweitern. Es sei das Gebiet D sternförmig bezüglich des konvexen Gebietes $D_1 < D$; mit $m_1(x)$ bezeichnen wir den Mittelwert der Funktion x in dem Gebiet D_1. Aus der Darstellung (5′) folgt dann die Beziehung

$$\|x - m_1(x)\|_{L^q_D} = A_1 J \qquad \left(J = \| \, |\text{grad } x| \, \|_{L^p_D} \right) .$$

Nach der Bemerkung 2 zu Lemma 1 gilt die Darstellung (1) für alle $s \in D_1$:

$$x(s) = m(x) - \sum_{k=1}^{\mu} \int\limits_{D} \frac{B_k(s, t)}{|s - t|^{\mu - 1}} \frac{\partial x}{\partial t_k} \, dt \qquad (s \in D_1) .$$

Der zweite Summand auf der rechten Seite dieser Formel definiert einen linearen Operator von L^p_D in $L^q_{D_1}$, d. h., es gilt

$$\|x - m(x)\|_{L^q_{D_1}} \leqq A_2 J .$$

Daraus folgt

$$|m_1(x) - m(x)| = \left|\frac{1}{\operatorname{mes} D_1}\int\limits_{D_1} [x(s) - m(x)]\, ds\right|$$

$$\leqq \frac{1}{(\operatorname{mes} D_1)^{1/q}} \|x - m(x)\|_{\mathbf{L}^q_{D_1}} \leqq \frac{1}{(\operatorname{mes} D_1)^{1/q}} A_2 J\,,$$

woraus sich zusammen mit der oben erhaltenen Ungleichung schließlich die Beziehung

$$\|x - m(x)\|_{\mathbf{L}^q_D} \leqq A_3 J$$

ergibt, was zu zeigen war.

3.3. Wir führen jetzt weitere Funktionalräume ein, die sämtlich aus allen im Gebiet D (Voraussetzungen über das Gebiet D formulieren wir im Anschluß an Satz 3) stetig differenzierbaren Funktionen bestehen. Verschiedene Räume dieser Art können sich also nur durch ihre Normen unterscheiden.

Zunächst betrachten wir den Raum $\widetilde{\mathbf{W}}_p^{(1)} = \widetilde{\mathbf{W}}_p^{(1)}(D)$, in dem die Norm durch die Gleichung

$$\|x\| = \frac{1}{\operatorname{mes} D}\left|\int\limits_D x(s)\, ds\right| + \left[\int\limits_D |\operatorname{grad} x|^p\, dt\right]^{1/p} = |m(x)| + \|\,|\operatorname{grad} x|\,\|_{\mathbf{L}^p_D} \tag{14}$$

definiert wird. Linearisiert man den Raum in der üblichen Weise, dann sieht man leicht, daß diese Norm den erforderlichen Axiomen eines normierten Raumes genügt.

Sehen wir ein Element $x \in \widetilde{\mathbf{W}}_p^{(1)}$ als Funktion aus $\mathbf{L}^q_D$ an, so können wir die SOBOLEWsche Ungleichung (in der Form (10)) folgendermaßen schreiben:

$$\|x\|_{\mathbf{L}^q_D} \leqq M\, \|x\|_{\widetilde{\mathbf{W}}_p^{(1)}}. \tag{15}$$

Der Einbettungsoperator, der einem Element $x \in \widetilde{\mathbf{W}}_p^{(1)}$ dieselbe Funktion, aber als Element des Raumes $\mathbf{L}^q_D$ betrachtet, zuordnet, ist also ein linearer Operator. Wir zeigen, daß er sogar vollstetig ist.

Zu diesem Zweck sei $\{x_n\}$ eine im Raum $\widetilde{\mathbf{W}}_p^{(1)}$ beschränkte Folge. Nach Lemma 1 gilt

$$x_n(s) = m(x_n) + \sum_{k=1}^{\mu} \int\limits_D \frac{B_k(s,t)}{|s-t|^{\mu-1}} \frac{\partial x_n}{\partial t_k}\, dt\,.$$

Unter der Bedingung (7) ist der Integraloperator mit dem Kern $\dfrac{B_k(s,t)}{|s-t|^{\mu-1}}$ als Abbildung von $\mathbf{L}^p_D$ in $\mathbf{L}^q_D$ vollstetig (Satz 6 (2.X)). Da die Folgen $\left\{\dfrac{\partial x_n}{\partial t_k}\right\}$ $(k = 1, 2, \ldots, \mu)$ im Raum $\mathbf{L}^p_D$ beschränkt sind, kann man eine Teilfolge von Indizes $\{n_i\}$ derart auswählen, daß die Folge $\{y_{n_i}^{(k)}\}$

$$y_{n_i}^{(k)}(s) = \int\limits_D \frac{B_k(s,t)}{|s-t|^{\mu-1}} \frac{\partial x_{n_i}}{\partial t_k}\, dt \qquad (k = 1, 2, \ldots, \mu\,, \quad i = 1, 2, \ldots)$$

in $L^q_{\mathfrak{D}}$ konvergiert. Darüber hinaus können wir noch voraussetzen, daß auch die Zahlenfolge $\{m(x_{n_i})\}$ konvergiert. Dann konvergiert aber nach (15) auch die Folge $\{x_{n_i}\}$ im Raum $L^q_{\mathfrak{D}}$, womit die Vollstetigkeit des Einbettungsoperators bewiesen ist. Es gilt also der

Satz 3 (3.X) (SOBOLEW-KONDRASCHEW).[1] *Unter der Voraussetzung* (7) *ist der Einbettungsoperator, der einer Funktion aus* $\widetilde{W}_p^{(1)}$ *dieselbe Funktion, betrachtet als Element des Raumes* $L^q_{\mathfrak{D}}$, *zuordnet, linear und vollstetig.*

Der Satz 3 gilt genau für diejenigen Gebiete D, für die auch die SOBOLEWsche Ungleichung richtig ist, insbesondere also für Gebiete, die bezüglich eines konvexen Teilgebietes sternförmig sind, sowie für jede endliche Vereinigung solcher Gebiete (Satz 2).

Unter Benutzung von Satz 6 (2.X) kann man analog zu Satz 3 noch das folgende allgemeinere Resultat beweisen.

Satz 4 (3.X). *Der Einbettungsoperator, der einer Funktion aus* $\widetilde{W}_p^{(1)}$ *dieselbe Funktion, betrachtet als Element des Raumes* $L^q_{\mathfrak{D}'}$ *(*D' *bezeichnet eine* ν*-dimensionale Fläche in* D*) zuordnet, ist linear und vollstetig, falls die Bedingungen*

$$q < \frac{\nu p}{\mu - p}, \qquad \nu > \mu - p \tag{16}$$

erfüllt sind. Dabei hängt das Element x *bei einer Verschiebung der Oberfläche stetig von der Größe dieser Verschiebung ab, d. h., es gilt*

$$\lim_{\Delta s \to 0} \left\{ \int_{D'} |x(s + \Delta s) - x(s)|^q \, ds \right\}^{1/q} = 0\,. \tag{17}$$

Betrachten wir noch den Spezialfall $\mu < p$, so folgt durch Anwendung von Satz 7 (2.X) der

Satz 5 (3.X). *Für* $\mu < p$ *ist der Einbettungsoperator von* $\widetilde{W}_p^{(1)}(D)$ *in* C_D *linear und vollstetig.*

Bemerkung. Unter Benutzung von Satz 4 (2.X) und der Bemerkung zu Lemma 2 läßt sich der Satz noch dahingehend verschärfen, daß für $\beta < \dfrac{p-\mu}{p}$ der Einbettungsoperator den Raum $\widetilde{W}_p^{(1)}$ linear in den Raum Lip β abbildet. $\Big($Man beachte hierzu die Zusammenhänge $r' = p$ und demnach $r = \dfrac{p}{p-1}\,.\Big)$

3.4. Neben dem Raum $\widetilde{W}_p^{(1)}(D)$ kann man auch Räume einführen, in denen die Norm durch höhere Ableitungen bestimmt wird, und zwar bezeichnen wir mit $\widetilde{W}_p^{(l)} = \widetilde{W}_p^{(l)}D)$ den Raum aller l-mal im Gebiet D stetig differenzierbaren Funktionen mit der Norm

$$\|x\| = |m(x)| + \sum_{x=1}^{\mu} \left| m\left(\frac{\partial x}{\partial t_k}\right)\right| + \cdots + \sum_{k_1, k_2, \ldots, k_{l-1} = 1}^{\mu} \left| m\left(\frac{\partial^{l-1} x}{\partial t_{k_1}\, \partial t_{k_2} \ldots \partial t_{k_{l-1}}}\right)\right|$$
$$+ \left\{ \int_D \left[\sum_{k_1, k_2, \ldots, k_l = 1}^{\mu} \left(\frac{\partial^l x}{\partial t_{k_1}\, \partial t_{k_2} \ldots \partial t_{k_l}} \right)^2 \right]^{p/2} \right\}^{1/p}.$$

[1]) W. I. KONDRASCHEW bewies die Vollstetigkeit des Einbettungsoperators, siehe [127].

Die Funktion $m(x)$ hat hierbei die in (9) gegebene Bedeutung.

Wir betrachten den Einbettungsoperator vom Raum $\widetilde{\mathbf{W}}_p^{(l)}$ in den Raum $\mathbf{L}_{D'}^q$ und zeigen, daß er unter der Bedingung

$$q < \frac{\mu p}{\mu - l p} \tag{18}$$

linear und vollstetig ist.

Für $l = 1$ wurde diese Aussage bereits bewiesen (Satz 3). Sie sei richtig für $l - 1$. Aus der Normdefinition in $\widetilde{\mathbf{W}}_p^{(l)}$ folgt die Ungleichung

$$\left\|\frac{\partial x}{\partial t_k}\right\|_{\widetilde{\mathbf{W}}_p^{(l-1)}} \leqq \|x\|_{\widetilde{\mathbf{W}}_p^{(l)}},$$

woraus wir wegen der Linearität des Einbettungsoperators von $\widetilde{\mathbf{W}}_p^{(l-1)}$ in $\mathbf{L}_{D'}^{q_1}$ die Beziehung

$$\left\|\frac{\partial x}{\partial t_k}\right\|_{\mathbf{L}_{D'}^{q_1}} \leqq M \left\|\frac{\partial x}{\partial t_k}\right\|_{\widetilde{\mathbf{W}}_p^{(l-1)}} \leqq M\, \|x\|_{\widetilde{\mathbf{W}}_p^{(l)}}$$

erhalten, wenn nur

$$q_1 < \frac{\mu p}{\mu - (l-1) p}$$

gilt.

Damit ergibt sich (vgl. hierzu (14))

$$\|x\|_{\widetilde{\mathbf{W}}_{q_1}^{(1)}} \leqq (\mu M + 1)\, \|x\|_{\widetilde{\mathbf{W}}_p^{(l)}},$$

und durch Anwendung von Satz 3 für $p = q_1$ folgt schließlich

$$\|x\|_{\mathbf{L}_{D'}^q} \leqq M'\, \|x\|_{\widetilde{\mathbf{W}}_{q_1}^{(1)}} \leqq M' (\mu M + 1)\, \|x\|_{\widetilde{\mathbf{W}}_p^{(l)}},$$

d. h., der Einbettungsoperator von $\widetilde{\mathbf{W}}_p^{(l)}$ in $\mathbf{L}_{D'}^q$ ist linear. Die Bedingung (7)

$$q < \frac{\mu q_1}{\mu - q_1}$$

ist für ein geeignetes q_1 erfüllt, wenn nur

$$q < \frac{\mu \dfrac{\mu p}{\mu - (l-1) p}}{\mu - \dfrac{\mu p}{\mu - (l-1) p}} = \frac{\mu p}{\mu - p l}$$

gilt.

Durch ähnliche Überlegungen kann man auch die Vollstetigkeit des Einbettungsoperators zeigen.

Satz 4 läßt sich für $\nu < \mu$ auch auf den Fall von Ableitungen höherer Ordnung übertragen. Als Ergebnis erhalten wir dann den folgenden Satz:

Satz 6 (3.X). *Unter den Bedingungen*

$$q < \frac{\nu p}{\mu - l p}, \qquad \nu > \mu - l p \tag{19}$$

ist der Einbettungsoperator vom Raum $\widetilde{\mathbf{W}}_p^{(l)}$ *in den Raum* $\mathbf{L}_{D'}^q$ *(D' bezeichnet wieder eine ν-dimensionale Fläche in D) linear und vollstetig. Wird die Oberfläche D' in*

Abhängigkeit von einem Parameter stetig deformiert, so hängt auch der Einbettungsoperator stetig von diesem Parameter ab.

Schließlich stellt das folgende Ergebnis eine Verallgemeinerung von Satz 5 auf den Fall höherer Ableitungen dar. Für $\mu < l\,p$ bildet der Einbettungsoperator den Raum $\widetilde{\mathbf{W}}_p^{(l)}(D)$ inear und vollstetig in $\mathbf{C}_D$ ab.

3.5. Die Räume $\widetilde{\mathbf{W}}_p^{(l)}$ sind nicht vollständig. Fügen wir zu ihnen jedoch noch Funktionen hinzu, die in einem verallgemeinerten Sinne differenzierbar sind, so entstehen B-Räume.

Eine im Gebiet D summierbare Funktion $x^{(i)}(s)$ heißt *verallgemeinerte Ableitung* der Funktion x in D, wenn es eine Folge in D stetig differenzierbarer Funktionen $\{x_k\}$ gibt, so daß in jedem Gebiet D_1, dessen Abschließung in D enthalten ist, folgendes gilt:

$$\int\limits_{D_1} |x_k(t) - x(t)|\, dt \xrightarrow[k\to\infty]{} 0\,, \qquad \int\limits_{D_1} \left|\frac{\partial x_k}{\partial t_i} - x^{(i)}(t)\right| dt \xrightarrow[k\to\infty]{} 0\,. \tag{20}$$

Es sei φ eine im Gebiet D stetig differenzierbare Funktion, die in der Nähe des Randes von D und auf dem Rand selbst verschwindet, also nur in einem Teilgebiet D_1, dessen Abschließung noch in D enthalten ist, von Null verschieden ist. Dann gilt die Gleichung

$$\int\limits_{D} x(t)\,\frac{\partial\varphi}{\partial t_i}\, dt = -\int\limits_{D} \varphi(t)\, x^{(i)}(t)\, dt\,. \tag{21}$$

Ersetzen wir nämlich in dieser Beziehung die Funktion x durch x_k und $x^{(i)}$ durch $\frac{\partial x_k}{\partial t_i}$, so geht Gleichung (21) in die bekannte GREENsche Formel über. Durch Grenzübergang $k \to \infty$ folgt daraus die Behauptung.

Aus Gleichung (21) ergibt sich unter anderem die Eindeutigkeit der verallgemeinerten Ableitung. Für zwei solche Ableitungen $x^{(i)}$ und $\tilde{x}^{(i)}$ und jede Funktion φ der oben angegebenen Art erhalten wir nämlich die Beziehung

$$\int\limits_{D} \varphi(t)\, [\tilde{x}^{(i)}(t) - x^{(i)}(t)]\, dt = 0\,, \tag{22}$$

woraus durch Anwendung des Satzes von LUSIN folgt, daß fast überall die Gleichung $\tilde{x}^i(t) = x^i(t)$ bestehen muß.

Im folgenden nehmen wir zur Annäherung nicht beliebige Funktionen, sondern speziell STEKLOWsche Mittel.

Außer den in Abschnitt IX.1.1 an den Kern der Mittelbildung gestellten Forderungen setzen wir noch voraus, daß die Funktion ω_h für jedes $h > 0$ im Intervall $[0, \infty)$ stetig differenzierbar ist.

In Abschnitt IX.1.1 bewiesen wir die nachstehenden Eigenschaften der gemittelten Funktionen:

a) $\|x_h\|_{\mathbf{L}_D^p} \leqq M\, \|x\|_{\mathbf{L}_D^p} \qquad (h > 0)$. (23)

b) Aus $x \in \mathbf{L}_D^p \qquad (p \geqq 1)$ folgt $\|x - x_h\|_{\mathbf{L}_D^p} \to 0$ für $h \to 0$.

c) Aus $\|x_m - x\|_{\mathbf{L}_D^p} \to 0$ folgt $\|(x_m)_h - x_h\|_{\mathbf{L}_D^p} \to 0$.

Außerdem gilt im vorliegenden Falle wegen der speziellen Wahl der Funktion ω_h noch:

d) Hat die Funktion x in D eine verallgemeinerte Ableitung $x^{(i)}$ so gibt es zu jedem inneren Teilgebiet D_1 des Gebietes D $(\overline{D}_1 \subset D)$ ein hinreichend kleines $h > 0$, so daß die Gleichung

$$\frac{\partial}{\partial t_i} x_h = [x^{(i)}]_h \tag{24}$$

besteht.

Wir beweisen die Aussage d). Dazu wählen wir eine Folge (stetig differenzierbarer Funktionen) $\{x_k\}$, die der Beziehung (20) genügen. Für jede Funktion x_k ist die Gleichung (24) offensichtlich erfüllt, da man in diesem Fall Formel (1) in Abschnitt IX.1.1 unter dem Integralzeichen differenzieren darf. Nun gilt nach Punkt c)

$$\left(\frac{\partial x_k}{\partial t_i}\right)_h \to (x^{(i)})_h \quad \text{in} \quad \mathbf{L}_D^p ,$$

und andererseits gilt

$$\frac{\partial}{\partial s_i} [(x_k)_h] = \int \frac{\partial}{\partial s_i} \omega_h(|s - t|) \, x_k(t) \, dt \to \int \frac{\partial}{\partial s_i} \omega_h(|s - t|) \, x(t) \, dt = \frac{\partial}{\partial s_i} x_h .$$

Der letzte Grenzübergang ist gestattet, da s zu D_1 gehört und das Integrationsgebiet — die Kugel $K_h(s)$ mit dem Radius h und dem Mittelpunkt s — für hinreichend kleines h ein inneres Teilgebiet von D ist.

Wir bemerken noch, daß wegen der Beziehung (24) und Punkt b) die gemittelten Funktionen x_h die Rolle der Funktionen x_k in der Definition der verallgemeinerten Ableitungen übernehmen können.

Unter Benutzung dieser Tatsachen läßt sich die SOBOLEWsche Ungleichung (10) auf Funktionen erweitern, die nur verallgemeinerte Ableitungen haben. Es sei die p-te Potenz des verallgemeinerten Gradienten der Funktion x summierbar. Aus b) folgt

$$\int_{D_1} \left|\frac{\partial x_h}{\partial t_i} - x^{(i)}\right|^p dt = \int_{D_1} |[x^{(i)}]_h - x^{(i)}|^p \, dt \xrightarrow[h \to 0]{} 0 ,$$

und eine analoge Beziehung gilt auch für den Gradienten. Wenden wir die SOBOLEWsche Ungleichung auf die stetig differenzierbare Funktion x_h an, so ergibt sich die Relation

$$\left[\int_{D_1} |x_h|^q \, dt\right]^{1/q} \leq M_1 \left\{\frac{1}{\operatorname{mes} D_1} \left|\int_{D_1} x_h(t) \, dt\right| + \left[\int_{D_1} |\operatorname{grad} x_h|^p \, dt\right]^{1/p}\right\},$$

aus der wir durch Grenzübergang $h \to 0$ die SOBOLEWsche Ungleichung für die Funktion x erhalten:

$$\left[\int_{D_1} |x|^q \, dt\right]^{1/q} \leq M_1 \left\{\frac{1}{\operatorname{mes} D_1} \left|\int_{D_1} x(t) \, dt\right| + \left[\int_{D_1} |\operatorname{grad} x|^p \, dt\right]^{1/p}\right\}.$$

Dabei kann man die Konstante M_1 unabhängig von x wählen (Bemerkung 3 zu Satz 1). Nehmen wir jetzt eine wachsende Folge von Gebieten D_1, deren Vereinigung gleich D ist, so ergibt sich durch Grenzübergang dieselbe Ungleichung auch für das Gebiet D. Damit ist gleichzeitig die Summierbarkeit der Funktion $|x|^q$ bewiesen, d. h. $x \in \mathbf{L}_D^q$, und es gilt schließlich

$$\left[\int\limits_D |x|^q \, dt\right]^{1/p} \leqq M_1 \left\{\frac{1}{\operatorname{mes} D} \left|\int\limits_D x(t) \, dt\right| + \left[\int\limits_D |\operatorname{grad} x|^p \, dt\right]^{1/p}\right\}.$$

Wir fügen jetzt zum Raum $\widetilde{\mathbf{W}}_p^{(1)}$ alle Funktionen hinzu, die mit p-ter Potenz summierbare verallgemeinerte Ableitungen haben. Der dadurch entstehende Raum, den wir mit $\mathbf{W}_p^{(1)}$ bezeichnen wollen¹), ist vollständig. Gilt nämlich $\|x_k - x_m\|_{\mathbf{W}_p^{(1)}} \to 0$, dann konvergiert jede der Folgen $\left\{\frac{\partial x_k}{\partial t_i}\right\}$ im Raum $\mathbf{L}_D^p$ gegen eine Funktion $x^{(i)}$ $(i = 1, 2, \ldots, \mu)$, und wegen der Sobolewschen Ungleichung konvergiert auch die Folge $\{x_k\}$ im Raum $\mathbf{L}_D^q$ gegen eine Funktion x. Wir brauchen also nur noch zu zeigen, daß die Funktionen $x^{(i)}$ die verallgemeinerten Ableitungen von x sind, da ja dann offensichtlich $x_k \to x$ in $\mathbf{W}_p^{(1)}$ gilt. Zu diesem Zweck sei $\{D^{(n)}\}$ eine monoton wachsende Folge innerer Teilgebiete von D, deren Vereinigung gleich D sei. Wegen Formel (20) finden wir zu jedem $n = 1, 2, \ldots$ eine stetig differenzierbare Funktion $\tilde{x}_n$, die den Beziehungen

$$\int\limits_{D^{(n)}} |x_n - \tilde{x}_n| \, dt < \frac{1}{n}, \qquad \int\limits_{D^{(n)}} \left|x_n^{(i)} - \frac{\partial \tilde{x}_n}{\partial t_i}\right| dt < \frac{1}{n} \qquad (i = 1, 2, \ldots, \mu)$$

genügt. Die Folge $\{\tilde{x}_n\}$ bzw. $\left\{\frac{\partial \tilde{x}_n}{\partial t_i}\right\}$ konvergiert also in jedem inneren Teilgebiet des Gebietes D gegen x bzw. $x^{(i)}$, was zu zeigen war.

Der Raum $\mathbf{W}_p^{(1)}$ ist separabel. Unter Benutzung der Aussagen b) und d) sieht man nämlich leicht, daß jede Funktion aus $\mathbf{W}_p^{(1)}$ (in $\mathbf{W}_p^{(1)}$) durch stetig-differenzierbare Funktionen approximiert werden kann, die sich ihrerseits durch Polynome mit rationalen Koeffizienten beliebig genau annähern lassen.

Zur Definition der verallgemeinerten Ableitung kann auch die Gleichung (21) herangezogen werden. Existiert nämlich eine Funktion $x^{(i)}$, so daß die Beziehung (21) für jede Funktion φ der oben beschriebenen Art gilt, dann ist $x^{(i)}$ eine verallgemeinerte Ableitung von x, denn für jedes innere Teilgebiet D_1 des Gebietes D gilt bei hinreichend kleinem h

$$\frac{\partial x_h}{\partial s_i} = \int \frac{\partial}{\partial s_i} \omega_h(|s - t|) \, x(t) \, dt = - \int \frac{\partial}{\partial t_i} [\omega_h(|s - t|)] \, x(t) \, dt$$

$$= \int \omega_h(|s - t|) \, x^{(i)}(t) \, dt = (x^{(i)})_h \to x^{(i)}.$$

¹) Die Norm im Raum $\mathbf{W}_p^{(1)}$ wird wieder durch Formel (14) definiert; man hat darin nur die gewöhnlichen Ableitungen (gegebenenfalls) durch verallgemeinerte Ableitungen zu ersetzen.

Analog kann man verallgemeinerte Ableitungen höherer Ordnung definieren und durch Induktion die Vollständigkeit und Separabilität der Räume $\mathbf{W}_p^{(l)}$ zeigen, die aus $\widetilde{\mathbf{W}}_p^{(l)}$ durch Hinzufügung derjenigen Funktionen entstehen, die von p-ter Potenz summierbare verallgemeinerte Ableitungen l-ter Ordnung haben.

Im Fall der Räume $\mathbf{W}_p^{(l)}$ besagt die Einbettung eines solchen Raumes in einen anderen ($\mathbf{W}_p^{(l)} \subset \mathbf{W}_q^{(m)}$) nicht nur die Gültigkeit einer Integralungleichung, sondern auch, daß die Funktionen von $\mathbf{W}_p^{(l)}$ gleichzeitig zum Raum $\mathbf{W}_q^{(m)}$ gehören $\left(\text{und zwar trifft dies zu für } q < \frac{\mu p}{\mu - (l - m) p}\right)$.[1] Die letzte Aussage ist aber keinesfalls leicht zu beweisen.

Schließlich weisen wir darauf hin, daß es noch andere, äquivalente Möglichkeiten gibt, im Raum $\mathbf{W}_p^{(l)}$ eine Norm einzuführen.

Es sei $f_1, f_2, \ldots, f_k$ ein System linearer Funktionale in $\mathbf{W}_p^{(l)}$ mit der Eigenschaft, daß aus den Gleichungen

$$\begin{gathered} f_1(x) = f_2(x) = \cdots = f_k(x) = 0, \\ \int\limits_D \left[\sum_{i_1, i_2, \ldots, i_l = 1}^{\mu} \left[\frac{\partial^l x}{\partial t_{i_1}\, \partial t_{i_2} \ldots \partial t_{i_l}}\right]^2\right]^{p/2} dt = 0 \end{gathered} \tag{25}$$

stets $x = 0$ folgt. Ein solches System von Funktionalen heiße *definierend*.

Wir zeigen jetzt, daß dann eine Konstante B existiert, so daß die Ungleichung

$$\|x\|_{\mathbf{W}_p^{(l)}} \leqq B\left\{|f_1(x)| + |f_2(x)| + \cdots + |f_k(x)| + \left[\int\limits_D \left[\sum_{i_1, \ldots, i_l} \left(\frac{\partial^l x}{\partial t_{i_1}\, \partial t_{i_2} \ldots \partial t_{i_l}}\right)^2\right]^{p/2} dt\right]^{1/p}\right\} \tag{26}$$

für alle $x \in \mathbf{W}_p^{(l)}$ erfüllt ist. Anderenfalls gäbe es nämlich eine Folge $\{x_n\}$ mit $\|x_n\| = 1$ und

$$|f_1(x_n)| + \cdots + |f_k(x_n)| + \left\{\int\limits_D \left[\sum_{i_1, \ldots, i_l} \left(\frac{\partial^l x_n}{\partial t_{i_1}\, \partial t_{i_2} \ldots \partial t_{i_l}}\right)^2\right]^{p/2} dt\right\}^{1/p} = \varepsilon_n \to 0\,. \tag{27}$$

Da die Mittelwerte der Funktion x und ihrer verallgemeinerten Ableitungen bis zur Ordnung $l - 1$ einschließlich die Größe $\|x_n\| = 1$ nicht übertreffen, können wir aus der Folge $\{x_n\}$ eine Teilfolge $\{x_{n_k}\}$ derart auswählen, daß die Mittelwerte der Funktionen x_{n_k} und ihrer verallgemeinerten Ableitungen sogar konvergente Folgen bilden. Aus (27) in Verbindung mit der am Anfang von 3.4 gegebenen Normdefinition für $\|x\|_{\mathbf{W}_p^{(l)}}$ folgt $\|x_{n_k} - x_{n_j}\| \to 0$. Wegen der Vollständigkeit des Raumes $\mathbf{W}_p^{(l)}$ existiert also ein Element $x = \lim x_{n_k} \in \mathbf{W}_p^{(l)}$. Wenden wir jetzt noch einmal die Beziehung (27) an, so ergibt sich, daß x auch den Bedingungen (25) genügt, d. h., es gilt $x = 0$. Das ist aber nicht möglich.

---

[1]) Unter dieser Voraussetzung ist die Einbettung von $\mathbf{W}_p^{(l)}$ in $\mathbf{W}_q^{(m)}$ vollstetig.

Damit ist die Ungleichung (26) bewiesen. Die Gültigkeit einer entsprechenden Ungleichung in der entgegengesetzten Richtung folgt aus der Linearität der Funktionale $f_1, f_2, \ldots, f_k$. Als Norm im Raum $\mathbf{W}_p^{(l)}$ können wir also den Ausdruck

$$\|x\| = |f_1(x)| + |f_2(x)| + \cdots + |f_k(x)| + \left\{\int\limits_D \left[\sum_{i_1, i_2, \ldots, i_l} \left|\frac{\partial^l x}{\partial t_{i_1}\, \partial t_{i_2} \cdots \partial t_{i_l}}\right|^2\right]^{p/2} dt\right\}^{1/p}$$

nehmen.

Eine andere äquivalente Normdefinition ist die folgende:

$$\|x\| = \left\{\int\limits_D \left[\sum_{k=0}^{l} \sum_{i_1, \ldots, i_k = 1}^{\mu} \left|\frac{\partial^k x}{\partial t_{i_1}\, \partial t_{i_2} \ldots \partial t_{i_k}}\right|^2\right]^{p/2} dt\right\}^{1/p}.$$

Bezüglich dieser Norm ist der Raum $\mathbf{W}_2^{(l)}$ sogar ein HILBERT-Raum mit dem Skalarprodukt

$$(x, y) = \int\limits_D \sum_{k=0}^{l} \sum_{i_1, \ldots, i_k=1}^{\mu} \frac{\partial^k x}{\partial t_{i_1}\, \partial t_{i_2} \ldots \partial t_{i_k}} \cdot \frac{\partial^k y}{\partial t_{i_1}\, \partial t_{i_2} \ldots \partial t_{i_k}}\, dt\,.$$

Wir weisen noch auf den folgenden wichtigen Umstand hin. Der Raum $\mathbf{W}_p^{(l)}(D)$ lasse sich in den Raum $\mathbf{W}_q^{(m)}(S)$ einbetten $\left(\mathbf{W}_q^{(m)}(S) \supset \mathbf{W}_p^{(l)}(D)\right)$, wobei S eine ν-dimensionale Mannigfaltigkeit im Gebiet D bezeichnet. Dann kann man bei den Funktionen aus $\mathbf{W}_p^{(l)}(D)$ von m-ten Ableitungen auf der Oberfläche S sprechen; diese sind auf S definiert und von q-ter Potenz summierbar. Falls die Einbettungssätze die Stetigkeit der Ableitungen einer gewissen Ordnung garantieren, so überzeugt man sich relativ leicht davon, daß diese Ableitungen dann auch im gewöhnlichen Sinne existieren.[1])

Schließlich ist noch folgende Bemerkung manchmal von Nutzen: Sondert man im Raum $\mathbf{W}_p^{(l)}(D)$ eine gewisse Funktionenmenge dadurch aus, daß man ihren Elementen irgendwelche linearen Bedingungen auferlegt, die sich auf die Werte der m-ten Ableitungen auf der Fläche S beziehen, und gilt $\mathbf{W}_p^{(l)}(D) \subset \mathbf{W}_q^{(m)}(S)$, so ist diese Menge im Raum $\mathbf{W}_p^{(l)}(D)$ abgeschlossen (und linear).

3.6. Zum Abschluß dieses Paragraphen beweisen wir als Anwendung der obigen Resultate mit Hilfe des Variationsprinzipes die Existenz einer Lösung der DIRICHLETschen Randwertaufgabe.

Wir betrachten die Randwertaufgabe

$$\Delta x = 0\,, \qquad x|_S = \varphi \tag{28}$$

und suchen ihre Lösung unter denjenigen Funktionen, die ein endliches DIRICHLET-Integral haben,

$$H(x) = \int\limits_D \sum_{k=1}^{\mu} \left(\frac{\partial x}{\partial t_k}\right)^2 dt < \infty\,, \tag{29}$$

---

[1]) Genauer gesagt hat mindestens eine der äquivalenten Funktionen, die dem Element x entsprechen, diese Eigenschaft.

d. h., wir setzen $x \in \mathbf{W}_2^{(1)}(D)$ voraus. Hieraus folgt nach Satz 4 $x \in \mathbf{L}^2(S)$, denn da die Dimension ν der Mannigfaltigkeit S gleich $\mu - 1$ ist, gilt wegen $p = q = 2$

$$q = 2 < \frac{(\mu - 1)\,2}{\mu - 2} = 2 + \frac{2}{\mu - 2}; \quad \nu = \mu - 1 > \mu - 2 = \mu - p\,.$$

Außerdem besteht die Beziehung

$$\int_S |x(s + \Delta s) - x(s)|^2 \, ds \xrightarrow[\Delta s \to 0]{} 0\,,$$

d. h., die Werte der Funktion x auf der Oberfläche S ergeben sich als mittlerer Limes ihrer Werte im Innern (auf einer kleineren Oberfläche).

Eine Funktion mit endlichem Dirichlet-Integral hat somit auf der Oberfläche S quadratisch summierbare Randwerte.

Man kann jedoch nicht die Werte jeder auf S definierten und quadratisch summierbaren Funktion φ als Randwerte vorgeben. Wir nennen eine Funktion φ *zulässig*, wenn es ein Element $x \in \mathbf{W}_2^{(1)}(D)$ gibt, so daß $\varphi = x|_S$ gilt.

Für die Randwertaufgabe (28) setzen wir voraus, daß φ zulässig ist.

Weiter bezeichne $\mathbf{W}_2^{(1)}(\varphi)$ die Menge derjenigen Funktionen aus $\mathbf{W}_2^{(1)}(D)$, deren Randwerte auf S gleich φ sind. Aus $x \in \mathbf{W}_2^{(1)}(\varphi)$ folgt $0 \leqq H(x) < \infty$, deshalb ist der Wert

$$\inf H(x) = d \qquad \left(x \in \mathbf{W}_2^{(1)}(D)\right)$$

endlich. Wir betrachten eine Minimalfolge $\{x_n\}$ des Funktionals H, d. h., es gelte

$$d = \lim_{n \to \infty} H(x_n)\,.$$

Satz 7 (3.X). *Die Minimalfolge $\{x_n\}$ konvergiert im Raum $\mathbf{W}_2^{(1)}$. Ihre Grenzfunktion x_0 gehört zur Menge $\mathbf{W}_2^{(1)}(\varphi)$, und für x_0 nimmt das Funktional H bezüglich aller Funktionen aus $\mathbf{W}_2^{(1)}(\varphi)$ seinen kleinsten Wert an, d. h., es gilt*

$$H(x_0) = \inf_{x \in \mathbf{W}_2^{(1)}(\varphi)} H(x)\,.$$

Beweis. Führen wir in der Menge $\mathbf{W}_2^{(1)}$ durch die Gleichung

$$(x, y) = \int_S x(s)\, y(s)\, ds + \int_D \sum_{k=1}^{\mu} \frac{\partial x}{\partial t_k} \frac{\partial y}{\partial t_k}\, dt \qquad (x, y \in \mathbf{W}_2^{(1)})$$

ein Skalarprodukt ein, so wird $\mathbf{W}_2^{(1)}$ zu einem Hilbert-Raum. Dabei hängen die Norm des Elementes $x \in \mathbf{W}_2^{(1)}(\varphi)$ und der Wert des Funktionals H für dieses Element wegen (28) und (29) folgendermaßen zusammen:

$$\|x\|^2 = \int_S |\varphi(s)|^2\, ds + H(x)\,. \tag{30}$$

Es bezeichne weiter $\mathring{\mathbf{W}}_2^{(1)}$ die Menge aller $x \in \mathbf{W}_2^{(1)}$, die auf S verschwinden. Wie am Ende von Abschnitt 3.5 bemerkt wurde, ist $\mathring{\mathbf{W}}_2^{(1)}$ ein Teilraum von $\mathbf{W}_2^{(1)}$.

Wir betrachten irgendein Element $x_0 \in W_2^{(1)}(\varphi)$. Dabei können wir noch voraussetzen, daß x_0 zum Teilraum $\mathring{W}_2^{(1)}$ orthogonal ist. Anderenfalls läßt es sich nämlich in der Form $x_0 = x_0' + x_0''$ mit $x_0' \perp \mathring{W}_2^{(1)}$ und $x_0'' \in \mathring{W}_2^{(1)}$ darstellen. Wegen

$$x_0'|_S = x_0|_S - x_0''|_S = \varphi$$

gehört aber x_0' zur Menge $W_2^{(1)}(\varphi)$, und wir brauchen nur an Stelle von x_0 das Element x_0' zu betrachten.

Für das so gewählte Element x_0 gilt $H(x_0) = d$. Um das zu sehen, sei $x \in W_2^{(1)}(\varphi)$. Die Differenz $x - x_0$ gehört zum Teilraum $\mathring{W}_2^{(1)}$, deshalb ist sie zum Element x_0 orthogonal. Daraus folgt wegen (30)

$$H(x) - H(x_0) = \|x\|^2 - \|x_0\|^2 = \|x - x_0\|^2 \geqq 0\,, \tag{31}$$

d. h.

$$d \leqq H(x_0) \leqq \inf H(x) = d\,,$$

also $d = H(x_0)$.

Setzen wir jetzt in der Beziehung (31) $x = x_n$, so ergibt sich weiter

$$H(x_n) - H(x_0) = \|x_n - x_0\|^2 \qquad (n = 1, 2, \ldots)\,,$$

und wegen $H(x_0) = d$, also $H(x_n) - H(x_0) \to 0$, erhalten wir schließlich $x_n \to x_0$. Damit ist der Satz bewiesen.

Bemerkung. Wie man aus der Beziehung (31) unmittelbar ersieht, ist das Element $x_0 \in W_2^{(1)}(\varphi)$, für das das Funktional H sein Minimum annimmt, eindeutig bestimmt.

Wir wollen hier nicht weiter ausführen, daß die Funktion x_0 eine Lösung der Randwertaufgabe (28) und sogar ihre einzige Lösung darstellt, sondern verweisen den Leser diesbezüglich sowie hinsichtlich weiterer Anwendungen der Einbettungssätze in der mathematischen Physik auf die Monagraphie von S. L. SOBOLEW [44], in der diese Fragen mit aller Ausführlichkeit dargelegt werden. Der Gegenstand dieses Paragraphen wird auch in Arbeiten von S. M. NIKOLSKI [159 b] und W. M. BABITSCH [56] berührt.

KAPITEL XI

LINEARE TOPOLOGISCHE RÄUME

Betrachtet man eine konkrete lineare Menge **X**, so gibt es häufig in ihr eine „natürliche" Konvergenz, die die Topologie in **X** bestimmt. Darüber hinaus läßt sich manchmal sogar zeigen, daß unter gewissen Bedingungen die Topologie schon eindeutig durch die algebraische Struktur festgelegt wird. Diese natürliche Topologie kann man jedoch i. a. nicht mit Hilfe einer Norm definieren. Das gilt z. B. für die oben eingeführten Räume **S** und **s** sowie für den Raum $\mathbf{C}_\infty$ aller auf der ganzen reellen Achse erklärten stetigen Funktionen. (Die Konvergenz im Raum $\mathbf{C}_\infty$ ist die gleichmäßige Konvergenz auf jedem endlichen Teilintervall.)

Diese Erwägungen legen es nahe, Räume allgemeinerer Natur, als es die normierten Räume sind, zu untersuchen. Einigen elementaren Betrachtungen aus der Theorie solcher Räume ist dieses Kapitel gewidmet.

Der Leser findet eine usführliche und vollständige Darlegung der hier angeschnittenen Fragen in den Büchern von N. Bourbaki [6] und G. Köthe [23]. Einen kurzen, aber inhaltsreichen Überblick über die Theorie der linearen topologischen Räume erhält man auch durch eine Arbeit von J. Dieudonné [9].

§ 1. Allgemeine Definitionen

1.1. Es sei **X** eine lineare Menge und gleichzeitig ein topologischer Raum. Die Menge **X** heißt *linearer topologischer Raum*, wenn die algebraischen Operationen in der Topologie von **X** stetig sind, d. h., wenn folgendes gilt:

1. Zu jedem Elementepaar $x, y \in \mathbf{X}$ und jeder Umgebung V_{x+y} des Elementes $x + y$ gibt es eine Umgebung V_x von x und eine Umgebung V_y von y mit

$$V_x + V_y \subset V_{x+y}.$$ [1])

2. Zu jedem Element $x \in \mathbf{X}$, jeder Zahl λ und jeder Umgebung $V_{\lambda x}$ des Elementes λx gibt es eine Umgebung V_x von x und eine Zahl $\delta > 0$, so daß

$$\mu V_x \subset V_{\lambda x} \qquad (|\mu - \lambda| \leqq \delta)$$

gilt.

Wie im Fall normierter Räume verstehen wir unter einem *Teilraum* des linearen topologischen Raumes **X** eine abgeschlossene, lineare, in **X** enthaltene Menge. Man zeigt leicht, daß ein Teilraum eines linearen topologischen Raumes bezüglich der in ihm induzierten Topologie und der in ihm induzierten algebraischen Operationen selbst ein linearer topologischer Raum ist (vgl. auch Kapitel I, § 5).

Wir führen einige einfache Folgerungen aus der Definition des linearen topologischen Raumes an.

I. Ist $G \subset \mathbf{X}$ eine offene Menge, dann ist auch $x_0 + G$ offen.

---

[1]) $E_1 + E_2$ bezeichnet die algebraische Summe der Mengen E_1 und E_2 aus **X**, siehe Abschnitt II.1.7. Dort wurde auch das Symbol λE definiert.

Um das zu sehen, sei x ein Element aus $x_0 + G$, d. h. $x = x_0 + x'$ mit $x' \in G$, und $V_{x'}$, eine in G enthaltene Umgebung des Punktes x'. Wegen $x' = x + (-x_0)$ gibt es nach Bedingung 1 eine Umgebung V_x von x und eine Umgebung V_{-x_0} von $(-x_0)$, so daß $V_x + V_{-x_0} \subset V_{x'}$ gilt. Da $-x_0$ zu V_{-x_0} gehört, folgt $-x_0 + V_x \subset V_{x'} \subset G$, also $V_x \subset x_0 + G$, d. h., x ist innerer Punkt der Menge $x_0 + G$.

Analog beweist man:

II. Ist G eine offene Menge und $\lambda \neq 0$, dann ist auch die Menge λG offen.

Entsprechende Aussagen gelten für abgeschlossene Mengen.

Aus Behauptung I folgt:

III. Jede Umgebung des Punktes $x \in \mathbf{X}$ hat die Gestalt $x + V$, wobei V eine Umgebung des Nullelementes (kurz *Nullumgebung* genannt) von $\mathbf{X}$ ist. Durchläuft dabei V ein Fundamentalsystem von Nullumgebungen, so durchläuft $x + V$ ein Fundamentalsystem von Umgebungen des Punktes x.

Diese Tatsache gestattet es, sich in vielen Fällen auf die Betrachtung von Nullumgebungen zu beschränken.

Wir geben jetzt noch zwei wichtige Definitionen.

Eine Menge $E \subset \mathbf{X}$ heißt *äquilibriert*, wenn für $|\lambda| \leqq 1$ stets $\lambda E \subset E$ gilt. Ist der Raum $\mathbf{X}$ reell, dann bedeutet die Äquilibriertheit von E, daß mit jedem Punkt x auch die Strecke $[-x, x]$ in E liegt.

Man sagt, eine Menge $A \subset \mathbf{X}$ *absorbiert* die Menge $B \subset \mathbf{X}$, wenn eine positive Zahl λ_0 existiert, so daß für $|\lambda| \geqq \lambda_0$ stets $B \subset \lambda A$ gilt. Die Menge $A \subset E$ heißt *absorbierend*, wenn sie jeden Punkt $x \in \mathbf{X}$ absorbiert. Geometrisch bedeutet die letzte Eigenschaft, daß auf jedem vom Nullpunkt ausgehenden Strahl eine Strecke liegt, die ganz in A enthalten ist und für die ein Endpunkt in den Nullpunkt fällt.

Satz 1 (1.XI). *In jedem linearen topologischen Raum existiert ein Fundamentalsystem $\mathfrak{B}$ von Nullumgebungen mit folgenden Eigenschaften:*

1. *Zu je zwei Mengen $V_1, V_2 \in \mathfrak{B}$ gibt es ein $V_3 \in \mathfrak{B}$ mit $V_3 \subset V_1 \cap V_2$.*
2. *Jede Menge $V \in \mathfrak{B}$ ist äquilibriert.*
3. *Jede Menge $V \in \mathfrak{B}$ ist absorbierend.*
4. *Zu jeder Menge $V \in \mathfrak{B}$ gibt es ein $\tilde{V} \in \mathfrak{B}$ mit $\tilde{V} + \tilde{V} \subset V$.*

Ist umgekehrt in einer linearen Menge $\mathbf{X}$ eine Familie $\mathfrak{B}$ von Teilmengen ausgezeichnet, die den Bedingungen 1—4 genügt, und ordnen wir jedem Element $x \in \mathbf{X}$ die Mengen der Form $x + V$ $(V \in \mathfrak{B})$ als Umgebungen zu, so wird $\mathbf{X}$ ein linearer topologischer Raum, in dem die Familie $\mathfrak{B}$ ein Fundamentalsystem von Nullumgebungen bildet.

Beweis (vgl. hierzu Kapitel I, § 5.3). $\mathfrak{B}$ sei ein Fundamentalsystem von Nullumgebungen des linearen topologischen Raumes $\mathbf{X}$. Dann ist die Bedingung 1 offensichtlich erfüllt, dasselbe gilt wegen $0 + 0 = 0$ für die Bedingung 4. Wir zeigen, daß jede Nullumgebung eine absorbierende Menge ist. Wegen $0 \cdot x = 0$ gibt es nach der Definition des linearen topologischen Raumes eine Umgebung V_x des Punkres x und eine Zahl $\delta > 0$, so daß für $|\lambda| \leqq \delta$ stets $\lambda V_x \subset V$, insbesondere also für $\left|\frac{1}{\lambda}\right| \geqq \frac{1}{\delta}$ immer $x \in \frac{1}{\lambda} V$ gilt.

Die äquilibrierten Mengen bilden ein Fundamentalsystem von Nullumgebungen. Um das zu sehen, sei V eine beliebige Nullumgebung. Wegen $0 \cdot 0 = 0$ gibt es eine Nullumgebung V_1 und eine Zahl $\delta > 0$, so daß aus $|\lambda| \leqq \delta$ stets $\lambda V_1 \subset V$ folgt. Wir setzen $V^0 = \bigcup_{|\lambda| \leqq \delta} \lambda V_1$. Die Menge δV_1 ist Nullumgebung, also gilt dasselbe für $V_0 \supset \delta V_1$. V_0 ist aber in V enthalten und äquilibriert, denn aus $|\alpha| \leqq 1$ folgt $\alpha V_0 = \bigcup_{|\lambda| \leqq \delta} \alpha \lambda V_1 \subset V_0$. Damit ist der erste Teil des Satzes bewiesen.

Zum Beweis des zweiten Teiles zeigen wir zuerst, daß die Menge $\mathbf{X}$ bezüglich der im Satz definierten Umgebungen einen topologischen Raum bildet (siehe Satz 1 (5.I)).

1. Der Punkt x ist in jeder seiner Umgebungen enthalten, denn aus der Äquilibriertheit von V folgt $0 \in V$ und daraus $x \in x + V$ für alle $V \in \mathfrak{B}$.

2. Der Durchschnitt zweier Umgebungen von x enthält eine dritte Umgebung desselben Punktes. Das ergibt sich unmittelbar aus der Bedingung 1 des Satzes.

3. Zu jeder Umgebung V_x von x findet man eine Umgebung V'_x desselben Punktes, so daß V_x Umgebung jedes Punktes $y \in V'_x$ ist. Wir beschränken unsere Betrachtungen auf den Fall $x = 0$. Es sei $V \in \mathfrak{B}$ eine beliebige und $\tilde{V}$ die dazu gemäß Bedingung 4 existierende Nullumgebung. Dann können wir $V'_0 = \tilde{V}$ setzen. Gehört nämlich y zu $\tilde{V}$, so ist die Menge $y + \tilde{V}$ eine Umgebung von y und es gilt $y + \tilde{V} \subset \tilde{V} + \tilde{V} \subset V$.

Die Menge $\mathbf{X}$ bildet also einen topologischen Raum. Wir haben noch zu zeigen, daß die algebraischen Operationen in $\mathbf{X}$ stetig sind. Die Stetigkeit der Addition folgt leicht aus Bedingung 4. Zum Nachweis der Stetigkeit der Multiplikation benötigen wir eine Folgerung der Bedingungen 2 und 4. Für jede Menge $E \subset \mathbf{X}$ gilt $2\,E \subset E + E$, deshalb gibt es nach Bedingung 4 zu jeder Umgebung $V \in \mathfrak{B}$ ein $\tilde{V} \in \mathfrak{B}$ mit $2\,\tilde{V} \in V$. Demnach finden wir zu jeder natürlichen Zahl n eine Menge $V^{(n)} \in \mathfrak{B}$ mit $2^n\,V^{(n)} \subset V$. Es sei jetzt λ eine beliebige Zahl. Zu λ wählen wir eine natürliche Zahl n, so daß $|\lambda| \leqq 2^n$ gilt. Da mit $V^{(n)}$ auch die Menge $2^n\,V^{(n)}$ äquilibriert ist, folgt

$$\lambda\,V^{(n)} = \frac{\lambda}{2^n}\,(2^n\,V^{(n)}) \subset 2^n\,V^{(n)} \subset V\,.$$

Nun können wir ohne Schwierigkeit die Stetigkeit der Multiplikation zeigen. Ist $x \in \mathbf{X}$ und λ ein beliebiger Zahlenfaktor, dann gilt

$$\mu\,y - \lambda\,x = (\mu - \lambda)\,(y - x) + (\mu - \lambda)\,x + \lambda\,(y - x)\,.$$

Beachten wir diese Beziehung und die Bedingung 4, so ist es hinreichend, die folgenden drei Aussagen zu beweisen:

1. Zu jedem $V \in \mathfrak{B}$ gibt es ein $V_1 \in \mathfrak{B}$ und eine Zahl $\delta > 0$ mit $\alpha V_1 \subset V$ $(|\alpha| \leqq \delta)$.
2. Zu jedem $V \in \mathfrak{B}$ gibt es ein $\delta > 0$ mit $\alpha\,x \in V$ für $|\alpha| \leqq \delta$.
3. Zu jedem $V \in \mathfrak{B}$ gibt es ein $V_1 \in \mathfrak{B}$ mit $\lambda\,V_1 \subset V$.

Die erste Aussage folgt für $V_1 = V$ und $\delta = 1$ aus der Äquilibriertheit der Menge V.

Die zweite Aussage ist ebenfalls richtig. Denn da V äquilibriert und absorbierend ist, existiert ein $\lambda' > 0$ mit $x \in \lambda'\,V$. Setzen wir $\delta = \dfrac{1}{\lambda'}$, so ergibt sich für $|\alpha| \leqq \delta$ wegen $|\alpha\,\lambda'| \leqq 1$

$$\alpha(\lambda'\,V) = (\alpha\,\lambda')\,V \subset V\,,$$

d. h. $\alpha\,x \in V$ $(|\alpha| \leqq \delta)$.

Die Richtigkeit der dritten Aussage wurde bereits gezeigt.

Damit ist der Satz vollständig bewiesen.

Folgerung 1. *Jeder lineare topologische Raum ist ein T_3-Raum* (für die Definition eines T_3-Raumes siehe I.5.6).

Die Abschließungen der Mengen eines beliebigen Fundamentalsystems von Nullumgebungen bilden nämlich wieder ein Fundamentalsystem von Nullumgebungen, denn aus $V \in \mathfrak{B}$ und $\tilde{V} \in \mathfrak{B}$ mit $\tilde{V} + \tilde{V} \subset V$ folgt $\overline{\tilde{V}} \subset V$, da sich für ein Element $x_0 \notin V$ die Umgebung $x_0 + \tilde{V}$ des Punktes x_0 und die Menge $\tilde{V}$ nicht schneiden.

Folgerung 2. *Ein linearer topologischer Raum ist genau dann regulär, wenn er separiert ist (siehe* I.5.6).

Wir bemerken noch, daß die Abschließung einer äquilibrierten Menge wieder äquilibriert ist (der Beweis dafür kann dem Leser überlassen bleiben). Deshalb kann man ein gegebenes System von Nullumgebungen auch stets als äquilibriert und abgeschlossen voraussetzen.

1.2. In einem linearen topologischen Raum $\mathbf{X}$ gelten weiter folgende Aussagen:

I. Die Abschließung einer linearen Menge $\mathbf{X}_0 \subset \mathbf{X}$ ist eine lineare Menge.

Zu zwei Elementen $x, y \in \overline{\mathbf{X}}_0$, zwei beliebigen Zahlen α, β und einer Umgebung V_z des Punktes $z = \alpha x + \beta y$ gibt es nämlich eine Umgebung V_x von x und eine Umgebung V_y von y mit $\alpha V_x + \beta V_y \subset V_z$. In V_x liegen Punkte von $\mathbf{X}_0$, x' sei ein solcher. Analog gelte $y' \in V_y \cap \mathbf{X}_0$. Wegen $z' = \alpha x' + \beta y' \in \mathbf{X}_0$ und $z' \in \alpha V_x + \beta V_y \subset V_z$ ist der Durchschnitt $V_z \cap \mathbf{X}_0$ nicht leer. Da V_z beliebig gewählt war, gehört also der Punkt z zur Abschließung $\overline{\mathbf{X}}_0$.

Ebenso beweist man:

II. Die Abschließung einer konvexen Menge ist konvex.

Aus Behauptung III von Abschnitt 1.1 folgt leicht:

III. Eine verallgemeinerte Folge $\{x_\alpha\}$ (α durchläuft die gerichtete Menge A) konvergiert genau dann gegen $x \in \mathbf{X}$, wenn $x_\alpha - x \underset{A}{\rightarrow} 0$ gilt.

Etwas komplizierter ist der Beweis der folgenden Aussage:

IV. Sind K_1 und K_2 in sich kompakte Mengen des separierten Raumes $\mathbf{X}$, dann ist auch die Menge $\lambda_1 K_1 + \lambda_2 K_2$ in sich kompakt.

In Abschnitt I.5.12 wurde nämlich gezeigt, daß die Menge $K = K_1 \times K_2$ im Produkt $\mathbf{X}_1 \times \mathbf{X}_2$ ($\mathbf{X}_1 = \mathbf{X}_2 = \mathbf{X}$) in sich kompakt ist. Der Operator φ:

$$\varphi(x, y) = \lambda_1 x + \lambda_2 y \qquad (x \in \mathbf{X}_1,\ y \in \mathbf{X}_2)$$

bildet aber den Raum $\mathbf{X} \times \mathbf{X}$ stetig in $\mathbf{X}$ ab; daraus folgt nach Abschnitt I.5.10, daß auch die Menge $\varphi(K) = \lambda_1 K_1 + \lambda_2 K_2$ im Raum $\mathbf{X}$ in sich kompakt ist.

Zwei lineare topologische Räume $\mathbf{X}$ und $\mathbf{Y}$ heißen *topologisch äquivalent*, wenn sie als topologische Räume homöomorph und als lineare Mengen isomorph sind. $\mathbf{X}$ und $\mathbf{Y}$ seien zwei (algebraisch) isomorphe lineare topologische Räume bzw. $\mathfrak{B}$ und $\mathfrak{W}$ Fundamentalsysteme von Nullumgebungen im Raum $\mathbf{X}$ bzw. $\mathbf{Y}$. Die Räume $\mathbf{X}$ und $\mathbf{Y}$ sind dann und nur dann topologisch äquivalent, wenn die den Mengen $W \in \mathfrak{W}$ entsprechenden Mengen in $\mathbf{X}$ ein Fundamentalsystem von Nullumgebungen des Raumes $\mathbf{X}$ und umgekehrt auch die den Mengen $V \in \mathfrak{B}$ entsprechenden Mengen in $\mathbf{Y}$ ein Fundamentalsystem von Nullumgebungen des Raumes $\mathbf{Y}$ bilden.

Topologisch äquivalente lineare Räume werden wir zur Vereinfachung identifizieren.[1])

1.3. Es sei $\mathbf{X}$ ein linearer topologischer Raum und $\mathbf{X}_0$ ein Teilraum von $\mathbf{X}$. Wir zerlegen den Raum $\mathbf{X}$ in Klassen, wobei zwei Elemente $x, y \in \mathbf{X}$ genau dann zu einer Klasse gehören sollen, wenn ihre Differenz in $\mathbf{X}_0$ liegt: $x - y \in \mathbf{X}_0$. Es ist klar, daß zwei verschiedene Klassen disjunkt sind und die Vereinigung aller Klassen mit dem Raum $\mathbf{X}$ zusammenfällt. Wir bemerken ferner, daß jede Klasse X die Form $x + \mathbf{X}_0$ hat, wobei x irgendein Element der Klasse X ist. Umgekehrt bildet jede Menge dieser Form eine Klasse (und zwar diejenige, der das Element x angehört).

Die Menge aller Klassen bezeichnen wir mit $\mathbf{X}/\mathbf{X}_0$ und führen in $\mathbf{X}/\mathbf{X}_0$ algebraische Operationen ein. Unter der Summe der Klassen X und Y verstehen wir die algebraische Summe der Mengen X und Y. Wegen $X = x + \mathbf{X}_0$, $Y = y + \mathbf{X}_0$ gilt $X + Y = x + y + \mathbf{X}_0$, folglich bildet die Menge $X + Y$ wieder eine Klasse. Analog definiert man in $\mathbf{X}/\mathbf{X}_0$ die Multiplikation mit einer Zahl. Den einfachen Beweis, daß $\mathbf{X}/\mathbf{X}_0$ dadurch zu einer linearen Menge wird, überlassen wir dem Leser. Die Rolle des Nullelementes spielt die von der Menge $\mathbf{X}_0$ gebildete Klasse, denn ihr gehört das Nullelement des Raumes $\mathbf{X}$ an.

Unter dem *natürlichen Homomorphismus* (der *natürlichen Abbildung*, genannt auch „kanonische Abbildung") des Raumes $\mathbf{X}$ auf die Menge $\mathbf{X}/\mathbf{X}_0$ verstehen wir diejenige Abbildung von $\mathbf{X}$ auf $\mathbf{X}/\mathbf{X}_0$, die dem Element $x \in \mathbf{X}$ die Klasse $x + \mathbf{X}_0$ zuordnet. Definiert

---

[1]) Man beachte, daß zwei topologisch äquivalente Räume $\mathbf{X}$ und $\mathbf{Y}$, deren Topologien durch Metriken erzeugt werden, nicht isometrisch zu sein brauchen.

man die Bilder der offenen Mengen in $\mathbf{X}$ als offene Menge in $\mathbf{X}/\mathbf{X}_0$, so wird dadurch in $\mathbf{X}/\mathbf{X}_0$ eine Topologie (die sog. natürliche Topologie) eingeführt, bezüglich deren $\mathbf{X}/\mathbf{X}_0$ einen linearen topologischen Raum bildet. Diesen nennen wir den *Quotientenraum* des Raumes $\mathbf{X}$ (nach dem Teilraum $\mathbf{X}_0$). Aus der Definition der Topologie in $\mathbf{X}/\mathbf{X}_0$ folgt unmittelbar, daß die natürliche Abbildung von $\mathbf{X}$ auf $\mathbf{X}/\mathbf{X}_0$ stetig ist.

Für einen normierten Raum $\mathbf{X}$ ist der Quotientenraum $\mathbf{X}/\mathbf{X}_0$ ebenfalls normierbar, und man kann eine Norm in ihm durch die Gleichung

$$\|X\| = \inf_{x \in X} \|x\| \qquad (X \in \mathbf{X}/\mathbf{X}_0)$$

einführen. Den einfachen Beweis für diese Tatsache überlassen wir dem Leser.

Wir betrachten noch einen Spezialfall. Es sei $\mathbf{X}$ ein linearer topologischer, i. a. nicht separierter Raum. $\mathbf{X}_0$ bezeichne die Abschließung derjenigen Menge, die nur aus dem Nullelement besteht. Ist $\mathfrak{B}$ ein Fundamentalsystem von Nullumgebungen, so besteht offensichtlich die Beziehung

$$\mathbf{X}_0 = \bigcap_{V \in \mathfrak{B}} V\,.$$

Da die Menge, die als einziges Element das Nullelement enthält, linear ist, gilt nach Abschnitt 1.2 dasselbe auch für ihre Abschließung, $\mathbf{X}_0$ bildet also einen Teilraum von $\mathbf{X}$. Wir zeigen, daß der zugehörige Quotientenraum $\mathbf{X}/\mathbf{X}_0$ ein separierter linearer topologischer Raum ist.

Dazu nehmen wir an, eine Klasse X gehöre zu jeder Nullumgebung des Raumes $\mathbf{X}/\mathbf{X}_0$. φ bezeichne den natürlichen Homomorphismus von $\mathbf{X}$ auf $\mathbf{X}/\mathbf{X}_0$. Weiterhin sei V eine beliebige Nullumgebung in $\mathbf{X}$. Da $\varphi(V)$ Nullumgebung im Raum $\mathbf{X}/\mathbf{X}_0$ ist, gehört X zu $\varphi(V)$, d. h., der Durchschnitt $V \cap X$ ist nicht leer. Aus der Abgeschlossenheit der Klasse X in $\mathbf{X}$ folgt deshalb $0 \in X$, mit anderen Worten, X ist das Nullelement des Raumes $\mathbf{X}/\mathbf{X}_0$.

Da die (topologische) Untersuchung eines linearen topologischen Raumes $\mathbf{X}$ auf die Untersuchung des separierten Quotientenraumes $\mathbf{X}/\mathbf{X}_0$ zurückgeführt werden kann, setzen wir für das folgende voraus, daß alle gegebenen Räume separiert sind.

1.4. In diesem Abschnitt betrachten wir einige Beispiele linearer topologischer Räume.

Jeder normierte Raum kann als linearer topologischer Raum angesehen werden: Die Menge aller Kugeln mit dem Mittelpunkt im Nullpunkt bildet ein Fundamentalsystem von Nullumgebungen.

Unter allen linearen topologischen Räumen spielen die *linearen metrischen Räume* eine wichtige Rolle. Das sind lineare topologische Räume, deren Topologie mit Hilfe einer Metrik definiert werden kann. Offensichtlich sind die linearen metrischen Räume separiert und haben ein abzählbares Fundamentalsystem von Nullumgebungen. Diese zwei Eigenschaften charakterisieren die linearen metrischen Räume auch vollständig. Da der Beweis hierfür äußerst kompliziert ist, übergehen wir ihn. In dem für uns interessanten Spezialfall wird diese Aussage weiter unten (§ 2) bewiesen. Ebenfalls ohne Beweis bemerken wir, daß man in einem linearen metrischen Raum X stets eine bezüglich Parallelverschiebung invariante Metrik einführen kann. Das ist eine solche, für die

$$\varrho(x + z, y + z) = \varrho(x, y) \qquad (x, y, z \in \mathbf{X})$$

gilt.

Wir betrachten jetzt einige konkrete lineare topologische Räume.

Die in Kapitel I eingeführten Räume $\mathbf{s}$ uns $\mathbf{S}$ sind metrische Räume mit stetigen algebraischen Operationen, also lineare topologische Räume.

Als Verallgemeinerung des Raumes $\mathbf{s}$ kann man den Raum $\mathbf{s}_T$ aller auf der abstrakten Menge T definierten reellen Funktionen ansehen. Ein Fundamentalsystem $\mathfrak{B}$ von Nullumgebungen im Raum $\mathbf{s}_T$ bilden die für eine beliebige Auswahl $t_1, \ldots, t_n$ von Elementen aus T und eine beliebige positive Zahl ε definierten Mengen $V_{t_1, t_2, \ldots, t_n; \varepsilon} = \{x : x \in \mathbf{s}_T,$ $|x(t_k)| \leqq \varepsilon,\ k = 1, 2, \ldots, n\}$.

Wir überlassen es dem Leser zu zeigen, daß dieses System den Bedingungen von Satz 1 genügt. Also erweist sich $\mathbf{s}_T$ als separierter linearer topologischer Raum, der im Falle einer abzählbaren Menge T mit $\mathbf{s}$ zusammenfällt.

Als nächstes Beispiel betrachten wir den Raum $\mathbf{C}_\infty$, dessen Elemente alle auf der ganzen Zahlengeraden definierten stetigen Funktionen sind. Die Topologie in $\mathbf{C}_\infty$ wird durch ein Fundamentalsystem von Nullumgebungen eingeführt, das aus Mengen $V_{n;\varepsilon} = \{x: x \in \mathbf{C}_\infty, |x(t)| \leqq \varepsilon \text{ für } |t| \leqq n\}$ besteht, wobei n eine natürliche Zahl und $\varepsilon > 0$ ist. Auch hier überlassen wir die Nachprüfung der Bedingungen von Satz 1 sowie den Beweis der Separiertheit des Raumes $\mathbf{C}_\infty$ dem Leser.

In der Theorie der verallgemeinerten Funktionen (Distributionen) spielt der Raum $\overset{0}{\mathbf{D}}_{[a,b]}$ aller beliebig oft differenzierbaren Funktionen, die außerhalb des Intervalls $[a, b]$ verschwinden, eine große Rolle. Ein Fundamentalsystem von Nullumgebungen in $\overset{0}{\mathbf{D}}_{[a,b]}$ bilden die Mengen $V_{n;\varepsilon}$ (n natürliche Zahl, $\varepsilon > 0$), bestehend aus allen Elementen x, die den Bedingungen

$$|x^{(k)}(t)| \leqq \varepsilon \qquad (k = 0, 1, 2, \ldots, n, \quad t \in [a, b])$$

genügen.

Analog definiert man den Raum $\mathbf{D}_K^0$ aller beliebig oft differenzierbaren Funktionen von ν Veränderlichen, die außerhalb der beschränkten abgeschlossenen Menge K des euklidischen Raumes $\mathbf{R}^\nu$ verschwinden.

Ein weiteres interessantes Beispiel eines linearen topologischen Raumes bildet die Gesamtheit $\mathbf{L}_\infty$ aller auf dem Intervall $[0, 1]$ erklärten meßbaren Funktionen, für die das Integral $\int_0^1 |f(t)|^p \, dt$ für jedes $p > 1$ existiert und einen endlichen Wert hat. Nullumgebungen in $\mathbf{L}_\infty$ sind die Mengen $V_{p;\varepsilon} = \{x: x \in \mathbf{L}_\infty, \left[\int_0^1 |x(t)|^p \, dt\right]^{1/p} \leqq \varepsilon\}$ $(p > 1, \varepsilon > 0)$.

Schließlich erwähnen wir noch den Raum $\mathbf{s}_T^*$, der aus allen auf einer abstrakten Menge T definierten Funktionen besteht, die nur an endlich vielen Stellen von Null verschieden sind. Als Nullumgebungen in $\mathbf{s}_T^*$ definiert man alle konvexen absorbierenden Mengen. Das Nachprüfen der Bedingungen von Satz 1 bereitet keine Schwierigkeit, wenn man beachtet, daß in einem reellen Raum jede symmetrische konvexe Menge äquilibriert ist und für jede konvexe Menge E die Beziehung $E + E = 2\,E$ besteht.

In allen vorangehenden Beispielen, abgesehen vom Raum $\mathbf{s}_T^*$, war die Konvergenzart unmittelbar aus der Definition der Topologie klar. Eine Ausnahme bildet in dieser Hinsicht der Raum $\mathbf{s}_T^*$; deshalb wollen wir ihn noch etwas ausführlicher betrachten. Es sei $\{x_n\}$ eine Nullfolge in $\mathbf{s}_T^*$. Wir zeigen, daß dann eine endliche Menge $T_0 \subset T$ existiert, so daß

$$x_n(t) = 0 \qquad (t \notin T_0, \; n = 1, 2, \ldots) \tag{1}$$

gilt. Anderenfalls gäbe es unter den Elementen der Folge $\{x_n\}$ unendlich viele linear unabhängige. Nach evtl. Übergang zu einer Teilfolge können wir annehmen, daß die Elemente $x_1, x_2, \ldots$ linear unabhängig sind, und durch transfinite Induktion zur Folge $\{x_n\}$ Elemente y_ξ ($\xi \in \Xi$) hinzufügen, so daß dieses neue System ebenfalls linear unabhängig ist und sich jedes Element aus $\mathbf{s}_T^*$ als Linearkombination dieses Systems darstellen läßt.[1]) Mit V bezeichnen wir die konvexe Hülle der Elemente

$$\pm \frac{1}{2} x_n; \;\; \pm y_\xi \qquad (n = 1, 2, \ldots; \;\; \xi \in \Xi).$$

Man sieht leicht, daß V eine absorbierende Menge ist. Ein beliebiges Element $x \in \mathbf{s}_T^*$ läßt sich nämlich in der Form

$$x = \sum_{k=1}^{m} \alpha_k x_k + \sum_{j=1}^{\nu} \beta_j y_{\xi_j}$$

[1]) Ein System mit diesen Eigenschaften kann man in jeder linearen Menge konstruieren. Es heißt *algebraische Basis* der gegebenen linearen Menge (vgl Abschnitt II.1.5).

darstellen, weshalb für $\lambda \geqq \max [2 |\alpha_1|, \ldots, 2 |\alpha_m|, |\beta_1|, \ldots, |\beta_r|]$ offensichtlich $x \in \lambda V$ gilt. Die Menge V ist also eine Nullumgebung. Da kein Element x_n zu V gehört, kann die Folge $\{x_n\}$ nicht gegen das Nullelement konvergieren, was unserer Voraussetzung $x_n \to 0$ widerspricht.

Durch eine analoge Konstruktion läßt sich zeigen, daß für eine Nullfolge $\{x_n\} \subset \mathfrak{s}_T^*$

$$x_n(t) \xrightarrow[n\to\infty]{} 0 \qquad (t \in T) \tag{2}$$

gilt. Die Beziehungen (1) und (2) sind umgekehrt auch hinreichend für $x_n \to 0$.

Bemerkung. Eine ähnliche Topologie wie im Raum $\mathfrak{s}_T^*$ kann man in jeder linearen Menge $\mathbf{X}$ einführen. Ohne die für den Raum $\mathfrak{s}_T^*$ durchgeführten Überlegungen wesentlich zu ändern, läßt sich zeigen, daß die Konvergenz $x_n \to 0$ bezüglich dieser Topologie in $\mathbf{X}$ gleichbedeutend ist mit folgendem:

Es existieren endlich viele linear unabhängige Elemente $e_1, e_2, \ldots, e_n \in \mathbf{X}$, so daß

$$x_n = \sum_{k=1}^{n} \alpha_k^{(n)} e_k \qquad (n = 1, 2, \ldots)$$

und

$$\alpha_k^{(n)} \xrightarrow[n\to\infty]{} 0 \qquad (k = 1, 2, \ldots; m)$$

gilt.

1.5. Eine Teilmenge E des linearen topologischen Raumes $\mathbf{X}$ heißt (topologisch) *beschränkt,* wenn sie von jeder Nullumgebung absorbiert wird. Offensichtlich ist für die Beschränktheit einer Menge schon hinreichend, daß sie von jeder Umgebung eines Fundamentalsystems von Nullumgebungen absorbiert wird.

Ist E beschränkt, dann haben auch die Menge λE und jeder Teil von E diese Eigenschaft.

Satz 2 (1.XI). *Eine Menge E des linearen topologischen Raumes $\mathbf{X}$ ist genau dann beschränkt, wenn für jede Folge $\{x_n\} \subset E$ und jede Nullfolge $\{\lambda_n\}$ reeller Zahlen die Beziehung $\lambda_n x_n \to 0$ gilt.*

Beweis. E sei beschränkt, $\{x_n\}$ und $\{\lambda_n\}$ seien Folgen mit den im Satz angegebenen Eigenschaften. Dann gibt es zu einer beliebigen äquilibrierten Nullumgebung V eine Zahl $\lambda > 0$, für die $E \subset \lambda V$ gilt. Insbesondere gehören also alle Elemente x_n $(n = 1, 2, \ldots)$ zur Menge λV. Wählen wir n so groß, daß $|\lambda_n| \leqq \frac{1}{\lambda}$ ausfällt, so folgt $\lambda_n x_n \in \lambda_n \lambda V \subset V$, d. h. $\lambda_n x_n \to 0$.

Ist umgekehrt die Menge E nicht beschränkt, dann gibt es eine Nullumgebung V, die E nicht absorbiert, d. h., für jedes $\lambda > 0$ gilt $E \setminus \lambda V \neq \emptyset$. Wir setzen nacheinander $\lambda = 1, 2, \ldots$ und erhalten eine Folge $\{x_n\}$ mit

$$x_n \in E \setminus n V \qquad (n = 1, 2, \ldots),$$

d. h. $x_n \in E$ und $\frac{1}{n} x_n \notin V$. Das widerspricht aber den Bedingungen des Satzes.

Man sieht leicht, daß in einem normierten Raum die Beschränktheit im Sinne der Definition dieses Abschnittes mit der Beschränktheit bezüglich der Norm zusammenfällt. In einem linearen metrischen Raum gilt die analoge Tatsache i. a. schon nicht mehr. So ist im Raum $\mathfrak{s}$ jede Menge bezüglich der Metrik (Abstand der Elemente dieser Menge vom Nullpunkt) beschränkt, während nur diejenigen Mengen topologisch beschränkt sind, für die eine Majorantenfolge existiert. Entsprechendes gilt für die beschränkten Mengen im Raum $\mathfrak{s}_T$.

Die Struktur der beschränkten Mengen in den Räumen $\mathbf{C}_\infty$, $\mathbf{D}_K^0$ und $\mathbf{L}_\infty$ kann sich der Leser leicht selbst überlegen.

Im Raum s_T^* ist eine Menge E genau dann beschränkt, wenn eine endliche Menge $T_0 \subset T$ existiert, so daß

$$\sup_{x \in E} |x(t)| = \begin{cases} 0, & t \notin T_0, \\ < \infty, & t \in T_0 \end{cases}$$

gilt. Der einfache Beweis für diese Tatsachen sei dem Leser überlassen.

Wir führen noch einige allgemeine Eigenschaften beschränkter Mengen an. Fast offensichtlich ist die folgende Aussage:

I. Sind $E_1, E_2, \ldots, E_n$ beschränkte Mengen, dann ist auch ihre Vereinigung $E = \bigcup_{k=1}^{n} E_k$ beschränkt. Hieraus ergibt sich insbesondere die Beschränktheit jeder endlichen Menge.

Unter Benutzung von Punkt 4 aus Satz 1 kann man zeigen:

II. Sind die Mengen E_1 und E_2 beschränkt, dann gilt dasselbe für die Menge $E = E_1 + E_2$.

Da es ein Fundamentalsystem von Nullumgebungen gibt (Folgerung 1 aus Satz 1), das aus abgeschlossenen Mengen besteht, gilt ferner:

III. Die Abschließung einer beschränkten Menge ist beschränkt.

1.6. Wir untersuchen jetzt den Begriff der Vollständigkeit eines linearen topologischen Raumes. Zu diesem Zweck sei $\{x_\alpha\}$ eine verallgemeinerte Folge, wobei der Index α die gerichtete Menge A durchlaufe. Mit A^2 bezeichnen wir die Gesamtheit aller Paare (α', α'') $(\alpha', \alpha'' \in A)$. Durch die Festsetzung, daß die Beziehung $(\alpha_1', \alpha_1'') \succ (\alpha_2', \alpha_2'')$ mit den beiden Relationen $\alpha_1' \succ \alpha_2'$ und $\alpha_1'' \succ \alpha_2''$ gleichbedeutend sein soll, wird A^2 zu einer gerichteten Menge.

Die verallgemeinerte Folge $\{x_\alpha\}$ heißt *in sich konvergent*, wenn die Folge $\{x_{(\alpha', \alpha'')}\}$ $(x_{(\alpha', \alpha'')} = x_{\alpha'} - x_{\alpha''})$ bezüglich der gerichteten Menge A^2 gegen Null konvergiert. Ein linearer topologischer Raum X heißt *vollständig*, wenn jede in sich konvergente verallgemeinerte Folge von Elementen dieses Raumes gegen ein Element aus X konvergiert. Betrachtet man dabei nur beschränkte verallgemeinerte Folgen $\{x_\alpha\}$, so heißt der Raum *beschränkt-vollständig*[1]), betrachtet man nur gewöhnliche (abzählbare) Folgen, so heißt er *abzählbar-vollständig*[2]).

Jeder vollständige Raum ist auch beschränkt-vollständig, während das Umgekehrte i. a. nicht gilt, da nicht jede in sich konvergente verallgemeinerte Folge notwendig auch beschränkt ist. Da weiter eine abzählbare in sich konvergente Folge (wie man leicht sieht) beschränkt ist, zieht die beschränkte-Vollständigkeit die Folgenvollständigkeit nach sich. Für einen linearen metrischen Raum fallen alle drei Vollständigkeitsbegriffe zusammen. Das ergibt sich aus folgendem Satz:

Satz 3 (1.XI). *Ein abzählbar-vollständiger linearer topologischer Raum* X, *in dem es ein abzählbares Fundamentalsystem von Nullumgebungen gibt, ist vollständig.*

Beweis. $\{x_\alpha\}$ sei eine in sich konvergente verallgemeinerte Folge von Elementen aus X. Mit $\{V_n\}$ $(n = 1, 2, \ldots)$ bezeichnen wir ein abzählbares Fundamentalsystem von Nullumgebungen. Dann gibt es zu jedem $n = 1, 2, \ldots$ ein Paar $(\alpha_n', \alpha_n'') \in A^2$, so daß

$$x_{\alpha'} - x_{\alpha''} \in V_n \qquad ((\alpha', \alpha'') \succ (\alpha_n', \alpha_n'')) \tag{3}$$

gilt. Weiter sei α_n ein Element aus A mit $\alpha_n \succ \alpha_n'$, $\alpha_n \succ \alpha_n''$. Wir können $\alpha_1 \prec \alpha_2 \prec \cdots \cdots \prec \alpha_n \prec \cdots$ annehmen und betrachten die Folge $\{x_{\alpha_n}\}$. Da sie offensichtlich in sich konvergiert, existiert nach Voraussetzung ein Element $x \in$ X mit $x_{\alpha_n} \to x$. Es gilt nun sogar die Beziehung $x_\alpha \xrightarrow[A]{} x$. Um das zu sehen, wählen wir aus unserem abzählbaren

---

[1]) Manchmal sagt man hierfür auch *quasivollständig*.

[2]) Dafür ist auch die Bezeichnung *folgenvollständiger* oder *halbvollständiger* Raum gebräuchlich.

Fundamentalsystem eine beliebige Nullumgebung V_m und zu dieser eine Umgebung V_k mit $V_k + V_k \subset V_m$. Dann gibt es eine natürliche Zahl $n \geqq k$, so daß $x_{\alpha_n} - x$ zu V_k gehört. Andererseits folgt aus (3) für $\alpha \succ \alpha_n$ auch

$$x_\alpha - x_{\alpha_n} \in V_k\,,$$

also insgesamt

$$x_\alpha - x = (x_\alpha - x_{\alpha_n}) + (x_{\alpha_n} - x) \in V_k + V_k \subset V_m\,.$$

Damit ist der Satz bewiesen.

Ein großer Teil der oben eingeführten konkreten Räume genügt den Voraussetzungen von Satz 3, den man deshalb zum Nachweis ihrer Vollständigkeit heranziehen kann. Die Vollständigkeit der Räume $\mathbf{s}$ und $\mathbf{S}$ wurde bereits in Kapitel I gezeigt. Die Beweise für die Vollständigkeit der übrigen Räume kann der Leser leicht selbständig durchführen. Nur zu dem Raum $\mathbf{s}_T^*$ wollen wir noch einiges ergänzen. Aus den in den Abschnitten 1.4 und 1.5 angeführten Eigenschaften von $\mathbf{s}_T^*$ folgert man unschwer seine beschränkte-Vollständigkeit. Er ist sogar vollständig, aber das läßt sich wesentlich schwieriger beweisen.

Jeden linearen topologischen Raum $\mathbf{X}$ kann man *vervollständigen*, mit anderen Worten, es gibt einen vollständigen linearen topologischen Raum $\hat{\mathbf{X}} \supset \mathbf{X}$, so daß die Abschließung der Menge $\mathbf{X}$ im Raum $\hat{\mathbf{X}}$ gleich $\hat{\mathbf{X}}$ ist; der Raum $\mathbf{X}$ liegt also dicht in $\hat{\mathbf{X}}$. Diese Tatsache beweist man nach dem gleichen Schema wie Satz 1 (2.I) (siehe auch II.2.4). Der Raum $\hat{\mathbf{X}}$ heißt die *Vervollständigung* des Raumes $\mathbf{X}$.

1.7. Ein sehr wichtiges Ergebnis des elementaren Teils der Theorie linearer topologischer Räume ist der Satz von Kolmogorow, der eine Bedingung für die Normierbarkeit linearer topologischer Räume angibt.

Es sei $\mathbf{X}$ eine lineare Menge und V eine konvexe absorbierende Teilmenge von $\mathbf{X}$. Für jedes $x \in \mathbf{X}$ setzen wir

$$p_V(x) = \inf \lambda \qquad \left(\lambda > 0\,, \quad \frac{x}{\lambda} \in V\right).$$

Lemma. *Das Funktional p_V hat folgende Eigenschaften:*

1. $p_V(0) = 0,\ 0 \leqq p_V(x) < \infty \qquad (x \in \mathbf{X})$;
2. $p_V(\alpha x) = \alpha\, p_V(x) \qquad (\alpha > 0,\ x \in \mathbf{X})$;
3. $p_V(x + y) \leqq p_V(x) + p_V(y) \qquad (x, y \in \mathbf{X})$.

Beweis. Die erste Eigenschaft ist offensichtlich und die zweite ergibt sich ebenfalls unmittelbar aus der Definition des Funktionals p_V:

$$V \ni \frac{\alpha x}{\alpha \lambda} = \frac{\alpha x}{\mu} \quad \text{mit} \quad \mu = \alpha \lambda\,, \quad \text{also} \quad p_V(\alpha x) = \inf \mu = \alpha \inf \lambda = \alpha\, p_V(x)\,.$$

Wir beweisen die Eigenschaft 3. Zu beliebigem $\varepsilon > 0$ gibt es Zahlen $\lambda, \mu > 0$, so daß

$$p_V(x) < \lambda < p_V(x) + \varepsilon\,, \quad p_V(y) < \mu < p_V(y) + \varepsilon\,; \quad \frac{x}{\lambda}\,, \ \frac{y}{\mu} \in V$$

gilt. Aus der Konvexität der Menge V folgt

$$\frac{x + y}{\lambda + \mu} = \frac{\lambda}{\lambda + \mu}\frac{x}{\lambda} + \frac{\mu}{\lambda + \mu}\frac{y}{\mu} \in V\,,$$

d. h.

$$p_V(x + y) \leqq \lambda + \mu < p_V(x) + p_V(y) + 2\,\varepsilon\,.$$

Da ε beliebig gewählt war, erhalten wir daraus die gewünschte Beziehung

$$p_V(x + y) \leqq p_V(x) + p_V(y)\,.$$

Bemerkung 1. Für $x \in V$ gilt $p_V(x) \leqq 1$; umgekehrt zieht $p_V(x) < 1$ auch $x \in V$ nach sich.

Bemerkung 2. Ist $\mathbf{X}$ ein linearer topologischer Raum und V eine abgeschlossene Teilmenge, dann sind die Beziehungen $p_V(x) \leqq 1$ und $x \in V$ äquivalent.

Um dies zu sehen, sei $p_V(x) = 1$ und $0 < \alpha < 1$. Wegen $p_V(\alpha x) = \alpha < 1$ gehört αx zu V. Durch Grenzübergang ergibt sich daraus $x \in V$.

Entsprechend beweist man folgende Aussage: Ist die Menge V offen, so fällt sie mit der Menge aller $x \in \mathbf{X}$ zusammen, für die $p_V(x) < 1$ gilt.

Bemerkung 3. Für eine äquilibrierte Menge V ist das Funktional p_V positiv-homogen:

$$p_V(\alpha x) = |\alpha|\, p_V(x) \qquad (x \in \mathbf{X}).$$

Wir brauchen nur den Fall $|\alpha| = 1$ zu betrachten. Nach der Definition von p_V besteht die Beziehung

$$p_V(\alpha x) = \inf \lambda \qquad \left(\lambda > 0,\ \frac{\alpha x}{\lambda} \in V\right).$$

Wegen $\frac{1}{\alpha} V \subset V$ folgt aus $\frac{\alpha x}{\mu} \in V$ auch $\frac{\alpha x}{\lambda} \in V$, also gilt $p_V(\alpha x) \geqq p_V(x)$. Hieraus ergibt sich auch die umgekehrte Ungleichung

$$p_V(x) = p_V\left(\frac{1}{\alpha}\alpha x\right) \geqq p_V(\alpha x).$$

Das positiv-homogene Funktional p_V heißt (die durch die Menge V definierte) *Halbnorm*.

Satz 4 (1.XI) (Kolmogorow). *Der reelle lineare topologische Raum ist genau dann normierbar (d. h., die Topologie in $\mathbf{X}$ kann mit Hilfe einer Norm definiert werden), wenn die beiden folgenden Bedingungen erfüllt sind:*

1. *Der Raum $\mathbf{X}$ ist separiert.*
2. *In $\mathbf{X}$ gibt es eine beschränkte konvexe Nullumgebung V_0.*

Beweis. Es genügt zu zeigen, daß die Bedingungen hinreichend sind. Dazu setzen wir die Menge V_0 als symmetrisch[1]) und abgeschlossen voraus (anderenfalls brauchten wir nur den Durchschnitt $(-\overline{V}_0) \cap \overline{V}_0$ zu betrachten) und definieren im Raum $\mathbf{X}$ eine Norm durch die Gleichung

$$\|x\| = p_{V_0}(x). \tag{4}$$

Da eine konvexe symmetrische Menge äquilibriert ist, hat das Funktional p_{V_0} nach der Bemerkung 3 zum vorangehenden Lemma alle Eigenschaften einer Norm, wenn wir noch zeigen, daß aus $\|x\| = 0$ stets $x = 0$ folgt. Zu einem Element $x \neq 0$ gibt es aber wegen der Separiertheit des Raumes $\mathbf{X}$ eine Nullumgebung V, die x nicht enthält. Da die Menge V_0 beschränkt ist, existiert weiter ein $\lambda > 0$, so daß $V_0 \subset \lambda V$ gilt. Also gehört das Element λx nicht zu V_0, woraus sich nach Bemerkung 2

$$\|x\| = p_{V_0}(x) = \frac{1}{\lambda} p_{V_0}(\lambda x) > \frac{1}{\lambda},$$

also $\|x\| \neq 0$ ergibt.

Der Raum $\mathbf{X}$ ist deshalb bezüglich der Norm (4) ein normierter Raum, dessen abgeschlossene Einheitskugel (auf Grund von Bemerkung 2) mit der Menge V_0 zusammenfällt.

Wir zeigen, daß die Ausgangstopologie in $\mathbf{X}$ mit der durch die Norm (4) erzeugten Topologie übereinstimmt, indem wir nachweisen, daß die Kugeln mit dem Mittelpunkt im Nullpunkt, d. h. die Mengen der Form λV_0 $(\lambda > 0)$, ein Fundamentalsystem von Null-

---

[1]) Die Teilmenge M eines linearen Raumes heiße symmetrisch, wenn $M = -M$ gilt.

umgebungen für die Ausgangstopologie bilden. Das ist aber eine unmittelbare Folgerung der Beschränktheit der Menge V_0, denn zu einer beliebigen Nullumgebung V gibt es ein $\lambda > 0$, für das λV_0 in V enthalten ist, was zu zeigen war.

1.8. Wir vereinbaren jetzt, daß sich alle folgenden Darlegungen auf reelle Räume beziehen sollen.

Ein additives und homogenes Funktional f im linearen topologischen Raum $\mathbf{X}$ heißt *linear*, wenn es stetig ist. Wie im Fall normierter Räume kann man zeigen, daß dafür die Stetigkeit von f in nur einem Punkt, z. B. im Nullpunkt, hinreichend ist.

Letzteres bedeutet, daß es zu jedem $\varepsilon > 0$ eine Nullumgebung V_ε mit $f(V_\varepsilon) \subset [-\varepsilon, \varepsilon]$ gibt. Dann enthält also die Menge $f^{-1}([-\varepsilon, \varepsilon])$ eine Nullumgebung und ist deshalb selbst Nullumgebung. Bildet umgekehrt für ein gewisses $\varepsilon > 0$ die Menge $f^{-1}([-\varepsilon, \varepsilon])$ eine Nullumgebung, so folgt daraus die Stetigkeit des Funktionals f. Das Funktional f ist sogar schon dann stetig, wenn für ein gewisses $\varepsilon > 0$ nur die Menge $f^{-1}((-\infty, \varepsilon])$ eine Nullumgebung bildet. Wegen $f^{-1}((-\infty, \varepsilon]) = -f^{-1}([-\varepsilon, \infty))$ ist nämlich dann auch $f^{-1}([-\varepsilon, \infty))$, also ebenfalls der Durchschnitt $f^{-1}([-\varepsilon, \infty)) \cap f^{-1}((-\infty, \varepsilon]) = f^{-1}([-\varepsilon, \varepsilon])$ Nullumgebung.

Außer den linearen Funktionalen kann man in einem linearen topologischen Raum beschränkte Funktionale betrachten. Ein (additives und homogenes) Funktional f heißt *beschränkt*, wenn es jede in $\mathbf{X}$ beschränkte Menge in eine beschränkte Menge reeller Zahlen abbildet.

Es sei f ein lineares Funktional und $E \subset \mathbf{X}$ eine beschränkte Menge. Dann ist die Menge $V = f^{-1}([-1, 1])$ Nullumgebung, also existiert ein $\lambda > 0$ mit $E \subset \lambda V$. Daraus folgt $f(E) \subset [-\lambda, \lambda]$, d. h., jedes lineare Funktional ist auch beschränkt. Die umgekehrte Aussage gilt nicht in jedem linearen topologischen Raum.

Die Existenz nichttrivialer linearer Funktionale hängt eng mit dem Vorhandensein konvexer Nullumgebungen in $\mathbf{X}$ zusammen.

Satz 5 (1.XI). *Es sei V eine konvexe Nullumgebung im linearen topologischen Raum $\mathbf{X}$ und $x_0 \notin V$. Dann gibt es in $\mathbf{X}$ ein lineares Funktional f, für das $f(x_0) = 1$ und $f(x) \leqq 1$ $(x \in V)$ gilt.*

Beweis. $\mathbf{X}_0$ bezeichne den eindimensionalen Teilraum aller Elemente der Form λx_0 $(-\infty < \lambda < \infty)$. In $\mathbf{X}_0$ definieren wir durch die Gleichung $f_0(\lambda x_0) = \lambda$ ein Funktional f_0. Zwischen den Funktionalen f_0 und p_V besteht dann die Beziehung

$$f_0(x) \leqq p_V(x) \qquad (x \in \mathbf{X}_0)\,. \tag{5}$$

Für $x = \lambda x_0$ $(\lambda > 0)$ gilt nämlich $f_0(x) = \lambda$ und wegen der Homogenität des Funktionals p_V bezüglich positiver Faktoren $p_V(x) = \lambda p_V(x_0)$. Da aus $x_0 \notin V$ stets $p_V(x) \geqq 1$ folgt, ergibt sich die Ungleichung (5). Für $x = \lambda x_0$ $(\lambda \leqq 0)$ ist $f_0(x) = \lambda \leqq 0$ und $p_V(x) \geqq 0$, also Formel (5) trivialerweise richtig.

Auf Grund des Lemmas genügt das Funktional p_V allen Voraussetzungen des Satzes von Banach über die Erweiterung additiver Funktionale (Satz 7 (2.IV)). Deshalb gibt es auf $\mathbf{X}$ ein additives und homogenes Funktional f, das eine Erweiterung von f_0 bildet und für das

$$f(x) \leqq p_V(x) \qquad (x \in \mathbf{X}) \tag{6}$$

gilt. Das Funktional f hat die im Satz genannten Eigenschaften. Zunächst ist $f(x_0) = f_0(x_0) = 1$. Aus $x \in V$ folgt weiter $p_V(x) \leqq 1$, also wegen (6) auch $f(x) \leqq 1$. Die Menge $f^{-1}((-\infty, 1])$ bildet eine Nullumgebung, denn sie enthält V. Daraus ergibt sich schließlich die Stetigkeit des Funktionals f.

Bemerkung. Die Existenz einer konvexen Nullumgebung $V \subset \mathbf{X}$, die ein gegebenes Element $x_0 \in \mathbf{X}$ nicht enthält, ist auch eine notwendige Bedingung dafür, daß es in $\mathbf{X}$ ein lineares Funktional f mit $f(x_0) \neq 0$ gibt.

Gilt nämlich $|f(x_0)| > \varepsilon > 0$, so bildet die Menge $V = f^{-1}([-\varepsilon, \varepsilon])$ eine konvexe Nullumgebung, die x_0 nicht enthält.

In diesem Zusammenhang ist die Betrachtung des Raumes S von Interesse. Man kann nämlich zeigen, daß die einzige konvexe Nullumgebung in S der Raum S selbst ist. Deshalb existieren auf S keine nichttrivialen linearen Funktionale. Der Leser überzeuge sich davon, daß es auf S auch keine (nichttrivialen) beschränkten Funktionale gibt.

§ 2. Lokalkonvexe Räume

Aus Satz 5 (1.XI) und der zugehörigen Bemerkung ersieht man, daß die Existenz und „Anzahl" der linearen Funktionale auf einem gegebenen linearen topologischen Raum unmittelbar mit der Existenz und der „Anzahl" seiner konvexen Nullumgebungen zusammenhängt. Im Zusammenhang damit sondert man aus allen linearen topologischen Räumen eine Klasse von Räumen aus, bei denen die algebraischen und topologischen Eigenschaften noch enger als in einem beliebigen linearen topologischen Raum miteinander verknüpft sind und die man deshalb mit topologischen Hilfsmitteln wesentlich gründlicher untersuchen kann als allgemeine lineare topologische Räume.

2.1. Ein linearer topologischer Raum heißt *lokalkonvex*, wenn in ihm ein Fundamentalsystem konvexer Nullumgebungen existiert. Die in Abschnitt XI.1.4 angeführten Beispiele konkreter linearer topologischer Räume sind bis auf den Raum S alle lokalkonvex. Im Raum S gibt es (wie in XI.1.8 bemerkt wurde) außer dem ganzen Raum selbst keine konvexe Umgebung. Jeder normierte Raum ist lokalkonvex, während lineare metrische Räume nicht notwendig lokalkonvex zu sein brauchen (z. B. eben der Raum S). Das ist u. a. auch ein Grund dafür, daß die Theorie linearer metrischer Räume bis jetzt nicht allzu weit entwickelt wurde.

Im Fall eines lokalkonvexen Raumes läßt sich Satz 1 (1.XI) wesentlich vereinfachen. Wir beschränken unsere Betrachtungen auf reelle Räume. Dann ist jede symmetrische konvexe Menge äquilibriert und für eine konvexe Menge E gilt $\frac{1}{2}E + \frac{1}{2}E = E$. Deshalb folgen die Bedingungen 2 und 4 von Satz 1 (1.XI) für einen lokalkonvexen Raum schon aus den übrigen beiden Bedingungen. Die umgekehrte Aussage folgt aus dem nächsten Satz.

Satz 1 (2.XI). *In der reellen linearen Menge* $\mathbf{X}$ *sei eine Familie* $\mathfrak{V}_0$ *absorbierender symmetrischer konvexer Teilmengen gegeben. Mit* $\mathfrak{V}$ *bezeichnen wir das System aller Mengen der Gestalt*

$$\bigcap_{k=1}^{n} \lambda_k V_k \quad (\lambda_k > 0,\ V_k \in \mathfrak{V}_0,\quad k = 1, 2, \ldots, n,\quad n = 1, 2, \ldots). \tag{1}$$

Dann genügt $\mathfrak{V}$ *den Bedingungen von Satz* 1 (1.XI). *Wählt man* $\mathfrak{V}$ *als Fundamentalsystem von Nullumgebungen, so wird die Menge* $\mathbf{X}$ *dadurch zu einem lokalkonvexen Raum.*

Der Beweis des Satzes ergibt sich unmittelbar aus den obigen Überlegungen.

Bemerkung. Der Raum $\mathbf{X}$ ist genau dann separiert, wenn zu jedem Element $x \in \mathbf{X}$, $x \neq 0$ eine Menge $V \in \mathfrak{V}_0$ und eine Zahl $\lambda > 0$ existieren, für die x nicht in λV enthalten ist.

Jedes System $\mathfrak{V}_0$ konvexer symmetrischer Nullumgebungen mit der Eigenschaft, daß die Mengen der Form (1) ein Fundamentalsystem von Nullumgebungen bilden, heißt *erzeugendes System* von Nullumgebungen.

2.2. Es sei $\mathfrak{V}_0 = \{V_\xi\}$ $(\xi \in \Xi)$ ein erzeugendes System von Nullumgebungen im lokalkonvexen separierten Raum $\mathbf{X}$. Ordnen wir jedem $\xi \in \Xi$ die durch die Menge V_ξ definierte Halbnorm

$$\|x\|_\xi = p_{V_\xi}(x) \qquad (x \in \mathbf{X})$$

zu, so erhalten wir eine Familie von Halbnormen, wir nennen sie *Multinorm*, mit den folgenden Eigenschaften:

1. $0 \leqq ||x||_\xi < \infty$ $(x \in \mathbf{X},\quad \xi \in \Xi)$; gilt $||x||_\xi = 0$ für jedes $\xi \in \Xi$, so ist $x = 0$;
2. $||\alpha x||_\xi = |\alpha|\, ||x||_\xi$ $(x \in \mathbf{X},\quad \xi \in \Xi,\quad \alpha$ — beliebige Zahl);
3. $||x + y||_\xi \leqq ||x||_\xi + ||y||_\xi$ $(x, y \in \mathbf{X},\quad \xi \in \Xi)$.

Ist umgekehrt in der linearen Menge $\mathbf{X}$ eine Multinorm (d. h. eine Gesamtheit von Funktionalen mit den Eigenschaften 1—3) gegeben, und bezeichnet V_ξ die Menge aller $x \in \mathbf{X}$ mit $||x||_\xi \leqq 1$, so genügt das System $\mathfrak{B}_0 = \{V_\xi\}$ $(\xi \in \Xi)$ den Bedingungen von Satz 1, macht also $\mathbf{X}$ zu einem lokalkonvexen (und offensichtlich auch separierten) Raum. In ihm bildet die Familie $\mathfrak{B}_0$ ein erzeugendes System von Nullumgebungen, die daraus abgeleitete Multinorm stimmt mit der ursprünglich gegebenen Multinorm überein.

Gibt es im lokalkonvexen Raum $\mathbf{X}$ für jedes Element x eine höchstens abzählbare Multinorm, so wollen wir $\mathbf{X}$ *abzählbar-normierbar* nennen. Man sieht leicht, daß ein abzählbar-normierter Raum separiert ist und ein abzählbares Fundamentalsystem von Nullumgebungen besitzt und daß umgekehrt auch jeder lokalkonvexe Raum mit diesen beiden Eigenschaften abzählbar-normierbar ist.

Satz 2 (2.XI). *Ein lokalkonvexer Raum ist genau dann metrisierbar, wenn er abzählbar-normierbar ist.*

Beweis. Die Abzählbar-Normierbarkeit eines metrisierbaren Raumes folgt aus den Bemerkungen unmittelbar vor dem Satz.

Sei umgekehrt $||x||_n$ $(x \in \mathbf{X},\ n = 1, 2, \ldots)$ eine abzählbare Multinorm in $\mathbf{X}$. Wir setzen

$$\tilde{\varrho}(x) = \sum_{k=1}^{\infty} \frac{1}{2^k} \frac{||x||_k}{1 + ||x||_k} \qquad (x \in \mathbf{X})\,,$$

und

$$\tilde{\varrho}(x, y) = \varrho(x - y)\,. \tag{2}$$

Auf Grund der Eigenschaften der Multinorm sieht man leicht, daß die durch Gleichung (2) definierte Funktion $\varrho(x, y)$ die Menge $\mathbf{X}$ zu einem metrischen Raum macht. Wir zeigen, daß dessen Topologie mit der Ausgangstopologie von $\mathbf{X}$ zusammenfällt, d. h., daß die Familie $\{W_\varepsilon\}$ (W_ε bezeichnet die Kugel mit dem Radius ε und dem Mittelpunkt im Ursprung) ein Fundamentalsystem von Nullumgebungen in der Ausgangstopologie des Raumes $\mathbf{X}$ bildet. V_n sei die Menge aller $x \in \mathbf{X}$ mit $||x||_n \leqq 1$. Zu einem beliebigen $\varepsilon > 0$ finden wir dann eine natürliche Zahl n, die der Ungleichung $\frac{1}{2^{n-1}} < \varepsilon$ genügt. Die Menge $V = \frac{\varepsilon}{2} \bigcap_{k=1}^{n} V_k$ ist Nullumgebung und aus $x \in V$ folgt

$$||x||_k \leqq \frac{\varepsilon}{2} \qquad (k = 1, 2, \ldots, n)\,.$$

Damit ergibt sich die Beziehung

$$\tilde{\varrho}(x) = \sum_{k=1}^{\infty} \frac{1}{2^k} \frac{||x||_k}{1 + ||x||_k} \leqq \frac{\varepsilon}{2} \sum_{k=1}^{n} \frac{1}{2^k} + \sum_{k=n+1}^{\infty} \frac{1}{2^k} < \frac{\varepsilon}{2} + \frac{1}{2^n} < \varepsilon\,,$$

d. h. $V \subset W_\varepsilon$, also ist W_ε ebenfalls Nullumgebung. Sei umgekehrt $V = \bigcap_{k=1}^{n} \lambda_k V_k$ $(\lambda_k > 0,\ k = 1, 2, \ldots, n)$ irgendeine Nullumgebung. Sie besteht aus allen Elementen x mit

$$||x||_k \leqq \lambda_k \qquad (k = 1, 2, \ldots, n)\,.$$

Wir wählen ein $\varepsilon > 0$, das den Ungleichungen

$$\varepsilon < \frac{1}{2^k} \frac{\lambda_k}{1 + \lambda_k} \qquad (k = 1, 2, \ldots, n)$$

genügt. Dann gilt für $x \in W_\varepsilon$

$$\frac{1}{2^k} \frac{||x||_k}{1 + ||x||_k} < \varepsilon \qquad (k = 1, 2, \ldots, n),$$

also erst recht

$$\frac{||x||_k}{1 + ||x||_k} < \frac{\lambda_k}{1 + \lambda_k} \qquad (k = 1, 2, \ldots, n).$$

Daraus folgt

$$||x||_k < \lambda_k \qquad (k = 1, 2, \ldots, n),$$

d. h. $x \in V$. Jede Nullumgebung V enthält deshalb eine Kugel W_ε.

Damit ist der Satz bewiesen.

2.3. Viele Begriffe, die sich auf lokalkonvexe Räume beziehen, lassen sich durch die Multinorm einfach und anschaulich charakterisieren. Die verallgemeinerte Folge $\{x_\alpha\}$ $(\alpha \in A)$ konvergiert z. B. genau dann gegen Null, wenn für jedes $\xi \in \Xi$ die Beziehung $||x_\alpha||_\xi \underset{\alpha \in A}{\longrightarrow} 0$ besteht. Die Beschränktheit der Menge $E \subset \mathbf{X}$ ist gleichbedeutend damit, daß für jedes $\xi \in \Xi$ die Zahlenmenge $\{||x||_\xi\}$ $(x \in E)$ beschränkt ist usw.

Wir untersuchen jetzt den Begriff des linearen Funktionals etwas ausführlicher. Es sei $\mathfrak{B}_0 = \{V_\xi\}$ $(\xi \in \Xi)$ ein erzeugendes System mit der Eigenschaft, daß zu zwei beliebigen Umgebungen $V_{\xi_1}, V_{\xi_2} \in \mathfrak{B}_0$ ein $V_{\xi_3} \in \mathfrak{B}_0$ mit $V_{\xi_3} \subset V_{\xi_1} \cap V_{\xi_2}$ existiert. Die zugehörige Multinorm genügt dann der folgenden Bedingung: Zu je zwei beliebigen Indizes $\xi_1, \xi_2 \in \Xi$ gibt es ein $\xi_3 \in \Xi$, so daß

$$||x||_{\xi_3} \geqq \max\,[||x||_{\xi_1}, ||x||_{\xi_2}] \qquad (x \in \mathbf{X})$$

gilt. Das erzeugende System und auch die zugehörige Multinorm nennen wir in diesem Fall *majorisierend*. Alle möglichen endlichen Durchschnitte der Umgebungen eines beliebigen erzeugenden Systems bilden ein majorisierendes erzeugendes System. Deshalb können wir von vornherein annehmen, daß das gegebene System $\mathfrak{B}_0$ bereits majorisierend ist.

Es sei $\xi \in \Xi$. $\mathbf{X}^{(\xi)}$ bezeichne die Menge aller $x \in \mathbf{X}$ mit $||x||_\xi = 0$. Offensichtlich ist $\mathbf{X}^{(\xi)}$ ein Teilraum von $\mathbf{X}$. Im Quotientenraum $\mathbf{X}/\mathbf{X}^{(\xi)}$ definieren wir außer der durch die Topologie des Raumes $\mathbf{X}$ induzierten natürlichen Topologie (siehe Abschnitt XI.1.3) eine Norm durch die Beziehung

$$||X|| = ||x||_\xi \qquad (x \in X \in \mathbf{X}/\mathbf{X}^{(\xi)}). \tag{3}$$

Die letzte Gleichung ist sinnvoll, denn gehören zwei Elemente x', x'' zu derselben Klasse X, so gilt $x' - x'' \in \mathbf{X}^{(\xi)}$ d. h. $||x' - x''||_\xi = 0$. Damit erhalten wir

$$||x'||_\xi \leqq ||x''||_\xi + ||x' - x''||_\xi = ||x''||_\xi$$

und entsprechend

$$||x''||_\xi \leqq ||x'||_\xi, \quad \text{also} \quad ||x'||_\xi = ||x''||_\xi.$$

Das Erfülltsein der Axiome des normierten Raumes folgt leicht aus den Eigenschaften der Multinorm. Den auf diese Weise konstruierten normierten Raum bezeichnen wir mit $\mathbf{X}_\xi$. Die Topologie von $\mathbf{X}_\xi$ ist schwächer als die natürliche Topologie des Quotientenraumes $\mathbf{X}/\mathbf{X}^{(\xi)}$, denn die Einheitskugel des Raumes $\mathbf{X}_\xi$ ist das Bild der Umgebung V_ξ in $\mathbf{X}$ bei der natürlichen Abbildung von $\mathbf{X}$ auf $\mathbf{X}/\mathbf{X}^{(\xi)}$.

Es sei jetzt F ein lineares Funktional in $\mathbf{X}_\xi$. Aus der eben genannten Beziehung zwischen den Topologien der Räume $\mathbf{X}_\xi$ und $\mathbf{X}/\mathbf{X}^{(\xi)}$ ergibt sich die Linearität von F im Raum $\mathbf{X}/\mathbf{X}^{(\xi)}$. Mit f bezeichnen wir das durch die Gleichung

$$f(x) = F(X) \qquad (x \in X \in \mathbf{X}/\mathbf{X}^{(\xi)}) \tag{4}$$

in $\mathbf{X}$ definierte Funktional. Offensichtlich ist f additiv und homogen, aus der Definition der Topologie im Quotientenraum folgt leicht, daß f auch stetig ist. Jedes lineare Funktional F im normierten Raum $\mathbf{X}_\xi$ induziert also gemäß Formel (4) ein lineares Funktional f im Raum $\mathbf{X}$.

Wir zeigen, daß sich auch umgekehrt jedes lineare Funktional f in $\mathbf{X}$ für ein gewisses $\xi \in \Xi$ in der Form (4) darstellen läßt. Die Menge $f^{-1}([-1, 1])$ ist nach Voraussetzung Nullumgebung in $\mathbf{X}$. Da $\mathfrak{V}_0$ ein majorisierendes System ist, gibt es einen Index $\xi \in \Xi$ und ein $\lambda > 0$ mit $\lambda V_\xi \subset f^{-1}([-1, 1])$, folglich gilt für jedes $x \in \mathbf{X}$ mit $\|x\|_\xi \leqq \lambda$ auch $|f(x)| \leqq 1$. Es sei $x \in \mathbf{X}^{(\xi)}$, d. h. $\|x\|_\xi = 0$. Für jedes $\alpha > 0$ ist dann auch $\|\alpha x\|_\xi = 0$. also $\alpha |f(x)| \leqq 1$, deshalb muß notwendig $f(x) = 0$ gelten. Das Funktional f nimmt somit auf allen Elementen ein und derselben Klasse des Quotientenraumes $\mathbf{X}/\mathbf{X}^{(\xi)}$ gleiche Werte an, d. h., es definiert ein Funktional F im Quotientenraum $\mathbf{X}/\mathbf{X}^{(\xi)}$:

$$F(X) = f(x) \qquad (x \in X \in \mathbf{X}/\mathbf{X}^{(\xi)}) . \tag{5}$$

Offensichtlich ist F additiv und homogen. Wir wählen weiter ein $x \in \mathbf{X}$ mit $\|x\|_\xi \neq 0$. Für $y = \dfrac{\lambda x}{\|x\|_\xi}$ gilt dann $\|y\|_\xi = \lambda$, also $|f(y)| = \dfrac{\lambda}{\|x\|_\xi} |f(x)| \leqq 1$, d. h.

$$|f(x)| \leqq N \|x\|_\xi \qquad \left(N = \frac{1}{\lambda}\right). \tag{6}$$

Diese Ungleichung bleibt auch im Fall $\|x\|_\xi = 0$ richtig, denn dann verschwinden beide Seiten.

Unter Beachtung der Formel (5) und der Normdefinition im Raum $\mathbf{X}_\xi$ können wir die Beziehung (6) folgendermaßen schreiben:

$$|F(X)| \leqq N \|X\| \qquad (X \in \mathbf{X}_\xi) ,$$

d. h., F ist ein lineares Funktional im Raum $\mathbf{X}_\xi$.

Eine Teilmenge E des lokalkonvexen Raumes $\mathbf{X}$ heißt *schwach beschränkt*, wenn für jedes lineare Funktional f in $\mathbf{X}$ die Menge $f(E)$ beschränkt ist (vgl. Abschnitt VIII.2.2). Offensichtlich ist eine beschränkte Menge auch schwach beschränkt. Der folgende Satz zeigt, daß auch die umgekehrte Aussage gilt.

Satz 3 (2.XI). *Eine schwach beschränkte Menge E des lokalkonvexen Raumes* $\mathbf{X}$ *ist beschränkt.*

Beweis. Mit den oben eingeführten Bezeichnungen zeigen wir zunächst, daß das homomorphe Bild E_ξ der Menge E im Raum $\mathbf{X}_\xi$ schwach beschränkt ist. F sei ein lineares Funktional in $\mathbf{X}_\xi$, f das gemäß Formel (4) von ihm erzeugte lineare Funktional in $\mathbf{X}$. Dann gilt $F(E_\xi) = f(E)$, folglich ist die Menge $F(E_\xi)$ beschränkt, E_ξ selbst also in $\mathbf{X}_\xi$ schwach beschränkt. Da $\mathbf{X}_\xi$ einen normierten Raum bildet, ergibt sich aus der Folgerung zu Satz 1 (2.VIII) die Beschränktheit von E_ξ bezüglich der Norm:

$$\sup_{X \in E_\xi} \|X\| = M_\xi < \infty .$$

Gehört x zur Menge E und bezeichnet $X \in \mathbf{X}_\xi$ diejenige Klasse, die das Element x enthält, so gilt wegen $X \in E_\xi$

$$\|x\|_\xi = \|X\| \leqq M_\xi ,$$

mit anderen Worten, die Mengen $\{\|x\|_\xi\}$ $(x \in E)$ sind für jedes $\xi \in \Xi$ beschränkt. Das ist aber nach einer Bemerkung am Anfang dieses Abschnittes gleichbedeutend mit der Beschränktheit der Menge E.

Wir erwähnen schließlich noch, daß in einem lokalkonvexen Raum, in dem also ein Fundamentalsystem konvexer Nullumgebungen existiert, die konvexe Hülle $\mathscr{C}(E)$ einer beschränkten Menge E wieder beschränkt ist.

2.4. Wir verfolgen jetzt die Bedeutung der eingeführten Begriffe in den konkreten lokalkonvexen Räumen aus Abschnitt XI.1.4.

Der Raum $\mathbf{s}_T$. Es bezeichne Ξ die Menge aller endlichen Teilmengen von T. Wir setzen (vgl. hierzu die in 1.4 eingeführten Bezeichnungen)

$$V_\xi = V_{t_1, t_2, \ldots, t_n; 1} \qquad (\xi = (t_1, t_2, \ldots, t_n) \in \Xi) .$$

Das System $\mathfrak{B}_0 = \{V_\xi\}$ $(\xi \in \Xi)$ bildet dann ein majorisierendes erzeugendes System von Nullumgebungen im Raum $\mathbf{s}_T$. Die zugehörige Multinorm wird durch die Gleichung

$$||x||_\xi = \max_{k=1,2,\ldots,n} |x(t_k)| \qquad (x \in \mathbf{s}_T, \quad \xi = (t_1, t_2, \ldots, t_n) \in \Xi)$$

definiert. Die Elemente des Raumes $\mathbf{X}_\xi$ sind die Klassen derjenigen Funktionen, die in den Punkten $t_1, t_2, \ldots, t_n$ gleiche Werte annehmen. Durch diese Werte wird eine solche Klasse auch vollständig charakterisiert, und es gilt (s. III.2.8)

$$||X|| = \max_{k=1,2,\ldots,n} |x(t_k)| \qquad (x \in X \in \mathbf{X}_\xi).$$

Ein lineares Funktional F in $\mathbf{X}_\xi$ hat die Gestalt

$$F(X) = \sum_{k=1}^{n} \eta_k \, x(t_k) \qquad (x \in X \in \mathbf{X}_\xi). \tag{7}$$

Nach den Ergebnissen des vorhergehenden Abschnitts definiert die rechte Seite von (7) auch ein lineares Funktional im Raum $\mathbf{s}_T$. Mit y bezeichnen wir die auf T durch

$$y(t) = \begin{cases} \eta_k, & t = t_k \\ 0, & t \neq t_j \end{cases} \qquad (j = 1, 2, \ldots, n)$$

erklärte Funktion. Dann läßt sich die Beziehung (7) in der Form

$$f(x) = \sum_{t \in T} x(t)\, y(t) \tag{8}$$

schreiben. Jedes lineare Funktional f in $\mathbf{s}_T$ hat die Gestalt (8), d. h. wird durch eine Funktion $y \in \mathbf{s}_T^*$ (eindeutig) bestimmt. Die Funktionale in $\mathbf{s}_T$ können wir deshalb mit den Elementen von $\mathbf{s}_T^*$ identifizieren.

Der Raum $\mathbf{C}_\infty$. Ohne die zugehörigen einfachen Überlegungen durchzuführen, geben wir nur an, daß man im Raum $\mathbf{C}_\infty$ eine Multinorm durch die Gleichungen

$$||x||_n = \max_{|t| \leq n} |x(t)| \qquad (x \in \mathbf{C}_\infty, \ n = 1, 2, \ldots)$$

definieren kann. Der Raum $\mathbf{X}_n$ besteht dabei aus den Klassen derjenigen Funktionen, die auf dem Intervall $[-n, n]$ übereinstimmen, d. h., einer Klasse $X \in \mathbf{X}_n$ läßt sich eineindeutig eine auf $[-n, n]$ definierte stetige Funktion zuordnen. Da diese Zuordnung sogar ein Isomorphismus ist, können wir die Klasse $X \in \mathbf{X}_n$ mit der entsprechenden Funktion identifizieren. Dann gilt

$$X(t) = x(t) \qquad (x \in X, \ |t| \leq n)$$

und

$$||X|| = ||x||_n = \max_{|t| \leq n} |x(t)| = \max_{|t| \leq n} |X(t)| \qquad (x \in X).$$

Der Raum $\mathbf{X}_n$ fällt in diesem Falle also mit dem Raum $\mathbf{C}_{[-n,n]}$ zusammen, letzteren bezeichnen wir kurz mit $\mathbf{C}_n$. Jedes lineare Funktional F in $\mathbf{C}_n$ wird durch eine Funktion g von beschränkter Variation erzeugt:

$$F(X) = \int_{-n}^{n} X(t)\, dg(t) = \int_{-n}^{n} x(t)\, dg(t) \qquad (x \in X \in \mathbf{C}_n). \tag{9}$$

Wir erweitern die Funktion g auf die ganze reelle Achse, indem wir sie in den Intervallen $(-\infty, -n]$ und $[n, \infty]$ als konstant annehmen. Dann läßt sich Gleichung (9) folgendermaßen schreiben:

$$F(X) = \int_{-\infty}^{\infty} x(t)\, dg(t) \qquad (x \in X \in \mathbf{C}_n). \tag{10}$$

Durchläuft n die Werte $1, 2, \ldots$, so erhalten wir aus (10) die allgemeine Form eines linearen Funktionals im Raum C_∞:

$$f(x) = \int_{-\infty}^{\infty} x(t)\, dg(t)\,. \tag{11}$$

Jedes lineare Funktional f wird also gemäß Gleichung (11) durch eine Funktion g von beschränkter Variation bestimmt, die auf den Intervallen $(-\infty, a]$ und $[b, \infty)$ konstant ist (a, b — reelle Zahlen). Die Werte der Funktion g sind in ihren Stetigkeitspunkten eindeutig festgelegt. Umgekehrt entspricht auch jeder Funktion von beschränkter Variation mit den genannten Eigenschaften ein lineares Funktional in C_∞.

Im Raum $D^0_{[a,b]}$ kann man die Multinorm z. B. durch die Gleichungen

$$\|x\|_n = \max_{\substack{t\in[a,b]\\ k=0,1,\ldots,n}} |x^{(k)}(t)| \qquad (x \in D^0_{[a,b]},\ n = 0, 1, \ldots)$$

definieren. Die Räume X_n bestehen dabei aus den gleichen Elementen wie $D^0_{[a,b]}$; $\|x\|_n$ ist die Norm des Elementes x im Raum X_n.

Es sei jetzt $x \in X_n$. Dann gilt

$$|x(t)| = \left|\int_0^t x'(s)\, ds\right| \leqq (b-a) \max_{s\in[a,b]} |x'(s)|\,,$$

also

$$\max_{t\in[a,b]} |x(t)| \leqq (b-a) \max_{t\in[a,b]} |x'(t)|\,.$$

Durch wiederholte Anwendung dieser Ungleichung folgt

$$A_n^* \|x\|_n \leqq \max_{t\in[a,b]} |x^{(n)}(t)| \leqq \|x\|_n\,, \tag{12}$$

wobei A_n eine von x unabhängige Konstante bezeichnet. Im Raum X_n führen wir eine neue Norm ein:

$$\|x\|' = \max_{t\in[a,b]} |x^{(n)}(t)|\,.$$

Die Ungleichung (12) zeigt, daß diese mit der alten Norm äquivalent ist. Ordnen wir weiter einem Element $x \in X_n$ seine n-te Ableitung $x^{(n)}$ zu, so wird dadurch eine isometrische Abbildung des Raumes X_n (mit der neuen Norm) auf eine Teilmenge von $C_{[a,b]}$ definiert. Deshalb hat jedes lineare Funktional F in X_n die Gestalt

$$F(x) = \int_a^b x^{(n)}(t)\, dg(t) \qquad (x \in X_n)\,,$$

wobei g wieder eine Funktion von endlicher Variation ist.[1])

Setzen wir nacheinander $n = 0, 1, \ldots$, so ergibt sich als allgemeine Form eines linearen Funktionals in $D^0_{[a,b]}$ die Beziehung

$$f(x) = \int_a^b x^{(n)}(t)\, dg(t) \qquad (x \in D^0_{[a,b]})\,; \tag{13}$$

g bezeichnet dabei eine Funktion von endlicher Schwankung auf $[a, b]$ und n eine geeignete nichtnegative ganze Zahl.

Die linearen Funktionale in $D^0_{[a,b]}$ heißen *verallgemeinerte Funktionen* — oder auch „Distributionen" — (im Intervall $[a, b]$). Zum Verständnis dieser Bezeichnung betrachten

---

[1]) Wegen $x^{(n)}(a) = x^{(n)}(b) = 0$ kann man g in den Endpunkten des Intervalls $[a, b]$ als stetig voraussetzen. Dann wird g bis auf die Werte in inneren Unstetigkeitspunkten eindeutig durch das Funktional f bestimmt.

wir folgenden Spezialfall. Es sei φ eine auf $[a, b]$ summierbare Funktion, f_φ dasjenige Funktional in $\mathbf{D}^0_{[a,b]}$, das sich aus (13) für $n = 0$ und $g(t) = \int_a^t \varphi(s)\, ds$ ergibt:

$$f_\varphi(x) = \int_a^b x(t)\, \varphi(t)\, dt \qquad (x \in \mathbf{D}^0_{[a,b]}) . \tag{14}$$

Diese Beziehung zwischen summierbaren Funktionen und Funktionalen der Form (14) ist — wie unschwer zu sehen — ein algebraischer Isomorphismus, weshalb man das Funktional f_φ mit der entsprechenden Funktion φ identifizieren kann.

Wir setzen jetzt voraus, daß φ sogar eine summierbare Ableitung hat. Durch partielle Integration folgt dann die Relation

$$f_{\varphi'}(x) = \int_a^b x(t)\, \varphi'(t)\, dt = - \int_a^b x'(t)\, \varphi(t)\, dt = - f_\varphi(x') \qquad (x \in \mathbf{D}^0_{[a,b]}) .$$

Definieren wir für eine beliebige verallgemeinerte Funktion f ein Funktional f' durch die Gleichung

$$f'(x) = - f(x') ,$$

so überzeugt man sich ohne Schwierigkeit davon, daß auch f' wieder eine verallgemeinerte Funktion ist. f' heißt die *Ableitung* der verallgemeinerten Funktion f.

Zum Beispiel entspricht der Heaviside-*Funktion* Y $(a = -1,\, b = 1)$

$$Y(t) = \begin{cases} 0\,, & t < 0\,, \\ 1\,, & t \geqq 0 \end{cases}$$

das Funktional

$$Y(x) = \int_{-1}^{1} x(t)\, Y(t)\, dt = \int_0^1 x(t)\, dt \qquad (x \in \mathbf{D}^0_{[-1,1]}) ,$$

wobei wir für das Funktional und die „erzeugende" Funktion einfach dasselbe Symbol verwendet haben. Setzen wir noch $\delta = Y'$, dann folgt

$$\delta(x) = - Y(x') = - \int_0^1 x'(t)\, dt = x(0) - x(1) = x(0) \qquad (x \in \mathbf{D}^0_{[-1,1]}) .$$

Die verallgemeinerte Funktion δ heißt Dirac-*Funktion.*

Weitere Eigenschaften verallgemeinerter Funktionen werden in § 5 untersucht.

Wir übergehen den Raum $\mathbf{L}_\infty$ und machen nur noch eine Bemerkung zum Raum $\mathbf{s}^*_T$. Es sei f ein additives und homogenes Funktional in $\mathbf{s}^*_T$. Die Menge $f^{-1}([-1, 1])$ ist dann — wie leicht zu überlegen — konvex und absorbierend, also Nullumgebung in s^*_T (s. 1.8). Daraus folgt die Linearität des Funktionals f. Mit x_t bezeichnen wir die Funktion

$$x_t(s) = \begin{cases} 1\,, & s = t\,, \\ 0\,, & s \neq t \end{cases}$$

und setzen $y(t) = f(x_t)$ $(t \in T)$. Dann ergibt sich für beliebiges $x \in \mathbf{s}^*_T$

$$f(x) = \sum x(t)\, y(t) ,$$

wobei über alle Werte t mit $x(t) \neq 0$ zu summieren ist. Hinsichtlich ihrer Elemente kann man also die Menge der Funktionale in $\mathbf{s}^*_T$ mit $\mathbf{s}_T$ identifizieren.

2.5. Wir sagen noch einige wenige Worte über lineare Operatoren in lokalkonvexen Räumen. Ein additiver und homogener Operator U, der den lokalkonvexen Raum $\mathbf{X}$ in den lokalkonvexen Raum $\mathbf{Y}$ abbildet, heißt *linear,* wenn er stetig ist. Dabei genügt das Bestehen der Stetigkeit wieder nur in einem einzigen Punkte. Der (additive und homogene) Operator U heißt *beschränkt,* wenn die Bilder beschränkter Mengen wieder beschränkt sind. Man sieht leicht, daß ein linearer Operator beschränkt ist. Die Umkehrung gilt jedoch i. a. nicht.

In den Räumen $\mathbf{X}$ und $\mathbf{Y}$ seien jetzt die majorisierenden Multinormen $\|x\|_\xi$ ($x \in \mathbf{X}$, $\xi \in \Xi$) und $\|y\|_\eta$ ($y \in \mathbf{Y}$, $\eta \in H$) gegeben. Durch Wiederholung der in Abschnitt 2.3 für Funktionale durchgeführten Überlegungen ergibt sich ohne Schwierigkeit folgendes Resultat: Ein additiver und homogener Operator U ist genau dann linear, wenn zu jedem $\eta \in H$ ein $\xi_\eta \in \Xi$ und eine Zahl $N_\eta > 0$ existieren, so daß

$$\|U(x)\|_\eta \leqq N_\eta \|x\|_{\xi_\eta} \qquad (x \in \mathbf{X})$$

gilt.

2.6. In lokalkonvexen Räumen gilt der Satz von Hahn-Banach über die Erweiterung linearer Funktionale.

Wir betrachten einen lokalkonvexen Raum $\mathbf{X}$ und eine lineare Teilmenge $\mathbf{X}_0 \subset \mathbf{X}$. Der Raum $\mathbf{X}$ induziert in $\mathbf{X}_0$ eine Topologie, die $\mathbf{X}_0$ zu einem lokalkonvexen Raum macht.

Satz 4 (2.XI). *Es sei f_0 ein lineares Funktional in $\mathbf{X}_0$. Dann existiert ein lineares Funktional f in $\mathbf{X}$, das auf $\mathbf{X}_0$ mit f_0 zusammenfällt.*

Beweis. Die Menge $V_0 = f_0^{-1}((-\infty, 1])$ ist Nullumgebung in $\mathbf{X}_0$. Deshalb existiert eine Nullumgebung V' in $\mathbf{X}$, so daß $V_0 = V' \cap \mathbf{X}_0$ gilt. Mit V bezeichnen wir eine konvexe, in V' enthaltene Nullumgebung und bilden das zugehörige Funktional p_V. Aus der Beziehung $V \cap \mathbf{X}_0 \subset V_0$ ergibt sich durch einfache Überlegungen (die sich auf die Definition und die Eigenschaften von p_V stützen) die Ungleichung

$$f_0(x) \leqq p_V(x) \qquad (x \in \mathbf{X}_0) .$$

Wenden wir jetzt den Satz von Hahn-Banach über die Fortsetzung additiver Funktionale (Satz 7 (2.IV)) an, so folgt die Existenz eines auf ganz $\mathbf{X}$ definierten Funktionals f, das auf $\mathbf{X}_0$ mit f_0 zusammenfällt und für das

$$f(x) \leqq p_V(x) \qquad (x \in \mathbf{X})$$

gilt. Die letzte Ungleichung zieht aber die Inklusion $V \subset f^{-1}((-\infty, 1])$ nach sich, weshalb das Funktional f sogar stetig ist (s. 1.8).

Satz 5 (1.XI) läßt sich wesentlich verschärfen, wenn man lokalkonvexe Räume betrachtet.

Satz 5 (2.XI). *Es sei C eine das Nullelement enthaltende konvexe abgeschlossene Teilmenge des lokalkonvexen Raumes $\mathbf{X}$. Gehört ein Element x_0 nicht zu C, so gibt es ein lineares Funktional f in $\mathbf{X}$ mit*

$$f(x_0) > 1 , \quad f(x) \leqq 1 \quad (x \in C) .$$

Beweis. Da die Menge C abgeschlossen ist, folgt aus $x_0 \notin C$ die Existenz einer Umgebung $x_0 + V_0$ des Punktes x_0, die C nicht schneidet. V_0 ist dabei eine Nullumgebung, die wir als konvex voraussetzen können. Dann bildet auch die Menge $V = C + \frac{1}{2} V_0$ eine konvexe Nullumgebung; für diese ist der Durchschnitt $V \cap \left(x_0 + \frac{1}{2} V_0\right)$ leer. Wir wählen ein so kleines $\varepsilon > 0$, daß das Element $x_0' = (1 - \varepsilon)\, x_0$ zu $x_0 + \frac{1}{2} V_0$ gehört. Durch Anwendung von Satz 5 (1.XI) auf die Umgebung V und den Punkt x_0' folgt die Existenz eines linearen Funktionals f in $\mathbf{X}$ mit

$$f(x_0') = 1 , \quad f(x) \leqq 1 \quad (x \in V) .$$

Dann gilt $f(x_0) = \dfrac{1}{1 - \varepsilon} > 1$ und wegen $C \subset V$ auch $f(x) \leqq 1$ für $x \in C$. Damit ist der Satz bewiesen.

Bemerkung. Verzichtet man in Satz 5 auf die Voraussetzung $0 \in C$, so ist die Aussage folgendermaßen zu formulieren: Es existieren eine Zahl a und ein lineares Funktional f mit

$$f(x_0) > a , \quad f(x) \leqq a \quad (x \in C) .$$

Dies ergibt sich durch Anwendung von Satz 5 auf die Menge $-x' + C$ und den Punkt $-x' + x_0$, wobei x' ein beliebiges Element der Menge C ist.

2.7. Es sei jetzt $\mathbf{X}$ ein lokalkonvexer Raum. Mit $\mathfrak{B}$ bezeichnen wir das System aller beschränkten Mengen in $\mathbf{X}$. Dann hängt $\mathfrak{B}$ selbstverständlich von der Topologie des Raumes $\mathbf{X}$ ab, bestimmt diese aber i. a. nicht eindeutig. Um das zu sehen, führen wir in $\mathbf{X}$ die *schwache Topologie* ein, für die alle Mengen der Form $f^{-1}([-1, 1])$ (f durchlaufe alle linearen Funktionale im Raum $\mathbf{X}$) ein erzeugendes System von Nullumgebungen bilden. Dieses System genügt offensichtlich den Voraussetzungen von Satz 1, macht also $\mathbf{X}$ zu einem lokalkonvexen Raum, den wir mit $\mathbf{X}_\sigma$ bezeichnen wollen. Eine Menge E ist offenbar genau dann beschränkt in $\mathbf{X}_\sigma$, wenn sie in $\mathbf{X}$ schwach beschränkt ist. Nach Satz 3 folgt also aus der Beschränktheit einer Menge in $\mathbf{X}_\sigma$ ihre Beschränktheit in $\mathbf{X}$. Wir wissen aber, daß auch die Umkehrung gilt: Eine in $\mathbf{X}$ beschränkte Menge ist schwach beschränkt, also beschränkt in $\mathbf{X}_\sigma$. Die beschränkten Mengen in $\mathbf{X}$ und $\mathbf{X}_\sigma$ fallen deshalb zusammen, während die Räume $\mathbf{X}$ und $\mathbf{X}_\sigma$ i. a. voneinander verschieden sind. Letzteres ist z. B. der Fall, wenn $\mathbf{X}$ ein unendlichdimensionaler normierter Raum ist. Dann gibt es in $\mathbf{X}_\sigma$ keine beschränkte Umgebung, also ist $\mathbf{X}_\sigma$ nicht normierbar (s. Satz 4).

Ein lokalkonvexer Raum $\mathbf{X}$ heißt *bornologisch*, wenn man in ihm keine stärkere lokalkonvexe Topologie einführen kann, deren beschränkte Mengen mit den beschränkten Mengen in $\mathbf{X}$ (bzgl. der gegebenen Topologie) zusammenfallen. Der Raum $\mathbf{X}$ ist genau dann bornologisch, wenn jede konvexe Menge, die alle beschränkten Mengen absorbiert, Nullumgebung ist. Gibt es nämlich eine konvexe Menge V mit der angegebenen Eigenschaft, die nicht Nullumgebung ist, so fügen wir die Menge $V \cap (-V)$ zu einem beliebigen erzeugenden System $\mathfrak{B}_0$ von Nullumgebungen hinzu. Dadurch erhalten wir in $\mathbf{X}$ eine stärkere Topologie mit dem gleichen System $\mathfrak{B}$ beschränkter Mengen wie die Ausgangstopologie. Ist umgekehrt der Raum $\mathbf{X}$ nicht bornologisch, so können wir in ihm eine stärkere lokalkonvexe Topologie mit dem gleichen System der beschränkten Mengen einführen. Mit anderen Worten, wir können eine konvexe Menge V angeben, die jede beschränkte Menge absorbiert und nicht Nullumgebung der Ausgangstopologie ist.

Es sei $\mathbf{X}$ wieder ein lokalkonvexer Raum. Mit $\mathbf{X}_b$ bezeichnen wir denjenigen lokalkonvexen Raum, der aus den gleichen Elementen wie $\mathbf{X}$ besteht und dessen Topologie durch folgendes Fundamentalsystem $\mathfrak{B}_b$ von Nullumgebungen bestimmt wird: $\mathfrak{B}_b$ enthält alle konvexen Mengen, die jede in $\mathbf{X}$ beschränkte Menge absorbieren und nur diese. Offensichtlich ist $\mathbf{X}_b$ ein bornologischer Raum mit den gleichen beschränkten Mengen wie $\mathbf{X}$.

Satz 6 (2.XI). *Jeder abzählbar normierbare Raum* $\mathbf{X}$ *ist bornologisch.*

Beweis. Es sei $\{V_n\}$ ein erzeugendes System von Nullumgebungen in $\mathbf{X}$. Wir können annehmen, daß $V_1 \supset V_2 \supset \dots \supset V_n \supset \dots$ gilt. Das bedeutet für die zugehörigen Halbnormen

$$\|x\|_1 \leqq \|x\|_2 \leqq \cdots \leqq \|x\|_n \leqq \cdots \quad (x \in \mathbf{X}) . \tag{15}$$

Bezeichnet weiter V eine konvexe Menge, die jede beschränkte Menge in $\mathbf{X}$ absorbiert, so hat das Funktional p_V folgende Eigenschaft: Für jede beschränkte Menge E gilt

$$\sup_{x \in E} p_V(x) < \infty . \tag{16}$$

Angenommen, V sei keine Nullumgebung in $\mathbf{X}$. Das bedeutet, daß V keine der Mengen λV_n ($n = 1, 2, \dots$; $\lambda > 0$) enthält. Aus jeder Menge $\lambda V_n \setminus V$ können wir deshalb ein Element $x_{n,\lambda}$ auswählen. Für $x_{n,\lambda}$ gelten die Ungleichungen

$$\|x_{n,\lambda}\|_n \leqq \lambda, \quad p_V(x_{n,\lambda}) \geqq 1 ,$$

Wir setzen $x_n = n\, x_{n,\frac{1}{n}}$ ($n = 1, 2, \dots$) und $E = \{x_n\}$. Dann folgt einerseits aus (15) für $n \geqq m$

$$\|x_n\|_m \leqq \|x_n\|_n = n \left\| x_{n,\frac{1}{n}} \right\|_n \leqq n \cdot \frac{1}{n} = 1 ,$$

also ist die Menge E beschränkt (siehe Abschnitt 2.3). Andererseits gilt aber

$$p_V(x_n) = n\, p_V\left(x_{n,\frac{1}{n}}\right) \geqq n \qquad (n = 1, 2, \ldots),$$

was der Beziehung (16) widerspricht.

Von den in Abschnitt XI.1.4 betrachteten konkreten Räumen sind nur $\mathbf{s}_T$ und $\mathbf{s}_T^*$ nicht abzählbar-normierbar. Der Raum $\mathbf{s}_T^*$ ist aber offensichtlich bornologisch, da in ihm jede konvexe absorbierende Menge Nullumgebung ist. Ob hingegen der Raum $\mathbf{s}_T$ im allgemeinen Fall bornologisch ist, ist bis heute ungeklärt.

2.8. Bornologische Räume lassen sich auch dadurch charakterisieren, daß in ihnen die Begriffe beschränkter Operator und linearer Operator zusammenfallen.

Satz 7 (2.XI). *Es sei* $\mathbf{X}$ *ein lokalkonvexer Raum. Genau dann ist jeder beschränkte Operator, der* $\mathbf{X}$ *in einen lokalkonvexen Raum abbildet, linear, wenn* $\mathbf{X}$ *bornologisch ist.*

Beweis. Mit U bezeichnen wir einen beschränkten Operator, der den bornologischen Raum $\mathbf{X}$ in den lokalkonvexen Raum $\mathbf{Y}$ abbildet. W sei eine beliebige Nullumgebung in $\mathbf{Y}$, $V = U^{-1}(W)$ deren Urbild. Dann absorbiert V jede beschränkte Menge E in $\mathbf{X}$. Deren Bild $G = U(E)$ ist nämlich in $\mathbf{Y}$ beschränkt, es gibt also ein $\lambda > 0$ mit $\lambda W \supset G$. Daraus folgt $E \subset U^{-1}(G) \subset \lambda U^{-1}(W) = \lambda V$. Der Raum $\mathbf{X}$ war als bornologisch vorausgesetzt, deshalb ist die konvexe Menge V Nullumgebung in $\mathbf{X}$, also U ein linearer Operator.

Es sei jetzt umgekehrt jeder beschränkte Operator, der $\mathbf{X}$ in einen lokalkonvexen Raum abbildet, linear. Wir setzen $\mathbf{Y} = \mathbf{X}_b$ und verstehen unter U denjenigen Operator, der einem Element $x \in \mathbf{X}$ dasselbe Element im Raum $\mathbf{Y}$ zuordnet. Da die beschränkten Mengen von $\mathbf{X}$ und $\mathbf{Y}$ zusammenfallen, ist der Operator U beschränkt, also auch stetig, d. h., die Topologie von $\mathbf{Y}$ ist nicht stärker als die Topologie von $\mathbf{X}$. Andererseits ist aber die Topologie des Raumes $\mathbf{Y}$ die stärkste unter allen lokalkonvexen Topologien, deren beschränkte Mengen mit den beschränkten Mengen von $\mathbf{X}$ übereinstimmen. Aus diesen beiden Tatsachen folgt $\mathbf{X} = \mathbf{Y}$, d. h., auch der Raum $\mathbf{X}$ ist bornologisch.

Jetzt können wir ohne Schwierigkeit noch den folgenden Satz beweisen.

Satz 8 (2.XI). *Ist ein additiver und homogener Operator* U, *der den bornologischen Raum* $\mathbf{X}$ *in den lokalkonvexen Raum* $\mathbf{Y}$ *abbildet, abzählbar-stetig*[1]), *d. h., gilt für jede Folge* $\{x_n\} \subset \mathbf{X}$ *mit* $x_n \to 0$ *auch* $U(x_n) \to 0$, *so ist* U *linear.*

Beweis. Wir zeigen, daß unter diesen Bedingungen ein abzählbar-stetiger Operator U beschränkt ist. E bezeichne eine in $\mathbf{X}$ beschränkte Menge und $G = U(E)$ deren Bild. Zum Nachweis der Beschränktheit von G benutzen wir Satz 2 (1.XI). Es sei $\{y_n\} \subset G$, $y_n = U(x_n)$. ($x_n \in E$, $n = 1, 2, \ldots$) und $\{\lambda_n\}$ eine Nullfolge. Aus $\lambda_n x_n \to 0$ ergibt sich wegen der Abzählbar-Stetigkeit des Operators U die Beziehung $\lambda_n y_n = U(\lambda_n x_n) \to 0$, womit die Beschränktheit von G gezeigt ist. Die Behauptung folgt schließlich durch Anwendung von Satz 7.

§ 3. Dualität

In diesem Paragraphen untersuchen wir die Beziehungen zwischen einem gegebenen lokalkonvexen Raum und dem Raum der auf ihm definierten linearen Funktionale. Alle betrachteten Räume werden als reell und separiert vorausgesetzt.

3.1. Es sei $\mathbf{X}$ eine lineare Menge. $\mathbf{X}^0$ bezeichne die in natürlicher Weise linearisierte Menge aller additiven und homogenen Funktionale auf $\mathbf{X}$. Wir wählen eine totale lineare Menge $\mathbf{X}' \subset \mathbf{X}^0$ aus.[2])

---

[1]) Dafür verwendet man auch die Bezeichnung *folgenstetig*.

[2]) Die Menge $\mathbf{X}'$ heißt *total* in $\mathbf{X}$, wenn aus $f(x) = 0$ für alle $f \in \mathbf{X}'$ stets $x = 0$ folgt.

Dann genügt die Gesamtheit aller Mengen der Form $f^{-1}([-1, 1])$ ($f \in \mathbf{X}'$) den Voraussetzungen von Satz 1 (2.XI), bildet also ein erzeugendes System von Nullumgebungen für eine Topologie auf $\mathbf{X}$; diese heißt die *durch die Menge* $\mathbf{X}'$ *erzeugte schwache Topologie* von $\mathbf{X}$ und wird mit $\sigma(\mathbf{X}, \mathbf{X}')$ bezeichnet. Für den zugehörigen lokalkonvexen Raum schreiben wir $[\mathbf{X}, \sigma(\mathbf{X}, \mathbf{X}')]$ oder kürzer $[\mathbf{X}, \sigma]$. [1])

Jedes Element $x \in \mathbf{X}$ kann man andererseits als additives und homogenes Funktional auf $\mathbf{X}'$ ansehen:

$$x(f) = f(x) \qquad (f \in \mathbf{X}').$$

Die Menge der Funktionale dieser Art ist in $\mathbf{X}'$ total. Es spielt also $\mathbf{X}$ bezüglich $\mathbf{X}'$ die gleiche Rolle wie $\mathbf{X}'$ bezüglich $\mathbf{X}$. Deshalb heißt der lokalkonvexe Raum $[\mathbf{X}', \sigma(\mathbf{X}', \mathbf{X})]$ (topologisch-)*dual* zum Raum $[\mathbf{X}, \sigma(\mathbf{X}, \mathbf{X}')]$.

Eine sehr wichtige Aussage der allgemeinen Theorie der Dualität linearer Räume ist im folgenden Satz enthalten.

Satz 1 (3.XI). *Die Menge aller linearen Funktionale des Raumes* $[\mathbf{X}, \sigma]$ *fällt mit* $\mathbf{X}'$ *zusammen.*

Beweis. Aus der Definition der schwachen Topologie $\sigma(\mathbf{X}, \mathbf{X}')$ folgt unmittelbar, daß jedes $f \in \mathbf{X}'$ ein lineares Funktional auf dem Raum $[\mathbf{X}, \sigma]$ ist.

Es sei umgekehrt f ein lineares Funktional auf dem Raum $[\mathbf{X}, \sigma]$. Die Menge $V = f^{-1}([-1, 1])$ bildet dann eine Nullumgebung in $[\mathbf{X}, \sigma]$, d. h., es gibt Funktionale $f_1, f_2, \ldots, f_n \in \mathbf{X}'$ und Zahlen $\lambda_1, \lambda_2, \ldots, \lambda_n > 0$, so daß

$$V \supset \bigcap_{k=1}^{n} \lambda_k V_k \quad (V_k = f_k^{-1}([-1, 1]), \quad k = 1, 2, \ldots, n) \tag{1}$$

gilt. Dabei können wir noch voraussetzen, daß die Funktionale $f_1, f_2, \ldots, f_n$ linear unabhängig sind. Ist nämlich z. B. f_n eine Linearkombination der übrigen Funktionale,

$$f_n = \sum_{j=1}^{m} \alpha_j f_{k_j} \quad (\alpha_j \neq 0, \; k_j \neq n, \quad j = 1, 2, \ldots, m),$$

so folgt

$$V_n \supset \bigcap_{j=1}^{m} \frac{1}{|\alpha_j|\, m} V_{k_j},$$

man kann also bei der Durchschnittsbildung in (1) auf den Faktor mit V_n verzichten.

Nach Satz 3 (1.V) existiert weiter in $\mathbf{X}$ ein System von Elementen $x_1, x_2, \ldots, x_n \in \mathbf{X}$, das zum System der Funktionale $f_1, f_2, \ldots, f_n$ biorthogonal ist:

$$f_j(x_k) = \begin{cases} 0, & j \neq k \\ 1, & j = k \end{cases} \qquad (j, k = 1, 2, \ldots, n).$$

Jedes $x \in \mathbf{X}$ läßt sich dann in der Form

$$x = \sum_{k=1}^{n} \alpha_k x_k + x' \tag{2}$$

mit

$$\alpha_k = f_k(x), \quad f_k(x') = 0 \quad (k = 1, 2, \ldots, n) \tag{3}$$

darstellen. Wenden wir auf beide Seiten von (2) das Funktional f an, so ergibt sich die Beziehung

$$f(x) = \sum_{k=1}^{n} \beta_k f_k(x) + f(x') \quad (\beta_k = f(x_k), \quad k = 1, 2, \ldots, n). \tag{4}$$

---

[1]) Diese vielleicht kompliziert erscheinenden Bezeichnungen sind erforderlich, weil wir im vorliegenden Paragraphen eine und dieselbe Menge $\mathbf{X}$ mit verschiedenen Topologien versehen werden.

Dabei ist $f(x') = 0$, anderenfalls würde nämlich für hinreichend großes $\alpha > 0$ die Ungleichung $|f(\alpha x')| > 1$, d. h. $\alpha x' \notin V$ gelten. Es gäbe folglich wegen (1) einen Index k mit $\alpha x' \notin \lambda_k V_k$, das widerspricht der zweiten Gleichung von (3).

Aus der Relation (4) folgt somit $f = \sum_{k=1}^{n} \beta_k f_k$. Wegen $f_k \in \mathbf{X}'$ $(k = 1, 2, \ldots, n)$ gehört demnach auch f zu $\mathbf{X}'$, was zu zeigen war.

Bemerkung. Bezeichnet $\widetilde{\mathbf{X}}$ eine echte Teilmenge von $\mathbf{X}'$, die noch in $\mathbf{X}$ total ist, so folgt aus Satz 1, daß die Topologie $\sigma(\mathbf{X}, \widetilde{\mathbf{X}})$ schwächer ist als die Topologie $\sigma(\mathbf{X}, \mathbf{X}')$ und nicht mit ihr zusammenfällt. In diesem Sinne bestimmt die schwache Topologie $\sigma(\mathbf{X}, \mathbf{X}')$ die Menge $\mathbf{X}'$ eindeutig.

3.2. Die folgende Konstruktion stellt einen Zusammenhang zwischen Teilmengen von $\mathbf{X}$ und Teilmengen von $\mathbf{X}'$ her.

Ist E eine Teilmenge von $\mathbf{X}$, so bezeichnen wir mit $\pi(E)$ die Gesamtheit aller Funktionale $f \in \mathbf{X}'$, für die $f(E) \subset [-1, 1]$ gilt. Die Menge $\pi(E)$ heißt die *Polare* von E. Ganz entsprechend kann man auch von der Polaren $\pi(E')$ einer Menge $E' \subset \mathbf{X}'$ sprechen und hat darunter die Gesamtheit aller $x \in \mathbf{X}$ mit $|f(x)| \leqq 1$ $(f \in E')$ zu verstehen.

Es sei $E' \subset \mathbf{X}'$. Dann ist die Polare $\pi(E')$ offensichtlich eine konvexe und symmetrische Menge in $\mathbf{X}$. Wir zeigen, daß $\pi(E')$ im Raum $[\mathbf{X}, \sigma]$ abgeschlossen ist. Gehört ein Element x_0 nicht zu $\pi(E')$, so gibt es ein Funktional $f_0 \in E'$ mit $|f_0(x_0)| > 1$. Für $0 < \eta < |f_0(x_0)| - 1$ bildet die Menge $V = f_0^{-1}([-\eta, \eta])$ eine Nullumgebung im Raum $[\mathbf{X}, \sigma]$. Dann ist der Durchschnitt $(x_0 + V) \cap \pi(E')$ leer, denn für $x = x_0 + x'$ $(x' \in V)$ gilt

$$|f_0(x)| \geqq |f_0(x_0)| - |f_0(x')| \geqq |f_0(x_0)| - \eta > 1 .$$

Satz 2 (3.XI). *Eine Menge $E \subset \mathbf{X}$ ist genau dann die Polare einer Menge $E' \subset \mathbf{X}'$, wenn E konvex, symmetrisch und in $[\mathbf{X}, \sigma]$ abgeschlossen ist.*

Beweis. Daß die Polare einer Menge $E' \subset \mathbf{X}'$ konvex, symmetrisch und in $[\mathbf{X}, \sigma]$ abgeschlossen ist, wissen wir bereits.

Es sei umgekehrt E eine konvexe, symmetrische und in $[\mathbf{X}, \sigma]$ abgeschlossene Teilmenge von $\mathbf{X}$. Wir setzen $E' = \pi(E)$. Dann gilt offensichtlich $E \subset \pi(E')$. Ist $x_0 \notin E$, so gibt es nach Satz 5 (2.XI) ein lineares Funktional f im Raum $[\mathbf{X}, \sigma]$ mit $f(E) \subset (-\infty, 1]$ und

$$f(x_0) > 1 . \tag{5}$$

Wegen Satz 1 gehört f zum Raum $\mathbf{X}'$. Da E eine symmetrische Menge ist, gilt weiter $f(E) \subset [-1, 1]$, denn wäre für ein $x \in E$ die Ungleichung $f(x) < -1$ erfüllt, so würde $f(-x) > 1$ folgen, was wegen $-x \in E$ nicht sein kann.

Damit haben wir gezeigt, daß das Funktional f zur Menge E' gehört. Aus (5) folgt also $x_0 \notin \pi(E')$, d. h., es gilt auch $E \supset \pi(E')$, und der Satz ist bewiesen.

Folgerung. *Für jedes $E \subset \mathbf{X}$ ist die Menge $\pi^2(E) = \pi(\pi(E))$ die kleinste konvexe, symmetrische und in $[\mathbf{X}, \sigma]$ abgeschlossene Menge, die E enthält.*

Wir erwähnen noch einige einfache Eigenschaften der Polaren.

I. Aus $E_1 \subset E_2$ folgt $\pi(E_1) \supset \pi(E_2)$.

II. $\pi(\lambda E) = \frac{1}{\lambda}\pi(E)$ $(\lambda \neq 0)$.

III. $\pi\left(\bigcup_{\xi \in \Xi} E_\xi\right) = \bigcap_{\xi \in \Xi} \pi(E_\xi)$.

IV. Ist E eine lineare Menge in $\mathbf{X}$, so fällt $\pi(E)$ mit der Menge derjenigen Funktionale $f \in \mathbf{X}'$ zusammen, die auf E verschwinden.

Die Aussage IV wird z. B. folgendermaßen bewiesen. Gäbe es zu einem $f \in \pi(E)$ ein Element $x \in E$ mit $f(x) \neq 0$, so fänden wir ein $\alpha > 0$, für das $|f(\alpha x)| > 1$ gelten würde. Wegen $\alpha x \in E$ muß aber $|f(\alpha x)| \leqq 1$ sein.

Bemerkung. Da die Räume $\mathbf{X}$ und $\mathbf{X}'$ in unseren Betrachtungen vollkommen gleichberechtigt sind, gilt das in diesem Abschnitt über Teilmengen von $\mathbf{X}$ Gesagte auch für Teilmengen von $\mathbf{X}'$ und umgekehrt. Diese Bemerkung bezieht sich auch auf das Folgende.

3.3. Die Eigenschaften einer Menge E und ihrer Polaren $\pi(E)$ stehen in engem Zusammenhang.

Satz 3 (3.XI). *Die Beschränktheit einer Menge $E \subset \mathbf{X}$ im Raum $[\mathbf{X}, \sigma]$ ist notwendig und hinreichend dafür, daß ihre Polare $\pi(E)$ in $\mathbf{X}'$ absorbierend ist.*

Beweis. Notwendig. Wir betrachten eine Nullumgebung V im Raum $[\mathbf{X}, \sigma]$, von der wir annehmen können, daß $V = f^{-1}([-1, 1])$ mit einem geeigneten linearen Funktional f gilt. V ist die Polare derjenigen Menge, die aus dem einzigen Funktional f besteht: $V = \pi(f)$. Da $\pi(E)$ absorbierend ist, gehört für hinreichend kleines $\lambda > 0$ das Element λf zu $\pi(E)$. Durch Übergang zu den Polaren folgt hieraus

$$\frac{1}{\lambda} V = \frac{1}{\lambda} \pi(f) = \pi(\lambda f) \supset \pi^2(E) .$$

Diese Beziehung zeigt, daß die Menge $\pi^2(E)$ beschränkt ist, also gilt dasselbe erst recht für $E \subset \pi^2(E)$.

Hinreichend. Es sei $f \in \mathbf{X}'$. Wir betrachten die Umgebung $V = f^{-1}([-1, 1])$. Da $E \subset \mathbf{X}$ eine beschränkte Menge ist, gibt es ein $\lambda > 0$ mit $\lambda E \subset V$. Für die zugehörigen Polaren folgt hieraus

$$\frac{1}{\lambda} \pi(E) = \pi(\lambda E) \supset \pi(V) .$$

Wegen $f \in \pi(V)$ gehört also λf zu $\pi(E)$, d. h., die Menge $\pi(E)$ ist absorbierend.

3.4. Es sei $\mathbf{X}$ ein lokalkonvexer Raum. Die Topologie des Raumes $\mathbf{X}$ bezeichnen wir mit τ und verstehen unter $\mathbf{X}'$ die Gesamtheit aller linearen Funktionale im Raum $\mathbf{X}$. $\mathbf{X}'$ heißt der (topologisch) duale Raum — oder kurz der „Dual" — zu X. Da die schwache Topologie $\sigma(\mathbf{X}, \mathbf{X}')$ schwächer ist als die Topologie τ, ist jede schwach abgeschlossene Menge, d. h. jede im Raum $[\mathbf{X}, \sigma]$ abgeschlossene Menge, auch in $\mathbf{X}$ abgeschlossen. Die umgekehrte Aussage gilt i. a. jedoch nicht. Wir beweisen in dieser Richtung aber den

Satz 4 (3.XI). *Eine im Raum $\mathbf{X}$ abgeschlossene konvexe Menge C ist auch schwach abgeschlossen.*

Beweis. Ohne Einschränkung der Allgemeinheit setzen wir voraus, daß das Nullelement 0 zu C gehört. Es sei $x_0 \notin C$. Dann gibt es auf Grund von Satz 5 (2.XI) ein Funktional $f \in \mathbf{X}'$ mit $f(C) \subset (-\infty, 1]$ und $f(x_0) > 1$. Wählen wir ein positives $\eta < f(x_0) - 1$ und setzen $V = f^{-1}([-\eta, \eta])$, so folgt $x \in x_0 + V$

$$f(x) \in f(x_0) + f(V) = [f(x_0) - \eta, \quad f(x_0) + \eta] .$$

Wegen $f(x_0) - \eta > 1$ enthalten die Mengen C und $x_0 + V$ keine gemeinsamen Elemente; $x_0 + V$ ist aber Umgebung des Punktes x_0 im Raum $[\mathbf{X}, \sigma]$.

Bemerkung. Da die schwache Beschränktheit (siehe Abschnitt XI.2.3) einer Menge $E \subset \mathbf{X}$ ihre Beschränktheit im Raum $[\mathbf{X}, \sigma]$ bedeutet, kann man Satz 3 (2.XI) auch folgendermaßen formulieren: Die beschränkten Mengen in den Räumen $\mathbf{X}$ und $[\mathbf{X}, \sigma]$ stimmen überein.

Wir untersuchen jetzt verschiedene Möglichkeiten der Topologisierung der Menge $\mathbf{X}'$. Da durch die Polarenbildung eine Zuordnung zwischen Mengen aus $\mathbf{X}$ und $\mathbf{X}'$ hergestellt wird, ist es zweckmäßig, hierfür die Polaren heranzuziehen. Als erzeugendes System von Nullumgebungen in $\mathbf{X}'$ wählen wir die Gesamtheit der Polaren einer Familie von Teilmengen des Raumes $\mathbf{X}$. Damit dieses System den Bedingungen von Satz 1 (2.XI) genügt, ist es wegen Satz 3 notwendig, die Beschränktheit der in $\mathbf{X}$ ausgewählten Mengen zu fordern. Genauer gesagt betrachten wir eine beliebige Familie $\mathfrak{B}_0$ in $\mathbf{X}$ (oder, was auf dasselbe hinausläuft, in $[\mathbf{X}, \sigma]$) beschränkter Mengen und bezeichnen mit $\pi(\mathfrak{B}_0)$ die Gesamtheit der Polaren der Mengen aus $\mathfrak{B}_0$. Das System $\pi(\mathfrak{B}_0)$ genügt dann allen Bedingungen von Satz 1 (2.XI), erzeugt also in $\mathbf{X}'$ eine lokalkonvexe Topologie $\tau'(\mathfrak{B}_0)$.

Der Raum $[\mathbf{X}', \tau'(\mathfrak{B}_0)]$ ist genau dann separiert, wenn die Vereinigung B aller Mengen des Systems $\mathfrak{B}_0$ *fundamental* ist (siehe Abschnitt IV.2.4), d. h., wenn jedes auf B verschwindende lineare Funktional f auf ganz $\mathbf{X}$ verschwindet. Existiert nämlich ein lineares Funktional $f_0 \neq 0$ mit $f_0(x) = 0$ für jedes $x \in B$, dann verschwindet f_0 erst recht auf jeder der Mengen $E \in \mathfrak{B}_0$. Daraus folgt $f_0 \in \lambda\, \pi(E)$ für beliebiges $\lambda \neq 0$, d. h., der Raum $[\mathbf{X}', \tau'(\mathfrak{B}_0)]$ ist nicht separiert. Erfüllt umgekehrt das System $\mathfrak{B}_0$ die angegebene Bedingung, dann gibt es zu jedem Funktional $f \neq 0$ eine Menge $E_0 \in \mathfrak{B}_0$ und einen Punkt $x_0 \in E_0$ mit $|f(x_0)| = \lambda_0 > 0$. Also gehört f für $0 < \lambda < \lambda_0$ nicht zur Menge $\lambda\pi(E_0)$, daraus folgt die Separiertheit des Raumes $[\mathbf{X}', \tau'(\mathfrak{B}_0)]$.

Wenn wir in Zukunft von einer Topologie in $\mathbf{X}'$ sprechen, so setzen wir von ihr voraus, daß sie $\mathbf{X}'$ zu einem separierten Raum macht.

Unter allen auf die angegebene Weise in $\mathbf{X}'$ definierbaren Topologien heben wir zwei Grenzfälle besonders hervor. Erstens kann man für $\mathfrak{B}_0$ sämtliche einpunktigen Mengen nehmen. Dann gilt $\tau'(\mathfrak{B}_0) = \sigma(\mathbf{X}', \mathbf{X})$, d. h., es ergibt sich die schwache Topologie. Im anderen Fall, wo $\mathfrak{B}_0$ gleich dem System $\mathfrak{B}$ aller beschränkten Mengen ist, nennen wir die zugehörige Topologie $\tau'(\mathfrak{B})$ dann die *starke Topologie*. Den Raum $[\mathbf{X}', \tau'(\mathfrak{B})]$ bezeichnen wir einfach mit $\mathbf{X}^*$ und nennen ihn den zu $\mathbf{X}$ *stark-dualen* Raum. Zur Bezeichnung der Topologie des Raumes $\mathbf{X}^*$ benutzen wir mitunter auch das Symbol $\tau^*(\mathbf{X}', \mathbf{X})$ oder einfach τ^*.

Schließlich sei noch erwähnt, daß das System $\pi(\mathfrak{B})$ nicht nur ein erzeugendes System, sondern sogar ein Fundamentalsystem von Nullumgebungen im Raum $\mathbf{X}^*$ bildet.

Für einen normierten Raum $\mathbf{X}$ stimmt die Topologie von $\mathbf{X}^*$ mit der durch die Norm

$$||f|| = \sup_{||x|| \leq 1} |f(x)| \qquad (f \in \mathbf{X}')$$

definierten Topologie überein.

Es sei $G \subset \mathbf{X}'$ und V eine Nullumgebung im Raum $\mathbf{X}$. Die Inklusion $G \subset \pi(V)$ besagt, daß $V \subset f^{-1}([-1, 1])$ für jedes $f \in G$ gilt, m. a. W., zum Nachweis der Stetigkeit aller linearen Funktionale aus G kann man eine und dieselbe Nullumgebung benutzen. Deshalb heißt eine Teilmenge aus $\mathbf{X}'$ die in der Polaren zu irgendeiner Nullumgebung von Raum $\mathbf{X}$ enthalten ist, *gleichgradig stetig*.

Jede gleichgradig stetige Menge ist beschränkt in $\mathbf{X}^*$. Gilt nämlich $G \subset \pi(V)$ und ist $V^* = \pi(E)$ (E — beschränkt in $\mathbf{X}$) irgendeine Nullumgebung im Raum $\mathbf{X}^*$, so erhalten wir aus der für geeignetes $\lambda > 0$ gültigen Beziehung $V \supset \lambda E$ (eine beschränkte Menge wird von jeder Nullumgebung absorbiert) durch Übergang zu den Polaren

$$\pi(V) \subset \frac{1}{\lambda}\, \pi(E)$$

d. h., $\pi(V)$ und deshalb erst recht G sind in $\mathbf{X}^*$ beschränkt.

Eine in $\mathbf{X}^*$ beschränkte Menge muß nicht notwendig gleichgradig stetig sein.[1]) Ist der Raum $\mathbf{X}$ jedoch bornologisch, so ist jede in $\mathbf{X}^*$ beschränkte Menge G gleichgradig stetig. Aus einfachen Überlegungen folgt nämlich zunächst, daß die Polare $\pi(G)$ jede in $\mathbf{X}$ beschränkte Menge absorbiert (man beachte die Definition der Topologie τ^* von $\mathbf{X}^*$). Da $\pi(G)$ außerdem konvex ist, bildet also $\pi(G)$ im bornologischen Raum $\mathbf{X}$ eine Nullumgebung, und für $V = \pi(G)$ ergibt sich die Beziehung $G \subset \pi(V)$.

---

[1]) Es sei z. B. $\mathbf{X}_0$ ein unendlichdimensionaler normierter Raum. Wir setzen $\mathbf{X} = [\mathbf{X}_0, \sigma(\mathbf{X}_0, \mathbf{X}_0^*)]$. Jede gleichgradig stetige Menge in $\mathbf{X}^*$ ist dann notwendig endlichdimensional (man beachte hierzu Satz 2 (2.II)); es gibt aber wegen $\mathbf{X}^* = \mathbf{X}_0^*$ in $\mathbf{X}^*$ beschränkte unendlichdimensionale Mengen.

3.5. Eine andere wichtige Klasse von Räumen, für welche die gleichgradig stetigen und die beschränkten Mengen im dualen Raum zusammenfallen, bilden die sogenannten tonnelierten Räume.

Ein lokalkonvexer Raum heißt *tonneliert* (oder kurz ein *t-Raum*), wenn in ihm jede *Quasinullumgebung* Nullumgebung ist. Unter einer Quasinullumgebung verstehen wir dabei eine abgeschlossene konvexe absorbierende Menge.

Für tonnelierte Räume gilt ein Satz, der als Spezialfall die erwähnte Äquivalenz der gleichgradig stetigen und der beschränkten Mengen enthält. Wir betrachten lokalkonvexe Räume $\mathbf{X}$ und $\mathbf{Y}$ und ein System $\mathfrak{U} = \{U_\xi\}$ $(\xi \in \Xi)$ linearer Operatoren, die $\mathbf{X}$ in $\mathbf{Y}$ abbilden. Das System $\mathfrak{U}$ heißt *punktweise beschränkt*, wenn für jedes $x \in \mathbf{X}$ die Menge $\mathfrak{U}(x) = \{U_\xi(x)\}$ $(\xi \in \Xi)$ in $\mathbf{Y}$ beschränkt ist; $\mathfrak{U}$ heißt *gleichgradig stetig*, wenn man zu jeder Nullumgebung W im Raum $\mathbf{Y}$ eine Nullumgebung V im Raum $\mathbf{X}$ derart finden kann, daß für alle $\xi \in \Xi$

$$U_\xi(V) \subset W$$

gilt.

Satz 5 (3.XI). *Ist der Raum $\mathbf{X}$ tonneliert, so ist jedes punktweise beschränkte System $\mathfrak{U}$ gleichgradig stetig.*

Beweis. Wir betrachten eine beliebige konvexe abgeschlossene Nullumgebung W im Raum $\mathbf{Y}$ und setzen $V_\xi = U_\xi^{-1}(W)$ und $V = \bigcap_{\xi \in \Xi} V_\xi$. Um zu sehen, daß V eine Quasinullumgebung ist, ist es nur weniger offensichtlich zu erkennen, daß V eine absorbierende Menge ist. Es sei $x \in \mathbf{X}$. Dann ist nach Voraussetzung die Menge $\mathfrak{U}(x)$ beschränkt, folglich gibt es ein $\lambda > 0$ mit $\mathfrak{U}(\lambda x) = \lambda\, \mathfrak{U}(x) \subset W$. Also gilt erst recht $\lambda x \in U_\xi^{-1}(\mathfrak{U}(x)) \subset V_\xi$ für jedes $\xi \in \Xi$. Daraus folgt $\lambda x \in V$. Deshalb bildet V eine Quasinullumgebung und damit auch eine Nullumgebung. Aus der Definition von V ergibt sich nun unmittelbar die gewünschte Inklusion $U_\xi(V) \subset W$ $(\xi \in \Xi)$.

Bemerkung 1. Sind die Elemente der Menge $\mathfrak{U} = G$ Funktionale, so bedeutet die punktweise Beschränktheit der Menge G ihre Beschränktheit im Raum $[\mathbf{X}', \sigma(\mathbf{X}', \mathbf{X})]$, d. h. ihre schwache Beschränktheit. Da die Topologie $\tau^*(\mathbf{X}', \mathbf{X})$ offensichtlich stärker ist als die Topologie $\sigma(\mathbf{X}', \mathbf{X})$, ist jede in $\mathbf{X}^*$ beschränkte Menge schwach beschränkt. Folglich fallen nach dem letzten Satz für einen tonnelierten Raum $\mathbf{X}$ die Begriffe schwach beschränkte Menge, in $\mathbf{X}^*$ beschränkte Menge und gleichgradig stetige Menge zusammen.

Man beachte, daß für eine schwach beschränkte Menge ihre Beschränktheit in $\mathbf{X}^*$ keinesfalls eine triviale Folgerung ist, wie das auf den ersten Blick scheinen mag; vgl. hierzu Satz 3 (2.XI). In dem genannten Satz wurde nur bewiesen, daß eine im Raum $[\mathbf{X}^*, \sigma(\mathbf{X}^*, \mathbf{X}^{*\prime})]$ beschränkte Menge in $\mathbf{X}^*$ beschränkt ist. Unter den linearen Funktionalen in $\mathbf{X}^*$ können jedoch auch solche vorkommen, die sich nicht mit Elementen aus $\mathbf{X}$ identifizieren lassen. Die Topologie $\sigma(\mathbf{X}^*, \mathbf{X}^{*\prime})$ ist also i. a. stärker als die Topologie $\sigma(\mathbf{X}^*, \mathbf{X})$.

Wir betrachten hierzu das folgende einfache Beispiel. $\mathbf{l}_0$ sei die Menge aller Zahlenfolgen mit nur endlich vielen von Null verschiedenen Gliedern. Bezüglich der Norm

$$\|x\| = \sum_{k=1}^{\infty} |\xi_k| \qquad (x = \{\xi_k\} \in \mathbf{l}_0)$$

bildet die Menge $\mathbf{l}_0$ einen normierten Raum. Die Vervollständigung von $\mathbf{l}_0$ ist der Raum $\mathbf{l}$, also gilt $\mathbf{l}_0^* = \mathbf{l}^* = \mathbf{m}$ (siehe Abschnitt VI.1.2). Wir setzen $f_k = \{\eta_n^{(k)}\}$ mit

$$\eta_n^{(k)} = \begin{cases} k\,, & n = k \\ 0\,, & n \neq k \end{cases} \qquad (n, k = 1, 2, \ldots)\,.$$

Dann folgt für beliebiges $x = \{\xi_n\} \in \mathbf{l}_0$

$$f_k(x) = \sum_{n=1}^{\infty} \xi_n\, \eta_n^{(k)} = k\, \xi_k \qquad (k = 1, 2, \ldots)\,.$$

Für hinreichend großen Index k wird $\xi_k = 0$, also ist die Folge $\{f_k(x)\}$ beschränkt. Andererseits gilt aber $\|f_k\| = k$, so daß die Folge $\{f_k\}$ im Raum $\mathbf{l}_0^*$ nicht beschränkt ist.

Aus diesen Überlegungen ergibt sich u. a., daß $\mathbf{l}_0$ kein tonnelierter Raum ist.

Bemerkung 2. Die Tonneliertheit des Raumes $\mathbf{X}$ ist auch eine notwendige Bedingung dafür, daß die schwach beschränkten und die gleichgradig stetigen Mengen von Funktionalen zusammenfallen. Um das zu zeigen, setzen wir also voraus, daß jede schwach beschränkte Teilmenge G von $\mathbf{X}'$ gleichgradig stetig sei, und betrachten im Raum $\mathbf{X}$ eine symmetrische Quasinullumgebung V. Die Menge $\pi(V) = G$ ist schwach beschränkt, denn zu jedem $x \in \mathbf{X}$ gibt es ein $\lambda > 0$ derart, daß λx zu V gehört, also $|f(x)| \leqq \frac{1}{\lambda}$ $(f \in \pi(V))$ ausfällt. Als schwach beschränkte Menge ist G gleichgradig stetig, d. h., es gilt $G \subset \pi(V_0)$ für eine gewisse Nullumgebung V_0 im Raum $\mathbf{X}$. Dann folgt

$$V = \pi^2(V) \supset \pi^2(V_0) \supset V_0 ,$$

also ist auch V Nullumgebung.

Eine unmittelbare Folgerung von Satz 5 ist der Satz von BANACH-STEINHAUS.

Satz 6 (3.XI). *Es sei $\{U_n\}$ eine Folge linearer Operatoren, die den tonneliertem Raum $\mathbf{X}$ in den lokalkonvexen Raum $\mathbf{Y}$ abbilden, und für jedes $x \in \mathbf{X}$ existiere der Grenzwert*

$$U(x) = \lim_{n\to\infty} U_n(x) .$$

Dann ist auch U ein linearer Operator.

Beweis. Die Additivität und die Homogenität des Operators U sind leicht zu sehen. Nach Voraussetzung ist die Folge $\{U_n\}$ punktweise beschränkt, also gemäß Satz 5 gleichgradig stetig. Wir wählen eine abgeschlossene Nullumgebung W im Raum $\mathbf{Y}$ und finden demnach zu dieser eine Nullumgebung V im Raum $\mathbf{X}$ derart, daß $U_n(V) \subset W$ für alle n gilt. Führen wir in der Beziehung

$$U_n(x) \in W \qquad (x \in V)$$

den Grenzübergang $n \to \infty$ durch, so ergibt sich $U(x) \in W$, also $U(V) \subset W$, womit die Stetigkeit des Operators U gezeigt ist.

3.6. Eine wichtige Klasse tonnelierter Räume gibt der folgende Satz an.

Satz 7 (3.XI). *Jeder lokalkonvexe Raum $\mathbf{X}$ von zweiter Kategorie ist tonneliert.*

Beweis. Es sei V_0 eine Quasinullumgebung im Raum $\mathbf{X}$. Wir können annehmen, daß V_0 sogar symmetrisch ist. Gehört zu V_0 (mindestens) ein innerer Punkt x_0, so gibt es eine symmetrische Nullumgebung V derart, daß $x_0 + V \subset V_0$ gilt. Dann enthält V_0 aber auch die Menge $-x_0 + V$. V_0 ist konvex, daraus folgt für beliebiges $x \in V$

$$x = \frac{1}{2}(x_0 + x) + \frac{1}{2}(-x_0 + x) \in \frac{1}{2} V_0 + \frac{1}{2} V_0 = V_0 ,$$

d. h. $V \subset V_0$, also bildet V_0 eine Nullumgebung.

Wir betrachten jetzt den Fall, daß V_0 keinen inneren Punkt enthält. Als abgeschlossene Menge liegt V_0 in $\mathbf{X}$ nirgendsdicht. Dann sind auch alle Mengen λV_0 $(\lambda > 0)$ nirgendsdicht. Da V_0 eine absorbierende Menge ist, gilt weiter $\mathbf{X} = \bigcup_{n=1}^{\infty} n V_0$, d. h., der Raum $\mathbf{X}$ läßt sich als Vereinigung einer Folge nirgendsdichter Mengen darstellen, m. a. W., $\mathbf{X}$ ist von erster Kategorie.

Da ein vollständiger metrischer Raum von zweiter Kategorie ist (Satz 1 (4.I)) ergibt sich aus Satz 7 unmittelbar die

Folgerung. *Jeder vollständige metrische lokalkonvexe Raum (F-Raum) ist tonneliert.*

Die Aussage von Satz 7 läßt sich nicht umkehren. In § 5 geben wir Beispiele vollständiger tonnelierter Räume von erster Kategorie.

3.7. Obwohl die Klassen der bornologischen und der tonnelierten Räume nicht zusammenfallen, sind sie doch eng miteinander verwandt. Der folgende Satz und ein Satz im nächsten Paragraphen stellen einen Zusammenhang zwischen beiden Raumtypen her.

Satz 8 (3.XI). *Jeder abzählbar-vollständige bornologische Raum ist tonneliert.*

Beweis. Wir setzen den Raum $\mathbf{X}_0$ als separiert voraus. Wir können es dem Leser überlassen, sich davon zu überzeugen, daß der allgemeine Fall durch Übergang zu einem Quotientenraum auf den hier behandelten zurückgeführt werden kann.

Zu einer beliebigen beschränkten Menge $E_0 \subset \mathbf{X}$ betrachten wir $E = \pi^2(E_0)$. Die Polare $\pi(E)$ bildet eine Nullumgebung im Raum $\mathbf{X}^*$.[1]) Nach Satz 3 folgt hieraus die Beschränktheit der Menge E. Außerdem ist E symmetrisch, konvex und abgeschlossen. Mit $\mathbf{X}_E$ bezeichnen wir die lineare Hülle von E. Wegen der angegebenen Eigenschaften von E gilt $\mathbf{X}_E = \bigcup_{n=1}^{\infty} n\,E$. In $\mathbf{X}_E$ betrachten wir einmal die durch die Topologie τ des Raumes $\mathbf{X}$ induzierte Topologie τ_0. Außerdem führen wir in $\mathbf{X}_E$ noch die Topologie ν_0 ein, deren erzeugendes System von Nullumgebungen aus der einzigen Menge E besteht. Man sieht leicht, daß dieses System den Bedingungen von Satz 1 (2.XI) genügt. Da E in $\mathbf{X}$ beschränkt ist, absorbiert jede beliebige Nullumgebung V in $\mathbf{X}$ die Menge E, d. h., für geeignetes $\lambda > 0$ gilt $V \supset \lambda\,E$, also erst recht $V \cap \mathbf{X}_E \supset \lambda\,E$. Daraus folgt, daß die Topologie τ_0 schwächer ist als die Topologie ν_0. Der Raum $[\mathbf{X}_E, \nu_0]$ ist also separiert, folglich nach dem Satz von Kolmogorow 4 (1.XI) sogar normierbar. Wir zeigen seine Vollständigkeit. $\{x_n\}$ sei eine in sich konvergente Folge aus $[\mathbf{X}_E, \nu_0]$. Wegen der Beziehung zwischen den Topologien τ_0 und ν_0 konvergiert die Folge $\{x_n\}$ auch im Raum $[\mathbf{X}_E, \tau_0]$ und damit erst recht im gegebenen Raum $\mathbf{X}$ in sich. Der Raum $\mathbf{X}$ ist nach Voraussetzung abzählbar-vollständig, also existiert in $\mathbf{X}$ der Grenzwert $x_0 = \lim_{n\to\infty} x_n$. Das Element x_0 gehört aber sogar zu $\mathbf{X}_E$ und die Beziehung $x_n \to x_0$ gilt nicht nur in $\mathbf{X}$, sondern auch im Raum $[\mathbf{X}_E, \nu_0]$.

Um das zu sehen, wählen wir ein beliebiges $\varepsilon > 0$ und zu diesem ein N, so daß aus $m, n \geqq N$ stets $x_n - x_m \in \varepsilon\,E$, d. h.

$$x_n \in x_m + \varepsilon\,E \qquad (n, m \geqq N) \tag{6}$$

folgt. Wegen der Abgeschlossenheit der Menge $x_m + \varepsilon\,E$ (im Raum $\mathbf{X}$) ergibt der Grenzübergang $n \to \infty$ in Beziehung (6)

$$x_0 \in x_m + \varepsilon\,E \subset \mathbf{X}_E \qquad (m \geqq N)\,, \tag{7}$$

d. h. $x_0 \in \mathbf{X}_E$. Schreiben wir die Beziehung (7) in der Form $x_m \in x_0 + \varepsilon\,E$, so sieht man, daß die Folge $\{x_m\}$ sogar im Raum $[\mathbf{X}_E, \nu_0]$ gegen x_0 konvergiert.

Auf Grund der Folgerung aus Satz 7 ist der Raum $[\mathbf{X}_E, \nu_0]$ tonneliert. V_0 sei eine Quasinullumgebung in $\mathbf{X}$. Wir betrachten die Menge $V_0 \cap \mathbf{X}_E$. Sie ist konvex und absorbierend (bezüglich $\mathbf{X}_E$) und außerdem abgeschlossen im Raum $[\mathbf{X}_E, \tau_0]$, also erst recht abgeschlossen in $[\mathbf{X}_E, \nu_0]$. Der Durchschnitt $V_0 \cap \mathbf{X}_E$ bildet deshalb eine Quasinullumgebung im Raum $[\mathbf{X}_E, \nu_0]$. Dann ist aber $V_0 \cap \mathbf{X}_E$ sogar Nullumgebung in $[\mathbf{X}_E, \nu_0]$, also existiert ein $\lambda_0 > 0$ mit

$$V_0 \cap \mathbf{X}_E \supset \lambda_0\,E\,.$$

Hieraus folgt schließlich $V_0 \supset \lambda_0\,E \supset \lambda_0\,E_0$.

Die konvexe (und abgeschlossene) Menge V_0 absorbiert somit jede in $\mathbf{X}$ beschränkte Menge. Da der Raum $\mathbf{X}$ bornologisch ist, bildet V_0 eine Nullumgebung.

Damit ist der Satz bewiesen.

Bemerkung 1. Die Voraussetzung, daß der Raum $\mathbf{X}$ bornologisch ist, wurde beim Beweis nicht voll ausgenutzt. Von $\mathbf{X}$ brauchen wir nur zu fordern, daß jede konvexe

---

[1]) Es gilt nämlich $\pi^3(E_0) = \pi(E_0)$, also $\pi(E) = \pi(E_0)$. Denn für eine beliebige Menge $M \subset \mathbf{X}$ hat man $M \subset \pi^2(M)$, also $\pi(\pi^2(M)) \subset \pi(M) \subset \pi^2(\pi(M)) = \pi(\pi^2(M))$, demnach gilt allgemein $\pi^3(M) = \pi(M)$.

abgeschlossene Menge, die jede in $\mathbf{X}$ beschränkte Menge absorbiert, Nullumgebung ist. Ein Raum mit dieser Eigenschaft heißt *infratonneliert* (oder *quasitonneliert*).

Bemerkung 2. Im Beweis von Satz 8 wurde im wesentlichen gezeigt, daß in einem abzählbar-vollständigen lokalkonvexen Raum $\mathbf{X}$ eine Quasinullumgebung jede in $\mathbf{X}$ beschränkte Menge absorbiert.

Aus dieser letzten Bemerkung ergibt sich die

Folgerung 1. *Ist $\mathbf{X}$ ein abzählbar-vollständiger lokalkonvexer Raum, so sind die in $\mathbf{X}'$ schwach beschränkten Mengen sogar beschränkt in $\mathbf{X}^*$.*

Wie man leicht sieht, ist nämlich die Polare $V_0 = \pi(G)$ einer in $\mathbf{X}'$ schwach beschränkten Menge $G \subset \mathbf{X}'$ Quasinullumgebung in $\mathbf{X}$ (s. hierzu Satz 3 (3.XI)). Deshalb absorbiert V_0 jede beschränkte Menge E. Daher wird umgekehrt $\pi(V_0)$ von jeder Menge der Form $\pi(E)$, d. h. von jeder Nullumgebung im Raum $\mathbf{X}^*$, absorbiert, ist also beschränkt in $\mathbf{X}^*$. Folglich ist erst recht die Menge $G \subset \pi^2(G) = \pi(V_0)$ beschränkt.

Für abzählbar-vollständige Räume gilt ein Analogon zum Satz von BANACH-STEINHAUS, das im wesentlichen schon von J. V. SIRVINT (siehe SIRVINT) bewiesen wurde.

Folgerung 2. *Es sei $\{f_n\}$ eine Folge linearer Funktionale im abzählbar-vollständigen lokalkonvexen Raum $\mathbf{X}$ mit der Eigenschaft, daß für jedes $x \in \mathbf{X}$ der Grenzwert $f(x) = \lim\limits_{n\to\infty} f_n(x)$ existiert. Dann ist f ein beschränktes Funktional.*

Die Menge $\{f_n\}$ ist nämlich schwach beschränkt (Bemerkung 1 zu Satz 5), also nach dem eben Bewiesenen beschränkt in $\mathbf{X}^*$. Deshalb gibt es zu jeder in $\mathbf{X}$ beschränkten Menge E ein $\lambda > 0$ mit $f_n \in \lambda\, \pi(E)$, d. h., es gilt

$$|f_n(x)| \leqq \lambda \qquad (n = 1, 2, \ldots;\ x \in E)\,.$$

Für $n \to \infty$ folgt hieraus

$$|f(x)| \leqq \lambda \qquad (x \in E)\,.$$

Das Funktional f ist also auf jeder beschränkten Menge beschränkt.

3.8. Schließlich beweisen wir noch einen Satz über die Vollständigkeit des dualen Raumes.

Satz 9 (3.XI). *Der duale Raum $\mathbf{X}^*$ eines bornologischen Raumes $\mathbf{X}$ ist vollständig, der Dual $\mathbf{X}^*$ eines tonnelierten Raumes $\mathbf{X}$ ist beschränkt-vollständig.*

Beweis. Wir betrachten zunächst einen beliebigen lokalkonvexen Raum $\mathbf{X}$ und in ihm eine verallgemeinerte Folge $\{f_\alpha\}$ $(\alpha \in A)$ linearer Funktionale, die im Raum $\mathbf{X}^*$ in sich konvergiert. Weil dann für jedes $x \in \mathbf{X}$ auch die verallgemeinerte Zahlenfolge $\{f_\alpha(x)\}$ in sich konvergiert, existiert der Grenzwert $f(x) = \lim\limits_{A} f_\alpha(x)$. Es sei E eine beliebige beschränkte Menge in $\mathbf{X}$. Dann ist ihre Polare $\pi(E)$ Nullumgebung in $\mathbf{X}^*$, folglich gibt es ein $\alpha_0 \in A$ mit

$$f_\alpha - f_\beta \in \pi(E) \qquad (\alpha, \beta \in A;\quad \alpha, \beta \succ \alpha_0)\,,$$

d. h.

$$|f_\alpha(x) - f_\beta(x)| \leqq 1 \qquad (\alpha, \beta \succ \alpha_0;\quad x \in E)\,.$$

Halten wir in dieser Beziehung α fest und führen den Grenzübergang bezüglich β durch, so ergibt sich die Ungleichung

$$|f_\alpha(x) - f(x)| \leqq 1 \qquad (\alpha \succ \alpha_0;\ x \in E)\,, \tag{8}$$

d. h., es gilt auch

$$|f(x)| \leqq |f_\alpha(x)| + 1 \qquad (x \in E)\,.$$

Da das Funktional f_α beschränkt ist, folgt die Beschränktheit von f.

Das Funktional f sei jetzt nicht nur beschränkt, sondern sogar stetig. Dann ist die Beziehung (8) gleichbedeutend mit

$$f_\alpha - f \in \pi(E) \qquad (\alpha \succ \alpha_0)\,,$$

d. h., es gilt $f_\alpha \to f$ im Raum $\mathbf{X}^*$. Der Satz ist also bewiesen, sofern wir die Stetigkeit des Funktionals f nachweisen können.

Im Fall eines bornologischen Raumes $\mathbf{X}$ ergibt sich die Stetigkeit von f aus seiner Beschränktheit (Satz 7 (2.XI)).

Ist der Raum $\mathbf{X}$ tonneliert, so setzen wir die verallgemeinerte Folge $\{f_\alpha\}$ als beschränkt voraus. Dann folgt aus Satz 5 ihre gleichgradige Stetigkeit, d. h., es existiert eine Nullumgebung V im Raum $\mathbf{X}$ mit $f_\alpha \in \pi(V)$ $(\alpha \in A)$. Da für $x \in V$ stets $|f_\alpha(x)| \leqq 1$ ausfällt, erhalten wir durch Grenzübergang

$$|f(x)| \leqq 1 \qquad (x \in V).$$

Mit anderen Worten, es gilt $f^{-1}(V) \subset [-1, 1]$, also ist das Funktional f stetig.

Bemerkung 1. Man sieht leicht, daß für einen infratonnelierten Raum $\mathbf{X}$ die in $\mathbf{X}^*$ beschränkten Mengen gleichgradig stetig sind. Deshalb braucht im zweiten Teil von Satz 9 an Stelle der Tonneliertheit nur die Infratonneliertheit des Raumes $\mathbf{X}$ vorausgesetzt zu werden.

Bemerkung 2. Durch Wiederholung der Überlegungen des Beweises von Satz 9 kann man sich davon überzeigen, daß eine schwach abgeschlossene gleichgradig stetige Menge $G \subset \mathbf{X}'$ ($\mathbf{X}$-beliebiger lokalkonvexer Raum) die folgende Vollständigkeitseigenschaft hat: Ist $\{f_\alpha\}$ $(\alpha \in A)$ eine verallgemeinerte Folge von Elementen aus G, die schwach in sich konvergiert, so gibt es ein $f \in G$, gegen das die gegebene Folge schwach konvergiert.

Dieses Ergebnis bleibt selbstverständlich richtig, wenn wir die schwache Konvergenz durch die Konvergenz im Raum $\mathbf{X}^*$ ersetzen. Dabei genügt es vorauszusetzen, daß die Menge G im Raum $\mathbf{X}^*$ abgeschlossen ist.

§ 4. Der biduale Raum. Reflexivität

In diesem Paragraphen untersuchen wir den Raum $\mathbf{X}^{**}$ und seine Beziehungen zum Ausgangsraum $\mathbf{X}$. Wie früher wird dabei vorausgesetzt, daß alle Räume reell und separiert sind.

4.1. Ist $\mathbf{X}$ ein lokalkonvexer Raum, so bezeichnet $\mathbf{X}'$ die Menge aller linearen Funktionale auf $\mathbf{X}$. Wie wir im vorigen Paragraphen sahen, kann man jedes $x \in \mathbf{X}$ als Funktional auf der Menge $\mathbf{X}'$ ansehen. Im jetzigen Zusammenhang ist es jedoch günstiger, zwischen den Elementen aus $\mathbf{X}$ und den ihnen entsprechenden Funktionalen in $\mathbf{X}'$ zu unterscheiden. Für ein gegebenes Element $x \in \mathbf{X}$ verstehen wir deshalb unter $\varphi(x)$ das Funktional X_x der Form

$$X_x(f) = f(x) \qquad (f \in \mathbf{X}'). \tag{1}$$

Die Menge $\varphi(E)$ $(E \subset \mathbf{X})$ bezeichnen wir auch mit E''. In Übereinstimmung damit ist $\mathbf{X}''$ die Gesamtheit aller Funktionale der Gestalt (1).

Es sei $G \subset \mathbf{X}^*$. Die Polare von G bildet definitionsgemäß eine Teilmenge von $\mathbf{X}^{*\prime}$. Andererseits kann man G aber auch als Teilmenge von $\mathbf{X}'$ ansehen und muß dann unter den Polaren von G die entsprechende Menge in $\mathbf{X}$ verstehen. Um diese beiden Möglichkeiten zu unterscheiden, benutzen wir im ersten Fall für die Bezeichnung der Polaren das Symbol $\pi^*(G)$, während wir im zweiten Fall nach wie vor das Symbol $\pi(G)$ verwenden. Ebenso verstehen wir für $F \subset \mathbf{X}^{*\prime}$ unter $\pi^*(F)$ die Polare der Menge F in $\mathbf{X}^*$, d. h. die Gesamtheit aller $f \in \mathbf{X}^*$ mit $|X(f)| \leqq 1$ $(X \in F)$.

Offensichtlich besteht zwischen den Polaren $\pi(G)$ und $\pi^*(G)$ die Beziehung

$$[\pi(G)]'' = \pi^*(G) \cap \mathbf{X}''. \tag{2}$$

Einen engeren Zusammenhang zwischen π und π^* stellt das folgende Lemma her.

Lemma 1. *Es sei E eine symmetrische konvexe Menge in $\mathbf{X}$. Dann ist $\pi^*(\pi(E))$ die Abschließung der Menge E'' im Raum $[\mathbf{X}^{*\prime}, \sigma]$.*

Beweis. Offensichtlich gilt
$$\pi^*(\pi(E)) = \pi^{*2}(E'') .$$
Die Menge $\overline{E''}$ ist als Abschließung der konvexen und symmetrischen Menge E'' ebenfalls konvex und symmetrisch. Wir wissen aber (Folgerung aus Satz 2 (3.XI)), daß $\pi^{*2}(E'')$ mit der kleinsten abgeschlossenen konvexen symmetrischen Menge zusammenfällt, die E'' enthält. Daraus ergibt sich $\overline{E''} \supset \pi^*(E'')$. Die umgekehrte Inklusion folgt aus der Abgeschlossenheit von $\pi^{*2}(E'')$, womit die Gleichung $\overline{E''} = \pi^{*2}(E'')$ bewiesen ist.

Für $E = \mathbf{X}$ sagt das Lemma aus, daß die Abschließung der Menge $\mathbf{X}''$ im Raum $[\mathbf{X}^{*\prime}, \sigma]$ mit $\mathbf{X}^{*\prime}$ übereinstimmt, d. h., es gilt die

Folgerung. *Die Menge $\mathbf{X}''$ liegt im Raum $[\mathbf{X}^{*\prime}, \sigma]$ dicht*

4.2. In der Menge $\mathbf{X}''$ betrachten wir zwei Topologien. Erstens die Topologie τ, die durch die Abbildung φ aus dem Raum $\mathbf{X}$ übertragen wird (Nullumgebung in dieser Topologie ist jede Menge der Form V'', wenn V eine Nullumgebung in $\mathbf{X}$ bezeichnet); zweitens die Topologie τ^{**}, die von der Topologie des Raumes $\mathbf{X}^{**}$ in $\mathbf{X}''$ induziert wird.

Satz 1 (4.XI). *Die Topologie τ ist schwächer als die Topologie τ^{**}. Genau dann gilt die Beziehung $\tau = \tau^{**}$, wenn jede in $\mathbf{X}^*$ beschränkte Menge gleichgradig stetig ist.*

Beweis. Es sei V eine Nullumgebung im Raum $\mathbf{X}$ und folglich V'' Nullumgebung im Raum $[\mathbf{X}'', \tau]$. Die Menge $\pi(V) = G$ ist beschränkt in $\mathbf{X}^*$ (s. 3.4), folglich bildet $W = \pi^*(G)$ eine Nullumgebung in $\mathbf{X}^{**}$. Setzen wir V als konvex, symmetrisch und abgeschlossen voraus, dann ergibt sich aus (2)
$$V'' = [\pi(G)]'' = W \cap \mathbf{X}'',$$
d. h., V'' bildet eine Nullumgebung im Raum $[\mathbf{X}^{*\prime}, \tau^{**}]$, womit der erste Teil des Satzes bewiesen ist.

Der Raum $\mathbf{X}$ habe jetzt die Eigenschaft, daß jede in $\mathbf{X}^*$ beschränkte Menge gleichgradig stetig ist. Wir betrachten eine Nullumgebung W im Raum $\mathbf{X}^{**}$. Dabei können wir $W = \pi^*(G)$ voraussetzen, wobei G eine in $\mathbf{X}^*$ beschränkte, also auch gleichgradig stetige Menge bezeichnet. Dann existiert eine Nullumgebung V in $\mathbf{X}$ mit $G \subset \pi(V)$. Wenden wir wieder die Beziehung (2) an, so folgt
$$W \cap \mathbf{X}'' = [\pi(G)]'' \supset [\pi^2(V)]'' \supset V''.$$
Hieraus ergibt sich $\tau^{**} \leqq \tau$, zusammen mit dem Ergebnis des ersten Teils des Satzes also $\tau^{**} = \tau$.

Es sei jetzt umgekehrt vorausgesetzt, daß $\tau^{**} = \tau$ gilt. Wir nehmen eine beliebige in $\mathbf{X}^*$ beschränkte Menge G und setzen $W = \pi^*(G)$. Der Durchschnitt $W \cap \mathbf{X}''$ bildet eine Nullumgebung im Raum $[\mathbf{X}'', \tau^{**}]$, also auch im Raum $[\mathbf{X}'', \tau]$. Letzteres besagt, daß eine Nullumgebung V im Raum $\mathbf{X}$ existiert, so daß $W \cap \mathbf{X}'' = V''$ gilt. Mit Hilfe von (2) erhalten wir hieraus die Beziehungen $V = \pi(G)$ und $G \subset \pi^2(G) = \pi(V)$, womit die gleichgradige Stetigkeit der Menge G gezeigt ist.

Folgerung. *Ist der Raum $\mathbf{X}$ tonneliert oder bornologisch, so gilt $\tau^{**} = \tau$* (s. Ende von 3.4 und Anfang von 3.5).

Im Fall $\tau^{**} = \tau$ bezeichnen wir den Raum $[\mathbf{X}'', \tau]$ kurz mit $\mathbf{X}_0^{**}$ (vgl. Abschnitt V.1.2).

4.3. Ähnlich wie in normierten Räumen (s. Satz 1 (1.V)) gilt hier der

Satz 2 (4.XI). *Der Raum $\mathbf{X}$ sei vollständig. Dann ist die Menge $\mathbf{X}''$ abgeschlossen im Raum $\mathbf{X}^{**}$.*

Beweis. Wir betrachten eine verallgemeinerte Folge $\{X_\alpha\}$ ($\alpha \in A$) mit

$$X_\alpha \xrightarrow[\alpha \in A]{} X \qquad (X_\alpha \in X'',\ \alpha \in A;\ X \in \mathbf{X}^{**}),$$

und setzen $x_\alpha = \varphi^{-1}(X_\alpha)$ ($\alpha \in A$). Wegen $\tau \leqq \tau^{**}$ konvergiert die verallgemeinerte Folge $\{x_\alpha\}$ ($\alpha \in A$) im Raum $\mathbf{X}$ in sich, folglich ist sie konvergent. Es gelte z. B. $x_\alpha \to x$. Dann ergibt sich für jedes $f \in \mathbf{X}'$ die Beziehung

$$X(f) = \lim_{\alpha \in A} X_\alpha(f) = \lim_{\alpha \in A} f(x_\alpha) = f(x)\,,$$

weshalb auch X zur Menge $\mathbf{X}''$ gehört.

Folgerung. *Im Fall $\tau = \tau^{**}$ ist der Raum $\mathbf{X}_0^{**}$ ein Teilraum des Raumes $\mathbf{X}^{**}$.*

4.4. Ein lokalkonvexer Raum $\mathbf{X}$ heißt *halbreflexiv*, wenn die Relation $\mathbf{X}^{*\prime} = \mathbf{X}''$ besteht. Ist außerdem $\tau = \tau^{**}$, so heißt $\mathbf{X}$ *reflexiv*. Für einen normierten Raum $\mathbf{X}$ gilt stets $\tau^{**} = \tau$, da ein normierter Raum bornologisch ist. Deshalb stimmt in diesem Fall die hier gegebene Definition der Reflexivität mit der von Kapitel V (V.1.3.) überein.

Satz 3 (4.XI). *Ein halbreflexiver Raum $\mathbf{X}$ ist genau dann reflexiv, wenn er tonneliert ist.*

Beweis. Nach der Folgerung aus Satz 1 ist ein tonnelierter halbreflexiver Raum reflexiv. Umgekehrt folgt aus $\sigma(\mathbf{X}', \mathbf{X}) = \sigma(\mathbf{X}', \mathbf{X}^{*\prime})$, daß die schwach beschränkten Mengen in $\mathbf{X}'$ beschränkt, also gemäß Satz 1 gleichgradig stetig sind. Nach Bemerkung 2 zu Satz 5 (3.XI) ist der Raum $\mathbf{X}$ tonneliert.

Satz 4 (4.XI). *Der duale Raum $\mathbf{X}^*$ eines reflexiven Raumes $\mathbf{X}$ ist reflexiv. Ist $\mathbf{X}^*$ halbreflexiv und $\mathbf{X}$ vollständig, dann ist auch $\mathbf{X}$ halbreflexiv.*

Beweis. Es sei $\mathbf{X}$ ein reflexiver Raum, d. h., es gelte $\mathbf{X}^{*\prime} = \mathbf{X}''$ und $\tau^{**} = \tau$. Wir betrachten ein Funktional $F \in \mathbf{X}^{**\prime}$ und setzen für $x \in \mathbf{X}$

$$f(x) = F(\varphi(x))\,.$$

Da die Topologien τ und τ^{**} zusammenfallen, bildet φ den Raum $\mathbf{X}$ linear in den Raum $\mathbf{X}^{**}$ ab. Daraus folgt, daß f ein lineares Funktional in $\mathbf{X}$ ist, d. h., f gehört zu $\mathbf{X}'$. Weiter hat jedes Funktional $X \in \mathbf{X}^{*\prime}$ die Gestalt $X = X_x$ mit $x \in \mathbf{X}$. Deshalb gilt

$$F(X) = F(X_x) = f(x) = X_x(f) = X(f)$$

und folglich $\mathbf{X}^{**\prime} = (\mathbf{X}^*)''$, d. h., der Raum $\mathbf{X}^*$ ist halbreflexiv. Daß die Topologien τ^* und $(\tau^*)^{**}$ zusammenfallen, ergibt sich ohne Schwierigkeit aus der Beziehung $\tau = \tau^{**}$.

$\mathbf{X}^*$ sei jetzt ein halbreflexiver Raum. Nach der Folgerung aus Lemma 1 liegt die Menge $\mathbf{X}''$ dicht im Raum $[\mathbf{X}^{*\prime}, \sigma(\mathbf{X}^{*\prime}, \mathbf{X}^*)]$, die im vorliegenden Fall mit dem Raum $[\mathbf{X}^{*\prime}, \sigma(\mathbf{X}^{*\prime}, \mathbf{X}^{**\prime})] = [\mathbf{X}^{**}, \sigma]$ übereinstimmt. Die Menge $\mathbf{X}''$ ist aber abgeschlossen in $\mathbf{X}^{**}$ (Satz 2), folglich wegen Satz 4 (3.XI) auch in $[\mathbf{X}^{**}, \sigma]$, also erst recht in $[\mathbf{X}^{*\prime}, \sigma]$ abgeschlossen. Zusammen mit dem Vorangehenden erhalten wir daraus die Beziehung $\mathbf{X}'' = \mathbf{X}^{*\prime}$.

Folgerung (aus den Sätzen 3 und 4). *Ist $\mathbf{X}$ ein F-Raum* (s. 3.6), *so sind die Räume $\mathbf{X}$ und $\mathbf{X}^*$ gleichzeitig reflexiv oder nicht.*

Bemerkung. Aus der Halbreflexivität des Raumes $\mathbf{X}$ folgt nicht die Halbreflexivität des Raumes $\mathbf{X}^*$. Als Beispiel hierfür betrachten wir den Raum $\mathbf{l}$ als Menge der Funktionale im Raum $\mathbf{m}$ und setzen $\mathbf{X} = [\mathbf{m}, \sigma(\mathbf{m}, \mathbf{l})]$. Dann ist der zugehörige duale Raum $\mathbf{X}^*$ der mit der üblichen Normtopologie versehene Raum $\mathbf{l}$. Also ist $\mathbf{X}$ halbreflexiv, während dies für $\mathbf{X}^*$ nicht zutrifft.

4.5. Wir betrachten jetzt den Raum $\mathbf{s}_T^*$. In Abschnitt XI.2.4 wurde gezeigt, daß die Menge $(\mathbf{s}_T^*)'$ mit $\mathbf{s}_T$ identifiziert werden kann, wenn man dem Element $y \in \mathbf{s}_T$ das durch die Formel

$$f(x) = \sum_{t \in T} x(t)\, y(t) \qquad (x \in \mathbf{s}_T^*) \tag{3}$$

definierte Funktional zuordnet. Wir beweisen, daß dabei der Raum $(\mathfrak{s}_T^*)^*$ mit dem Raum $\mathfrak{s}_T$ zusammenfällt. Es sei $E \neq \{0\}$ eine beschränkte Menge in $\mathfrak{s}_T^*$. Nach dem in Abschnitt XI.1.5 Gesagten gibt es dann Elemente $t_1, t_2, \ldots, t_n \in T$ mit

$$\sup_{x \in E} |x(t)| = \begin{cases} \lambda_k < \infty, & t = t_k, \\ 0, & t \neq t_1, t_2, \ldots, t_n. \end{cases} \tag{4}$$

Dabei können wir noch annehmen, daß alle λ_k positiv sind. E_0 bezeichne die Menge derjenigen Elemente $x \in \mathfrak{s}_T^*$, die der Bedingung $x(t) = 0$ $(t \neq t_1, t_2, \ldots, t_n)$, $\sum_{k=1}^{n} |x(t_k)| \leqq \lambda = \sum_{k=1}^{n} \lambda_k$ genügen. Wegen $E_0 \supset E$ gilt $\pi(E_0) \subset \pi(E)$. Für ein $f \in \pi(E_0)$ erfüllt dann das auf Grund von (3) entsprechende Element $y \in \mathfrak{s}_T$ die Ungleichung

$$|f(x)| = \left| \sum_{k=1}^{n} x(t_k)\, y(t_k) \right| \leqq 1 \qquad (x \in E_0). \tag{5}$$

Da die Elemente $x_j \in \mathfrak{s}_T^*$ $(j = 1, 2, \ldots, n)$ mit

$$x_j(t) = \begin{cases} \lambda, & t = t_j, \\ 0, & t \neq t_j \end{cases}$$

zu E_0 gehören, folgt aus Formel (5)

$$|y(t_j)| \leqq \frac{1}{\lambda} = \varepsilon \qquad (j = 1, 2, \ldots, n). \tag{6}$$

Umgekehrt genügt auch jedes $y \in \mathfrak{s}_T$, das die Bedingung (6) erfüllt, der Ungleichung (5), d. h., die Bedingungen (5) und (6) sind gleichwertig. Die Menge der Funktionen aus $\mathfrak{s}_T$ mit der Eigenschaft (6) bildet aber eine Nullumgebung in $\mathfrak{s}_T$ (s. XI.1.4). Deshalb können wir annehmen, daß die Polare $\pi(E_0)$ und erst recht die Polare $\pi(E)$ Nullumgebungen im Raum $\mathfrak{s}_T$ sind. Aus dem oben Gesagten folgt auch, daß eine beliebige Nullumgebung der Form (6) im Raum $\mathfrak{s}_T$ als Polare der in $\mathfrak{s}_T^*$ offensichtlich beschränkten Menge E_0 angesehen werden kann; also folgt $(\mathfrak{s}_T^*)^* = \mathfrak{s}_T$.

Die linearen Funktionale in $\mathfrak{s}_T$ haben die Form (3), deshalb ist der Raum $\mathfrak{s}_T^*$ halbreflexiv. Da jede konvexe absorbierende Menge eine Nullumgebung im Raum $\mathfrak{s}_T^*$ bildet (s. XI.1.4), kann die Topologie τ^{**} nicht stärker sein als die Topologie τ; also gilt $\tau = \tau^{**}$, d. h., der Raum $\mathfrak{s}_T^*$ ist reflexiv. Auf Grund von Satz 4 ist dann auch der Raum $\mathfrak{s}_T = (\mathfrak{s}_T^*)^*$ reflexiv. Daraus folgt mit dem am Anfang von 4.5 Gesagten und aus Satz 3 die Tonneliertheit des Raumes $\mathfrak{s}_T$. Schließlich bemerken wir noch, daß die Beziehung $\mathfrak{s}_T^* = (\mathfrak{s}_T)^*$ gilt.

4.6. Ein tiefergehendes Studium der reflexiven Räume erfordert die Untersuchung der Struktur der kompakten Mengen in lokalkonvexen Räumen. Dabei können wir uns auf die in Kapitel I, § 5 bewiesenen Tatsachen über kompakte Mengen in beliebigen topologischen Räumen stützen, insbesondere benutzen wir den Begriff des Filters. Es sei deshalb dem Leser empfohlen, sich den Inhalt des genannten Paragraphen in Erinnerung zu rufen.

Eine Teilmenge E des lokalkonvexen Raumes $\mathbf{X}$ heißt *total-beschränkt*, wenn zu jeder Nullumgebung V in $\mathbf{X}$ eine endliche Anzahl von Punkten $x_1, x_2, \ldots, x_n \in \mathbf{X}$ existiert, so daß

$$E \subset \bigcup_{k=1}^{n} (x_k + V)$$

gilt.

Man zeigt unschwer, daß jede total-beschränkte Menge auch beschränkt ist. Hingegen läßt sich diese Aussage i. a. nicht umkehren.

Bei der Definition der Totalbeschränktheit braucht man sich nicht auf alle Nullumgebungen, sondern nur auf die irgendeines Fundamentalsystems zu beziehen. Ist der Raum $\mathbf{X}$ lokalkonvex und metrisch, so kann man als Fundamentalsystem von Nullumgebungen die Gesamtheit aller Kugeln mit dem Mittelpunkt im Nullpunkt wählen. Daraus folgt, daß in einem lokalkonvexen metrischen Raum genau diejenigen Mengen total-beschränkt sind, für die zu jedem $\varepsilon > 0$ ein endliches ε-Netz existiert.

Eine Menge $E \subset \mathbf{X}$ nennen wir *relativ-vollständig,* wenn jede in sich konvergente verallgemeinerte Folge von Elementen aus E gegen ein Element aus E konvergiert. Aus dieser Definition ergibt sich unmittelbar, daß erstens eine relativ-vollständige Menge abgeschlossen und zweitens in einem vollständigen Raum jede abgeschlossene Menge relativ-vollständig ist.

Der folgende Satz bringt eine Erweiterung der Aussage des Satzes von HAUSDORFF über kompakte Mengen in metrischen Räumen (Satz 2 (3.I)).

Satz 5 (4.XI). *Dafür, daß eine Teilmenge E des lokalkonvexen Raumes $\mathbf{X}$ in sich kompakt* (s. I.5.9,) *ist, sind die beiden folgenden Bedingungen zusammen notwendig und hinreichend:*

1. *E ist relativ-vollständig.*
2. *E ist total-beschränkt.*

Beweis. Notwendig. Es sei $\{x_\alpha\}$ $(\alpha \in A)$ eine in sich konvergente verallgemeinerte Folge von Elementen aus E. Wir betrachten den von ihr erzeugten Filter $\mathfrak{F}$ in E (s. I.5.11) und einen Ultrafilter $\mathfrak{U} \supset \mathfrak{F}$. Auf Grund von Satz 5 (5.I) konvergiert der Filter $\mathfrak{U}$ gegen einen Punkt $x \in E$. Für jede Umgebung V_x des Punktes x und jede Menge $F_\alpha = \{x_{\alpha'}\}$ $(\alpha' \succ \alpha \in A)$ gilt deshalb

$$F_\alpha \cap V_x \neq \varnothing\,, \tag{7}$$

da V_x und F_α zu $\mathfrak{U}$ gehören.

Sei weiter V eine konvexe Nullumgebung im Raum $\mathbf{X}$. Dann gibt es ein α_0 mit

$$x_\alpha - x_{\alpha'} \in \frac{1}{2} V \qquad (\alpha, \alpha' \succ \alpha_0)\,.$$

Setzen wir in (7) $\alpha = \alpha_0$ und $V_x = \left(x + \frac{1}{2} V\right) \cap E$, so finden wir einen Index $\alpha_1 \in A$, $\alpha_1 \succ \alpha_0$, für den das Element x_{α_1} zur Menge $x + \frac{1}{2} V$ gehört. Für $\alpha \succ \alpha_1$ ergibt sich dann

$$x_\alpha - x = (x_\alpha - x_{\alpha_1}) + (x_{\alpha_1} - x) \in \frac{1}{2} V + \frac{1}{2} V = V\,, \tag{8}$$

d. h. $x_\alpha \to x$.

Die Notwendigkeit der zweiten Bedingung folgt aus der Definition der in sich kompakten Menge, wenn wir für eine als offen vorausgesetzte Nullumgebung V die Überdeckung der Menge E durch das System der offenen Mengen $\{x + V\}$ $(x \in E)$ betrachten.

Hinreichend. Wir zeigen, daß jeder Ultrafilter $\mathfrak{U}$ in E konvergiert. Daraus folgt auf Grund von Satz 5 (5.I) die Behauptung. Es sei V eine beliebige symmetrische Nullumgebung im Raum $\mathbf{X}$. Wegen Bedingung 2 gibt es Punkte $x_1, x_2, \ldots, x_n \in E$ derart, daß $E \subset \bigcup_{k=1}^{n} \left(x_k + \frac{1}{2} V\right)$ gilt. Wir setzen $V_k = E \cap \left(x_k + \frac{1}{2} V\right)$ $(k = 1, 2, \ldots, n)$. Angenommen es gäbe für jedes $k = 1, 2, \ldots, n$ in $\mathfrak{U}$ eine Menge U_k mit $U_k \cap V_k = \varnothing$. Dann gehört der Durchschnitt $U = \bigcap_{k=1}^{n} U_k$ zu $\mathfrak{U}$ und ist deshalb nicht leer. Andererseits würde aber aus unserer Annahme $U \cap V_k = \varnothing$ $(k = 1, 2, \ldots, n)$ und $U = U \cap E = \bigcup_{k=1}^{n} (U \cap V_k) = \varnothing$ folgen. Deshalb existiert ein Index k, so daß die Menge $U \cap V_k$ für jedes $U \in \mathfrak{U}$ nicht leer ist. Das System $\mathfrak{U}_k^0$ aller Mengen der Form $U \cap V_k$ $(U \in \mathfrak{U})$ bildet dann die Basis eines Filters $\mathfrak{U}_k$. Offensichtlich gilt $\mathfrak{U}_k \supset \mathfrak{U}$. Da $\mathfrak{U}$ ein Ultrafilter ist, folgt $\mathfrak{U}_k = \mathfrak{U}$, also insbesondere $U \cap V_k \in \mathfrak{U}$ für jedes $U \in \mathfrak{U}$.

Wir betrachten eine von dem Filter $\mathfrak{U}$ erzeugte verallgemeinerte Folge $\{x_U\}$ $(U \in \mathfrak{U})$ und zeigen, daß diese in sich konvergiert. $U_0 \in \mathfrak{U}$ sei eine in V_k enthaltene Menge.[1]) Für U', $U \subset U_0$ gilt erst recht U', $U \subset V_k$ und deshalb

$$x_U - x_{U'} \in U - U' \subset V_k - V_k \subset \left(x_k + \frac{1}{2} V\right) - \left(x_k + \frac{1}{2} V\right) \subset V .$$

V war aber eine beliebige konvexe symmetrische Nullumgebung in $\mathbf{X}$, also konvergiert die verallgemeinerte Folge $\{x_U\}$ $(U \in \mathfrak{U})$ in sich.

Da die Menge E relativ vollständig ist, gibt es einen Punkt $x \in E$ mit $x_U \underset{\mathfrak{U}}{\rightarrow} x$. Der von der betrachteten verallgemeinerten Folge erzeugte Filter $\mathfrak{U}'$ konvergiert dann ebenfalls gegen x. Wie in Abschnitt I.5.11 gezeigt wurde, gilt aber $\mathfrak{U}' = \mathfrak{U}$. Folglich konvergiert auch der Ultrafilter $\mathfrak{U}$.

Damit ist der Satz vollständig bewiesen.

Im Folgenden benötigen wir noch das

Lemma 2. *Es sei* $\mathbf{X}$ *ein lokalkonvexer Raum. Dann ist jede schwach beschränkte Menge* G *linearer Funktionale schwach total-beschränkt, d. h. total-beschränkt im Raum* $[\mathbf{X}', \sigma]$.

Beweis. Wir betrachten eine Nullumgebung $V = \pi(x_1, x_2, \ldots, x_n)$ im Raum $[\mathbf{X}', \sigma]$. Jedem $f \in \mathbf{X}'$ ordnen wir das Element $z = \omega(f) = (f(x_1), \ldots, f(x_n))$ des n-dimensionalen Raumes $\mathbf{m}_n$ zu. Bezeichnet Q die abgeschlossene Einheitskugel dieses Raumes, so gilt offensichtlich $\omega^{-1}(Q) = V$. Für ein beliebiges Element $z \in \mathbf{m}_n$ und jedes $f \in \omega^{-1}(z)$ folgt daraus $\omega^{-1}(z + Q) = f + V$. Die Menge G ist schwach beschränkt, deshalb ist ihr Bild $\hat{G} = \omega(G)$ im Raum $\mathbf{m}_n$ bezüglich der Norm beschränkt, also kompakt in $\mathbf{m}_n$. Nach dem Satz von Hausdorff (oder nach Satz 5) gibt es in $\hat{G}$ eine endliche Anzahl von Elementen $z_1, z_2, \ldots, z_\nu$ mit $\hat{G} \subset \bigcup_{k=1}^{\nu} (z_k + Q)$. Wenn wir unter f_k diejenigen Elemente verstehen, für die $\omega(f_k) = z_k$ $(k = 1, 2, \ldots, \nu)$ gilt, so folgt

$$G \subset \omega^{-1}(\hat{G}) \subset \omega^{-1}\left(\bigcup_{k=1}^{\nu} (z_k + Q)\right) = \bigcup_{k=1}^{\nu} \omega^{-1}(z_k + Q) = \bigcup_{k=1}^{\nu} (f_k + V),$$

was zu zeigen war.

Durch Anwendung der Bemerkung 2 zu Satz 9 (3.XI) und Berücksichtigung von Satz 5 ergibt sich die

Folgerung. *Eine schwach abgeschlossene gleichgradig stetige Menge ist schwach in sich kompakt.*

4.7. Es sei $\mathbf{X}$ eine lineare Menge und $\mathbf{X}'$ eine totale Menge additiver und homogener Funktionale in $\mathbf{X}$. Oben wurde gezeigt, (Satz 1 (3.XI)), daß dann $[\mathbf{X}, \sigma]' = \mathbf{X}'$ gilt. $\mathbf{X}$ läßt sich aber auch auf andere Weise so topologisieren, daß die Menge aller linearen Funktionale des dadurch entstehenden lokalkonvexen Raumes mit $\mathbf{X}'$ zusammenfällt. Um Bedingungen angeben zu können, denen eine lokalkonvexe Topologie τ genügen muß, damit die Beziehung $[\mathbf{X}, \tau]' = \mathbf{X}'$ gilt, führen wir in $\mathbf{X}$ eine spezielle Topologie $\mu = \mu(\mathbf{X}, \mathbf{X}')$, die sog. Mackey*sche Topologie* (siehe 144 a, b) ein. Als Fundamentalsystem von Nullumgebungen im Raum $[\mathbf{X}, \mu]$ dienen die Polaren zu konvexen, symmetrischen, schwach in sich kompakten Mengen aus $\mathbf{X}'$, das sind also die Polaren zu konvexen, symmetrischen, schwach in sich kompakten

[1]) Für U_0 kann man z. B. den Durchschnitt einer beliebigen Menge $U \in \mathfrak{U}$ mit V_k nehmen.

(also auch beschränkten) Mengen im Raum $[\mathbf{X}', \sigma]$.[1]) Die Polaren der endlichen Teilmengen von $\mathbf{X}'$ bilden ein Fundamentalsystem von Nullumgebungen im Raum $[\mathbf{X}, \sigma]$. Eine endliche Menge und die kleinste sie enthaltende konvexe symmetrische Menge sind aber schwach in sich kompakt. Deshalb ist die Topologie μ stärker als die Topologie σ.

Satz 6 (4.XI) (Mackey). *Notwendig und hinreichend dafür, daß die Topologie τ der Bedingung $[\mathbf{X}, \tau]' = \mathbf{X}'$ genügt, ist das Bestehen der Relation $\sigma \leqq \tau \leqq \mu$.*

Beweis. Notwendig. Den Raum $[\mathbf{X}, \tau]$ bezeichnen wir der Einfachheit halber kurz mit $\mathbf{X}$. Da jedes $f \in \mathbf{X}'$ ein lineares Funktional im Raum $\mathbf{X}$ ist, bildet die Menge $f^{-1}([-1, 1])$ eine Nullumgebung in $\mathbf{X}$. Folglich gilt $\sigma \leqq \tau$.

Wir betrachten weiter eine symmetrische, konvexe, abgeschlossene Nullumgebung V im Raum $\mathbf{X}$. Die Menge $G = \pi(V)$ ist schwach abgeschlossen und gleichgradig stetig, deshalb auf Grund der Folgerung aus Lemma 2 schwach in sich kompakt. Also bildet ihre Polare $V = \pi(G)$ eine Nullumgebung im Raum $[\mathbf{X}, \mu]$, woraus die Beziehung $\tau \leqq \mu$ folgt.

Hinreichend. Nach Satz 1 (3.XI) gilt $[\mathbf{X}, \sigma]' = \mathbf{X}'$. Wir zeigen, daß auch die Relation $[\mathbf{X}, \mu]' = \mathbf{X}'$ besteht. Wegen $\mu \geqq \sigma$ ist $[\mathbf{X}, \mu]' \supset [\mathbf{X}, \sigma]' = \mathbf{X}'$, und es bleibt nur zu beweisen, daß jedes lineare Funktional auf dem Raum $[\mathbf{X}, \mu]$ zu $\mathbf{X}'$ gehört.

Mit $\mathbf{X}'_\mu$ bezeichnen wir die Menge $[\mathbf{X}, \mu]'$ und betrachten neben $[\mathbf{X}', \sigma]$ den Raum $[\mathbf{X}'_\mu, \sigma]$. Die Menge $\mathbf{X}'_\mu$ enthält die Menge $\mathbf{X}'$; ω sei diejenige Abbildung des Raumes $[\mathbf{X}', \sigma]$ in den Raum $[\mathbf{X}'_\mu, \sigma]$, die einem Element $x \in [\mathbf{X}', \sigma]$ das Element $\omega(x) = x \in [\mathbf{X}'_\mu, \sigma]$ zuordnet. Die Abbildung ω ist offensichtlich stetig, deshalb ist das Bild $\omega(G) = G$ einer im Raum $[\mathbf{X}', \sigma]$ in sich kompakten Menge G auch in sich kompakt, also erst recht abgeschlossen im Raum $[\mathbf{X}'_\mu, \sigma]$, Satz 3 (5.I).

Es sei E eine Teilmenge von $\mathbf{X}$. Unter $\pi_\mu(E)$ verstehen wir die in $\mathbf{X}'_\mu$ gelegene Polare der Menge E, d. h. die Menge aller Funktionale $f \in \mathbf{X}'_\mu$ mit der Eigenschaft $f(E) \subset [-1, 1]$.

Wir betrachten ein Funktional $f \in \mathbf{X}'_\mu$. Die Menge $V = f^{-1}([-1, 1])$ bildet eine Nullumgebung im Raum $[\mathbf{X}, \mu]$, folglich existiert eine symmetrische, konvexe und schwach in sich kompakte Menge $G \subset \mathbf{X}'$, für die $V \supset \pi(G)$, also auch $\pi_\mu(V) \subset \pi_\mu(\pi(G))$ gilt. Durch Wiederholung der Überlegungen beim Beweis von Lemma 1 kann man sich davon überzeugen, daß $\pi_\mu(\pi(G))$ die Abschließung der Menge G im Raum $[\mathbf{X}'_\mu, \sigma]$ ist, d. h., es gilt $\pi_\mu(\pi(G)) = G$. Wegen $f \in \pi_\mu(V)$ gehört f auch zu G, also erst recht zu $\mathbf{X}'$.

Damit ist die Beziehung $[\mathbf{X}, \mu]' = \mathbf{X}'$ bewiesen.

Aus der Relation zwischen den Topologien ($\sigma \leqq \tau \leqq \mu$) ergibt sich

$$\mathbf{X}' = [\mathbf{X}, \sigma]' \subset [\mathbf{X}, \tau]' \subset [\mathbf{X}, \mu]' = \mathbf{X}',$$

d. h. $[\mathbf{X}, \tau]' = \mathbf{X}'$.

4.8. Ein lokalkonvexer Raum $\mathbf{X}$ heißt ein Mackey-*Raum*, wenn die Topologie τ des Raumes $\mathbf{X}$ mit der Mackeyschen Topologie $\mu(\mathbf{X}, \mathbf{X}')$ zusammenfällt.

Satz 7 (4.XI). *Jeder tonnelierte Raum $\mathbf{X}$ ist ein Mackey-Raum.*

Beweis. Im vorliegenden Fall ist $\mathbf{X}'$ die Menge aller linearen Funktionale auf $\mathbf{X}$. Deshalb gilt nach dem Satz von Mackey $\tau \leqq \mu$, und wir haben nur noch zu zeigen, daß die Topo-

---

[1]) Für $V_1 = \pi(K_1)$, $V_2 = \pi(K_2)$ (K_1, K_2 konvexe, symmetrische und schwach in sich kompakte Mengen des Raumes $\mathbf{X}'$) und $\lambda_1, \lambda_2 > 0$ gilt

$$\lambda_1 V_1 \cap \lambda_2 V_2 = \pi\left(\frac{1}{\lambda_1} K_1\right) \cap \pi\left(\frac{1}{\lambda_2} K_2\right) = \pi\left(\frac{1}{\lambda_1} K_1 \cup \frac{1}{\lambda_2} K_2\right) \supset \pi\left(\frac{1}{\lambda_1} K_1 + \frac{1}{\lambda_2} K_2\right).$$

Die Menge $\frac{1}{\lambda_1} K_1 + \frac{1}{\lambda_2} K_2$ ist aber ebenfalls konvex, symmetrisch und (wie in Abschnitt XI.1.2, Aussage IV, gezeigt wurde) schwach in sich kompakt. Deshalb bilden nach Satz 1 (2.XI) die Mengen der angegebenen Form, die Polaren zu symmetrischen, konvexen, schwach in sich kompakten Teilmengen von $\mathbf{X}'$, tatsächlich ein Fundamentalsystem von Nullumgebungen.

logie μ nicht stärker ist als τ. Zu diesem Zweck sei G eine konvexe, symmetrische, schwach in sich kompakte Teilmenge von $\mathbf{X}$. Als schwach in sich kompakte Menge ist G auch schwach beschränkt und deshalb wegen der Bemerkung 1 zu Satz 5 (3.XI) gleichgradig stetig. Es existiert also eine Nullumgebung V im Raum $\mathbf{X}$ mit $G \subset \pi(V)$. Durch Übergang zu den Polaren folgt hieraus $V \subset \pi^2(V) \subset \pi(G)$. Deshalb ist die Menge $\pi(G)$ Nullumgebung im Raum $\mathbf{X}$. Die Behauptung ergibt sich jetzt unmittelbar aus der Tatsache, daß die Mengen der Form $\pi(G)$ ein Fundamentalsystem von Nullumgebungen im Raum $[\mathbf{X}, \mu]$ bilden.

Die entsprechende Aussage gilt auch für bornologische Räume.

Satz 8 (4.XI). *Jeder bornologische Raum ist ein* MACKEY-*Raum. Ist umgekehrt in einem* MACKEY-*Raum* $\mathbf{X}$ *jedes beschränkte Funktional auch linear, so ist er bornologisch.*

Beweis. Es sei $\mathbf{X}$ ein bornologischer Raum. Wie oben gilt wieder $\tau \leqq \mu$. Wegen der Beziehung $[\mathbf{X}, \mu]' = \mathbf{X}'$ fallen die schwach beschränkten Mengen in den Räumen $\mathbf{X}$ und $[\mathbf{X}, \mu]$ zusammen. Daraus folgt auf Grund von Satz 3 (2.XI), daß auch die beschränkten Mengen in beiden Räumen übereinstimmen. Das bedeutet aber nach Definition des bornologischen Raumes das Bestehen der Beziehung $\mu \leqq \tau$ (siehe Abschnitt XI.2.7), womit der erste Teil des Satzes bewiesen ist.

Zum Beweis des zweiten Teiles von Satz 8 betrachten wir den bornologischen Raum $\mathbf{X}_b$ (siehe Abschnitt XI.2.7). Man sieht leicht, daß $(\mathbf{X}_b)'$ aus allen beschränkten Funktionalen im Raum $\mathbf{X}$ besteht. Folglich gilt nach Voraussetzung $(\mathbf{X}_b)' = \mathbf{X}'$. Bezeichnet τ_b die Topologie des Raumes $\mathbf{X}_b$, dann ergibt sich aus dem Satz von MACKEY $\tau \leqq \tau_b \leqq \mu$. Wegen $\tau = \mu$ folgt daraus $\tau = \tau_b$, d. h. $\mathbf{X} = \mathbf{X}_b$. Der Raum $\mathbf{X}$ ist also bornologisch.

Folgerung. *Ein tonnelierter Raum, in dem die Begriffe beschränktes und lineares Funktional zusammenfallen, ist bornologisch.*

4.9. Mit Hilfe des Satzes von MACKEY beweisen wir jetzt ohne Schwierigkeit ein Kriterium für die Halbreflexivität eines lokalkonvexen Raumes.

Satz 9 (4.XI). *Der lokalkonvexe Raum* $\mathbf{X}$ *ist genau dann halbreflexiv, wenn jede beschränkte, symmetrische, konvexe und in* $\mathbf{X}$ *abgeschlossene Menge auch schwach in sich kompakt, d. h. in sich kompakt im Raum* $[\mathbf{X}, \sigma]$ *ist.*

Beweis. Die Halbreflexivität des Raumes $\mathbf{X}$ besagt, daß die Menge $\mathbf{X}^{*\prime}$ aller linearen Funktionale auf $\mathbf{X}^*$ mit der gegebenen Menge $\mathbf{X}''$ zusammenfällt. Auf Grund des Satzes von MACKEY ist das gleichwertig mit $\sigma(\mathbf{X}^*, \mathbf{X}'') \leqq \tau^* \leqq \mu(\mathbf{X}^*, \mathbf{X}'')$, wobei τ^* die Topologie des Raumes $\mathbf{X}^*$ bezeichnet. Die erste dieser beiden Relationen gilt in jedem lokalkonvexen Raum $\mathbf{X}$. Die Beziehung $\tau^* \leqq \mu(\mathbf{X}^*, \mathbf{X}'')$ ist äquivalent damit, daß jede Nullumgebung im Raum $\mathbf{X}^*$ eine Nullumgebung des Raumes $[\mathbf{X}^*, \mu]$ enthält. Da wir uns auf die Betrachtung der Umgebungen eines Fundamentalsystems von Nullumgebungen beschränken können, erhalten wir somit das folgende Kriterium für die Halbreflexivität: Zu jeder beschränkten, symmetrischen, konvexen und in $\mathbf{X}$ abgeschlossenen Menge E gibt es eine symmetrische, konvexe und schwach in sich kompakte Menge $E_0 \subset \mathbf{X}$, so daß $\pi(E) \supset \pi(E_0)$, d. h. $E \subset E_0$ gilt. Die letzte Bedingung ist aber offensichtlich dann und nur dann erfüllt, wenn jede beschränkte, symmetrische, konvexe und in $\mathbf{X}$ abgeschlossene Menge auch schwach in sich kompakt ist.

Aus Satz 9 ergibt sich als weiteres Kriterium für die Halbreflexivität der

Satz 10 (4.XI). *Für die Halbreflexivität des lokalkonvexen Raumes* $\mathbf{X}$ *ist es notwendig und hinreichend, daß er schwach beschränkt-vollständig, d. h., daß der Raum* $[\mathbf{X}, \sigma]$ *beschränkt-vollständig ist.*

Beweis. Notwendig. Es sei $\mathbf{X}$ ein halbreflexiver Raum und $\{x_\alpha\}$ $(\alpha \in A)$ eine beschränkte verallgemeinerte Folge von Elementen aus $\mathbf{X}$. Wir setzen $E = \pi^2(\{x_\alpha\})$. Die Menge E ist beschränkt, symmetrisch, konvex und abgeschlossen in $\mathbf{X}$, deshalb nach Satz 9 schwach in sich kompakt, also insbesondere schwach vollständig. Daraus ergibt sich, daß die verallgemeinerte Folge $\{x_\alpha\}$ $(\alpha \in A)$ schwach konvergiert.

Hinreichend. Wir betrachten eine beschränkte, symmetrische, konvexe und abgeschlossene Menge $E \subset \mathbf{X}$. Nach Lemma 2 aus Abschnitt 4.6 ist E totalbeschränkt im Raum $[\mathbf{X}, \sigma]$. Weiter ist E als konvexe und abgeschlossene Menge auch schwach abgeschlossen, deshalb nach Voraussetzung relativ-vollständig, also auf Grund von Satz 5 schwach in sich kompakt. [1])

Bemerkung. Die schwache Vollständigkeit (bzw. schwache Beschränkt-Vollständigkeit) des Raumes $\mathbf{X}$ bedeutet: Ist $\{x_\alpha\}$ $(\alpha \in A)$ eine beliebige (bzw. beschränkte) verallgemeinerte Folge mit der Eigenschaft, daß für jedes $f \in \mathbf{X}'$ der Grenzwert $\lim\limits_{\alpha \in A} f(x_\alpha)$ existiert, so gibt es in $\mathbf{X}$ ein Element x mit

$$f(x) = \lim_{\alpha \in A} f(x_\alpha)\,.$$

Wir illustrieren Satz 9 am Beispiel des Raumes $\mathbf{D}^0_{[a,b]}$ und beweisen zunächst, daß jede beschränkte Menge in $\mathbf{D}^0_{[a,b]}$ kompakt ist. $\mathbf{D}^0_{[a,b]}$ ist ein metrischer Raum (s. Satz 2 (2.XI) und Abschnitt XI.2.4). Deshalb haben wir nur zu zeigen, daß man aus jeder beschränkten Folge eine konvergente Teilfolge auswählen kann.

Es sei $\{x_n\}$ eine beschränkte Folge. Dann ist insbesondere auch die Zahlenfolge $\{\|x_n\|_1\}$ beschränkt (s. Abschnitt XI.2.3). Deshalb sind die Funktionen x_n $(n = 1, 2, \ldots)$ gleichgradig stetig und gleichmäßig beschränkt. Nach dem Satz von Arzelà-Ascoli konvergiert also eine Teilfolge $\{x_{n1}\}$ gleichmäßig gegen eine stetige Funktion x. Betrachten wir in gleicher Weise die beschränkte Folge $\{\|x_{n1}\|_2\}$ und wenden wieder den Satz von Arzelà-Ascoli an, so finden wir eine Teilfolge $\{x_{n2}\}$ von $\{x_{n1}\}$, die zusammen mit der Folge $\{x'_{n2}\}$ der Ableitungen gleichmäßig konvergiert. Offensichtlich gilt $x_{n2} \to x$ und $x'_{n2} \to x'$, woraus sich die Differenzierbarkeit der Funktion x ergibt. Durch Fortsetzung dieses Verfahrens erhalten wir eine Familie von Folgen $x_{1k}, x_{2k}, \ldots, x_{nk}, \ldots$ $(k = 1, 2, \ldots)$, deren jede Teilfolge der vorhergehenden ist und für die gleichmäßig im Intervall $[a, b]$ die Beziehungen

$$x^{(j)}_{nk} \xrightarrow[n \to \infty]{} x^{(j)} \qquad (j < k = 1, 2, \ldots)$$

bestehen. Die Funktion x gehört also zum Raum $\mathbf{D}^0_{[a,b]}$. Da die Diagonalfolge $\{x_{nn}\}$ zusammen mit den Folgen der Ableitungen $\{x^{(j)}_{nn}\}$ gegen x bzw. die entsprechenden Ableitungen von x konvergiert, gilt $x_{nn} \to x$ in $\mathbf{D}^0_{[a,b]}$.

Eine beschränkte und abgeschlossene Menge $E \subset \mathbf{D}^0_{[a,b]}$ ist nach dem eben Bewiesenen in sich kompakt, also erst recht schwach in sich kompakt. Daraus folgt auf Grund von Satz 9 die Halbreflexivität des Raumes $\mathbf{D}^0_{[a,b]}$. Als bornologischer Raum (Satz 6.2.XI) ist er deshalb sogar reflexiv (Satz 1 (4.XI), Folgerung).

Bemerkung. In Abschnitt II.2.9 (Satz 2 (2.II)) wurde gezeigt, daß ein normierter Raum, in dem jede beschränkte Menge kompakt ist, notwendig eine endliche Dimension hat. Für nicht normierbare Räume (und sogar für metrische Räume) gilt diese Aussage nicht mehr.

4.10. Die Halbreflexivität eines Raumes überträgt sich auch auf seine Teilräume. Das zeigt der folgende

Satz 11 (4.XI). *Jeder Teilraum $\mathbf{X}_0$ eines halbreflexiven Raumes $\mathbf{X}$ ist selbst ein halbreflexiver Raum.*

Beweis. Es sei $\{x_\alpha\}$ $(\alpha \in A)$ eine beschränkte verallgemeinerte Folge von Elementen aus $\mathbf{X}_0$, die schwach in sich konvergiert, und f ein lineares Funktional in $\mathbf{X}$. Die Einschränkung von f auf $\mathbf{X}_0$ ergibt offenbar daselbst wiederum ein lineares Funktional. Deshalb

---

[1]) Ist der Raum $\mathbf{X}$ metrisch und $\mathbf{X}^*$ separabel, so läßt sich das in Satz 10 formulierte Kriterium etwas vereinfachen und verschärfen. In diesem Fall folgt nämlich die Reflexivität des Raumes $\mathbf{X}$ schon aus seiner schwachen Abzählbar-Vollständigkeit (und umgekehrt).

existiert der Grenzwert $\lim_{\alpha \in A} f(x_\alpha)$. Nach Satz 10 gibt es ein Element $x \in \mathbf{X}$ mit $f(x) = \lim_{\alpha \in A} f(x_\alpha)$. Als Teilraum von $\mathbf{X}$ ist $\mathbf{X}_0$ aber abgeschlossen, also auch schwach abgeschlossen. Folglich gilt $x \in \mathbf{X}_0$. Der Raum $\mathbf{X}_0$ ist somit schwach beschränkt-vollständig und deshalb nach Satz 10 halbreflexiv.

§ 5. Folgen lokalkonvexer Räume

In diesem Paragraphen betrachten wir zwei Konstruktionen, mit deren Hilfe man aus einer gegebenen Folge lokalkonvexer Räume einen neuen lokalkonvexen Raum bilden kann siehe Dieudonné [9] sowie [125], [169]).

5.1. Es sei $\mathbf{X}_1, \mathbf{X}_2, \ldots, \mathbf{X}_n, \ldots$ eine Folge linearer Mengen mit der Eigenschaft, daß zu jeder natürlichen Zahl n eine additive und homogene Abbildung ω_n existiert, die $\mathbf{X}_{n+1}$ in $\mathbf{X}_n$ abbildet. Die Folge $\{\mathbf{X}_n\}$ ist also wegen $\omega_n(\mathbf{X}_{n+1}) \subset \mathbf{X}_n$ in einem verallgemeinerten Sinne monoton fallend. Mit $\mathbf{X}$ bezeichnen wir die Menge aller Elementefolgen $\{x_n\}$, für die

$$x \in \mathbf{X}_n, \quad x_n = \omega_n(x_{n+1}) \qquad (n = 1, 2, \ldots) \tag{1}$$

gilt, und definieren in $\mathbf{X}$ in natürlicher Weise algebraische Operationen, bezüglich deren $\mathbf{X}$ dann eine lineare Menge bildet.

Sind die Abbildungen ω_n eineindeutig, so können wir z. B. das Element $x_2 \in \mathbf{X}_2$ mit $\omega_1(x_2) \in \mathbf{X}_1$ identifizieren und deshalb annehmen, daß $\mathbf{X}_1 \supset \mathbf{X}_2$ und analog $\mathbf{X}_2 \supset \mathbf{X}_3 \supset \ldots \ldots \supset \mathbf{X}_n \supset \ldots$ gilt. In diesem Fall ist die Folge $\{x_n\} \in \mathbf{X}$ durch ein beliebiges ihrer Elemente, also insbesondere durch das Element $x_1 \in \mathbf{X}_1$, eindeutig bestimmt. Ordnen wir die Folge $\{x_n\} \in \mathbf{X}$ dem Element $x_1 \in \mathbf{X}_1$ zu, so sieht man ohne Schwierigkeit, daß dann die Menge $\mathbf{X}$ dem Durchschnitt $\bigcap_{n=1}^{\infty} \mathbf{X}_n$ entspricht.

Diese Tatsache legt es nahe, auch im allgemeinen Fall die Menge $\mathbf{X}$ den „verallgemeinerten Durchschnitt" der Mengen $\mathbf{X}_1, \mathbf{X}_2, \ldots, \mathbf{X}_n, \ldots$ zu nennen. Da wir uns wie gewöhnlich nicht für die Natur der Elemente der Menge $\mathbf{X}$, sondern nur für ihre algebraische Struktur interessieren, verstehen wir unter dem *verallgemeinerten Durchschnitt* nicht nur die Menge $\mathbf{X}$ selbst, sondern auch eine beliebige zu ihr isomorphe lineare Menge. Wie man leicht sieht, hängt der verallgemeinerte Durchschnitt nicht nur von den Mengen $\mathbf{X}_1, \mathbf{X}_2, \ldots, \mathbf{X}_n, \ldots$, sondern auch von der Art ihrer Einbettung ineinander, d. h. von den Abbildungen $\omega_1, \omega_2, \ldots, \omega_n, \ldots$ ab. Um diese Abhängigkeit zum Ausdruck zu bringen, verwenden wir zur Bezeichnung des verallgemeinerten Durchschnitts das Symbol $\mathbf{X} = \bigcap_{n=1}^{\infty} (\mathbf{X}_n, \omega_n)$.

Unabhängig von der angegebenen Konstruktion läßt sich der verallgemeinerte Durchschnitt folgendermaßen charakterisieren.

Lemma 1. *Für das Bestehen der Beziehung* $\mathbf{X} = \bigcap_{n=1}^{\infty} (\mathbf{X}_n, \omega_n)$ *ist es notwendig und hinreichend, daß additive und homogene Abbildungen* Ω_n *von* $\mathbf{X}$ *in* $\mathbf{X}_n$ *existieren mit den folgenden Eigenschaften:*

1. $\Omega_n = \omega_n \Omega_{n+1}$ $(n = 1, 2, \ldots)$.
2. Aus $\Omega_n(x) = 0$ für alle $n = 1, 2, \ldots$ folgt $x = 0$.
3. Ist $\{x_n\}$ *eine Folge, die der Bedingung* (1) *genügt, dann gibt es ein Element* $x \in \mathbf{X}$ *mit*

$$\Omega_n(x) = x_n \qquad (n = 1, 2, \ldots).$$

Beweis. Die Menge $\mathbf{X}$ bestehe aus allen Folgen mit der Eigenschaft (1). Für $n = 1, 2, \ldots$ und $x = \{x_n\} \in \mathbf{X}$ definieren wir Operatoren Ω_n durch die Gleichung $\Omega_n(x) = x_n$. Offensichtlich sind dann alle Bedingungen des Lemmas erfüllt.

Es sei jetzt umgekehrt $\mathbf{X}$ eine lineare Menge mit den im Lemma genannten Eigenschaften. $\mathbf{X}_0$ bezeichne die Gesamtheit der Folgen, die der Bedingung (1) genügen. Wir zeigen, daß die linearen Mengen $\mathbf{X}$ und $\mathbf{X}_0$ isomorph sind. Dazu ordnen wir dem Element $x \in \mathbf{X}$ die Folge $\{\Omega_n(x)\}$ zu, die, wie man leicht sieht, zur Menge $\mathbf{X}_0$ gehört. Auf Grund der Bedingung 2 ist diese Zuordnung eineindeutig, und wegen 3 läßt sich jedes Element der Menge $\mathbf{X}_0$ als Bild eines Elementes aus $\mathbf{X}$ darstellen. Daß die angegebene Zuordnung einen Isomorphismus bildet, ist offensichtlich.

5.2. Es seien jetzt $\mathbf{X}_1, \mathbf{X}_2, \ldots, \mathbf{X}_n, \ldots$ nicht nur lineare Mengen, sondern lokalkonvexe Räume, und die Abbildungen ω_n seien außerdem alle stetig. $\mathbf{X}$ bezeichne den verallgemeinerten Durchschnitt der Räume $\mathbf{X}_1, \mathbf{X}_2, \ldots, \mathbf{X}_n, \ldots$. Wir topologisieren die Menge $\mathbf{X}$ auf folgende Weise: In jedem Raum $\mathbf{X}$ wählen wir ein erzeugendes System $\mathfrak{B}_n$ konvexer Nullumgebungen ($n = 1, 2, \ldots$) und definieren als erzeugendes System von Nullumgebungen $\mathfrak{B}$ im Raum $\mathbf{X}$ die Gesamtheit aller Mengen der Form $\Omega_n^{-1}(V_n)$ ($V_n \in \mathfrak{B}_n$; $n = 1, 2, \ldots$). Man sieht leicht, daß das System den Bedingungen von Satz 1 (2.XI) genügt und die von ihm erzeugte Topologie nicht von der speziellen Wahl der Systeme $\mathfrak{B}_n$, sondern nur von den Topologien der Räume $\mathbf{X}_1, \mathbf{X}_2, \ldots, \mathbf{X}_n, \ldots$ abhängt.[1]) Der so konstruierte lokalkonvexe Raum $\mathbf{X}$ heißt der *projektive Limes* der Folge $\mathbf{X}_1, \mathbf{X}_2, \ldots, \mathbf{X}_n, \ldots$ und wird mit $\mathbf{X} = \lim \mathrm{pr.}\,(\mathbf{X}_n, \omega_n)$ bezeichnet.

Bemerkung 1. Die Topologie des Raumes $\mathbf{X}_n$ werde von der Multinorm $\|x\|_\xi$ ($x \in \mathbf{X}_n$; $\xi \in \Xi_n$; $n = 1, 2, \ldots$) erzeugt. Wir können annehmen, daß die Mengen Ξ_n paarweise disjunkt sind, bezeichnen ihre Vereinigung mit Ξ und setzen für jedes $x \in \mathbf{X}$

$$\|x\|_\xi = \|\Omega_n(x)\|_\xi \qquad (\xi \in \Xi), \tag{2}$$

wobei n der Bedingung $\xi \in \Xi_n$ genüge. Die Durchführung des einfachen Beweises dafür, daß die Formel (2) eine Multinorm im Raum $\mathbf{X}$ definiert und diese die Topologie des projektiven Limes erzeugt, sei dem Leser überlassen. Wir zeigen nur, daß aus $\|x\|_\xi = 0$ für alle $\xi \in \Xi$ stets $x = 0$ folgt. Definitionsgemäß sind die Gleichungen $\|x\|_\xi = 0$ ($\xi \in \Xi$) und $\|\Omega_n(x)\|_\xi = 0$ ($\xi \in \Xi_n$; $n = 1, 2, \ldots$) äquivalent. Aus der letzten Beziehung ergibt sich $\Omega_n(x) = 0$ ($n = 1, 2, \ldots$), also muß nach Lemma 1, Bedingung 2 notwendig $x = 0$ gelten.

Aus dem Gesagten folgt insbesondere, daß der projektive Limes ein separierter Raum ist (wobei wir selbstverständlich alle Räume $\mathbf{X}_n$ selbst als separiert vorausgesetzt haben).

Bemerkung 2. Die Topologie des projektiven Limes ist die schwächste, bezüglich deren alle Operatoren Ω_n stetig sind. Führen wir nämlich in der Menge $\mathbf{X}$ eine andere Topologie mit dieser Eigenschaft ein, so müssen die Mengen $\Omega_n^{-1}(V_n)$ in dieser neuen Topologie notwendig Nullumgebungen sein.

Bemerkung 3. Die Operatoren ω_n seien jetzt alle eineindeutig. Dann können wir annehmen, daß $\mathbf{X}_1 \supset \mathbf{X}_2 \supset \ldots \supset \mathbf{X}_n \supset \ldots$ gilt, und als Modell für den verallgemeinerten Durchschnitt den gewöhnlichen Durchschnitt der Mengen $\mathbf{X}_1, \mathbf{X}_2, \ldots, \mathbf{X}_n, \ldots$ betrachten. In diesem Fall sind die Operatoren Ω_n identische Abbildungen: $\Omega_n(x) = x$, das System $\mathfrak{B}$ besteht aus allen Mengen der Form $V_n \cap \mathbf{X}$ ($V_n \in \mathfrak{B}_n$) und die Vereinigung der Multinormen in den Räumen $\mathbf{X}_n$ ist eine Multinorm im Raum $\mathbf{X}$.

5.3. Wir betrachten jetzt einen vollständigen abzählbar-normierbaren Raum $\mathbf{X}$ und die Folge der zugehörigen normierten Räume $\mathbf{X}_1, \mathbf{X}_2, \ldots, \mathbf{X}_n, \ldots$ (siehe Abschnitt XI.2.3). Dabei nehmen wir an, daß die Multinorm $\|x\|_n$ ($x \in \mathbf{X}$, $n = 1, 2, \ldots$) im Raum $\mathbf{X}$ der Bedingung

$$\|x\|_1 \leqq \|x\|_2 \leqq \cdots \leqq \|x\|_n \leqq \cdots \qquad (x \in \mathbf{X})$$

[1]) Die letzte Tatsache folgt auch aus der nachstehenden Bemerkung 2.

genügt. $\mathbf{X}^{(n)}$ bezeichne wie in Abschnitt XI.2.3 die Menge aller $x \in \mathbf{X}$ mit $\|x\|_n = 0$. Es sei $X \in \mathbf{X}_{n+1}$. Die Klasse X besteht dann aus den Elementen $x_0 + \mathbf{X}^{(n+1)}$, wobei x_0 ein beliebiges Element aus X ist. Setzen wir $\omega_n(X) = x_0 + \mathbf{X}^{(n)}$, so hängt das Element $\omega_n(X)$ nicht von x_0, sondern nur von der Klasse X ab. Aus $X = x' + \mathbf{X}^{(n+1)}$ folgt nämlich $x_0 - x' \in \mathbf{X}^{(n+1)} \subset \mathbf{X}^{(n)}$ und damit $x + \mathbf{X}^{(n)} = x_0 + \mathbf{X}^{(n)}$. Weiter gilt wegen $\|X\| = \|x_0\|_{n+1}$ und $\|\omega_n(X)\| = \|x_0\|_n$ stets $\|\omega_n(X)\| \leqq \|X\|$, d. h., die Operatoren ω_n sind linear ($\|\omega_n\| \leqq 1$). Wir zeigen, daß der Raum $\mathbf{X}$ der verallgemeinerte Durchschnitt der Räume $\mathbf{X}_n$ ist: $\mathbf{X} = \bigcap_{n=1}^{\infty} (\mathbf{X}_n, \omega_n)$. Dazu definieren wir Operatoren Ω_n durch die Gleichungen

$$\Omega_n(x) = x + \mathbf{X}^{(n)} \qquad (x \in \mathbf{X};\ n = 1, 2, \ldots)$$

und weisen nach, daß diese den Bedingungen von Lemma 1 genügen. Das Erfülltsein der ersten Bedingung ergibt sich unmittelbar aus der Definition der Operatoren ω_n und Ω_n; das der zweiten Bedingung folgt aus der Separiertheit des Raumes $\mathbf{X}$, denn gilt $\Omega_n(x) = 0$ ($n = 1, 2, \ldots$), so gehört x für jeden Index $n = 1, 2, \ldots$ zur Menge $\mathbf{X}^{(n)}$, also ist $x = 0$. Schließlich sei $\{X_n\}$ eine Folge von Klassen $X_n \in \mathbf{X}_n$, die der Bedingung (1) genügt, d. h., es bestehen die Inklusionen $X_1 \supset X_2 \supset \ldots \supset X_n \supset \ldots$. Aus jeder Klasse X_n wählen wir ein Element x_n und betrachten die Differenz $x_m - x_k$. Für $m > k \geqq n$ folgt $x_m - x_k \in \mathbf{X}^{(k)} \subset \mathbf{X}^{(n)}$, also $\|x_m - x_k\|_n = 0$. Wegen der Vollständigkeit des Raumes $\mathbf{X}$ existiert deshalb ein Element x, gegen das die Folge $\{x_k\}$ konvergiert. Da für $k \geqq n$ das Element x_k zur Menge X_n gehört und X_n als Teilmenge von $\mathbf{X}$ abgeschlossen ist, gilt $x = \lim_{k\to\infty} x_k \in X_n$. Somit ergibt sich die Gleichung $\Omega_n(x) = x + \mathbf{X}^{(n)} = X_n$, also ist auch Bedingung 3 erfüllt.

Mit diesen Überlegungen haben wir im wesentlichen den folgenden Satz bewiesen.

Satz 1 (5.XI). *Ist* $\mathbf{X}$ *ein vollständiger abzählbar-normierbarer Raum, so gilt*

$$\mathbf{X} = \lim \text{pr.} (\mathbf{X}_n, \omega_n).$$

Die gemäß Formel (2) im Raum lim pr. $(\mathbf{X}_n, \omega_n)$ definierte Multinorm

$$\|x\|_n^* = \|\Omega_n(x)\|_{\mathbf{X}_n} \qquad (n = 1, 2, \ldots)^{1)},$$

fällt nämlich mit der Multinorm des Raumes $\mathbf{X}$ zusammen. Das folgt aus der Beziehung

$$\|\Omega_n(x)\| = \|x + \mathbf{X}^{(n)}\| = \|x\|_n .$$

Bemerkung 1. In Satz 1 kann man an Stelle der Räume $\mathbf{X}_n$ auch deren Vervollständigungen $\overline{\mathbf{X}}_n$ zugrunde legen. Der Operator ω_n bildet nämlich $\mathbf{X}_{n+1}$ in den vollständigen Raum $\overline{\mathbf{X}}_n$ ab, so daß wir ω_n auf ganz $\overline{\mathbf{X}}_{n+1}$ stetig fortsetzen können. Bezeichnen wir den neuen Operator wieder mit ω_n, so gilt weiterhin $\|\omega_n\| \leqq 1$. Es sei $\overline{\mathbf{X}} = \lim \text{pr.} (\overline{\mathbf{X}}_n, \omega_n)$. Der gegebene Raum $\mathbf{X}$ läßt sich dann in natürlicher Weise in den Raum $\overline{\mathbf{X}}$ einbetten, denn für $x \in \mathbf{X}$ gehört die Folge $\{\Omega_n(x)\}$ zu $\overline{\mathbf{X}}$. Wegen der Beziehung

$$\|x\|_k = \|\Omega_k(x)\| = \|\{\Omega_n(x)\}\|_k \qquad (k = 1, 2, \ldots)$$

ist diese Einbettung sogar ein Homomorphismus. Wir zeigen, daß der Raum $\mathbf{X}$ im Raum $\overline{\mathbf{X}}$ dicht liegt. Es sei $z = \{z_n\} \in \overline{\mathbf{X}}$:

$$z_n \in \overline{\mathbf{X}}_n, \quad z_n = \omega_n(z_{n+1}) \qquad (n = 1, 2, \ldots).$$

Zu jedem $n = 1, 2, \ldots$ existiert ein Element $X_n \in \mathbf{X}_n$, für das $\|X_n - z_n\| \leqq \frac{1}{n}$ gilt. Wegen $\Omega_n(\mathbf{X}) = \mathbf{X}_n$ finden wir weiter (auf Grund des Homomorphismus) ein Element $x_n \in \mathbf{X}$ mit $X_n = \Omega_n(x_n)$. Die Folge $\{x_n\}$ konvergiert aber gegen z. Um das zu sehen,

[1]) Im folgenden lassen wir den Index $\mathbf{X}_n$ an der Norm im Raum $\mathbf{X}_n$ weg.

wählen wir $n \geqq m$ und schätzen die m-te Norm ($m = 1, 2, \ldots$) der Differenz $x_n - z$ nach oben ab. Bei Berücksichtigung der Ungleichung $\|\omega_k\| \leqq 1$ ergibt sich

$$\|x_n - z\|_m = \|\Omega_m(x_n) - z_m\| = \|\omega_m \, \Omega_{m+1}(x_n) - \omega_m(z_{m+1})\|$$
$$\leqq \|\Omega_{m+1}(x_n) - z_{m+1}\| \leqq \cdots \leqq \|\Omega_n(x_n) - z_n\| = \|X_n - z_n\| \leqq \frac{1}{n}.$$

Der Raum $\mathbf{X}$ liegt also dicht im Raum $\overline{\mathbf{X}}$. Da $\mathbf{X}$ nach Voraussetzung vollständig ist, gilt deshalb $\mathbf{X} = \overline{\mathbf{X}}$.

Bemerkung 2. Aus Bemerkung 1 von Abschnitt 5.2 folgt, daß der projektive Limes einer Folge abzählbar-normierbarer Räume, also insbesondere einer Folge normierter Räume, wieder ein abzählbar-normierbarer Raum ist.

5.4. In diesem Abschnitt wird gezeigt, wie das Studium des projektiven Limes $\mathbf{X} = \lim \text{pr.}\, (\mathbf{X}_n, \omega_n)$ einer Folge $(\mathbf{X}_n)$ auf das der Räume $\mathbf{X}_n$ zurückgeführt werden kann.

Wir untersuchen als erstes die Konvergenz im Raum $\mathbf{X} = \lim \text{pr.}\, (\mathbf{X}_n, \omega_n)$. Es sei $\{x_\alpha\}$ ($\alpha \in A$) eine verallgemeinerte Folge von Elementen aus $\mathbf{X}$, die gegen $x \in \mathbf{X}$ konvergiert. Da die Operatoren Ω_n linear sind, ergibt sich für jedes $n = 1, 2, \ldots$

$$\Omega_n(x_\alpha) \xrightarrow[\alpha \in A]{} \Omega_n(x) \tag{3}$$

Gilt umgekehrt die Beziehung (3) für alle $n = 1, 2, \ldots$, so folgt für eine beliebige Halbnorm in $\mathbf{X}$

$$\|x_\alpha - x\|_\xi = \|\Omega_n(x_\alpha - x)\|_\xi \xrightarrow[\alpha \in A]{} 0,$$

d. h. $x_\alpha \to x$ in $\mathbf{X}$.

Wir zeigen jetzt ohne Schwierigkeit, daß die Vollständigkeit aller Räume $\mathbf{X}_n$ ($n = 1, 2, \ldots$) die des Raumes $\mathbf{X}$ nach sich zieht. Dazu sei $\{x_n\}$ eine in sich konvergente verallgemeinerte Folge von Elementen des Raumes $\mathbf{X}$. Dann konvergiert wegen $x_\alpha - x_{\alpha'} \xrightarrow[(\alpha, \alpha') \in A^2]{} 0$ auch die verallgemeinerte Folge $\{\Omega_n(x_\alpha)\}$ im Raum $\mathbf{X}_n$ in sich, also existiert der Grenzwert $z_n = \lim\limits_{\alpha \in A} \Omega_n(x_\alpha) \in \mathbf{X}_n$. Aus $\Omega_n(x_\alpha) = \omega_n \, \Omega_{n+1}(x_\alpha)$ folgt durch Grenzübergang die Beziehung $z_n = \omega_n(z_{n+1})$ ($n = 1, 2, \ldots$). Nach Lemma 1 gibt es deshalb ein Element $x \in \mathbf{X}$ mit $z_n = \Omega_n(x)$. Nach den obigen Überlegungen gilt $x_\alpha \to x$ im Raum $\mathbf{X}$.

Es sei weiter E eine beschränkte Teilmenge von $\mathbf{X}$. Da ein linearer Operator auch beschränkt ist, sind alle Mengen $\Omega_n(E)$ in $\mathbf{X}_n$ beschränkt ($n = 1, 2, \ldots$).

Umgekehrt folgt aus der Beschränktheit aller Mengen $\Omega_n(E)$ auch die Beschränktheit der Menge E in $\mathbf{X}$. In diesem Fall sind nämlich die Zahlenmengen $\{\|x\|_\xi\}$ ($x \in E$) für jedes $\xi \in \Xi$ beschränkt, da jede von ihnen mit einer Menge der Form $\{\|\Omega_n(x)\|_\xi\}$, $n = 1, 2, \ldots$, zusammenfällt.

Schließlich sei f ein lineares Funktional im Raum $\mathbf{X}$. In Abschnitt XI.2.3 wurde gezeigt, daß dann ein $\xi \in \Xi$ und eine Zahl $N > 0$ existieren, so daß

$$|f(x)| \leqq N\|x\|_\xi \qquad (x \in \mathbf{X})$$

gilt. Wegen $\|x\|_\xi = \|\Omega_n(x)\|_\xi$ für ein gewisses dem Index ξ zugeordnetes $n = 1, 2, \ldots$ folgt hieraus

$$|f(x)| \leqq N\, \|\Omega_n(x)\|_\xi, \tag{4}$$

d. h., $\Omega_n(x) = 0$ zieht stets $f(x) = 0$ nach sich. Deshalb ist die Bildung des Ausdrucks

$$F(z) \doteq f(\Omega_n^{-1}(z)) \qquad (z \in \Omega_n(\mathbf{X}))$$

sinnvoll; $F(z)$ ist ein (eindeutig definiertes) additives und homogenes Funktional. Aus (4) erhalten wir die Beziehung

$$|F(z)| \leqq N\|z\|_\xi \qquad (z \in \Omega_n(\mathbf{X})),$$

also ist F ein lineares Funktional im Raum $\Omega_n(\mathbf{X})$. Nach Satz 4 (2.XI) läßt sich F auf den ganzen Raum $\mathbf{X}_n$ stetig fortsetzen. Diese Erweiterung bezeichnen wir einfach wieder mit F.

Ist umgekehrt F ein lineares Funktional auf einem der Räume $\mathbf{X}_n$, so wird durch die Formel

$$f(x) = F(\Omega_n(x)) \qquad (x \in \mathbf{X}) \tag{5}$$

offensichtlich ein lineares Funktional in $\mathbf{X}$ definiert.

Unter Benutzung von Satz 1 kann man mit Hilfe dieser Überlegungen aufs neue die allgemeine Form der linearen Funktionale in den konkreten abzählbar-normierbaren Räumen des Abschnitts XI.1.4 herleiten.

5.5. Der projektive Limes ist der Grenzwert einer „fallenden" Folge von Räumen. Man kann eine analoge Konstruktion auch für „wachsende" Folgen durchführen und auf diese Weise den sogenannten induktiven Limes definieren.

Wir beginnen wieder mit der algebraischen Konstruktion. $\mathbf{X}_1, \mathbf{X}_2, \ldots$ sei eine Folge linearer Mengen mit der Eigenschaft, daß additive und homogene Operatoren ω_n existieren, die $\mathbf{X}_n$ in $\mathbf{X}_{n+1}$ abbilden. Die Folge $(\mathbf{X}_n)$ ist also wegen $\omega_n(\mathbf{X}_n) \subset \mathbf{X}_{n+1}$ in einem verallgemeinerten Sinne „monoton wachsend".

Lemma 2. *Es gibt eine (bis auf Isomorphismen) eindeutig bestimmte lineare Menge $\mathbf{X}$ sowie additive und homogene Operatoren Ω_n, die $\mathbf{X}_n$ in $\mathbf{X}$ abbilden und den folgenden Bedingungen genügen:*

1. $\Omega_n = \Omega_{n+1}\,\omega_n \quad (n = 1, 2, \ldots)$.
2. $\mathbf{X} = \bigcup_{n=1}^{\infty} \Omega_n(\mathbf{X}_n)$.
3. *Gilt für ein n die Gleichung $\Omega_n(x) = 0$, so existiert ein $m \geqq n$ mit $\omega_m\,\omega_{m-1} \ldots \omega_n(x) = 0$.*

Die Menge X heißt die *verallgemeinerte Vereinigung* der Mengen $\mathbf{X}_1, \mathbf{X}_2, \ldots$ und wird mit $\mathbf{X} = \bigcup_{n=1}^{\infty} (\mathbf{X}_n, \omega_n)$ bezeichnet.

Beweis. Wir bilden die Menge $\mathbf{X}$ aller Paare (x, n) mit $x \in \mathbf{X}_n$, $n = 1, 2, \ldots$. Zwei Paare (x, n) und (y, m) sehen wir als gleich an, wenn ein $p \geqq m, n$ mit

$$\omega_p\,\omega_{p-1} \ldots \omega_n(x) = \omega_p\,\omega_{p-1} \ldots \omega_m(y) \tag{6}$$

existiert. Offensichtlich besteht die Beziehung $(x, n) = (\omega_n(x),\ n+1)$. Deshalb kann man von zwei betrachteten Paaren (x, n) und (y, m) stets annehmen, daß $m = n$ gilt. Für je zwei Elemente (x, n), $(y, m) \in \mathbf{X}$, wobei wir also $m = n$ voraussetzen wollen, setzen wir

$$(x, n) + (y, m) = (x + y, n)\,.$$

Man sieht leicht, daß diese Summe unverändert bleibt, wenn man die Summanden der linken Seite durch gleiche (im obigen Sinne) ersetzt. Eine entsprechende Bemerkung gilt auch bezüglich des Produktes einer Zahl λ mit dem Element $(x, n) \in \mathbf{X}$, das wir naheliegenderweise folgendermaßen erklären:

$$\lambda(x, n) = (\lambda x, n)\,.$$

Die Menge $\mathbf{X}$ bildet bezüglich dieser algebraischen Operationen eine lineare Menge.[1]) Dabei spielt das Paar $(0, n)$ (oder ein beliebiges anderes ihm gleiches Paar) die Rolle des Nullelementes.

Setzen wir schließlich noch

$$\Omega_n(x) = (x, n) \qquad (x \in \mathbf{X}_n;\ n = 1, 2, \ldots)\,,$$

so hat die Menge X alle im Lemma geforderten Eigenschaften.

---

[1]) Genau genommen ist nicht die Menge $\mathbf{X}$ selbst, sondern die Menge der Klassen gleicher Elemente eine lineare Menge. Um jedoch die Formulierungen nicht unnötig zu komplizieren, sprechen wir stets von der Menge $\mathbf{X}$, wie es in der Literatur auch sonst üblich ist.

Es sei jetzt umgekehrt $\widetilde{\mathbf{X}}$ eine lineare Menge, die mit den Operatoren $\widetilde{\Omega}_n$ $(n = 1, 2, \ldots)$ entsprechend Lemma 2 die dort genannten Eigenschaften hat. Wir zeigen, daß die Mengen $\widetilde{\mathbf{X}}$ und $\mathbf{X}$ isomorph sind. Dazu definieren wir auf $\mathbf{X}$ einen Operator Θ durch die Gleichung $\Theta[(x, n)] = \widetilde{\Omega}_n(x)$ $((x, n) \in \mathbf{X})$. Θ bildet gleiche Paare auf ein und dasselbe Element aus $\widetilde{\mathbf{X}}$ ab. Das ergibt sich durch wiederholte Anwendung der Beziehung

$$\Theta[(\omega_n(x),\ n + 1)] = \widetilde{\Omega}_{n+1}\, \omega_n(x) = \widetilde{\Omega}_n(x)\,.$$

Weiterhin ist der Operator Θ additiv und homogen. Wir zeigen, daß er eine eineindeutige Abbildung von $\mathbf{X}$ auf $\widetilde{\mathbf{X}}$ vermittelt. Aus $\Theta[(x, n)] = 0$, d. h. $\widetilde{\Omega}_n(x) = 0$, folgt nach Bedingung 3 für ein gewisses $p \geqq n$

$$\omega_p\, \omega_{p-1} \ldots \omega_n(x) = 0\,,$$

also $(x, n) = (0, p)$, weshalb das Paar (x, n) dem Nullelement der Menge $\mathbf{X}$ gleich ist. Außerdem existieren nach 2 für ein beliebiges Element $\tilde{x} \in \widetilde{\mathbf{X}}$ ein Index n und ein Element $x \in \mathbf{X}_n$ mit $\tilde{x} = \widetilde{\Omega}_n(x)$. Offensichtlich gilt dann $\tilde{x} = \Theta[(x, n)]$.

Bemerkung 1. Der beim Beweis von Lemma 2 konstruierte Isomorphismus zwischen den Räumen $\mathbf{X}$ und $\widetilde{\mathbf{X}}$ hat die Eigenschaft, daß für beliebiges $n = 1, 2, \ldots$ und $x \in \mathbf{X}_n$ die Elemente $\Omega_n(x)$ und $\widetilde{\Omega}_n(x)$ einander entsprechen. In diesem Sinne werden die Operatoren Ω_n eindeutig von den ursprünglich gegebenen Operatoren ω_n bestimmt.

Bemerkung 2. Sind die Operatoren ω_n eineindeutig, so können wir annehmen, daß $\mathbf{X}_1 \subset \mathbf{X}_2 \subset \ldots \subset \mathbf{X}_n \subset \ldots$ gilt. Nach Bedingung 3 sind dann auch die Operatoren Ω_n eineindeutig, d. h., wir können auch $\mathbf{X}_n$ als Teilmenge von $\mathbf{X}$ ansehen. Dabei folgt aus $x \in \mathbf{X}_n$ und $x = \omega_n(x) \in \mathbf{X}_{n+1}$ stets $\Omega_n(x) = \Omega_{n+1}\, \omega_n(x) = \Omega_{n+1}(x)$ (Bedingung 1), so daß die Einbettung $\mathbf{X}_n \subset \mathbf{X}$ sogar gleichzeitig für alle $n = 1, 2, \ldots$ vorgenommen werden kann. Gemäß Bedingung 2 gilt dann

$$\mathbf{X} = \bigcup_{n=1}^{\infty} \Omega_n(\mathbf{X}_n) = \bigcup_{n=1}^{\infty} \mathbf{X}_n\,.$$

5.6. Es sei jetzt $\mathbf{X}_1, \mathbf{X}_2, \ldots, \mathbf{X}_n, \ldots$ eine im oben beschriebenen verallgemeinerten Sinne monoton wachsende Folge lokalkonvexer Räume. Die Operatoren ω_n werden dabei alle als stetig vorausgesetzt. Wir topologisieren die Menge $\mathbf{X} = \bigcup\limits_{n=1}^{\infty} (\mathbf{X}_n, \omega_n)$. Dazu bezeichne $\mathfrak{B}_n$ das System aller konvexen symmetrischen Nullumgebungen im Raum $\mathbf{X}_n$ $(n = 1, 2, \ldots)$. $\{V_n\}$ sei eine Folge mit der Eigenschaft

$$V_n \in \mathfrak{B}_n\,, \quad \omega_n(V_n) \subset V_{n+1} \qquad (n = 1, 2, \ldots)\,.$$

Wegen $\Omega_{n+1}\, \omega_n(V_n) \subset \Omega_{n+1}(V_{n+1})$ gilt gemäß Lemma 2 $\Omega_n(V_n) \subset \Omega_{n+1}(V_{n+1})$. Wir setzen

$$V = \bigcup_{n=1}^{\infty} \Omega_n(V_n) \tag{7}$$

und wählen die Gesamtheit $\mathfrak{B}$ aller Mengen V dieser Form als Fundamentalsystem von Nullumgebungen im Raum $\mathbf{X}$. Der Nachweis der Bedingungen von Satz 1 (2.XI) bereitet keine Schwierigkeiten, weshalb wir hier nicht näher darauf einzugehen brauchen. Der so konstruierte lokalkonvexe Raum heißt der *induktive Limes* der Folge $\mathbf{X}_1, \mathbf{X}_2, \ldots, \mathbf{X}_n, \ldots$ und wird mit $\mathbf{X} = \lim\,\text{ind.}\,(\mathbf{X}_n, \omega_n)$ bezeichnet.

Bemerkung 1. Im Raum $\mathbf{X} = \lim\,\text{ind.}\,(\mathbf{X}_n, \omega_n)$ bildet auch das System $\widetilde{\mathfrak{B}}$ aller Mengen der Gestalt

$$\widetilde{V} = \bigcup_{n=1}^{\infty} [\Omega_1(\widetilde{V}_1) + \Omega_2(\widetilde{V}_2) + \cdots + \Omega_n(\widetilde{V}_n)] \qquad (\widetilde{V}_n \in \mathfrak{B}_n\,,\ n = 1, 2, \ldots) \tag{8}$$

ein Fundamentalsystem von Nullumgebungen.

Wir zeigen dazu als erstes, daß jede Menge $\tilde{V} \in \tilde{\mathfrak{B}}$ Nullumgebung in $\mathbf{X}$ ist. Für

$$V_1 = \tilde{V}_1, \quad V_n = \omega_{n-1} \dots \omega_1(\tilde{V}_1) + \omega_{n-1} \dots \omega_2(\tilde{V}_2) + \dots + \tilde{V}_n \qquad (n = 2, 3, \dots)$$

ergibt sich

$$\omega_n(V_n) = \omega_n \omega_{n-1} \dots \omega_1(\tilde{V}_1) + \omega_n \omega_{n-1} \dots \omega_2(\tilde{V}_2) + \dots + \omega_n(\tilde{V}_n) \subset V_{n+1}$$

und

$$\Omega_n(V_n) = \Omega_1(\tilde{V}_1) + \Omega_2(\tilde{V}_2) + \dots + \Omega_n(\tilde{V}_n),$$

d. h.

$$\tilde{V} = \bigcup_{n=1}^{\infty} \Omega_n(V_n),$$

also hat die Menge $\tilde{V}$ die Gestalt (7).

Ist umgekehrt $V \in \mathfrak{B}$ eine Nullumgebung in $\mathbf{X}$, die durch die Folge $\{V_n\}$ $(V_n \in \mathfrak{B}_n)$ erzeugt werde, so setzen wir $\tilde{V}_n = \frac{1}{2^n} V_n$ $(n = 1, 2, \dots)$. Dann folgt

$$\Omega_1(\tilde{V}_1) + \Omega_2(\tilde{V}_2) + \dots + \Omega_n(\tilde{V}) = \frac{1}{2}\Omega_1(V_1) + \frac{1}{4}\Omega_2(V_2) + \dots$$
$$+ \frac{1}{2^n}\Omega_n(V_n) \subset \left(1 - \frac{1}{2^n}\right)\Omega_n(V_n) \subset \Omega_n(V_n),$$

also

$$\tilde{V} = \bigcup_{n=1}^{\infty} [\Omega_1(\tilde{V}_1) + \Omega_2(\tilde{V}_2) + \dots + \Omega_n(\tilde{V}_n)] \subset \bigcup_{n=1}^{\infty} \Omega_n(V_n) = V,$$

was zu zeigen war.

Bei der Konstruktion des Systems $\tilde{\mathfrak{B}}$ genügt es übrigens, anstelle vom System $\mathfrak{B}_n$ von einem beliebigen Fundamentalsystem $\tilde{\mathfrak{B}}_n$ konvexer Nullumgebungen im Raum $\mathbf{X}_n$ auszugehen $(n = 1, 2, \dots)$.

Bemerkung 2. Die Operatoren Ω_n, die $\mathbf{X}_n$ in $\mathbf{X} = \lim \text{ind.} (\mathbf{X}_n, \omega_n)$ abbilden, sind alle stetig. Ist nämlich V eine Nullumgebung der Form (7) in $\mathbf{X}$, so gilt $\Omega_n(V_n) \subset V$.

Wir setzen jetzt voraus, daß in der Menge $\mathbf{X} = \bigcup_{n=1}^{\infty} (\mathbf{X}_n, \omega_n)$ eine Topologie $\tilde{\tau}$ gegeben ist, die i. a. von der Topologie τ des induktiven Limes verschieden sein kann. $[\mathbf{X}, \tilde{\tau}]$ sei dabei ein linearer topologischer Raum. Sind dann die Operatoren Ω_n $(n = 1, 2, \dots)$ alle stetig als Abbildungen von $\mathbf{X}_n$ in $[\mathbf{X}, \tilde{\tau}]$, so gilt $\tilde{\tau} \leqq \tau$.

Um das zu sehen, wählen wir eine beliebige Nullumgebung W des Raumes $[\mathbf{X}, \tilde{\tau}]$. Dann gibt es eine Folge $\{W_n\}$ von Nullumgebungen in $[\mathbf{X}, \tilde{\tau}]$ mit

$$W_{n+1} + W_{n+1} \subset W_n \qquad (n = 0, 1, \dots;\ W_0 = W).$$

Wegen der Stetigkeit des Operators Ω_n existiert weiter ein $V_n \in \mathfrak{B}_n$, für das $\Omega_n(V_n)$ ganz in W_n liegt $(n = 1, 2, \dots)$. Ausgehend von der Folge $\{V_n\}$ bilden wir eine Umgebung $V \in \tilde{\mathfrak{B}}$ der Form (8) und erhalten

$$\Omega_1(V_1) + \Omega_2(V_2) + \dots + \Omega_n(V_n) \subset W_1 + W_2 + \dots + W_n$$
$$\subset W_1 + W_2 + \dots + W_{n-1} + W_{n-1} \subset W_1 + \dots + W_{n-2} + W_{n-2} \subset \dots$$
$$\dots \subset W_1 + W_1 \subset W,$$

also

$$V = \bigcup_{n=1}^{\infty} [\Omega_1(V_1) + \Omega_2(V_2) + \dots + \Omega_n(V_n)] \subset W.$$

Bemerkung 3. Eine konvexe Menge $V \subset \mathbf{X}$ ist genau dann Nullumgebung im Raum $\mathbf{X} = \lim \text{ind.} (\mathbf{X}_n, \omega_n)$, wenn jede Menge $V_n = \Omega_n^{-1}(V)$ eine Nullumgebung im Raum $\mathbf{X}_n$ bildet $(n = 1, 2, \dots)$.

Ist nämlich V_n Nullumgebung in $\mathbf{X}_n$ $(n = 1, 2, \ldots)$, so folgt aus $\Omega_n = \Omega_{n+1}\,\omega_n$ für $x \in V_n$ die Gleichung $\Omega_n(x) = \Omega_{n+1}\,\omega_n(x)$. Wegen $\Omega_n(x) \in V$ gilt deshalb $\omega_n(x) \in \overset{-1}{\Omega}_{n+1}(V) = V_{n+1}$, d. h. $\omega_n(V_n) \subset V_{n+1}$. Eine analoge Beziehung besteht auch für die symmetrischen Umgebungen $V_n^0 = V_n \cap (-V_n)$. Die zur Folge $\{V_n^0\}$ gehörige Umgebung V^0 der Form (7) ist dann offensichtlich in V enthalten, also bildet auch V eine Nullumgebung im Raum $\mathbf{X}$.

Umgekehrt ist für jede Nullumgebung V in $\mathbf{X}$ wegen der Stetigkeit des Operators Ω_n die Menge V_n Nullumgebung im Raum $\mathbf{X}_n$ $(n = 1, 2, \ldots)$.

Eine entsprechende Aussage für abgeschlossene Mengen gilt jedoch i. a. nicht. Zur Erläuterung hierfür betrachten wir in $\mathbf{X}$ folgende (durch das System ihrer abgeschlossenen Mengen definierte) Topologie $\tilde{\tau}$: Eine Menge $F \subset \mathbf{X}$ sei genau dann abgeschlossen bezüglich der Topologie $\tilde{\tau}$, wenn jede der Mengen $F_n = \overset{-1}{\Omega}_n(F)$ im Raum $\mathbf{X}_n$ abgeschlossen ist $(n = 1, 2, \ldots)$. Man sieht leicht, daß $\mathbf{X}$ auf diese Weise tatsächlich zu einem topologischen Raum wird, wobei die Topologie τ des induktiven Limes schwächer ist als die Topologie $\tilde{\tau}$, und daß die Abbildungen Ω_n von $\mathbf{X}_n$ in den Raum $[\mathbf{X}, \tilde{\tau}]$ alle stetig sind. Trotzdem können wir in diesem Fall nicht die Bemerkung 2 anwenden, da $[\mathbf{X}, \tilde{\tau}]$ kein linearer topologischer Raum zu sein braucht, d. h., die algebraischen Operationen in $\mathbf{X}$ sind bezüglich der Topologie $\tilde{\tau}$ nicht notwendig stetig. Man kann jedoch zeigen, daß sie abzählbar stetig sind, d. h., aus $x_n \to 0$ und $y_n \to 0$ im Raum $[\mathbf{X}, \tilde{\tau}]$ folgt $x_n + y_n \to 0$ und Entsprechendes gilt für das Produkt der Elemente aus $\mathbf{X}$ mit skalaren Faktoren. Den Beweis dieser interessanten Tatsache überlassen wir dem Leser.

Bemerkung 4. Es sei $\mathbf{Z}_n = \Omega_n(\mathbf{X}_n)$ $(n = 1, 2, \ldots)$. Wir topologisieren die Menge $\mathbf{Z}_n$ durch die Festsetzung, daß genau jede Teilmenge der Form $W_n = \Omega_n(V_n)$ (V_n Nullumgebung im Raum $\mathbf{X}_n$) eine Nullumgebung in $\mathbf{Z}_n$ bilden soll. Man sieht leicht, daß dann $\mathbf{Z}_n$ dem Quotientenraum $\mathbf{X}_n/\mathbf{X}_n^0$ topologisch äquivalent ist, wobei $\mathbf{X}_n^0$ die Menge aller Elemente $x \in \mathbf{X}_n$ mit $\Omega_n(x) = 0$ bezeichnet.

Die Räume $\mathbf{Z}_n$ bilden eine wachsende Folge. $\tilde{\omega}_n$ sei der (offensichtlich lineare) Operator der Einbettung von $\mathbf{Z}_n$ in $\mathbf{Z}_{n+1}$. Dann gilt $\mathbf{X} = \lim\text{ind.}\,(\mathbf{Z}_n, \tilde{\omega}_n)$. Diese Beziehung zeigt, daß die Eigenschaften des induktiven Limes im wesentlichen nicht durch die Räume $\mathbf{X}_n$ selbst, sondern durch die Quotientenräume $\mathbf{Z}_n$ bestimmt werden. Deshalb können wir für alles Folgende stets voraussetzen, daß die Operatoren ω_n eineindeutig sind, d. h. also, daß der Übergang zu den Räumen $\mathbf{Z}_n$ schon vollzogen ist. Identifizieren wir dann wieder einander entsprechende Elemente der Räume $\mathbf{X}_n$ und $\mathbf{X}_{n+1}$, so gilt $\mathbf{X}_1 \subset \mathbf{X}_2 \subset \ldots \subset \mathbf{X}_n \subset \ldots$. In diesem Fall ist ω_n die identische Abbildung: $\omega_n(x) = x$; deshalb lassen wir bei der Bezeichnung des induktiven Limes die Operatoren ω_n weg und schreiben kurz $\mathbf{X} = \lim\text{ind.}\,\mathbf{X}_n$.

Bemerkung 5. Es sei $n_1 < n_2 < \cdots < n_k < \cdots$ eine Teilfolge der natürlichen Zahlen. Die Einbettung des Raumes $\mathbf{X}_{n_k}$ in den Raum $\mathbf{X}_{n_{k+1}}$ ist dann stetig. Wir können also auch den Raum $\tilde{\mathbf{X}} = \lim\text{ind.}\,\mathbf{X}_{n_k}$ betrachten. Der Leser beweist ohne Schwierigkeit, daß dieser mit $\tilde{\mathbf{X}} = \lim\text{ind.}\,\mathbf{X}_n$ übereinstimmt.

Bemerkung 6. Es sei U ein additiver und homogener Operator, der den Raum $\mathbf{X} = \lim\text{ind.}\,\mathbf{X}_n$ in den linearen topologischen Raum $\mathbf{Y}$ abbildet. Nur auf den Elementen des Raumes $\mathbf{X}_n$ betrachtet, definiert U einen linearen Operator von $\mathbf{X}_n$ in $\mathbf{Y}$. Der Operator U ist genau dann stetig, wenn alle Operatoren U_n $(n = 1, 2, \ldots)$ stetig sind.

Es gilt nämlich einerseits $U_n = U\Omega_n$, woraus sofort die Notwendigkeit der angegebenen Bedingung folgt. Sind andererseits alle Operatoren U_n $(n = 1, 2, \ldots)$ stetig, so betrachten wir in $\mathbf{X}$ die Topologie $\tilde{\tau}$, für die alle Mengen der Form $U^{-1}(W)$ (W — Nullumgebung des Raumes $\mathbf{Y}$) ein Fundamentalsystem von Nullumgebungen bilden. Wegen der Stetigkeit des Operators U_n ist die Menge $U^{-1}(W)$ Nullumgebung in $\mathbf{X}_n$. Außerdem besteht die Beziehung

$$\overset{-1}{U}_n(W) = U^{-1}(W) \cap \mathbf{X}_n = \overset{-1}{\Omega}_n\,(U^{-1}(W)) \qquad (n = 1, 2, \ldots).$$

Daraus folgt die Stetigkeit des Operators Ω_n der Einbettung von $\mathbf{X}_n$ in den Raum $[\mathbf{X}, \tilde{\tau}]$. Nach Bemerkung 2 ist also die Topologie $\tilde{\tau}$ schwächer als die Topologie τ des induktiven Limes, d. h., der Operator U ist stetig.

5.7. Wir untersuchen jetzt die Struktur der Menge aller linearen Funktionale des Raumes $\mathbf{X} = \lim \text{ind.} \mathbf{X}_n$.

Ist U ein linearer Operator, der einen lokalkonvexen Raum $\mathbf{X}$ in einen anderen lokalkonvexen Raum $\mathbf{Y}$ abbildet, so heißt der durch die Gleichungen

$$f = U^*(g),\ f(x) = g(U(x)) \qquad (f \in \mathbf{X}',\ g \in \mathbf{Y}',\ x \in \mathbf{X})$$

definierte Operator U^* von $\mathbf{Y}'$ in $\mathbf{X}'$ zum gegebenen Operator U *adjungiert* (vgl. Abschnitt IX.3.1). Aus dieser Definition folgt unmittelbar, daß U^* eine lineare Abbildung des Raumes $[\mathbf{Y}', \sigma]$ in den Raum $[\mathbf{X}', \sigma]$ vermittelt. Da der Operator U insbesondere beschränkt ist, bildet U^* auch den Raum $\mathbf{Y}^*$ linear in $\mathbf{X}^*$ ab.

Satz 2 (5.XI). *Ist* $\mathbf{X} = \lim \text{ind.} \mathbf{X}_n$, *so gilt* $\mathbf{X}' = \bigcap_{n=1}^{\infty} (\mathbf{X}_n', \omega_n^*)$.

Beweis. Wir zeigen, daß die Menge $\mathbf{X}'$ und die Folgen $\{\mathbf{X}_n'\}$, $\{\omega_n^*\}$ und $\{\Omega_n^*\}$ den Bedingungen von Lemma 1 genügen. Da Ω_n den Raum $\mathbf{X}_n$ in $\mathbf{X}$ abbildet, ist Ω_n^* ein Operator von $\mathbf{X}'$ in $\mathbf{X}_n'$. Weiter zieht die Gleichung $\Omega_n = \Omega_{n+1}\,\omega_n$ offensichtlich $\Omega_n^* = \omega_n^*\,\Omega_{n+1}^*$ nach sich, d. h., die erste Bedingung von Lemma 1 ist erfüllt.

Aus $\Omega_n^*(f) = 0$ $(n = 1, 2, \ldots)$ folgt

$$f(\Omega_n(x)) = 0 \qquad (n = 1, 2, \ldots;\ x \in \mathbf{X}).$$

Wegen $\mathbf{X} = \bigcup_{n=1}^{\infty} \mathbf{X}_n = \bigcup_{n=1}^{\infty} \Omega_n(\mathbf{X}_n)$ gilt dann notwendig $f = 0$, also ist auch die zweite Bedingung von Lemma 1 erfüllt.

Um das Erfülltsein der dritten Bedingung nachzuweisen, betrachten wir eine Folge $\{f_n\}$ mit

$$f_n \in \mathbf{X}_n',\quad f_n = \omega_n^*(f_{n+1}) \qquad (n = 1, 2, \ldots).$$

Es sei $x \in \mathbf{X}$. Dann gehört für einen Index n das Element x zum Raum $\mathbf{X}_n$. Wir setzen

$$f(x) = f_n(x).$$

Wegen $f_n(x) = f_{n+1}(\omega_n(x)) = f_{n+1}(x)$ gilt $f_n(x) = f_m(x)$ für $m \geqq n$. Das Funktional f hängt also nicht von der Wahl der natürlichen Zahl n, sondern nur von der Folge $\{f_n\}$ ab. Aus der Bemerkung 6 von Abschnitt 5.6 folgt $f \in \mathbf{X}'$. Die Beziehung $\Omega_n^*(f) = f_n$ ergibt sich schließlich unmittelbar aus der Definition des Funktionals f.

Folgerung. *Ist in jedem der Räume* $\mathbf{X}_n$ *jedes beschränkte Funktional linear, so fallen auch im Raum* $\mathbf{X} = \lim \text{ind.} \mathbf{X}_n$ *die Begriffe beschränktes und lineares Funktional zusammen.*

Für ein beschränktes Funktional f in $\mathbf{X}$ ist nämlich wegen der Beschränktheit des Operators Ω_n auch das Funktional $f_n(x) = f(\Omega_n(x))$ $(x \in \mathbf{X}_n)$ im Raum $\mathbf{X}_n$ beschränkt, also nach Voraussetzung sogar linear. Daraus folgt gemäß Bemerkung 6 aus Abschnitt 5.6 die Behauptung.

Bemerkung. Satz 2 und die zugehörige Folgerung lassen sich auch ohne die Voraussetzung der Eineindeutigkeit der Operatoren ω_n beweisen. Die Überlegungen werden in diesem Fall nur etwas komplizierter.

5.8. Wir erwähnen noch eine Eigenschaft des induktiven Limes.

Satz 3 (5.XI). *Sind alle Räume* $\mathbf{X}_n$ *bornologisch bzw. tonneliert, so ist auch der Raum* $\mathbf{X} = \lim \text{ind.} \mathbf{X}_n$ *bornologisch bzw. tonneliert.*

Beweis. Die Räume $\mathbf{X}_n$ seien alle bornologisch. Wir betrachten eine konvexe Menge V, die jede in $\mathbf{X}$ beschränkte Menge absorbiert, und setzen $V_n = \Omega_n^{-1}(V) = V \cap \mathbf{X}_n$. Für eine beliebige beschränkte Menge E in $\mathbf{X}_n$ ist dann wegen der Stetigkeit des Operators Ω_n auch die Menge $E = \Omega_n(E)$ in $\mathbf{X}$ beschränkt. Folglich gilt für hinreichend großes $\lambda > 0$ die Beziehung $\lambda V \supset E$, also auch $\lambda V_n \supset E$, d. h., die konvexe Menge V_n absorbiert jede in $\mathbf{X}_n$ beschränkte Menge und ist somit Nullumgebung im Raum $\mathbf{X}_n$. Nach der Bemerkung 3 aus Abschnitt 5.6 bildet deshalb auch die Menge V eine Nullumgebung in $\mathbf{X}$.

Die Aussage über tonnelierte Räume beweist man durch entsprechende Überlegungen.

5.9. Weitergehende Untersuchungen des induktiven Limes bereiten im allgemeinen Fall sehr große Schwierigkeiten. Deshalb machen wir für das Folgende einige zusätzliche Voraussetzungen.

Eine Menge $E \subset \mathbf{X} = \lim \operatorname{ind.} \mathbf{X}_n$ heißt *regulär-beschränkt*, wenn E in einem der Räume $\mathbf{X}_m$ enthalten und dort beschränkt ist. Offensichtlich ist jede regulär-beschränkte Menge beschränkt in $\mathbf{X}$. Die umgekehrte Aussage gilt schon für den Fall normierter Räume $\mathbf{X}_n$ i. a. nicht mehr. Dieser Umstand rechtfertigt die folgende Definition: Der Raum $\mathbf{X}$ heißt *regulärer* induktiver Limes der Folge $\{\mathbf{X}_n\}$, wenn jede in $\mathbf{X}$ beschränkte Menge regulär-beschränkt ist.

Ein regulärer induktiver Limes lokal-konvexer Räume besitzt einige besondere Eigenschaften. Er ist z. B. separiert. Gehört nämlich ein Element $x_0 \neq 0$ zu jeder Nullumgebung des Raumes $\mathbf{X}$, so ist auch die Menge $\{\lambda x_0\}$ $(\lambda > 0)$ in jeder Nullumgebung enthalten und deshalb beschränkt in $\mathbf{X}$. Dann muß $\{\lambda x_0\}$ aber auch in einem der Räume $\mathbf{X}_m$ beschränkt sein, was der vorausgesetzten Separiertheit dieses Raumes widerspricht.

Der folgende Satz bildet eine Ergänzung der Aussage von Satz 2.

Satz 4 (5.XI). *Ist $\mathbf{X}$ der reguläre induktive Limes der Folge $\{\mathbf{X}_n\}$, so gilt*

$$\mathbf{X}^* = \lim \operatorname{pr.} (\mathbf{X}_n^*, \omega_n^*)\,.$$

Beweis. Aus Satz 2 folgt $\mathbf{X}' \bigcap\limits_{n=1}^{\infty} (\mathbf{X}_n', \omega_n^*)$. Da die Operatoren Ω_n^* den Raum $\mathbf{X}^*$ stetig in $\mathbf{X}_n^*$ abbilden, ist die Topologie $\tau_{\text{pr.}}^*$ des projektiven Limes $\lim \operatorname{pr.} (\mathbf{X}_n^*, \omega_n^*)$ schwächer als die Topologie τ^* des Raumes $\mathbf{X}^*$ (Bemerkung 2 aus Abschnitt 5.2). Wir zeigen, daß gleichzeitig $\tau^* \leqq \tau_{\text{pr.}}^*$ gilt. Dazu sei V eine Nullumgebung in $\mathbf{X}^*$ von der Form $V = \pi(E)$ mit einer in $\mathbf{X}$ beschränkten Menge E. Die Menge E ist folglich regulär-beschränkt, d. h., es gibt eine natürliche Zahl m, für die E beschränkter Teil von $\mathbf{X}_m$ ist. Wir setzen $V_m = \pi_m(E)$, wobei $\pi_m(E)$ die in $\mathbf{X}_m^*$ gelegene Polare der Menge E, d. h. die Menge aller Funktionale $g \in \mathbf{X}_m'$ mit $g(E) \subset [-1, 1]$, bezeichnet. V_m bildet eine Nullumgebung im Raum $\mathbf{X}_m^*$, deshalb ist auch $\Omega_m^{*-1}(V_m)$ Nullumgebung im Raum $[\mathbf{X}', \tau_{\text{pr}}]$. Wenn aber ein Element $f \in \mathbf{X}'$ zu $\Omega_m^{*-1}(V_m)$ gehört, so gilt $g = \Omega_m^*(f) \in V_m$, d. h. $|g(x)| = |f(\Omega_m(x))| \leqq$ $\leqq 1$ für $x \in E$. Wegen $\Omega_m(x) = x$ ist folglich $f(E) \subset [-1, 1]$ und $f \in V$, die Menge $\Omega_m^{*-1}(V_m)$ also ein Teil von V. Damit ist die Beziehung $\tau^* \leqq \tau_{\text{p}}^*$ bewiesen.

Einfache nichttriviale notwendige und hinreichende Bedingungen für die Regularität des induktiven Limes sind leider nicht bekannt. Weiter unten beweisen wir unter zusätzlichen Voraussetzungen einige hinreichende Bedingungen. Dazu benötigen wir das folgende Lemma.

Lemma 3. *Für jedes $n = 1, 2, \ldots$ existiere im Raum $\mathbf{X}_n$ eine konvexe, symmetrische, im Raum $\mathbf{X} = \lim \operatorname{ind.} \mathbf{X}_n$ abgeschlossene Nullumgebung V_n^0, und es gelte $V_1^0 \subset V_2^0 \subset \ldots \subset V_n^0 \subset \ldots$. Dann gibt es zu jeder in $\mathbf{X}$ beschränkten Menge E eine natürliche Zahl m und ein $\lambda > 0$ mit $E \subset \lambda V_m^0$.*

Beweis. Wir nehmen an, für eine beschränkte Menge $E \subset \mathbf{X}$ sei die Behauptung des Lemmas falsch. Das bedeutet, daß wir aus E eine Folge $\{x_n\}$ mit der Eigenschaft

$$x_n \notin n V_n^0 \qquad (n = 1, 2, \ldots)$$

auswählen können. Für $y_n = \frac{1}{n} x_n$ gilt dann

$$y_n \notin V_n^0 \quad (n = 1, 2, \ldots)$$

und wegen Satz 2 (1.XI) $y_n \to 0$ in $\mathbf{X}$. Wir setzen $V_1 = V_1^0$. Da die Menge V_1 in $\mathbf{X}$ abgeschlossen ist und y_1 nicht zu V_1 gehört, gibt es eine konvexe symmetrische Nullumgebung V^1 im Raum $\mathbf{X}$ mit $y_1 + 2V^1 \cap V_1 = \emptyset$, d. h. $y_1 + V^1 \cap V^1 + V_1 = \emptyset$, woraus $y_1 \notin \overline{V^1 + V_1}$ folgt.[1]) Die Menge $\overline{V^1 + V_1}$ ist eine konvexe, symmetrische Nullumgebung im Raum $\mathbf{X}$, deshalb ist der Durchschnitt $\overline{V^1 + V_1} \cap \mathbf{X}_2$ eine (konvexe und symmetrische) Nullumgebung im Raum $\mathbf{X}_2$. Dieselben Eigenschaften hat auch die Menge $V_2 = \overline{V^1 + V_1} \cap V_2^0$. Offensichtlich gilt $V_2 \supset V_1$. Außerdem ist V_2 abgeschlossen in $\mathbf{X}$. Wegen $y_1, y_2 \notin V_2$ finden wir mit Hilfe einer analogen Konstruktion eine konvexe, symmetrische Nullumgebung V^2 im Raum $\mathbf{X}$ mit $y_1, y_2 \notin \overline{V^2 + V_2}$. Wie oben setzen wir wieder $V_3 = \overline{V^2 + V_2} \cap V_3^0$ und können uns ohne Schwierigkeit davon überzeugen, daß V_3 eine konvexe, symmetrische, in $\mathbf{X}$ abgeschlossene Nullumgebung ist, die V_2 enthält. Durch Fortsetzung dieses Verfahrens finden wir in jedem Raum $\mathbf{X}_n$ eine konvexe symmetrische Nullumgebung V_n mit

$$y_k \notin V_n \quad (k = 1, 2, \ldots, n;\ n = 1, 2, \ldots) \tag{9}$$

und $V_n \subset V_{n+1}$ $(n = 1, 2, \ldots)$. Da für $k > n$ weiter $y_k \notin V_k^0 \supset V_n^0 \supset V_n$ gilt, ist die Beziehung (9) sogar für alle $k, n = 1, 2, \ldots$ erfüllt. Die Menge $V = \bigcup_{n=1}^{\infty} V_n$ bildet also eine Nullumgebung im Raum $\mathbf{X}$ (s. Abschnitt 5.6 und die dortige Bemerkung 1), die kein Element der Folge $\{y_n\}$ enthält. Das widerspricht aber der Tatsache, daß die Folge $\{y_n\}$ im Raum $\mathbf{X}$ gegen Null konvergiert.

Bemerkung. Die Voraussetzung des Lemmas ist z. B. erfüllt, wenn jeder Raum $\mathbf{X}_n$ in $\mathbf{X}$ abgeschlossen ist, denn dann können wir für V_n^0 den Raum $\mathbf{X}_n$ selbst nehmen $(n = 1, 2, \ldots)$.

5.10. Unter den Bedingungen von Lemma 3 kann man im allgemeinen noch nicht behaupten, daß jede beschränkte Menge auch regulär-beschränkt ist. Wir betrachten zwei Fälle, in denen aus stärkeren Voraussetzungen die Regularität des induktiven Limes folgt.

Satz 5 (5.XI). *Es sei $\mathbf{X}_1 \subset \mathbf{X}_2 \subset \ldots \subset \mathbf{X}_n \subset \ldots$ eine wachsende Folge lokalkonvexer Räume und außerdem jeder Raum $\mathbf{X}_n$ ein Teilraum von $\mathbf{X}_{n+1}$, d. h., $\mathbf{X}_n$ sei in $\mathbf{X}_{n+1}$ abgeschlossen und die Topologie τ_n des Raumes $\mathbf{X}_n$ falle mit der von $\mathbf{X}_{n+1}$ in $\mathbf{X}_n$ induzierten Topologie $\tau_n^{(n+1)}$ zusammen. Dann ist der induktive Limes $\mathbf{X} = \lim \operatorname{ind} \mathbf{X}_n$ regulär.*[2])

Beweis. Wir zeigen, daß jeder Raum $\mathbf{X}_n$ ein Teilraum von $\mathbf{X}$ ist, d. h., daß die Topologie τ_n mit der von $\mathbf{X}$ in $\mathbf{X}_n$ induzierten Topologie $\tau^{(n)}$ übereinstimmt und $\mathbf{X}_n$ in $\mathbf{X}$ abgeschlossen ist.

Zunächst gilt für jeden induktiven Limes $\tau^{(n)} \leqq \tau_n$. Die umgekehrte Beziehung beweisen wir o. B. d. A. für $n = 1$. V_1 sei eine konvexe Nullumgebung im Raum $\mathbf{X}_1$. Nach der Voraussetzung des Satzes gibt es dann eine konvexe Nullumgebung V_2 im Raum $\mathbf{X}_2$ mit $V_2 \cap \mathbf{X}_1 \subset V_1$. Durch Wiederholung dieser Überlegung finden wir eine Folge $\{V_n\}$ derart, daß jedes V_n eine konvexe Nullumgebung im Raum $\mathbf{X}_n$ ist und

$$V_n \supset V_{n+1} \cap \mathbf{X}_n \quad (n = 1, 2, \ldots)$$

[1]) Das Symbol $\bar{A}$ bezeichnet im Verlauf dieses Beweises die Abschließung der Menge A im Raum $\mathbf{X}$.

[2]) Der durch die speziellen Voraussetzungen des Satzes definierte induktive Limes heißt *strikt* (s. Köthe [23]).

gilt. Dann bildet die Menge

$$V = \bigcup_{n=1}^{\infty} \left[\frac{1}{2} V_1 + \frac{1}{4} V_2 + \cdots + \frac{1}{2^n} V_n\right]$$

wegen der Bemerkung 1 aus Abschnitt 5.6 eine Nullumgebung im Raum $\mathbf{X}$. Außerdem folgt aus der Beziehung zwischen den Mengen V_n

$$\left[\frac{1}{2} V_1 + \frac{1}{4} V_2 + \cdots + \frac{1}{2^n} V_n\right] \cap \mathbf{X}_1 \subset \frac{1}{2} V_1 + \frac{1}{4} V_1 + \cdots + \frac{1}{2^n} V_1 \subset V_1,$$

d. h. $V \cap \mathbf{X}_1 \subset V_1$; also gilt auch $\tau_1 \leqq \tau^{(1)}$.

Wir zeigen jetzt die Abgeschlossenheit der Menge $\mathbf{X}_n$ im Raum $\mathbf{X}$. Es sei $x \in \mathbf{X}$, $x \notin \mathbf{X}_n$. Dann gibt es einen Index $m > n$ mit $x \in \mathbf{X}_m$. Da die Menge $\mathbf{X}_n$ in jedem der Räume $\mathbf{X}_{n+k}$ $(k = 1, 2, \ldots)$, also insbesondere auch im Raum $\mathbf{X}_m$ abgeschlossen ist, existiert eine Umgebung $V_x^{(m)}$ des Punktes x im Raum $\mathbf{X}_m$ mit $V_x^{(m)} \cap \mathbf{X}_n = \emptyset$. Die Umgebung $V_x^{(m)}$ läßt sich in der Form $V_x^{(m)} = V_x \cap \mathbf{X}_m$ mit einer Umgebung V_x des Punktes x im Raum $\mathbf{X}$ darstellen. Daraus folgt $\mathbf{X}_n \cap V_x = \emptyset$, also ist die Menge $\mathbf{X}_n$ abgeschlossen im Raum $\mathbf{X}$.

Durch Anwendung von Lemma 3 findet man zu einer beliebigen in $\mathbf{X}$ beschränkten Menge E eine natürliche Zahl m mit $E \subset \mathbf{X}_m$. Die Menge E ist außerdem beschränkt im Raum $[\mathbf{X}_m, \tau^{(m)}]$, der , wie wir sehen, mit $\mathbf{X}_m$ übereinstimmt.

Bemerkung. Es sei $\{x_\alpha\}$ $(\alpha \in A)$ eine beschränkte verallgemeinerte Folge von Elementen des Raumes $\mathbf{X}$, die in $\mathbf{X}$ gegen Null konvergiert. Dann gibt es nach Satz 5 einen Index m mit $x_\alpha \in \mathbf{X}_m$ $(\alpha \in A)$. Da die Topologien τ_m und $\tau^{(m)}$ äquivalent sind, gilt $x_\alpha \to 0$ in $\mathbf{X}_m$.

Folgerung. *Sind unter den Voraussetzungen von Satz 5 alle Räume $\mathbf{X}_n$ beschränkt-vollständig, so ist auch der Raum $\mathbf{X}$ beschränkt-vollständig.*

Als Beispiel betrachten wir die Folge der Räume $\mathbf{D}_n^0 = \mathbf{D}_{[-n,n]}^0$ $(n = 1, 2, \ldots)$ (siehe Abschnitt XI.1.4). Diese Folge genügt den Voraussetzungen von Satz 5. Deshalb gelten auch die anschließenden Folgerungen für den Raum $\mathbf{D}^0 = \lim \text{ind.}\, \mathbf{D}_n^0$. Die Beziehung $x_k \to 0$ in $\mathbf{D}^0$ besagt insbesondere, daß ein Index m existiert mit $x_k \in \mathbf{D}_m^0$ $(k = 1, 2, \ldots)$ und $x_k \to 0$ in $\mathbf{D}_m^0$, d. h., die Folgen $\{x_k^{(s)}(t)\}$ $(s = 1, 2, \ldots)$ konvergieren für $k \to \infty$ gleichmäßig bezüglich $t \in [-m, +m]$ gegen Null.

Die linearen Funktionale im Raum $\mathbf{D}^0$ heißen *verallgemeinerte Funktionen*[1]) (auf dem Intervall $(-\infty, \infty)$). Gemäß Satz 2 induziert jede verallgemeinerte Funktion f bezüglich $(-\infty, \infty)$ eine Folge $\{f_n\}$ verallgemeinerter Funktionen bezüglich des Intervalls $[-n, n]$, wobei

$$f_n(x) = f(x) \qquad (x \in \mathbf{D}_n^0)$$

gilt. Die verallgemeinerte Funktion f_n nennen wir die *Einschränkung* der verallgemeinerten Funktion f bezüglich des Intervalls $[-n, n]$.

Wie im Fall eines endlichen Intervalls heißt das Funktional

$$f'(x) = -f(x') \qquad (x \in \mathbf{D}^0)$$

die Ableitung der verallgemeinerten Funktion f. f' ist wieder eine verallgemeinerte Funktion. Nach Satz 3 ist nämlich der Raum $\mathbf{D}^0$ bornologisch (s. hierzu Abschnitt XI.2.4 und Satz 6 (2.XI)), deshalb brauchen wir nur die Abzählbar-Stetigkeit des Funktionals f' zu zeigen (Satz 8 (2.XI)). Diese ergibt sich aber ohne Schwierigkeit, wenn man die Art der Konvergenz im Raum $\mathbf{D}^0$ beachtet.

---

[1]) Oder auch Distributionen.

Aus der Definition der Ableitung einer verallgemeinerten Funktion folgt noch, daß die Einschränkung der Ableitung gleich der Ableitung der Einschränkung ist.

5.11. Falls die Räume $\mathbf{X}_n$ alle normiert sind, liefert die Anwendung von Lemma 3 das folgende Resultat: Es sei für jedes $n = 1, 2, \ldots$ die abgeschlossene Einheitskugel S_n des Raumes $\mathbf{X}_n$ abgeschlossen im Raum $\mathbf{X} = \lim \operatorname{ind.} \mathbf{X}_n$. Wegen der Stetigkeit des Einbettungsoperators ω_n existieren dann positive Zahlen $\lambda_1, \lambda_2, \ldots$, für die $\lambda_1 S_1 \subset \lambda_2 S_2 \subset \ldots \subset$ $\subset \lambda_2 S_2 \subset \ldots \subset \lambda_n S_n \subset \ldots$ gilt. Setzen wir in Lemma 3 $V_n^0 = \lambda_n S_n$, so ergibt sich die Regularität des betrachteten induktiven Limes.

Für den Beweis der Abgeschlossenheit der Kugeln S_n im Raum $\mathbf{X}$ erweist sich oft das folgende Lemma als nützlich.

Lemma 4. *Haben die normierten Räume* $\mathbf{X}_n$ *die Eigenschaft, daß für jedes* $n = 1, 2, \ldots$ *und beliebige positive Zahlen* $\lambda_1, \lambda_2, \ldots, \lambda_n, \ldots$ *die Menge* $\lambda_1 S_1 + \lambda_2 S_2 + \cdots + \lambda_n S_n$ *im Raum* $\mathbf{X}_{n+1}$ *abgeschlossen ist, so ist der Raum* $\mathbf{X} = \lim \operatorname{ind.} \mathbf{X}_n$ *separiert.*

Beweis. Es sei x_0 ein von Null verschiedenes Element des Raumes $\mathbf{X}$. Wir können $x_0 \in \mathbf{X}_1$ voraussetzen. Dann gibt es ein $\lambda_1 > 0$, für das $x_0 \notin \lambda_1 S_1$ gilt. Die Menge $\lambda_1 S_1$ ist abgeschlossen im Raum $\mathbf{X}_2$, deshalb existiert ein $\lambda_2 > 0$ mit $x_0 + \lambda_2 S_2 \cap \lambda_1 S_1 = \emptyset$, d. h. $x_0 \notin \lambda_1 S_1 + \lambda_2 S_2$. Durch vollständige Induktion finden wir auf diese Weise eine Folge $\{\lambda_n\}$ positiver Zahlen mit der Eigenschaft

$$x_0 \notin V_n = \lambda_1 S_1 + \lambda_2 S_2 + \cdots + \lambda_n S_n \qquad (n = 1, 2, \ldots),$$

also gehört x_0 auch nicht zur Vereinigung $V = \bigcup_{n=1}^{\infty} V_n$. Diese bildet aber eine Nullumgebung im Raum $\mathbf{X}$ (s. Abschnitt XI.5.6). Damit ist die Separiertheit des Raumes $\mathbf{X}$ bewiesen.

Satz 6 (5.XI).[1] *Sind die normierten Räume* $\mathbf{X}_n$ *sämtlich reflexiv, so ist der Raum* $\mathbf{X} = \lim \operatorname{ind.} \mathbf{X}_n$ *ein regulärer induktiver Limes.*

Beweis. Der Einbettungsoperator ω_n von $\mathbf{X}_n$ in $\mathbf{X}_{n+1}$ ist stetig, also auch stetig als Abbildung des Raumes $[\mathbf{X}_n, \sigma]$ in den Raum $[\mathbf{X}_{n+1}, \sigma]$. Auf Grund von Satz 9 (4.XI) ist die Kugel S_n im Raum $[\mathbf{X}_n, \sigma]$ in sich kompakt. Daraus folgt nach Satz 4 (5.I) die Kompaktheit ihres Bildes $S_n = \omega_n(S_n)$ im Raum $[\mathbf{X}_{n+1}, \sigma]$. Ebenso sieht man, daß eine beliebige Kugel S_k $(k = 1, 2, \ldots, n)$ im Raum $[\mathbf{X}_{n+1}, \sigma]$ in sich kompakt ist. Wegen Aussage IV aus Abschnitt XI.1.2 gilt dasselbe für die Menge $\lambda_1 S_1 + \lambda_2 S_2 + \cdots + \lambda_n S_n$, diese ist also auch abgeschlossen in $[\mathbf{X}_{n+1}, \sigma]$ und deshalb erst recht abgeschlossen im Raum $\mathbf{X}_{n+1}$. Somit sind die Bedingungen von Lemma 4 erfüllt, woraus die Separiertheit des Raumes $\mathbf{X}$ folgt. Der Raum $[\mathbf{X}, \sigma]$ ist ebenfalls separiert. Wenden wir jetzt wieder Satz 4 (5.I) bezüglich der Operatoren Ω_n an, so sehen wir, daß die Kugel S_n schwach in sich kompakt im Raum $\mathbf{X}$, also dort auch abgeschlossen ist. Die Aussage des Satzes ergibt sich nun unmittelbar aus der Bemerkung am Anfang dieses Abschnittes.

Folgerung. *Unter den Voraussetzungen von Satz 6 ist der Raum* $\mathbf{X}$ *reflexiv.*

Zu einer symmetrischen, konvexen, beschränkten und abgeschlossenen Teilmenge E von $\mathbf{X}$ gibt es nämlich einen Index m, so daß E in der Menge $\mathbf{X}_m$ enthalten und beschränkt ist. Als abgeschlossene Teilmenge von $\mathbf{X}$ ist E auch abgeschlossen in $\mathbf{X}_m$, also nach Satz 9 (4.XI) im Raum $\mathbf{X}_m$ und deshalb erst recht im Raum $\mathbf{X}$ schwach kompakt in sich. Durch nochmalige Anwendung von Satz 9 (4.XI) folgt die Halbreflexivität des Raumes $\mathbf{X}$. Da $\mathbf{X}$ gemäß Satz 3 außerdem tonneliert ist, ergibt sich mit der Folgerung zu Satz 1 (4.XI) die Behauptung.

---

[1]) Siehe [145]. Dieser Arbeit entnahmen wir auch den Beweisgedanken der Lemmata 3 und 4.

Als Beispiel betrachten wir die Folge der Räume $L^2 \subset L^{\frac{3}{2}} \subset \cdots \subset L^{\frac{n+1}{n}} \subset \cdots$. Es sei $L^{1+0} = \lim \operatorname{ind.} L^{\frac{n+1}{n}}$. Konvergiert dann eine Folge $\{x_k\}$ im Raum L^{1+0} gegen das Nullelement, so gibt es einen Index m, für den

$$x_k \in L^{\frac{m+1}{m}} \quad (k = 1, 2, \ldots) \quad \text{und} \quad x_k \to 0 \text{ in } L^{\frac{m+1}{m}}$$

gilt.

Der erste Teil dieser Aussage ergibt sich aus der Beschränktheit der Folge $\{x_k\}$, die deshalb für einen gewissen Index s auch im Raum $L^{\frac{s+1}{s}}$ enthalten und dort beschränkt ist. Es gelte z. B.

$$\|x_k\|_{L^{\frac{s+1}{s}}} \leqq A \qquad (k = 1, 2, \ldots).$$

Da die Topologie des Raumes L schwächer ist als die Topologie des Raumes L^{1+0}, konvergiert die Folge $\{x_k\}$ auch im Raum L, also erst recht im Raum S, d. h. dem Maße nach gegen Null. Mit Φ bezeichnen wir die Funktion

$$\Phi(u) = u^{\frac{1}{s(s+2)}} \qquad (s \geqq 2).$$

Dann ergibt sich

$$\left[\int_0^1 |x_k(t)|^{\frac{s+2}{s+1}} \Phi\left(|x_k(t)|^{\frac{s+2}{s+1}}\right) dt\right]^{\frac{s}{s+1}} = \left[\int_0^1 |x_k(t)|^{\frac{s+1}{s}} dt\right]^{\frac{s}{s+1}} = \|x_k\|_{L^{\frac{s+1}{s}}} \leqq A$$
$$(k = 1, 2, \ldots).$$

Folglich haben die Funktionen $|x_k(t)|^{\frac{s+2}{s+1}}$ auf Grund des Satzes von DE LA VALLÉE-POUSSIN (NATANSON [30 b], S. 176) gleichgradig absolutstetige unbestimmte Integrale, also können wir nach dem Satz von VITALI (NATANSON [30 b], S. 169) im Ausdruck

$$\lim_{k\to\infty} \|x_k\|_{L^{\frac{s+2}{s+1}}} = \lim_{k\to\infty} \left[\int_0^1 |x_k(t)|^{\frac{s+2}{s+1}} dt\right]^{\frac{s+1}{s+2}}$$

die Reihenfolge von Grenzwertbildung und Integration vertauschen. Dann folgt $x_k \to 0$ im Raum $L^{\frac{s+2}{s+1}}$, was zu zeigen war.

Dieses Resultat bleibt selbstverständlich noch richtig, wenn wir das Intervall [0, 1] durch eine beliebige meßbare Menge endlichen Maßes ersetzen. Analoge Überlegungen lassen sich auch für den Raum L^{p+0}, den induktiven Limes der Folge $\{L^{p_n}\}$ mit $p_1 > p_2 > \cdots > p_n > \cdots$ und $p_n \to p \geqq 1$ durchführen.

5.12. Ein anderer wichtiger Fall, in dem man die Überlegungen aus Abschnitt 5.11 anwenden kann, liegt vor, wenn die Einbettungsoperatoren ω_n alle vollstetig sind.

Satz 7 (5.XI). *Ist $\{X_n\}$ eine monoton wachsende Folge von B-Räumen und sind die zugehörigen Einbettungsoperatoren ω_n vollstetig, dann ist der induktive Limes* $X = \lim \operatorname{ind.} X_n$ *regulär.*

Beweis. S_n bezeichne wieder die abgeschlossene Einheitskugel des Raumes X_n. Ohne Einschränkung der Allgemeinheit können wir voraussetzen, daß $S_1 \subset S_2 \subset \cdots \subset S_n \subset \cdots$ gilt. Weiter sei $\widetilde{S}_n$ die Abschließung der Menge S_n im Raum X_{n+1} und

$$\widetilde{X}_n = \bigcup_{k=1}^{\infty} k\,\widetilde{S}_n \qquad (n = 1, 2, \ldots).$$

$\tilde{X}_n$ wird zu einem normierten Raum, wenn wir die Menge $\tilde{S}_n$ als Einheitskugel nehmen. Dann gilt $X_n \subset \tilde{X}_n \subset X_{n+1}$, und die Operatoren $\omega_n^{(1)}$ und $\omega_n^{(2)}$ der Einbettung von X_n in $\tilde{X}_n$ bzw. von $\tilde{X}_n$ in X_{n+1} sind wegen $S_n \subset \tilde{S}_n \subset S_{n+1}$ alle stetig. Wir setzen

$$Y_{2k-1} = X_k\,, \quad Y_{2k} = \tilde{X}_k \qquad (k = 1, 2, \ldots)\,.$$

Nach Bemerkung 5 aus Abschnitt 5.6 gilt

$$X = \lim \text{ind.}\, X_n = \lim \text{ind.}\, Y_n = \lim \text{ind.}\, \tilde{X}_n\,.$$

Betrachten wir X als induktiven Limes der Folge $\{\tilde{X}_n\}$ und wiederholen die Überlegungen beim Beweis von Satz 6 mit dem einzigen Unterschied, daß wir an Stelle der schwachen Kompaktheit in sich überall von der Kompaktheit in den Ausgangsräumen ($\tilde{X}_{n+1}$ und X) sprechen, so erweist sich X als regulärer induktiver Limes der Folge $\{\tilde{X}_n\}$.

Zu einer in X beschränkten Menge E existiert deshalb ein Index m, für den E in $\tilde{X}_m$ enthalten und beschränkt ist. Dann ist E aber auch ein beschränkter Teil von X_{m+1}, was zu zeigen war.

Läßt sich ein lokalkonvexer Raum als induktiver Limes einer Folge von B-Räumen darstellen und sind die zugehörigen Einbettungsoperatoren vollstetig, so bezeichnet man ihn als *LN^*-Raum.*

Folgerung 1. *Gilt $x_k \to 0$ im LN^*-Raum X, so existiert ein Index m mit $x_k \in X_m$ $(k = 1, 2, \ldots)$ und $x_k \to 0$ in X_m.*

Da die Folge $\{x_k\}$ in X beschränkt ist, gibt es nämlich nach Satz 7 einen Raum X_ν, der diese Folge als beschränkte Menge enthält. Wir zeigen, daß dann die Folge $\{x_k\}$ im Raum $X_{\nu+1}$ gegen Null konvergiert. Anderenfalls gäbe es ein $\lambda > 0$ und eine Teilfolge $\{x_{k_j}\}$ mit

$$x_{k_j} \notin \lambda\, S_{\nu+1} \qquad (j = 1, 2, \ldots)\,. \tag{10}$$

Die Folge $\{x_{k_j}\}$ ist beschränkt in X_ν, d. h. kompakt in $X_{\nu+1}$. Wir wählen aus ihr eine in $X_{\nu+1}$ konvergente Teilfolge $\{x_{k_{j_i}}\}$ aus. Es gelte z. B. $x_{k_{j_i}} \to x$. Diese Beziehung besteht dann auch im Raum X; wegen der Separiertheit von X ist also notwendig $x = 0$. Das aber widerspricht der Relation (10).

Folgerung 2. *Jede in X beschränkte Menge ist kompakt in X.*

Eine in X beschränkte und abgeschlossene Menge E ist nämlich nach Satz 7 in einem der Räume X_m enthalten und beschränkt, also kompakt im Raum X_{m+1}. Aus der Abgeschlossenheit der Menge E in X folgt ihre Abgeschossenheit in X_{m+1}. E ist deshalb im Raum X_{m+1}, also auch im Raum X kompakt in sich.

Folgerung 3. *Jeder LN^*-Raum ist reflexiv.* (Für den Beweis s. die Folgerung zu Satz 6 (5.XI).)

Ein typisches Beispiel für einen LN^*-Raum liefert die folgende Konstruktion (siehe [51]). Es sei X_0 ein B-Raum und U ein vollstetiger Operator mit $\|U\| \leq 1$, der X_0 eineindeutig in sich abbildet.

Wir betrachten die Gesamtheit aller Paare (x, n) ($x \in X_0$, n — nichtnegative ganze Zahl). Zwei Paare (x, n) und (x', n') werden als gleich angesehen, wenn (im Fall $n' > n$) $x' = U^{n'-n}(x)$ gilt. Die nach Identifizierung gleicher Paare entstehende Menge bezeichnen wir mit X und führen in ihr algebraische Operationen ein. Sind $\xi = (x, n)$ und $\eta = (y, m)$ zwei Elemente aus X mit $n \geq m$ und ist λ eine reelle Zahl, so setzen wir

$$\xi + \eta = (x, n) + (y, m) = (x, n) + (U^{n-m}(y), n) = (x + U^{n-m}(y), n)\,,$$
$$\lambda\,\xi = \lambda(x, n) = (\lambda\, x, n)\,.$$

Man sieht leicht, daß X durch diese Definition zu einer linearen Menge wird, wobei die Paare der Gestalt $(0, n)$ $(n = 0, 1, \ldots)$ die Rolle des Nullelementes spielen. Das sind aber auch die einzigen Elemente mit dieser Eigenschaft. Ist nämlich $(x, n) = 0$, so muß für ein gewisses r die Gleichung $U^r(x) = 0$ gelten, woraus wegen der Eineindeutigkeit des Operators U nun unmittelbar $x = 0$ folgt.

Die Menge $\mathbf{X}$ zerfällt in natürlicher Weise in Mengen $\mathbf{X}_n$, die für gegebenes $n = 1, 2, \ldots$ aus allen Elementen der Form (x, n) bestehen. Dabei gilt offensichtlich $\mathbf{X}_1 \subset \mathbf{X}_2 \subset \ldots \subset \subset \mathbf{X}_n \subset \ldots$. Identifizieren wir die Elemente $x \in \mathbf{X}_0$ mit den Paaren $(x, 0)$, so ist auch $\mathbf{X}_0$ Teilmenge von $\mathbf{X}_1$. Die Mengen $\mathbf{X}_n$ sind linear. Wir normieren sie durch die Gleichung

$$||\xi||_n = ||x|| \quad \text{für} \quad \xi = (x, n) \in \mathbf{X}_n, \quad n = 0, 1, 2, \ldots. \tag{11}$$

Dann gilt für $x \in \mathbf{X}_0$ stets $||(x, 0)||_0 = ||x||$. Aus der Beziehung

$$\xi = (x, n) = (U(x), n + 1) = \cdots = (U^r(x), n + r) = \cdots$$

folgt

$$||\xi||_0 \geqq ||\xi||_1 \geqq \cdots \geqq ||\xi||_n \geqq \cdots \quad (\xi \in \mathbf{X}), \tag{12}$$

wobei wir im Falle $\xi \notin \mathbf{X}_n$ einfach $||\xi||_n = \infty$ setzen.

Die so konstruierten Räume $\mathbf{X}_n$ sind wegen Beziehung (11) alle dem Ausgangsraum $\mathbf{X}_0$ linear isometrisch, also insbesondere vollständig.

Auf Grund von Formel (12) ist der Einbettungsoperator ω_n von $\mathbf{X}_n$ in $\mathbf{X}_{n+1}$ linear. Außerdem gilt $\mathbf{X} = \bigcup\limits_{n-1}^{\infty} \mathbf{X}_n$. Deshalb kann man in $\mathbf{X}$ die Topologie des induktiven Limes der Folge der B-Räume $\mathbf{X}_0, \mathbf{X}_1, \ldots, \mathbf{X}_n, \ldots$ einführen. Wenn wir in Zukunft vom Raum $\mathbf{X}$ sprechen, setzen wir stets voraus, daß er in dieser Weise topologisiert ist.

Wir beweisen jetzt die Vollstetigkeit der Einbettungsoperatoren ω_n. Es sei $\{\xi_m\}$ $(\xi_m = (x_m, n))$ eine beschränkte Folge im Raum $\mathbf{X}_n$, d. h., die Folge $\{x_n\}$ ist beschränkt in $\mathbf{X}_0$. Dann enthält die Bildfolge $\{U(x_m)\}$ eine in $\mathbf{X}_0$ konvergente Teilfolge $\{U(x_{m_k})\}$, z. B. gelte $U(x_{m_k}) \to x$. Daraus ergibt sich für $\xi = (x, n + 1)$

$$||\xi - \xi_{m_k}||_{n+1} = ||x - U(x_{m_k})|| \underset{k\to\infty}{\longrightarrow} 0,$$

d. h. $\xi_{m_k} \to \xi$ im Raum $\mathbf{X}_{n+1}$. $\mathbf{X}$ ist also sogar ein LN^*-Raum.

Der Operator U läßt sich in natürlicher Weise von $\mathbf{X}_0$ auf ganz $\mathbf{X}$ erweitern. Wir setzen für $\xi = (x, n) \in \mathbf{X}$

$$\widetilde{U}(\xi) = (U(x), n).$$

Wie man leicht sieht, bildet $\widetilde{U}$ gleiche Paare in gleiche Paare ab, ist also ein Operator im Raum $\mathbf{X}$. Auf $\mathbf{X}_0$ stimmen die Operatoren U und $\widetilde{U}$ überein, denn für $x = (x, 0) \in \mathbf{X}_0$ gilt $\widetilde{U}(x) = (U(x), 0) = U(x)$.

Der Operator $\widetilde{U}$ vermittelt ferner eine eineindeutige Abbildung des Raumes $\mathbf{X}$ auf sich. Aus $\widetilde{U}(\xi) = 0$, d. h. $(U(x), n) = 0$, folgt nämlich, wie oben gezeigt, wurde, $U(x) = 0$, also auch $x = 0$ und damit $\xi = 0$.

Ist $\eta = (x, n)$ ein beliebiges Element des Raumes $\mathbf{X}$, so ergibt sich für $\xi = (x, n + 1)$

$$\widetilde{U}(\xi) = (U(x), n + 1) = (x, n) = \eta.$$

Schließlich zeigen wir noch die Stetigkeit der Operatoren $\widetilde{U}$ und $\widetilde{U}^{-1}$. Dazu benutzen wir die Bemerkung 6 aus Abschnitt 5.6, weisen also nach, daß die Operatoren $\widetilde{U}_n$ und $(\widetilde{U}^{-1})_n$, die aus $\widetilde{U}$ bzw. $\widetilde{U}^{-1}$ entstehen, wenn man diese nur auf der Teilmenge $\mathbf{X}_n \subset \mathbf{X}$ betrachtet, stetig sind. Für den Operator $\widetilde{U}_n$ folgt aus

$$\widetilde{U}_n(\xi) = \widetilde{U}(\xi) = (U(x), n) \qquad (\xi = (x, n) \in \mathbf{X}_n)$$

die Beziehung

$$||\widetilde{U}_n(\xi)||_n = ||U(x)|| \leqq ||U|| \, ||x|| = ||U|| \, ||\xi||_n,$$

d. h., $\widetilde{U}_n$ ist ein linearer Operator von $\mathbf{X}_n$ in $\mathbf{X}_n$, bildet also erst recht $\mathbf{X}_n$ linear in $\mathbf{X}$ ab.

Für den Operator $(\widetilde{U}^{-1})_n$ gilt

$$(\widetilde{U}^{-1})_n(\eta) = \widetilde{U}^{-1}(\eta) = (x, n+1) \qquad (\eta = (x, n) \in \mathbf{X}_n),$$

also

$$\|(\widetilde{U}^{-1})_n(\eta)\|_{n+1} = \|x\| = \|\eta\|_n .$$

Deshalb ist $(\widetilde{U}^{-1})_n$ ein linearer Operator von $\mathbf{X}_n$ in $\mathbf{X}_{n+1}$, also erst recht von $\mathbf{X}_n$ in $\mathbf{X}$.

Wir bemerken noch, daß für $\xi = (x, n) \in \mathbf{X}$

$$\widetilde{U}^n(\xi) = (U^n(x), n) = (x, 0) = x ,$$

d. h.

$$\xi = \widetilde{U}^{-n}(x) \tag{13}$$

gilt.

Es sei jetzt $\mathbf{X}_0$ der Raum der auf dem Intervall $[a, b]$ definierten stetigen Funktionen, die im Punkte a verschwinden. Den Operator U definieren wir durch die Gleichungen

$$y = U(x), \quad y(t) = \int_a^t x(s)\, ds \qquad (t \in [a, b])$$

und bilden den zugehörigen Raum $\mathbf{X}$. U^{-1} ist in diesem Fall der Differentiationsoperator, weshalb wir auch seine Erweiterung, den Operator $\widetilde{U}^{-1}$, (verallgemeinerten) Differentiationsoperator nennen. Formel (13) zeigt dann, daß jedes Element $\xi \in \mathbf{X}$ die verallgemeinerte Ableitung (i. a. höherer Ordnung) einer Funktion aus $\mathbf{X}_0$ ist. Wir ordnen nun dem Element $\xi = (\varphi, n)$ das durch die Gleichung

$$f_\xi(x) = (-1)^n \int_a^b \varphi(t)\, x^{(n)}(t)\, dt \qquad (x \in \mathbf{D}^0_{[a, b]}) \tag{14}$$

auf dem Raum $\mathbf{D}^0_{[a,b]}$ definierte Funktional f_ξ zu (f_ξ ist also eine verallgemeinerte Funktion auf dem Intervall $[a, b]$). Durch partielle Integration sieht man leicht, daß f_ξ durch das Element ξ eindeutig bestimmt wird. Umgekehrt läßt sich auf Grund von Formel (13) aus Abschnitt XI.2.4 auch jede verallgemeinerte Funktion f auf $[a, b]$ in der Form f_ξ ($\xi \in \mathbf{X}$) darstellen. Die so definierte Zuordnung zwischen den Elementen der Räume $\mathbf{X}$ und $(\mathbf{D}_{[a, b]})^*$ ist ein algebraischer Isomorphismus. Weiter unten zeigen wir (siehe Abschnitt 5.14), daß sie sogar einen Homöomorphismus der angegebenen Räume vermittelt. Deshalb nennen wir die Elemente des Raumes $\mathbf{X}$ verallgemeinerte Funktionen auf dem Intervall $[a, b]$. Der Differentiationsoperator hat in $(\mathbf{D}^0_{[a, b]})^*$ und in $\mathbf{X}$ die gleiche Bedeutung. Für $\eta = \widetilde{U}^{-1}(\xi)$ mit $\xi = (\varphi, n)$ folgt nämlich $\eta = (\varphi, n+1)$ und

$$f'_\xi(x) = -f_\xi(x') = (-1)^{n+1} \int_b^a \varphi(t)\, x^{(n+1)}(t)\, dt = f_\eta(x) \qquad (x \in \mathbf{D}^0_{[a, b]}) .$$

Wir überlassen es dem Leser zu zeigen, daß man eine auf dem Intervall $[a, b]$ konvergente Funktionenreihe beliebig oft gliedweise differenzieren darf, wobei die Reihen der Ableitungen im Raum der verallgemeinerten Funktionen konvergieren.

5.13. Ist der induktive Limes $\mathbf{X}$ einer Folge $\{\mathbf{X}_n\}$ von B-Räumen nicht normierbar, dann ist er von erster Kategorie.

Bezeichnet nämlich S_n wieder die Einheitskugel des Raumes $\mathbf{X}_n$, so gilt $\mathbf{X} = \bigcup_{n=1}^{\infty} n\, S_n$. Die Menge $A_n = n\, S_n$ ist beschränkt und nirgendsdicht in $\mathbf{X}$. Anderenfalls enthielte ihre Abschließung $\bar{A}_n$ in $\mathbf{X}$ eine offene Menge, wäre also beschränkte konvexe Nullumgebung. Daraus würde wegen Satz 4 (1.XI) die Normierbarkeit von $\mathbf{X}$ folgen. Obwohl also von erster Kategorie, ist der Raum $\mathbf{X}$ auf Grund von Satz 3 tonneliert.

Im allgemeinen Fall kann man die Vollständigkeit des induktiven Limes $\mathbf{X}$ nicht zeigen. Ist jedoch $\mathbf{X}$ regulär und reflexiv, z. B. ein LN^*-Raum, so ist $\mathbf{X}^*$ der projektive Limes der Folge $\{\mathbf{X}_n^*\}$ von B-Räumen, also metrisch und erst recht bornologisch. Dann folgt aber aus Satz 9 (3.XI) die Vollständigkeit von $\mathbf{X}$.

5.14. Weiter oben (Satz 4) wurde gezeigt, daß der duale Raum eines regulären induktiven Limes der projektive Limes der Folge der dualen Räume ist. Die duale Aussage gilt unter komplizierteren Voraussetzungen ebenfalls.

Wir machen zunächst einige vorbereitende Bemerkungen. Es seien $\mathbf{X}_n$ ($n = 1, 2, \ldots$) lokalkonvexe Räume und ω_n lineare Operatoren von $\mathbf{X}_{n+1}$ in $\mathbf{X}_n$. Wie früher bezeichnen wir die kanonische Abbildung des Raumes $\mathbf{X} = \lim \mathrm{pr.} (\mathbf{X}_n, \omega_n)$ in den Raum $\mathbf{X}_n$ mit Ω_n und setzen noch $\widetilde{\mathbf{X}}_n = \overline{\Omega_n(X)}$. Dann gilt $\omega_n(\widetilde{\mathbf{X}}_{n+1}) \subset \widetilde{\mathbf{X}}_n$. Aus $x \in \Omega_{n+1}(\mathbf{X})$, d. h. $x = \Omega_{n+1}(y)$ $(y \in \mathbf{X})$, folgt nämlich $\omega_n(x) = \omega_n \Omega_{n+1}(y) = \Omega_n(y) \in \Omega_n(\mathbf{X})$, woraus sich die Behauptung durch einen einfachen Grenzübergang ergibt. Ist $\widetilde{\omega}_n$ der von ω_n auf $\widetilde{\mathbf{X}}_{n+1}$ induzierte Operator, so beweist man ohne Schwierigkeit die Beziehung

$$\mathbf{X} = \lim \mathrm{pr.} (\mathbf{X}_n, \omega_n) = \lim \mathrm{pr.} (\widetilde{\mathbf{X}}_n, \widetilde{\omega}_n)\,.$$

Deshalb können wir in diesem Abschnitt voraussetzen, daß bereits für die gegebene Folge $\{\mathbf{X}_n\}$ die Menge $\Omega_n(\mathbf{X})$ im Raum $\mathbf{X}_n$ dicht liegt.

Es sei jetzt $f \in \mathbf{X}'$ ein beliebiges lineares Funktional. In Abschnitt 5.4 wurde gezeigt, daß dann eine natürliche Zahl n und ein lineares Funktional F auf $\mathbf{X}_n$ mit

$$f(x) = F(\Omega_n(x)) \qquad (x \in \mathbf{X}) \tag{15}$$

existieren, und auch umgekehrt jedes Funktional $F \in \mathbf{X}_n'$ gemäß Formel (15) ein Funktional $f \in \mathbf{X}'$ bestimmt. Wegen der Voraussetzung über die Räume $\mathbf{X}_n$ ist die Zuordnung zwischen den Funktionalen f und F eineindeutig. Bezeichnet weiter $\widehat{\mathbf{X}}_n$ die Menge aller Funktionale $f \in \mathbf{X}'$ der Form (15), so sind die Räume $\widehat{\mathbf{X}}_n$ und $\mathbf{X}_n'$ isomorph. Durch diesen Isomorphismus können wir $\widehat{\mathbf{X}}_n$ topologisieren, indem wir einfach die Topologie des Raumes $\mathbf{X}_n^*$ auf $\widehat{\mathbf{X}}_n$ übertragen. Dann folgt unmittelbar aus dieser Definition der Topologie in $\widehat{\mathbf{X}}_n$, daß die Abbildung φ_n, die den Isomorphismus der Räume $\mathbf{X}_n^*$ und $\widehat{\mathbf{X}}_n$ vermittelt, ein Homöomorphismus ist.

Die Räume $\widehat{\mathbf{X}}_n$ bilden eine monoton wachsende Folge, und der Operator der Einbettung des Raumes $\widetilde{\mathbf{X}}_n$ in den Raum $\widetilde{\mathbf{X}}_{n+1}$ hat die Gestalt $\varphi_{n+1}\, \omega_n^*\, \varphi_n^{-1}$, ist also linear.

Satz 8 (5.XI). *Ist der Raum* $\mathbf{X} = \lim \mathrm{pr.} (\mathbf{X}_n, \omega_n)$ *tonneliert und vollständig und der Raum* $\widehat{\mathbf{X}} = \lim \mathrm{ind.}\, \widehat{\mathbf{X}}_n$ *halbreflexiv, so gilt* $\mathbf{X}^* = \widehat{\mathbf{X}}$.

Beweis. Im Voranstehenden wurde bereits festgestellt, daß die Räume $\mathbf{X}^*$ und $\widehat{\mathbf{X}}$ aus den gleichen Elementen bestehen. Da die Abbildungen Ω_n^* von $\mathbf{X}_n^*$ in $\mathbf{X}^*$ stetig sind, ist die Topologie des Raumes $\mathbf{X}^*$ schwächer als die Topologie des Raumes $\widehat{\mathbf{X}}$ (Bemerkung 2 aus Abschnitt 5.6). Wir zeigen als erstes, daß die beschränkten Mengen in beiden Räumen übereinstimmen. Wegen der eben festgestellten Beziehung zwischen den beiden Topologien brauchen wir dafür nur nachzuweisen, daß jede in $\mathbf{X}^*$ beschränkte Menge auch in $\widehat{\mathbf{X}}$ beschränkt ist. Es sei G eine in $\mathbf{X}^*$ beschränkte Menge. Aus der Tonneliertheit des Raumes $\mathbf{X}$ folgt, daß G gleichgradig stetig ist (siehe Abschnitt XI.3.5, Bemerkung 1 zu Satz 5.3.XI), also gibt es eine Nullumgebung V in $\mathbf{X}$ mit $G = \pi(V)$. Gemäß der Definition des projektiven Limes existiert zu V eine natürliche Zahl n und eine konvexe Nullumgebung V_n im Raum $\mathbf{X}_n$, für die $\Omega_n^{-1}(V_n) \subset V$ gilt. Ohne Beschränkung der Allgemeinheit kann man annehmen, daß in dieser Beziehung sogar das Gleichheitszeichen steht: $\Omega_n^{-1}(V_n) = V$. Wir betrachten ein Funktional $f \in G$. Ist z ein Element aus $\mathbf{X}$ mit der Eigenschaft $\Omega_n(z) = 0$, so folgt $\alpha z \in V$, also auch $|f(\alpha z)| \leqq 1$ für jedes α, d. h. $f(z) = 0$. Das Funktional f nimmt also auf den Elementen der Menge $\Omega_n^{-1}(x)$ $(x \in \Omega_n(\mathbf{X}))$ gleiche Werte an, so daß durch die Gleichung

$$F(x) = f(\Omega_n^{-1}(x)) \qquad (x \in \Omega_n(\mathbf{X}))$$

ein Funktional F auf $\Omega_n(\mathbf{X}) \subset \mathbf{X}_n$ definiert wird. Aus $x \in V_n \cap \Omega_n(\mathbf{X})$ folgt $\Omega_n^{-1}(x) \subset V$ und deshalb $|F(x)| \leqq 1$, d. h., F ist sogar linear. Da $\Omega_n(\mathbf{X})$ nach Voraussetzung in $\mathbf{X}_n$ dicht liegt, können wir F zu einem linearen Funktional auf ganz $\mathbf{X}_n$ erweitern. Es gilt also $f \in \hat{\mathbf{X}}_n$ und somit $G \subset \hat{\mathbf{X}}_n$. Aus diesen Überlegungen ergibt sich unmittelbar, daß die Menge $\varphi_n^{-1}(G) = G_n$ derjenigen Funktionale $F \in \mathbf{X}_n'$, die Elementen $f \in G$ entsprechen, in $\pi(V_n)$ enthalten ist. Daraus folgt sie Beschränktheit von G_n in $\mathbf{X}_n^*$, also ist auch G in $\hat{\mathbf{X}}_n$ und deshalb erst recht in $\hat{\mathbf{X}}$ beschränkt.

Wir betrachten jetzt die Räume $\mathbf{X}^{**}$ und $\hat{\mathbf{X}}^*$. Die Inklusion $\mathbf{X}^{*\prime} \subset \hat{\mathbf{X}}'$ ist offensichtlich. Da die beschränkten Mengen in $\mathbf{X}^*$ und $\hat{\mathbf{X}}$ übereinstimmen, fällt die Topologie des Raumes $\mathbf{X}^{**}$ mit der vom Raum $\hat{\mathbf{X}}^*$ in der Menge $\mathbf{X}^{*\prime}$ induzierten Topologie zusammen, d. h., die Beziehung $\mathbf{X}^{**} \subset \hat{\mathbf{X}}^*$ besteht nicht nur im mengentheoretischen, sondern auch in dem Sinne, daß die Topologie von $\mathbf{X}^{**}$ durch die Topologie des Raumes $\hat{\mathbf{X}}^*$ erzeugt wird. Der Raum $\mathbf{X}$ ist tonneliert; deshalb sind nach der Folgerung aus Satz 1 (4.XI) die von den Räumen $\mathbf{X}$ bzw. $\mathbf{X}^{**}$ in $\mathbf{X}''$ induzierten Topologien τ bzw. τ^{**} identisch, und wegen der Vollständigkeit von $\mathbf{X}$ ist die Menge $\mathbf{X}''$ im Raum $\hat{\mathbf{X}}^*$ abgeschlossen. Dann ist sie gemäß Satz 4 (3.XI) auch abgeschlossen im Raum $[\hat{\mathbf{X}}', \sigma(\hat{\mathbf{X}}', \hat{\mathbf{X}}^{*\prime})]$, der hier mit dem Raum $[\hat{\mathbf{X}}', \sigma(\hat{\mathbf{X}}', \hat{\mathbf{X}})]$ zusammenfällt. Hat aber ein Funktional $f \in \hat{\mathbf{X}}$ die Eigenschaft, daß für jedes $\Phi \in \mathbf{X}''$ die Gleichung $\Phi(f) = 0$ besteht, so folgt $f(x) = 0$ für jedes $x \in \mathbf{X}$, d. h. $f = 0$. Deshalb gilt $\mathbf{X}'' = \hat{\mathbf{X}}'$, und es ergeben sich die beiden Beziehungen $\mathbf{X}'' = \mathbf{X}^{*\prime}$ und $\mathbf{X}^{*\prime} = \hat{\mathbf{X}}'$. Die erste dieser Gleichungen besagt, daß der Raum $\mathbf{X}$ halbreflexiv ist. Als tonnelierter Raum ist er dann sogar reflexiv. Daraus folgt die Reflexivität und durch Anwendung von Satz 3 (4.XI) die Tonneliertheit des Raumes $\mathbf{X}^*$.

Wir analysieren schließlich die Gleichung $\mathbf{X}^{*\prime} = \hat{\mathbf{X}}'$. Da $\mathbf{X}^*$ ein tonnelierter Raum ist, stimmt seine Topologie τ^* mit der Mackey-Topologie $\tau^* = \mu(\mathbf{X}^*, \mathbf{X}^{*\prime})$ überein (Satz 7 (4.XI)). Andererseits genügt auf Grund von Satz 6 (4.XI) die Topologie $\hat{\tau}$ des Raumes $\hat{\mathbf{X}}$ der Beziehung

$$\hat{\tau} \leqq \mu(\hat{\mathbf{X}}, \hat{\mathbf{X}}') = \mu(\mathbf{X}^*, \mathbf{X}^{*\prime}) = \tau^* .$$

Damit ist der Satz vollständig bewiesen.

Bemerkung 1. Im Verlauf des Beweises von Satz 8 haben wir gezeigt, daß unter der einzigen Voraussetzung der Tonneliertheit des Raumes $\mathbf{X}$ der Raum $\hat{\mathbf{X}}$ der reguläre induktive Limes der Folge $\hat{\mathbf{X}}_1, \hat{\mathbf{X}}_2, \ldots, \hat{\mathbf{X}}_n, \ldots$ ist. Sind z. B. alle Räume $\mathbf{X}_n$ F-Räume, dann ist auch $\mathbf{X}$ ein F-Raum, also tonneliert.

Betrachten wir eine Folge $\{\mathbf{X}_n\}$ reflexiver B-Räume, so sind nach der Folgerung aus Satz 6 alle Voraussetzungen von Satz 8 erfüllt. Daraus ergibt sich insbesondere, daß $\mathbf{L}^{1+0} = \text{lim ind. } \mathbf{L}^{\frac{n+1}{n}}$ der Dual des Raumes $\mathbf{L}_\infty = \text{lim pr. } \mathbf{L}^n$ ist.

Die Bedingungen des Satzes 8 sind auch im Falle der Vollstetigkeit der Operatoren ω_n erfüllt, denn dann sind auch die Operatoren ω_n^* vollstetig (Satz 3 (3.IX)), d. h., $\hat{\mathbf{X}}$ ist ein LN^*-Raum, also reflexiv.

Schließlich wenden wir Satz 8 noch auf den Raum $\mathbf{D}^0_{[a,b]} = \text{lim pr. } \mathbf{C}^{0(n)}_{[a,b]}$ an, wobei $\mathbf{C}^{0(n)}_{[a,b]}$ den B-Raum aller auf der ganzen Zahlengeraden definierten n-mal stetig differenzierbaren und außerhalb des Intervalls $[a, b]$ verschwindenden Funktionen bezeichnet. Die Norm eines Elementes $x \in \mathbf{C}^{0(n)}_{[a,b]}$ ist durch die Gleichung

$$||x|| = \max |x^{(k)}(t)| \qquad (t \in [a, b];\ k = 0, 1, \ldots, n)$$

gegeben. Dann sind die Einbettungsoperatoren ω_n alle vollstetig, also gilt auf Grund des oben Gesagten die Beziehung

$$(\mathbf{D}^0_{[a,b]})^* = \text{lim ind. } (\mathbf{C}^{0(n)}_{[a,b]})^* . \tag{16}$$

In Abschnitt 5.12 hatten wir die Menge $(\mathbf{D}^0_{[a,b]})'$ bereits topologisiert. Wir überlassen es dem Leser zu zeigen, daß wegen der Beziehung (16) die beiden Topologien übereinstimmen.

5.15. Im vorliegenden Kapitel betrachteten wir in erster Linie reelle Räume. Diese Einschränkung liegt jedoch nicht im Wesen der Sache. Alles über reelle Räume Gesagte bleibt auch für den komplexen Fall richtig, wenn man nur den Begriff der konvexen Menge durch den der absolut-konvexen Menge ersetzt. Dabei heißt eine Menge E *absolut-konvex*, wenn sie die folgende Eigenschaft hat: Mit je zwei Elementen $x, y \in E$ enthält sie auch jedes Element der Gestalt $\alpha x + \beta y$ ($|\alpha| + |\beta| \leqq 1$). Der Leser überlegt sich leicht, daß eine Menge genau dann absolut-konvex ist, wenn sie konvex und äquilibriert ist. Da aus der Absolut-Konvexität also insbesondere die Äquilibriertheit folgt, brauchen wir bei der Formulierung der obigen Aussagen im komplexen Fall die Äquilibriertheit und erst recht die Symmetrie nicht gesondert zu erwähnen.

Für jeden der untersuchten reellen Räume kann man auch das komplexe Analogon betrachten. Wir führen noch zwei weitere Beispiele komplexer lokalkonvexer Räume an.

Eine auf einer Teilmenge A der erweiterten komplexen Ebene definierte eindeutige analytische Funktion x heißt *lokalanalytisch* in A, wenn eine offene Menge $G \supset A$ und eine Funktion $\tilde{x}$ auf G existieren, so daß $\tilde{x}$ auf A mit x übereinstimmt und in jedem Punkt von G eine endliche Ableitung besitzt. Ist außerdem $\infty \in A$, so setzen wir noch $x(\infty) = 0$ voraus. $\mathbf{X}_A$ bezeichne die Menge aller in A lokalanalytischen Funktionen. Dann folgt aus $A \subset B$ die Beziehung $\mathbf{X}_A \supset \mathbf{X}_B$, wenn wir eine Funktion $x \in \mathbf{X}_A$ mit ihrer analytischen Fortsetzung auf B identifizieren (falls eine solche existiert).

Es sei A eine offene Menge der komplexen Ebene. Dann gibt es eine wachsende Folge $\{F_n\}$ abgeschlossener Mengen mit $A = \bigcup_{n=1}^{\infty} F_n$, so daß für jede abgeschlossene Menge $F \subset A$ von einem gewissen Index m an $F \subset F_m$ gilt. In $\mathbf{X}_A$ definieren wir eine Folge von Normen durch die Gleichung

$$\|x\|_n = \max_{t \in F_n} |x(t)| \qquad (x \in \mathbf{X}_A;\ n = 1, 2, \ldots)\,.$$

Dadurch wird $\mathbf{X}_A$ zu einem abzählbar-normierbaren Raum, der (wie man zeigen kann) sogar vollständig ist.

Wir betrachten jetzt eine abgeschlossene Menge C und eine fallende Folge $\{G_n\}$ offener Mengen mit $C = \bigcap_{n-1}^{\infty} G_n$ und der Eigenschaft, daß zu jeder offenen Menge $G \supset C$ für einen gewissen Index m die Beziehung $G \supset G_m$ besteht. $\mathbf{X}_n$ bezeichne den B-Raum der in G_n lokalanalytischen und in $\overline{G}_n$ stetigen Funktionen mit der Norm

$$\|x\| = \max_{t \in \overline{G}_n} |x(t)| \qquad (x \in \mathbf{X}_n)\,.$$

Dann gilt $\mathbf{X}_C = \bigcup_{n=1}^{\infty} \mathbf{X}$. Führt man in $\mathbf{X}_C$ die Topologie des induktiven Limes der Folge $\{\mathbf{X}_n\}$ ein, so wird $\mathbf{X}_C$ ein LN^*-Raum.

Ist schließlich C eine abgeschlossene Menge und A ihr (offenes) Komplement, so gilt

$$(\mathbf{X}_C)^* = \mathbf{X}_A \quad \text{und} \quad (\mathbf{X}_A)^* = \mathbf{X}_C\,.$$ [1]

---

[1]) Der Isomorphismus zwischen den Räumen $\mathbf{X}_C$ und $\mathbf{X}_A$ wird für den ersten Fall durch die Formel

$$F(x) = \frac{1}{2\pi i} \int_L y(t)\, x(t)\, dt\,, \qquad x \in \mathbf{X}_C, \quad y \in \mathbf{X}_A$$

vermittelt; dabei bedeutet L eine C umschließende rektifizierbare Kurve, so daß x in einem L enthaltenden Gebiet noch analytisch ist.

TEIL II

FUNKTIONALGLEICHUNGEN

KAPITEL XII

DIE ADJUNGIERTE GLEICHUNG

§ 1. Sätze über den inversen Operator [1])

In diesem Paragraphen werden die Betrachtungen von Kapitel V, § 2 über den inversen Operator ergänzt.

1.1. Zunächst erinnern wir den Leser an einige Definitionen aus dem ersten Teil. Es sei U ein linearer Operator, der den normierten Raum $\mathbf{X}$ in den normierten Raum $\mathbf{Y}$ abbildet. Gibt es dann einen Operator V von $\mathbf{Y}$ in $\mathbf{X}$ mit den Eigenschaften

$$V\,U = I_{\mathbf{X}} \quad (I_{\mathbf{X}} x = x, \quad x \in \mathbf{X}), \tag{1}$$

$$U\,V = I_{\mathbf{Y}} \quad (I_{\mathbf{Y}} y = y, \quad y \in \mathbf{Y}), \tag{2}$$

so heißt V der inverse Operator oder kurz die Inverse von U ($V = U^{-1}$).

Genau dann existiert der (möglicherweise nichtlineare) inverse Operator U^{-1}, wenn U eine eineindeutige Abbildung von $\mathbf{X}$ auf $\mathbf{Y}$ vermittelt. Ist U^{-1} außerdem linear, so ist diese Abbildung in beiden Richtungen stetig.

Falls nur eine der Beziehungen (1) oder (2) besteht, nennen wir V links- bzw. rechtsinvers ($V = U_l^{-1}$ bzw. $V = U_r^{-1}$).[2]) In Abschnitt V.2.3 wurde bewiesen, daß für die Existenz einer linearen Linksinversen die Gültigkeit der Ungleichung

$$\|U(x)\| \geqq m\|x\| \qquad (x \in \mathbf{X}) \tag{3}$$

mit einer von x unabhängigen positiven Konstanten m notwendig und hinreichend ist. Bildet U darüber hinaus den Raum $\mathbf{X}$ auf ganz $\mathbf{Y}$ ab, so ist die Linksinverse auch Rechtsinverse, d. h., in diesem Fall existiert der (zweiseitig-) inverse Operator U^{-1} und ist überdies linear.

1.2. Satz 1 (1.XII). *Der Operator U bilde den B-Raum $\mathbf{X}$ in den normierten Raum $\mathbf{Y}$ ab. Hat U eine lineare Linksinverse, so ist auch die Menge $\mathbf{Y}' = U(\mathbf{X})$ ein B-Raum.*

Beweis. Wir brauchen nur die Vollständigkeit des Raumes $\mathbf{Y}'$ zu zeigen. Dazu sei $\{y_n\}$ eine in sich konvergente Folge von Elementen aus $\mathbf{Y}'$ und $x_n = U^{-1}(y_n)$ (d. h. $y_n = U(x_n)$, $n = 1, 2, \ldots$). Aus der Relation (3) ergibt sich die Ungleichung

$$\|y_n - y_k\| = \|U(x_n - x_k)\| \geqq m\,\|x_n - x_k\|$$

---

[1]) Bezüglich des Inhalts dieses Paragraphen vgl. [155] und [175 b]. Unsere Darstellung hält sich eng an den Artikel [166].

[2]) Die Indizes „l" bzw. „r" lassen wir manchmal weg, wenn aus dem Zusammenhang klar hervorgeht, um welche Inverse es sich handelt.

mit einer positiven Konstanten m, woraus

$$\lim_{n,k\to\infty} ||x_n - x_k|| = 0$$

folgt. Nach Voraussetzung existiert deshalb in $\mathbf{X}$ ein Element $x_0 = \lim\limits_{n\to\infty} x_n$. Wegen $\lim\limits_{n\to\infty} y_n = \lim\limits_{n\to\infty} U(x_n) = U(x_0)$ gelten für $y_0 = U(x_0)$ die Beziehungen $y_0 \in \mathbf{Y}'$ und $y_n \to y_0$, womit die Vollständigkeit des Raumes $\mathbf{Y}'$ bewiesen ist.

Folgerung. *Unter den Voraussetzungen von Satz* 1 *ist die Menge* $\mathbf{Y}'$ *abgeschlossen in* $\mathbf{Y}$.

1.3. Im folgenden erweist sich der in Abschnitt XI.1.3 für allgemeine lineare topologische Räume eingeführte Begriff des Quotientenraumes als nützlich. Deshalb wiederholen wir an dieser Stelle die Definition des Quotientenraumes für den Fall normierter Räume und führen einige seiner wichtigsten Eigenschaften an.

Es sei $\mathbf{X}$ ein normierter Raum und $\mathbf{X}_0$ ein Teilraum von $\mathbf{X}$. Wir fassen die Elemente von $\mathbf{X}$ zu Klassen zusammen, wobei zwei Elemente x' und x'' genau dann zu einer Klasse gehören sollen, wenn $x' - x'' \in \mathbf{X}_0$ gilt. Offensichtlich sind voneinander verschiedene Klassen disjunkt, und jedes Element $x \in \mathbf{X}$ liegt in genau einer Klasse. $\bar{x}$ sei eine solche Klasse und x irgendein Element von $\bar{x}$. Dann folgt unmittelbar aus der Definition von $\bar{x}$ die Beziehung $\bar{x} = x + \mathbf{X}_0$. Umgekehrt bildet für jedes Element $x \in \mathbf{X}$ die Menge $x + \mathbf{X}_0$ eine Klasse, nämlich diejenige, der das Element x angehört.

In der Menge $\mathbf{X}/\mathbf{X}_0$ führen wir algebraische Operationen ein:

$$\bar{x} + \bar{y} = x + y + \mathbf{X}_0, \quad \lambda\bar{x} = \lambda x + \mathbf{X}_0 \qquad (\bar{x}, \bar{y} \in \mathbf{X}/\mathbf{X}_0,\ x \in \bar{x},\ y \in \bar{y}). \quad (4)$$

Man sieht leicht, daß diese Definitionen nicht von der Wahl der Elemente x, y, den Repräsentanten der Klassen $\bar{x}$ bzw. $\bar{y}$, abhängen. $\mathbf{X}/\mathbf{X}_0$ bildet dadurch bezüglich dieser Operationen eine lineare Menge, wobei die das Nullelement des Raumes $\mathbf{X}$ enthaltende Klasse, das ist offenbar der Teilraum $\mathbf{X}_0$ selbst, die Rolle des Nullelementes von $\mathbf{X}/\mathbf{X}_0$ spielt.

Wir setzen für $\bar{x} \in \mathbf{X}/\mathbf{X}_0$

$$||\bar{x}|| = \inf_{x\in\bar{x}} ||x||$$

und zeigen, daß damit eine Norm in $\mathbf{X}/\mathbf{X}_0$ definiert wird.

Ist $\bar{x} = 0$, so gehört das Nullelement des Raumes $\mathbf{X}$ zu $\bar{x}$, deshalb gilt $||\bar{x}|| = 0$. Umgekehrt folgt aus $||\bar{x}|| = 0$ die Existenz einer Folge $\{x_n\} \subset \bar{x}$ mit $x_n \to 0$. Da die Klasse $\bar{x}$ eine abgeschlossene Menge bildet, enthält sie mit der Folge $\{x_n\}$ auch deren Grenzwert 0, also ist $\bar{x}$ das Nullelement des Raumes $\mathbf{X}/\mathbf{X}_0$.

Die Homogenität der Norm ergibt sich ebenfalls ohne Schwierigkeit. Für $\lambda \neq 0$ gilt nämlich

$$|\lambda|\, ||\bar{x}|| = |\lambda| \inf_{x\in\bar{x}} ||x|| = \inf_{x\in\bar{x}} ||\lambda x||\,.$$

Durchläuft x die Klasse $\bar{x}$, so durchläuft λx die Klasse $\lambda\bar{x}$, woraus weiter

$$\inf_{x\in\bar{x}} ||\lambda x|| = \inf_{z\in\lambda\bar{x}} ||z|| = ||\lambda\bar{x}||$$

folgt.

Schließlich beweisen wir noch die Dreiecksungleichung. Für beliebige $x \in \bar{x}$, $y \in \bar{y}$ $(\bar{x}, \bar{y} \in \mathbf{X}/\mathbf{X}_0)$ gilt $x + y \in \bar{x} + \bar{y}$, also auch

$$||\bar{x} + \bar{y}|| \leqq ||x + y|| \leqq ||x|| + ||y|| \, .$$

Durch Bildung des Infimums der rechten Seite erhalten wir die gewünschte Ungleichung.

Der auf diese Weise konstruierte normierte Raum heißt der *Quotientenraum* (oder auch *Faktorraum*) des Raumes $\mathbf{X}$ nach dem Teilraum $\mathbf{X}_0$.

Ordnen wir jedem Element $x \in \mathbf{X}$ die Klasse $\bar{x} = x + \mathbf{X}_0 = \varphi(x)$ zu, so wird dadurch ein (additiver und homogener) Operator φ, der *natürliche oder kanonische Homomorphismus* des Raumes $\mathbf{X}$ auf den Quotientenraum $\mathbf{X}/\mathbf{X}_0$ definiert. Aus der Beziehung

$$||\varphi(x_0)|| = \inf_{x \in \varphi(x_0)} ||x|| \leqq ||x_0|| \qquad (x_0 \in \mathbf{X})$$

folgt die Linearität von φ. Darüber hinaus hat der Operator φ eine ähnliche Eigenschaft wie Operatoren, für die eine lineare Inverse existiert. Zu jedem $\bar{x} \in \mathbf{X}/\mathbf{X}_0$ findet man nämlich ein $x \in \mathbf{X}$ mit

$$\bar{x} = \varphi(x) \, , \qquad ||\bar{x}|| \geqq \frac{1}{2} ||x|| \, . \tag{5}$$

Unter Benutzung dieser Beziehung zeigen wir jetzt, daß die Vollständigkeit des Raumes $\mathbf{X}$ die Vollständigkeit des Quotientenraumes $\mathbf{X}/\mathbf{X}_0$ nach sich zieht. Dazu sei $\{\bar{x}_n\}$ eine in sich konvergente Folge von Elementen des Raumes $\mathbf{X}/\mathbf{X}_0$. Durch evtl. Übergang zu einer Teilfolge erreichen wir, daß die Reihe $\sum_{n=1}^{\infty} ||\bar{x}_{n+1} - \bar{x}_n||$ konvergiert. Auf Grund von Beziehung (5) gibt es dann Elemente $x_n \in \mathbf{X}$ mit

$$\bar{x}_{n+1} - \bar{x}_n = \varphi(x_n) \, , \quad ||\bar{x}_{n+1} - \bar{x}_n|| \geqq \frac{1}{2} ||x_n|| \, , \quad (n = 0, 1, \ldots; \quad \bar{x}_0 = 0) \, .$$

Offensichtlich konvergiert die Reihe $\sum_{n=1}^{\infty} ||x_n||$, also wegen der Vollständigkeit Raumes $\mathbf{X}$ auch die Reihe $\sum_{n=1}^{\infty} x_n$. Bezeichnen wir ihre Summe mit x, so ergibt sich für $\bar{x} = \varphi(x)$ wegen der Linearität von φ

$$\bar{x} = \varphi(x) = \sum_{n=0}^{\infty} \varphi(x_n) = \sum_{n=0}^{\infty} (\bar{x}_{n+1} - \bar{x}_n) = \lim_{n \to \infty} \bar{x}_n \, ,$$

d. h., die Folge $\{\bar{x}_n\}$ konvergiert gegen das Element $\bar{x}$.

Es seien jetzt zwei normierte Räume $\mathbf{X}, \mathbf{Y}$ und ein linearer Operator U von $\mathbf{X}$ in $\mathbf{Y}$ gegeben. Die Menge $\mathbf{X}_0 = U^{-1}(0)$ ist offensichtlich ein Teilraum von $\mathbf{X}$. Nach dem Vorangehenden können wir also den Quotientenraum $\overline{\mathbf{X}} = \mathbf{X}/\mathbf{X}_0$ bilden. In $\overline{\mathbf{X}}$ definieren wir einen Operator $\overline{U}$, indem wir aus jeder Klasse $\bar{x} \in \overline{\mathbf{X}}$ ein beliebiges Element $x \in \bar{x}$ auswählen und

$$\overline{U}(\bar{x}) = U(x) \tag{6}$$

setzen. $\overline{U}(\overline{x})$ hängt dabei nicht von der speziellen Wahl des Elementes $x \in \overline{x}$ ab, denn aus $x', x'' \in \overline{x}$ folgt $x' - x'' \in \mathbf{X}_0$ und somit $U(x') = U(x'')$. Der Operator $\overline{U}$ bildet den Raum $\overline{\mathbf{X}}$ in $\mathbf{Y}$ ab. Er ist homogen, additiv und auch stetig, denn durch Bildung des Infimums der rechten Seite der Ungleichung

$$||\overline{U}(\overline{x})|| = ||U(x)|| \leqq ||U||\,||x|| \qquad (x \in \overline{x})$$

ergibt sich

$$||\overline{U}(\overline{x})|| \leqq ||U||\,||\overline{x}|| \qquad (\overline{x} \in \overline{\mathbf{X}}) .$$

Schließlich folgt noch unmittelbar aus der Definition von $\overline{U}$ die Beziehung $U = \overline{U}\varphi$.

Der Operator $\overline{U}$ vermittelt eine eineindeutige Abbildung des Raumes $\overline{\mathbf{X}}$ in den Raum $\mathbf{Y}$. Aus $\overline{U}(\overline{x}) = 0$ ergibt sich nämlich $U(x) = 0$ für jedes $x \in \overline{x}$, d. h., es gilt $x \in U^{-1}(0) = \mathbf{X}_0$. Die Klasse $\overline{x}$ fällt also mit der Menge $\mathbf{X}_0$, dem Nullelement des Raumes $\overline{\mathbf{X}}$, zusammen.

Bildet der Operator U den Raum $\mathbf{X}$ auf $\mathbf{Y}$ ab, dann bildet auch $\overline{U}$ den Raum $\overline{\mathbf{X}}$ auf ganz $\mathbf{Y}$ ab. Existiert außerdem die lineare Inverse $\overline{U}^{-1}$, so heißen die Räume $\mathbf{X}$ und $\mathbf{Y}$ *homomorph* und der Operator U ein Homomorphismus des Raumes $\mathbf{X}$ auf den Raum $\mathbf{Y}$.

Ohne Benutzung des Operators $\overline{U}$ läßt sich ein Homomorphismus des Raumes $\mathbf{X}$ auf $\mathbf{Y}$ durch die folgenden beiden Bedingungen charakterisieren:

1. $U(\mathbf{X}) = \mathbf{Y}$.

2. Es existiert ein $m > 0$ mit der Eigenschaft, daß man zu jedem $y \in \mathbf{Y}$ ein $x \in \mathbf{X}$ mit

$$y = U(x), \quad ||y|| \geqq m\,||x||$$

findet.

Ein Homomorphismus U genügt nämlich offensichtlich der ersten Bedingung. Wählen wir zu $y \in \mathbf{Y}$ ein Element $x \in \overline{x} = \overline{U}^{-1}(y)$ gemäß Formel (5), so folgt

$$||x|| \leqq 2\,||\overline{x}|| \leqq 2\,||\overline{U}^{-1}||\,||y|| ,$$

weshalb auch die zweite Bedingung für $m = \dfrac{1}{2\,||\overline{U}^{-1}||}$ erfüllt ist.

Genügt U umgekehrt den beiden Bedingungen 1 und 2, dann ergibt sich aus der ersten Bedingung $\overline{U}(\overline{\mathbf{X}}) = \overline{\mathbf{Y}}$. Wir betrachten ein Element $\overline{x} \in \overline{\mathbf{X}}$. Zu $y = \overline{U}(\overline{x})$ existiert ein Element $x \in \mathbf{X}$ mit den in der zweiten Bedingung angegebenen Eigenschaften. Wegen

$$\overline{U}(\varphi(x)) = U(x) = y = \overline{U}(\overline{x})$$

folgt aus der Eineindeutigkeit des Operators $\overline{U}$ die Gleichung $\varphi(x) = \overline{x}$ und damit

$$||\overline{U}(\overline{x})|| = ||y|| \geqq m||x|| \geqq m||\overline{x}|| .$$

Wie in Abschnitt 1,1 bemerkt wurde, sichert diese Abschätzung zusammen mit der Beziehung $\overline{U}(\overline{\mathbf{X}}) = \mathbf{Y}$ die Existenz des linearen (zweiseitig-) inversen Operators $\overline{U}^{-1}$.

1.4. In der Theorie der Funktionalgleichungen spielt die Umkehrung von Satz 1 eine fundamentale Rolle. Sie ist im folgenden Lemma enthalten.

Lemma. *Es sei U ein linearer Operator, der den B-Raum $\mathbf{X}$ in den normierten Raum $\mathbf{Y}$ abbildet. Liegt dann das Bild $U(K)$ der Einheitskugel K des Raumes $\mathbf{X}$ (mit dem Mittelpunkt im Nullpunkt) dicht in einer Kugel $S_r \subset \mathbf{Y}$ mit Radius r (und dem Mittelpunkt ebenfalls im Nullpunkt), so ist U ein Homomorphismus des Raumes $\mathbf{X}$ auf den Raum $\mathbf{Y}$. Falls U darüber hinaus eine eineindeutige Abbildung vermittelt, existiert die lineare zweiseitige Inverse U^{-1}.*

Beweis. Wir zeigen, daß U den Bedingungen 1 und 2 aus Abschnitt 1.3 genügt. Die Kugeln K und S_r können wir dabei als abgeschlossen voraussetzen.

Es sei $\{\varepsilon_n\}$ eine Folge positiver Zahlen mit der Eigenschaft $\sum_{k=1}^{\infty} \varepsilon_n \leqq 1$ und y ein beliebiges Element aus S_r. Wegen $\overline{U(K)} \supset S_r$ existiert zu y ein Element $y_1 \in U(K)$, für das

$$||y - y_1|| \leqq \varepsilon_1 r$$

ausfällt. x_1 bezeichne das Urbild von y_1: $y_1 = U(x_1)$, $x_1 \in K$. Ist K_h die abgeschlossene Kugel des Raumes $\mathbf{X}$ mit dem Radius h und dem Mittelpunkt im Nullpunkt, dann folgt aus den Voraussetzungen des Lemmas $\overline{U(K_h)} \supset S_{rh}$. Deshalb gibt es wegen $y - y_1 \in S_{\varepsilon_1 r}$ ein Element $x_2 \in K_{\varepsilon_1}$, für das

$$||y - (y_1 + y_2)|| \leqq \varepsilon_2 r \qquad (y_2 = U(x_2))$$

gilt. Durch Wiederholung dieser Überlegungen finden wir zwei Folgen $\{y_n\} \subset \mathbf{Y}$ und $\{x_n\} \subset \mathbf{X}$ mit den Eigenschaften

$$y_n = U(x_n), \quad x_n \in K_{\varepsilon_{n-1}}, \quad \left\|y - \sum_{k=1}^{n} y_k\right\| \leqq \varepsilon_n r \qquad (n = 1, 2, \ldots; \ \varepsilon_0 = 1)\,. \tag{7}$$

Die Reihe $\sum_{k=1}^{\infty} x_k$ konvergiert wegen $||x_n|| \leqq \varepsilon_{n-1}$ und der Vollständigkeit des Raumes $\mathbf{X}$. Ihre Summe bezeichnen wir mit x. Dann ergibt sich

$$||x|| \leqq \sum_{k=1}^{\infty} ||x_k|| \leqq \sum_{k=1}^{\infty} \varepsilon_{k-1} \leqq 2\,,$$

d. h. $x \in K_2$. Weiter gilt

$$U(x) = \sum_{k=1}^{\infty} U(x_k) = \sum_{k=1}^{\infty} y_k\,.$$

Aus Formel (7) folgt andererseits $\sum_{k=1}^{\infty} y_k = y$, also zusammen mit der vorhergehenden Beziehung $y = U(x)$. Damit ist die Inklusion $U(K_2) \supset S_r$ bewiesen, aus der sich unmittelbar auch

$$U(K) \supset S_{r/2} \tag{8}$$

und allgemeiner $U(K_n) \supset S_{nr/2}$ ergibt. Unter Benützung der letzten Beziehung erhalten wir

$$U(\mathbf{X}) = \bigcup_{n=1}^{\infty} U(K_n) \supset \bigcup_{n=2}^{\infty} S_{nr/2} = \mathbf{Y},$$

d. h., U genügt der ersten Bedingung.

Ist weiter $y \neq 0$ ein beliebiges Element aus $\mathbf{Y}$, so gehört das Element $y' = \frac{r}{2\,\|y\|}\,y$ zur Kugel $S_{r/2}$, und wegen Formel (8) finden wir ein $x' \in K$ mit $y' = U(x')$. Für $x = \frac{2\,\|y\|}{r}\,x'$ gilt dann

$$U(x) = y\,, \qquad \|x\| = \frac{2}{r}\,\|y\|\,\|x'\| \leqq \frac{2}{r}\,\|y\|\,,$$

d. h., U erfüllt auch die zweite Bedingung. Die letzte Behauptung des Lemmas ist nunmehr eine unmittelbare Folgerung.

Folgerung. *Unter den Voraussetzungen des Lemmas ist der Raum* $\mathbf{Y}$ *vollständig.*

Der zu dem Homomorphismus U gehörige Operator $\overline{U}$ von $\overline{\mathbf{X}} = \mathbf{X}/\mathbf{X}_0$ $(\mathbf{X}_0 = U^{-1}(0))$ auf $\mathbf{Y}$ hat nämlich eine lineare Inverse. Wegen $\mathbf{Y} = \overline{U}(\overline{\mathbf{X}})$ folgt die Behauptung aus Satz 1.

Die Bedingung im vorangehenden Lemma läßt sich in konkreten Fällen schwer nachprüfen. Deshalb ist für die Anwendungen der folgende Satz geeigneter.

Satz 2 (1.XII) (Banach). *Ist die Menge* $U(\mathbf{X})$ *von zweiter Kategorie im Raum* $\mathbf{Y}$, *so genügt der Operator* U *der Bedingung des Lemmas, ist also ein Homomorphismus des Raumes* $\mathbf{X}$ *auf den Raum* $\mathbf{Y}$.

Beweis. Wir behalten die in diesem Abschnitt eingeführten Bezeichnungen bei und zeigen zuerst, daß die Menge $U(K)$ nirgendsdicht ist, falls U die Bedingung des Lemmas nicht erfüllt. Anderenfalls gäbe es nämlich eine ganz in $\overline{U(K)}$ enthaltene Kugel $S(y_0, r)$ (mit Mittelpunkt $y_0 \in \mathbf{Y}$ und Radius r) im Raum $\mathbf{Y}$, so daß

$$\overline{U(K)} \supset S(y_0, r) \tag{9}$$

gilt. Die Menge $U(K)$ ist symmetrisch, d. h., mit einem Element y gehört auch das Element $-y$ zu $U(K)$. Dann ist auch ihre Abschließung $\overline{U(K)}$ symmetrisch. Deshalb ergibt sich aus Beziehung (9)

$$\overline{U(K)} \supset S(-y_0, r)\,.$$

Wir betrachten ein Element $y \in S_r$. Offensichtlich gilt $y_0 + y \in S(y_0, r)$ und $-y_0 + y \in S(-y_0, r)$, also liegen diese beiden Elemente in $\overline{U(K)}$. Die Menge $U(K)$ und somit auch ihre Abschließung sind aber konvex. Daraus folgt

$$y = \frac{(y + y) + (-y + y)}{2} \in \overline{U(K)}\,,$$

also $\overline{U(K)} \supset S_r$.

Damit haben wir gezeigt, daß die Menge $U(K)$ nirgendsdicht ist, falls U nicht der Bedingung des Lemmas genügt. Dasselbe gilt dann auch für jede der Mengen $U(K_n)$ $(n = 1, 2, \ldots)$, deshalb ist in diesem Fall die Menge

$$U(\mathbf{X}) = \bigcup_{n=1}^{\infty} U(K_n)$$

von erster Kategorie, was der Voraussetzung widerspricht.

Aus Satz 2 ergibt sich als Umkehrung von Satz 1 die

Folgerung. *Vermittelt der lineare Operator U eine eineindeutige Abbildung des B-Raumes $\mathbf{X}$ auf einen Teilraum des B-Raumes $\mathbf{Y}$, so ist der inverse Operator U^{-1} linear.*

Ein Teilraum eines B-Raumes bildet nämlich selbst einen B-Raum, ist also eine Menge von zweiter Kategorie in sich (siehe Abschnitt I.4.1).

Bemerkung. Unter Benutzung der Ergebnisse von Kapitel XI läßt sich Satz 2 sehr einfach beweisen. Zur Erläuterung dessen betrachten wir den Fall $U(\mathbf{X}) = \mathbf{Y}$. Als Raum von zweiter Kategorie in sich ist $\mathbf{Y}$ tonneliert (Satz 7 (3.XI)). Die offensichtlich konvexe, absorbierende und abgeschlossene Menge $\overline{U(K)}$ bildet deshalb eine Nullumgebung in $\mathbf{Y}$. Im allgemeinen Fall hat man an Stelle von $\mathbf{Y}$ den Raum $\widetilde{\mathbf{Y}} = U(\mathbf{X})$ zu betrachten und sich zu überlegen, daß dieser ebenfalls tonneliert ist.

Der zuerst geführte Beweis von Satz 2 war im wesentlichen eine Wiederholung des Beweises von Satz 7 (3.XI).

1.5. Wir formulieren in diesem Abschnitt einige unmittelbare Folgerungen von Satz 2.

In einer linearen Menge $\mathbf{X}$ seien zwei verschiedene Normen definiert, die wir mit $\|x\|_1$ und $\|x\|_2$ bezeichnen ($x \in \mathbf{X}$). Die Menge $\mathbf{X}$ bildet also bezüglich der ersten Norm einen normierten Raum $\mathbf{X}_1$ und gleichzeitig bezüglich der zweiten Norm einen normierten Raum $\mathbf{X}_2$. Die Räume $\mathbf{X}_1$ und $\mathbf{X}_2$ sind als normierte Räume i. a. voneinander verschieden. Falls jedoch jede Folge $\{x_n\}$, die in einem der beiden Räume konvergiert, auch im anderen Raum gegen dasselbe Grenzelement konvergiert, so heißen die Normen in den Räumen $\mathbf{X}_1$ und $\mathbf{X}_2$ *äquivalent*. Das bedeutet, daß die Räume $\mathbf{X}_1$ und $\mathbf{X}_2$ topologisch äquivalent sind (siehe Abschnitt VIII.3.1).

Satz 3 (1.XII). *Es seien $\mathbf{X}_1$ und $\mathbf{X}_2$ zwei B-Räume mit $\mathbf{X}_1 \subset \mathbf{X}_2$.*[1] *Zieht die Konvergenz $x_n \to x$ einer Folge $\{x_n\}$ im Raum $\mathbf{X}_1$ stets ihre Konvergenz $x_n \to x$ im Raum $\mathbf{X}_2$ nach sich, so gilt entweder $\mathbf{X}_1 = \mathbf{X}_2$ und die Normen in den Räumen $\mathbf{X}_1$ und $\mathbf{X}_2$ sind äquivalent, oder $\mathbf{X}_1$ ist eine Menge von erster Kategorie im Raum $\mathbf{X}_2$.*

Beweis. U sei der nach Voraussetzung lineare Operator der Einbettung des Raumes $\mathbf{X}_1$ in den Raum $\mathbf{X}_2$, d. h., U ordnet einem Element $x \in \mathbf{X}_1$ dasselbe Element im Raum $\mathbf{X}_2$ zu. Ist die Menge $\mathbf{X}_1 = U(\mathbf{X}_1)$ von zweiter Kategorie im Raum $\mathbf{X}_2$, so gilt auf Grund von Satz 2 (einschließlich Folgerung) die Gleichung

[1]) Dabei setzen wir voraus, daß die Einbettung algebraische Operationen erhält, d. h., man kann $\mathbf{X}_1$ als lineare Teilmenge von $\mathbf{X}_2$ ansehen.

$\mathbf{X}_1 = \mathbf{X}_2$ und U hat eine lineare Inverse. Deshalb folgt aus $x_n \to x$ im Raum $\mathbf{X}_2$ auch $x_n = U^{-1}(x_n) \to U^{-1}(x) = x$ im Raum $\mathbf{X}_1$, d. h., die Normen der Räume $\mathbf{X}_1$ und $\mathbf{X}_2$ sind äquivalent.

Bemerkung. Bezeichnen wir die Norm eines Elementes x im Raum $\mathbf{X}_1$ (bzw. $\mathbf{X}_2$) weiter mit $\|x\|_1$ (bzw. $\|x\|_2$), dann läßt sich die Äquivalenz der beiden Normen auch folgendermaßen formulieren (siehe Abschnitt VIII.3.1): Es gibt zwei Konstanten $m > 0$ und M, für die

$$m\|x\|_1 \leqq \|x\|_2 \leqq M\|x\|_1 \qquad (x \in \mathbf{X}_1 = \mathbf{X}_2)$$

gilt.

Zum Beispiel genügen die positiven Zahlen $M = \|U\|$ und $m = \dfrac{1}{\|U^{-1}\|}$ der angegebenen Bedingung.

Wenden wir Satz 3 auf die Räume $\mathbf{X}_1 = \mathbf{C}^{(1)}$ und $\mathbf{X}_2 = \mathbf{C}$ an, so folgt, daß die Menge aller stetig differenzierbaren Funktionen im Raum $\mathbf{C}$ aller stetigen Funktionen von erster Kategorie ist. Ebenso sieht man, daß die Menge aller meßbaren fast überall beschränkten Funktionen eine Teilmenge von erster Kategorie des Raumes $\mathbf{L}$ ist. Unschwer lassen sich weitere ähnliche Beispiele angeben.

1.6. Ein (nicht notwendig linearer) Operator T, der eine Teilmenge Ω des normierten Raumes $\mathbf{X}$ in den normierten Raum $\mathbf{Y}$ abbildet, heißt *abgeschlossen*, wenn aus

$$x_n \in \Omega \qquad (n = 1, 2, \ldots), \qquad x_n \to x_0, \; T(x_n) \to y_0$$

stets $x_0 \in \Omega$ und $T x_0 = y_0$ folgt.

Ein auf einer abgeschlossenen Menge definierter linearer Operator ist offensichtlich abgeschlossen. Sind die Räume $\mathbf{X}$ und $\mathbf{Y}$ B-Räume und ist der Operator T abgeschlossen und additiv, dann läßt sich diese Aussage umkehren.

Satz 4 (1.XII). *Bildet der abgeschlossene additive Operator T die abgeschlossene lineare Teilmenge Ω des B-Raumes $\mathbf{X}$ in den B-Raum $\mathbf{Y}$ ab, dann ist er sogar linear auf Ω.*

Beweis. Wir beachten zunächst, daß Ω selbst ein B-Raum ist. In der Menge Ω definieren wir durch die Gleichung

$$\|x\|_1 = \|x\| + \|T(x)\| \qquad (x \in \Omega) \tag{10}$$

eine neue Norm. Man sieht unschwer, daß Ω dadurch zu einem normierten Raum wird (die Definitheit der Norm und die Gültigkeit der Dreiecksungleichung sind offensichtlich; die Homogenität überlegen wir uns in der folgenden Bemerkung 1). Dieser ist sogar vollständig. Aus

$$\lim_{k,n\to\infty} \|x_n - x_k\|_1 = 0$$

folgt nämlich

$$\lim_{k,n\to\infty} \|x_n - x_k\| = 0 \quad \text{und} \quad \lim_{k,n\to\infty} \|T(x_n) - T(x_k)\| = 0 .$$

Da die Räume Ω und $\mathbf{Y}$ vollständig sind, existieren die Grenzwerte

$$\lim_{n\to\infty} x_n = x_0 \in \Omega \quad \text{und} \quad \lim_{n\to\infty} T(x_n) = y_0 ,$$

also gilt wegen der Abgeschlossenheit des Operators T

$$y_0 = T(x_0) .$$

Damit ergibt sich

$$\lim_{n\to\infty} \|x_n - x_0\|_1 = \lim_{n\to\infty} \|x_n - x_0\| + \lim_{n\to\infty} \|T(x_n) - T(x_0)\| = 0 ,$$

womit die Vollständigkeit der Menge Ω auch bezüglich der neuen Norm $\|x\|_1$ gezeigt ist. Zwischen den beiden Normen besteht die Beziehung

$$\|x\| \leqq \|x\|_1 \qquad (x \in \Omega) ,$$

d. h., $\|x_n\|_1 \to 0$ zieht stets $\|x_n\| \to 0$ nach sich. Durch Anwendung von Satz 3 (Bemerkung) folgt aber auch

$$\|x\|_1 \leqq M \|x\| ,$$

also gilt erst recht

$$\|T\,x\| \leqq M \|x\| ,$$

d. h., der Operator T ist linear auf Ω.

Bemerkung 1. Ein auf einer linearen Menge Ω definierter additiver abgeschlossener Operator ist notwendig homogen.

Wegen der Additivität von T besteht nämlich die Beziehung $T(\lambda\, x) = \lambda\, T(x)$ für alle rationalen Zahlen λ.[1]) Zu einer irrationalen Zahl λ wählen wir eine Folge $\{\lambda_n\}$ rationaler Zahlen, die gegen λ konvergiert. Dann gilt

$$\lambda_n\, x \to \lambda\, x , \quad T(\lambda_n\, x) = \lambda_n\, T(x) \to \lambda\, T(x) ,$$

also wegen der Abgeschlossenheit des Operators T auch $T(\lambda\, x) = \lambda\, T(x)$.

Bemerkung 2. Nach Satz 4 fällt die Menge der additiven, abgeschlossenen, auf dem ganzen Raum (oder auf einer abgeschlossenen linearen Teilmenge) definierten Operatoren mit der Menge aller linearen Operatoren (bezüglich des Definitionsbereiches) zusammen. Die auf einer linearen (nicht abgeschlossenen) Teilmenge definierten abgeschlossenen Operatoren bilden jedoch i. a. eine wesentlich größere Klasse als die linearen Operatoren. Es sei z. B. Ω die Menge aller absolutstetigen Funktionen des Raumes $\mathbf{L}^2$, deren Ableitung wieder zu $\mathbf{L}^2$ gehört. Dann ist der auf Ω definierte Operator T:

$$y = T(x) , \quad y(t) = \frac{dx(t)}{dt}$$

im Raum $\mathbf{L}^2$ abgeschlossen, aber nicht linear.

---

[1]) Sind die Räume $\mathbf{X}$ und $\mathbf{Y}$ komplex, so soll nach der am Ende von Abschnitt III.1.1 angeführten Bemerkung ein additiver Operator per definitionem auch der Bedingung $T(i\, x) = i\, T(x)$ genügen.

Abgeschlossene, nicht lineare Operatoren sind im wesentlichen nur unter der Voraussetzung untersucht worden, daß $\mathbf{X} = \mathbf{Y}$ ein HILBERT-Raum ist. Die Betrachtung des allgemeines Falles bereitet wegen der Kompliziertheit der Struktur eines beliebigen B-Raumes große Schwierigkeiten.

§ 2. Der Zusammenhang zwischen der gegebenen und der adjungierten Gleichung

In diesem Paragraphen betrachten wir neben der Gleichung

$$U(x) = y \tag{1}$$

ihre sogenannte *adjungierte* Gleichung

$$U^*(g) = f\,. \tag{2}$$

Dabei setzen wir voraus, daß U ein linearer Operator ist, der den B-Raum $\mathbf{X}$ in den B-Raum $\mathbf{Y}$ abbildet, obwohl einige Ergebnisse auch für nicht vollständige Räume $\mathbf{X}$ und $\mathbf{Y}$ gelten.

Für den Raum $\mathbf{L}^2$ wurden die Sätze dieses Paragraphen in [105] (siehe auch HELLINGER und TOEPLITZ [17]) und für die Räume $\mathbf{L}^p$ und $\mathbf{l}^p$ von F. RIESZ [38a] bewiesen; im allgemeinen Fall vgl. [104a], BANACH [4a], [204b].

2.1. In den folgenden Betrachtungen spielen die sogenannten Nullmengen eine große Rolle. Es sei Γ eine Menge linearer Funktionale auf dem Raum $\mathbf{X}$. Unter $\mathbf{N}(\Gamma)$ verstehen wir die Gesamtheit aller $x \in \mathbf{X}$, für die $f(x) = 0$ ($f \in \Gamma$) gilt. Ist E eine Teilmenge von $\mathbf{X}$, so bezeichnet entsprechend $\mathbf{N}^*(E)$ die Menge aller Funktionale $f \in \mathbf{X}^*$, die auf jedem Element von E verschwinden. Die Menge $\mathbf{N}(\Gamma)$ $\big($bzw. $\mathbf{N}^*(E)\big)$ heißt *Nullmenge* der Menge Γ (bzw. E).

Offensichtlich ist die Menge $\mathbf{N}(\Gamma)$ linear und abgeschlossen. Umgekehrt gibt es zu jeder linearen abgeschlossenen Menge $\mathbf{X}_0 \subset \mathbf{X}$ eine Teilmenge Γ_0 von $\mathbf{X}^*$ mit $\mathbf{X}_0 = \mathbf{N}(\Gamma_0)$. Zum Beispiel hat die Menge $\Gamma_0 = \mathbf{N}^*(\mathbf{X}_0)$ diese Eigenschaft. Die Inklusion $\mathbf{X}_0 \subset \mathbf{N}(\Gamma_0)$ ist unmittelbar klar. Gehört umgekehrt ein Element x_0 nicht zu $\mathbf{X}_0$, so existiert auf Grund von Satz 3 (2.IV), Bemerkung 1, ein lineares Funktional $f_0 \in \mathbf{X}^*$ mit $f_0(x_0) = 1$ und $f_0(x) = 0$ für $x \in \mathbf{X}_0$. Die letzte dieser Gleichungen besagt, daß f_0 zu Γ_0 gehört; wegen $f_0(x_0) = 1$ folgt daraus $x_0 \notin \mathbf{N}(\Gamma_0)$, womit die Beziehung $\mathbf{X}_0 = \mathbf{N}(\Gamma_0)$ bewiesen ist. Es gilt also

$$\mathbf{X}_0 = \mathbf{N}\big(\mathbf{N}^*(\mathbf{X}_0)\big)\,. \tag{3}$$

Die rechte Seite dieser Gleichung ändert sich offensichtlich nicht, wenn wir in ihr $\mathbf{X}_0$ durch eine beliebige Menge E ersetzen, deren Abschließung gleich $\mathbf{X}_0$ ist. Deshalb fällt die Menge $\mathbf{N}(\mathbf{N}^*(E))$ mit der kleinsten linearen, abgeschlossenen und E enthaltenden Menge zusammen.

Eine Menge der Form $\mathbf{N}^*(E)$ ist offensichtlich ebenfalls linear und abgeschlossen im Raum $\mathbf{X}^*$, aber nicht jede lineare und abgeschlossene Menge in $\mathbf{X}^*$ ist von der Form $\mathbf{N}^*(E)$ ($E \subset \mathbf{X}$). Betrachten wir z. B. den Raum $\mathbf{X} = \mathbf{m}$, dann ist $\mathbf{l}$ ein Teilraum seines dualen Raumes $\mathbf{X}^*$. Gäbe es eine Menge $E \subset \mathbf{X}$ mit $\mathbf{l} = \mathbf{N}^*(E)$, wobei wir E von vornherein als linear und abgeschlossen voraussetzen können, so folgte auf Grund von (3) $E = \mathbf{N}(\mathbf{N}^*(E)) = \{0\}$, d. h. $\mathfrak{l} = \mathbf{N}^*(E) = \mathbf{X}^*$. Wie wir wissen, ist aber die Menge $\mathfrak{l}$ von $\mathbf{X}^*$ verschieden.

Eine lineare Menge $\mathbf{Z} \subset \mathbf{X}^*$ heißt *schwach abgeschlossen*, wenn für jedes auf $\mathbf{X}$ lineare Funktional $f_0 \notin \mathbf{Z}$ ein Element $x_0 \in \mathbf{X}$ mit

$$f_0(x_0) = 1\,, \quad f(x_0) = 0 \qquad (f \in \mathbf{Z}) \text{ [1]} \tag{4}$$

existiert. Durch beinahe wörtliche Wiederholung des über Mengen der Form $\mathbf{N}(\Gamma)$ Gesagten ergibt sich ohne Schwierigkeit, daß die Mengen der Form $\mathbf{N}^*(E)$ schwach abgeschlossen sind. Ist umgekehrt $\mathbf{Z} \subset \mathbf{X}^*$ eine schwach abgeschlossene Menge, so gilt

$$\mathbf{Z} = \mathbf{N}^*(\mathbf{N}(\mathbf{Z}))\,.$$

Hieraus folgt wieder wie oben, daß bei beliebigem $\Gamma \subset \mathbf{X}^*$ die Menge $\mathbf{N}^*(\mathbf{N}(\Gamma))$ mit der *schwachen linearen Abschließung* von Γ, das ist die kleinste schwach abgeschlossene, lineare und Γ enthaltende Menge, zusammenfällt.

Es sei jetzt E eine beliebige Teilmenge des Raumes $\mathbf{X}$. Mit $E_0^{**} \subset \mathbf{X}^{**}$ bezeichnen wir die Menge aller linearen Funktionale $X_x (x \in E)$ auf $\mathbf{X}^*$ von der Form

$$X_x(f) = f(x) \qquad (f \in \mathbf{X}^*)\,. \tag{5}$$

Offensichtlich gilt

$$\mathbf{N}^*(E) = \mathbf{N}(E_0^{**})\,. \tag{6}$$

Für eine Menge $\Gamma \subset \mathbf{X}^*$ kann man nun die beiden Nullmengen $\mathbf{N}(\Gamma) \subset \mathbf{X}$ und $\mathbf{N}^*(\Gamma) \subset \mathbf{X}^{**}$ betrachten. Zwischen ihnen besteht die leicht zu beweisende Beziehung

$$[\mathbf{N}(\Gamma)]_0^{**} = \mathbf{N}^*(\Gamma) \cap \mathbf{X}_0^{**}\,, \tag{7}$$

wobei $\mathbf{X}_0^{**}$ entsprechend der obigen Definition die Gesamtheit aller linearen Funktionale in $\mathbf{X}^*$ von der Form (5) bezeichnet.

Bemerkung. Ist die Menge $E = \mathbf{X}_0$ linear, so fällt die Nullmenge $\mathbf{N}^*(\mathbf{X}_0)$ mit der in Abschnitt XI.3.2 definierten Polaren $\pi(\mathbf{X}_0)$ zusammen. Offensichtlich gilt nämlich stets $\mathbf{N}^*(\mathbf{X}_0) \subset \pi(\mathbf{X}_0)$. Gehört umgekehrt ein Funktional f zu $\pi(\mathbf{X}_0)$, dann besteht für jedes $x \in \mathbf{X}_0$ die Ungleichung $|f(x)| \leqq 1$. Wäre dabei $f(x_0) \neq 0$ für ein Element $x_0 \in \mathbf{X}_0$, so würde für hinreichend großes α

$$|f(\alpha\, x_0)| > 1$$

folgen, was der Beziehung $\alpha\, x_0 \in \mathbf{X}_0$ widerspricht.

Ist $\mathbf{Z}$ eine lineare Menge in $\mathbf{X}^*$, so gilt entsprechend $\mathbf{N}(\mathbf{Z}) = \pi(\mathbf{Z})$, wobei man in diesem Fall die Polare im Raum $\mathbf{X}$ (und nicht in $\mathbf{X}^{**}$) zu bilden hat.

Schließlich führen wir noch die *Nullmenge* $\mathbf{N}(U)$ *eines Operators* U als die Gesamtheit aller $x \in \mathbf{X}$ mit $U(x) = 0$ ein; also besteht definitionsgemäß die Beziehung $\mathbf{N}(U) = U^{-1}(0)$.

---

[1]) Eine in diesem Sinne „schwach abgeschlossene Menge“ ist offensichtlich abgeschlossen in der schwachen Topologie $\sigma(\mathbf{X}^*, \mathbf{X})$ des Raumes $\mathbf{X}^*$ (siehe XI.3.1).

2.2. Der folgende Satz vermittelt einen Einblick in die Struktur der Menge $U(\mathbf{X})$.

Satz 1 (2.XII). *Bezeichnet* $\mathbf{Y}'$ *das Bild* $U(\mathbf{X})$ *des Raumes* $\mathbf{X}$ *und* $\mathbf{Y}_1$ *die Abschließung von* $\mathbf{Y}'$, *dann gilt*

$$\mathbf{Y}_1 = \mathbf{N}(\mathbf{N}(U^*)) ,$$

d. h., $\mathbf{Y}_1$ *ist die Menge der gemeinsamen Nullstellen aller Funktionale* $g \in \mathbf{Y}^*$, *auf denen der Operator* U^* *verschwindet.*

Beweis. Wir zeigen zunächst, daß stets die Beziehung

$$\mathbf{N}^*(\mathbf{Y}') = \mathbf{N}(U^*) \tag{8}$$

besteht. Es sei $g \in \mathbf{N}^*(\mathbf{Y}')$. Dann folgt wegen $U(x) \in \mathbf{Y}'$ für jedes $x \in \mathbf{X}$

$$U^*(g)\,(x) = g\big(U(x)\big) = 0 \qquad (x \in \mathbf{X}) , \tag{9}$$

d. h. $U^*(g) = 0$ oder $g \in \mathbf{N}(U^*)$. Die Gleichung (9) besagt andererseits auch, daß $U^*(g) = 0$ stets $g \in \mathbf{N}^*(\mathbf{Y}')$ nach sich zieht, womit Formel (8) bewiesen ist. Gehen wir auf beiden Seiten der Gleichung (8) zu den Nullmengen über, so erhalten wir

$$\mathbf{N}\big(\mathbf{N}^*(\mathbf{Y}')\big) = \mathbf{N}\big(\mathbf{N}(U^*)\big) .$$

Da $\mathbf{Y}'$ eine lineare Menge ist, fällt ihre Abschließung nach den Ergebnissen von Abschnitt 2.1 mit $\mathbf{N}\big(\mathbf{N}^*(\mathbf{Y}')\big)$ zusammen.

Es gilt auch die zu Satz 1 duale Aussage.

Satz 1* (2.XII). *Bezeichnet* $\widetilde{\mathbf{X}}^*$ *die schwache Abschließung der Menge* $U^*(\mathbf{Y}^*)$, *dann besteht die Beziehung*

$$\widetilde{\mathbf{X}}^* = \mathbf{N}^*(\mathbf{N}(U)) .$$

Beweis. Ersetzt man in Formel (8) den Operator U durch U^*, so ergibt sich

$$\mathbf{N}^*\big(U^*(\mathbf{Y}^*)\big) = \mathbf{N}(U^{**}) .$$

Wir betrachten den Durchschnitt beider Seiten dieser Gleichung mit der Menge $\mathbf{X}_0^{**}$.[1]) Wegen

$$U^{**}(X_x)\,(g) = X_x\big(U^*(g)\big) = U^*(g)\,(x) = g\big(U(x)\big) = Y_{U(x)}(g) \qquad (g \in \mathbf{Y}^*,\ x \in \mathbf{X}) ,$$

also

$$U^{**}(X_x) = Y_{U(x)} \qquad (x \in \mathbf{X}) , \tag{10}$$

besteht der Durchschnitt $\mathbf{N}(U^{**}) \cap \mathbf{X}_0^{**}$ aus denjenigen Funktionalen $X_x \in \mathbf{X}_0^{**}$, die von Elementen x der Menge $\mathbf{N}(U)$ erzeugt werden. Mit anderen Worten, es gilt

$$\mathbf{N}(U^{**}) \cap \mathbf{X}_0^{**} = [\mathbf{N}(U)]_0^{**} .$$

Andererseits folgt aus (7)

$$\mathbf{N}^*\big(U^*(\mathbf{Y}^*)\big) \cap \mathbf{X}_0^{**} = [\mathbf{N}\big(U^*(\mathbf{Y}^*)\big)]_0^{**} .$$

---

[1]) Mit $\mathbf{X}_0^{**}$ bezeichneten wir die Menge aller linearen Funktionale auf $\mathbf{X}^*$ von der Form (5).

Mit der zu Beginn des Beweises erhaltenen Gleichung ergibt sich

$$\mathrm{N}\big(U^*(\mathrm{Y}^*)\big) = \mathrm{N}(U)\,,$$

also auch

$$\mathrm{N}^*\Big(\mathrm{N}\big(U^*(\mathrm{Y}^*)\big)\Big) = \mathrm{N}^*(\mathrm{N}(U))\,.$$

Da die linke Seite dieser Gleichung mit $\widetilde{\mathrm{X}}^*$ übereinstimmt, ist der Satz bewiesen.

2.3. Die beiden folgenden Sätze stellen einen Zusammenhang zwischen der Lösbarkeit einer der Gleichungen (1) oder (2) für jede rechte Seite und der eindeutigen Lösbarkeit der anderen Gleichung her.

Satz 2 (2.XII). *Für die Lösbarkeit der Gleichung* (2) *bei beliebigem* $f \in \mathrm{X}^*$ *ist notwendig und hinreichend, daß der Operator* U *eine lineare Linksinverse* U^{-1} *besitzt.*

Beweis. Notwendig. Die Gleichung (2) lasse sich für jedes $f \in \mathrm{X}^*$ lösen, mit anderen Worten, es gelte $U^*(\mathrm{Y}^*) = \mathrm{X}^*$. Wir betrachten ein beliebiges Element $x \in \mathrm{X}$, $x \neq 0$. Gemäß Satz 2 (2.IV) gibt es ein Funktional $f \in \mathrm{X}^*$ mit

$$f(x) = ||x||,\ ||f|| = 1\,.$$

Der Operator U^* bildet nach Satz 2 (1.XII) einen Homomorphismus, deshalb existiert ein Element $g \in \mathrm{Y}^*$ mit

$$U^*(g) = f\,,\quad ||g|| \leqq m\,||f|| = m\,,$$

wobei m nicht von f, also auch nicht von x abhängt. Damit erhalten wir

$$||x|| = f(x) = g\big(U(x)\big) \leqq ||g||\,||U(x)|| \leqq m\,||U(x)||\,,$$

d. h.

$$||U(x)|| \geqq \frac{1}{m}\,||x|| \qquad (x \in \mathrm{X})\,,$$

woraus die Existenz einer linearen Linksinversen U^{-1} folgt.

Hinreichend. Es sei f_0 ein beliebiges lineares Funktional auf X und $U^{-1} = U_l^{-1}$ die nach Voraussetzung existierende lineare Linksinverse des Operators U. Wir definieren durch die Gleichung

$$g'(y) = f_0\big(U^{-1}(y)\big) \qquad \big(y \in U(\mathrm{X})\big)$$

auf der Menge $\mathrm{Y}' = U(\mathrm{X})$ ein offensichtlich lineares Funktional g' und erweitern dieses zu einem Funktional $g_0 \in \mathrm{Y}^*$. Wegen $U(x) \in \mathrm{Y}'$ für beliebiges $x \in \mathrm{X}$ ergibt sich

$$U^*(g_0)\,(x) = g_0\big(U(x)\big) = g'\big(U(x)\big) = f_0\big(U^{-1}\,U(x)\big) = f_0(x)\,,$$

d. h. $U^*(g_0) = f_0$. Die Gleichung (2) ist also für jede rechte Seite lösbar.

Satz 2* (2.XII). *Für die Lösbarkeit der Gleichung* (1) *bei beliebigem* $y \in \mathrm{Y}$ *ist notwendig und hinreichend, daß der Operator* U^* *eine lineare Linksinverse* U^{*-1} *besitzt.*

Beweis. Die **Notwendigkeit** der angegebenen Bedingung beweisen wir analog zu Satz 2. Es sei $y \in \mathbf{Y}$ ein beliebiges Element mit $\|y\| \leqq 1$. Gemäß Satz 2 (1.XII) gibt es ein Element $x \in \mathbf{X}$, für das

$$U(x) = y\,, \quad \|x\| \leqq m\,\|y\| \leqq m$$

gilt. Ist weiter $g \in \mathbf{Y}^*$ und $f = U^*(g)$, so folgt

$$|g(y)| = |g(U(x))| = |f(x)| \leqq \|f\|\,\|x\| \leqq m\,\|f\|\,.$$

Durch Bildung des Supremums der linken Seite dieser Beziehung bezüglich aller y (mit $\|y\| \leqq 1$) erhalten wir wegen der Unabhängigkeit der Konstanten m von y

$$\|g\| = \sup_{\|y\| \leqq 1} |g(y)| \leqq m\,\|f\| = m\,\|U^*(g)\|\,.$$

Diese Ungleichung sichert aber die Existenz einer linearen Linksinversen U^{*-1}.

Hinreichend. Wir setzen zunächst voraus, daß der Raum $\mathbf{X}$ reflexiv ist. Durch Anwendung des vorangehenden Satzes 2 auf den Operator U^* folgt dann $U^{**}(\mathbf{X}^{**}) = \mathbf{Y}^{**}$, d. h., die Gleichung

$$U^{**}(X) = Y \tag{11}$$

hat (im Raum $\mathbf{X}^{**}$) für jede rechte Seite $Y \in \mathbf{Y}^{**}$ eine Lösung. Da der Raum $\mathbf{X}$ reflexiv ist, finden wir somit zu jedem Element Y_y ($y \in \mathbf{Y}$) ein Element $x \in \mathbf{X}$ mit

$$U^{**}(X_x) = Y_y\,,$$

also gilt wegen (10)

$$U(x) = y\,,$$

womit die Lösbarkeit der Gleichung (1) bewiesen ist.

Ohne die Voraussetzung der Reflexivität des Raumes $\mathbf{X}$ werden die Überlegungen etwas komplizierter. Wir zeigen, daß der Operator U in diesem Fall den Voraussetzungen des Lemmas von § 1 genügt, woraus dann $U(\mathbf{X}) = \mathbf{Y}$ folgt.

Es sei K die Einheitskugel des Raumes $\mathbf{X}$ (mit dem Mittelpunkt im Ursprung). Die Menge $U(K)$ ist symmetrisch und konvex, deshalb fällt ihre Abschließung im Raum $\mathbf{Y}$ mit $\pi(\pi(U(K))$ zusammen (siehe die Folgerung aus Satz 2 (3.XI)). Die Polare $\pi(U(K))$ besteht aber aus allen Funktionalen $g \in \mathbf{Y}^*$ mit der Eigenschaft $|g(y)| \leqq 1$ für alle $y \in U(K)$, d. h.

$$|g(U(x))| \leqq 1 \quad \text{für alle} \quad x \in K\,.$$

Setzen wir $f = U^*(g)$, so erhält die letzte Ungleichung die Form

$$|f(x)| \leqq 1 \qquad (x \in K)\,.$$

Das vom Operator U^* vermittelte Bild der Menge $\pi(U(K))$ liegt also in der Einheitskugel K^0 des Raumes $\mathbf{X}^*$:

$$U^*\big(\pi(U(K))\big) \subset K^0 \cap U^*(\mathbf{Y}^*)\,,$$

d. h., es gilt

$$\pi(U(K)) \subset U^{*-1}\,(K^0 \cap U^*(\mathbf{Y}^*))\,.$$

Aus der Stetigkeit des Operators U^{*-1} folgt die Beschränktheit der Menge $S^0 = U^{*-1}\,(K^0 \cap U^*(\mathbf{Y}^*))$ im Raum $\mathbf{Y}^*$. Deshalb ist die Polare $\pi(S^0)$ Nullumgebung im Raum $\mathbf{Y}$. Wegen

$$\overline{U(K)} = \pi\big(\pi(U(K))\big) \supset \pi(S^0)$$

enthält also die Menge $\overline{U(K)}$ eine Kugel, was zu zeigen war.

Aus den Sätzen 2 und 2* ergibt sich:

Folgerung. *Für die Existenz eines linearen zweiseitig-inversen Operators U^{-1} ist die Existenz des linearen zweiseitig-inversen Operators U^{*-1} notwendig und hinreichend. Dabei besteht die Beziehung*

$$U^{*-1} = (U^{-1})^* .$$

Wir beweisen die letzte Gleichung. Für $f \in \mathbf{X}^*$ und $g = (U^{-1})^*(f)$ folgt

$$g(y) = f\big(U^{-1}(y)\big) = f(x) \qquad \big(y = U(x) \in \mathbf{Y}\big) .$$

Andererseits erhalten wir für $g' = U^{*-1}(f)$, d. h. $f = U^*(g')$,

$$f(x) = g'\big(U(x)\big) = g'(y) \qquad \big(x = U^{-1}(y) \in \mathbf{X}\big) .$$

Die Funktionale g und g' sind also identisch, mit anderen Worten, es gilt

$$(U^{-1})^* f = U^{*-1} f \qquad (f \in \mathbf{X}^*) ,$$

was zu zeigen war.

2.4. Die nächsten Sätze bringen weitere Lösbarkeitsbedingungen für die Gleichungen (1) und (2).

Satz 3 (2.XII). *Ist die Menge $U^*(\mathbf{Y}^*)$ abgeschlossen, dann gilt*

$$U(\mathbf{X}) = \mathrm{N}\big(\mathrm{N}(U^*)\big) ,$$

d. h., die Gleichung (1), *also* $U(x) = y$, *ist genau dann lösbar, wenn aus* $U^*(g) = 0$ *stets* $g(y) = 0$ *folgt.*

Beweis. Es bezeichne $\mathbf{Y}_1$ den Teilraum $\overline{U(\mathbf{X})}$ von $\mathbf{Y}$ und U_1 den durch die Gleichung

$$U_1(x) = U(x) \qquad (x \in \mathbf{X})$$

definierten Operator von $\mathbf{X}$ in $\mathbf{Y}$.[1]) Wir beweisen, daß dann die Beziehung

$$U_1^*(\mathbf{Y}_1^*) = U^*(\mathbf{Y}^*) \tag{12}$$

besteht. Dazu führen wir noch den Operator ω der Einbettung des Raumes $\mathbf{Y}_1$ in den Raum $\mathbf{Y}$ ein. ω hat offensichtlich eine lineare Linksinverse ω^{-1}. Deshalb gilt auf Grund von Satz 2 $\omega^*(\mathbf{Y}^*) = \mathbf{Y}_1^*$. Wegen $U = \omega\, U_1$ folgt daraus $U^* = U_1^*\, \omega^*$ (siehe Abschnitt IX.3.1), also

$$U^*(\mathbf{Y}^*) = U_1^*\big(\omega^*(\mathbf{Y}^*)\big) = U_1^*(\mathbf{Y}_1^*) .$$

Nach Definition des Raumes $\mathbf{Y}_1$ ist $\overline{U_1(\mathbf{X})} = \mathbf{Y}_1$, so daß sich nach Satz 1 $\mathbf{Y}_1 = \mathrm{N}\big(\mathrm{N}(U_1^*)\big)$ ergibt; diese Gleichung kann aber offenbar nur für $\mathrm{N}(U_1^*) = \{0\}$ richtig sein. Der Operator U_1^* vermittelt somit eine eineindeutige Abbildung des B-Raumes $\mathbf{Y}_1^*$ auf den Raum $U_1^*(\mathbf{Y}_1^*)$; letzterer ist wegen Formel (12) und der

[1]) Der Unterschied zwischen den Operatoren U und U_1 besteht darin, daß ihre Bildmengen $U(\mathbf{X})$ und $U_1(\mathbf{X})$ in verschiedenen Räumen liegen; ihre adjungierten Operatoren sind also in verschiedenen Räumen definiert.

Voraussetzung des Satzes ebenfalls ein B-Raum. Aus der Folgerung zu Satz 2 (1.XII) folgt, daß die lineare Linksinverse U_1^{*-1} existiert. Dann gilt aber nach Satz 2*

$$U(\mathbf{X}) = U_1(\mathbf{X}) = \mathbf{Y}_1 ,$$

woraus wir durch nochmalige Anwendung von Satz 1 das gewünschte Resultat erhalten.

Satz 3* (2.XII). *Ist die Menge* $U(\mathbf{X})$ *abgeschlossen, so gilt*

$$U^*(\mathbf{Y}^*) = \mathbf{N}^*(\mathbf{N}(U)) , \tag{13}$$

d. h., die Gleichung (2), *also* $U^*(g) = f$, *ist genau dann lösbar, wenn aus* $U(x) = 0$ *stets* $f(x) = 0$ *folgt.*

Beweis. Wir betrachten zunächst den Spezialfall $U(\mathbf{X}) = \mathbf{Y}$, setzen $\mathbf{X}_0 = \mathbf{N}(U) = U^{-1}(0)$ und führen den Quotientenraum $\overline{\mathbf{X}} = \mathbf{X}/\mathbf{X}_0$ ein. Weiter sei $\overline{U}$ die in Abschnitt XII.1.3 definierte Abbildung des Raumes $\overline{\mathbf{X}}$ auf $\mathbf{Y}$, d. h., es besteht die Beziehung $U = \overline{U}\,\varphi$, wenn φ wieder den natürlichen Homomorphismus des Raumes $\mathbf{X}$ auf $\overline{\mathbf{X}}$ bezeichnet. Der Raum $\overline{\mathbf{X}}$ ist vollständig und der Operator $\overline{U}$ eineindeutig. Deshalb existiert gemäß der Folgerung aus Satz 2 (1.XII) die lineare Inverse $\overline{U}^{-1}$, und nach Satz 2 gilt $\overline{U}^*(\overline{\mathbf{Y}}^*) = \overline{\mathbf{X}}^*$. Wegen $U^* = \varphi^*\,\overline{U}^*$ folgt weiter

$$U^*(\mathbf{Y}^*) = \varphi^*(\overline{U}^*(\mathbf{Y}^*)) = \varphi^*(\overline{\mathbf{X}}^*) .$$

Wir haben also nur noch die Beziehung $\varphi^*(\overline{\mathbf{X}}^*) = \mathbf{N}^*(\mathbf{X}_0)$ zu beweisen. Dazu wählen wir ein beliebiges Funktional $f \in \varphi^*(\overline{\mathbf{X}}^*)$, und zwar sei f das Bild des Funktionals $\bar{f} \in \overline{\mathbf{X}}^*$: $f = \varphi^*(\bar{f})$. Aus

$$f(x) = \bar{f}(\varphi(x)) \qquad (x \in \mathbf{X})$$

ergibt sich für $x \in \mathbf{X}_0$ wegen $\varphi(x) = 0$ auch $f(x) = 0$, d. h. $f \in \mathbf{N}^*(\mathbf{X}_0)$. Ist umgekehrt f ein beliebiges Element aus $\mathbf{N}^*(\mathbf{X}_0)$, so überzeugt man sich durch Wiederholung der bei der Konstruktion des Operators $\overline{U}$ in Abschnitt XII.1.3 durchgeführten Überlegungen ohne Schwierigkeit davon, daß durch die Gleichung

$$\bar{f}(\bar{x}) = f(x) \qquad (x \in \bar{x} = \varphi(x))$$

ein lineares Funktional in $\overline{\mathbf{X}}$ definiert wird. Dann gilt aber offensichtlich $f = \varphi^*(\bar{f}) \in \varphi^*(\overline{\mathbf{X}}^*)$.

Im allgemeinen Fall, wo $U(\mathbf{X}) = \mathbf{Y}_1$ möglicherweise vom ganzen Raum $\mathbf{Y}$ verschieden ist, führen wir wie beim Beweis von Satz 3 den Operator U_1 von $\mathbf{X}$ auf $\mathbf{Y}_1$ ein. Dieser erfüllt dann die Voraussetzungen des betrachteten Spezialfalls, woraus sich unter Berücksichtigung der Beziehung (12)

$$U^*(\mathbf{Y}^*) = U_1^*(\mathbf{Y}_1^*) = \mathbf{N}^*(\mathbf{N}(U_1)) = \mathbf{N}^*(\mathbf{N}(U))$$

ergibt.

Folgerung. *Ist die Menge* $U^*(\mathbf{Y}^*)$ *abgeschlossen, so ist sie auch schwach abgeschlossen.*

Nach Satz 3 zieht nämlich die Abgeschlossenheit von $U^*(\mathbf{Y}^*)$ die Abgeschlossenheit von $U(\mathbf{X})$ nach sich, woraus gemäß Satz 3* und den Überlegungen in XII.2.1 die schwache Abgeschlossenheit der Menge $U^*(\mathbf{Y}^*)$ folgt.

Hat der Operator U^* insbesondere eine lineare Linksinverse, so ist die Menge $U^*(\mathbf{Y}^*)$ auf Grund der Folgerung aus Satz 1 (1.XII) abgeschlossen.

2.5. Aus den vorangehend bewiesenen Sätzen ergeben sich noch unmittelbar die folgenden Aussagen.

Satz 4 (2.XII). *Die Gleichung* (1) *hat genau dann für jedes* $y \in \mathbf{Y}$ *eine eindeutig bestimmte Lösung, wenn die Gleichung* (2) *für jedes* $f \in \mathbf{X}^*$ *eindeutig lösbar ist.*

Satz 5 (2.XII). *Sind die Gleichungen* (1) *und* (2) *für alle* $y \in \mathbf{Y}$ *bzw.* $f \in \mathbf{X}^*$ *lösbar, dann existieren die linearen (zweiseitigen) Inversen* U^{-1} *und* U^{*-1}, *die Lösungen der Gleichungen* (1) *und* (2) *sind also eindeutig.*

Satz 6 (2.XII). *Haben die Gleichungen* (1) *und* (2) *für* $y = 0$ *bzw.* $f = 0$ *nur die Lösungen* $x = 0$ *bzw.* $g = 0$ *und ist eine der Mengen* $U(\mathbf{X})$ *oder* $U^*(\mathbf{Y}^*)$ *abgeschlossen, so sind die Gleichungen* (1) *und* (2) *für jede rechte Seite* $y \in \mathbf{Y}$ *bzw.* $f \in \mathbf{X}^*$ *eindeutig lösbar.*

Bemerkung. Unter der Voraussetzung von Satz 6 ist die Abgeschlossenheit der Menge $U(\mathbf{X})$ bzw. $U^*(\mathbf{Y}^*)$ gleichbedeutend mit der Existenz einer linearen Linksinversen U^{-1} bzw. U^{*-1}.

2.6. Ist $\mathbf{X} = \mathbf{H}$ ein Hilbert-Raum und außerdem $\mathbf{X} = \mathbf{Y}$, dann ergibt sich aus Satz 6 das folgende, in Kapitel IX durch andere Überlegungen in etwas allgemeinerer Form bewiesene Ergebnis (vgl. Satz 3 (5.IX)): Der selbstadjungierte Operator U hat genau dann eine (zweiseitige) lineare Inverse, wenn eine lineare Linksinverse U^{-1} existiert, d. h., wenn er für jedes $x \in \mathbf{H}$ der Ungleichung

$$\|U(x)\| \geqq m\|x\|$$

mit einer von x unabhängigen positiven Konstanten m genügt.

Aus Satz 5 erhalten wir in diesem Fall den

Satz 7 (2.XII). *Bildet der selbstadjungierte Operator* U *den* Hilbert-*Raum* $\mathbf{H}$ *auf sich ab, dann existiert die lineare Inverse* U^{-1}.

2.7. Wir illustrieren die Ergebnisse dieses Paragraphen am Beispiel eines Systems linearer algebraischer Gleichungen

$$\left.\begin{array}{c} a_{11}\xi_1 + a_{12}\xi_2 + \cdots + a_{1\mu}\xi_\mu = \eta_1 \\ a_{21}\xi_1 + a_{22}\xi_2 + \cdots + a_{2\mu}\xi_\mu = \eta_2 \\ \cdots\cdots\cdots\cdots\cdots\cdots \\ a_{\nu 1}\xi_1 + a_{\nu 2}\xi_2 + \cdots + a_{\nu\mu}\xi_\mu = \eta_\nu . \end{array}\right\} \qquad (14)$$

Dieses System kann man in der Form einer einzigen Gleichung

$$U(x) = y$$

schreiben, wobei U die durch die Matrix

$$A = \begin{pmatrix} a_{11} \, a_{12} \dots a_{1\mu} \\ a_{21} \, a_{22} \dots a_{2\mu} \\ \dots\dots\dots \\ a_{\nu 1} \, a_{\nu 2} \dots a_{\nu\mu} \end{pmatrix}$$

definierte Abbildung des μ-dimensionalen normierten Raumes $\mathbf{X}_\mu$ in den ν-dimensionalen normierten Raum $\mathbf{Y}_\nu$ bezeichnet.[1]) Dem adjungierten Operator U^* von $\mathbf{Y}_\nu^*$ in $\mathbf{X}_\mu^*$ entspricht dann die Matrix

$$A^* = \begin{pmatrix} a_{11} \, a_{21} \dots a_{\nu 1} \\ a_{12} \, a_{22} \dots a_{\nu 2} \\ \dots\dots\dots \\ a_{1\mu} \, a_{2\mu} \dots a_{\nu\mu} \end{pmatrix},$$

so daß die Gleichung

$$f = U^*(g) \qquad (f = (\varphi_1, \varphi_2, \dots, \varphi_\mu) \in \mathbf{X}_\mu^*;\ g = (\psi_1, \psi_2, \dots, \psi_\nu) \in \mathbf{Y}_\nu^*)$$

im vorliegenden Falle die Form

$$\varphi_k = \sum_{j=1}^{\nu} a_{jk} \psi_j \qquad (k = 1, 2, \dots, \mu) \tag{14*}$$

hat.

Als endlichdimensionale lineare Menge ist $U(\mathbf{X}_\mu)$ abgeschlossen (II.4.3). Deshalb ergibt sich aus Satz 1 die Beziehung

$$U(\mathbf{X}_\mu) = \mathbf{N}(\mathbf{N}(U^*)) .$$

$\mathbf{N}(U^*)$ besteht aber aus denjenigen Funktionalen $g = (\psi_1, \psi_2, \dots, \psi_\nu) \in \mathbf{Y}_\nu^*$, für die $U^*(g) = 0$, d. h.

$$\sum_{j=1}^{\nu} a_{jk} \psi_j = 0 \qquad (k = 1, 2, \dots, \mu) \tag{15}$$

gilt. Also gehört das Element $y = (\eta_1, \eta_2, \dots, \eta_\nu)$ genau dann zu $U(\mathbf{X}_\mu)$, wenn aus (15)

$$g(y) = \sum_{j=1}^{\nu} \psi_j \eta_j = 0$$

folgt. Mit anderen Worten, das System (14) hat genau dann eine Lösung, wenn der von den rechten Seiten dieses Systems gebildete Vektor zu jeder Lösung des homogenen adjungierten Systems (14*) orthogonal ist.

---

[1]) Dabei spielt für unsere Betrachtungen die spezielle Art der Norm in den Räumen $\mathbf{X}_\mu$ und $\mathbf{Y}_\nu$ keine wesentliche Rolle. Wir können z. B. annehmen, daß $\mathbf{X}_\mu = \mathbf{R}^\mu$ und $\mathbf{Y}_\nu = \mathbf{R}^\nu$ gilt. Außerdem seien zur Vereinfachung beide Räume reell.

Wir setzen jetzt noch zusätzlich $\mu = \nu$ voraus. Ist das System (14) dann für beliebige rechte Seiten lösbar, so hat der Operator U^* eine lineare Linksinverse (Satz 2*). Man sieht leicht, daß daraus $U^*(\mathbf{Y}_\nu^*) = \mathbf{X}_\nu^*$ folgt; anderenfalls würde nämlich der Operator U^* einen ν-dimensionalen Raum in einen Raum kleinerer Dimension abbilden, was der Existenz der Linksinversen U^{*-1} widerspräche.[1]) Durch Anwendung von Satz 4 ergibt sich schließlich die Eindeutigkeit der Lösung des Systems (14).

Unter Benutzung von Satz 6 kann man durch eine analoge Überlegung auch die umgekehrte Aussage beweisen: Hat das vorgelegte System (14) nicht mehr als eine Lösung, so ist es lösbar für beliebige rechte Seiten.

Ist die Matrix A insbesondere symmetrisch, so folgen diese beiden Ergebnisse unmittelbar aus Satz 7.

---

[1]) Hätte die Menge $U^*(\mathbf{Y}_\nu^*)$ eine Dimension $\nu_0 < \nu$, dann gäbe es Elemente $f_1, f_2, \ldots, f_{\nu_0} \in$ $\in U^*(\mathbf{Y}_\nu^*)$ mit der Eigenschaft, daß sich jedes $f \in U^*(\mathbf{Y}_\nu^*)$ in der Form

$$f = \sum_{k=1}^{\nu_0} c_k f_k$$

darstellen ließe. Für jedes $g \in \mathbf{Y}_\nu^*$ folgte daraus $g = \sum_{k=1}^{\nu_0} c_k g_k$ mit $g_k = U^{*-1}(f_k)$, also wäre auch die Dimension von $\mathbf{Y}_\nu^*$ kleiner als ν.

KAPITEL XIII

FUNKTIONALGLEICHUNGEN ZWEITER ART

In diesem Kapitel werden Gleichungen der Gestalt

$$x - \lambda U(x) = y \tag{*}$$

behandelt, wobei U ein linearer Operator ist, der den B-Raum $\mathbf{X}$ in sich abbildet. Eine solche Gleichung wollen wir *Gleichung zweiter Art* und den Operator U auch *Kern* der Gleichung nennen. Diese Begriffe sind der Theorie der Integralgleichungen entlehnt. Dort heißt

$$\int_a^b K(s, t)\, x(t)\, dt = y(s) \qquad (s \in [a, b])$$

eine Integralgleichung erster Art und demgegenüber

$$x(s) - \lambda \int_a^b K(s, t)\, x(t)\, dt = y(s) \qquad (s \in [a, b])$$

eine Integralgleichung zweiter Art.

Obwohl man die Funktionalgleichung (*) formal auch als Gleichung „erster Art“

$$T(x) = y \qquad (T = I - \lambda U)$$

schreiben kann, stellt es sich häufig wie in unserem Fall als zweckmäßig heraus, den identischen Operator abzutrennen. Eine vollständigere Behandlung der Gleichung (*) ist nämlich z. B. dann möglich, wenn spezielle günstige Eigenschaften gerade für den Operator U bestehen.

§ 1. Gleichungen mit vollstetigem Kern

In diesem Paragraphen werden wir die Gleichung

$$x - U(x) = y \qquad (x, y \in \mathbf{X}) \tag{1}$$

und die zu ihr adjungierte Gleichung

$$g - U^*(g) = f \qquad (f, g \in \mathbf{X}^*) \tag{2}$$

unter der Voraussetzung betrachten, daß U (und daher auch U^* — Satz 3 (3.IX)) ein vollstetiger Operator im B-Raum $\mathbf{X}$ ist. Wir führen die Bezeichnung $T = I - U$

ein, wobei unter I wie üblich der identische Operator im Raum $\mathbf{X}$ zu verstehen ist. Die Gleichung (1) läßt sich dann kürzer in der Gestalt

$$T(x) = y \tag{1'}$$

und die Gleichung (2) in der Form

$$T^*(g) = f \tag{2'}$$

schreiben, wobei $T^* = I^* - U^*$ mit I^* als identischem Operator in $\mathbf{X}^*$ ist.

1.1. Vorbereitend beweisen wir drei Lemmata.

Lemma 1. *Die Menge $T(\mathbf{X})$ ist abgeschlossen.*

Beweis. Mit $\mathbf{X}_0 = \mathrm{N}(T) = T^{-1}(0)$ betrachten wir den Quotientenraum $\overline{\mathbf{X}} = \mathbf{X}/\mathbf{X}_0$ und den Operator $\overline{T}$, der $\overline{\mathbf{X}}$ in $\mathbf{X}$ abbildet (s. XII.1.3). Mit φ bezeichnen wir ebenso wie in XII.1.3 den natürlichen Homomorphismus des Raumes $\mathbf{X}$ auf $\overline{\mathbf{X}}$. Sei nun $\{y_n\} \subset T(\mathbf{X})$ eine Folge, die gegen das Element $y_0 \in \mathbf{X}$ konvergiert. Weil $\overline{T}(\overline{\mathbf{X}}) = T(\mathbf{X})$ ist, existieren Elemente $\bar{x}_n \in \overline{\mathbf{X}}$ mit der Eigenschaft $y_n = \overline{T}(\bar{x}_n)$ $(n = 1, 2, \ldots)$. Außerdem finden wir in Übereinstimmung mit der Beziehung (5) aus XII.1.3 Elemente $x_n \in \mathbf{X}$, für die

$$\bar{x}_n = \varphi(x_n), \qquad \|\bar{x}_n\| \geqq \frac{1}{2}\|x_n\| \qquad (n = 1, 2, \ldots) \tag{3}$$

gilt.

Wir zeigen, daß die Folge $\{\bar{x}_n\}$ beschränkt ist. Wäre dies nämlich nicht der Fall, so ließe sich, indem man eventuell zur Betrachtung einer Teilfolge übergeht, die Gültigkeit der Beziehung $c_n = \|\bar{x}_n\| \to \infty$ erreichen. Wegen (3) ist dann aber die Folge $\left\{\frac{x_n}{c_n}\right\}$ beschränkt; deshalb ergibt sich auf Grund der Vollstetigkeit von U, wenn man nochmals zu einer Teilfolge übergeht, daß $\left\{U\left(\frac{x_n}{c_n}\right)\right\}$ konvergiert, z. B. $U\left(\frac{x_n}{c_n}\right) \to z$. Unter Benutzung der Relation $T(x_n) = \overline{T}(\bar{x}_n) = y_n$ erhält man dann

$$\frac{x_n}{c_n} = U\left(\frac{x_n}{c_n}\right) + T\left(\frac{x_n}{c_n}\right) = U\left(\frac{x_n}{c_n}\right) + \frac{y_n}{c_n} \to z$$

und folglich

$$T(z) = \lim_{n\to\infty} T\left(\frac{x_n}{c_n}\right) = \lim_{n\to\infty} \frac{y_n}{c_n} = 0\,,$$

d. h. $z \in \mathbf{X}_0$. Also gilt

$$\frac{\bar{x}_n}{c_n} = \varphi\left(\frac{x_n}{c_n}\right) \to \varphi(z) = 0\,.$$

Dies ist jedoch unmöglich, weil für beliebiges $n = 1, 2, \ldots$ $\left\|\frac{\bar{x}_n}{c_n}\right\| = 1$ gilt.

Somit ist die Folge $\{\bar{x}_n\}$ und wegen (3) auch die Folge $\{x_n\}$ beschränkt. Daher kann man $\{U(x_n)\}$ als konvergente Folge ansehen. Besteht nun z. B. die Beziehung $U(x_n) \to x$, so gilt

$$x_n = T(x_n) + U(x_n) = y_n + U(x_n) \to y_0 + x = x_0\,.$$

Hieraus erhalten wir

$$y_0 = \lim_{n\to\infty} y_n = \lim_{n\to\infty} T(x_n) = T(x_0) \in T(\mathbf{X}) ,$$

was zu zeigen war.

Lemma 2. *Die Mengenfolge*

$$\mathrm{N}(T),\ \mathrm{N}(T^2), \ldots, \mathrm{N}(T^n), \ldots$$

ist eine wachsende Folge und enthält nur endlich viele voneinander verschiedene Mengen.

Beweis. Der erste Teil der Behauptung des Lemmas läßt sich sehr leicht einsehen. Aus $x \in \mathrm{N}(T^n)$, d. h. $T^n(x) = 0$, folgt $T^{n+1}(x) = 0$, d. h. $x \in \mathrm{N}(T^{n+1})$. Also gilt $\mathrm{N}(T^n) \subset \mathrm{N}(T^{n+1})$.

Für den Beweis des zweiten Teils setzen wir $\mathbf{X}_n = \mathrm{N}(T^n)$ $(n = 1, 2, \ldots)$ und zeigen zunächst, daß aus $\mathbf{X}_n = \mathbf{X}_{n+1}$ stets $\mathbf{X}_{n+1} = \mathbf{X}_{n+2}$ folgt. Dazu wählen wir ein beliebiges Element $x \in \mathbf{X}_{n+2}$. Dann gilt $T^{n+2}(x) = T^{n+1}\big(T(x)\big) = 0$ und daher auch $T(x) \in \mathbf{X}_{n+1} = \mathbf{X}_n$. Es ist also $T^{n+1}(x) = T^n\big(T(x)\big) = 0$, d. h. $x \in \mathbf{X}_{n+1}$. Somit ergibt sich $\mathbf{X}_{n+2} \subset \mathbf{X}_{n+1}$. Weil aber nach unserer anfänglichen Überlegung auch die umgekehrte Inklusion immer richtig ist, erhalten wir schließlich $\mathbf{X}_n = \mathbf{X}_{n+1} = \mathbf{X}_{n+2} = \ldots$.

Wir setzen nun für alle $n = 1, 2, \ldots$

$$\mathbf{X}_n \subset \mathbf{X}_{n+1}, \qquad \mathbf{X}_n \neq \mathbf{X}_{n+1}$$

voraus. Da jedes $\mathbf{X}_n$ ein Unterraum des Raumes $\mathbf{X}_{n+1}$ ist, läßt sich nach dem Lemma von der Fast-Senkrechten (II.2.9) in $\mathbf{X}_{n+1}$ ein normiertes Element x_{n+1} mit der Eigenschaft

$$\varrho(x_{n+1}, \mathbf{X}_n) > \frac{1}{2} \qquad (n = 0, 1, \ldots) \tag{4}$$

finden. Für $m > n$ betrachten wir das Element

$$U(x_m) - U(x_n) = x_m - T(x_m) - [x_n - T(x_n)] = x_m - \bar{x} ,$$

wobei also $\bar{x} = T(x_m) + x_n - T(x_n)$ definiert wird, und bemerken, daß $\bar{x} \in \mathbf{X}_{m-1}$ gilt. Tatsächlich ist wegen $x_n \in \mathbf{X}_n \subset \mathbf{X}_{m-1}$ und $x_m \in \mathbf{X}_m$

$$T^{m-1}(\bar{x}) = T^m(x_m) + T^{m-1}(x_n) - T^m(x_n) = 0 .$$

Unter Beachtung von (4) erhalten wir also

$$\|U(x_m) - U(x_n)\| = \|x_m - \bar{x}\| > \frac{1}{2} \qquad (m > n;\ m, n = 1, 2, \ldots) . \tag{5}$$

$\{x_n\}$ ist aber eine beschränkte Folge. Daher kann man auf Grund der Vollstetigkeit des Operators U aus der Folge $\{U(x_n)\}$ eine konvergente Teilfolge auswählen, was der Relation (5) widerspricht.

Lemma 3. *Unter den Mengen*

$$T(\mathbf{X}),\ T^2(\mathbf{X}), \ldots, T^n(\mathbf{X}), \ldots \tag{6}$$

sind nur endlich viele voneinander verschieden.

Der **Beweis** ähnelt in seinen Grundzügen dem Beweis des vorangegangenen Lemmas, deshalb soll er nicht in allen Einzelheiten dargelegt werden.

Zunächst vermerken wir, daß nach Lemma 1 die Mengen (6) abgeschlossen sind und außerdem eine fallende Folge bilden. Gilt nun für irgendein n $T^n(\mathbf{X}) = T^{n+1}(\mathbf{X})$, so folgt

$$T^n(\mathbf{X}) = T^{n+1}(\mathbf{X}) = T^{n+2}(\mathbf{X}) = \ldots .$$

Offenbar ist damit das Lemma für diesen Fall bewiesen.

Wir können daher im weiteren

$$T^n(\mathbf{X}) \neq T^{n+1}(\mathbf{X}) \qquad (n = 0, 1, \ldots)$$

annehmen. Dann existiert nach dem Lemma von der Fast-Senkrechten (II.2.9) eine Folge $\{x_n\}$ mit den Eigenschaften

$$\|x_n\| = 1, \quad x_n \in T^n(\mathbf{X}), \quad \varrho\big(x_n, T^{n+1}(\mathbf{X})\big) > \frac{1}{2} \quad (n = 1, 2, \ldots). \tag{7}$$

Ebenso wie im Lemma 2 betrachten wir für $m > n$

$$U(x_n) - U(x_m) = x_n - T(x_n) - [x_m - T(x_m)] = x_n - \bar{x}.$$

Nun gilt aber

$$T(x_n) \in T^{n+1}(\mathbf{X}), \; x_m \in T^m(\mathbf{X}) \subset T^{n+1}(\mathbf{X}), \; T(x_m) \in T^{m+1}(\mathbf{X}) \subset T^{n+1}(\mathbf{X})$$

und somit $\bar{x} = T(x_n) + x_m - T(x_m) \in T^{n+1}(\mathbf{X})$. Deshalb folgt aus (7)

$$\|U(x_n) - U(x_m)\| = \|x_n - \bar{x}\| > \frac{1}{2} \quad (m > n;\; m, n = 1, 2, \ldots),$$

was der Vollstetigkeit des Operators U widerspricht.

1.2. Mit r bezeichnen wir die kleinste Zahl unter allen nichtnegativen ganzen Zahlen n mit der Eigenschaft $T^n(\mathbf{X}) = T^{n+1}(\mathbf{X})$. Gilt insbesondere $T(\mathbf{X}) = \mathbf{X} = T^0(\mathbf{X})$, so setzen wir $r = 0$.

Ferner sei $\mathbf{X}' = T^r(\mathbf{X})$ und $\mathbf{X}'' = \mathbf{N}(T^r)$.

Der folgende Satz enthält charakteristische Eigenschaften des Operators $T = I - U$ und damit der Gleichung (1).

Satz 1 (1.XIII). a) *Der Operator T bildet den Unterraum $\mathbf{X}'$ umkehrbar eindeutig auf sich ab.*

b) *Der Unterraum $\mathbf{X}''$ ist endlichdimensional und wird von T in sich abgebildet.*

c) *Jedes Element $x \in \mathbf{X}$ läßt sich auf eindeutige Weise in der Form*

$$x = x' + x'' \qquad (x' \in \mathbf{X}',\; x'' \in \mathbf{X}'') \tag{8}$$

darstellen; dabei existiert eine Konstante $M > 0$, so daß

$$\|x'\| \leq M\,\|x\|, \quad \|x''\| \leq M\,\|x\| \tag{9}$$

gilt

d) *Der Operator U gestattet eine Darstellung in der Form*

$$U = U' + U'', \tag{10}$$

wobei U' bzw. U'' vollstetige Operatoren sind, die den Raum $\mathbf{X}$ *in* $\mathbf{X}'$ (Operator U') *bzw. in* $\mathbf{X}''$ (Operator U'') *abbilden. Der Operator* $T' = I - U'$ *besitzt dann eine lineare zweiseitige Inverse. Ferner besteht die Beziehung*

$$U' U'' = U'' U' = 0 . \tag{11}$$

Beweis. a) Aus $\mathbf{X}' = T^r(\mathbf{X})$ folgt

$$T(\mathbf{X}') = T^{r+1}(\mathbf{X}) = T^r(\mathbf{X}) = \mathbf{X}'.$$

Es sei x ein Element aus $\mathbf{X}'$, für das $T(x) = 0$ gilt. Wählt man in Übereinstimmung mit Lemma 2 ein $n \geqq r$ mit $\mathrm{N}(T^n) = \mathrm{N}(T^{n+1})$, so ergibt sich $x \in T^n(\mathbf{X})$. Daher existiert ein $\tilde{x} \in \mathbf{X}$ der Eigenschaft $x = T^n(\tilde{x})$. Dann gilt aber $0 = T(x) = T^{n+1}(\tilde{x})$ und deshalb $\tilde{x} \in \mathrm{N}(T^{n+1}) = \mathrm{N}(T^n)$, d. h. $x = T^n(\tilde{x}) = 0$.

b) Wir betrachten

$$T^r = (I - U)^r = I - U_1 ,$$

wobei U_1 eine Linearkombination positiver Potenzen des Operators U ist. Daraus folgt nach Satz 2 (2.IX) die Vollstetigkeit des Operatores U_1. Da aber $U_1(x) = x$ für alle $x \in \mathbf{X}''$ gilt, ist in $\mathbf{X}''$ jede beschränkte Menge kompakt. Deshalb ist auf Grund von Satz 2 (2.II) $\mathbf{X}''$ endlichdimensional.

Offenbar gilt, falls $r > 0$ ist, $T(\mathbf{X}'') \subset \mathrm{N}(T^{r-1}) \subset \mathrm{N}(T^r) = \mathbf{X}''$. Für $r = 0$, d. h. $\mathbf{X}'' = \{0\}$, ist die Relation $T(\mathbf{X}'') \subset \mathbf{X}''$ evident.

c) Mit T_0 bezeichnen wir denjenigen Operator, der nach a) aus dem Operator T durch Einschränkung des Definitionsbereiches von T auf die Menge $\mathbf{X}'$ entsteht. Wendet man das Lemma 1 auf den Operator $T^r = I - U_1$ an, so zeigt sich, daß $\mathbf{X}'$ abgeschlossen und folglich ein B-Raum ist. Deshalb besitzt der Operator T_0, da er $\mathbf{X}'$ umkehrbar eindeutig auf sich abbildet, nach der Folgerung von Satz 2 (1.XII) eine lineare Inverse T_0^{-1}.

Es sei x ein beliebiges Element aus $\mathbf{X}$. Wir setzen

$$x' = T_0^{-r}\, T^r(x) , \qquad x'' = x - x' = x - T_0^{-r}\, T^r(x) . \tag{12}$$

Offensichtlich gilt $x' \in \mathbf{X}'$ und wegen

$$T^r(x'') = T^r(x) - T^r\, T_0^{-r}\, T^r(x) = T^r(x) - T^r(x) = 0$$

auch $x'' \in \mathbf{X}''$. Damit ist bewiesen, daß sich x in der Form (8) darstellen läßt.

Wäre nun $x_1' = x_1' + x_1''$ mit $x_1' \in \mathbf{X}'$ und $x_1'' \in \mathbf{X}''$ irgendeine andere Darstellung des Elementes x in der Form (8), so erhielte man

$$T^r(x) = T^r(x_1') + T^r(x_1'') = T^r(x_1') .$$

Aus $x_1' \in \mathbf{X}'$ folgt aber $T^r(x_1') = T_0^r(x_1')$. Deshalb gilt

$$x_1' = T_0^{-r}\, T^r(x) = x' ,$$

womit die Eindeutigkeit der Darstellung (8) bewiesen ist.

Die Gültigkeit der Abschätzungen (9) ergibt sich wegen der Linearität des Operators T_0^{-1} aus (12).

d) Da $U = I - T$ gilt, erhalten wir nach a) für alle $x \in \mathbf{X}'$

$$U(x) = x - T(x) \in \mathbf{X}' ,$$

d. h., der Operator U bildet $\mathbf{X}'$ in sich ab. Auf gleiche Weise überzeugt man sich unter Beachtung der Aussage b) von $U(\mathbf{X}'') \subset \mathbf{X}''$.

Für beliebiges $x \in \mathbf{X}$ setzen wir

$$U'(x) = U(x'), \qquad U''(x) = U(x'') , \tag{13}$$

wobei $x' \in \mathbf{X}'$ und $x'' \in \mathbf{X}''$ aus der Darstellung (8) des Elementes x stammen. Durch Anwendung der Abschätzungen (9) ergibt sich sofort, daß U' und U'' lineare Operatoren sind. Außerdem gilt offenbar $U = U' + U''$, $U'(\mathbf{X}) \subset \mathbf{X}'$, $U''(\mathbf{X}) \subset \mathbf{X}''$ und

$$U'(\mathbf{X}'') = U''(\mathbf{X}') = \{0\} . \tag{14}$$

Aus diesen Beziehungen folgt demnach $U'\,U'' = U''\,U' = 0$, d. h. (11).

Der Operator U'' bildet den Raum $\mathbf{X}$ in den endlichdimensionalen Raum $\mathbf{X}''$ ab, in dem alle beschränkten Mengen kompakt sind. Deshalb ist U'' ein vollstetiger Operator. Wegen $U' = U - U''$ ergibt sich daraus auf Grund von Satz 2 (2.IX) auch die Vollstetigkeit des Operators U'.

Schließlich bleibt zu beweisen, daß der Operator $T' = I - U'$ eine zweiseitige lineare Inverse besitzt. Dafür genügt es zu zeigen, daß erstens aus $T'(x) = 0$ stets $x = 0$ folgt und zweitens $T'(\mathbf{X}) = \mathbf{X}$ gilt. Es sei $T'(x) = 0$. Wir stellen x in der Form (8) dar und erhalten

$$0 = T'(x) = x - U'(x) = x' - U(x') + x'' = T(x') + x'' .$$

Da $T(x') \in \mathbf{X}'$ ist, ergibt sich als Folgerung aus der Eindeutigkeit der Darstellung (8) für das Element 0

$$T(x') = x'' = 0$$

und auf Grund von Punkt a) $x' = 0$. Also gilt $x = x' + x'' = 0$.

Wir betrachten nun ein beliebiges Element $y \in \mathbf{X}$ in der Form (8): $y = y' + y''$ ($y' \in \mathbf{X}'$, $y'' \in \mathbf{X}''$) und setzen

$$x = T_0^{-1}(y') + y'' .$$

Wegen $T_0^{-1}(y') \in \mathbf{X}'$ gilt

$$U'(x) = U\bigl(T_0^{-1}(y')\bigr)$$

und

$$\begin{aligned} T'(x) &= x - U'(x) = T_0^{-1}(y') - U\bigl(T_0^{-1}(y')\bigr) + y'' \\ &= T\,T_0^{-1}(y') + y'' = y' + y'' = y . \end{aligned}$$

Daher ist $T'(\mathbf{X}) = \mathbf{X}$.

Damit ist der Satz in allen Teilen bewiesen.

Bemerkung. Mit m werde die kleinste unter allen nichtnegativen ganzen Zahlen n von der Eigenschaft $\mathbf{N}(T^n) = \mathbf{N}(T^{n+1})$ bezeichnet. Dann gilt $m = r$.

Betrachten wir nämlich ein beliebiges $x \in \mathrm{N}(T^{r+1})$ in der Form (8), so erhalten wir

$$0 = T^{r+1}(x) = T^{r+1}(x') + T^{r+1}(x'') = T^{r+1}(x'),$$

was wegen Punkt a) nur für $x' = 0$ möglich ist. Hieraus folgt $x = x'' \in \mathrm{N}(T^r)$ und damit $m \leqq r$.

Ferner ergibt sich für $y = T^m(x)$ $(x \in \mathrm{X})$, wenn x in der Form (8) zerlegt wird,

$$y = T^m(x) = T^m(x') + T^m(x'') = T^m(x') = T^{m+1}\bigl(T_0^{-1}(x')\bigr).$$

Also gilt $y \in T^{m+1}(\mathrm{X})$ und daher auch $r \leqq m$.

Ein Sonderfall der in dieser Bemerkung bewiesenen Tatsache führt auf den folgenden Satz.

Satz 2 (1.XIII). *Für die Lösbarkeit der Gleichung* (1) *bei beliebigem* $y \in \mathrm{X}$ *ist notwendig und hinreichend, daß die homogene Gleichung*

$$T(x) = 0 \tag{15}$$

eine eindeutige Lösung (*nämlich* $x = 0$) *besitzt.*

Tatsächlich bedeutet die Lösbarkeit der Gleichung (1) für beliebiges $y \in \mathrm{X}$, daß $T(\mathrm{X}) = \mathrm{X}$, d. h. $r = 0$ gilt. Die Eindeutigkeit der Lösung von Gleichung (15) aber ist äquivalent zu $m = 0$.

Bemerkung. Mit Hilfe der Ergebnisse von § 2 des vorhergehenden Kapitels läßt sich dieser Satz auch unabhängig von Satz 1 beweisen, wobei dann lediglich benutzt wird, daß die Menge $T(\mathrm{X})$ abgeschlossen ist. Wir überlassen es dem Leser, die dazu notwendigen Überlegungen selbst durchzuführen.

1.3. Der folgende Satz liefert den Zusammenhang zwischen den Gleichungen (1) und (2).

Satz 3 (1.XIII). *Die Mengen* $\mathrm{N}(T)$ *und* $\mathrm{N}(T^*)$ *besitzen die gleiche endliche Dimension.*

Beweis. Da $\mathrm{N}(T) \subset \mathrm{N}(T^r) = \mathrm{X}''$ gilt, ist wegen Punkt b) von Satz 1 X'' und damit auch $\mathrm{N}(T)$ endlichdimensional. Weil U^* ebenfalls ein vollstetiger Operator ist, gilt die gleiche Aussage auch für die Menge $\mathrm{N}(T^*)$.

Es sei die Dimension der Menge $\mathrm{N}(T)$ gleich n, die Dimension von $\mathrm{N}(T^*)$ gleich ν. Weiter seien $x_1, x_2, \ldots, x_n$ linear unabhängige Elemente in $\mathrm{N}(T)$ und $g_1, g_2, \ldots, g_\nu$ linear unabhängige Elemente in $\mathrm{N}(T^*)$.

Wegen der linearen Unabhängigkeit der Elemente $x_1, x_2, \ldots, x_n$ existiert nach dem Satz über die Biorthogonalisierung (Satz 5 (2.IV)) ein biorthogonales System von Funktionalen $f_1, f_2, \ldots, f_n$:

$$f_j(x_k) = \begin{cases} 1, & j = k \\ 0, & j \neq k \end{cases} \qquad (j, k = 1, 2, \ldots, n). \tag{16}$$

Ebenso kann man unter Benutzung des Satzes 3 (1.V) Elemente $y_1, y_2, \ldots, y_\nu$ aus X finden, für die

$$g_j(y_k) = \begin{cases} 1, & j = k \\ 0, & j \neq k \end{cases} \qquad (j, k = 1, 2, \ldots, \nu) \tag{17}$$

gilt.

Wir nehmen zunächst $n < \nu$ an und betrachten im Raum $\mathbf{X}$ den Operator $V = U + W$ mit

$$W(x) = \sum_{k=1}^{n} f_k(x)\, y_k \qquad (x \in \mathbf{X}).$$

Der Operator W ist vollstetig, da er $\mathbf{X}$ in einen endlichdimensionalen Raum abbildet; also ist auch V ein vollstetiger Operator. Wir betrachten die Gleichung

$$\tilde{T}(x) = x - V(x) = T(x) - \sum_{k=1}^{n} f_k(x)\, y_k = 0\,; \tag{18}$$

sie habe die Lösung x_0:

$$\tilde{T}(x_0) = T(x_0) - \sum_{k=1}^{n} f_k(x_0)\, y_k = 0\,. \tag{19}$$

Dann folgt

$$g_s\bigl(T(x_0)\bigr) - \sum_{k=1}^{n} f_k(x_0)\, g_s(y_k) = 0 \qquad (s = 1, 2, \ldots, n)\,, \tag{20}$$

also gilt unter Beachtung von (17)

$$g_s\bigl(T(x_0)\bigr) - f_s(x_0) = 0\,.$$

Hieraus erhält man wegen $T^*(g_s) = 0$

$$f_s(x_0) = 0 \qquad (s = 1, 2, \ldots, n)\,. \tag{21}$$

Zusammen mit (19) ergibt dies $T(x_0) = 0$, d. h. es ist $x_0 \in \mathbf{N}(T)$. Daher läßt sich x_0 in der Form

$$x_0 = \sum_{k=1}^{n} \alpha_k\, x_k$$

darstellen.

Weil nach (16) $\alpha_s = f_s(x_0)$ gilt, folgt aus (21) $\alpha_s = 0$ und deshalb auch $x_0 = 0$. Also besitzt die Gleichung (18) die einzige Lösung $x_0 = 0$. Nach Satz 2 ist daher die inhomogene Gleichung $\tilde{T}(x) = y$ für jedes beliebige $y \in \mathbf{X}$ lösbar. Insbesondere besitzt die Gleichung

$$\tilde{T}(x) = T(x) - \sum_{k=1}^{n} f_k(x)\, y_k = y_{n+1}$$

eine Lösung x^*. Nun gilt aber einerseits

$$g_{n+1}\Bigl(T(x^*) - \sum_{k=1}^{n} f_k(x^*)\, y_k\Bigr) = T^*(g_{n+1})\,(x^*) - \sum_{k=1}^{n} f_k(x^*)\, g_{n+1}(y_k) = 0\,,$$

andererseits ist aber $g_{n+1}(y_{n+1}) = 1$.

Folglich muß $\nu \leqq n$ sein.

Durch ähnliche Überlegungen wird die Annahme $\nu < n$ zum Widerspruch geführt. Man hat dabei lediglich an Stelle von Gleichung (19) die Gleichung

$$T^*(g) - \sum_{k=1}^{\nu} g(y_k)\, f_k = 0$$

im Raum $\mathbf{X}^*$ zu betrachten.

1.4. Fassen wir die oben bewiesenen Sätze zusammen, so erhalten wir das folgende Resultat.

Satz 4 (1.XIII). *Entweder sind die Gleichungen* (1) *und* (2) *für beliebige rechte Seiten lösbar, wobei ihre Lösungen dann eindeutig bestimmt sind, oder die homogenen Gleichungen*

$$T(x) = 0 \quad \textit{und} \quad T^*(g) = 0$$

besitzen dieselbe endliche Anzahl linear unabhängiger Lösungen $x_1, x_2, \ldots, x_n$ *bzw.* $g_1, g_2, \ldots, g_n$. *In letzterem Falle ist notwendig und hinreichend für die Lösbarkeit der Gleichung* (1) (*bzw. der Gleichung* (2)) *die Gültigkeit der Beziehungen*

$$g_k(y) = 0 \quad (k = 1, 2, \ldots, n)$$

(*bzw.*

$$f(x_k) = 0 \quad (k = 1, 2, \ldots, n)).$$

Dabei besitzt dann die allgemeine Lösung der Gleichung (1) *die Form*

$$x = x^* + \sum_{k=1}^{n} c_k x_k$$

und die allgemeine Lösung der Gleichung (2) *die Gestalt*

$$g = g^* + \sum_{k=1}^{n} c_k g_k ,$$

wenn x^* (*bzw.* g^*) *irgendeine spezielle Lösung der Gleichung* (1) (*bzw.* (2)) *bezeichnet und* $c_1, c_2, \ldots, c_n$ *willkürliche Konstanten sind.*

Der zweite Teil dieses Satzes wird dadurch bewiesen, daß man die Sätze 3 (2.XII) und 3* (2.XII), deren Voraussetzungen nach Lemma 1 erfüllt sind, auf die Gleichungen (1) und (2) anwendet.

Den vorliegenden Satz nennt man auf Grund der Analogie zu dem bekannten Satz aus der Theorie der Integralgleichungen die FREDHOLM*sche Alternative*.

§ 2. Über komplexe normierte Räume

Es wird im weiteren (s. § 3) erforderlich sein, die Gleichung

$$x - \lambda U(x) = y$$

in einem komplexen Raum zu betrachten, wobei dann insbesondere λ komplex ist. In diesem Zusammenhang werden wir nachstehend einige Hilfsbegriffe einführen, die komplexe Räume betreffen und gestatten, den reellen Fall in den komplexen einzuschließen.

2.1. $\mathbf{Z}$ sei ein komplexer normierter Raum. Wir sagen, daß $\mathbf{Z}$ einen *reellen Kern* besitzt, wenn auf $\mathbf{Z}$ ein Operator C — die sogenannte *Involution* — definiert ist, der $\mathbf{Z}$ in sich abbildet und die folgenden Eigenschaften besitzt:

1. $C(\lambda_1 z_1 + \lambda_2 z_2) = \bar{\lambda}_1 C(z_1) + \bar{\lambda}_2 C(z_2) \qquad (z_1, z_2 \in \mathbf{Z})$;
2. $C^2(z) = z \quad (z \in \mathbf{Z})$;
3. $\|C(z)\| = \|z\| \ (z \in \mathbf{Z})$.

Die Menge aller derjenigen Elemente, für die $C(z) = z$ gilt, heißt *reeller Kern* des Raumes $\mathbf{Z}$ und wird mit Re $\mathbf{Z}$ bezeichnet; die Elemente dieser Menge heißen *reell.*

Es sei $z \in \mathbf{Z}$; man nennt das Element $x = \frac{1}{2}[z + C(z)]$ den *Realteil* von z und schreibt $x = \operatorname{Re} z$. Das Element $y = \frac{1}{2i}[z - C(z)]$ heißt *Imaginärteil* von z und wird mit $y = \operatorname{Im} z$ bezeichnet. Aus

$$C(x) = \frac{1}{2}[C(z) + C^2(z)] = x, \qquad C(y) = -\frac{1}{2i}[C(z) - C^2(z)] = y$$

folgt, daß $x = \operatorname{Re} z$ und $y = \operatorname{Im} z$ reelle Elemente sind. Offensichtlich gilt

$$z = x + y\,i \tag{1}$$

und

$$C(z) = x - y\,i\,.$$

Auf Grund der letzten Beziehung sagt man, daß $C(z)$ zu z *konjugiert* ist, und führt, wie üblich, die Bezeichnung $C(z) = \bar{z}$ ein.

Ist das Element z auf irgendeine Art in der Form (1) mit reellen x und y dargestellt, so muß $x = \operatorname{Re} z$ und $y = \operatorname{Im} z$ gelten. Wegen $\bar{z} = \bar{x} + \overline{y\,i} = x - y\,i$ ergibt sich nämlich $x = \frac{1}{2}(z + \bar{z}) = \operatorname{Re} z$ und $y = \frac{1}{2i}(z - \bar{z}) = \operatorname{Im} z$. Die Darstellung (1) ist also eindeutig, d. h., die Elemente x und y werden eindeutig durch das Element z bestimmt.

Der reelle Kern $\mathbf{X}$ des Raumes $\mathbf{Z}$ ist ein reeller normierter Raum; er ist vollständig, falls der Ausgangsraum $\mathbf{Z}$ diese Eigenschaft besitzt.

In der Tat liegt jede Linearkombination von Elementen aus $\mathbf{X}$ mit reellen Koeffizienten wieder in $\mathbf{X}$. Daß $\mathbf{X}$ den Axiomen eines normierten Raumes genügt, folgt aus der Gültigkeit dieser Axiome für den gegebenen Raum $\mathbf{Z}$. Wir überzeugen uns nun noch von der Vollständigkeit des Raumes $\mathbf{X}$ (unter der Voraussetzung, daß dies für $\mathbf{Z}$ zutrifft). Sei $\{x_n\}$ eine in sich konvergente Folge von Elementen aus $\mathbf{X}$. Betrachten wir diese als Folge im Raum $\mathbf{Z}$, so finden wir wegen der Vollständigkeit von $\mathbf{Z}$ ein Element $z \in \mathbf{Z}$, so daß $\lim\limits_{n\to\infty} x_n = z$ gilt. Da wegen Bedingung 1 $\overline{x_n - z} = \bar{x}_n - \bar{z}$ gilt, folgt $\|x_n - z\| = \|\overline{x_n - z}\| = \|x_n - \bar{z}\|$ und daraus $x_n \to \bar{z}$. Auf Grund der Eindeutigkeit des Grenzwertes erhalten wir $\bar{z} = z$, d. h. $z \in \mathbf{X}$.

Alle im vorangehenden betrachteten konkreten reellen Räume sind reelle Kerne entsprechender komplexer Räume. So ist z. B. der Raum $\mathbf{C}_T$ der reellen auf der abgeschlossenen beschränkten Menge T des euklidischen Raumes definierten stetigen Funktionen reeller Kern des komplexen Raumes $\overline{\mathbf{C}}_T$ aller komplexwertigen auf T stetigen Funktionen. Gleiches gilt von den reellen Räumen $\mathbf{L}^p$, $\mathbf{V}$, $\mathbf{l}^p$, $\mathbf{c}$, $\mathbf{m}$, $\mathbf{M}$ und den zugehörigen komplexen Räumen $\overline{\mathbf{L}^p}$, $\overline{\mathbf{V}}$, $\overline{\mathbf{l}^p}$, $\overline{\mathbf{c}}$, $\overline{\mathbf{m}}$, $\overline{\mathbf{M}}$ usw.[1])

[1]) In diesem Kapitel werden wir für konkrete komplexe Räume dieselben Bezeichnungen wie für die entsprechenden reellen Räume verwenden.

Allgemein kann ein beliebiger reeller Raum **X** stets als reeller Kern eines komplexen Raumes betrachtet werden, nämlich als reeller Kern des Raumes **Z**, dessen Elemente geordnete Paare von Elementen des Raumes **X** sind: $z = (x, y)$ $(x, y \in \mathbf{X})$. Dabei werden Operationen unter diesen Paaren nach folgenden Regeln eingeführt:

$$(x_1, y_1) + (x_2, y_2) = (x_1 + x_2,\ y_1 + y_2)\,,$$
$$\lambda(x, y) = (\alpha x - \beta y, \beta x + \alpha y) \qquad (\lambda = \alpha + \beta i;\ \alpha, \beta - \text{reell})\,,$$
$$||(x, y)|| = \max_\Theta ||x \cos \Theta + y \sin \Theta||\,.^{1)} \tag{2}$$

Um zu beweisen, daß **X** reeller Kern des Raumes **Z** ist, genügt es,

$$C\big((x, y)\big) = (x, -y)$$

zu setzen. Dabei sind dann im Raume **Z** alle Elemente der Gestalt $(x, 0)$ und nur diese reell. Identifizieren wir das Element $(x, 0)$ mit dem Element x, so erhalten wir wegen

$$\alpha(x_1, 0) + \beta(x_2, 0) = (\alpha x_1 + \beta x_2, 0)$$
$$||(x, 0)|| = \max_\Theta ||x \cos \Theta|| = ||x||$$

das gewünschte Ergebnis. Diese Identifizierung gestattet es, an Stelle von (x, y) die übliche Bezeichnung $x + y i$ zu verwenden.

2.2. **Z** und **W** seien komplexe Räume mit den reellen Kernen $\mathbf{X} = \operatorname{Re} \mathbf{Z}$ und $\mathbf{Y} = \operatorname{Re} \mathbf{W}$. Ein Operator $\widetilde{U}$, der **Z** in **W** abbildet, wird *reell* genannt, wenn er die reellen Elemente des Raumes **Z** in reelle Elemente des Raumes **W** überführt, d. h., wenn $\widetilde{U}(\mathbf{X}) \subset \mathbf{Y}$ gilt; ein reeller linearer Operator induziert daher einen linearen Operator des reellen Raumes **X** in den reellen Raum **Y**.

Ist umgekehrt U ein linearer Operator, der den Raum **X** in den Raum **Y** abbildet, wobei $\mathbf{X} = \operatorname{Re} \mathbf{Z}$ und $\mathbf{Y} = \operatorname{Re} \mathbf{W}$ sei, so erhalten wir durch die Definition

$$\widetilde{U}(z) = \widetilde{U}(x + y i) = U(x) + i\, U(y) \qquad (z = x + y i)$$

einen linearen Operator $\widetilde{U}$ des komplexen Raumes **Z** in den komplexen Raum **W**. Offenbar fällt der Operator $\widetilde{U}$ auf **X** mit U zusammen. Den Operator $\widetilde{U}$ nennt man *komplexe Erweiterung* des Operators U.

Wir beweisen jetzt die Ungleichung

$$||U|| \leqq \big\|\widetilde{U}\big\| \leqq 2\, ||U||\,. \tag{3}$$

---

1) Selbstverständlich kann eine Norm in konkreten Räumen auch anderweitig definiert werden. So setzt man im Falle $\mathbf{X} = \mathbf{L}^p$ natürlicherweise

$$||(x, y)|| = \left[\int_a^b |x(t) + y(t)\, i|^p\, dt\right]^{\frac{1}{p}} = \left[\int_a^b [|x(t)|^2 + |y(t)|^2]^{\frac{p}{2}}\, dt\right]^{\frac{1}{p}},$$

wodurch sich eine Norm ergibt, die der in Gleichung (2) definierten äquivalent ist.

Der erste Teil dieser Ungleichung gilt offensichtlich. Der zweite Teil folgt aus

$$\left\|\tilde{U}(z)\right\| = \|U(x) + i\,U(y)\| \leqq \|U(x)\| + \|U(y)\|$$
$$\leqq \|U\|\,(\|x\| + \|y\|) \leqq 2\,\|U\|\,\|z\|\,.$$

(Hierbei haben wir die Ungleichungen $\|\operatorname{Re} z\| \leqq \|z\|$, $\|\operatorname{Im} z\| \leqq z$ benutzt; es gilt nämlich z. B.: $\|\operatorname{Re} z\| = \frac{1}{2}\,\|z + \bar{z}\| \leqq \frac{1}{2}\,[\|z\| + \|\bar{z}\|] = \|z\|$.)

In einer Reihe von Fällen läßt sich sogar die Gleichheit $\left\|\tilde{U}\right\| = \|U\|$ zeigen. So erhält man, wenn die Norm in den Räumen **Z** und **W** durch Formel (2) definiert ist,

$$\|\tilde{U}(z)\| = \max_{\Theta}\,\|U(x)\cos\Theta + U(y)\sin\Theta\|$$
$$\leqq \|U\|\,\max_{\Theta}\,\|x\cos\Theta + y\sin\Theta\| = \|U\|\,\|z\|$$

und damit $\left\|\tilde{U}\right\| \leqq \|U\|$, was zusammen mit (3) $\left\|\tilde{U}\right\| = \|U\|$ ergibt.

Ferner gilt auch dann $\left\|\tilde{U}\right\| = \|U\|$, wenn für jedes beliebige $\varepsilon > 0$ ein normiertes reelles Element x mit der Eigenschaft $\left\|\tilde{U}(x)\right\| > \left\|\tilde{U}\right\| - \varepsilon$ existiert. In diesem Falle gilt nämlich

$$\left\|\tilde{U}\right\| \leqq \left\|\tilde{U}(x)\right\| + \varepsilon = \|U(x)\| + \varepsilon \leqq \|U\| + \varepsilon\,.$$

Die letztgenannte Bedingung ist z. B. erfüllt, wenn **Z** und **W** der Menge der oben aufgeführten Funktionenräume angehören und für $\tilde{U}$ ein Integraloperator

$$w = \tilde{U}(z)\,, \qquad w(s) = \int_a^b K(s, t)\, z(t)\, dt$$

mit dem reellen Kern $K(s, t)$ betrachtet wird.

Entsprechend ist diese Bedingung erfüllt, wenn **Z** und **W** Folgenräume sind und der Operator $\tilde{U}$ durch eine reelle Matrix definiert wird.

2.3. Ist der reelle Operator $\tilde{U}$ vollstetig, so gilt das gleiche offenbar auch für den durch ihn induzierten Operator U von $\mathbf{X} = \operatorname{Re}\mathbf{Z}$ in $\mathbf{Y} = \operatorname{Re}\mathbf{W}$. Die umgekehrte Behauptung ist ebenfalls richtig, aus der Vollstetigkeit des Operators U von **X** in **Y** folgt also die Vollstetigkeit seiner komplexen Erweiterung $\tilde{U}$.

Zum Beweis dieser Tatsache braucht man lediglich zu beachten, daß die Konvergenz einer Folge $\{z_n\}$ die Konvergenz der Folgen $\{\operatorname{Re} z_n\}$ und $\{\operatorname{Im} z_n\}$ nach sich zieht und umgekehrt.

2.4. Ist **Z** ein Raum mit reellem Kern, so besitzt auch der duale Raum $\mathbf{Z}^*$ einen reellen Kern.

Um dies zu beweisen, definieren wir eine Involution durch $C(f) = \bar{f}$ mit

$$\bar{f}(z) = \overline{f(\bar{z})} \qquad (z \in \mathbf{Z}) \tag{4}$$

für jedes $f \in \mathbf{Z}^*$.

Zunächst wird gezeigt, daß $\bar{f}$ ein lineares Funktional ist. Tatsächlich gilt

$$\bar{f}(\lambda z_1 + \mu z_2) = \overline{f(\overline{\lambda z_1 + \mu z_2})} = \overline{f(\bar{\lambda} \bar{z}_1 + \bar{\mu} \bar{z}_2)}$$
$$= \overline{\bar{\lambda} f(\bar{z}_1) + \bar{\mu} f(\bar{z}_2)} = \lambda \bar{f}(z_1) + \mu \bar{f}(z_2)$$

und

$$|\bar{f}(z)| = |f(\bar{z})| \leqq \|f\| \, \|\bar{z}\| = \|f\| \, \|z\| \, . \tag{5}$$

Wir überzeugen uns weiter davon, daß die Bedingungen 1—3, mit denen die Involutionen definiert wurden, erfüllt sind. Unter Berücksichtigung der Regeln für die Multiplikation von Funktionalen mit komplexen Zahlen (V.1.2) ergibt sich

$$\overline{(\lambda f_1 + \mu f_2)}\,(z) = \overline{(\lambda f_1 + \mu f_2)\,(\bar{z})} = \overline{\lambda f_1(\bar{z}) + \mu f_2(\bar{z})}$$
$$= \bar{\lambda}\, \overline{f_1(\bar{z})} + \bar{\mu}\, \overline{f_2(\bar{z})} = \bar{\lambda} \bar{f}_1(z) + \bar{\mu} \bar{f}_2(z) = (\bar{\lambda} \bar{f}_1 + \bar{\mu} \bar{f}_2)\,(z)\,,$$
$$\bar{\bar{f}}(z) = \overline{\bar{f}(\bar{z})} = \overline{\overline{f(\bar{\bar{z}})}} = f(z)\,.$$

Schließlich folgt aus (5) die Ungleichung $\|\bar{f}\| \leqq \|f\|$. Andererseits gilt $\|f\| = \|\bar{\bar{f}}\| \leqq \leqq \|\bar{f}\|$, also ist $\|\bar{f}\| = \|f\|$.

$\mathbf{X}$ sei ein reeller Kern des Raumes $\mathbf{Z}$ und φ ein lineares Funktional auf dem reellen Raum $\mathbf{X}$. Wir beweisen, daß die komplexe Erweiterung f des Funktionals φ zum reellen Kern Re $\mathbf{Z}^*$ des Raumes $\mathbf{Z}^*$ gehört und daß Re $\mathbf{Z}^*$ genau aus allen Funktionalen der eben genannten Gestalt besteht. Diese beiden Behauptungen folgen mühelos aus der Definition des konjugierten Funktionals. Ist nämlich f die komplexe Erweiterung des Funktionals $\varphi \in \mathbf{X}^*$, so gilt

$$\bar{f}(z) = \overline{f(\bar{z})} = \overline{\varphi(x) - \varphi(y)\, i} = \varphi(x) + \varphi(y)\, i = f(z) \qquad (z = x + y\, i \in \mathbf{Z})\,.$$

Umgekehrt erhält man der Beziehung (4) entsprechend $\overline{f(\bar{z})} = f(z)$, wenn das Funktional f ein reelles Element des Raumes $\mathbf{Z}^*$, d. h. $\bar{f} = f$, ist. Insbesondere ergibt sich für $z = x \in \mathbf{X}$ $\overline{f(x)} = f(x)$, d. h., $f(x)$ ist reell.

Der hier bewiesene Satz läßt sich in folgender Form aussprechen: Bezüglich der durch (4) definierten Involution sind der reelle Kern des dualen Raumes und der duale Raum zu dem reellen Kern des gegebenen Raumes isomorph zueinander.

2.5. In naheliegender Weise wird man erwarten, daß der zu einem reellen Operator adjungierte Operator wieder reell ist. Sei also $\tilde{U}$ ein reeller Operator, der den Raum $\mathbf{Z}$ in den Raum $\mathbf{W}$ abbildet, und U der von ihm induzierte Operator des Raumes $\mathbf{X}$ in $\mathbf{Y}$ ($\mathbf{X} = \text{Re}\,\mathbf{Z}$, $\mathbf{Y} = \text{Re}\,\mathbf{W}$). Wir zeigen, daß $\tilde{U}^*$ ein reeller Operator und U^* der von ihm induzierte Operator des Raumes $\mathbf{Y}^*$ in $\mathbf{X}^*$ ist. Die letztgenannte Behauptung muß in folgendem Sinne verstanden werden: Sind φ und ψ Funktionale auf den Räumen $\mathbf{X}$ und $\mathbf{Y}$ mit

$$\varphi = U^*(\psi)\,, \tag{6}$$

so gilt stets

$$f = \tilde{U}^*(g)\,, \tag{7}$$

wenn f bzw. g die komplexen Erweiterungen der Funktionale φ bzw. ψ bedeuten; sind umgekehrt die reellen Funktionale $f \in \mathbf{Z}^*$ und $g \in \mathbf{W}^*$ durch die Beziehung (7) miteinander verbunden, so genügen die von ihnen induzierten Funktionale $\varphi \in \mathbf{X}^*$ und $\psi \in \mathbf{Y}^*$ der Relation (6).

Man beweist sehr leicht, daß $\widetilde{U}^*$ ein reeller Operator ist: Bezeichnet $g \in \mathbf{W}^*$ ein reelles Funktional, d. h. $\bar{g} = g$, und ist $f = \widetilde{U}^*(g)$, so gilt

$$\bar{f}(z) = \overline{f(\bar{z})} = \overline{g(\widetilde{U}(\bar{z}))} = \overline{g(\overline{\widetilde{U}(z)})} = \bar{g}(\widetilde{U}(z)) = f(z)\,.$$

Ferner sei $\varphi = U^* \psi$. Dann ergibt sich mit $x = \operatorname{Re} z$, $y = \operatorname{Im} z$

$$\begin{aligned} f(z) = \varphi(x) + i\,\varphi(y) &= \psi(U(x)) + i\,\psi(U(y)) \\ &= g(U(x) + i\,U(y)) = g(\widetilde{U}(z))\,, \end{aligned}$$

also $f = \widetilde{U}^*(g)$. Ebenso einfach zeigt man, daß (6) aus (7) folgt.

§ 3. Das Spektrum

3.1. In diesem und in den folgenden Paragraphen untersuchen wir die Eigenschaften der Gleichung

$$T_\lambda(x) = x - \lambda\,U(x) = y \tag{1}$$

und der in unmittelbarem Zusammenhang damit stehenden Gleichung

$$T'_\mu(x) = \mu\,x - U(x) = y \tag{1'}$$

in Abhängigkeit von dem komplexen Parameter λ bzw. μ. Unter U verstehen wir dabei stets einen linearen Operator im komplexen B-Raum $\mathbf{X}$.[1])

Im Hinblick auf die Lösbarkeit der Gleichung (1) wird die komplexe Ebene in zwei Mengen geteilt: in die Menge $\varrho(U)$ aller der Werte λ, für die Gleichung (1) bei beliebiger rechter Seite $y \in \mathbf{X}$ eine eindeutige Lösung besitzt (der Operator T_λ hat dann eine lineare Inverse, s. XII.1.3), und in die Menge $\chi(U)$ aller übrigen Werte λ. Die Punkte der Menge $\varrho(U)$ heißen *T_λ-reguläre Werte* des Operators U; die Menge $\chi(U)$ wird als *charakteristische Menge* des Operators U bezeichnet.

Entsprechend definieren wir $\pi(U)$ als Menge aller derjenigen Werte μ, für die Gleichung (1′) bei beliebiger rechter Seite eindeutig lösbar ist, und $\sigma(U)$ als deren Komplementärmenge. Die Punkte der Menge $\pi(U)$ nennt man *T'_μ-reguläre Werte*[2]), die Menge $\sigma(U)$ das *Spektrum* des Operators U.

Besitzt die homogene Gleichung

$$T_\lambda(x) = x - \lambda\,U(x) = 0 \tag{2}$$

---

[1]) Ist der Raum X ursprünglich reell, so betrachten wir an Stelle von U seine komplexe Erweiterung.

[2]) Solange keine Verwechslungen zu befürchten sind, werden wir T_λ-reguläre Werte ebenso wie T'_μ-reguläre Werte kurz *reguläre Werte* des Operators U nennen.

für irgendein λ eine von Null verschiedene Lösung, so wird λ als *charakteristische Zahl* des Operators U bezeichnet. Offenbar ist die Menge $\chi_0(U)$ aller charakteristischen Zahlen in der Menge $\chi(U)$ enthalten. Jede (von Null verschiedene) Lösung der Gleichung (2) heißt zur charakteristischen Zahl λ gehöriges *Eigenelement* (oder *charakteristisches Element*). Die Menge $\bigcup\limits_{n=1}^{\infty} \mathrm{N}(T_\lambda^n)$ wird *algebraischer Eigenraum* (oder *algebraischer charakteristischer Raum*) und seine (endliche oder unendliche) Dimension die *Vielfachheit* der charakteristischen Zahl λ genannt. Die Anzahl r der voneinander verschiedenen Mengen der Gestalt $\mathrm{N}(T_\mu^n)$ $(n = 1, 2, \ldots)$ bezeichnet man als *Rang* der charakteristischen Zahl λ (vgl. Lemma 2 aus XIII.1.1).

Wird an Stelle der Gleichung (2) die (1') entsprechende homogene Gleichung

$$T'_\mu(x) = \mu\, x - U(x) = 0 \tag{2'}$$

betrachtet, so gelangt man zu den Begriffen *Eigenwert*, zum gegebenen Eigenwert gehöriges *Eigenelement* und zum Eigenwert gehöriger *algebraischer Eigenraum;* vgl. hierzu die entsprechenden Definitionen, im besonderen den Begriff des geometrischen Eigenraums, in Abschnitt IX.4.1.

Ist U ein selbstadjungierter Operator im HILBERT-Raum und μ ein Eigenwert von U, so gilt für seinen Rang $r = 1$, d. h. es ist

$$\mathrm{N}(T'_\mu) = \mathrm{N}(T'^2_\mu) = \cdots = \mathrm{N}(T'^n_\mu) = \cdots. \tag{3}$$

Deshalb ist der algebraische Eigenraum in diesem Falle gleich $\mathrm{N}(T'_\mu)$, er besteht also aus allen Eigenelementen des Operators U, d. h., er fällt mit dem geometrischen Eigenraum zusammen. Dieser Umstand ist bezüglich der Definitionen des Kapitels IX zu beachten.

Wir beweisen die Beziehung (3). Da die Eigenwerte eines selbstadjungierten Operators reell sind, sind T'_μ und alle seine Potenzen selbstadjungierte Operatoren. Der Einfachheit halber verzichten wir jetzt auf Schreibung des Index μ. Wählen wir $n = 2^k$, so ergibt sich für $x \in \mathrm{N}\left(T'^{2^k}\right)$

$$\left(T'^{2^{k}-1} x, T'^{2^{k}-1} x\right) = \left(T'^{2^k} x, x\right) = 0$$

und daraus

$$T'^{2^{k}-1} x = 0\,.$$

In Fortführung dessen gelangen wir schließlich zu der Gleichung $T'x = 0$, d. h., es gilt $x \in \mathrm{N}(T')$ und somit $\mathrm{N}(T') \supset \mathrm{N}\left(T'^{2^k}\right)$. Da die umgekehrte Inklusion allgemein für beliebige Operatoren erfüllt ist, erhält man zunächst $\mathrm{N}(T') = \mathrm{N}\left(T'^{2^k}\right)$ $(k = 1, 2, \ldots)$. Wählen wir nun ein beliebiges $n = 2, 3, \ldots$ und dazu ein k mit $n \leq 2^k$, so ergibt sich offenbar die Beziehung $\mathrm{N}(T') \subset \mathrm{N}(T'^n) \subset \mathrm{N}\left(T'^{2^k}\right)$. Hieraus folgt schließlich $\mathrm{N}(T') = \mathrm{N}(T'^n)$.

Wir weisen auf einen einfachen Zusammenhang zwischen Spektrum und charakteristischer Menge ein und desselben Operators U hin. Wie man leicht sieht, hat $\lambda \in \chi(U)$ die Relation $\mu = \frac{1}{\lambda} \in \sigma(U)$ zur Folge und umgekehrt. Offensichtlich hängen ebenso die charakteristischen Zahlen mit den Eigenwerten des Operators U zusammen. Dabei ist es wichtig zu beachten, daß ein zur charakteristischen Zahl λ gehöriges Eigenelement auch Eigenelement zum Eigenwert

$\mu = \frac{1}{\lambda}$ ist und umgekehrt. Ferner läßt sich die letztgenannte Bemerkung auch auf die Eigenräume ausdehnen, da für $\lambda \mu = 1$ $N(T_\lambda^n) = N(T_\mu'^n)$ $(n = 1, 2, \ldots)$ gilt. Der eben aufgezeigten Tatsachen wegen ist es überflüssig, die Begriffe des zu einer charakteristischen Zahl gehörigen Eigenelementes und des zu einem Eigenwert gehörigen Eigenelementes zu unterscheiden, was auch in der oben eingeführten Terminologie berücksichtigt wurde.

Der soeben behandelte Zusammenhang zwischen der charakteristischen Menge und dem Spektrum gestattet es, je nach Zweckmäßigkeit lediglich einen dieser gleichartigen und im wesentlichen äquivalenten Begriffe zu betrachten. Daher sollen nur in Ausnahmefällen beide Formulierungen angegeben werden.

Wir sprechen einige einfache Behauptungen aus, die sich auf die oben eingeführten Begriffe beziehen.

I. Die Relation $\lambda \in \varrho(U)$ gilt genau dann, wenn der lineare zweiseitige inverse Operator $B_\lambda = T_\lambda^{-1} = (I - \lambda U)^{-1}$ existiert.

S. XII.1.3, Folgerung zu Satz 2 (1.XII).

II. Die Menge der regulären Werte ist offen und folglich die charakteristische Menge (bzw. das Spektrum) abgeschlossen.

Dies ergibt sich aus Satz 4 (2.V), der beinhaltet, daß aus der Existenz der linearen Inversen eines Operators die Existenz der linearen Inversen für jeden hinreichend benachbarten Operator folgt. In unserem Falle folgt wegen

$$\|T_\lambda - T_{\lambda'}\| = |\lambda - \lambda'| \, \|U\|$$

aus der Existenz von T_λ^{-1} diejenige von $T_{\lambda'}^{-1}$ für genügend kleine Werte von $|\lambda - \lambda'|$.

III. Der Kreis $|\lambda| < \frac{1}{\|U\|}$ ist in der Menge $\varrho(U)$ enthalten; daher liegt das Spektrum $\sigma(U)$ ganz in dem Kreis $|\mu| \leqq \|U\|$.

Diese Aussage folgt unmittelbar aus dem Satz von Banach (V.2.5).

IV. Die Mengen $\chi(U)$ und $\chi(U^*)$ liegen bezüglich der reellen Achse zueinander symmetrisch.

Dies folgt aus

$$T_\lambda^* = [I - \lambda U]^* = I^* - \bar{\lambda} U^*$$

(s. IX.3.1) und der Tatsache, daß nach Satz 4 (2.XII) die Operatoren T_λ^{-1} und $(T_\lambda^*)^{-1}$ [1]) gleichzeitig existieren.

V. Ist **X** ein Raum mit reellem Kern und U ein reeller Operator, so liegt die Menge $\chi_0(U)$ symmetrisch zur reellen Achse. Außerdem entspricht, wenn $\lambda \in \chi_0(U)$ und z ein zugehöriges Eigenelement ist, der charakteristischen Zahl $\bar{\lambda}$ das Eigenelement $\bar{z}$.

---

[1]) T_λ^* wird abkürzend für $(T_\lambda)^*$ geschrieben.

Aus

$$\bar{z} - \bar{\lambda}\, U(\bar{z}) = \overline{z - \lambda\, U(z)}$$

folgt nämlich, daß die Gleichungen $z - \lambda\, U(z) = 0$ und $\bar{z} - \bar{\lambda}\, U(\bar{z}) = 0$ zueinander äquivalent sind.

Bemerkung. In IX.5.3 wurde eine Definition des Spektrums für selbstadjungierte Operatoren im Hilbert-Raum gegeben. Diese steht nach Satz 3 (5.IX) in Übereinstimmung mit der hier gegebenen.

3.2. Die Struktur der charakteristischen Menge kann für den Fall eines vollstetigen Operators weitgehend geklärt werden.

Satz 1 (3.XIII). *Ist U ein vollstetiger Operator, so gilt:*

a) *Die charakteristische Menge enthält nur charakteristische Zahlen, d. h., es ist $\chi(U) = \chi_0(U)$; dabei besitzt jede charakteristische Zahl eine endliche Vielfachheit.*

b) *Für jedes beliebige $r > 0$ enthält der Kreis $|\lambda| \leqq r$ nur endlich viele charakteristische Zahlen.*

c) *Gilt $\lambda_1 \in \chi(U)$ und $\lambda_2 \in \chi(U^*)$* mit $\lambda_1 \neq \bar{\lambda}_2$ *und ist $x_1 \in \mathbf{X}$ ein zu λ_1 bzw. $g_2 \in \mathbf{X}^*$ ein zu λ_2 gehöriges Eigenelement, so folgt*

$$g_2(x_1) = 0 .$$

Beweis. a) Nach Satz 4 (1.XIII) besitzt die homogene Gleichung (2) für jedes $\lambda \notin \varrho(U)$ eine von Null verschiedene Lösung. Aus Lemma 2 (XIII.1.1) ergibt sich, daß der zugehörige algebraische Eigenraum endlichdimensional ist. In der Tat existiert nach diesem Lemma ein n_0 mit der Eigenschaft $\mathbf{N}(T_\lambda^n) = \mathbf{N}(T_\lambda^{n_0})$ $(n \geqq n_0)$. Deshalb ist der algebraische Eigenraum in unserem Falle gleich $\mathbf{N}(T_\lambda^{n_0})$. Nun gilt aber

$$T_\lambda^{n_0} = (I - \lambda\, U)^{n_0} = I - \widetilde{U} ,$$

wobei $\widetilde{U} = \sum\limits_{k=1}^{n_0} (-1)^{k-1}\, C_{n_0}^k\, \lambda^k\, U^k$ offenbar ein vollstetiger Operator ist. Daher bildet die Gesamtheit aller Lösungen der homogenen Gleichung

$$T_\lambda^{n_0}(x) = 0$$

wiederum auf Grund des Satzes 4 (1.XIII) einen endlichdimensionalen Unterraum. (Der geometrische Eigenraum $\mathbf{N}(T_\lambda)$ ist wegen $\mathbf{N}(T_\lambda) \subset \mathbf{N}(T_\lambda^{n_0})$ also ebenfalls endlichdimensional.)

b) Wir nehmen das Gegenteil an, d. h., wir setzen voraus, daß in irgendeinem Kreis $|\lambda| \leqq r$ eine unendliche Menge charakteristischer Zahlen liegt. In dieser Menge wählen wir eine Folge von untereinander verschiedenen charakteristischen Zahlen aus: $|\lambda_n| \leqq r$ $(n = 1, 2, \ldots)$. Es sei $\{x_n\}$ eine Folge zugehöriger Eigenelemente:

$$x_n - \lambda_n\, U(x_n) = 0 \qquad (n = 1, 2, \ldots) . \tag{4}$$

Wir zeigen (durch Induktion), daß die Elemente $x_1, x_2, \ldots, x_n$ für jedes beliebige $n = 1, 2, \ldots$ linear unabhängig sind. Dies trifft zunächst für $n = 1$ zu. Nun setzen wir voraus, die Behauptung sei für irgendein $n \geqq 1$ richtig, und zeigen ihre Gültigkeit für die Elemente $x_1, x_2, \ldots, x_n, x_{n+1}$. Nimmt man davon das Gegenteil an, so ergibt sich

$$x_{n+1} = \sum_{k=1}^{n} \alpha_k x_k .$$

Hieraus folgt unter Anwendung von (4)

$$\frac{x_{n+1}}{\lambda_{n+1}} = \sum_{k=1}^{n} \frac{\alpha_k}{\lambda_k} x_k .$$

Durch Vergleich mit der vorhergehenden Beziehung findet man

$$\sum_{k=1}^{n} \left(1 - \frac{\lambda_{n+1}}{\lambda_k}\right) \alpha_k x_k = 0 .$$

Wegen $1 - \frac{\lambda_{n+1}}{\lambda_k} \neq 0$ $(k = 1, 2, \ldots, n)$ wären also die Elemente $x_1, x_2, \ldots, x_n$ linear abhängig, was der Induktionsvoraussetzung widerspricht.

Wir bilden die linearen Mengen $\mathbf{X}_n = \mathscr{L}(\{x_1, x_2, \ldots, x_n\})$. Da nach dem soeben Bewiesenen $\mathbf{X}_{n+1} \neq \mathbf{X}_n$ gilt, lassen sich auf Grund des Lemmas von der Fast-Senkrechten (II.2.9) Elemente $y_1, y_2, \ldots, y_n, \ldots$ folgender Eigenschaft finden:

$$y_n \in \mathbf{X}_n, \quad \|y_n\| = 1, \quad \varrho(y_{n+1}, \mathbf{X}_n) > \frac{1}{2} \qquad (n = 1, 2, \ldots) . \tag{5}$$

Gilt $x \in \mathbf{X}_n$, d. h. $x = \sum_{k=1}^{n} \beta_k x_k$, so ist $U(x) = \sum_{k=1}^{n} \frac{\beta_k}{\lambda_k} x_k \in \mathbf{X}_n$. Gleichzeitig ergibt sich $T_{\lambda_n}(x) = x - \lambda_n U(x) = \sum_{k=1}^{n} \beta_k \left(1 - \frac{\lambda_n}{\lambda_k}\right) x_k \in \mathbf{X}_{n-1}$ (da der Koeffizient von x_n gleich Null ist).

Wir betrachten für $m > n$ den Ausdruck

$$U(\lambda_m y_m) - U(\lambda_n y_n) = y_m - [T_{\lambda_m}(y_m) + U(\lambda_n y_n)] = y_m - \tilde{y} .$$

Wie eben bewiesen wurde, gilt $T_{\lambda_m}(y_m) \in \mathbf{X}_{m-1}$ und $U(\lambda_n y_n) \in \mathbf{X}_n \subset \mathbf{X}_{m-1}$, also ist

$$\tilde{y} = T_{\lambda_m}(y_m) + U(\lambda_n y_n) \in \mathbf{X}_{m-1} .$$

Aus (5) folgt

$$\|U(\lambda_m y_m) - U(\lambda_n y_n)\| = \|y_m - \tilde{y}\| > \frac{1}{2} .$$

Dies jedoch widerspricht der Vollstetigkeit des Operators U, da ja wegen $\|\lambda_n y_n\| \leqq r$ die Folge $\{\lambda_n y_n\}$ beschränkt ist.

c) Aus $\lambda_1 U(x_1) = x_1$ und $\lambda_2 U^*(g_2) = g_2$ ergibt sich

$$g_2(x_1) = g_2(\lambda_1 U(x_1)) = \lambda_1 U^*(g_2)(x_1) = \lambda_1 \left(\frac{g_2}{\lambda_2}\right)(x_1) = \frac{\lambda_1}{\lambda_2} g_2(x_1) .$$

Wegen $\lambda_1 \neq \bar{\lambda}_2$ folgt wie behauptet $g_2(x_1) = 0$.

§ 4. Die Resolvente

4.1. Im folgenden interessiert uns bezüglich der Gleichung

$$x - \lambda\, U(x) = y \tag{1}$$

der Fall ihrer eindeutigen Auflösbarkeit.

Es sei $\lambda \neq 0$ ein T_λ-regulärer Wert des Operators U. Der durch die Beziehung

$$I + \lambda\, B_\lambda = (I - \lambda\, U)^{-1} \tag{2}$$

definierte Operator B_λ heißt *Resolvente* des Operators U. Für $\lambda = 0$ setzen wir $B_0 = U$.

Wird das Spektrum und entsprechend die Menge der T'_μ-regulären Werte betrachtet, so benutzt man an Stelle von B_λ besser den Operator

$$R_\mu = (\mu\, I - U)^{-1}\,, \tag{3}$$

der für alle T'_μ-regulären Werte definiert ist. Den Operator R_μ wollen wir ebenfalls *Resolvente* nennen. Es besteht keine Gefahr für die Verwechslung dieser beiden Begriffe, da aus dem Zusammenhang stets klar hervorgehen wird, um welche Resolvente es sich jeweils handelt; außerdem gestatten auch die verschiedenen Bezeichnungsweisen, die eine von der anderen Resolvente zu unterscheiden.

Offensichtlich gilt für $\mu \neq 0$

$$R_\mu = \frac{1}{\mu}\, I + \frac{1}{\mu^2}\, B_{1/\mu}\,. \tag{4}$$

Umgekehrt erhalten wir aus der Gleichung

$$(I + \lambda\, B_\lambda)\,(I - \lambda\, U) = (I - \lambda\, U)\,(I + \lambda\, B_\lambda) = I$$

die Beziehung

$$B_\lambda = U\,(I - \lambda\, U)^{-1} = (I - \lambda\, U)^{-1}\, U\,. \tag{5}$$

Daher ist

$$B_\lambda = \frac{1}{\lambda}\, U\, R_{1/\lambda} = \frac{1}{\lambda}\, R_{1/\lambda}\, U\,. \tag{6}$$

Auf Grund der Relationen (4) und (6) lassen sich alle für B_λ bewiesenen Aussagen auch für R_μ formulieren und umgekehrt.

4.2. Wir untersuchen das Verhalten der Resolventen B_λ für kleine $|\lambda|$. Dazu betrachten wir die Reihe

$$I + \lambda\, U + \lambda^2\, U^2 + \cdots + \lambda^n\, U^n + \cdots. \tag{7}$$

Falls diese im Raum der Operatoren $[\mathbf{X} \to \mathbf{X}]$ konvergiert, so ist ihre Summe nach dem Satz von Banach (V.2.5) und der anschließenden Bemerkung gleich $(I - \lambda\, U)^{-1}$:

$$(I - \lambda\, U)^{-1} = I + \lambda\, U + \cdots + \lambda^n\, U^n + \cdots.$$

Hieraus ergibt sich als Folgerung von (5)

$$B_\lambda = U + \lambda\, U^2 + \cdots + \lambda^n\, U^{n+1} + \cdots. \tag{8}$$

Diese Formel gilt für alle λ, für welche die Reihe (7) konvergiert, also wie in V.2.2 festgestellt wurde z. B. wenn

$$\lim_{n\to\infty} \sqrt[n]{\|\lambda^n U^n\|} < 1$$

gilt; sie divergiert, falls

$$\lim_{n\to\infty} \sqrt[n]{\|\lambda^n U^n\|} > 1$$

ist. Somit gelangen wir zu dem folgenden Satz.

Satz 1 (4.XIII). *Die Resolvente B_λ läßt sich für genügend kleine $|\lambda|$ in eine Potenzreihe von λ — nämlich die Reihe* (8) *— entwickeln. Für ihren Konvergenzradius gilt*

$$r = \frac{1}{\lim\limits_{n\to\infty} \sqrt[n]{\|U^n\|}} = \frac{1}{\lim\limits_{n\to\infty} \|\sqrt[n]{B_0^n}\|} .$$

Geht man von der Resolvente B_λ mit Hilfe der Beziehung (4) zur Resolvente R_μ über, so erhält man als

Folgerung. *Die Resolvente R_μ läßt sich für genügend große $|\mu|$ in eine Reihe nach Potenzen von μ^{-1} entwickeln:*

$$R_\mu = \frac{1}{\mu} I + \frac{1}{\mu^2} U + \cdots + \frac{1}{\mu^n} U^{n-1} + \cdots \quad \left(|\mu| > \frac{1}{r} = \lim_{n\to\infty} \sqrt[n]{\|U^n\|}\right).$$

4.3. Wir werden jetzt zeigen, daß der Konvergenzradius der Reihe (8) durch die Lage der charakteristischen Menge in der komplexen Ebene bestimmt ist. Zunächst beweisen wir zwei Hilfssätze.

Lemma 1. *Für alle $\lambda, \mu \in \varrho(U)$ gilt die Resolventengleichung*

$$B_\lambda - B_\mu = (\lambda - \mu)\, B_\mu B_\lambda . \tag{9}$$

Beweis. Aus der Beziehung (5) erhalten wir

$$B_\lambda - B_\mu = U(I - \lambda U)^{-1} - (I - \mu U)^{-1} U$$

Multipliziert man diese Gleichung von rechts mit $I - \lambda U$ und von links mit $I - \mu U$, so ergibt sich

$$(I - \mu U)(B_\lambda - B_\mu)(I - \lambda U) = (I - \mu U) U - U (I - \lambda U) = (\lambda - \mu) U^2$$

und daher

$$B_\lambda - B_\mu = (\lambda - \mu)(I - \mu U)^{-1} U \cdot U (I - \lambda U)^{-1} = (\lambda - \mu) B_\mu B_\lambda ,$$

was zu zeigen war

Folgerung. *Die Operatoren B_λ und B_μ sind miteinander vertauschbar: $B_\lambda B_\mu = B_\mu B_\lambda$.*

Lemma 2. *Die Resolvente B_λ ist in jedem Punkt der Menge $\varrho(U)$ eine stetige Funktion des Parameters λ, d. h., aus $\lambda_n \to \lambda_0$ $(\lambda_n, \lambda_0 \in \varrho(U))$ folgt $B_{\lambda_n} \to B_{\lambda_0}$.*

Beweis. Wir zeigen zunächst, daß die reelle Funktion $\|B_\lambda\|$ auf $\varrho(U)$ stetig ist. Gilt $U = 0$, so folgt $B_\lambda = 0$, und unsere Behauptung ist bewiesen. Im Falle $U \neq 0$ und damit $B_\lambda \neq 0$ läßt sich die Stetigkeit der Funktion $\frac{1}{\|B_\lambda\|}$ zeigen. Aus Gleichung (9) erhalten wir nämlich

$$\big| \|B_\lambda\| - \|B_\mu\| \big| \leqq \|B_\lambda - B_\mu\| = |\lambda - \mu| \, \|B_\mu B_\lambda\| \leqq |\lambda - \mu| \, \|B_\mu\| \, \|B_\lambda\|$$

und somit

$$\left| \frac{1}{\|B_\mu\|} - \frac{1}{\|B_\lambda\|} \right| \leqq |\lambda - \mu| ,$$

woraus das gewünschte Resultat folgt.

Nunmehr folgt leicht auch die Stetigkeit von B_λ. Da die Menge $\varrho(U)$ offen ist, läßt sich um $\lambda_0 \in \varrho(U)$ ein Kreis $|\lambda - \lambda_0| \leqq \varepsilon$ finden, der ganz in $\varrho(U)$ liegt. In diesem Kreis ist die stetige Funktion $\|B_\lambda\|$ beschränkt; es sei z. B.

$$\|B_\lambda\| \leqq M \qquad (|\lambda - \lambda_0| \leqq \varepsilon) . \tag{10}$$

Nach (9) und (10) gilt

$$\|B_\lambda - B_{\lambda_0}\| \leqq |\lambda - \lambda_0| \, \|B_{\lambda_0}\| \, \|B_\lambda\| \leqq M^2 |\lambda - \lambda_0| \qquad (|\lambda - \lambda_0| \leqq \varepsilon) .$$

Damit ist das Lemma bewiesen

Satz 2 (4.XIII). *Der Konvergenzradius r der Reihe* (8) *ist dem Abstand r_0 des Punktes $\lambda = 0$ von der charakteristischen Menge $\chi(U)$ gleich.*

Beweis. Da die Reihe (8) im Kreis $|\lambda| < r$ konvergiert und deshalb für diese λ die Resolvente existiert, liegt der ebengenannte Kreis in der Menge der regulären Werte. Also gilt $r \leqq r_0$.

Wir wählen nun beliebig ein Element $x \in \mathbf{X}$ und ein Funktional $f \in \mathbf{X}^*$ und betrachten die folgende Funktion φ des komplexen Parameters λ:

$$\varphi(\lambda) = f\big(B_\lambda(x)\big) .$$

Wir zeigen, daß φ auf der Menge $\varrho(U)$ regulär ist. In der Tat folgt mit $\lambda, \mu \in \varrho(U)$ aus (9)

$$\frac{\varphi(\mu) - \varphi(\lambda)}{\mu - \lambda} = \frac{f(B_\mu(x)) - f(B_\lambda(x))}{\mu - \lambda} = f\big(B_\mu B_\lambda(x)\big) .$$

Der rechte Teil dieser Gleichung strebt für $\mu \to \lambda$ wegen Lemma 2 gegen den Grenzwert $f\big(B_\lambda^2(x)\big)$. Somit existiert die stetige Ableitung

$$\varphi'(\lambda) = f\big(B_\lambda^2(x)\big) .$$

Durch ähnliche Überlegungen folgt die Existenz aller höheren Ableitungen $\varphi^{(n)}(\lambda)$ für $\lambda \in \varrho(U)$. Die Taylor-Reihe

$$\varphi(\lambda) = \varphi(0) + \frac{\varphi'(0)}{1!} \lambda + \cdots + \frac{\varphi^{(n)}(0)}{n!} \lambda^n + \cdots \tag{11}$$

der Funktion $\varphi(\lambda)$ um $\lambda_0 = 0$ existiert in jedem Kreis, der keine singulären Punkte der Funktion φ enthält, insbesondere also für $|\lambda| < r_0$. Wegen (8) gilt

$$\varphi(\lambda) = \sum_{n=0}^{\infty} f\big(U^{n+1}(x)\big) \lambda^n \qquad (|\lambda| < r) . \tag{12}$$

Nun sind infolge eines bekannten Satzes aus der Funktionentheorie die Reihen (11) und (12) identisch; also konvergiert auch die Reihe (12) für $|\lambda| < r_0$.

Wir wählen ein beliebiges λ_1 mit $0 < \lambda_1 < r_0$. Aus der Konvergenz der Reihe (12) für $\lambda = \lambda_1$ ergibt sich

$$\lambda_1^n f(U^{n+1}(x)) \underset{n\to\infty}{\longrightarrow} 0$$

und folglich, weil f ein beliebiges Funktional sein darf,

$$\lambda_1^n U^{n+1}(x) \rightharpoonup 0 .$$

Schwach konvergente Folgen aber sind beschränkt (VIII.2.1):

$$\sup_n \|\lambda_1^n U^{n+1}(x)\| < \infty .$$

Da diese Ungleichung für jedes x des vollständigen Raumes $\mathbf{X}$ erfüllt ist, folgt nach Satz 1 (1.VII)

$$\sup \|\lambda_1^n U^{n+1}\| = M < \infty . \tag{13}$$

Deshalb ist

$$\lambda_1 \lim_{n\to\infty} \sqrt[n]{\|U^n\|} \leqq \lim_{n\to\infty} M^{1/n} = 1$$

und demnach

$$\lambda_1 = \frac{1}{\lim\limits_{n\to\infty} \sqrt[n]{\|U^n\|}} = r .$$

Weil λ_1 beliebig nahe bei r_0 gewählt werden kann, folgt $r_0 \leqq r$. Unter Berücksichtigung der oben bewiesenen Ungleichung $r \leqq r_0$ erhalten wir schließlich $r = r_0$, was zu beweisen war.

Bemerkung 1. Es sei λ_0 ein regulärer Wert des Operators U. Dann läßt sich entsprechend zu oben die Entwicklung

$$B_\lambda = B_{\lambda_0} + (\lambda - \lambda_0) B_{\lambda_0}^2 + \cdots + (\lambda - \lambda_0)^n B_{\lambda_0}^{n+1} + \cdots$$

vornehmen, die im Kreis $|\lambda - \lambda_0| < r_{\lambda_0}$ konvergiert, wobei r_{λ_0} den Abstand des Punktes λ_0 von der charakteristischen Menge bedeutet. Für r_{λ_0} gilt entsprechend zu Satz 1

$$r_{\lambda_0} = \frac{1}{\lim\limits_{n\to\infty} \sqrt[n]{\|B_{\lambda_0}^{n+1}\|}}.$$

Ersetzt man B_λ durch R_μ, so erhält man das folgende Ergebnis:

Folgerung. *Die Entwicklung*

$$R_\mu = \frac{1}{\mu} I + \frac{1}{\mu^2} U + \cdots + \frac{1}{\mu^{n+1}} U^n + \cdots \tag{14}$$

konvergiert für $|\mu| > \frac{1}{r} = \varrho$, *wobei* ϱ *der Radius des kleinsten Kreises um den Nullpunkt des Koordinatensystems ist, der das gesamte Spektrum von* U *enthält.*

Die Zahl ϱ heißt der *Spektralradius von* U.

Bemerkung 2. Nach IX.5.3 gilt für einen selbstadjungierten Operator U im Hilbert-Raum $\varrho = \frac{1}{r} = \|U\|$. Durch Vergleich dieses Ergebnisses mit der vorangehenden Folgerung gelangen wir daher zu der Beziehung

$$\|U\| = \lim_{n\to\infty} \sqrt[n]{\|U^n\|} \,.$$ [1]

4.4. Wir benutzen nun das soeben bewiesene Resultat zur Konvergenzuntersuchung der Methode der sukzessiven Approximation $x_{n+1} = y + U(x_n)$ für die Gleichung

$$x - U(x) = y \,. \tag{15}$$

Wie in V.3.1 gezeigt wurde, ist durch die Konvergenz der Reihe

$$I + U + U^2 + \cdots + U^n + \cdots \tag{16}$$

die Konvergenz der Methode der sukzessiven Approximation bei jeder beliebigen Anfangsnäherung x_0 gewährleistet. Setzt man in (14) $\mu = 1$, so ergibt sich für das Verfahren der sukzessiven Approximation der Gleichung (15) das folgende Konvergenzkriterium.

Satz 3 (4.XIII). *Liegt das Spektrum des Operators U im Kreis $|\mu| < 1$, so konvergiert für Gleichung* (15) *die Methode der sukzessiven Approximation, und zwar bei beliebiger Anfangsnäherung $x_0 \in \mathbf{X}$ für jedes $y \in \mathbf{X}$. Gibt es hingegen auch außerhalb des Kreises $|\mu| \leqq 1$ Punkte des Spektrums, dann existiert eine Residualmenge $E \subset \mathbf{X}$* [2] *derart, daß das Verfahren der sukzessiven Approximation für Gleichung* (15) *im Falle $y \in E$ divergiert, wenn es mit $x_0 = 0$ begonnen wird.*

Ein **Beweis** ist nur für den zweiten Teil des Satzes erforderlich. Da hierbei

$$\lim_{n\to\infty} \|U^n\| = \infty$$

gilt, folgt aus der Bemerkung zu Satz 1 (1.VII), daß für alle $y \in \mathbf{X}$ mit Ausnahme einer Menge G von erster Kategorie die Beziehung

$$\sup_n \|U^n(y)\| = \infty \tag{17}$$

besteht. Die Konvergenz des Verfahrens der sukzessiven Approximation mit der Anfangsnäherung $x_0 = 0$ ist aber der Konvergenz der Reihe

$$y + U(y) + U^2(y) + \cdots + U^n(y) + \cdots$$

äquivalent, und diese Reihe divergiert wegen (17), falls $y \notin G$ ist.

---

[1] Dies folgt auch unmittelbar aus

$$\|U\| = \sqrt[n]{\|U^n\|} \qquad (n = 1, 2, \ldots) \,.$$

Diese letzte Beziehung wiederum ergibt sich durch Anwendung von Satz 4 (5.IX) für die Funktionen $\varphi(t) = t^n$ $(n = 1, 2, \ldots)$.

[2] Wir erinnern daran, daß eine Menge E im Raum $\mathbf{X}$ Residualmenge genannt wird, wenn ihr Komplement von erster Kategorie in $\mathbf{X}$ ist (s. I.4.2).

Bemerkung 1. Sind alle von Null verschiedenen Punkte des Spektrums von U Eigenwerte, so läßt sich die Aussage des Satzes noch verschärfen. In diesem Falle ist nämlich für die Konvergenz der Methode der sukzessiven Approximation notwendig und hinreichend, daß alle Eigenwerte des Operators U im Kreis $|\mu| < 1$ liegen.

In der Tat befindet sich, falls das Verfahren der sukzessiven Approximation konvergiert, nach dem vorangehenden Satz das Spektrum des Operators U ganz im Kreise $|\mu| \leqq 1$. Wir nehmen nun an, daß ein Eigenwert μ_0 mit $|\mu_0| = 1$ existiert, und setzen in Gleichung (15) $y = y'$, wobei y' ein zu μ_0 gehöriges Eigenelement bezeichnet. Dann erklärt man, wenn $x_0 = 0$ gewählt wird, als n-te Näherung x_n den Ausdruck

$$x_n = (1 + \mu_0 + \cdots + \mu_0^{n-1})\, y'\,,$$

der offenbar keinen Grenzwert besitzt.

Bemerkung 2. Die Ergebnisse des Satzes und der Bemerkung 1 lassen sich wesentlich vereinfachen, wenn der Operator U in Gleichung (15) ein selbstadjungierter Operator im Hilbert-Raum ist. In diesem Falle ergibt sich unter Berücksichtigung der Bemerkung 2 aus 4.3: Hinreichend für die Konvergenz des Verfahrens der sukzessiven Approximation bei Gleichung (15) ist $\|U\| < 1$. Sind alle von Null verschiedenen Punkte des Spektrums Eigenwerte, so ist diese Bedingung auch notwendig.

Abschließend formulieren wir Satz 3 noch mit den Begriffen der charakteristischen Menge.

Satz 3′ (4.XIII). *Liegt die charakteristische Menge des Operators U außerhalb des Kreises $|\lambda| \leqq 1$, so konvergiert für Gleichung* (15) *die Methode der sukzessiven Approximation, und zwar für jedes $y \in \mathbf{X}$ bei beliebiger Anfangsnäherung $x_0 \in \mathbf{X}$. Gibt es auch im Inneren des Kreises $|\lambda| < 1$ Punkte der charakteristischen Menge, dann existiert eine Residualmenge $E \subset \mathbf{X}$ derart, daß das Verfahren der sukzessiven Approximation für Gleichung* (15) *im Falle $y \in E$ divergiert, wenn es mit $x_0 = 0$ begonnen wird.*

Die entsprechenden Formulierungen für die Bemerkungen 1 und 2 überlassen wir dem Leser.

4.5. Ist U ein vollstetiger Operator, so lassen sich den Ergebnissen der Sätze 1 und 2 weitergehende Aussagen hinzufügen, die das Verhalten der Resolvente in der Umgebung einer charakteristischen Zahl betreffen.

Ein linearer Operator V wird *endlichdimensional* genannt, wenn er den Raum $\mathbf{X}$ in einen endlichdimensionalen Unterraum $\widetilde{\mathbf{X}} \subset \mathbf{X}$ abbildet. In diesem Falle gilt, wenn wir in $\widetilde{\mathbf{X}}$ ein vollständiges System linear unabhängiger Elemente $x_1, x_2, \ldots, x_n$ wählen, für jedes $x \in \mathbf{X}$

$$V(x) = \sum_{k=1}^{n} \alpha_k\, x_k\,.$$

Offensichtlich hängen die Koeffizienten $\alpha_1, \alpha_2, \ldots, \alpha_n$ von x ab. Setzen wir $\alpha_k = f_k(x)$ $(k = 1, 2, \ldots, n)$, so überzeugen wir uns leicht von der Linearität der hierdurch definierten Funktionale f_k $(k = 1, 2, \ldots, n)$: Sie sind offensichtlich additiv, und ihre Stetigkeit ergibt sich daraus, daß eine Folge von Elementen eines normierten endlichdimensionalen Raumes nur dann gegen Null konvergiert, wenn jede Koordinate gegen Null geht (s. II.2.8). Somit erhalten wir

$$V(x) = f_1(x)\, x_1 + f_2(x)\, x_2 + \cdots + f_n(x)\, x_n\,. \tag{18}$$

Umgekehrt ist offenbar jeder Operator V, der in der Form (18) dargestellt werden kann, endlichdimensional.

Der Leser überzeugt sich leicht davon, daß jeder endlichdimensionale Operator notwendig vollstetig ist.

Wir betrachten nun einen vollstetigen Operator U, der die charakteristische Zahl λ_0 besitze. Dann gilt der

Satz 4 (4.XIII). *Der Operator U gestattet eine Darstellung in der Form*

$$U = U' + U''\,,$$

wo U'' ein endlichdimensionaler und U' ein vollstetiger Operator ist. Dabei besteht die charakteristische Menge des Operators U'' aus dem einzigen Punkt λ_0, und die charakteristische Menge des Operators U' ergibt sich aus der charakteristischen Menge des Operators U durch Entfernen des Punktes λ_0.

Beweis. Für den folgenden Beweis beachte man die Aussagen von Satz 1 (3.XIII). Wir können annehmen, daß $\lambda_0 = 1$ ist (anderenfalls würde man an Stelle von U den Operator $\frac{1}{\lambda_0}\,U$ betrachten). Unter dieser Voraussetzung zeigen wir, daß für die in Satz 1 (1.XIII) angeführte Zerlegung des Operators U in die Summe $U' + U''$ die Aussagen unseres Satzes gelten.

Wir verwenden die in Satz 1 (1.XIII) benutzten Bezeichnungen und beweisen, daß der Operator U'' als einzige charakteristische Zahl den Wert $\lambda_0 = 1$ besitzt. In der Tat gilt mit $x_0 \in \mathrm{N}(T)$ auch $x_0 \in \mathrm{N}(T^r) = \mathbf{X}''$ und daher infolge der Definition des Operators U''

$$U''(x_0) = U(x_0) = x_0\,,$$

$\lambda_0 = 1$ ist also eine charakteristische Zahl des Operators U''.

Besteht für irgendein $x \in \mathbf{X}$ ($x \neq 0$) die Beziehung

$$\lambda\, U''(x) = x\,, \tag{19}$$

dann ist wegen $U''(x) \in \mathbf{X}''$ auch $x \in \mathbf{X}''$ und somit $U''(x) = U(x)$. Es sei $m \geqq 0$ diejenige ganze Zahl, für die $T^{m+1}(x) = 0$, aber $T^m(x) \neq 0$ gilt. Dann ergibt sich nach Gleichung (19)

$$\begin{aligned} 0 &= T^m\big(x - \lambda\, U(x)\big) = T^m\big(x - \lambda\,[x - T(x)]\big) \\ &= (1-\lambda)\, T^m(x) + \lambda\, T^{m+1}(x) = (1-\lambda)\, T^m(x)\,, \end{aligned}$$

woraus $\lambda = 1$ folgt.

Demnach ist $\lambda_0 = 1$ die einzige charakteristische Zahl des Operators U''.

Da nach Satz 1 (1.XIII) der Operator $T' = I - U'$ eine lineare Inverse besitzt, ist $\lambda_0 = 1$ keine charakteristische Zahl von U'. Es sei $\lambda \neq 1$ eine charakteristische Zahl des Operators U und $x_0 \neq 0$ ein zugehöriges Eigenelement. Wäre $x_0 \in \mathbf{X}''$, so erhielten wir nach den vorangehenden Überlegungen wieder $\lambda = 1$. Also gilt $x_0 \notin \mathbf{X}''$. Daher muß in der Zerlegung (20)

$$x_0 = x_0' + x_0'' \qquad (x_0' \in \mathbf{X}',\ x_0'' \in \mathbf{X}'')$$

(s. Punkt c) des Satzes 1 (1.XIII)) $x_0' \neq 0$ sein. Infolge der Eindeutigkeit der Darstellung (20) und wegen $U(x_0') \in \mathbf{X}'$, $U(x_0'') \in \mathbf{X}''$ ergibt sich aus der Beziehung

$$x_0 = \lambda\, U(x_0') + \lambda\, U(x_0''),$$

$x_0' = \lambda\, U(x_0') = \lambda\, U'(x_0')$, d. h., λ ist eine charakteristische Zahl des Operators U'.

Umgekehrt sei λ eine charakteristische Zahl des Operators U' und $x \neq 0$ ein zugehöriges Eigenelement. Wegen

$$x = \lambda\, U'(x) \in \mathbf{X}'$$

gilt $U'(x) = U(x)$, d. h., λ ist eine charakteristische Zahl des Operators U.

Die übrigen Behauptungen dieses Satzes sind in Satz 1 (1.XIII) enthalten.

4.6. Der folgende Satz zeigt das Verhalten der Resolvente in der Umgebung einer charakteristischen Zahl.

Satz 5 (4.XIII). *Es sei λ_0 eine charakteristische Zahl des vollstetigen Operators U. Dann gilt in einer hinreichend kleinen Umgebung des Punktes λ_0 die Entwicklung*

$$B_\lambda = \frac{U_{-r}}{(\lambda-\lambda_0)^r} + \cdots + \frac{U_{-1}}{\lambda-\lambda_0} + U_0 + U_1(\lambda-\lambda_0) + \cdots + U_n(\lambda-\lambda_0)^n + \cdots. \tag{21}$$

Dabei ist r der Rang (s. 3.1) *der charakteristischen Zahl λ_0. Die Operatoren $U_{-r}, \ldots$ $\ldots, U_{-1}$ sind endlichdimensional, wobei $U_{-r} \neq 0$ gilt.*

Die im rechten Teil von (21) *auftretende Reihe konvergiert im Raum der Operatoren* $[\mathbf{X} \to \mathbf{X}]$.

Beweis. Wir setzen wie beim Beweis des vorhergehenden Satzes $\lambda_0 = 1$ voraus und erinnern daran, daß der Rang r der charakteristischen Zahl λ_0 nach Lemma 2 in XIII.1.1 endlich ist. Mit den Bezeichnungen von Satz 1 (1.XIII) und auf Grund der Bemerkung zu diesem Satz gilt weiter $\mathbf{X}' = T^r(\mathbf{X})$, $\mathbf{X}'' = \mathbf{N}(T^r)$.

Einem beliebigen Element $x \in \mathbf{X}$, das wir nach Punkt c) des Satzes 1 (1.XIII) in der Form

$$x = x' + x'' \qquad (x' \in \mathbf{X}',\ x'' \in \mathbf{X}'')$$

darstellen können, ordnen wir die Elemente $x' = P'(x)$ und $x'' = P''(x)$ zu. Dadurch werden zwei Operatoren P' und P'' definiert, die wir die Projektionen des Raumes $\mathbf{X}$ auf die Unterräume $\mathbf{X}'$ und $\mathbf{X}''$ nennen wollen. Nach Abschätzung (9) von § 1 sind diese Operationen linear. Außerdem gilt

$$P'(\mathbf{X}) = \mathbf{X}', \quad P''(\mathbf{X}) = \mathbf{X}'', \quad P' + P'' = I.$$

Wir betrachten ein beliebiges Element $y \in \mathbf{X}$. Das Element $x = B_\lambda(y)$, λ regulär, ist nach Formel (5) in 4.1 eine Lösung der Gleichung

$$x - \lambda\, U(x) = U(y). \tag{22}$$

Wegen der Darstellungen $x = P'(x) + P''(x)$, $y = P'(y) + P''(y)$ und der Beziehungen $U(\mathbf{X}') \subset \mathbf{X}'$ und $U(\mathbf{X}'') \subset \mathbf{X}''$ ist die Gleichung (22) äquivalent dem System der beiden Gleichungen

$$\left.\begin{aligned} P'(x) - \lambda\, UP'(x) &= UP'(y) \\ P''(x) - \lambda\, UP''(x) &= UP''(y) \end{aligned}\right\}. \tag{23}$$

Die erste dieser Gleichungen kann wegen $UP' = U'P'$ in der Form

$$T'_\lambda\big(P'(x)\big) = U'P'(y)$$

mit $T'_\lambda = I - \lambda\, U'$ geschrieben werden. Auf Grund von Satz 4 ist $\lambda_0 = 1$ ein regulärer Wert des Operators U'. Daher gestattet die Resolvente B'_λ des Operators U' nach der Bemerkung 1 zu Satz 2 für genügend kleine Differenzen $\lambda - 1$ die Entwicklung

$$B'_\lambda = U'_0 + (\lambda - 1)\, U'_1 + \cdots + (\lambda - 1)^n\, U'_n + \cdots,$$

wobei die genannte Reihe im Raum $[\mathbf{X} \to \mathbf{X}]$ konvergiert. Somit gilt also

$$P'(x) = B'_\lambda\, P'(y) = [U_0 + (\lambda - 1)\, U_1 + \cdots + (\lambda - 1)^n\, U_n + \cdots]\,(y)\,, \tag{24}$$

wobei $U_n = U'_n\, P'$ $(n = 1, 2, \ldots)$ gesetzt ist. Die Reihe im rechten Teil dieser Beziehung konvergiert wiederum im Raum $[\mathbf{X} \to \mathbf{X}]$.

Wir wenden uns nun der zweiten Gleichung von (23) zu.

Wir bilden die Quotientenräume

$$\mathbf{X}^{(k)} = \mathbf{N}(T^k)/\mathbf{N}(T^{k-1}) \qquad (k = 1, 2, \ldots, r)$$

und bezeichnen mit φ_k den natürlichen Homomorphismus des Raumes $\mathbf{N}(T^k)$ auf $\mathbf{X}^k$. Offensichtlich ist der Raum $\mathbf{X}^{(r)}$ endlichdimensional. Wir wählen in ihm ein vollständiges System linearer unabhängiger Elemente $\bar{x}_1^{(r)}, \bar{x}_2^{(r)}, \ldots, \bar{x}_{n_r}^{(r)}$. Ferner seien $x_1^{(r)}, x_2^{(r)}, \ldots, x_{n_r}^{(r)}$ zugehörige Elemente aus $\mathbf{N}(T^r)$ mit $\varphi_r(x_j^{(r)}) = \bar{x}_j^{(r)}$. Die Elemente $x_j^{(r-1)} = T(x_j^{(r)})$ $(j = 1, 2, \ldots, n_r)$ liegen dann in $\mathbf{N}(T^{r-1})$. Ihre Bilder $\bar{x}_j^{(r-1)} = \varphi_{r-1}(x_j^{(r-1)})$ sind linear unabhängig, aus $\sum\limits_{j=1}^{n_r} \alpha_j\, \bar{x}_j^{(r-1)} = 0$ folgt nämlich zunächst

$$\sum_{j=1}^{n_r} \alpha_j\, x_j^{(r-1)} = T\left(\sum_{j=1}^{n_r} \alpha_j\, x_j^{(r)}\right) \in \mathbf{N}(T^{r-2});$$

deshalb gilt weiter $\sum\limits_{j=1}^{n_r} \alpha_j\, x_j^{(r)} \in \mathbf{N}(T^{r-1})$ und daher

$$\sum_{j=1}^{n_r} \alpha_j\, \bar{x}_j^{(r)} = \varphi_r\left(\sum_{j=1}^{n_r} \alpha_j\, x_j^{(r)}\right) = 0\,.$$

Dies ist aber nur für $\alpha_1 = \alpha_2 = \cdots = \alpha_{n_r} = 0$ möglich.

Zu den Elementen $\bar{x}_1^{(r-1)}, \bar{x}_2^{(r-1)}, \ldots, \bar{x}_{n_r}^{(r-1)}$ fügen wir noch Elemente $\bar{x}_{n_r+1}^{(r-1)}, \ldots$ $\ldots, \bar{x}_{n_{r-1}}^{(r-1)} \in \mathbf{X}^{(r-1)}$ derart hinzu, daß in $\mathbf{X}^{(r-1)}$ eine Basis entsteht. Überdies wählen wir Elemente $x_{n_r+1}^{(r-1)}, \ldots, x_{n_{r-1}}^{(r-1)} \in \mathbf{N}(T^{r-1})$ mit $\bar{x}_j^{(r-1)} = \varphi_{r-1}(x_j^{(r-1)})$.

In Fortführung dessen werden für jedes $k = 1, 2, \ldots, r$ Elemente $x_1^{(k)}, x_2^{(k)}, \ldots$
$\ldots, x_{n_k}^{(k)}$ konstruiert, für die

$$x_j^{(k)} \in \mathrm{N}(T^k), \quad T(x_j^{(k)}) = x_j^{(k-1)} \quad (j = 1, 2, \ldots, n_k;\ k = 1, 2, \ldots, r;\ x_j^{(0)} = 0) \quad (25)$$

gilt. Hierbei bilden die Elemente

$$\bar{x}_1^{(k)} = \varphi_k(x_1^{(k)}),\ \bar{x}_2^{(k)} = \varphi_k(x_2^{(k)}), \ldots, \bar{x}_{n_k}^{(k)} = \varphi_k(\bar{x}_{n_k}^{(k)})$$

für jedes $k = 1, 2, \ldots, r$ eine Basis im Raum $\mathbf{X}^{(k)}$.

Wir definieren

$$\mathbf{X}_k = \mathscr{L}(\{x_1^{(k)}, x_2^{(k)}, \ldots, x_{n_k}^{(k)}\}) \qquad (k = 1, 2, \ldots, r)\,.$$

Infolge (25) gilt

$$T(\mathbf{X}_k) \subset \mathbf{X}_{k-1} \qquad (k = 1, 2, \ldots, r;\ \mathbf{X}_0 = \{0\})\,. \tag{26}$$

Als nächstes beweisen wir, daß die Elemente $\{x_j^{(k)}\}$ $(j = 1, 2, \ldots, n_k;\ k = 1, 2, \ldots, r)$ in $\mathbf{X}''$ ein vollständiges System linear unabhängiger Elemente bilden. Es sei

$$\sum_{k=1}^{r} \sum_{j=1}^{n_k} \lambda_j^{(k)} x_j^{(k)} = 0\,.$$

Für $k < r$ gilt $x_j^{(k)} \in \mathrm{N}(T^{r-1})$, also liefert die Anwendung des Operators φ_r

$$\sum_{k=1}^{r} \sum_{j=1}^{n_k} \lambda_j^{(k)} \varphi_r(x_j^{(k)}) = \sum_{j=1}^{n_r} \lambda_j^{(r)} \bar{x}_j^{(r)} = 0$$

und somit $\lambda_j^{(r)} = 0$ $(j = 1, 2, \ldots, n_r)$. Entsprechend zeigt man, daß auch alle übrigen Koeffizienten $\lambda_j^{(k)}$ gleich Null sind.

Wir betrachten jetzt ein beliebiges Element $x'' \in \mathbf{X}''$. Wegen $\varphi_r(x'') \in \mathbf{X}^{(r)}$ lassen sich Koeffizienten $\alpha_1^{(r)}, \alpha_2^{(r)}, \ldots, \alpha_{n_r}^{(r)}$ finden, so daß

$$\varphi_r(x'') = \sum_{j=1}^{n_r} \alpha_j^{(r)} \bar{x}_j^{(r)} = \varphi_r\Bigl(\sum_{j=1}^{n_r} \alpha_j^{(r)} x_j^{(r)}\Bigr)$$

gilt. Daher ist

$$x'' - \sum_{j=1}^{n_r} \alpha_j^{(r)} x_j^{(r)} \in \mathrm{N}(T^{r-1})\,.$$

Durch Fortsetzung der eben angestellten Überlegung ergibt sich schließlich für gewisse $\alpha_j^{(k)}$

$$x'' - \sum_{k=1}^{r} \sum_{j=1}^{n_k} \alpha_j^{(k)} x_j^{(k)} \in \mathrm{N}(T^0) = \{0\}$$

und folglich $x'' = \sum_{k=1}^{r} \sum_{j=1}^{n_k} \alpha_j^{(k)} x_j^{(k)}$.

Es sei x ein beliebiges Element aus $\mathbf{X}$. Wegen $P''(x) \in \mathbf{X}''$ gilt

$$P''(x) = \sum_{k=1}^{r} \sum_{j=1}^{n_k} \alpha_j^{(k)}(x)\, x_j^{(k)}\,,$$

wobei die Koeffizienten $\alpha_j^{(k)}$, wie in 4.5 festgestellt wurde, lineare Funktionale sind. Setzt man

$$P_k(x) = \sum_{j=1}^{n_k} \alpha_j^{(k)}(x)\, x_j^{(k)} \qquad (k = 1, 2, \ldots, r),$$

dann ist P_k nach dem soeben Gesagten ein linearer Operator, der $\mathbf{X}$ auf $\mathbf{X}_k$ abbildet. Hierbei gilt

$$P'' = P_1 + P_2 + \cdots + P_r, \tag{27}$$

$$P_m P_k = \begin{cases} 0, & m \neq k \\ P_m, & m = k \end{cases} \qquad (k, m = 1, 2, \ldots, r). \tag{28}$$

Unter Beachtung der Beziehung $UP'' = P''U$ schreiben wir den rechten Teil der zweiten Gleichung von (23) in der Gestalt $P''U(y)$. Wird außerdem der Operator P'' durch die Summe $P_1 + P_2 + \cdots + P_r$ ersetzt, so gelangt man zur Gleichung

$$\sum_{k=1}^{r} P_k(x) - \lambda \sum_{k=1}^{r} UP_k(x) = \sum_{k=1}^{r} P_k U(y).$$

Wenden wir nun auf diese Gleichung den Operator P_m an, so erhalten wir unter Berücksichtigung von (28)

$$P_m(x) - \lambda \sum_{k=1}^{r} P_m U\, P_k(x) = P_m U(y) \qquad (m = 1, 2, \ldots, r). \tag{29}$$

Es gilt aber

$$UP_k(x) = P_k(x) - TP_k(x),$$

deshalb ist auf Grund von (26) und (28)

$$P_m U P_k(x) = \begin{cases} P_m(x), & k = m, \\ -\,TP_{m+1}(x), & k = m+1 \\ 0, & k \neq m,\ m+1 \end{cases} \qquad (k, m = 1, 2, \ldots, r;\ P_{r+1} = 0).$$

Damit gilt in Vereinfachung von Gleichung (29)

$$P_r(x) - \lambda\, P_r(x) = P_r U(y) \tag{30}$$

und

$$P_m(x) - \lambda[P_m(x) - TP_{m+1}(x)] = P_m U(y) \qquad (m = 1, 2, \ldots, r-1). \tag{31}$$

Wegen

$$P_r(x) = \frac{P_r U(y)}{1-\lambda}$$

aus der Beziehung (30) errechnen wir aus (31)

$$P_{r-1}(x) = \frac{-\lambda}{1-\lambda} TP_r(x) + \frac{1}{1-\lambda} P_{r-1} U(y)$$

$$= \frac{-\lambda}{(1-\lambda)^2} T P_r U(y) + \frac{1}{1-\lambda} P_{r-1}\, U(y)$$

und allgemein für beliebiges $m = 1, 2, \ldots, r$

$$P_m(x) = \sum_{k=0}^{r-m} \frac{(-\lambda)^k}{(1-\lambda)^{k+1}} T^k P_{m+k} U(y) .$$

Addition aller dieser Gleichungen ergibt

$$P''(x) = \sum_{m=1}^{r} P_m(x) = \sum_{m=1}^{r} \sum_{k=0}^{r-m} \frac{(-\lambda)^k}{(1-\lambda)^{k+1}} T^k P_{m+k} U(y)$$
$$= \sum_{k=0}^{r-1} \frac{(-\lambda)^k}{(1-\lambda)^{k+1}} \sum_{m=1}^{r-k} T^k P_{m+k} U(y) . \tag{32}$$

Für den Ausdruck $\frac{(-\lambda)^k}{(1-\lambda)^{k+1}}$ setzen wir seine Partialbruchzerlegung:

$$\frac{(-\lambda)^k}{(1-\lambda)^{k+1}} = \sum_{j=0}^{k} \frac{c_j^{(k)}}{(\lambda-1)^{j+1}} .$$

Dabei bezeichnen die $c_j^{(k)}$ gewisse Konstanten mit $c_k^{(k)} = -1$. Durch Einsetzen in (32) erhalten wir

$$P''(x) = \sum_{s=1}^{r} \frac{U_{-s}(y)}{(\lambda-1)^s} , \tag{33}$$

wobei die U_{-s} $(s = 1, 2, \ldots, r)$ Linearkombinationen der Operatoren $T^k P_{m+k} U$ sind. Da $P_{m+k}(\mathbf{X}) = \mathbf{X}_{m+k} \subset \mathbf{X}''$ gilt und auf Grund des Punktes b) von Satz 1 (1.XIII) $T(\mathbf{X}'') \subset \mathbf{X}''$ ist, bilden die Operatoren U_{-s} den Raum $\mathbf{X}$ in $\mathbf{X}''$ ab; folglich sind sie endlichdimensional. Im besonderen besteht, wie man aus Gleichung (32) und wegen $c_k^{(k)} = -1$ sieht, die Beziehung

$$U_{-r} = - T^{r-1} P_r U .$$

Daher ergibt sich, wenn z. B. $y = x_1^{(r)}$ gesetzt wird, wegen (25)

$$U_{-r}(y) = - T^{r-1} P_r U(x_1^{(r)}) = - T^{r-1} P_r (x_1^{(r)} - x_1^{(r-1)})$$
$$= - T^{r-1}(x_1^{(r)}) = - x_1^{(1)} \neq 0 ,$$

also $U_{-r} \neq 0$.

Die Gleichungen (24) und (33) liefern zusammen die gewünschte Entwicklung der Resolvente B_λ.

Damit ist der Satz vollständig bewiesen.

Bemerkung. Ist U ein selbstadjungierter Operator im Hilbert-Raum, so lassen sich die Aussagen des Satzes weiter präzisieren. In diesem Falle gilt bekanntlich $r = 1$ (s. XIII.3.1) und somit besitzt die Entwicklung (21) einen einzigen Summanden mit negativem Koeffizienten von $\lambda - \lambda_0$, nämlich $(\lambda - \lambda_0)^{-1} U_{-1}$. Auf eine ausführliche Formulierung des entsprechenden Ergebnisses können wir hier verzichten, zumal diese Tatsachen (und zwar in verschärfter Form) bereits in IX.4.5 angegeben wurden.

§ 5. Die Fredholmsche Alternative

In diesem Paragraphen werden Bedingungen angegeben, denen ein linearer Operator T in einem B-Raum $\mathbf{X}$ genügen muß, damit für ihn die Fredholmsche Alternative (s. XIII.1.4) gilt. Insbesondere wird sich herausstellen, daß für den Operator $T = I - U$ die Fredholmsche Alternative dann besteht, wenn irgendeine Potenz U^m des linearen Operators U vollstetig ist. Die im weiteren dargelegten Resultate stammen von S. M. Nikolski (s. [159a]).

5.1. Wir betrachten die Gleichung

$$T(x) = y\,, \tag{1}$$

die zu ihr adjungierte Gleichung

$$T^*(g) = f \tag{2}$$

und die zugehörigen homogenen Gleichungen

$$T(x) = 0\,, \tag{3}$$

$$T^*(g) = 0\,. \tag{4}$$

Wir wollen von der Gültigkeit der Fredholmschen Alternative für den Operator T sprechen, wenn folgendes gilt:

1. Entweder sind die Gleichungen (1) und (2) für beliebige rechte Seiten lösbar, und ihre Lösungen sind dann eindeutig;

2. oder die homogenen Gleichungen (3) und (4) haben dieselbe Anzahl linear unabhängiger Lösungen $x_1, x_2, \ldots, x_n$ bzw. $g_1, g_2, \ldots, g_n$; in diesem Fall ist für die Lösbarkeit der Gleichung (1) bzw. (2) notwendig und hinreichend, daß

$$g_k(y) = 0 \qquad (k = 1, 2, \ldots, n)$$

bzw.

$$f(x_k) = 0 \qquad (k = 1, 2, \ldots, n)$$

gilt; dabei wird die allgemeine Lösung der Gleichung (1) durch

$$x = x^* + \sum_{k=1}^{n} c_k x_k$$

und die allgemeine Lösung der Gleichung (2) durch

$$g = g^* + \sum_{k=1}^{n} c_k g_k$$

gegeben, wobei x^* (bzw. g^*) eine spezielle Lösung der Gleichung (1) (bzw. (2)) ist und $c_1, c_2, \ldots, c_n$ willkürliche Konstanten bezeichnen.

Der folgende Satz zeigt, wie die Klasse der Operatoren, für welche die Fredholmsche Alternative gilt, im Vergleich zu dem bekannten Fall $T = I - U$, mit vollstetigem U, verallgemeinert werden kann.

Satz 1 (5.XIII). *Jede der folgenden beiden Bedingungen ist notwendig und hinreichend dafür, daß für den linearen Operator T die* Fredholm*sche Alternative gilt.*

1. *Der Operator T läßt sich in der Form*

$$T = W + V$$

darstellen; dabei ist V ein vollstetiger Operator und W ein Operator, der eine zweiseitige lineare Inverse besitzt.

2. *Der Operator T läßt sich in der Form*

$$T = W_1 + V_1$$

darstellen; dabei ist V_1 ein endlichdimensionaler Operator und W_1 ein Operator, der eine zweiseitige lineare Inverse besitzt.

Beweis. Offenbar genügt es zu zeigen, daß die Bedingung 1 hinreichend und die Bedingung 2 notwendig ist.

Die Bedingung 1 ist hinreichend. Es sei also

$$T = W + V\,,$$

wobei V vollstetig ist und W eine zweiseitige lineare Inverse W^{-1} besitzt. In diesem Falle ist die Gleichung (1) der Gleichung

$$W^{-1}\,T(x) = W^{-1}(y) \tag{5}$$

äquivalent.

Weiterhin existiert auch der lineare zweiseitig inverse Operator $W^{*-1} = (W^{-1})^*$ (XII.2.3), weshalb die Gleichungen (2) und

$$T^*\,W^{*-1}(g) = f \tag{6}$$

einander in folgendem Sinne entsprechen: Besitzt die Gleichung (6) als Lösung das Element g_0, dann ist $W^{*-1}(g_0)$ Lösung der Gleichung (2); hat die Gleichung (2) g_0' als Lösung, so ist $W^*(g_0')$ Lösung der Gleichung (6).

Wir definieren $U = -\,W^{-1}\,V$. Wegen $U^* = -\,V^*(W^{-1})^* = -\,V^*\,W^{*-1}$ (s. IX.3.1) lassen sich die Gleichungen (5) und (6) in der Form

$$x - U(x) = W^{-1}(y)\,, \tag{7}$$

$$g - U^*(g) = f \tag{8}$$

schreiben.

Auf Grund der Vollstetigkeit des Operators U kann Satz 4 (1.XIII) auf die Gleichungen (7) und (8) angewandt werden. Daher besitzen die homogenen Gleichungen

$$x - U(x) = 0\,, \tag{9}$$

$$g - U^*(g) = 0 \tag{10}$$

dieselbe endliche Anzahl linear unabhängiger Lösungen $x_1, x_2, \ldots, x_n$ bzw. g_1', $g_2', \ldots, g_n'$. Offensichtlich haben die Gleichungen (3) und (9) ein gemeinsames vollständiges System linear unabhängiger Lösungen, nämlich $x_1, x_2, \ldots, x_n$. Wir beweisen, daß die Funktionale

$$g_k = W^{*-1}(g_k') \qquad (k = 1, 2, \ldots, n) \tag{11}$$

ein vollständiges System linear unabhängiger Lösungen der Gleichung (4) bilden. Zunächst ist wegen der oben vermerkten Äquivalenz der Gleichungen (2) und (6) offenbar jedes Funktional (11) eine Lösung von (4). Außerdem sind die Funktionale (11) linear unabhängig, da sich aus $\sum_{k=1}^{n} \alpha_k g_k = 0$ die Beziehung $\sum_{k=1}^{n} \alpha_k g_k' = \sum_{k=1}^{n} \alpha_k W^*(g_k) = 0$ ergibt und dies aber nur für $\alpha_1 = \alpha_2 = \cdots = \alpha_n = 0$ möglich ist. Hätte schließlich die Gleichung (4) eine Lösung g_0, die keine Linearkombination der Funktionale (11) ist, so wäre das Funktional $W^*(g_0)$ eine Lösung der Gleichung (10) und dabei keine Linearkombination der Funktionale g_1', $g_2', \ldots, g_n'$, was der vorausgesetzten Vollständigkeit des Systems $g_1', g_2', \ldots, g_n'$ widerspricht.

Somit besitzen die Gleichungen (3) und (4) dieselbe endliche Anzahl linear unabhängiger Lösungen.

Ferner hat, wiederum nach Satz 4 (1.XIII), die Gleichung (5) und folglich auch die Gleichung (1) dann und nur dann eine Lösung, wenn

$$g_k'\big(W^{-1}(y)\big) = 0 \qquad (k = 1, 2, \ldots, n) \tag{12}$$

gilt. Diese Bedingung ist wegen (11) äquivalent zu

$$(W^{-1})^* \big(g_k'(y)\big) = W^{*-1}\big(g_k'(y)\big) = g_k(y) = 0 \qquad (k = 1, 2, \ldots, n).$$

Ebenso weist man nach, daß die Bedingungen

$$f(x_k) = 0 \qquad (k = 1, 2, \ldots, n)$$

notwendig und hinreichend für die Lösbarkeit der Gleichung (2) sind.

Die Bedingung 2 ist notwendig. Es sei $x_1, x_2, \ldots, x_n$ bzw. $g_1, g_2, \ldots, g_n$ ein vollständiges System linear unabhängiger Lösungen der Gleichung (3) bzw. (4). Auf Grund der Sätze 5 (2.IV) und 3 (1.V) existieren Funktionale $f_1, f_2, \ldots, f_n \in \mathbf{X}^*$ und Elemente $y_1, y_2, \ldots, y_n \in \mathbf{X}$, so daß

$$f_j(x_k) = \begin{cases} 0, & j \neq k \\ 1, & j = k \end{cases} \qquad (j, k = 1, 2, \ldots, n), \tag{13}$$

$$g_k(y_j) = \begin{cases} 0, & j \neq k \\ 1, & j = k \end{cases} \qquad (j, k = 1, 2, \ldots, n) \tag{14}$$

gilt. Wir definieren $\mathbf{Y}' = T(\mathbf{X})$, $\mathbf{Y}'' = \mathscr{L}(\{y_1, y_2, \ldots, y_n\})$. Dann läßt sich jedes Element $y \in \mathbf{X}$ auf eindeutige Weise in der Gestalt

$$y = y' + y'' \qquad (y' \in \mathbf{Y}',\ y'' \in \mathbf{Y}'') \tag{15}$$

darstellen. In der Tat ist, wenn man

$$y'' = \sum_{k=1}^{n} g_k(y)\, y_k, \qquad y' = y - y''$$

setzt, wegen (14)

$$g_j(y') = g_j(y) - \sum_{k=1}^{n} g_k(y)\, g_j(y_k) = 0 \qquad (j = 1, 2, \ldots, n).$$

Deshalb besitzt die Gleichung $T(x) = y'$ eine Lösung und daher gilt $y' \in \mathbf{Y}'$. Die Eindeutigkeit der Darstellung (15) folgt daraus, daß für ein Element $y'' = \sum_{k=1}^{n} \alpha_k y_k \in \mathbf{Y}'$ die Gleichung $T(x) = y''$ lösbar sein muß und demnach $g_j(y'') = \alpha_j = 0$ $(j = 1, \ldots, n)$ gilt.

Weiterhin definieren wir $\mathbf{X}' = \mathbf{N}(f_1, f_2, \ldots, f_n)$ und $\mathbf{X}'' = \mathscr{L}(\{x_1, x_2, \ldots, x_n\})$. Entsprechend zur vorangehenden Überlegung zeigt man, daß jedes Element $x \in \mathbf{X}$ auf eindeutige Weise in der Form

$$x = x' + x'' \qquad (x' \in \mathbf{X}',\ x'' \in \mathbf{X}'') \tag{16}$$

dargestellt werden kann.

Wir definieren nun einen Operator W_1 durch

$$W_1(x) = T(x) + \sum_{k=1}^{n} f_k(x)\, y_k$$

und beweisen, daß dieser den Raum $\mathbf{X}$ umkehrbar eindeutig auf sich abbildet, folglich eine zweiseitige lineare Inverse besitzt (Satz 2 (1.XII)). Es sei y ein beliebiges Element aus $\mathbf{X}$. Wir stellen y in der Form (15) $y = y' + y''$ dar. Dabei gilt $y' \in \mathbf{Y}' = T(\mathbf{X})$ und $y'' = \sum_{k=1}^{n} \alpha_k y_k \in \mathbf{Y}''$; d. h., die Gleichung $T(x) = y'$ besitzt eine Lösung x', wobei $x' \in \mathbf{X}'$ angenommen werden kann.[1]

Setzt man

$$x'' = \sum_{k=1}^{n} \alpha_k x_k, \quad x^* = x' + x''$$

und wird berücksichtigt, daß $T(x'') = 0$, $f_j(x') = 0$ und überdies (13) gilt, so ergibt sich

$$W_1(x^*) = T(x') + T(x'') + \sum_{k=1}^{n} f_k(x'')\, y_k = T(x') + \sum_{k=1}^{n} f_k\Bigl(\sum_{j=1}^{n} \alpha_j x_j\Bigr) y_k$$
$$= y' + \sum_{k=1}^{n} \alpha_k y_k = y\,.$$

Wir zeigen jetzt, daß die Gleichung $W_1(x) = y$ außer dem Element x^* keine weitere Lösung besitzt. Andernfalls würde nämlich ein Element $x_0 \neq 0$ existieren, für das

$$W_1(x_0) = 0\,,$$

d. h.

$$T(x_0) + \sum_{k=1}^{n} f_k(x_0)\, y_k = 0$$

---

[1]) In der Tat erhalten wir, wenn die Lösung x in der Form (16) $x = x' + x''$ dargestellt und $T(x'') = 0$ beachtet wird, $y' = T(x) = T(x')$.

gilt; dabei ist $T(x_0) \in \mathbf{Y}'$, hingegen $\sum_{k=1}^{n} f_k(x_0)\, y_k \in \mathbf{Y}''$. Infolge der Eindeutigkeit der Darstellung (15) und der linearen Unabhängigkeit der Elemente $y_1, \ldots, y_k$ ergibt sich weiter

$$T(x_0) = 0\,, \quad \sum_{k=1}^{n} f_k(x_0)\, y_k = 0\,, \quad f_k(x_0) = 0 \qquad (k = 1, 2, \ldots, n)\,.$$

Weil also gleichzeitig $x_0 \in \mathbf{X}''$ und $x_0 \in \mathbf{X}'$ gilt, erhalten wir hieraus $x_0 = 0$.

Um den Beweis des Satzes abzuschließen, braucht man nur noch

$$V_1(x) = -\sum_{k=1}^{n} f_k(x)\, y_k$$

zu setzen.

Bemerkung. Wird in den Bedingungen 1 und 2 der Operator T durch T^* ersetzt, so ergeben sich zwei entsprechende Bedingungen, von denen ebenfalls jede notwendig und hinreichend dafür ist, daß der Operator T der FREDHOLMschen Alternative genügt. Den Beweis hierfür überlassen wir dem Leser.

5.2. Die weiteren Überlegungen stützen sich auf zwei Lemmata.

Lemma 1. *A und B seien lineare Operatoren, die einen normierten Raum $\mathbf{X}$ in sich abbilden. Sind diese Operatoren miteinander vertauschbar und hat der Operator $C = AB$ eine (zweiseitige) Inverse, dann existieren auch zu A und B inverse Operatoren.*

Beweis. Zunächst zeigen wir, daß die Operatoren A und C^{-1} miteinander vertauschbar sind. In der Tat gilt

$$A = C^{-1}CA = C^{-1}ABA = C^{-1}A(AB) = C^{-1}AC\,.$$

Multipliziert man diese Beziehung von rechts mit C^{-1}, so ergibt sich $AC^{-1} = C^{-1}A$.

Unter Benutzung der soeben bewiesenen Vertauschbarkeit von A mit C^{-1} folgt nun weiter

$$B(AC^{-1}) = BAC^{-1} = CC^{-1} = I$$

und

$$(AC^{-1})\, B = C^{-1}AB = C^{-1}C = I\,.$$

Das bedeutet aber die Existenz von $B^{-1} = AC^{-1}$. Entsprechend beweist man diejenige von $A^{-1} = BC^{-1}$.

Bemerkung. Ist der Operator C^{-1} linear, dann haben auch die Operatoren A^{-1} und B^{-1} dieselbe Eigenschaft.

Lemma 2. *U sei ein linearer Operator im Raum $\mathbf{X}$. Zwischen der charakteristischen Menge $\chi(U)$ des Operators U und der charakteristischen Menge $\chi(U^m)$ des Operators U^m besteht die Beziehung*

$$[\chi(U)]^m \subset \chi(U^m)\,,$$

d. h., aus $\lambda \in \chi(U)$ folgt $\lambda^m \in \chi(U^m)$.

Beweis. Wir definieren die Größen

$$\varepsilon = e^{\frac{2\pi i}{m}}$$

und

$$A = I - \lambda U, \quad B = (I - \lambda\varepsilon U)\cdots(I - \lambda\,\varepsilon^{m-1}U), \quad C = I - \lambda^m U^m .$$

Dann gilt

$$I - \lambda^m U^m = (I - \lambda\, U)\,(I - \lambda\,\varepsilon\, U)\cdots(I - \lambda\,\varepsilon^{m-1}U)\,,$$

d. h. $C = A\,B$. Ist $\lambda^m \notin \chi(U^m)$, so existiert die lineare Inverse C^{-1}. Folglich besitzt auch der Operator A wegen der Bemerkung zu Lemma 1 eine lineare Inverse, d. h., es gilt $\lambda \notin \chi(U)$.

5.3. Wie in 5.1 bezeichne jetzt $\mathbf{X}$ einen B-Raum und U einen linearen Operator in $\mathbf{X}$.

Satz 2 (5.XIII). *Für den Operator $T = I - U$ gilt die FREDHOLMsche Alternative, wenn eine natürliche Zahl m existiert, so daß der Operator U^m vollstetig ist.*

Beweis. Nach Lemma 2 besteht die Menge $\chi(U)$ aus isolierten Punkten; deshalb liegen auf dem Einheitskreis der komplexen Ebene höchstens endlich viele Werte $\lambda_1, \lambda_2, \ldots, \lambda_\nu \in \chi(U)$.

Im folgenden durchlaufe p die Menge aller Primzahlen. Da in diesem Falle die Zahlen

$$e^{\frac{2k\pi i}{p}} \qquad (k = 1, 2, \ldots, p-1)$$

sämtlich voneinander verschieden sind, gilt für ein genügend großes p_0

$$\lambda_j \neq e^{\frac{2k\pi i}{p}} \qquad (p \geqq p_0, \quad k = 1, 2, \ldots, p-1, \quad j = 1, 2, \ldots, \nu)\,. \tag{17}$$

Wir können annehmen, daß m eine Primzahl mit $m \geqq p_0$ ist, und schreiben

$$I - U^m = (I-U)\,(I-\varepsilon U)\ldots(I-\varepsilon^{m-1}U) = (I-U)V\,, \tag{18}$$

wobei

$$\varepsilon = e^{\frac{2\pi i}{m}} \qquad \text{und} \qquad V = (I-\varepsilon U)\ldots(I-\varepsilon^{m-1}U)$$

bedeuten. Infolge (17) sind die Operatoren $I - \varepsilon^k U$ $(k = 1, 2, \ldots, m-1)$ umkehrbar und deshalb existiert der lineare Operator V^{-1}. Dann gilt

$$T = I - U = (I - U^m)\,V^{-1} = V^{-1} - U^m\,V^{-1}\,.$$

Da V^{-1} eine Inverse besitzt und $U^m\,V^{-1}$ vollstetig ist, läßt sich nunmehr Satz 1 anwenden, womit der Beweis des Satzes abgeschlossen ist.

5.4. Wir verallgemeinern jetzt Satz 1 (3.XIII) über die charakteristische Menge eines vollstetigen Operators auf die im vorhergehenden Satz betrachtete Operatorenklasse.

Satz 3 (5.XIII). *Ist für irgendein m der Operator U^m vollstetig, dann gilt:*

1. *Die charakteristische Menge $\chi(U)$ des Operators U besteht nur aus charakteristischen Zahlen, wobei jede charakteristische Zahl einen endlichen Rang besitzt und der zugehörige algebraische Eigenraum endlichdimensional ist.*

2. *In jedem Kreis $|\lambda| \leqq r$ der komplexen Ebene liegen nur endlich viele charakteristische Zahlen.*

Beweis. Auf Grund von Lemma 2 ist nur noch Punkt 1 zu beweisen. Dessen erster Teil folgt offensichtlich aus Satz 2. Es bleibt also zu zeigen, daß der Rang jeder charakteristischen Zahl sowie die Dimension des zugehörigen Eigenraumes endlich sind.

Ohne Beschränkung der Allgemeinheit kann für die betrachtete charakteristische Zahl $\lambda_0 = 1$ vorausgesetzt werden. Wir definieren $T_m = I - U^m$ und können dann auf Grund von (18)

$$T_m = VT\,, \qquad T = V^{-1}T_m$$

schreiben. Da die Operatoren T, $T_m V$ und V^{-1} miteinander vertauschbar sind, gilt

$$T_m^n = V^n T^n, \ T^n = V^{-n} T_m^n \qquad (n = 1, 2, \ldots)\,.$$

Hieraus ergibt sich

$$\mathrm{N}(T_m^n) = \mathrm{N}(T^n)\,. \tag{19}$$

Aus dieser Gleichung ist die Richtigkeit der zu beweisenden Behauptung sofort ersichtlich, da sie ja für die vollstetige Abbildung U^m bekanntermaßen zutrifft.

Wir geben abschließend noch ein Beispiel eines linearen Operators U an, der selbst nicht vollstetig ist, aber die vollstetige Potenz U^2 besitzt.

$\mathbf{X}$ sei irgendeiner der Räume $\mathbf{l}^p$, $\mathbf{m}$, $\mathbf{c}$, $\mathbf{c}_0$. Für $x = \{\xi_n\} \in \mathbf{X}$ setzen wir $y = U(x)$ mit

$$y = \{\eta_n\} \qquad \left(\eta_n = \begin{cases} 0, & n \text{ ungerade,} \\ \xi_{n-1}, & n \text{ gerade,} \end{cases} \qquad n = 1, 2, \ldots\right).$$

Offensichtlich gilt $U^2 = 0$.

Bemerkung. Die in § 4 für vollstetige Operatoren bewiesenen Sätze kann man, ohne irgendwelche Formulierungen zu ändern, auch für den Fall von Operatoren des soeben betrachteten Typs aussprechen. Diese Sätze nehmen nämlich nur diejenigen Eigenschaften vollstetiger Operatoren in Anspruch, die in den Sätzen 4 (1.XIII) und 1 (3.XIII) formuliert sind. Die Ergebnisse von § 4 gelten also auch dann noch, wenn an Stelle des Operators U irgendeine Potenz U^m vollstetig ist.

§ 6. Anwendungen auf Integralgleichungen

6.1. Wir betrachten die lineare Integralgleichung

$$x(s) - \lambda \int_0^1 K(s, t)\, x(t)\, dt = y(s) \tag{1}$$

unter der Voraussetzung, daß der Kern $K(s, t)$ eine im Quadrat $[0, 1;\ 0, 1]$ stetige Funktion ist. Wird der auftretende Integralbestandteil als linearer Operator im Raum $\mathbf{C}$ aufgefaßt, so ist die Gleichung (1) eine Gleichung des im vorhergehenden Paragraphen behandelten Typs.

Man könnte auch die allgemeinere Gleichung

$$x(s) - \lambda \int_T K(s, t)\, x(t)\, dt = y(s) \tag{1'}$$

betrachten, wobei T eine beliebige abgeschlossene beschränkte Menge im ν-dimensionalen euklidischen Raum bedeutet (s, t bezeichnen dann Punkte des ν-dimensionalen Raumes). Jedoch lassen sich alle Aussagen, die für die Gleichung (1) gezeigt werden, ohne wesentliche Änderung der Formulierungen auf die Gleichung (1') übertragen. Daher wollen wir den einfacheren Fall (1) betrachten.

Der Integraloperator U

$$z = U(x), \qquad z(s) = \int_0^1 K(s, t)\, x(t)\, dt \tag{2}$$

besitzt, als Operator von C in C betrachtet, die Norm (s. III.2.4)

$$\|U\| = \max_s \int_0^1 |K(s, t)| dt$$

und ist vollstetig (IX.2.1).

Wir schreiben die Gleichung (1) in der Form

$$x - \lambda\, U(x) = y\,. \tag{3}$$

Für alle λ mit

$$|\lambda| < \frac{1}{d} = r\,,$$

wobei $d = \lim\limits_{n\to\infty} \sqrt[n]{\|U^n\|}$ gilt und r den Abstand des Punktes $\lambda = 0$ von der charakteristischen Menge des Operators U bedeutet, existiert eine Lösung x^* dieser Gleichung. Sie ist darstellbar durch

$$x^* = y + \lambda\, B_\lambda(y)$$

und kann auf Grund der Sätze 1 (4.XIII) und 2 (4.XIII) in die für alle diese λ konvergente Reihe

$$x^* = y + \lambda\, U(y) + \cdots + \lambda^n\, U^n(y) + \cdots \tag{4}$$

entwickelt werden. Insbesondere ist also die Reihe (4) für

$$|\lambda| < \frac{1}{\|U\|} = \frac{1}{\max\limits_s \int_0^1 |K(s, t)|\, dt}$$

konvergent.

Wie in V.3.5 bewiesen wurde, sind die Potenzen des Operators U wieder Integraloperatoren. Es gilt nämlich

$$z = U^n(x)\,, \qquad z(s) = \int_0^1 K_n(s, t)\, x(t)\, dt \qquad (n = 1, 2, \ldots)\,, \tag{5}$$

wobei die $K_n(s, t)$ die iterierten Kerne sind.

Durch Einsetzen von (5) in (4) erhalten wir demnach die folgende Entwicklung der Lösung der Integralgleichung (1) in eine Reihe nach Potenzen des Parameters:

$$x^*(s) = y(s) + \lambda \int_0^1 K(s, t)\, y(t)\, dt + \cdots + \lambda^n \int_0^1 K_n(s, t)\, y(t)\, dt + \cdots .$$

Dabei konvergiert die Reihe gleichmäßig für alle $s \in [0, 1]$.

Auf Grund der Konvergenz der Reihe

$$B_\lambda = U + \lambda U^2 + \cdots + \lambda^{n-1} U^n + \cdots \tag{6}$$

im Raum der Operatoren von **C** in **C** gilt

$$\left\| \sum_{j=m+1}^{m+p} \lambda^{j-1} U^j \right\| = \max_s \int_0^1 \left| \sum_{j=m+1}^{m+p} \lambda^{j-1} K_j(s, t) \right| dt \xrightarrow[m\to\infty]{} 0 .$$

Folglich konvergiert die Reihe

$$\sum_{j=1}^{\infty} \lambda^{j-1} K_j(s, t) \tag{7}$$

im Raum **L** bei festem $t \in [0, 1]$ gleichmäßig für alle $s \in [0, 1]$. Die Summe dieser Reihe — wir bezeichnen sie durch die Funktion $\Gamma(s, t; \lambda)$ — heißt die *Resolvente* der Integralgleichung (1). Offenbar gilt

$$B_\lambda(y)\,(s) = \int_0^1 \Gamma(s, t; \lambda)\, y(t)\, dt ,$$

deshalb kann die durch Formel (4) gegebene Lösung $x^*(s)$ auch in der Gestalt

$$x^*(s) = y(s) + \lambda \int_0^1 \Gamma(s, t; \lambda)\, y(t)\, dt$$

geschrieben werden.

Ist $|\lambda| < r$, dann konvergiert für die Gleichung (3) nach Satz 3 (4.XIII) das Verfahren der sukzessiven Approximation. Dies liefert in Anwendung auf die Integralgleichung (1) das folgende Ergebnis: Man kann für jedes λ mit $|\lambda| < r$ die Lösung der Gleichung (1) als Grenzwert einer gleichmäßig konvergenten Folge stetiger Funktionen $\{x_n(s)\}$ erhalten, die durch die Rekursionsformel

$$x_{n+1}(s) = \lambda \int_0^1 K(s, t)\, x_n(t)\, dt + y(s) \qquad (n = 0, 1, \ldots)$$

definiert sind, wobei $x_0(t)$ eine willkürliche stetige Funktion ist.

6.2. Gilt $K(s, t) = 0$ für $s < t$, so läßt sich Gleichung (1) in der Form

$$x(s) - \lambda \int_0^s K(s, t)\, x(t)\, dt = y(s) \tag{8}$$

schreiben.

Gleichungen dieser Gestalt heißen Volterrasche *Integralgleichungen.*

Man prüft leicht nach, daß die iterierten Kerne einer Volterraschen Gleichung für $s < t$ ebenfalls den Wert Null annehmen.

Wir setzen den Kern $K(s, t)$ im Bereich $0 \leq t \leq s \leq 1$ als stetig voraus und zeigen, daß dann die Entwicklung (4) für alle komplexen λ gilt, d. h., es ist $r = \infty$.

Es sei $|K(s, t)| \leqq M$. Damit zeigen wir zunächst die Gültigkeit der Abschätzung

$$|K_n(s, t)| \leqq \frac{s^{n-1}}{(n-1)!} M^n \qquad (n = 1, 2, \ldots) . \tag{9}$$

Diese Ungleichung ist für $n = 1$ offensichtlich richtig. Gilt sie nun für irgendein $n \geqq 1$, dann ist

$$|K_{n+1}(s, t)| \leqq \int_0^s |K(s, u)\, K_n(u, t)| du \leqq M \int_0^s \frac{u^{n-1}}{(n-1)!} M^n \, du = \frac{s^n}{n!} M^{n+1} .$$

Aus (9) ergibt sich

$$||U^n|| = \max_s \int_0^s |K_n(s, t)| \, dt \leqq M^n \max_s \int_0^s \frac{s^{n-1}}{(n-1)!} dt = \frac{M^n}{(n-1)!}$$

und hieraus

$$\sqrt[n]{||U^n||} \leqq M \sqrt[n]{\frac{1}{(n-1)!}} \xrightarrow[n \to \infty]{} 0 .$$

Also ist $r = \infty$. Demnach besitzt der Integraloperator einer VOLTERRAschen Integralgleichung keine charakteristischen Zahlen.

6.3. Wir betrachten wieder die Gleichung (1). Wegen der Vollstetigkeit des Operators (2) gilt also dann für die Gleichung (3) die FREDHOLMsche Alternative. Dies führt bezüglich der Integralgleichung (1) zu dem folgenden Ergebnis.

Satz 1 (6.XIII). *Entweder besitzt die Gleichung* (1) *für jede beliebige stetige Funktion* $y(s)$ *eine eindeutige stetige Lösung, oder die Gleichung*

$$x(s) - \lambda \int_0^1 K(s, t)\, x(t)\, dt = 0 \tag{10}$$

hat endlich viele linear unabhängige Lösungen $x_1(s), x_2(s), \ldots, x_n(s)$. *Im letzten Fall besitzt dann auch die Gleichung*

$$\psi(t) - \bar{\lambda} \int_0^1 \overline{K(s, t)}\, \psi(s)\, ds = 0$$

n linear unabhängige stetige Lösungen $\psi_1(t), \psi_2(t), \ldots, \psi_n(t)$; *Gleichung* (1) *ist dabei dann und nur dann lösbar, wenn*

$$\int_0^1 \overline{\psi_k(s)}\, y(s)\, ds = 0$$

gilt.

Diejenigen Werte λ, für die Gleichung (10) eine von Null verschiedene Lösung besitzt, heißen *charakteristische Zahlen* der Gleichung (1) oder des Kernes $K(s, t)$. Mit anderen Worten sind die charakteristischen Zahlen der Gleichung (1) gerade die charakteristischen Zahlen des Operators U. Daher besteht für die betragsmäßig kleinste charakteristische Zahl λ_1 der Integralgleichung die Abschätzung

$$|\lambda_1| = R = \frac{1}{d} \geqq \frac{1}{||U||} = \frac{1}{\max\limits_s \int_0^1 |K(s, t)| \, dt} \geqq \frac{1}{\max\limits_{s,t} |K(s, t)|} .$$

Die Anwendung von Satz 5 (4.XIII) auf den Fall der Integralgleichung führt zu folgendem Resultat:

Satz 2 (6.XIII). *Die Lösung x^* der Gleichung* (1) *läßt sich in der Umgebung einer jeden charakteristischen Zahl λ_0 in der Form*

$$x^*(s) = \frac{y_{-r}(s)}{(\lambda - \lambda_0)^r} + \cdots + \frac{y_{-1}(s)}{\lambda - \lambda_0} + y_0(s) + \cdots + y_n(s)\,(\lambda - \lambda_0)^n + \cdots$$

darstellen, wobei die $y_k(s)$ $(k = -r, \ldots, 0, \ldots)$ stetige und nur von y abhängige Funktionen sind. Die Reihe im rechten Teil dieses Ausdrucks konvergiert gleichmäßig für alle $s \in [0, 1]$.

Somit ist $x^*(s)$ für jedes feste $s \in [0, 1]$ eine meromorphe Funktion von λ mit den charakteristischen Zahlen als Polstellen.

6.4. Wir betrachten nun im Raum $\mathbf{L}_D^p$, wobei D einen beschränkten Bereich des ν-dimensionalen Raumes bezeichnet, die Integralgleichung

$$x(s) - \lambda \int_D K(s, t)\, x(t)\, dt = y(s) \qquad (s \in D)\,. \tag{11}$$

Der Kern $K(s, t)$ genüge den Bedingungen des Satzes 3 (2.X) (mit $q = p$), d. h., es gelte

1. $\left\{\int_D |K(s, t)|^r\, dt\right\}^{1/r} \leqq C_1 \qquad (s \in D)$;
2. $\left\{\int_D |K(s, t)|^\sigma\, ds\right\} \leqq C_2 \qquad (t \in D)$;
3. $p - r\,(p - 1) < \sigma < p$.

Dann ist der Integraloperator mit dem Kern $K(s, t)$ nach dem oben zitierten Satz ein vollstetiger Operator von $\mathbf{L}_D^p$ in $\mathbf{L}_D^p$ mit der Norm $\|U\| \leqq C_1^{1-\frac{\sigma}{p}}\, C_2^{\frac{\sigma}{p}}$ (s. Satz 1 (2.X)). Daher lassen sich unsere Aussagen über die Gleichung (1) auch auf die Gleichung (11) anwenden.

Insbesondere sind die oben angeführten Bedingungen erfüllt, wenn $K(s, t)$ ein Kern vom Typ des Potentials ist, d. h., wenn

$$K(s, t) = \frac{B(s, t)}{|s - t|^m}$$

gilt, wobei $m < \nu$ und $B(s, t)$ eine für $s \neq t$ stetige Funktion ist (Satz 6 (2.X)).

Ist überdies $B(s, t)$ eine stetige Funktion und

$$p > \frac{\nu}{\nu - m}\,,$$

so bildet der Operator U nach Satz 7 (2.X) den Raum $\mathbf{L}_D^p$ in $\mathbf{C}_D$ ab. In diesem Falle konvergieren die Potenzreihen, welche die Lösung $x^*(s)$ in der Umgebung einer charakteristischen Zahl oder in der Umgebung des Nullpunktes darstellen, gleichmäßig.

Die ausführlichen Formulierungen seien dem Leser überlassen.

6.5. Abschließend wird ein Beispiel betrachtet, das sich auf partielle Differentialgleichungen bezieht.

Wir untersuchen die Randwertaufgabe

$$\Delta x + \lambda\left[ax + b\,\frac{\partial x}{\partial s} + c\frac{\partial x}{\partial t}\right] = 0\,, \qquad x|_S = 0\,. \tag{12}$$

Hierbei bezeichnet S den Einheitskreis mit dem Mittelpunkt im Koordinatenursprung; die Koeffizienten a, b, c seien auf der durch S begrenzten Kreisfläche D stetige Funktionen.

Wir fassen x als Element von $\mathbf{W}_2^{(2)}(D)$ auf (X.3.5). Nach einem Einbettungssatz (s. Ende von X.3.4) besitzt jede Funktion aus $\mathbf{W}_2^{(2)}(D)$ auf S summierbare Werte. Daher bildet die Menge aller derjenigen $x \in \mathbf{W}_2^{(2)}(D)$, für die $x|_S = 0$ gilt, einen Unterraum von $\mathbf{W}_2^{(2)}(D)$, der mit $\mathring{\mathbf{W}}_2^{(2)}$ bezeichnet werden soll.

Wir zeigen, daß der LAPLACE-Operator Δ, als Abbildung von $\mathring{\mathbf{W}}_2^{(2)}$ in $\mathbf{L}_D^2$ betrachtet, eine lineare Inverse besitzt. Dazu beweisen wir zunächst die Ungleichung

$$||\Delta x||_{\mathbf{L}^2}^2 \geqq \left|\left|\frac{\partial^2 x}{\partial s^2}\right|\right|_{\mathbf{L}^2}^2 + \left|\left|\frac{\partial^2 x}{\partial t^2}\right|\right|_{\mathbf{L}^2}^2 \qquad (x \in \mathring{\mathbf{W}}_2^{(2)})\,. \tag{13}$$

Für den Beweis genügt die Betrachtung einer in $\mathring{\mathbf{W}}_2^{(2)}$ dicht liegenden Menge. Eine solche ist die Gesamtheit aller dreimal stetig differenzierbaren Funktionen in D, die in irgendeinem, sich an den Rand S der Kreisfläche D anschließenden Ring identisch Null werden (die Breite des Ringes hängt von der jeweils betrachteten Funktion ab). Ist nun x eine Funktion dieser Gestalt, so erhalten wir auf Grund der GREENschen Formeln

$$\iint\limits_D \frac{\partial^2 x}{\partial s^2}\cdot\frac{\partial^2 x}{\partial t^2}\,ds\,dt = -\iint\limits_D \frac{\partial x}{\partial s}\,\frac{\partial^3 x}{\partial t^2\,\partial s}\,ds\,dt = \iint\limits_D \left(\frac{\partial^2 x}{\partial s\,\partial t}\right)^2 ds\,dt \geqq 0$$

und hieraus

$$||\Delta x||_{\mathbf{L}^2}^2 = \iint\limits_D \left[\frac{\partial^2 x}{\partial s^2} + \frac{\partial^2 x}{\partial t^2}\right]^2 ds\,dt = \iint\limits_D \left(\frac{\partial^2 x}{\partial s^2}\right)^2 ds\,dt + \iint\limits_D \left(\frac{\partial^2 x}{\partial t^2}\right)^2 ds\,dt$$

$$+\,2\iint\limits_D \frac{\partial^2 x}{\partial s^2}\cdot\frac{\partial^2 x}{\partial t^2}\,ds\,dt \geqq \left|\left|\frac{\partial^2 x}{\partial s^2}\right|\right|_{\mathbf{L}^2}^2 + \left|\left|\frac{\partial^2 x}{\partial t^2}\right|\right|_{\mathbf{L}^2}^2,$$

was zu zeigen war.

Benutzt man den in X.3.5 für die Norm in $\mathbf{W}_2^{(2)}$ angegebenen Ausdruck, wobei

$$f(x) = \int\limits_S x\,dS \qquad (x \in \mathbf{W}_2^{(2)})$$

als definierendes Funktional gewählt wird, so läßt sich die Ungleichung (13) in der Form

$$||\Delta x||_{\mathbf{L}^2} \geqq ||x||_{\mathbf{W}_2^{(2)}} \qquad (x \in \mathring{\mathbf{W}}_2^{(2)})$$

schreiben. Hieraus schließen wir in Anwendung der Bemerkung aus V.2.3, daß ein linearer linksinverser Operator Δ^{-1} existiert.

Andererseits liegt $\Delta(\mathring{\mathbf{W}}_2^{(2)})$ in $\mathbf{L}_D^2$ dicht, weil $\Delta(\mathring{\mathbf{W}}_2^{(2)})$ z. B. alle Polynome enthält.[1])

Da die Menge $\Delta(\mathring{\mathbf{W}}_2^{(2)})$ nach Satz 1 (1.XII) abgeschlossen ist, gilt

$$\Delta(\mathring{\mathbf{W}}_2^{(2)}) = \mathbf{L}_D^2 .$$

Folglich existiert der lineare zweiseitig inverse Operator Δ^{-1}, der $\mathbf{L}_D^2$ in $\mathring{\mathbf{W}}_2^{(2)}$ abbildet.

Wird der Operator Δ^{-1} auf beiden Seiten der Gleichung (12) angewandt, so erhalten wir die äquivalente Beziehung

$$x + \lambda\, U(x) = 0 , \tag{14}$$

wobei

$$U(x) = \Delta^{-1}\left[a\, x + b\frac{\partial x}{\partial s} + c\frac{\partial x}{\partial t}\right] \qquad (x \in \mathring{\mathbf{W}}_2^{(2)})$$

gilt.

Auf Grund des Einbettungssatzes (s. X.3.4 und X.3.5) ist der in der Klammer stehende Operator, als Operator von $\mathring{\mathbf{W}}_2^{(2)}$ in $\mathbf{L}^2$ aufgefaßt, vollstetig. Daher ist auch U ein vollstetiger Operator in $\mathring{\mathbf{W}}_2^{(2)}$ (IX. 2.2).

Also können die Ergebnisse der allgemeinen Theorie auf die Gleichung (14) und damit auf die Randwertaufgabe (12) angewandt werden.

Danach existiert z. B. eine höchstens abzählbare, isolierte Menge von Werten λ, für welche die Randwertaufgabe eine von Null verschiedene Lösung besitzt. Ist λ_0 ein solcher Wert, dann gibt es für $\lambda = \lambda_0$ nur endlich viele linear unabhängige Lösungen der Aufgabe (12).

Wir überlassen es dem Leser, andere Aussagen der allgemeinen Theorie für die betrachtete Aufgabe zu formulieren.

Zum Schluß sei vermerkt, daß eine der Beziehung (13) ähnliche Ungleichung nicht nur für den LAPLACE-Operator, sondern auch für einen beliebigen elliptischen Operator gilt. Ist z. B.

$$L(x) = \frac{\partial}{\partial s}\left(a\frac{\partial x}{\partial s}\right) + \frac{\partial}{\partial t}\left(b\frac{\partial x}{\partial t}\right) - c\, x ,$$

wobei $x \in \mathring{\mathbf{W}}_2^{(2)}(D)$ gilt, die Koeffizienten a und b auf der Kreisfläche D stetig differenzierbare Funktionen mit $a, b > 0$ sind und c eine auf D stetige Funktion mit $c \geqq 0$ bezeichnet, dann besteht mit einer positiven Konstanten m die Beziehung

$$\|L(x)\|_{\mathbf{L}_D^2} \geqq m\, \|x\|_{\mathring{\mathbf{W}}_2^{(2)}(D)} . \tag{15}$$

Die Ungleichung (15) ist unter dem Namen *Ungleichung von* BERNSTEIN *und* LADYSHENSKAJA bekannt (s. [137]).

---

[1]) Die Gleichung

$$\Delta x = p$$

— p bezeichne ein Polynom — besitzt eine Lösung der Gestalt $(s^2 + t^2 - 1)\,\pi(s, t)$, wobei π ein Polynom bedeutet, das man z. B. nach der Methode der unbestimmten Koeffizienten finden kann.

KAPITEL XIV

ALLGEMEINE THEORIE DER NÄHERUNGSVERFAHREN

Zur genäherten Lösung von Aufgaben der Analysis (Differential- und Integralgleichungen, Randwertaufgaben der mathematischen Physik, konforme Abbildung) gibt es eine große Zahl verschiedener Verfahren. So verwendet man z. B. bei Randwertaufgaben Methoden der Variationsrechnung und damit verwandte Verfahren (Verfahren von Ritz und Galerkin, Momentenmethode, Zurückführung auf gewöhnliche Differentialgleichungen), Differenzenverfahren und Interpolationsmethoden. Um die Wirksamkeit dieser Methoden beurteilen und ihre Anwendung motivieren zu können, ist es nötig, sie theoretisch zu untersuchen. Dabei ergeben sich folgende drei Aufgaben:

1. Feststellung der Durchführbarkeit und der Konvergenz des Algorithmus;
2. Untersuchung der Konvergenzgeschwindigkeit;
3. effektive Abschätzung des Fehlers.

Die Behandlung dieser Punkte wurde für jede Klasse von Gleichungen und für jede Methode gesondert durchgeführt, wobei sich oft bedeutende Schwierigkeiten ergaben, die in einer Reihe von Fällen bis heute noch nicht gelöst sind.

Es ist deshalb wichtig, diese Untersuchungen zusammenzufassen und eine einheitliche Theorie der Näherungsverfahren aufzubauen. Den natürlichen Zugang zur Lösung dieser Aufgabe liefern die Ideen der Funktionalanalysis.

Im vorliegenden Kapitel betrachten wir die Theorie der Näherungsverfahren für eine gewisse Klasse linearer Gleichungen. Dazu untersuchen wir die vorgegebene und eine approximierende Gleichung in verschiedenen, selbstverständlich auf bestimmte Weise miteinander verbundenen Räumen, wie dies von vielen konkreten Verfahren, z. B. bei der Ersetzung einer Integralgleichung durch ein endliches System linearer algebraischer Gleichungen, bekannt ist. Es zeigt sich dabei, daß die Aufgabe immer auf den Fall zurückgeführt werden kann, wo der approximierende Raum ein Teilraum des Ausgangsraumes ist, in dem die vorgegebene exakte Gleichung betrachtet wird.

Im folgenden beweisen wir zwei Arten von Sätzen: Einmal solche, die es gestatten, auf Grund der Angaben der exakten Gleichung auf die Lösbarkeit der „approximierenden“ Gleichung und der Konvergenz der Näherungslösungen (aus den entsprechenden approximierenden Gleichungen) gegen die exakte Lösung zu schließen, und andererseits solche Sätze, mit deren Hilfe man von der Näherungslösung aus einen Einblick in die Lösbarkeit der exakten Gleichung gewinnt und die Genauigkeit der Näherungslösungen beurteilen kann.

Die Ergebnisse dieses Kapitels bewies unter etwas anderen Voraussetzungen L. W. Kantorowitsch (siehe Kantorowitsch). Im Vergleich zu dieser Darstellung wurden einige Sätze aus § 1 von G. P. Akilow verschärft. Einen anderen Aufbau der Theorie der Näherungsverfahren unter Benutzung der Funktionalanalysis findet man in Arbeiten von S. G. Michlin [148 b], M. A. Krasnoselski [130 b], N. I. Polski [164] u. a.

§ 1. Allgemeine Theorie für Gleichungen zweiter Art

1.1. Es sei $\mathbf{X}$ ein normierter Raum und $\tilde{\mathbf{X}}$ ein *vollständiger* Teilraum von $\mathbf{X}$.[1]) Wir setzen voraus, daß ein linearer Operator P existiert, der $\mathbf{X}$ auf $\tilde{\mathbf{X}}$ projiziert, d. h. den Relationen

$$P(\mathbf{X}) = \tilde{\mathbf{X}}; \quad P^2 = P$$

genügt. Dann läßt P offensichtlich die Elemente aus $\tilde{\mathbf{X}}$ invariant. Einen Operator P, der in einem normierten Raum definiert ist und der Gleichung $P^2 = P$ genügt, d. h. idempotent ist, nennen wir eine *Projektion.*[2])

Zum Beispiel können wir für $\mathbf{X}$ den Raum $\mathbf{C}$ und für $\tilde{\mathbf{X}}$ die Gesamtheit aller Polynome vom Grade kleiner oder gleich $n - 1$ nehmen. Der Operator P ordne einer stetigen Funktion $x \in \mathbf{C}$ ihr Interpolationspolynom zu einem vorgegebenen System von Stützstellen (auch Knotenpunkte genannt) $t_1, t_2, \ldots, t_n$ zu.

Wir betrachten weiter zwei Gleichungen; die erste im Raum $\mathbf{X}$

$$K x \equiv x - \lambda H x = y, \tag{1}$$

die zweite im Raum $\tilde{\mathbf{X}}$

$$\tilde{K} \tilde{x} \equiv \tilde{x} - \lambda \tilde{H} \tilde{x} = P y. \tag{2}$$

Dabei sei H ein linearer Operator in $\mathbf{X}$ und $\tilde{H}$ ein linearer Operator in $\tilde{\mathbf{X}}$. Gleichung (1) nennen wir die exakte und Gleichung (2) die (der exakten Gleichung (1) entsprechende) approximierende Gleichung.

Die Räume $\mathbf{X}$ und $\tilde{\mathbf{X}}$ und die Operatoren H und $\tilde{H}$ sollen außerdem durch die folgenden Bedingungen miteinander verbunden sein:

I. (Bedingung der Nachbarschaft der Operatoren H und $\tilde{H}$.) Für jedes $\tilde{x} \in \tilde{\mathbf{X}}$ gilt

$$\|P H \tilde{x} - \tilde{H} \tilde{x}\| \leqq \eta \|\tilde{x}\|.$$

Diese Beziehung ist gleichwertig mit

$$\|P K \tilde{x} - \tilde{K} \tilde{x}\| \leqq |\lambda| \eta \|\tilde{x}\| \qquad (\tilde{x} \in \tilde{\mathbf{X}}).$$

II. (Bedingung der guten Approximierbarkeit der Bildelemente Hx durch Elemente aus $\tilde{\mathbf{X}}$.) Zu jedem $x \in \mathbf{X}$ gibt es ein $\tilde{x} \in \tilde{\mathbf{X}}$ mit

$$\|H x - \tilde{x}\| \leqq \eta_1 \|x\|.$$

---

[1]) Der Raum $\mathbf{X}$ selbst braucht nicht vollständig zu sein.

[2]) Demgegenüber verstehen wir unter einer Projektion in einem Hilbert-Raum gemäß IV. 3. 4 speziell eine orthogonale Projektion, d. h. einen idempotenten und überdies selbstadjungierten Operator.

III. (Bedingung der guten Approximierbarkeit des freien Gliedes der exakten Gleichung.) Es gibt ein Element $\tilde{y} \in \tilde{\mathbf{X}}$, das der Bedingung

$$\|y - \tilde{y}\| \leqq \eta_2 \|y\|$$

genügt. Im Unterschied zu den in den ersten beiden Bedingungen auftretenden positiven Konstanten hängt die (ebenfalls positive) Konstante η_2 hier i.a. von y ab.

1.2. Für Gleichungen, die diesen Bedingungen (oder auch nur einigen von ihnen) genügen, beweisen wir jetzt eine Reihe von Sätzen, die Zusammenhänge zwischen der exakten und der approximierenden Gleichung herstellen. Der erste Satz gibt eine hinreichende Bedingung für die Lösbarkeit der approximierenden Gleichung an. Wir schicken dazu das folgende Lemma voraus.

Lemma. *Es sei V ein linearer Operator, der den B-Raum $\mathbf{X}$ in den B-Raum $\mathbf{Y}$ abbildet, und zu jedem $y \in \mathbf{Y}$ existiere ein $x \in \mathbf{X}$, für das die Ungleichungen*

$$\|V(x) - y\| \leqq q \|y\|, \quad \|x\| \leqq N \|y\|$$

mit zwei Konstanten $q < 1$ und N erfüllt sind. Dann hat die Gleichung

$$V(x) = y \tag{3}$$

für jedes $y \in \mathbf{Y}$ eine Lösung $x \in \mathbf{X}$, die der Bedingung

$$\|x\| \leqq \frac{N}{1-q} \|y\|$$

genügt.

Aus der angenäherten Lösbarkeit der Gleichung (3) folgt also ihre exakte Lösbarkeit.

Beweis. Die exakte Lösung der Gleichung (3) konstruieren wir durch das folgende Ausschöpfungsverfahren.

Wir setzen $y_1 = y$. Nach Voraussetzung gibt es ein $x_1 \in \mathbf{X}$ mit

$$\|V(x_1) - y_1\| \leqq q \|y_1\|, \quad \|x_1\| \leqq N \|y_1\| .$$

Es sei

$$y_2 = y_1 - V(x_1) .$$

Zu y_2 finden wir nach Voraussetzung wieder ein x_2 mit

$$\|V(x_2) - y_2\| \leqq q \|y_2\| \leqq q^2 \|y_1\|, \quad \|x_2\| \leqq N \|y_2\| \leqq N q \|y_1\| .$$

Durch Fortsetzung dieses Verfahrens erhalten wir zwei Folgen $\{y_n\}$ und $\{x_n\}$, für deren Elemente

$$y_{k+1} = y_k - V(x_k) \quad (k = 1, 2, \ldots), \tag{4}$$

$$\|y_k\| \leqq q^{k-1} \|y_1\|, \quad \|x_k\| \leqq N q^{k-1} \|y_1\|$$

gilt. Addition der Gleichungen (4) ergibt

$$y_{n+1} = y_1 - V(x_1 + x_2 + \cdots + x_n) \quad (n = 1, 2, \ldots). \tag{5}$$

Offensichtlich konvergiert die Reihe $x_1 + x_2 + \cdots + x_n + \cdots$. Bezeichnen wir ihre Summe mit x, so folgt

$$||x|| \leqq \sum_{k=1}^{\infty} ||x_k|| \leqq N\,||y|| \sum_{k=1}^{\infty} q^{k-1} = \frac{N}{1-q}\,||y||\,.$$

Andererseits erhalten wir wegen $\lim y_n = 0$ durch Grenzübergang in (5) die Gleichung

$$0 = y - V(x)\,,$$

d. h., x ist eine Lösung von Gleichung (3), die der angegebenen Bedingung genügt.

Bemerkung. Der Satz von Banach über die Lösbarkeit der Gleichung $x - Hx = y$ $(||H|| < 1)$ (siehe Abschnitt V.2.5) ist eine einfache Folgerung dieses Lemmas, dessen Voraussetzungen dabei für $\mathbf{X} = \mathbf{Y}$ mit $q = ||H||$ und $N = 1$ erfüllt sind.

Satz 1 (1.XIV). (Über die Lösbarkeit der approximierenden Gleichung.) *Es seien die Bedingungen I und II erfüllt und der Operator K habe eine lineare (zweiseitige) Inverse. Dann folgt aus*

$$q = |\lambda|\,[\eta(1 + |\lambda|\,\eta_1) + \eta_1\,||PK||]\,||K^{-1}|| < 1 \tag{6}$$

daß die Gleichung

$$\tilde{K}\,\tilde{x} = \tilde{y} \tag{7}$$

für jede rechte Seite $\tilde{y} \in \tilde{\mathbf{X}}$ eine Lösung $\tilde{x}^*$ besitzt. Dabei gilt

$$||\tilde{x}^*|| \leqq \frac{N}{1-q}\,||\tilde{y}|| \tag{8}$$

mit

$$N = (1 + |\lambda|\,\eta_1)\,||K^{-1}||\,. \tag{9}$$

Beweis. Wir zeigen, daß für die Gleichung (7) die Bedingungen des Lemmas mit den angegebenen Konstanten q und N erfüllt sind.

Dazu betrachten wir die Gleichung

$$Kx = \tilde{y}\,;$$

sie habe die Lösung $x_0 = K^{-1}\,\tilde{y}$. Wir setzen $x_0 = z + \tilde{y}$. Wegen $Kx_0 = \tilde{y}$ folgt nach (1)

$$z = \lambda\,H\,x_0\,.$$

Nach Bedingung II existiert ein Element $\tilde{z} \in \tilde{\mathbf{X}}$ mit

$$\left|\left|H\,x_0 - \frac{\tilde{z}}{\lambda}\right|\right| \leqq \eta_1\,||x_0||\,,$$

d. h.

$$||z - \tilde{z}|| \leqq |\lambda|\,\eta_1\,||x_0||\,.$$

Das Element $\tilde{x} = \tilde{z} + \tilde{y}$ hat dann die in den Voraussetzungen des Lemmas geforderten Eigenschaften. Unter Benutzung von Bedingung I ergibt sich nämlich

$$\begin{aligned}\|\tilde{K}\,\tilde{x} - \tilde{y}\| &= \|\tilde{K}\,\tilde{x} - P\,\tilde{y}\| = \|\tilde{K}\,\tilde{x} - P\,K\,x_0\| \leqq \|\tilde{K}\,\tilde{x} - P\,K\,\tilde{x}\| \\ &+ \|P\,K\,\tilde{x} - P\,K\,x_0\| \leqq |\lambda|\,\eta\,\|\tilde{x}\| + \|P\,K\|\,\|\tilde{x} - x_0\|\,. \end{aligned} \tag{10}$$

Weiter ist

$$\|\tilde{x} - x_0\| = \|\tilde{z} - z\| \leqq |\lambda|\,\eta_1\|x_0\| \leqq |\lambda|\,\eta_1\|K^{-1}\|\,\|\tilde{y}\|\,,$$

also

$$\begin{aligned}\|\tilde{x}\| &\leqq \|x_0\| + \|\tilde{x} - x_0\| \leqq (1 + |\lambda|\,\eta_1)\,\|x_0\| \\ &\leqq (1 + |\lambda|\,\eta_1)\,\|K^{-1}\|\,\|\tilde{y}\| = N\|\tilde{y}\|\,.\end{aligned}$$

Setzen wir diesen Ausdruck in (10) ein, so erhalten wir

$$\|\tilde{K}\,\tilde{x} - \tilde{y}\| \leqq |\lambda|\,\eta(1 + |\lambda|\,\eta_1)\,\|K^{-1}\|\,\|\tilde{y}\| + |\lambda|\,\eta_1\,\|P\,K\|\,\|K^{-1}\|\,\|\tilde{y}\|\,,$$

womit der Satz bewiesen ist.

Folgerung. *Der Operator $\tilde{H}$ genüge der folgenden Bedingung:*

(A) *Aus der Existenz einer Lösung der Gleichung* (7) *für beliebiges $\tilde{y} \in \tilde{\mathbf{X}}$ folgt die Eindeutigkeit dieser Lösung.*

Dann hat unter den Voraussetzungen von Satz 1 *der Operator $\tilde{K}$ eine lineare Inverse, für die*

$$\|\tilde{K}^{-1}\| \leqq \frac{N}{1 - q} \tag{11}$$

gilt.

Die Bedingung (A) ist z. B. für einen vollstetigen Operator $\tilde{H}$ erfüllt (Satz 4 (1.XIII)).

Bemerkung. Die Voraussetzungen von Satz 1 lassen sich etwas abschwächen, wenn man Bedingung I durch die folgende Bedingung I′ ersetzt:

I′. Es existiert eine Konstante η', so daß für jedes $\tilde{x} \in \tilde{\mathbf{X}}$

$$\|H\,\tilde{x} - \tilde{H}\,\tilde{x}\| \leqq \eta'\,\|\tilde{x}\|$$

gilt.

In diesem Fall erhalten wir nach einfacher Änderung der Abschätzung (10) für q den von P unabhängigen Wert

$$q = |\lambda|\,[\eta'(1 + |\lambda|\,\eta_1) + \|K\|\,\eta_1]\,\|K^{-1}\|\,.$$

Man zeigt leicht, daß zwischen den Konstanten η und η' die folgenden Ungleichungen bestehen:

$$\frac{\eta}{\|P\|} \leqq \eta' \leqq \eta + \|I - P\|\,\eta_1'\,.$$

Dabei ergibt sich die Konstante η_1', wenn in Bedingung II nur die Elemente $x \in \tilde{\mathbf{X}}$ betrachtet werden.

1.3. Es liegt nahe, die Lösung der approximierenden Gleichung (2) als Näherungslösung der exakten Gleichung (1) anzusehen. Eine Fehlerabschätzung für diese Näherungslösung ist im folgenden Satz enthalten.

Satz 2 (1.XIV). (Fehlerabschätzung für die Näherungslösung.) *Sind die Bedingungen* I, II *und* III *erfüllt, existiert außerdem der lineare Operator* $\widetilde{K}^{-1}$ (*das ist z. B. unter den Voraussetzungen von Satz* 1 *und seiner Folgerung der Fall*) *und hat die Gleichung* (1) *eine Lösung* x^*, *so besteht für die Lösung* $\tilde{x}^*$ *der Gleichung* (2) *die Abschätzung*

$$\|x^* - \tilde{x}^*\| \leqq p\,\|x^*\| \tag{12}$$

mit

$$p = 2\,|\lambda|\,\eta\,\|\widetilde{K}^{-1}\| + (\eta_1\,|\lambda| + \eta_2\,\|K\|)\,(1 + \|\widetilde{K}^{-1}\,P\,K\|)\,. \tag{13}$$

Beweis. Wir zeigen als erstes, daß unter den Voraussetzungen des Satzes zu x^* ein Element $\tilde{x} \in \widetilde{\mathrm{X}}$ existiert, für das

$$\|x^* - \tilde{x}\| \leqq \varepsilon\|x^*\| \tag{14}$$

mit

$$\varepsilon = \min\,[1,\, \eta_1\,|\lambda| + \eta_2\,\|K\|] \tag{15}$$

gilt.

Auf Grund der Bedingungen II und III gibt es Elemente $\tilde{y} \in \widetilde{\mathrm{X}}$ und $\tilde{z} \in \widetilde{\mathrm{X}}$ mit

$$\|H\,x^* - \tilde{z}\| \leqq \eta_1\,\|x^*\|\,, \quad \|y - \tilde{y}\| \leqq \eta_2\,\|y\| \leqq \eta_2\,\|K\|\,\|x^*\|\,.$$

Für $\tilde{x} = \lambda\,\tilde{z} + \tilde{y}$ folgt dann

$$\|x^* - \tilde{x}\| = \|\lambda\,H\,x^* + y - (\lambda\,\tilde{z} + \tilde{y})\| \leqq (\eta_1|\lambda| + \eta_2\,\|K\|)\,\|x^*\|\,.$$

Andererseits ist die Bedingung (14) stets für $\varepsilon = 1$ und $\tilde{x} = 0$, also auch für den in (15) angegebenen Wert von ε erfüllt.

Wir beweisen jetzt die Ungleichung (12). Dazu führen wir das Element $\tilde{x}_0 = \widetilde{K}^{-1}\,P\,K\,\tilde{x}$ ein und schätzen zunächst folgendermaßen ab:

$$\|x^* - \tilde{x}^*\| \leqq \|x^* - \tilde{x}\| + \|\tilde{x} - \tilde{x}_0\| + \|\tilde{x}_0 - \tilde{x}^*\|\,. \tag{16}$$

Der erste Summand auf der rechten Seite dieser Beziehung genügt der Ungleichung (14). Für den zweiten Summanden finden wir unter Benutzung von Bedingung I

$$\begin{aligned}\|\tilde{x} - \tilde{x}_0\| = \|\widetilde{K}^{-1}\,\widetilde{K}\,\tilde{x} - \widetilde{K}^{-1}\,P\,K\,\tilde{x}\| &\leqq \|\widetilde{K}^{-1}\|\,\|\widetilde{K}\,\tilde{x} - P\,K\,\tilde{x}\| \\ &\leqq |\lambda|\,\eta\|\widetilde{K}^{-1}\|\,\|\tilde{x}\|\,.\end{aligned} \tag{17}$$

Wegen (14) gilt weiter

$$\|\tilde{x}\| \leqq \|x^*\| + \|x^* - \tilde{x}\| \leqq (1 + \varepsilon)\,\|x^*\|\,,$$

so daß aus (17) schließlich

$$\|\tilde{x} - \tilde{x}_0\| \leqq |\lambda|\,\eta\,(1 + \varepsilon)\,\|\widetilde{K}^{-1}\|\,\|x^*\| \tag{18}$$

folgt.

Um den letzten Summanden in (16) abzuschätzen, beachten wir, daß das Element $\tilde{x}^*$ eine Lösung der Gleichung (2) ist, sich also in der Form

$$\tilde{x}^* = \widetilde{K}^{-1}\,P\,K\,x^*$$

darstellen läßt. Dann ergibt sich wiederum wegen (14)

$$\|\tilde{x}_0 - \tilde{x}^*\| = \|\tilde{K}^{-1} P K \tilde{x} - \tilde{K}^{-1} P K x^*\| \leqq \|\tilde{K}^{-1} P K\| \, \|\tilde{x} - x^*\|$$
$$\leqq \varepsilon \|\tilde{K}^{-1} P K\| \, \|x^*\| .$$

Zusammen mit (14) und (18) erhalten wir hieraus schließlich die Abschätzung

$$\|x^* - \tilde{x}^*\| \leqq [|\lambda| \, \eta(1 + \varepsilon) \, \|\tilde{K}^{-1}\| + \varepsilon(1 + \|\tilde{K}^{-1} P K\|)] \, \|x^*\| , \tag{19}$$

woraus wegen $1 + \varepsilon \leqq 2$ und $\varepsilon \leqq \eta_1 |\lambda| + \eta_2 \|K\|$ die Behauptung folgt.

Damit ist der Satz bewiesen.

Bemerkung 1. Die Ungleichung (19) bleibt auch dann richtig, wenn die Möglichkeit der Approximation des Elementes x^* durch ein Element aus $\tilde{\mathrm{X}}$ unmittelbar, d. h. ohne Benutzung der Bedingungen II und III, gezeigt werden kann. Auf die Gültigkeit der Bedingungen II und III kann in diesem Falle natürlich verzichtet werden.

Es ist vielleicht noch nützlich zu bemerken, daß es sich hier um die Annäherung des bestimmten Elementes x^* handelt; dabei kann ε von x^* abhängen. Demgegenüber sollte die in Bedingung II auftretende Konstante von x unabhängig sein.

Bemerkung 2. Auf Grund von Satz 2 erhält man auch leicht eine Abschätzung für die Genauigkeit der Näherungslösung, ohne die exakte Lösung explizit zu benutzen. Ist nämlich unter den Voraussetzungen des letzten Satzes $p < 1$, so gilt

$$\|x^* - \tilde{x}^*\| \leqq \frac{p}{1 - p} \, \|\tilde{x}^*\| . \tag{20}$$

Um das zu sehen, schätzen wir die rechte Seite von (12) mit Hilfe der Ungleichung

$$\|x^*\| \leqq \|\tilde{x}^*\| + \|x^* - \tilde{x}^*\|$$

nach oben ab. Dann ergibt sich

$$\|x^* - \tilde{x}^*\| \leqq p \, \|\tilde{x}^*\| + p \, \|x^* - \tilde{x}^*\| ,$$

woraus unmittelbar die Beziehung (20) folgt.

1.4. Es seien jetzt eine Folge approximierender Gleichungen und die aus ihnen erhaltene Folge von Näherungslösungen vorgelegt. In diesem Fall hängen der Raum $\tilde{\mathrm{X}}$, die Operatoren $\tilde{H}(\tilde{K})$, P und die Konstanten η, η_1, η_2, q, p, $\varepsilon, \ldots$ vom Index n der betrachteten Folgen ab, den wir zur Vereinfachung derBezeichnungen jedoch weglassen.

Der nachstehende Satz 3 gibt Bedingungen an, unter denen die Folge $\{\tilde{x}_n^*\}$ der Näherungslösungen gegen die exakte Lösung konvergiert.

Satz 3 (1.XIV). *Es seien die folgenden Bedingungen erfüllt:*

1. *Der Operator* K *hat eine lineare Inverse.*
2. *Der Operator* $\tilde{K}$ *genügt der Bedingung* (A) (*für jedes* $n = 1, 2, \ldots$).

3. *Für jedes* $n = 1, 2, \ldots$ *sind die Bedingungen* I, II *und* III *erfüllt und es gilt*

$$\lim_{n\to\infty} \eta = 0\,,\qquad \lim_{n\to\infty} \eta_1 \|P\| = 0\,,\qquad \lim_{n\to\infty} \eta_2 \|P\| = 0\,. \tag{21}$$

Dann haben die approximierenden Gleichungen für hinreichend großes n eine Lösung, und die Folge dieser Näherungslösungen konvergiert gegen die exakte Lösung:

$$\lim_{n\to\infty} \|x^* - \tilde{x}_n^*\| = 0\,.$$

Genauer existieren Konstanten Q_0, Q_1, Q_2, *so daß die Ungleichung*

$$\|x^* - \tilde{x}_n^*\| \leqq Q_0\,\eta + Q_1\,\eta_1\,\|P\| + Q_2\,\eta_2\,\|P\| \tag{22}$$

besteht.

Beweis. Wegen $\|P\| \geqq 1$ folgt aus (21) $\lim\limits_{n\to\infty} \eta_1 = 0$, weshalb für hinreichend große n die Konstante q in Satz 1 kleiner als 1/2 ausfällt. Für diese n sind also die Gleichungen (2) lösbar. Auf Grund der Folgerung aus Satz 1 existiert weiter der lineare Operator $\tilde{K}^{-1}$ mit

$$\|\tilde{K}^{-1}\| \leqq \frac{N}{1-q} < 2\,N\,,$$

wobei die Konstante auf der rechten Seite dieser Ungleichung nicht von n abhängt. Aus der Abschätzung (12) mit (13) in Satz 2 ergibt sich damit schließlich die Beziehung (22).

Bemerkung. Benutzen wir an Stelle von (12) die Formel (19), so folgt

$$\|x^* - \tilde{x}_n^*\| \leqq Q'\,\eta + Q''\,\varepsilon\,\|P\|\,; \tag{23}$$

die Konvergenzbedingungen (21) hat man in diesem Fall also durch

$$\lim_{n\to\infty} \eta = 0\,,\quad \lim_{n\to\infty} \varepsilon\,\|P\| = 0 \tag{24}$$

zu ersetzen. Hierbei ist nun die Bedingung III überflüssig. (Hingegen muß man Bedingung II voraussetzen, da sie in Satz 1 benutzt wurde; außerdem ist noch zu fordern, daß für alle $n = 1, 2, \ldots$ $q \leqq q_0 < 1$ gilt.)

1.5. Auf Grund von Satz 1 kann man aus der Lösbarkeit der exakten Gleichung auf die Lösbarkeit der approximierenden Gleichung schließen. Eine Aussage in umgekehrter Richtung enthält der folgende Satz.

Satz 4 (1.XIV). *Existiert für den Operator* $\tilde{K}$ *die lineare Inverse, sind die Bedingungen* I *und* II *erfüllt und gilt*

$$r = |\lambda|\,\eta(1 + |\lambda|\,\eta_1)\,\|\tilde{K}^{-1}\| + |\lambda|\,\eta_1(1 + \|\tilde{K}^{-1}\,P\,K\|) < 1\,, \tag{25}$$

so hat der Operator K eine lineare Linksinverse, deren Norm der Ungleichung

$$\|K^{-1}\| \leqq \frac{1 + \|\tilde{K}^{-1}\,P\| + |\lambda|\,\eta\,\|\tilde{K}^{-1}\| + \|\tilde{K}^{-1}\,P\,K\|}{1-r} \tag{26}$$

genügt.

Beweis. Es sei x^* ein beliebiges, von Null verschiedenes Element des Raumes $\mathbf{X}$. Offensichtlich ist x^* eine Lösung der Gleichung

$$K x = K x^* .$$

Nach Bedingung II gibt es ein Element $\tilde{x} \in \widetilde{\mathbf{X}}$ mit

$$\|H x^* - \tilde{x}\| \leqq \eta_1 \|x^*\| .$$

Wegen $x^* = \lambda H x^* + K x^*$ folgt daraus

$$\|x^* - \lambda \tilde{x}\| \leqq |\lambda| \eta_1 \|x^*\| + \|K x^*\| = \left(|\lambda| \eta_1 + \frac{\|K x^*\|}{\|x^*\|}\right) \|x^*\| .$$

Wir können also mit

$$\varepsilon = |\lambda| \eta_1 + \frac{\|K x^*\|}{\|x^*\|} \tag{27}$$

die Bemerkung 1 zu Satz 2 anwenden. Die approximierende Gleichung zu der hier betrachteten exakten hat die Gestalt

$$\widetilde{K} \tilde{x} = P K x^*$$

und die Lösung $\tilde{x}^* = \widetilde{K}^{-1} P K x^*$. Setzen wir nun in (19) den für ε erhaltenen Wert (27) ein, so ergibt sich

$$\begin{aligned}\|x^* - \widetilde{K}^{-1} P K x^*\| &\leqq \Big[|\lambda| \eta(1 + |\lambda| \eta_1 + \frac{\|K x^*\|}{\|x^*\|} \|\widetilde{K}^{-1}\| \\ &\quad + \left(|\lambda| \eta_1 + \frac{\|K x^*\|}{\|x^*\|}\right) (1 + \|\widetilde{K}^{-1} P K\|\Big] \|x^*\| \\ &= [|\lambda| \eta(1 + |\lambda| \eta_1) \|\widetilde{K}^{-1}\| + |\lambda| \eta_1(1 + \|\widetilde{K}^{-1} P K\|)] \|x^*\| \\ &\quad + [|\lambda| \eta \|\widetilde{K}^{-1}\| + 1 + \|\widetilde{K}^{-1} P K\|] \|K x^*\| .\end{aligned}$$

Daraus folgt

$$\begin{aligned}\|x^*\| &\leqq \|x^* - \widetilde{K}^{-1} P K x^*\| + \|\widetilde{K}^{-1} P\| \|K x^*\| \leqq r \|x^*\| \\ &\quad + [1 + \|\widetilde{K}^{-1} P\| + |\lambda| \eta \|\widetilde{K}^{-1}\| + \|\widetilde{K}^{-1} P K\|] \|K x^*\|\end{aligned}$$

oder

$$\|K x^*\| \geqq \frac{1 - r}{1 + \|\widetilde{K}^{-1} P\| + |\lambda| \eta \|\widetilde{K}^{-1}\| + \|\widetilde{K}^{-1} P K\|} \|x^*\| = Q \|x^*\| .$$

Wegen $r < 1$ ist $Q > 0$, und aus den Ergebnissen von Abschnitt V.2.4 folgt die Behauptung.

Folgerung. *Genügt der Operator K der folgenden Bedingung:*

($\overline{\mathrm{A}}$) *Aus der Eindeutigkeit der Lösung der Gleichung* (1) *folgt ihre Lösbarkeit für jede rechte Seite, so existiert unter den Voraussetzungen von Satz 4 die zweiseitige Inverse K^{-1}.*

1.6. Ist die Bedingung III nur mit einer sehr großen Konstanten η_2 erfüllbar — dies bedeutet, daß sich die rechte Seite der Gleichung (1) nicht gut durch Elemente aus $\widetilde{\mathbf{X}}$ approximieren läßt —, so verliert die Fehlerabschätzung (12) für die Näherungslösung naturgemäß an Wert. In diesem Falle erweist sich eine „Regularisierung" des freien

Gliedes als zweckmäßig. Dazu ersetzen wir in Gleichung (1) die Unbekannte x mittels der Beziehung $x = y + z$ durch z. Als neue Gleichung (bezüglich z) ergibt sich dann

$$K z = y' \qquad (y' = \lambda H y), \tag{28}$$

deren rechte Seite wegen Bedingung II bereits „regulär" ist.

Die zu (28) gehörige approximierende Gleichung lautet

$$\tilde{K} \tilde{z} = \lambda P H y. \tag{29}$$

Bezeichnet $\tilde{z}^*$ eine Lösung von (29), dann liegt es nahe, das Element

$$x' = y + \tilde{z}^* \tag{30}$$

als Näherungslösung der Gleichung (1) anzusehen. Da für die Lösung z^* der Gleichung (28)

$$\|x^* - x'\| = \|z^* - \tilde{z}^*\|$$

gilt, kann man auf Grund von Satz 2 eine Fehlerabschätzung für die Näherungslösung (30) finden. Für η_2 hat man dabei die Größe $|\lambda|\,\eta_1$ zu nehmen.[1] Die folgende unmittelbare Betrachtung dieses Falles liefert jedoch eine genauere Abschätzung.

Satz 5 (1.XIV). *Sind die Bedingungen* I *und* II *erfüllt und existieren die lineare Inverse* $\tilde{K}^{-1}$ *und eine Lösung* x^* *der Gleichung* (1), *dann gilt*

$$\|x^* - x'\| \leqq p'\|x^*\| \tag{31}$$

mit

$$p' = |\lambda|\,[\eta_1(1 + \|\tilde{K}^{-1} P K\|) + |\lambda|\,\eta\,\|\tilde{K}^{-1}\|\,(\|H\| + \eta_1)]. \tag{32}$$

Beweis. Wegen

$$z^* = \lambda H z^* + \lambda H y = \lambda H x^* \tag{33}$$

existiert nach Bedingung II ein Element $\tilde{z} \in \tilde{\mathbf{X}}$, für das die Ungleichung

$$\|z^* - \tilde{z}\| \leqq |\lambda|\,\eta_1\,\|x^*\| \tag{34}$$

besteht. Wir setzen

$$\tilde{z}_0 = \tilde{K}^{-1} P K \tilde{z}.$$

Auf Grund der Beziehung

$$\tilde{K} \tilde{z}^* = P K z^*,$$

d. h.

$$\tilde{z}^* = \tilde{K}^{-1} P K z^*,$$

ergibt sich dann

$$\|\tilde{z}^* - \tilde{z}_0\| \leqq \|\tilde{K}^{-1} P K\|\,\|z^* - \tilde{z}\| \leqq |\lambda|\,\eta_1\,\|\tilde{K}^{-1} P K\|\,\|x^*\|. \tag{35}$$

Aus Bedingung I, (34) und (33) findet man weiter

$$\|\tilde{z} - \tilde{z}_0\| \leqq \|\tilde{K}^{-1}\|\,\|\tilde{K}\tilde{z} - P K \tilde{z}\| \leqq |\lambda|\,\eta\,\|\tilde{K}^{-1}\|\,\|\tilde{z}\|$$
$$\leqq |\lambda|\,\eta\,\|\tilde{K}^{-1}\|\,[\|z^*\| + \|\tilde{z} - z^*\|] \leqq |\lambda|\,\eta\,\|\tilde{K}^{-1}\|\,(|\lambda|\,\|H\| + |\lambda|\,\eta_1)\|x^*\|,$$

also zusammen mit (34) und (35) schließlich

$$\|x^* - x'\| \leqq \|z^* - \tilde{z}\| + \|\tilde{z} - \tilde{z}_0\| + \|\tilde{z}_0 - \tilde{z}^*\|$$
$$\leqq [|\lambda|\,\eta_1 + |\lambda|^2\,\eta\,\|\tilde{K}^{-1}\|\,(\|H\| + \eta_1) + |\lambda|\,\eta_1\,\|\tilde{K}^{-1} P K\|]\,\|x^*\| = p'\,\|x^*\|,$$

was zu zeigen war.

Entsprechend kann man im vorliegenden Falle auch die Aussage von Satz 4 verschärfen.

---

[1]) Oder auch die gegebenenfalls kleinere Größe $|\lambda|\,\eta_1^*$, falls für ein gewisses $y \in \mathbf{X}$ die Ungleichung

$$\|H y - \tilde{y}\| \leqq \eta_1^*\,\|y\|$$

gilt. Ist also die zweite der Bedingungen (21) erfüllt, so kann man das Erfülltsein der dritten Bedingung stets erreichen.

1.7. Für den folgenden Abschnitt ist es wichtig, die den Operator H approximierenden Operatoren als Folge genau zu kennzeichnen; wir verwenden daher die Bezeichnungen $\tilde{H}_n$ bzw. $\tilde{K}_{\lambda,n}$ und $\tilde{K}_{\lambda,n}^{-1}$. Es wird hier untersucht, ob sich die charakteristischen Zahlen der Operatoren $\tilde{H}_n$ gegen die des Operators H häufen. Dabei beschränken wir uns auf den Fall, daß die Operatoren H und $\tilde{H}_n$ sämtlich vollstetig sind, ihre charakteristischen Zahlen also diskrete Mengen bilden.

Zunächst folgt unter den Voraussetzungen von Satz 3, daß sich die charakteristischen Zahlen der Operatoren $\tilde{H}_n$ nur gegen die charakteristischen Zahlen des Operators H häufen können. Um dies zu sehen, betrachten wir in der λ-Ebene den Kreis C_0 mit Radius R und Mittelpunkt im Ursprung. $\lambda_1, \lambda_2, \ldots, \lambda_m$ seien die charakteristischen Zahlen des Operators H innerhalb dieses Kreises. D bezeichne dasjenige abgeschlossene Gebiet, das aus C_0 entsteht, wenn wir aus ihm zu jedem Punkt $\lambda_1, \lambda_2, \ldots, \lambda_m$ eine δ-Umgebung entfernen. In D existiert der Operator K_λ^{-1} $(K_\lambda = I - \lambda H)$ und seine Norm $||K_\lambda^{-1}||$ ist als Funktion von λ beschränkt. Dann sind aber dort nach Satz 3 für hinreichend große n auch die Größen $||\tilde{K}_{\lambda,n}^{-1}||$ $(\tilde{K}_{\lambda,n} = \tilde{I} - \lambda \tilde{H}_n)$ unabhängig von n beschränkt. Deshalb können unter diesen Bedingungen die charakteristischen Zahlen der Operatoren $\tilde{H}_n$ nur in den δ-Umgebungen der Punkte $\lambda_1, \lambda_2, \ldots, \lambda_m$ oder außerhalb von C_0 liegen. Haben sie also für $n \to \infty$ einen endlichen Häufungspunkt, so muß dieser mit einer der charakteristischen Zahlen des Operators H zusammenfallen.

Andererseits ist aber auch jede charakteristische Zahl des Operators H Häufungspunkt charakteristischer Zahlen der Operatoren $\tilde{H}_n$. Wäre nämlich eine gewisse charakteristische Zahl λ_k des Operators H kein Häufungspunkt, so würden für hinreichend große n in einer kreisförmigen Umgebung dieses Punktes λ_k mit dem Rand C_k keine charakteristischen Zahlen der Operatoren H_n liegen. Auf dem Rand C_k ist die Funktion $||K_\lambda^{-1}||$ beschränkt, deshalb ist wegen (11) dort auch $||\tilde{K}_{\lambda,n}^{-1}||$ beschränkt. Dann muß die Funktion $||\tilde{K}_{\lambda,n}^{-1}||$ aber auch innerhalb dieses Kreises durch die gleiche Konstante beschränkt sein, was man durch Anwendung des Maximumprinzips auf die analytische Funktion $\varphi(\lambda) = f(\tilde{K}_{\lambda,n}^{-1}\tilde{x})$ (f beliebiges Funktional im Raum $\tilde{\mathbf{X}}$, $\tilde{x}$ beliebiges Element dieses Raumes) unschwer erkennt. Aus Satz 4 würde deshalb folgen, daß der Operator K_λ^{-1} in der vollen Umgebung des Punktes λ_k existiert, was unserer Voraussetzung widerspricht.

Die Konvergenz der Eigenwerte und Eigenelemente ist für konkrete Näherungsverfahren in [164] ausführlich untersucht worden (siehe auch Michlin [148]). Vom Standpunkt der allgemeinen Theorie der Näherungsverfahren wurde diese Frage in [190] und ein Spezialfall in [117b] behandelt. Gewisse Verallgemeinerungen findet man in [146]. Allgemeinere Betrachtungen über stetige Abhängigkeiten des Spektrums finden sich auch in der Arbeit [156].

1.8. Wir betrachten jetzt einen wichtigen Spezialfall, in dem sich die oben bewiesenen Sätze einfacher formulieren lassen.

Oft bildet man die approximierende Gleichung (2) mit dem Operator $\tilde{H} = PH$.[1] Gleichung (2) hat in diesem Fall die Gestalt

$$\tilde{x} = \lambda P H \tilde{x} = P y \qquad (\tilde{K} = P K) . \tag{36}$$

Dann ist die Bedingung I offensichtlich für $\eta = 0$ erfüllt. Deshalb erhalten die Konstanten in Satz 1 die Form

$$q = |\lambda|\, \eta_1\, ||P K||\, ||K^{-1}||\,, \qquad N = (1 + |\lambda|\, \eta_1\, ||K^{-1}|| \tag{37}$$

[1] Den Operator H hat man dabei als Abbildung von $\tilde{\mathbf{X}}$ in $\mathbf{X}$ anzusehen.

und in Satz 2 ergibt sich

$$p = (\eta_1 |\lambda| + \eta_2 \|K\|)\,(1 + \|\tilde{K}^{-1}\, P\, K\|)\,. \tag{38}$$

Die Bedingung (21) von Satz 3 reduziert sich zu

$$\lim_{n\to\infty} \eta_1 \|P\| = \lim_{n\to\infty} \eta_2 \|P\| = 0\,, \tag{39}$$

und in Satz 4 wird schließlich

$$r = |\lambda|\, \eta_1 (1 + \|K^{-1}\, P\, K\|)\,, \qquad \|K^{-1}\| \leqq \frac{1 + \|\tilde{K}^{-1}\, P\| + \|\tilde{K}^{-1}\, P\, K\|}{1 - r}\,. \tag{40}$$

Wir geben jetzt Bedingungen an, unter denen im Fall $\tilde{H} = P\,H$ die Beziehungen (39) erfüllt sind, somit nach Satz 3 die Folge der Näherungslösungen gegen die exakte Lösung konvergiert. Dazu sei eine Folge von Operatoren P_n gegeben, die $\mathbf{X}$ auf die Teilräume $\tilde{\mathbf{X}}_n$ abbilden. Jedem P_n entspricht dann eine approximierende Gleichung der Form (36).

Satz 6 (1.XIV). *Es seien die folgenden Bedingungen erfüllt:*

1. *Der Raum* $\mathbf{X}$ *ist vollständig.*
2. *Es gilt* $P_n \to I$ *auf* $\mathbf{X}$, *d. h.* $\lim\limits_{n\to\infty} P_n\, x = x$ $(x \in \mathbf{X})$.
3. *Der Operator* H *ist vollstetig.*

Dann kann man die Konstanten $\eta_1^{(n)}$ und $\eta_2^{(n)}$ in den Bedingungen II und III derart wählen, daß für $n \to \infty$ die Folgen $\{\eta_1^{(n)}\}$ und $\{\eta_2^{(n)}\}$ gegen Null konvergieren.

Beweis. Es bezeichne E die Einheitskugel des Raumes $\mathbf{X}$. Die Menge $H(E)$ ist kompakt; deshalb gilt in $H(E)$ nach dem Satz von GELFAND (IX.1.4) — siehe den Beweis für die Notwendigkeit — gleichmäßig $P_n \to I$. Für

$$\eta_1^{(n)} = \sup_{z \in H(E)} \|P_n\, z - z\| \qquad (n = 1, 2, \ldots)$$

folgt daraus

$$\eta_1^{(n)} \to 0.$$

Andererseits besteht für beliebiges $x \in \mathbf{X}$ die Ungleichung

$$\|P_n\, H\, x - H\, x\| \leqq \eta_1^{(n)}\, \|x\|\,.$$

Wegen $P_n\, H\, x \in \tilde{\mathbf{X}}$ ist die Bedingung II also für $\eta_1^{(n)}$ erfüllt.

Für $\eta_2^{(n)}$ können wir die Größe

$$\eta_2^{(n)} = \frac{\|P_n\, y - y\|}{\|y\|}$$

wählen. Offensichtlich strebt dann die Folge $\{\eta_2^{(n)}\}$ gegen Null.

Folgerung 1. *Ist unter den Voraussetzungen von Satz 6* λ *keine charakteristische Zahl des Operators* H, *so sind die Bedingungen von Satz 3 erfüllt; also konvergiert die Folge der Näherungslösungen* $\{\tilde{x}_n^*\}$ *gegen die exakte Lösung.*

Wegen der Bedingungen 1 und 2 von Satz 6 gilt nämlich $\sup_n \|P_n\| < \infty$ (s. Satz 1 (1.VII)), also besteht die Beziehung (39). Offensichtlich sind die Operatoren $\tilde{H}_n = P_n H$ vollstetig; deshalb genügen sie auch der Bedingung (A).

Folgerung 2. *Die charakteristischen Zahlen des Operators H sind die Häufungspunkte der Folgen der charakteristischen Zahlen der Operatoren H_n.*

Wir betrachten noch genauer den Fall eines endlichdimensionalen Raumes $\tilde{\mathbf{X}}$ (Dimension n). Jedes $\tilde{x} \in \tilde{\mathbf{X}}$ läßt sich dann eindeutig in der Form

$$\tilde{x} = c_1 \omega_1 + c_2 \omega_2 + \cdots + c_n \omega_n \tag{41}$$

darstellen, wobei die Elemente $\omega_1, \omega_2, \ldots, \omega_n$ eine Basis in $\tilde{\mathbf{X}}$ bilden.

Es sei $f_1, f_2, \ldots, f_n$ ein in $\tilde{\mathbf{X}}$ totales System linearer Funktionale, d. h., aus den Gleichungen

$$f_j(\tilde{x}) = 0 \qquad (j = 1, 2, \ldots, n)$$

folge stets $\tilde{x} = 0$.

Die approximierende Gleichung (36) ist dann dem Gleichungssystem

$$f_j(P K \tilde{x}) = f_j(P y) \qquad (j = 1, 2, \ldots, n)$$

äquivalent. Machen wir zur Lösung der Gleichung (36) einen Ansatz der Form (41), dann erhalten wir für die Koeffizienten c_k das folgende System linearer algebraischer Gleichungen:

$$\sum_{k=1}^{n} \alpha_{jk} c_k - \lambda \sum_{k=1}^{n} a_{jk} c_k = b_j \qquad (j = 1, 2, \ldots, n) \tag{42}$$

$$(\alpha_{jk} = f_j(\omega_k), \quad a_{jk} = f_j(P H \omega_k), \quad b_j = f_j(P y) \qquad (j, k = 1, 2, \ldots, n).$$

Das System (42) vereinfacht sich, wenn die Funktionale $f_1, f_2, \ldots, f_n$ biorthogonal zur Basis $\omega_1, \omega_2, \ldots, \omega_n$ sind:

$$c_j - \lambda \sum_{k=1}^{n} a_{jk} c_k = b_j \qquad (j = 1, 2, \ldots, n). \tag{43}$$

Ist insbesondere $\mathbf{X}$ ein Hilbert-Raum, P eine orthogonale Projektion und die Basis $\omega_1, \omega_2, \ldots, \omega_n$ orthogonal, dann ergibt sich

$$a_{jk} = f_j(P H \omega_k) = (PH \omega_k, \omega_j) = (H \omega_k, P \omega_j) = (H \omega_k, \omega_j) \quad (j, k = 1, 2, \ldots, n),$$

$$b_j = f_j(P y) = (P y, \omega_j) = (y, P \omega_j) = (y, \omega_j) \qquad (j = 1, 2, \ldots, n),$$

und die Gleichungen (42) erhalten die Form

$$c_j - \lambda \sum_{k=1}^{n} c_k(H \omega_k, \omega_j) = (y, \omega_j) \qquad (j = 1, 2, \ldots, n). \tag{44}$$

Das Gleichungssystem (42) nennen wir das *System des* Galerkin*schen Verfahrens* in abstrakter Form.[1])

Die oben entwickelte allgemeine Theorie läßt sich noch mehr vereinfachen, falls der Raum $\mathbf{X}$ mit $\tilde{\mathbf{X}}$ zusammenfällt. Dann sind die Bedingungen II und III offen-

[1]) Für nichtlineare Gleichungen wurde das Galerkinsche Verfahren in [130b] untersucht.

sichtlich für $\eta_1 = \eta_2 = 0$ erfüllt, und die Bedingung I besagt, daß sich die Operatoren H und $\tilde{H}$ (beide sind auf demselben Raum definiert) wenig voneinander unterscheiden:

$$\|H - \tilde{H}\| \leqq \eta .$$

Dieser Fall verdient jedoch vom Standpunkt einer allgemeinen Theorie der Näherungsverfahren kein besonderes Interesse, da für ihn die obigen Sätze durch einfachere Betrachtungen bewiesen werden können (vgl. Abschnitt V.2.6).

1.9. Oft betrachtet man die approximierende Gleichung bezüglich einer Methode nicht in einem Teilraum des Raumes $\mathbf{X}$, sondern in einem anderen Raum $\overline{\mathbf{X}}$, der dann jedoch meistens einem Teilraum von $\mathbf{X}$ isomorph ist.

Auf dem *vollständigen* Teilraum $\tilde{\mathbf{X}} \subset \mathbf{X}$ sei ein linearer Operator φ_0 definiert, der $\tilde{\mathbf{X}}$ eindeutig auf den *vollständigen* Raum $\overline{\mathbf{X}}$ abbildet. Daraus folgt insbesondere die Linearität des Operators φ_0^{-1}. Wir setzen weiter voraus, daß es zu φ_0 eine lineare Fortsetzung φ gibt, die den ganzen Raum $\mathbf{X}$ auf $\overline{\mathbf{X}}$ abbildet.

Bezeichnet P die in Abschnitt 1.1 eingeführte Projektion von $\mathbf{X}$ auf $\tilde{\mathbf{X}}$, so können wir für φ z. B. den Operator

$$\varphi = \varphi_0 P \tag{45}$$

nehmen. Durch Multiplikation beider Seiten dieser Gleichung mit φ_0^{-1} folgt

$$P = \varphi_0^{-1} \varphi . \tag{46}$$

Wegen der Eineindeutigkeit der Beziehung zwischen den Elementen der Räume $\tilde{\mathbf{X}}$ und $\overline{\mathbf{X}}$ untersuchen wir statt der approximierenden Gleichung (2) ihre äquivalente Gleichung im Raum $\overline{\mathbf{X}}$. Dazu setzen wir in (2) $\tilde{x} = \varphi_0^{-1} \bar{x}$ und wenden anschließend auf beide Seiten den Operator φ_0 an. Auf diese Weise entsteht die Gleichung

$$\bar{x} - \lambda \varphi_0 \tilde{H} \varphi_0^{-1} \bar{x} = \varphi_0 P y .$$

Bezeichnet $\overline{H}$ die Abbildung

$$\overline{H} = \varphi_0 \tilde{H} \varphi_0^{-1} \tag{47}$$

von $\overline{\mathbf{X}}$ in sich, so können wir unter Benutzung der Beziehung (45) die approximierende Gleichung in der Form

$$\overline{K} \bar{x} \equiv \bar{x} - \lambda \overline{H} \bar{x} = \varphi y \qquad (\overline{K} = \varphi_0 \tilde{K} \varphi_0^{-1}) \tag{48}$$

schreiben.

In den Anwendungen hat die approximierende Gleichung oft die Gestalt (48). Deshalb formulieren wir die grundlegenden Sätze dieses Paragraphen noch für die Operatoren $\overline{H}, \varphi$ (und $\overline{K}$). Zu diesem Zweck ersetzen wir P gemäß (46) überall durch $\varphi_0^{-1} \varphi$ und den Operator $\tilde{H}(\tilde{K})$ entsprechend (47) durch

$$\tilde{H} = \varphi_0^{-1} \overline{H} \varphi_0 \qquad (\tilde{K} = \varphi \overline{K} \varphi_0) . \tag{49}$$

Bedingung I erhält dann die Form

$$\|\varphi_0^{-1} \overline{H} \varphi_0 \tilde{x} - \varphi_0^{-1} \varphi H \tilde{x}\| \leqq \eta \|\tilde{x}\| \qquad (\tilde{x} \in \tilde{\mathbf{X}}) .$$

Diese Ungleichung besteht z. B., wenn die folgende Bedingung erfüllt ist:

Ia. Für jedes $\tilde{x} \in \tilde{X}$ gilt

$$||\bar{H}\,\varphi_0\,\tilde{x} - \varphi\,H\,\tilde{x}|| \leqq \bar{\eta}||\tilde{x}||\,.$$

Dabei können wir für η in Bedingung I die Größe

$$\eta = \bar{\eta}||\varphi_0^{-1}|| \tag{50}$$

nehmen.

Da die Bedingungen II und III die Operatoren $\tilde{H}$ und P nicht betreffen, bleiben sie im jetzt betrachteten Fall unverändert.

Satz 1 läßt sich jetzt folgendermaßen formulieren:

Satz 1a (1.XIV). *Es seien die Bedingungen* Ia *und* II *erfüllt und der Operator* K *habe eine lineare Inverse. Dann folgt aus*

$$\bar{q} = |\lambda|\,[\bar{\eta}\,(1 + |\lambda|\,\eta_1)\,||\varphi_0^{-1}|| + \eta_1\,||\varphi_0^{-1}\,\varphi\,K||]\,||\bar{K}^{-1}|| < 1\,,$$

daß die Gleichung

$$\bar{K}\,\bar{x} = \bar{y} \tag{51}$$

für jede rechte Seite $\bar{y} \in \bar{X}$ *eine Lösung* $\bar{x}^*$ *besitzt. Dabei gilt*

$$||\bar{x}^*|| = \frac{N}{1-\bar{q}}\,||\bar{y}|| \tag{52}$$

mit

$$\bar{N} = (1 + |\lambda|\,\eta_1)\,||\varphi_0||\,||\varphi_0^{-1}||\,||\bar{K}^{-1}||\,. \tag{53}$$

Die Gleichung (51) ist nämlich äquivalent zu

$$\tilde{K}\,\tilde{x} = \varphi_0^{-1}\,\bar{y} \qquad (\tilde{x} = \varphi_0^{-1}\,\bar{x})\,,$$

für deren Lösung $\tilde{x}^*$ Ungleichung (8) besteht. Wegen $\bar{x}^* = \varphi_0\,\tilde{x}^*$ erhalten wir daraus die Abschätzung (52).

Die Folgerung aus Satz 1 bleibt ebenfalls richtig, wenn man nur q durch $\bar{q}$, N durch $\bar{N}$ und $\tilde{K}^{-1}$ durch $\bar{K}^{-1}$ ersetzt.

Bezeichnet $\bar{x}^*$ eine Lösung der Gleichung (48), so ist $\tilde{x}^* = \varphi_0^{-1}\,\bar{x}^*$ eine Näherungslösung der Gleichung (1). Die Fehlerabschätzung für diese Näherungslösung ergibt sich nach den entsprechenden Änderungen in der Formulierung aus Satz 2.

Satz 2a (1.XIV). *Sind die Bedingungen* Ia, II *und* III *erfüllt, existiert außerdem der lineare Operator* $\bar{K}^{-1}$ *und hat die Gleichung* (1) *eine Lösung* x^*, *so gilt die Abschätzung*

$$||x^* - \varphi_0^{-1}\,\bar{x}^*|| \leqq \bar{p}\,||x^*|| \tag{54}$$

mit

$$\bar{p} = (1 + \varepsilon)\,|\lambda|\,\bar{\eta}\,||\varphi_0^{-1}\,\bar{K}^{-1}|| + \varepsilon(1 + ||\varphi_0^{-1}\,\bar{K}^{-1}\,\varphi\,K||) \tag{55}$$

und

$$\varepsilon \leqq \eta_1\,|\lambda| + \eta_2\,||K||\,.$$

Die Ungleichung (54) *bleibt auch richtig, wenn man für* $\bar{p}$ *den Wert*

$$\bar{p} = 2\,|\lambda|\,\bar{\eta}||\varphi_0^{-1}||\,||\varphi_0^{-1}\,\bar{K}^{-1}\,\varphi_0|| + \varepsilon(1 + ||\varphi_0^{-1}\,\bar{K}^{-1}\,\varphi\,K||) \tag{56}$$

einsetzt.

Die zuletzt angegebene Möglichkeit der Wahl von $\bar{p}$ folgt unmittelbar aus (13), hingegen erfordert die Gleichung (55) eine kleine zusätzliche Betrachtung. Mit den Bezeichnungen des Beweises von Satz 2 erhalten wir wegen der Bedingung I a

$$\|\tilde{x} - \tilde{x}_0\| = \|\varphi_0^{-1} \bar{K}^{-1} \bar{K} \varphi_0 \tilde{x} - \varphi_0^{-1} \bar{K}^{-1} \varphi_0 \varphi_0^{-1} \varphi K \tilde{x}\| \leqq$$
$$\leqq \|\varphi_0^{-1} \bar{K}^{-1}\| \, \|\bar{K} \varphi_0 \tilde{x} - \varphi K \tilde{x}\| \leqq |\lambda| \, \bar{\eta} \, \|\varphi_0^{-1} \bar{K}^{-1}\| \, \|\tilde{x}\| .$$

Benutzen wir diese Abschätzung an Stelle von (17), so ergibt sich (55).

Nach entsprechenden Änderungen in der Formulierung bleiben auch die Bemerkungen zu Satz 2 richtig.

Der Satz 3 über die Konvergenz der Folge der Näherungslösungen erhält in dem hier betrachteten Fall schließlich die Form:

Satz 3a (1.XIV). *Sind die folgenden Bedingungen erfüllt:*

1. *Der Operator K hat eine lineare Inverse.*
2. *Der Operator $\bar{K}$ genügt der Bedingung* (A) (*für jedes $n = 1, 2, \ldots$*).
3. *Für jedes $n = 1, 2, \ldots$ sind die Bedingungen* I a, II *und* III *erfüllt und es gilt*

$$\lim_{n\to\infty} \bar{\eta} \, \|\varphi_0^{-1}\| = \lim_{n\to\infty} \eta_1 \, \|\varphi_0^{-1} \varphi\| = \lim_{n\to\infty} \eta_2 \, \|\varphi_0^{-1} \varphi\| = 0 , \tag{57}$$

dann hat die approximierende Gleichung (48) *für hinreichend große n eine Lösung, und die Folge dieser Näherungslösungen konvergiert gegen die exakte Lösung. Dabei besteht für $\tilde{x}_n^* = \varphi_0^{-1} x_n^*$ die Abschätzung*

$$\|x^* - \tilde{x}_n^*\| \leqq \bar{Q} \, \bar{\eta} \, \|\varphi_0^{-1}\| + \bar{Q}_1 \eta_1 \, \|\varphi_0^{-1} \varphi\| + \bar{Q}_2 \eta_2 \, \|\varphi_0^{-1} \varphi\| \tag{58}$$

mit 3 Konstanten $\bar{Q}$, $\bar{Q}_1$, $\bar{Q}_2$.

Genügt nämlich $\bar{K}$ der Bedingung (A), so auch $\tilde{K} = \varphi_0^{-1} \bar{K} \varphi_0$. Unter Beachtung der Beziehungen (50) und (46) folgt, daß alle Voraussetzungen von Satz 3 erfüllt sind, aus dem sich unmittelbar die Behauptung ergibt.

Ohne auf die vollständige Übertragung von Satz 4 einzugehen, geben wir nur an, daß die Bedingung (25) die Gestalt

$$\bar{r} = |\lambda| \, [(1 + |\lambda| \, \eta_1) \, \bar{\eta} \, \|\varphi_0^{-1} \bar{K}^{-1}\| + \eta_1 \, \|\varphi_0^{-1} \bar{K}^{-1} \varphi K\|] < 1 \tag{59}$$

erhält und die Abschätzung (26) in

$$\|K^{-1}\| \leqq \frac{1 + \|\varphi_0^{-1} \bar{K}^{-1} \varphi\| + |\lambda| \bar{\eta} \, \|\varphi_0^{-1} \bar{K}^{-1}\| + \|\varphi_0^{-1} \bar{K}^{-1} \varphi K\|}{1 - \bar{r}} \tag{60}$$

übergeht. Das läßt sich durch dieselben Überlegungen wie bei Satz 4 beweisen, wenn man die Ungleichung (54) von Satz 2a mit $\bar{p}$ aus (55) benutzt.

Ersetzen wir die in (25) und (26) auftretenden Größen unmittelbar durch ihre entsprechenden Ausdrücke, so ergibt sich für $\bar{r}$ der Wert

$$\bar{r} = |\lambda| \, [(1 + |\lambda| \, \eta_1) \, \bar{\eta} \, \|\varphi_0^{-1}\| \, \|\varphi_0^{-1} \bar{K}^{-1} \varphi_0\| + \eta_1 \, (1 + \|\varphi_0^{-1} \bar{K}^{-1} \varphi K\|)] , \tag{61}$$

und an Stelle von (60) erhalten wir die Ungleichung

$$\|K^{-1}\| \leqq \frac{1 + \|\varphi_0^{-1} \bar{K}^{-1} \varphi\| + |\lambda| \bar{\eta} \|\varphi_0^{-1}\| \, \|\varphi_0^{-1} \bar{K}^{-1} \varphi_0\| + \|\varphi_0^{-1} \bar{K}^{-1} \varphi K\|}{1 - \bar{r}}$$

mit $\bar{r}$ aus (61).

§ 2. Gleichungen, die sich in solche zweiter Art überführen lassen

2.1. Wir untersuchen jetzt Gleichungen, auf deren linker Seite die identische Abbildung nicht auftritt und deren Operatoren darüber hinaus den gegebenen Raum in einen anderen normierten Raum abbilden. Dabei treffen wir jedoch die Voraussetzungen derart, daß sich diese Gleichungen in Gleichungen zweiter Art, wie wir sie im vorigen Paragraphen betrachtet haben, überführen lassen.

Es seien $\mathbf{X}$ und $\mathbf{Y}$ zwei normierte Räume, $\tilde{\mathbf{X}} \subset \mathbf{X}$ und $\tilde{\mathbf{Y}} \subset \mathbf{Y}$ zwei vollständige Teilräume. Weiterhin existiere ein linearer Operator Φ, der $\mathbf{Y}$ auf $\tilde{\mathbf{Y}}$ projiziert.

Wir betrachten wieder zwei Gleichungen, die exakte

$$K_1 x \equiv G x - \lambda T x = y_1 \tag{1}$$

und die ihr entsprechende approximierende Gleichung

$$\tilde{K}_1 \tilde{x} \equiv G \tilde{x} - \lambda \tilde{T} \tilde{x} = \Phi y_1 . \tag{2}$$

Dabei seien G und T (also auch K_1) lineare Operatoren von $\mathbf{X}$ in $\mathbf{Y}$ und $\tilde{T}$ (also auch $\tilde{K}_1$) ein linearer Operator von $\tilde{\mathbf{X}}$ in $\tilde{\mathbf{Y}}$. Weiterhin setzen wir noch voraus:

1. Der Operator G habe eine lineare Inverse;

2. der Operator G bilde $\tilde{\mathbf{X}}$ eineindeutig auf $\tilde{\mathbf{Y}}$ ab, d. h., es gelte $G(\tilde{\mathbf{X}}) = \tilde{\mathbf{Y}}$ und folglich $G^{-1}(\tilde{\mathbf{Y}}) = \tilde{\mathbf{X}}$.

Den Bedingungen I bis III des Paragraphen 1 entsprechen hier die folgenden:

Ib. Für jedes $\tilde{x} \in \tilde{\mathbf{X}}$ besteht die Ungleichung

$$\|\Phi T \tilde{x} - \tilde{T} \tilde{x}\| \leqq \mu \|\tilde{x}\| .$$

IIb. Zu jedem $x \in \mathbf{X}$ gibt es ein $\tilde{y} \in \tilde{\mathbf{Y}}$ mit

$$\|T x - \tilde{y}\| \leqq \mu_1 \|x\| .$$

IIIb. Es existiert ein Element $\tilde{y}_1 \in \tilde{\mathbf{Y}}$ mit

$$\|y_1 - \tilde{y}_1\| \leqq \mu_2 \|y_1\| .$$

Unter den getroffenen Voraussetzungen lassen sich die Gleichungen (1) und (2) auf solche zweiter Art zurückführen. Um das zu sehen, wenden wir auf beide Seiten von (1) und (2) den Operator G^{-1} an. Dann ergibt sich

$$K x \equiv G^{-1} K_1 x \equiv x - \lambda G^{-1} T x = G^{-1} y_1 , \tag{3}$$

$$\tilde{K} \tilde{x} \equiv G^{-1} \tilde{K}_1 \tilde{x} \equiv \tilde{x} - \lambda G^{-1} \tilde{T} \tilde{x} = G^{-1} \Phi y_1 . \tag{4}$$

Die Gleichungen (3) und (4) haben die Form der Gleichungen (1) und (2) des Paragraphen 1, wobei an die Stelle der Operatoren H, $\tilde{H}$, $P(K, \tilde{K})$ die Operatoren $G^{-1} T$, $G^{-1} \tilde{T}$, $G^{-1}\Phi G$ $(G^{-1} K_1, G^{-1} \tilde{K}_1)$ treten und y durch $G^{-1} y_1$ zu ersetzen ist.

Wir zeigen, daß für die Operatoren der Gleichungen (3) und (4) aus der Gültigkeit von Ib, IIb bzw. IIIb auch das Erfülltsein der entsprechenden Bedingung I, II bzw. III des vorigen Paragraphen folgt.

I. Aus I b erhalten wir

$$\|P H \tilde{x} - \tilde{H} \tilde{x}\| = \|G^{-1} \Phi G G^{-1} T \tilde{x} - G^{-1} \tilde{T} \tilde{x}\| \leqq \|G^{-1}\| \mu \|\tilde{x}\| .$$

II. Zu $x \in \mathbf{X}$ existiert nach II b ein $\tilde{y} \in \tilde{\mathbf{Y}}$ mit der dort angegebenen Eigenschaft. Für $\tilde{x} = G^{-1} \tilde{y}$ ergibt sich dann

$$\|H x - \tilde{x}\| = \|G^{-1} T x - G^{-1} \tilde{y}\| \leqq \|G^{-1}\| \mu_1 \|x\| .$$

III. Genügt $\tilde{y}_1$ der Bedingung III b, dann gilt für das Element $\tilde{y} = G^{-1} \tilde{y}_1$

$$\|y - \tilde{y}\| = \|G^{-1} y_1 - G^{-1} \tilde{y}_1\| \leqq \|G^{-1}\| \mu_2 \|y_1\| \leqq \|G^{-1}\| \|G\| \mu_2 \|y\| .$$

Die Konstanten η, η_1, η_2 der Bedingungen I, II und III lassen sich also folgendermaßen durch μ, μ_1, μ_2 ausdrücken:

$$\eta = \mu \|G^{-1}\| , \qquad \eta_1 = \mu_1 \|G^{-1}\| , \qquad \eta_2 = \mu_2 \|G^{-1}\| \|G\| . \tag{5}$$

Bemerkung. An Stelle von II b und III b können wir auch fordern, daß Elemente $\tilde{x} \in \tilde{\mathbf{X}}$ und $\tilde{y} \in \tilde{\mathbf{Y}}$ existieren, für welche die Ungleichungen

$$\|G^{-1} T x - \tilde{x}\| \leqq \mu_1' \|x\| , \quad \|G^{-1} y_1 - \tilde{y}\| \leqq \mu_2' \|G^{-1} y_1\| \tag{6}$$

bestehen. Dann sind die Bedingungen II bzw. III mit $\eta_1 = \mu_1'$ bzw. $\eta_2 = \mu_2'$ erfüllt.

Aus den Sätzen des vorangehenden Paragraphen ergeben sich jetzt entsprechende Sätze für die Gleichungen (3) und (4) oder die ihnen äquivalenten Gleichungen (1) und (2). Bevor wir diese formulieren, treffen wir noch folgende vereinfachende Voraussetzung:

Die Normen in den Räumen **X** und **Y** seien so gewählt, daß die Beziehungen

$$\|x\|_{\mathbf{X}} = \|G x\|_{\mathbf{Y}} ; \qquad \|y\|_{\mathbf{Y}} = \|G^{-1} y\|_{\mathbf{X}} \qquad (x \in \mathbf{X},\ y \in \mathbf{Y}) \tag{7}$$

bestehen. Die Abbildung G ist dann offensichtlich isometrisch ($\|G\| = \|G^{-1}\| = 1$) und es gilt

$$\|P\| = \|\Phi\| , \quad \|K\| = \|K_1\| , \quad \|\tilde{K}\| = \|\tilde{K}_1\| , \quad \|H\| = \|T\| , \quad \|\tilde{H}\| = \|\tilde{T}\| . \tag{8}$$

2.2. Wir formulieren jetzt die grundlegenden Sätze des Paragraphen 1 für die Gleichungen (1) und (2).

Satz 1b (2.XIV). *Sind die Bedingungen* I b *und* II b *erfüllt, existiert außerdem der lineare Operator* K_1^{-1} *und ist*

$$q = |\lambda| \, [(1 + |\lambda| \mu_1) \mu + \mu_1 \|\Phi K_1\|] \, \|K_1^{-1}\| < 1 , \tag{9}$$

dann hat die Gleichung

$$\tilde{K}_1 \tilde{x} = \tilde{y} \tag{10}$$

für jede rechte Seite $\tilde{y} \in \tilde{\mathbf{Y}}$ *eine Lösung* $\tilde{x}$, *und für diese gilt*

$$\|\tilde{x}\| \leqq \frac{N}{1 - q} \|\tilde{y}\| \tag{11}$$

mit

$$N = (1 + |\lambda| \mu_1) \|K_1^{-1}\| . \tag{12}$$

Folgerung. *Genügt der Operator $\tilde{K}_1$ der Bedingung* (A) *(ist also z. B. $G^{-1}\tilde{T}$ vollstetig), so existiert die lineare Inverse $\tilde{K}_1^{-1}$ und es gilt*

$$\|\tilde{K}_1^{-1}\| \leqq \frac{N}{1-q} \,. \tag{13}$$

Satz 2b (2.XIV). *Sind die Bedingungen* Ib, IIb *und* IIIb *erfüllt, existiert außerdem der lineare Operator $\tilde{K}_1^{-1}$ (das ist z. B. unter den Voraussetzungen von Satz 1b und seiner Folgerung der Fall) und hat die Gleichung* (1) *eine Lösung x^*, so besteht für die Lösung $\tilde{x}^*$ der Gleichung* (2) *die Abschätzung*

$$\|x^* - \tilde{x}^*\| \leqq p\,\|x^*\| \tag{14}$$

mit

$$p = 2\,|\lambda|\,\mu\,\|\tilde{K}_1^{-1}\| + (\mu_1|\lambda| + \mu_2\|K_1\|)\,(1 + \|\tilde{K}_1^{-1}\,\Phi\,K_1\|)\,. \tag{15}$$

Bemerkung. Gibt es ein Element $\tilde{x} \in \tilde{\mathrm{X}}$, für das

$$\|x^* - \tilde{x}\| \leqq \varepsilon\,\|x^*\| \tag{16}$$

gilt, so bleibt die Abschätzung (14) auch ohne die Voraussetzungen IIb und IIIb richtig, wenn man für p in diesem Fall die Größe

$$p = 2\,|\lambda|\,\mu\,\|\tilde{K}_1^{-1}\| + \varepsilon(1 + \|\tilde{K}_1^{-1}\,\Phi\,K_1\|) \tag{17}$$

nimmt.

Satz 3b (2.XIV). *Sind für jedes $n = 1, 2, \ldots$ die Bedingungen* Ib, IIb *und* IIIb *erfüllt, genügt der Operator $\tilde{K}_1$ der Bedingung* (A), *hat der Operator K_1 eine lineare Inverse und bestehen die Beziehungen*

$$\lim_{n\to\infty} \mu = \lim_{n\to\infty} \mu_1\,\|\Phi\| = \lim_{n\to\infty} \mu_2\,\|\Phi\| = 0\,, \tag{18}$$

dann konvergiert die Folge der Näherungslösungen[1]) *gegen die Lösung x^* der Gleichung* (1), *und es gilt*

$$\|x^* - \tilde{x}_n^*\| \leqq Q\,\mu + Q_1\,\mu_1\,\|\Phi\| + Q_2\,\mu_2\,\|\Phi\|\,. \tag{19}$$

Satz 4b (2.XIV). *Existiert der lineare Operator $\tilde{K}_1^{-1}$, sind die Bedingungen* Ib *und* IIb *erfüllt und ist außerdem*

$$r = |\lambda|\,\mu(1 + |\lambda|\,\mu_1)\,\|\tilde{K}_1^{-1}\| + |\lambda|\,\mu_1(1 + \|\tilde{K}_1^{-1}\,\Phi\,K_1\|) < 1\,, \tag{20}$$

dann hat der Operator K_1 eine lineare Linksinverse, deren Norm der Ungleichung

$$\|K_1^{-1}\| \leqq \frac{1 + \|\tilde{K}_1^{-1}\,\Phi\| + |\lambda|\,\mu\|\,\tilde{K}_1^{-1}\| + \|\tilde{K}_1^{-1}\,\Phi\,K_1\|}{1-r} \tag{21}$$

genügt.

2.3. Wir betrachten schließlich wieder den Spezialfall, daß die approximierende Gleichung durch Projektion aus der exakten Gleichung hervorgeht. Mit anderen Worten, die approximierende Gleichung ergibt sich, indem man auf beide Seiten von (1) den Operator Φ anwendet:

$$\tilde{K}_1\,\tilde{x} \equiv \Phi\,K_1\,\tilde{x} \equiv \Phi\,G\,\tilde{x} - \lambda\,\Phi\,T\,\tilde{x} = \Phi\,y_1; \tag{22}$$

im besonderen gilt also $\tilde{T} = \Phi\,T$.

---

[1]) Unter einer Näherungslösung verstehen wir hier wieder eine Lösung der Gleichung (2).

Wegen der Beziehung

$$\|\tilde{T}\,\tilde{x} - \Phi\,T\,\tilde{x}\| = \|\Phi\,\tilde{T}\,\tilde{x} - \Phi\,\tilde{T}\,\tilde{x}\| = 0$$

ist dabei die Bedingung Ib für $\mu = 0$ erfüllt, und wir können in den oben formulierten Sätzen $\mu = 0$ setzen.

Aus Satz 6 (1.XIV) mit der Folgerung 1 erhalten wir für approximierende Gleichungen des hier betrachteten Typs schließlich noch den

Satz 6b (2.XIV). *Es sei eine Folge von approximierenden Gleichungen der Form* (22) *mit zugehörigen Projektionen* Φ_n *gegeben. Ferner seien die folgenden Bedingungen erfüllt:*

1. *Der Raum* **X** *ist vollständig.*
2. *Es gilt* $\Phi_n \to I$ *auf* **Y**.
3. *Der Operator* $G^{-1}\,T$ *ist vollstetig.*

Falls die Inverse K_1^{-1} *existiert, dann sind die approximierenden Gleichungen für hinreichend große* n *lösbar, und die Folge dieser Näherungslösungen konvergiert gegen die exakte Lösung.*

§ 3. Anwendungen auf unendliche Gleichungssysteme[1])

3.1. Es sei das unendliche Gleichungssystem

$$\xi_j - \lambda \sum_{k=1}^{\infty} a_{jk}\,\xi_k = b_j \qquad (j = 1, 2, \ldots) \tag{1}$$

mit

$$\sum_{j,k=1}^{\infty} |a_{jk}|^2 < \infty\,, \qquad \sum_{j=1}^{\infty} |b_j|^2 < \infty \tag{2}$$

gegeben. Wir suchen eine Lösung dieses Systems, die der Bedingung

$$\sum_{k=1}^{\infty} |\xi_k|^2 < \infty \tag{3}$$

genügt. Häufig benutzt man dazu die sog. *Reduktionsmethode* (auch „Abschnittsverfahren“ genannt), d. h., man ersetzt das System (1) durch das folgende System von n Gleichungen mit n Unbekannten

$$\xi_j - \lambda \sum_{k=1}^{n} a_{jk}\,\xi_k = b_j \qquad (j = 1, 2, \ldots, n) \tag{4}$$

und sieht die Lösung dieses Systems als Näherungslösung für das Ausgangssystem (1) an.

Uns interessieren hier Fehlerabschätzungen für diese Näherungslösung und die Frage der Konvergenz der Folge der Näherungslösungen für $n \to \infty$ gegen die exakte Lösung.

---

[1]) Bezüglich unendlicher Gleichungssysteme siehe Riesz [38a], Hellinger und Toeplitz [17] sowie Kantorowitsch-Krylow [21].

Um die allgemeine Theorie anwenden zu können, betrachten wir den Raum $\mathbf{X} = \mathbf{l}^2$. Dann läßt sich das System (1) in Form einer Gleichung in $\mathbf{X}$ schreiben:

$$Kx \equiv x - \lambda H x = y \qquad (x = \{\xi_n\},\ y = \{b_n\})\,. \tag{5}$$

H bezeichnet dabei den durch die Matrix des Systems

$$z = H x\,, \quad \zeta_j = \sum_{k=1}^{\infty} a_{jk}\xi_k \qquad (j = 1, 2, \ldots;\ x = \{\xi_n\},\ z = \{\zeta_n\})$$

definierten linearen (und vollstetigen — siehe X.1.2) Operator in $\mathbf{l}^2$.

Für $\overline{\mathbf{X}}$ nehmen wir den endlichdimensionalen euklidischen Raum $\mathbf{l}_n^2$ und für $\widetilde{\mathbf{X}}$ die Gesamtheit aller Elemente aus $\mathbf{l}^2$, deren Koordinaten von der $(n + 1)$-ten an alle gleich Null sind. Die Bedeutung der Operatoren φ_0 und φ_0^{-1} ist dann unmittelbar klar; der Operator φ ordnet dem Element $x = \{\xi_m\} \in \mathbf{l}^2$ das Element

$$\bar{x} = \varphi x = (\xi_1, \xi_2, \ldots, \xi_n) \in \mathbf{l}_n^2$$

zu. Offensichtlich gilt

$$\|\varphi\| = \|\varphi_0\| = \|\varphi_0^{-1}\| = 1\,.$$

Das System (4) läßt sich jetzt zusammengefaßt als eine Gleichung im Raum $\overline{\mathbf{X}}$ schreiben:

$$\overline{K}\,\bar{x} \equiv \bar{x} - \lambda \overline{H}\,\bar{x} = \varphi y\,, \tag{6}$$

wobei $\overline{H}$ den durch die „abgeschnittene" Matrix

$$A_n = \begin{pmatrix} a_{11} & a_{12} & \ldots & a_{1n} \\ a_{21} & a_{22} & \ldots & a_{2n} \\ \cdot & \cdot & \cdot & \cdot \\ \cdot & \cdot & \cdot & \cdot \\ a_{n1} & a_{n2} & \ldots & a_{nn} \end{pmatrix}$$

definierten Operator bezeichnet.

Wir zeigen, daß hierfür die Bedingungen Ia, II und III erfüllt sind. Für beliebiges $\tilde{x} = (\xi_1, \xi_2, \ldots, \xi_n, 0, \ldots) \in \widetilde{\mathbf{X}}$ gilt

$$\bar{z} = \varphi H \tilde{x} - \overline{H} \varphi_0 \tilde{x} \qquad (\bar{z} = (\zeta_1, \zeta_2, \ldots, \zeta_n))\,,$$

$$\zeta_j = \sum_{k=1}^{n} a_{jk}\xi_k - \sum_{k=1}^{n} a_{jk}\xi_k = 0 \qquad (j = 1, 2, \ldots, n)\,.$$

Deshalb ist die Bedingung Ia mit $\bar{\eta} = 0$ erfüllt.

Um die Bedingung II nachzuprüfen, nehmen wir ein beliebiges $x = \{\xi_m\} \in \mathbf{l}^2$ und setzen $\tilde{x} = [H x]_n = (\zeta_1, \zeta_2, \ldots, \zeta_n, 0, \ldots)$.[1]) Dann ergibt sich

$$\|H x - \tilde{x}\| = \left[\sum_{j=n+1}^{\infty} \sum_{k=1}^{\infty} |a_{jk}\xi_k|^2\right]^{1/2} \leqq \left[\sum_{j=n+1}^{\infty} \sum_{k=1}^{\infty} |a_{jk}|^2 \sum_{k=1}^{\infty} |\xi_k|^2\right]^{1/2} \leqq \eta_1 \|x\|$$

[1]) Unter $[x]_n$ verstehen wir dabei das zu $x \in \mathbf{l}^2$ gehörige „abgeschnittene" Element, das aus $x \in \mathbf{l}^2$ hervorgeht, wenn wir alle seine Koordinaten von der $(n + 1)$-ten an gleich Null setzen. Offensichtlich ist $[x]_n = \varphi_0^{-1} \varphi x = P x$.

mit

$$\eta_1 = \left[\sum_{j=n+1}^{\infty} \sum_{k=1}^{\infty} |a_{jk}|^2\right]^{1/2}$$

Wegen Voraussetzung (2) strebt η_1 für $n \to \infty$ gegen Null.

Setzen wir schließlich $\tilde{y} = [y]_n$, so folgt

$$\|y - \tilde{y}\| = \left[\sum_{j=n+1}^{\infty} |b_j|^2\right]^{1/2} = \left[\frac{\sum\limits_{j=n+1}^{\infty} |b_j|^2}{\sum\limits_{j=1}^{\infty} |b_j|^2}\right]^{1/2} \|y\|,$$

weshalb auch die Bedingung (3) für

$$\eta_2 = \left[\frac{\sum\limits_{j=n+1}^{\infty} |b_j|^2}{\sum\limits_{j=1}^{\infty} |b_j|^2}\right]^{1/2}$$

erfüllt ist. Dabei gilt wieder $\eta_2 \to 0$ für $n \to \infty$.

Also läßt sich die in Abschnitt XIV.1.9 entwickelte Theorie auf den vorliegenden Fall anwenden. Aus Satz 3a folgt insbesondere, daß das System (4) für hinreichend große n lösbar ist und die Folge dieser Näherungslösungen gegen die exakte Lösung konvergiert, wenn λ nicht zur Menge der charakteristischen Zahlen des Systems (1) gehört, d. h. also, keine charakteristische Zahl des Operators H ist. Die Konvergenzgeschwindigkeit wird durch die Ungleichung

$$\|x^* - \varphi_0^{-1} \bar{x}_n^*\| \leqq Q_1 \left[\sum_{j=n+1}^{\infty} \sum_{k=1}^{\infty} |a_{jk}|^2\right]^{1/2} + Q_2 \left[\frac{\sum\limits_{j=n+1}^{\infty} |b_j|^2}{\sum\limits_{j=1}^{\infty} |b_j|^2}\right]^{1/2}$$

bestimmt, wobei $x^* = (\xi_1^*, \xi_2^*, \ldots, \xi_n^*, \ldots)$ die Lösung des Systems (1) und $\bar{x}_n^* = (\xi_1^{(n)}, \xi_{(n)}^2, \ldots, \xi_n^{(n)})$ die des Systems (4) bezeichnet.

Diese letzte Ungleichung besagt also

$$\sum_{j=1}^{n} |\xi_j^* - \xi_j^{(n)}|^2 + \sum_{j=n+1}^{\infty} |\xi_j^*|^2 \to 0 \qquad \text{für } n \to \infty .$$

Daher gilt offensichtlich auch

$$\lim_{n \to \infty} \xi_k^{(n)} = \xi^* \qquad (k = 1, 2, \ldots) .$$

Aus Satz 4 (1.XIV) (mit Bedingung (59), § 1) erhalten wir in unserem Fall die folgende Aussage.

Satz 1 (3.XIV). *Läßt sich (für hinreichend großes n) das System* (4) *eindeutig lösen und gilt*

$$\bar{r} = |\lambda| \, \eta_1 \, \|\bar{K}^{-1}\| \, \|\varphi K\| < 1 , \tag{7}$$

so ist λ keine charakteristische Zahl des Systems (1) *und es besteht die Ungleichung*

$$\|K^{-1}\| \leqq \frac{1 + \|\bar{K}^{-1}\| \, (1 + \|\varphi K\|)}{1 - \bar{r}} .$$

Dieser Satz verdient deshalb Beachtung, weil man mit seiner Hilfe aus der Lösung des endlichen Systems auf die Lösbarkeit des unendlichen Systems schließen kann. Dabei lassen sich alle Größen in Ungleichung (7) häufig relativ einfach berechnen oder abschätzen, so daß dieses Lösbarkeitskriterium auch praktisch von Bedeutung ist. Der Wert für η_1 wurde oben angegeben. Für $\|\varphi K\|$ kann man z. B. die folgende Abschätzung verwenden:

$$\|\varphi K\| \leqq 1 + \|\varphi H\| \leqq 1 + \left[\sum_{j=1}^{n} \sum_{k=1}^{\infty} |a_{jk}|^2\right]^{1/2}$$

Schließlich gilt für $\|\overline{K}^{-1}\|$ im Fall einer symmetrischen Matrix A_n und bei reellem λ

$$\|K^{-1}\| = \max_{j=1,2,\ldots,n} \frac{1}{|1 - \lambda \lambda_j^{(n)}|},$$

wenn wir mit $\lambda_j^{(n)}$ die Eigenwerte der Matrix A_n bezeichnen. Im allgemeinen Fall ist die Bestimmung von $\|\overline{K}^{-1}\|$ komplizierter (siehe die Abschnitte III.2.8 und IX.4.5).

Bemerkung 1. An Stelle der Bedingung (2) braucht man nur vorauszusetzen, daß H ein vollstetiger Operator von l^2 in l^2 ist. Dann läßt sich η_1 nach der Formel

$$\eta_1 = \|H - \varphi_0^{-1} \varphi H \varphi_0^{-1} \varphi\|$$

berechnen. Wie früher strebt η_1 für $n \to \infty$ gegen Null (siehe Abschnitt X.1.2). Deshalb ist die oben entwickelte allgemeine Theorie auch hierfür anwendbar.

Bemerkung 2. Die Gültigkeit obiger Aussage besteht ferner bei gewissen Klassen unendlicher Gleichungssysteme, die man als Gleichungen in anderen Folgenräumen ansehen kann. Wir nennen hier nur Systeme vom RIESZschen Typ (das sind solche, die der Bedingung

$$\sum_{j=1}^{\infty} \left[\sum_{k=1}^{\infty} |a_{jk}|^{\frac{p}{p-1}}\right]^{p-1} < \infty \qquad (1 < p < \infty)$$

genügen; H hat man dabei als Operator im Raum l^p anzusehen) sowie reguläre und vollreguläre Systeme (im Raum m).

§ 4. Anwendungen auf Integralgleichungen[1])

4.1. Der Grundgedanke einer der am häufigsten verwendeten Methoden zur numerischen Lösung von Integralgleichungen besteht darin, an Stelle der Integralgleichung ein algebraisches System linearer Gleichungen zu betrachten.

---

[1]) Näherungsmethoden zur Lösung von Integralgleichungen und Literaturangaben zu diesem Fragenkreis findet der Leser in den Büchern von H. BÜCKNER [7] und KANTOROWITSCH-KRYLOW [21].

Es sei die Integralgleichung

$$x(s) - \lambda \int_0^1 h(s, t)\, x(t)\, dt = y(s) \tag{1}$$

gegeben. Ersetzt man das Integral nach einer der bekannten Formeln für die genäherte Integration unter Verwendung der Knotenpunkte $t_1, t_2, \ldots, t_n$ durch eine Summe der Form

$$\int_0^1 x(t)\, dt = \sum_{k=1}^{n} A_k\, x(t_k) \tag{2}$$

und verlangt nur, daß diese Gleichung (1) in den Knotenpunkten erfüllt ist, so entsteht das System

$$x(t_j) - \lambda \sum_{j=1}^{n} A_k\, h(t_j, t_k)\, x(t_k) = y(t_j) \qquad (j = 1, 2, \ldots, n)\,. \tag{3}$$

Seine Lösungen $x(t_k)$ $(k = 1, 2, \ldots, n)$ liefern Näherungswerte für die gesuchte Funktion $x(t)$ in den Punkten $t_1, t_2, \ldots, t_n$.

Als Anwendung der oben entwickelten allgemeinen Theorie geben wir Fehlerabschätzungen für diese Methode an. Dazu setzen wir voraus, daß die rechte Seite in Gleichung (1) eine stetige periodische Funktion (Periode 1) ist und der Kern $h(s, t)$ ebenfalls stetig und periodisch (Periode 1) sowohl von s als auch von t abhängt. Unter diesen Bedingungen ist auch die Lösung eine stetige periodische Funktion. Gleichung (1) fassen wir als Funktionalgleichung im Raum $\mathbf{X} = \widetilde{\mathbf{C}}$ der stetigen periodischen Funktionen auf und betrachten das algebraische System (3) als approximierende Funktionalgleichung im Raum $\overline{\mathbf{X}} = \mathbf{m}_n$,

$$\overline{K}\,\overline{x} \equiv \overline{x} - \lambda\,\overline{H}\,\overline{x} = \varphi\, y\,. \tag{4}$$

Die Knotenpunkte und die Koeffizienten der Quadraturformel (2) werden speziell folgendermaßen gewählt:

$$A_k = \frac{1}{n}\,, \qquad t_k = \frac{2k-1}{2n} \qquad (k = 1, 2, \ldots, n)\,,$$

d. h., wir verwenden die Tangententrapezregel — eine der im Falle periodischer Funktionen am häufigsten benutzten Formeln. Den Operator $\overline{H}$ in (4) erklären wir (s. u.) mit Hilfe der folgenden Matrix:

$$\begin{pmatrix} \frac{1}{n} h\left(\frac{1}{2n}, \frac{1}{2n}\right) & \frac{1}{n} h\left(\frac{1}{2n}, \frac{3}{2n}\right) & \ldots \frac{1}{n} h\left(\frac{1}{2n}, \frac{2n-1}{2n}\right) \\ \frac{1}{n} h\left(\frac{3}{2n}, \frac{1}{2n}\right) & \frac{1}{n} h\left(\frac{3}{2n}, \frac{3}{2n}\right) & \ldots \frac{1}{n} h\left(\frac{3}{2n}, \frac{2n-1}{2n}\right) \\ \cdots & \cdots & \cdots \\ \cdots & \cdots & \cdots \\ \frac{1}{n} h\left(\frac{2n-1}{2n}, \frac{1}{2n}\right) & \frac{1}{n} h\left(\frac{2n-1}{2n}, \frac{3}{2n}\right) & \ldots \frac{1}{n} h\left(\frac{2n-1}{2n}, \frac{2n-1}{2n}\right) \end{pmatrix}, \tag{5}$$

und der Operator φ ist durch

$$\varphi\, x = \big(x(t_1), x(t_2), \ldots, x(t_n)\big), \quad \|\varphi\| = 1 \qquad (x \in \widetilde{\mathbf{C}})$$

gegeben. Den Raum $\tilde{\mathbf{X}}$ und die zugehörige Abbildung φ_0^{-1} werden wir auf zwei verschiedene Arten definieren, wodurch wir auch zwei verschiedene Möglichkeiten für Fehlerabschätzungen erhalten.

Im ersten Fall sei n eine ungerade Zahl und $\tilde{\mathbf{X}}$ die Menge aller stetigen periodischen Funktionen, die in jedem der Intervalle $[\tau_k, \tau_{k+1}]$, $\tau_k = k/n$ $(k = 1, 2, \ldots, n)$ linear sind. Jede solche Funktion wird, da n ungerade ist, durch ihre Werte in den Punkten $t_1, t_2, \ldots, t_n$ eindeutig bestimmt. Zwischen den Stützpunkten (t_k) einerseits und (τ_k) andererseits besteht also der Zusammenhang

$$\frac{\tau_k + \tau_{k+1}}{2} = t_{k+1} \qquad (k = 0, 1, \ldots, n-1)\,.$$

Der Operator φ_0^{-1} ist dann nach 1.9 definiert durch

$$\tilde{x} = \varphi_0^{-1}\,\bar{x} \quad \left(\bar{x} = (\xi_1, \xi_2, \ldots, \xi_n) \in \mathbf{m}_n, \quad \tilde{x}(t_k) = \xi_k; \quad k = 1, 2, \ldots, n; \ \tilde{x} \in \tilde{\mathbf{X}}\right).$$

Dabei gilt $\|\varphi_0^{-1}\| = 1$,

Weiter bezeichne $\omega_s(\delta)$ den Stetigkeitsmodul der Funktion $h(s, t)$ als Funktion von s:

$$\omega_s(\delta) = \sup |h(s + \sigma, t) - h(s, t)| \qquad (0 \leqq s, t \leqq 1; \ |\sigma| \leqq \delta);$$

analog wird $\omega_t(\delta)$ erklärt.

Um die Bedingung Ia nachzuprüfen, schätzen wir den Fehler der Quadraturformel (2) für Funktionen der Form $z(t)\,\tilde{x}(t)$ ab, wobei $\tilde{x}$ zu $\tilde{\mathbf{X}}$ gehört und z eine periodische Funktion ist, deren Stetigkeitsmodul die Größe $\omega(\delta)$ nicht übertrifft. Da wegen der Linearität der Funktion $\tilde{x}(t)$ in jedem der Intervalle $[\tau_k, \tau_{k+1}]$ die Beziehung

$$n \int\limits_{\tau_k}^{\tau_{k+1}} \tilde{x}(t)\,dt = \tilde{x}\left(\frac{\tau_k + \tau_{k+1}}{2}\right) = \tilde{x}(t_{k+1}) \qquad (k = 0, 1, \ldots, n-1)$$

besteht, ergibt sich

$$\left|\int\limits_0^1 z(t)\,\tilde{x}(t)\,dt - \sum_{k=1}^{n} \frac{1}{n} z(t_k)\,\tilde{x}(t_k)\right| = \left|\sum_{k=1}^{n} \int\limits_{\tau_k}^{\tau_{k+1}} [z(t) - z(t_k)]\,\tilde{x}(t)\,dt\right.$$

$$\left. + \frac{1}{n} \sum_{k=1}^{n} \left[n \int\limits_{\tau_k}^{\tau_{k+1}} \tilde{x}(t)\,dt - \tilde{x}(t_k)\right] z(t_k)\right| \leqq \omega\left(\frac{1}{2n}\right) \|\tilde{x}\|\,.$$

Setzen wir in dieser Ungleichung $z(t) = h(t_j, t)$ und definieren wir für $\bar{x} = \varphi_0\,\tilde{x} = (\xi_1, \ldots, \xi_n)$

$$\bar{H}\,\bar{x} = (\eta_1, \ldots, \eta_n) \quad \text{mit} \quad \eta_i = \frac{1}{n} \sum_{k=1}^{n} h(t_i, t_k) \frac{\xi_{k-1} + \xi_k}{2} \qquad (i = 1, \ldots, n)\,,$$

so folgt wegen $\frac{\xi_{k-1} + \xi_k}{2} = \tilde{x}(t_k)$

$$\|\varphi H \tilde{x} - \overline{H} \varphi_0 \tilde{x}\| = \max_{j=1,2,\ldots,n} \left| \int_0^1 h(t_j, t)\, \tilde{x}(t)\, dt - \frac{1}{n} \sum_{k=1}^n h(t_j, t_k)\, \tilde{x}(t_k) \right|$$
$$\leqq \omega_t\left(\frac{1}{2n}\right) \|\tilde{x}\|,$$

d. h., die Bedingung I a ist für $\overline{\eta} = \omega_t\left(\frac{1}{2n}\right)$ erfüllt.

Um die Bedingung II nachzuprüfen, zeigen wir zunächst, daß für eine beliebige Funktion $z \in \widetilde{\mathbf{C}}$, deren Stetigkeitsmodul $\omega(\delta)$ nicht übertrifft, die Beziehung

$$\|z - \tilde{z}\| \leqq \omega\left(\frac{1}{n}\right)$$

besteht, wenn $\tilde{z}$ diejenige stückweise lineare, stetige Funktion bezeichnet, deren Werte in den Punkten $t_1, t_2, \ldots, t_n$ mit den entsprechenden Werten der Funktion z übereinstimmen, d. h. $\tilde{z} = \varphi_0^{-1} \varphi z$. Gehört nämlich s z. B. zum Intervall $[\tau_j, \tau_{j+1}]$, so ergibt sich

$$|z(s) - \tilde{z}(s)| = |z(s) - [(\tau_{j+1} - s)\, z(\tau_j) + (s - \tau_j)\, z(\tau_{j+1})]\, n|$$
$$\leqq n\, [|(\tau_{j+1} - s)\, (z(s) - z(\tau_j))| + |(s - \tau_j)\, (z(s) - z\,(\tau_{j+1}))|]$$
$$\leqq n\, \omega\left(\frac{1}{n}\right)(\tau_{j+1} - \tau_j) = \omega\left(\frac{1}{n}\right).$$

Da s beliebig gewählt war, folgt die Behauptung. Wir schätzen jetzt den Stetigkeitsmodul des Elementes $z = H\, x$ $(x \in \widetilde{\mathbf{C}})$ ab:

$$|z(s) - z(s')| \leqq \int_0^1 |h(s, t) - h(s', t)|\, |x(t)| dt \leqq \omega_s(\delta)\, \|x\| \qquad (|s - s'| \leqq \delta)\,.$$

Für $\omega(\delta)$ kann man also die Größe

$$\omega(\delta) = \omega_s(\delta)\, \|x\|$$

nehmen. Mit $\tilde{z} = \varphi_0^{-1} \varphi\, H\, x$ erhalten wir dann die Beziehung

$$\|H\, x - \tilde{z}\| \leqq \omega_s\left(\frac{1}{n}\right) \|x\|,$$

d. h., die Bedingung II ist z. B. für

$$\eta_1 = \omega_s\left(\frac{1}{n}\right)$$

erfüllt.

Wenden wir dieselben Überlegungen auf das Element y an, so finden wir ein $\tilde{y} \in \widetilde{\mathbf{X}}$ für das

$$\|y - \tilde{y}\| \leqq \overline{\omega}\left(\frac{1}{n}\right)$$

gilt, wobei $\overline{\omega}$ den Stetigkeitsmodul der Funktion y bezeichnet. Also ist die Bedingung III für

$$\eta_2 = \frac{1}{\|y\|}\, \overline{\omega}\left(\frac{1}{n}\right)$$

erfüllt.

Wegen der gleichmäßigen Stetigkeit des Kernes $h(s, t)$ und der rechten Seite $y(s)$ der Gleichung (1) streben die Größen $\bar{\eta}$, η_1, η_2 für $n \to \infty$ gegen Null. Außerdem gilt $\|\varphi\| = \|\varphi_0^{-1}\| = 1$. Deshalb können wir die allgemeine Theorie anwenden. Gehört insbesondere λ nicht zur Menge der charakteristischen Zahlen der Gleichung (1), so ergibt sich aus Satz 3a (1.XIV), daß das System (3) für hinreichend große n lösbar ist und die Näherungslösungen $\varphi_0^{-1}\,\bar{x}_n^*$ (das sind die zu den Lösungen $\{\xi_k\}$ des Systems (3) gehörigen stückweise linearen, stetigen Funktionen) gegen die exakte Lösung konvergieren.

Für das Folgende ist es wichtig zu bemerken, daß auf Grund von Satz 1a (1.XIV) die Norm des inversen Operators $\|\bar{K}^{-1}\|$ unabhängig von n beschränkt ist.

Genügen die Funktionen $h(s, t)$ und $y(s)$ einer Lipschitz-Bedingung mit dem Exponenten α, so erhält man aus Satz 3a (1.XIV) für die Geschwindigkeit der Konvergenz der Näherungslösungen folgende Abschätzung:

$$\|x^* - \varphi_0^{-1}\,\bar{x}_n^*\| = O\left(\frac{1}{n^\alpha}\right).$$

In diesem Falle haben nämlich die Größen $\omega_s(\delta)$, $\omega_t(\delta)$ und $\bar{\omega}(\delta)$ die Form $O(\delta^\alpha)$.

4.2. Durch andere Wahl des Raumes $\tilde{\mathbf{X}}$ leiten wir jetzt eine zweite Fehlerabschätzung für dieselbe Methode her.

Dazu setzen wir der Einfachheit halber n als ungerade voraus: $n = 2m + 1$. Für $\tilde{\mathbf{X}}$ nehmen wir die Menge aller trigonometrischen Polynome von der Ordnung kleiner oder gleich m, d. h., $\tilde{x} \in \tilde{\mathbf{X}}$ bedeutet

$$\tilde{x}(t) = \frac{a_0}{2} + \sum_{k=1}^{m} (a_k \cos 2\,k\,\pi\,t + b_k \sin 2\,k\,\pi\,t)\,.$$

Dann ordnet der Operator φ_0^{-1} dem Element $\bar{x} = (\xi_1, \xi_2, \ldots, \xi_n) \in \mathbf{m}_n$ das Interpolationspolynom mit den Werten $\xi_1, \xi_2, \ldots, \xi_n$ in den Knotenpunkten $t_1, t_2, \ldots, t_n$ zu. Genügt ein trigonometrisches Polynom $\tilde{x}$ in den Knotenpunkten $t_1, \ldots, t_n$ der Ungleichung

$$|\tilde{x}(t_j)| \leqq 1 \qquad (j = 1, 2, \ldots, n)\,,$$

so gilt nach dem Lemma von Bernstein [1])

$$|\tilde{x}(t)| \leqq A \ln m + B \qquad (0 \leqq t \leqq 1)\,.$$

Daraus ergibt sich als Abschätzung für die Norm des Operators φ_0^{-1}:

$$\|\varphi_0^{-1}\| \leqq A \ln m + B\,. \tag{6}$$

Wir approximieren jetzt den Kern $h(s, t)$ als Funktion von s (bzw. t) bestmöglich durch ein trigonometrisches Polynom m-ter Ordnung in s (bzw. t); die größte

[1]) Siehe Natanson [30a], S. 392.

Abweichung sei E_m^s (bzw. E_m^t). Mit anderen Worten, wir setzen voraus, daß Funktionen der Form

$$h_1(s,t) = \frac{a_0'(s)}{2} + \sum_{k=1}^{m} [a_k'(s) \cos 2 k \pi t + b_k'(s) \sin 2 k \pi t] ,$$

$$h_2(s,t) = \frac{a_0''(t)}{2} + \sum_{k=1}^{m} [a_k''(t) \cos 2 k \pi s + b_k''(t) \sin 2 k \pi s]$$

existieren für die

$$|h(s,t) - h_1(s,t)| \leqq E_m^t , \quad |h(s,t) - h_2(s,t)| \leqq E_m^s \qquad (0 \leqq s, t \leqq 1)$$

ausfällt.

Um Bedingung Ia nachzuprüfen, bemerken wir zunächst, daß die Quadraturformel (2) den exakten Wert liefert, wenn der Integrand ein trigonometrisches Polynom der Ordnung höchstens gleich $n - 1 = 2m$ ist.[1]

Da die Funktion $h_1(s,t)\,\tilde{x}(t)$ bezüglich t ein solches Polynom bildet, gilt

$$\int_0^1 h_1(s,t)\,\tilde{x}(t)\,dt = \frac{1}{n} \sum_{k=1}^{n} h_1(s,t_k)\,\tilde{x}(t_k) \qquad (0 \leqq s \leqq 1) .$$

Wir definieren für $\bar{x} = \varphi_0 \tilde{x} = (\xi_1, \ldots, \xi_n)$

$$\overline{H}\,\bar{x} = (\eta_1, \ldots, \eta_n) \quad \text{mit} \quad \eta_i = \frac{1}{n} \sum_{k=1}^{n} h(t_i, t_k)\,\xi_k \qquad (i = 1, \ldots, n) .$$

Damit ergibt sich

$$\|\varphi H \tilde{x} - \overline{H} \varphi_0 \tilde{x}\| = \max_{j=1,2,\ldots,n} \left| \int_0^1 h(t_j,t)\,\tilde{x}(t)\,dt - \frac{1}{n} \sum_{k=1}^{n} h(t_j,t_k)\,\tilde{x}(t_k) \right|$$

$$\leqq \max_{j=1,2,\ldots,n} \left| \int_0^1 [h(t_j,t) - h_1(t_j,t)]\,\tilde{x}(t)\,dt \right| + \max_{j=1,2,\ldots,n} \frac{1}{n}$$

$$\times \left| \sum_{k=1}^{n} [h(t_j,t_k) - h_1(t_j,t_k)]\,\tilde{x}(t_k) \right| \leqq 2\,E_m^t\,\|\tilde{x}\| .$$

Deshalb ist die Bedingung Ia mit

$$\bar{\eta} = 2\,E_m^t$$

erfüllt.

Um das Element $z = Hx$ (entsprechend Bedingung II) durch ein Element aus $\widetilde{X}$ zu approximieren, betrachten wir die Funktion

$$\tilde{x}(s) = \int_0^1 h_2(s,t)\,x(t)\,dt.\,^{2)}$$

Aus der Gestalt von $h_2(s,t)$ folgt unmittelbar, daß $\tilde{x}(s)$ ein trigonometrisches Polynom der Ordnung m ist, d. h., es gilt $\tilde{x} \in \widetilde{X}$. Gleichzeitig besteht die Be-

[1]) Siehe Natanson [30a], S. 365 und 450.

[2]) Man kann unschwer bezüglich t meßbare Funktionen $h_2(s,t)$ angeben, für die dieses Integral nicht existiert. In einem solchen Fall hat man das Integral im Banachschen Sinne aufzufassen (siehe Abschnitt IV.2.8); es ist dann für jede beschränkte Funktion definiert!

ziehung

$$||H x - \tilde{x}|| = \max_s \left| \int_0^1 [h(s, t) - h_2(s, t)] \, x(t) \, dt \right| \leqq E_m^s \, ||x|| \, .$$

Bedingung II ist also für

$$\eta_1 = E_m^s$$

erfüllt.

Schließlich ist auch die Bedingung III erfüllt, wenn wir

$$\eta_2 = \frac{1}{||y||} E_m(y)$$

setzen. Dabei bezeichnet $E_m(y)$ die bestmögliche Annäherung der Funktion y durch trigonometrische Polynome der Ordnung m, d. h.

$$E_m(y) = \inf_{\tilde{x} \in \tilde{X}} ||\tilde{x} - y|| \, .$$

Auf Grund dieser Abschätzungen können wir Satz 2a (1.XIV) anwenden und erhalten für die Genauigkeit der Näherungslösung die Ungleichung

$$||x^* - \varphi_0^{-1} \tilde{x}^*|| \leqq \bar{p} \, ||x^*|| \, ,$$

$$\bar{p} = 4 \, |\lambda| \, E_m^t \, ||\varphi_0^{-1}|| \, ||\bar{K}^{-1}|| + \left(|\lambda| \, E_m^s + \frac{E_m(y) \, ||K||}{||y||} \right) (1 + ||\varphi_0^{-1}|| \, ||\bar{K}^{-1}|| \, ||K||) \, .$$

Wie in Abschnitt 4.1 festgestellt wurde, sind dabei die Konstanten $||\bar{K}^{-1}||$ unabhängig von n beschränkt.

Wir setzen jetzt voraus, daß der Kern $h(s, t)$ und die Funktion $y(s)$ Ableitungen bis zur ν-ten Ordnung bezüglich s und t bzw. s haben und $\frac{\partial^\nu h}{\partial s^\nu}$, $\frac{\partial^\nu h}{\partial t^\nu}$, $\frac{\partial^\nu y}{\partial s^\nu}$ einer Lipschitz-Bedingung mit dem Exponenten α genügen. Dann folgt aus einem bekannten Satz von Jackson (siehe Natanson [30a], S. 81)

$$E_m^t = O\left(\frac{1}{m^{\nu+\alpha}}\right) = O\left(\frac{1}{n^{\nu+\alpha}}\right), \quad E_m^s = O\left(\frac{1}{m^{\nu+\alpha}}\right) = O\left(\frac{1}{n^{\nu+\alpha}}\right),$$

$$E_m(y) = O\left(\frac{1}{m^{\nu+\alpha}}\right) = O\left(\frac{1}{n^{\nu+\alpha}}\right);$$

Da wegen (6) weiter

$$||\varphi_0^{-1}|| = O(\ln m) = O(\ln n)$$

gilt, ergibt sich aus Satz 3a (1.XIV) als Abschätzung für den Fehler der Näherungslösungen

$$||x^* - \varphi_0^{-1} \tilde{x}_n^*|| = O\left(\frac{\ln n}{n^{\nu+\alpha}}\right).$$

Satz 4 (1.XIV) gestattet es wieder, aus der Lösung der approximierenden Gleichung auf die Lage der charakteristischen Zahlen der Gleichung (1) zu schließen.

Schließlich erwähnen wir noch, daß man durch ähnliche Überlegungen auch bei Verwendung anderer Quadraturformeln Fehlerabschätzungen für dieselbe Methode finden kann. Benutzt man z. B. im periodischen Fall die GAUSSschen Formeln, so ergeben sich die in den Bedingungen I bis III erforderlichen Abschätzungen aus bekannten Ergebnissen über den Fehler bei der Annäherung von Funktionen durch algebraische Polynome.

4.3. Wir betrachten noch zwei andere Näherungsverfahren für die Lösung der Integralgleichung (1). Als erstes die sog. Momentenmethode, bei der man für die Näherungslösung den Ansatz

$$\tilde{x}(t) = \sum_{k=1}^{n} c_k \, \omega_k(t) \qquad (0 \leqq t \leqq 1) \tag{7}$$

macht. Dabei sollen die Funktionen ω_k $(k = 1, 2, \ldots)$ ein vollständiges Orthonormalsystem bilden. Die Koeffizienten c_k berechnet man aus dem System

$$c_j - \lambda \sum_{k=1}^{n} c_k \int_0^1 \int_0^1 h(s, t)\, \omega_j(s)\, \omega_k(t)\, ds\, dt = \int_0^1 y(s)\, \omega_j(s)\, ds \qquad (j = 1, 2, \ldots, n)\,. \tag{8}$$

In diesem Falle wird also an Stelle der Gleichung $K x - y = 0$ nur verlangt, daß die Näherungslösung zu den ersten n Funktionen des vorgegebenen vollständigen Orthonormalsystems orthogonal ist.

Wir setzen voraus, daß der Kern $h(s, t)$ der Gleichung (1) der Bedingung

$$\int_0^1 \int_0^1 |h(s, t)|^2 \, ds\, dt < \infty$$

genügt, nehmen für $\mathbf{X}$ den Raum $\mathbf{L}^2$ und für $\tilde{\mathbf{X}}$ den Teilraum aller Elemente der Form (7). Der Operator P sei die orthogonale Projektion auf $\tilde{\mathbf{X}}$, d. h. $\tilde{x} = P x$ ist gleichbedeutend mit

$$\tilde{x} = \sum_{k=1}^{n} (x, \omega_k)\, \omega_k \,.$$

Das System (8) können wir dann in Form einer einzigen Gleichung im Raum $\tilde{\mathbf{X}}$ schreiben:

$$\tilde{x} - PH\tilde{x} = Py\,.$$

Daher liegt also der in Abschnitt XIV.1.8 untersuchte Fall vor. Da das System $\{\omega_k\}$ nach Voraussetzung vollständig ist, sind alle Bedingungen von Satz 6 (1.XIV) erfüllt; deshalb konvergieren die Näherungslösungen gegen die exakte Lösung. Die Konvergenzgeschwindigkeit ist dabei durch die Eigenschaften des Kernes und der rechten Seite $y(s)$ bestimmt; sie hängt von der Güte der Konvergenz der Entwicklung dieser Funktionen nach dem System $\{\omega_k\}$ ab.

Wir betrachten noch genauer den Fall, daß der Kern und die Funktion y periodische Funktionen sind und einer LIPSCHITZ-Bedingung mit dem Exponenten $\alpha + \frac{1}{2}$ $(\alpha > 0)$ bezüglich s genügen. Als Orthonormalsystem $\{\omega_k\}$ wählen wir das System der trigonometrischen Funktionen. Aus dem Satz von JACKSON (siehe NATANSON [30a], S. 79) ergeben sich dann ohne Schwierigkeit die Abschätzungen

$$\eta_1 = O\left(n^{-\frac{1}{2}-\alpha}\right), \quad \eta_2 = O\left(n^{-\frac{1}{2}-\alpha}\right),$$

folglich gilt

$$\|x^* - \tilde{x}_n^*\|_{L^2} = O(\eta_1 + \eta_2) = O\left(n^{-\frac{1}{2}-\alpha}\right). \tag{9}$$

Unter den getroffenen Voraussetzungen konvergieren die Näherungslösungen sogar gleichmäßig gegen die exakte Lösung.

Um das zu zeigen, schätzen wir für $\tilde{x} = \sum_{k=1}^{n} c_j\, \omega_j$ die Norm $\|\tilde{x}\|_C$ durch $\|\tilde{x}\|_{L^2}$ ab. Wegen $\|\omega_j\|_C = \sqrt{2}$ $(j = 1, 2, \ldots)$ folgt aus der SCHWARZschen Ungleichung

$$\|\tilde{x}\|_C \leqq \sqrt{2} \sum_{k=1}^{n} |c_j| \leqq \sqrt{2n} \left[\sum_{j=1}^{n} |c_j|^2\right]^{1/2} = \sqrt{2n}\, \|\tilde{x}\|_{L^2},$$

und durch Anwendung dieser Abschätzung auf die Differenz der beiden Näherungslösungen $\tilde{x}_n^*$ und $\tilde{x}_{2^k}^*$ $(2^{k-1} \leqq n \leqq 2^k)$

$$\|\tilde{x}_{2^k}^* - \tilde{x}_n^*\|_C \leqq 2^{\frac{k+1}{2}} \|\tilde{x}_{2^k}^* - \tilde{x}_n^*\|_{L^2}.$$

Mit Ungleichung (9) erhalten wir weiter

$$\|\tilde{x}_{2^k}^* - \tilde{x}_n^*\|_{L^2} \leqq \|\tilde{x}_{2^k}^* - x^*\|_{L^2} + \|x^* - \tilde{x}_n^*\|_{L^2} \leqq \frac{C}{2^{\frac{k}{2}+\alpha k}} + \frac{C}{n^{\frac{1}{2}+\alpha}} \leqq \frac{C_2}{2^{\frac{k}{2}+\alpha k}},$$

also

$$\|\tilde{x}_{2^k}^* - \tilde{x}_n^*\|_C \leqq \frac{C_2}{2^{\alpha k}}. \tag{10}$$

Die letzte Formel ist insbesondere für $n = 2^{k-1}$ richtig, d. h., es gilt

$$\|\tilde{x}_{2^k}^* - \tilde{x}_{2^{k-1}}^*\|_C \leqq \frac{C_2}{2^{\alpha k}}.$$

Daraus folgt die gleichmäßige Konvergenz der Reihe

$$\tilde{x}_1^*(t) + \sum_{k=1}^{\infty} [\tilde{x}_{2^k}^*(t) - \tilde{x}_{2^{k-1}}^*(t)] = \lim_{k\to\infty} \tilde{x}_{2^k}^*(t) = x^*(t)$$

und aus (10) schließlich

$$\lim_{n\to\infty} \tilde{x}_n^*(t) = x^*(t) \quad \text{(gleichmäßig)}.$$

Eine einfache Überlegung ergibt genauer die Beziehung

$$\|x^* - \tilde{x}_n^*\|_C = O(n^{-\alpha}).$$

Die Konvergenz der Momentenmethode wurde in [117b] und [133] bewiesen. Neue Fehlerabschätzungen für die charakteristischen Zahlen von Integralgleichung (1) mit symmetrischem Kern findet man in [199].

4.4. Wir untersuchen jetzt noch die Methode der Ersetzung des gegebenen Kernes durch einen anderen (insbesondere ausgearteten) Kern, d. h., wir betrachten an Stelle der Integralgleichung (1) die Gleichung

$$\tilde{x}(s) - \lambda \int_0^1 \tilde{h}(s, t)\, \tilde{x}(t)\, dt = y(s)\,, \tag{11}$$

deren Kern $\tilde{h}(s, t)$ in irgendeinem Sinne dem Kern $h(s, t)$ benachbart und deren Lösung bekannt ist.

Schreiben wir Gleichung (11) als Funktionalgleichung in demselben Raum wie (1),

$$\tilde{K}\,\tilde{x} \equiv \tilde{x} - \lambda\,\tilde{H}\,\tilde{x} = y\,,$$

so liegt der am Ende von Abschnitt XIV.1.8 behandelte Fall vor. Wie dort gezeigt, folgt die Bedingung I dann aus der Ungleichung

$$\|H - \tilde{H}\| \leqq \eta\,, \tag{12}$$

und die Bedingungen II und III sind mit $\eta_1 = \eta_2 = 0$ erfüllt.

Für $\mathbf{X} = \tilde{\mathbf{X}}$ nehmen wir den Raum $\tilde{\mathbf{M}}$ der beschränkten meßbaren Funktionen; Bedingung (12) erhält dann die Form

$$\int_0^1 |h(s, t) - \tilde{h}(s, t)|\, dt \leqq \eta \qquad (0 \leqq s \leqq 1)\,.$$

Die Norm des Operators $\tilde{K}^{-1}$ läßt sich ohne Schwierigkeit abschätzen, wenn die Resolvente der approximierenden Gleichung (11) bekannt ist. Der inverse Operator $\tilde{K}^{-1}$ hat die Gestalt

$$z = \tilde{K}^{-1} y\,, \qquad z(s) = y(s) + \lambda \int_0^1 \tilde{\Gamma}(\lambda; s, t)\, y(t)\, dt\,,$$

daraus folgt

$$\|\tilde{K}^{-1}\| \leqq 1 + |\lambda|\, B\,,$$

wenn B der Ungleichung

$$\int_0^1 |\tilde{\Gamma}(\lambda; s, t)|\, dt \leqq B \qquad (0 \leqq s \leqq 1)$$

genügt.

Bei Benutzung von Formel (19) aus § 1 ergibt sich als Abschätzung für die Güte der Näherungslösung

$$|x^*(t) - \tilde{x}^*(t)| \leqq |\lambda|\, \eta\, (1 + |\lambda|\, B)\, \|x^*\|\,. \tag{13}$$

Eine analoge Beziehung gilt, wenn wir die Rollen der beiden Gleichungen vertauschen.

Die Ungleichung (13) besagt, daß aus der Konvergenz der approximierenden Kerne gegen den Kern $h(s, t)$ die gleichmäßige Konvergenz der Näherungslösungen folgt.

Die allgemeine Theorie läßt sich auch anwenden, wenn man die Lösung von (1) in der Form (7) sucht und verlangt, daß die zugehörige Gleichung nur in vorgegebenen Punkten erfüllt ist. Wir verfolgen diese Methode hier aber nicht genauer (siehe KANTOROWITSCH [20]), da eine ähnliche Methode für Differentialgleichungen im folgenden Paragraphen betrachtet wird.

§ 5. Anwendungen auf gewöhnliche Differentialgleichungen

5.1. Wir betrachten als erstes die sog. *Interpolations-* oder *Kollokationsmethode* [1]) für die Differentialgleichung

$$\frac{d^{2m} x}{dt^{2m}} - \lambda \left[p_1 \frac{d^{2m-1} x}{dt^{2m-1}} + \cdots + p_{2m} x \right] = y \tag{1}$$

mit den Randbedingungen

$$\begin{aligned} x(a) &= x'(a) = \cdots = x^{(m-1)}(a) = 0\,, \\ x(b) &= x'(b) = \cdots = x^{(m-1)}(b) = 0\,. \end{aligned} \tag{2}$$

Gesucht wird eine Näherungslösung der Form

$$\tilde{x}(t) = (t-a)^m (t-b)^m \sum_{k=1}^{n} c_k t^{k-1}\,. \tag{3}$$

Diese Funktion erfüllt offensichtlich die Randbedingungen. Außerdem verlangen wir, daß sie in einem vorgegebenen System von Punkten (den Knotenpunkten) $t_1, t_2, \ldots, t_n$ der Differentialgleichung (1) genügt. Daraus ergeben sich für die Koeffizienten $c_1, c_2, \ldots, c_n$ die Gleichungen

$$\left\{ \frac{d^{2m} \tilde{x}}{dt^{2m}} - \lambda \left[p_1 \frac{d^{2m-1} \tilde{x}}{dt^{2m-1}} + \cdots + p_{2m} \tilde{x} \right] \right\}_{t=t_j} = y(t_j) \qquad (j = 1, 2, \ldots, n)\,. \tag{4}$$

Um die allgemeine Theorie des Paragraphen 2 anwenden zu können, fassen wir die Differentialgleichung (1) auf als Funktionalgleichung im Raum $\mathbf{X} = \mathbf{C}^{(2m)}$ der $2m$-mal stetig differenzierbaren Funktionen, die den Bedingungen (2) genügen. Die Norm des Raumes $\mathbf{X}$ wird weiter unten definiert.

Für $\tilde{\mathbf{X}}$ nehmen wir die Menge aller Funktionen der Form (3).

Schließlich sei $\mathbf{Y}$ der Raum $\mathbf{C}$ der auf dem Intervall $[a, b]$ definierten stetigen Funktionen mit der üblichen Norm und $\tilde{\mathbf{Y}}$ die Menge der Polynome $(n-1)$-ten Grades. Die Abbildung Φ von $\mathbf{Y}$ auf $\tilde{\mathbf{Y}}$ wird folgendermaßen erklärt: $\tilde{y} = \Phi(y)$ sei dasjenige Interpolationspolynom $(n-1)$-ten Grades, dessen Werte in den Knotenpunkten $t_1, t_2, \ldots, t_n$ mit denen von y übereinstimmen. Wählen wir die TSCHEBYSCHEFFschen Knotenpunkte, so gilt

$$\|\Phi\| \leqq A \ln n + B\,. \tag{5}$$

Im Fall der GAUSSschen Knotenpunkte genügt $\|\Phi\|$ der Ungleichung

$$\|\Phi\| \leqq A \sqrt{n}\,. \tag{6}$$

---

[1]) Die Interpolationsmethode wurde erstmalig in [117a] und speziell für Differentialgleichungen ohne Konvergenzbeweis in [89] und [88] dargestellt. Den Konvergenzbeweis unter Verwendung der Sätze der Paragraphen 1—2 findet man in [118].

Sind die Knotenpunkte schließlich die Wurzeln des bezüglich der (nach unten) beschränkten Gewichtsfunktion $\omega(t) \geqq c > 0$ orthogonalen Polynoms n-ter Ordnung, so gilt

$$\|\Phi\| \leqq A\, n\,.\, ^{1)} \tag{7}$$

Die Randwertaufgabe (1) und (2) ist dann äquivalent mit der Funktionalgleichung

$$K_1\, x \equiv G\, x - \lambda\, T\, x = y\,, \tag{8}$$

$$G\, x = \frac{d^{2m} x}{dt^{2m}}\,, \qquad z = T\, x\,, \qquad z(t) = \sum_{s=1}^{2m} p_s(t)\, x^{(2m-s)}(t)\,. \tag{9}$$

Der zu G inverse Operator ist der von der GREENschen Funktion des Differentialoperators $\frac{d^{2m} x}{dt^{2m}}$ mit den Randbedingungen (2) erzeugte Integraloperator.

Die Existenz der GREENschen Funktion folgt aus der Tatsache, daß die Differentialgleichung

$$\frac{d^{2m} x}{dt^{2m}} = 0 \tag{10}$$

unter den Randbedingungen (2) nur die triviale Lösung $x \equiv 0$ hat. Die allgemeine Lösung ist nämlich ein Polynom vom Grade $2m - 1$; da dieses außerdem den Bedingungen (2) genügen soll, hat es den Faktor $(t - a)^m\, (t - b)^m$ der Ordnung $2m$.

Somit gilt

$$x = G^{-1}\, y, \qquad x(s) = \int_a^b g(s, t)\, y(t)\, dt \qquad (x \in \mathbf{X},\ y \in \mathbf{Y})\,.$$

Die Funktion $g(s, t)$ ist $(2m-1)$-mal stetig differenzierbar, während ihre $2m$-te Ableitung für $s = t$ einen Sprung von der Größe 1 hat. Daraus folgt

$$x^{(k)}(s) = \int_a^b \frac{\partial^k}{\partial s^k} g(s, t)\, y(t)\, dt \qquad (k = 0, 1, \ldots, 2m - 1)\,,$$

also

$$\max_s |x^{(k)}(s)| \leqq A_k\, \|y\|_C \qquad (k = 0, 1, \ldots, 2m - 1)\,. \tag{11}$$

Mit $A_{2m} = 1$ bleibt die Ungleichung (11) auch für $k = 2m$ richtig.

Die Norm in $\mathbf{X}$ definieren wir jetzt so, daß der Operator G den Raum $\mathbf{X}$ isometrisch in $\mathbf{Y}$ abbildet, d. h., wir setzen

$$\|x\|_{\mathbf{X}} = \|G\, x\|_{\mathbf{Y}} = \max_t |x^{(2m)}(t)|\,.$$

Auf Grund von Formel (11) lassen sich dann die Ableitungen der Funktion x durch deren Norm als Element des Raumes $\mathbf{X}$ abschätzen:

$$\max_t |x^{(k)}(t)| \leqq A_k\, \|x\| \qquad (k = 1, 2, \ldots, 2m)\,. \tag{12}$$

---

1) Bezüglich der Formeln (5) und (7) siehe NATANSON [30a], S. 390 und 393. Die Abschätzung (6) findet man in dem Buch G. SZEGÖ, Orthogonal polynomials. 1939. Amer. Math. Soc. Colloq. Publ. XXIII.

Wir bemerken noch, daß der Operator G den Raum $\tilde{\mathbf{X}}$ in die Menge $\tilde{\mathbf{Y}}$ aller Polynome vom Grade kleiner oder gleich $n - 1$ abbildet.

Für die Norm des Operators T vom Raum $\mathbf{C}^{(2m)}$ in $\mathbf{C}$ findet man unter Benutzung von (12) die Ungleichung

$$||T\,x|| = \max_t \left| \sum_{s=1}^{2m} p_s(t)\, x^{(2m-s)}(t) \right| \leqq \left[\sum_{s=1}^{2m} B_s\, A_{2m-s} \right] ||x||$$

mit

$$B_s = \max_t p_s(t) \qquad (s = 1, 2, \ldots, 2m)\,,$$

d. h.

$$||T|| \leqq \sum_{s=1}^{2m} B_s\, A_{2m-s}\,. \tag{13}$$

Ist die GREENsche Funktion der Gleichung (1) mit den Randbedingungen (2) bekannt, so läßt sich die Norm des Operators K_1^{-1} analog abschätzen.

Das System (4) ergab sich dadurch, daß man den Ausdruck $\tilde{x}$ der Form (3) in Formel (1) einsetzte und verlangte, daß die entstehende Gleichung in den Knotenpunkten $t_1, t_2, \ldots, t_n$ erfüllt ist. Das bedeutet aber, daß die zur linken und rechten Seite gehörenden Interpolationspolynome übereinstimmen müssen. Die approximierende Gleichung — das ist in unserem Falle das System (4) — hat deshalb die Gestalt

$$\tilde{K}_1\,\tilde{x} \equiv G\,\tilde{x} - \lambda\,\Phi\,T\,\tilde{x} = \Phi\,y\,. \tag{14}$$

Wie die Gleichung (22) in Abschnitt XIV.2.3 ist auch diese Gleichung (14) von einer solchen Form, daß die Bedingung Ib für $\mu = 0$ erfüllt ist.

Um die Bedingung IIb nachzuprüfen, schätzen wir zunächst die Funktion $\frac{d}{dt}Tx$ unter Benutzung der Ungleichung (12) ab:

$$\left\|\frac{d}{dt}Tx\right\|_{\mathbf{C}} = \max_t \left| \frac{d}{dt} \sum_{s=1}^{2m} p_s(t)\, x^{(2m-s)}(t) \right|$$

$$= \max_t \left| \sum_{s=0}^{2m} \left(p_s'(t) + p_{s+1}(t)\right) x^{(2m-s)}(t) \right| \leqq M\,||x|| \quad \left(p_0(t) = p_{2m+1}(t) = 0\right).$$

Nach dem Satz von JACKSON (siehe NATANSON [30a], S. 79) existiert jetzt ein Polynom $\tilde{y} \in \tilde{\mathbf{Y}}$ mit

$$||T\,x - \tilde{y}|| \leqq \frac{A\,M\,||x||}{n}\,.$$

Bedingung IIb ist also für $\mu_1 = O\left(\frac{1}{n}\right)$ erfüllt.

Schließlich betrachten wir noch die Bedingung IIIb. Hat die rechte Seite y der Gleichung (1) eine stetige Ableitung, so können wir wieder den Satz von JACKSON anwenden und erhalten auch für μ_2 einen Ausdruck der Form $\mu_2 = O\left(\frac{1}{n}\right)$.

Ist in Gleichung (1) $p_1 = 0$ (das läßt sich durch geeignete Transformation der Veränderlichen immer erreichen), und sind die Koeffizienten p_s zweimal stetig differenzierbar, so ergibt sich durch Anwendung der obigen Überlegungen auf $\frac{d^2}{dt^2} Tx$ für μ_1 der Ausdruck $\mu_1 = O\left(\frac{1}{n^2}\right)$ und entsprechend $\mu_2 = O\left(\frac{1}{n^2}\right)$, falls auch die Funktion y zweimal stetig differenzierbar ist.

Auf Grund der erhaltenen Abschätzungen für μ_1, μ_2 und $||\Phi||$ folgt aus Satz 1b (2.XIV) die Lösbarkeit des Systems (4) für hinreichend große n.

Unter Benutzung von Satz 3b (2.XIV) finden wir, daß die Näherungslösungen im Falle der Tschebyscheffschen und Gaussschen Knotenpunkte gegen die exakte Lösung konvergieren. Dabei gilt

$$||x^* - \tilde{x}_n^*|| = O\left(\frac{\ln n}{n}\right) \qquad \text{bzw.} \qquad ||x^* - \tilde{x}_n^*|| = O\left(\frac{1}{\sqrt{n}}\right)$$

für die Tschebyscheffschen bzw. Gaussschen Knotenpunkte.

Im Fall $p_1 = 0$ und der zweimaligen stetigen Differenzierbarkeit der Koeffizienten p_s und der Funktion y ist das System (4) auch lösbar, wenn man als Knotenpunkte die Nullstellen des n-ten orthogonalen Polynoms bezüglich der Gewichtsfunktion $\omega(t) \geqq c > 0$ nimmt. Die Fehlerabschätzung für die Näherungslösung hat dann die Gestalt

$$||x^* - \tilde{x}_n^*|| = O\left(\frac{1}{n}\right).$$

Unter stärkeren Glattheitsvoraussetzungen für die Koeffizienten konvergiert das Näherungsverfahren erwartungsgemäß schneller. Es seien z. B. die Funktionen $p_1, p_2, \ldots, p_{2m}$ und y r-mal differenzierbar und ihre r-teAbleitung genüge einer Lipschitz-Bedingung mit dem Exponenten α. Dann ergibt sich aus der Bemerkung zu Satz 3 (1.XIV) für die Güte der Konvergenz die Beziehung

$$||x^* - \tilde{x}_n^*|| = O(\varepsilon ||P||) \qquad (P = G^{-1} \Phi\, G,\ ||P|| = ||\Phi||), \tag{15}$$

wenn ε die Approximationsmöglichkeit der Lösung x^* durch Elemente aus $\tilde{x} \in \tilde{X}$ charakterisiert. Wegen

$$||x^* - \tilde{x}||_X = ||G(x^* - \tilde{x})||_Y = \left\|\frac{d^{2m} x^*}{dt^{2m}} - \tilde{y}\right\|_Y \qquad (\tilde{y} = \tilde{G}\, x \in \tilde{Y})$$

ist ε dadurch bestimmt, wie genau sich die $2m$-te Ableitung der Lösung x^* durch ein Polynom der Ordnung $n - 1$ approximieren läßt. Durch vollständige Induktion nach r stellt man aber leicht fest, daß die Funktion $\frac{d^{2m}\, x^*}{dt^{2m}}$ eine r-te Ableitung hat, die einer Lipschitz-Bedingung mit dem Exponenten α genügt. Daraus folgt wieder auf Grund des Satzes von Jackson die Existenz eines Polynoms $\tilde{y} \in \tilde{Y}$ mit

$$\left\|\frac{d^{2m} x^*}{dt^{2m}} - \tilde{y}\right\| \leqq \frac{D}{n^{r+\alpha}}.$$

Deshalb ist ε von der Größenordnung $n^{-r-\alpha}$, also ergibt sich aus (15)

$$\|x^* - \tilde{x}_n^*\| = O\left(\frac{\ln n}{n^{r+\alpha}}\right); \quad \|x^* - \tilde{x}_n^*\| = O\left(\frac{1}{n^{r+\alpha-\frac{1}{2}}}\right)$$

$$\text{bzw.} \quad \|x^* - \tilde{x}_n^*\| = O\left(\frac{1}{n^{r+\alpha-1}}\right),$$

je nachdem man die Knotenpunkte nach TSCHEBYSCHEFF, GAUSS oder als Nullstellen des n-ten Orthogonalpolynoms bezüglich eines (nach unten) beschränkten Gewichtes wählt.

B e m e r k u n g 1. Ohne den Gang der Überlegungen wesentlich zu ändern, kann man die Konvergenz der Kollokationsmethode nicht nur für Randwertaufgaben, sondern auch für Anfangswertaufgaben (CAUCHYsches Problem) zeigen. Dasselbe gilt für die Betrachtung von Systemen gewöhnlicher Differentialgleichungen.

B e m e r k u n g 2. Der Satz über die Konvergenz der Kollokationsmethode läßt sich auch als Satz über die Konvergenz eines Interpolationsprozesses interpretieren, wenn man nur das Polynom $\tilde{x}_n^*(t)$ als ein Interpolationspolynom für die Lösung $x^*(t)$ ansieht, das den vorgegebenen Randwerten genügt und in den Knotenpunkten $t_1, t_2, \ldots, t_n$ die Werte der Funktion $K\,x^*$ annimmt.

B e m e r k u n g 3. Es ist noch interessant zu bemerken, daß das Kollokationsverfahren für äquidistante Knotenpunkte schon im Falle der sehr einfachen Gleichung $\frac{d^2x}{dt^2} = y$ nicht konvergiert. Davon überzeugt man sich ohne Schwierigkeit unter Benutzung der Tatsache, daß auch der gewöhnliche Interpolationsprozeß für äquidistante Knotenpunkte nicht notwendig konvergiert (siehe NATANSON [30a], S. 375).

5.2. Wir betrachten jetzt die Anwendung der allgemeinen Theorie auf die Konvergenzuntersuchung des GALERKINschen Verfahrens und der Momentenmethode.[1])

Es sei die Differentialgleichung (1) mit homogenen Randbedingungen

$$M(x) = 0 \tag{16}$$

an den Enden des Intervalls gegeben. Die *Momentenmethode* besteht darin, daß man ein System $\{\omega_k\}$ von Funktionen wählt, die den Randbedingungen (16) genügen, und für die Näherungslösung einen Ansatz der Form

$$\tilde{x}(t) = \sum_{k=1}^{n} c_k\,\omega_k(t) \tag{17}$$

[1]) Die Konvergenz des GALERKINschen Verfahrens in allgemeiner Form wurde zuerst in dem Aufsatz [121] bewiesen, ein Spezialfall — das RITZsche Verfahren — und die Momentenmethode wurden vorher in Arbeiten von N. M. KRYLOW und N. N. BOGOLJUBOW (siehe [136], [133] sowie MICHLIN [29]) untersucht.

macht. Die Koeffizienten c_k bestimmt man dabei so, daß nach Einsetzen der Funktion $\tilde{x}$ in die linke Seite von (1) die Differenz beider Seiten der Formel (1) zu den ersten n Funktionen irgendeines vorgegebenen Funktionensystems $\{\zeta_j\}$ orthogonal ist:

$$\int_a^b L\left(\sum_{k=1}^n c_k\,\omega_k\right)\zeta_j(t)\,dt = \int_a^b y(t)\,\zeta_j(t)\,dt \qquad (j = 1, 2, \ldots, n),$$

wenn L den Differentialausdruck

$$L(x) = \frac{d^{2m}x}{dt^{2m}} - \lambda \sum_{s=1}^{2m} p_s \frac{d^{2m-s}x}{dt^{2m-s}}$$

bezeichnet.

Für $\zeta_j = \omega_j$ erhalten wir das GALERKIN*sche Verfahren.*

5.3. Wir untersuchen jetzt insbesondere die Gleichung

$$x''(t) - \lambda[p_1(t)\,x'(t) + p_2(t)\,x(t)] = y(t) \qquad (|t| \leq 1) \tag{18}$$

unter den Randbedingungen

$$x(-1) = x(1) = 0\,. \tag{19}$$

Das System $\{\omega_k\}$ bestehe aus den Funktionen

$$\omega_k(t) = t^{k-1}\,(1 - t^2) \qquad (k = 1, 2, \ldots)\,.$$

Entsprechend zu den Bezeichnungen (8), (9) läßt sich Gleichung (18) dann folgendermaßen schreiben:

$$G\,x - \lambda\,T\,x = y\,. \tag{20}$$

Für $\mathbf{X}$ nehmen wir den unitären (nichtvollständigen) Raum der zweimal stetig differenzierbaren Funktionen, die den Randbedingungen (19) genügen. Das Skalarprodukt und die Norm werden durch die Gleichungen

$$\|x\|_{\mathbf{X}} = \left[\int_{-1}^{1} |x''(t)|^2\,dt\right]^{1/2}, \qquad (x_1, x_2)_{\mathbf{X}} = \int_{-1}^{1} x_1''(t)\,x_2''(t)\,dt$$

definiert. Der Raum $\mathbf{Y}$ besteht in unserem Falle aus allen stetigen Funktionen; wir metrisieren ihn in Übereinstimmung mit Formel (7) aus § 2 folgendermaßen:

$$\|y\|_{\mathbf{Y}} = \|G^{-1}\,y\|_{\mathbf{X}} = \left[\int_{-1}^{1} |y(t)|^2\,dt\right]^{1/2}, \qquad (y_1, y_2)_{\mathbf{Y}} = \int_{-1}^{1} y_1(t)\,y_2(t)\,dt\,.$$

Weiter sei $\widetilde{\mathbf{X}}$ der Teilraum aller Funktionen der Form (17), $\widetilde{\mathbf{Y}}$ der Bildraum $G(\widetilde{\mathbf{X}})$. Wie man leicht sieht, besteht dann $\widetilde{\mathbf{Y}}$ aus allen Polynomen der Ordnung $n - 1$. Schließlich definieren wir den Operator Φ als orthogonale Projektion von $\mathbf{Y}$ auf $\widetilde{\mathbf{Y}}$. Ist dabei $\zeta_1, \zeta_2, \ldots, \zeta_n$ ein System linear unabhängiger Elemente aus $\widetilde{\mathbf{Y}}$, so sind die Gleichung $\Phi\,y = 0$ und das Gleichungssystem $(y, \zeta_j) = 0$ $(j = 1, 2, \ldots, n)$ äquivalent.

Unter diesen Voraussetzungen hat die approximierende Gleichung für die Momentenmethode die Gestalt

$$G\tilde{x} - \lambda \Phi T \tilde{x} = \Phi y . \tag{21}$$

Wir können deshalb die Ergebnisse aus Abschnitt XIV.2.3 anwenden. Folglich ist Bedingung Ib mit $\mu = 0$ erfüllt.

Zum Nachweis der Bedingung IIb haben wir zu zeigen, daß sich die Elemente der Form Tx durch Elemente aus $\tilde{\mathbf{Y}}$ approximieren lassen. Dazu bemerken wir zunächst, daß für Funktionen aus $\mathbf{X}$ das Maximum der Funktion selbst sowie ihrer ersten Ableitung durch die Norm abgeschätzt werden kann:

$$|x'(t)| = \frac{1}{2}\left|\int_{-1}^{1}[x'(t) - x'(\tau)]\,d\tau\right| = \frac{1}{2}\left|\int_{-1}^{1}\left[\int_{\tau}^{t} x''(u)\,du\right]d\tau\right|$$

$$\leqq \frac{1}{2}\int_{-1}^{1}\left[\int_{\tau}^{t}|x''(u)|^2\,du\right]^{1/2}\left[\int_{\tau}^{t}du\right]^{1/2}d\tau \leqq A\|x\|,$$

$$|x(t)| \leqq \int_{-1}^{t}|x'(\tau)|\,d\tau \leqq B\|x\|.$$

Sind die Koeffizienten der Gleichung (18) stetig differenzierbar, dann ergibt sich

$$\left\|\frac{d}{dt}\,Tx\right\|_{\mathbf{Y}} = \|p_1 x'' + (p_1' + p_2)\,x' + p_2' x\|_{\mathbf{Y}} \leqq C\|x\|.$$

Hieraus folgt leicht, daß die Funktion Tx einer Lipschitz-Bedingung mit dem Exponenten $\frac{1}{2}$ genügt:

$$|(Tx)(t_1) - (Tx)(t_2)| = \left|\int_{t_1}^{t_2}\frac{d}{dt}\,Tx\,dt\right| \leqq \left\|\frac{d}{dt}\,Tx\right\|_{\mathbf{Y}}|t_2 - t_1|^{1/2}.$$

Deshalb existiert ein Polynom $\tilde{y} \in \tilde{\mathbf{Y}}$ mit

$$\|Tx - \tilde{y}\| \leqq \frac{D\|x\|}{\sqrt{n}},$$

d. h., μ_1 ist von der Größenordnung $O\left(\frac{1}{\sqrt{n}}\right)$.

Falls die Ableitung der rechten Seite von Gleichung (1) quadratisch summierbar ist, findet man durch entsprechende Überlegungen $\mu_2 = O\left(\frac{1}{\sqrt{n}}\right)$.

Ist insbesondere $p_1 = 0$, dann läßt sich $\frac{d^2}{dt^2}Tx$ auf gleiche Weise abschätzen, und für μ_1 ergibt sich $\mu_1 = O\left(\frac{1}{n\sqrt{n}}\right)$.

Anwendung von Satz 3b (2.XIV) liefert jetzt für die Konvergenzgeschwindigkeit der Folge der Näherungslösungen die Beziehung

$$\|x^* - \tilde{x}_n^*\| = O\left(\frac{1}{\sqrt{n}}\right).$$

Ist $p_1 = 0$ und y'' quadratisch summierbar, so folgt entsprechend

$$\|x^* - \tilde{x}_n^*\| = O\left(\frac{1}{n\sqrt{n}}\right).$$

Haben die Funktionen p_1, p_2 und y Ableitungen höherer Ordnung, dann nimmt auch der Fehler der Näherungslösungen von höherer Ordnung ab. In diesem Fall ist nämlich die Lösung x^* öfter differenzierbar, läßt sich also genauer durch Polynome approximieren.

Die Näherungslösungen konvergieren in allen diesen Fällen als Elemente des Raumes $\mathbf{X}$, d. h., sie selbst und ihre ersten Ableitungen konvergieren *gleichmäßig* gegen die exakte Lösung bzw. deren erste Ableitung, während ihre zweiten Ableitungen noch im Mittel gegen die zweite Ableitung der exakten Lösung konvergieren.

5.4. Wir betrachten jetzt dieselbe Gleichung (18) bei anderen Normdefinitionen in den Räumen $\mathbf{X}$ und $\mathbf{Y}$; und zwar setzen wir

$$\|x\|_{\mathbf{X}} = \max_{|t|\leq 1} |x''(t)|, \quad \|y\| = \max_{|t|\leq 1} |y(t)| \quad (x \in \mathbf{X},\ y \in \mathbf{Y}).$$

Offensichtlich sind dann die Gleichungen (7) aus § 2 erfüllt, also gilt $\|G\| = \|G^{-1}\| = 1$. Der Operator Φ habe dieselbe Bedeutung wie im vorhergehenden Abschnitt, die Bedingung I b ist deshalb wieder für $\mu = 0$ erfüllt. Wir schätzen die Norm von Φ ab. Dazu seien $\zeta_1, \zeta_2, \ldots, \zeta_n$ die ersten n bezüglich der Gewichtsfunktion $(1 - t^2)^{-\frac{1}{2}}$ orthogonalen Polynome (Tschebyscheffsche Polynome). Die Projektion Φ des Raumes $\mathbf{Y}$ auf $\tilde{\mathbf{Y}}$ hat damit die Gestalt

$$\Phi y = \sum_{k=1}^{n} (y, \zeta_k)\, \zeta_k .$$

Wir setzen voraus, daß y einer Lipschitz-Bedingung mit dem Exponenten $\alpha > 0$ genügt. Aus der bekannten Abschätzung für die Partialsummen der Entwicklung einer solchen Funktion in eine Reihe nach Tschebyscheffschen Polynomen (Natanson [30a], S. 173/174)

$$\max_{|t|\leq 1} \left| \sum_{k=1}^{n} (y, \zeta_k)\, \zeta_k(t) \right| \leq (A \ln n + B)\, \|y\|_{\mathbf{Y}}$$

ergibt sich dann

$$\|\Phi\| \leq A \ln n + B . \tag{22}$$

Wie in Abschnitt 5.3 besteht (bei stetiger Differenzierbarkeit der Koeffizienten der Gleichung (18)) wieder die Beziehung

$$\left\|\frac{d}{dt}Tx\right\|_Y \leqq C\,\|x\|\,,$$

deshalb existiert ein Polynom $\tilde{y} \in \tilde{Y}$ mit

$$\|Tx - \tilde{y}\| \leqq \frac{D\|x\|}{n}\,.$$

Daraus folgt $\mu_1 = O\left(\frac{1}{n}\right)$ (im Fall $p_1 = 0$ ist μ_1 sogar von der Größenordnung $O\left(\frac{1}{n^2}\right)$). Schließlich sei $\mu_2 = \frac{E_n(y)}{\|y\|}$.[1] Durch Anwendung von Satz 2b (2.XIV) erhalten wir unter Berücksichtigung von Formel (22)

$$\|x^* - \tilde{x}_n^*\| = (\mu_1 + \mu_2)\,O(\ln n)\,.$$

Gilt also $E_n(y)\ln n \to 0$, dann konvergieren die Näherungslösungen gleichmäßig gegen die exakte Lösung. Ist außerdem $p_1 = 0$ und y zweimal stetig differenzierbar, so besteht genauer die Beziehung

$$\|x^* - \tilde{x}_n^*\| = O\left(\frac{\ln n}{n^2}\right).$$

5.5. Als weitere Anwendung betrachten wir die Gleichung

$$L(x) \equiv \frac{d}{dt}\left[p\,\frac{dx}{dt}\right] - \lambda\left\{\frac{d}{dt}[q\,x] + r\,x\right\} = y \tag{23}$$

unter den Randbedingungen

$$x(0) = x(1) = 0\,. \tag{24}$$

Dabei seien die Funktionen p und q stetig differenzierbar, r stetig und $p(t) > 0$. Außerdem sei λ ein solcher Wert, daß die Randwertaufgabe eine eindeutige Lösung hat.

Für die Lösung wählen wir nach dem Galerkinschen Verfahren den Ansatz

$$\tilde{x}(t) = \sum_{k=1}^{n} c_k\,\omega_k(t) \qquad (0 \leqq t \leqq 1)\,, \tag{25}$$

wobei die $\omega_k(t)$ stetig differenzierbare Funktionen sind, die den Randbedingungen (24) genügen und deren Ableitungen zusammen mit der Funktion identisch gleich Eins ein vollständiges System bilden. Dieses sei außerdem orthonormal bezüglich der Gewichtsfunktion p:

$$\int_0^1 p(t)\,\omega_j'(t)\,\omega_k'(t)\,dt = \begin{cases} 0\,, & j \neq k \\ 1\,, & j = k \end{cases} \qquad (j, k = 1, 2, \ldots)\,. \tag{26}$$

Wir fügen zu diesem System noch die Funktion $\omega_0'(t) = \frac{1}{p(t)}\left[\int_0^1 \frac{ds}{p(s)}\right]^{-\frac{1}{2}}$ hinzu.

Dann besteht die Beziehung (26) auch für $j, k = 0$, und die Menge $\{\omega_k'\}$ $(k = 0, 1, \ldots)$ bildet ein vollständiges orthonormales System.

---

[1]) Für die Bedeutung von $E_n(y)$ siehe Natanson [30a], S. 19.

Gleichung (23) zusammen mit den Randbedingungen (24) läßt sich wiederum als Funktionalgleichung

$$Gx = \lambda\, Tx = y \tag{27}$$

im Raum $\mathbf{X}$ der zweimal stetig differenzierbaren Funktionen, die den Randbedingungen (24) genügen, auffassen.

Die Norm in $\mathbf{X}$ definieren wir folgendermaßen:

$$\|x\| = \left[\int_0^1 p(t)\, |x'(t)|^2\, dt\right]^{1/2}, \qquad (x_1, x_2) = \int_0^1 p(t)\, x_1'(t)\, x_2'(t)\, dt\,.$$

Der Raum $\mathbf{Y}$ bestehe aus allen stetigen Funktionen; in Übereinstimmung mit Formel (7) aus § 2 metrisieren wir ihn durch die Gleichungen

$$\|y\|_{\mathbf{Y}} = \|G^{-1} y\|_{\mathbf{X}}\ ^{1)}, \qquad (y_1, y_2)_{\mathbf{Y}} = (G^{-1} y_1, G^{-1} y_2)_{\mathbf{X}}\,.$$

Die Menge aller Elemente der Form (25) betrachten wir als Teilraum $\widetilde{\mathbf{X}}$ und die Menge aller Elemente der Form

$$y = \sum_{k=1}^{n} c_k\, G\, \omega_k \tag{28}$$

bildet den Raum $\widetilde{\mathbf{Y}}$. Weiter sei Φ wieder die orthogonale Projektion von $\mathbf{Y}$ auf $\widetilde{\mathbf{Y}}$, somit gilt $\|\Phi\| = 1$. Die Gleichung $\Phi y = 0$ ist äquivalent mit $(y, G\,\omega_k) = 0$ $(k = 1, 2, \ldots, n)$, wofür wir gemäß der Definition des Skalarproduktes im Raum $\mathbf{Y}$ und laut Fußnote

$$(G^{-1} y, \omega_k)_{\mathbf{X}} = \int_0^1 p(t) \frac{d}{dt} (G^{-1} y)\, \omega_k'(t)\, dt = -\int_0^1 y(t)\, \omega_k(t)\, dt = 0$$

schreiben können. Die Gleichung des Galerkinschen Verfahrens

$$\int_0^1 [L(x)(t) - y(t)]\, \omega_j(t)\, dt = 0 \qquad (j = 1, 2, \ldots, n)$$

ist deshalb nichts anderes als die in Abschnitt XIV.2.3 auf spezielle Art konstruierte approximierende Gleichung

$$\Phi\, [G\, x - \lambda\, T\, x] = \Phi\, y\,.$$

Somit gilt wieder $\mu = 0$. Für die Abschätzung von μ_1 benutzen wir die Bemerkung aus Abschnitt XIV.2.1 (Ungleichung (6)), d. h., wir approximieren das Element $z = G^{-1}\, T\, x$ mit $\|x\| \leqq 1$ in der Metrik des Raumes $\mathbf{X}$ durch ein Element von $\widetilde{\mathbf{X}}$. Aus $G\, z = T\, x$ oder

$$\frac{d}{dt}\left[p \frac{dz}{dt}\right] = \frac{d}{dt} [q\, x] + r\, x$$

[1]) Das Element $x = G^{-1}\, y$ bedeutet dabei die Lösung der Gleichung $\dfrac{d}{dt}\left(p \dfrac{dx}{dt}\right) = y$ unter den Randbedingungen (24).

folgt durch Integration von 0 bis $u \leqq 1$ die Beziehung

$$p(u)\, z'(u) = q(u)\, x(u) + \int_0^u r(t)\, x(t)\, dt + C$$

$$= q(u) \int_0^u x'(t)\, dt + \int_0^u \left(\int_t^u r(\tau)\, d\tau \right) x'(t)\, dt + C = \int_0^1 h(u, t)\, x'(t)\, dt + C$$

mit

$$h(u, t) = \begin{cases} q(u) + \int_t^u r(\tau)\, d\tau & (t \leqq u), \\ 0 & (t > u). \end{cases}$$

Um die Konstante C zu eliminieren, integrieren wir die erhaltene Gleichung nach Division beider Seiten durch $p(u)$ nochmals und beachten die Randbedingungen $z(0) = z(1) = 0$:

$$0 = \int_0^1 \left[\int_0^1 \frac{1}{p(u)} h(u, t)\, du \right] x'(t)\, dt + C \int_0^1 \frac{du}{p(u)}.$$

Berechnen wir hieraus C und setzen es in die obige Gleichung ein, so ergibt sich

$$z'(u) = \int_0^1 K(u, t)\, x'(t)\, dt$$

mit

$$K(u, t) = \frac{1}{p(u)} h(u, t) - \frac{1}{p(u) \int_0^1 \frac{ds}{p(s)}} \int_0^1 \frac{1}{p(s)} h(s, t)\, ds.$$

Offensichtlich gilt dabei

$$\int_0^1 K(u, t)\, du = 0 \qquad (0 \leqq t \leqq 1).$$

Da also der Kern $K(u, t)$ zur Funktion $\frac{1}{p(u)}$ orthogonal und das System $\{\omega_j'\}$ $(j = 0, 1, \ldots)$ vollständig ist (siehe Formel (26) und die folgenden Zeilen), läßt er sich durch die Partialsummen

$$K_n(u, t) = \sum_{j=1}^{n} \alpha_j(t)\, \omega_j'(u) \qquad \left(\alpha_j(t) = \int_0^1 p(u)\, K(u, t)\, \omega_j'(u)\, du\right)$$

seiner FOURIER-Reihe nach den Funktionen $\{\omega_j'(u)\}$ $(j = 1, 2, \ldots)$ approximieren, d. h., für $n \to \infty$ gilt

$$\int_0^1 p(u)\, [K(u, t) - K_n(u, t)]^2\, du \to 0 \qquad (0 \leqq t \leqq 1), \tag{29}$$

wobei diese Folge monoton konvergiert.

Berechnen wir $\tilde{x}$ aus der Gleichung

$$\tilde{x}'(u) = \int_0^1 K_n(u, t)\, x'(t)\, dt = \sum_{j=1}^n c_j\, \omega_j'(u) \qquad \left(c_j = \int_0^1 \alpha_j(t)\, x'(t)\, dt\right),$$

so ergibt sich die gewünschte Beziehung, nämlich

$$\|z - \tilde{x}\|^2 = \int_0^1 p(u)\, |z'(u) - \tilde{x}'(u)|^2\, du = \int_0^1 p(u) \left|\int_0^1 [K(u, t) - K_n(u, t)]\, x'(t)\, dt\right|^2 du$$

$$\leq \int_0^1 p(t)\, |x'(t)|^2\, dt \int_0^1 \left[\int_0^1 |K(u, t) - K_n(u, t)|^2\, p(u)\, du\right] \frac{dt}{p(t)} = \eta_n^2\, \|x\|^2$$

mit

$$\eta_n^2 = \int_0^1 \frac{dt}{p(t)} \int_0^1 [K(u, t) - K_n(u, t)]^2\, p(u)\, du \underset{n\to\infty}{\longrightarrow} 0\,.$$

Entsprechend beweist man, daß für hinreichend großes n auch $\tilde{\mu}_2$ beliebig klein wird, d. h., daß sich das Element $z = G^{-1}\, y$ durch Elemente aus $\tilde{\mathfrak{X}}$ approximieren läßt. Es gilt nämlich

$$\frac{d}{dt}\left(p \frac{dz}{dt}\right) = y, \qquad p \frac{dz}{dt} = \int y\, dt = F\,.$$

Wählt man nun F derart, daß auch die Bedingung $\int_0^1 \frac{F(t)}{p(t)}\, dt = 0$ erfüllt ist, dann konvergieren die entsprechenden Partialsummen $\sum_{k=1}^n c_k\, \omega_k$ gegen $\frac{dz}{dt} = \frac{F}{p}$.

Besteht das System $\{\omega_k\}$ aus trigonometrischen Funktionen, so läßt sich der Grad der Approximation noch genauer abschätzen. Es sei z. B.

$$\omega_k(t) = \sin k\pi t \qquad (k = 1, 2, \ldots)\,.$$

Den Kern $K(u, t)$ muß man dann durch Summen der Form

$$\sum_{k=1}^n \alpha_k(t) \cos k\pi u$$

mit

$$\alpha_k(t) = 2 \int_0^1 K(u, t) \cos k\pi u\, du$$

approximieren. Als FOURIER-Koeffizienten einer Funktion von beschränkter Variation sind die $\alpha_k(t)$ von der Größenordnung $\frac{1}{k}$[1]), woraus man unschwer

$$\int_0^1 [K(u, t) - K_n(u, t)]^2\, du = 2 \sum_{k=n+1}^{\infty} |\alpha_k(t)|^2 = O\left(\frac{1}{n}\right)$$

[1]) Dies ergibt sich in einfacher Weise durch Darstellen der Funktion als Differenz zweier monotoner Funktionen und der Anwendung des 2. Mittelwertsatzes der Differentialrechnung.

erkennt. Deshalb gilt $\mu_1 = O\left(\frac{1}{\sqrt{n}}\right)$. Ohne Schwierigkeit beweist man ebenso die Beziehung $\mu_2 = O\left(\frac{1}{\sqrt{n}}\right)$.

Im betrachteten Fall folgt also aus Satz 3b (2.XIV) die Abschätzung

$$\|x^* - \tilde{x}_n^*\| = O\left(\frac{1}{\sqrt{n}}\right),$$

d. h., die Näherungslösungen konvergieren in der Metrik des Raumes X, also auch gleichmäßig mit derselben Geschwindigkeit gegen die exakte Lösung.

Ist der Differentialausdruck $L(x)$ selbstadjungiert, d. h., gilt $q = 0$, so fallen das Galerkinsche und das Ritzsche Verfahren zusammen. Setzen wir in diesem Fall voraus, daß die Funktion $p(u)\,K(u, t)$ eine erste Ableitung bezüglich u hat, die von beschränkter Variation ist (diese Bedingung ist z. B. erfüllt, wenn die Funktionen p und r die analogen Eigenschaften haben), dann sind die Fourier-Koeffizienten von der Größenordnung $\frac{1}{k^2}$; daraus folgt

$$\mu_1 = O\left(\frac{1}{n\sqrt{n}}\right),$$

und es besteht eine entsprechende Abschätzung für die Geschwindigkeit der Konvergenz der Näherungslösungen gegen die exakte Lösung.

Läßt sich die Lösung noch besser durch Funktionen des vorgegebenen Systems approximieren, so ergibt sich aus der Bemerkung 1 zu Satz 2 (1.XIV) entsprechend auch eine bessere Konvergenz der Näherungslösungen.

§ 6. Anwendungen auf Randwertaufgaben für partielle Differentialgleichungen vom elliptischen Typ

6.1. Wir betrachten jetzt einige Anwendungen der allgemeinen Theorie der Näherungsverfahren auf Randwertaufgaben für gewisse Gleichungen vom elliptischen Typ. Es sei ein Gebiet D mit dem Rand Γ gegeben. Gesucht ist eine Lösung der Gleichung

$$\Delta u + \lambda a u = v \tag{1}$$

unter der Randbedingung

$$u|_\Gamma = 0 \tag{2}$$

für den Fall von m $(= 2, 3)$ Veränderlichen.

Neben der allgemeinen Theorie der Näherungsverfahren benötigen wir einige Ergebnisse der mathematischen Physik und der Approximationstheorie, die wir hier ohne Beweis anführen.

Satz von Günter-Korn. *Ist der Rand Γ glatt und genügt die Funktion f einer Lipschitz-Bedingung mit dem Exponenten β und der Konstanten M $(f \in \mathrm{Lip}_M\,\beta)$, so hat jede Lösung der Randwertaufgabe*

$$\Delta u = f, \quad u|_\Gamma = 0 \tag{3}$$

zweite partielle Ableitungen, die für beliebiges $\beta' < \beta$ einer Lipschitz-*Bedingung mit dem Exponenten β' genügen, und es gilt*

$$\frac{\partial^2 u}{\partial x^2}, \frac{\partial^2 u}{\partial x\, \partial y}, \frac{\partial^2 u}{\partial y^2} \in \mathrm{Lip}_{M'} \beta' \qquad (M' \leqq CM, \ C = C(\beta, \beta'))\ ^{1)}.$$

Im Fall von Funktionen einer Veränderlichen folgt bekanntlich aus geeigneten Differenzierbarkeitseigenschaften des inhomogenen Gliedes die Möglichkeit der gleichzeitigen Approximation der Funktion und ihrer Ableitungen durch algebraische oder trigonometrische Polynome. Verschwindet die vorgegebene Funktion außerdem an den Enden des Intervalls $[a, b]$, so kann man erreichen, daß auch die approximierenden Funktionen an den Enden des Intervalls verschwinden. Verwenden wir zur Approximation insbesondere algebraische Polynome, so können wir also fordern, daß sie den Faktor $(t - a)\,(b - t)$ enthalten.

Entsprechende Sätze gelten auch für Funktionen mehrerer Veränderlicher. Wir formulieren hier zwei Sätze dieser Art: Der erste sichert die Vollständigkeit des entsprechenden Funktionensystems, der zweite charakterisiert die Genauigkeit der Approximation.

Satz über die Vollständigkeit.[2]) *Es sei ein Gebiet D mit dem Rand Γ gegeben. Die Gleichung des Randes laute*

$$\omega(x, y) = 0,$$

wobei ω eine stückweise stetig-differenzierbare Funktion mit den folgenden Eigenschaften sei:

$$\omega(x, y) > 0 \quad \big((x, y) \in D\big), \qquad \operatorname{grad} \omega(x, y) \neq 0 \quad \big((x, y) \in \overline{D}\big). \tag{4}$$

Dann ist das System aller Funktionen der Form

$$\tilde{u}(x, y) = \omega(x, y)\, P(x, y) \qquad (P \textit{ durchläuft die Menge aller Polynome})$$

vollständig im Raum $\mathring{W}_2^{(1)}$ $\big(\mathring{W}_2^{(1)}$ ist der Raum derjenigen Funktionen aus $W_2^{(1)}$, die auf Γ verschwinden, siehe X (3.3—3.5)$\big)$.

Satz von Charrik.[3]) *Die Funktion ω erfülle alle Bedingungen des Satzes über die Vollständigkeit, sei außerdem k-mal differenzierbar und ihre k-te Ableitung genüge einer* Lipschitz-*Bedingung. Weiter sei u eine k-mal differenzierbare Funktion, deren k-te Ableitung ebenfalls einer* Lipschitz-*Bedingung mit dem Exponenten α genügt. Dann existiert eine Folge (P_n) von Polynomen mit der Eigenschaft, daß die Funktionen ωP_n bzw. deren Ableitungen die vorgegebene Funktion u bzw. deren Ableitungen gleichmäßig approximieren; genauer gilt*

$$\|u - \omega\, P_n\|_{C^{(r)}} = O\left(\frac{1}{n^{k+\alpha-r}}\right) \tag{5}$$

---

[1]) Siehe [99b].

[2]) Siehe Kantorowitsch und Krylow [21], S. 258.

[3]) Siehe [103a, b].

mit

$$\|u\|_{C^{(r)}} = \sum_{i=0}^{r} \sum_{\nu_1+\nu_2=i} \max_{D} \left| \frac{\partial^i u}{\partial x^{\nu_1}\, \partial y^{\nu_2}} \right| . \tag{6}$$

P_n ist dabei ein Polynom höchstens n-ten Grades.

6.2. Wir betrachten jetzt die am Anfang dieses Paragraphen gestellte Randwertaufgabe. Für die Näherungslösung machen wir den Ansatz

$$\tilde{u}(x, y) = \omega(x, y)\, P(x, y) . \tag{7}$$

Dabei genüge die Funktion ω den Voraussetzungen des Satzes von Charrik für $k = 1$, und P sei ein Polynom höchstens n-ten Grades.

Die Koeffizienten des Polynoms P (die Anzahl der Koeffizienten betrage N) werden aus dem Gleichungssystem

$$\int_D\!\!\int (\Delta \tilde{u} + \lambda\, a\, \tilde{u})\, \zeta_k\, dx\, dy = \int_D\!\!\int v\, \zeta_k\, dx\, dy \qquad (k = 1, 2, \ldots, N) \tag{8}$$

bestimmt (die Wahl der Funktionen ζ_k wird weiter unten erklärt).

Es bezeichne $\mathbf{U}$ den Raum aller zweimal stetig differenzierbaren, auf dem Rand Γ verschwindenden Funktionen, dessen Metrik bzw. Skalarprodukt durch die Gleichungen

$$\|u\| = \left[\int_D\!\!\int |\Delta u|^2\, dx\, dy\right]^{1/2} \quad \text{bzw.} \quad (u_1, u_2) = \int_D\!\!\int \Delta u_1\, \Delta u_2\, dx\, dy$$

definiert sind, und $\tilde{\mathbf{U}}$ den von allen Funktionen $\tilde{u}$ gebildeten Teilraum.

Weiter sei $\mathbf{V}$ der Raum aller Funktionen v der Gestalt $v = \Delta u$ $(u \in \mathbf{U})$, also die Menge aller Funktionen v, für welche die Gleichung $\Delta u = v$ eine zu $\mathbf{U}$ gehörige Lösung hat. Als Metrik in $\mathbf{V}$ wählen wir die Metrik des Hilbert-Raumes $\mathbf{L}_D^2$. Schließlich verstehen wir unter $\tilde{\mathbf{V}}$ die Gesamtheit aller Funktionen der Form $\tilde{v} = \Delta \tilde{u}$ $(\tilde{u} \in \tilde{\mathbf{U}})$.

Mit diesen Bezeichnungen läßt sich die gegebene Randwertaufgabe als Funktionalgleichung

$$G\, u + \lambda\, T\, u = v \qquad (G\, u = \Delta u\,,\; T\, u = a\, u) \tag{9}$$

schreiben. Die Metriken in den Räumen $\mathbf{U}$ und $\mathbf{V}$ sind dabei so gewählt, daß der Operator G den Raum $\mathbf{U}$ isometrisch auf $\mathbf{V}$ abbildet.

Für $\zeta_1, \ldots, \zeta_N$ können wir ein beliebiges linear unabhängiges Funktionensystem aus $\tilde{\mathbf{V}}$ nehmen, z. B.

$$\zeta_{ij} = \Delta[\omega(x, y)\, x^i\, y^j] \qquad (i + j \leqq n) .$$

Verstehen wir dann unter Φ wieder die orthogonale Projektion von $\mathbf{V}$ auf $\tilde{\mathbf{V}}$, so sind die Gleichung $\Phi\, v = 0$ und das Gleichungssystem

$$(v, \zeta_k) = \int_D\!\!\int v\, \zeta_k\, dx\, dy = 0 \qquad (k = 1, 2, \ldots, n)$$

äquivalent. Deshalb erhält das System (8) mit den neuen Bezeichnungen die Form

$$\Phi\, G\, \tilde{u} + \lambda\, \Phi\, T\, \tilde{u} = \Phi\, v\,, \tag{10}$$

d. h., die approximierende Gleichung hat die in Abschnitt XIV.2.3 betrachtete spezielle Gestalt. Bedingung Ib ist also für $\mu = 0$ erfüllt.

Zum Nachweis der Bedingung IIb zeigen wir, daß $u \in \mathbf{U}$ stets $Tu = au \in \operatorname{Lip} \beta$ nach sich zieht, wobei im Fall $m = 2$ bzw. $m = 3$ für den Exponenten $\beta < 1$ bzw. $\beta < \frac{1}{2}$ gilt.

Aus $u \in \mathbf{U}$ folgt $u \in \mathbf{W}_2^{(2)}$, nach der Bemerkung zu dem Einbettungssatz (X.3.4) gilt auch $u \in \operatorname{Lip} \beta$ mit

$$\beta < 1 \quad (m = 2), \quad \beta < \frac{1}{2} \quad (m = 3).$$

Deshalb hat die Funktion $z = G^{-1}\,T\,u = \Delta^{-1} a u$ nach dem Satz von Günter-Korn zweite partielle Ableitungen, die der Klasse $\operatorname{Lip} \beta'$ mit $\beta' < \beta$ angehören. Insbesondere ist also wieder $\beta' < 1$ für $m = 2$ und $\beta' < \frac{1}{2}$ für $m = 3$. Dabei gilt

$$\left\|\frac{\partial^2 z}{\partial x^2}\right\|_{\operatorname{Lip} \beta'} \leqq C\,\|u\|.$$

Nach dem Satz von Cherrik läßt sich die Funktion z zusammen mit ihren zweiten Ableitungen durch Funktionen der Form $\tilde{u}$ von der Ordnung $\frac{1}{n^{\beta'}}$ approximieren, d. h., es gibt eine Konstante C_1 mit

$$\|G^{-1}Tu - \tilde{u}\| \leqq \frac{C_1}{n^{\beta'}}.$$

Bedingung IIb ist also für $\mu_1 = O\left(\frac{1}{n^{\beta'}}\right)$ erfüllt.

Gehört v zu $\operatorname{Lip} \beta$ (das gilt insbesondere für $v \in \mathbf{W}_2^{(2)}$), so zeigt dieselbe Überlegung, daß μ_2 die Gestalt $O\left(\frac{1}{n^{\beta'}}\right)$ hat.

Aus diesen Beziehungen folgt nach der allgemeinen Theorie der Näherungsverfahren, daß das Galerkinsche Verfahren für das hier gewählte Funktionensystem konvergiert, genauer gesagt gilt

$$\|u^* - \tilde{u}_n^*\|_{\mathbf{U}} = O\left(\frac{1}{n^{\beta'}}\right).$$

Daraus ergibt sich leicht die gleichmäßige Konvergenz der Näherungslösungen. Stellen wir nämlich die Funktion u mit Hilfe der Greenschen Funktion dar, so erhalten wir

$$|u^*(x, y) - \tilde{u}_n^*(x, y)| = \left|\int_D\!\!\int g(x, y)\, \Delta(u^* - \tilde{u}_n^*)\,dx\,dy\right|$$
$$\leqq \left[\int_D\!\!\int |g(x, y)|^2\,dx\,dy\right]^{1/2} \|u^* - \tilde{u}^*\| = O\left(\frac{1}{n^{\beta'}}\right).$$

Unter stärkeren Differenzierbarkeitsvoraussetzungen über die Lösung u konvergieren die Näherungslösungen dann auch erwartungsgemäß rascher.

6.3. Ohne Angabe der genauen Ordnung der Konvergenzgeschwindigkeit kann man die Konvergenz der Näherungslösungen gegen die exakte beim Galerkinschen Verfahren allein unter wesentlich allgemeineren Bedingungen zeigen.

Wir betrachten die Randwertaufgabe

$$\Delta u + \lambda \left(a\, u + b \frac{\partial u}{\partial x} + c \frac{\partial u}{\partial y} \right) = v\,, \tag{11}$$

$$u|_{\Gamma} = 0 \tag{12}$$

mit stetig differenzierbaren Funktionen a, b, c.

Für die Lösung machen wir denselben Ansatz wie (7) in Abschnitt 6.2. Die Koeffizienten des Polynoms P ergeben sich dann wieder aus dem Gleichungssystem des GALERKINschen Verfahrens:

$$\iint\limits_D \left[\Delta \tilde{u} + \lambda \left(a\tilde{u} + b \frac{\partial \tilde{u}}{\partial x} + c \frac{\partial \tilde{u}}{\partial y} \right) \right] \zeta_k \, dx\, dy = \iint\limits_D v\, \zeta_k \, dx\, dy \qquad (k = 1, 2, \ldots, N)\,.$$

Den Raum U metrisieren wir jedoch im Unterschied zu 6.2 unter Benutzung der GREENschen Formeln folgendermaßen:

$$(u_1, u_2) = -\iint\limits_D u_1\, \Delta u_2 \, dx\, dy = \iint\limits_D \left[\frac{\partial u_1}{\partial x} \frac{\partial u_2}{\partial x} + \frac{\partial u_1}{\partial y} \frac{\partial u_2}{\partial y} \right] dx\, dy\,,$$

$$\|u\|^2 = -\iint\limits_D u\, \Delta u \, dx\, dy = \iint\limits_D \left[\left(\frac{\partial u}{\partial x} \right)^2 + \left(\frac{\partial u}{\partial y} \right)^2 \right] dx\, dy\,.$$

Entsprechend wird die Metrik in V definiert:

$$(v_1, v_2)_{\mathrm{V}} = (G^{-1} v_1, G^{-1} v_2)_{\mathrm{U}}\,, \quad \|v\|_{\mathrm{V}} = \|G^{-1} v\|_{\mathrm{U}}\,,$$

d. h., sind u_1 und u_2 Lösungen der Gleichungen $\Delta u = v_1$ bzw. $\Delta u = v_2$, $u_1, u_2 \in \mathrm{U}$, so setzen wir

$$(v_1, v_2) = -\iint\limits_D u_1\, v_2 \, dx\, dy = -\iint\limits_D u_2\, v_1 \, dx\, dy\,,$$

$$\|v_1\|^2 = -\iint\limits_D u_1\, v_1 \, dx\, dy\,.$$

Die betrachtete Randwertaufgabe läßt sich dann wieder als Funktionalgleichung im Raum U schreiben:

$$G u + \lambda T u = v \qquad \left(G u = \Delta u,\ T u = a\, u + b \frac{\partial u}{\partial x} + c \frac{\partial u}{\partial y} \right),$$

und die approximierende Gleichung erhält die Form

$$G \tilde{u} + \lambda \Phi T \tilde{u} = \Phi v\,.$$

Um Satz 6 (1.XIV) anwenden zu können, zeigen wir die Vollstetigkeit des Operators $G^{-1} T$.

Der Raum U ist einem dichten Teil des Raumes $\mathring{\mathrm{W}}_2^{(1)}$ linear isometrisch. Um das zu sehen, braucht man nur als eine der möglichen Metriken des Raumes $\mathrm{W}_2^{(1)}$ die von dem Funktional $\int\limits_\Gamma u(x, y)\, d\Gamma$ erzeugte Norm zu nehmen (s. Abschnitt X.3.6):

$$\|u\|_{\mathrm{W}_2^{(1)}} = \left| \int\limits_\Gamma u(x, y)\, d\Gamma \right| + \left\{ \iint\limits_D |\operatorname{grad} u|^2 \, dx\, dy \right\}^{1/2}$$

$$= \left\{ \iint\limits_D \left[\left(\frac{\partial u}{\partial x} \right)^2 + \left(\frac{\partial u}{\partial y} \right)^2 \right] dx\, dy \right\}^{1/2} = \|u\|_{\mathrm{U}}\,.$$

Dann definiert der Operator T eine lineare Abbildung vom Raum $\mathring{W}_2^{(1)}$ in L^2. Der Operator Δ^{-1}, betrachtet als Abbildung von L^2 in $\mathring{W}_2^{(2)}$, ist ebenfalls linear (siehe Abschnitt XIII.6.5)[1]), es gilt somit $\Delta^{-1} T \in [\mathring{W}_2^{(1)} \to \mathring{W}_2^{(2)}]$. Da der Einbettungsoperator von $\mathring{W}_2^{(2)}$ in $\mathring{W}_2^{(1)}$ vollstetig ist (siehe Abschnitt X.3.5), bildet auch $\Delta^{-1} T$ den Raum $\mathring{W}_2^{(1)}$ vollstetig in sich ab.

Nach dem Satz über die Vollständigkeit konvergiert die Projektionenfolge $P_n = G^{-1} \Phi G$ gegen den identischen Operator in U. Deshalb sind alle Voraussetzungen von Satz 6 (1.XIV) erfüllt, also konvergiert das GALERKINsche Verfahren im Raum U. Daraus folgt wieder die gleichmäßige Konvergenz der Näherungslösungen gegen die exakte.

Die durchgeführten Überlegungen bleiben auch für den Fall von mehr als zwei Veränderlichen gültig.

Wie schon erwähnt (siehe die Bemerkung auf Seite 475), wurde die Konvergenz des GALERKINschen Verfahrens zuerst in dem Aufsatz [121] gezeigt. Eine Reihe von Aussagen über die Konvergenz des GALERKINschen und anderer Verfahren zur genäherten Lösung von Funktionalgleichungen findet der Leser in [148 b] (siehe auch MICHLIN), daran anschließende Untersuchungen in [200]. Auf der Grundlage der allgemeinen Theorie der Näherungsverfahren wurde das GALERKINsche Verfahren in [78] untersucht.

Andere Anwendungen der Ergebnisse der Paragraphen 1 und 2 oder einen analogen Zugang zu konkreten Aufgaben findet man in den Arbeiten [110], [116], [184] (singuläre Integralgleichungen), [87] (Differenzenverfahren), [201] (Integrodifferentialgleichungen). Vergleiche hierzu auch die Aufsätze [75] und [76].

---

[1]) Obwohl wir in Abschnitt XIII.6.5 nur den Fall betrachtet haben, daß das Gebiet D ein Kreis ist, bleibt alles dort Gesagte auch für ein beliebiges von einer stückweise glatten Kurve Γ begrenztes Gebiet D richtig.

KAPITEL XV

DAS VERFAHREN DES STÄRKSTEN ABSTIEGES

In diesem Kapitel betrachten wir ein spezielles Variationsverfahren zur Lösung von Funktionalgleichungen — das Verfahren des stärksten Abstieges. Wie es bei den meisten Variationsaufgaben üblich ist, wird dabei die Lösung der Funktionalgleichung auf die Bestimmung des Minimums eines (nichtlinearen) Funktionals zurückgeführt. Dazu konstruiert man eine Folge von Elementen derart, daß der Übergang von einem Element zum nächsten in Richtung der stärksten Abnahme des gegebenen Funktionals erfolgt; daher die Bezeichnung „*Verfahren des stärksten Abstieges*".

Der Grundgedanke des Verfahrens des stärksten Abstieges geht auf CAUCHY zurück, der es im Fall endlichdimensionaler Räume darstellte. Für den allgemeinen Fall wurde es von L. V. KANTOROWITSCH ausgearbeitet (siehe [117b] und KANTOROWITSCH [20]). Beim Beweis der allgemeinen Sätze der Paragraphen 1 und 2 benutzen wir Ergebnisse der Artikel [65a, b]. Gewisse Modifizierungen des Verfahrens des stärksten Abstieges findet man in den Arbeiten [120], [129], [131], [105], [167], [191], Verallgemeinerungen und Beziehungen zur Gradientenmethode in [52], [83], seine Anwendung auf die Lösung elliptischer Differentialgleichungen (§ 3) in [205]. Für weitere Konvergenzuntersuchungen siehe auch [91].

§ 1. Auflösung linearer Gleichungen

1.1. Wie bereits erwähnt, ist das Verfahren des stärksten Abstieges im wesentlichen eine Methode zur Bestimmung des Minimums eines Funktionals. Es sei Φ ein reelles (nichtlineares) Funktional, definiert auf einem normierten Raum $\mathbf{X}$. Wir setzen voraus, daß die Werte von Φ nach unten beschränkt sind, und suchen dasjenige Element $x^* \in \mathbf{X}$ (falls ein solches existiert), für das das Funktional Φ seinen kleinsten Wert annimmt:

$$\Phi(x) \geqq \Phi(x^*) \qquad (x \in \mathbf{X}) .$$

Eine verbreitete Methode zur Lösung dieser Aufgabe besteht darin, daß man eine Folge $\{x_n\}$ konstruiert, die das Funktional Φ „minimalisiert", d. h., für die

$$\lim_{n \to \infty} \Phi(x_n) = \inf_{x \in \mathbf{X}} \Phi(x)$$

gilt. Oft kann man weiter zeigen, daß die Folge $\{x_n\}$ selbst gegen ein gewisses Element x^* konvergiert. Im Fall der Stetigkeit des Funktionals Φ ist dann x^* eine Lösung der oben gestellten Aufgabe.

Das Verfahren des stärksten Abstieges besteht in folgendem: Man wählt ein festes Element $x_0 \in \mathbf{X}$ und betrachtet einen von x_0 ausgehenden Strahl, das ist die Menge aller Elemente der Form $x_0 + \alpha z$, wobei α die nichtnegative reelle Achse durchläuft und $z \neq 0$ ein Element aus $\mathbf{X}$ bezeichnet, das die Richtung des Strahles charakterisiert. Zur Untersuchung des Funktionals Φ auf diesem Strahl wird die reelle Funktion

$$\varphi(\alpha, x_0, z) = \Phi(x_0 + \alpha z) \qquad (\alpha \geqq 0)$$

eingeführt. Den Ausdruck

$$\frac{\partial \Phi}{\partial z} = \frac{1}{\|z\|} \frac{\partial \varphi(\alpha, x_0, z)}{\partial \alpha}\bigg|_{\alpha=0} = \frac{1}{\|z\|} \lim_{h \to 0+} \frac{\Phi(x_0 + h z) - \Phi(x_0)}{h}$$

nennen wir natürlicherweise die *Ableitung des Funktionals* Φ in Richtung z (im Punkte x_0). Wir setzen voraus, daß die Ableitung $\frac{\partial \Phi}{\partial z}$ für jede Richtung existiert und daß es außerdem eine solche Richtung $\bar{z}$ gibt, für die diese Ableitung einen kleinsten Wert annimmt. Diese Richtung $\bar{z}$ heißt der *Antigradient des Funktionals* Φ im Punkte x_0.

Es sei $\frac{\partial \Phi}{\partial \bar{z}} < 0$ und die Ableitung $\frac{\partial \Phi}{\partial \bar{z}}$ stetig längs des Strahles von x_0 in Richtung $\bar{z}$. Unter diesen Voraussetzungen ist die Funktion $\varphi(\alpha; x_0, \bar{z})$ zumindest für hinreichend kleine Werte von α monoton fallend. Falls die Gleichung

$$\varphi'(\alpha; x_0, \bar{z}) = 0$$

(bezüglich der Veränderlichen α) positive Wurzeln besitzt und ε_1 deren kleinste bezeichnet, dann werden also auch die Werte des Funktionals Φ in Richtung $\bar{z}$ mindestens bis zum Punkt

$$x_1 = x_0 + \varepsilon_1 \bar{z}$$

kleiner.

Wiederholen wir dieselben Überlegungen, ausgehend vom Punkt x_1 (an Stelle von x_0), so finden wir ein Element x_2 und in diesem Sinne fortfahrend eine Folge $\{x_n\}$, die sich in einer Anzahl von Fällen als minimalisierend erweist. *Die beschriebene Konstruktion bildet das prinzipielle Schema des Verfahrens des stärksten Abstieges.*

Entsprechend kann man oft auch den größten Wert eines nach oben beschränkten Funktionals bestimmen. An Stelle der Richtung des Antigradienten hat man dabei die Richtung des „Gradienten" zu betrachten.

1.2. Der Zusammenhang zwischen der Lösung einer linearen Funktionalgleichung und der Bestimmung des Minimums eines linearen Funktionals wird folgendermaßen hergestellt.

Es seien U ein selbstadjungierter Operator im Hilbert-Raum $\mathbf{H}$ und m bzw. M seine untere bzw. obere Grenze (siehe Abschnitt IX.4.3). Unter der Voraussetzung $m > 0$ betrachten wir die Gleichung

$$Ux = y. \tag{1}$$

Da $\lambda = 0$ nicht zum Spektrum des Operators U gehört, existiert der inverse Operator U^{-1} (Satz 3 (5.IX)), deshalb hat die Gleichung (1) für jede rechte Seite $y \in \mathbf{H}$ eine eindeutig bestimmte Lösung $x^* = U^{-1} y$.

Wir führen weiter das Funktional

$$F(x) = (Ux, x) - [(x, y) + (y, x)] \quad (x \in \mathbf{H}) \tag{2}$$

ein.

Satz 1 (1. XV). *Für die Lösung x^* der Gleichung* (1) *nimmt das Funktional* (2) *seinen minimalen Wert an. Macht umgekehrt $\tilde{x}$ den Wert des Funktionals* (2) *zu einem Minimum, so ist $\tilde{x}$ eine Lösung der Gleichung* (1), *d. h., es gilt $\tilde{x} = x^*$.*

Beweis. Wegen $y = Ux^*$ läßt sich das Funktional F in folgender Form schreiben:

$$\begin{aligned} F(x) &= (Ux, x) - (x, Ux^*) - (Ux^*, x) \\ &= \big(U(x - x^*), x - x^*\big) - (Ux^*, x^*)\,. \end{aligned} \tag{3}$$

Daraus ergibt sich

$$F(x) \geqq m(x - x^*, x - x^*) - (Ux^*, x^*) \geqq -(Ux^*, x^*) = F(x^*)\,,$$

d. h., für x^* nimmt das Funktional F seinen minimalen Wert an.

Aus derselben Ungleichung folgt auch der zweite Teil des Satzes, denn es ist

$$0 = F(\tilde{x}) - F(x^*) = \big(U(\tilde{x} - x^*), \tilde{x} - x^*\big) \geqq m\,(\tilde{x} - x^*, \tilde{x} - x^*)$$

und somit $\tilde{x} = x^*$.

Bemerkung. Falls man weiß, daß eine Lösung x^* der Gleichung (1) existiert, braucht man an Stelle von $m > 0$ nur vorauszusetzen, daß für $x \neq 0$ stets $(Ux, x) > 0$ gilt.

1.3. Die Anwendung des Verfahrens des stärksten Abstieges auf das Funktional (2) liefert eine gegen die Lösung x^* der Gleichung (1) konvergente Folge $\{x_n\}$. Deshalb kann man dieses Verfahren als eine Methode zur näherungsweisen Lösung der Gleichung (1) ansehen.

Wir konstruieren jetzt diese Folge $\{x_n\}$. Für $x, z \in \mathbf{H}$ gilt

$$\begin{aligned} F(x + z) &= \big(U(x + z), x + z\big) - [(x + z, y) + (y, x + z)] = (Ux, x) \\ &\quad - [(x, y) + (y, x)] + [(Ux - y, z) + (z, Ux - y)] + (Uz, z) \\ &= F(x) + [(Ux - y, z) + (z, Ux - y)] + (Uz, z)\,. \end{aligned} \tag{4}$$

Daraus folgt

$$\frac{\partial F}{\partial z} = \frac{1}{\|z\|}[(Ux - y, z) + (z, Ux - y)] = \frac{2 \operatorname{Re}(Ux - y, z)}{\|z\|}.$$

Die Richtung des Antigradienten im Punkte x_0 ist also durch das Element $(-z_1)$ mit

$$z_1 = Ux_0 - y$$

gegeben. Zur Bestimmung von ε_1 lösen wir die Gleichung

$$\varphi'(\alpha; x_0, -z_1) = 0$$

für die Funktion (vgl. (4))

$$\varphi(\alpha; x_0, -z_1) = F(x_0 - \alpha z_1) = F(x_0) - 2\alpha(z_1, z_1) + \alpha^2(Uz_1, z_1).$$

Es ergibt sich

$$\varepsilon_1 = \frac{(z_1, z_1)}{(Uz_1, z_1)}$$

und damit schließlich

$$x_1 = x_0 - \varepsilon_1 z_1 .$$

Ebenso folgt

$$x_2 = x_1 - \varepsilon_2 z_2 \qquad \left(z_2 = Ux_1 - y, \quad \varepsilon_2 = \frac{(z_2, z_2)}{(Uz_2, z_2)}\right)$$

und allgemein

$$x_n = x_{n-1} - \varepsilon_n z_n \qquad (n = 1, 2, \ldots)$$

mit

$$z_n = Ux_{n-1} - y, \quad \varepsilon_n = \frac{(z_n, z_n)}{(Uz_n, z_n)} \qquad (n = 1, 2, \ldots).$$

Die Folge $\{x_n\}$ erweist sich als minimalisierend. Genauer gilt der

Satz 2 (1.XV). *Die Folge $\{x_n\}$ konvergiert gegen die Lösung x^*. Die Konvergenzgeschwindigkeit ist dabei durch die Ungleichung*

$$||x_n - x^*|| \leqq C\left(\frac{M-m}{M+m}\right)^n \qquad \left(n = 0, 1, \ldots; \; C = \frac{||z_1||}{m}\right) \tag{5}$$

gegeben.

Beweis. Wir schreiben die Gleichung (1) in der Form

$$x = x - k\,Ux + k\,y \tag{6}$$

und wählen den Zahlenfaktor $k > 0$ so, daß die Norm des Operators

$$T = I - k\,U$$

möglichst klein wird. Die Grenzen von T sind $1 - k\,m$ (obere Grenze) und $1 - k\,M$ (untere Grenze), s. IX.5.3. Deshalb nimmt die Norm von T ihr Minimum an, wenn

$$1 - k\,m = -(1 - k\,M),$$

d. h.

$$k = \frac{2}{M+m}$$

gilt. Dabei ist

$$||T|| = 1 - k\,m = k\,M - 1 = \frac{M-m}{M+m}. \tag{7}$$

Wir setzen weiter

$$\tilde{x}_1 = Tx_0 + k\,y = x_0 - k(Ux_0 - y) = x_0 - k\,z_1 . \tag{8}$$

Schließlich führen wir noch den Operator $V = U^{1/2}$ ein (vgl. Satz 2 (4.V)). Unter Benutzung von (3) erhält dann das Funktional F die Gestalt

$$\begin{aligned} F(x) &= \big(U(x - x^*), x - x^*\big) - (Ux^*, x^*) \\ &= \big(V(x - x^*), V(x - x^*)\big) - (Vx^*, Vx^*) = \|V(x - x^*)\|^2 - \|Vx^*\|^2. \end{aligned} \tag{9}$$

Wie man leicht feststellt, ist $F(\tilde{x}_1) \geqq F(x_1)$, also

$$F(x_1) - F(x^*) \leqq F(\tilde{x}_1) - F(x^*)\,.$$

Diese Beziehung läßt sich unter Benutzung von (9) folgendermaßen schreiben:

$$\|V(x_1 - x^*)\| \leqq \|V(\tilde{x}_1 - x^*)\|\,. \tag{10}$$

Gleichung (6) ist äquivalent mit Gleichung (1). Deshalb gilt

$$x^* = Tx^* + k\,y\,,$$

also wegen (8) auch

$$\tilde{x}_1 - x^* = T(x_0 - x^*)$$

und somit unter Benutzung der Vertauschbarkeit von T mit V

$$V(\tilde{x}_1 - x^*) = TV(x_0 - x^*)\,.$$

Daraus folgt die Ungleichung

$$\|V(\tilde{x}_1 - x^*)\| \leqq \|T\|\,\|V(x_0 - x^*)\| = \frac{M - m}{M + m}\|V(x_0 - x^*)\|\,,$$

und durch Vergleich mit (10),

$$\|V(x_1 - x^*)\| \leqq \frac{M - m}{M + m}\|V(x_0 - x^*)\|\,. \tag{11}$$

Führen wir die analoge Überlegung für $n = 2, 3, \ldots$ durch, so ergibt sich entsprechend

$$\|V(x_n - x^*)\| \leqq \frac{M - m}{M + m}\|V(x_{n-1} - x^*)\| \qquad (n = 1, 2, \ldots)$$

und daraus schließlich

$$\|V(x_n - x^*)\| \leqq \left(\frac{M - m}{M + m}\right)^n \|V(x_0 - x^*)\| \qquad (n = 1, 2, \ldots)\,. \tag{12}$$

Die Funktion $t^{-\frac{1}{2}}$ ist stetig im Intervall $[m, M]$, also erst recht auf dem Spektrum des Operators U. Deshalb existiert der inverse Operator V^{-1} (siehe Satz 2 (5.IX)) und es gilt

$$\|V^{-1}\| = \max_{t \in S_U} \frac{1}{\sqrt{t}} = \frac{1}{\sqrt{m}}\,.$$

Bekanntlich besteht nach dem gleichen Satz auch die Beziehung

$$\|V\|\ \max_{t \in S_U} \sqrt{t} = \sqrt{M}\,.$$

Unter Benutzung von Formel (12) erhalten wir somit

$$\|x_n - x^*\| = \|V^{-1} V(x_n - x^*)\| \leqq \|V^{-1}\| \left(\frac{M-m}{M+m}\right)^n \|V(x_0 - x^*)\|$$
$$\leqq \|V^{-1}\| \, \|V\| \left(\frac{M-m}{M+m}\right)^n \|x_0 - x^*\| = \sqrt{\frac{M}{m}} \left(\frac{M-m}{M+m}\right)^n \|x_0 - x^*\| .$$

Die erhaltene Abschätzung hat den Nachteil, daß auf ihrer rechten Seite das unbekannte Element x^* auftritt. Man verwendet deshalb an Stelle der letzten Abschätzung besser die folgende:

$$\|V(x_0 - x^*)\| = \|V^{-1} U(x_0 - x^*)\| \leqq \|V^{-1}\| \, \|Ux_0 - y\| = \frac{\|z_1\|}{\sqrt{m}} .$$

Damit ergibt sich schließlich

$$\|x_n - x^*\| \leqq \frac{\|z_1\|}{m} \left(\frac{M-m}{M+m}\right)^n \qquad (n = 1, 2, \ldots) ,$$

und der Satz ist bewiesen.

1.4. Wir stellen jetzt die p-te Näherung x_p mit Hilfe von x_0 und z_1 dar. Es gilt

$$x_2 = x_1 - \varepsilon_2 z_2 = x_1 - \varepsilon_2(Ux_1 - y) = x_0 - \varepsilon_1 z_1 - \varepsilon_2(Ux_0 - y - \varepsilon_1 Uz_1)$$
$$= x_0 - (\varepsilon_1 + \varepsilon_2) z_1 + \varepsilon_1 \varepsilon_2 Uz_1 = x_0 + \lambda_1^{(2)} z_1 + \lambda_2^{(2)} Uz_1 .$$

Durch Induktion folgt ohne Schwierigkeit

$$x_p = x_0 + \lambda_1^{(p)} z_1 + \cdots + \lambda_p^{(p)} U^{p-1} z_1 . \tag{13}$$

Jetzt betrachten wir ein Element der Form

$$\bar{x}_1 = x_0 + \lambda_1 z_1 + \cdots + \lambda_p U^{p-1} z_1$$

und bestimmen die komplexen Koeffizienten $\lambda_1, \lambda_2, \ldots, \lambda_p$ so, daß das Funktional F für $\bar{x}_1$ einen minimalen Wert annimmt. Wegen

$$F(\bar{x}_1) = (Ux_0 + \sum_{j=1}^{p} \lambda_j U^j z_1, x_0 + \sum_{j=1}^{p} \lambda_j U^{j-1} z_1) - [(\bar{x}_1, y) + (y, \bar{x}_1)]$$
$$= F(x_0) + \sum_{j=1}^{p} (\lambda_j + \bar{\lambda}_j)(U^{j-1} z_1, z_1) + \sum_{j=1}^{p} \sum_{k=1}^{p} \lambda_j \bar{\lambda}_k (U^j z_1, U^{k-1} z_1)$$

erhalten wir mit $\lambda_k = \sigma_k + i\,\tau_k$ $(k = 1, 2, \ldots, p)$ zur Bestimmung der Konstanten λ_k die beiden Gleichungssysteme

$$\frac{\partial F(\bar{x}_1)}{\partial \sigma_j} = 0 , \qquad \frac{\partial F(\bar{x}_1)}{\partial \tau_j} = 0 \qquad (j = 1, 2, \ldots, p) ,$$

d. h., für jedes $j = 1, 2, \ldots, p$ gilt

$$(U^{j-1} z_1, z_1) + \sum_{k=1}^{p} \sigma_k (U^j z_1, U^{k-1} z_1) = 0 ,$$
$$\sum_{k=1}^{p} \tau_k (U^j z_1, U^{k-1} z_1) = 0 .$$

Nach Multiplikation der zweiten Gleichung mit i und Addition beider Gleichungen ergibt sich das System

$$(U^{j-1} z_1, z_1) + \sum_{k=1}^{p} \lambda_k (U^{j+k-1} z_1, z_1) = 0 \qquad (j = 1, 2, \ldots, p)\,. \tag{14}$$

Da das gesuchte Minimum offensichtlich existiert, hat das angegebene System eine Lösung[1]).

Ausgehend vom Element $\bar{x}_1$ an Stelle von x_0 konstruieren wir ebenso ein Element $\bar{x}_2$ usw. Dadurch entsteht eine Folge $\bar{x}_0 = x_0, \bar{x}_1, \ldots$. Diese Methode bezeichnet man als die *p-Schritt-Variante* des Verfahrens des stärksten Abstieges.

Für die Folge $\bar{x}_0, \bar{x}_1, \ldots$ findet man unter Benutzung des Beweises von Satz 2 ohne Schwierigkeit die Abschätzung

$$\|\bar{x}_n - x^*\| \leqq \frac{\|z_1\|}{m} \left[\left(\frac{M-m}{M+m}\right)^p\right]^n, \tag{15}$$

d. h., die Ordnung der Konvergenz für die Folge $\{\bar{x}_n\}$ ist das p-fache gegenüber der in Satz 2 für die Folge $\{x_n\}$ festgestellten.

Eine weitere Verschärfung von (15) bringt der folgende

Satz 3 (1.XV) (Birman). *Es gilt die Abschätzung*

$$\|\bar{x}_n - x^*\| \leqq \frac{\|z_1\|}{m} \left[\frac{1}{\vartheta_p\left(\frac{M+m}{M-m}\right)}\right]^n \qquad (n = 1, 2, \ldots)\,, \tag{16}$$

wobei $\vartheta_p(t)$ das Tschebyscheff*sche Polynom vom Grade p bezeichnet:*

$$\vartheta_p(t) = \cos p \arccos t \qquad (t \in [-1, 1])\,.$$

Beweis. Wir betrachten die Gleichung

$$x = Tx + \bar{y} \qquad \big(T = I - U\,\varphi(U), \quad \bar{y} = \varphi(U)\,y\big) \tag{17}$$

mit einem Polynom $\varphi(t)$ vom Grade $p - 1$ und setzen

$$\tilde{x}_1 = Tx_0 + \bar{y} = x_0 - \varphi(U)\,(Ux_0 - y) = x_0 - \varphi(U)\,z_1 = x_0 + \sum_{k=1}^{p} c_k\, U^{k-1} z_1\,.$$

Dann gilt offensichtlich $F(\tilde{x}_1) \geqq F(\bar{x}_1)$. Durch Wiederholung der Überlegungen im Beweis von Satz 2 ergibt sich

$$\|\bar{x}_n - x^*\| \leqq \frac{\|z_1\|}{m} \|T\|^n \qquad (n = 1, 2, \ldots)\,. \tag{18}$$

Wegen der Beziehung

$$\|T\| \leqq \max_{t \in [m, M]} |1 - t\,\varphi(t)|$$

[1]) Diese Lösung ist nicht notwendig eindeutig. Die Größe $F(\bar{x}_1)$ hängt dann aber nicht von der Wahl der Lösung ab.

liegt es nahe, das Polynom $\varphi(t)$ so zu wählen, daß der Ausdruck $\max\limits_{t\in[-1,1]} |1 - t\,\varphi(t)|$ einen minimalen Wert annimmt. Das zugehörige Polynom p-ten Grades $\psi(t) = 1 - t\,\varphi(t)$ mit $\psi(0) = 1$ hat dann bekanntlich die Gestalt[1])

$$\psi(t) = \frac{\vartheta_p\left(\dfrac{2t - M - m}{M - m}\right)}{\vartheta_p\left(\dfrac{M + m}{M - m}\right)}.$$

Da

$$\max_{t\in[m,M]} \left|\vartheta_p\left(\frac{2t - M - m}{M - m}\right)\right| = \max_{t\in[-1,1]} |\vartheta_p(t)| = 1$$

gilt, folgt für $||T||$ die Abschätzung

$$||T|| \leqq \max_{t\in[m,M]} |\psi(t)| = \frac{1}{\vartheta_p\left(\dfrac{M + m}{M - m}\right)},$$

womit der Satz bewiesen ist.

Bemerkung 1. Für ein beliebiges Polynom $\varrho(t)$ vom Grade p besteht die Ungleichung (Natanson [30a], S. 48)

$$|\varrho(t_0)| \leqq |\vartheta_p(t_0)| \max_{t\in[-1,1]} |\varrho(t)| \qquad (|t_0| > 1).$$

Setzen wir hierin $\varrho(t) = t^p$, $t_0 = \dfrac{M + m}{M - m}$, so ergibt sich

$$\frac{1}{\vartheta_p\left(\dfrac{M + m}{M - m}\right)} \leqq \left(\frac{M - m}{M + m}\right)^p.$$

Die Abschätzung (15) ist also eine Folgerung von (16).

Bemerkung 2. Wegen

$$\frac{\vartheta_p(t)}{t} \xrightarrow[t\to\infty]{} \frac{1}{2^{p-1}},$$

unterscheiden sich für einen hinreichend großen Wert von $\dfrac{M + m}{M - m}$ die Abschätzungen (15) und (16) um einen Faktor, der nahe bei $\left(\dfrac{1}{2^{p-1}}\right)^n$ liegt.

In der Arbeit [174a] wird unter zusätzlichen Voraussetzungen über das Spektrum des Operators U die Abschätzung (16) weiter verbessert.

---

[1]) Siehe V. L. Gontscharow, Interpolation und Approximation stetiger Funktionen. 2. Auflage, Gostechisdat, 1954, S. 230.

§ 2. Berechnung der Eigenwerte eines vollstetigen Operators

2.1. Wir betrachten jetzt einen vollstetigen selbstadjungierten Operator U. Ohne Beschränkung der Allgemeinheit setzen wir $M > |m| \geqq 0$ voraus (siehe Abschnitt IX.4.3); falls nämlich von vornherein $m < 0$ sein sollte, lassen sich alle in unserem Zusammenhang erforderlichen Überlegungen für den positiven Operator $U - m\, I$ durchführen. Dann gilt

$$M = \sup_{\|x\|=1} (Ux, x) = \sup_{x \neq 0} \frac{(Ux, x)}{(x, x)} = \frac{(Ux^*, x^*)}{(x^*, x^*)},$$

wobei x^* ein zu dem größten Eigenwert $\lambda_1 = M$ gehöriges Eigenelement bezeichnet. λ_1 ist also das Maximum des Funktionals

$$L(x) = \frac{(Ux, x)}{(x, x)},$$

und nach den Ergebnissen von Abschnitt IX.4.3 ist auch umgekehrt jedes Element x, das dieses Maximum realisiert, ein Eigenelement.

Das Maximum des Funktionals L bestimmen wir nach der Methode des stärksten Abstieges[1]). Dazu wählen wir zunächst ein beliebiges normiertes Element $x_0 \in \mathbf{H}$; ferner sei $\alpha \geqq 0$. Aus

$$L(x_0 + \alpha z) = \frac{(Ux_0, x_0) + \alpha(Ux_0, z) + \alpha(z, Ux_0) + \alpha^2(Uz, z)}{1 + \alpha(x_0, z) + \alpha(z, x_0) + \alpha^2(z, z)} \tag{1}$$

ergibt sich mit $\mu_0 = L(x_0) = (Ux_0, x_0)$ die Beziehung

$$\begin{aligned}\frac{\partial L}{\partial z}(x_0) &= \frac{[(Ux_0, z) + (z, Ux_0)] - [(x_0, z) + (z, x_0)]\,(Ux_0, x_0)}{\|z\|} \\ &= \frac{(Ux_0 - \mu_0 x_0, z) + (z, Ux_0 - \mu_0 x_0)}{\|z\|}.\end{aligned}$$

Die Richtung des „Gradienten" ist in unserem Fall also durch das Element $z_1 = Ux_0 - \mu_0 x_0$ gegeben (wir setzen $z_1 \neq 0$ voraus; anderenfalls wäre unsere Aufgabe bereits gelöst).

Die Größe ε_1 berechnen wir aus der Gleichung

$$\varphi'(\varepsilon_1; x_0, z_1) = 0 \tag{2}$$

für

$$\varphi(\alpha; x_0, z_1) = L(x_0 + \alpha z_1).$$

Unter Benutzung der Beziehungen

$$(x_0, z_1) = (x_0, Ux_0 - \mu x_0) = (x_0, Ux_0) - \mu_0(x_0, x_0) = 0,$$

$$(Ux_0, z_1) = (\mu_0 x_0 + z_1, z_1) = \mu_0(x_0, z_1) + (z_1, z_1) = (z_1, z_1)$$

läßt sich Formel (2) nach elementaren Umformungen folgendermaßen schreiben:

$$\frac{2\{(z_1, z_1) + [(Uz_1, z_1) - \mu_0(z_1, z_1)]\,\varepsilon_1 - (z_1, z_1)^2 \varepsilon_1^2\}}{[1 + \varepsilon_1^2(z_1, z_1)]^2} = 0.$$

---

[1] Genau genommen handelt es sich hier um den „stärksten Anstieg".

ε_1 ist also die positive Wurzel der Gleichung

$$(z_1, z_1)^2 \alpha^2 - [(Uz_1, z_1) - \mu_0(z_1, z_1)]\, \alpha - (z_1, z_1) = 0\,,$$

d. h.

$$\varepsilon_1 = \frac{[(Uz_1, z_1) - \mu_0(z_1, z_1)] + \sqrt{[(Uz_1, z_1) - \mu_0(z_1, z_1)]^2 + 4(z_1, z_1)^3}}{2(z_1, z_1)^2}.$$

Wir setzen

$$x^{(1)} = x_0 + \varepsilon_1 z_1$$

und betrachten das Element

$$x_1 = \frac{x^{(1)}}{\|x^{(1)}\|} = \frac{x_0 + \varepsilon_1 z_1}{\|x_0 + \varepsilon_1 z_1\|}$$

als neues Näherungselement.

Ausgehend vom Element x_1 findet man ebenso ein Element x_2 und schließlich eine Folge $x_0, x_1, \ldots, x_n, \ldots$,

$$x_n = \frac{x^{(n)}}{\|x^{(n)}\|}, \qquad x^{(n)} = x_{n-1} + \varepsilon_n z_n \qquad (n = 1, 2, \ldots)$$

mit

$$z_n = U x_{n-1} - \mu_{n-1} x_{n-1}\,, \qquad \mu_{n-1} = L(x_{n-1}) = (U x_{n-1}, x_{n-1})\,,$$

$$\varepsilon_n = \frac{[(U z_n, z_n) - \mu_{n-1}(z_n, z_n)] + \sqrt{[(U z_n, z_n) - \mu_{n-1}(z_n, z_n)]^2 + 4(z_n, z_n)^3}}{2(z_n, z_n)^2}$$

$(n = 1, 2, \ldots)$.

2.2. Wir zeigen jetzt, daß die Folge $\{\mu_n\}$ gegen den Eigenwert λ_1 und die Folge $\{x_n\}$ gegen ein zu λ_1 gehöriges Eigenelement konvergieren.

Satz 1 (2.XV). *Ist das Element x_0 nicht orthogonal zu dem Eigenraum, der zu dem größten Eigenwert $\lambda_1 = M$ gehört, so gilt $\mu_n \to \lambda_1$ und $x_n \to x^*$, wobei x^* ein zum Eigenwert λ_1 gehöriges Eigenelement bezeichnet.*

Beweis. Es seien λ_k $(k = 1, 2, \ldots)$ die verschiedenen Eigenwerte des Operators U, $\mathbf{H}_{\lambda_k} = \mathbf{H}_k$ die zugehörigen Eigenräume und P_k die Projektionen auf diese Teilräume. Wir setzen weiter

$$x_k^* = \frac{P_k x_0}{\|P_k x_0\|}\,^{1)}.$$

Dann gilt gemäß Abschnitt IX.4.5

$$x_0 = \sum_k P_k x_0 = \sum_k \|P_k x_0\|\, x_k^* = \sum_k c_{0k} x_k^* \quad (c_{0k} = \|P_k x_0\|,\ k = 1, 2, \ldots)\,. \tag{3}$$

Offensichtlich ist $c_{0k} \geqq 0$ $(k = 1, 2, \ldots)$ und nach Voraussetzung des Satzes $c_{01} > 0$. Da die Summanden der rechten Seite von Formel (3) paarweise orthogonal sind, besteht wegen $\|x_k^*\| = 1$ weiter die Beziehung

$$\sum_k c_{0k}^2 = \|x_0\|^2 = 1\,,$$

---

[1]) Für $P_k x_0 = 0$ sei $x_k^* = 0$.

also ergibt sich

$$\mu_0 = (Ux_0, x_0) = \sum_k \lambda_k c_{0k}^2 \qquad (\mu_0 \leqq \lambda_1) .$$

Das Element x_1 können wir mit Hilfe der Elemente $x_1^*, x_2^*, \ldots$ darstellen. Aus

$$x_1 = \frac{x^{(1)}}{||x^{(1)}||} = \frac{x_0 + \varepsilon_1 z_1}{||x^{(1)}||} = \frac{x_0 + \varepsilon_1(Ux_0 - \mu_0 x_0)}{||x^{(1)}||}$$

folgt nämlich wegen

$$Ux_0 = \sum_k \lambda_k c_{0k} x_k^*$$

die Gleichung

$$x_1 = \sum_k c_{1k} x_k^* \qquad \left(c_{1k} = \frac{[1 + \varepsilon_1(\lambda_k - \mu_0)] c_{0k}}{||x^{(1)}||}, \qquad k = 1, 2, \ldots \right. .$$

Wie oben gilt dabei wieder

$$\sum_k c_{1k}^2 = 1, \ \mu_1 = \sum_k \lambda_n c_{1k}^2 , \quad c > 0 .$$

Allgemein findet man somit die Beziehungen

$$x_n = \sum_k c_{nk} x_k^* \qquad \left(c_{nk} = \frac{[1 + \varepsilon_n(\lambda_k - \mu_{n-1})] c_{n-1,k}}{||x^{(n)}||}, \quad k, n = 1, 2, \ldots \right), \tag{4}$$

$$\sum_k c_{nk}^2 = 1, \quad \mu_n = \sum_k \lambda_k c_{nk}^2; \ c_{n1} > 0 \qquad (n = 0, 1, \ldots) . \tag{5}$$

Wir stellen jetzt einen Zusammenhang zwischen zwei aufeinanderfolgenden Werten μ_n und μ_{n-1} her. Es ist

$$\mu_n = L(x_n) = L(x^{(n)}) = L(x_{n-1} + \varepsilon_n z_n)$$
$$= \frac{(Ux_{n-1}, x_{n-1}) + 2\varepsilon_n(Ux_{n-1}, z_n) + \varepsilon_n^2(Uz_n, z_n)}{1 + 2\varepsilon_n(x_{n-1}, z_n) + \varepsilon_n^2(z_n, z_n)} .$$

Dabei bestehen die Beziehungen

$$(x_{n-1}, z_n) = (x_{n-1}, Ux_{n-1} - \mu_{n-1} x_{n-1}) = 0 ,$$
$$(Ux_{n-1}, z_n) = (\mu_{n-1} x_{n-1} + z_n, z_n) = (z_n, z_n) .$$

Somit ergibt sich

$$\mu_n = \frac{\mu_{n-1} + 2\varepsilon_n(z_n, z_n) + \varepsilon_n^2(Uz_n, z_n)}{1 + \varepsilon_n^2(z_n, z_n)}$$
$$= \mu_{n-1} + \frac{2\varepsilon_n(z_n, z_n) + \varepsilon_n^2[(Uz_n, z_n) - \mu_{n-1}(z_n, z_n)]}{1 + \varepsilon_n^2(z_n, z_n)} .$$

ε_n genügt aber der Gleichung

$$(z_n, z_n)^2 \varepsilon_n^2 - [(Uz_n, z_n) - \mu_{n-1}(z_n, z_n)] \varepsilon_n - (z_n, z_n) = 0 , \tag{6}$$

d. h.

$$\varepsilon_n^2[(Uz_n, z_n) - \mu_{n-1}(z_n, z_n)] = \varepsilon_n^3(z_n, z_n)^2 - \varepsilon_n(z_n, z_n) .$$

Daraus folgt

$$\mu_n = \mu_{n-1} + \frac{2\,\varepsilon_n(z_n, z_n) + \varepsilon_n^3(z_n, z_n)^2 - \varepsilon_n(z_n, z_n)}{1 + \varepsilon_n^2(z_n, z_n)}$$

und schließlich

$$\mu_n = \mu_{n-1} + \varepsilon_n(z_n, z_n)\,. \tag{7}$$

Wegen $\varepsilon_n > 0$ ist die Folge $\{\mu_n\}$ monoton wachsend; da außerdem $\mu_n \leqq \lambda_1$ gilt, hat sie einen Grenzwert, den wir mit μ bezeichnen wollen:

$$\mu = \lim_{n\to\infty} \mu_n\,.$$

Aus (7) ergibt sich

$$\lim_{n\to\infty} \varepsilon_n(z_n, z_n) = 0\,, \tag{8}$$

also wegen der Beziehung

$$|\varepsilon_n(Uz_n, z_n)| \leqq \|U\|\,\varepsilon_n(z_n, z_n)$$

auch

$$\lim_{n\to\infty} \varepsilon_n(Uz_n, z_n) = 0\,. \tag{9}$$

Führen wir in Gleichung (6) unter Beachtung der Formeln (8) und (9) den Grenzübergang $n \to \infty$ durch, so folgt

$$\lim_{n\to\infty} (z_n, z_n) = 0\,,$$

d. h.

$$\lim_{n\to\infty} [Ux_n - \mu_n x_n] = \lim_{n\to\infty} z_{n+1} = 0\,. \tag{10}$$

Da der Operator U vollstetig und die Folge $\{x_n\}$ normiert, also beschränkt, ist, existiert eine Teilfolge $\{x_{n_j}\}$, für die $\{Ux_{n_j}\}$ konvergiert. Dann konvergiert wegen (10) auch die Folge $\{x_{n_j}\}$ selbst; ihren Grenzwert bezeichnen wir mit $\tilde{x}$. Offenbar gilt $\|\tilde{x}\| = 1$.

Aus der Gleichung

$$Ux_{n_j} - \mu_{n_j} x_{n_j} = z_{n_j+1}$$

ergibt sich für $j \to \infty$ schließlich

$$U\tilde{x} - \mu\,\tilde{x} = 0\,.$$

Es ist also μ ein Eigenwert und $\tilde{x}$ ein zugehöriges Eigenelement des Operators U. Wir zeigen, daß $\mu = \lambda_1$ und $\tilde{x} = x_1^*$ gilt. Dazu nehmen wir an, es sei $\mu = \lambda_s$ $(s > 1)$. Aus (4) folgt

$$\tilde{x} = \sum_k c_k x_k^* \qquad \left(c_k = \lim_{j\to\infty} c_{n_j k}\,, \quad k = 1, 2, \ldots\right),$$

unter Berücksichtigung von $(\tilde{x}, x_k^*) = 0$ $(k \neq s)$ also $\tilde{x} = c_s x_s^*$ mit $|c_s| = 1$. Da λ_s der Grenzwert der monoton wachsenden Folge $\{\mu_n\}$ ist, gilt also $\lambda_s \geqq \mu_n$; wegen $c_{0s} \geqq 0$ folgt demnach aus (4) die Beziehung $c_{ns} \geqq 0$. Folglich ist notwendig $c_s = 1$ und somit $\tilde{x} = x_s^*$.

Wir betrachten den Quotienten $\frac{c_{ns}}{c_{n1}}$. Aus (4) ergibt sich

$$\frac{c_{ns}}{c_{n1}} = \frac{1+\varepsilon_n(\lambda_s-\mu_{n-1})}{1+\varepsilon_n(\lambda_1-\mu_{n-1})}\cdot\frac{c_{n-1,s}}{c_{n-1,1}} < \frac{c_{n-1,s}}{c_{n-1,1}},$$

d. h., die Folge $\left\{\frac{c_{ns}}{c_{n1}}\right\}$ ist monoton fallend. Andererseits gilt aber $\lim\limits_{j\to\infty} c_{n_j s} = c_s = 1$ und deshalb nach (5) $\lim\limits_{j\to\infty} c_{n_j 1} = c_1 = 0$, also

$$\lim_{j\to\infty}\frac{c_{n_j s}}{c_{n_j 1}} = \infty .$$

Damit sind die Gleichungen $\mu = \lambda_1$ und $\tilde{x} = x_1^*$ bewiesen.

Wir zeigen jetzt noch die Konvergenz der ganzen Folge $\{x_n\}$ gegen x_1^*. Bezeichnet d den Abstand des Punktes λ_1 von dem übrigen Teil des Spektrums des Operators U, so besteht die Beziehung

$$\|x_n - x_1^*\|^2 = \|x_n\|^2 + \|x_1^*\|^2 - (x_n, x_1^*) - (x_1^*, x_n) = 2\,(1 - c_{n1})$$
$$\leqq 2\,(1 - c_{n1}^2) = 2\sum_{k\geqq 2} c_{nk}^2 \leqq \frac{2}{d}\sum_k (\lambda_1 - \lambda_k)\, c_{nk}^2 .$$

Wegen Formel (5) und der vorangehenden Gleichung für μ_1 ist weiter

$$\sum_k (\lambda_1 - \lambda_k)\, c_{nk}^2 = \lambda_1 \sum_k c_{nk}^2 - \sum_k \lambda_k c_{nk}^2 = \lambda_1 - \mu_n ,$$

also gilt

$$\|x_n - x_1^*\|^2 \leqq \frac{2}{d}(\lambda_1 - \mu_n) \qquad (n = 0, 1, \ldots) . \tag{11}$$

Da die Folge $\{\mu_n\}$ gegen λ_1 konvergiert, ergibt sich hieraus schließlich $x_n \to x_1^*$.
Damit ist der Satz bewiesen.

Bemerkung. Man kann zeigen, daß die Konvergenzgeschwindigkeit der Folge $\{\mu_n\}$ durch die Ungleichung

$$\lambda_1 - \mu_n \leqq q^2(1 + \alpha_n)(\lambda_1 - \mu_{n-1}) \qquad (n = 1, 2, \ldots)$$

bestimmt wird. Dabei bezeichnet $\{\alpha_n\}$ eine monoton fallende Nullfolge, und die Konstante q hat den Wert

$$q = \frac{M - m - d}{M - m + d} .$$

Für hinreichend großes n gilt also $q^2(1 + \alpha_n) < 1$, d. h., die Konvergenzgeschwindigkeit wird durch eine geometrische Folge charakterisiert.

Unter Benutzung von Formel (11) läßt sich auch die Güte der Konvergenz $x_n \to x_1^*$ abschätzen.

Die Berechnung von Eigenwerten nach der Methode des stärksten Abstieges wurde in [174 b] durchgeführt.

§ 3. Anwendung auf elliptische Differentialgleichungen

3.1. Wir wenden jetzt die Methode des stärksten Abstieges auf die Lösung von Randwertaufgaben für elliptische Differentialgleichungen an. Der Einfachheit halber betrachten wir eine selbstadjungierte Gleichung zweiter Ordnung mit zwei unabhängigen Veränderlichen für den Fall eines abgeschlossenen Kreises D mit dem Mittelpunkt im Koordinatenursprung und dem Rand S:

$$L\,x \equiv -\frac{\partial}{\partial s}\left(a\,\frac{\partial x}{\partial s}\right) - \frac{\partial}{\partial t}\left(b\,\frac{\partial x}{\partial t}\right) + c\,x = \varphi\,, \qquad x|_S = 0\,. \tag{1}$$

Die Koeffizienten a und b seien in D stetig differenzierbare positive Funktionen ($a, b > 0$); die Funktionen c und φ seien stetig und c außerdem nichtnegativ in D.

Wendet man auf beide Seiten der betrachteten Gleichung den Operator $-\Delta^{-1}$ an, so ergibt sich

$$Ux \equiv -\Delta^{-1}\,L\,x = \psi \qquad (\psi = -\Delta^{-1}\,\varphi)\,. \tag{2}$$

Wir suchen eine Lösung dieser Gleichung im Raum $\mathring{\mathbf{W}}_2^{(1)}$ derjenigen Funktionen aus $\mathbf{W}_2^{(1)}(D)$, die auf dem Rand S verschwinden. Wie in Abschnitt XIII.6.5 gezeigt wurde, ist Δ^{-1} ein linearer Operator, der den Raum $\mathbf{L}^2$ auf $\mathring{\mathbf{W}}_2^{(2)}$ abbildet. Die Funktion ψ gehört also zu $\mathring{\mathbf{W}}_2^{(2)}$.

Wir zeigen jetzt, daß der Operator $U = -\Delta^{-1}\,L$ den Bedingungen von § 1 genügt. Es sei x eine zweimal stetig differenzierbare Funktion aus $\mathring{\mathbf{W}}_2^{(1)}$. Da Lx stetig ist, gilt $y = Ux = -\Delta^{-1}\,L\,x \in \mathring{\mathbf{W}}_2^{(2)} \subset \mathring{\mathbf{W}}_2^{(1)}$. Wenden wir zweimal die Greensche Formel an, so ergibt sich

$$\begin{aligned}(Ux, x) &= (-\Delta L\,x, x) = (y, x) = \iint\limits_D \left(\frac{\partial y}{\partial s}\frac{\partial x}{\partial s} + \frac{\partial y}{\partial t}\frac{\partial x}{\partial t}\right) ds\,dt \\ &= -\iint\limits_D x\left[\frac{\partial^2 y}{\partial s^2} + \frac{\partial^2 y}{\partial t^2}\right] ds\;dt = -\iint\limits_D x\,\Delta y\,ds\,dt \\ &= \iint\limits_D x\left[-\frac{\partial}{\partial s}\left(a\,\frac{\partial x}{\partial s}\right) - \frac{\partial}{\partial t}\left(b\,\frac{\partial x}{\partial t}\right) + c\,x\right] ds\,dt \\ &= \iint\limits_D \left[a\left(\frac{\partial x}{\partial s}\right)^2 + b\left(\frac{\partial x}{\partial t}\right)^2 + c\,x^2\right] ds\,dt\,.\end{aligned} \tag{3}$$

Daraus folgt

$$(Ux, x) \geqq \gamma \iint\limits_D \left[\left(\frac{\partial x}{\partial s}\right)^2 + \left(\frac{\partial x}{\partial t}\right)^2\right] ds\,dt = \gamma(x, x) \tag{4}$$

mit

$$\gamma = \min\,[\min\,a(s, t),\ \min\,b(s, t)] \qquad \bigl((s, t) \in D\bigr)\,.$$

Auf Grund des *Einbettungssatzes* (Satz 3 (3.X)) besteht weiter die Ungleichung

$$\iint_D |x(s, t)|^2 \, ds \, dt \leqq A \, \|x\|^2_{\mathring{W}_2^{(1)}};$$

unter Benutzung der Beziehung (3) finden wir damit die Abschätzung

$$(Ux, x) \leqq \Gamma \iint_D \left[\left(\frac{\partial x}{\partial s}\right)^2 + \left(\frac{\partial x}{\partial t}\right)^2\right] ds \, dt = \Gamma(x, x) \tag{5}$$

für

$$\Gamma = 2 \max[\max a(s, t), \ \max b(s, t), \ A \max c(s, t)] \qquad \big((s, t) \in D\big).$$

Durch entsprechende Überlegungen wie bei der Ableitung von Formel (3) beweist man auch die Gleichung

$$(Ux, y) = (x, Uy) \tag{6}$$

für beliebige zweimal stetig differenzierbare Funktionen $x, y \in \mathring{W}_2^{(1)}$. Aus (4), (5) und (6) folgt, daß der Operator U auf der Menge der zweimal stetig differenzierbaren Funktionen aus $\mathring{W}_2^{(1)}$ beschränkt ist. Da diese Funktionen in $\mathring{W}_2^{(1)}$ dicht liegen, ist er auf dem ganzen Raum $\mathring{W}_2^{(1)}$ beschränkt, und die Beziehungen (4), (5) und (6) bestehen für beliebige $x, y \in \mathring{W}_2^{(1)}$. Der Operator U ist also selbstadjungiert, und für seine Grenzen m und M gelten die Abschätzungen

$$m \geqq \gamma > 0, \ M \leqq \Gamma. \tag{7}$$

Zur Lösung von Gleichung (2) wenden wir jetzt die Methode des stärksten Abstieges an. Es sei $x_0 \in \mathring{W}_2^{(1)}$ die Anfangsnäherung. Dann ergibt sich die Näherungsfolge $\{x_n\}$ nach den Formeln aus Abschnitt XV.1.3 zu

$$x_n = x_{n-1} - \varepsilon_n z_n \qquad (n = 1, 2, \ldots)$$

mit

$$z_n = U x_{n-1} - \psi = \Delta^{-1} (\varphi - L x_{n-1}),$$

d. h., z_n hat man aus der Gleichung

$$\Delta z = \varphi - L x_{n-1}, \qquad z|_S = 0$$

zu berechnen. Für ε_n finden wir gemäß (3) den Ausdruck

$$\varepsilon_n = \frac{(z_n, z_n)}{(Uz_n, z_n)} = \frac{\displaystyle\iint_D \left[\left(\frac{\partial z_n}{\partial s}\right)^2 + \left(\frac{\partial z_n}{\partial t}\right)^2\right] ds \, dt}{\displaystyle\iint_D \left[a\left(\frac{\partial z_n}{\partial s}\right)^2 + b\left(\frac{\partial z_n}{\partial t}\right)^2 + c\, z_n^2\right] ds \, dt}$$

Aus Satz 2 (1.XV) und (7) folgt für die Konvergenzgeschwindigkeit des Verfahrens die Abschätzung

$$\|x_n - x^*\| \leqq C\left(\frac{M - m}{M + m}\right)^n \leqq C\left(\frac{\Gamma - \gamma}{\Gamma + \gamma}\right)^n \qquad (n = 0, 1, \ldots). \tag{8}$$

Dabei ist x^* eine Lösung der Gleichung (2), d. h. also eine Lösung der Randwertaufgabe (1).

3.2. Das angegebene Verfahren erweist sich als besonders günstig, falls die Koeffizientenfunktionen a, b, c und die rechte Seite φ der gegebenen Gleichung Polynome sind. Wählen wir in diesem Fall für x_0 ebenfalls ein Polynom, so ergibt sich zur Berechnung von z_1 die Gleichung

$$\Delta z = p \tag{9}$$

mit einem Polynom p. Die (in $\mathring{W}_2^{(1)}$ gelegene) Lösung dieser Gleichung ist ebenfalls ein Polynom, dessen Grad den von p um zwei übertrifft. Schreiben wir nämlich z in der Form

$$z(s, t) = (s^2 + t^2 - 1)\,\pi(s, t) \tag{10}$$

mit einem noch unbekannten Polynom $\pi(s, t)$ desselben Grades wie p, setzen diesen Ausdruck (10) in die Gleichung (9) ein und vergleichen die Koeffizienten der rechten und linken Seite, so finden wir zur Bestimmung der Koeffizienten des Polynoms π ein System linearer algebraischer Gleichungen, deren Anzahl mit der Zahl der zu berechnenden Koeffizienten übereinstimmt. Die Matrix dieses Systems hängt offensichtlich nicht von p ab. Da die Lösung der Gleichung (9), falls sie existiert, eindeutig bestimmt ist, muß die Koeffizientendeterminante des betrachteten Systems von Null verschieden sein. Die Gleichung (9) hat deshalb für jedes Polynom p eine Lösung, die ebenfalls ein Polynom ist.[1])

Die Funktion z_1 ist also ein Polynom. Dasselbe gilt auch für $x_1 = x_0 - \varepsilon_1 z_1$ und die folgenden Näherungslösungen $x_2, x_3, \ldots$.

Unter Benutzung dieser Tatsache können wir zeigen, daß im vorliegenden Falle für die Aufgabe (1) nicht nur eine verallgemeinerte Lösung, sondern die Lösung sogar im klassischen Sinne existiert. Dazu benötigen wir jedoch noch einige Ergebnisse aus der konstruktiven Funktionentheorie (*Approximationstheorie*).

3.3. Zunächst geben wir ein zweidimensionales Analogon der Ungleichungen von Bernstein und W. A. Markow an. Es sei p ein Polynom vom Grade n mit

$$|p(s, t)| \leqq M \qquad (s, t \in D)\,,$$

wobei D ein beliebiges beschränktes Gebiet mit glattem Rand bezeichnet. Dann gilt in D

$$\left|\frac{\partial p(s, t)}{\partial s}\right| \leqq A\, n^2 M\,, \qquad \left|\frac{\partial p(s, t)}{\partial t}\right| \leqq A\, n^2 M \tag{11}$$

und in einem beliebigen inneren Teilgebiet D_1 des Gebietes D sogar

$$\left|\frac{\partial p(s, t)}{\partial s}\right| \leqq B\, n\, M, \qquad \left|\frac{\partial p(s, t)}{\partial t}\right| \leqq B\, n\, M; \tag{12}$$

die Konstanten A und B hängen dabei nur von D und D_1 ab.

---

[1]) Praktisch berechnet man die Lösung der Gleichung (9) folgendermaßen: Man bestimmt zunächst eine beliebige Lösung $\tilde{z}_0$ und zieht von dieser diejenige Lösung der Laplaceschen Gleichung ab, die dieselben Randwerte wie die Funktion $\tilde{z}_0$ hat. Letztere findet man besonders einfach durch Entwicklung von $\tilde{z}_0$ n eine Fourier-Reihe.

Die Ungleichungen (11) und (12) ergeben sich ohne Schwierigkeit aus den entsprechenden Ungleichungen für den eindimensionalen Fall (siehe NATANSON [30a], S. 118 und 125).

Lamma. *Ist p ein Polynom vom Grade kleiner oder gleich n, so bestehen die Ungleichungen*

$$\|p\|_{C_D} \leqq A_1\, n^2\, \|p\|_{L^2_D}, \qquad \|p\|_{C_{D_1}} \leqq B_1\, n\, \|p\|_{L^2_D}; \tag{13}$$

$$\|p\|_{C^{(1)}_D} \leqq A_2\, n^2\, \|p\|_{W^{(1)}_2}, \qquad \|p\|_{C^{(1)}_{D_1}} \leqq B_1\, n\, \|p\|_{W^{(1)}_2}; \tag{14}$$

dabei bezeichnet D_1 ein inneres Teilgebiet des Gebietes D und $C^{(1)}$ den Raum aller stetig differenzierbaren Funktionen.

Beweis. Wir beschränken unsere Betrachtungen auf den Fall eines Kreises D mit dem Mittelpunkt im Koordinatenursprung (der allgemeine Fall erfordert geringe zusätzliche Überlegungen). Für

$$\varphi(s, t) = \int_0^s \int_0^t p^2(s, t)\, ds\, dt$$

gilt

$$|\varphi(s, t)| \leqq \|p\|^2_{L^2} \qquad \big((s, t) \in D\big);$$

daraus ergibt sich nach zweimaliger Anwendung der Formeln (11)

$$|p(s, t)|^2 = \left|\frac{\partial^2 \varphi(s, t)}{\partial s\, \partial t}\right| \leqq A^2\, (2\, n + 2)^2\, (2\, n + 1)^2 \max |\varphi(s, t)| \leqq A_1^2\, n^4\, \|p\|^2_{L^2},$$

womit die erste der Ungleichungen (13) bewiesen ist. Die zweite Ungleichung folgt analog; an Stelle von (11) benutzt man dabei die Formeln (12).

Wenden wir die erhaltene Ungleichung auf die Ableitungen an, so finden wir (s. X.3.3)

$$\left|\frac{\partial p(s, t)}{\partial s}\right| \leqq A_1\, n^2 \left\|\frac{\partial p}{\partial s}\right\|_{L^2} \leqq A_1\, n^2\, \|p\|_{W^{(1)}_2}$$

und eine analoge Ungleichung für $\partial p/\partial t$. Nach der obigen Abschätzung gilt unter Beachtung des Einbettungssatzes (Satz 3 (3.X)) weiter

$$|p(s, t)| \leqq A_1\, n^2\, \|p\|_{L^2} \leqq C\, A_1\, n^2 \|p\|_{W^{(1)}_2}.$$

Aus diesen Beziehungen folgt die erste der Ungleichungen (14):

$$\|p\|_{C^{(1)}_D} = \max_D |p(s, t)| + \max_D \left|\frac{\partial p(s, t)}{\partial s}\right| + \max_D \left|\frac{\partial p(s, t)}{\partial t}\right| \leqq A_2\, n^2 \|p\|_{W^{(1)}_2}.$$

Die zweite Ungleichung beweist man analog.

3.4. Wir kehren jetzt zur Betrachtung der Gleichung (1) zurück. Die Koeffizientenfunktionen a, b, c und die rechte Seite φ seien Polynome höchstens m-ten Grades. Wählt man als Anfangsnäherung x_0 ein Polynom höchsten N-ten Grades, dann sind alle folgenden Näherungen x_n ($n = 1, 2, \ldots$) ebenfalls Polynome (siehe

Abschnitt 3.2). Der Grad des Polynoms Lx_0 ist nicht größer als $m + N$, der von z_1 nicht größer als $m + N + 2$. Für $x_0 = 0$ sind also z_1 und x_1 Polynome höchstens $(m + 2)$-ten Grades. Durch Wiederholung dieser Überlegungen sieht man leicht, daß bei $x_0 = 0$ allgemein x_n ein Polynom höchstens $(m + 2)\,n$-ten Grades ist.

Aus Abschätzung (8) folgt

$$\|x_k - x_{k-1}\|_{\mathring{W}_2^{(1)}} \leqq \|x_k - x^*\| + \|x_{k-1} - x^*\| \leqq 2\,C\left(\frac{\Gamma - \gamma}{\Gamma + \gamma}\right)^{k-1}$$
$$(k = 1, 2, \ldots).$$

Die Differenz $x_k - x_{k-1}$ ist ein Polynom höchstens $(m + 2)k$-ten Grades; deshalb ergibt sich aus dem Lemma

$$\|x_k - x_{k-1}\|_{C_D^{(1)}} \leqq A_3\,(m + 2)^2\,k^2\,q \qquad (k = 1, 2, \ldots)$$

mit

$$q = \frac{\Gamma - \gamma}{\Gamma + \gamma}.$$

Durch wiederholte Anwendung der Ungleichung (11) erhalten wir hieraus die Abschätzung (s. XIV.6.1, Formel (6))

$$\|x_k - x_{k-1}\|_{C_D^{(p)}} \leqq A_4\,[(m + 2)\,k]^{2p}\,q^k \qquad (k, p = 1, 2, \ldots). \tag{15}$$

Die Reihe

$$x^*(s, t) = \sum_{k=1}^{\infty} [x_k(s, t) - x_{k-1}(s, t)] \tag{16}$$

kann man also p-mal gliedweise differenzieren, m. a. W., die Lösung der Gleichung (1) hat Ableitungen beliebiger Ordnung, und es gilt

$$\|x^* - x_n\|_{C^{(p)}} \leqq \sum_{k=n+1}^{\infty} \|x_k - x_{k-1}\|_{C^{(p)}} \leqq A_5\,[(m + 2)\,n]^{2p}\,q^n \tag{17}$$
$$(n = 0, 1, \ldots)$$

Die Folge $\{x_n\}$ der nach der Methode des stärksten Abstieges berechneten Näherungslösungen konvergiert demnach zusammen mit allen Ableitungen gleichmäßig gegen die Lösung x^*.

Wir bemerken in diesem Zusammenhang noch, daß man durch Anwendung des Satzes von Bernstein über die Approximierbarbeit einer analytischen Funktion durch Polynome (siehe Natanson [30a], S. 162) auch die Analytizität der Lösung x^* beweisen kann.

Wir setzen jetzt voraus, daß die Funktionen a und b Ableitungen bis zur $(\nu + 1)$-ten Ordnung und die Funktionen c und φ Ableitungen bis zur ν-ten Ordnung haben, wobei diese geforderten höchsten Ableitungen einer Lipschitz-Bedingung mit dem Exponenten $\alpha > 0$ genügen sollen. Auf Grund des Satzes von JACKSON (siehe z. B. [103 b]) gibt es dann Polynome a_n, b_n, c_n und φ_n höchstens n-ten Grades, für die folgende Ungleichungen bestehen:

$$|a(s,t) - a_n(s,t)| \leqq \frac{K}{n^{\nu+1+\alpha}}, \qquad \left|\frac{\partial}{\partial s}[a(s,t) - a_n(s,t)]\right| \leqq \frac{K}{n^{\nu+\alpha}},$$

$$\left|\frac{\partial}{\partial t}[a(s,t) - a_n(s,t)]\right| \leqq \frac{K}{n^{\nu+\alpha}},$$

$$|b(s,t) - b_n(s,t)| \leqq \frac{K}{n^{\nu+1+\alpha}}, \qquad \left|\frac{\partial}{\partial s}[b(s,t) - b_n(s,t)]\right| \leqq \frac{K}{n^{\nu+\alpha}},$$

$$\left|\frac{\partial}{\partial t}[b(s,t) - b_n(s,t)]\right| \leqq \frac{K}{n^{\nu+\alpha}},$$

$$|c(s,t) - c_n(s,t)| \leqq \frac{K}{n^{\nu+\alpha}}, \qquad |\varphi(s,t) - \varphi_n(s,t)| \leqq \frac{K}{n^{\nu+\alpha}}.$$

Es bezeichne L_n den aus L entstehenden Operator, wenn man die Koeffizientenfunktionen a, b bzw. c durch die Polynome a_n, b_n bzw. c_n ersetzt. Für hinreichend großes n wenden wir auf L_n die Methode des stärksten Abstieges an; dabei kann offensichtlich vorausgesetzt werden, daß sich die Konstanten γ und Γ auch auf den Operator L_n beziehen. Es sei $x^{(n)}$ eine Lösung der Gleichung

$$L_n x = \varphi_n, \qquad x|_S = 0. \tag{18}$$

Wir schätzen die Differenz $\|x^{(n)} - x^{(m)}\|$ ab.

Zunächst gilt

$$\begin{aligned}
\|L x^{(n)} - L_n x^{(n)}\|_{L^2} &\leqq \left\|\frac{\partial}{\partial s}(a - a_n)\frac{\partial x^{(n)}}{\partial s}\right\| + \left\|(a - a_n)\frac{\partial^2 x^{(n)}}{\partial s^2}\right\| \\
&\quad + \left\|\frac{\partial}{\partial t}(b - b_n)\frac{\partial x^{(n)}}{\partial t}\right\| + \left\|(b - b_n)\frac{\partial^2 x^{(n)}}{\partial t^2}\right\| + \|(c - c_n)x^{(n)}\| \\
&= \frac{K_1}{n^{\nu+\alpha}}\left[\left\|\frac{\partial x^{(n)}}{\partial s}\right\|_{L^2} + \left\|\frac{\partial^2 x^{(n)}}{\partial s^2}\right\|_{L^2} + \left\|\frac{\partial x^{(n)}}{\partial t}\right\|_{L^2} + \left\|\frac{\partial^2 x^{(n)}}{\partial t^2}\right\|_{L^2} + \|x^{(n)}\|_{L^2}\right] \\
&\leqq \frac{K_2}{n^{\nu+\alpha}}\|x^{(n)}\|_{\mathring{W}_2^{(2)}},
\end{aligned}$$

und damit

$$\begin{aligned}
\|L(x^{(n)} - x^{(m)})\|_{L^2} &\leqq \|(L - L_n)x^{(n)}\| + \|(L - L_m)x^{(m)}\| + \|\varphi_n - \varphi_m\| \\
&\leqq \frac{K_2}{n^{\nu+\alpha}}\|x^{(n)}\|_{\mathring{W}_2^{(2)}} + \frac{K_2}{m^{\nu+\alpha}}\|x^{(m)}\|_{\mathring{W}_2^{(2)}} + \frac{K}{n^{\nu+\alpha}} + \frac{K}{m^{\nu+\alpha}}.
\end{aligned}$$

Unter Benutzung der *Ungleichung von* BERNSTEIN-LADYSCHENSKAJA (siehe Abschnitt XIII.6.5) erhalten wir hieraus die Abschätzung

$$\begin{aligned}
\|x^{(n)} - x^{(m)}\|_{\mathring{W}_2^{(2)}} &\leqq K_3\,\|L(x^{(n)} - x^{(m)})\|_{L^2} \\
&\leqq \left|K_4\left[\frac{1}{n^{\nu+\alpha}}\|x^{(n)}\|_{\mathring{W}_2^{(2)}} + \frac{1}{m^{\nu+\alpha}}\|x^{(m)}\|_{\mathring{W}_2^{(2)}} + \frac{1}{n^{\nu+\alpha}} + \frac{1}{m^{\nu+\alpha}}\right]\right|.
\end{aligned} \tag{19}$$

Wählt man darin für n einen hinreichend großen, festen Wert n_0 und ersetzt auf der rechten Seite dieser Ungleichung $\|x^{(m)}\|$ durch die größere Summe $\|x^{(n_0)}\| + \|x^{(m)} - x^{(n_0)}\|$, so ergibt sich die Beschränktheit von $\|x^{(n_0)} - x^{(m)}\|_{\mathring{W}_2^{(2)}}$ in Abhängigkeit von m; dasselbe gilt also auch für die Größe $\|x^{(m)}\|$. Somit erhält die Ungleichung (19) für $n < m$ die Form

$$\|x^{(n)} - x^{(m)}\|_{\mathring{W}_2^{(2)}} \leqq \frac{K_5}{n^{\nu+\alpha}}. \tag{20}$$

Es sei $h > 1$ (über die genaue Wahl von h sprechen wir weiter unten), $\{n_k\}$ die Teilfolge der natürlichen Zahlen

$$n_k = [h^k] \quad ([\gamma]\text{-größte ganze Zahl, die kleiner oder gleich } \gamma \text{ ist; } k = 1, 2 \ldots).$$

Zu jeder der Funktionen $x^{(n_k)}$ konstruieren wir die k-te Näherung $x_k^{(n_k)}$ nach der Methode des stärksten Abstieges (zur Anfangsnäherung $x_0 = 0$). Wie oben gezeigt wurde, ist die Funktion $x_k^{(n_k)}$ ein Polynom höchstens $(n_k + 2)k$-ten Grades. Wir schätzen die Differenz zweier solcher aufeinanderfolgender Polynome ab. Zunächst gilt

$$\|x_k^{(n_k)} - x_{k-1}^{(n_{k-1})}\| \leqq \|x_k^{(n_k)} - x^{(n_k)}\| + \|x_{k-1}^{(n_{k-1})} - x^{(n_{k-1})}\| + \|x^{(n_k)} - x^{(n_{k-1})}\|.$$

Aus Formel (20) folgt

$$\|x^{(n_k)} - x^{(n_{k-1})}\|_{\mathring{W}_2^{(2)}} \leqq \frac{K_5}{n_{k-1}^{\nu+\alpha}} \leqq \frac{K_6}{n_k^{\nu+\alpha}}, \tag{21}$$

während Formel (17) in diesem Fall die Abschätzung

$$\|x^{(n_k)} - x_k^{(n_k)}\|_{C^{(2)}} \leqq A_5 \, [(n_k + 2)\, k]^4 \, q^k \qquad (k = 1, 2, \ldots) \tag{22}$$

liefert.

Damit ergibt sich (s. X.3.4)

$$\|x_k^{(n_k)} - x_{k-1}^{(n_{k-1})}\|_{\mathring{W}_2^{(2)}} \leqq K_7[(n_k + 2)\, k]^4 \, q^k + \frac{K_6}{n_k^{\nu+\alpha}}.$$

Das Element $x_k^{(n_k)} - x_{k-1}^{(n_{k-1})}$ ist ein Polynom höchstens $(n_k + 2)\, k$-ten Grades, deshalb erhalten wir nach Anwendung des Lemmas und der Ungleichung (11) schließlich

$$\|x_k^{(n_k)} - x_{k-1}^{(n_{k-1})}\|_{C^{(p)}} \leqq K_8 \, [(n_k + 2)\, k]^{2p-2} \left\{K_7[(n_k + 2)\, k]^4 \, q^k + \frac{K_6}{n_k^{\nu+\alpha}}\right\} = \varepsilon_k.$$

Aus $n_k \leqq h^k$ folgt leicht, daß für $\nu + \alpha > 2p - 2$ und h mit $h^{2p+2}q < 1$ die Reihe $\sum\limits_{k=1}^{\infty} \varepsilon_k$ konvergiert. Somit konvergiert auch die Folge $\{x_k^{(n_k)}\}$ im Raum $C^{(p)}$, d. h., ihr Grenzwert gehört zu $C^{(p)}$, ist also eine p-mal stetig differenzierbare Funktion:

$$x(s, t) = \lim_{k \to \infty} x_k^{(n_k)}(s, t).$$

Für $p \geqq 2$ zeigt man unter Benutzung derselben Ungleichungen leicht, daß x der Gleichung (1) genügt, d. h. eine Lösung der Randwertaufgabe im klassischen Sinne bildet. Eine klassische Lösung existiert deshalb für $\nu + \alpha > 2$, also insbesondere, wenn die Koeffizienten a und b dritte und die Funktionen c und φ zweite Ableitungen haben, die einer LIPSCHITZ-Bedingung mit dem Exponenten $\alpha > 0$ genügen.

Benutzt man die Abschätzungen (12), (13) und (14) für innere Teilgebiete, so folgt entsprechend, daß schon für $\nu = 1$ die Lösung im Inneren des Gebietes D zweimal stetig differenzierbar ist.

Schließlich bemerken wir noch, daß man mit derselben Methode auch kompliziertere Aufgaben behandeln kann. Ist das Gebiet D kein Kreis, so läßt sich dieser Fall häufig durch Abbildung von D auf einen Kreis auf den hier betrachteten zurückführen. Entsprechend kann man auch Gleichungen höherer Ordnung mit mehr als zwei Veränderlichen behandeln.

KAPITEL XVI

DAS FIXPUNKTPRINZIP

§ 1. Das Prinzip von CACCIOPPOLI-BANACH

Dieses und die folgenden Kapitel beziehen sich in der Hauptsache auf nichtlineare Operatoren.

1.1. Wir beginnen unsere Untersuchungen mit einer Verallgemeinerung des *Satzes von* BANACH über den inversen Operator (siehe Abschnitt V.2.5).

Es seien ein vollständiger (nicht notwendig linearer) metrischer Raum **X** mit der Metrik ϱ und in ihm eine abgeschlossene Menge Ω gegeben. Der Operator P bilde Ω in sich ab. Ein Punkt $x^* \in \Omega$ heißt *Fixpunkt des Operators* P, wenn die Beziehung

$$x^* = P(x^*)$$

erfüllt ist. Fixpunkte sind also Lösungen der Gleichung

$$x = P(x) \,. \tag{1}$$

Nicht jeder Operator P hat Fixpunkte. Das zeigt folgendes Beispiel:
$\mathbf{X} = \Omega$ — linearer metrischer Raum,

$$P(x) = x + x_0 \qquad (x_0 \neq 0) \,.$$

Vermittelt der Operator P jedoch z. B. eine sog. *kontrahierende Abbildung* der Menge Ω in sich, d. h. gilt

$$\varrho\big(P(x), P(x')\big) \leqq \alpha\, \varrho(x, x') \qquad (x, x' \in \Omega) \tag{2}$$

mit einer Konstanten $\alpha < 1$, die unabhängig von x und x' ist, so existiert in Ω ein und nur ein Fixpunkt.

Satz 1 (1.XVI). *Ist P eine kontrahierende Abbildung von Ω in sich, so gibt es in Ω eine eindeutig bestimmte Lösung x^* der Gleichung* (1), *die sich als Grenzwert der Folge* $\{x_n\}$:

$$x_{n+1} = P(x_n) \qquad (n = 0, 1, \ldots)$$

mit einem beliebigen Anfangselement $x_0 \in \Omega$ ergibt. Die Konvergenzgeschwindigkeit der Folge $\{x_n\}$ gegen die Lösung x^* ist durch die Beziehung

$$\varrho(x_n, x^*) \leqq \frac{\alpha^n}{1-\alpha}\, \varrho(x_1, x_0) \qquad (n = 0, 1, \ldots) \tag{3}$$

gegeben.

Beweis. Wegen

$$x_{n+1} = P(x_n), \quad x_n = P(x_{n-1})$$

folgt aus (2)

$$\varrho(x_{n+1}, x_n) \leqq \alpha\, \varrho(x_n, x_{n-1}) .$$

Durch Wiederholung dieser Überlegung ergibt sich die Ungleichung

$$\varrho(x_{n+1}, x_n) \leqq \alpha^n\, \varrho(x_1, x_0)$$

und damit

$$\begin{aligned}\varrho(x_{n+p}, x_n) &\leqq \varrho(x_{n+p}, x_{n+p-1}) + \cdots + \varrho(x_{n+1}, x_n)\\ &\leqq (\alpha^{n+p-1} + \cdots + \alpha^n)\, \varrho(x_1, x_0) \leqq \frac{\alpha^n}{1-\alpha}\, \varrho(x_1, x_0) .\end{aligned} \tag{4}$$

Die Folge $\{\alpha^n\}$ strebt für $n \to \infty$ gegen Null, deshalb ist $\{x_n\}$ eine CAUCHY-Folge, die wegen der Vollständigkeit des Raumes $\mathbf{X}$ einen Grenzwert $x^* \in \mathbf{X}$ hat. Dieser gehört sogar zur Menge Ω, denn Ω war abgeschlossen vorausgesetzt worden. Wir können somit auf x^* den Operator P anwenden und erhalten unter Benutzung von Formel (2)

$$\varrho(x_{n+1}, P(x^*)) = \varrho(P(x_n), P(x^*)) \leqq \alpha\, \varrho(x_n, x^*) \qquad (n = 0, 1, \ldots) .$$

Die rechte Seite dieser Ungleichung strebt für $n \to \infty$ gegen Null. Daraus folgt

$$x_{n+1} \to P(x^*) ,$$

also

$$x^* = P(x^*) .$$

Die Lösung x^* ist eindeutig bestimmt, denn für jede weitere Lösung $\tilde{x} \in \Omega$ muß wegen (2)

$$\varrho(\tilde{x}, x^*) = \varrho(P(\tilde{x}), P(x^*)) \leqq \alpha\, \varrho(\tilde{x}, x^*) ,$$

d. h. notwendig $\varrho(\tilde{x}, x^*) = 0$ und somit $\tilde{x} = x^*$ gelten.

Schließlich ergibt sich die Beziehung (3) aus (4) für $p \to \infty$.

Bemerkung. Wir vermerken uns die aus Formel (3) für $n = 0$ folgende spezielle Abschätzung für die Lage der Lösung x^*:

$$\varrho(x^*, x_0) \leqq \frac{1}{1-\alpha}\varrho(x_1, x_0) . \tag{5}$$

1.2. Die Bedingung (2) kann i. a. nicht durch die schwächere Voraussetzung

$$\varrho(P(x), P(x')) < \varrho(x, x') \quad (x, x' \in \Omega,\ x \neq x') \tag{6}$$

ersetzt werden; z. B. hat der auf der Menge aller reellen Zahlen $\mathbf{R}_1 = \mathbf{X} = \Omega$ definierte Operator P:

$$P(x) = \frac{\pi}{2} + x - \operatorname{Arc\,tg} x$$

keinen Fixpunkt, während für beliebige $x, x' \in \Omega$, $x \neq x'$

$$\begin{aligned}\varrho(P(x), P(x')) &= |P(x) - P(x')| = |P'(\xi)|\,|x - x'|\\ &= \left|\frac{\xi^2}{1+\xi^2}\right| |x - x'| < \varrho(x, x')\end{aligned}$$

gilt (der Punkt ξ liegt zwischen x und x'). Wir beweisen jedoch:

Satz 2 (1.XVI). *Bildet der Operator P die abgeschlossene Menge Ω auf einen kompakten Teil $\Delta \subset \Omega$ ab und ist für beliebige $x, x' \in \Omega$ die Ungleichung* (6) *erfüllt, so hat P in Ω einen und nur einen Fixpunkt.*

Beweis.[1]) Wir betrachten auf der in sich kompakten Menge $\overline{\Delta} = \overline{P(\Omega)} \subset \Omega$ den Ausdruck $\varrho(x, P(x))$ als Funktion von x. Diese nimmt wegen der stetigen Abhängigkeit von x auf $\overline{\Delta}$ ihr Minimum an (s. Folgerung 2 zu Satz 4 (5.I)). Es gibt also eine Stelle $x_0 \in \overline{\Delta}$ mit

$$\varrho(x_0, P(x_0)) = \min_{x \in \overline{\Delta}} \varrho(x, P(x)) .$$

Aus $\varrho(x_0, P(x_0)) > 0$ würde

$$\varrho(P(x_0), P^2(x_0)) < \varrho(x_0, P(x_0)) ,$$

d. h.

$$\varrho(P(x_0), P^2(x_0)) < \min_{x \in \overline{\Delta}} \varrho(x, P(x))$$

folgen, was wegen $P(x_0) \in \overline{\Delta}$ nicht möglich ist. Also gilt $\varrho(x_0, P(x_0)) = 0$, d. h. $x_0 = P(x_0)$.

Die Eindeutigkeit des Fixpunktes ist klar, denn aus $x_0 = P(x_0)$ und $x_1 = P(x_1)$ folgt

$$\varrho(x_0, x_1) = \varrho(P(x_0), P(x_1)) ,$$

was nach (6) nur für $x_0 = x_1$ zutreffen kann.

1.3. Oft hängt der Operator P von einem Parameter ab. Dann wird natürlich auch die Lösung der Gleichung (1) i. a. von diesem Parameter abhängen. Hierfür läßt sich nun zeigen, daß eine stetige Abhängigkeit des Operators P die stetige Abhängigkeit der Lösung von diesem Parameter nach sich zieht. Wir formulieren diesen Sachverhalt genauer.

Außer dem Raum $\mathbf{X}$ sei ein zweiter metrischer Raum $\mathbf{Y}_0$ gegeben. Jedem $y \in \mathbf{Y}_0$ entspreche ein Operator P_y, der die Menge $\Omega \subset \mathbf{X}$ in sich abbildet. Dann heißt P_y *im Punkte* $y_0 \in \mathbf{Y}_0$ *stetig bezüglich* y, wenn für jede Folge $\{y_n\} \subset \mathbf{Y}_0$, $y_n \to y_0$ und jedes Element $x \in \Omega$ die Beziehung

$$P_{y_k}(x) \to P_{y_0}(x) \tag{7}$$

besteht.

Wir betrachten die Gleichung (genauer: die Schar von Gleichungen)

$$x = P_y(x) \tag{8}$$

und setzen voraus, daß sie für jedes $y \in \mathbf{Y}_0$ eine eindeutig bestimmte Lösung x_y^* hat, die i. a. natürlich von y abhängen wird. Gilt dabei für jede Folge $\{y_n\} \subset \mathbf{Y}_0$, $y_n \to y_0$ auch $x_{y_n}^* \to x_{y_0}^*$, so heißt die Lösung der Gleichung (8) *im Punkte* y_0 *stetig bezüglich* y.

---

[1]) Den hier angeführten Beweis teilte freundlicherweise M. G. Krein mit. Ein anderer Beweis, der sich auf die Methode der sukzessiven Approximation stützt, wurde von W. S. Gochmann erbracht. — Der Herausgeber.

Falls der Operator P_y für jedes $y \in \mathrm{Y}_0$ eine kontrahierende Abbildung vermittelt, folgt aus der Stetigkeit von P_y die Stetigkeit der Lösung x_y^* von Gleichung (8).

Satz 3 (I.XVI). *Genügt der Operator P_y für jedes $y \in \mathrm{Y}_0$ der Bedingung* (2) *mit einer von y unabhängigen Konstanten α und ist P_y im Punkte $y_0 \in \mathrm{Y}_0$ stetig bezüglich y, so hängt auch die Lösung der Gleichung* (8) *bei $y = y_0$ stetig von y ab.*

Beweis. Wir konstruieren für ein beliebiges Element $y \in \mathrm{Y}_0$ die Lösung x_y^* der Gleichung (8) als Grenzwert der Folge $\{x_n\}$:

$$x_{n+1} = P_y(x_n) \qquad (n = 0, 1, \ldots;\ x_0 = x_{y_0}^*)\,.$$

Wegen $x_{y_0}^* = P_{y_0}(x_{y_0}^*)$ folgt aus (5)

$$\varrho(x_y^*, x_{y_0}^*) \leqq \frac{1}{1-\alpha}\,\varrho(x_1, x_0) = \frac{1}{1-\alpha}\,\varrho\big(P_y(x_{y_0}^*), P_{y_0}(x_{y_0}^*)\big)\,.$$

Damit ergibt sich unter Benutzung von (7) leicht die zu beweisende Stetigkeit der Lösung x_y^* bei $y = y_0$.

Bemerkung. Die Operatorenschar P_y kann man auch als einen einzigen Operator auffassen, der jedem Paar (x, y) von Elementen $x \in \Omega$, $y \in \mathrm{Y}_0$ ein Element $P(x, y) = P_y(x)$ zuordnet. Weiterhin definieren wir F als denjenigen Operator von Y_0 in Ω, der $y \in \mathrm{Y}_0$ auf die Lösung x_y^* der Gleichung (8) abbildet. Mit diesen Begriffen läßt sich Satz 3 folgendermaßen formulieren:

Gilt für jedes $y \in \mathrm{Y}_0$

$$\varrho\big(P(x, y), P(x', y)\big) \leqq \alpha\,\varrho(x, x') \qquad (x, x' \in \Omega)$$

($\alpha < 1$, unabhängig von y) und ist der Operator P für jedes $x \in \Omega$ im Punkte $y_0 \in \mathrm{Y}_0$ stetig bezüglich y, so ist auch der Operator F im Punkte y_0 stetig.

Erstmalig für einen Existenzbeweis wurde der Fixpunktsatz in [64] benutzt. Die hier angegebene Form stammt von Banach [60a] und Caccioppoli [71]. Eine interessante Verallgemeinerung findet man in [130b].

§ 2. Hilfsbetrachtungen

Um im nächsten Paragraphen ein weiteres Fixpunktprinzip beweisen zu können, benötigen wir einige Aussagen über die topologische Struktur des endlichdimensionalen Raumes. Diesen Hilfsbetrachtungen aus der Topologie über Simplexe ist der vorliegende Paragraph gewidmet.

2.1. Wir führen zunächst einige für das Folgende notwendige Begriffe ein. Es sei $\mathbf{X}$ ein B-Raum und

$$x_0, x_1, \ldots, x_n \tag{1}$$

eine Menge von Elementen aus $\mathbf{X}$ mit der Eigenschaft, daß die Differenzen

$$x_1 - x_0\,, \quad x_2 - x_0\,, \quad \ldots, \quad x_n - x_0 \tag{2}$$

linear unabhängig sind. Die konvexe Hülle $S(x_0, x_1, \ldots, x_n)$ der Elemente (1) (siehe Abschnitt II.1.6) heißt das von den Ecken $x_0, x_1, \ldots, x_n$ aufgespannte *Simplex*, die Zahl n seine *Dimension*.

Bemerkung. Bei unserer Definition des Simplexes sind scheinbar nicht alle Ecken gleichberechtigt. Man kann jedoch zeigen, daß aus der linearen Unabhängigkeit der Elemente (2) auch notwendig die lineare Unabhängigkeit der Elemente

$$x_0 - x_k, \; x_1 - x_k, \ldots, x_{k-1} - x_k, \; x_{k+1} - x_k, \ldots, x_n - x_k$$

für beliebiges $k = 1, 2, \ldots, n$ folgt, d. h., alle Ecken sind doch gleichberechtigt. Den einfachen Beweis für diese Tatsache überlassen wir dem Leser.

Es sei jetzt ein Simplex $S(x_0, x_1, \ldots, x_n)$ gegeben. Wir wählen in ihm k verschiedene Ecken $x_{i_1}, x_{i_2}, \ldots, x_{i_k}$ und bilden von den übrigen Ecken ein $(n-k)$-dimensionales Simplex.[1] Dieses heißt das den Ecken $x_{i_1}, x_{i_2}, \ldots, x_{i_k}$ gegenüberliegende $(n-k)$-dimensionale *Seitensimplex*, kurz auch *Seite* des gegebenen Simplexes $S(x_0, x_1, \ldots, x_n)$.

Jedes Element x eines Simplexes $S = S(x_0, x_1, \ldots, x_n)$ läßt sich in der Form (siehe Abschnitt II.1.6)

$$x = \alpha_0 x_0 + \alpha_1 x_1 + \cdots + \alpha_n x_n \tag{3}$$

darstellen, wobei die Koeffizienten α_k den Bedingungen

$$\alpha_0 + \alpha_1 + \cdots + a_n = 1, \qquad \alpha_k \geqq 0 \qquad (k = 0, 1, \ldots, n)$$

genügen. Die Darstellung (3) ist sogar eindeutig. Wegen $\alpha_0 = 1 - \sum_{k=1}^{n} \alpha_k$ folgt nämlich aus (3)

$$x = x_0 + \sum_{k=1}^{n} \alpha_k (x_k - x_0). \tag{4}$$

Gäbe es neben (3) eine weitere Darstellung derselben Form,

$$x = \alpha_0' x_0 + \alpha_1' x_1 + \cdots + \alpha_n' x_n,$$

so würde gleichzeitig mit (4)

$$x = x_0 + \sum_{k=1}^{n} \alpha_k' (x_k - x_0)$$

gelten, d. h., es wäre

$$\sum_{k=1}^{n} \alpha_k (x_k - x_0) = \sum_{k=1}^{n} \alpha_k' (x_k - x_0),$$

was wegen der linearen Unabhängigkeit der Differenzen (2) nur für

$$\alpha_1 = \alpha_1', \; \alpha_2 = \alpha_2', \ldots, \alpha_n = \alpha_n', \; \alpha_0 = \alpha_0'$$

möglich ist.

Die auf diese Weise durch das Element $x \in S$ eindeutig bestimmten Zahlen $\alpha_0, \alpha_1, \ldots, \alpha_n$ heißen die *simplizialen Koordinaten*[2]) des Punktes x.

---

[1]) Das ist nach der obigen Bemerkung stets möglich.

[2]) Häufig ist auch die Bezeichnung *baryzentrische Koordinaten* gebräuchlich. Befindet sich nämlich in jedem Punkte x_k die Masse α_k, dann ist x der Schwerpunkt dieses Systems.

Für die Punkte der den Ecken $x_{i_1}, x_{i_2}, \ldots, x_{i_k}$ gegenüberliegenden Seite gilt offensichtlich $\alpha_{i_1} = \alpha_{i_2} = \cdots = \alpha_{i_k} = 0$.

Sind die Koordinaten des Elementes $x \in S$ alle positiv, so heißt x ein *innerer Punkt* des Simplexes S.

Der Punkt $x^* \in S$ mit untereinander gleichen Koordinaten $\alpha_i = \frac{1}{n+1}$ ($i = 0, 1, \ldots, n$) heißt das *Zentrum* oder der *Schwerpunkt* von S.

Wir führen weiter den Begriff der *Unterteilung des Simplexes* S ein und verstehen darunter seine Darstellung als Summe einer endlichen Anzahl von Simplexen der gleichen Dimension wie S, wenn diese Teilsimplexe folgendermaßen definiert sind:

Die Unterteilung des eindimensionalen Simplexes $S(x_0, x_1)$ ist die Gesamtheit der beiden Simplexe $S\left(x_0, \frac{1}{2}(x_0 + x_1)\right)$ und $S\left(\frac{1}{2}(x_0 + x_1), x_1\right)$. Sie sei jetzt bereits für alle Simplexe erklärt, deren Dimension kleiner als n ist. Wir betrachten ein n-dimensionales Simplex $S = S(x_0, x_1, \ldots, x_n)$ und nehmen eine beliebige $(n-1)$-dimensionale Seite von S. Diese bildet ein $(n-1)$-dimensionales Simplex, dessen Unterteilung bereits bekannt ist. Sie bestehe aus den $(n-1)$-dimensionalen Simplexen $S_1, S_2, \ldots, S_m$. Fügen wir zu den Ecken des Simplexes S_k ($k = 1, 2, \ldots, m$) das Zentrum x^* des gegebenen Simplexes S hinzu, so spannen diese $(n+1)$ Punkte ein n-dimensionales Simplex auf.[1]) Durch analoge Konstruktion für jede $(n-1)$-dimensionale Seite des gegebenen Simplexes ergibt sich schließlich seine Unterteilung.

Man sieht leicht, daß je zwei Simplexe einer Unterteilung keine gemeinsamen inneren Punkte haben. Ihr Durchschnitt ist stets eine gemeinsame Seite.

Es seien weiter ein Simplex S und seine Unterteilung gegeben. Durch Unterteilung jedes dieser Teilsimplexe entsteht eine sog. zweifache Unterteilung des gegebenen Simplexes S. Entsprechend lassen sich Unterteilungen höherer Vielfachheit definieren.

Offensichtlich wird der Durchmesser der Teilsimplexe beliebig klein, wenn die Vielfachheit der Unterteilung gegen Unendlich strebt.

2.2. Wir beweisen jetzt einige Lemmata, die wir zum Beweis des zweiten Fixpunktprinzipes benötigen.

Gegeben ist wieder ein n-dimensionales Simplex $S = S(x_0, x_1, \ldots, x_n)$ und eine seiner Unterteilungen (beliebiger Vielfachheit) in Teilsimplexe

$$S_1, S_2, \ldots, S_m. \tag{5}$$

Jeder Ecke z jedes der Simplexe (5) sei eine der Zahlen $0, 1, \ldots, n$ zugeordnet, d. h., auf der Menge aller Ecken der Simplexe (5) sei eine Funktion ν mit den möglichen Werten $0, 1, \ldots, n$ definiert. Weiter bezeichne $\nu(S_j)$ die Gesamtheit der $n+1$ Zahlen, die den Ecken des Simplexes S_j entsprechen ($j = 1, 2, \ldots, m$). Wir nennen ein Simplex S_j *normal*, wenn $\nu(S_j) = \{0, 1, \ldots, n\}$ gilt; die Anordnung der Zahlen von $\nu(S_j)$ soll dabei keine Rolle spielen.

[1]) Davon kann sich der Leser leicht selbst überzeugen.

Für eine beliebige Funktion ν brauchen i. a. keine normalen Simplexe zu existieren.

Lemma 1. *Die Funktion ν genüge der folgenden Bedingung: Ist z Ecke eines der Simplexe von (5), die zur k-dimensionalen Seite $S(x_{i_0}, x_{i_1}, \ldots, x_{i_k})$ des Ausgangssimplexes S gehört, so kann $\nu(z)$ nur gleich einer der Zahlen $i_0, i_1, \ldots, i_k$ sein. Dann ist mindestens eines der Simplexe (5) normal.*

Beweis. Wir zeigen, daß es unter der Voraussetzung des Lemmas stets eine ungerade Anzahl normaler Simplexe gibt. Für ein Simplex S^0 der Dimension Null (d. h., S^0 besteht nur aus einem einzigen Punkt) ist die Aussage trivial. Sie sei schon für Simplexe der Dimension $n - 1$ bewiesen. Wir zeigen, daß sie dann auch für das n-dimensionale Simplex S richtig ist. Dazu betrachten wir eine $(n - 1)$-dimensionale Seite $S_k^{(i)}$ eines Teilsimplexes S_k und nennen diese Seite ausgezeichnet, wenn $\nu(S_k^{(i)}) = \{0, 1, \ldots, n - 1\}$ gilt; ϱ_k bezeichne die Anzahl der ausgezeichneten Seiten von S_k. Man sieht leicht, daß ein normales Simplex genau eine ausgezeichnete Seite und ein nicht normales Simplex zwei oder keine ausgezeichnete Seiten hat. Deshalb ist die Summe $\varrho = \sum_{k=1}^{m} \varrho_k$ gerade oder ungerade, je nachdem, ob es eine gerade oder ungerade Anzahl normaler Simplexe gibt. Die ausgezeichneten Seiten der Simplexe (5) unterteilen wir in zwei Gruppen. Zur ersten Gruppe sollen alle Seiten gehören, die in keiner $(n - 1)$-dimensionalen Seite des Ausgangssimplexes enthalten sind; ihre Anzahl sei ϱ'. Weil jede ausgezeichnete Seite der ersten Gruppe gemeinsame Seite genau zweier Teilsimplexe von (5) ist, haben wir sie bei der Berechnung der Summe ϱ zweimal zu zählen. Zur zweiten Gruppe gehören alle ausgezeichneten Seiten, die ganz in einer der $(n - 1)$-dimensionalen Seiten des Simplexes S enthalten sind. Da eine solche Seite zu genau einem der Simplexe (5) gehört, ist ihre Anzahl $\varrho'' = \varrho - 2\varrho'$. Aus der Voraussetzung des Lemmas folgt weiter leicht, daß alle ausgezeichneten Seiten der zweiten Gruppe in der Seite $S' = S(x_0, x_1, \ldots, x_{n-1})$ des Simplexes S enthalten sind. Die in S' gelegenen $(n - 1)$-dimensionalen Seiten der Simplexe (5) bilden aber eine Unterteilung von S', wobei die Funktion ν, nur auf dieser Unterteilung betrachtet, der Bedingung des Lemmas genügt. Deshalb ist nach Induktionsvoraussetzung die Anzahl der normalen Simplexe dieser Unterteilung ungerade. Letztere bilden aber gerade die ausgezeichneten Simplexe der zweiten Gruppe. Daraus folgt, daß ϱ'' und damit auch $\varrho = 2\varrho' + \varrho''$ ungerade sind.

Lemma 2. *Im n-dimensionalen B-Raum seien ein n-dimensionales Simplex $S = S(x_0, x_1, \ldots, x_n)$ und abgeschlossene Mengen $F_0, F_1, \ldots, F_n$ mit der Eigenschaft gegeben, daß für jede Familie $i_0, i_1, \ldots, i_k$ $(k = 0, 1, \ldots, n)$ von Indizes*

$$S(x_{i_0}, x_{i_1}, \ldots, x_{i_k}) \subset \bigcup_{m=0}^{k} F_{i_m}$$

gilt. Dann ist der Durchschnitt $\bigcap_{k=0}^{n} F_k$ nicht leer.

Beweis. Wir betrachten eine Unterteilung des Simplexes S beliebiger Vielfachheit. Es sei z Ecke eines der Simplexe dieser Unterteilung und $S(x_{i_0}, x_{i_1}, \ldots, x_{i_k})$ eine z enthaltende Seite. Aus den Voraussetzungen des Lemmas folgt $z \in \bigcup_{m=0}^{k} F_{i_m}$. Es gehöre z z. B. zur Menge F_{i_s}. Dann setzen wir $\nu(z) = i_s$. Diese Funktion ν genügt den Voraussetzungen von Lemma 1; deshalb gibt es ein normales Teilsimplex, das im vorliegenden Fall dadurch charakterisiert wird, daß sein Durchschnitt mit jeder der Mengen F_j nicht leer ist (denn in jedem solchen Durchschnitt ist eine Ecke des normalen Teilsimplexes enthalten).

Weiter betrachten wir die Folge der p-fachen Unterteilungen ($p = 1, 2, \ldots$). Für jede solche Unterteilung gibt es Punkte $z_0^{(p)}, z_1^{(p)}, \ldots, z_n^{(p)}$ — die Ecken eines normalen Teilsimplexes — mit der Eigenschaft

$$z_k^{(p)} \in F_k \qquad (k = 0, 1, \ldots, n;\ p = 1, 2, \ldots). \tag{6}$$

Da die Menge S kompakt ist, existiert eine wachsende Folge $\{p_j\}$ natürlicher Zahlen, so daß die Punktfolge $\{z_0^{(p_j)}\}$ konvergiert. Ihr Grenzwert z^* gehört zu S, denn S ist abgeschlossen. Die Durchmesser der Teilsimplexe streben aber für $p \to \infty$ gegen Null, deshalb gilt

$$z_k^{(p_j)} \to z^* \qquad (k = 0, 1, \ldots, n),$$

woraus sich wegen (6) und der Abgeschlossenheit der Mengen F_k schließlich die Inklusion

$$z^* \in F_k \qquad (k = 0, 1, \ldots, n)$$

ergibt, was zu zeigen war.

2.3. Das folgende Lemma enthält das sog. BROUWERsche *Fixpunktprinzip*, jedoch noch unter sehr speziellen Voraussetzungen.

Lemma 3. *Jeder stetige Operator P, der ein n-dimensionales Simplex S des B-Raumes* $\mathbf{X}$ *in sich abbildet, hat mindestens einen Fixpunkt.*

Beweis. Es seien $\alpha_0, \alpha_1, \ldots, \alpha_n$ die simplizialen Koordinaten eines beliebigen Punktes $x \in S$. Die simplizialen Koordinaten des zugehörigen Punktes $P(x)$ bezeichnen wir mit β_j:

$$\beta_j = f_j(\alpha_0, \alpha_1, \ldots, \alpha_n) \qquad (j = 0, 1, \ldots, n).$$

Offensichtlich gilt

$$\beta_0 + \beta_1 + \cdots + \beta_n = 1, \quad \beta_j \geqq 0 \qquad (j = 0, 1, \ldots, n).$$

Aus der Stetigkeit des Operators P folgt leicht die Stetigkeit der Funktionen f_j. Weiter sei F_j ($j = 0, 1, \ldots, n$) die Menge aller Punkte $x \in S$ mit

$$\alpha_j \geqq \beta_j .$$

Wegen der Stetigkeit der Funktionen f_j sind die Mengen F_j abgeschlossen. Wir zeigen, daß sie auch den übrigen Bedingungen von Lemma 2 genügen.

Angenommen, ein Element $x \in S(x_{i_0}, x_{i_1}, \ldots, x_{i_k})$ gehört nicht zur Vereinigung $\bigcup_{m=0}^{k} F_{i_m}$. Dann bestehen zwischen den simplizialen Koordinaten $\alpha_0, \alpha_1, \ldots, \alpha_n$

bzw. $\beta_0, \beta_1, \ldots, \beta_n$ der Punkte x bzw. $P(x)$ die Beziehungen

$$\alpha_{i_m} < \beta_{i_m} \qquad (m = 0, 1, \ldots, k)\,.$$

Da für $i \neq i_m$ $(m = 0, 1, \ldots, k)$ stets $\alpha_i = 0$ ist, d. h. stets $\alpha_i \leqq \beta_i$ gilt, erhalten wir

$$\sum_{i=0}^{n} \alpha_i < \sum_{i=0}^{n} \beta_i\,.$$

Das widerspricht der Tatsache, daß beide Summen der simplizialen Koordinaten gleich 1 sind.

Aus Lemma 2 folgt somit die Existenz eines Punktes $x^* \in \bigcap_{k=0}^{n} F_k$. Sind α_0^*, $\alpha_1^*, \ldots, \alpha_n^*$ bzw. $\beta_0^*, \beta_1^*, \ldots, \beta_n^*$ die simplizialen Koordinaten von x^* bzw. $P(x^*)$, so ist

$$\alpha_j^* \geqq \beta_j^* \qquad (j = 0, 1, \ldots, n)\,,$$

also auch

$$\sum_{j=1}^{n} \alpha_j^* \geqq \sum_{j=1}^{n} \beta_j^*\,, \tag{7}$$

wobei das Gleichheitszeichen nur im Falle

$$\alpha_j^* = \beta_j^* \qquad (j = 0, 1, \ldots, n) \tag{8}$$

steht. Beide Summen von Formel (7) sind aber wiederum gleich 1. Deshalb ist die Beziehung (8) erfüllt, d. h., es gilt $x^* = P(x^*)$.

2.4. Wir übertragen jetzt das Ergebnis von Lemma 3 auf beliebige abgeschlossene beschränkte konvexe Teilmengen eines endlichdimensionalen Raumes. Dazu schicken wir noch ein Lemma voraus.

Jede abgeschlossene beschränkte Teilmenge Ω des B-Raumes $\mathbf{X}$, die innere Punkte enthält, heißt ein *Körper*.

Lemma 4. *Es sei $\bar{K}$ die abgeschlossene Einheitskugel des B-Raumes $\mathbf{X}$ und $\Omega \subset \mathbf{X}$ ein konvexer Körper. Dann existiert eine eineindeutige und in beiden Richtungen stetige Abbildung T der Menge Ω auf $\bar{K}$, d. h., die Mengen Ω und $\bar{K}$ sind homöomorph.*

Beweis. Ohne die Allgemeinheit einzuschränken, können wir annehmen, daß 0 ein innerer Punkt von Ω und $\bar{K}$ in Ω enthalten ist. Dann gilt $\bigcup_{n=1}^{\infty} n\,\Omega \supset \bigcup_{n=1}^{\infty} n\,\bar{K} = \mathbf{X}$. Deshalb wird durch die Gleichung

$$p(x) = \inf \lambda \qquad \left(\lambda > 0\,,\ \frac{x}{\lambda} \in \Omega;\ x \in \mathbf{X}\right)$$

ein halbadditives und positiv homogenes Funktional definiert (siehe Abschnitt XI.1.7), d. h.

$$p(x + y) \leqq p(x) + p(y) \qquad (x, y \in \mathbf{X})\,, \tag{9}$$

$$p(t\,x) = t\,p(x) \qquad (x \in \mathbf{X},\ t \geqq 0)\,. \tag{10}$$

Die Menge Ω ist die Gesamtheit aller $x \in \mathbf{X}$ mit $p(x) \leqq 1$. Für ein beliebiges Element $x \neq 0$ aus $\mathbf{X}$ gilt weiter $\frac{x}{\|x\|} \in \bar{K} \subset \Omega$, daraus folgt $p\left(\frac{x}{\|x\|}\right) \leqq 1$, so daß sich nach (10) die Ungleichung

$$p(x) \leqq \|x\| \tag{11}$$

ergibt, die offenbar auch für $x = 0$ erfüllt ist.

Wegen der Beschränktheit von Ω existiert eine offene Kugel K_r mit dem Mittelpunkt im Nullpunkt und dem Radius $r > 0$, die Ω enthält. Ein Element der Form $\frac{r\,x}{\|x\|}$ $(x \neq 0)$ gehört nicht zu K_r, also auch nicht zu Ω. Folglich besteht die Ungleichung $p\left(\frac{r\,x}{\|x\|}\right) > 1$, d. h.

$$p(x) \geqq \frac{1}{r}\,\|x\| \qquad (x \in \mathbf{X})\,. \tag{12}$$

Wir zeigen die Stetigkeit des Funktionals p. Aus Formel (9) ergibt sich in bekannter Weise

$$|p(x) - p(y)| \leqq \max\,[p(x-y),\ p(y-x)] \qquad (x, y \in \mathbf{X})$$

und daraus unter Berücksichtigung der Beziehung (11)

$$|p(x) - p(y)| \leqq \|x - y\|\,.$$

Den Operator T definieren wir jetzt durch die Gleichungen

$$T(x) = x\,\frac{p(x)}{\|x\|} \qquad (x \in \Omega,\ x \neq 0)\,, \qquad T(0) = 0\,. \tag{13}$$

Dann gilt $T(\Omega) = \bar{K}$, denn Ω besteht aus allen Elementen x mit $p(x) \leqq 1$. Die Eineindeutigkeit der Abbildung T sieht man unmittelbar. Der inverse Operator T^{-1} ist durch die Formel

$$T^{-1}(x) = x\,\frac{\|x\|}{p(x)} \qquad (x \neq 0)\,, \quad T^{-1}(0) = 0 \tag{14}$$

gegeben.

Aus der Stetigkeit des Funktionals p folgt die Stetigkeit von T in allen Punkten $x \neq 0$. Strebt $x_n \to 0$, so ergibt sich wegen $\left\|\frac{x_n}{\|x_n\|}\right\| = 1$ und $p(x_n) \to 0$ auch $T(x_n) \to 0 = T(0)$.

Entsprechend läßt sich die Stetigkeit der Abbildung T^{-1} zeigen. Für $x_n \to x_0 \neq 0$ erhalten wir wegen $p(x_0) \geqq \frac{1}{r}\|x_0\| > 0$ (siehe (12)) und der Stetigkeit des Funktionals p die Beziehung $T^{-1}(x_n) \to T^{-1}(x_0)$, während für $x_0 = 0$ wiederum aus (12)

$$\|T^{-1}(x_n)\| = \frac{\|x_n\|}{p(x_n)}\|x_n\| \leqq r\,\|x_n\| \to 0\,,$$

d. h. $T^{-1}(x_n) \to 0 = T^{-1}(0)$ folgt.

Damit ist das Lemma vollständig bewiesen.

Folgerung. *Jeder konvexe Körper Ω des n-dimensionalen B-Raumes ist einem n-dimensionalen Simplex homöomorph.*

Ein n-dimensionales Simplex bildet nämlich einen konvexen Körper im n-dimensionalen Raum, ist also ebenso wie Ω der Kugel homöomorph.

Wir beweisen jetzt das für die weiteren Betrachtungen dieses Kapitels grundlegende Lemma.

Lemma 5. *Es sei Ω ein konvexer Körper des n-dimensionalen B-Raumes* X. *Dann hat jeder stetige Operator P, der Ω in sich abbildet, einen Fixpunkt.*

Beweis. Wir wählen im Raum X n beliebige linear unabhängige Elemente $x_1, x_2, \ldots, x_n$ und betrachten das von den Ecken $x_0 = 0, x_1, \ldots, x_n$ aufgespannte Simplex S. Nach der Folgerung aus Lemma 4 existiert eine eineindeutige und in beiden Richtungen stetige Abbildung T des Simplexes S auf den Körper Ω. Der Operator

$$P_0 = T^{-1} P T$$

ist stetig und bildet deshalb S in sich ab, hat also gemäß Lemma 3 mindestens einen Fixpunkt x_0:

$$x_0 = P_0(x_0)\,.$$

Dann ist das Element $x^* = T(x_0)$ Fixpunkt des Operators P, denn es gilt

$$P(x^*) = PT(x_0) = T\,T^{-1}\,P\,T(x_0) = TP_0(x_0) = T(x_0) = x^*\,.$$

Für stetige Abbildungen eines Simplexes in sich wurde die Existenz eines Fixpunktes zuerst von L. E. F. Brouwer [70] im Zusammenhang mit der Invarianz der Dimension gezeigt. Der hier gegebene Beweis stammt von C. Kuratowski.

§ 3. Das Schauder sche Prinzip

3.1. Mit Hilfe der Ergebnisse des vorangehenden Paragraphen beweisen wir jetzt als zweites Fixpunktprinzip den folgenden *Satz von* Schauder.

Satz 1 (3.XVI). *Jeder stetige Operator P, der eine konvexe, abgeschlossene, kompakte Menge Ω des B-Raumes* X *in sich abbildet, hat mindestens einen Fixpunkt.*

Beweis. Es sei ε eine beliebige positive Zahl. Da Ω kompakt ist, existiert (s. Satz 2 (3.I)) in Ω ein endliches ε-Netz:

$$x_1, x_2, \ldots, x_m\,. \tag{1}$$

Wir betrachten die konvexe Hülle Ω_0 der Elemente (1). Offensichtlich gilt $\Omega_0 \subset \Omega$; außerdem ist Ω_0 von endlicher Dimension $n \leqq m - 1$.[1])

[1]) Die Dimension einer Menge $E \subset$ X sei gleich n, wenn Elemente $\bar{x}_0, \bar{x}_1, \ldots, \bar{x}_n$ existieren, so daß 1. die Differenzen $\bar{x}_k - \bar{x}_0$ $(k = 1, 2, \ldots n)$ linear unabhängig sind, 2. jedes Element $x \in E$ die Form $x = \bar{x}_0 + \sum_{k=1}^{n} \alpha_k(\bar{x}_k - \bar{x}_0)$ hat und es 3. zu jedem $k = 1, 2, \ldots, n$ ein Element $x \in E$ gibt, für das der entsprechende Koeffizient $\alpha_k \neq 0$ ist.

Durch vollständige Induktion nach der Dimension zeigt man leicht, daß sich Ω_0 als Vereinigung n-dimensionaler Simplexe mit den folgenden Eigenschaften darstellen läßt:

a) Alle Punkte (1) sind Ecken dieser Simplexe.

b) Zwei Simplexe haben entweder keine gemeinsamen Punkte oder schneiden sich in einer gemeinsamen (k-dimensionalen; $k = 0, 1, \ldots, n-1$) Seite.

Unterteilen wir jedes dieser Simplexe so oft, daß der Durchmesser aller entstehenden Teilsimplexe

$$S_1, S_2, \ldots, S_p \tag{2}$$

kleiner als ε wird, so bildet offensichtlich die Gesamtheit aller Ecken der Simplexe (2) ebenfalls ein ε-Netz in Ω. Außerdem genügen die Simplexe (2) den Bedingungen a) und b).

Wir betrachten jetzt den Operator P. Wegen der Kompaktheit und Abgeschlossenheit der Menge Ω ist P als stetige Abbildung sogar gleichmäßig stetig auf Ω[1]), d. h., zu jedem $\varepsilon > 0$ existiert ein $\delta > 0$, so daß aus $\|x - x'\| < \delta$ stets

$$\|P(x) - P(x')\| < \varepsilon \qquad (x, x' \in \Omega) \tag{3}$$

folgt.

Durch evtl. nochmalige Unterteilung der Simplexe (2) läßt sich erreichen, daß ihr Durchmesser nicht nur kleiner als ε, sondern auch kleiner als δ wird.

Zum Operator P konstruieren wir nunmehr einen Operator P_ε — die sog. simpliziale Approximation von P —, der Ω_0 in sich abbildet. Zunächst wird P_ε auf den Ecken der Simplexe (2) definiert. Zu einer solchen Ecke z gibt es wegen $P(z) \in \Omega$ eine Ecke $\bar{z}$, so daß $\|\bar{z} - P(z)\| < \varepsilon$ ausfällt. Wir setzen $P_\varepsilon(z) = \bar{z}$.

Es sei $x \in S_k$ ein Punkt aus Ω_0, der nicht zur Menge aller Ecken der Simplexe (2) gehört. Dann läßt sich x in der Form

$$x = \sum_{i=0}^{n} \alpha_i^{(k)} x_i^{(k)} \qquad \left(\sum_{i=0}^{n} \alpha_i^{(k)} = 1, \quad \alpha_i^{(k)} \geqq 0, \quad i = 0, 1, \ldots, n\right)$$

darstellen, wenn $x_0^{(k)}, x_1^{(k)}, \ldots, x_n^{(k)}$ die Ecken des Simplexes S_k bezeichnen. Wir setzen

$$P_\varepsilon(x) = \sum_{i=0}^{n} \alpha_i^{(k)} P(x_i^{(k)}) . \tag{4}$$

Diese Definition erfordert keinerlei zusätzliche Betrachtungen, wenn der Punkt x nur zu einem Simplex S_k gehört. Gilt aber außerdem noch $x \in S_r$ ($r \neq k$), so bleibt zu zeigen, daß $P_\varepsilon(x)$ nicht von der Wahl dieses oder jenes Simplexes abhängt. Wegen Bedingung b) ist der Durchschnitt der Simplexe S_k und S_r eine gemeinsame Seite. Diese werde von den Ecken $x_{i_0}^{(k)}, x_{i_1}^{(k)}, \ldots, x_{i_s}^{(k)}$ des Simplexes S_k aufgespannt. Bezeichnen $x_0^{(r)}, x_1^{(r)}, \ldots, x_n^{(r)}$ die Ecken des Simplexes S_r, so können wir

$$x_{i_j}^{(k)} = x_{i_j}^{(r)} \qquad (j = 0, 1, 2, \ldots, s) \tag{5}$$

---

[1] Das beweist man ebenso wie die entsprechende bekannte Aussage der Analysis, siehe z. B. ALEXANDROFF [3], S. 208.

annehmen. Das Element x läßt sich in der Form

$$x = \sum_{i=0}^{n} \alpha_i^{(r)} x_i^{(r)} \qquad \left(\sum_{i=0}^{n} \alpha_i^{(r)} = 1\,, \quad \alpha_i^{(r)} \geqq 0\,, \quad i = 0, 1, \ldots, n\right)$$

darstellen. Nach einer Feststellung in Abschnitt XVI.2.1 gilt dabei

$$\alpha_i^{(k)} = \alpha_i^{(r)} = 0 \qquad (i \neq i_j\,, \quad j = 0, 1, 2, \ldots, s)\,, \tag{6}$$

deshalb folgt aus Formel (5)

$$\sum_{j=0}^{s} \alpha_{i_j}^{(k)} x_{i_j}^{(k)} = \sum_{j=0}^{s} \alpha_{i_j}^{(r)} x_{i_j}^{(r)}\,,$$

so daß sich die Gleichungen

$$\alpha_{i_j}^{(k)} = \alpha_{i_j}^{(r)} \qquad (j = 0, 1, 2, \ldots, s) \tag{7}$$

ergeben. Ausgehend vom Simplex S_r erhalten wir damit für $P_\varepsilon(x)$ bei Berücksichtigung von (6), (5) und (7) den Ausdruck

$$P_\varepsilon(x) = \sum_{i=0}^{n} \alpha_i^{(r)} P_\varepsilon(x_i^{(r)}) = \sum_{j=0}^{s} \alpha_{i_j}^{(r)} P_\varepsilon(x_{i_j}^{(r)}) = \sum_{j=0}^{s} \alpha_{i_j}^{(k)} P_\varepsilon(x_{i_j}^{(k)}) = \sum_{i=0}^{n} \alpha_i^{(k)} P_\varepsilon(x_i^{(k)})\,,$$

was zu zeigen war.

Durch einfache Überlegungen kann sich der Leser selbständig davon überzeugen, daß P_ε das Simplex Ω_0 stetig in sich abbildet.

Für den Operator P_ε sind alle Voraussetzungen von Lemma 5 des vorangehenden Paragraphen erfüllt, deshalb hat er mindestens einen Fixpunkt $x_\varepsilon \in \Omega_0$:

$$x_\varepsilon = P_\varepsilon(x_\varepsilon)\,.$$

Die Ecken desjenigen der Simplexe (2), zu dem der Punkt x_ε gehört, bezeichnen wir mit $z_0, z_1, \ldots, z_n$. Wegen $\|z_i - z_j\| < \delta$ ergibt sich aus Formel (3)

$$\|P(z_i) - P(z_j)\| < \varepsilon \quad \text{und} \quad \|P(x_\varepsilon) - P(z_i)\| < \varepsilon \qquad (i = 0, 1, \ldots, n)\,. \tag{8}$$

Nach Definition des Operators P_ε gilt weiter

$$\|P_\varepsilon(z_i) - P(z_i)\| < \varepsilon \qquad (i = 0, 1, \ldots, n)\,, \tag{9}$$

woraus die Ungleichung

$$\|P_\varepsilon(z_i) - P_\varepsilon(z_j)\| < 3\,\varepsilon \qquad (i, j = 1, 2, \ldots, n) \tag{10}$$

folgt.

Stellen wir das Element x_ε in der Form

$$x_\varepsilon = \sum_{i=0}^{n} \alpha_i^{(\varepsilon)} z_i \qquad \left(\sum_{i=0}^{n} \alpha_i^{(\varepsilon)} = 1\,, \quad \alpha_i^{(\varepsilon)} \geqq 0\,, \quad i = 0, 1, \ldots, n\right)$$

dar, so erhalten wir die Gleichung

$$x_\varepsilon = P_\varepsilon(x_\varepsilon) = \sum_{i=0}^{n} \alpha_i^{(\varepsilon)} P_\varepsilon(z_i)$$

und daraus zusammen mit (10)

$$\|x_\varepsilon - P_\varepsilon(z_j)\| = \left\| \sum_{i=0}^{n} \alpha_i^{(\varepsilon)} [P_\varepsilon(z_i) - P_\varepsilon(z_j)] \right\| \leqq 3\,\varepsilon \sum_{i=0}^{n} \alpha_i^{(\varepsilon)} = 3\,\varepsilon \tag{11}$$

$$(j = 0, 1, \ldots, n)\,.$$

Unter Benutzung der Beziehungen (8), (9) und (11) ergibt sich schließlich

$$\|x_\varepsilon - P(x_\varepsilon)\| \leqq \|x_\varepsilon - P_\varepsilon(z_i)\| + \|P_\varepsilon(z_i) - P(z_i)\| + \|P(z_i) - P(x_\varepsilon)\| < 5\,\varepsilon\,,$$

d. h., zu jedem $\varepsilon > 0$ existiert ein Punkt $x_\varepsilon \in \Omega$, für den

$$\|x_\varepsilon - P(x_\varepsilon)\| < 5\,\varepsilon$$

ausfällt.

Wir wählen jetzt eine Nullfolge $\{\varepsilon_k\}$ und konstruieren für jeden Index $k = 1, 2, \ldots$ den zugehörigen Punkt $x_k = x_{\varepsilon_k}$. Wegen der Kompaktheit und Abgeschlossenheit von Ω bedeutet es dabei keine Einschränkung der Allgemeinheit anzunehmen, daß

$$x_k \xrightarrow[k\to\infty]{} x^* \in \Omega$$

konvergiert. Dann läßt sich die Differenz $\|x^* - P(x^*)\|$ folgendermaßen abschätzen:

$$\|x^* - P(x^*)\| \leqq \|x^* - x_k\| + \|x_k - P(x_k)\| + \|P(x_k) - P(x^*)\|\,.$$

Alle Summanden der rechten Seite dieser Ungleichung streben für $k \to \infty$ gegen Null (der letzte Summand wegen der Stetigkeit des Operators P). Deshalb ergibt sich

$$x^* = P(x^*)\,,$$

womit die Existenz eines Fixpunktes bewiesen ist.

Bemerkung. Beide Bedingungen des Satzes von SCHAUDER — sowohl die Abgeschlossenheit als auch die Kompaktheit der Menge Ω — sind wesentlich. Davon kann sich der Leser durch einfache Gegenbeispiele selbst überzeugen. Ebenso findet man ohne Schwierigkeit Beispiele, die zeigen, daß an Stelle der Kompaktheit die schwächere Voraussetzung der Beschränktheit von Ω i. a. nicht genügt.

3.2. Unter Benutzung des folgenden Lemmas läßt sich die Aussage von Satz 1 etwas verallgemeinern.

Lemma. *Die abgeschlossene konvexe Hülle $\overline{\mathscr{C}(E)}$ einer kompakten Teilmenge E des B-Raumes $\mathbf{X}$ ist kompakt.*

Beweis. Da die Abschließung einer kompakten Menge kompakt ist, brauchen wir nur die Kompaktheit der konvexen Hülle $\mathscr{C}(E)$ von E zu zeigen. Letztere besteht definitionsgemäß aus denjenigen Elementen $x \in \mathbf{X}$, die sich in der Form

$$x = \sum_{i=1}^{m} \alpha_i x_i \qquad (m = 1, 2, \ldots) \tag{12}$$

mit $x_i \in E$, $\alpha_i \geqq 0$ $(i = 1, 2, \ldots, m)$ und $\sum\limits_{i=1}^{m} \alpha_i = 1$ darstellen lassen (siehe Abschnitt II.1.6).

Zu einem beliebigen $\varepsilon > 0$ existiert für die kompakte Menge E ein endliches ε-Netz $\widetilde{E} = \{y_1, y_2, \ldots, y_n\}$. Die konvexe Hülle $\mathscr{C}(\widetilde{E})$ von $\widetilde{E}$ ist als beschränkte Menge im endlichdimensionalen Raum $\mathscr{L}(\widetilde{E})$ ebenfalls kompakt.

Es sei jetzt x ein beliebiges Element aus $\mathscr{C}(E)$, dargestellt in der Form (12). Dann gibt es wegen der Eigenschaften eines ε-Netzes zu jedem x_i $(i = 1, 2, \ldots, m)$ einen Punkt $y_{k_i} \in \tilde{E}$, so daß

$$\|x_i - y_{k_i}\| < \varepsilon \qquad (i = 1, 2, \ldots, m)$$

ausfällt. Für das Element

$$\tilde{y} = \sum_{i=1}^{m} \alpha_i y_{k_i}$$

folgt hieraus

$$\|x - \tilde{y}\| = \left\| \sum_{i=1}^{m} \alpha_i (x_i - y_{k_i}) \right\| < \varepsilon \sum_{i=1}^{m} \alpha_i = \varepsilon .$$

Da weiter $\tilde{y}$ zu $\mathscr{C}(\tilde{E})$ gehört, zeigt die letzte Beziehung, daß $\mathscr{C}(\tilde{E})$ ein (kompaktes) ε-Netz für $\mathscr{C}(E)$ bildet, d. h., die Menge $\mathscr{C}(E)$ selbst ist kompakt (siehe die Bemerkung zum Satz von Hausdorff in Abschnitt I.3.2), was zu zeigen war.

Satz 2 (3.XVI). *Jeder stetige Operator P, der eine abgeschlossene konvexe Teilmenge Ω des B-Raumes* **X** *in eine kompakte Menge $\Delta \subset \Omega$ abbildet, hat mindestens einen Fixpunkt.*

Beweis. Wir bilden die abgeschlossene konvexe Hülle $\Omega_0 = \overline{\mathscr{C}(\Delta)}$ von Δ. Offensichtlich gilt $\Omega_0 \subset \Omega$, und nach dem Lemma ist Ω_0 kompakt.

Der Operator P bildet Ω_0 in Δ, also wegen $\Delta \subset \Omega_0$ erst recht in sich ab. Folglich sind für den Operator P, betrachtet nur auf der Menge Ω_0, alle Bedingungen von Satz 1 erfüllt. Daraus folgt die Existenz eines Fixpunktes.

Entsprechend kann man unter Benutzung der Resultate von Kapitel XI analoge Aussagen über die Existenz eines Fixpunktes beweisen, wenn **X** ein vollständiger (oder sogar nur beschränkt-vollständiger) lokalkonvexer Raum ist.

Die Sätze 1 und 2 finden sich erstmalig in einer Arbeit von Schauder [175a]. Tieferliegende Fixpunktaussagen, insbesondere für lokalkonvexe Räume, bewies Leray (siehe [139]). Dabei wird der in [142] eingeführte Kategoriebegriff verwendet. In jüngerer Zeit wurde dieser Problemkreis von M. A. Krasnoselski wesentlich weiterentwickelt (siehe dessen zusammenfassenden Bericht [130b]).

§ 4. Anwendungen des Fixpunktprinzipes

4.1. Es sei $\Phi(s, u)$ eine auf dem Streifen $a \leqq s \leqq b$, $-\infty < u < \infty$ erklärte stetige Funktion der beiden reellen Veränderlichen s, u. Außerdem habe Φ eine stetige Ableitung nach u, die der Bedingung

$$0 < m \leqq \Phi'_u(s, u) \leqq M \qquad (a \leqq s \leqq b,\ -\infty < u < \infty) \tag{1}$$

genügen soll. Unter diesen Voraussetzungen existiert auf $[a, b]$ eine eindeutig bestimmte, stetige Funktion $u = x^*(s)$, für welche die Gleichung

$$\Phi\big(s, x^*(s)\big) = 0 \tag{2}$$

erfüllt ist.

Diese Aussage läßt sich mit Hilfe von Satz 1 (1.XVI) beweisen. Dazu betrachten wir im Raum $\mathbf{X} = \mathbf{C}$ den durch die Gleichungen

$$y = P(x), \qquad y(s) = x(s) - \frac{2}{M+m}\,\Phi\big(s, x(s)\big) \qquad (s \in [a, b])$$

definierten Operator P. Ist $y = P(x)$, $\tilde{y} = P(\tilde{x})$, so gilt für beliebige $s \in [a, b]$ wegen (1)

$$|y(s) - \tilde{y}(s)| = \left|x(s) - \tilde{x}(s) - \frac{2}{M+m}\left[\Phi\big(s, x(s)\big) - \Phi\big(s, \tilde{x}(s)\big)\right]\right|$$

$$= |x(s) - \tilde{x}(s)|\left|1 - \frac{2}{M+m}\,\Phi'_u\big(s, \Theta(s)\big)\right| \leqq \alpha\,\|x - \tilde{x}\|$$

mit

$$\alpha \equiv \frac{M-m}{M+m} < 1,$$

d. h., P vermittelt eine kontrahierende Abbildung.

Deshalb existiert in $\mathbf{C}$ ein Fixpunkt x^* von P. Die Gleichung $x^* = P(x^*)$ ist aber der Beziehung (2) äquivalent.

4.2. Als zweites Beispiel betrachten wir das System gewöhnlicher Differentialgleichungen

$$\frac{dx_i}{dt} = \varphi_i(x_1, x_2, \ldots, x_n;\ t) \qquad (i = 1, 2, \ldots, n). \tag{3}$$

Im Raum der n-dimensionalen Vektorfunktionen (das ist die Menge aller geordneten n-Tupel reeller Funktionen) läßt sich das System (3) in Form einer einzigen Gleichung schreiben:

$$\frac{dx}{dt} = \varphi(x, t). \tag{4}$$

Dabei haben die Vektoren $x(t)$ bzw. $\varphi(x, t)$ die Komponenten $x_1(t), x_2(t), \ldots, x_n(t)$ bzw. $\varphi_1(x_1, x_2, \ldots, x_n; t)$, $\varphi_2(x_1, x_2, \ldots, x_n; t), \ldots$, $\varphi_n(x_1, x_2, \ldots, x_n; t)$, und unter der Ableitung $\frac{dx}{dt}$ der Vektorfunktion x verstehen wir die Vektorfunktion mit den Komponenten $\frac{dx_1}{dt}, \frac{dx_2}{dt}, \ldots, \frac{dx_n}{dt}$.

Gesucht sei eine Lösung des Systems (1) im Intervall $[a, b]$ unter den Anfangsbedingungen

$$x_i(a) = y_0^{(i)} \qquad (i = 1, 2, \ldots, n),$$

oder in Vektorform geschrieben

$$x(a) = y_0. \tag{5}$$

(y_0 ist demnach das Element des Raumes $\mathbf{R}^n$ mit den Koordinaten $y_0^{(1)}, y_0^{(2)}, \ldots, y_0^{(n)}$.) Jede Lösung dieser Anfangswertaufgabe genügt bekanntlich der Integralgleichung

$$x(t) = y_0 + \int_a^t \varphi\big(x(\tau), \tau\big)\,d\tau \tag{6}$$

und umgekehrt.

Satz 1 (4.XVI). *Die Vektorfunktion* $\varphi(y, t)$ *sei definiert und beschränkt für*

$$y \in \mathbf{R}^n, \quad |y - y_0| < \delta^{1)}, \quad t \in [a, b'],$$

meßbar bezüglich t für jeden möglichen Wert von y und genüge bezüglich y der LIPSCHITZ-*Bedingung*

$$|\varphi(y, t) - \varphi(\tilde{y}, t)| \leqq K\,|y - \tilde{y}| \tag{7}$$

mit einer von t unabhängigen Konstanten K.

Wir setzen

$$M = \sup |\varphi(y, t)| \qquad (|y - y_0| \leqq \delta, \quad t \in [a, b']) .$$

Dann haben die Integralgleichung (6) *und damit auch das Differentialgleichungssystem* (3) *im Intervall* $[a, b] \subset [a, b']$ *mit*

$$b - a < \min\left[\frac{\delta}{M}, \frac{1}{K}\right] \tag{8}$$

eine eindeutig bestimmte Lösung, die für $t = a$ *die vorgegebenen Anfangswerte annimmt. Diese Lösung hängt stetig vom Anfangsvektor* y_0 *ab.*

Beweis. Es bezeichne $\mathbf{C}_n$ die in natürlicher Weise linearisierte Menge aller stetigen, n-dimensionalen und auf $[a, b]$ definierten Vektorfunktionen. Mit der Norm

$$||x|| = \max_{t \in [a, b]} |x(t)| \qquad (x \in \mathbf{C}_n)$$

versehen, bildet $\mathbf{C}_n$ einen B-Raum.

Wir wenden Satz 3 (1.XVI) auf Gleichung (6) an. Dazu setzen wir $\mathbf{X} = \mathbf{C}_n$, $\mathbf{Y} = \mathbf{R}_n$ und führen den auf der Menge Ω aller $x \in \mathbf{C}_n$ mit

$$|x(t) - y_0| \leqq \delta \qquad (t \in [a, b])$$

durch die Gleichungen

$$z = P_y(x) \qquad (y \in \mathbf{R}_n, \quad x \in \mathbf{C}_n), \tag{9}$$

$$z(t) = y + \int_a^t \varphi(x(\tau), \tau)\, d\tau \tag{10}$$

definierten Integraloperator P_y ein. Dann läßt sich Gleichung (6) als Funktionalgleichung in der Gestalt

$$x = P_{y_0}(x)$$

schreiben. Weiter sei $\mathbf{Y}_0$ die Gesamtheit aller Vektoren $y \in \mathbf{R}_n$ mit

$$|y - y_0| < \delta_1 = \delta - M\,(b - a) .$$

Für jedes $y \in \mathbf{Y}_0$ bildet P_y die Menge Ω in sich ab. Es gilt nämlich

$$|z(t) - y_0| \leqq |y - y_0| + \left|\int_a^t \varphi(x(\tau), \tau)\, d\tau\right| \leqq \delta_1 + M\,(b - a) = \delta .$$

Außerdem besteht für beliebige Elemente $x, \tilde{x} \in \Omega$, $y \in \mathbf{Y}_0$ die Abschätzung

$$||P_y(x) - p_y(\tilde{x})|| = \max_{t \in [a, b]} \left|\int_a^t [\varphi(x(\tau), \tau) - \varphi(\tilde{x}(\tau), \tau)]\, d\tau\right| \leqq K(b - a)\, ||x - \tilde{x}|| .$$

---

1) Hier und im folgenden bezeichne $|y|$ die Länge des Vektors y.

Dabei ist nach Voraussetzung (8)

$$\alpha \equiv K(b - a) < 1 ;$$

folglich genügt P_y der Bedingung (2) von § 1.

Die stetige Abhängigkeit des Operators P_y von y ist offensichtlich.

Nach Satz 3 (1.XVI) haben die Gleichung (10) und damit auch die Integralgleichung (6) eine eindeutige Lösung, die ebenfalls stetig von y abhängt.

Bemerkung. Die Stetigkeit der Lösung x_y^* des Systems (3) bezüglich y bei $y = y_0$ besagt folgendes: Zu jedem $\varepsilon > 0$ gibt es ein $\eta > 0$, so daß für $|y - y_0| < \eta$ stets $\|x_y^* - x_{y_0}^*\|_C < \varepsilon$ ausfällt.

4.3. Durch Anwendung des SCHAUDERschen *Prinzips* auf Gleichung (10) kann man unter schwächeren Voraussetzungen über die Funktion $\varphi(x, t)$ auf die Existenz einer Lösung der Integralgleichung (6) und damit des Systems (1) schließen. Diese ist jedoch i. a. nicht eindeutig und hängt auch nicht notwendigerweise stetig vom Anfangsvektor ab.

Satz 2 (4.XVI). *Die Funktion φ genüge allen Voraussetzungen von Satz* 1 *außer der Bedingung* (7), *die wir durch die folgende schwächere Forderung ersetzen: Für jedes $t \in [a, b']$ hängt die Funktion $\varphi(y, t)$ gleichmäßig bezüglich aller $t \in [a, b]$ stetig von y ab* (s. hierzu die unten folgende Formel (11)).

Außerdem sei

$$b - a \leqq \frac{\delta}{M}.$$

Dann hat das System (3) *mindestens eine Lösung, die der Anfangsbedingung* (5) *genügt.*

Beweis. Wir behalten die Bezeichnungen von Satz 1 bei und setzen $P = P_{y_0}$. Aus der Ungleichung $M(b - a) \leqq \delta$ ergibt sich wie im Beweis von Satz 1, daß der Operator P die Menge Ω in sich abbildet.

P ist ein stetiger Operator. Um das zu sehen, wählen wir eine konvergente Folge $\{x_n\}$, $x_n \to x_0$; $x_n \in \Omega$; $z_n = P(x_n)$ $(n = 0, 1, \ldots)$ und ein beliebiges $\varepsilon > 0$. Dann existiert nach Voraussetzung ein $\eta > 0$, so daß $|y - y'| < \eta$ stets

$$|\varphi(y, t) - \varphi(y, t')| < \varepsilon \qquad (t \in [a, b]) \tag{11}$$

nach sich zieht. Für alle hinreichend großen n $(n \geqq n_0)$ ist aber $\|x_n - x_0\| < \eta$, also erst recht

$$|x_n(t) - x_0(t)| < \eta \qquad (t \in [a, b]) .$$

Wegen Formel (11) folgt daraus

$$|\varphi(x_n(t), t) - \varphi(x_0(t), t)| < \varepsilon \qquad (t \in [a, b],\ n \geqq n_0)$$

und somit

$$\|z_n - z_0\| = \max_{t \in [a, b]} |z_n(t) - z_0(t)| \leqq \max_{t \in [a, b]} \int_a^t |\varphi(x_n(\tau), \tau) - \varphi(x_0(\tau), \tau)|\, d\tau \leqq \varepsilon(b - a)$$

$$\text{für } n \geqq n_0 ,$$

d. h. $z_n = P(x_n) \to z_0 = P(x_0)$.

Offensichtlich ist die Menge Ω konvex und abgeschlossen. Um Satz 2 (3.XVI) anwenden zu können, haben wir noch die Kompaktheit von $P(\Omega)$ nachzuweisen.

Das bekannte Kompaktheitskriterium für Mengen im Raum **C** (siehe Abschnitt I.3.3) läßt sich aber ohne weiteres auf den Raum $\mathbf{C}_n$ übertragen. Es bleibt für uns also nur die gleichgradige Stetigkeit der Funktionenfamilie $P(\Omega)$ zu zeigen (ihre gleichmäßige Beschränktheit folgt sofort aus der Inklusion $P(\Omega) \subset \Omega$, da Ω eine beschränkte Menge ist). Diese ergibt sich aber unmittelbar aus der Abschätzung

$$|z(t') - z(t)| = \left| \int_t^{t'} \varphi\big(x(\tau), \tau\big)\, d\tau \right| \leqq M\, |t' - t| \qquad \big(x \in \Omega\,, \quad z = P(x)\big)\,.$$

Damit ist der Satz bewiesen.

4.4. Wir betrachten jetzt die Integralgleichung

$$x(s) = \lambda \int_a^b \varphi\big(s, t, x(t)\big)\, dt\,. \tag{12}$$

Mit Hilfe von Satz 1 (1.XVI) läßt sich zeigen, daß die Gleichung (12) für hinreichend kleine λ eine eindeutige Lösung hat.

Satz 3 (4.XVI). *Die Funktion $\varphi(s, t, u)$ sei im Parallelepiped*

$$a \leqq s, t \leqq b\,, \qquad |u| \leqq h$$

definiert und stetig und genüge dort der folgenden LIFSCHITZ-*Bedingung bezüglich u:*

$$|\varphi(s, t, u) - \varphi(s, t, u')| \leqq K\, |u - u'|\,,$$

wobei die Konstante K nicht von s und t abhängen soll. Weiter bezeichne

$$M = \max |\varphi(s, t, u)| \qquad (a \leqq s\,,\ t \leqq b\,, \quad |u| \leqq h)\,.$$

Dann hat die Gleichung (12) für alle λ mit

$$|\lambda| < \min \left[\frac{h}{M(b-a)}, \ \frac{1}{K(b-a)}\right] \tag{13}$$

eine eindeutig bestimmte, stetige Lösung.

Beweis. Wir setzen in Satz 1 (1.XVI) $\mathbf{X} = \mathbf{C}$, nehmen für Ω die Menge aller $x \in \mathbf{C}$ mit $\|x\| \leqq h$ und definieren den Operator P durch

$$z = P(x)\,, \qquad z(s) = \lambda \int_a^b \varphi\big(s, t, x(t)\big)\, dt\,.$$

Aus Bedingung (13) folgt dann

$$\|P(x)\| \leqq |\lambda|\, M\, (b - a) < h \qquad (x \in \Omega)\,,$$

d. h. $P(x) \in \Omega$. Außerdem gilt

$$\|P(x) - P(x')\| \leqq |\lambda| \max_{s \in [a, b]} \int_a^b |\varphi\big(s, t, x(t)\big) - \varphi\big(s, t, x'(t)\big)|\, dt$$

$$\leqq |\lambda|\, K\, (b - a)\, \|x - x'\|\,;$$

wiederum wegen Voraussetzung (13) ist $\alpha \equiv |\lambda| K(b-a) < 1$, der Operator P vermittelt also eine kontrahierende Abbildung.

Da Gleichung (12) die Form

$$x = P(x) \tag{14}$$

hat, ergeben sich die Existenz und Eindeutigkeit ihrer Lösung aus Satz 1 (1.XVI).

Bemerkung 1. Wählen wir eine beliebige stetige Funktion x_0 ($\|x_0\| \leqq h$), so konvergiert nach Satz 1 (1.XVI) die Folge $\{x_n\}$ der Funktionen

$$x_{n+1}(s) = \lambda \int_a^b \varphi(s, t, x_n(t))\, dt \qquad (n = 0, 1, \ldots)$$

gleichmäßig gegen die Lösung der Gleichung (12).

Bemerkung 2. Unter Benutzung von Satz 3 (1.XVI) zeigt man leicht die stetige Abhängigkeit der Lösung der Gleichung (12) von λ in dem durch (13) gekennzeichneten Bereich.

4.5. In einigen Fällen läßt sich durch Anwendung des Schauderschen Prinzips ein größerer Bereich derjenigen Werte λ angeben, für die eine Lösung von Gleichung (12) existiert.

Die Funktion φ im Integranden von Formel (12) habe die Gestalt

$$\varphi(s, t, u) = K(s, t)\, \psi(t, u)\,; \tag{15}$$

dabei seien $K(s, t)$ im Quadrat $[a, b; a, b]$ und $\psi(t, u)$ für $t \in [a, b]$, $|u| \leqq h$ stetig.

Satz 4 (4.XVI). *Ist die Funktion φ von der Form* (15), *dann hat Gleichung* (12) *für alle Werte λ, die der Bedingung*

$$|\lambda| \leqq \frac{h}{M_1 M_2 (b-a)} \tag{16}$$

mit $M_1 = \max\limits_{a \leq s, t \leq b} |K(s, t)|$, $M_2 = \max\limits_{\substack{a \leq t \leq b \\ |u| \leq h}} |\psi(t, u)|$ genügen, eine stetige Lösung.

Beweis. Unter Beibehaltung der früheren Bezeichnungen sieht man wie oben, daß der Operator P die Menge Ω in sich abbildet. Da Ω konvex und abgeschlossen und der Operator P stetig ist (vgl. den Beweis von Satz 2), folgt die Behauptung aus Satz 2 (3.XVI), wenn wir noch die Kompaktheit der Bildmenge $P(\Omega)$ nachweisen. Letztere liegt aber im Raum **C**; somit bleibt zu zeigen, daß sie gleichmäßig beschränkt und gleichgradig stetig ist. Die erste Eigenschaft ergibt sich aus der Inklusion $P(\Omega) \subset \Omega$, die zweite aus der Abschätzung $(z = P(x),\ x \in \Omega)$

$$|z(s) - z(s')| = |\lambda| \left| \int_a^b [K(s, t) - K(s', t)]\, \psi(t, x(t))\, dt \right| \leqq |\lambda|\, M_2 \int_a^b |K(s, t) - K(s', t)|\, dt\,.$$

Betrachtet man Gleichung (12) im Raum $\mathbf{L}^2$, so liefert die Anwendung des Schauderschen Prinzips analog zum vorangehenden Satz 4 das folgende Resultat.

Satz 5 (4.XVI). *Die Funktion $\varphi(s, t, u)$ von Gleichung* (12) *habe die Gestalt* (15)*; dabei soll die Funktion $\psi(t, u)$ im Rechteck $[a, b; -h, h]$ definiert und stetig sein,* *während wir über den Kern $K(s, t)$ nur voraussetzen, daß er im Quadrat $[a, b; a, b]$ meßbar ist und der Bedingung*

$$A^2 = \sup_{s \in [a, b]} \int_a^b |K(s, t)|^2 \, dt < \infty$$

genügt.

Dann hat die Gleichung (12) *für*

$$|\lambda| \leqq \frac{h}{A M_2 \sqrt{b-a}} \quad \left(M_2 = \max_{\substack{a \leqq t \leqq b \\ |u| \leqq h}} |\psi(t, u)| \right) \tag{17}$$

eine auf dem Intervall $[a, b]$ quadratisch summierbare Lösung.

Der Beweis stützt sich wieder auf Satz 2 (3.XVI). Diesmal setzen wir $\mathbf{X} = \mathbf{L}^2$ und nehmen für Ω die Menge aller $x \in \mathbf{L}^2$, für die

$$|x(t)| \leqq h \quad \text{fast überall im Intervall } [a, b]$$

gilt, während P die im Vorangehenden festgesetzte Bedeutung behalten soll.

Bedingung (17) sichert die Inklusion $P(\Omega) \subset \Omega$. Aus der SCHWARZschen *Ungleichung* folgt nämlich für $x \in \Omega$, $z = P(x)$ und $s \in [a, b]$

$$|z(s)| = |\lambda| \left| \int_a^b K(s, t) \, \psi(t, x(t)) \, dt \right|$$

$$\leqq |\lambda| \left[\int_a^b |K(s, t)|^2 \, dt \right]^{1/2} \left[\int_a^b |\psi(t, x(t))|^2 \, dt \right]^{1/2} \leqq |\lambda| \, A M_2 \sqrt{b-a} \leqq h \, .$$

Wir zeigen weiter, daß der Operator P stetig ist. Es seien $x, x' \in \Omega$, $z = P(x)$, $z' = P(x')$. Dann gilt

$$\begin{aligned} |z(s) - z'(s)|^2 &\leqq |\lambda|^2 \int_a^b |K(s, t)|^2 \, dt \int_a^b |\psi(t, x(t)) - \psi(t, x'(t))|^2 \, dt \\ &\leqq |\lambda|^2 A^2 \int_a^b |\psi(t, x(t)) - \psi(t, x'(t))|^2 \, dt \, . \end{aligned} \tag{18}$$

Zu beliebig vorgegebenem $\varepsilon > 0$ existiert wegen der Stetigkeit der Funktion ψ ein $\eta > 0$, so daß $|u - u'| < \eta$ stets

$$|\psi(t, u) - \psi(t, u')| < \varepsilon \qquad (t \in [a, b])$$

nach sich zieht. Das Intervall $[a, b]$ zerlegen wir in zwei Mengen e_1 und e_2; dabei sollen alle Punkte, in denen $|x(t) - x'(t)| < \eta$ ausfällt, zu e_1 und alle übrigen Punkte zu e_2 gehören. Bezeichnet γ die Norm der Differenz $x - x'$, so ergibt sich

$$\gamma^2 = \int_a^b |x(t) - x'(t)|^2 \, dt \geqq \int_{e_2} |x(t) - x'(t)|^2 \, dt \geqq \eta^2 \operatorname{mes} e_2 \, ,$$

d. h.

$$\operatorname{mes} e_2 \leqq \frac{\gamma^2}{\eta^2} \, .$$

Damit können wir das Integral $I = \int_a^b |\psi(t, x(t)) - \psi(t, x'(t))|^2 \, dt$ folgendermaßen abschätzen:

$$I = \int_{e_1} + \int_{e_2} |\psi(t, x(t)) - \psi(t, x'(t))|^2 \, dt$$
$$\leqq \varepsilon^2 \operatorname{mes} e_1 + 4 M_2^2 \operatorname{mes} e_2 \leqq \varepsilon^2 (b - a) + \frac{4 M_2^2 \gamma^2}{\eta^2}$$

und erhalten aus Formel (18) schließlich

$$\|z - z'\|^2 = \int_a^k |z(s) - z'(s)|^2 \, ds \leqq |\lambda|^2 A^2 (b - a) \left[\varepsilon^2 (b - a) + \frac{4 M_2^2 \|x - x'\|^2}{\eta^2}\right].$$

Die Norm der Differenz $z - z'$ wird also beliebig klein, wenn nur x und x' hinreichend nahe beieinander liegen.

Offensichtlich ist die Menge Ω konvex und abgeschlossen. Deshalb bleibt nur die Kompaktheit von $P(\Omega)$ zu zeigen. Diese folgt aus dem *Satz von* M. Riesz (IX. 1.3), wenn wir nachweisen, daß die Beziehung

$$\int_a^b |z(t + \eta) - z(t)|^2 \, dt \xrightarrow[\eta \to 0]{} 0$$

gleichmäßig bezüglich aller $z \in P(\Omega)$ besteht. [1])

Es sei $x \in \Omega$, $z = P(x)$. Dann gilt

$$\int_a^b |z(s + \eta) - z(s)|^2 \, ds = \int_a^b \left|\lambda \int_a^b [K(s + \eta, t) - K(s, t)] \, \psi(t, x(t)) \, dt\right|^2 ds$$
$$\leqq M_2^2 |\lambda|^2 \int_a^b \int_a^b |K(s + \eta, t) - K(s, t)|^2 \, ds \, dt .$$

Wir zeigen, daß das letzte Integral für $\eta \to 0$ gegen Null strebt.

Im Fall einer stetigen Funktion $K(s, t)$ trifft dies offensichtlich zu. Zu einem allgemeineren Kern $K(s, t)$ unter der oben genannten Voraussetzung wählen wir eine Folge stetiger Funktionen $\{K_n(s, t)\}$ mit

$$\int_a^b \int_a^b |K(s, t) - K_n(s, t)|^2 \, ds \, dt \xrightarrow[n \to \infty]{} 0 .$$

Dann ergibt sich

$$\left[\int_a^b \int_a^b |K(s + \eta, t) - K(s, t)|^2 \, ds \, dt\right]^{1/2} \leqq \left[\int_a^b \int_a^b |K_n(s + \eta, t) - K_n(s, t)|^2 \, ds \, dt\right]^{1/2}$$
$$+ \left[\int_a^b \int_a^b |K(s + \eta, t) - K_n(s + \eta, t)|^2 \, ds \, dt\right]^{1/2} + \left[\int_a^b \int_a^b |K(s, t) - K_n(s, t)|^2 \, ds \, dt\right]^{1/2}.$$

Für hinreichend großes n werden die beiden letzten Integrale kleiner als ein beliebig vorgegebenes $\varepsilon > 0$; anschließend läßt sich durch geeignete Wahl von η auch das erste Integral kleiner als ε machen.

Damit ist der Satz bewiesen.

---

[1]) Die Bedingung 1 des Satzes von M. Riesz ist offensichtlich erfüllt.

Bemerkung 1. Ist die Funktion $\psi(t, u)$ im Streifen $a \leqq t \leqq b$, $-\infty < u < \infty$ definiert und gilt außerdem

$$\frac{\psi(t, h)}{h} \xrightarrow[h \to \infty]{} 0\,, \tag{19}$$

so sind die Bedingung (16) von Satz 4 und die Bedingung (17) von Satz 5 für beliebige λ, M_1, M_2 und $b - a$ erfüllt, sofern wir nur h hinreichend groß wählen. Bedingung (19) sichert also die Existenz einer Lösung von Gleichung (12) für beliebige λ.

Bemerkung 2. Die Aussagen der Sätze 4 und 5 lassen sich noch unter etwas anderen Voraussetzungen über die Funktionen ψ und K beweisen. Ebenso bereitet es keine Schwierigkeit, Gleichung (12) in anderen Funktionalräumen zu betrachten (z. B. im Raum **L**).

Zum Beweis der Existenz von Lösungen nichtlinearer Integralgleichungen wurde das *Fixpunktprinzip* in [160a, b] verwendet.

Sehr wichtige Anwendungen des SCHAUDERschen Prinzips findet man in seinen Arbeiten über elliptische Differentialgleichungen, Anwendungen des Satzes von LERAY-SCHAUDER in Arbeiten über hyperbolische Gleichungen (siehe [175c]) und in Aufsätzen von L. COLLATZ [74], J. SCHRÖDER [179] und J. W. SCHMIDT [177].

KAPITEL XVII

DIFFERENTIATION NICHTLINEARER OPERATOREN

Zur weitergehenden Untersuchung nichtlinearer Operatoren stellen wir einen Zusammenhang zwischen nichtlinearen und linearen Operatoren her in der Weise, daß wir nichtlineare Operatoren lokal durch lineare Operatoren approximieren. In diesem Kapitel entwickeln wir die hierzu benötigte Differentialrechnung für nichtlineare Operatoren, die dann im folgenden Kapitel auf die uns interessierenden Probleme angewandt wird.

§ 1. Die erste Ableitung

1.1. Der Operator P bilde eine offene Menge Ω des B-Raumes $\mathbf{X}$ in eine Menge Δ eines anderen B-Raumes $\mathbf{Y}$ ab. Wir wählen ein festes Element $x_0 \in \Omega$ und setzen voraus, daß ein linearer Operator $U \in [\mathbf{X} \to \mathbf{Y}]$[1]) existiert, so daß für alle $x \in \mathbf{X}$ die Beziehung

$$\lim_{t \to 0} \frac{P(x_0 + t\,x) - P(x_0)}{t} = U(x) \tag{1}$$

besteht. In diesem Falle heißt U die *Ableitung* des Operators P im Punkte x_0. Man schreibt dafür auch kurz

$$U = P'(x_0)\,.$$

Oft nennt man die auf diese Weise definierte Ableitung die GÂTEAUX*sche* oder *schwache Ableitung* und das Element $U(x)$ GÂTEAUX*sches Differential*.

Es bezeichne $\overline{K}$ die Menge aller $x \in \mathbf{X}$ mit $\|x\| = 1$. Ist die Beziehung (1) gleichmäßig bezüglich $x \in \overline{K}$ erfüllt, so heißt der Operator P im Punkte x_0 *differenzierbar*, und die Ableitung $P'(x_0)$ wird in diesem Falle die FRÉCHET*sche* oder *starke Ableitung*[2]) genannt.

Ein Operator P ist im Punkte x_0 genau dann differenzierbar, wenn es einen Operator $U \in [\mathbf{X} \to \mathbf{Y}]$ und zu jedem $\varepsilon > 0$ ein $\delta > 0$ derart gibt, daß aus

[1]) Das Symbol $[\mathbf{X} \to \mathbf{Y}]$ bezeichnet wie früher den Raum aller linearen Operatoren, die $\mathbf{X}$ in $\mathbf{Y}$ abbilden.

[2]) Die FRÉCHETsche Ableitung wurde in [90c], die schwache Ableitung in [92a, b, c] definiert; die Ableitung von Funktionalen in der Variationsrechnung wurde erstmalig in [101] und [194] benutzt.

$||\Delta x|| < \delta$ $(\Delta x \in \mathbf{X})$ stets

$$||P(x_0 + \Delta x) - P(x_0) - U(\Delta x)|| \leqq \varepsilon \, ||\Delta x|| \tag{2}$$

folgt. Den einfachen Beweis für diese Tatsache überlassen wir dem Leser.

1.2. Wir vermerken jetzt einige einfache Eigenschaften der Ableitung.

I. Ein im Punkte x_0 differenzierbarer Operator P ist dort auch stetig.[1])
Das ergibt sich unmittelbar aus (2).

II. Es sei $P = \alpha_1 P_1 + \alpha_2 P_2$. Existieren die Ableitungen $P_1'(x_0)$ und $P_2'(x_0)$, dann existiert auch die Ableitung $P'(x_0)$ und es gilt

$$P'(x_0) = \alpha_1 P_1'(x_0) + \alpha_2 P_2'(x_0) .$$

Sind darüber hinaus P_1 und P_2 im Punkte x_0 differenzierbar, so ist auch P dort differenzierbar.

Das folgt unmittelbar aus den Definitionen.

III. Gehört der Operator P zur Menge $[\mathbf{X} \to \mathbf{Y}]$, gilt also $P = U \in [\mathbf{X} \to \mathbf{Y}]$, so ist P in jedem Punkte $x_0 \in \mathbf{X}$ differenzierbar, und es besteht die Beziehung

$$P'(x_0) = U .$$

In diesem Fall gilt nämlich

$$\frac{P(x_0 + t\,x) - P(x_0)}{t} = U(x) .$$

IV. Der Operator P bilde die Menge $\Omega \subset \mathbf{X}$ in die offene Menge $\Delta \subset \mathbf{Y}$ und der Operator Q die Menge Δ in einen B-Raum $\mathbf{Z}$ ab. Dabei sei Q im Punkte $y_0 = P(x_0)$ $(x_0 \in \Omega)$ differenzierbar, und P habe im Punkte x_0 eine Ableitung. Dann hat auch der Operator $R = Q\,P$ eine Ableitung im Punkte x_0, und es gilt

$$R'(x_0) = Q'\big(P(x_0)\big)\, P'(x_0) = Q'(y_0)\, P'(x_0) .$$

Um das zu zeigen, setzen wir $U = P'(x_0)$, $V = Q'(y_0)$, wählen ein beliebiges Element $x \in \mathbf{X}$ und bezeichnen mit Δy die Differenz $\Delta y = P(x_0 + t\,x) - P(x_0)$. Dann ergibt sich

$$\begin{aligned} \frac{R(x_0 + t\,x) - R(x_0)}{t} &= \frac{Q\,P(x_0 + t\,x) - Q\,P(x_0)}{t} = \frac{Q(y_0 + \Delta y) - Q(y_0)}{t} \\ &= \frac{V(\Delta y) + \zeta(\Delta y)}{t} \\ &= V\left(\frac{P(x_0 + t\,x) - P(x_0)}{t}\right) + \frac{\zeta(\Delta y)}{||\Delta y||} \cdot \left\|\frac{P(x_0 + t\,x) - P(x_0)}{t}\right\| \end{aligned} \tag{3}$$

mit

$$\zeta(\Delta y) = Q(y_0 + \Delta y) - Q(y_0) - V(\Delta y) , \qquad ||\zeta(\Delta y)|| = o(||\Delta y||) .$$

Für $t \to 0$ hat der erste Summand in (3) den Grenzwert

$$[V\,P'(x_0)](x) = V\,U(x) ,$$

---

[1]) Die Existenz der Ableitung allein ist dafür noch nicht hinreichend.

der zweite Summand strebt gegen Null, da der Quotient $\frac{\zeta(\Delta y)}{\|\Delta y\|}$ gegen Null strebt und der skalare Faktor beschränkt ist. Es gilt also

$$\lim_{t \to 0} \frac{R(x_0 + t\, x) - R(x_0)}{t} = V U(x)\,,$$

was zu zeigen war.

Bemerkung. Gilt darüber hinaus die Differenzierbarkeit des Operators P im Punkte x_0, so folgt auch die Differenzierbarkeit von R.

V. Ist unter den Voraussetzungen von IV der Operator $Q = V$ linear, so gilt offensichtlich

$$R'(x_0) = V P'(x_0)\,.$$

1.3. Wir beweisen in diesem Abschnitt eine Ungleichung, die der aus dem Mittelwertsatz für gewöhnliche reelle Funktionen erhaltenen Fehlerabschätzung bei endlichem Argumentzuwachs entspricht.

Es seien zwei Elemente x_0 und x aus Ω gegeben; ihre Verbindungslinie $[x_0, x]$ gehöre zu Ω und in jedem Punkt dieses „Intervalls" $[x_0, x]$ existiere die Ableitung des Operators P. Mit $\Delta x = x - x_0$ setzen wir für ein beliebiges Funktional $g \in \mathbf{Y}^*$

$$\varphi(t) = g\big(P(x_0 + t\, \Delta x)\big)\,. \tag{4}$$

Die reelle Funktion φ ist im Intervall $[0, 1]$ differenzierbar. In der Beziehung

$$\frac{\varphi(t + \Delta t) - \varphi(t)}{\Delta t} = g\left(\frac{P(x_0 + t\, \Delta x + \Delta t\, \Delta x) - P(x_0 + t \Delta x)}{\Delta t}\right) \tag{5}$$

hat nämlich für $\Delta t \to 0$ der Ausdruck unter dem Funktional g den Grenzwert $P'(x_0 + t\, \Delta x)\, (\Delta x)$, deshalb gilt wegen der Linearität von g

$$\varphi'(t) = g\big(P'(x_0 + t\, \Delta x)\, (\Delta x)\big)\,. \tag{6}$$

Für die Funktion φ schreiben wir den Mittelwertsatz in der Form

$$\varphi(1) - \varphi(0) = \varphi'(\Theta) \qquad (0 < \Theta < 1)\,.$$

Zusammen mit den Beziehungen (4) und (6) ergibt sich daraus

$$g\big(P(x_0 + \Delta x) - P(x_0)\big) = g\big(P'(x_0 + \Theta\, \Delta x)\, (\Delta x)\big)\,,$$

also gilt

$$|g\big(P(x_0 + \Delta x) - P(x_0)\big)| \leqq \|g\| \sup_{0 < \Theta < 1} \|P'(x_0 + \Theta\, \Delta x)\|\, \|\Delta x\|\,. \tag{7}$$

Wir wählen jetzt nach Satz 2 (2.IV) das Funktional $g \neq 0$ so, daß die Beziehung

$$g\big(P(x_0 + \Delta x) - P(x_0)\big) = \|g\|\, \|P(x_0 + \Delta x) - P(x_0)\|$$

besteht. Dann folgt aus (7)

$$\|P(x) - P(x_0)\| \leqq \sup_{0 < \Theta < 1} \|P'(x_0 + \Theta\, \Delta x)\|\, \|\Delta x\| \qquad (\Delta x = x - x_0)\,. \tag{8}$$

Wenden wir diese Ungleichung auf den Operator $P - U$ ($U \in [\mathbf{X} \to \mathbf{Y}]$) an und benutzen die Aussagen II und III aus Abschnitt 1.2, so ergibt sich die Ungleichung

$$\|P(x) - P(x_0) - U(\Delta x)\| \leqq \sup_{0<\Theta<1} \|P'(x_0 + \Theta \Delta x) - U\| \, \|\Delta x\| \tag{9}$$

und daraus für $U = P'(x_0)$ insbesondere

$$\|P(x_0 + \Delta x) - P(x_0) - P'(x_0) \Delta x\| \leqq \|\Delta x\| \sup_{0<\Theta<1} \|P'(x_0 + \Theta \Delta x) - P'(x_0)\| . \tag{10}$$

1.4. Wir betrachten jetzt einige Anwendungen der Formeln (9) und (10).

Die Ableitung des Operators P existiere in jedem Punkt einer gewissen offenen Menge $\Omega_0 \subset \Omega$. Dadurch ist auf Ω_0 eine Abbildung P' definiert, die dem Element $x \in \Omega_0$ den Operator $P'(x) \in [\mathbf{X} \to \mathbf{Y}]$ zuordnet. Wir zeigen, daß aus der Stetigkeit der Abbildung P' im Punkte $x_0 \in \Omega_0$ die Differenzierbarkeit des Operators P in diesem Punkte folgt.

Ist die Abbildung P' im Punkte x_0 stetig, so existiert zu jedem $\varepsilon > 0$ ein $\delta > 0$ mit

$$\|P'(x) - P'(x_0)\| < \varepsilon \quad \text{für} \quad \|x - x_0\| < \delta ,$$

d. h., aus $\|\Delta x\| < \delta$ folgt $\sup\limits_{0<\Theta<1} \|P'(x_0 + \Theta \Delta x) - P'(x_0)\| \leqq \varepsilon$. Wenden wir diese Ungleichung auf Formel (10) an, so ergibt sich die Beziehung

$$\|P(x_0 + \Delta x) - P(x_0) - P'(x_0) (\Delta x)\| \leqq \varepsilon \, \|\Delta x\| ,$$

womit die Differenzierbarkeit des Operators P im Punkte x_0 gezeigt ist.

Die obigen Abschätzungen erweisen sich mitunter auch beim Beweis der Existenz eines Fixpunktes des Operators P als nützlich.

Satz 1 (1.XVII). *Der Operator P bilde die Menge $\Omega \subset \mathbf{X}$ in $\mathbf{X}$ ab und habe in jedem Punkte einer konvexen abgeschlossenen Teilmenge $\Omega_0 \subset \Omega$ eine Ableitung. Gilt dann*

1. $P(\Omega_0) \subset \Omega_0$,
2. $\sup\limits_{x \in \Omega_0} \|P'(x)\| = \alpha < 1$,

so gibt es in Ω_0 genau einen Fixpunkt des Operators P.

Beweis. Es genügt zu zeigen, daß im betrachteten Fall die Voraussetzungen von Satz 1 (1.XVI) erfüllt sind, d. h., daß P eine kontrahierende Abbildung ist. Für $x_1, x_2 \in \Omega_0$ folgt aus (8)

$$\|P(x_2) - P(x_1)\| \leqq \|x_2 - x_1\| \sup_{0<\Theta<1} \|P'(x_1 + \Theta(x_2 - x_1))\| \leqq \alpha \, \|x_2 - x_1\| ,$$

was zu zeigen war.

Bemerkung. Ist der Operator P' in Ω_0 stetig, so erweist sich die Bedingung 2 auch als notwendig dafür, daß P eine kontrahierende Abbildung vermittelt.

Gilt nämlich

$$\sup_{x \in \Omega_0} \|P'(x)\| \geqq 1 ,$$

dann gibt es eine Zahlenfolge $\{\alpha_n\}$, $\alpha_n \to 1$ und eine Folge $\{x_n\}$ von Elementen aus Ω_0 mit

$$\|P'(x_n)\| > \alpha_n \quad (n = 1, 2, \ldots) ;$$

dabei können wir annehmen, daß die Punkte x_n innere Punkte von Ω_0 sind.

Für jedes $n = 1, 2, \ldots$ existiert nach Definition der Ableitung ein Element x_n', so daß für hinreichend kleines t die Ungleichung

$$\left\|\frac{P(x_n + t\,x_n') - P(x_n)}{t}\right\| > \alpha_n \|x_n'\| \qquad (|t| \leqq t_n; \quad n = 1, 2, \ldots)$$

besteht. Setzen wir $y_n = x_n + t_n\,x_n'$, dann ergibt sich schließlich

$$\frac{\|P(y_n) - P(x_n)\|}{\|y_n - x_n\|} > \alpha_n , \tag{11}$$

d. h., P vermittelt keine kontrahierende Abbildung.

1.5. Wir machen uns jetzt die Bedeutung der oben eingeführten Begriffe für den Fall klar, daß mindestens einer der Räume $\mathbf{X}$, $\mathbf{Y}$ endlichdimensional ist.

Es sei zunächst $\mathbf{X}$ ein eindimensionaler reeller Raum, dessen Elemente wir mit den reellen Zahlen identifizieren. Jeder Operator $U \in [\mathbf{X} \to \mathbf{Y}]$ hat dann die Gestalt

$$U(t) = t\,y_0 \qquad (t \in \mathbf{X}) \tag{12}$$

mit einem gewissen Element $y_0 \in \mathbf{Y}$. Dabei gilt wegen $\|U(t)\| = |t|\,\|y_0\|$

$$\|U\| = \|y_0\| . \tag{13}$$

Umgekehrt wird durch Formel (12) für jedes Element $y_0 \in \mathbf{Y}$ ein Operator $U \in [\mathbf{X} \to \mathbf{Y}]$ definiert. Dabei ist die Beziehung zwischen den Elementen der Räume $\mathbf{Y}$ und $[\mathbf{X} \to \mathbf{Y}]$ eineindeutig, linear und isometrisch, d. h., man kann diese Räume identifizieren: $[\mathbf{X} \to \mathbf{Y}] = \mathbf{Y}$.

Wir betrachten einen Operator F, der eine Teilmenge $\Omega \subset \mathbf{X}$ in $\mathbf{Y}$ abbildet, d. h., das Argument der Funktion F durchläuft eine Menge reeller Zahlen und ihre Werte liegen im Raum $\mathbf{Y}$.

Die Existenz der Ableitung $F'(t_0) = y_0 \in \mathbf{Y}$ besagt, daß für jedes $t \in \mathbf{X}$

$$\lim_{\tau \to 0} \frac{F(t_0 + \tau\,t) - F(t_0)}{\tau} = t\,y_0 \tag{14}$$

gilt. Mit $\Delta t = \tau\,t$ erhält (14) die Gestalt

$$\lim_{\Delta t \to 0} \frac{F(t_0 + \Delta t) - F(t_0)}{\Delta t} = y_0 .$$

Im vorliegenden Fall stimmt also die Definition von $F'(t_0)$ mit der üblichen Definition der Ableitung einer reellen Funktion eines reellen Argumentes überein. Wegen $F'(t_0) \in \mathbf{Y}$ bildet dabei der Operator F', ebenso wie F, die Menge Ω in $\mathbf{Y}$ ab.

Wie für reelle Funktionen zeigt man leicht, daß die Existenz der Ableitung $F'(t_0)$ die Differenzierbarkeit des Operators F im Punkte t_0 sichert.

Ist $\Omega = [a, b]$, so nennen wir die Menge $F(\Omega)$ natürlicherweise eine *Kurve* im Raum $\mathbf{Y}$. Das Element $F'(t_0)$ bestimmt dann die Richtung der Tangente an die gegebene Kurve im Punkte $y_0 = F(t_0)$.

1.6. Es seien jetzt $\mathbf{X}$ und $\mathbf{Y}$ endlichdimensionale Räume der Dimension μ bzw. ν. Wie in Abschnitt III.2.8 gezeigt wurde, läßt sich dann jeder Operator $U \in [\mathbf{X} \to \mathbf{Y}]$ durch eine rechteckige Matrix

$$\begin{pmatrix} a_{11} & a_{12} \cdots a_{1\mu} \\ a_{21} & a_{22} \cdots a_{2\mu} \\ \cdot\ \cdot\ \cdot & \cdot\ \cdot\ \cdot\ \cdot\ \cdot\ \cdot \\ \cdot\ \cdot\ \cdot & \cdot\ \cdot\ \cdot\ \cdot\ \cdot\ \cdot \\ a_{\nu 1} & a_{\nu 2} \cdots a_{\nu\mu} \end{pmatrix} \tag{15}$$

darstellen; dabei gilt

$$\left. \begin{aligned} y = U(x) \quad & \big(y = (\eta_1, \eta_2, \ldots, \eta_\nu) \in \mathbf{Y}, \quad x = (\xi_1, \xi_2, \ldots, \xi_\mu) \in \mathbf{X}\big), \\ & \eta_i = \sum_{k=1}^{\mu} a_{ik}\, \xi_k \quad (i = 1, 2, \ldots, \nu). \end{aligned} \right\} \tag{16}$$

Wir betrachten eine Abbildung P von $\Omega \subset \mathbf{X}$ in $\mathbf{Y}$. Der Operator P wird durch ν zahlenwertige Funktionen $\varphi_1, \varphi_2, \ldots, \varphi_\nu$ von μ Veränderlichen bestimmt:

$$\left. \begin{aligned} & y = P(x) \quad \big(y = (\eta_1, \eta_2, \ldots, \eta_\nu) \in \mathbf{Y}, \quad x = (\xi_1, \xi_2, \ldots, \xi_\mu) \in \Omega\big), \\ & \eta_i = \varphi_i(\xi_1, \xi_2, \ldots, \xi_\mu) \quad (i = 1, 2, \ldots, \nu). \end{aligned} \right\} \tag{17}$$

Es existiere weiter die Ableitung $P'(x_0) = U$ $\big(x_0 = (\xi_1^{(0)}, \xi_2^{(0)}, \ldots, \xi_\mu^{(0)})\big)$. Dabei sei U durch die Matrix (15) gegeben. Die Beziehung

$$\lim_{t \to 0} \frac{P(x_0 + t\,x) - P(x_0)}{t} = U(x)$$

ist wegen (16) und (17) den folgenden ν Gleichungen äquivalent:

$$\lim_{t \to 0} \frac{\varphi_i(\xi_1^{(0)} + t\,\xi_1, \ldots, \xi_\mu^{(0)} + t\,\xi_\mu) - \varphi_i(\xi_1^{(0)}, \ldots, \xi_\mu^{(0)})}{t} = \sum_{k=1}^{\mu} a_{ik}\, \xi_k \tag{18}$$
$$(i = 1, 2, \ldots, \nu).$$

Da diese Gleichungen für alle $x \in \mathbf{X}$ erfüllt sein müssen, können wir speziell diejenigen Elemente x einsetzen, bei denen alle Koordinaten bis auf eine gleich Null sind. Dann ergibt sich

$$\frac{\partial \varphi_i(\xi_1^{(0)}, \xi_2^{(0)}, \ldots, \xi_\mu^{(0)})}{\partial \xi_k} = a_{ik} \qquad (i = 1, 2, \ldots, \nu;\ k = 1, 2, \ldots, \mu),$$

d. h., die Funktionen $\varphi_1, \varphi_2, \ldots, \varphi_\nu$ haben partielle Ableitungen nach den Veränderlichen $\xi_1, \xi_2, \ldots, \xi_\mu$ und die Ableitung $P'(x_0)$ ist der durch die Matrix der partieellen Ableitungen der Funktionen $\varphi_1, \varphi_2, \ldots, \varphi_\nu$ definierte lineare Operator.

Umgekehrt sichert jedoch die Existenz der partiellen Ableitungen der Funktionen $\varphi_1, \varphi_2, \ldots, \varphi_\nu$ noch nicht die Existenz der Ableitung $P'(x_0)$. Das zeigt folgendes einfache Beispiel:

Es sei $\nu = 1$, $\mu = 2$,

$$\varphi_1(\xi_1, \xi_2) = \frac{\xi_1 \xi_2}{(\xi_1^2 + \xi_2^2)^2}, \quad \varphi_1(0, 0) = 0, \qquad x_0 = (0, 0).$$

Dann gilt $\frac{\partial \varphi_1(0, 0)}{\partial \xi_1} = \frac{\partial \varphi_1(0, 0)}{\partial \xi_2} = 0$. Würde die Ableitung $P'(x_0)$ im Punkte x_0 existieren, so müßte sie gleich der Nullmatrix sein, d. h., aus Beziehung (18) würde

$$\lim_{t \to 0} \frac{\varphi_1(t\xi_1, t\xi_2)}{t} = 0$$

folgen. Dieser Grenzwert ist aber für $\xi_1 \neq 0$, $\xi_2 \neq 0$ stets unendlich.

Wir überlassen es dem Leser zu zeigen, daß die Differenzierbarkeit des Operators P notwendig und hinreichend dafür ist, daß die Funktionen $\varphi_1, \varphi_2, \ldots, \varphi_\nu$ Differentiale haben. Im allgemeinen Fall zieht die Existenz der Ableitung jedoch nicht die Differenzierbarkeit des Operators P nach sich. Das folgt leicht aus bekannten Tatsachen der elementaren Analysis.

1.7. Wir betrachten jetzt eine Funktion F eines reellen Argumentes mit Werten in einem B-Raum $\mathbf{X}$. Ist F auf dem Intervall $[a, b]$ erklärt, so wird das Integral der Funktion F als Grenzwert der Integralsummen

$$\sum_{k=0}^{n-1} F(\tau_k)\,(t_{k+1} - t_k)$$

$$(a = t_0 < t_1 < \cdots < t_n = b\,, \quad \tau_k \in [t_k, t_{k+1}], \; k = 0, 1, \ldots, n-1)$$

für $\lambda = \max_k\, [t_{k+1} - t_k] \to 0$ definiert, falls dieser Grenzwert existiert. Man schreibt dafür $\int_a^b F(t)\,dt$. Wie im Fall reellwertiger Funktionen zeigt man leicht, daß eine auf einem abgeschlossenen Intervall stetige Funktion auch gleichmäßig stetig und deshalb integrierbar ist, d. h., für sie existiert das soeben definierte Integral. Die Eigenschaften des gewöhnlichen Riemann-Integrals sowie ihre Beweise lassen sich weitgehend auf dieses abstrakte Integral übertragen. Wir erwähnen hier nur drei solcher Eigenschaften:

I. Aus $U \in [\mathbf{X} \to \mathbf{Y}]$ folgt

$$\int_a^b U\big(F(t)\big)\,dt = U\left(\int_a^b F(t)\,dt\right).$$

II. Ist $F(t) = \varphi(t)\,x_0$ $(t \in [a, b])$ mit einem festen Element $x_0 \in \mathbf{X}$ und einer reellen integrierbaren Funktion $\varphi(t)$, so gilt

$$\int_a^b F(t)\,dt = x_0 \int_a^b \varphi(t)\,dt.$$

III. $\left\|\int_a^b F(t)\,dt\right\| \leq \int_a^b \|F(t)\|\,dt.$

Wir kehren jetzt zur Betrachtung nichtlinearer Operatoren zurück.

Es sei auf dem „Intervall" $[x_0, x_0 + \Delta x]$ $(x_0, x_0 + \Delta x \in \mathbf{X})$ ein Operator R mit Werten im Raum $[\mathbf{X} \to \mathbf{Y}]$ erklärt. Unter dem Integral $\int\limits_{x_0}^{x_0+\Delta x} R(x)\,dx$ verstehen wir den Ausdruck

$$\int\limits_{x_0}^{x_0+\Delta x} R(x)\,dx = \int\limits_0^1 R(x_0 + t\,\Delta x)\,\Delta x\,dt = \lim \sum_{k=0}^{n-1} R(x_0 + \tau_k\,\Delta x)\,\Delta x(t_{k+1} - t_k)\,.$$

Ist R stetig, so existiert dieses Integral und liefert ein Element des Raumes $\mathbf{Y}$. Integrale dieser Art wurden erstmalig in [93a] betrachtet.

Setzt man insbesondere $R = P'$, wobei P einen Operator von $\Omega \subset \mathbf{X}$ in $\mathbf{Y}$ mit stetiger Ableitung auf dem „Intervall" $[x_0, x_0 + \Delta x] \subset \Omega$ bezeichnet, so existiert das Integral über $P'(x)$. Wir beweisen, daß dabei die Beziehung

$$\int\limits_{x_0}^{x_0+\Delta x} P'(x)\,dx = P(x_0 + \Delta x) - P(x_0) \tag{19}$$

besteht. *Formel* (19) *stellt eine Verallgemeinerung des Hauptsatzes der Differential- und Integralrechnung dar.*

Zunächst gilt

$$\int\limits_{x_0}^{x_0+\Delta x} P'(x)\,dx = \lim_{\lambda\to 0} \sum_{k=0}^{n-1} P'(x_0 + \tau_k\,\Delta x)\,\Delta x(t_{k+1} - t_k) = \lim_{\lambda\to 0} \sum_{k=0}^{n-1} P'(\bar{x}_k)\,\Delta x_k$$

$$(\bar{x}_k = x_0 + \tau_k\,\Delta x\,, \quad \Delta x_k = (t_{k+1} - t_k)\,\Delta x\,, \quad k = 0, 1, \ldots, n-1)\,.$$

Andererseits ist

$$P(x_0 + \Delta x) - P(x_0) \leqq \sum_{k=0}^{n-1} [P(x_0 + t_{k+1}\,\Delta x) - P(x_0 + t_k\,\Delta x)]$$

$$\leqq \sum_{k=0}^{n-1} [P(x_{k+1}) - P(x_k)]\,.$$

Unter Benutzung der Formel (10) erhalten wir damit die Ungleichung

$$\left\|\sum_{k=0}^{n-1} [P(x_{k+1}) - P(x_k) - P'(\bar{x}_k)\,\Delta x_k]\right\|$$

$$\leqq \|\Delta x\| \sum_{k=0}^{n-1} (t_{k+1} - t_k) \sup_{0<\Theta<1} \|P'(x_k + \Theta\,\Delta x_k) - P'(\bar{x}_k)\|\,.$$

Da P' auf dem Intervall $[x_0, x_0 + \Delta x]$ stetig, also auch gleichmäßig stetig ist, folgt schließlich das gewünschte Resultat.

Bemerkung. Aus der Eigenschaft III des Integrals ergibt sich im Fall

$$\|R(x_0 + \tau\,\Delta x)\| \leqq \varphi(t_0 + \tau\,\Delta t) \qquad (\tau \in [0, 1]) \tag{20}$$

und

$$\|\Delta x\| \leqq \Delta t \tag{21}$$

die Ungleichung

$$\left\|\int\limits_{x_0}^{x_0+\Delta x} R(x)\,dx\right\| \leqq \int\limits_{t_0}^{t_0+\Delta t} \varphi(t)\,dt\,. \tag{22}$$

Dies erkennt man durch folgende Abschätzung:

$$\left\|\int\limits_{x_0}^{x_0+\Delta x} R(x)\,dx\right\| = \left\|\int\limits_0^1 R(x_0+\tau\,\Delta x)\,(\Delta x)\,d\tau\right\|$$

$$\leqq \|\Delta x\| \int\limits_0^1 \|R(x_0+\tau\,\Delta x)\|\,d\tau \leqq \Delta t \int\limits_0^1 \varphi(t_0+\tau\,\Delta t)\,d\tau = \int\limits_{t_0}^{t_0+\Delta t} \varphi(t)\,dt\,.$$

Besteht für alle x und t mit

$$\|x - x_0\| \leqq t - t_0 \tag{23}$$

die Beziehung

$$\|R(x)\| \leqq \varphi(t)\,, \tag{24}$$

dann folgt aus (22) insbesondere

$$\left\|\int\limits_{x_0}^{x_1} R(x)\,dx\right\| \leqq \int\limits_{t_0}^{t_1} \varphi(t)\,dt\,, \tag{25}$$

wobei x_1 ein beliebiges Element ist, das der Bedingung $\|x_1 - x_0\| \leqq t_1 - t_0$ genügt.

Setzen wir nämlich $\Delta x = x_1 - x_0$, $\Delta t = t_1 - t_0$, $x = x_0 + \tau\,\Delta x$, $t = t_0 + \tau\,\Delta t$, so gilt $\|\Delta x\| \leqq \Delta t$ und damit

$$\|x - x_0\| = \tau\,\|\Delta x\| \leqq \tau\,\Delta t = t - t_0 \qquad (\tau \in [0, 1])\,,$$

d. h., die Beziehung (23) ist erfüllt. Gemäß Formel (24) erhalten wir

$$\|R(x_0 + \tau\,\Delta x)\| \leqq \varphi(t_0 + \tau\,\Delta t) \qquad (\tau \in [0, 1])\,,$$

woraus sich durch Anwendung der Formel (22) schließlich (25) ergibt.

§ 2. Die zweite Ableitung und bilineare Operatoren

2.1. Der Operator P bilde die offene Teilmenge Ω des B-Raumes $\mathbf{X}$ in den B-Raum $\mathbf{Y}$ ab, und es existiere für ihn in Ω die Ableitung P'. Wie oben in 1.4 bemerkt wurde, kann man P' als Abbildung von Ω in den Raum $[\mathbf{X} \to \mathbf{Y}]$ ansehen. Deshalb hat es Sinn, von der Ableitung des Operators P' in einem Punkte $x_0 \in \Omega$ zu sprechen, die wir, falls sie existiert, die *zweite Ableitung* des Ausgangsoperators P nennen und mit $P''(x_0)$ bezeichnen. Ist der Operator P' darüber hinaus differenzierbar, so heißt P *zweimal differenzierbar*.

Existiert die zweite Ableitung von P in jedem Punkte der Menge Ω, dann ist dort der Operator P'' definiert. Dessen Ableitung bezeichnen wir als *dritte Ableitung* des gegebenen Operators P. *Allgemein versteht man unter der Ableitung $P^{(n)}(x_0)$ n-ter Ordnung im Punkte x_0 die Ableitung des Operators $P^{(n-1)}$.* Offensichtlich gilt dabei

$$P^{(n)}(x_0) \in \overbrace{[\mathbf{X} \to [\mathbf{X} \to \cdots \to [\mathbf{X}}^{n} \to \mathbf{Y}]\ldots]]\,.$$

2.2. Die Elemente des Raumes $[\mathbf{X} \to [\mathbf{X} \to \mathbf{Y}]]$ lassen sich unmittelbar anschaulich interpretieren. Zu diesem Zweck führen wir einen neuen Begriff ein.

Es seien zwei B-Räume $\mathbf{X}$ und $\mathbf{Y}$ gegeben und jedem geordneten Paar von Elementen $x, x' \in \mathbf{X}$ ein Element

$$y = B(x, x') \in \mathbf{Y}$$

zugeordnet. Der binäre Operator B heißt *bilinear*, wenn er den folgenden beiden Bedingungen genügt:

I. Für beliebige Elemente $x_1, x_2, x_1', x_2' \in \mathbf{X}$ und beliebige Zahlen α, β gilt

$$\left.\begin{aligned} B(\alpha x_1 + \beta x_2, x') &= \alpha B(x_1, x') + \beta B(x_2, x')\,, \\ B(x, \alpha x_1' + \beta x_2') &= \alpha B(x, x_1') + \beta B(x, x_2')\,. \end{aligned} \quad (x, x' \in \mathbf{X}) \right\} \tag{1}$$

II. Es existiert eine relle Zahl $M > 0$, so daß für beliebige $x, x' \in \mathbf{X}$ die Ungleichung

$$\|B(x, x')\| \leqq M \|x\| \, \|x'\| \tag{2}$$

besteht.

Entsprechend dem Fall linearer Operatoren heißt der kleinste mögliche Wert M in Ungleichung (2) die *Norm des Operators* B und wird mit $\|B\|$ bezeichnet. Offensichtlich gilt dann

$$\|B\| = \sup_{\|x\|, \|x'\| \leqq 1} \|B(x, x')\|\,. \tag{3}$$

Die Menge aller bilinearen Operatoren läßt sich auf natürliche Weise linearisieren. Bezüglich der Norm (3) bildet sie dann einen B-Raum, den wir mit $[\mathbf{X}^2 \to \mathbf{Y}]$ bezeichnen.

Ohne auf Einzelheiten einzugehen, bemerken wir, daß man ebenso den Raum $[\mathbf{X}^n \to \mathbf{Y}]$ aller n-linearen Operatoren einführen kann.[1])

Wir betrachten einige Beispiele für bilineare Operatoren.

Im einfachsten Fall $\mathbf{X} = \mathbf{Y} = \mathbf{R}^1$ hat jeder bilineare Operator die Gestalt

$$B(x, x') = \alpha\, x\, x'$$

(α — reelle Zahl).

Es seien jetzt $\mathbf{X}$ und $\mathbf{Y}$ endlichdimensionale Räume der Dimension μ bzw. ν und $B \in [\mathbf{X}^2 \to \mathbf{Y}]$. Mit x_i $(i = 1, 2, \ldots, \mu)$ bezeichnen wir dasjenige Element des Raumes $\mathbf{X}$, dessen i-te Koordinate gleich Eins ist und alle übrigen gleich Null sind; entsprechend werden die Elemente $y_j \in \mathbf{Y}$ $(j = 1, 2, \ldots, \nu)$ definiert. Dann ergibt sich wegen Formel (1) für beliebige Elemente $x, x' \in \mathbf{X}$

$$\left(x = (\xi_1, \xi_2, \ldots, \xi_\mu),\quad x' = (\xi_1', \xi_2', \ldots, \xi_\mu')\right),$$

$$y = B(x, x') = B\left(\sum_{i=1}^{\mu} \xi_i x_i,\ \sum_{j=1}^{\mu} \xi_j' x_j\right) = \sum_{i,j=1}^{\mu} \xi_i \xi_j' B(x_i, x_j)\,.$$

Wird

$$B(x_i, x_j) = (a_{ij}^{(1)}, a_{ij}^{(2)}, \ldots, a_{ij}^{(\nu)}) \qquad (i, j = 1, \ldots, \mu)$$

---

[1]) Eine ausführliche Darlegung der Theorie der n-linearen Operatoren findet der Leser in dem Aufsatz [93b] sowie bei Gawurin [10] und Hille [19].

gesetzt, und schreiben wir y in der Form $y = (\eta_1, \eta_2, \ldots, \eta_\nu)$, so gilt folglich

$$\eta_k = \sum_{i,j=1}^{\mu} a_{ij}^{(k)} \xi_i \xi_j' \qquad (k = 1, 2, \ldots, \nu), \tag{4}$$

d. h., die Koordinaten des Elementes y sind Bilinearformen der Koordinaten der Elemente x und x'.

Man sieht leicht, daß für jede dreifach indizierte Matrix

$$(a_{ij}^{(k)}) \qquad (i, j = 1, 2, \ldots, \mu;\ k = 1, 2, \ldots, \nu) \tag{5}$$

der gemäß Formel (4) definierte Operator B bilinear ist.

Im betrachteten Fall kann man also jedem linearen Operator eine dreifach indizierte Matrix (5) zuordnen und umgekehrt.

Die Norm des Operators B ist abhängig von den Normierungen der Räume $\mathbf{X}$ und $\mathbf{Y}$. Für $\mathbf{X} = \mathbf{R}^\mu$, $\mathbf{Y} = \mathbf{R}^\nu$ ergibt sich aus Formel (4) mit Hilfe der Schwarzschen Ungleichung

$$|\eta_k| = \left| \sum_{i,j=1}^{\mu} a_{ij}^{(k)} \xi_i \xi_j' \right| \leq \left[\sum_{i=1}^{\mu} |\xi_i|^2 \right]^{1/2} \left[\sum_{i=1}^{\mu} \left| \sum_{j=1}^{\mu} a_{ij}^{(k)} \xi_j' \right|^2 \right]^{1/2} \leq \Lambda_k ||x||\, ||x'||$$
$$(k = 1, 2, \ldots, \nu);$$

dabei bezeichnet Λ_k^2 den größten Eigenwert der Matrix $A_k A_k^*$, also des Produktes der Matrix

$$A_k = \begin{pmatrix} a_{11}^{(k)} & a_{12}^{(k)} \cdots & a_{1\mu}^{(k)} \\ a_{21}^{(k)} & a_{22}^{(k)} \cdots & a_{2\mu}^{(k)} \\ \cdots & \cdots & \cdots \\ a_{\mu 1}^{(k)} & a_{\mu 2}^{(k)} & a_{\mu\mu}^{(k)} \end{pmatrix} \qquad (k = 1, 2, \ldots, \nu)$$

mit ihrer adjungierten A_k^* (vgl. Abschnitt III.2.8). Aus der letzten Ungleichung folgt

$$||y|| = \left[\sum_{k=1}^{\nu} |\eta_k|^2 \right]^{1/2} \leq \left[\sum_{k=1}^{\nu} \Lambda_k^2 \right]^{1/2} ||x||\, ||x'||,$$

und für die Norm des Operators B:

$$||B|| \leq \left[\sum_{k=1}^{\nu} \Lambda_k^2 \right]^{1/2} \tag{6}$$

Wegen

$$\Lambda_k^2 \leq \sum_{i,j=1}^{\mu} |a_{ij}^{(k)}|^2 \qquad (k = 1, 2, \ldots, \nu)$$

ergibt sich aus (6) die gröbere, aber einfachere Abschätzung

$$||B|| \leq \left[\sum_{k=1}^{\nu} \sum_{i=1}^{\mu} \sum_{j=1}^{\mu} |a_{ij}^{(k)}|^2 \right]^{1/2}$$

Setzen wir $\mathbf{X} = \mathbf{m}_\mu$, $\mathbf{Y} = \mathbf{m}_\nu$, so folgt durch ähnliche Überlegungen für die Norm des Operators B die Ungleichung

$$||B|| \leq \max_k \sum_{i=1}^{\mu} \sum_{j=1}^{\mu} |a_{ij}^{(k)}|.$$

Wesentlich interessanter sind Beispiele bilinearer Operatoren in unendlichdimensionalen Räumen, insbesondere in Funktionenräumen.

Der durch die Gleichungen

$$y = B(x, x'), \quad y(s) = \int_0^1 \int_0^1 K(s, t, u)\, x(t)\, x'(u)\, dt\, du \tag{7}$$

definierte Operator B ist unter geeigneten Voraussetzungen über die Funktion K — den Kern des Operators B — in gewissen wichtigen Funktionenräumen auf dem Intervall $[0, 1]$ bilinear. Eine stetige Funktion K erzeugt z. B. einen bilinearen Operator, wenn wir für **X** und **Y** Räume der Form **C** oder $\mathbf{L}^p$ $(1 \leqq p \leqq \infty)$ wählen.

Besonders wichtig für die Anwendungen sind Operatoren der Form

$$y = B(x, x'), \tag{8}$$

$$y(s) = \int_0^1 K(s, t)\, x(t)\, x'(t)\, dt. \tag{9}$$

Es sei zuerst $\mathbf{X} = \mathbf{Y} = \mathbf{L}^p$ $(p \geqq 2)$. Ist die durch die Gleichung

$$M^p = \begin{cases} \int_0^1 \left[\int_0^1 |K(s, t)|^{\frac{p}{p-2}} dt\right]^{p-2} ds & (p > 2), \\ \int_0^1 \sup_s |K(s, t)|\, dt & (p = 2) \end{cases}$$

definierte Konstante M endlich, so gehört der Operator B zum Raum $[\mathbf{X}^2 \to \mathbf{Y}]$.

Das Produkt im Integranden der Gleichung (9) ist nämlich für fast alle $s \in [0, 1]$ summierbar. Um sich davon z. B. im Fall $p > 2$ zu überzeugen, braucht man nur auf das Integral (9) die verallgemeinerte Hölderсche Ungleichung (siehe Abschnitt II.3.4) mit den Exponenten $\frac{p}{p-2}$, p, p anzuwenden. Dann ergibt sich

$$|y(s)|^p = \left|\int_0^1 K(s, t)\, x(t)\, x'(t)\, dt\right|^p \leqq \left[\int_0^1 |K(s, t)|^{\frac{p}{p-2}} dt\right]^{p-2} \int_0^1 |x(t)|^p\, dt \int_0^1 |x'(t)|^p\, dt$$

und daraus

$$\int_0^1 |y(s)|^p\, ds \leqq M^p\, \|x\|^p\, \|x'\|^p < \infty, \tag{10}$$

d. h. $y \in \mathbf{L}^p$. Damit haben wir gezeigt, daß der Operator B der Ungleichung (2) genügt und für seine Norm die Beziehung

$$\|B\| \leqq M$$

gilt. Die Additivität (Formel (1)) von B ist offensichtlich; also definieren die Gleichungen (8) und (9) in diesem Fall tatsächlich einen bilinearen Operator.

Die entsprechenden Überlegungen für $p = 2$ können dem Leser überlassen werden.

Es sei jetzt $\mathbf{X} = \mathbf{Y} = \mathbf{C}$. Dann ist der Operator (8) bilinear, wenn die Funktion $K(s, t)$ bezüglich s stetig ist und die Ungleichung

$$M = \max_s \int_0^1 |K(s, t)|\, dt < \infty$$

besteht.

Die Summierbarkeit des Integranden in Formel (9) sowie die Stetigkeit der Funktion y weist man leicht nach; die Beziehung (1) ist offensichtlich erfüllt, während sich die Ungleichung (2) folgendermaßen ergibt:

$$|y(s)| \leqq \max_t |x(t)| \max_t |x'(t)| \int_0^1 |K(s, t)|\, dt \qquad (0 \leqq s \leqq 1),$$

d. h.

$$||y|| \leqq M||x||\, ||x'||.$$

Für die Norm von B erhalten wir damit die Abschätzung

$$||B|| \leqq M = \max_s \int_0^1 |K(s, t)|\, dt.$$

Hierbei gilt sogar das Gleichheitszeichen:

$$||B|| = \max_s \int_0^1 |K(s, t)|\, dt.$$

Dies beweist man ebenso wie in Abschnitt III.2.4 für den Fall linearer Operatoren.

2.3. Wir zeigen jetzt, daß der Raum $[\mathbf{X}^2 \to \mathbf{Y}]$ dem zu Beginn dieses Paragraphen bei der Betrachtung der zweiten Ableitung eingeführten Raum $[\mathbf{X} \to [\mathbf{X} \to \mathbf{Y}]]$ linear isometrisch ist.

Es sei $W \in [\mathbf{X} \to [\mathbf{X} \to \mathbf{Y}]]$. Für ein beliebiges Element $x' \in \mathbf{X}$ setzen wir $U_{x'} = W(x')$. Offensichtlich gilt dann $U_{x'} \in [\mathbf{X} \to \mathbf{Y}]$, d. h., das Element $y = B(x, x') = U_{x'}(x)$ gehört zum Raum $\mathbf{Y}$. Wie man leicht sieht, genügt der auf diese Weise definierte binäre Operator B den Bedingungen I und II aus Abschnitt 2.2. Bedingung II ergibt sich z. B. aus den Ungleichungen

$$||y|| \leqq ||U_{x'}||\, ||x|| \leqq ||W||\, ||x||\, ||x'||. \tag{11}$$

Es ist also $B \in [\mathbf{X}^2 \to \mathbf{Y}]$ und wegen (11) besteht die Beziehung

$$||B|| \leqq ||W||. \tag{12}$$

Jedem Operator $W \in [\mathbf{X} \to [\mathbf{X} \to \mathbf{Y}]]$ kann man somit einen bilinearen Operator $B \in [\mathbf{X}^2 \to \mathbf{Y}]$ zuordnen. Dabei tritt auch jeder bilineare Operator $B \in [\mathbf{X}^2 \to \mathbf{Y}]$ als Bild eines Operators $W \in [\mathbf{X} \to [\mathbf{X} \to \mathbf{Y}]]$ auf. Das folgt aus der Tatsache, daß für vorgegebenes B und ein festes Element $x' \in \mathbf{X}$ der Operator

$$W(x') = B(\cdot, x')\,[1]$$

[1]) $B(\cdot, x')$ bezeichnet den durch die Gleichungen $U(x) = B(x, x')$ $(x \in \mathbf{X})$ definierten Operator U. Entsprechende Bezeichnungen benutzen wir auch im folgenden.

zum Raum $[\mathbf{X} \to \mathbf{Y}]$ gehört. Dabei gilt

$$\|W(x')\| = \sup_{\|x\| \leq 1} \|W(x')(x)\| = \sup_{\|x\| \leq 1} \|B(x, x')\| \leq \|B\| \, \|x'\|,$$

d. h., es ist $W \in [\mathbf{X} \to [\mathbf{X} \to \mathbf{Y}]]$ und

$$\|W\| \leq \|B\|.$$

Zusammen mit (12) erhalten wir daraus die Gleichung

$$\|W\| = \|B\|. \tag{13}$$

Die Zuordnung zwischen den Elementen der Räume $[\mathbf{X} \to [\mathbf{X} \to \mathbf{Y}]]$ und $[\mathbf{X}^2 \to \mathbf{Y}]$ ist additiv und homogen, wegen Gleichung (13) also eineindeutig, d. h., sie vermittelt eine lineare Isometrie dieser Räume.

Wir können deshalb im folgenden die einander entsprechenden Elemente der Räume $[\mathbf{X} \to [\mathbf{X} \to \mathbf{Y}]]$ und $[\mathbf{X}^2 \to \mathbf{Y}]$ identifizieren.

Allgemeiner sind auch der Raum $[\mathbf{X} \to \cdots \to [\mathbf{X} \to \mathbf{Y}]]$ und der Raum $[\mathbf{X}^n \to \mathbf{Y}]$ aller n-linearen Operatoren linear isometrisch (siehe Gawurin [10]).

2.4. In Abschnitt 2.1 wurde gezeigt, daß die zweite Ableitung $P''(x_0)$ eines Operators P von $\mathbf{X}$ in $\mathbf{Y}$ zum Raum $[\mathbf{X} \to [\mathbf{X} \to \mathbf{Y}]]$ gehört. Sehen wir $P''(x_0)$ als bilinearen Operator an, so gilt gemäß Abschnitt 2.3

$$\lim_{t \to 0} \frac{P'(x_0 + t\,x') - P'(x_0)}{t} = P''(x_0)(\cdot, x'). \tag{14}$$

Daraus ergibt sich für beliebiges $x \in \mathbf{X}$ die Beziehung

$$P''(x_0)(x, x') = \lim_{t \to 0} \frac{P'(x_0 + t\,x')\,x - P'(x_0)\,x}{t}. \tag{15}$$

Die Gleichungen (14) und (15) sind aber nicht äquivalent. Genauer gesagt, es kann einen bilinearen Operator $B \in [\mathbf{X}^2 \to \mathbf{Y}]$ geben mit der Eigenschaft, daß für beliebige $x, x' \in \mathbf{X}$

$$\lim_{t \to 0} \frac{P'(x_0 + t\,x')\,x - P'(x_0)\,x}{t} = B(x, x') \tag{16}$$

gilt, ohne daß der Operator $P''(x_0)$ existiert. Wie man leicht sieht, ist für die Existenz von $P''(x_0)$ notwendig und hinreichend, daß für jedes $x' \in \mathbf{X}$ die Beziehung (16) gleichmäßig bezüglich aller $x \in \mathbf{X}$ mit $\|x\| = 1$ besteht. Dieser Umstand gestattet es, den Begriff der zweiten Ableitung etwas zu erweitern: *Wir nennen einen bilinearen Operator B die schwache zweite Ableitung des Operators P im Punkte x_0, wenn für beliebige $x, x' \in \mathbf{X}$ die Beziehung* (16) *erfüllt ist.* Falls die zweite Ableitung existiert, fällt sie offensichtlich mit der schwachen zweiten Ableitung zusammen. Deshalb können wir für die schwache Ableitung die oben eingeführten Bezeichnungen beibehalten.

Bemerkung. Wie man leicht sieht, ist die zweimalige Differenzierbarkeit des Operators P im Punkte x_0 gleichbedeutend damit, daß der Grenzwert (16) gleichmäßig bezüglich aller $x, x' \in \mathbf{X}$ mit $\|x\| = 1$ und $\|x'\| = 1$ existiert.

Wir untersuchen schließlich noch die Gestalt der zweiten Ableitung in dem Fall, daß die Räume **X** und **Y** endlichdimensional sind. Es existiere die zweite Ableitung $P''(x_0)$, und der von ihr erzeugte bilineare Operator werde durch die Matrix

$$(a_{ij}^{(k)}) \qquad (i, j = 1, 2, \ldots, \mu;\ k = 1, 2, \ldots, \nu)$$

definiert. Dann folgt durch Vergleich der entsprechenden Koordinaten auf der linken und rechten Seite von Formel (15) unter Benutzung der Bezeichnungen der Abschnitte XVII.1.6 und XVII.2.2

$$\sum_{i,j=1}^{\mu} a_{ij}^{(k)} \xi_i \xi_j' = \lim_{t \to 0} \frac{\sum_{i=1}^{\mu} \frac{\partial \varphi_k}{\partial \xi_i}(\xi_j^{(0)} + t\,\xi_j')\,\xi_i - \sum_{i=1}^{\mu} \frac{\partial \varphi_k}{\partial \xi_i}(\xi_j^{(0)})\,\xi_i}{t}$$
$$(k = 1, 2, \ldots, \nu)\,.^{1)}$$

Wählen wir für x und x' solche Elemente, deren sämtliche Koordinaten außer der i-ten bzw. j-ten gleich Null sind, so folgt, daß die Funktionen φ_k zweite Ableitungen haben und dabei

$$a_{ij}^{(k)} = \frac{\partial^2 \varphi_k(\xi_1^{(0)}, \xi_2^{(0)}, \ldots, \xi_\mu^{(0)})}{\partial \xi_i\, \partial \xi_j} \qquad (i, j = 1, 2, \ldots, \mu;\ k = 1, 2, \ldots, \nu)$$

gilt.

2.5. Zum Abschluß dieses Paragraphen beweisen wir noch eine *Verallgemeinerung der bekannten* Taylor*schen Formel für reelle Funktionen.*

Der Operator P bilde wieder eine Menge Ω des Raumes **X** in **Y** ab und habe auf dem „Intervall“ $[x_0, \bar{x}] \subset \Omega$ eine stetige zweite Ableitung. Dann besteht die Beziehung

$$P(\bar{x}) - P(x_0) - P'(x_0)(\bar{x} - x_0) = \int_{x_0}^{\bar{x}} P''(x_0)(\bar{x} - x, \cdot)\, dx\,. \tag{17}$$

Zum Beweis betrachten wir den Operator Q:

$$Q(x) = P(x) + P'(x)(\bar{x} - x) = P(x) + Q_0(x) \qquad (x \in \Omega)$$

und zeigen, daß für beliebige $\tilde{x} \in [x_0, \bar{x}]$

$$Q'(\tilde{x})(x) = P''(\tilde{x})(\bar{x} - \tilde{x}, x) \qquad (x \in \mathbf{X}) \tag{18}$$

gilt. Die Beziehung (17) ergibt sich daraus durch Anwendung der Formel (19) aus Abschnitt XVII.1.7.

Es ist

$$\frac{Q_0(x + t\,x) - Q_0(\tilde{x})}{t} = \frac{P'(\tilde{x} + t\,x)(\bar{x} - x - t\,x) - P'(\tilde{x})(\bar{x} - \tilde{x})}{t}$$
$$= \frac{P'(\tilde{x} + t\,x)(\bar{x} - \tilde{x}) - P'(\tilde{x})(\bar{x} - \tilde{x})}{t} - P'(\tilde{x} + t\,x)\,x\,.$$

---

[1]) Dabei haben wir zur Abkürzung

$$\varphi(\xi_j) = \varphi(\xi_1, \xi_2, \ldots, \xi_\mu)$$

gesetzt.

Für $t \to 0$ hat der erste Summand den Grenzwert $P''(\tilde{x})(\bar{x} - \tilde{x}, x)$, der zweite Summand strebt wegen der Stetigkeit des Operators P' gegen $P'(\tilde{x})(x)$. Damit erhalten wir

$$Q_0(\tilde{x})(x) = P''(\tilde{x})(\bar{x} - \tilde{x}, x) - P'(\tilde{x})\, x\,,$$

woraus Formel (18) folgt.

Bemerkung. Die Beziehung (17) gilt noch, wenn wir unter $P''(x)$ die schwache zweite Ableitung verstehen. Das ist nach dem obigen Beweis unmittelbar klar.

§ 3. Beispiele

Die uns in den vorangegangenen Paragraphen begegneten Beispiele für Ableitungen nichtlinearer Operatoren bezogen sich auf einen relativ einfachen (endlichdimensionalen) Fall. Wir betrachten jetzt kompliziertere und inhaltsreichere Beispiele, die im folgenden Paragraphen und im nächsten Kapitel wichtige Anwendungen finden werden.

3.1. Es sei P der durch die Gleichungen

$$y = P(x), \quad y(s) = \int_0^1 K\big(s, t, x(t)\big)\, dt \tag{1}$$

definierte Integraloperator.

Satz (3.XVII). *Ist die Funktion $K(s, t, u)$ stetig, zweimal nach u stetig differenzierbar für $0 \leqq s, t \leqq 1$, $-\infty < u < \infty$ und gilt für diese Werte s, t, u*

$$|K''_{u^2}(s, t, u)| \leqq M\, |u|^{p-2} + N\,, \tag{2}$$

dann bildet im Fall $p \geqq 2$ der mit Formel (1) erklärte Operator P den Raum $\mathbf{L}^p$ in den Raum $\mathbf{L}^q$ $(1 \leqq q < \infty)$ ab. P ist differenzierbar und hat in jedem Punkte $x_0 \in \mathbf{L}^p$ eine zweite Ableitung. Dabei gilt $P'(x_0) = U$, $P''(x_0) = B$, wenn wir unter U und B die durch die Gleichungen

$$z = U(x), \; z(s) = \int_0^1 K'_u\big(s, t, x_0(t)\big)\, x(t)\, dt,$$

$$v = B(x, x'), \; v(s) = \int_0^1 K''_{u^2}\big(s, t, x_0(t)\big)\, x(t)\, x'(t)\, dt\,,$$

definierten Operatoren verstehen.

Beweis. Wir zeigen zuerst, daß der Operator (1) den Raum $\mathbf{L}^p$ in $\mathbf{L}^\infty = \widetilde{\mathbf{M}}$ (also erst recht in $\mathbf{L}^q(q < \infty)$) abbildet.

Aus der Stetigkeit der Funktion $K(s, t, u)$ folgt die Meßbarkeit der Funktion $K\big(s, t, x(t)\big)$ für $x \in \mathbf{L}_p$. Nach der Taylorschen Formel gilt

$$K\big(s, t, x(t)\big) = K(s, t, 0) + K'_u(s, t, 0)\, x(t) + \frac{1}{2} K''_{u^2}\big(s, t, \Theta\, x(t)\big)\, x^2(t)$$

$$(0 < \Theta < 1)\,.$$

Wir schätzen die Integrale über jeden Summanden der rechten Seite unter Beachten von II.5.1 ab:

$$\left|\int_0^1 K(s,t,0)\,dt\right| \leqq \max_{s,t} |K(s,t,0)| = A_1\,,$$

$$\left|\int_0^1 K'_u(s,t,0)\,x(t)\,dt\right| \leqq \max_{s,t}|K'_u(s,t,0)| \int_0^1 |x(t)|dt \leqq A_2\,||x||_{\mathbf{L}^p}\,,$$

$$\left|\frac{1}{2}\int_0^1 K''_{u^2}(s,t,\Theta x(t))\,x^2(t)\,dt\right| \leqq \frac{1}{2}\int_0^1 [M\,|x(t)|^{p-2}+N]|x^2(t)|dt \leqq A_3\,||x||_{\mathbf{L}^p}\,.$$

(In der letzten Beziehung haben wir die Voraussetzung (2) benutzt.) Folglich existiert das in Formel (1) erklärte Element $y = P(x)$ und genügt der Ungleichung

$$|y(s)| \leqq A_1 + A_2\,||x||_{\mathbf{L}^p} + A_3\,||x||_{\mathbf{L}^p} \qquad (s \in [0,1])\,,$$

d. h., die Funktion y gehört zu $\widetilde{\mathbf{M}}$.

Wir beweisen jetzt die Differenzierbarkeit des Operators P und die Beziehung $P'(x_0) = U$. Es sei $z = U(z)$ und

$$z_\tau = \frac{P(x_0 + \tau x) - P(x_0)}{\tau}\,.$$

Dann gilt

$$|z_\tau(s) - z(s)| = \left|\int_0^1 \left[\frac{K(s,t,x_0(t)+\tau x(t)) - K(s,t,x_0(t))}{\tau} - K'_u(s,t,x_0(t))\,x(t)\right]dt\right|. \tag{3}$$

Unter Benutzung der Taylorschen Formel

$$K(s,t,x_0(t)+\tau x(t)) = K(s,t,x_0(t)) + \tau K'_u(s,t,x_0(t))\,x(t)$$
$$+\frac{\tau^2}{2}K''_{u^2}(s,t,x_0(t)+\Theta\tau x(t))\,x^2(t) \qquad (0<\Theta<1)$$

können wir (3) folgendermaßen schreiben:

$$|z_\tau(s) - z(s)| = \frac{|\tau|}{2}\left|\int_0^1 K''_{u^2}(s,t,x_0(t)+\Theta\tau x(t))\,dt\right|.$$

Durch entsprechende Überlegungen wie oben folgt hieraus die Abschätzung

$$|z_\tau(s) - z(s)| \leqq A_4|\tau| \qquad (0 \leqq s \leqq 1)\,,$$

wobei die Konstante A_4 nur von $||x||$, nicht aber von dem Element x selbst abhängt. Daraus ergibt sich $z_\tau \to z$ für $\tau \to 0$ gleichmäßig bezüglich aller x mit $||x|| = 1$. Also ist P differenzierbar und es gilt $P'(x_0) = U$.

Wir setzen jetzt

$$v = B(x, x')\,, \qquad v_\tau = \frac{P'(x_0+\tau x')(x) - P'(x_0)(x)}{\tau}\,.$$

Wie in Abschnitt XVII.2.4 bemerkt wurde, ergibt sich die gewünschte Aussage über die zweite Ableitung, wenn wir zeigen, daß für $\tau \to 0$ die Beziehung

$$v_\tau \to v$$

gleichmäßig bezüglich aller $x \in \mathbf{L}^p$ mit $||x|| = 1$ besteht.

Aus der Taylorschen Formel und der Hölderschen Ungleichung folgt

$$|v_\tau(s) - v(s)|$$
$$= \left|\int_0^1\left[\frac{K'_u(s, t, x_0(t) + \tau x'(t)) - K'_u(s, t, x_0(t))}{\tau} - K''_{u^2}(s, t, x_0(t))\, x'(t)\right] x(t)\, dt\right|$$
$$= \left|\int_0^1 [K''_{u^2}(s, t, x_0(t) + \tau\, \Theta\, x'(t)) - K''_{u^2}(s, t, x_0(t))]\, x(t)\, x'(t)\, dt\right|$$
$$\leqq \|x\| \left\{\int_0^1 |[K''_{u^2}(s, t, x_0(t)) + \Theta \tau x'(t)) - K''_{u^2}(s, t, x_0(t))]\, x'(t)|^{\frac{p}{p-1}}\, dt\right\}^{\frac{p-1}{p}}. \quad (4)$$

Sind die Funktionen $x_0(t)$ und $x'(t)$ endlich, so strebt der Integrand des letzten Integrals für $\tau \to 0$ gegen Null. Wegen (2) gilt weiter

$$|[K''_{u^2}(s, t, x_0(t) + \Theta\, \tau\, x'(t)) - K''_{u^2}(s, t, x_0(t))]\, x'(t)|^{\frac{p}{p-1}}$$
$$\leqq \{[M\, |x_0(t) + \Theta\, \tau\, x'(t)|^{p-2} + M\, |x_0(t)|^{p-2} + 2\, N]\, |x'(t)|\}^{\frac{p-1}{p}}$$
$$\leqq A_5 |x_0(t)|^{\frac{(p-2)\, p}{p-1}}\, |x'(t)|^{\frac{p}{p-1}} + A_6\, |x'(t)|^p.\ ^{1)}$$

Da die Funktionen $|x_0(t)|^{p-p/p-1}\, |x'(t)|^{p/p-1}$ und $|x'(t)|^p$ summierbar sind, können wir auf der rechten Seite von Formel (4) den Grenzübergang $\tau \to 0$ und die Integration vertauschen. Daraus ergibt sich

$$\lim_{\tau \to 0} v_\tau(s) = v(s) \qquad (0 \leqq s \leqq 1),$$

offensichtlich gleichmäßig bezüglich aller x mit $\|x\| = 1$.

Aus den obigen Überlegungen folgt weiter

$$|v_\tau(s)| \leqq \int_0^1 |K''_{u^2}(s, t, x_0(t) + \Theta\, \tau\, x'(t))\, x(t)\, x'(t)|\, dt \leqq A_7,$$

also können wir in der Beziehung

$$\|v_\tau - v\|_{L^q} = \left\{\int_0^1 |v_\tau(s) - v(s)|^q\, ds\right\}^{1/q}$$

auf der rechten Seite abermals Grenzübergang und Integration vertauschen, d. h., es gilt $\|v_\tau - v\| \to 0$ gleichmäßig bezüglich aller x mit $\|x\| = 1$.

Damit ist der Satz bewiesen.

Bemerkung. Ersetzt man im Fall $p > 2$ Bedingung (2) durch folgende:

$$|K''_{u^2}(s, t, u)| \leqq M\, |u|^\lambda + N \qquad (\lambda < p - 2), \quad (5)$$

so läßt sich zeigen, daß der Operator P als Abbildung von L^p in $\widetilde{M}$ für jede beschränkte Funktion x_0 im Punkte $x_0 \in L^p$ zweimal differenzierbar ist.

3.2. Den Operator (1) können wir auch als Abbildung von C in C ansehen. Es sei $x_0 \in C$ ein festes Element. Ω bezeichne die Kugel mit dem Mittelpunkt x_0 und dem Radius r im Raum C, G die Menge aller Punkte (s, t, u) des dreidimensionalen Raumes, die den Ungleichungen $0 \leqq s, t \leqq 1$; $|u - x_0(t)| \leqq r$ genügen.

---

1) Dabei haben wir die Ungleichung $|a + b|^\alpha \leqq 2^\alpha\, (|a|^\alpha + |b|^\alpha)$ $(\alpha > 0)$ benutzt.

Satz 2 (3.XVII). *Die Funktion $K(s, t, u)$ sei in G definiert und dort zusammen mit ihren Ableitungen $K'_u(s, t, u)$ und $K''_{u^2}(s, t, u)$ stetig. Dann bildet der durch Formel* (1) *erklärte Operator P die Menge Ω in $\mathbf{C}$ ab, ist in jedem inneren Punkte $\bar{x} \in \Omega$ zweimal differenzierbar und es gilt $P'(\bar{x}) = U$, $P''(\bar{x}) = B$, wobei die Operatoren U und B durch die Gleichungen*

$$z = U(x),\ z(s) = \int_0^1 K'_u(s, t, \bar{x}(t))\, x(t)\, dt,$$
$$v = B(x, x'),\ v(s) = \int_0^1 K''_{u^2}(s, t, \bar{x}(t))\, x(t)\, x'(t)\, dt$$

definiert sind.

Beweis. Wir wählen ein beliebiges Element $x \in \Omega$. Die Stetigkeit der Funktion $y = P(x)$ in Formel (1) folgt aus elementaren Eigenschaften der von einem Parameter abhängigen Integrale, d. h., y gehört zum Raum $\mathbf{C}$.

Es sei $\bar{x}$ ein innerer Punkt von Ω und $x \in \mathbf{C}$. Wir betrachten das Element

$$z_\tau = \frac{P(\bar{x} + \tau x) - P(\bar{x})}{\tau} - U(x)\,.$$

Es gilt

$$z_\tau(s) = \int_0^1 \left[\frac{K(s, t, \bar{x}(t) + \tau x(t)) - K(s, t, \bar{x}(t))}{\tau} - K'_u(s, t, \bar{x}(t))\, x(t)\right] dt\,.$$

Für $\tau \to 0$ strebt der Integrand gegen Null und ist für alle x mit $\|x\| = 1$ und $s \in [0, 1]$ gleichmäßig beschränkt (das zeigt man leicht mit Hilfe der Formel (10) aus § 1). Daraus folgt $z_\tau \to 0$ gleichmäßig bezüglich aller $x \in \mathbf{C}$ mit $\|x\| = 1$, also sind die Differenzierbarkeit des Operators P im Punkte $\bar{x}$ sowie die Beziehung

$$P'(\bar{x}) = U$$

bewiesen.

Durch entsprechende Überlegungen beweist man die zweimalige Differenzierbarkeit des Operators P und die Gleichung $P''(\bar{x}) = B$.

3.3. Wir betrachten jetzt ein nichtlineares System gewöhnlicher Differentialgleichungen erster Ordnung

$$\frac{dy_i}{ds} = f_i(s, y_k(s)) \qquad (i, k = 1, 2, \ldots, n)\,.$$

Dieses schreiben wir für unsere Zwecke günstiger als System von Integralgleichungen

$$y_i(s) = y_i^{(0)} + \int_0^s f_i(t, y_k(t))\, dt \qquad (i, k = 1, 2, \ldots, n)$$

oder, kürzer, in Vektorform

$$y(s) = y^{(0)} + \int_0^s f(t, y(t))\, dt\,.$$

Dabei bezeichnen $y(s)$, $y^{(0)}$, $f(t, u)$ bzw. u die Vektoren

$$(y_1(s), y_2(s), \ldots, y_n(s))\,, \qquad (y_1^{(0)}, y_2^{(0)}, \ldots, y_n^{(0)})\,,$$
$$(f_1(t, u_k), f_2(t, u_k), \ldots, f_n(t, u_k)) \quad \text{bzw.} \quad (u_1, u_2, \ldots, u_n)\,.$$

Unter $\mathbf{C}_n^\alpha$ ($\alpha > 0$) verstehen wir den Raum aller absolutstetigen Vektorfunktionen auf $[0, \infty]$ mit den Eigenschaften

$$\sup_t |y(t)\, e^{\alpha t}| < \infty\,, \qquad \sup_t |y'(t)\, e^{\alpha t}| < \infty \qquad (t \geqq 0)\,.$$[1]

Die Norm in $\mathbf{C}_n^\alpha$ wird durch die Gleichung

$$||y|| = \sup_t |y(t)\, e^{\alpha t}| + \sup_t |y'(t)\, e^{\alpha t}| \qquad (y \in \mathbf{C}_n^\alpha)$$

definiert.

Weiter sei D_n^α der Raum aller absolutstetigen Vektorfunktionen $z(t)$, die den Bedingungen

$$\sup_t |z(t)| < \infty\,, \qquad \sup |z'(t)\, e^{\alpha t}| < \infty$$

genügen. Die Norm in $\mathbf{D}_n^\alpha$ definieren wir entsprechend folgendermaßen:

$$||z|| = \sup_t |z(t)| + \sup_t |z'(t)\, e^{\alpha t}| \qquad (z \in \mathbf{D}_n^\alpha)\,.$$

Man zeigt leicht, daß die Räume $\mathbf{C}_n^\alpha$ und $\mathbf{D}_n^\alpha$ B-Räume sind.

Wir betrachten den Operator P:

$$z = P(y)\,, \tag{6}$$

$$z(s) = y(s) - \int_0^s f(t, y(t))\, dt\,. \tag{7}$$

Satz 3 (3.XVII). *Es sei $f(t, u)$ eine auf der Menge G aller Punkte (t, u) des $(n+1)$-dimensionalen Raumes mit den Eigenschaften $t \geqq 0$, $|u| \leqq r\, e^{-\alpha t}$ erklärte Vektorfunktion, die den folgenden Bedingungen genügt:*

1. $f(t, 0) = 0$;

2. *$f(t, u)$ hat in G eine beschränkte Ableitung $f'_u(t, u)$,*[2] *die gleichmäßig bezüglich aller $t \geqq 0$ stetig von u abhängt.*

Bezeichnet Ω die Kugel des Raumes $\mathbf{C}_n^\alpha$ mit dem Mittelpunkt im Nullpunkt und dem Radius r, so bildet der Operator (6) *die Menge Ω in $\mathbf{D}_n^\alpha$ ab, ist in jedem Punkte aus Ω differenzierbar und die Ableitung $P'(y_0) = U$ wird durch die Gleichungen*

$$z = U(y)\,, \qquad z(s) = y(s) - \int_0^s f'_u(t, y_0(t))\, y(t)\, dt \tag{8}$$

definiert.

Beweis. Wir zeigen zuerst, daß die Funktion $z(s)$ aus Formel (7) für $y \in \Omega$ zum Raum $\mathbf{D}_n^\alpha$ gehört. Wegen $f(t, 0) = 0$ gilt

$$z(s) = y(s) - \int_0^s [f(t, y(t)) - f(t, 0)]\, dt\,.$$

---

[1] Wie in Kapitel XVI sei $|u|$ die Norm des Vektors u und $|A|$ die Norm des durch die Matrix A erzeugten Operators von R^n in R^n.

[2] Unter der Ableitung $f'_u(t, u)$ der Vektorfunktion $f(t, \cdot\,)$ verstehen wir die n-reihige quadratische Matrix der Ableitungen $\left(\frac{\partial f_i}{\partial u_k}\right)$ (siehe Abschnitt XVII.1.6).

Der Integrand läßt sich mit Hilfe der Formel (8) aus § 1 folgendermaßen abschätzen:

$$|f(t, y(t)) - f(t, 0)| \leqq \sup_{0<\Theta<1} |f'_u(t, \Theta_y(t))| \, |y(t)| \leqq M \|y\| \, e^{-\alpha t}$$

$$\left(M = \sup |f'_u(t, u)|, \qquad (t, u) \in G\right).$$

Damit ergibt sich

$$\sup_s |z(s)| \leqq \sup_s |y(s)| + M \|y\| \sup_s \int_0^s e^{-\alpha t} \, dt \leqq \|y\| + \frac{M}{\alpha} \|y\| < \infty .$$

Analoge Überlegungen liefern für die Ableitung

$$z'(s) = y'(s) - f(s, y(s))$$

die Ungleichung

$$\sup_s |z'(s) \, e^{\alpha s}| < \infty .$$

Die Funktion z ist also ein Element des Raumes $\mathbf{D}_n^\alpha$.

Wir zeigen weiter, daß der durch Formel (8) definierte Operator U den Raum $\mathbf{C}_n^\alpha$ linear in $\mathbf{D}_n^\alpha$ abbildet. Durch Wiederholung der obigen Überlegungen folgt für $z = U(y)$ die Beziehung

$$\sup_s |z(s)| + \sup_s |z'(s) \, e^{\alpha s}| = \sup_s \left|y(s) - \int_0^s f'_u(t, y_0(t)) \, y(t) \, dt\right|$$

$$+ \sup_s |[y'(s) - f'_u(s, y_0(s)) \, y(s)] \, e^{\alpha s}| \leqq \|y\| + \frac{M}{\alpha} \|y\| + (M + 1) \|y\| = L \|y\| ,$$

d. h., es gilt $z = U(y) \in \mathbf{D}_n^\alpha$ und $\|z\| \leqq L \|y\|$.

Wie in den vorangehenden Beweisen betrachten wir das Element

$$v_\tau \equiv \frac{P(y_0 + \tau y) - P(y_0)}{\tau} - U(y),$$

$$v_\tau(s) = \int_0^s J_\tau(t) \, dt \qquad \left(J_\tau(t) = \frac{f(t, y_0(t) + \tau y(t)) - f(t, y_0(t))}{\tau} - f'_u(t, y_0(t)) \, y(t)\right).$$

Anwendung der Abschätzung (10) von § 1 auf den Integranden ergibt

$$|J_\tau(t)| \leqq \sup_{0<\Theta<1} |f'_u(t, y_0(t) + \Theta \tau y(t)) - f'_u(t, y_0(t))| \, |y(t)| .$$

Wegen der gleichmäßigen Stetigkeit der Ableitung $f'_u(t, u)$ ist für jedes $\varepsilon > 0$ bei hinreichend kleinem τ die Beziehung

$$|J_\tau(t)| \leqq \varepsilon \, e^{-\alpha t}$$

gleichmäßig bezüglich aller y mit $\|y\| = 1$ erfüllt. Daraus folgt

$$\sup_s |v_\tau(s)| \leqq \frac{\varepsilon}{\alpha} .$$

Analog ergibt sich für dieselben Werte von τ

$$\sup_s |v'_\tau(s) \, e^{\alpha s}| \leqq \varepsilon ,$$

also insgesamt

$$\|v_\tau\| \leqq \varepsilon\left(\frac{1}{\alpha} + 1\right).$$

Mit $\tau \to 0$ strebt deshalb auch v_τ gleichmäßig bezüglich aller $y \in \mathbf{C}_n^\alpha$, $\|y\| = 1$, gegen Null, was zu zeigen war.

§ 4. Der Satz über die implizite Funktion

4.1. Es seien $\mathbf{X}$ und $\mathbf{Y}$ zwei B-Räume, $\mathbf{Z}$ ein normierter Raum. Bilden wir die Menge $\mathbf{X} \times \mathbf{Y}$ aller geordneten Paare (x, y) $(x \in \mathbf{X},\ y \in \mathbf{Y})$, linearisieren sie in natürlicher Weise und definieren auf ihr eine Norm durch die Gleichung

$$\|(x, y)\| = \|x\| + \|y\|,$$

so entsteht ein B-Raum, den wir ebenfalls mit $\mathbf{X}\times\mathbf{Y}$ bezeichnen und das *direkte Produkt* der Räume $\mathbf{X}$ und $\mathbf{Y}$ nennen (vgl. Abschnitt I.5.5).

Die Paare der Form $(x, 0_{\mathbf{Y}})$ $(x \in \mathbf{X}$, $0_{\mathbf{Y}}$-Nullelement des Raumes $\mathbf{Y})$ lassen sich mit den Elementen des Raumes $\mathbf{X}$ identifizieren. Deshalb kann man $\mathbf{X}$ (und entsprechend auch $\mathbf{Y}$) als Teilraum des direkten Produktes $\mathbf{X}\times\mathbf{Y}$ auffassen. Dabei ist das Element $u = (x, y) \in \mathbf{X}\times\mathbf{Y}$ eindeutig in der Form

$$u = (x, y) = (x, 0_{\mathbf{Y}}) + (0_{\mathbf{X}}, y) = x + y$$

darstellbar.

Jeder lineare Operator $U \in [\mathbf{X}\times\mathbf{Y} \to \mathbf{Z}]$ induziert ein Paar $(U_{\mathbf{X}}, U_{\mathbf{Y}})$ linearer Operatoren $U_{\mathbf{X}} \in [\mathbf{X} \to \mathbf{Z}]$, $U_{\mathbf{Y}} \in [\mathbf{Y} \to \mathbf{Z}]$ durch die Festsetzung

$$U_{\mathbf{X}}(x) = U\big((x, 0_{\mathbf{Y}})\big), \qquad U_{\mathbf{Y}}(y) = U\big((0_{\mathbf{X}}, y)\big).$$

Ist umgekehrt ein Paar linearer Operatoren $(U_{\mathbf{X}}, U_{\mathbf{Y}})$, $U_{\mathbf{X}} \in [\mathbf{X} \to \mathbf{Z}]$, $U_{\mathbf{Y}} \in$ $\in [\mathbf{Y} \to \mathbf{Z}]$ gegeben, so bildet der durch die Gleichung

$$U\big((x, y)\big) = U_{\mathbf{X}}(x) + U_{\mathbf{Y}}(y)$$

definierte Operator U den Raum $\mathbf{X}\times\mathbf{Y}$ linear in $\mathbf{Z}$ ab.

Es sei jetzt P ein nichtlinearer Operator, der die Menge $\Omega \subset \mathbf{X}\times\mathbf{Y}$ in den B-Raum $\mathbf{Z}$ überführt. Wir betrachten für ein festes $y_0 \in \mathbf{Y}$ den Operator

$$P^{(y_0)} = P(\cdot, y_0).$$

$P^{(y_0)}$ ist auf der Menge $\Omega^{(y_0)}$ aller Elemente $x \in \mathbf{X}$ mit $(x, y_0) \in \Omega$ (dem „Schnitt" der Menge Ω) definiert; seine Werte liegen in $\mathbf{Z}$.

Für einen inneren Punkt $x_0 \in \mathbf{X}$ der Menge $\Omega^{(y_0)}$ können wir von der Ableitung $P^{(y_0)\prime}(x_0)$ sprechen. Diese heißt die partielle Ableitung des Operators P nach x im Punkte (x_0, y_0) und wird mit $P'_x(x_0, y_0)$ bezeichnet. Analog erklärt man die partielle Ableitung $P'_y(x_0, y_0)$ nach y. Offensichtlich gilt

$$P'_x(x_0, y_0) \in [\mathbf{X} \to \mathbf{Z}], \qquad P'_y(x_0, y_0) \in [\mathbf{Y} \to \mathbf{Z}].$$

Hat der Operator P im Punkte $(x_0, y_0) \in \Omega$ eine Ableitung $P'(x_0, y_0) = U$, so bestehen die Beziehungen $P'_x(x_0, y_0) = U_{\mathbf{X}}$ und $P'_y(x_0, y_0) = U_{\mathbf{Y}}$. Dadurch ist die von uns eingeführte Bezeichnung für die partiellen Ableitungen gerechtfertigt.

Den Operator P kann man als abstrakte „Funktion von zwei Veränderlichen" auffassen, weshalb wir an Stelle von $P((x, y))$ einfacher $P(x, y)$ schreiben. Auf diese „Funktionen" lassen sich ohne Schwierigkeit die Grundtatsachen der elementaren Theorie der Funktionen mehrerer Veränderlicher übertragen. Wir vermerken hier insbesondere folgende Aussage: Existieren die Ableitungen P'_x und P'_y in einer Umgebung des Punktes $(x_0, y_0) \in \Omega$, so besteht die Ungleichung

$$\left.\begin{aligned} &\|P(x_0 + \Delta x, y_0 + \Delta y) - P(x_0, y_0) - P'_x(x_0, y_0)(\Delta x) - P'_y(x_0, y_0)(\Delta y)\| \\ &\leqq \sup_{0<\Theta, \Theta_1<1} \|P'_x(x_0 + \Theta\,\Delta x, y_0 + \Theta_1\,\Delta y) - P'_x(x_0, y_0)\|\,\|\Delta x\| \\ &\quad + \sup_{0<\Theta, \Theta_1<1} \|P'_y(x_0 + \Theta\,\Delta x, y_0 + \Theta_1\,\Delta y) - P'_y(x_0, y_0)\|\,\|\Delta y\|. \end{aligned}\right\} \quad (1)$$

Es gilt nämlich

$$\begin{aligned} A &= \|P(x_0 + \Delta x, y_0 + \Delta y) - P(x_0, y_0) - P'_x(x_0, y_0)(\Delta x) - P'_y(x_0, y_0)(\Delta y)\| \\ &\leqq \|P(x_0 + \Delta x, y_0 + \Delta y) - P(x_0, y_0 + \Delta y) - P'_x(x_0, y_0)(\Delta y)\| \\ &\quad + \|P(x_0, y_0 + \Delta y) - P(x_0, y_0) - P'_y(x_0, y_0)(\Delta y)\|, \end{aligned}$$

woraus durch Anwendung der Formel (9) von Paragraph 1 auf jeden Summanden der rechten Seite weiter

$$\begin{aligned} A &\leqq \sup_{0<\Theta<1} \|P'_x(x_0 + \Theta\,\Delta x, y_0 + \Delta y) - P'_x(x_0, y_0)\|\,\|\Delta x\| \\ &\quad + \sup_{0<\Theta_1<1} \|P'_y(x_0, y_0 + \Theta_1\,\Delta y) - P'_y(x_0, y_0)\|\,\|\Delta y\| \\ &= \sup_{0<\Theta, \Theta_1<1} \|P'_x(x_0 + \Theta\,\Delta x, y_0 + \Theta_1\,\Delta y) - P'_x(x_0, y_0)\|\,\|\Delta x\| \\ &\quad + \sup_{0<\Theta, \Theta_1<1} \|P'_y(x_0 + \Theta\,\Delta x, y_0 + \Theta_1\,\Delta y) - P'_y(x_0, y_0)\|\,\|\Delta y\| \end{aligned}$$

folgt, was zu zeigen war.

4.2. Das Ziel dieses Paragraphen besteht darin, Bedingungen für die Existenz einer Lösung der Gleichung

$$P(x, y) = 0,$$

d. h. für die Existenz einer Funktion $y = F(x)$ mit $P(x, F(x)) = 0$ zu finden. Analog wie in der elementaren Analysis gilt der folgende

Satz 1 (4.XVII). *Der Operator P bilde eine Umgebung Ω des Punktes $(x_0, y_0) \in \in \mathbf{X} \times \mathbf{Y}$ in den B-Raum $\mathbf{Z}$ ab und sei im Punkte (x_0, y_0) stetig. Genügt P außerdem den Bedingungen:*

1. $P(x_0, y_0) = 0$.
2. *In Ω existiert die Ableitung P'_y und ist im Punkte (x_0, y_0) stetig.*
3. *Der Operator $P'_y(x_0, y_0) \in [\mathbf{Y} \to \mathbf{Z}]$ hat eine lineare Inverse*

$$\Gamma = [P'_y(x_0, y_0)]^{-1} \in [\mathbf{Z} \to \mathbf{Y}],$$

so existiert ein Operator F, definiert auf einer gewissen Umgebung $G \subset \mathbf{X}$ des Punktes x_0, der diese Umgebung in den Raum $\mathbf{Y}$ abbildet und die folgenden Eigenschaften hat:

a) $P(x, F(x)) = 0 \qquad (x \in G)$;

b) $F(x_0) = y_0$;

c) *F ist im Punkte x_0 stetig.*

Der Operator F wird durch die Eigenschaften a)—c) in dem Sinne eindeutig bestimmt, daß es für jeden anderen Operator F_1 mit den Eigenschaften a)—c) eine Zahl $\eta > 0$ gibt, so daß für alle x mit $\|x - x_0\| < \eta$ die Gleichung

$$F_1(x) = F(x)$$

besteht.

Beweis. Ohne Einschränkung der Allgemeinheit können wir $x_0 = 0_{\mathbf{X}}$, $y_0 = 0_{\mathbf{Y}}$ voraussetzen. Es sei $x \in \mathbf{X}$ ein Element mit der Eigenschaft, daß $0_{\mathbf{Y}}$ zu $\Omega^{(x)}$ gehört, wenn $\Omega^{(x)}$ wieder die Menge aller Elemente $y \in \mathbf{Y}$ mit $(x, y) \in \Omega$ bezeichnet. Wir betrachten den auf $\Omega^{(x)}$ definierten Operator $Q^{(x)}$:

$$Q^{(x)}(y) = y - \Gamma P(x, y)$$

und zeigen, daß es zu jeder hinreichend kleinen Zahl $\varepsilon > 0$ ein $\delta > 0$ gibt, so daß für $\|x\| < \delta$ der Operator $Q^{(x)}$ die Kugel $\|y\| \leqq \varepsilon$ in sich abbildet.

Zu diesem Zwecke schätzen wir die Ableitung des Operators $Q^{(x)}$ ab. Aus den Eigenschaften III und V von Abschnitt XVII.1.2 folgt

$$Q^{(x)\prime}(\bar{y})(y) = y - \Gamma P'_y(x, \bar{y})(y) = -\Gamma[P'_y(x, \bar{y}) - P'_y(0, 0)](y),$$

also gilt

$$\|Q^{(x)\prime}(\bar{y})\| \leqq \|\Gamma\| \, \|P'_y(x, \bar{y}) - P'_y(0, 0)\|.$$

Hierbei haben wir (wie auch im folgenden) die Nullelemente der Räume $\mathbf{X}$ und $\mathbf{Y}$ beide mit $\mathbf{0}$ bezeichnet, da Verwechslungen nicht zu befürchten sind.

Wegen der Stetigkeit des Operators P'_y im Punkte $(0, 0)$ läßt sich der zweite Faktor beliebig klein machen; für hinreichend kleines ε und δ ergibt sich somit

$$\|Q^{(x)\prime}(\bar{y})\| \leqq \alpha < 1 \qquad (\|x\| < \delta, \ \|\bar{y}\| \leqq \varepsilon). \tag{2}$$

Wir schätzen jetzt die Norm des Elementes $Q^{(x)}(0)$ ab. Aus Bedingung 1 folgt

$$\|Q^{(x)}(0)\| = \|\Gamma P(x, 0)\| \leqq \|\Gamma\| \, \|P(x, 0) - P(0, 0)\|.$$

Da der Operator P im Punkte $(0, 0)$ stetig ist, wird die rechte Seite dieser Ungleichung bei geeigneter Wahl von δ beliebig klein, d. h., wir können

$$\|Q^{(x)}(0)\| \leqq \varepsilon(1 - \alpha) \qquad (\|x\| < \delta) \tag{3}$$

voraussetzen.

Jetzt läßt sich die oben aufgestellte Behauptung leicht mit Hilfe der Formel (8) von § 1 beweisen. Für $\|x\| < \delta$, $\|y\| \leqq \varepsilon$ erhalten wir nämlich gemäß (2) und (3)

$$\begin{aligned}\|Q^{(x)}(y)\| &\leqq \|Q^{(x)}(0)\| + \|Q^{(x)}(y) - Q^{(x)}(0)\| \\ &\leqq \varepsilon(1 - \alpha) + \sup_{0<\Theta<1} \|Q^{(x)\prime}(\Theta y)\| \, \|y\| \leqq \varepsilon(1 - \alpha) + \alpha\varepsilon = \varepsilon,\end{aligned}$$

d. h., der Operator $Q^{(x)}$ bildet die abgeschlossene Kugel $||y|| \leqq \varepsilon$ in sich ab, wobei für die Ableitung die Beziehung (2) besteht. Deshalb sind die Voraussetzungen von Satz 1 (1.XVII) erfüllt. In der Kugel $||y|| \leqq \varepsilon$ existiert somit ein eindeutig bestimmter Fixpunkt $y^* = F(x)$ des Operators $Q^{(x)}$:

$$y^* = y^* - \Gamma P(x, y^*),$$

d. h., es gilt

$$P(x, y^*) = 0.$$

Der Operator F hat alle verlangten Eigenschaften: a) haben wir bereits gezeigt, die Gültigkeit von b) folgt aus der Bedingung 1, die sich in der Form $Q^{(0)}(0) = 0$ schreiben läßt, und der Eindeutigkeit des Fixpunktes des Operators $Q^{(0)}$; c) ergibt sich aus der Tatsache, daß die Größe ε beliebig klein gewählt werden kann.

Wir haben noch die Eindeutigkeit von F zu zeigen. Ist F_1 ein Operator mit den im Satz genannten Eigenschaften, so gilt wegen der Stetigkeit von F_1 für hinreichend kleines $\eta > 0$

$$||F_1(x)|| = ||F_1(x) - F_1(0)|| \leqq \varepsilon \qquad (||x|| < \delta).$$

Da der Fixpunkt des Operators $Q^{(x)}$ $(||x|| < \delta)$ in der Kugel $||y|| < \varepsilon$ eindeutig bestimmt ist, folgt für diese Elemente x schließlich $F_1(x) = F(x)$.

Satz 2 (4.XVII). *Setzen wir den Operator P von Satz 1 in der Menge Ω als stetig voraus, so ist auch der Operator F in einer Umgebung des Punktes x_0 stetig.*

Beweis. Im vorliegenden Fall läßt sich auf den Operator $Q^{(x)}$ der Satz 3 (1.XVI) anwenden. $Q^{(x)}$ $(||x|| < \delta)$ bildet nämlich die Kugel $||y|| \leqq \varepsilon$ in sich ab, und die Ungleichung (2) besagt, daß $Q^{(x)}$ sogar (bezüglich aller x mit $||x|| < \delta$ gleichmäßig) kontrahierend ist. Die Stetigkeit von $Q^{(x)}$ nach dem Parameter (das ist im vorliegenden Falle x) folgt aus der Stetigkeit des Operators P.

Nach Satz 3 (1.XVI) hängt also das Element $y^* = F(x)$ für $||x|| < \delta$ stetig von x ab.

Bemerkung. Die Sätze 1 und 2 tragen lokalen Charakter. Außerdem bieten sie keine Möglichkeit, die Größe ε in Abhängigkeit von δ abzuschätzen. Diese Lücke wird im folgenden Kapitel ausgefüllt, wo wir unter Heranziehung der zweiten Ableitung genauere Resultate beweisen können.

Eine Aussage in dieser Richtung enthält bereits der folgende Satz 3.

4.3. Satz 3 (XVII). *Sind die Voraussetzungen von Satz 1 erfüllt, existiert in Ω die partielle Ableitung P'_x und ist diese im Punkte (x_0, y_0) stetig, dann ist der Operator F im Punkte x_0 differenzierbar, und es gilt*

$$F'(x_0) = U$$

mit

$$U = -\Gamma P'_x(x_0, y_0) = -[P'_y(x_0, y_0)]^{-1} P'_x(x_0, y_0). \tag{4}$$

Beweis. Wie im Beweis von Satz 1 sei $x_0 = 0$, $y_0 = 0$. Nach Abschnitt XVII.1.1 haben wir zu zeigen, daß zu beliebigem $\varepsilon > 0$ ein $\delta > 0$ existiert, so daß für alle $x \in \mathrm{X}$ mit $||x|| < \delta$

$$||F(x) - F(0) - U(x)|| \leqq \varepsilon \, ||x||,$$

d. h. (wegen $F(0) = 0$)

$$||F(x) - U(x)|| \leqq \varepsilon \, ||x|| \tag{5}$$

ausfällt.

Setzen wir $F(x) = y$ und für U den Ausdruck aus Formel (4) ein, so erhält das Element auf der linken Seite der Ungleichung (5) die Gestalt

$$F(x) - U(x) = y + \Gamma \, P'_x(0, 0) \, x = \Gamma[P'_x(0, 0) \, x + P'_y(0, 0) \, y] \, .$$

Daraus ergibt sich wegen $P(x, y) = P(0, 0) = 0$ nach Ungleichung (1)

$$\begin{aligned} ||F(x) - U(x)|| &\leqq ||\Gamma|| \, ||P(x, y) - P(0, 0) - P'_x(0, 0) \, x - P'_y(0, 0) \, y|| \\ &\leqq ||\Gamma|| \Big[\sup_{0<\Theta,\, \Theta_1<1} ||P'_x(\Theta x, \, \Theta_1 y) - P'_x(0, 0)|| \, ||x|| \\ &\quad + \sup_{0<\Theta,\, \Theta_1<1} ||P'_y(\Theta x, \, \Theta_1 y) - P'_y(0, 0)|| \, ||y|| \Big] \leqq \eta[||x|| + ||y||] \, . \end{aligned}$$

Die partiellen Ableitungen P'_x und P'_y sind nach Voraussetzung stetig. Deshalb wird η für hinreichend kleines $\delta > 0$ beliebig klein. Aus der letzten Ungleichung folgt

$$||F(x) - U(x)|| \leqq \eta[||x|| + ||F(x)||] \leqq \eta[||x|| + ||U(x)|| + ||F(x) - U(x)||] \, .$$

Für $\eta < 1$ gilt somit

$$||F(x) - U(x)|| \leqq \eta \, \frac{1 + ||U||}{1 - \eta} \, ||x|| \, .$$

Wählen wir $\eta > 0$ so klein, daß

$$\eta \, \frac{1 + ||U||}{1 - \eta} \leqq \varepsilon$$

ausfällt, dann ist für alle hinreichend kleinen x die Beziehung (5) erfüllt, was zu zeigen war.

4.4. Zum Schluß dieses Paragraphen betrachten wir als Beispiel für die Anwendung von Satz 1 das Differentialgleichungssystem

$$y'_i(s) = f(s, y_k(s)) \qquad (i, k = 1, 2, \ldots, n) \, . \tag{6}$$

Wie in Abschnitt XVII.3.3 schreiben wir das System (6) in der Form

$$y(s) = y(0) + \int_0^s f(t, y(t)) \, dt \tag{7}$$

und setzen noch voraus, daß für $t \geqq 0$ stets $f(t, 0) = 0$ gilt. Dann hat die Gleichung (7) offenbar die triviale Lösung $y = 0$ und diese entspricht der Anfangsbedingung $y(0) = 0$.

Von großer praktischer Bedeutung ist die folgende Fragestellung: Unter welchen Bedingungen hat die Gleichung (7) eine auf der Halbachse $[0, \infty)$ definierte Lösung mit hinreichend kleinen Anfangswerten, und wann wird diese Lösung für hinreichend kleine Anfangswerte auf $[0, \infty)$ beliebig klein? Wir formulieren die letzte Eigenschaft genauer:

Gibt es zu jedem $\varepsilon > 0$ ein $\delta > 0$, so daß für $||x|| < \delta$ die Gleichung

$$y(s) = x + \int_0^s f(t, y(t))\, dt \tag{8}$$

eine eindeutig bestimmte beschränkte Lösung y^* hat und für diese Lösung

$$\sup_{s \geqq 0} |y^*(s)| \leqq \varepsilon$$

gilt, dann heißt die Nullösung der Gleichung (7) *stabil*. Strebt außerdem die Lösung $y^*(s)$ für $s \to \infty$ gegen Null, so heißt die Nullösung *asymptotisch stabil*.

Bevor wir ein hinreichendes Kriterium hierfür formulieren, führen wir einige Hilfsbetrachtungen durch.

Es sei T eine quadratische Matrix n-ter Ordnung. Die Reihe

$$E + \frac{1}{1!} T + \frac{1}{2!} T^2 + \cdots + \frac{1}{n!} T^n + \cdots \qquad (E \text{ — Einheitsmatrix})$$

konvergiert wegen $|T^k| \leqq |T|^k$ $(k = 0, 1, \ldots)$ für jede Matrix T. Ihre Summe bezeichnen wir mit e^T.

Ist x_0 ein fester Vektor, so genügt die Vektorfunktion

$$u(s) = e^{sT} x_0 \qquad (s \geqq 0)$$

der Differentialgleichung

$$u'(s) = T\, u(s)\,. \tag{9}$$

Davon kann man sich ebenso wie im Fall gewöhnlicher reeller Funktionen leicht überzeugen. Wir benutzen diese Tatsache beim Beweis des folgenden Lemmas.

Lemma. *Es seien $\mu_1, \mu_2, \ldots$ die Eigenwerte der Matrix T. Dann haben die Elemente der Matrix e^{sT} die Form $\sum_k p_k(s)\, e^{s\mu_k}$, wobei p_k ein Polynom höchstens n-ten Grades bezeichnet.*

Mit $\mu = \max \operatorname{Re} \mu_k$ läßt sich die Norm der Matrix e^{sT} folgendermaßen abschätzen:

$$|e^{sT}| \leqq K_\eta\, e^{(\mu+\eta)s}\,; \tag{10}$$

η ist dabei eine beliebige positive Zahl.

Beweis. Die Gleichung (9) ist einem System gewöhnlicher Differentialgleichungen mit konstanten Koeffizienten äquivalent, für das nach der obigen Bemerkung die Spalten der Matrix e^{sT} ein vollständiges System linear unabhängiger Lösungen bilden. Deshalb folgt die erste Aussage unmittelbar aus elementaren Tatsachen der Theorie von Systemen linearer Differentialgleichungen mit konstanten Koeffizienten.[1])

Daraus ergibt sich auch ohne Schwierigkeit die Ungleichung (10), denn die Norm einer (reellen) Matrix kann durch die Quadratwurzel aus der Summe der Quadrate ihrer Elemente abgeschätzt werden.

---

[1]) Siehe W. W. Stepanow [45], Kapitel VI, § 1.

Wir kehren jetzt zur Betrachtung der Gleichung (7) zurück. Wie in Abschnitt XVII.3.3 sei die Vektorfunktion $f(t, u)$ in dem Gebiet G aller Punkte (t, u) des $(n + 1)$-dimensionalen Raumes mit $t \geqq 0$, $|u| \leqq r\, e^{-\alpha t}$ $(\alpha > 0)$ definiert, stetig bezüglich u bei $u = 0$ und habe eine für $u = 0$ bezüglich u stetige Ableitung $f'_u(t, u)$. Außerdem hänge die Matrix $A = f'_u(t, 0)$ nicht von t ab; ihre Eigenwerte bezeichnen wir mit $\lambda_1, \lambda_2, \ldots$.

Satz 4 (4.XVII). *Gilt*

$$\operatorname{Re} \lambda_k < 0 \qquad (k = 1, 2, \ldots),$$

dann ist die Nullösung der Gleichung (7) *asymptotisch stabil, und zwar besteht die Abschätzung*

$$|y^*(s)| \leqq L_x\, e^{-\alpha s} \qquad (s \geqq 0).$$

Dabei ist α eine positive Zahl mit $\operatorname{Re} \lambda_k < -\alpha$ $(k = 1, 2, \ldots)$*; die Konstante L_x hängt nur von x ab und strebt für $x \to 0$ gegen Null.*

Beweis. Wir setzen in Satz 1 $\mathbf{X} = \mathbf{R}^n$, $\mathbf{Y} = \mathbf{C}_n^\alpha$, $\mathbf{Z} = \mathbf{D}_n^\alpha$; den Operator P definieren wir folgendermaßen:

$$z = P(x, y), \quad z(s) = y(s) - x - \int_0^s f\big(t, y(t)\big)\, dt;$$

Ω sei die Menge aller Punkte $(x, y) \in \mathbf{X} \times \mathbf{Y}$ mit beliebigem $x \in \mathbf{X}$ und $\|y\| < r$.

Unter Benutzung von Satz 3 (3.XVII) sieht man sofort, daß die ersten beiden Bedingungen von Satz 1 erfüllt sind. Der Nachweis der Bedingung 3 ist komplizierter. Zunächst folgt ebenfalls aus Satz 3 (3.XVII), daß die Ableitung $P'_y(0, 0) = U$ existiert und die Gestalt

$$z = U(y), \quad z(s) = y(s) - \int_0^s A\, y(t)\, dt$$

hat. Es bleibt also zu zeigen, daß der Operator U eine stetige Inverse besitzt. Da die Räume $\mathbf{C}_n^\alpha$ und $\mathbf{D}_n^\alpha$ vollständig sind, ist dafür hinreichend, daß U den Raum $\mathbf{C}_n^\alpha$ eineindeutig auf $\mathbf{D}_n^\alpha$ abbildet (siehe Abschnitt XII.1.4), d. h., daß es zu jedem $\tilde{z} \in \mathbf{D}_n^\alpha$ ein einziges Element $\tilde{y} \in \mathbf{C}_n^\alpha$ mit $\tilde{z} = U(\tilde{y})$ gibt. Mit anderen Worten, wir zeigen, daß die Gleichung

$$\tilde{z}(s) = y(s) - \int_0^s A\, y(t)\, dt \tag{11}$$

eine eindeutig bestimmte Lösung in $\mathbf{C}_n^\alpha$ hat.

Aus elementaren Ergebnissen der Theorie gewöhnlicher Differentialgleichungen folgt, daß stets eine Lösung $\tilde{y}$ der Gleichung (11) existiert, diese eindeutig bestimmt ist und sich in der Form

$$\tilde{y}(s) = \int_0^s e^{(s-t)A}\, \tilde{z}'(t)\, dt + e^{sA}\, \tilde{z}(0)$$

schreiben läßt. Wählen wir eine Zahl σ mit

$$\alpha < \sigma < -\max_k \operatorname{Re} \lambda_k,$$

so ergibt sich auf Grund der Abschätzung (10)

$$|\tilde{y}(s)| \leqq K\left[\int_0^s e^{-(s-t)\sigma}|\tilde{z}'(t)|\,dt + e^{-s\sigma}\,|\tilde{z}(0)|\right]$$

$$\leqq K\left[e^{-s\sigma}\int_0^s e^{(\sigma-\alpha)t}\,||\tilde{z}||\,dt + e^{-s\sigma}\,||\tilde{z}||\right] = K\,||\tilde{z}||\,e^{-s\sigma}\left[\frac{e^{(\sigma-\alpha)s}-1}{\sigma-\alpha}+1\right]$$

$$= K\,||\tilde{z}||\,e^{-\alpha s}\left[\frac{1-e^{(\alpha-\sigma)s}}{\sigma-\alpha}+e^{(\alpha-\sigma)s}\right] \leqq K_1\,||\tilde{z}||\,e^{-\alpha s},$$

d. h.

$$\sup |\tilde{y}(s)\,e^{\alpha s}| \leqq K_1\,||\tilde{z}|| < \infty\,. \tag{12}$$

Wegen

$$\tilde{y}'(s) = \tilde{z}'(s) + A\,\tilde{y}(s)$$

gilt weiter

$$\sup_s |\tilde{y}'(s)\,e^{\alpha s}| \leqq \sup_s |\tilde{z}'(s)\,e^{\alpha s}| + |A|\sup_s |\tilde{y}(s)\,e^{\alpha s}|$$

$$\leqq (1 + K_1\,|A|)\,||\tilde{z}|| < \infty\,. \tag{13}$$

Aus den Beziehungen (12) und (13) folgt $\tilde{y} \in \mathrm{C}_n^\alpha$, also ist auch die dritte Bedingung von Satz 1 erfüllt.

Die Gleichung $P(x, y) = 0$, d. h. Gleichung (8), hat deshalb eine eindeutig bestimmte Lösung $y^* = F(x) \in \mathrm{C}_n^\alpha$, wenn nur der Anfangsvektor x hinreichend klein ist. Dabei besteht die Ungleichung

$$|y^*(s)| \leqq ||F(x)||\,e^{-\alpha s},$$

und wegen der Stetigkeit des Operators F gilt $||F(x)|| \to 0$ für $||x|| \to 0$, womit der Satz vollständig bewiesen ist.

KAPITEL XVIII

DAS NEWTONSCHE VERFAHREN

Im vorliegenden Kapitel entwickeln wir die Theorie einer Methode zur Lösung von Funktionalgleichungen, die im Falle einer Gleichung mit einer gewöhnlichen reellen Funktion unter dem Namen NEWTON*sches Verfahren* oder *Tangentenverfahren* bekannt ist. Diese Methode gehört zu den wenigen Verfahren, die heute in der Praxis zur tatsächlichen Berechnung der Lösung nichtlinearer Funktionalgleichungen angewandt werden. Darüber hinaus hat sie theoretische Bedeutung insofern, als man mit ihrer Hilfe oft Aussagen über die Existenz, die Eindeutigkeit und das allgemeine Verhalten der Lösung beweisen kann, ohne diese selbst berechnen zu müssen. Das ist in vielen Fällen nicht weniger wichtig als die tatsächliche Kenntnis der Lösung.

Die Resultate dieses Kapitels stammen in der Hauptsache von L. W. KANTOROWITSCH [20]; unsere Darstellung folgt dem Aufsatz [117e].

§ 1. Gleichungen der Form $P(x) = 0$

1.1. Es sei ein Operator P gegeben, der die offene Menge Ω eines B-Raumes $\mathbf{X}$ in einen anderen B-Raum $\mathbf{Y}$ abbildet. Der Operator P habe in Ω eine stetige Ableitung. Außerdem existiere für ihn eine Nullstelle, d. h. ein Element x^* mit

$$P(x^*) = 0 .$$

Wir wählen ein beliebiges Element $x_0 \in \Omega$. Dann liegt das Element $P'(x_0)(x_0 - x^*)$ i. a. nahe bei $P(x_0) = P(x_0) - P(x^*)$, d. h., wir können erwarten, daß die Lösung der Gleichung

$$P'(x_0)\,(x_0 - x) = P(x_0)$$

nahe bei x^* liegt. Die letztere Gleichung ist aber linear und ihre Lösung x_1 läßt sich leicht berechnen:

$$x_1 = x_0 - [P'(x_0)]^{-1}\, P\big((x_0)\big)$$

(es versteht sich, daß wir dabei die Existenz des inversen Operators vorausgesetzt haben).

Durch Wiederholung dieses Prozesses finden wir, ausgehend von der Anfangsnäherung x_0, eine Folge $\{x_n\}$:

$$x_{n+1} = x_n - [P'(x_n)]^{-1}\, P\big((x_n)\big) \qquad (n = 0, 1, \ldots) . \tag{1}$$

Jedes Element x_n dieser Folge sehen wir als Näherungslösung für die Gleichung

$$P(x) = 0 \tag{2}$$

an. Es ist zu erwarten, daß mit wachsendem n im allgemeinen eine Verbesserung der Näherungslösungen eintritt.

Die angegebene Methode zur Berechnung der Folge $\{x_n\}$ heißt NEWTON*sches Verfahren.*[1])

Das NEWTONsche Verfahren ist unter den getroffenen Voraussetzungen nicht immer durchführbar. Einerseits kann das Element x_n für ein gewisses n außerhalb der Menge Ω liegen, andererseits braucht der Operator $[P(x_n)]^{-1}$ nicht zu existieren.

Konvergiert die Folge $\{x_n\}$ gegen die Wurzel x^* und liegt die Anfangsnäherung x_0 bereits hinreichend nahe bei x^*, so werden sich die Operatoren $P'(x_n)$ und $P'(x_0)$ wegen der Stetigkeit der Ableitung P' wenig voneinander unterscheiden. Deshalb benutzt man zur Berechnung der Näherungen an Stelle von (1) oft die folgende Formel:

$$x'_{n+1} = x'_n - [P'(x_0)]^{-1}\left(P(x'_n)\right) \qquad (n = 0, 1, \ldots; x'_0 = x_0), \tag{3}$$

die wohl i. a. eine schlechtere Näherung liefert, dafür aber wesentlich einfacher ist als Formel (1).

Diese Methode zur Berechnung der Folge $\{x'_n\}$ heißt *modifiziertes* (oder vereinfachtes) NEWTON*sches Verfahren.*

Im folgenden untersuchen wir ausführlich die Bedingungen für die Durchführbarkeit und die Konvergenz des gewöhnlichen und des modifizierten NEWTONschen Verfahrens; unter der Konvergenz dieser Verfahren verstehen wir dabei die Konvergenz der Folge $\{x_n\}$ bzw. $\{x'_n\}$ gegen die Lösung von Gleichung (2).

Es sei noch bemerkt, daß das NEWTONsche Verfahren zur Lösung der Gleichung (2) ein Verfahren der sukzessiven Approximation, gestützt auf die Formel

$$x = x - \Gamma(x)\left(P(x)\right) \qquad \left(\Gamma(x) = [P'(x)]^{-1}\right), \tag{4}$$

bedeutet. Die Gleichungen (4) und (2) sind offensichtlich äquivalent.

Ebenso ist das modifizierte NEWTONsche Verfahren nichts anderes als die Methode der sukzessiven Approximation bezüglich der Formel

$$x = x - \Gamma(x_0)\left(P(x)\right). \tag{5}$$

Aus diesem Grunde beschäftigen wir uns zunächst mit der Methode der sukzessiven Approximation.

---

[1]) Ist der Operator P eine reelle Funktion eines reellen Arguments, so können wir die Formel (1) folgendermaßen schreiben:

$$x_{n+1} = x_n - \frac{P(x_n)}{P'(x_n)} \qquad (n = 0, 1, \ldots),$$

d. h., sie fällt in diesem Falle mit der Formel für das klassische NEWTONsche Verfahren zusammen.

1.2. Der Operator S sei in der Kugel $\|x - x_0\| < R$ eines B-Raumes $\mathbf{X}$ definiert ($x_0 \in \mathbf{X}$). Wir betrachten die Gleichung

$$x = S(x) \tag{6}$$

und daneben die Gleichung

$$t = \varphi(t)\,, \tag{7}$$

wobei die reelle Funktion φ im Intervall $[t_0, t']$ ($t' = t_0 + r < t_0 + R$) definiert sei. Sind die folgenden beiden Bedingungen erfüllt:

$$1.\quad \|S(x_0) - x_0\| \leqq \varphi(t_0) - t_0\,; \tag{8}$$

$$2.\quad \|S'(x)\| \leqq \varphi'(t) \quad \text{für} \quad \|x - x_0\| \leqq t - t_0\,,$$

so sagen wir, die Gleichung (7) (oder die Funktion φ) majorisiert die Gleichung (6) (oder den Operator S).

Satz 1 (1.XVIII). *Der Operator S habe in der abgeschlossenen Kugel $\Omega_0(\|x-x_0\| \leqq r)$ eine stetige Ableitung, und die Funktion φ sei im Intervall $[t_0, t']$ differenzierbar. Majorisiert die Gleichung* (7) *die Gleichung* (6) *und ist die Gleichung* (7) *im Intervall $[t_0, t']$ lösbar, dann existiert auch eine Lösung x^* der Gleichung* (6) *und die Folge $\{x_n\}$*

$$x_{n+1} = S(x_n) \qquad (n = 0, 1, \ldots) \tag{9}$$

mit dem Anfangselement x_0 konvergiert gegen x^*.

Dabei gilt

$$\|x^* - x_0\| \leqq t^* - t_0\,, \tag{10}$$

wenn t^* die kleinste Wurzel der Gleichung (7) *bezeichnet.*

Beweis. Wir zeigen zunächst, daß die Folge $\{t_n\}$

$$t_{n+1} = \varphi(t_n) \qquad (n = 0, 1, \ldots) \tag{11}$$

konvergiert. Wegen Bedingung 2 besteht die Ungleichung

$$\varphi'(t) \geqq 0 \qquad (t \in [t_0, t'])\,,$$

also wächst die Funktion φ im Intervall $[t_0, t']$ monoton. Deshalb ist, wie wir uns zunächst überlegen wollen, t_n für jedes n definiert und es gilt

$$t_n \leqq \bar{t} \qquad (n = 0, 1, \ldots)\,, \tag{12}$$

wobei $\bar{t}$ die nach Voraussetzung existierende Wurzel der Gleichung (7) bezeichnet.

Für $n = 0$ ist die Ungleichung (12) offensichtlich erfüllt. Gilt sie schon für $n = k$, dann folgt aus $t_k \leqq \bar{t}$ wegen der Monotonie der Funktion φ

$$t_{k+1} = \varphi(t_k) \leqq \varphi(\bar{t}) = \bar{t}\,.$$

Ebenso zeigen wir durch vollständige Induktion unter Benutzung der Monotonie der Funktion φ, daß die Folge $\{t_n\}$ monoton ist: Die Ungleichung $t_0 \leqq t_1$ besteht gemäß Bedingung 1 und aus $t_n \leqq t_{n+1}$ ergibt sich $t_{n+1} = \varphi(t_n) \leqq \varphi(t_{n+1}) = t_{n+2}$.

Es existiert also der Grenzwert $t^* = \lim t_n$. Wegen Formel (11) und der Stetigkeit der Funktion φ bildet t^* eine Lösung der Gleichung (7); aus (12) folgt, daß diese die kleinste Lösung im Intervall $[t_0, t']$ ist.

Wir zeigen jetzt, daß alle Elemente der Form (9) definiert sind und eine konvergente Folge bilden.

Die Beziehung (8) schreiben wir zu diesem Zweck in der Form

$$\|x_1 - x_0\| \leqq t_1 - t_0$$

und bemerken, daß x_1 zu Ω_0 gehört. Es sei bereits bewiesen, daß $x_1, x_2, \ldots, x_n \in \Omega_0$ und

$$\|x_{k+1} - x_k\| \leqq t_{k+1} - t_k \qquad (k = 0, 1, \ldots, n-1) \tag{13}$$

gilt. Dann läßt sich gemäß Abschnitt XVII.1.7 die Differenz $x_{n+1} - x_n$ folgendermaßen schreiben:

$$x_{n+1} - x_n = S(x_n) - S(x_{n-1}) = \int_{x_{n-1}}^{x_n} S'(x)\, dx\,.$$

Bezeichnen x und t einander entsprechende Punkte der „Intervalle" $[x_{n-1}, x_n]$ und $[t_{n-1}, t_n]$,

$$x = x_{n-1} + \tau\,(x_n - x_{n-1})\,, \qquad t = t_{n-1} + \tau(t_n - t_{n-1}) \qquad (0 \leqq \tau \leqq 1)\,,$$

so folgt aus (13)

$$\|x - x_0\| \leqq \tau\,\|x_n - x_{n-1}\| + \|x_{n-1} - x_{n-2}\| + \cdots + \|x_1 - x_0\|$$
$$\leqq \tau(t_n - t_{n-1}) + (t_{n-1} - t_{n-2}) + \cdots + (t_1 - t_0) = t - t_0\,.$$

Wegen Bedingung 2 ist also

$$\|S'(x)\| \leqq \varphi'(t)\,.$$

Unter Benutzung der Bemerkung aus Abschnitt XVII.1.7 finden wir damit

$$\|x_{n+1} - x_n\| = \Big\|\int_{n-1}^{x_n} S'(x)\, dx\Big\| \leqq \int_{t_{n-1}}^{t_n} \varphi'(t)\, dt = \varphi(t_n) - \varphi(t_{n-1}) = t_{n+1} - t_n\,,$$

d. h., die Beziehung (13) besteht auch für $k = n$. Außerdem gehört das Element x_{n+1} zu Ω_0, denn es gilt

$$\|x_{n+1} - x_0\| \leqq \|x_{n+1} - x_n\| + \|x_n - x_{n-1}\| + \cdots + \|x_1 - x_0\|$$
$$\leqq (t_{n+1} - t_n) + (t_n - t_{n-1}) + \cdots + (t_1 - t_0) = t_{n+1} - t_0 \leqq t' - t_0 = r\,.$$

Deshalb sind Formel (13) und die Inklusion $x_k \in \Omega_0$ für alle $k = 0, 1, \ldots$ richtig.

Aus (13) ergibt sich weiter

$$\|x_{n+p} - x_n\| \leqq \|x_{n+p} - x_{n+p-1}\| + \cdots + \|x_{n+1} - x_n\| \leqq$$
$$\leqq (t_{n+p} - t_{n+p-1}) + \cdots + (t_{n+1} - t_n) = t_{n+p} - t_n\,, \tag{14}$$

die Folge $\{x_n\}$ ist also in sich konvergent, d. h., sie hat einen Grenzwert $x^* = \lim x_n$. Durch Grenzübergang in Gleichung (9) finden wir wegen der Stetigkeit des Operators S

$$x^* = S(x^*)\,,$$

somit ist x^* eine Wurzel der Gleichung (6).

Die Abschätzung (10) folgt aus (14), wenn wir darin $n = 0$ setzen und den Grenzübergang $p \to \infty$ durchführen.

Bemerkung 1. Strebt in Formel (14) $p \to \infty$, so ergibt sich für die Konvergenzgeschwindigkeit der Folge $\{x_n\}$ gegen x^* die Ungleichung

$$||x^* - x_n|| \leqq t^* - t_n \qquad (n = 0, 1, \ldots) . \tag{15}$$

Bemerkung 2. Beim Beweis von Satz 1 haben wir die Bedingung 2 nicht voll in Anspruch genommen. Es genügt vielmehr, für unseren Zusammenhang vorauszusetzen, daß die Ungleichung $||S'(x)|| \leqq \varphi'(t)$ nur in einander entsprechenden Punkten der Intervalle $[x_{n-1}, x_n]$ und $[t_{n-1}, t_n]$ $(n = 1, 2, \ldots)$ erfüllt ist.

Gleichung (6) kann in der Kugel Ω_0 auch andere, von x^* verschiedene Lösungen haben, selbst wenn die Lösung t^* der Majorantengleichung (7) im Intervall $[t_0, t']$ eindeutig ist. Wir beweisen jedoch den folgenden

Satz 2 (1.XVIII). *Es seien die Voraussetzungen von Satz 1 erfüllt; außerdem gelte*

$$\varphi(t') \leqq t' .$$

Hat dann die Gleichung (7) im Intervall $[t_0, t']$ nur eine einzige Wurzel, so ist auch die Lösung x^* der Gleichung (6) in der Kugel Ω_0 eindeutig, und die Methode der sukzessiven Approximationen konvergiert für jede Anfangsnäherung $\tilde{x}_0 \in \Omega_0$.

Beweis. Wendet man auf Gleichung (7) die Methode der sukzessiven Approximationen mit der Anfangsnäherung $\tilde{t}_0 = t'$ an, so läßt sich entsprechend wie in Satz 1 zeigen, daß die Folge $\{\tilde{t}_n\}$

$$\tilde{t}_{n+1} = \varphi(\tilde{t}_n) \qquad (n = 0, 1, \ldots)$$

monoton fällt und nach unten beschränkt ist ($\tilde{t}_n \geqq t^*$). Deshalb hat sie einen Grenzwert $\tilde{t}$, der als Wurzel von Gleichung (7) wegen der Eindeutigkeit mit t^* übereinstimmen muß ($\tilde{t} = t^*$).

Wir zeigen jetzt, daß die Methode der sukzessiven Approximationen für die Gleichung (6)

$$\tilde{x}_{n+1} = S(\tilde{x}_n) \qquad (n = 0, 1, \ldots)$$

bei beliebigem Anfangselement $\tilde{x}_0 \in \Omega_0$ konvergiert, also eine Lösung der Gleichung (6) liefert.

Es gilt

$$\tilde{x}_1 - x_1 = S(\tilde{x}_0) - S(x_0) = \int_{x_0}^{\tilde{x}_0} S'(x)\, dx .$$

Daraus folgt durch Anwendung der Bemerkung aus Abschnitt XVII.1.7

$$||\tilde{x}_1 - x_1|| \leqq \int_{t_0}^{\tilde{t}_0} \varphi'(t)\, dt = \varphi(\tilde{t}_0) - \varphi(t_0) = \tilde{t}_1 - t_1$$

und somit

$$||\tilde{x}_1 - x_0|| \leqq ||\tilde{x}_1 - x_1|| + ||x_1 - x_0|| \leqq (\tilde{t}_1 - t_1) + (t_1 - t_0) = \tilde{t}_1 - t_0 \leqq r ,$$

d. h. $\tilde{x}_1 \in \Omega_0$.

Es seien bereits die Beziehungen

$$\tilde{x}_k \in \Omega_0, \quad \|\tilde{x}_k - x_k\| \leqq \tilde{t}_k - t_k \qquad (k = 1, 2, \ldots, n) \tag{16}$$

bewiesen. Dann können wir die Differenz $\tilde{x}_{n+1} - x_{n+1}$ folgendermaßen schreiben:

$$\tilde{x}_{n+1} - x_{n+1} = S(\tilde{x}_n) - S(x_n) = \int_{x_n}^{\tilde{x}_n} S'(x)\,dx\,.$$

Sind x und t wieder einander entsprechende Elemente der „Intervalle" $[x_n, \tilde{x}_n]$ und $[t_n, \tilde{t}_n]$,

$$x = x_n + \tau(\tilde{x}_n - x_n), \quad t = t_n + \tau(\tilde{t}_n - t_n) \quad (0 \leqq \tau \leqq 1)\,,$$

so ergibt sich

$$\begin{aligned}\|x - x_0\| &\leqq \tau\,\|\tilde{x}_n - x_n\| + \|x_n - x_{n-1}\| + \cdots + \|x_1 - x_0\| \\ &\leqq \tau(\tilde{t}_n - t_n) + (t_n - t_{n-1}) + \cdots + (t_1 - t_0) = t - t_0\,.\end{aligned}$$

Für diese Elemente x und t gilt also $\|S'(x)\| \leqq \varphi'(t)$, daraus folgt

$$\|\tilde{x}_{n+1} - x_{n+1}\| \leqq \int_{t_n}^{\tilde{t}_n} \varphi'(t)\,dt = \varphi(\tilde{t}_n) - \varphi(t_n) = \tilde{t}_{n+1} - t_{n+1}$$

und

$$\begin{aligned}\|\tilde{x}_{n+1} - x_0\| &\leqq \|\tilde{x}_{n+1} - x_{n+1}\| + \|x_{n+1} - x_0\| \\ &\leqq (\tilde{t}_{n+1} - t_{n+1}) + (t_{n+1} - t_0) = \tilde{t}_{n+1} - t_0 \leqq r\,,\end{aligned}$$

d. h. $\tilde{x}_{n+1} \in \Omega_0$.

Die Beziehungen (16) sind somit für jedes $k = 1, 2, \ldots$ richtig.

Weil die Folgen $\{t_n\}$ und $\{\tilde{t}_n\}$ den gemeinsamen Grenzwert t^* haben, zieht die Konvergenz der Folge $\{x_n\}$ wegen (16) die Konvergenz der Folge $\{\tilde{x}_n\}$ und die Gleichung

$$\lim_{n\to\infty} \tilde{x}_n = \lim_{n\to\infty} x_n = x^* \tag{17}$$

nach sich.

Damit ist gezeigt, daß die Methode der sukzessiven Approximationen für jede Anfangsnäherung $\tilde{x}_0 \in \Omega_0$ gegen x^* konvergiert. Hieraus folgt auch leicht die Eindeutigkeit der Lösung von Gleichung (6). Ist nämlich $\tilde{x} \in \Omega_0$ eine Wurzel dieser Gleichung, so setzen wir $\tilde{x}_0 = \tilde{x}$ und erhalten für jedes $n = 1, 2, \ldots$

$$\tilde{x}_n = \tilde{x}\,.$$

Wegen Formel (17) gilt also $\tilde{x} = x^*$, was zu zeigen war.

1.3. Nach diesen Vorbereitungen gehen wir zur Untersuchung des Newtonschen Verfahrens für die Gleichung (2) über.

Zusammen mit (2) betrachten wir die mit der reellen Funktion $\psi(t)$ gebildete Gleichung

$$\psi(t) = 0\,. \tag{18}$$

Der Operator P sei in der Kugel Ω ($\|x - x_0\| < R$) des Raumes $\mathbf{X}$ definiert und habe in der abgeschlossenen Kugel Ω_0 ($\|x - x_0\| \leqq r$) eine stetige zweite Ableitung; die Funktion ψ sei zweimal stetig differenzierbar. Dann läßt sich mit Hilfe von Satz 1 leicht die folgende Aussage über die Konvergenz des modifizierten NEWTONschen Verfahrens beweisen.

Satz 3 (1.XVIII). *Sind die folgenden Bedingungen erfüllt:*

1. *Es existiert der lineare Operator* $\Gamma_0 = [P'(x_0)]^{-1}$.
2. $c_0 = -\dfrac{1}{\psi'(t_0)} > 0$.
3. $\|\Gamma_0(P(x_0))\| \leqq c_0\,\psi(t_0)$.
4. $\|\Gamma_0\,P''(x)\| \leqq c_0\,\psi''(t) \quad$ *für* $\quad \|x - x_0\| \leqq t - t_0 \leqq r$.
5. *Die Gleichung* (18) *hat im Intervall* $[t_0, t']$ *eine Wurzel* $\bar{t}$,

dann konvergiert das modifizierte NEWTONsche *Verfahren für die Gleichungen* (2) *und* (18) *mit den Anfangselementen* x_0 *bzw.* t_0 *und liefert Lösungen* x^* *bzw.* t^* *dieser Gleichungen. Dabei gilt*

$$\|x^* - x_0\| \leqq t^* - t_0\,. \tag{19}$$

Beweis. Am Anfang dieses Paragraphen haben wir bereits bemerkt, daß das modifizierte NEWTONsche Verfahren für die Gleichung (2) und die Methode der sukzessiven Approximationen für Gleichung (5),

$$x = S(x) \quad \bigl(S(x) = x - \Gamma_0(P(x))\bigr)\,, \tag{20}$$

äquivalent sind. Ebenso ist das modifizierte NEWTONsche Verfahren für die Gleichung (18) der Methode der sukzessiven Approximationen, angewandt auf die Gleichung

$$t = \varphi(t) \quad \bigl(\varphi(t) = t + c_0\,\psi(t)\bigr)\,, \tag{21}$$

äquivalent. Wir zeigen, daß für die Gleichungen (20) und (21) alle Voraussetzungen von Satz 1 erfüllt sind.

Es gilt

$$S(x_0) - x_0 = -\,\Gamma_0\bigl(P(x_0)\bigr)$$

und analog

$$\varphi(t_0) - t_0 = c_0\,\psi(t_0)\,.$$

Die Bedingung 3 können wir deshalb folgendermaßen schreiben:

$$\|S(x_0) - x_0\| \leqq \varphi(t_0) - t_0\,.$$

Mit Hilfe der in Abschnitt XVII.1.2 abgeleiteten Differentiationsregeln ergibt sich weiter

$$S'(x) = I - \Gamma_0\,P'(x)\,, \quad S''(x) = -\,\Gamma_0\,P''(x)$$

und daraus

$$S'(x) = S'(x) - S'(x_0) = \int_{x_0}^{x} S''(x)\,dx = -\int_{x_0}^{x} \Gamma_0\,P''(x)\,dx\,.$$

Nach der Bemerkung von Abschnitt XVII.1.7 und Bedingung 4 erhalten wir damit für $\|x - x_0\| \leqq t - t_0$ die Ungleichung

$$\|S'(x)\| \leqq \int_{t_0}^{t} c_0\,\psi''(\tau)\,d\tau = c_0\,\psi'(t) - c_0\,\psi'(t_0) = 1 + c_0\,\psi'(t) = \varphi'(t)\,.$$

Gleichung (21) majorisiert also die Gleichung (20); deshalb sind für diese Gleichungen alle Voraussetzungen von Satz 1 erfüllt, aus dem jetzt unmittelbar die zu beweisende Aussage folgt.

Bemerkung. Wie in Satz 1 (Bemerkung 1) läßt sich die Konvergenzgeschwindigkeit der Folge $\{x_n'\}$ (siehe (3)) gegen x^* durch die Ungleichung

$$||x^* - x_n'|| \leqq t^* - t_n' \qquad (n = 0, 1, \ldots, \quad x_0' = x_0, \quad t_0' = t_0) \tag{22}$$

abschätzen, wenn $\{t_n'\}$ die Folge der Approximationen des modifizierten NEWTONschen Verfahrens für die Gleichung (18) bezeichnet.

Die Anwendung des Satzes 2 auf die Gleichungen (20) und (21) liefert unmittelbar ein Kriterium für die Eindeutigkeit der Lösung von Gleichung (2).

Satz 4 (1.XVIII). *Es seien alle Voraussetzungen von Satz 3 erfüllt; außerdem gelte*

$$\psi(t') \leqq 0 \,. \tag{23}$$

Hat dann die Gleichung (18) im Intervall $[t_0, t']$ nur eine einzige Wurzel, so ist auch die Lösung der Gleichung (2) in der Kugel Ω_0 eindeutig.

Zum Beweis dieses Satzes brauchen wir nur zu bemerken, daß aus (23) die Ungleichung

$$\varphi(t') = t' + c_0\,\psi(t') \leqq t'$$

folgt, d. h., es sind alle Bedingungen von Satz 2 erfüllt.

Bemerkung. Da t^* die kleinste Wurzel der Gleichung (18) bildet, sind die Voraussetzungen des Eindeutigkeitssatzes stets erfüllt, wenn wir $t' = t^*$ setzen. Deshalb ist die Eindeutigkeit der Lösung von Gleichung (2) auf jeden Fall in der Kugel

$$||x - x_0|| \leqq t^* - t_0$$

garantiert.

1.4. Die Konvergenz des gewöhnlichen NEWTONschen Verfahrens läßt sich aus der Konvergenz des modifizierten NEWTONschen Verfahrens folgern.

Satz 5 (1.XVIII). *Sind die Bedingungen von Satz 3 erfüllt, so ist das NEWTONsche Verfahren mit dem Anfangselement x_0 durchführbar und liefert eine gegen die Lösung x^* der Gleichung (2) konvergente Folge $\{x_n\}$.*

Beweis. Der erste Schritt des modifizierten NEWTONschen Verfahrens und des gewöhnlichen NEWTONschen Verfahrens stimmen überein; deshalb ist das Element x_1 definiert und es gilt $x_1 \in \Omega_0$. Wir zeigen, daß die Voraussetzungen von Satz 3 noch erfüllt sind, wenn wir in ihm x_0 durch x_1 und t_0 durch t_1 ersetzen; t_1 hat also gemäß (11) die Bedeutung $t_1 = \varphi(t_0)$, d. h., t_1 ist die nach dem NEWTONschen Verfahren auf t_0 folgende Näherung bezüglich der Funktion $\psi(t)$. Dazu betrachten wir (unter Benutzung der Bezeichnungen von Satz 3) den Operator

$$I - \Gamma_0\,P'(x_1) = -\,\Gamma_0\big(P'(x_1) - P'(x_0)\big) = -\int_{x_0}^{x_1} \Gamma_0\,P''(x)\,dx \,.$$

Gemäß der Bemerkung aus Abschnitt XVII.1.7 folgt

$$\|I - \Gamma_0 P'(x_1)\| \leqq \int_{t_0}^{t_1} c_0 \psi''(t)\, dt = 1 + c_0 \psi'(t_1) = q\,.$$

Da $\psi''(t)$ im Intervall $[t_0, t']$ nichtnegativ ist und $\psi(t_0) \geqq 0$ gilt, kann das Minimum der Funktion $\psi(t)$ nicht links vom Punkte t^* liegen. Wegen $t_1 \leqq t^*$ und $\psi'(t_0) < 0$ ist deshalb $\psi'(t_1) < 0$, d. h. $q < 1$.[1])

Nach dem Satz von BANACH (Abschnitt V.2.5) existiert der lineare Operator

$$U = [\Gamma_0 P'(x_1)]^{-1} \in [\mathbf{X} \to \mathbf{X}]$$

mit

$$\|U\| \leqq \frac{1}{1-q} = \frac{\psi'(t_0)}{\psi'(t_1)} = \frac{c_1}{c_0} \qquad \left(c_1 = -\frac{1}{\psi'(t_1)}\right), \tag{24}$$

d. h., es existiert auch der lineare Operator

$$\Gamma_1 = [P'(x_1)]^{-1} = U\,\Gamma_0\,.$$

Damit sind die Bedingungen 1 und 2 von Satz 3 nachgewiesen.

Wir zeigen jetzt, daß die Ungleichung

$$\|\Gamma_0(P(x_1))\| \leqq c_0\, \psi(t_1) \tag{25}$$

besteht. Aus der TAYLORschen Formel (Abschnitt XVII.2.5) folgt

$$\begin{aligned}\Gamma_0(P(x_1)) &= \Gamma_0(P(x_0)) + \Gamma_0 P'(x_0)(x_1 - x_0) + \int_{x_0}^{x_1} \Gamma_0 P''(x)(x_1 - x, .)\, dx \\ &= (x_0 - x_1) + (x_1 - x_0) + \int_{x_0}^{x_1} \Gamma_0 P''(x)(x_1 - x, .)\, dx \\ &= \int_{x_0}^{x_1} \Gamma_0 P''(x)(x_1 - x, .)\, dx\end{aligned}$$

und analog

$$c_0\, \psi(t_1) = c_0 \int_{t_0}^{t_1} \psi''(t)(t_1 - t)\, dt\,.$$

Da in einander entsprechenden Punkten x und t der Intervalle $[x_0, x_1]$ und $[t_0, t_1]$

$$\|\Gamma_0 P''(x)(x_1 - x, .)\| \leqq \|\Gamma_0 P''(x)\|\, \|x_1 - x\| \leqq c_0\, \psi''(t)(t_1 - t)$$

gilt, ergibt sich

$$\left\| \int_{x_0}^{x_1} \Gamma_0 P''(x)(x_1 - x, .)\, dx \right\| \leqq \int_{t_0}^{t_1} c_0\, \psi''(t)(t_1 - t)\, dt$$

---

[1]) Aus $\psi'(t_1) = 0$ folgt $t_1 = t^*$, $\psi(t_1) = 0$ und daraus

$$0 = \psi(t_1) - \psi(t_0) - \psi'(t_0)(t_1 - t_0) = \int_{t_0}^{t_1} \psi''(t)(t_1 - t)\, dt\,.$$

Diese Gleichung kann aber nur bestehen, wenn $\psi''(t)$ im Intervall $[t_0, t_1]$ identisch verschwindet, woraus sich $\psi'(t_0) = \psi'(t_1) = 0$ ergibt.

und daraus unmittelbar die Ungleichung (25).

Aus (24) und (25) erhalten wir weiter

$$\|\Gamma_1(P(x_1))\| = \|U\,\Gamma_0(P(x_1))\| \leqq \|U\|\,\|\Gamma_0(P(x_1))\| \leqq \frac{c_1}{c_0}\cdot c_0\,\psi(t_1) = c_1\,\psi(t_1),$$

d. h., auch die Bedingung 3 ist erfüllt.

Bedingung 4 wird ähnlich bewiesen: Für $\|x - x_1\| \leqq t - t_1$ gilt erst recht $\|x - x_0\| \leqq t - t_0$; deshalb ergibt sich

$$\|\Gamma_1\,P''(x)\| = \|U\,\Gamma_0\,P''(x)\| \leqq \|U\|\,\|\Gamma_0\,P''(x)\| \leqq \frac{c_1}{c_0}\cdot c_0\,\psi''(t) = c_1\,\psi''(t)\,.$$

Schließlich ist auch die Bedingung 5 erfüllt, weil die Wurzel $\bar{t}$ im Intervall $[t^*, t']$, also auch im größeren Intervall $[t_1, t']$ liegt.

Durch entsprechende Überlegungen läßt sich zeigen, daß die Bedingungen des Satzes 3 nicht verletzt werden, wenn wir von x_1 und t_1 zu x_2 und t_2 übergehen usw.

Es sind deshalb alle Elemente x_n definiert, d. h., das Newtonsche Verfahren ist durchführbar.

Die Punkte t_n bilden offensichtlich eine monoton wachsende und beschränkte, also auch konvergente Folge; ihr Grenzwert sei $\tilde{t}$. Aus den Ungleichungen

$$\|x_{n+1} - x_n\| \leqq t_{n+1} - t_n \qquad (n = 0, 1, \ldots)$$

ergibt sich, daß auch die Folge $\{x_n\}$ einen Grenzwert $\tilde{x} = \lim\limits_{n\to\infty} x_n$ hat.

Gleichung (1) schreiben wir jetzt in der Form

$$P(x_n) + P'(x_n)\,(x_{n+1} - x_n) = 0 \qquad (n = 0, 1, \ldots)\,. \tag{26}$$

Für beliebiges $x \in \Omega_0$ liefert die Formel (8) von § 1

$$\|\Gamma_0[P'(x) - P'(x_0)]\| \leqq \|x - x_0\| \sup_{0<\Theta<1} \|\Gamma_0\,P''(x_0 + \Theta(x - x_0))\|$$

$$\leqq r \max_{[t_0, t']} c_0\,\psi''(t)\,.$$

Daraus folgt, daß die Operatoren $P'(x_n)$ gleichmäßig beschränkt sind, und wir erhalten durch Grenzübergang $n \to \infty$ in Formel (26)

$$P(\tilde{x}) = 0\,,$$

d. h., $\tilde{x}$ ist eine Lösung der Gleichung (2).

Ebenso erweist sich $\tilde{t}$ als Wurzel der Gleichung (18). Da $\tilde{t} \leqq t^*$ gilt, t^* aber die kleinste Wurzel von Gleichung (18) ist, müssen $\tilde{t}$ und t^* übereinstimmen.

Weiterhin besteht, wie leicht zu sehen, die Ungleichung $\|\tilde{x} - x_0\| \leqq \tilde{t} - t_0 = t^* - t_0$, weshalb sich aus der Bemerkung zu Satz 4 schließlich $\tilde{x} = x^*$ ergibt. Damit ist der Satz vollständig bewiesen.

Bemerkung. Der Fehler der Näherungslösung x_n läßt sich folgendermaßen abschätzen:

$$\|x^* - x_n\| \leqq t^* - t_n \qquad (n = 0, 1, \ldots)\,. \tag{27}$$

Formel (27) folgt aus (22), denn man kann x_n und t_n als erste Näherungen des modifizierten Newtonschen Verfahrens mit den Anfangsnäherungen x_{n-1} bzw. t_{n-1} auffassen.

1.5. Die unmittelbare Anwendung der Sätze 3 und 5 bereitet häufig Schwierigkeiten dadurch, daß in ihrer Formulierung eine noch unbestimmte Funktion ψ auftritt. Deshalb ist der folgende Satz von Bedeutung.

Satz 6 (1.XVIII). *Der Operator P sei wieder auf der Menge Ω definiert und habe in Ω_0 ($||x - x_0|| \leqq r$) eine stetige zweite Ableitung. Sind außerdem die folgenden Bedingungen erfüllt:*

1. *Es existiert der lineare Operator* $\Gamma_0 = [P'(x_0)]^{-1}$;
2. $||\Gamma_0(P(x_0))|| \leqq \eta$;
3. $||\Gamma_0 P''(x)|| \leqq K \quad (x \in \Omega_0)$,

dann hat die Gleichung (2) *im Falle*

$$h = K\eta \leqq \frac{1}{2} \tag{28}$$

und

$$r \geqq r_0 = \frac{1 - \sqrt{1 - 2h}}{h}\eta \tag{29}$$

eine Lösung x^* mit

$$||x^* - x_0|| \leqq r_0, \tag{30}$$

gegen die das gewöhnliche und das modifizierte NEWTON*sche Verfahren konvergieren.*

Ist für $h < \frac{1}{2}$ außerdem

$$r < r_1 = \frac{1 + \sqrt{1 - 2h}}{h}\eta \tag{31}$$

und für $h = \frac{1}{2}$

$$r = r_1, \tag{32}$$

so liegt in der Kugel Ω_0 nur eine einzige Lösung x^*.

Die Konvergenzgeschwindigkeit des gewöhnlichen NEWTON*schen Verfahrens wird durch die Ungleichung*

$$||x^* - x_n|| = \frac{1}{2^n}(2h)^{2^n}\frac{\eta}{h} \qquad (n = 0, 1, \ldots) \tag{33}$$

und die des modifizierten NEWTON*schen Verfahrens für $h < \frac{1}{2}$ durch*

$$||x^* - x_n'|| \leqq \frac{\eta}{h}\left(1 - \sqrt{1 - 2h}\right)^{n+1} \qquad (n = 0, 1, \ldots) \tag{34}$$

charakterisiert.

Beweis. Wir betrachten im Intervall $[0, r]$ die reelle Funktion

$$\psi(t) = Kt^2 - 2t + 2\eta = Kt^2 - 2t + \frac{2h}{K} = \frac{h}{\eta}t^2 - 2t + 2\eta$$

und zeigen, daß der Operator P und die Funktion ψ allen Voraussetzungen von Satz 3 (also auch von Satz 5) genügen. Die Bedingungen 1—4 sind wegen $t_0 = 0$ offensichtlich erfüllt. Weiter hat die Gleichung

$$\psi(t) = 0 \tag{35}$$

die Wurzeln

$$r_0 = \frac{1 - \sqrt{1 - 2h}}{h}\,\eta\,, \qquad r_1 = \frac{1 + \sqrt{1 - 2h}}{h}\,\eta\,.$$

Diese sind gemäß Voraussetzung (28) reell, und die Bedingung (29) garantiert, daß die kleinste Wurzel r_0 im Intervall $[0, r]$ liegt. Wegen $t = r_0$ stimmen die Ungleichungen (30) und (19) von Satz 3 überein.

Die Aussage über die Eindeutigkeit der Lösung folgt aus Satz 4 und der anschließenden Bemerkung, da unter den getroffenen Voraussetzungen für $h \leqq \frac{1}{2}$ stets $\psi(r) \leqq 0$ ausfällt und die Wurzel der Gleichung (35) im Intervall $[0, r]$ eindeutig ist.

Wir beweisen schließlich noch die Ungleichungen (33) und (34). Wegen der Bemerkungen zu den Sätzen 3 und 5 genügt es, die reellen Folgen $\{t_n\}$ und $\{t'_n\}$ des gewöhnlichen bzw. modifizierten NEWTONschen Verfahrens für die Gleichung (35) zu betrachten.

Im Fall des gewöhnlichen NEWTONschen Verfahrens setzen wir

$$c_n = -\frac{1}{\psi'(t_n)}\,, \qquad \eta_n = c_n\,\psi(t_n)\,, \qquad K_n = c_n\,\psi''(t_n) = 2\,K c_n\,,$$

$$h_n = K_n\,\eta_n\,, \qquad h_0 = h\,, \qquad \eta_0 = \eta$$

und drücken die Größen η_n, K_n, h_n durch η_{n-1}, K_{n-1}, h_{n-1} aus. Zunächst gilt

$$t_{k+1} - t_k = -\frac{\psi(t_k)}{\psi'(t_k)} = \eta_k \qquad (k = 0, 1, \ldots)\,. \tag{36}$$

Aus der TAYLORschen Formel für ein Polynom zweiten Grades ergibt sich damit

$$\begin{aligned}
\eta_n &= c_n\,\psi(t_n) = c_n\,\psi\,(t_{n-1} + \eta_{n-1}) \\
&= c_n\left[\frac{1}{2}\psi''(t_{n-1})\,\eta_{n-1}^2 + \psi'(t_{n-1})\,\eta_{n-1} + \psi(t_{n-1})\right] \\
&= c_n\left[K\,\eta_{n-1}^2 - \frac{\eta_{n-1}}{c_{n-1}} + \frac{\eta_{n-1}}{c_{n-1}}\right] = c_n\,K\,\eta_{n-1}^2 \\
&= \frac{1}{2}\,\frac{c_n}{c_{n-1}}\,2\,K\,c_{n-1}\,\eta_{n-1}^2 = \frac{1}{2}\,\frac{c_n}{c_{n-1}}\,K_{n-1}\,\eta_{n-1}^2\,,
\end{aligned}$$

woraus wegen

$$\frac{c_{n-1}}{c_n} = \frac{\psi'(t_n)}{\psi'(t_{n-1})} = \frac{\psi'(t_{n-1}) + \psi''(t_{n-1})\,\eta_{n-1}}{\psi'(t_{n-1})} = 1 - K_{n-1}\,\eta_{n-1} = 1 - h_{n-1} \tag{37}$$

die Beziehung

$$\eta_n = \frac{1}{2}\,\frac{K_{n-1}\,\eta_{n-1}^2}{1 - h_{n-1}} = \frac{\eta_{n-1}}{2}\,\frac{h_{n-1}}{1 - h_{n-1}} \tag{38}$$

folgt. Unter Benutzung von (37) finden wir analog

$$K_n = 2\,c_n\,K = 2\,K\,c_{n-1}\,\frac{c_n}{c_{n-1}} = \frac{K_{n-1}}{1 - h_{n-1}}\,,$$

$$h_n = K_n\,\eta_n = \frac{1}{2}\,\frac{K_{n-1}\,\eta_{n-1}\,h_{n-1}}{(1 - h_{n-1})^2} = \frac{1}{2}\left[\frac{h_{n-1}}{1 - h_{n-1}}\right]^2. \tag{39}$$

Aus (38) und (39) ergeben sich wegen $h_n \leqq \frac{1}{2}$ die Ungleichungen

$$\eta_n \leqq h_{n-1}\,\eta_{n-1}, \quad h_n \leqq 2\,h_{n-1}^2 \qquad (n = 1, 2, \ldots)\,. \tag{40}$$

Deshalb gilt $h_n \leqq \frac{1}{2}\,[2\,h_0]^{2^n} = \frac{1}{2}[2\,h]^{2^n}$ und

$$\eta_n \leqq h_{n-1}\,\eta_{n-1} \leqq h_{n-1}\,h_{n-2}\,\eta_{n-2} \leqq \cdots \leqq h_{n-1}\,h_{n-2}\ldots h_0\,\eta_0 \leqq \frac{1}{2^n}[2\,h]^{2^n-1}\,\eta\,.$$

Somit erhalten wir für $t^* - t_n$ unter Beachtung von (36) und wegen $2\,h \leqq 1$

$$\begin{aligned} t^* - t_n &= (t_{n+1} - t_n) + (t_{n+2} - t_{n+1}) + \cdots = \eta_n + \eta_{n+1} + \cdots \\ &\leqq \frac{1}{2^n}[2\,h]^{2^n-1}\,\eta\left\{1 + \frac{1}{2}[2\,h]^{2^n} + \frac{1}{2^2}[2\,h]^{2^{n+1}} + \cdots\right\} \\ &\leqq \frac{2}{2^n}[2\,h]^{2^n-1}\,\eta = \frac{1}{2^n}[2\,h]^{2^n}\,\frac{\eta}{h}. \end{aligned}$$

Daraus folgt wegen (27) die Formel (33).

Wir beweisen jetzt unter der Voraussetzung $h < \frac{1}{2}$ die angegebene Fehlerabschätzung für das modifizierte Newtonsche Verfahren. Bezeichnet φ dieselbe Funktion wie im Beweis von Satz 3, so besteht die Identität

$$t^* - t_n' = \varphi(t^*) - \varphi(t_{n-1}') = \varphi'(\tilde{t}_n)\,(t^* - t_{n-1}') \qquad \left(\tilde{t}_n = \frac{t^* + t_{n-1}'}{2}\right).$$

Es ist aber

$$\varphi'(t) = 1 + c_0\,\psi'(t) = K\,t\,,$$

also

$$\varphi'(\tilde{t}_n) = K\,\tilde{t}_n \leqq K\,t^* = 1 - \sqrt{1 - 2\,h}\,.$$

Damit ergibt sich

$$t^* - t_n' \leqq \left[1 - \sqrt{1 - 2\,h}\right](t^* - t_{n-1}')\,.$$

Schätzen wir ebenso die Differenzen $t^* - t_{n-1}'$, $t^* - t_{n-2}'$, ... ab, so folgt schließlich

$$t^* - t_n' \leqq \left[1 - \sqrt{1 - 2\,h}\right]^n (t^* - t_0') = \frac{\eta}{h}\left[1 - \sqrt{1 - 2\,h}\right]^{n+1},$$

zusammen mit (22) also die Ungleichung (34):

$$\|x^* - x_n'\| \leqq \frac{\eta}{h}\left[1 - \sqrt{1 - 2\,h}\right]^{n+1}.$$

Damit ist der Satz vollständig bewiesen.

Bemerkung 1. Die Bedingungen 2 und 3 von Satz 6 können durch folgende ersetzt werden:

1'. $\|\Gamma_0\| \leqq B'$;

2'. $\|P(x_0)\| \leqq \eta'$;

3'. $\|P''(x)\| \leqq K' \quad (x \in \Omega_0)$.

Die Größen h, r_0, r_1 erhalten dann die Gestalt

$$h = K' B'^2 \eta', \qquad r_0 = \frac{1 - \sqrt{1 - 2h}}{h} B' \eta', \qquad r_1 = \frac{1 + \sqrt{1 - 2h}}{h} B' \eta'.$$

Bemerkung 2. Die Voraussetzungen (28), (29), (31) (oder (32)) sind genau in dem Sinne, daß die quadratische Gleichung (35) bei Verletzung einer der ersten beiden Bedingungen keine Lösung und bei Verletzung der Bedingung (31) oder (32) mehr als eine Lösung hat.[1])

§ 2. Folgerungen aus dem Satz über die Konvergenz des NEWTONschen Verfahrens

In diesem Paragraphen ziehen wir einige Folgerungen aus dem Satz über die Konvergenz des NEWTONschen Verfahrens (Satz 6 (1.XVIII)). Unseren Betrachtungen liegt wieder die Gleichung

$$P(x) = 0 \tag{1}$$

zugrunde; bezüglich des Operators P (Definitionsbereich, Differentiationseigenschaften usw.) seien dabei die oben eingeführten Bezeichnungen und Voraussetzungen weiterhin gültig.

2.1. Als erstes beweisen wir eine Verallgemeinerung von Satz 6 (1.XVIII), bei der an Stelle der Existenz des inversen Operators $\Gamma_0 = [P'(x_0)]^{-1}$ nur die Existenz eines nahe bei Γ_0 gelegenen Operators gefordert wird.

Satz 1 (2.XVIII). *Es gebe einen linearen Operator* $\Gamma \in [\mathrm{Y} \to \mathrm{X}]$ *mit den folgenden Eigenschaften:*

1. $\|\Gamma(P(x_0))\| \leqq \bar{\eta}$;
2. $\|\Gamma P'(x_0) - I\| \leqq \delta$;
3. $\|\Gamma P''(x)\| \leqq \bar{K} \quad (x \in \Omega_0)$.

Bestehen dann die Beziehungen

$$\bar{h} = \frac{\bar{K}\bar{\eta}}{(1-\delta)^2} \leqq \frac{1}{2}, \qquad \delta < 1 \tag{2}$$

und

$$r \geqq \bar{r}_0 = \frac{1 - \sqrt{1 - 2\bar{h}}}{\bar{h}} \cdot \frac{\bar{\eta}}{1-\delta}, \tag{3}$$

so hat die Gleichung (1) *in der Kugel* $\|x - x_0\| \leqq \bar{r}_0$ *eine Lösung* x^*. *Diese ist im Falle*

$$r < \bar{r}_1 \quad \textit{für} \quad \bar{h} < \frac{1}{2}, \qquad r = \bar{r}_1 \quad \textit{für} \quad \bar{h} = \frac{1}{2} \qquad \left(\bar{r}_1 = \frac{1 + \sqrt{1 - 2\bar{h}}}{\bar{h}} \cdot \frac{\bar{\eta}}{1-\delta}\right)$$

eindeutig.

---

[1]) Unter der Voraussetzung (32) ist die Lösung der Gleichung (35) eindeutig; die Gleichung $\psi(t) - \varepsilon = 0$ $(\varepsilon > 0)$ hat jedoch im Intervall $[0, r]$ bereits zwei Lösungen.

Für die Näherungen x_n des NEWTONschen Verfahrens besteht die Fehlerabschätzung

$$\|x^* - x_n\| \leqq \frac{1}{2^n}[2\,\bar{h}]^{2^n}\frac{\bar{\eta}}{\bar{h}\,(1-\delta)} \qquad (n = 0, 1, \ldots)\,.$$

Beweis. Wir zeigen das Erfülltsein der Voraussetzungen von Satz 6 (1.XVIII). Aus der zweiten Bedingung und nach Satz 3 (2.V) folgt die Existenz eines linearen Operators

$$U = [\Gamma\, P'(x_0)]^{-1}$$

mit

$$\|U\| \leqq \frac{1}{1-\delta}.$$

Deshalb existiert auch die lineare Inverse

$$\Gamma_0 = [P'(x_0)]^{-1} = U\,\Gamma\,,$$

und es gilt

$$\|\Gamma_0(P(x_0))\| \leqq \|U\|\;\|\Gamma(P(x_0))\| \leqq \frac{\bar{\eta}}{1-\delta},$$

$$\|\Gamma_0\, P''(x)\| \leqq \|U\|\;\|\Gamma\, P''(x)\| \leqq \frac{\bar{K}}{1-\delta} \qquad (x \in \Omega_0)\,.$$

Die zu beweisenden Aussagen ergeben sich nun unmittelbar aus Satz 6 (1.XVIII).

2.2. Wir ersetzen jetzt auch im modifizierten NEWTONschen Verfahren den Operator $\Gamma_0 = [P'(x_0)]^{-1}$ durch einen ihm nahe gelegenen Operator Γ, d. h., wir berechnen die Näherungen $\tilde{x}_n$ gemäß der Gleichung

$$\tilde{x}_{n+1} = \tilde{x}_n - \Gamma(P(\tilde{x}_n)) \qquad (n = 0, 1, \ldots;\ \tilde{x}_0 = x_0)\,. \tag{4}$$

Satz 2 (2.XVIII). *Unter den Voraussetzungen von Satz 1 ist das durch Gleichung (4) definierte Verfahren durchführbar, d. h., es gilt $\tilde{x}_n \in \Omega_0$ $(n = 0, 1, \ldots)$, und die Folge $\{\tilde{x}_n\}$ konvergiert gegen x^*.*

Zum **Beweis** benutzen wir wie im Fall des modifizierten NEWTONschen Verfahrens (Satz 3 (1.XVIII)) den Satz 1 (1.XVIII), und zwar setzen wir

$$S(x) = x - \Gamma(P(x)) \qquad (x \in \Omega_0)$$

und

$$\varphi(t) = \frac{1}{2}\bar{K}\,t^2 + \delta t + \bar{\eta} = t + \psi(t) \qquad \left(\psi(t) = \frac{1}{2}\bar{K}\,t^2 - (1-\delta)\,t + \bar{\eta}\right),$$

$$t \in [t_0, t'],\ t_0 = 0,\ t' = r)\,.$$

Dann folgt

$$\|S(x_0) - x_0\| = \|-\Gamma(P(x_0))\| \leqq \bar{\eta} = \varphi(t_0) - t_0\,.$$

Weiter ergibt sich für $\|x - x_0\| \leqq t \leqq r$

$$\|S'(x)\| = \|I - \Gamma\, P'(x)\| \leqq \|I - \Gamma\, P'(x_0)\| + \|(\Gamma P'(x_0) - P'(x))\|$$

$$\leqq \delta + \left\|\int_{x_0}^{x}\Gamma\, P''(y)\,dy\right\| \leqq \delta + \int_0^t \bar{K}\,d\tau = \delta + \bar{K}\,t = \varphi'(t)\,.$$

Die Gleichung

$$x = S(x) \tag{5}$$

wird also durch die Gleichung $t = \varphi(t)$ majorisiert. Letztere hat die Wurzel

$$t^* = \frac{1-\sqrt{1-2\bar{h}}}{\bar{h}} \cdot \frac{\bar{\eta}}{1-\delta} = \bar{r}_0 < r\,.$$

Deshalb hat auch Gleichung (5) eine Lösung, die wegen der oben bewiesenen Eindeutigkeit (in der Kugel $\|x - x_0\| \leqq \bar{r}_0$) mit x^* übereinstimmen muß.

Bemerkung. Wir überlassen es dem Leser, analog wie in Abschnitt XVIII.1.5 für das modifizierte Newtonsche Verfahren im Fall $h < \frac{1}{2}$ die folgende Abschätzung für die Konvergenzgeschwindigkeit der Folge $\{\tilde{x}_n\}$ gegen x^* zu zeigen:

$$\|x^* - \tilde{x}_n\| \leqq \frac{1}{\bar{h}}\left[1 - (1-\delta)\sqrt{1-2\bar{h}}\right]^{n+1} \frac{\bar{\eta}}{(1-\delta)^2} \quad (n = 0, 1, \ldots)\,.$$

2.3. Es seien jetzt alle Voraussetzungen von Satz 6 (1.XVIII) mit $h < \frac{1}{2}$ erfüllt. Dann erweist sich das Newtonsche Verfahren als stabil, das heißt, es konvergiert für eine beliebige hinreichend nahe bei x_0 gelegene Anfangsnäherung $x' \in \Omega_0$. Genauer gilt der folgende

Satz 3 (2.XVIII). *Sind die Bedingungen von Satz* 6 (1.XVIII) *mit den Konstanten* η, K *und* $h = K\eta < \frac{1}{2}$ *erfüllt, so konvergieren das gewöhnliche und das modifizierte* Newton*sche Verfahren für eine beliebige Anfangsnäherung* $x_0' \in \Omega_0$ *mit*

$$\|x_0' - x_0\| \leqq \varepsilon \quad \left(\varepsilon = \frac{1-2h}{4K} = \frac{1-2K\eta}{4K}\right). \tag{6}$$

Beweis. Wir setzen in Satz 1 $\Gamma = \Gamma_0 = [P'(x_0)]^{-1}$ und nehmen als Ausgangselement x_0 jetzt das Element x_0'. Wegen

$$\|\Gamma_0(P(x_0'))\| = \Big\|\Gamma_0\Big[P(x_0) + P'(x_0)(x_0' - x_0) + \int_{x_0}^{x_0'} P''(x)(x_0' - x, .)\,dx\Big]\Big\| \leqq \eta + \varepsilon + K\frac{\varepsilon^2}{2}$$

ist die Bedingung 1 mit $\bar{\eta} = \eta + \varepsilon + K\frac{\varepsilon^2}{2}$ erfüllt. Weiter gilt

$$\|\Gamma_0 P'(x_0') - I\| = \|\Gamma_0[P'(x_0') - P'(x_0)]\| = \Big\|\int_{x_0}^{x_0'} \Gamma_0 P''(x)\,dx\Big\| \leqq K\varepsilon = \delta\,.$$

Schließlich sei $\bar{K} = K$. Für $\bar{h}$ ergibt sich dann

$$\bar{h} = \frac{\bar{K}\bar{\eta}}{(1-\delta)^2} = \frac{K\left(\eta + \varepsilon + \frac{K}{2}\varepsilon^2\right)}{(1-K\varepsilon)^2} = \frac{1}{2}\,\frac{K^2\varepsilon^2 + 2K\varepsilon + 2K\eta}{K^2\varepsilon^2 - 2K\varepsilon + 1} = \frac{1}{2}.$$

Damit ist der Satz bewiesen.

Bemerkung. Ist $h \geqq 4\sqrt{2} - 5{,}5 \approx 0{,}16$, so liegt die Kugel $\|x - x_0\| \leqq \varepsilon$ ganz in der Kugel $\|x - x_0\| \leqq r_0$, also erst recht in Ω_0. Im Fall $h < 4\sqrt{2} - 5{,}5$ folgt demgegenüber aus Bedingung (6) i. a. noch nicht $x_0' \in \Omega_0$, sondern man muß das zusätzlich fordern.

2.4. In die Abschätzung für den Abstand der Lösung x^* von der Anfangsnäherung x_0, d. h. in die Größe r_0, geht auch der Operator Γ_0 ein. Kennt man diesen, so läßt sich die Lage der Lösung genauer bestimmen, wenn man x_1 nach dem NEWTONschen Verfahren berechnet und anschließend Satz 1 anwendet.

Satz 4 (2.XVIII). *Existiert der lineare Operator $\Gamma_0 = [P'(x_0)]^{-1}$, und genügt er den Bedingungen*

1. $\|\Gamma_0(P(x_0))\| \leqq \eta$;
2. $\|\Gamma_0(P(x_1))\| \leqq \eta_1 \quad (x_1 = x_0 - \Gamma_0(P(x_0)))$;
3. $\|\Gamma_0 P''(x)\| \leqq K \quad (x \in \Omega_0)$;
4. $h_1 = \dfrac{K\eta_1}{(1-K\eta)^2} \leqq \dfrac{1}{2}$,

so hat die Gleichung (1) *eine Lösung x^* mit*

$$\|x^* - x_1\| \leqq \frac{1-\sqrt{1-2h_1}}{h_1}\,\frac{\eta_1}{1-K\eta}. \tag{7}$$

Beweis. Die Bedingungen von Satz 1 sind erfüllt, wenn wir $\Gamma = \Gamma_0$ setzen und an Stelle von x_0 das Element x_1 nehmen:

$$\|\Gamma_0(P(x_1))\| \leqq \eta_1,$$

$$\|\Gamma_0 P'(x_1) - I\| \leqq \|\Gamma_0[P'(x_1) - P'(x_0)]\|$$

$$= \left\|\int_{x_0}^{x_1} \Gamma_0 P''(x)\,dx\right\| \leqq K\,\|x_1 - x_0\| \leqq K\eta.$$

Wir können also $\bar\eta$, δ bzw. h durch η_1, $K\eta$ bzw. h_1 ersetzen.

Nach Satz 1 liegt die Lösung x^* in der Kugel $\|x - x_1\| \leqq \bar r_0$. In unserem Falle gilt aber

$$\bar r_0 = \frac{1-\sqrt{1-2\bar h}}{\bar h}\,\frac{\bar\eta}{1-\delta} = \frac{1-\sqrt{1-2h_1}}{h_1}\,\frac{\eta_1}{1-K\eta},$$

womit die Ungleichung (7) bewiesen ist.

Bemerkung 1. Es kann $h_1 \leqq \frac{1}{2}$ und gleichzeitig $h = K\eta > \frac{1}{2}$ sein. Dann folgt aus Satz 4 die Existenz einer Lösung, währenddessen Satz 6 (1.XVIII) nicht anwendbar ist.

Bemerkung 2. Die Bedingungen 1—4 garantieren nicht, daß die Kugel $\|x - x_1\| \leqq \bar r_0$ in Ω_0 liegt. Hierzu muß vielmehr der Radius der Kugel Ω_0 noch als hinreichend groß vorausgesetzt werden, etwa in der Form

$$r \geqq \eta + \bar r_0 = \eta + \frac{1-\sqrt{1-2h_1}}{h_1}\,\frac{\eta_1}{1-K\eta}.$$

2.5. Ist unter den Voraussetzungen der Bemerkung 1 zu Satz 6 (1.XVIII) die Abschätzung für die Norm des Operators $[P'(x)]^{-1}$ nicht nur im Punkte x_0, sondern im ganzen Gebiet Ω_0 bekannt, so braucht man an Stelle von $h \leqq \frac{1}{2}$ nur $h < 2$ zu fordern (siehe [151a]).

Satz 5 (2.XVIII) (MYSOWSKICH). *Es seien die folgenden Bedingungen erfüllt:*

1. $||P(x_0)|| \leqq \eta$.
2. *Für* $x \in \Omega_0$ $(||x - x_0|| \leqq r)$ *existiert der lineare Operator* $\Gamma(x) = [P'(x)]^{-1}$ *mit*
$$||\Gamma(x)|| \leqq B \qquad (x \in \Omega_0).$$
3. $||P''(x)|| \leqq K \qquad (x \in \Omega_0)$.

Gilt dann

$$h = B^2 K \eta < 2 \tag{8}$$

und

$$r > r' = B \eta \sum_{k=0}^{\infty} \left(\frac{h}{2}\right)^{2^k - 1},$$

so hat die Gleichung (1) *eine Lösung* $x^* \in \Omega_0$, *gegen die das* NEWTONsche *Verfahren*

$$x_{n+1} = x_n - \Gamma(x_n)\big(P(x_n)\big), \qquad n = 0, 1, \ldots$$

mit dem Anfangsvektor x_0 *konvergiert. Dabei besteht für die Konvergenzgeschwindigkeit die Abschätzung*

$$||x^* - x_n|| \leqq B \eta \frac{\left(\frac{h}{2}\right)^{2^n - 1}}{1 - \left(\frac{h}{2}\right)^{2^n}}. \tag{9}$$

Beweis. Wir zeigen als erstes, daß das NEWTONsche Verfahren durchführbar ist, d. h., daß alle Näherungen x_n $(n = 0, 1, \ldots)$ zu Ω_0 gehören. Es gilt

$$||x_1 - x_0|| = ||-\Gamma(x_0)\big(P(x_0)\big)|| \leqq B \eta, \tag{10}$$

$$||P(x_1)|| = ||P(x_0) + P'(x_0)(x_1 - x_0) + \int_{x_0}^{x_1} P''(x)(x_1 - x, .)\, dx||$$
$$\leqq \int_0^{B\eta} K(B\eta - t)\, dt = \frac{K B^2 \eta^2}{2} = \frac{h \eta}{2} = \eta_1. \tag{11}$$

Aus Formel (10) folgt $x_1 \in \Omega_0$.

Für die dem Punkte x_1 entsprechende Größe h ergibt sich

$$h_1 = B^2 K \eta_1 = \frac{B^2 K \eta h}{2} = \frac{h^2}{2}. \tag{12}$$

Es sei jetzt bereits $x_n \in \Omega_0$ bewiesen. Bezeichnen h_k und η_k die zum Punkte x_k $(k = 0, 1, \ldots, n)$ gehörigen Größen h und η, so finden wir analog (10), (11) und (12) die Beziehungen

$$\|x_{n+1} - x_n\| \leqq B\,\eta_n\,, \tag{13}$$

$$\eta_{k+1} = \frac{h_k\,\eta_k}{2} \quad (k = 0, 1, \ldots, n-1)\,, \qquad \eta_0 = \eta$$

$$h_k = 2\left(\frac{h_{k-1}}{2}\right)^2 = \cdots = 2\left(\frac{h_0}{2}\right)^{2^k} = 2\left(\frac{h}{2}\right)^{2^k} \quad (k = 0, 1, \ldots, n)\,.$$

Die letzten beiden Formeln liefern

$$\eta_n = \frac{h_{n-1}\,\eta_{n-1}}{2} = \frac{h_{n-1}\,h_{n-2}\,\eta_{n-2}}{2^2} = \cdots = \frac{h_{n-1}\,h_{n-2}\cdots h_0}{2^n}\,\eta_0 = \left(\frac{h}{2}\right)^{2^n-1}\eta$$

Damit erhält die Ungleichung (13) die Gestalt

$$\|x_{n+1} - x_n\| \leqq B\,\eta\left(\frac{h}{2}\right)^{2^n-1} \tag{14}$$

Mit den entsprechenden Abschätzungen für $\|x_{k+1} - x_k\|$ $(k = 0, 1, \ldots, n-1)$ folgt daraus

$$\|x_{n+1} - x_0\| \leqq \sum_{k=0}^{n} \|x_{k+1} - x_k\| \leqq B\,\eta \sum_{k=0}^{n}\left(\frac{h}{2}\right)^{2^k-1} \leqq r' \leqq r\,,$$

also folgt $x_{n+1} \in \Omega_0$.

Auf Grund von (14) gilt weiter

$$\|x_{n+p} - x_n\| \leqq \sum_{k=n}^{n+p-1} \|x_{k+1} - x_k\| \leqq \sum_{k=n}^{n+p-1} B\,\eta\left(\frac{h}{2}\right)^{2^k-1} \xrightarrow[n\to\infty]{} 0\,, \tag{15}$$

d. h., die Folge $\{x_n\}$ konvergiert in sich. Deshalb existiert der Grenzwert $x^* = \lim\limits_{n\to\infty} x_n$; dieser bildet offensichtlich eine Lösung der Gleichung (1).

Strebt in Formel (15) $p \to \infty$, so ergibt sich schließlich

$$\|x^* - x_n\| \leqq B\,\eta \sum_{k=n}^{\infty}\left(\frac{h}{2}\right)^{2^k-1} \leqq B\,\eta\left(\frac{h}{2}\right)^{2^n-1} \sum_{k=0}^{\infty}\left(\frac{h}{2}\right)^{2^n\cdot k} = B\,\eta\,\frac{\left(\frac{h}{2}\right)^{2^n-1}}{1-\left(\frac{h}{2}\right)^{2^n}}\,,$$

womit auch die Ungleichung (9) über die Güte der Konvergenz des Verfahrens bewiesen ist.

2.6. Oft findet man zur gegebenen Gleichung (1) eine ähnliche, i. a. ebenfalls nichtlineare, aber doch einfachere Gleichung. Wir suchen deshalb Bedingungen, unter denen aus der Lösung dieser Näherungsgleichung Aussagen über die Lösbarkeit der gegebenen Gleichung folgen.

Die Gleichung (1) habe die Gestalt

$$P(x) \equiv \pi(x) + R(x) = 0\,, \tag{16}$$

und das Element x_0 sei Lösung der vereinfachten Gleichung

$$\pi(x_0) = 0\,.$$

Sind die folgenden Bedingungen erfüllt:

1. $\|[\pi'(x_0)]^{-1}(R(x_0))\| \leqq \eta$;
2. $\|[\pi'(x_0)]^{-1} R'(x_0)\| \leqq \alpha < 1$;
3. $\|[\pi'(x_0)]^{-1} \pi''(x)\| \leqq K$, $\|[\pi'(x_0)]^{-1} R''(x)\| \leqq L \qquad (x \in \Omega_0)$

und gilt

$$h = \frac{\eta(K+L)}{(1-\alpha)^2} \leqq \frac{1}{2}, \tag{17}$$

$$r \geqq r_0 = \frac{1-\sqrt{1-2h}}{h} \cdot \frac{\eta}{1-\alpha}, \tag{18}$$

so hat die Gleichung (16) in Ω_0 eine Lösung x^*.

Das ergibt sich unmittelbar aus Satz 1, wenn wir darin $\Gamma = [\pi'(x_0)]^{-1}$ setzen. Auf diese Weise läßt sich auch der Eindeutigkeitsbereich der Lösung x^* abschätzen.

In den Anwendungen tritt häufig der allgemeinere Fall auf, daß die linke Seite der Gleichung (1) von einem Zahlen- oder anderen Parameter abhängt, die Lösung für einen Wert dieses Parameters bekannt ist und man Aussagen über die Lösbarkeit für benachbarte Parameterwerte sucht. Wir betrachten hier nur Gleichungen, die linear von einem Parameter abhängen, d. h. also Gleichungen der Form

$$P(x, \mu) \equiv \pi(x) + \mu R(x) = 0 . \tag{19}$$

Dabei bezeichnet μ einen linearen Operator im Raum $\mathbf{Y}$ ($\mu \in [\mathbf{Y} \to \mathbf{Y}]$), insbesondere kann μ also ein Zahlenfaktor sein.

Satz 6 (2.XVIII). *Sind die folgenden Bedingungen erfüllt:*

1. $P(x_0, 0) = \pi(x_0) = 0$.
2. *Es existiert der lineare Operator* $\Gamma_0 = [\pi'(x_0)]^{-1}$ *mit* $\|\Gamma_0\| \leqq B$.
3. $\|R(x_0)\| \leqq \eta$, $\|R'(x_0)\| \leqq \alpha$.
4. $\|\pi''(x)\| \leqq K$, $\|R''(x)\| \leqq L \qquad (x \in \Omega_0)$

und genügt die Norm des Operators μ *den Ungleichungen*

$$h_\mu = \frac{B^2 \eta (K + L \|\mu\|) \|\mu\|}{(1 - \alpha B \|\mu\|)^2} \leqq \frac{1}{2}, \qquad \alpha B \|\mu\| < 1 , \tag{20}$$

dann hat die Gleichung (19) *eine Lösung* $x^*(\mu) \in \Omega_0$, *wenn nur der Radius* r *der Kugel* Ω_0 *hinreichend groß ist.*

Der Beweis des Satzes ergibt sich unmittelbar aus den obigen Bemerkungen über die Gleichung (16).

Aus Satz 1 folgt, daß das gewöhnliche und das modifizierte NEWTONsche Verfahren mit dem Anfangsvektor x_0 gegen $x^*(\mu)$ konvergieren; ebenso findet man Abschätzungen für die Lage der Lösung $x^*(\mu)$ sowie ihr Eindeutigkeitsgebiet. Auf Grund von Satz 2 konvergiert auch die Folge

$$\tilde{x}_{n+1}(\mu) = \tilde{x}_n(\mu) - [\pi'(x_0)]^{-1} \left(P(\tilde{x}_n(\mu), \mu)\right) \qquad (n = 0, 1, \ldots; \ \tilde{x}_0(\mu) = x_0) \tag{21}$$

gegen $x^*(\mu)$. Dieses Verfahren hat den Vorteil, daß in ihm nur der zum Ausgangspunkt x_0 und dem Parameterwert $\mu = 0$ gehörige inverse Operator auftritt.

Bemerkung 1. Für jedes μ wird die Gleichung (19) durch die reelle Gleichung

$$\left(\frac{K}{2}t^2 - \frac{1}{B}t\right) + \|\mu\|\left(\frac{L}{2}t^2 + \alpha t + \mu\right) = 0$$

majorisiert. Voraussetzung (20) besagt, daß die Wurzeln dieser Gleichung reell sind.

Bemerkung 2. Komplizierter werden die Überlegungen im allgemeinen Fall, wenn der Operator P der Gleichung $P(x, \mu) = 0$ nichtlinear vom Parameter μ abhängt.

Mitunter erhält man einen größeren Bereich für die zulässigen Parameterwerte, wenn man Satz 1 nicht auf x_0 und Γ_0, sondern auf Näherungslösungen zu x und Γ des Gleichungssystems

$$P(x, \mu) = 0, \qquad \Gamma P'(x, \mu) = I \tag{22}$$

anwendet, für die der Fehler dieser Gleichungen von höherer als erster Ordnung bezüglich μ ist.

Wir beschränken unsere Betrachtungen auf den Fall, daß der Parameter ein Zahlenfaktor und die Näherungsgleichung $\pi(x) = 0$ linear ist, d. h., die Gleichung (19) habe die Gestalt

$$P(x, \mu) \equiv U(x - x_0) + \mu\, R(x) = 0 \tag{23}$$

mit einem linearen Operator $U = \pi'(x_0)$.

Als Näherungslösungen für das Gleichungssystem (22) erhält man dann z. B.

$$x_1 = x_0 - \mu\, \Gamma_0\big(R(x_0)\big)\,, \quad \Gamma_1 = \Gamma_0 - \mu\, \Gamma_0\, R'(x_0)\, \Gamma_0\,.$$

Demnach sind hierfür die folgenden Größen abzuschätzen:

1. $\|\Gamma_1(P(x_1, \mu))\| = \|[\Gamma_0 - \mu\, \Gamma_0\, R'(x_0)\, \Gamma_0]\, [-\mu\, R(x_0) + \mu\, R(x_0 - \mu\, \Gamma_0\, R(x_0))]\| \leqq \eta_1;$
2. $\|\Gamma_1\, P'(x_1, \mu) - I\| = \|[\Gamma_0 - \mu\, \Gamma_0\, R'(x_0)\, \Gamma_0]\, [U + \mu\, R'\,(x_0 - \mu\, \Gamma_0\, R(x_0))] - I\| \leqq \delta_1;$
3. $\|[\Gamma_0 - \mu\, \Gamma_0\, R'(x_0)\, \Gamma_0]\, R''(x)\| \leqq L_1 \qquad (x \in \Omega_0).$

Gleichung (23) ist jetzt sicher lösbar, wenn die Beziehung

$$\frac{L_1\, \eta_1\, |\mu|}{(1 - \delta_1)^2} \leqq \frac{1}{2}$$

besteht.

2.7. Existiert für alle Werte μ eines gewissen Bereiches eine Lösung $x^*(\mu)$ und konvergiert eines der oben beschriebenen Verfahren gegen diese Lösung, so findet man auch leicht Aussagen über den Charakter der Abhängigkeit der Lösung $x^*(\mu)$ vom Parameter μ. Zum Beispiel sind alle Näherungen $\tilde{x}_n(\mu)$ in Formel (21) stetige Funktionen von μ, da $\tilde{x}_0(\mu) = x_0$ stetig von μ, $\pi(x)$ und $R(x)$ stetig von x abhängen. Dann ist aber auch die Lösung $x^*(\mu)$ eine stetige Funktion von μ.

In gewissen Fällen kann man auch auf die Analytizität der Lösung $x^*(\mu)$ bezüglich des Parameters μ schließen.

Eine Funktion $x(\mu)$ mit Werten im Raum $\mathbf{X}$ nennen wir *schwach analytisch*, wenn für jedes lineare Funktional $f \in \mathbf{X}^*$ die komplexwertige Funktion $f(x(\mu))$ analytisch ist.

Ein Operator P heißt *analytisch*, wenn er jede schwach analytische Funktion $x(\mu)$ in eine schwach analytische Funktion $P(x(\mu))$ (im Raum $\mathbf{Y}$) überführt.

Es sei jetzt der Parameter μ von Gleichung (19) ein Zahlenfaktor. Außerdem setzen wir die Operatoren π und R als analytisch voraus. Dann sind auch alle Näherungen (21) analytische Funktionen von μ. Aus der gleichmäßigen Beschränktheit der Normen der Elemente $\tilde{x}_n(\mu)$ bezüglich n und μ folgt die gleichmäßige Beschränktheit der analytischen Funktionen

$$\varphi(\mu) = f(\tilde{x}_n(\mu)) \qquad (n = 0, 1, \ldots)$$

für jedes lineare Funktional f auf dem Raum $\mathbf{X}$; deshalb hängt auch die Funktion

$$\varphi(\mu) = \lim_{n\to\infty} \varphi_n(\mu) = f(x^*(\mu))$$

analytisch vom Parameter μ ab, d. h., die Lösung $x^*(\mu)$ ist eine schwach analytische Funktion von μ. Entwickeln wir sie in natürlicher Weise nach Potenzen von μ:

$$x^*(\mu) = x_0 + \mu x_1 + \cdots + \mu^n x_n + \cdots,$$

so konvergiert die entstehende Reihe für alle Werte μ mit $|\mu| < \mu_0$ schwach.

Weitere Konvergenzbedingungen für das NEWTONsche Verfahren sowie verschiedene Modifizierungen findet man in den Arbeiten [59], [63], [85], [93e], [113], [114], [140], [150], [151a], [154], [173], [185a, c], [198] und in den Artikeln von L. COLLATZ [74] und J. SCHRÖDER [179]. Besonders zu erwähnen ist noch der Aufsatz [143b], in dem ein anderer Zugang zur Lösung nichtlinearer Gleichungen entwickelt wird, sowie eine Verallgemeinerung „regula falsi“ auf mehrdimensionale Bereiche, womit sich die Aufsätze [66], [177b] befassen.

§ 3. Anwendung des NEWTONschen Verfahrens auf konkrete Funktionalgleichungen

3.1. Wenden wir das NEWTONsche Verfahren auf eine einzige reelle oder komplexe Gleichung

$$f(z) = 0 \tag{1}$$

an, so haben die in Satz 6 (1.XVIII) auftretenden Größen η und K folgende Bedeutung:

$$\eta \geqq \frac{|f(z_0)|}{|f'(z_0)|}, \qquad K \geqq \max \frac{|f''(z)|}{|f'(z_0)|}$$

(z_0 bezeichnet die Anfangsnäherung). Die Existenz einer Lösung ist in diesem Falle also gesichert, wenn

$$h = \eta K \leqq \frac{1}{2}, \quad \text{d. h.} \quad \frac{|f(z_0)|\,|f''(z_0)|}{|f'(z_0)|^2} \leqq \frac{1}{2}$$

ausfällt; die Lösung selbst liegt dann im Kreis

$$|z - z_0| \leqq r_0 = \frac{1 - \sqrt{1 - 2h}}{h} \eta \tag{2}$$

und ist im Kreis

$$|z - z_0| \leqq r_1 = \frac{1 + \sqrt{1 - 2h}}{h} \eta \tag{3}$$

eindeutig.[1])

Das NEWTONsche Verfahren läßt sich auch zur Lösung eines Systems algebraischer Gleichungen verwenden:

$$\varphi_j(\xi_1, \xi_2, \ldots, \xi_\nu) = 0 \qquad (j = 1, 2, \ldots, \nu) \,. \tag{4}$$

Wir schreiben das System (4) als eine einzige Gleichung

$$P(x) = 0$$

im ν-dimensionalen Raum $\mathbf{X}$:

$$y = P(x) \qquad \bigl(y = \varphi_1(\xi_1, \ldots, \xi_\nu), \ldots, \varphi_\nu(\xi_1, \ldots, \xi_\nu)\bigr) \,, \qquad \bigl(x = (\xi_1, \ldots, \xi_\nu)\bigr) \,.$$

Mit der Anfangsnäherung $x_0 = (\xi_1^{(0)}, \xi_2^{(0)}, \ldots, \xi_\nu^{(0)})$ lautet dann die Gleichung des NEWTONschen Verfahrens

$$P'(x_0)\,(x - x_0) + P(x_0) = 0 \,.$$

Setzen wir den in Abschnitt XVII.1.6 gefundenen Ausdruck für die Ableitung $P'(x_0)$ ein, so entsteht das lineare Gleichungssystem

$$\sum_{k=1}^{\nu} \frac{\partial \varphi_j\bigl(\xi_1^{(0)}, \xi_2^{(0)}, \ldots, \xi_\nu^{(0)}\bigr)}{\partial \xi_k} \Delta\xi_k = -\,\varphi_j(\xi_1^{(0)}, \xi_2^{(0)}, \ldots, \xi_\nu^{(0)}) \qquad (j = 1, 2, \ldots, \nu) \,, \tag{5}$$

aus dem sich die Größe $\Delta x = x_1 - x_0 = (\Delta\xi_1, \Delta\xi_2, \ldots, \Delta\xi_\nu)$ und somit das Element x_1 berechnen lassen. Entsprechend findet man die folgenden Näherungen x_2 usw.

Bei Benutzung des modifizierten NEWTONschen Verfahrens bleibt die Koeffizientenmatrix des Systems (5) für jeden Iterationsschritt die gleiche, und es ändert sich nur die rechte Seite.

Die Bedingungen für die Konvergenz des Verfahrens hängen von der Wahl der Norm im Raum $\mathbf{X}$ ab. Wir betrachten die beiden Fälle $\mathbf{X} = \mathbf{m}_\nu$ und (weniger ausführlich) $\mathbf{X} = \mathbf{l}_\nu^2$.

Satz 1 (3.XVIII). *Die Funktionen $\varphi_1, \ldots, \varphi_\nu$ und die Anfangsnäherung x_0 mögen den folgenden Bedingungen genügen:*

1. $|\varphi_j(\xi_1^{(0)}, \xi_2^{(0)}, \ldots, \xi_\nu^{(0)})| \leqq \eta' \qquad (j = 1, 2, \ldots, \nu)\,.$
2. *Die Determinante D der JAKOBIschen Matrix*

$$\left(\frac{\partial \varphi_j}{\partial \xi_k} (\xi_1^{(0)}, \xi_2^{(0)}, \ldots, \xi_\nu^{(0)})\right) \qquad (j, k = 1, 2, \ldots, \nu)$$

[1]) Besteht die angegebene Abschätzung für die zweite Ableitung im Kreis $|t - z_0| \leqq r$, so ist für die Gültigkeit von Formel (2) $r \geqq r_0$ und für Formel (3) $r \geqq r_1$ vorauszusetzen.

ist von Null verschieden, und es gilt

$$\frac{1}{|D|}\sum_{j=1}^{\infty}|A_{jk}| \leqq B' \qquad (k = 1, 2, \ldots, \nu).$$

wobei A_{jk} *das algebraische Komplement des Elementes* $\frac{\partial \varphi_j}{\partial \xi_k}$ *bezeichnet.*

3. $\left|\frac{\partial^2 \varphi_j}{\partial \xi_k \, \partial \xi_s}(\xi_1, \xi_2, \ldots, \xi_\nu)\right| \leqq L \qquad (j, k, s = 1, 2, \ldots, \nu; \quad |\xi_i - \xi_i^{(0)}| \leqq r)$.

4. $h = B'^2 \eta' L \nu^2 \leqq \frac{1}{2}$.

Dann hat das System (4) *für*

$$r \geqq \frac{1 - \sqrt{1 - 2h}}{h} B' \eta' \tag{6}$$

in der Umgebung des Punktes x_0 *eine Lösung* $x^* = (\xi_1^*, \xi_2^*, \ldots, \xi_\nu^*)$, *gegen die sowohl das gewöhnliche als auch das modifizierte* NEWTONsche *Verfahren konvergieren.*

Zum Beweis dieses Satzes hat man festzustellen, daß alle Bedingungen von Satz 6 (1.XVIII) bzw. der zugehörigen Bemerkung 1 mit $\mathbf{X} = \mathbf{m}_\nu$ erfüllt sind, was dem Leser überlassen werden kann. [1])

Bemerkung 1. Die Konvergenzgeschwindigkeit des gewöhnlichen und des modifizierten NEWTONschen Verfahrens läßt sich mit Hilfe der Ungleichungen (33) und (34) von Satz 6 (1.XVIII) abschätzen.

Bemerkung 2. Da für $0 < h \leqq \frac{1}{2}$ stets

$$\frac{1 - \sqrt{1 - 2h}}{h} \leqq 2$$

ausfällt, ist die Bedingung (6) sicher erfüllt, wenn wir $r = 2\,B'\eta'$ setzen.

Bemerkung 3. Besteht das System (4) nur aus zwei Gleichungen ($\nu = 2$), dann ergibt sich

$$A_{j,k} = \pm \frac{\partial \varphi_{3-k}}{\partial \xi_{3-j}}(\xi_1^{(0)}, \xi_2^{(0)}) \qquad (j, k = 1, 2).$$

Ist in diesem Falle die Abschätzung

$$\left|\frac{\partial \varphi_j}{\partial \xi_k}(\xi_1^{(0)}, \xi_2^{(0)})\right| \leqq l \qquad (j, k = 1, 2)$$

bekannt, so kann man für B' z. B. die Größe

$$B' = \frac{2l}{|D|}$$

---

[1]) Die Gültigkeit der Ungleichung $\|P''(x)\| \leqq L\nu^2$ ersieht man aus Abschnitt XVII.2.2.

nehmen. Dann erhält die Ungleichung 4 die Form

$$\frac{16\, l^2 \eta' L}{|D|} \leqq \frac{1}{2}$$

oder

$$32\, l^2 \eta' L \leqq |D|\,.$$

Diese Bedingung wurde zuerst in [113] angegeben. Der direkte Beweis für die Konvergenz des Newtonschen Verfahrens ist bemerkenswerterweise schon in diesem einfachsten Falle sehr kompliziert.

Benutzt man die Norm des Raumes l_ν^2, so treten an Stelle der Bedingungen 1—4 von Satz 1 die folgenden:

1'. $\|\Gamma_0(P(x_0))\| = \|\Delta x\| = \left[\sum_{k=1}^{\nu} |\Delta \xi_k|^2\right]^{1/2} \leqq \eta.$

2'. $\|\Gamma_0\| = \sqrt{\Lambda} \leqq B'$,

wenn Γ_0 wieder den Operator $[P'(x_0)]^{-1}$ und Λ den größten Eigenwert der Matrix $\Gamma_0 \Gamma_0^*$ bezeichnet; die Ungleichung 2' ist z. B. für

$$B' = \frac{1}{|D|}\left[\sum_{j=1}^{\nu} \sum_{k=1}^{\nu} |A_{j,k}|^2\right]^{1/2}$$

erfüllt.

3'. $\|P''(x)\| \leqq \left[\sum_{j=1}^{\nu} \sum_{k=1}^{\nu} \sum_{s=1}^{\nu} \left|\frac{\partial^2 \varphi_j}{\partial \xi_k\, \partial \xi_s}\right|^2\right]^{1/2} \leqq K'$ (s. XVII.2.2);

für K' kann man z. B. die Größe

$$K' = L \nu \sqrt{\nu}$$

nehmen.

4'. $h = B' K' \eta \leqq \frac{1}{2}.$

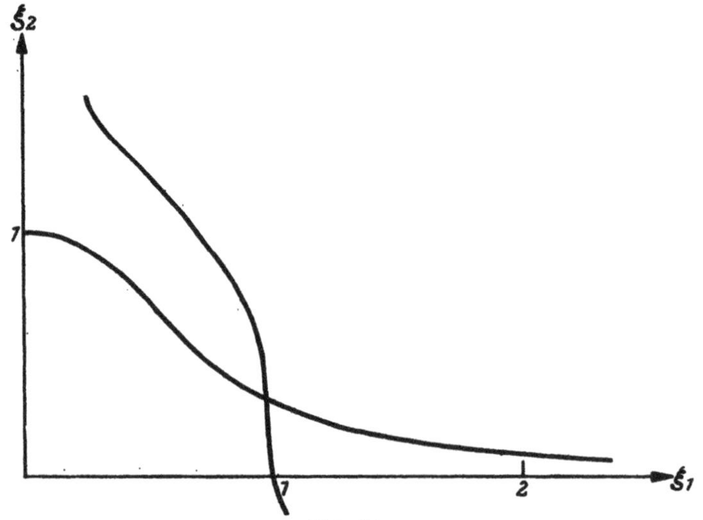

Abb. 7

Unter diesen Voraussetzungen existiert eine Lösung des Systems (4), und sowohl das gewöhnliche als auch das modifizierte NEWTONsche Verfahren konvergieren gegen diese Lösung.

Wir illustrieren diese Ergebnisse an dem speziellen Beispiel

$$3\,\xi_1^2\,\xi_2 + \xi_2^3 = 1\,,$$

$$\xi_1^4 + \xi_1\,\xi_2^3 = 1\,.$$

Aus der Abbildung 7 findet man als Anfangsnäherung $x_0 = (\xi_1^{(0)}, \xi_2^{(0)})$

$$\xi_1^{(0)} = 0{,}98\,, \quad \xi_2^{(0)} = 0{,}32\,.$$

Dann hat das System zur Berechnung der Größe Δx die Gestalt

$$1{,}880\,\Delta\xi_1 + 3{,}188\,\Delta\xi_2 = 0{,}045\,,$$

$$3{,}798\,\Delta\xi_1 + 0{,}301\,\Delta\xi_2 = 0{,}046\,,$$

und es ergibt sich

$$\Delta\xi_1 = 0{,}0105, \quad \Delta\xi_2 = 0{,}0075\,,$$

$$-\Gamma_0 = \begin{pmatrix} -0{,}026 & 0{,}256 \\ 0{,}329 & -0{,}163 \end{pmatrix}.$$

Als nächstes berechnen wir die zur Anwendung von Satz 1 erforderlichen Konstanten B', η' und L bezüglich der Norm des Raumes $\mathbf{m}_2$ (s. III.2.8):

$$\|\Gamma_0\| = 0{,}492 < 0{,}5 = B'\,,$$

$$\|P(x_0)\| = \max\,[0{,}046;\ 0{,}045] < 0{,}05 = \eta'\,.$$

Wir schätzen die zweiten Ableitungen der Funktionen φ_1 und φ_2 für $\|x - x_0\| \leqq 2\,B'\,\eta'$, d. h. für $0{,}93 \leqq \xi_1 \leqq 1{,}03$; $0{,}27 \leqq \xi_2 \leqq 0{,}37$ ab. Es gilt

$$\frac{\partial^2\varphi_1}{\partial\xi_1^2} = 6\,\xi_2, \qquad \frac{\partial^2\varphi_1}{\partial\xi_1\,\partial\xi_2} = 6\,\xi_1, \qquad \frac{\partial^2\varphi_1}{\partial\xi_2^2} = 2,$$

$$\frac{\partial^2\varphi_2}{\partial\xi_1^2} = 12\,\xi_1^2, \qquad \frac{\partial^2\varphi_2}{\partial\xi_1\,\partial\xi_2} = 3\,\xi_2^2, \qquad \frac{\partial^2\varphi_2}{\partial\xi_2^2} = 6\,\xi_1\,\xi_2\,.$$

Deshalb können wir z. B.

$$L = 12{,}8 > \max \frac{\partial^2\varphi_2}{\partial\xi_1^2} = 12\cdot(1{,}03)^2$$

setzen und finden mit diesen Werten B', η', L

$$h = B'^2\,\eta'\,L\,\nu^2 = 0{,}25\cdot 0{,}05\cdot 12{,}8\cdot 4 = 0{,}64\,.$$

Hiernach wäre Satz 1 also nicht anwendbar. Dies liegt an der zu groben Abschätzung für $\|P''(x)\|$:

$$\|P''(x)\| \leqq L\,\nu^2 = 51{,}2\,.$$

Tatsächlich besteht aber die bedeutend bessere Abschätzung

$$\|P''(x)\| \leqq 16 = K'\,,$$

mit der sich

$$h = B'^2\,\eta'\,K' = 0{,}25\cdot 0{,}05\cdot 16 = 0{,}2$$

ergibt, so daß aus Satz 1 die Konvergenz des NEWTONschen Verfahrens folgt.

Benutzen wir unmittelbar Satz 6 (1.XVIII), so läßt sich h durch eine noch kleinere Größe ersetzen. Es gilt nämlich (s. hierzu XVII.2.4, Bemerkung)

$$||\Gamma_0(P(x_0))|| = ||\Delta x|| = \max\,[|\Delta \xi_1|, |\Delta \xi_2|] = 0{,}0105\,, \qquad ||\Gamma_0\, P''(x)|| < 7{,}2\,.$$

Deshalb erhalten wir für $\eta = 0{,}0105$, $K = 7{,}2$

$$h = \eta\, K < 0{,}08\,. \tag{7}$$

Nach dem modifizierten NEWTONschen Verfahren findet man die Näherungen

$$\xi_1^{(1)} = 0{,}9905\,, \qquad \xi_2^{(1)} = 0{,}3275\,,$$
$$\xi_1^{(2)} = 0{,}99117\,, \qquad \xi_2^{(2)} = 0{,}32738\,,$$
$$\xi_1^{(3)} = 0{,}991189\,, \qquad \xi_2^{(3)} = 0{,}327382\,.$$

Als Fehler der dritten Näherung ergibt sich mit $h < 0{,}08$ aus Formel (34) von Satz 6 (1.XVIII) die Größe 0,0008.

Durch Anwendung von Satz 4 (2.XVIII) folgt jedoch die genauere Fehlerabschätzung

$$0{,}991173 \leqq \xi_1^* \leqq 0{,}991205\,,$$
$$0{,}327366 \leqq \xi_2^* \leqq 0{,}327398\,,$$

d. h., die ersten vier Dezimalen der dritten Näherung sind bereits genau.

Mit der Norm des Raumes l_2^2 erhalten wir, ausgehend von den Bedingungen 1′—3′ die Beziehungen

$$||\Gamma_0|| \leqq 0{,}448 < 0{,}5 = B'\,, \qquad ||\Gamma_0(P(x_0))|| = ||\Delta x|| = 0{,}0133 < 0{,}015 = \eta\,,$$
$$||P''(x)|| < 15{,}2 = K'\,, \qquad h = B'\,K'\,\eta = 0{,}1026\,.$$

3.2. Wir betrachten jetzt die nichtlineare Integralgleichung

$$x(s) = \int_0^1 K(s, t, x(t))\, dt\,. \tag{8}$$

Dabei sei der Kern $K(s, t, u)$ eine stetige Funktion seiner Argumente mit stetigen Ableitungen der benötigten Ordnung. Im Funktionenraum $\mathbf{X}$ definieren wir einen Operator P:

$$y = P(x)\,, \qquad y(s) = x(s) - \int_0^1 K(s, t, x(t))\, dt\,, \tag{9}$$

schreiben Gleichung (8) als Funktionalgleichung

$$P(x) = 0$$

und wenden auf diese Gleichung das NEWTONsche Verfahren mit der Anfangsnäherung x_0 an. Dabei sollen der Raum $\mathbf{X}$ und die Funktion $K(s, t, u)$ die Eigenschaft haben, daß sich $P'(x_0)$ einfach durch „Differentiation unter dem Integralzeichen“ berechnen läßt, d. h., $z = P'(x_0)\, x$ sei gleichbedeutend mit

$$z(x) = x(s) - \int_0^1 K'_u(s, t, x_0(t))\, x(t)\, dt\,. \tag{10}$$

Das Korrekturglied $\Delta x = x_1 - x_0$ ergibt sich dann aus der Gleichung

$$P'(x_0)\,(\Delta x) = -\,P(x_0)\,,$$

die wegen (10) die Gestalt

$$\Delta x(s) - \int_0^1 K'_u(s, t, x_0(t))\, \Delta x(t)\, dt = \varepsilon_0(s) \tag{11}$$

hat. Dabei bezeichnet $\varepsilon_0(s)$ den Fehler von Gleichung (8) für die Anfangsnäherung x_0:

$$\varepsilon_0(s) = \int_0^1 K(s, t, x_0(t))\, dt - x_0(s)\,.$$

Entsprechend hat man auch zur Berechnung jeder folgenden Näherung eine lineare Integralgleichung zweiter Art zu lösen. Für das modifizierte NEWTONsche Verfahren hängt dabei der Kern dieser Integralgleichung nicht von der Nummer der Näherung ab.

In Abhängigkeit von der Wahl des Raumes **X** erhält man jetzt aus den allgemeinen Sätzen verschiedene Aussagen über die Konvergenz des NEWTONschen Verfahrens. Wir formulieren die Ergebnisse im Fall **X** = **C**.

Satz 2 (3.XVIII). *Sind die folgenden Bedingungen erfüllt:*

1. *Für den Kern* $K(s, t) = K'_u(s, t, x_0(t))$ *hat die Integralgleichung* (11) *eine Resolvente* $G(s, t)$ *mit*

$$\int_0^1 |G(s, t)|\, dt \leqq B \qquad (s \in [0, 1])\,. \tag{12}$$

2. $|\varepsilon_0(s)| \leqq \eta' \qquad (s \in [0, 1])\,.$

3. *Aus* $0 \leqq s \leqq 1\,, \qquad |u - x_0(s)| \leqq 2\,(1 + B)\,\eta'$ *folgt*

$$\int_0^1 |K''_{u^2}(s, t, u)|\, dt \leqq K'\,.$$

4. $h = (1 + B)^2 K' \eta' \leqq \frac{1}{2}\,,$

dann konvergieren das gewöhnliche und das modifizierte NEWTONsche *Verfahren gegen eine Lösung der Gleichung* (8). *Diese Lösung* x^* *liegt im Gebiet*

$$|x^*(s) - x_0(s)| \leqq \frac{1 - \sqrt{1 - 2h}}{h}\,(1 + B)\,\eta' \qquad (s \in [0, 1])$$

und ist im Gebiet

$$0 \leqq s \leqq 1\,, \qquad |u(s) - x_0(s)| \leqq \frac{1 + \sqrt{1 - 2h}}{h}\,(1 + B)\,\eta'$$

eindeutig.

Beweis. Wegen Satz 2 (3.XVII) hat die Ableitung $P'(x_0)$ des Operators P die Gestalt (10), und $P''(x)$ ist ein bilinearer Integraloperator mit dem Kern $K''_{u^2}(s, t, x_0(t))$, s. XVII.2.2. Weiter ist der Operator $\Gamma_0 = [P'(x_0)]^{-1}$ nach Abschnitt XIII.6.1 von der Form

$$z = \Gamma_0(y)\,, \qquad z(s) = y(s) + \int_0^1 G(s, t)\, y(t)\, dt\,,$$

deshalb gilt

$$\|\Gamma_0\| \leqq 1 + B .$$

Damit kann der Leser ohne Schwierigkeit selbst zeigen, daß alle Voraussetzungen von Satz 6 (1.XVIII) erfüllt sind, woraus die Behauptung folgt.

Im Falle $\mathbf{X} = \mathbf{L}^2$ ergeben sich entsprechend zu Satz 1 (3.XVIII), Bemerkung 3, die folgenden Lösbarkeitsbedingungen für die Integralgleichung (8):

1'. $\int\limits_0^1 |\varepsilon_0(s)|^2 \, ds \leqq \eta'^2$.

2'. Die charakteristischen Zahlen λ_n des Kernes $K(s, t) = K'_u(s, t, x_0(t))$ genügen den Ungleichungen

$$\left|\frac{\lambda_n}{1 - \lambda_n}\right| \leqq B' \qquad (n = 1, 2, \ldots) ,$$

falls dieser Kern symmetrisch ist (im Fall eines nichtsymmetrischen Kernes wird diese Voraussetzung komplizierter; vgl. Abschnitt III.2.6 und III.2.7).

3.' $|K''_{u^2}(s, t, u)| \leqq K' \qquad (s, t \in [0, 1], \ -\infty < u < \infty)$.

4'. $h = B'^2 K' \eta' \leqq \frac{1}{2}$.

3.3. In den Voraussetzungen von Satz 2 sowie den Bedingungen 1'—4' ist die Forderung enthalten, daß die Anfangsnäherung x_0 hinreichend dicht bei der Lösung liegt. Wir betrachten deshalb in diesem Abschnitt ein ziemlich allgemeines Verfahren zur Konstruktion einer solchen Anfangsnäherung, bei dem die gegebene Integralgleichung (8) durch eine Gleichung einfacherer Struktur ersetzt wird, deren Lösung sich aus einem algebraischen System ergibt.

Über den Kern $K(s, t, u)$ setzen wir dabei voraus, daß er sich durch einen solchen der Form

$$H(s, t, u) = \sum_{k=1}^{\nu} h_k(t, u) \, \omega_k(s)$$

approximieren läßt; die Funktionen $\omega_k(s)$ $(k = 1, 2, \ldots, \nu)$ können wir o. B. d. A. als orthogonal und normiert annehmen. Für H kann man z. B. eine Partialsumme der FOURIER-Reihe der Funktion K nach einem vollständigen Orthonormalsystem $\{\omega_k(s)\}$ $(k = 1, 2, \ldots)$ wählen.

Es liegt dann nahe,

$$x(s) = \int\limits_0^1 H(s, t, x(t)) \, dt \tag{13}$$

als Näherungsgleichung für die gegebene Integralgleichung (8) anzusehen. Die Lösung $x_0(t)$ der Gleichung (13) ist von der Form

$$x_0(t) = \sum_{k=1}^{\nu} A_k \, \omega_k(t) ,$$

wobei sich die Koeffizienten A_k $(k = 1, 2, \ldots, \nu)$ aus dem nichtlinearen algebraischen System

$$A_j = \int_0^1 h_j\left(t, \sum_{k=1}^{\nu} A_k \omega_k(t)\right) dt \qquad (j = 1, 2, \ldots, \nu) \tag{14}$$

berechnen lassen. Die dadurch bestimmte Funktion $x_0(t)$ verwenden wir dann als Anfangsnäherung für die Gleichung (8).

In vielen Fällen genügt es zu wissen, ob die Gleichung (8) überhaupt eine Lösung hat und wo diese dann liegt. Schreiben wir (8) in der Form

$$P(x) \equiv \pi(x) + \mu\, R(x) = 0\,,$$

$$\pi(x)\,(s) = x(s) - \int_0^1 H\big(s, t, x(t)\big)\, dt\,,$$

$$R(x)\,(s) = \int_0^1 \big[K\big(s, t, x(t)\big) - H\big(s, t, x(t)\big)\big]\, dt\,, \qquad \mu = 1\,,$$

so folgt aus Satz 6 (2.XVIII) für $\mathbf{X} = \mathbf{C}$:

Satz 3 (3.XVIII). *Sind die folgenden Bedingungen erfüllt:*

1. *Die Resolvente $G_0(s, t)$ des Kernes $H'_u\big(s, t, x_0(t)\big)$ existiert, und es gilt*

$$\int_0^1 |G_0(s, t)|\, dt \leqq B \qquad (s \in [0, 1]);$$

2. $$\left|\int_0^1 \big[K\big(s, t, x_0(t)\big) - H\big(s, t, x_0(t)\big)\big]\, dt\right| = |\varepsilon_0(s)| \leqq \eta \qquad (s \in [0, 1]);$$

3. $$\int_0^1 \big|K'_u\big(s, t, x_0(t)\big) - H'_u\big(s, t, x_0(t)\big)\big|\, dt \leqq \alpha \qquad (s \in [0, 1]);$$

4. $$\int_0^1 |H''_{u^2}(s, t, u)|\, dt \leqq K \qquad (s \in [0, 1],\quad |u - x_0(s)| \leqq r);$$

5. $$\int_0^1 |K''_{u^2}(s, t, u) - H''_{u^2}(s, t, u)|\, dt \leqq L \qquad (s \in [0, 1],\quad |u - x_0(s)| \leqq r);$$

6. $$h = \frac{(1 + B^2)\,(K + L)\,\eta}{[1 - \alpha\,(B + 1)]^2} \leqq \frac{1}{2}, \qquad \alpha\,(B + 1) < 1\,,$$

und ist

$$r \geqq r_0 = \frac{1 - \sqrt{1 - 2h}}{h} \cdot \frac{\eta(1 + B)}{1 - \alpha(1 + B)}\,,$$

dann hat die Gleichung (8) *eine Lösung x^* mit*

$$|x^*(s) - x_0(s)| \leqq r_0\,. \tag{15}$$

Der Vorteil dieses Satzes gegenüber Satz 2 liegt darin, daß der Kern $H'_u\big(s, t, x_0(t)\big)$ ausgeartet ist, seine Resolvente $G_0(s, t)$ sich also leicht bestimmen läßt.

Zur Berechnung der Lösung von Gleichung (8) kann man jetzt das in Abschnitt XVIII.2.6 angegebene Verfahren benutzen. Dieses konvergiert allerdings i. a. schlechter als das modifizierte NEWTONsche Verfahren.

Wir illustrieren das Gesagte am Beispiel der Integralgleichung

$$x(s) = \frac{1}{2}\int_0^1 [x(t)]^2 \sin(st)\, dt + 1 .$$

Als approximierenden Kern nehmen wir die Funktion

$$H(s, t, u) = \frac{1}{2} s\, t\, u^2 + 1 .$$

Gleichung (13) lautet dann

$$x(s) = \frac{1}{2}\int_0^1 [x(t)]^2\, s\, t\, dt + 1 ,$$

sie hat also eine Lösung der Form $x_0(t) = 1 + A\, t$. Dabei ergibt sich A aus einer quadratischen Gleichung zu $A = 0{,}405887$. Die in Satz 3 eingehenden Konstanten lassen sich ohne Schwierigkeit berechnen:

$$B = 1{,}124 , \quad \eta = 0{,}0367 , \quad \alpha = 0{,}055 , \quad K = 0{,}5 , \quad L = 0{,}0417 .$$

Daraus folgt

$$0{,}1 < h < 0{,}103 , \qquad \alpha(1 + B) < 0{,}12$$

und auf Grund von (15)

$$|x^*(s) - x_0(s)| < 0{,}096 \qquad (s \in [0, 1]) .$$

Für den approximierenden Kern

$$H(s, t, u) = \frac{1}{2}\left(s\, t - \frac{s^3 t^3}{6}\right) u^2 + 1$$

findet man entsprechend die Anfangsnäherung

$$x_0(s) = 1 + 0{,}38617\, s - 0{,}0345\, s^3 ,$$

und die Abschätzung (15) erhält die Form

$$|x^*(s) - x_0(s)| < 0{,}0119 \qquad (s \in [0, 1]) .$$

3.4. Wir wenden jetzt das NEWTONsche Verfahren auf gewöhnliche Differentialgleichungen an. Es sei die Differentialgleichung

$$x'(t) - \varphi\big(x(t), t\big) = 0 \qquad \big(x(0) = 0\big) \tag{16}$$

mit einer im Gebiet

$$0 \leqq t \leqq a , \qquad |u - x_0(t)| \leqq \delta \qquad (x_0 \in C^1)$$

stetigen und zweimal nach u stetig differenzierbaren Funktion $\varphi(u, t)$ gegeben. Im Raum C^1 aller stetig differenzierbaren Funktionen auf dem Intervall $[0, a]$, die bei $t = 0$ verschwinden, definieren wir die Norm

$$||x|| = \max_{t\in[0,a]} |x(t)| + \lambda \max_{t\in[0,a]} |x'(t)| ;$$

dabei ist λ ein später geeignet zu wählender positiver Koeffizient. Der Operator P wird nun folgendermaßen definiert:

$$y = P(x), \qquad y(t) = x'(t) - \varphi\big(x(t), t\big) .$$

Man zeigt ohne Schwierigkeit, daß P die Kugel Ω ($||x - x_0|| \leqq \delta$) in den Raum C abbildet und in Ω stetige Ableitungen erster und zweiter Ordnung hat. Dabei gilt

$$P'(z)\,(x)\,(t) = x'(t) - \varphi'_u\big(z(t), t\big)\, x(t)\,, \tag{17}$$

$$P''(z)\,(x, \tilde{x})\,(t) = -\,\varphi''_{u^2}\big(z(t), t\big)\, x(t)\, \tilde{x}(t)\,. \tag{18}$$

Wir berechnen den inversen Operator $\Gamma_0 = [P'(x_0)]^{-1}$. Wegen Formel (17) ist das Element $x = \Gamma_0(y)$ eine Lösung der Differentialgleichung

$$x'(t) = \varphi'_u\big(x_0(t), t\big)\, x(t) + y(t)\,, \tag{19}$$

d. h.

$$x(t) = \psi(t) \int_0^t \frac{y(s)}{\psi(s)}\, ds\,,$$

$$\psi(t) = \exp\left(\int_0^t \varphi'_u(x_0(s), s))\, ds\right).$$

Daraus folgt

$$\max_{t \in [0, a]} |x(t)| \leqq a \frac{\max |\psi(t)|}{\min |\psi(t)|}\, ||y||$$

und zusammen mit Beziehung (19) weiter

$$\max_{t \in [0, a]} |x'(t)| \leqq \max_{t \in [0, a]} |\varphi'_u\big(x_0(t), t\big)| \max_{t \in [0, a]} |x(t)| + ||y|| \leqq \Theta\, ||y||\,.$$

Aus den letzten beiden Ungleichungen ergibt sich die Abschätzung

$$||x|| \leqq \left[a \frac{\max |\psi(t)|}{\min |\psi(t)|} + \lambda\, \Theta\right] ||y||\,,$$

d. h.

$$||\Gamma_0|| \leqq a \frac{\max |\psi(t)|}{\min |\psi(t)|} + \lambda\, \Theta\,.$$

Deshalb können wir Satz 6 (1.XVIII) anwenden und erhalten

Satz 4 (3.XVIII). *Sind die folgenden Bedingungen erfüllt:*

1. $|x_0(t) - \varphi\big(x_0(t), t\big)| \leqq \eta'$ $\quad (t \in [0, a])$;
2. $|\varphi'_u\big(x_0(t), t\big)| \leqq M_1$ $\quad (t \in [0, a])$;
3. $|\varphi''_{u^2}(u, t)| \leqq M_2$ $\quad \big(t \in [0, a],\ |u - x_0(t)| \leqq \delta\big)$;
4. $h_0 = M_2\, a^2\, e^{4aM_1}\, \eta' < \frac{1}{2}$,

und ist außerdem

$$\delta > r_0 = \frac{1 - \sqrt{1 - 2h_0}}{h_0}\, e^{2aM_1}\, a\, \eta'\,,$$

so hat die Gleichung (16) *im Intervall* $[0, a]$ *eine eindeutige Lösung* $x^*(t)$ *mit*

$$|x^*(t) - x_0(t)| < r_0 .$$

Um die Bedingungen von Satz 6 (1.XVIII), Bemerkung 1, nachzuprüfen, braucht man sich nur davon zu überzeugen, daß die Ungleichungen

$$\max |\psi(t)| \leqq e^{a M_1}, \qquad \min |\psi(t)| \geqq e^{-a M_1}$$

bestehen. Für die Konstante B' ergibt sich daraus z. B.

$$B' = a\, e^{2 a M_1} + \lambda\, \Theta .$$

Weiter kann man $K' = M_2$ setzen. Die Lösbarkeitsbedingung für Gleichung (16) erhält dann die Form

$$h = B'^2 K' \eta' = (a\, e^{2 a M_1} + \lambda\, \Theta)^2 M_2\, \eta' \leqq \frac{1}{2} . \tag{20}$$

Wegen $\lim\limits_{\lambda \to 0} h = h_0$ sichert die Bedingung 4 bei geeigneter Wahl von λ die Ungleichung (20).

Bemerkung 1. Den Fall einer von Null verschiedenen Anfangsbedingung kann man durch einfache Variablentransformation auf den hier betrachteten zurückführen.

Bemerkung 2. Dieselbe Methode ist grundsätzlich auch auf Systeme gewöhnlicher Differentialgleichungen anwendbar. Die Schwierigkeit liegt dann jedoch darin, einen analytischen Ausdruck für die Lösung des entsprechenden linearen Systems und damit eine Abschätzung für die Norm des Operators Γ_0 zu finden.

3.5. Wir betrachten jetzt die Differentialgleichung

$$x''(t) + x(t) + \mu\, \varphi\big(x(t), x'(t), t\big) = 0 . \tag{21}$$

Dabei sei $\varphi(u, v, t)$ eine stetige, bezüglich t periodische Funktion (Periode ω) mit stetigen zweiten Ableitungen nach u und v.

Durch analoge Überlegungen wie in Abschnitt 3.4 geben wir — diesmal unter Benutzung von Satz 6 (2.XVIII) — Bedingungen dafür an, daß Gleichung (21) eine periodische Lösung (Periode ω) hat, d. h., daß eine Lösung existiert, die den Randbedingungen

$$x(\omega) = x(0), \qquad x'(\omega) = x'(0) \tag{22}$$

genügt.

Es bezeichne $\widetilde{\mathbf{C}}^2$ den Raum der zweimal stetig differenzierbaren periodischen Funktionen (Periode ω) mit der Norm

$$\|x\| = \max_t |x(t)| + \max_t |x'(t)| + \lambda \max_t |x''(t)| \qquad (x \in \widetilde{\mathbf{C}}^2) .$$

Die Konstante $\lambda > 0$ wird weiter unten geeignet festgelegt. Ferner definieren wir die Operatoren π und R folgendermaßen:

$$y = \pi(x), \qquad y(t) = x''(t) + x(t), \qquad z = R(x), \qquad z(t) = \varphi\big(x(t), x'(t), t\big) .$$

Dann erhält Gleichung (21) die Form

$$\pi(x) + \mu\, R(x) = 0\,. \tag{23}$$

Der Operator π ist offensichtlich linear, deshalb bildet das Element $x_0 = 0$ eine Lösung der Gleichung $\pi(x) = 0$. Im Fall $\cos\omega \neq 1$ existiert der Operator $\Gamma_0 = \pi^{-1}$, den man durch Auflösung der Gleichung

$$x'' + x = y$$

unter den Randbedingungen (22) explizit berechnen kann. Wir übergehen diese einfachen Rechnungen und geben unmittelbar die Abschätzung für die Norm des Operators Γ_0 an:

$$\|\Gamma_0\| \leqq \omega\left[2 + \frac{1 + |\cos\omega| + |\sin\omega|}{1-\cos\omega}\right] + \lambda\,\Theta \leqq \frac{4 + 1 + \sqrt{2}}{1-\cos\omega}\,\omega + \lambda\,\Theta$$
$$< \frac{6{,}5\,\omega}{1-\cos\omega} + \lambda\,\Theta\,.$$

Dabei hängt $\Theta > 0$ noch von ω ab.

Die Bedingung 2 von Satz 6 (2.XVIII) ist also z. B. für

$$B = \frac{6{,}5\,\omega}{1-\cos\omega} + \lambda\,\Theta = B_0 + \lambda\,\Theta$$

erfüllt. Weiter bestehen die Beziehungen

$$R'(x_0)\,(x)\,(t) = \varphi'_u(0, 0, t)\,x(t) + \varphi'_v(0, 0, t)\,x'(t)\,,$$
$$R''(z)\,(x, \tilde{x})\,(t) = \varphi''_{u^2}\big(z(t), z'(t), t\big)\,x(t)\,\tilde{x}(t) + \varphi''_{uv}\big(z(t), z'(t), t\big)\,[x(t)\,\tilde{x}'(t) + x'(t)\,x(t)]$$
$$+ \varphi''_{v^2}\big(z(t), z'(t), t\big)\,x'(t)\,\tilde{x}'(t)\,.$$

Nach diesen Vorbereitungen können wir den folgenden Satz formulieren.

Satz 5 (3.XVIII). *Sind die Bedingungen*

1. $\omega \neq 2\pi n \qquad (n = 1, 2, \ldots)$;
2. $|\varphi(0, 0, t)| \leqq \eta$;
3. $|\varphi'_u(0, 0, t)| \leqq \alpha\,, \qquad |\varphi'_v(0, 0, t)| \leqq \alpha$;
4. $|\varphi''_{u^2}(u, v, t)| \leqq L\,, \qquad |\varphi''_{uv}(u, v, t) \leqq L\,, \qquad |\varphi''_{v^2}(u, v, t)| \leqq L$

erfüllt, so hat die Gleichung (21) *für*

$$\mu < \frac{1-\cos\omega}{6{,}5\,\omega\left(\alpha + \sqrt{2\,L\,\eta}\right)} \tag{24}$$

eine eindeutige periodische Lösung mit der Periode ω.

Zum **Beweis** dieses Satzes braucht man nur zu beachten, daß die Ungleichung (20) von Satz 6 (2.XVIII), die im vorliegenden Fall die Form

$$h_\mu = \frac{B^2\,L\,\eta\,\mu^2}{(1-\alpha\,B\,\mu)^2} \leqq \frac{1}{2}$$

annimmt, für hinreichend kleines λ sicher erfüllt ist, wenn

$$\frac{B_0^2 L \eta \mu^2}{(1 - \alpha B_0 \mu)^2} < \frac{1}{2}$$

ausfällt. Die letzte Ungleichung ist aber der Bedingung (24) äquivalent.

Bemerkung. Hängt die Funktion φ analytisch von ihren Argumenten ab, so ist auf Grund der Ergebnisse des Abschnitts XVIII.2.7 auch die periodische Lösung der Gleichung (21) in dem durch Formel (24) definierten Bereich eine analytische Funktion von μ.

Für Gleichungen höherer Ordnung lassen sich analoge Überlegungen durchführen.

3.6. Wir betrachten jetzt eine Anwendung des NEWTON*schen Verfahrens in der Störungstheorie.*

Es seien U und V zwei lineare Operatoren, die den B-Raum $\mathbf{X}$ in sich abbilden. Der Operator U habe den einfachen Eigenwert λ_0 mit zugehörigem Eigenelement x_0. Gesucht sind ein Eigenwert und ein zugehöriges Eigenelement des Operators $U_t = U + t V$.

Unter gewissen zusätzlichen Voraussetzungen über die Operatoren U und V zeigen wir, daß der Operator U_t für hinreichend kleine t einen Eigenwert λ_t und ein zugehöriges Eigenelement x_t hat, die nahe bei λ_0 und x_0 liegen.

Satz 6 (3.XVIII). *Es seien die folgenden Bedingungen erfüllt:*

1. $\bar{\lambda}_0$ *sei Eigenwert des Operators* U^*:

$$U^*(f_0) = \bar{\lambda}_0 f_0;$$

dabei bezeichnet f_0 *ein durch die Bedingung*

$$f_0(x_0) = 1$$

normiertes Eigenelement.

2. *Der Operator* $U - \lambda_0 I$, *dessen Wertebereich im Raum* $\mathbf{X}_0 = \mathbf{N}(f_0)$ *aller Elemente* $y \in \mathbf{X}$ *mit* $f_0(y) = 0$ *liegt (vgl. Abschnitt* XII.2.2), *habe als Abbildung von* $\mathbf{X}_0$ *in* $\mathbf{X}_0$ *eine lineare Inverse* T:

$$T(U x - \lambda_0 x) = x, \qquad U T x - \lambda_0 T x = x \qquad (x \in \mathbf{X}_0).$$

Gilt dann außerdem

$$\|T\| \, \|V\| \, |t| \leqq \frac{1}{1 + 2 \|f_0\| \, \|x_0\| + 2 \sqrt{(1 + \|f_0\| \, \|x_0\|) \|f_0\| \, \|x_0\|}}, \tag{25}$$

so hat der Operator U_t *einen Eigenwert* λ_t *mit der Eigenschaft, daß die Ungleichungen*

$$|\lambda_t - \lambda_0| \leqq A |t|, \qquad \|x_t - x_0\| \leqq C \, |t|$$

bestehen, wobei das zugehörige Eigenelement x_t durch die Bedingung

$$f_0(x_t) = 1$$

normiert wurde. Dabei hängen die Konstanten A, C nur von den Operatoren U und V ab.

Beweis. Wir haben Lösungen λ und x der Gleichungen

$$U(x) + t\,V(x) = \lambda\,x\,, \qquad f_0(x) = 1$$

zu finden. Dazu führen wir neue Unbekannte z und δ ein:

$$x = x_0 + z\,, \qquad \lambda = \lambda_0 + \delta\,.$$

Für diese muß dann

$$U(z) + t\,V(x_0 + z) = \delta(x_0 + z) + \lambda_0 z\,, \qquad f_0(z) = 0$$

gelten, d. h., es ist die Aufgabe

$$U(z) + t\,V(x_0 + z) = \delta(x_0 + z) + \lambda_0 z \tag{26}$$

im Raum $\mathbf{X}_0$ zu lösen. Durch Anwendung des Funktionals f_0 auf Gleichung (26) ergibt sich wegen

$$f_0(U\,z - \lambda_0 z) = U^*(f_0)\,(z) - (\bar{\lambda}_0 f_0)(z) = 0$$

(s. V.1.2 und IX.3.1) die Beziehung

$$\delta = t\,f_0\big(V(x_0 + z)\big)\,. \tag{27}$$

Setzen wir diesen Ausdruck für δ in Formel (26) ein, so folgt für z die Gleichung

$$\big(U(z) - \lambda_0 z\big) + t[V(x_0 + z) - f_0\big(V(x_0 + z)\big)\,(x_0 + z)] = 0\,. \tag{28}$$

Beide Summanden der linken Seite von (28) gehören zum Teilraum $\mathbf{X}_0$; deshalb können wir den Operator T anwenden und erhalten

$$\pi(z) + t\,R(z) = 0 \tag{29}$$

mit

$$\pi(z) = z\,, \qquad R(z) = T[V(x_0 + z) - f_0\big(V(x_0 + z)\big)\,(x_0 + z)]\,,$$

Für die Gleichung (29) sind alle Voraussetzungen von Satz 6 (2.XVIII) erfüllt. Es gilt nämlich mit $z_0 = 0$:

$$\pi'(z_0) = I\,, \qquad \Gamma_0 = I\,, \qquad \pi''(z) = 0\,,$$

$$R(z_0) = T[V(x_0) - f_0\big(V(x_0)\big)\,x_0]\,,$$

$$R'(z)\,(x) = T[V(x) - f_0\big(V(x)\big)\,(x_0 + z) - f_0\big(V(x_0 + z)\big)\,x]\,,$$

$$R''(z)\,(x, \tilde{x}) = -\,T[f_0\big(V(x)\big)\,\tilde{x} + f_0\big(V(x)\big)\,\tilde{x}] = -\,f_0\big(V(x)\big)\,T(\tilde{x}) - f_0\big(V(\tilde{x})\big)\,T(x)\,,$$

also z. B.

$$\eta = \|T\|\,\|V\|\,[1 + \|f_0\|\,\|x_0\|]\,\|x_0\|\,, \qquad B = 1\,,$$

$$\alpha = \|T\|\,\|V\|\,[1 + 2\,\|f_0\|\,\|x_0\|]\,,$$

$$K = 0\,, \qquad L = 2\,\|T\|\,\|V\|\,\|f_0\|\,.$$

Die Lösbarkeitsbedingung für Gleichung (29) erhält dann die Gestalt

$$h_t = \frac{L\eta\,|t|^2}{(1-\alpha\,|t|)^2} \leqq \frac{1}{2};$$

diese Ungleichung ist aber der Voraussetzung (25) äquivalent.

Bezeichnen wir die Lösung von (29) mit z_t, so gilt

$$||z_t|| = ||z_t - z_0|| \leqq \frac{1-\sqrt{1-2h_t}}{h_t}\,\eta|t| \leqq 2\,\eta\,|t| = C\,|t|,$$

und aus Formel (27) folgt

$$|\lambda_t - \lambda_0| = |\delta| \leqq |t|\;||f_0||\;||V||\;||x_0 + z_t|| \leqq A|t|,$$

Damit ist der Satz vollständig bewiesen.

Bemerkung. Wir heben noch einen wichtigen Spezialfall hervor, in dem sich für die Größen α und η einfachere Ausdrücke ergeben. Es sei $\mathbf{X}$ ein Hilbert-Raum und U ein selbstadjungierter Operator. Dann kann für f_0 das vom Element x_0 erzeugte Funktional

$$f_0(y) = (y, x_0) \qquad (y \in \mathbf{X})$$

gesetzt werden.

Wegen $||x_0||^2 = f_0(x_0) = 1$ folgt damit

$$||R(z_0)|| \leqq ||T||\;||V\,x_0 - (Vx_0, x_0)\,x_0|| \leqq ||T||\;||V(x_0)|| \leqq ||T||\;||V||,$$

$$\begin{aligned} ||R'(z_0)\,(x)|| &\leqq ||T||\;||V\,x - (Vx, x_0)\,x_0 - (Vx_0, x_0)\,x|| \\ &\leqq ||T||\,[||V\,x - (Vx, x_0)\,x_0|| + ||(Vx_0, x_0)\,x||] \\ &\leqq ||T||\,[||V\,x|| + |(Vx_0, x_0)|\;||x||] \leqq 2\,||T||\;||V||\;||x||, \end{aligned}$$

d. h.

$$\eta = ||T||\;||V||, \qquad \alpha = 2\,||T||\;||V||,$$

und die Lösbarkeitsbedingung von Gleichung (29) erhält die Form

$$\frac{2\,(||T||\;||V||\;|t|)^2}{(1-2\,||V||\;||T||\;|t|)^2} \leqq \frac{1}{2}.$$

An Stelle der Ungleichung (25) braucht man also nur

$$||T||\;||V||\;|t| \leqq \frac{1}{4}$$

vorauszusetzen.

Durch eine direkte Untersuchung dieser Aufgabe fand M. K. Gawurin (siehe [93d]) die günstigere Abschätzung

$$||T||\;||V||\;|t| \leqq \frac{1}{2},$$

die sich dann aber i. a. nicht mehr verbessern läßt.

3.7. Wir betrachten jetzt die quasilineare Differentialgleichung zweiter Ordnung mit zwei unabhängigen Veränderlichen:

$$A(s, t, u, p, q) \frac{\partial^2 u}{\partial s^2} + B(s, t, u, p, q) \frac{\partial^2 u}{\partial s\, \partial t} + C(s, t, u, p, q) \frac{\partial^2 u}{\partial t^2} + D(s, t, u, p, q) = 0 \tag{30}$$

$\left(p\right.$ und q bezeichnen die ersten Ableitungen der Funktion u: $\left. p = \frac{\partial u}{\partial s},\ q = \frac{\partial u}{\partial t}\right)$ in einem Gebiet Q und suchen eine Lösung, die auf dem Rand von Q vorgegebene Werte annimmt.

Mit Hilfe des Newtonschen Verfahrens lassen sich bei Kenntnis einer Näherungslösung $u_0 = u_0(s, t)$ Bedingungen für die Existenz einer Lösung sowie deren Lage angeben (siehe [128a, b]).

Die Gleichung (30) sei vom elliptischen Typ, d. h., wir setzen voraus, daß in dem Gebiet Q für alle auftretenden Werte der Veränderlichen die Funktionen A, B, C der Beziehung

$$B^2 - 4\,A\,C < 0 \tag{31}$$

genügen.

Um das Newtonsche Verfahren auf Gleichung (30) anwenden zu können, schreiben wir sie in homogener Form

$$P(u) = 0 \tag{32}$$

mit einem Operator P, der einen gewissen Funktionenraum $\mathbf{U}$ in einen anderen Funktionenraum $\mathbf{V}$ abbildet; diese Räume legen wir später fest.

Ist $F = F(s, t, u, p, q)$, so bezeichne F_0 denjenigen Ausdruck, der entsteht, wenn man in F für u die Funktion u_0 und für p, q deren partielle Ableitungen einsetzt: $p_0 = \frac{\partial u_0}{\partial s}$, $q_0 = \frac{\partial u_0}{\partial t}$.

Durch leichte Rechnung kann der Leser für die Ableitung des Operators P ohne Schwierigkeit die folgende Formel beweisen:

$$\begin{aligned} P'(u_0)\,(u) = {} & A_0 \frac{\partial^2 u}{\partial s^2} + \left[\left(\frac{\partial A}{\partial u}\right)_0 u + \left(\frac{\partial A}{\partial p}\right)_0 p + \left(\frac{\partial A}{\partial q}\right)_0 q\right] \frac{\partial^2 u_0}{\partial s^2} + B_0 \frac{\partial^2 u}{\partial s\, \partial t} \\ & + \left[\left(\frac{\partial B}{\partial u}\right)_0 u + \left(\frac{\partial B}{\partial p}\right)_0 p + \left(\frac{\partial B}{\partial q}\right)_0 q\right] \frac{\partial^2 u_0}{\partial s\, \partial t} + C_0 \frac{\partial^2 u}{\partial t^2} \\ & + \left[\left(\frac{\partial C}{\partial u}\right)_0 u + \left(\frac{\partial C}{\partial p}\right)_0 p + \left(\frac{\partial C}{\partial q}\right)_0 q\right] \frac{\partial^2 u_0}{\partial t^2} = \left[A_0 \frac{\partial^2}{\partial s^2} + B_0 \frac{\partial^2}{\partial s\, \partial t} + C_0 \frac{\partial^2}{\partial t^2}\right] u + \cdots. \end{aligned} \tag{33}$$

Dabei enthalten die nicht aufgeschriebenen Summanden keine Ableitungen zweiter Ordnung. $P'(u_0)$ ist also ein linearer elliptischer Differentialoperator; deshalb hat man bei jedem Schritt des Newtonschen Verfahrens eine lineare elliptische Differentialgleichung zu lösen:

$$P'(u_n)\,(u_{n+1}) = P'(u_n)\,(u_n) - P(u_n) \qquad (n = 0, 1, \ldots)\,. \tag{34}$$

Für das modifizierte NEWTONsche Verfahren ergibt sich die ebenfalls lineare elliptische Differentialgleichung

$$P'(u_0)(u_{n+1}) = P'(u_0)(u_n) - P(u_n) \qquad (n = 0, 1, \ldots), \tag{35}$$

deren linke Seite schon nicht von der Nummer der Näherung abhängt.

Für die Konvergenzuntersuchung des NEWTONschen Verfahrens benötigen wir die zweite Ableitung. Diese läßt sich ebenfalls leicht finden: $P''(u)(x, y)$ muß eine Bilinearform von x und y und deren Ableitungen bis zur zweiten Ordnung einschließlich sein, wobei die Koeffizienten von u abhängen. Dabei ist es für uns nur wichtig zu bemerken, daß keine Summanden auftreten, die das Produkt der zweiten Ableitung von x mit der zweiten Ableitung von y enthalten.

Die Räume $\mathbf{U}$ und $\mathbf{V}$ sollen folgende Eigenschaften haben:

1. Der Operator P bildet den Raum $\mathbf{U}$ (oder hiervon einen Teil Ω) in den Raum $\mathbf{V}$ ab.

2. Der Operator P ist zweimal differenzierbar und seine Ableitungen haben die oben angegebene Form.

3. Für jedes $u \in \Omega$ sind die Koeffizienten F_k der Bilinearform $P''(u)(x, y)$, betrachtet als Multiplikationsoperatoren, lineare Operatoren von $\mathbf{V}$ in $\mathbf{V}$ mit

$$||F_k||_{\mathbf{V}}^{\mathbf{V}} \leqq M \qquad (u \in \Omega). \tag{36}$$

Ebenso sei für $x \in \mathbf{U}$ die Funktion $\frac{\partial^{\alpha+\beta} u}{\partial s^\alpha \, \partial t^\beta}$ $(\alpha, \beta = 0, 1;\ \alpha + \beta \leqq 1)$ als Multiplikationsoperator ein Element von $[\mathbf{V} \to \mathbf{V}]$ und es gelte

$$\left\| \frac{\partial^{\alpha+\beta} x}{\partial s^\alpha \, \partial t^\beta} \right\|_{\mathbf{V}}^{\mathbf{V}} \leqq M_1 \, ||x||_{\mathbf{U}}. \tag{37}$$

4. Die Abbildung des Elementes $x \in \mathbf{U}$ auf seine Ableitung $\frac{\partial^{\alpha+\beta} x}{\partial s^\alpha \, \partial t^\beta}$ $(\alpha, \beta = 0, 1, 2;$ $\alpha + \beta \leqq 2)$ ist ein linearer Operator von $\mathbf{U}$ in $\mathbf{V}$.

5. Der Operator $P'(u_0)$ hat eine lineare Inverse $\Gamma_0 = [P'(u_0)]^{-1}$, die den Raum $\mathbf{V}$ in den Raum $\mathbf{U}$ überführt.

Räume $\mathbf{U}$ und $\mathbf{V}$ mit diesen Eigenschaften wollen wir *einander entsprechend* nennen. Für ein solches Paar von Räumen ist wieder Satz 6 (1.XVIII) anwendbar, wenn nur die Anfangsnäherung u_0 hinreichend günstig gewählt wird. Die Bedingungen 3 und 4 sichern nämlich die gleichmäßige Beschränktheit von $||P''(u)||$, da z. B. für den Summanden der Form $F \frac{\partial x}{\partial s} \cdot \frac{\partial^2 y}{\partial t^2}$ aus (36) und (37)

$$\left\| F \frac{\partial x}{\partial s} \cdot \frac{\partial^2 y}{\partial t^2} \right\|_{\mathbf{V}} \leqq ||F||_{\mathbf{V}}^{\mathbf{V}} \left\| \frac{\partial x}{\partial s} \right\|_{\mathbf{V}}^{\mathbf{V}} \left\| \frac{\partial^2}{\partial t^2} \right\| \, ||y||_{\mathbf{U}} \leqq M \cdot M_1 \left\| \frac{\partial^2}{\partial t^2} \right\| \cdot ||x|| \, ||y||$$

folgt.

Anschließend geben wir einige konkrete Fälle für Paare einander entsprechender Räume an. Mit dem Nachweis der Bedingungen 1—5 beschränken wir uns jedoch nur auf den ersten einfachsten Fall.

Die folgenden Betrachtungen beziehen sich auf die Gleichung[1])

$$P(u) \equiv \pi(u) + R(u) \equiv \Delta u + \frac{\partial}{\partial s}(p\,H) + \frac{\partial}{\partial t}(q\,H) = \varphi$$
$$\left(\pi(u) = \Delta u\,, \qquad R(u) = \frac{\partial}{\partial s}(p\,H) + \frac{\partial}{\partial t}(q\,H)\right) \tag{38}$$

mit der NEUMANNschen Randbedingung

$$\frac{\partial u}{\partial n} = 0 \tag{39}$$

an den Seiten des Quadrates $Q = [0, \pi; 0, \pi]$. Dabei soll die Funktion H zusammen mit ihren auftretenden Ableitungen stetig und beschränkt sein.

Aus der GREENschen Formel folgt, daß für jede Funktion u mit der Eigenschaft (39)

$$\iint_Q [P(u)]\, ds\, dt = 0 \tag{40}$$

gilt; also muß für die rechte Seite φ von Gleichung (38) das Integral $\iint_Q \varphi\, ds\, dt$ notwendig verschwinden.

Im Zusammenhang mit Gleichung (38) betrachten wir die Räume

$$\mathbf{U} = \mathring{\mathbf{W}}_2^{(3)}\,, \qquad \mathbf{V} = \mathring{\mathbf{W}}_2^{(1)}\,.$$

Dabei bestehe $\mathring{\mathbf{W}}_2^{(3)}$ aus allen Funktionen $u \in \mathbf{W}_2^{(3)}$, die der Randbedingung (39) und der Beziehung

$$\iint_Q u(s, t)\, ds\, dt = 0 \tag{41}$$

genügen; $\mathring{\mathbf{W}}_2^{(1)}$ sei der Raum der Funktionen $v \in \mathbf{W}_2^{(1)}$ mit

$$\iint_Q v(s, t)\, ds\, dt = 0\,. \tag{42}$$

Die Normen in diesen Räumen werden folgendermaßen definiert:

$$\|u\| = \left[\iint_Q \sum_{\alpha+\beta=3} \left(\frac{\partial^3 u}{\partial s^\alpha\, \partial t^\beta}\right)^2 ds\, dt\right]^{1/2},$$
$$\|v\| = \left[\iint_Q \left(\left(\frac{\partial v}{\partial s}\right)^2 + \left(\frac{\partial v}{\partial t}\right)^2\right) ds\, dt\right]^{1/2} \qquad (u \in \mathbf{U},\ v \in \mathbf{V})\,.$$

Wir zeigen jetzt, daß für $\mathbf{U}$ und $\mathbf{V}$ die Bedingungen 1—5 erfüllt sind, wenn man für Ω eine Kugel mit hinreichend großem Radius wählt.

---

[1]) Von dieser Form ist z. B. die Minimalflächengleichung

$$\frac{\partial}{\partial s} \frac{p}{\sqrt{1 + p^2 + q^2}} + \frac{\partial}{\partial t} \frac{q}{\sqrt{1 + p^2 + q^2}} = 0\,.$$

Weitere Gleichungen dieser Art treten bei der Untersuchung der plastischen Torsion auf.

Aus den Einbettungssätzen folgt, daß jede Potenz der zweiten Ableitungen von $u \in \mathbf{U}$ summierbar ist. Deshalb gilt insbesondere

$$\left[\iint_Q \left(\frac{\partial^2 u}{\partial s^2}\right)^4 ds\, dt\right]^{1/4} \leqq M_2 \, ||u|| \,. \tag{43}$$

Entsprechende Ungleichungen bestehen für die übrigen Ableitungen zweiter Ordnung. Die Funktion u selbst und ihre ersten Ableitungen p und q sind beschränkt.

Damit können wir den charakteristischen Summanden des Ausdrucks $||P(u)||$ folgendermaßen abschätzen:

$$\left\{\iint_Q \left[\frac{\partial}{\partial s}\left(H \frac{\partial^2 u}{\partial s^2}\right)\right]^2 ds\, dt\right\}^{1/2} \leqq \left\{\iint_Q \left(H \frac{\partial^3 u}{\partial s^3}\right)^2 ds\, dt\right\}^{1/2}$$

$$+ \left\{\iint_Q \left[\left(\frac{\partial H}{\partial s} + \frac{\partial H}{\partial u} \cdot p + \frac{\partial H}{\partial p} \cdot \frac{\partial^2 u}{\partial s^2} + \frac{\partial H}{\partial q} \cdot \frac{\partial^2 u}{\partial s\, \partial t}\right) \frac{\partial^2 u}{\partial s^2}\right]^2 ds\, dt\right\}^{1/2}$$

$$\leqq \max |H| \, ||u|| + \max \left|\frac{\partial H}{\partial q}\right| \left\{\iint_Q \left(\frac{\partial^2 u}{\partial s\, \partial t}\right)^4 ds\, dt\right\}^{1/4} \cdot \left\{\iint_Q \left(\frac{\partial^2 u}{\partial s^2}\right)^4 ds\, dt\right\}^{1/4} + \cdots .$$

Wegen (43) ist der zweite Summand endlich; die Beschränktheit der übrigen Glieder sieht man ebenfalls leicht. Das Element $P(u)$ gehört also wieder zum Raum $\mathbf{V}$.

Die Differenzierbarkeit von P und Formel (33) für $P'(u_0)$ lassen sich durch ähnliche Überlegungen beweisen. Dabei zeigt man zunächst, daß der Ausdruck (33) die schwache Ableitung des Operators P ist. Wegen der Stetigkeit von P' folgt daraus die Differenzierbarkeit von P. Dasselbe gilt bezüglich der zweiten Ableitung.

Es sei weiter F einer der Koeffizienten der Bilinearform $P''(u)(x, y)$. Offensichtlich ist F eine partielle Ableitung der Funktion H und deshalb stetig und beschränkt. Für $v \in \mathbf{V}$ ergibt sich

$$\left\{\iint_Q \left[\frac{\partial}{\partial s}(Fv)\right]^2 ds\, dt\right\}^{1/2}$$

$$= \left\{\iint_Q \left[F \frac{\partial v}{\partial s} + v\left(\frac{\partial F}{\partial s} + \frac{\partial F}{\partial u} \cdot \frac{\partial u}{\partial s} + \frac{\partial F}{\partial p} \cdot \frac{\partial^2 u}{\partial s^2} + \frac{\partial F}{\partial q} \frac{\partial^2 u}{\partial s \partial t}\right)\right]^2 ds\, dt\right\}^{1/2}$$

$$\leqq \max |F| \, ||v|| + \left\{\iint_Q \left[v\left(\frac{\partial F}{\partial s} + \frac{\partial F}{\partial u} \cdot \frac{\partial u}{\partial s} + \frac{\partial F}{\partial p} \cdot \frac{\partial^2 u}{\partial s^2} + \frac{\partial F}{\partial q} \cdot \frac{\partial^2 u}{\partial s\, \partial t}\right)\right]^2 ds\, dt\right\}^{1/2} . \tag{44}$$

Wiederum ist auf Grund der Einbettungssätze jede Potenz der Funktion v summierbar, insbesondere besteht die Ungleichung

$$\left\{\iint_Q [v(s, t)]^4 \, ds\, dt\right\}^{1/4} \leqq M_3 \, ||v|| \,.$$

Wir können damit die Glieder des zweiten Summanden der rechten Seite von Formel (44) abschätzen, z. B.

$$\left\{\iint\limits_Q \left[v \frac{\partial F}{\partial p} \cdot \frac{\partial^2 u}{\partial s^2}\right]^2 ds\, dt\right\}^{1/2} \leqq \max\left|\frac{\partial F}{\partial p}\right| \left\{\iint\limits_Q v^4\, ds\, dt\right\}^{1/4} \left\{\iint\limits_Q \left(\frac{\partial^2 u}{\partial s^2}\right)^4 ds\, dt\right\}^{1/4} \leqq M_4 \|v\|.$$

Der betrachtete Operator bildet deshalb den Raum $\mathbf{V}$ linear in sich ab, dabei gilt die Beziehung (36). Der zweite Teil von Bedingung 3 folgt aus der Beschränktheit der Funktion $u \in \mathbf{U}$ und ihrer Ableitungen p und q.

Bedingung 4 ist offensichtlich erfüllt.

Komplizierter vollzieht sich der Nachweis der fünften Bedingung. Benutzt man die Überlegungen von Abschnitt XVIII.2.6, so genügt es zu zeigen, daß der LAPLACE-Operator als Abbildung von $\mathbf{U}$ in $\mathbf{V}$ eine lineare Inverse hat. Zu diesem Zweck betrachten wir die Gleichung

$$\Delta u = v \qquad (v \in \mathbf{V}) \tag{45}$$

und entwickeln ihre rechte Seite — also die Funktion v — in eine Kosinusreihe:

$$v(s, t) = \sum_{k, m = 0}^{\infty} a_{km} \cos ks \cos mt\,.$$

Aus Beziehung (42) ergibt sich $a_{00} = 0$. In diesem Falle ist die einzige Lösung der Gleichung (45) mit der Randbedingung (39) durch die Reihe

$$u(s, t) = \sum_{k, m=0}^{\infty} \frac{a_{km}}{k^2 + m^2} \cos ks \cos mt$$

gegeben, wie man leicht erkennt. Wir zeigen, daß u zum Raum $\mathbf{U}$ gehört. Da die Ableitungen der Funktion v quadratisch summierbar sind, gilt

$$\sum_{k, m=0}^{\infty} (k^2 + m^2)\, a_{km}^2 = M_4 \iint\limits_Q \left[\left(\frac{\partial v}{\partial s}\right)^2 + \left(\frac{\partial v}{\partial t}\right)^2\right] ds\, dt = M_4 \|v\|^2\,.$$

Dann konvergieren aber auch die Reihen der dritten Ableitungen der Funktion u, z. B.

$$\frac{\partial^3 u(s, t)}{\partial s^2\, \partial t} = \sum_{k, m=0}^{\infty} \frac{k^2 m}{k^2 + m^2} a_{km} \cos ks \cos mt$$

im Mittel, d. h., es ist

$$\iint\limits_Q \left(\frac{\partial^3 u}{\partial s^2\, \partial t}\right)^2 ds\, dt = M_5 \sum_{k, m=0}^{\infty} \frac{k^4 m^2}{(k^2 + m^2)^2} a_{km}^2 \leqq M_6 \sum_{k, m=0}^{\infty} k^2 a_{km}^2 \leqq M_7 \|v\|^2\,.$$

Daraus folgt $u \in \mathbf{U}$ und $\|u\| \leqq M_8 \|v\|$, also existiert der Operator U^{-1}.

Auf Grund all dieser Überlegungen läßt sich wieder der Satz über die Konvergenz des NEWTONschen Verfahrens anwenden. Betrachten wir an Stelle von (38) die Gleichung

$$\Delta u + \mu \left[\frac{\partial}{\partial s} (pH) + \frac{\partial}{\partial t} (qH)\right] = \varphi$$

mit dem Parameter μ, so ist durch Satz 6 (2.XVIII) die Existenz einer Lösung für alle hinreichend kleinen Werte von μ garantiert, denn diese Aufgabe ist bekanntlich für $\mu = 0$ lösbar. Benutzt man das Schema von Satz 6, so hat man bei jedem Schritt eine POISSONsche Gleichung zu lösen.

Ohne auf Einzelheiten einzugehen, geben wir noch zwei Paare einander entsprechender Räume an. So läßt sich z. B. zur Lösung der DIRICHLETschen Randwertaufgabe $\mathbf{U} = \mathring{\mathbf{W}}_p^{(2)}$ und $\mathbf{V} = \mathbf{L}^p$ setzen. Hier ist der Nachweis der Bedingungen 1—4 nicht besonders kompliziert, hingegen bereitet Bedingung 5 größere Schwierigkeiten.

Schließlich bilden auch die Räume $\mathbf{U} = \mathrm{Lip}^{(2)}\,\alpha$, bestehend aus allen stetig differenzierbaren Funktionen, deren zweite Ableitungen einer LIPSCHITZ-Bedingung mit dem Exponenten α genügen, und $\mathbf{V} = \mathrm{Lip}\,\alpha$ ein einander entsprechendes Raum-Paar. Wie im vorangehenden Beispiel bereitet auch hier der Nachweis der fünften Bedingung erhebliche Schwierigkeiten und gelingt nur unter Heranziehung tieferliegender Aussagen aus der Theorie der partiellen Differentialgleichungen.

Weitere Anwendungen des NEWTONschen Verfahrens findet man auch in den Arbeiten [58], [74a], [151b], [158] und in den am Ende von § 2 zitierten Aufsätzen.

LITERATUR

Grundlegende Werke zur Funktionalanalysis und wichtige Hilfsliteratur

[1] ACHIESER, N. I., Vorlesungen über Approximationstheorie. Berlin 1953.

[2] ACHIESER, N. I. u. GLASMANN, I. M., Theorie der linearen Operatoren im Hilbert-Raum. 3. Aufl., Berlin 1960.

[3] ALEXANDROFF, P. S., Einführung in die Mengenlehre und die Theorie der reellen Funktionen. Berlin 1956.

[4] BANACH, S., (a) Théorie des opérations linéaires. Warschau 1932. (b) Kurs der Funktionalanalysis. Kiew 1948 (ukrainisch).

[5] BIRKHOFF, G., Lattice theory. New York 1948.

[6] BOURBAKI, N., I. (a) Topologie générale. Paris 1947—1953. (b) Espaces vectoriels topologiques. Paris 1953—1955.

[7] BÜCKNER, H., Die praktische Behandlung von Integralgleichungen. Berlin 1952.

[8] COOKE, R. G., Linear operators. London 1953.

[9] DIEUDONNÉ, J., Recent developments in the theory of locally convex vector spaces. Bull. Amer. Math. Soc. 59 (1953) 6, 495—512.

[10] FICHTENHOLZ, G. M., Differential- und Integralrechnung, Bd. I—III. Berlin 1964.

[11] GAWURIN, M. K., Analytische Methoden der Untersuchung von Funktionalabbildungen. Utsch. sap. LGU, ser. matem. 19 (1950) 59—154 (russisch).

[12] GELFAND, I. M., Abstrakte Funktionen und lineare Operatoren. Matem. Sbornik 4 (1938), 235—286.

[13] GELFAND, I. M. u. SCHILOW, G. E., (a) Verallgemeinerte Funktionen (Distributionen), Bd. I, Verallgemeinerte Funktionen und das Rechnen mit ihnen. Berlin 1960.
(b) Verallgemeinerte Funktionen (Distributionen), Bd. II, Räume von Grundfunktionen und verallgemeinerten Funktionen. Berlin 1962.
(c) Verallgemeinerte Funktionen, Bd. III, Einige Fragen zur Theorie der Differentialgleichungen. Berlin 1964.

[14] GELFAND, I. M. u. WILENKIN, G. E., Verallgemeinerte Funktionen, Bd. IV, Einige Anwendungen der harmonischen Analyse — Gelfandsche Raumtripel. Berlin 1964.

[15] HARDY, G. H., LITTLEWOOD, J. E. u. PÓLYA, G., Inequalities. Cambridge 1952.

[16] HAUSDORFF, F., Set Theory. New York 1957.

[17] HELLINGER, E. u. TOEPLITZ, O., Integralgleichungen und Gleichungen mit unendlich vielen Unbekannten. Enzyklopädie der mathematischen Wissenschaften, Bd. II/3 (1927) 9.

[18] HILBERT, D., Grundzüge einer allgemeinen Theorie der Integralgleichungen. Leipzig 1912.

[19] HILLE, E. u. PHILLIPS, R. S., Functional Analysis and Semi-Groups. Providence 1957.

[20] KANTOROWITSCH, L. W., Funktionalanalysis und angewandte Mathematik. Uspechi Matem. Nauk 3 (1948) 6 (28) (russisch).

[21] KANTOROWITSCH, L. W. u. KRYLOW, W. I., Näherungsmethoden der höheren Analysis. Berlin 1956.

[22] KANTOROWITSCH, L. W., WULICH, B. S. u. PINSKER, A. G., Funktionalanalysis in halbgeordneten Räumen. Moskau 1950 (russisch).

[23] KÖTHE, G., Topologische lineare Räume, Bd. I. Berlin 1960.

[24] KOLMOGOROFF, A. N. u. FOMIN, S. W., Elemente der Theorie reeller Funktionen und der Funktionalanalysis, Bd. I. Moskau 1954 (russisch).

[25] KRASNOSELSKI, M. A., Topologische Methoden in der Theorie nichtlinearer Integralgleichungen. Moskau 1956 (russisch).

[26] KREIN, M. G. u. RUTMAN, M. A., Lineare Operatoren, die einen Kegel in einem Banach-Raum invariant lassen. Uspechi Matem. Nauk 8 (1948) 1 (23) (russisch).
[27] LJUSTERNIK, L. A., (a) Grundbegriffe der Funktionalanalysis. Uspechi Matem. Nauk 1 (1936) (russisch).
(b) Topologie der Funktionalräume und Variationsrechnung. Arbeiten des Steklow-Instituts 19 (1947) (russisch).
[28] LJUSTERNIK, L. A. u. SOBOLEW, W. I., Elemente der Funktionalanalysis. 2. Aufl., Berlin 1960.
[29] MICHLIN, S. G., Das Minimumproblem für ein quadratisches Funktional. Moskau 1952 (russisch).
[30] NATANSON, I. P., (a) Konstruktive Funktionentheorie. Berlin 1955.
(b) Theorie der Funktionen einer reellen Veränderlichen. 2. Aufl., Berlin 1961.
[31] NEUMANN, J. v., Mathematische Grundlagen der Quantenmechanik. Berlin 1932.
[32] NEUMARK, M. A., (a) Lineare Differentialoperatoren. 2. Aufl., Berlin 1963.
(b) Normierte Algebren. Berlin 1959.
[33] NJEMITZKI, W. W., Die Fixpunktmethode in der Analysis. Uspechi Matem. Nauk 1 (1936) (russisch).
[34] PETROWSKI, I. G., Vorlesungen über die Theorie der Integralgleichungen. Würzburg 1954.
[35] PLESSNER, A. I., Spektraltheorie linearer Operatoren, I. Uspechi Matem. Nauk 9 (1941) (russisch).
[36] PLESSNER, A. I. u. ROCHLIN, W. A., Spektraltheorie linearer Operatoren, II. Uspechi Matem. Nauk 1 (11) (1946) (russisch).
[37] RADON, I., Über lineare Funktionaltransformationen und Funktionalgleichungen. Sitzungsber. Akad. Wiss. Wien 122, Abt. IIa (1913) 1295–1438.
[38] RIESZ, F., (a) Les systèmes d'équations linéaires à une infinité d'inconnues. Paris 1913.
(b) Über lineare Funktionalgleichungen. Acta Math. 41 (1918) 71–98.
(c) Über die linearen Transformationen des komplexen Hilbertschen Raumes. Acta Sci. Math. Szeged 5 (1930) 23–54.
(d) Sur les fonctions des transformations hermitiennes dans l'espace de Hilbert. Acta Sci. Math. Szeged 7 (1935) 147–159.
(e) Sur quelques notions fondamentales dans la théorie générale des opérations linéaires. Ann. of Math. (2) 41 (1940) 174–206.
[39] RIESZ, F. u. SZ.-NAGY, B., Vorlesungen über Funktionalanalysis. Berlin 1956.
[40] SAKS, S., Théorie de l'integrale. Warschau 1933.
[41] SCHWARTZ, L., Théorie des distributions, I–II. Paris 1950–1951.
[42] SIRVINT, J. F., Konvexe Mengen und lineare Funktionale in abstrakten Räumen. Iswestija Akademii Nauk SSSR, ser. matem. 6 (1942) 143–170 und 189–211 (russisch).
[43] SMIRNOW, W. I., Lehrgang der höheren Mathematik, Bd. V. Berlin 1962.
[44] SOBOLEW, S. L., Einige Anwendungen der Funktionalanalysis auf Gleichungen der mathematischen Physik. Berlin 1964.
[45] STEPANOW, W. W., Lehrbuch der Differentialgleichungen. Berlin 1956.
[46] STONE, M. H., Linear transformations in Hilbert space. New York 1932.
[47] WAINBERG, M. M., Nichtlineare Integralgleichungen. Moskau 1956 (russisch).
[48] WULICH, B. S., Einführung in die Funktionalanalysis, I–II. Leipzig 1961–1962.
[49] ZYGMUND, A., Trigonometric series, I–II. Cambridge 1959.

Zeitschriften

[50] AKILOW, G. P., (a) Über die Fortsetzung linearer Operatoren. Doklady Akademii Nauk SSSR 57 (1947) 7, 643–646 (russisch). (b) Notwendige Bedingungen für die Fortsetzbarkeit linearer Operatoren. Doklady Akademii Nauk SSSR 59 (1948) 3, 417–418 (russisch). (c) Anwendung eine Methode zur Lösung nichtlinearer

Funktionalgleichungen auf Differentialgleichungssysteme. Doklady Akademii Nauk SSSR **68** (1949) 4, 645 (russisch).

[51] AKILOW, G. P. u. WERSCHIK, A. M., Über eine in beiden Richtungen stetige Fortsetzung linearer Operatoren. Westnik Leningr. Univ. **7** (1958) 2, 27–33 (russisch).

[52] ALTMAN, M., Connection between the Method of Steepest Descent and Newtons Method. Bull. de l'Acad. Polon. des sciences C 1 III, **5** (1957) 11.

[53] ARENS, R. F., Duality in linear spaces. Duke Math. Journ. **14** (1947) 787–794.

[54] ARZELÀ, C., Sulle funzioni di linee. Mem. della R. Acc. Sci. dell'Ist. di Bologna (5), **5** (1893) 225–244.

[55] ASCOLI, G., Le curve limite du una varieta data di curve. R. Acc. dei Lincei Mem. **18** (3) (1883) 521–586.

[56] BABITSCH, W. M., Zur Frage der Fortsetzbarkeit von Funktionen. Uspechi Matem. Nauk **8** (1953) 1, 111–113 (russisch).

[57] BAIRE, R., Sur les fonctions des variables reelles. Ann. di Math. (**3**) (1899) 3, 1–123.

[58] BAKELMAN, I. J., Abschätzungen für die Deformationen regulärer konvexer Flächen in Abhängigkeit von ihrer inneren Metrik. Doklady Akademii Nauk SSSR **107** (1956) 3, 358–361 (russisch).

[59] BALUJEW, A. N., Zur abstrakten Theorie der Tschaplyginschen Methode. Doklady Akademii Nauk SSSR **88** (1952) 6, 781–784 (russisch).

[60] BANACH, ST., (a) Sur les opérations dans les ensembles abstraits et leur applications aux équations integrales. Fund. Math. **3** (1922) 133–181. (b) Sur le problème de la mesure. Fund. Math. **4** (1923) 7–33. (c) Sur les fonctionnelles linéaires II. Studia Math. **1** (1929) 223–240.

[61] BANACH, ST. u. STEINBACH, H., Sur le principe de la condensation des singularites. Fund. Math. **9** (1927) 51–57.

[62] BERMAN, D. L., Über eine Klasse linearer Operatoren. Doklady Akademii Nauk SSSR **85** (1952) 1, 13–16 (russisch).

[63] BIALY, H., Iterative Behandlung linearer Funktionalgleichungen. Arch. Rational Mech. Analysis **4** (1959) 2, 166–176.

[64] BIRKHOFF, G. u. KELLOG, A., Invariant points in function space. Trans. Amer. Math. Soc. **23** (1922) 96–115.

[65] BIRMAN, M. S., (a) Einige Abschätzungen für die Methode des stärksten Abstieges. Uspechi Matem. Nauk **5** (1950) 3, 152–155 (russisch). (b) Über die Berechnung von Eigenwerten mit der Methode des stärksten Abstieges. Sap. Leningr. gorn. Inst. **27** (1952) 1, 209–216 (russisch).

[66] BITTNER, L., Über ein mehrstufiges Iterationsverfahren zur Lösung von linearen Gleichungen. Numerische Mathematik 1964.

[67] BOCHNER, S., Integration von Funktionen, deren Werte die Elemente eines Vektorraumes sind. Fund. Math. **20** (1933) 262–276.

[68] BOHNENBLUST, H. F. u. SOBCZYK, A., Extensions of functionales on complex linear spaces. Bull. Amer. Math. Soc. **44** (1938) 91–93.

[69] BOURBAKI, N., Sur certains espaces vectoriels topologiques. Annales de l'Institut Fourier **2** (1950) 5–16.

[70] BROUWER. L. E. F., Über Abbildungen von Mannigfaltigkeiten. Math. Ann. **71** (1911) 97–115.

[71] CACCIOPPOLI, R., Sugli elementi uniti delle transformazioni funzionali: un'osservazione sui problemi di valori ai limiti. Acc. Naz. Lincei **6** (1931) 13, 498–502.

[72] CAUCHY, A., Oeuvres compl. II (4), 273.

[73] CLARKSON, J. A., Uniformly convex spaces. Trans. Amer. Math. Soc. **40** (1936) 396–414.

COLLAR, A. R., (siehe [88]).

[74] COLLATZ, L., (a) Einige Anwendungen funktionalanalytischer Methoden in der praktischen Analysis (zusammenfassender Bericht). Zeitschrift angew. Math. Phys. **4**,

(1953) 5, 327—357. (b) Näherungsverfahren höherer Ordnung für Gleichungen in Banach-Räumen. Arch. Rational Mech. Analysis 2 (1958) 66—75. (c) Fixed point theorems and monotonic operators for initial-value problems. Symposium on Numerical treatment of partial differential equations with real characteristics. Rom 1959, S. 56—63. (d) Methods for the solution of partial differential equations on digtal computers. Information processing, pp. 72—78 UNESCO, Paris; R. Oldenbourg, Munich; Butterworths, London; 1960. (e) Monotone Operatoren bei Anfangswertaufgaben von Differentialgleichungen. Math. Zeitschr. 74 (1960) 158—161. (f) Monotonie- und Extremalprinzipien beim Newtonschen Verfahren. Numerische Mathematik 3 (1961), 99—106. (g) Funktionalanalysis und numerische Mathematik. Math.-Tech.-Wirtschaft 8 (1961), 101—105. (h) Sätze über montones Verhalten bei gewöhnlichen und partiellen Differentialgleichungen. Collog. Analyse Numer. Mons 1961, S. 61—80. Librairie Universitaire, Louvain, 1961. (i) Theoretische Grundlagen der Numerischen Mathematik. Jahresber. d. Deutsch. Math. Ver. 65 (1962) 2, 72—96.

[75] Collatz, L. u. Schröder, J., Einschließung der Lösungen von Randwertaufgaben. Numerische Mathematik 1 (1959), 61—72.

[76] Collatz, L. u. Werner, H., Anfangswertprobleme der gewöhnlichen Differentialgleichungen in funktionalanalytischer Behandlung. Math.-phys. Semesterber. 9 (1962) 1, 22—40.

[77] Curry, H. B., The method of steepest descent for nonlinear minimization problems. Quart. Appl. Math. 2 (1944) 258—261.

[78] Daugowet, I. K., Anwendung der allgemeinen Theorie der Näherungsverfahren auf die Konvergenzuntersuchung des Galerkinschen Verfahrens für einige Randwertaufgaben der mathematischen Physik. Doklady Akademii Nauk SSSR 98 (1954) 6, 897—899 (russisch).

[79] Day, M. M., (a) The space L^p with $0 < p < 1$. Bull. Amer. Math. Soc. 46 (1940) 816—843. (b) Reflexive Banach spaces not isomorphic to uniformly convex spaces. Bull. Amer. Math. Soc. 47 (1941) 313—317.

[80] Dieudonné, J., La dualité dans les espaces vectoriels topologiques. Ann. École Norm. Sup. (3) (1942) 59, 107—139.

[81] Dieudonné, J. u. Schwartz, L., La dualité dans les espaces (F) et (LF). Annales de l'Institut Fourier 1 (1949) 61—101.

Duncan, W. J., (siehe [88]).

[82] Dunford, N., Uniformity in linear spaces. Trans. Amer. Math. Soc. 44 (1938) 305 bis 356.

[83] Engeli, M., Ginsburg, T. H., Rutishauser, H. u. Stiefel, E., Refined Iterative Methods for Computation of the Solution and the Eigenvalues of Self-Adjoint Boundary Value Problems. Mitteilungen aus dem Institut für angewandte Mathematik an der eidgen. TH Zürich, 1959.

[84] Esrochi, I. A., Einige Arten linearer Übereinstimmungen von Banachräumen. Utsch. sap. LGU, ser. matem. 16 (1949) 54—119 (russisch).

[85] Fenyö, I., Über die Lösung der im Banachschen Raume definierten nichtlinearen Gleichungen. Acta math. Acad. Sci. Hung. No. 1—2, (1954) 85—93.

[86] Fichtenholz, G. M. u. Kantorowitsch, L. W., Sur les opérations linéaires dans l'espace des fonctions bornées. Studia Math. 5 (1935) 69—98.

[87] Filippow, A. F., Über die Korrektheit und Konvergenz von Differenzengleichungen. Uspechi Matem. Nauk 12 (1957) 1, 245 (russisch).

[88] Frazer, R. A., Duncan, W. J. u. Collar, A. R., Elementary Matrices and some applications to dynamics and differential equations. Cambridge 1938.

[89] Frazer, R. A., Jones, W. P. u. Skan, S. W., Approximations to functions and to the solutions of differential equations. Aeron. Res. Comm. Rep. No. 1799 (1937) 1—33.

[90] Fréchét, M., (a) Sur quelques points du calcul fonctionel. Rend. Math. di Palermo **22** (1906) 1—74. (b) Sur les ensembles des fonctions et les opérations linéaires. Comptes Rendus **144** (1907) 1414—1416. (c) Sur les fonctionelles continues. Ann. Ec. Norm. **27** (1910) 3, 193—216.

[91] Fridman, W. M., Über die Konvergenz der Methode des stärksten Abstieges. Uspechi Matem. Nauk **17** (1962) 3, 201—204 (russisch).

[92] Gateaux, R., (a) Sur les fonctionelles continues et les fonctionelles analytiques. Comptes Rendus **157** (1913) 325—327. (b) Fonctions d'une infinité des variables indépendantes. Bull. Soc. Math. Fr. **47** (1919) 70—96. (c) Sur les fonctionelles continues et les fonctionelles analytiques. Bull. Soc. Math. Fr. **50** (1922) 1—21.

[93] Gawurin, M. K., (a) Über die Stieltjessche Integration abstrakter Funktionen. Fund. Math. **27** (1936) 254—268. (b) Über k-fach lineare Operatoren in Banach-Räumen. Doklady Akademii Nauk SSSR **22** (1939) 4, 547—551 (russisch). (c) Anwendung der Polynome bester Approximation auf die Verbesserung der Konvergenz von Iterationsprozessen. Uspechi Matem. Nauk **5** (1950) 3 (37), 156—157 (russisch). (d) Abschätzungen für die Eigenwerte und Eigenvektoren eines gestörten Operators. Doklady Akademii Nauk SSSR **96** (1954) 6, 1093—1095 (russisch). (e) Nichtlineare Funktionalgleichungen und stetige Analoga von Iterationsverfahren. Isw. wyssch. utsch. sawed. **5** (6) (1958) (russisch).

[94] Gelfand, I. M., Sur le lemme de la théorie des espaces linéaires. Sap. matem. t-wa (4) (1936) **13**, 35—40.

Ginsburg, T. H., (siehe [83]).

[95] Goldstine, H. H., Weakly complete Banach spaces. Duke Math. Journ. **4** (1938) 125—131.

[96] Gram, J., Über die Entwicklung reeller Funktionen in Reihen mittels der Methode der kleinsten Quadrate. Journ. f. reine u. angew. Math. **94** (1883) 41—73.

[97] Graves, R. E., Riemann integration and Taylor's theorem in general analysis. Trans. Amer. Math. Soc. **29** (1927) 163—177.

[98] Grothendieck, A., Sur les espaces (F) et (DF). Summa Brasiliensis Mathematicae **3** (1954) 57—122.

[99] Günter, N. M., (a) Sue les intégrales de Stieltjes et leurs applications aux problèmes fondamentaux de la physique mathématique. Arbeiten des Stecklow-Instituts **1**, Leningrad 1932. (b) Die Potentialtheorie und ihre Anwendung auf Grundaufgaben der mathematischen Physik. Leipzig 1957.

[100] Gusewa, O. W., Über Randwertaufgaben für stark elliptische Systeme. Doklady Akademii Nauk SSSR **102** (1955) 6, 1069—1072 (russisch).

[101] Hadamard, J., Leçons sur la calcul de variation. Paris 1913.

[102] Hahn, H., Über lineare Gleichungssysteme in linearen Räumen. Journ. f. reine u. angew. Math. **157** (1927) 214.

[103] Charrik, I. J., (a) Über die Annäherung von Funktionen, die auf dem Rand eines Gebietes verschwinden, durch Funktionen besonderer Gestalt. Matem. Sbornik **37** (1955) 2, 353—384 (russisch). (b) Über ein Analogon der Markoffschen Ungleichung. Doklady Akademii Nauk SSSR **106** (1956) 2, 203—206 (russisch).

[104] Hausdorff, F., (a) Momentenprobleme für ein endliches Intervall. Math. Zeitschrift **16** (1923) 220—248. (b) Zur Theorie der linearen metrischen Räume. Journ. f. Math. **167** (1932) 294—311.

[105] Hellinger, E. u. Toeplitz, O., Grundlagen für eine Theorie der unendlichen Matrizen. Math. Ann. **69** (1910) 289—330.

[106] Helly, E., Über lineare Funktionaloperationen. Wiener Berichte **121** (1912) 265—297.

[107] Hestenes, M. R., The conjugate-gradient method for solving linear systems. Proc. of Symposia in Appl. Math. Vol. VI — Numerical Analysis (1956) 83—102.

[108] HILDEBRANDT, T. H., Über vollstetige lineare Transformationen. Acta Math. 51 (1928) 311–318.

[109] HYERS, D. H., Linear topological spaces. Bull. Amer. Math. Soc. 51 (1945) 1, 1–21.

[110] IWANOW, W. W., Über die Anwendung der Momentenmethode und des „gemischten" Verfahrens zur genäherten Lösung singulärer Integralgleichungen. Doklady Akademii Nauk SSSR 114 (1957) 4, 945–948 (russisch).

[111] JAMES, R., A non-reflexive Banach space isometric with its second conjugate space. Proc. Nat. Acad. Sci. USA 37 (1951) 3, 174–177.

JONES, W. P., (siehe [89]).

[112] JORDAN, P. u. NEUMANN, J. v., On inner products in linear metric spaces. Ann. of Math. 36 (1935) 3, 719–723.

[113] KAASIK, J. J., Über die genäherte Lösung nichtlinearer Operatorgleichungen durch das Iterationsverfahren. Uspechi Matem. Nauk 12 (1957) 1, 195–199 (russisch).

[114] KAASIK, J. J. u. TAMME, E. E., Über ein Verfahren zur genäherten Lösung von Funktionalgleichungen. Doklady Akademii Nauk SSSR 101 (1955) 6, 981–984 (russisch).

[115] KAKUTANI, SH., (a) Some characterizations of euclidean space. Jap. Journ. Math. 16 (1939) 2, 93–98. (b) A proof of Schauder's theorem. Journ. Math. Soc. Jap. 3 (1951) 228–231.

[116] KALANDIJA, A. I., Über eine direkte Methode zur Lösung der Gleichung der Tragflügeltheorie und ihre Anwendung in der Elastizitätstheorie. Matem. Sbornik 42 (1957) 249–272 (russisch).

[117] KANTOROWITSCH, L. W. (siehe auch [86]), (a) Über ein neues Verfahren zur genäherten Lösung partieller Differentialgleichungen. Doklady Akademii Nauk SSSR 4 (1934) 8–9, 532–536 (russisch). (b) Über Funktionalgleichungen. Utsch. sap. LGU, ser. matem. 3 (17) (1937) 24–50 (russisch). (c) Über ein effektives Verfahren zur Lösung von Extremalaufgaben für ein quadratisches Funktional. Doklady Akademii Nauk SSSR 48 (1945) 7, 483–487 (russisch). (d) Über Integraloperatoren. Uspechi Matem. Nauk 11 (1956) 2, 3–29 (russisch). (e) Einige weitere Anwendungen des Newtonschen Verfahrens. Westnik Leningr. Univ. 2 (1957) 7, 68–103 (russisch).

[118] KANTOROWITSCH, L. W. u. WULICH, B. S., Sur la representation des operations linéaires. Compositio Math. 5 (1937) 119–165.

[119] KARPILOWSKAJA, E. B., Über die Konvergenz des Interpolationsverfahrens für gewöhnliche Differentialgleichungen. Uspechi Matem. Nauk 8 (1953) 3 (55), 111–118 (russisch).

[120] KARUCH, W., (a) Determination of the extreme values of the spectrum of a bou nded self-adjoint operator. Proc. Amer. Math. Soc. 2 (1951) 6, 980–989. (b) Convergence of a method of solving linear problems. Proc. Amer. Math. Soc. 3 (1952) 6, 839–851.

[121] KELDYSCH, M. W., Über das Galerkinsche Verfahren zur Lösung von Randwertaufgaben. Iswestija Akademii Nauk SSSR, ser. matem. 6 (1942) 309–330 (russisch).

[122] KELLEY, J., Banach spaces with the extension property. Trans. Amer. Math. Soc. 72 (1952) 2, 323–326.

KELLOG, A, (siehe [64]).

[123] KLEE, V. L., Invariant metrics in groups (solutions of a problem of Banach). Proc. Amer. Math. Soc. 3 (1952) 3, 484–487.

[124] KNASTER, B., Un théorème sur les fonctions d'ensembles. Ann. Soc. Polonaise Math. 6 (1927) 133–134.

[125] KÖTHE, G., Eine axiomatische Kennzeichnung der linearen Räume vom Typus ω. Math. Ann. 120 (1949) 634–699.

[126] KOLMOGOROW, A. N., (a) Über die Kompaktheit der Funktionenmengen bei der Konvergenz im Mittel. Nachr. Ges. Wiss. Göttingen 1 (1931) 60–63. (b) Zur Normierbarkeit eines allgemeinen topologischen linearen Raumes. Studia Math. 5 (1934) 29–33.

[127] KONDRASCHEW, W. I., Über einige Eigenschaften der Funktionen des Raumes L_p^ν. Doklady Akademii Nauk SSSR 48 (1945) 8, 563–566 (russisch).

[128] KOSCHELEW, A. I., (a) Das Newtonsche Verfahren und verallgemeinerte Lösungen nichtlinearer Gleichungen vom elliptischen Typ. Doklady Akademii Nauk SSSR 91 (1953) 6, 1263–1266 (russisch). (b) Existenz einer verallgemeinerten Lösung der elasto-plastischen Aufgabe der Torsion. Doklady Akademii Nauk SSSR 99 (1954) 3, 357–360 (russisch).

[129] KOSTARTSCHUK, W. N., Über ein Verfahren zur Lösung von Systemen linearer Gleichungen und zur Bestimmung der Eigenvektoren von Matrizen. Doklady Akademii Nauk SSSR 98 (1954) 4, 531–534 (russisch).

[130] KRASNOSELSKI, M. A., (a) Über ein Fixpunktprinzip für vollstetige Operatoren in Funktionalräumen. Doklady Akademii Nauk SSSR 73 (1950) 1, 13–16 (russisch). (b) Einige Aufgaben der nichtlinearen Analysis. Uspechi Matem. Nauk 9 (1954) 3, 57–114 (russisch). (c) Zwei Bemerkungen zum Verfahren der sukzessiven Approximation. Uspechi Matem. Nauk 10 (1955) 1, 123–127 (russisch).

[131] KRASNOSELSKI, M. A. u. KREIN, S. G., Ein Iterationsprozeß mit minimalen Fehlern. Matem. Sbornik 31 (1952) 315–334 (russisch).

[132] KRASNOSELSKI, M. A. u. RUTIZKI, J. B., Konvexe Funktionen und Orlicz-Räume. Moskau 1958 (russisch).

[133] KRAWTSCHUK, M. F., Anwendung der Momentenmethode zur Lösung linearer Differentialgleichungen. Soobschtsch. Akademii Nauk USSR 1 (1932) 1–168 (russisch).

[134] KREIN, M. G. u. MILMAN, D. P., On extreme points of regular convex sets. Studia Math. 9 (1940) 1, 133–138.

[135] KREIN, M. G. u. SCHMULJAN, W. L., On regularly convex sets in the space conjugate to a Banach space. Ann. of Math. 41 (1940) 3, 556–585.

KREIN, S. G., (siehe [131]).

[136] KRYLOW, N. M., Les methods de solution approchée des problèms de la physique mathematique. Paris 1931.

[137] LADYSCHENSKAJA, O. A., Über die Lösbarkeit der grundlegenden Randwertaufgaben für Gleichungen vom parabolischen und hyperbolischen Typ. Doklady Akademii Nauk SSSR 97 (1954) 3, 395–398 (russisch).

[138] LAX, P., On the existence of Green's function. Proc. Amer. Math. Soc. 3 (1952) 4, 526–531.

[139] LERAY, J. u. SCHAUDER, J., Topologie et equations fonctionnelles. Ann. Sci. de l'École norm. sup. 51 (1934) 45–78.

[140] LEWIN, A. J. u. STRYGIN, W. W., Über die Konvergenzgeschwindigkeit des Newton-Kantorowitsch-Verfahrens. Uspechi Matem. Nauk 17 (1962) 3, 185–187 (russisch).

[141] LEWIN, S., Integralgleichungen und Funktionalräume. Matem. Sbornik 39 (1932) 4, 3–72.

[142] LJUSTERNIK, L. A. u. SCHNIRELMAN, L. G., Topologische Methoden für Variationsaufgaben und ihre Anwendungen auf die Differentialgeometrie der Flächen. Uspechi Matem. Nauk 2 (1947) 1 (17), 166–217 (russisch).

[143] LOSINSKI, S. M., (a) Die Räume $\tilde{C}_\omega$ und $\tilde{C}_\omega^*$ und die Konvergenz von Interpolationsprozessen in ihnen. Doklady Akademii Nauk SSSR 59 (1948) 8, 1389–1392 (russisch). (b) Inverse Funktionen, implizite Funktionen und Lösungen von Gleichungen. Westnik Leningr. Univ. 2 (1957) 7, 131–142 (russisch).

[144] MACKEY, G., (a) On infinite-dimensional linear spaces. Trans. Amer. Math. Soc. 57 (1945) 155–207. (b) On convex topological linear spaces. Trans. Amer. Math. Soc. 60 (1946) 519–537.

[145] MAKAROW, B. M., Über den induktiven Limes einer Folge normierter Räume, Doklady Akademii Nauk SSSR 119 (1958) 6, 1092–1094 (russisch).

[146] MARINESCU, G., The method of approximate equations in quasi-normed linear spaces. Acad. Rep. pop. Romane Bul. Sti. A 57 (1949) 1, 965–972.

[147] Mazur, S., Über konvexe Mengen in linearen normierten Räumen. Studia Math. 4 (1933) 70—85.

Mertwezowa, M. A., (siehe [173]).

[148] Michlin, S. G., (a) Über die Konvergenz des Galerkinschen Verfahrens. Doklady Akademii Nauk SSSR 61 (1948) 2, 197—199 (russisch). (b) Variationsmethoden zur Lösung von Aufgaben der mathematischen Physik. Uspechi Matem. Nauk 5 (1950) 6, 3—51 (russisch).

[149] Milman, D. P. (siehe auch [134]), (a) On some critera for the regularity of spaces of the type (B). Doklady Akademii Nauk SSSR 20 (1938) 4, 243—246. (b) On one property of regular spaces. Doklady Akademii Nauk SSSR 22 (1939) 7, 394—398.

[150] Mirakow, W. E., Über das Majorantenprinzip für die Tschebyscheffsche Methode. Uspechi Matem. Nauk 11 (1956) 3, 171—174 (russisch).

[151] Mysowskich, I. P., (a) Über die Konvergenz des Verfahrens von L. W. Kantorowitsch zur Lösung von Funktionalgleichungen und seine Anwendungen. Doklady Akademii Nauk SSSR 70 (1950) 4, 565—568 (russisch). (b) Über eine Randwertaufgabe für die Gleichung $\Delta u = k(x, y)\, u^2$. Doklady Akademii Nauk SSSR 94 (1954) 6, 995—998 (russisch).

[152] Nachbin, L., A theorem of the Hahn-Banach type for linear transformations. Trans. Amer. Math. Soc. 68 (1950) 1, 28—46.

[153] Natanson, I. P., Einige nichtlokale Sätze über singuläre Integrale. Doklady Akademii Nauk SSSR 19 (1938) 5, 357—360.

[154] Netschepurenko, M. I., Über die Tschebyscheffsche Methode für Funktionalgleichungen. Uspechi Matem. Nauk 9 (1954) 2, 163—170 (russisch).

[155] Neumann, J. v. (siehe auch [112]), Allgemeine Eigenwerttheorie hermitescher Funktionaloperatoren. Math. Ann. 102 (1929) 49—131.

[156] Newburgh, J. D., The variation of spectra. Duke Math. Journ. 18 (1951) 165—176.

[157] Nikolajew, W. F., Zur Frage der Approximation stetiger Funktionen durch Polynome. Doklady Akademii Nauk SSSR 61 (1948) 2, 201—204 (russisch).

[158] Nikolajewa, G. A., Über eine Näherungskonstruktion der konformen Abbildung mit Hilfe der Methode der konjugierten trigonometrischen Reihen. Doklady Akademii Nauk SSSR 110 (1956) 2, 180—183 (russisch).

[159] Nikolski, S. M., (a) Lineare Gleichungen in linearen normierten Räumen. Iswestija Akademii Nauk SSSR, ser. matem. 7 (1943) 3, 147—163 (russisch). (b) Ungleichungen für ganze Funktionen endlichen Grades und ihre Anwendung in der Theorie der differenzierbaren Funktionen mehrerer Veränderlicher. Arbeiten des Stecklow-Instituts 38 (1951) 244—278 (russisch).

[160] Njemizki, W. W., (a) Théorèmes d'existence et d'unicité des solutions des équations integrales non-linéaires. Matem. Sbornik 41 (1934) 3, 421—452. (b) Über eine allgemeine Klasse nichtlinearer Integralgleichungen. Matem. Sbornik 41 (1934) 4, 655—658 (russisch).

[161] Orlicz, W., (a) Über eine gewisse Klasse von Räumen vom Typus (B). Bull. Acad. Polonaise (1932) 207—220. (b) Ein Satz über die Erweiterung von linearen Operationen. Studia Math. 5 (1935) 127—140.

[162] Ostrowski, A., Comment. Math. Helv. 9 (1937) 97.

[163] Pettis, B. J., (a) A note on regular Banach spaces. Bull. Amer. Math. Soc. 44 (1938) 6, 420—428. (b) Differentiation in Banach spaces. Duke Math. Journ. 5 (1939) 249—256.

[164] Polski, N. I., Über die Konvergenz gewisser Näherungsverfahren der Analysis. Ukr. Matem. Journ. 7 (1935) 1, 56—70 (russisch).

[165] Polya, G., Über die Konvergenz von Quadraturverfahren. Math. Zeitschr. 37 (1933) 2, 264—286.

[166] Ptak, V., Über vollständige topologische lineare Räume. Tschechosl. Matem. Journ. 3 (1953) 4, 301—364 (russisch).

[167] Pugatschew, B. P., Über ein Verfahren zur gleichzeitigen Berechnung zweier Grenzen des Spektrums. Arbeiten des Seminars für Funktionalanalysis, Woronesch, 5 (1957) 52—70 (russisch).

[168] Radon, I., Theorie und Anwendungen der absolutadditiven Mengenfunktionen. Sitzungsber. Akad. Wiss. Wien, Abt. IIa, 122 (1913) 1295—1438.

[169] Raikow, D. A., Induktiver und projektiver Limes bei vollstetigen Abbildungen. Doklady Akademii Nauk SSSR 113 (1957) 5, 984—986 (russisch).

[170] Rellich, F., Spektraltheorie in nichtseparablen Räumen. Math. Ann. 110 (1934) 342—356.

[171] Riesz, F., (a) Sur les ensembles des fonctions. Comptes Rendus 143 (1906) 738—741. (b) Sur les opérations fonctionelles linéaires. Comptes Rendus 149 (1909) 974—977. (c) Untersuchungen über Systeme integrierbarer Funktionen. Math. Ann. 69 (1910) 449—497. (d) Su alcune disuguaglianz. Bull. dell. Un. Math. Ital. 7 (1928) 2, 77—79.

[172] Riesz, M., Sur les ensembles compacts de fonctions sommables. Acta Sci. Math. Szeged 6 (1933) 136—142.

Rutishauser, H., (siehe [83]).

Rutizki, J. B., (siehe [132]).

[173] Saljechow, G. S. u. Mertwezowa, M. A., Über die Konvergenz gewisser Iterationsprozesse. Isw. Kas. Filiala Akademii Nauk SSSR, ser. fis.-mat. i techn. nauk 5 (1954) 77—108 (russisch).

[174] Samokisch, B. A., (a) Untersuchung der Konvergenzgeschwindigkeit des Verfahrens des stärksten Abstieges. Uspechi Matem. Nauk 12 (1957) 1, 238—240 (russisch). (b) Das Verfahren des stärksten Abstieges in einer Aufgabe über Eigenwerte halbbeschränkter Operatoren. Isw. wyssch. utsch. sawed. 5 (6) (1958) 105—114 (russisch).

[175] Schauder, J. (siehe auch [139]), (a) Zur Theorie stetiger Abbildungen in Funktionalräumen. Math. Zeitschr. 26 (1927) 1, 47—65. (b) Über lineare vollstetige Operationen. Studia Math. 2 (1930) 183—196. (c) Über den Zusammenhang zwischen der Eindeutigkeit und Lösbarkeit partieller Differentialgleichungen zweiter Ordnung vom elliptischen Typus. Math. Ann. 106 (1932) 611—721. (d) Das Anfangswertproblem einer quasilinearen hyperbolischen Differentialgleichung zweiter Ordnung in beliebiger Anzahl von unabhängigen Veränderlichen. Fund. Math. 24 (1935) 213—246.

[176] Schmidt, E., Zur Theorie der linearen und nichtlinearen Integralgleichungen. Teil I: Entwicklung willkürlicher Funktionen nach Systemen vorgeschriebener. Math. Ann. 63 (1907) 443—476.

[177] Schmidt, J. W., (a) Konvergenzuntersuchungen und Fehlerabschätzungen für ein verallgemeinertes Iterationsverfahren. Arch. Rational Mech. Analysis 6 (1960) 261—276. (b) Eine Übertragung der Regula falsi auf Gleichungen in Banach-Räumen. I. II. ZAMM 43 (1963) 1—8, 97—110. (c) Zur Fehlerabschätzung näherungsweiser Lösungen von Gleichungen in halbgeordneten Räumen. Archiv d. Math. 14 (1963) 130—138.

[178] Schmuljan, W. L. (siehe auch [135]), (a) Sur les ensembles régulièrement fermés et faiblement compacts dans l'espace du type (B). Doklady Akademii Nauk SSSR 18 (1938) 405—407. (b) Über das Inklusionsprinzip in einem Raum vom Typ (B). Matem. Sbornik 5 (1939) 2, 317—328 (russisch). (c) Über einige geometrische Eigenschaften der Einheitskugel in einem Raum vom Typ (B). Matem. Sbornik 6 (1939) 1, 77—94 (russisch). (d) Über lineare topologische Räume. Matem. Sbornik 7 (1940) 425—448. (e) Sur les ensembles compacts et faiblement compacts dans l'espace du type (B). Matem. Sbornik 12 (1943) 1, 91—95.

Schnirelman, L. G., (siehe [142]).

[179] Schröder, J. (siehe auch [75]), (a) Nichtlineare Majoranten beim Verfahren der schrittweisen Näherung. Arch. Math. 7 (1956) 471—484. (b) Über das Newtonsche Verfahren. Arch. Rational Mech. Analysis 1 (1957) 154—180. (c) Störungsrechnung bei Eigenwert- und Verzweigungsaufgaben. Arch. Rational Mech. Analysis 1 (1957/58) 436—468. (d) Fehlerabschätzungen bei linearen Gleichungssystemen mit dem Brouwerschen

Fixpunktsatz. Arch. Rational Mech. Analysis **3** (1959) 28—44. (e) Anwendung von Fixpunktsätzen bei der numerischen Behandlung nichtlinearer Gleichungen in halbgeordneten Räumen. Arch. Rational Mech. Analysis **4** (1959) 177—192. (f) Error estimates for boundary value problems using fixed-point theorems. Boundary Problems Diff. Equ. Madison, Univ. Wisconsin Press, 1960, S. 85—96. (g) Lineare Operatoren mit positiven Inversen. Arch. Rational Mech. Analysis **8** (1961) 408—434. (h) Fehlerabschätzungen mit Rechenanlagen bei gewöhnlichen Differentialgleichungen erster Ordnung. Numerische Mathematik **3** (1961) 1, 39—61. (i) Verbesserung einer Fehlerabschätzung für gewöhnliche Differentialgleichungen erster Ordnung. Numerische Mathematik **3** (1961) 115—130. (j) Computing error bounds in solving linear systems. Math. Comp. **16** (1962) 323—337. (k) Invers-monotone Operatoren. Arch. Rational Mech. Analysis **10** (1962) 276—295. (l) Monotonie-Eigenschaften bei Differentialgleichungen. Arch. Rational Mech. Analysis **14** (1963) 38—60.

[180] Schur, I., Über lineare Transformationen in der Theorie der unendlichen Reihen. Journ. f. reine u. angew. Math. **151** (1921) 79—111.

Schwartz, L., (siehe [81]).

[181] Silva, J. E. S., Su certe classi di spazi localmente convessi importanti per le applicazioni. Rend. Mat. Univ. Roma, serie V (1955) 14, 388—410.

Skan, S. W., (siehe [89]).

[182] Smith, R. C. T., The approximate solution of equations in infinitely many unknowns. Quart. Journ. Math. Oxford **18** (1947) 69, 25—52.

Sobczyk, A., (siehe [68]).

[183] Sobolew, S. L., (a) Über eine Randwertaufgabe für polyharmonische Gleichungen. Matem. Sbornik **2** (1937) 467—500 (russisch). (b) Über einen Satz der Funktionalanalysis. Matem. Sbornik **4** (1938) 471—497 (russisch).

[184] Sofronow, I. D., Zur genäherten Lösung singulärer Integralgleichungen. Doklady Akademii Nauk SSSR **111** (1956) 1, 37—39 (russisch).

[185] Stein, M. L., (a) Sufficient conditions for the convergence of Newtons method in complex Banach spaces. Proc. Amer. Math. Soc. **3** (1952) 6, 858—863. (b) Gradient methods in the solution of systems of linear equations. Journ. Res. Nat. Bur. Stand. **48** (1952) 407—413. (c) On methods for obtaining solutions of fixed end-point problems in the calculus of variations. Journ. Res. Nat. Bur. Stand. **50** (1953) 5, 277—297.

[186] Steinhaus, H. (siehe auch [83]), Additive und stetige Funktionaloperationen. Math. Zeitschr. **5** (1919) 186—221.

Stiefel, E., (siehe [140]).

Strygin, W. W., (siehe [114]).

[187] Suchomlinow, G. A., Über die Fortsetzung linearer Funktionale im linearen komplexen und Quaternionenraum. Matem. Sbornik **2** (1938) 353—357 (russisch).

Tamme, E. E. (siehe [114]).

[188] Temple, G., The general theory of relaxation method applied to linear systems. Proc. Royal Soc. London (A) **169** (1939) 476—500.

[189] Toeplitz, O. (siehe auch [105]), Über allgemeine lineare Mittelbildung. Prace Math.-Fiz. **22** (1911) 113—119.

[190] Trozkaja, E., Anwendungen der allgemeinen Theorie der Näherungsverfahren der Analysis zur Bestimmung von Eigenwerten und Eigenvektoren. Doklady Akademii Nauk SSSR **113** (1957) 5, 998—1001 (russisch).

[191] Tschao-Fan-Sün, Die Gradientenmethode zur Lösung von Gleichungssystemen. Schussjue sjuebao **3** (1953) 4, 328—342 (chinesisch).

[192] Tulaikow, A. N., Zur Kompaktheit im Raum L_p für $p = 1$. Nachr. Ges. Wiss. Göttingen **1** (1933) 39, 167—170.

[193] Visser, C., Note on linear operators. Akad. Wetensch. Amst. Proc. **40** (1937) 270 bis 272.

[194] VOLTERRA, V., Leçons sur les équations aux derivées partielles. Stockholm-Uppsala 1906; Paris 1918.

[195] WAINBERG, M. M., Einige Fragen der Differentialrechnung in linearen Räumen. Uspechi Matem. Nauk 7 (1952) 4, 55—102 (russisch).

[196] WARGA, J., On a class of iterative procedures for solving normal systems of ordinary differential equations. Journ. Math. and Phys. 31 (1953) 4, 223—243.

[197] WEHAUSEN, J. V., Transformations in linear topological spaces. Duke Math. Journ. 4 (1938) 157—169.

WERNER, H., (siehe [76]).

WERSCHIK, A. M., (siehe [51]).

[198] WERTHEIM, B. A., Über einige Methoden zur genäherten Lösung nichtlinearer Funktionalgleichungen in Banachräumen. Uspechi Matem. Nauk 12 (1957) 1, 166—169 (russisch).

[199] WIELANDT, H., Error bounds for eigenvalues of symmetric integral equations. Proceedings of Symposia in Applied Mathematics. Vol. VII — Numerical Analysis. New York/Toronto/London 1956, S. 261—282.

[200] WISCHIK, M. I., Über allgemeine Randwertaufgaben für elliptische Differentialgleichungen. Trudy Mosk. Matem. Obschtsch. 1 (1952) 187—246 (russisch).

[201] WLADIMIROW, W. S., Über die Integrodifferentialgleichung des Transports von Teilchen. Iswestija Akademii Nauk SSSR, ser. matem. 21 (1957) 5, 681—710 (russisch).

[202] WOROBJEW, J. W., (a) Orthogonale Operatorpolynome und Näherungsmethoden zur Bestimmung des Spektrums linearer beschränkter Operatoren. Uspechi Matem. Nauk 9 (1954) 1, 83—90 (russisch). (b) Anwendung der orthogonalen Operatorpolynome zur Lösung inhomogener linearer Gleichungen. Uspechi Matem. Nauk. 10 (1955) 1, 89—96 (russisch).

WULICH, B. S., (siehe [118]).

[203] YOOD, B., Properties of linear transformations preserved under addition of a completely continuous transformation. Duke Math. Journ. 18 (1951) 3, 559—612.

[204] ZAANEN, A. C., (a) On a certain class of Banach spaces. Ann. of Math. 47 (1946) 4, 654—665. (b) On linear functional equations. Nieuw Arch. v. Wisskunde (2), 22 (1948) 2, 269—288.

[205] ZACH, L., Die Methode des stärksten Abstieges für Differentialgleichungen vom elliptischen Typ. Dissertation Leningrad 1955 (Autorenreferat) (russisch).

SACHVERZEICHNIS

Bei Fragen zur Produktsicherheit wenden Sie sich bitte an:
If you have any questions regarding product safety,
please contact:

Walter de Gruyter GmbH
Genthiner Straße 13
10785 Berlin
productsafety@degruyterbrill.com